新闻出版总署“盘配书”项目

1 DVD | 配套高品质DVD光盘

光盘中收录了本教程1200多个贴图、场景和效果文件，其中包含340多个贴图文件、600多个场景文件和300多个效果文件，以及520段600多分钟的同步语音教学视频

U0827366

畅销版

中文版 3ds Max 2013 完全自学教程

阝陶　李少勇　编著

完全视频 + 完全操作 + 完全手册 = 完全自学

完全视频　本教程445个知识点和75个常用功能的实例制作均录制了同步语音视频，时间长度达600多分钟，可谓目前同类教程中最多最全面的视频教学体系

完全操作　完全抛弃软件生硬难懂的理论学习，将其划分为520个操作技能点，化繁为简，功能细分，注重实战，使学习变得异常轻松简单

完全手册　本教程内容划分为入门、进阶、提高、案例4大部分，体系完整，内容全面、翔实，完全可以作为三维动画领域参考的学习手册

完全自学　“完全视频+完全操作+完全手册”三位一体的学习体系，为您打造无障碍完全自学的完美体验，真正做到一册在手，别无他求

北京希望电子出版社
Beijing Hope Electronic Press
www.bhp.com.cn

内容简介

本教程为多媒体教学光盘的配套学习教程，全面、详细地介绍了 3ds Max 的各项核心技术与精髓内容，并通过技能大演练，及视频大观摩，帮助读者在最短的时间内从入门到精通，从新手成为高手。

本教程内容涵盖了初识 3ds Max 2013、对象的基本操作、基础建模、二维图形的创建和编辑、创建植物和建筑对象、模型的编辑与修改、复合建模、高级建模、材质与贴图、灯光与摄影机、环境与效果、基本动画、粒子与空间扭曲、渲染输出等内容。最后 6 章根据当前实际应用为读者设置了"常用三维文字的制作"、"常用材质纹理的设置与表现"、"动画制作入门练习"、"三维造型制作入门与练习"、"广告片头的制作"、"室内效果图的制作"六个领域精选实例，详细介绍了制作步骤，让读者融会贯通、举一反三，逐步精通，成为实战高手。

本教程适合 3ds Max 的初、中级读者，如家装设计人员、公装设计人员、效果图制作人员、效果图渲染人员、动画制作人员等，也可供大专院校及各类培训班作为教材使用。随书配套光盘的内容为书中部分实例场景素材、视频文件以及贴图文件。

图书在版编目（CIP）数据

中文版 3ds Max 2013 完全自学教程/郁陶，李少勇编著.—北京：北京希望电子出版社，2012.10

ISBN 978-7-83002-049-1

Ⅰ. ①中… Ⅱ. ①郁…②李… Ⅲ. ①三维动画软件—教材，Ⅳ. ①TP391.41

中国版本图书馆 CIP 数据核字(2012)第 208687 号

出版：北京希望电子出版社
地址：北京市海淀区上地 3 街 9 号
金隅嘉华大厦 C 座 611
邮编：100085
网址：www.bhp.com.cn
电话：010-62978181（总机）转发行部
010-82702675（邮购）
传真：010-82702698
经销：各地新华书店

封面：深度文化
编辑：韩宜波 刘俊杰
校对：刘 伟
开本：787mm×1092mm 1/16
印张：35.5（彩插 12 面）
印数：1-3500
字数：809 千字
印刷：北京瑞富峪印务有限公司
版次：2012 年 10 月 1 版 1 次印刷

定价：69.80 元（配 1 张 DVD 光盘）

实战操作009 合并场景

实战操作030 变换视图

实战操作039 缩放视图

实战操作043 旋转视图

实战操作046 更改视口背景

实战操作052 隐藏对象

实战操作079 精确对齐

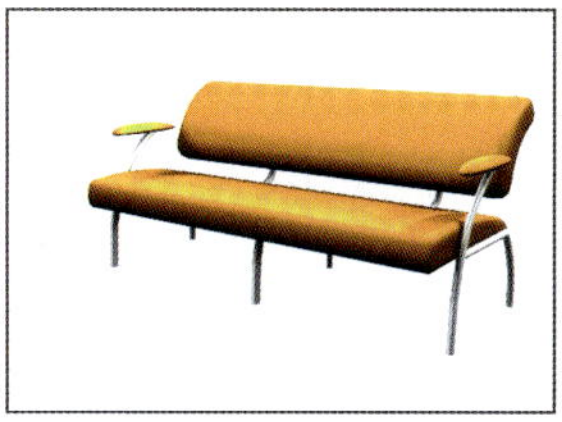

实战操作080 快速对齐

实战操作081 法线对齐

实战操作082 设置对象捕捉

实战操作084 捕捉演习

实战操作085 隐藏选定对象

实战操作086 隐藏未选定对象

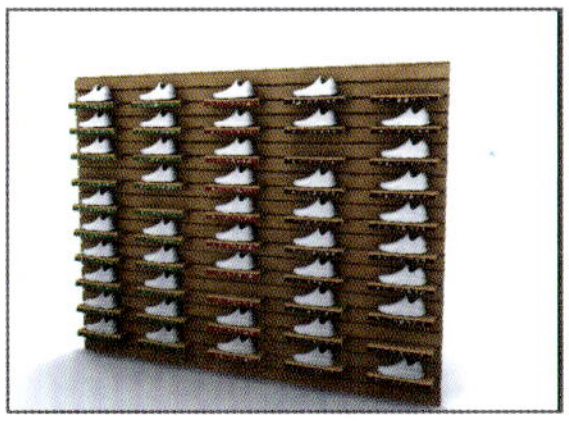

实战操作087 按点击隐藏

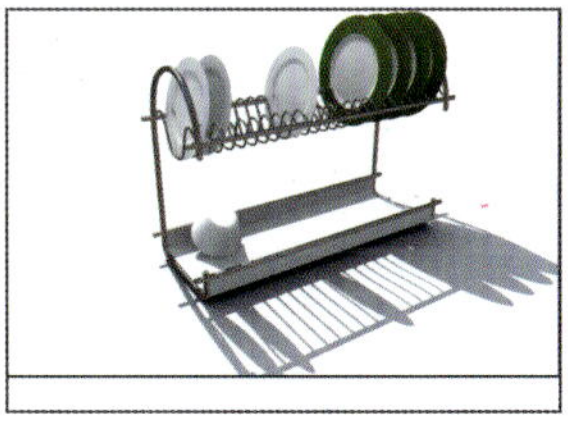

实战操作089 按名称隐藏

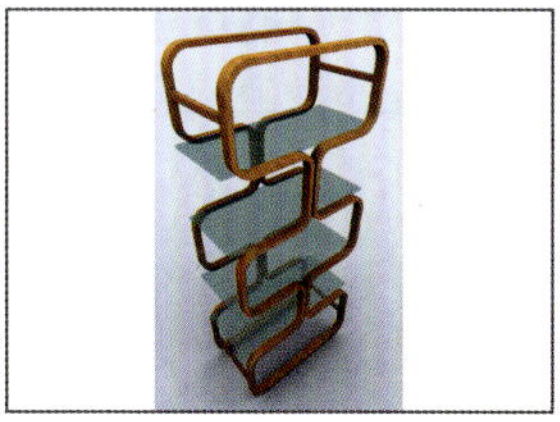

实战操作091 冻结选定对象

实战操作094 按名称冻结

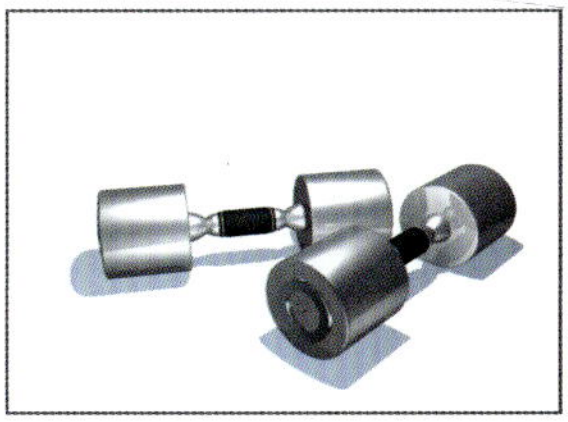

实战操作096 链接对象

实战操作098 绑定到空间扭曲

实战操作099 克隆对象

实战操作100 实例克隆

实战操作101 参考克隆

实战操作102 运用Shift键复制

实战操作103 水平镜像

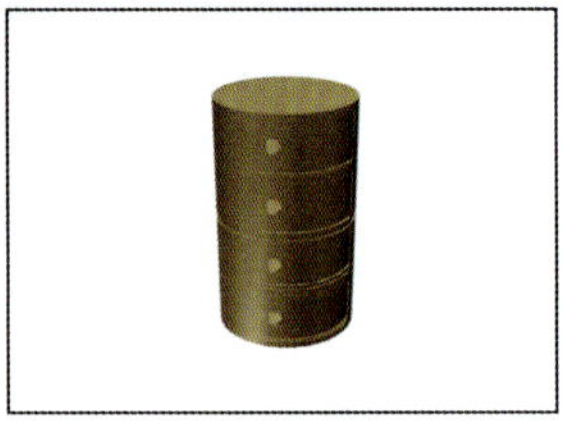

实战操作104 垂直镜像

实战操作105 XY轴镜像

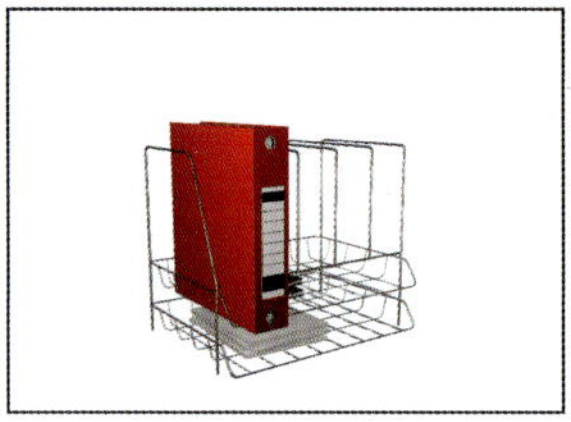

实战操作106 YZ轴镜像

实战操作107 ZX轴镜像

实战操作108 移动阵列

实战操作109 旋转阵列

实战操作110 缩放阵列

实战操作111 按计数间隔复制

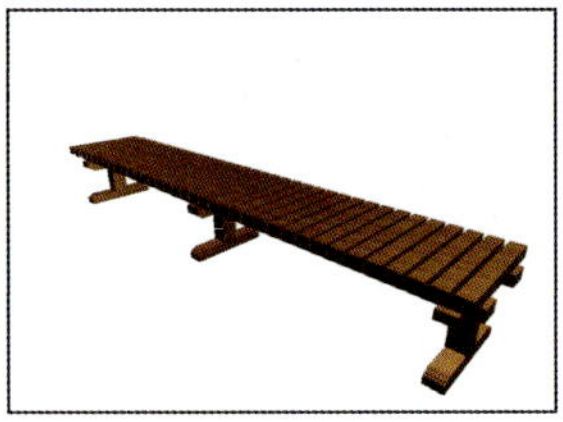

实战操作112 按间距间隔复制

实战操作113 单一快照

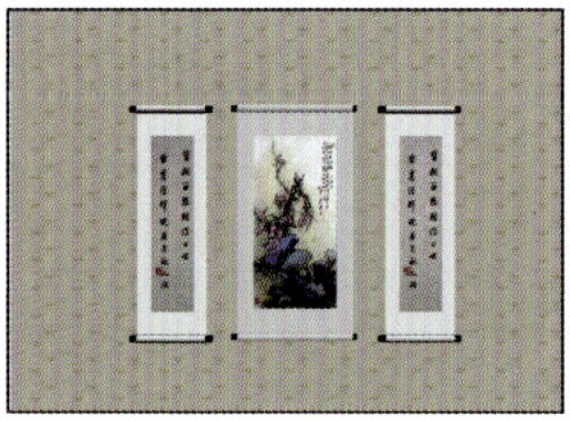

实战操作114 范围快照

实战操作115 克隆并对齐

实战操作119 创建长方体

实战操作120 创建圆锥体

实战操作121 创建球体

实战操作122 创建几何球体

实战操作123 创建圆柱体

实战操作124 创建管状体

实战操作125 创建圆环

实战操作126 创建四棱锥

实战操作128 创建平面

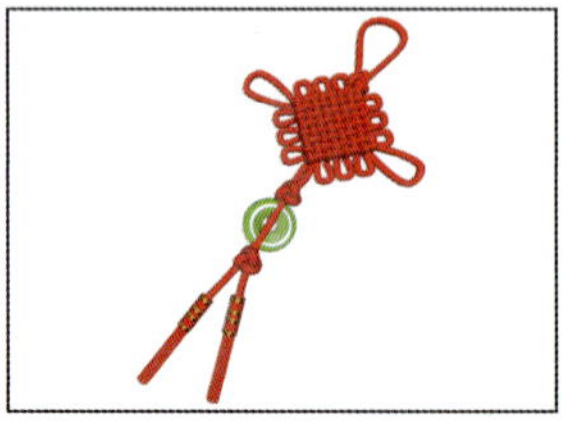

实战操作130 创建环形结

实战操作131 创建切角长方体

实战操作132 创建切角圆柱体

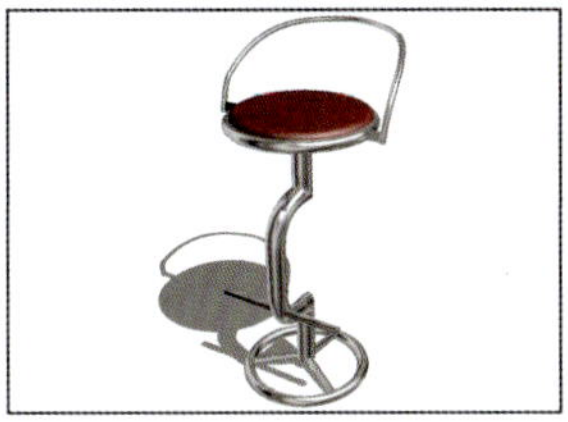
实战操作133 **创建油罐**

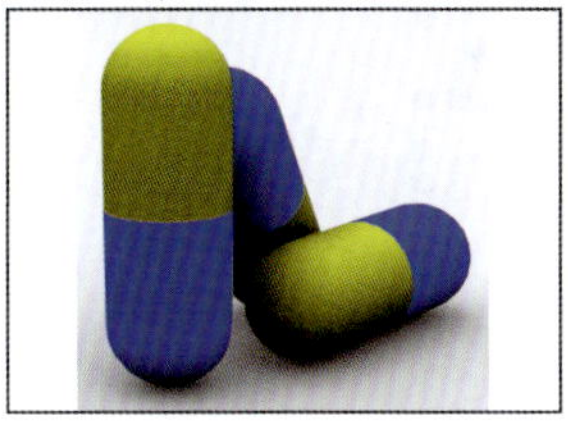
实战操作134 **创建胶囊**

实战操作136 **创建L-Ext**

实战操作137 **创建球棱柱**

实战操作138 **创建C-Ext**

实战操作140 **创建软管**

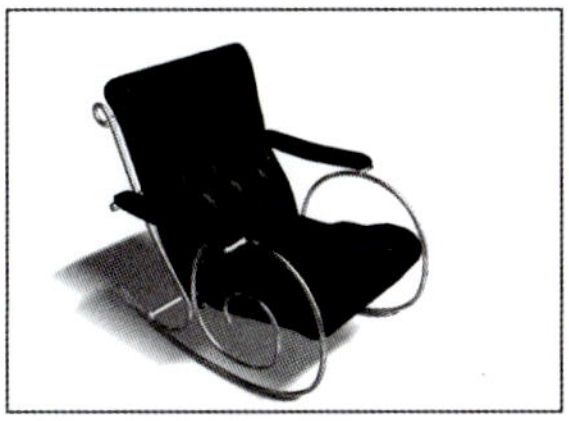
实战操作142 **创建线**

实战操作143 **创建矩形**

实战操作144 **创建圆**

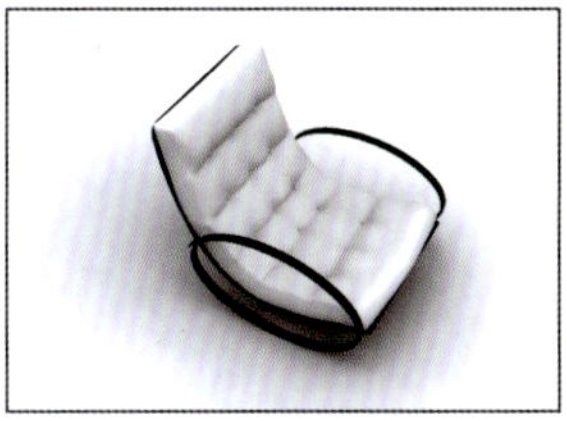
实战操作145 **创建椭圆**

实战操作146 **创建弧**

实战操作147 **创建圆环**

实战操作149 **创建星形**

实战操作150 **创建文本**

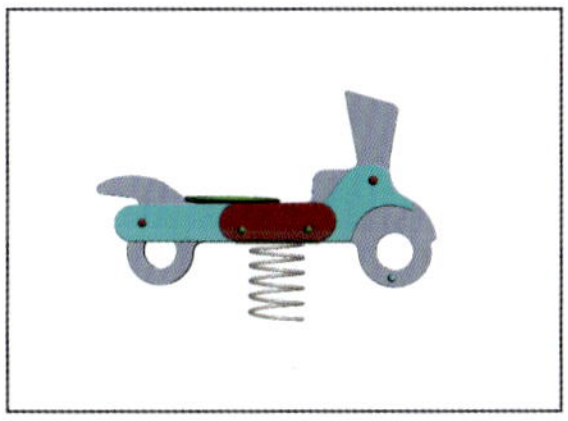
实战操作151 **创建螺旋线**

实战操作153 **创建截面**

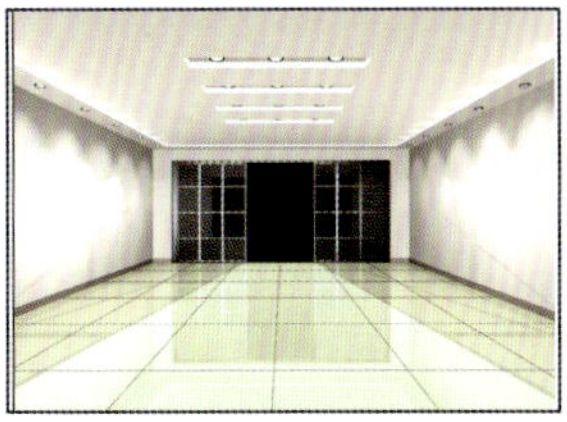
实战操作154 **创建墙矩形**

实战操作155 **创建通道**

实战操作156 **创建角度**

实战操作157 **创建T形**

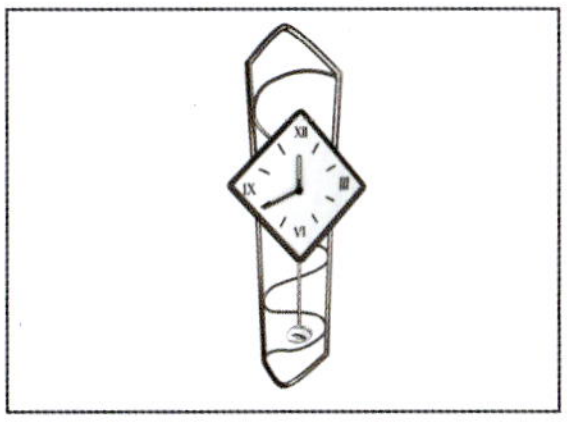
实战操作158
编辑Bezier角点

实战操作159
将顶点转换为平滑

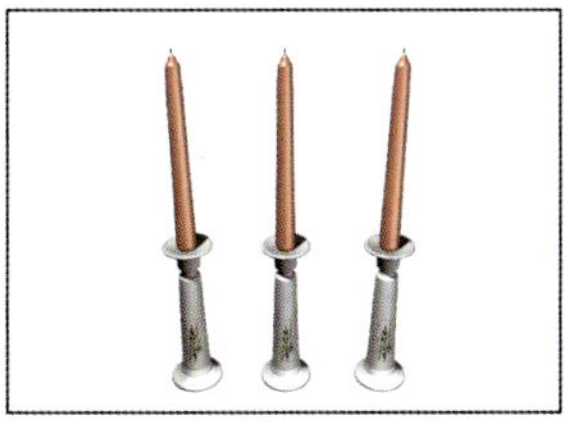
实战操作160 **优化顶点**

实战操作161 **熔合顶点**

实战操作162 焊接顶点

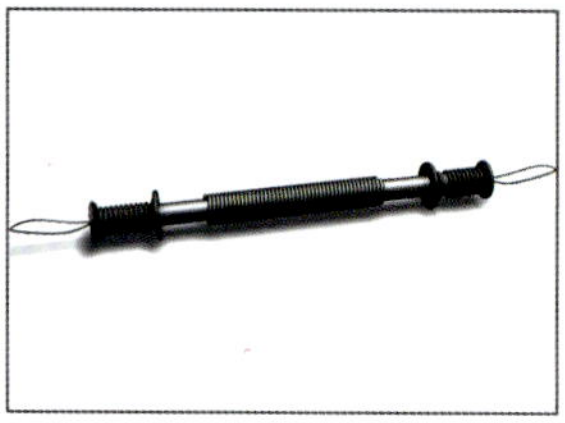

实战操作163 圆角顶点

实战操作164 切角顶点

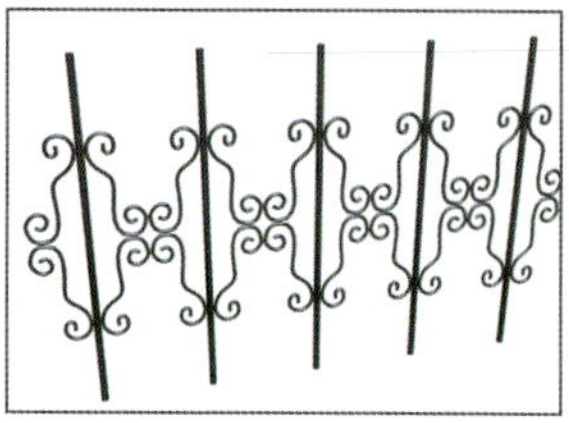

实战操作165 插入线段

实战操作166 拆分线段

实战操作168 附加单个样条线

实战操作170 设置样条线轮廓

实战操作171 修剪样条线

实战操作172 并集二维样条线

实战操作173 差集二维样条线

实战操作174 交集二维样条线

实战操作175 创建孟加拉菩提树

实战操作176 创建一般的棕榈

实战操作177 创建苏格兰松树

实战操作178 创建丝兰

实战操作179 创建蓝色的针松

实战操作180 创建美洲榆

实战操作181 创建垂柳

实战操作182 创建大戟属植物

实战操作183 创建芳香蒜

实战操作184 创建大丝兰

实战操作185 春天的日本樱花

实战操作186 创建一般的橡树

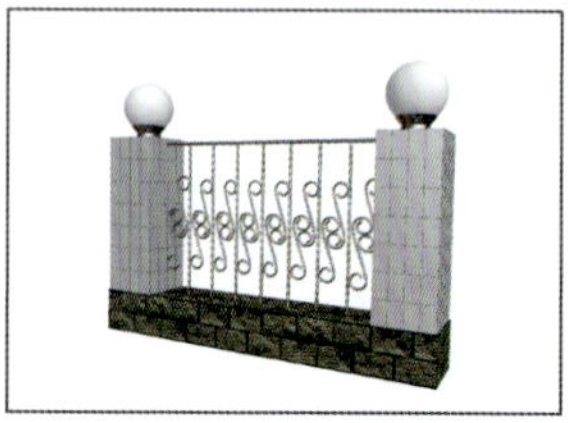

实战操作187 创建栏杆

实战操作188 创建墙

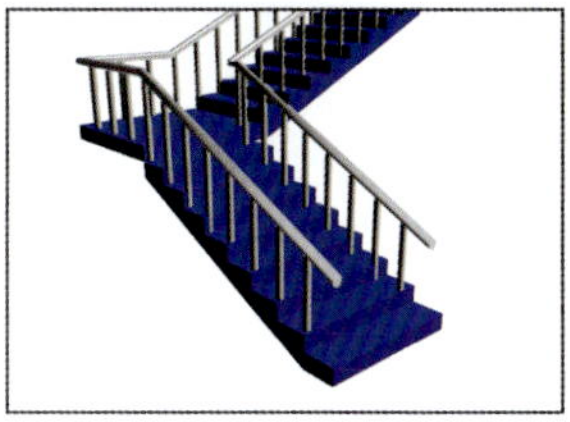

实战操作189 创建L型楼梯

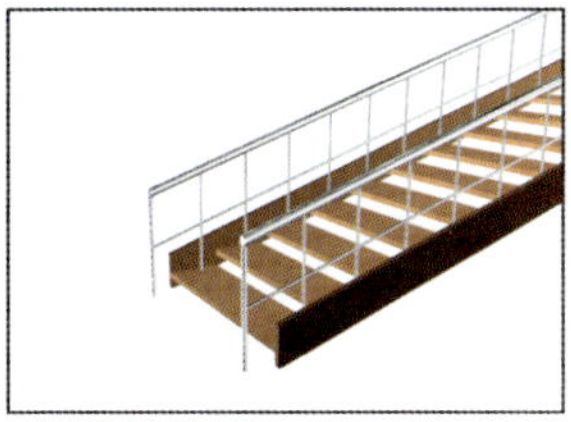

实战操作190 创建直线型楼梯

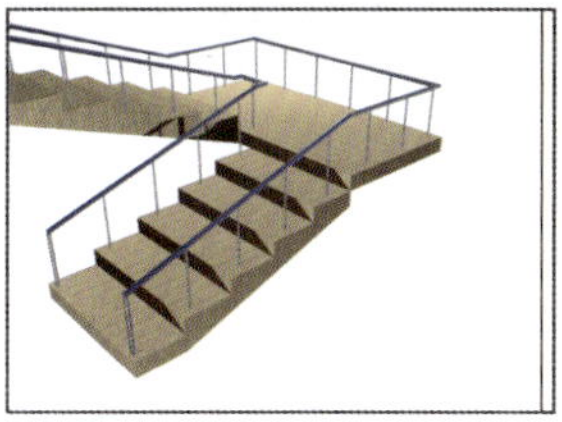

实战操作191 创建U型楼梯

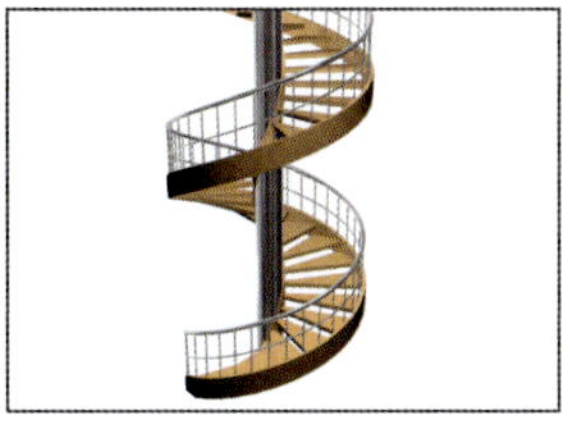

实战操作192 创建螺旋楼梯

实战操作193 创建枢轴门

实战操作194 创建推拉门

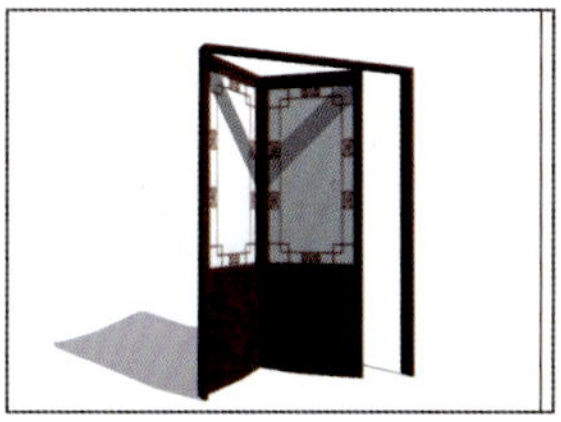

实战操作195 创建折叠门

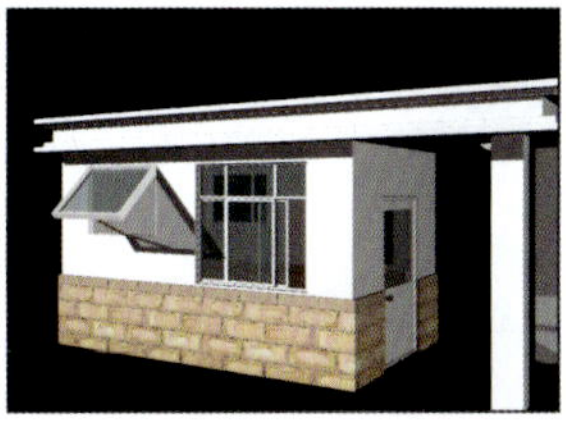

实战操作196 创建遮篷式窗

实战操作197 创建平开窗

实战操作198 创建固定窗

实战操作199 创建旋开窗

实战操作200 创建伸出式窗

实战操作201 创建推拉窗

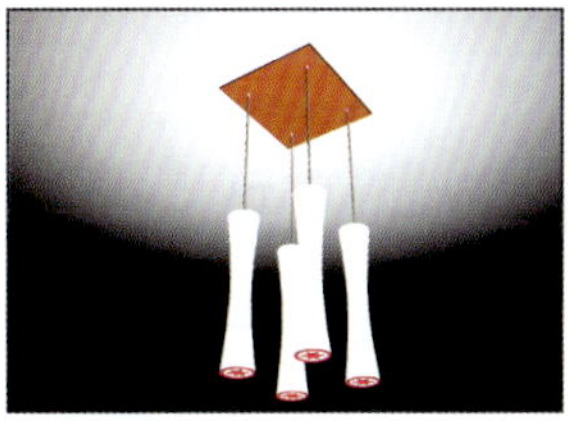

实战操作202 “扭曲”修改器

实战操作203 “噪波”修改器

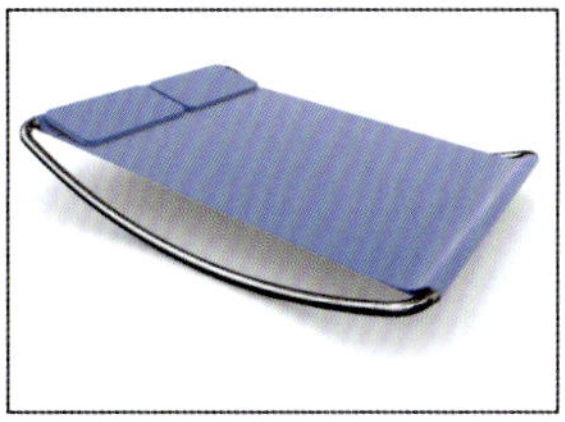

实战操作204 “弯曲”修改器

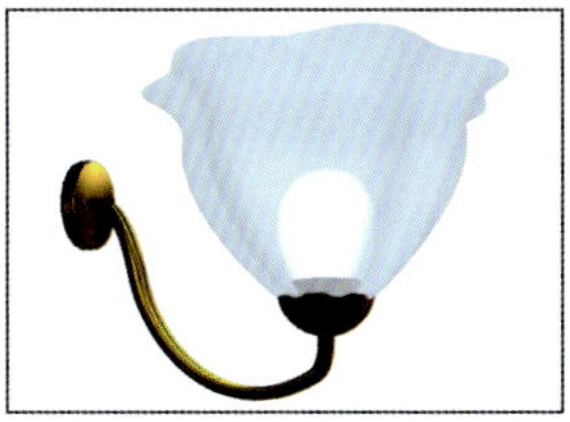

实战操作205 “拉伸”修改器

实战操作206 “挤压”修改器

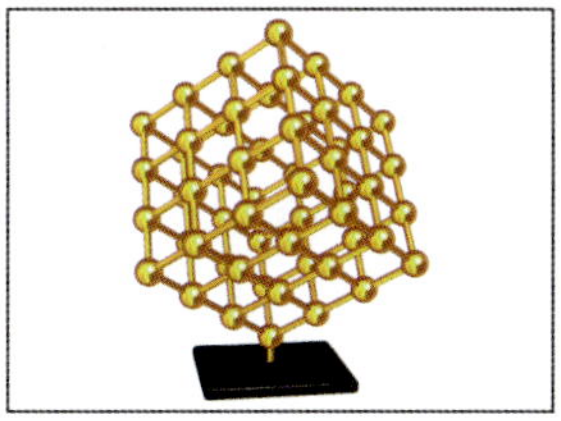

实战操作207 “晶格”修改器

实战操作208 “FFD4×4×4”修改器

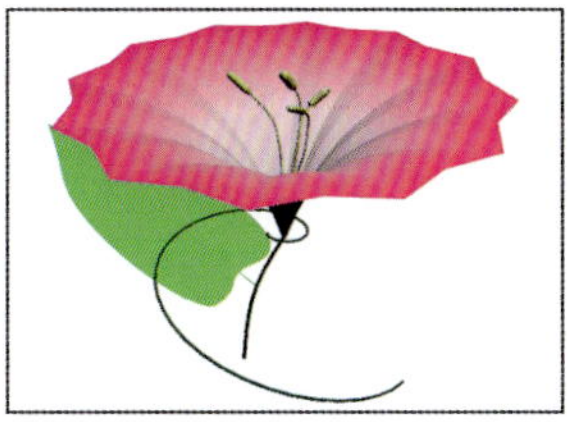

实战操作209 “挤出”修改器

实战操作210 “车削”修改器

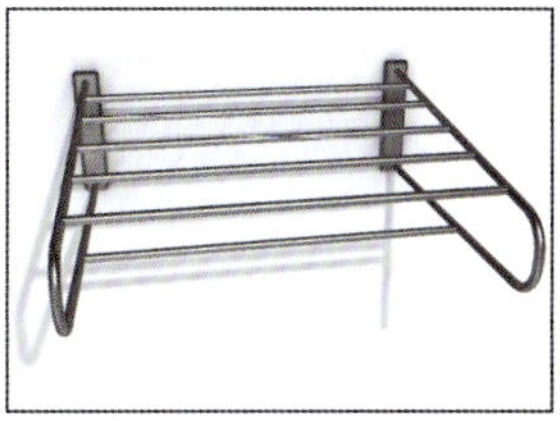

实战操作211 “倒角”修改器

实战操作212
"贴图缩放器"修改器

实战操作213
"路径变形"修改器

实战操作214
"倒角剖面"修改器

实战操作215
"补洞"修改器

实战操作216
"删除网格"修改器

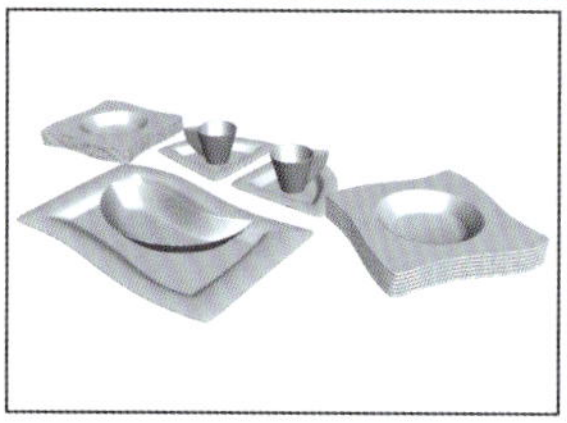

实战操作217
"替换"修改器

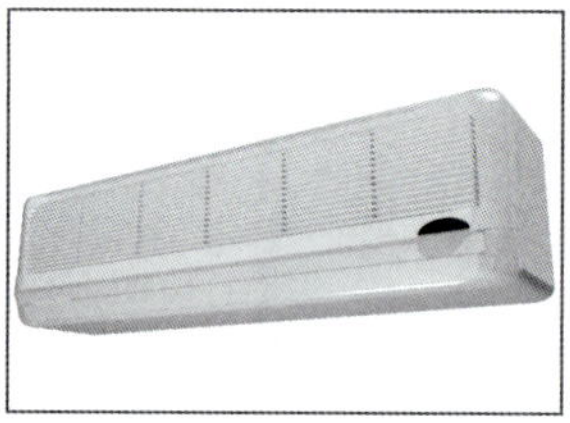

实战操作218
"圆角/切角"修改器

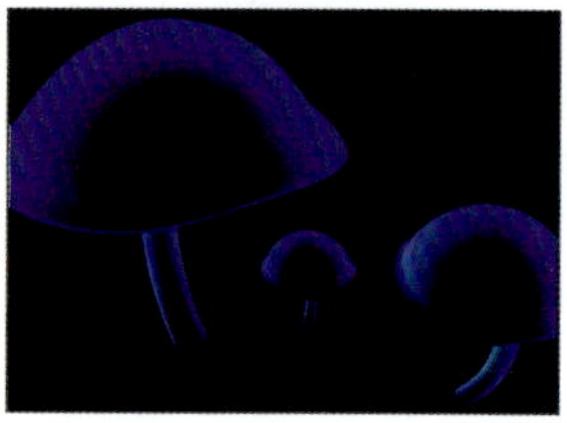

实战操作219
"融化"修改器

实战操作220
"松弛"修改器

实战操作221
"网格平滑"修改器

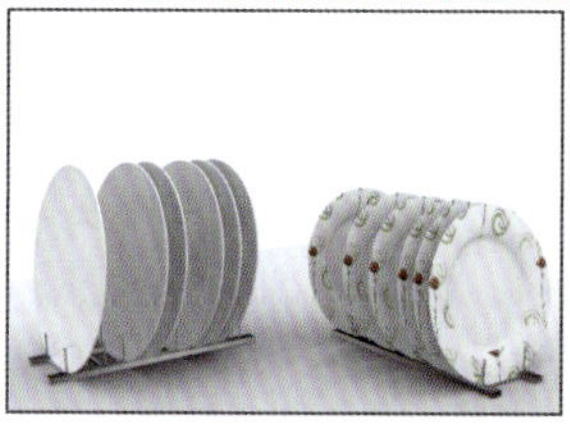

实战操作222
"材质"修改器

实战操作223 "壳"修改器

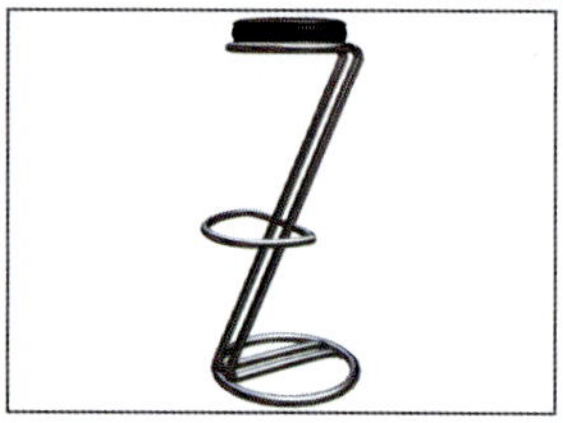

实战操作224
"倾斜"修改器

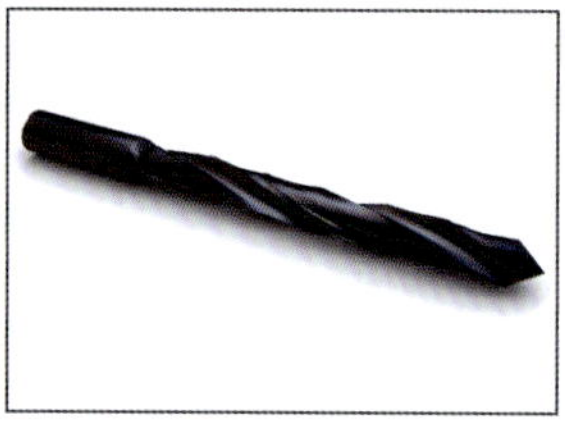

实战操作225
"优化"修改器

实战操作226
"切片"修改器

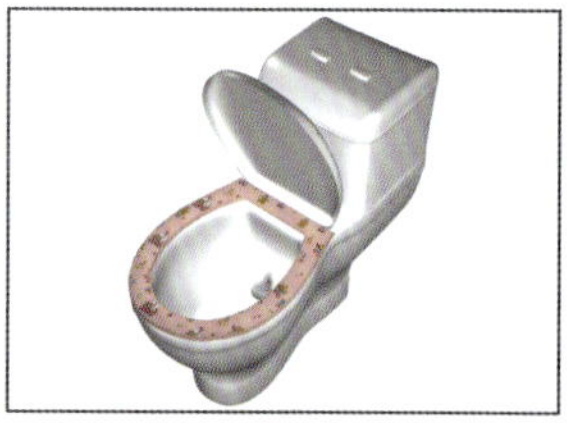

实战操作227
"平滑"修改器

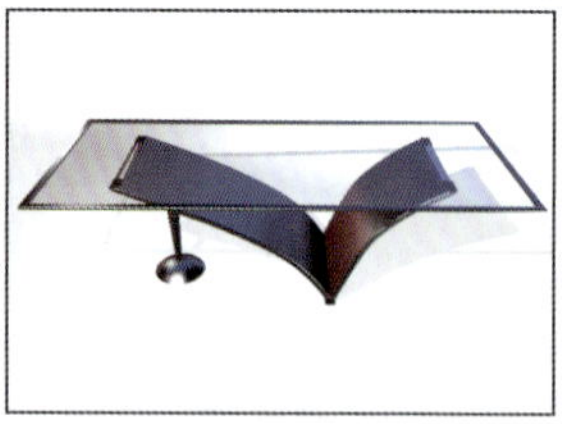

实战操作228
"锥化"修改器

实战操作229
"球形化"修改器

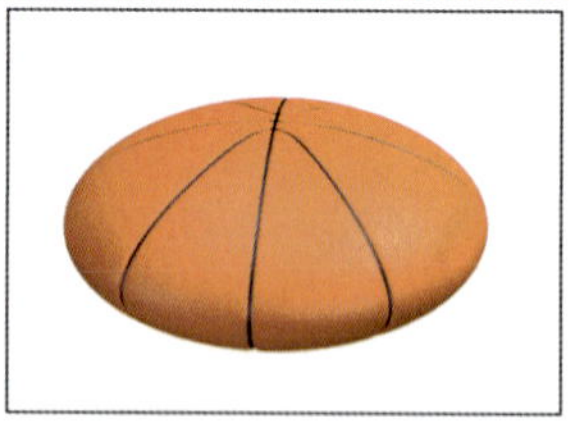

实战操作230 创建变形

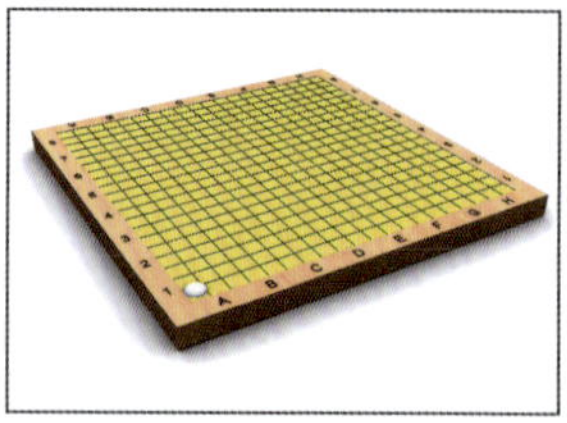

实战操作232
创建散布复合对象

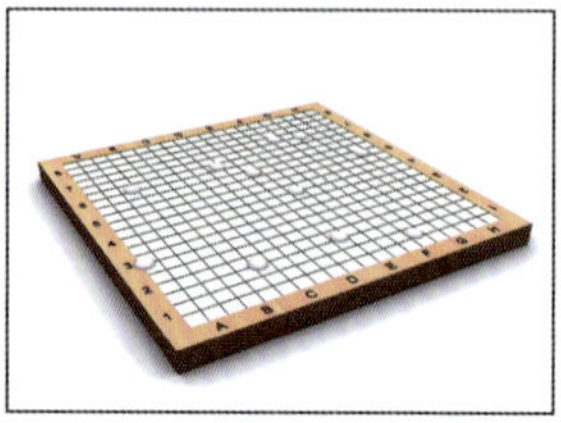

实战操作234 设置局部平移

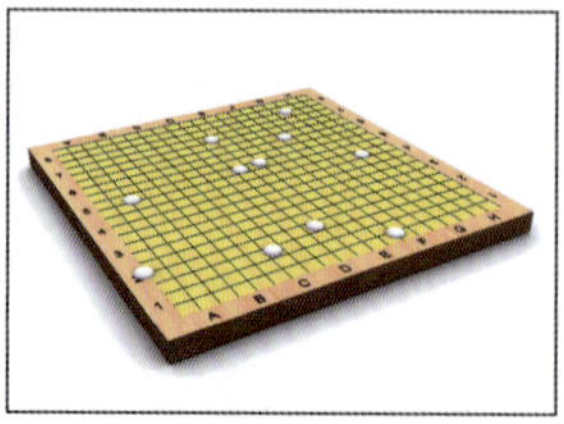

实战操作236 设置显示

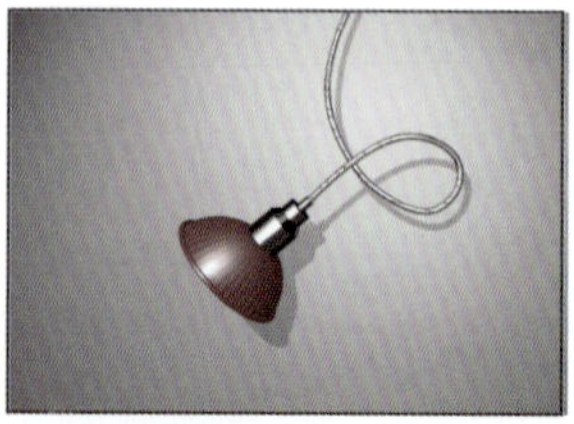

实战操作237
创建连接对象

实战操作242
拾取水滴对象

实战操作243 "ProCutter"工具

实战操作244 "图形合并"工具

实战操作245 差集运算

实战操作246 并集运算

实战操作247 创建放样对象

实战操作250 扭曲变形

实战操作251 拟合变形

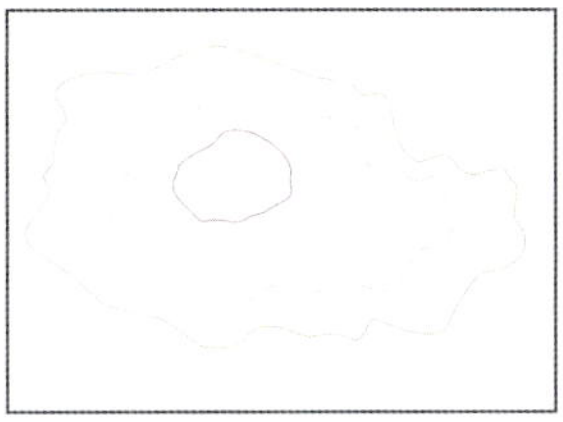

实战操作252 创建等高线

实战操作253 创建地形复合对象

实战操作254 转换为可编辑网格

实战操作259 创建四边形面片

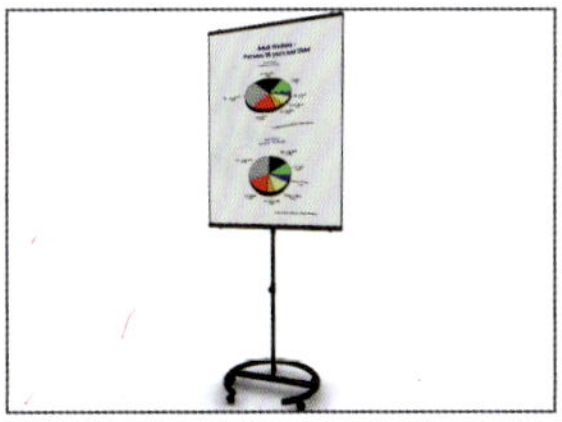

实战操作260 创建三角形面片

实战操作264 倒角面片

实战操作266 创建切角

实战操作269 设置ID号

实战操作285 创建点曲面

实战操作286 创建CV曲面

实战操作290 创建车削曲面

实战操作313 设置环境光

实战操作314 设置漫反射

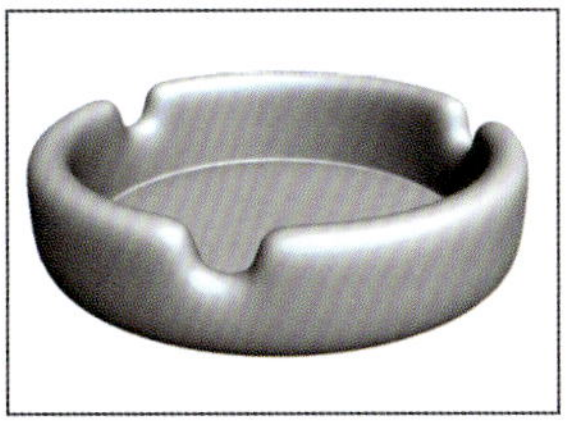

实战操作315 设置高光反射

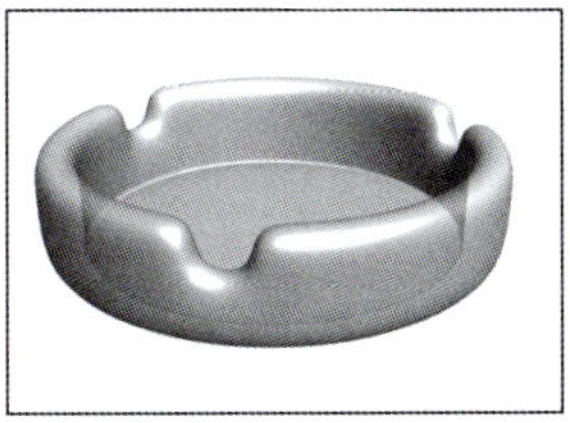

实战操作316 设置材质的不透明度

实战操作318 创建多维/子材质

实战操作319 创建光线跟踪材质

实战操作320　创建双面材质

实战操作321　创建壳材质

实战操作322　创建混合材质

实战操作323　创建虫漆材质

实战操作324　创建顶/底材质

实战操作325
创建外部参照材质

实战操作326
创建高级照明材质

实战操作327　创建合成材质

实战操作328　编辑金属材质

实战操作329　显示线框材质

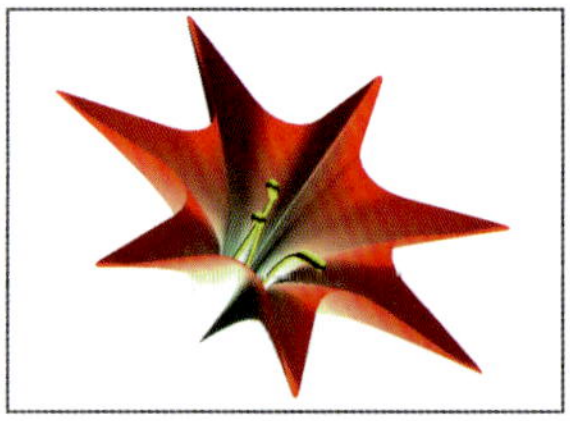

实战操作331　使用渐变贴图

实战操作332
使用棋盘格贴图

实战操作333　使用位图贴图

实战操作334　使用“漫反射颜色”贴图通道

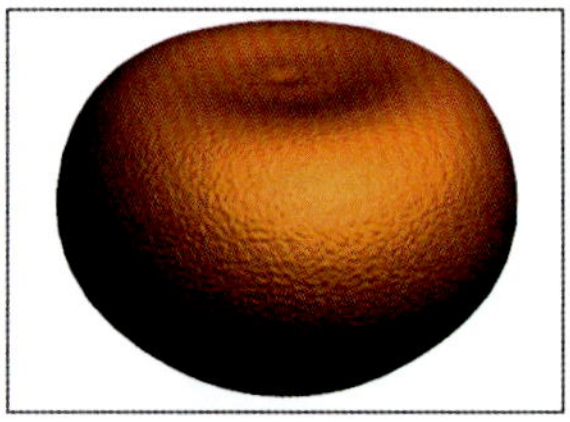

实战操作335
使用“凹凸”贴图通道

实战操作336
使用“反射”贴图通道

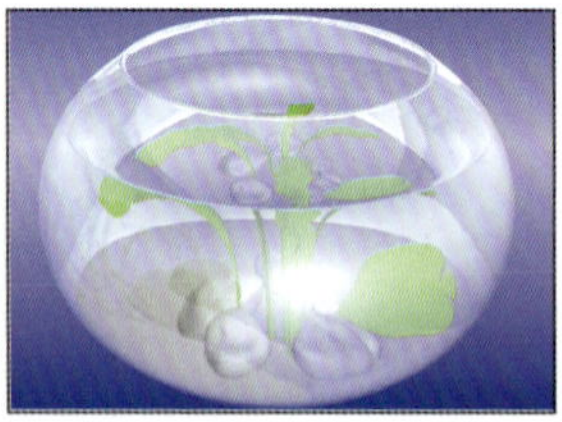

实战操作337
使用“折射”贴图通道

实战操作340
对齐贴图坐标

实战操作341　旋转位图

实战操作342　裁剪位图

实战操作343
创建目标聚光灯

实战操作344
创建 Free Spot

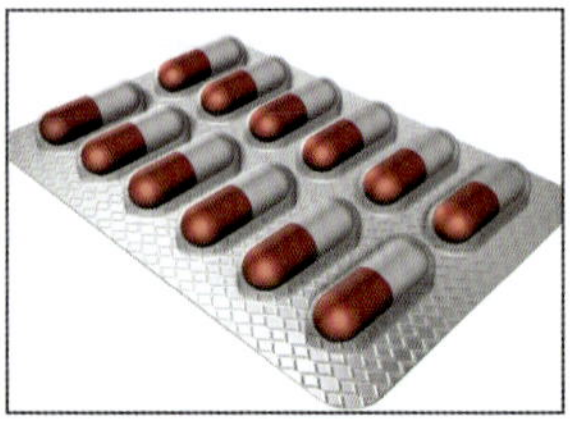

实战操作345
创建目标平行光

实战操作346
创建自由平行光

实战操作347 创建泛光灯

实战操作348 创建天光

实战操作349 创建mr Area Omni

实战操作350 创建mr Area Spot

实战操作351 创建目标灯光

实战操作353 创建自由灯光

实战操作354 使用灯光阴影

实战操作355 设置灯光强度

实战操作356 设置灯光颜色

实战操作357 使用近距衰减

实战操作358 使用远距衰减

实战操作359 调整聚光区/光束

实战操作360 调整衰减区/区域

实战操作361 使用投影贴图

实战操作362 设置阴影颜色

实战操作363 设置阴影贴图

实战操作364 创建目标摄影机

实战操作365 创建自由摄影机

实战操作366 设置渲染背景颜色

实战操作367 设置渲染背景贴图

实战操作368 设置染色

实战操作369 设置环境光

实战操作370 设置曝光

实战操作371 使用雾效果

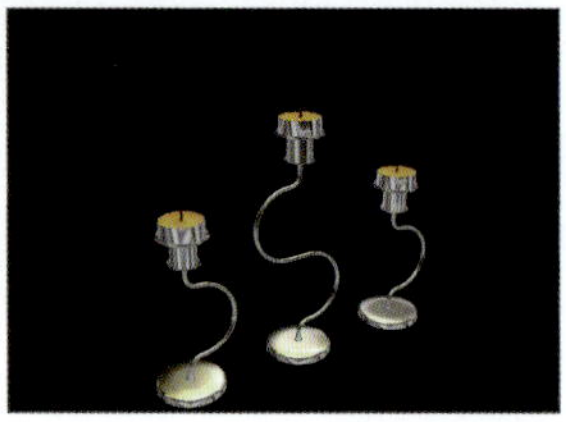

实战操作372 使用火焰效果

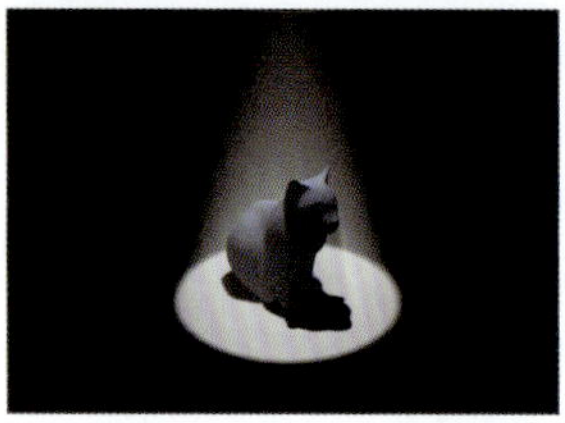

实战操作373 使用体积光效果

实战操作374 使用镜头效果

实战操作375 使用亮度和对比度效果

实战操作376 使用色彩平衡效果

实战操作377 使用胶片颗粒效果

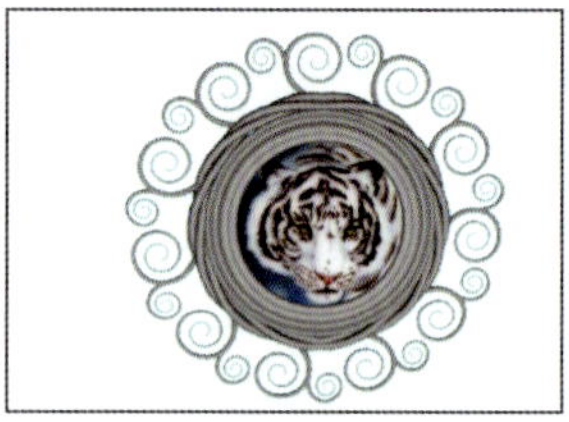

实战操作383 为对象添加镜头效果光晕

实战操作384 执行镜头效果光晕特效

实战操作385 使用星空渲染场景

实战操作386 设置交叉衰减

实战操作397 添加循环效果

实战操作403 添加波形控制器

实战操作404 添加噪波控制器

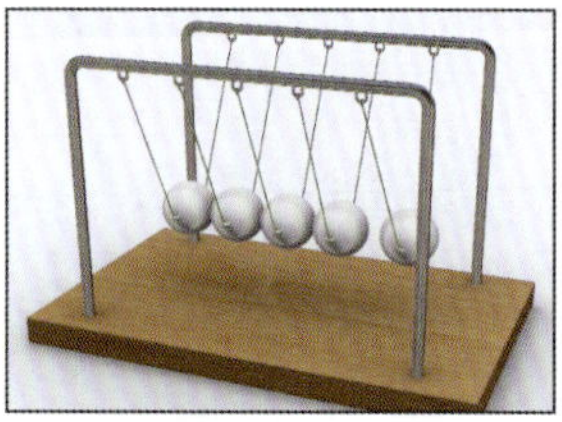

实战操作406 使用链接约束

实战操作407 创建喷射

实战操作408 创建雪粒子

实战操作409 创建超级喷射

实战操作410 创建粒子云

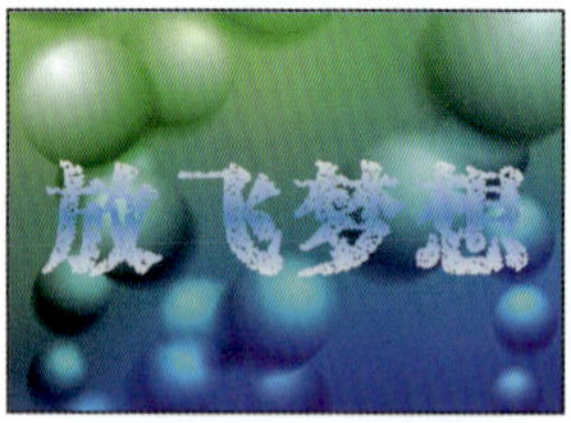

实战操作411 创建旋涡

实战操作412 调整旋涡

实战操作413 创建风

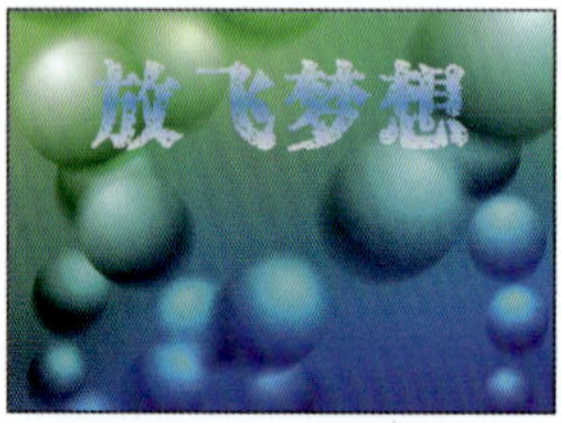

实战操作414 调整风

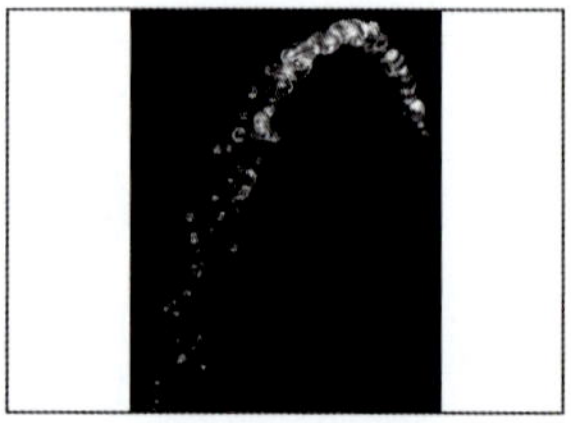

实战操作416 调整重力

实战操作419 使用导向板

实战操作421 使用涟漪

实战操作422 使用爆炸

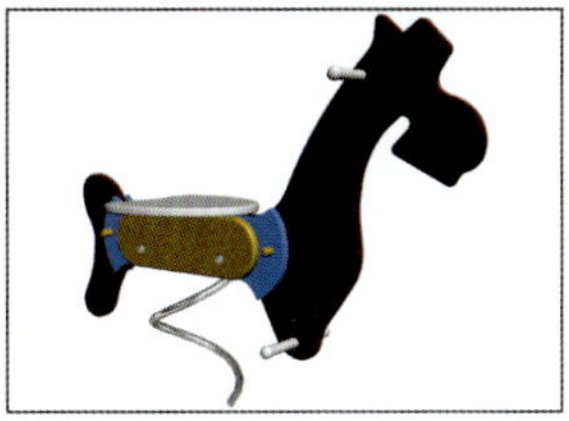

实战操作423 创建弹簧

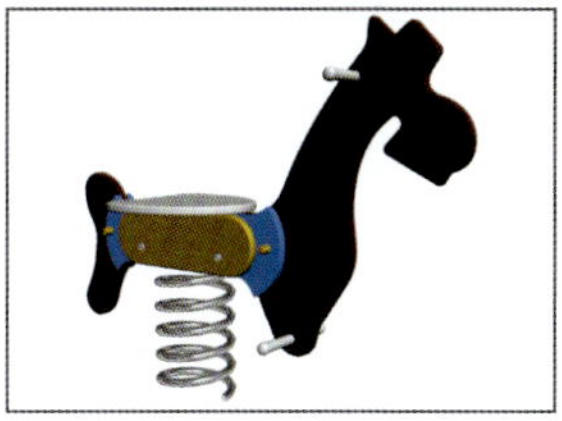

实战操作425 修改弹簧圈数

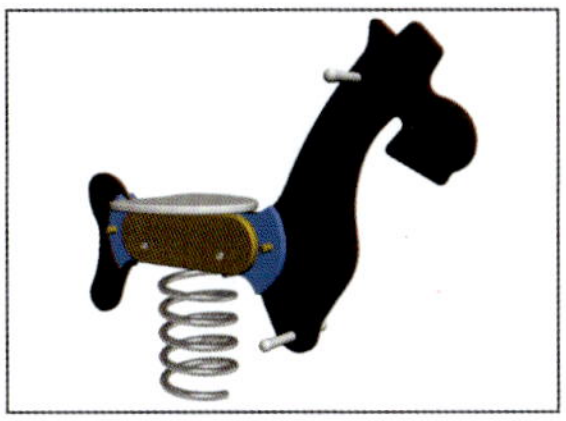

实战操作427
修改弹簧段数

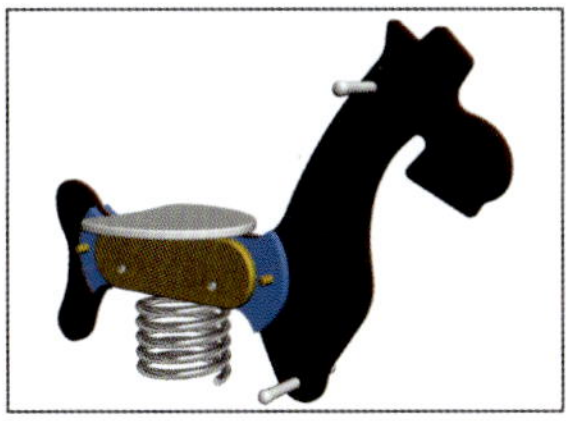

实战操作429
创建弹簧动画

实战操作430
设置单帧渲染

实战操作436
设置NVIDIA mental ray折射

实战操作438 设置最终焦距

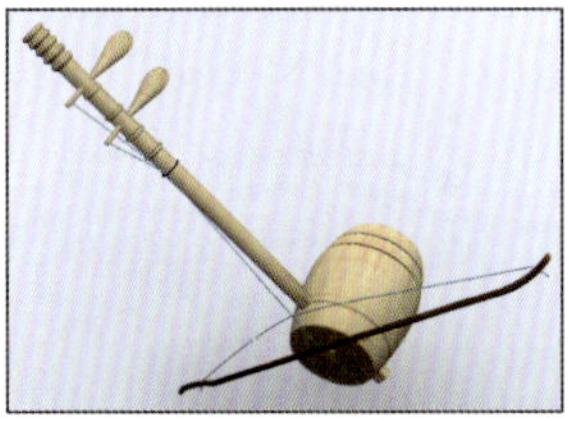

实战操作439 调整采样精度

实战操作441
设置渲染块顺序

实战操作442 渲染背景元素

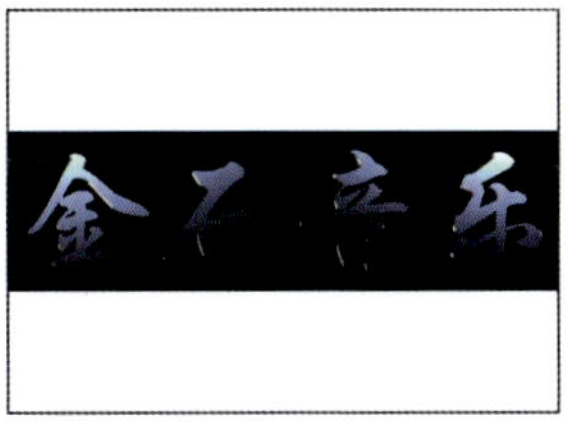

实战操作443
渲染高光反射元素

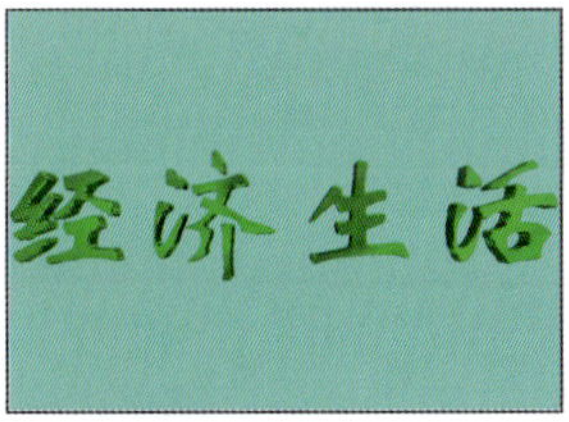

实战操作444
切换渲染通道

实战操作445 输出AVI动画

实战操作452 创建摄影机

实战操作449 创建灯光

实战操作456 创建摄影机

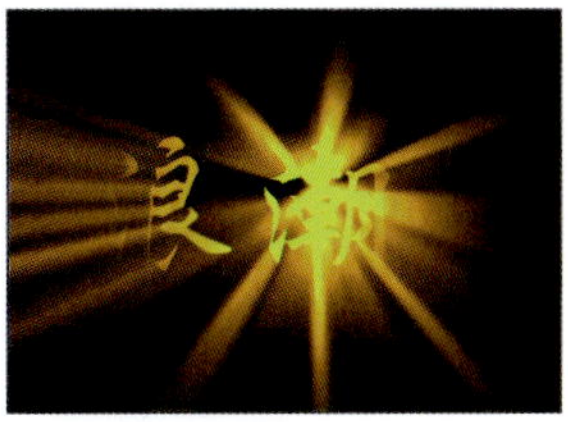

实战操作459
设置动画与渲染输出

实战操作460
瓷器质感的表现

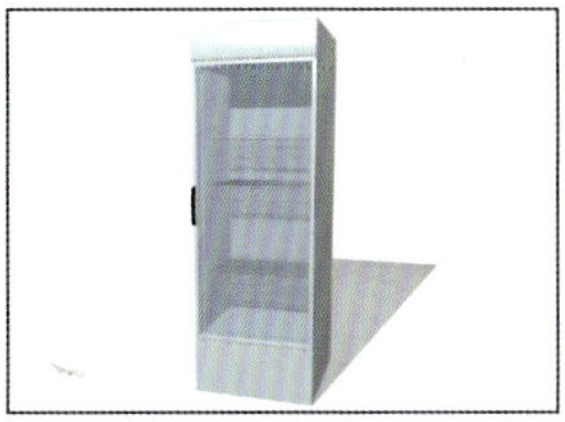

实战操作461
玻璃质感的表现

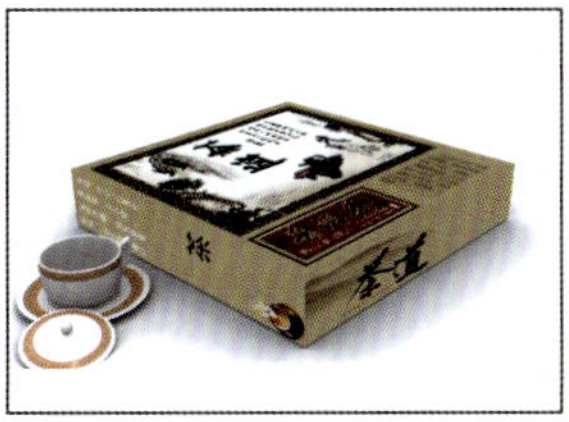

实战操作462 茶叶盒的表现

实战操作463
黄金质感的表现

实战操作464
木纹质感的表现

实战操作465
不锈钢质感的表现

实战操作466
皮革质感的表现

实战操作467
大理石质感的表现

实战操作468
地板反射质感的表现

实战操作469
砖墙质感的表现

实战操作470
塑料质感的表现

实战操作471
毛巾质感的表现

实战操作472
青铜器质感的表现

实战操作473
水果质感的表现

实战操作474
兰花质感的表现

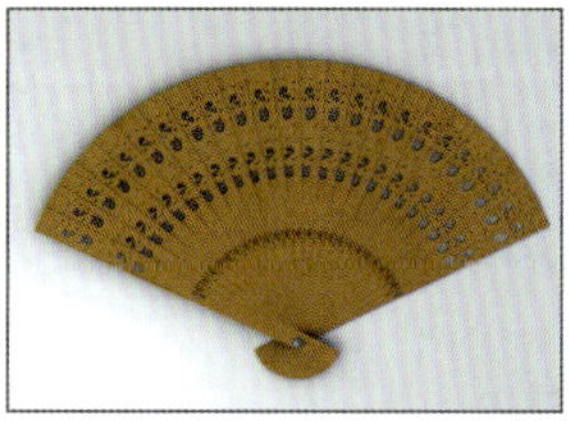

实战操作476
创建灯光和摄影机

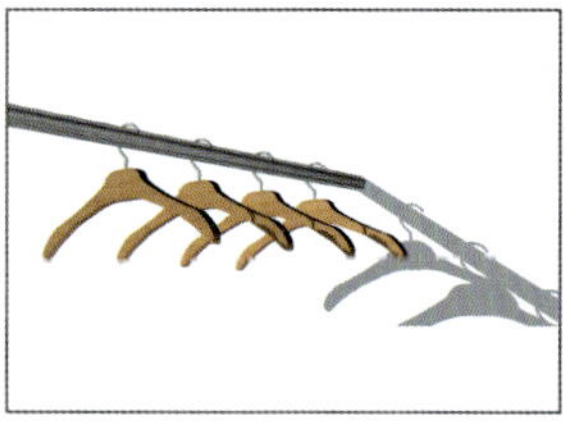

实战操作480
创建摄影机和灯光

实战操作483
创建灯光和摄影机

实战操作484
粒子系统——飘雪

实战操作485
喷射粒子——下雨

实战操作486
镜头光斑——太阳耀斑

实战操作487
粒子系统——烟花

实战操作488
亮星特技——星光闪烁

实战操作490
摄影机与摄影机动画的设置

实战操作494 设置背景

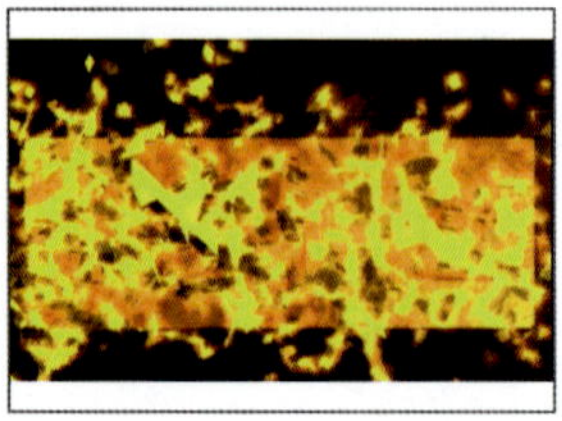

实战操作496 视频后期处理

实战操作509 设置输出路径

实战操作519 渲染输出

实战操作520 后期处理

前　言

PREFACE

随着计算机技术的飞速发展，三维动画技术以及三维动画、三维建筑效果图、三维室内装饰装修效果图也应用于众多的行业中，且在生活中随处可见，而这些立体元素都是通过三维软件制作的。3ds Max是一款大众化的专业三维软件，适合众多三维爱好者学习和使用，其中很多专业院校也针对该软件开设了相关课程。

新版的3ds Max 2013在建模技术、材质编辑、环境控制、动画设计、渲染输出和后期制作等方面日趋完善。内部算法有了很大的改进，提高了制作和渲染输出的速度，渲染效果达到工作站级的水准。功能和界面划分更合理，更人性化，各功能组有序地组合极大提高了三维动画制作的工作效率，以全新的风貌展现给爱好三维动画制作的人士。

本教程以通俗简洁的语言、循序渐进的结构，深入浅出地介绍了3ds Max这一功能强大、应用广泛的软件，后面的几章内容列举了日常工作中常见的案例来进行制作及思路的拓展。

本教程内容涵盖了：初识3ds Max 2013、对象的基本操作、基础建模、二维图形的创建和编辑、创建植物和建筑对象、模型的编辑与修改、复合建模、高级建模、材质与贴图、灯光与摄影机、环境与效果、基本动画、粒子与空间扭曲、渲染输出等内容。

本教程的最后6章，根据当前实际应用为读者设置了“常用三维文字的制作”、“常用材质纹理的设置与表现”、“动画制作入门练习”、“三维造型制作入门与练习”、“广告片头的制作”、“室内效果图的制作”六个领域精选实例，详细介绍了制作步骤，让读者融会贯通、举一反三，逐步精通，成为实战高手。

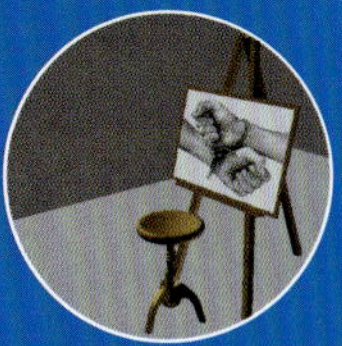

本教程适合3ds Max的初、中级读者，如家装设计人员、公装设计人员、效果图制作人员、效果图渲染人员、动画制作人员等，也可供

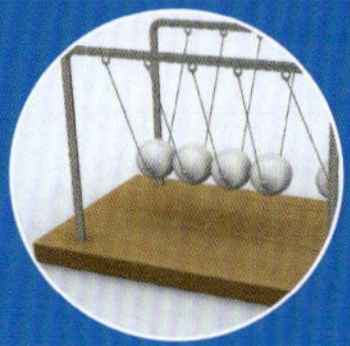

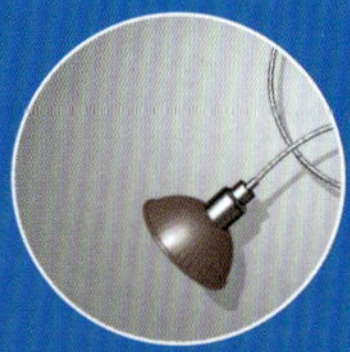

PREFACE

大专院校及各类培训班作为教材使用。本教程光盘的内容为书中部分实例素材、场景文件及视频文件。

本教程全面、详细地介绍了3ds Max的各项核心技术与精髓内容，并通过500多个技能大演练，及500多段视频大观摩，帮助读者在最短的时间内从入门到精通软件，从新手成为高手。

本书主要有以下几大优点：

- 内容全面。几乎覆盖了3ds Max 2013中文版所有选项和命令。
- 语言通俗易懂，介绍清晰，前呼后应。以最小的篇幅、最易读懂的语言介绍每一项功能和每一个实例。
- 实例丰富，技术含量高，与实践紧密结合。每一个实例都倾注了作者多年的实践经验，每一个功能都经过技术认证。
- 版面美观，图例清晰，并具有针对性。每一个图例都经过作者精心策划和编辑。只要仔细阅读本书，就会从中学到很多知识和技巧。

本教程由郁陶、李少勇主编，参与编写的还有于海宝、刘蒙蒙、孟智青、徐文秀、张林、王雄健、李向瑞、荣立峰、李娜、王玉、刘峥、张云、贾玉印、张春燕、刘杰、罗冰、任龙飞、张花、陈月娟、陈月霞、刘希林、黄健、黄永生、田冰、徐昊，北方电脑学校的温振宁、黄荣芹、刘德生、宋明、刘景君老师，德州职业技术学院计算机系的张锋、相世强、徐伟伟、王海峰等几位老师，在此一并表示感谢。

在创作的过程中，由于水平有限，错误在所难免，希望广大读者批评指正。

编著者

Contents 目录

第9章 材质与贴图

第10章 灯光与摄影机

第16章 常用材质的设置与表现

第17章 三维造型制作入门与练习

第18章 动画制作入门练习

第19章 广告片头的制作

第20章 室内效果图设计

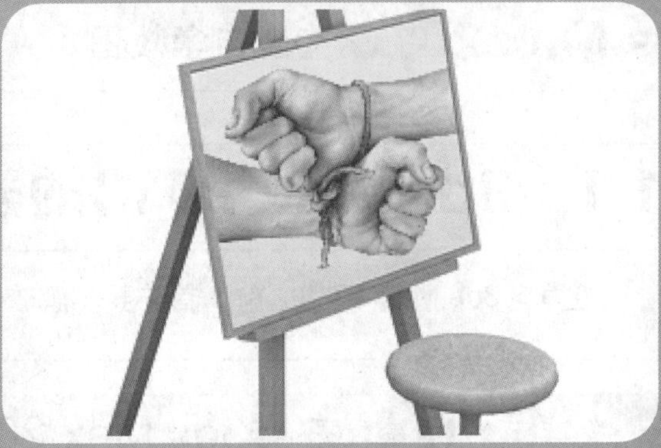

Chapter 01

第1章 熟悉3ds Max 2013

本章主要介绍有关3ds Max 2013中文版的基础知识，包括安装、启动、退出3ds Max 2013系统。3ds Max属于单屏幕操作软件，它的所有命令和操作都在一个屏幕上完成，不用进行切换，这样可以节省大量工作时间，同时创作也更加直观明了。作为一个3ds Max的初级用户，在没有正式使用和掌握这个软件之前首先学习和适应软件的工作环境及基本的文件操作是非常重要的。

3ds Max 2013

1.1 3ds Max 2013的安装、启动与退出

在学习3ds Max 2013之前，首先要了解软件的安装、启动与退出，这样才能更好地掌握。

实战操作001 安装3ds Max 2013

素材：无　　场景：无

难度：★★★★★　　视频：视频\Cha01\实战操作001.avi

3ds Max 2013的安装方法非常简单，其具体操作步骤如下所述。

STEP 01 首先将安装光盘插入到光驱中，打开“我的电脑”窗口，找到3ds Max 2013的安装系统，双击“Setup.exe”图标，即可弹出如下图所示的对话框。

STEP 02 在弹出的“安装初始化”对话框中单击“安装”按钮，如下图所示。

STEP 03 在弹出的对话框中选中右下角的“我接受”单选按钮，如下图所示，然后单击“下一步”按钮。

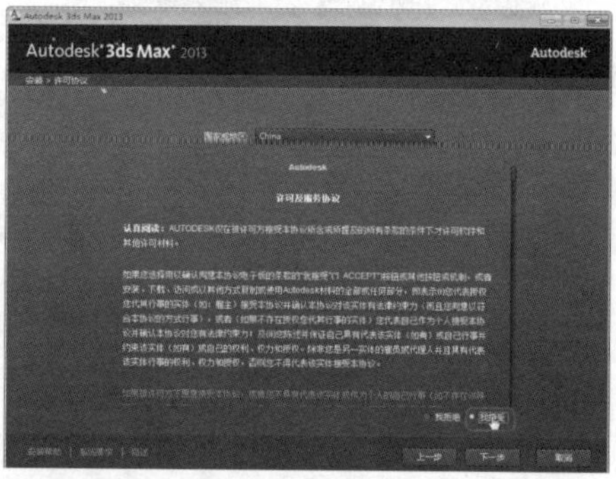

STEP 04 在弹出的对话框中选中“我有我的产品信息”单选按钮，然后输入“序列号”和“产品密钥”，如下图所示，输入完成之后单击“下一步”按钮。

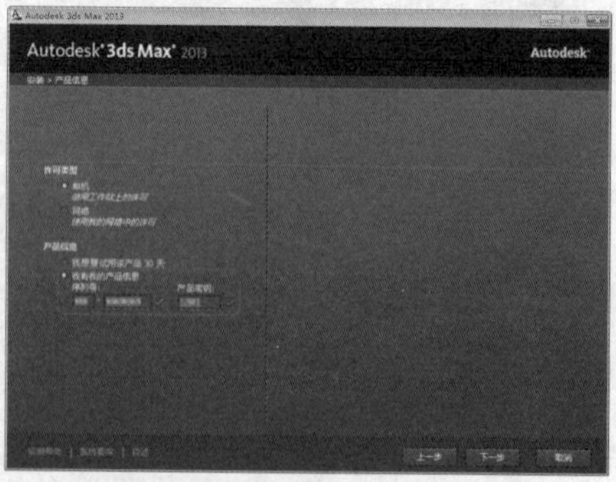

专家提醒

上面介绍的3ds Max 2013是在Windows 7系统上安装的，如果在Windows XP系统上安装，将不支持中文。

STEP 05 再在弹出的对话框中指定安装的路径，在此使用默认安装路径，单击“安装”按钮，即可弹出如下图所示的安装进度对话框。

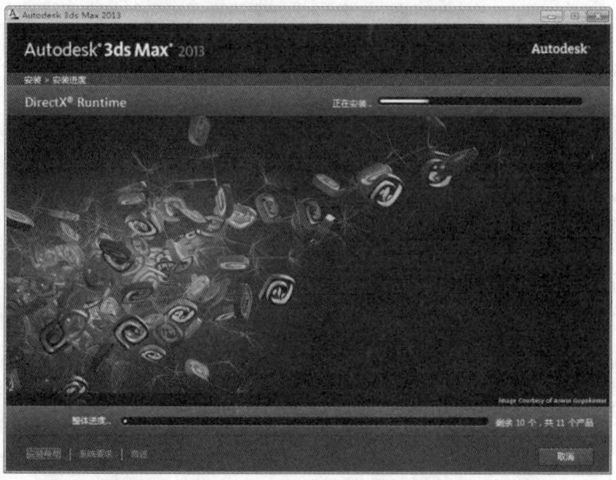

STEP 06 安装完成之后会弹出一个如下图所示的对话框，单击“完成”按钮即可。

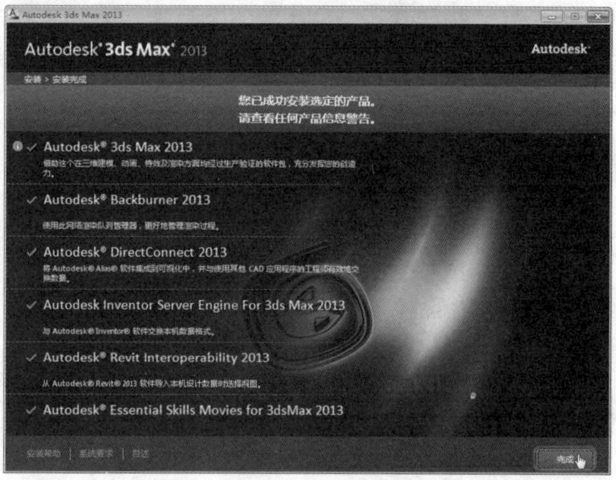

实战操作002 启动与退出3ds Max 2013

素材：无　　场景：无

难度：★★★★★　　视频：视频\Cha01\实战操作002.avi

安装完软件后，首先介绍如何启动和退出该软件，其具体操作步骤如下所述。

STEP 01 单击“开始”按钮，在弹出的菜单中选择“所有程序”|“Autodesk”|“Autodesk 3ds Max 2013 32-bit”|“Languages”|“Autodesk 3ds Max 2013 32-bit-Simplified Chinese”选项，如下图所示。

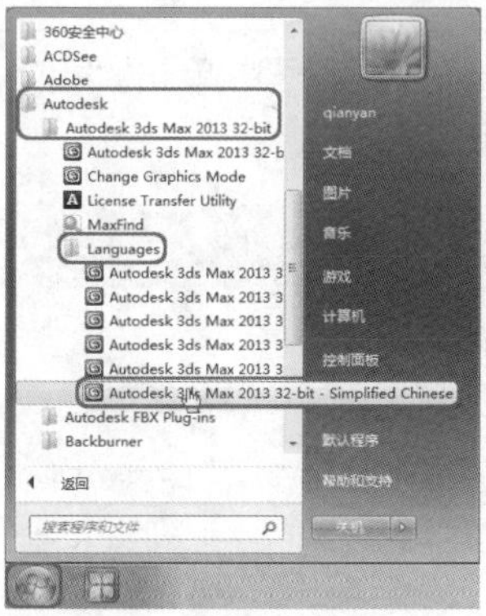

STEP 02 执行该操作后，即可启动3ds Max 2013软件，如下图所示。

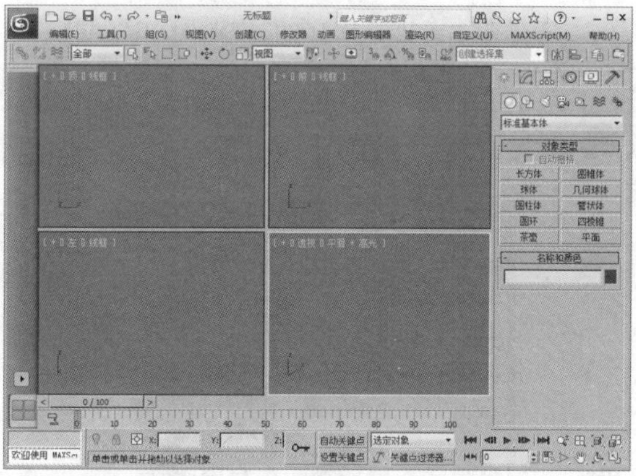

专家提醒

除了上述方法外，还可以双击桌面上的快捷方式图标，或选择该图标，然后右击鼠标，在弹出的快捷菜单中执行“打开”命令。

STEP 03 同样，退出3ds Max 2013的方法也非常简单，单击该窗口右上角的“关闭”按钮即可，如下图所示。

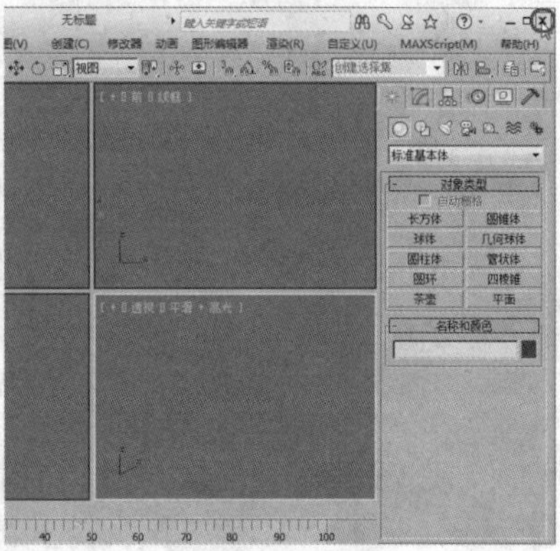

STEP 04 除了该方法之外，还可以单击按钮，在弹出的下拉列表中单击“退出3ds Max”按钮，如下图所示。

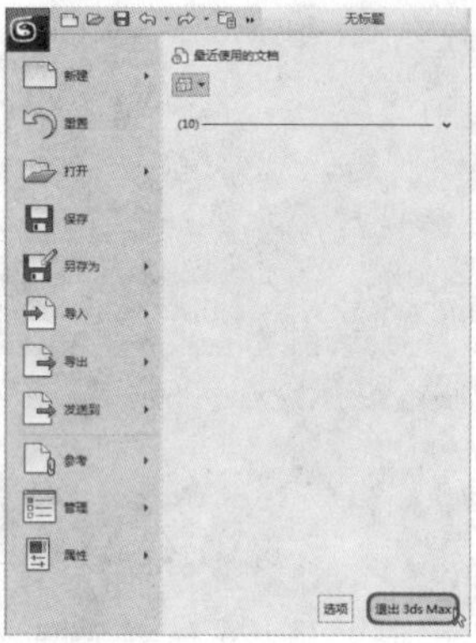

1.2 3ds Max 2013的卸载

卸载3ds Max 2013的方法有两种，一种是通过“控制面板”将3ds Max 2013进行卸载，另外一种是通过360软件管家将其卸载。本节将进行简单介绍。

实战操作003 使用控制面板卸载3ds Max 2013

素材：无　场景：无

难度：★★★★★　视频：视频\Cha01\实战操作003.avi

下面详细介绍使用控制面板卸载3ds Max 2013的方法。

STEP 01 单击“开始”按钮，在弹出的列表中选择“控制面板”选项，如下图所示。

STEP 02 在弹出的对话框中单击“卸载程序”按钮，如下图所示。

STEP 03 单击该按钮后，即可弹出“程序和功能”对话框，在该对话框中选择“Autodesk 3ds Max 2013 32-bit”，单击“卸载/更改”按钮，如下图所示。

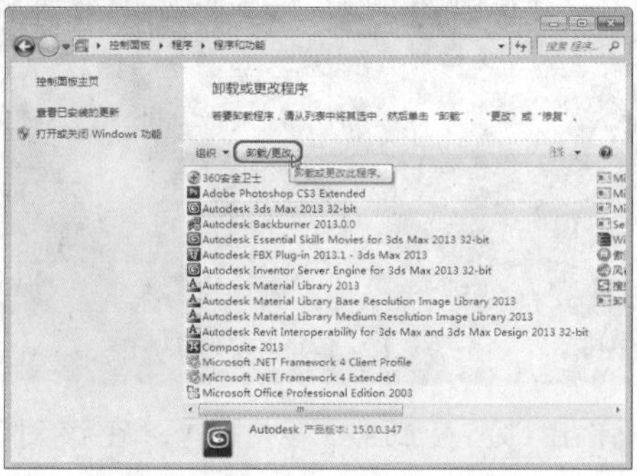

STEP 04 单击该按钮后，即可弹出一个对话框，在该对话框中单击“卸载”按钮，如下图所示。

STEP 05 单击该按钮后，再在弹出的对话框中单击“卸载”按钮，如下图所示。

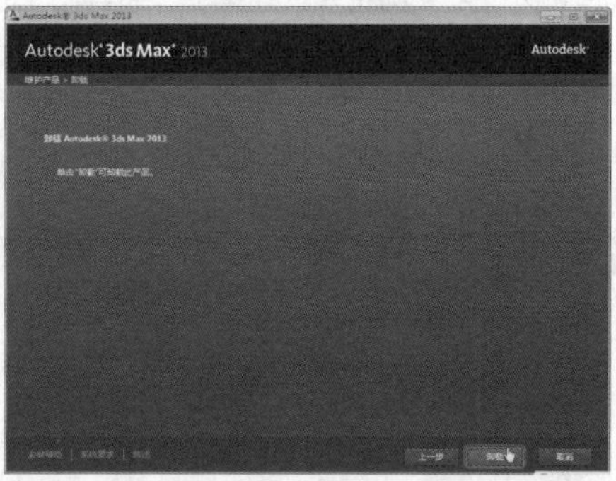

STEP 06 单击该按钮后，即可弹出“正在卸载”对话框，在该对话框中将会显示卸载进度，如下图所示，卸载完成后，在弹出的对话框中单击“完成”按钮即可。

实战操作004 使用360卸载3ds Max 2013

素材：无	场景：无
难度：★★★★★	视频：视频\Cha01\实战操作004.avi

STEP 01 单击“开始”按钮，在弹出的列表中选择“所有程序”|“360安全中心”|“360安全卫士”|“360软件管家”选项，如右图所示。

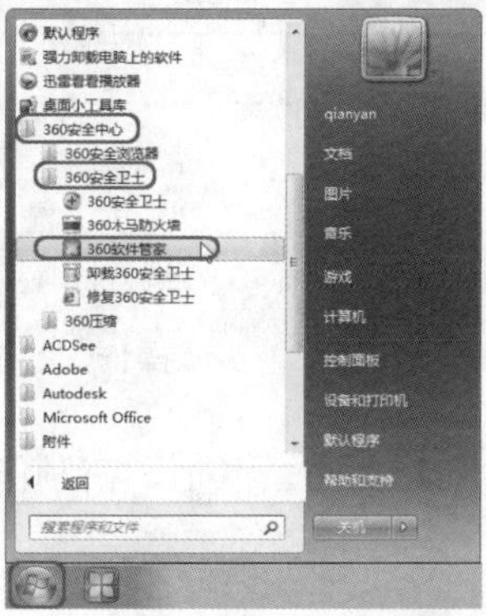

STEP 02 在弹出的对话框中单击“软件卸载”按钮，如下图所示。

STEP 03 执行该操作后，即可弹出卸载软件界面，在“软件名称”列表框中选择“Autodesk 3ds Max 2013 32-bit”，单击“卸载”按钮，如下图所示。

STEP 04 在弹出的对话框中单击“卸载”按钮，如下图所示。

STEP 05 再在弹出的对话框中单击“卸载”按钮，如下图所示。

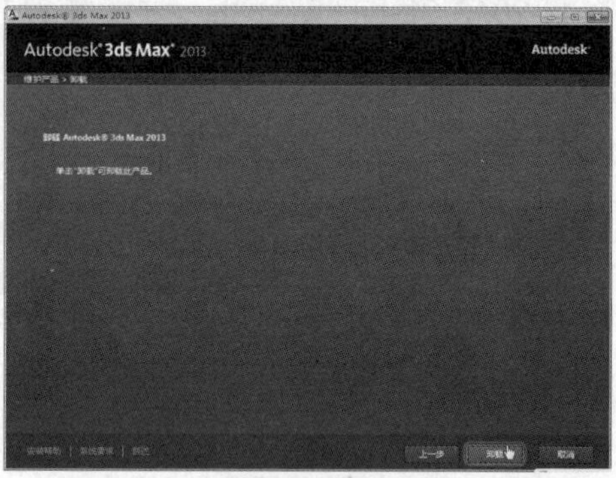

STEP 06 弹出“正在卸载”对话框，在该对话框中将会显示卸载进度，如下图所示，卸载完成后，在弹出的对话框中单击“完成”按钮即可。

1.3 文件操作

在3ds Max 2013中，首先必须要掌握的是文件的基本操作。下面进行详细介绍。

实战操作005 新建文件

素材：无	场景：无
难度：★★★★★	视频：视频\Cha01\实战操作005.avi

在启动3ds Max 3013应用程序时，都会新建一个max文件，但是，在制作max场景过程中，总需要创建一个新的max文件。下面进行具体介绍。

STEP 01 在3ds Max中单击按钮，在弹出的下拉菜单中执行“新建”|“新建全部”命令，如右图所示。

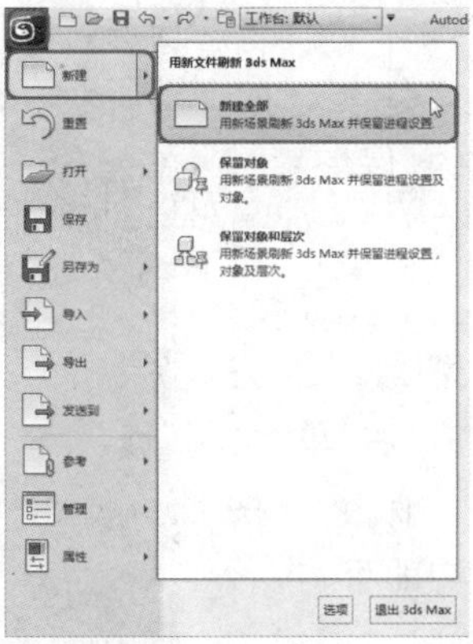

STEP 02 执行该操作后，即可新建一个空白文件，如果需要新建的文件修改后未保存，新建时，系统会弹出如右图所示的提示对话框。

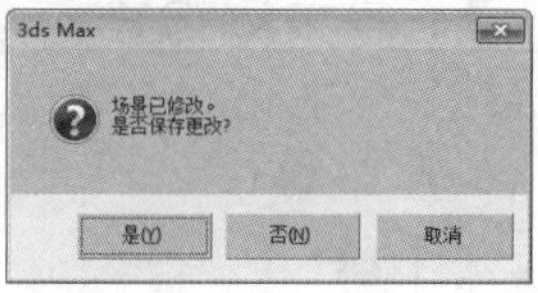

专家提醒

除了可以通过上述方法新建文件外，还可以按Ctrl+N组合键创建新文档，或单击快速访问工具栏上的“新建场景”按钮来新建文档。

实战操作006 打开文件

素材：Scene\Cha01\1-1.max	场景：无
难度：★★★★★	视频：视频\ Cha01 \实战操作006.avi

下面介绍如何在3ds Max中打开文件，其具体操作步骤如下所述。

STEP 01 在3ds Max中单击按钮，再在弹出的下拉菜单中执行“打开”|“打开”命令，如右图所示。

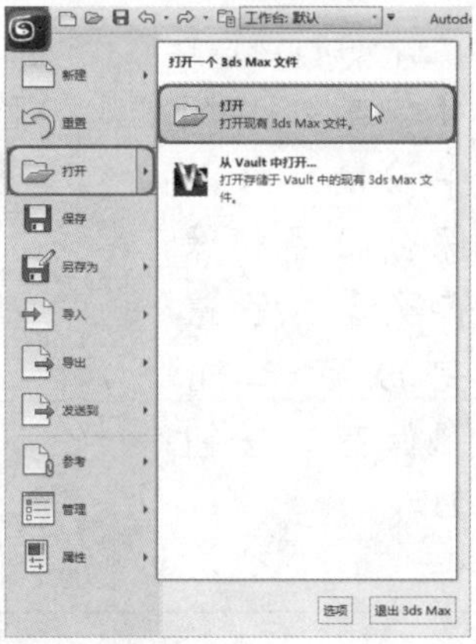

STEP 02 执行该操作后，即可打开“打开文件”对话框，在该对话框中选择“1-1.max”素材文件，如下图所示。单击“打开”按钮后，即可打开选中的素材文件。

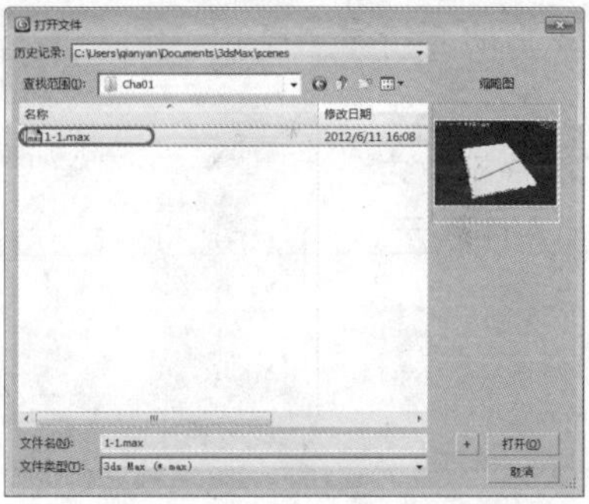

专家提醒

在3ds Max中，还有另外两种方法可以打开文件，一种是按Ctrl+O组合键，另外一种是单击快速访问工具栏中的“打开文件”按钮。

实战操作007 将文件另存为

素材：Scene\Cha01\1-1.max	场景：无
难度：★★★★★	视频：视频\Cha01\实战操作007.avi

在3ds Max中，如果不想破坏当前场景，可以将该场景保存，其具体操作步骤如下所述。

STEP 01 单击按钮，在弹出的下拉菜单中执行“打开”|“打开”命令，打开1-1.max素材文件。然后再单击按钮，在弹出的下拉菜单中执行“另存为”|“另存为”命令，如右图所示。

STEP 02 执行该操作后，弹出“文件另存为”对话框，如下图所示，在该对话框中设置文件的保存路径、文件名和保存类型，设置完成后单击“保存”按钮即可。

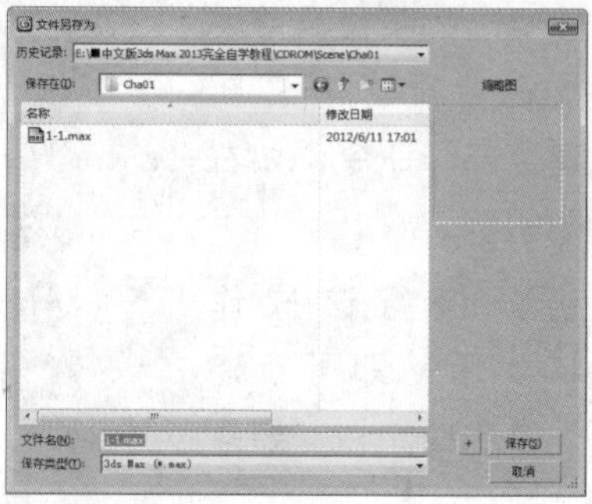

实战操作008 将文件保存为副本

素材：无　　场景：无

难度：★★★★★　　视频：视频\Cha01\实战操作008.avi

下面介绍如何将文件保存为副本，其具体操作步骤如下所述。

STEP 01 继续上一实例的操作，单击按钮，在弹出的下拉菜单中执行“另存为”|“保存副本为”命令，如右图所示。

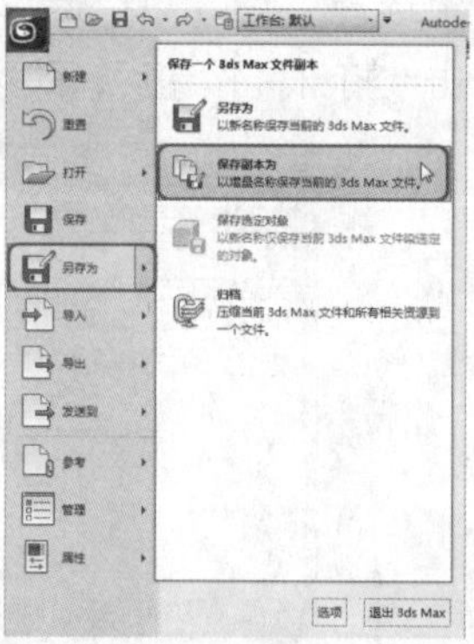

STEP 02 执行该操作后，即可打开“将文件另存为副本”对话框，如下图所示。在该对话框中设置文件的保存路径和保存类型，设置完成后单击“保存”按钮即可。

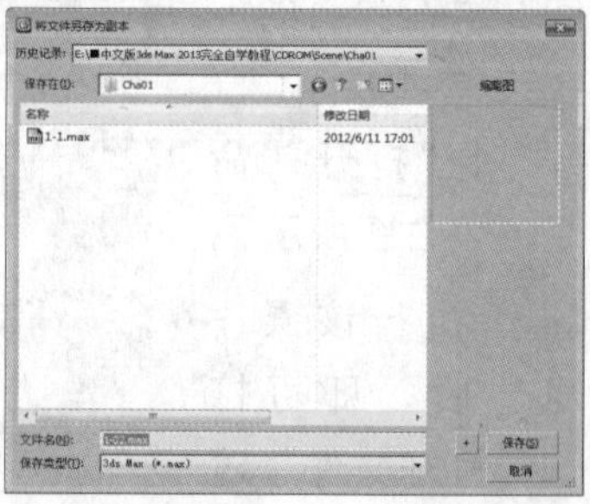

专家提醒

执行“保存副本为”命令对场景文件进行存储时，系统将以一个新的文件名称来存储当前场景，原来的场景文件不会改变。

实战操作009 合并场景

素材：Scene\Cha01\1-2.max、1-3.max

场景：Scene\Cha01\实战操作009.max

难度：★★★★★

视频：视频\Cha01\实战操作009.avi

在3ds Max中，可以根据需要将两个不同的场景合并为一个，其具体操作步骤如下所述。

STEP 01 单击按钮，在弹出的下拉菜单中执行“打开”|“打开”命令，打开1-2.max素材文件，如下图所示。

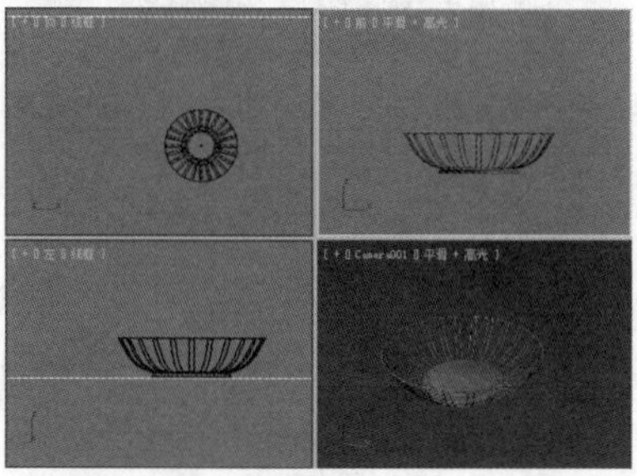

STEP 02 单击按钮，在弹出的下拉菜单中执行“导入”|“合并”命令，如下图所示。

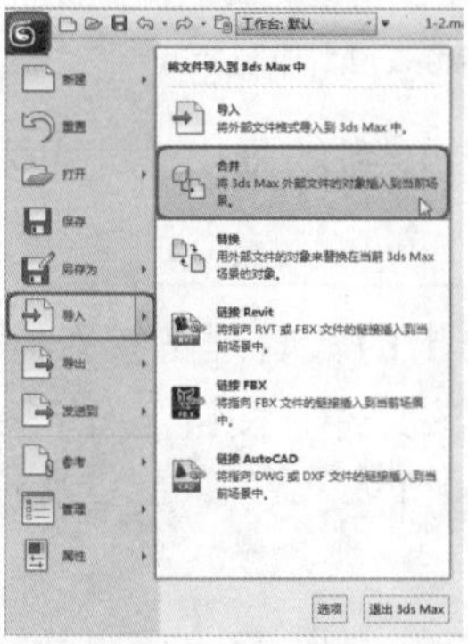

STEP 03 执行该命令后，即可打开“合并文件”对话框，在该对话框中选择素材文件“1-3.max”，如下图所示，单击“打开”按钮。

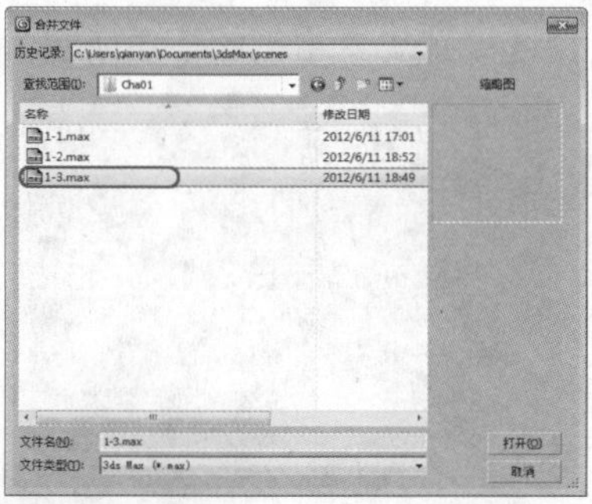

STEP 04 执行该操作后，即可打开“合并”对话框，在该对话框中选择要合并的对象，如下图所示，单击“确定”按钮。

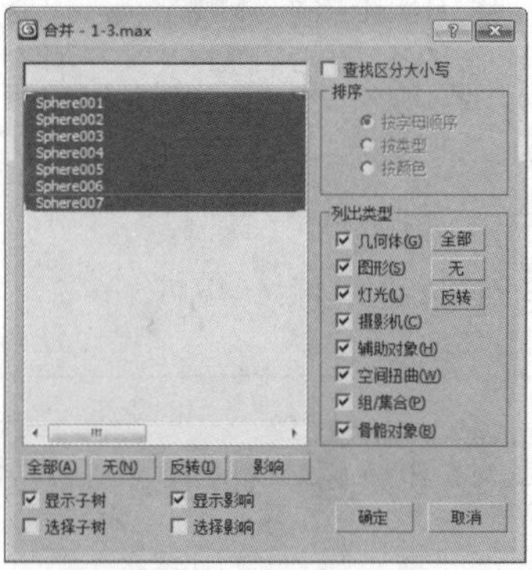

STEP 05 即可将选中的对象合并到1-2.max场景文件中，使用“选择并移动”工具调整该对象的位置，调整后的效果如下图所示。

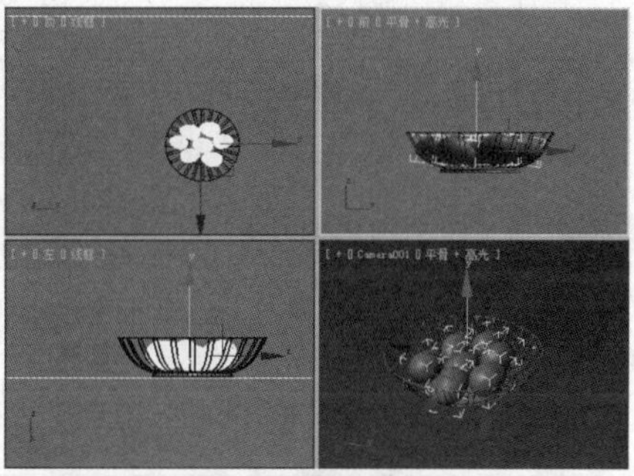

STEP 06 激活“摄影机”视图，按F9键进行渲染，渲染后的效果如下图所示。

实战操作010 重置文件

素材：无	场景：无
难度：★★★★★	视频：视频\Cha01\实战操作010.avi

在3ds Max中，可以根据需要对场景进行重置。重置文件是将场景中的所有对象删除，并将视图和各项参数都恢复到默认的状态。重置文件的具体操作步骤如下所述。

STEP 01 继续上一实例的操作，单击按钮，在弹出的下拉菜单中执行“重置”命令，如右图所示。

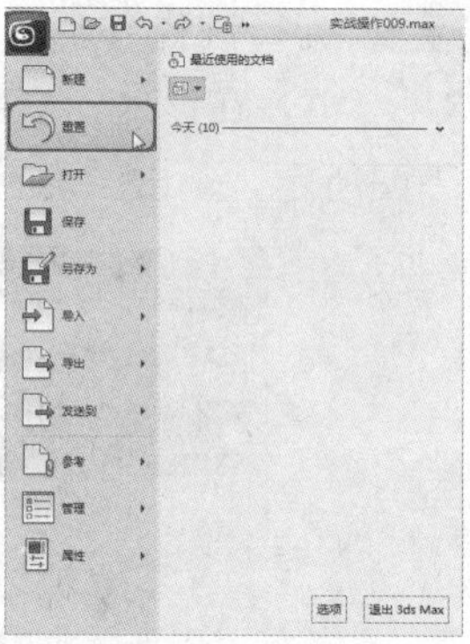

STEP 02 执行该操作后，将会弹出一个提示框，如下图所示，单击“是”按钮，即可重置一个新的场景，单击“否”按钮将取消重置。

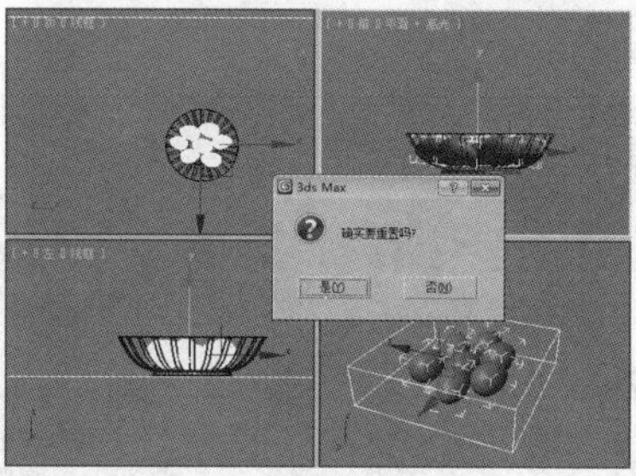

实战操作011 链接AutoCAD文件

素材：Scene\Cha01\1-4.dwg	场景：无
难度：★★★★★	视频：视频\Cha01\实战操作011.avi

在3ds Max中，可以根据需要将一些非max类型的文件链接到场景中。下面将介绍如何将AutoCAD文件链接到场景中，其具体操作步骤如下所述。

STEP 01 单击按钮，在弹出的下拉菜单中执行“导入”|“链接AutoCAD”命令，如右图所示。

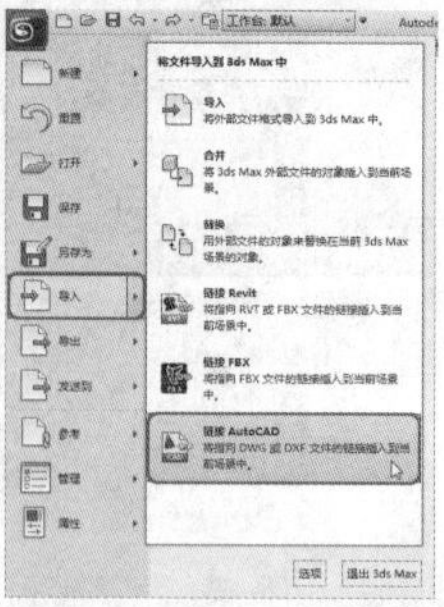

STEP 02 执行该命令后，即可弹出“打开”对话框，在该对话框中选择1-4.dwg素材文件，如下图所示，单击“打开”按钮。

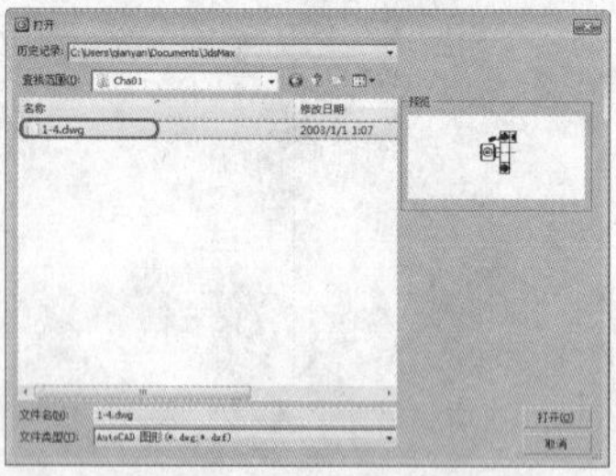

STEP 03 再在弹出的“管理链接”对话框中单击“附加该文件”按钮，如下图所示。

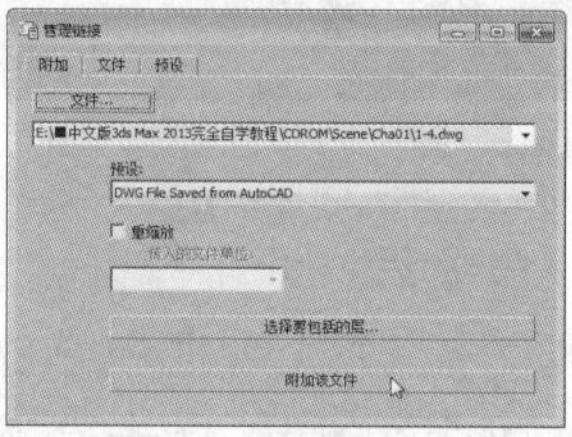

STEP 04 单击该按钮后，将该对话框关闭，即可将文件链接到场景中，如下图所示。

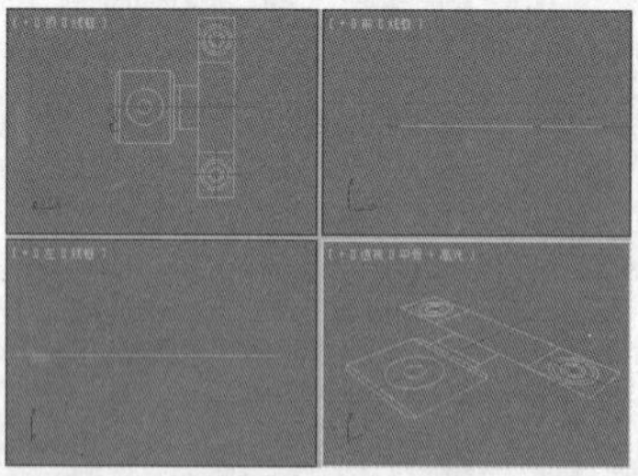

实战操作012 导出文件

素材：Scene\Cha01\1-5.max	场景：无
难度：★★★★★	视频：视频\Cha01\实战操作012.avi

在3ds Max中，不仅可以将其他格式的文件导入到场景中，还可以将当前场景中的文件导出为其他文件格式，其具体操作步骤如下所述。

STEP 01 单击按钮，在弹出的下拉菜单中执行“打开”命令，打开1-5.max素材文件，如下图所示。

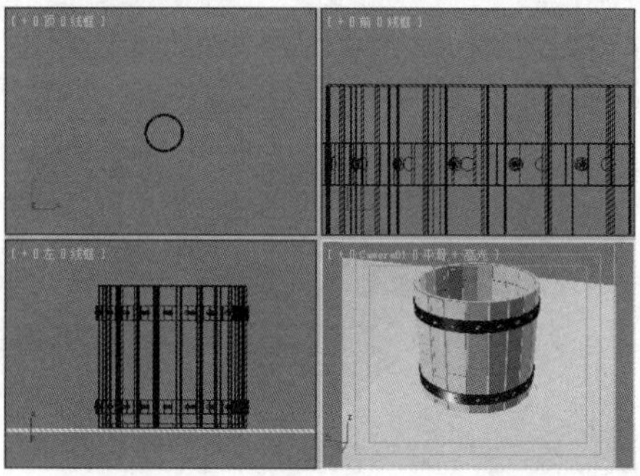

STEP 02 单击按钮，在弹出的下拉菜单中执行“导出”|“导出”命令，如右图所示。

STEP 03 执行该操作后，即可打开“选择要导出的文件”对话框，如下图所示，在该对话框中设置文件的导出路径、文件名和保存类型，在此将保存类型设置为“AutoCAD（*.DWG）”格式。

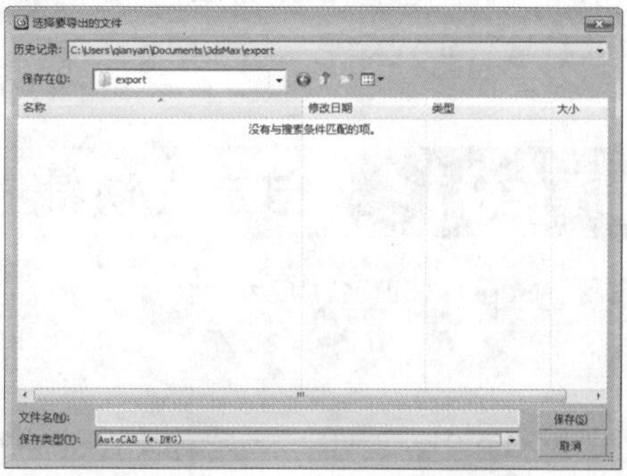

STEP 04 设置完成后，单击“保存”按钮，即可弹出“导出到 AutoCAD 文件”对话框，如右图所示，单击“确定”按钮，即可将文件导出为DWG格式。

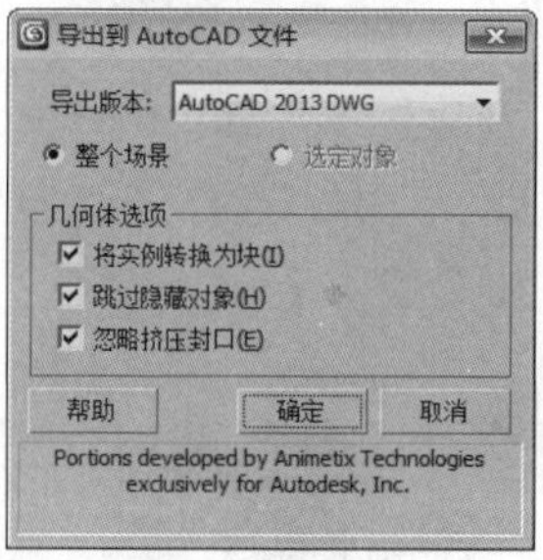

实战操作013 查看文件属性

素材：无　　场景：无

难度：★★★★★　　视频：视频\Cha01\实战操作013.avi

在3ds Max中进行操作时，可以根据需要查看文件的属性，以便更好地在该场景文件中进行操作，查看文件属性的具体操作步骤如下所述。

STEP 01 继续上一实例的操作，单击按钮，在弹出的下拉菜单中执行“属性”|“文件属性”命令，如右图所示。

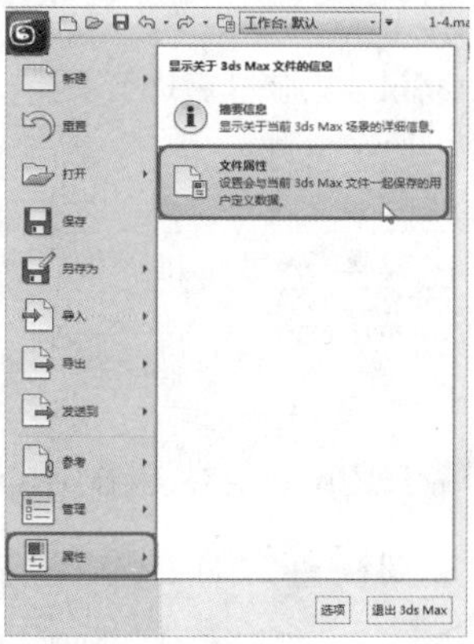

STEP 02 执行该操作后，即可弹出“文件属性”对话框，选择“内容”选项卡，可以查看文件的一些属性，如右图所示。

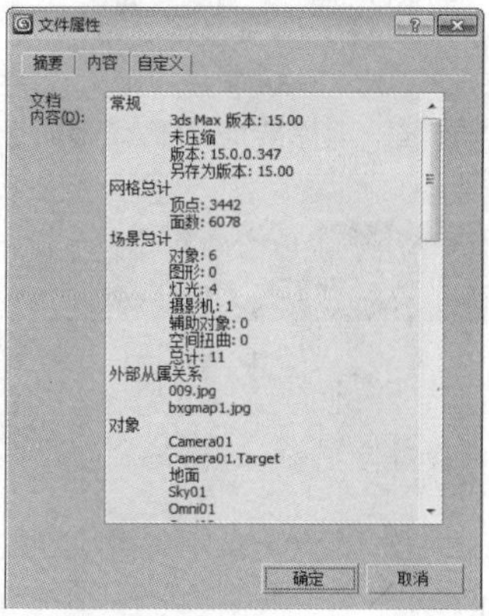

1.4 自定义工作界面

在3ds Max中，可以根据需要自定义 3ds Max的用户界面，其中包括菜单栏、工具栏以及自定义快捷键、自定义工具栏和四元菜单。本节将对其进行简单介绍。

实战操作014 自定义快捷键

素材：Scene\Cha01\1-5.max　　场景：无

难度：★★★★★　　视频：视频\Cha01\实战操作014.avi

在3ds Max中，对于一些没有快捷键的选项，可以根据需要为其设置快捷键，其具体操作步骤如下所述。

STEP 01 打开1-5.max素材文件，在菜单栏中执行“自定义”|“自定义用户界面”命令，如下图所示。

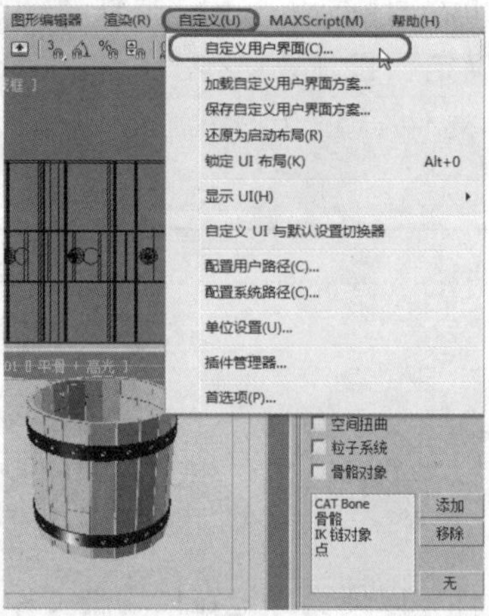

STEP 02 在弹出的对话框中选择“键盘”选项卡，在左侧列表框中选择“目标聚光灯”选项，在“热键”文本框中输入要设置的快捷键，例如输入Alt+Ctrl+3，再单击“指定”按钮，如下图所示，指定完成后，单击“保存”按钮即可。

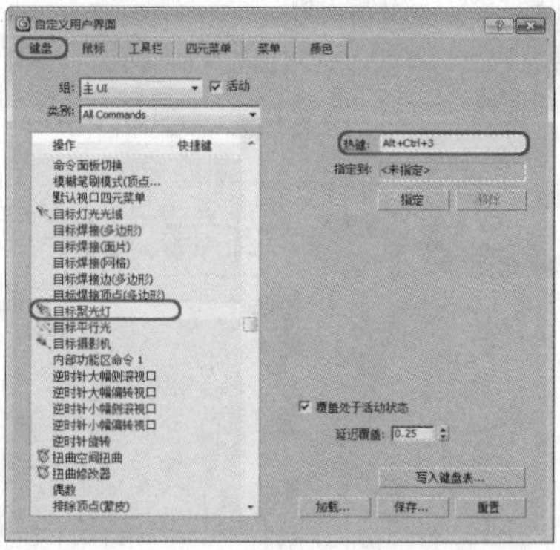

专家提醒

在3ds Max中，除了可以为选项设置快捷键外，还可以将设置的快捷键进行删除，在“键盘”选项卡左侧的列表框中选择要删除快捷键的选项，然后单击“移除”按钮即可。

实战操作015 自定义快速访问工具栏

素材：无　　场景：无

难度：★★★★★　　视频：视频\Cha01\实战操作015.avi

在3ds Max中，可以根据需要将不同的工具添加到快速访问工具栏中，其具体操作步骤如下所述。

STEP 01 继续上一实例的操作，在菜单栏中执行“自定义”|“自定义用户界面”命令，在弹出的对话框中选择“工具栏”选项卡，在左侧列表框中选择“L型楼梯”，按住鼠标将其拖曳到“快速访问工具栏”列表框中，如右图所示。

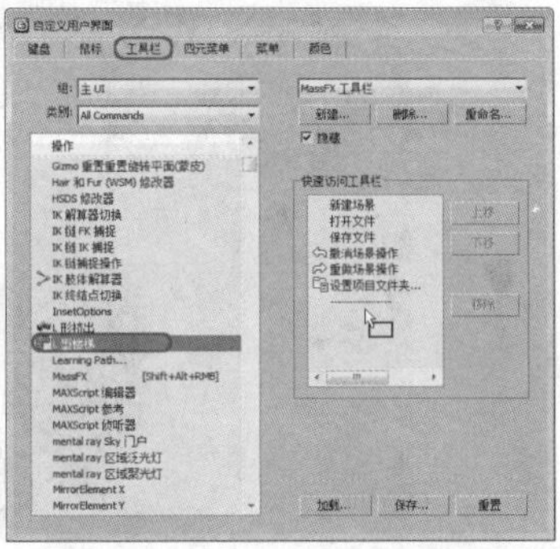

STEP 02 添加完成后，将该对话框关闭，即可在快速访问工具栏中找到添加的按钮，如下图所示。

专家提醒

同样，也可以将快速访问工具栏中的按钮删除，在要删除的按钮上右击鼠标，在弹出的快捷菜单中执行“从快速访问工具栏移除”命令，即可将该按钮删除。

实战操作016 自定义菜单

素材：无	场景：无
难度：★★★★★	视频：视频\Cha01\实战操作016.avi

下面介绍如何自定义菜单，其具体操作步骤如下所述。

STEP 01 继续上一实例的操作，在菜单栏中执行“自定义”|“自定义用户界面”命令，如右图所示。

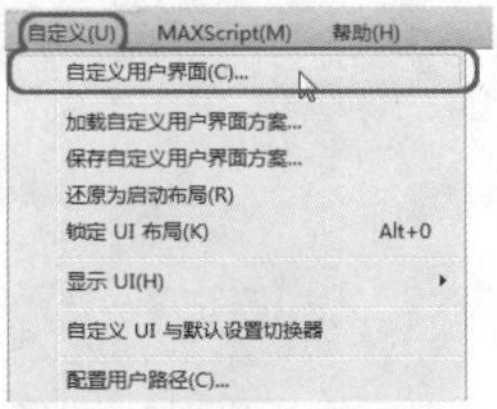

STEP 02 执行该操作后，即可打开“自定义用户界面”对话框，在该对话框中选择“菜单”选项卡，如下图所示。

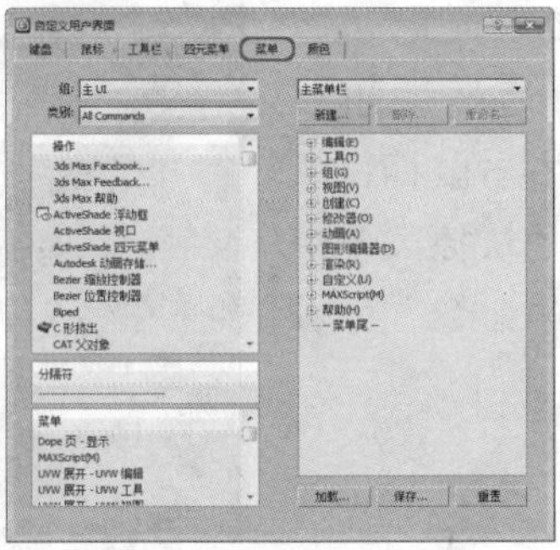

STEP 03 然后再单击“新建”按钮，在弹出的对话框中将“名称”设置为“UVW”，如右图所示。

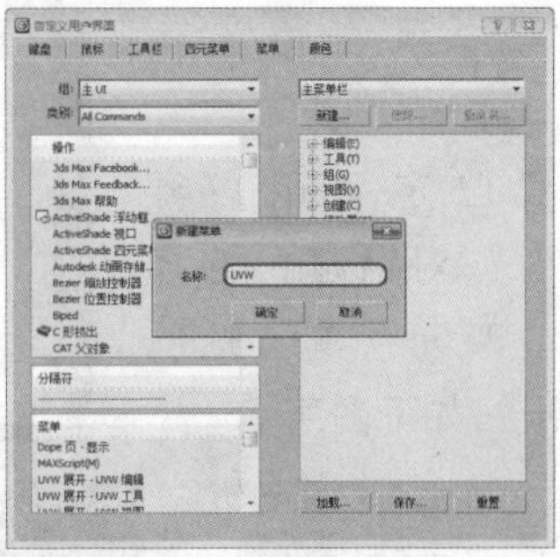

STEP 04 输入完成后，单击“确定”按钮，在左侧的“菜单”列表框中选择新添加的菜单，按住鼠标将其拖曳到右侧的列表框中，如右图所示。

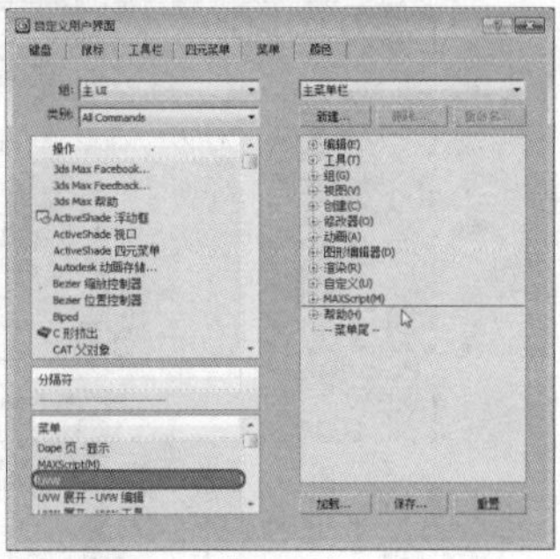

STEP 05 在右侧列表框中单击“UVW”菜单左侧的加号，选择其下方的“菜单尾”，在左侧的“操作”列表框中选择“UVW变换修改器”，将其添加到“UVW”菜单中，如右图所示。

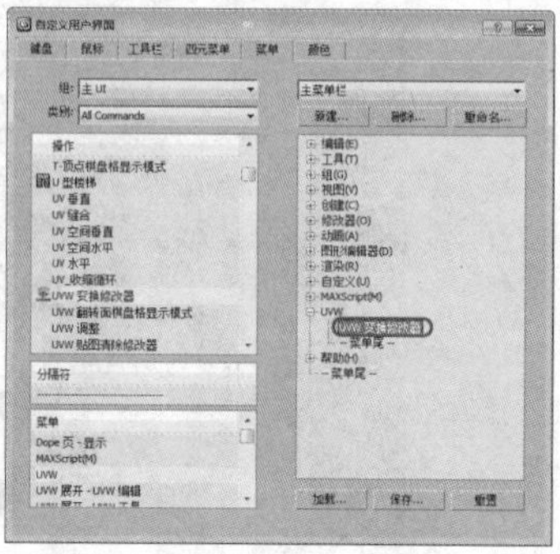

STEP 06 使用同样的方法添加其他菜单命令，添加完成后，将该对话框关闭，即可在菜单栏中查看添加的命令，如下图所示。

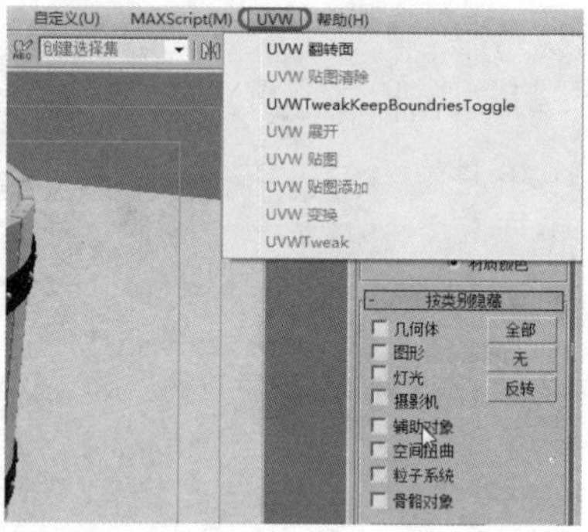

实战操作017 自定义四元菜单

素材：无　　场景：无

难度：★★★★★　　视频：视频\Cha01\实战操作017.avi

下面介绍如何自定义四元菜单，其具体操作步骤如下所述。

STEP 01 启动3ds Max 2013，在工具栏中空白处右击鼠标，在弹出的快捷菜单中执行“自定义”命令，如右图所示。

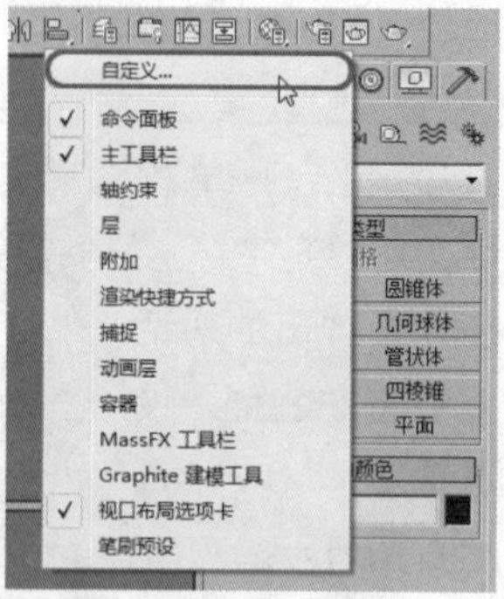

STEP 02 执行该操作后，即可打开“自定义用户界面”对话框，选择“四元菜单”选项卡，如下图所示。

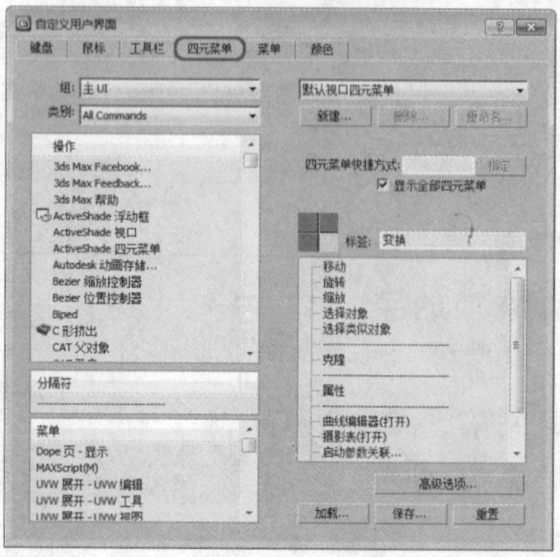

STEP 03 在左侧的“操作”列表框中选择“CV曲线”，按住鼠标将其拖曳至右侧的列表框中，如下图所示。

STEP 04 添加完成后，将该对话框关闭，在视图中右击鼠标，即可在弹出的快捷菜单中查看添加的命令，如右图所示。

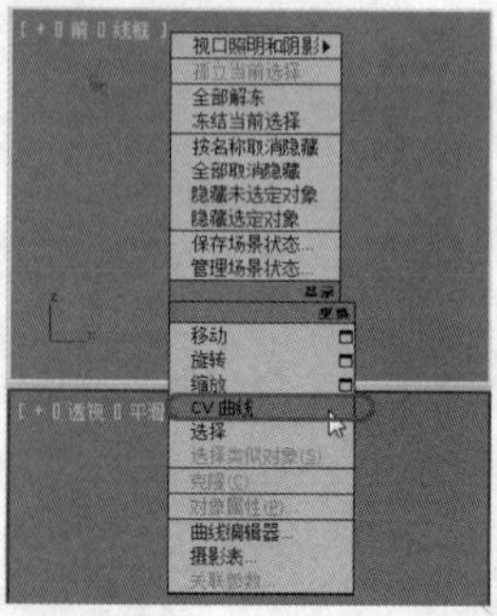

实战操作018 加载UI用户界面

素材：无	场景：无
难度：★★★★★	视频：视频\Cha01\实战操作018.avi

下面介绍如何在3ds Max中加载UI用户界面，其具体操作步骤如下所述。

STEP 01 启动3ds Max 2013，在菜单栏中执行“自定义”|“加载自定义用户界面方案”命令，如右图所示。

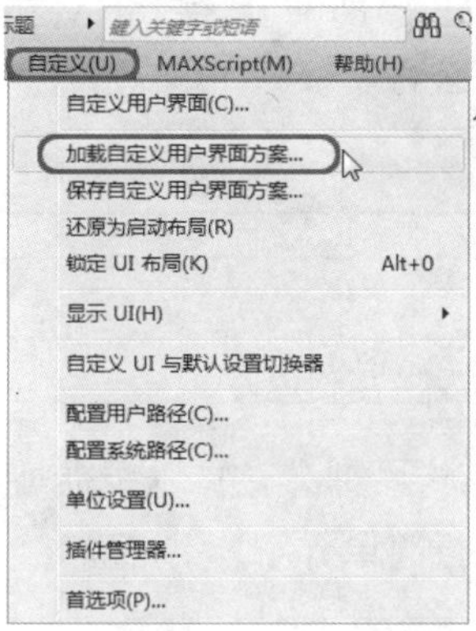

STEP 02 即可打开“加载自定义用户界面方案”对话框，从中找到安装路径，在该对话框中选择所需的用户界面方案即可，如下图所示。

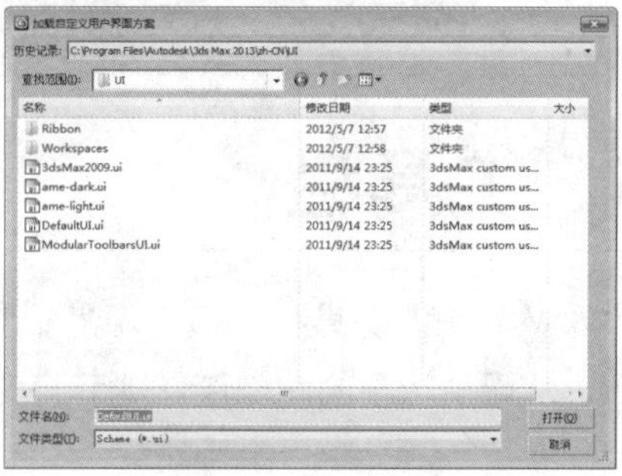

实战操作019 自定义UI方案

素材：无	场景：无
难度：★★★★★	视频：视频\Cha01\实战操作019.avi

下面介绍如何自定义UI方案，其具体操作步骤如下所述。

STEP 01 启动3ds Max 2013，在菜单栏中执行“自定义”|“自定义UI与默认设置切换器”命令，如右图所示。

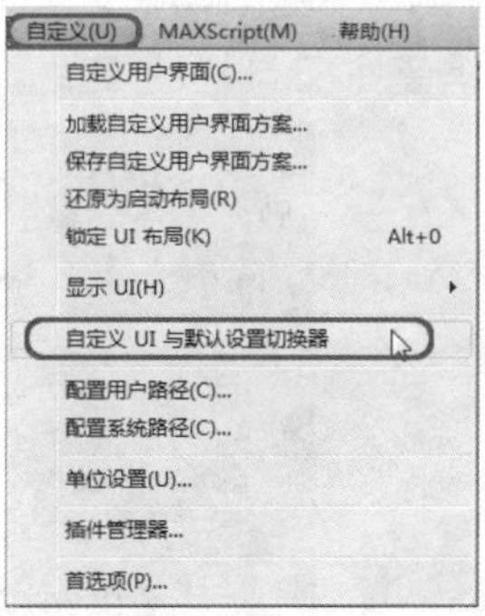

STEP 02 执行该操作后，即可弹出“为工具选项和用户界面布局选择初始设置”对话框，如右图所示。从中选择需要的UI方案，单击“设置”按钮即可。

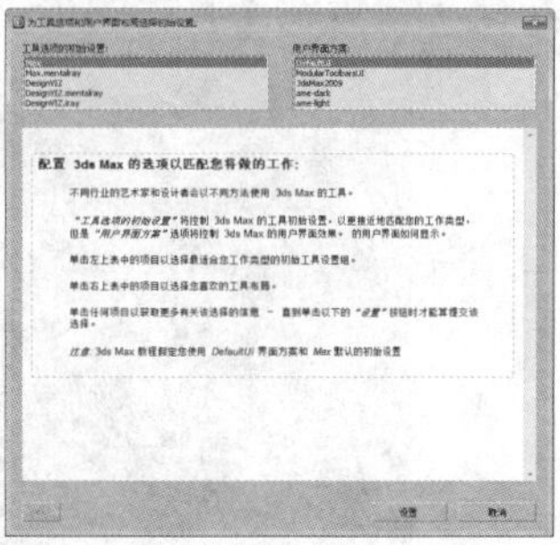

实战操作020 保存用户界面

素材：无	场景：无
难度：★★★★★	视频：视频\Cha01\实战操作020.avi

在3ds Max中，可以将自己设置的界面进行保存，其操作步骤如下所述。

STEP 01 在菜单栏中执行“自定义”|“保存自定义用户界面方案”命令，即可打开“保存自定义用户界面方案”对话框，如右图所示。

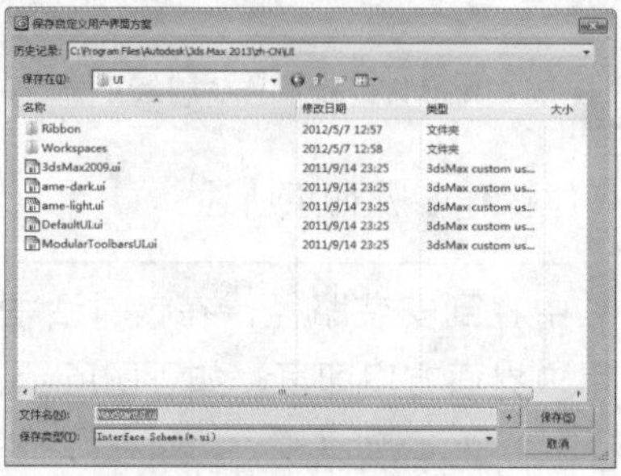

STEP 02 在该对话框中指定保存路径，并设置“文件名”及“保存类型”，设置完成后，单击“保存”按钮，即可弹出如下图所示的对话框，在该对话框中使用其默认设置，单击“确定”按钮，即可保存用户界面方案。

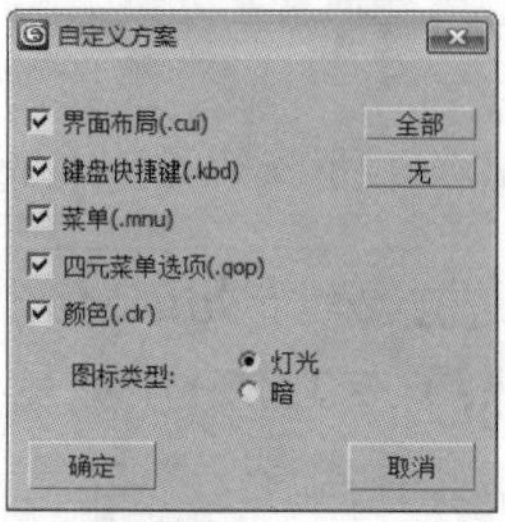

1.5 工具栏

3ds Max中的工具栏包括主工具栏和浮动工具栏两部分，可以根据需要单击工具栏中不同的按钮，从而执行不同的操作，本节将对工具栏进行简单介绍。

实战操作021 拖曳工具栏

素材：Scene\Cha01\1-6.max　　场景：无

难度：★★★★★　　视频：视频\Cha01\实战操作021.avi

在3ds Max中可以根据需要随意调整工具栏的位置，其具体操作步骤如下所述。

STEP 01 单击按钮，在弹出的下拉菜单中执行“打开”命令，打开素材文件1-6.max，将鼠标放置在工具栏的最左侧，如下图所示。

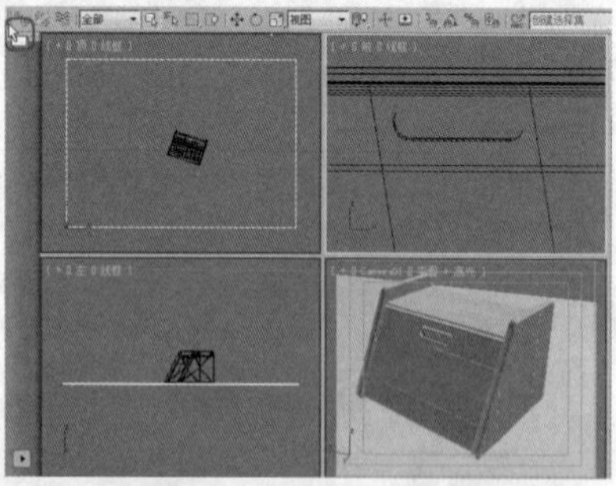

STEP 02 当鼠标下方出现白色方框时，按住鼠标向下拖动，在合适的位置上释放鼠标，即可调整主工具栏的位置，如下图所示。

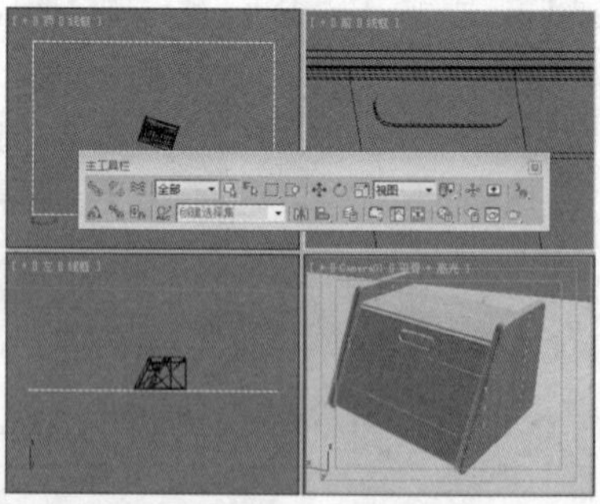

实战操作022 显示浮动工具栏

素材：Scene\Cha01\1-6.max　　场景：无

难度：★★★★★　　视频：视频\Cha01\实战操作022.avi

在3ds Max中，还有一些工具栏以浮动的形式显示。下面介绍如何显示浮动工具栏，其具体操作步骤如下所述。

STEP 01 单击按钮，在弹出的下拉菜单中执行“打开”命令，打开素材文件1-6.max，在菜单栏中执行“自定义”|“显示UI”|“显示浮动工具栏”命令，如下图所示。

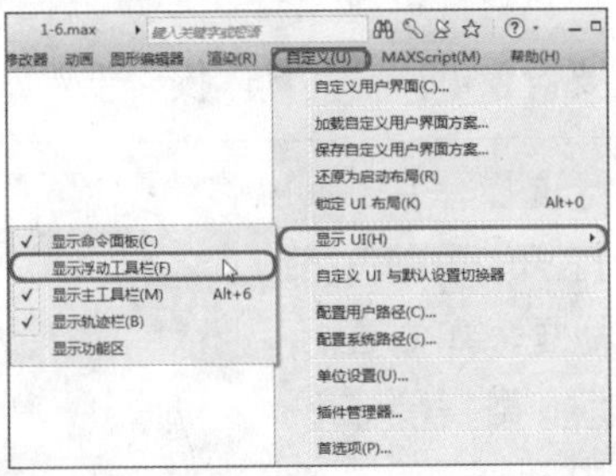

STEP 02 执行该操作后，即可弹出浮动工具栏，效果如下图所示。

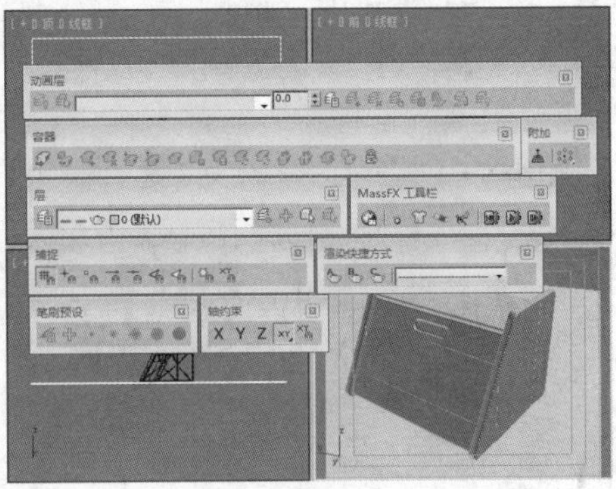

实战操作023 固定浮动工具栏

素材：无　　场景：无

难度：★★★★★　　视频：视频\Cha01\实战操作023.avi

显示浮动工具栏后，可以根据需要将浮动工具栏进行固定，其具体操作步骤如下所述。

STEP 01 继续上一实例的操作，选择要固定的浮动工具栏，例如选择“动画层”浮动工具栏，如下图所示。

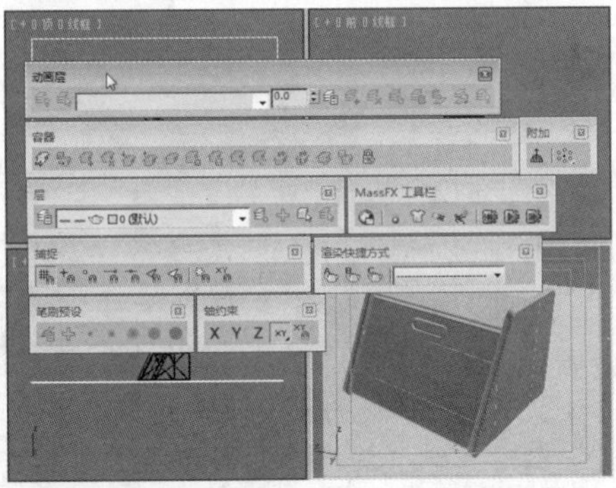

STEP 02 按住鼠标将其拖曳至主工具栏的下方，即可将该浮动工具栏固定到主工具栏的下方，如下图所示。

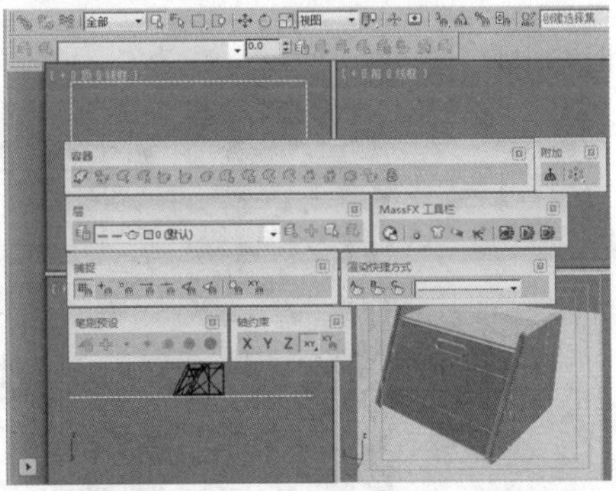

专家提醒

当将浮动工具栏隐藏后，被固定的浮动工具栏将不会隐藏，如果要关闭固定的浮动工具栏，可将其脱离固定位置，然后单击“关闭”按钮即可。

1.6 设置首选项

在3ds Max中，可以根据需要设置不同的选项，其中包括常规、视口、文件等，本节将对其进行简单介绍。

实战操作024 单位设置

素材：Scene\Cha01\1-7.max	场景：无
难度：★★★★★	视频：视频\Cha01\实战操作024.avi

在3ds Max中创建对象时，为了达到一定的精确程度，首先要设置单位，其具体操作步骤如下所述。

STEP 01 按Ctrl+O组合键，打开素材文件1-7.max，在菜单栏中执行“自定义”|“单位设置”命令，如右图所示。

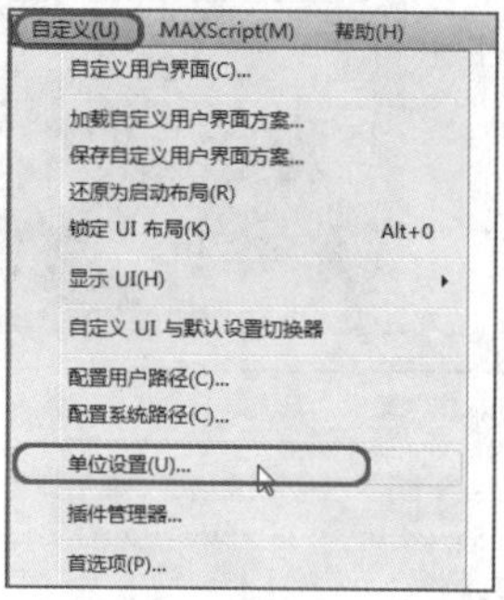

STEP 02 执行该操作后，即可打开“单位设置”对话框，如右图所示，可以根据需要在该对话框中进行相应设置，设置完成后，单击“确定”按钮即可。

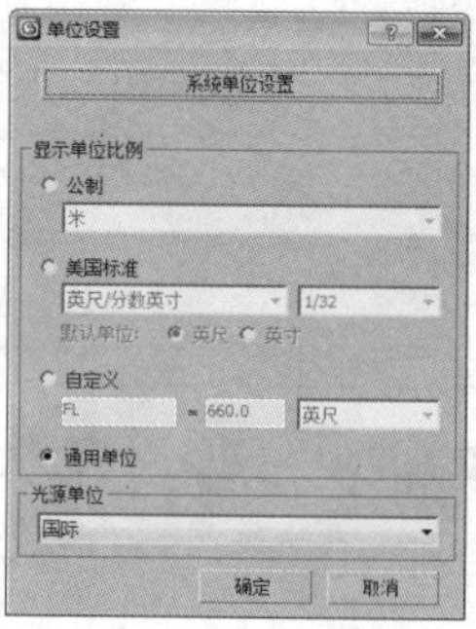

实战操作025 设置最近打开的文件数量

素材：Scene\Cha01\1-7.max	场景：无
难度：★★★★★	视频：视频\Cha01\实战操作025.avi

在3ds Max中，可以根据需要设置最近打开的文件数量，其具体操作步骤如下所述。

STEP 01 按Ctrl+O组合键，打开素材文件1-7.max，在菜单栏中执行“自定义”|“首选项”命令，如右图所示。

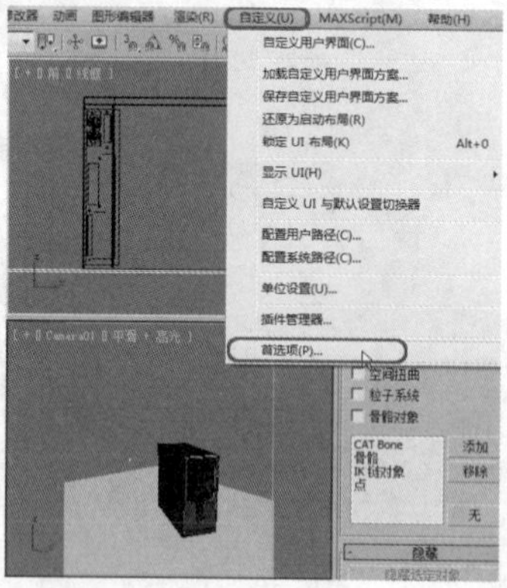

STEP 02 在弹出的对话框中选择“文件”选项卡，在“文件菜单中最近打开的文件”文本框中输入要设置的参数，如右图所示，单击“确定”按钮，即可完成设置。

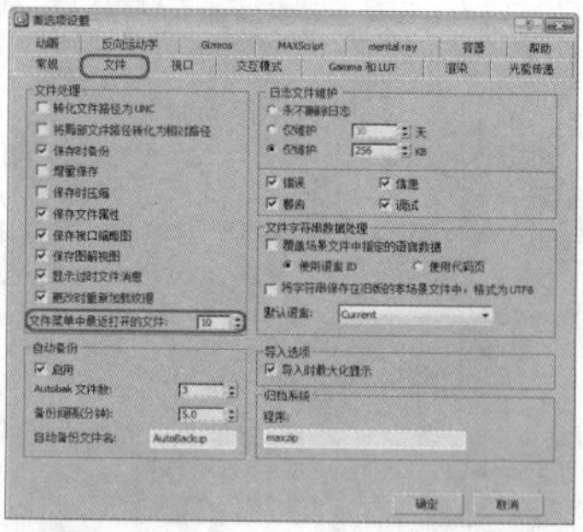

专家提醒

在“首选项设置”对话框中，“文件菜单中最近打开的文件”参数最高可设置为50。

实战操作026 设置Gizmo大小

素材：Scene\Cha01\1-7.max	场景：无
难度：★★★★★	视频：视频\Cha01\实战操作026.avi

在3ds Max中，可以根据需要设置Gizmo的大小，其具体操作步骤如下所述。

STEP 01 按Ctrl+O组合键，打开素材文件1-7.max，使用“选择并移动”工具在视图中任意选择一个对象，选择完成后，即可显示一个Gizmo，如下图所示。

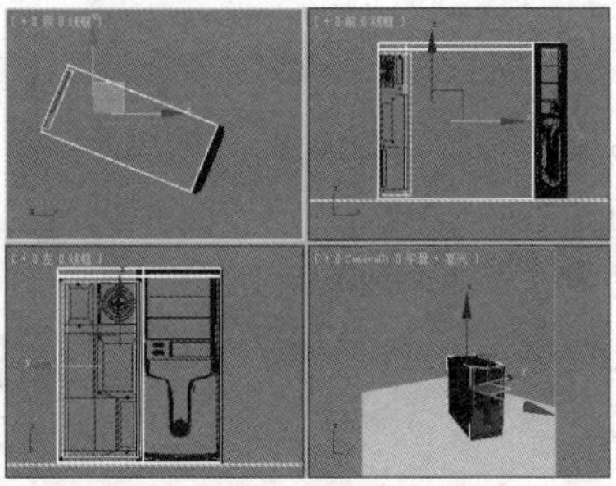

STEP 02 在菜单栏中执行“自定义”|“首选项”命令，如下图所示。

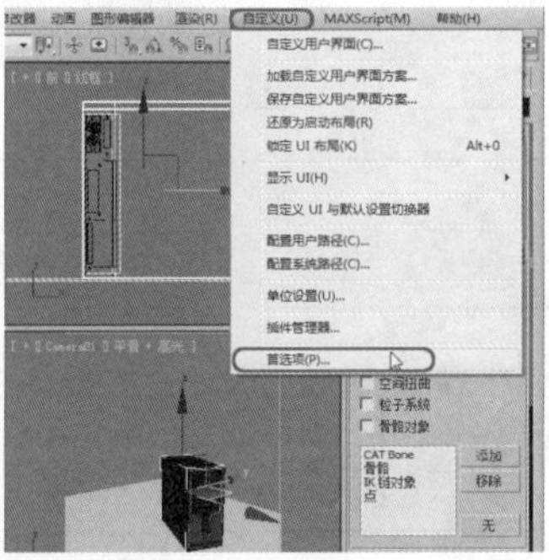

STEP 03 在弹出的对话框中选择“Gizmos”选项卡，将“大小”设置为10，按Enter键确认，如下图所示。

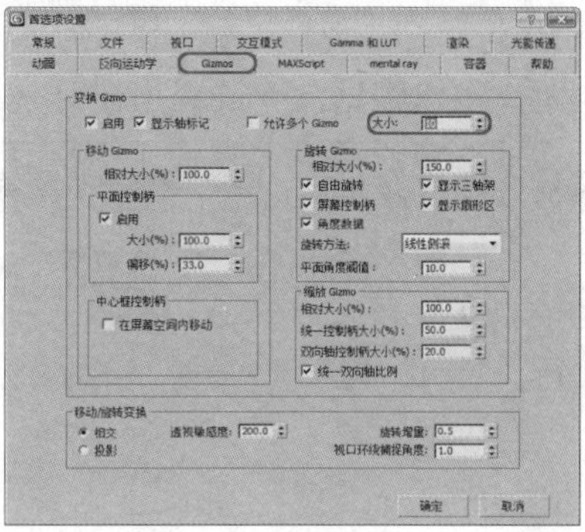

STEP 04 设置完成后，单击“确定”按钮，即可改变Gizmo的大小，如下图所示。

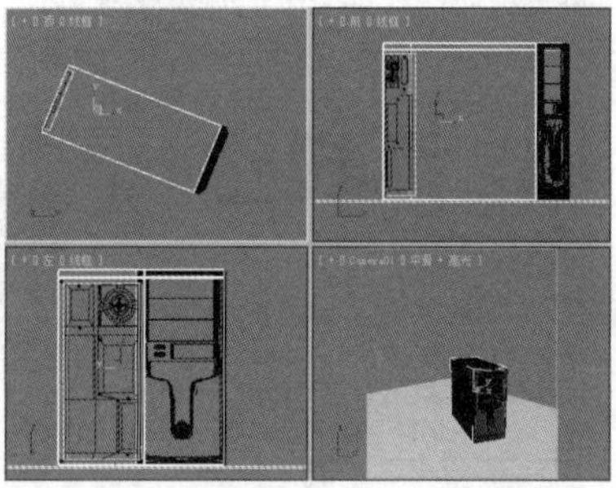

实战操作027 设置默认环境灯光颜色

素材：Scene\Cha01\1-7.max　　场景：无

难度：★★★★★　　视频：视频\Cha01\实战操作027.avi

下面将介绍如何设置默认环境光的颜色，其具体操作步骤如下所述。

STEP 01 按Ctrl+O组合键，打开素材文件1-7.max，在菜单栏中执行“自定义”|“首选项”命令，在弹出对话框中选择“渲染”选项卡，如右图所示。

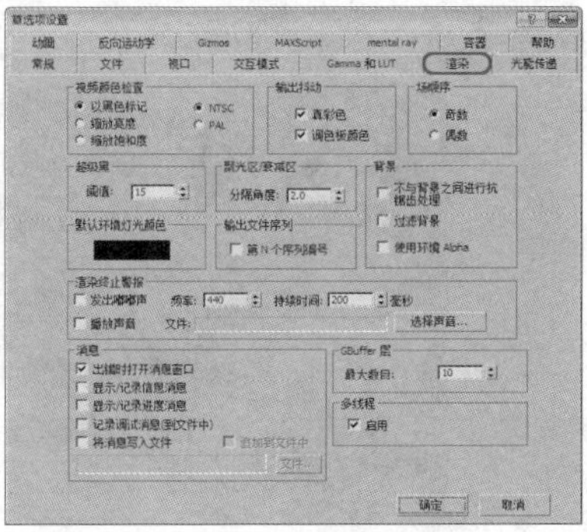

STEP 02 单击“默认环境灯光颜色”选项组中的色块，在弹出的对话框中将RGB值设置为255、0、0，如右图所示。设置完成后，单击“确定”按钮即可。

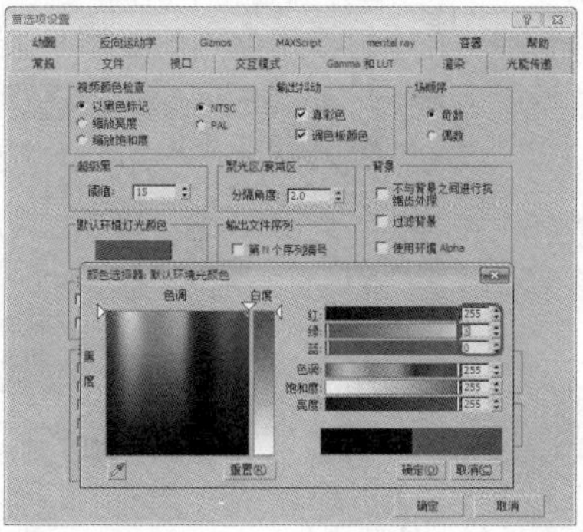

实战操作028 设置消息

素材：Scene\Cha01\1-7.max　　场景：无

难度：★★★★★　　视频：视频\Cha01\实战操作028avi

渲染时，可以根据需要设置出错时是否打开消息窗口，其具体操作步骤如下所述。

STEP 01 按Ctrl+O组合键，打开素材文件1-7.max，在菜单栏中执行“自定义”|“首选项”命令，如右图所示。

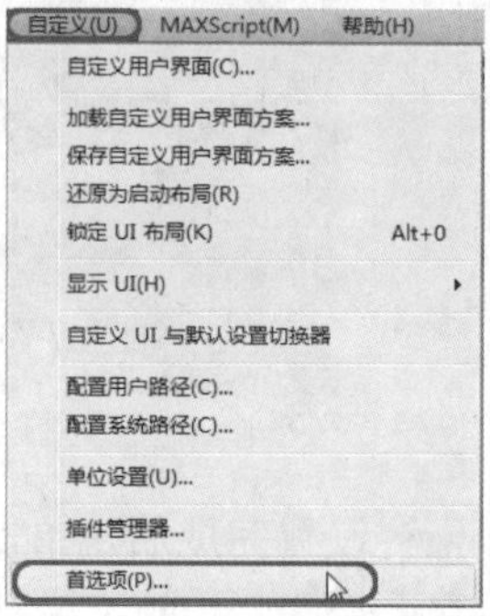

STEP 02 在弹出的对话框中选择“渲染”选项卡，取消选中“消息”选项组中的“出错时打开消息窗口”复选框，如下图所示，单击“确定”按钮，即可完成设置，取消该复选框的选中后，在渲染出错时，系统将不会弹出消息窗口。

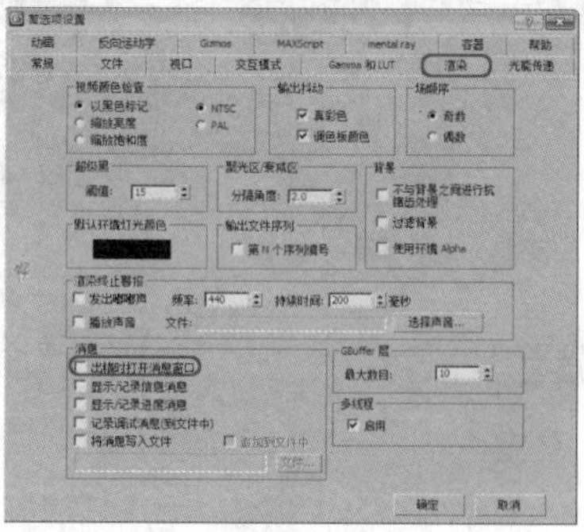

1.7 选择视图

在3ds Max中默认的有4个视图，其中包括“透”视图、“前”视图、“顶”视图、“左”视图，下面将对其进行简单介绍。

实战操作029 激活视图

素材：Scene\Cha01\1-8.max　　场景：无

难度：★★★★★　　视频：视频\Cha01\实战操作029.avi

在创建过程中，可以根据需要在不同的视图中进行操作，但是在进行操作前，首先要激活该视图，其具体操作步骤如下所述。

STEP 01 单击按钮，在弹出的下拉菜单中执行“打开”命令，打开1-8.max素材文件，如下图所示。

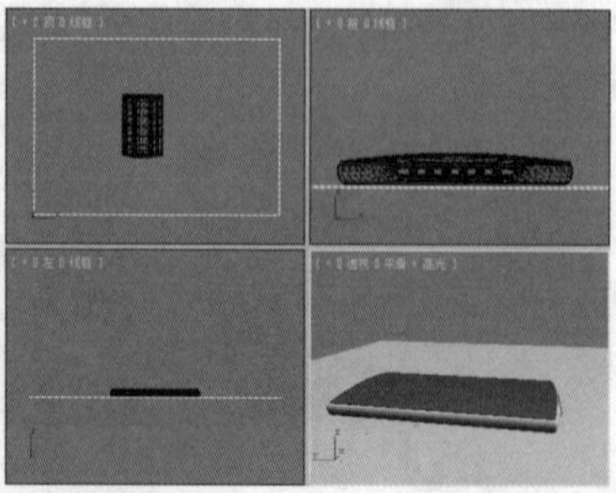

STEP 02 单击“前”视图，同时“前”视图会出现一个黄色边框，此时的“前”视图处于被激活状态，如下图所示。

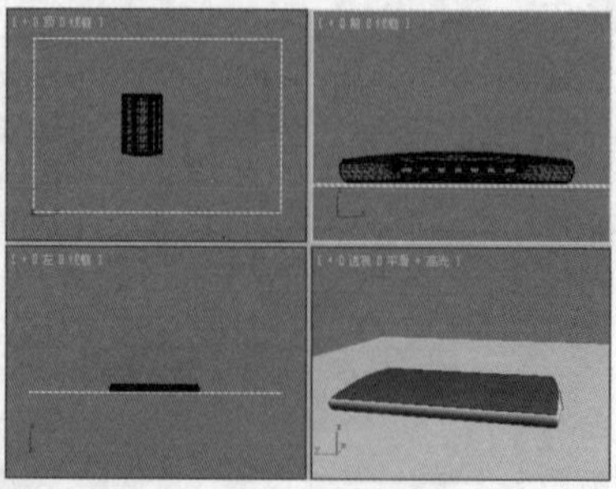

专家提醒

按P、U、T、B、F、L键分别可以切换至“透”视图、“正交”视图、“顶”视图、“底”视图、“前”视图、“左”视图。

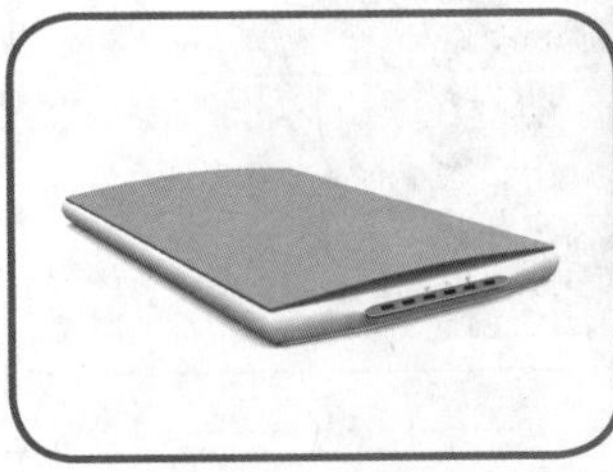

实战操作030 变换视图

素材：Scene\Cha01\1-8.max　　场景：Scene\Cha01\实战操作030.max

难度：★★★★★　　视频：视频\Cha01\实战操作030.avi

下面介绍如何变换视图，其具体操作步骤如下所述。

STEP 01 按Ctrl+O组合键，打开1-8.max素材文件，在“透”视图中的视图名称上右击鼠标，在弹出的快捷菜单中执行“摄影机”|“Camera01”命令，如下图所示。

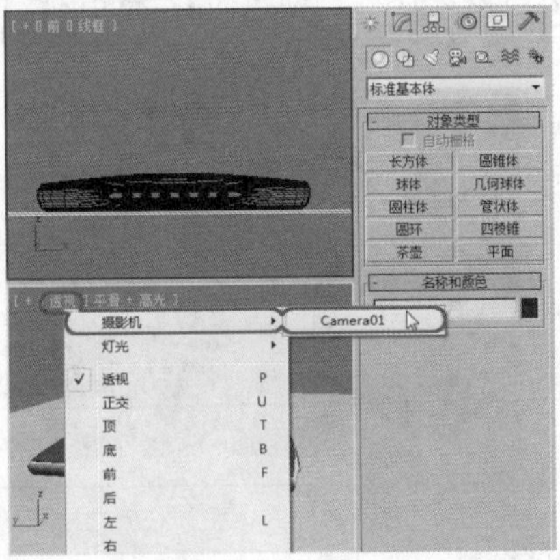

STEP 02 执行该操作后，即可将“透”视图切换至“Camera01”视图，按F9键对其进行渲染，效果如下图所示。

1.8 更改视图显示方式

在3ds Max中，可以根据需要更改视图的显示方式，本节将对其进行简单介绍。

实战操作031 以隐藏线方式显示视图

素材：无　　场景：无

难度：★★★★★　　视频：视频\Cha01\实战操作031.avi

下面介绍如何以线框方式显示视图，其具体操作步骤如下所述。

STEP 01 继续上一实例的操作，单击“Camera01”右侧的选项，在弹出的快捷菜单中执行“隐藏线”命令，如右图所示。

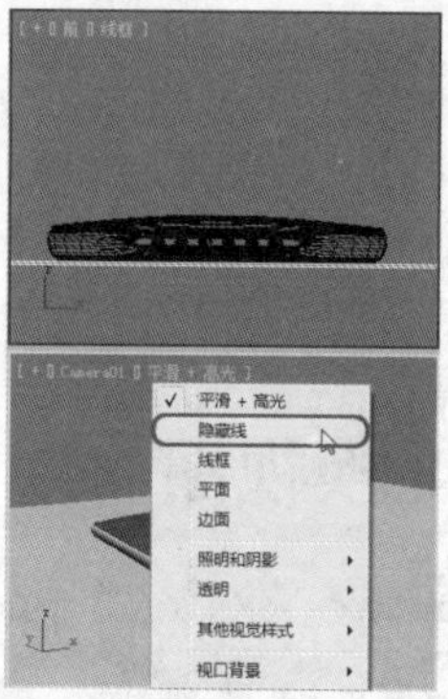

STEP 02 执行该操作后，即可将该视图以隐藏线方式显示，如下图所示。

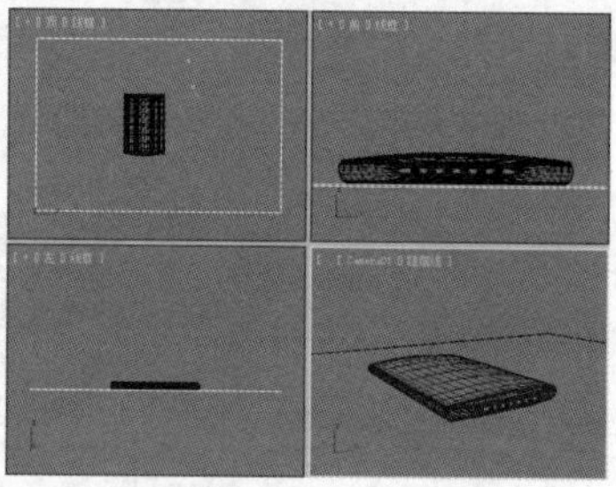

实战操作032 以线框方式显示视图

素材：无	场景：无
难度：★★★★★	视频：视频\Cha01\实战操作032.avi

下面介绍如何以线框方式显示视图，具体操作步骤如下所述。

STEP 01 继续上一实例的操作，单击“Camera01”右侧的选项，在弹出的快捷菜单中执行“线框”命令，如右图所示。

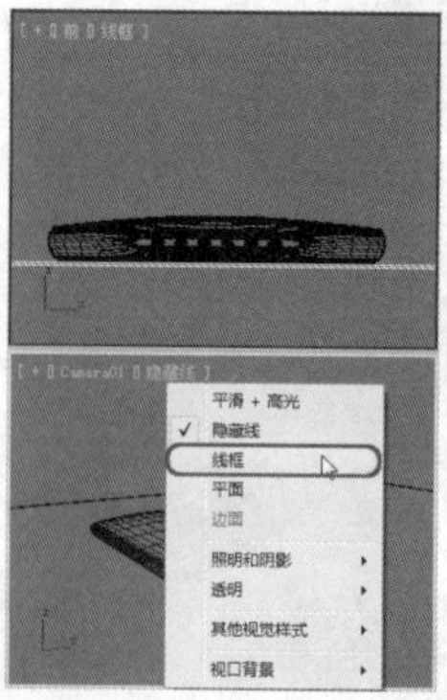

STEP 02 执行该操作后，即可将该视图以线框方式显示，如下图所示。

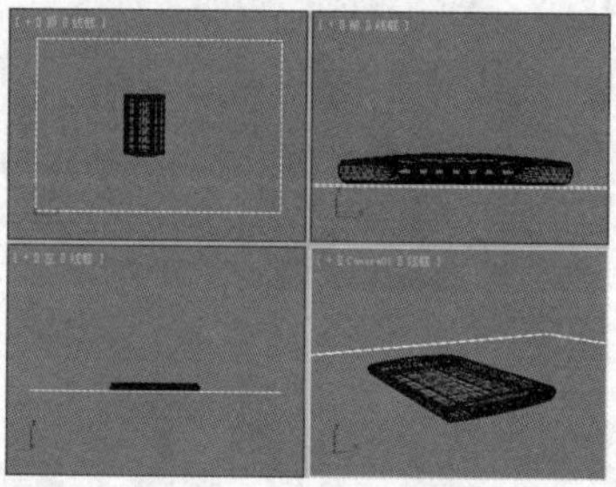

实战操作033 以平面+边面方式显示视图

素材：Scene\Cha01\1-8.max	场景：无
难度：★★★★★	视频：视频\Cha01\实战操作033.avi

下面介绍以平面+边面的方式显示视图，其具体操作步骤如下所述。

STEP 01 单击按钮，在弹出的下拉菜单中执行“打开”命令，打开素材文件1-8.max，如右图所示。

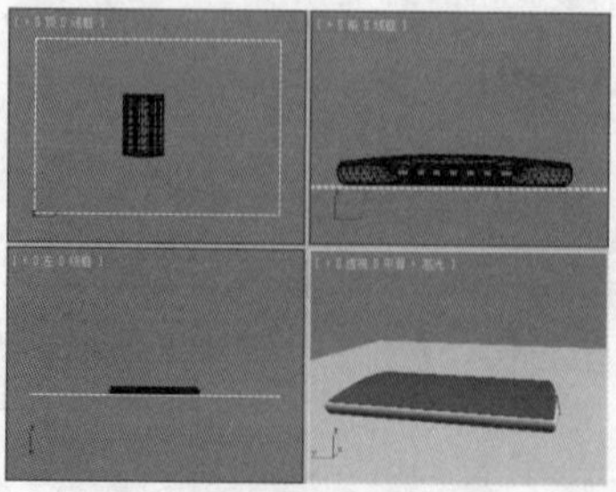

STEP 02 单击“透视”视图右侧的选项，在弹出的快捷菜单中执行“平面”命令，如右图所示。

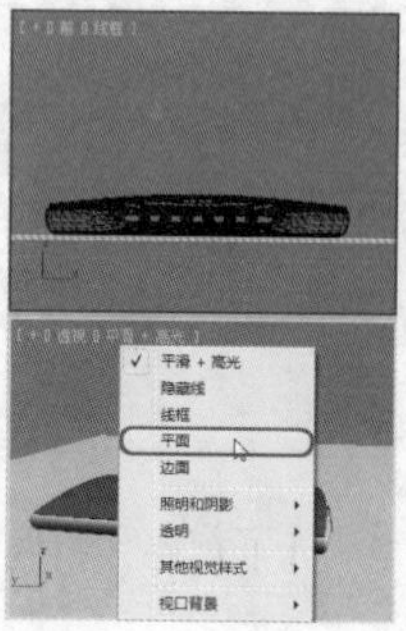

STEP 03 再次单击“透”视图右侧的选项，在弹出的快捷菜单中执行“边面”命令，如右图所示。

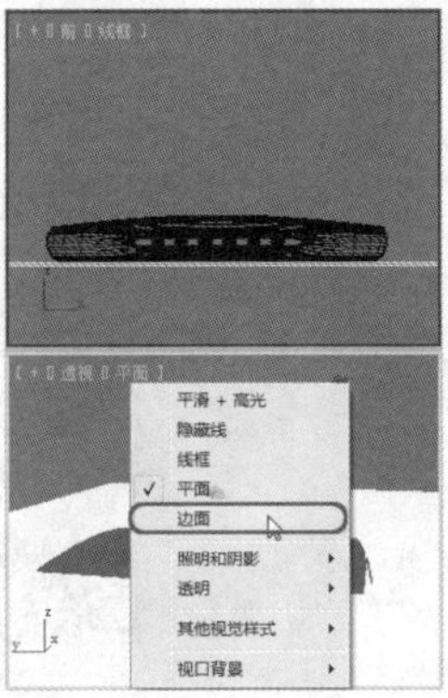

STEP 04 设置完成后，即可将视图以平面+边面的方式显示，效果如下图所示。

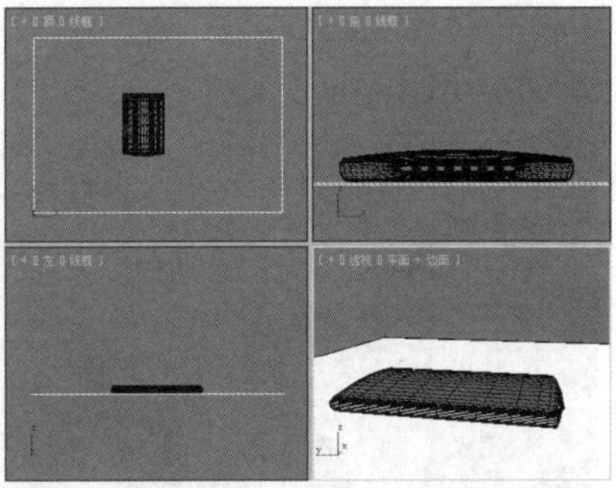

1.9 更改视口布局

在3ds Max中，可以根据需要调整视口的大小，以及更改视口布局等，本节将介绍如何更改视口布局。

实战操作034 手动更改视口大小

素材：Scene\Cha01\1-9.max　　场景：无

难度：★★★★★　　视频：视频\Cha01\实战操作034.avi

在3ds Max中，可以根据需要手动更改视口的大小，其具体操作步骤如下所述。

STEP 01 单击按钮，在弹出的下拉菜单中执行“打开”命令，打开素材文件1-9.max，如下图所示。

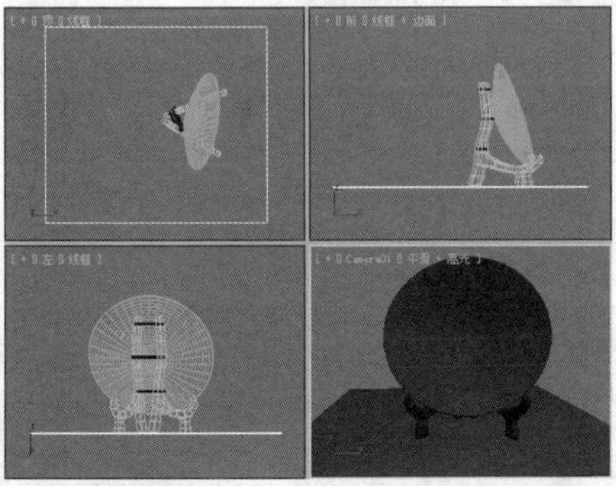

STEP 02 将鼠标放置在要更改大小的视口边缘，当鼠标变为双向控制柄时，按住鼠标对其进行拖动，在合适的位置上释放鼠标，即可更改视口的大小，调整后的效果如下图所示。

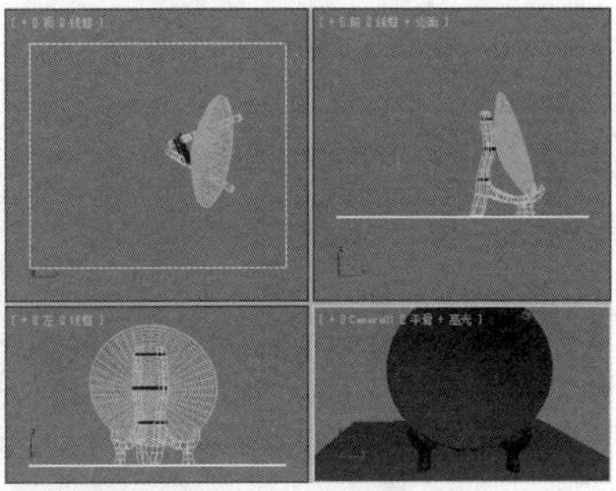

实战操作035 使用“视口配置”对话框更改视口布局

素材：Scene\Cha01\1-9.max　　场景：无

难度：★★★★★　　视频：视频\Cha01\实战操作035.avi

下面介绍如何使用视口配置对话框更改视口布局，其具体操作步骤如下所述。

STEP 01 单击按钮，在弹出的下拉菜单中执行“打开”命令，打开素材文件1-9.max，如下图所示。

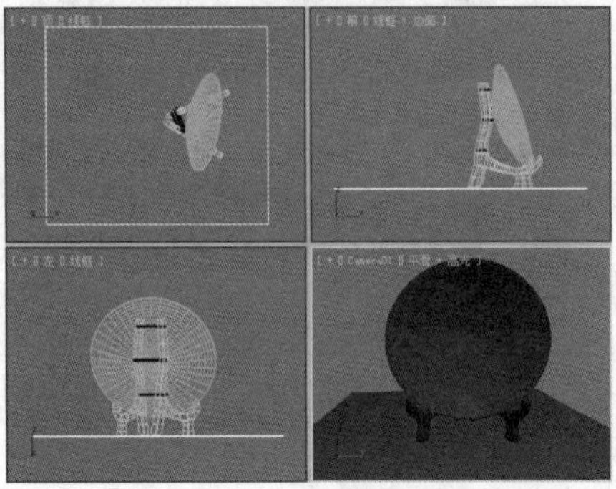

STEP 02 在菜单栏中执行“视图”|“视口配置”命令，如右图所示。

STEP 03 执行该操作后，即可打开“视口配置”对话框，在该对话框中选择“布局”选项卡，并选择如下图所示的视口布局。

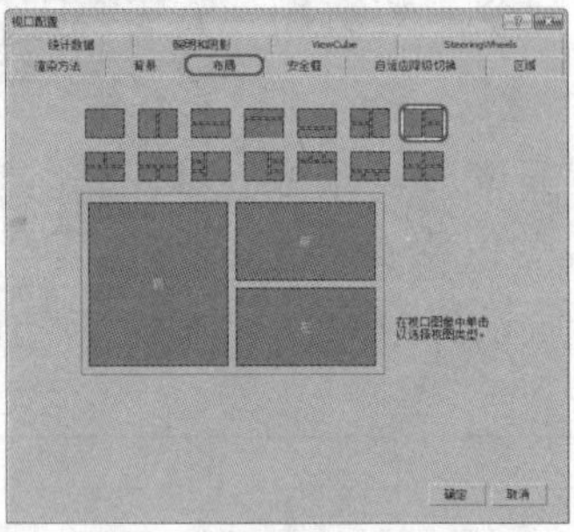

STEP 04 选择完成后，单击“确定”按钮，即可更改视口布局，如下图所示。

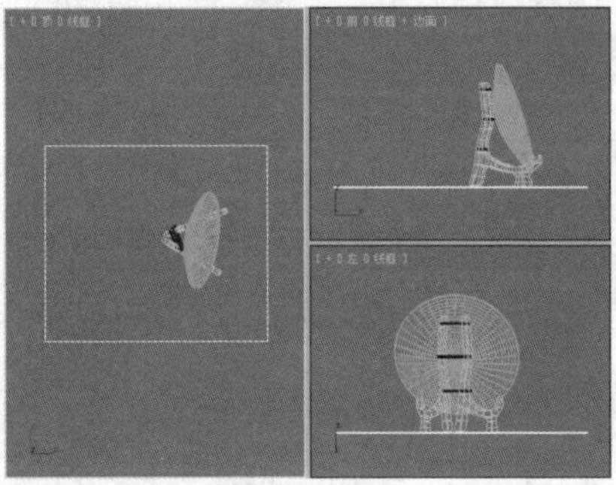

实战操作036 创建新的视口布局

素材：Scene\Cha01\1-9.max	场景：无
难度：★★★★★	视频：视频\Cha01\实战操作036.avi

下面介绍通过“创建新的视口布局选项卡”按钮更改视口布局，其具体操作步骤如下所述。

STEP 01 按Ctrl+O组合键，打开1-9.max素材文件，在界面左侧单击“创建新的视口布局选项卡”按钮，在弹出的列表中选择如右图所示的视口布局。

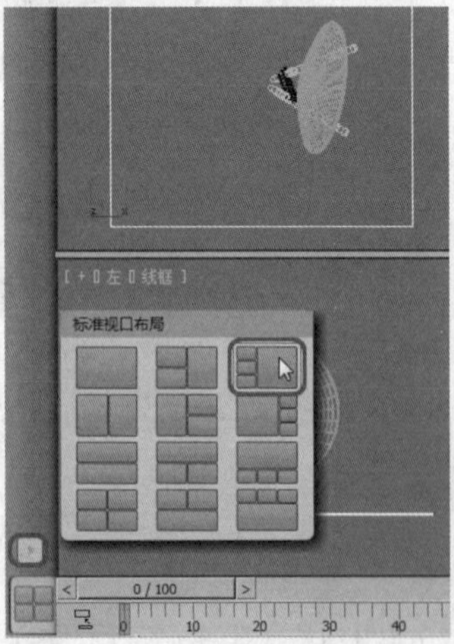

STEP 02 选择完成后，即可更改视口布局，更改后的效果如下图所示。

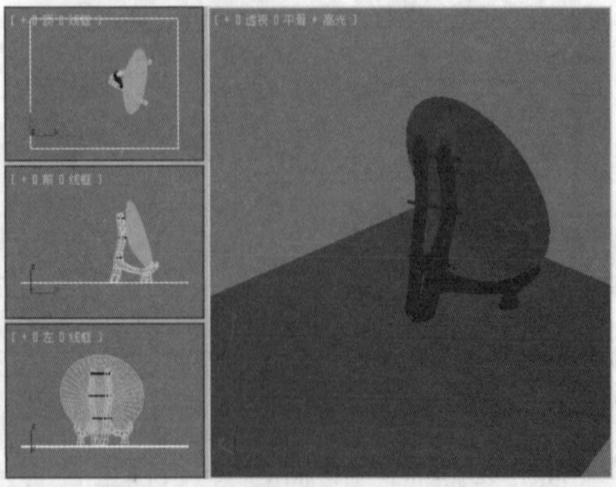

1.10 视图栅格

“栅格”主要用于控制栅格和辅助栅格物体，是基于世界坐标系的栅格物体，由程序自动产生。本节将介绍如何显示主栅格并设置栅格间距。

实战操作037 显示主栅格

素材：Scene\Cha01\1-9.max	场景：无
难度：★★★★★	视频：视频\Cha01\实战操作037.avi

下面介绍如何显示主栅格，其具体操作步骤如下所述。

STEP 01 按Ctrl+O组合键，打开1-9.max素材文件，激活“前”视图，在菜单栏中执行“工具”|“栅格和捕捉”|“显示主栅格”命令，如下图所示。

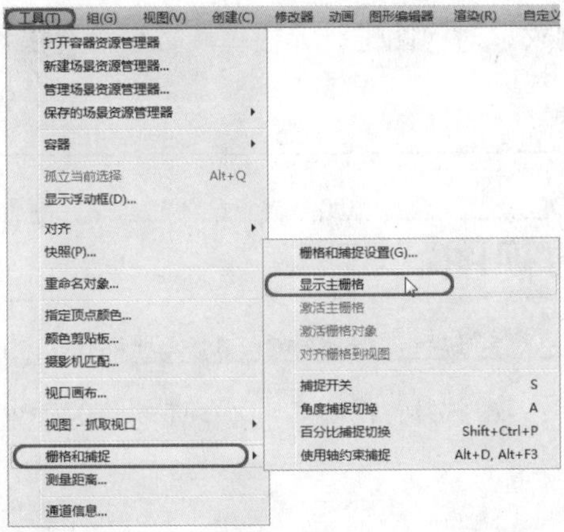

STEP 02 选择完成后，即可显示主栅格，显示后的效果如下图所示。

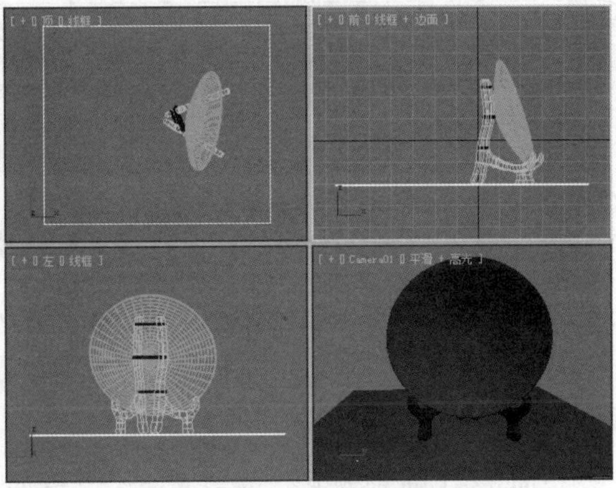

专家提醒

显示主栅格后，再次执行该命令，即可隐藏主栅格，或按G键也可以显示或隐藏主栅格。

实战操作038 设置栅格间距

素材：无	场景：无
难度：★★★★★	视频：视频\Cha01\实战操作038.avi

在3ds Max中，可以在“栅格和捕捉设置”对话框设置栅格的间距，其具体操作步骤如下所述。

STEP 01 继续上一实例的操作，在菜单栏中执行“工具”|“栅格和捕捉”|“栅格和捕捉设置”命令，如下图所示。

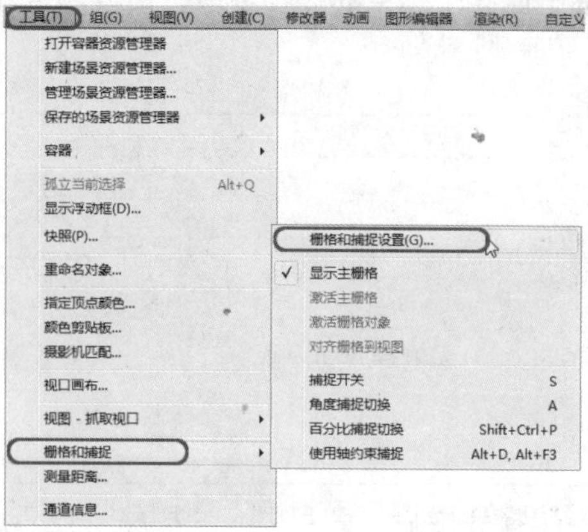

STEP 02 在弹出的对话框中选择“主栅格”选项卡，将“栅格间距”设置为5，按Enter键确认，如下图所示，设置完成后，将该对话框关闭，即可更改栅格间距。

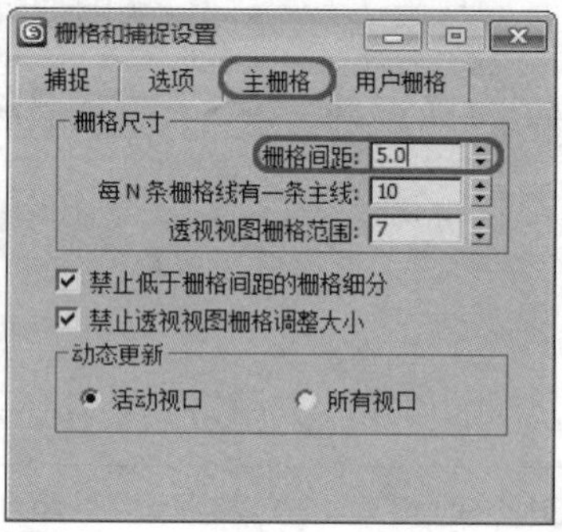

1.11 视图控制

在3ds Max制作过程中，可以根据对视图的不同需求，对视图进行缩放、旋转平移等操作，本节将介绍视图的控制。

实战操作039 缩放视图

素材：Scene\Cha01\1-10.max　场景：Scene\Cha01\实战操作039.max

难度：★★★★★　视频：视频\Cha01\实战操作039avi

下面介绍如何缩放视图，其具体操作步骤如下所述。

STEP 01 单击按钮，在弹出的下拉菜单中执行“打开”命令，如下图所示。

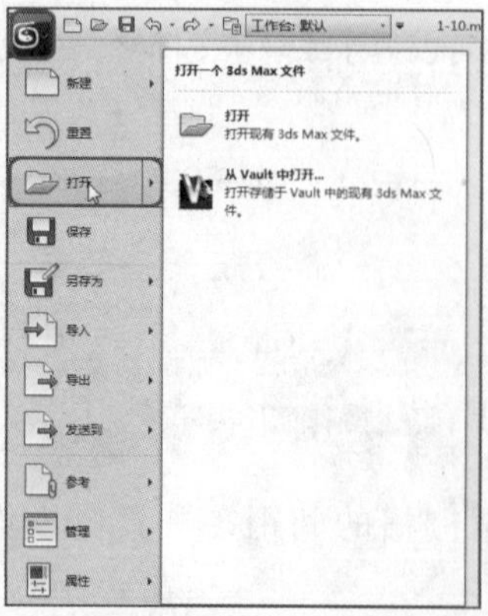

STEP 02 在弹出的对话框中选择1-10.max素材文件，单击“打开”按钮，打开该素材文件，如下图所示。

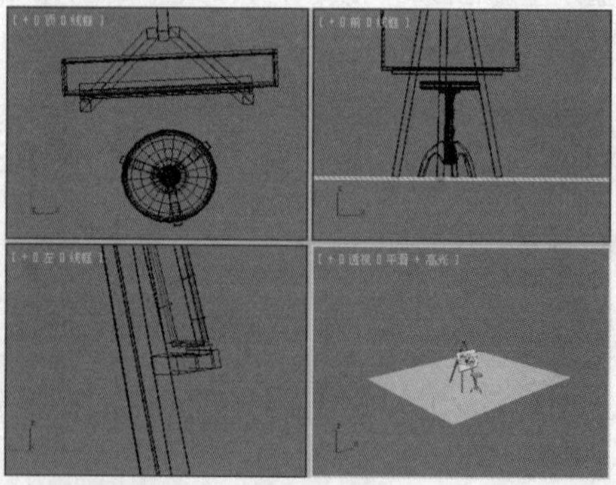

STEP 03 单击界面右下角的“缩放”按钮，按住鼠标在“透”视图中进行缩放，效果如下图所示。

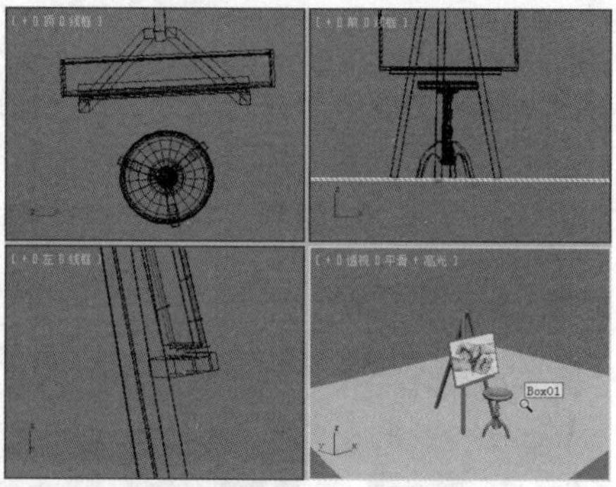

STEP 04 调整完成后，按 F 9 键对“透”视图进行渲染，渲染后的效果如右图所示。

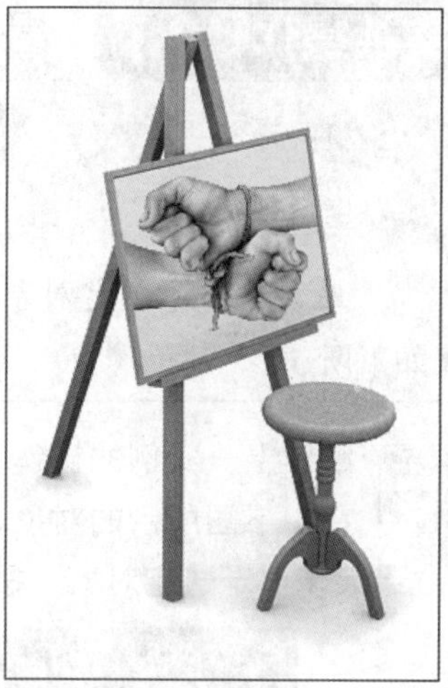

专家提醒

单击“缩放”按钮后，即可在任意视图中单击鼠标并上下移动可拉近或推远视景。

实战操作040 缩放所有视图

素材：无	场景：无
难度：★★★★★	视频：视频\Cha01\实战操作040.avi

“缩放所有视图”按钮可以同时对所有视图进行缩放，其具体操作步骤如下所述。

STEP 01 继续上一实例的操作，单击界面右下角的“缩放所有视图”按钮，如下图所示。

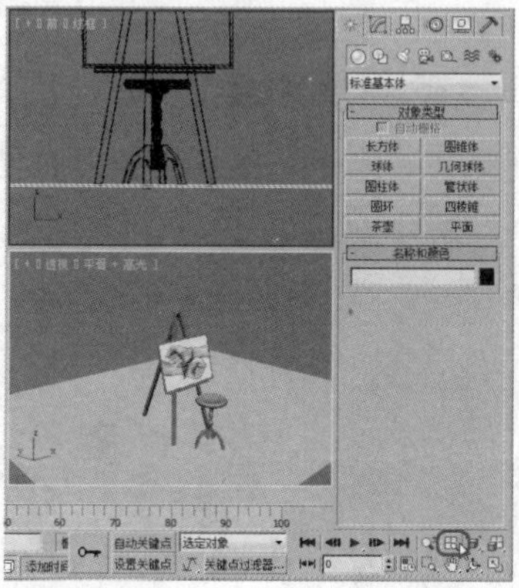

STEP 02 单击该按钮后，对任意一个视图进行拖动，即可对所有视图进行缩放，效果如下图所示。

专家提醒

如果在制作的场景中创建了摄影机，则“缩放所有视图”工具不能在“摄影机”视图中使用，但在其他视图中仍然可以使用。

实战操作041 最大化显示选定对象

素材：无　　场景：无

难度：★★★★★　　视频：视频\Cha01\实战操作041.avi

“最大化显示选定对象”工具可以将选定对象或对象集在所有视口中居中显示，其具体操作步骤如下所述。

STEP 01 继续上一实例的操作，在“透”视图中选择如下图所示的对象，单击界面右下角的“最大化显示选定对象”按钮。

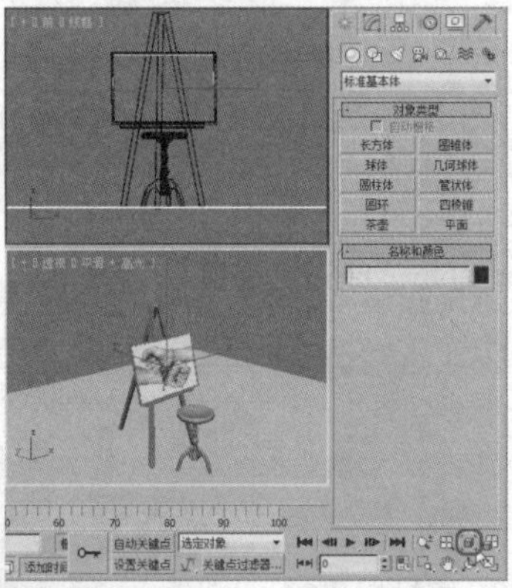

STEP 02 执行该操作后，即可最大化显示选定对象，如下图所示。

实战操作042 缩放区域

素材：无　　场景：无

难度：★★★★★　　视频：视频\Cha01\实战操作042.avi

“缩放区域”工具主要可以对所框选的区域进行缩放，具体操作步骤如下所述。

STEP 01 继续上一实例的操作，单击界面右下角的“缩放区域”按钮，如下图所示。

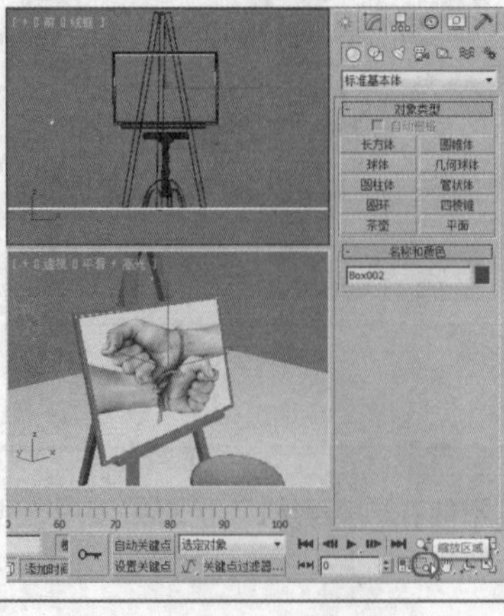

STEP 02 按住鼠标在“透”视图中进行缩放，效果如下图所示。

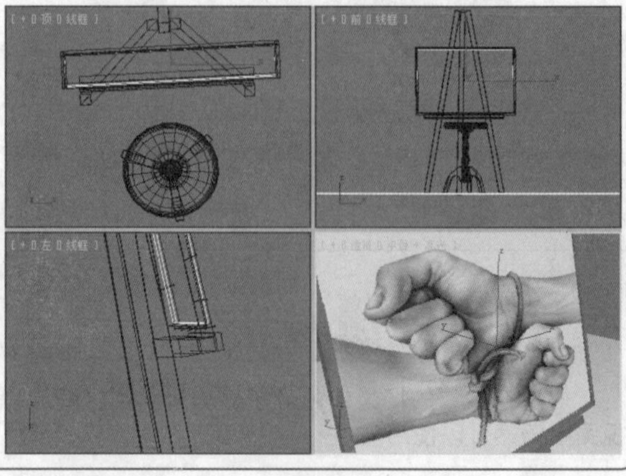

实战操作043 旋转视图

素材：Scene\Cha01\1-10.max　　场景：Scene\Cha01\实战操作043.max

难度：★★★★★　　视频：视频\Cha01\实战操作043.avi

在3ds Max中，为了更好地进行操作，可以对视图进行旋转。其具体操作步骤如下所述。

STEP 01 按Ctrl+O键组合，打开素材文件1-10.max，如下图所示。

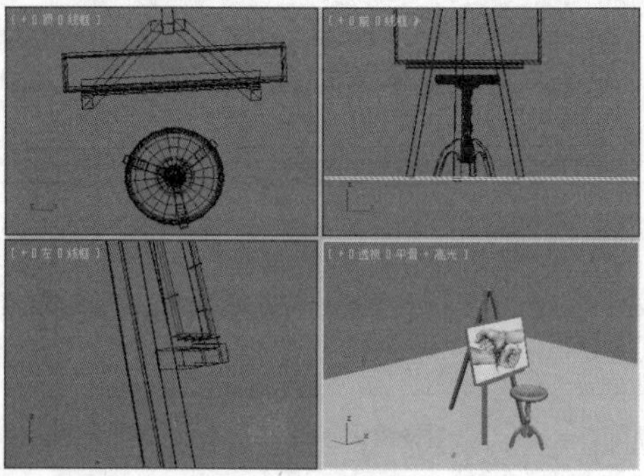

STEP 02 单击界面右下角的“环绕子对象”按钮，如下图所示。

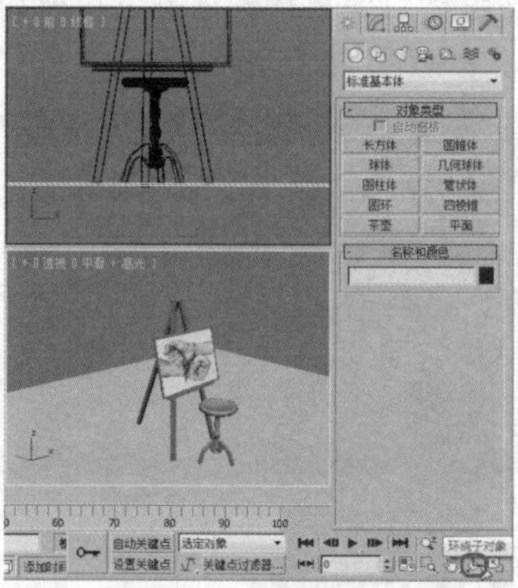

STEP 03 在“透”视图中按住鼠标进行旋转，效果如下图所示。

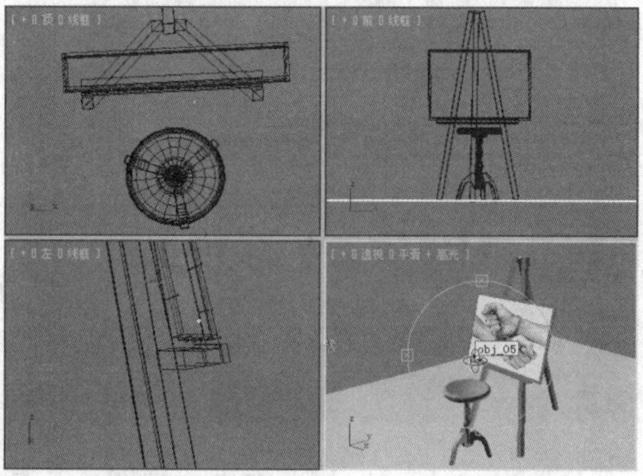

STEP 04 按F9键对“透”视图进行渲染，效果如右图所示。

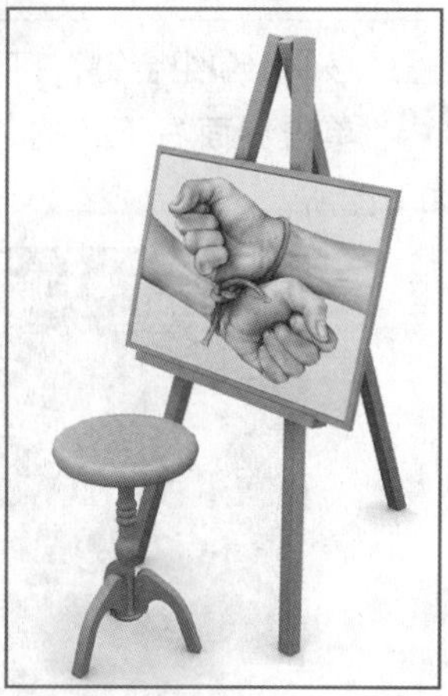

实战操作044 最大化视图

素材：无　　场景：无

难度：★★★★★　　视频：视频\Cha01\实战操作044.avi

在3ds Max中制作场景时，视图中的对象难免会有显示不全的情况，可以将该视图切换至最大，具体操作步骤如下所述。

STEP 01 继续上一实例的操作，单击界面右下角的“最大化视图切换”按钮，如下图所示。

STEP 02 执行该操作后，即可将该视图最大化显示，如下图所示。

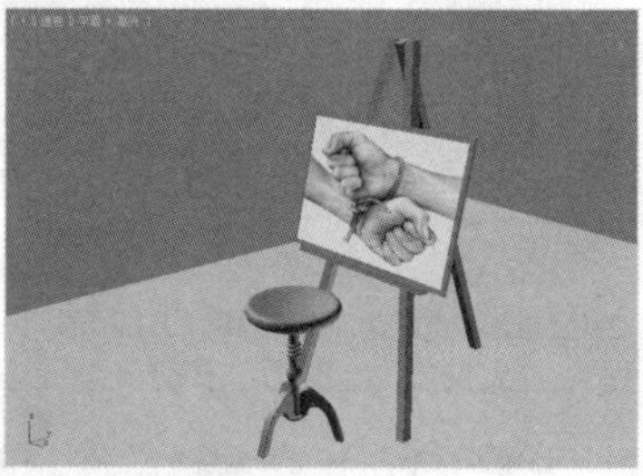

专家提醒

如果需要将当前激活的视图切换为最大化视图，可按Alt+W组合键。

实战操作045 平移视图

素材：Scene\Cha01\1-10.max　　场景：无

难度：★★★★★　　视频：视频\Cha01\实战操作045.avi

下面介绍如何在3ds Max中平移视图，其具体操作步骤如下所述。

STEP 01 按Ctrl+O组合键，打开素材文件1-10.max，单击界面右下角的“平移视图”按钮，如下图所示。

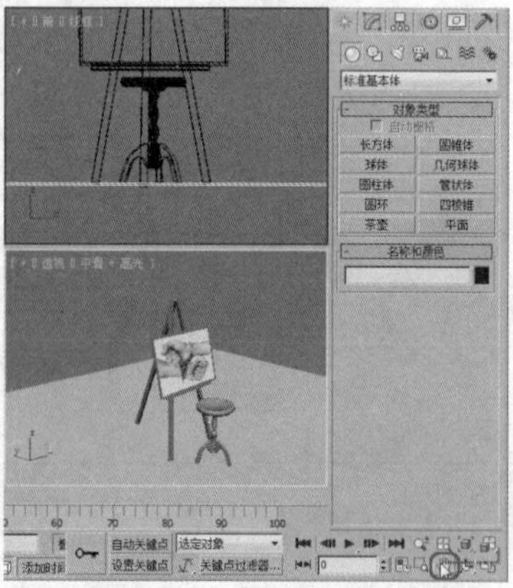

STEP 02 按住鼠标对要平移的视图进行拖动，即可平移该视图，如下图所示。

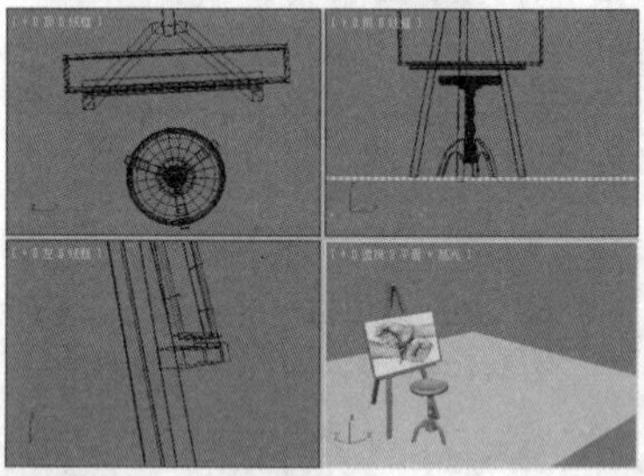

专家提醒

除了上述方法可以平移视图外，还可以按住鼠标中键对视图进行移动。

1.12 视图的高级控制

在3ds Max中，可以根据需要对视图进行控制，本节将对其进行简单介绍。

实战操作046 更改视口背景

↘素材：无　　↘场景：无

↘难度：★★★★★　　↘视频：视频\Cha01\实战操作046.avi

选择要在活动视口中显示的图像或动画，这些更改不影响渲染场景。

STEP 01 激活“透”视图，在菜单栏中执行“视图”|“视口背景”|“配置视口背景”命令，如下图所示。

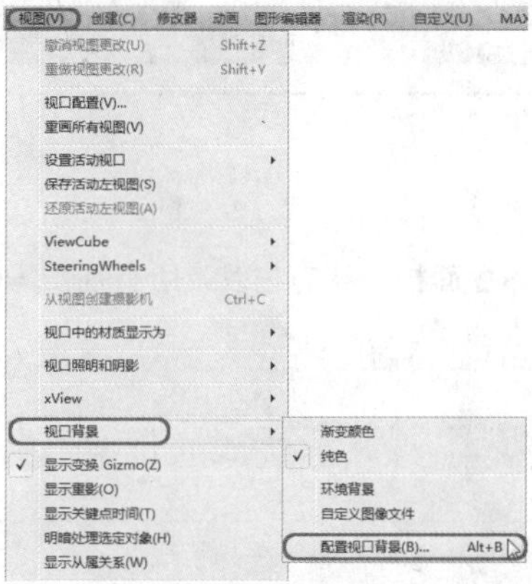

STEP 02 在弹出的对话框中切换至“背景”选项卡，选中“使用文件”单选按钮，再单击“文件”按钮，如下图所示。

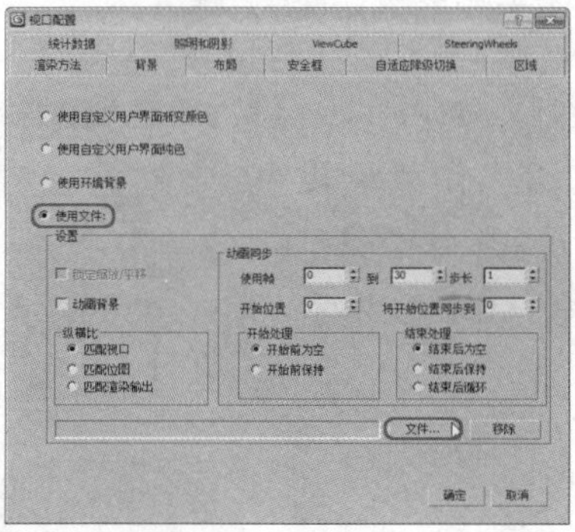

STEP 03 在弹出的对话框中选择随书附带光盘中的\Map\bj.jpg素材图片，如下图所示。

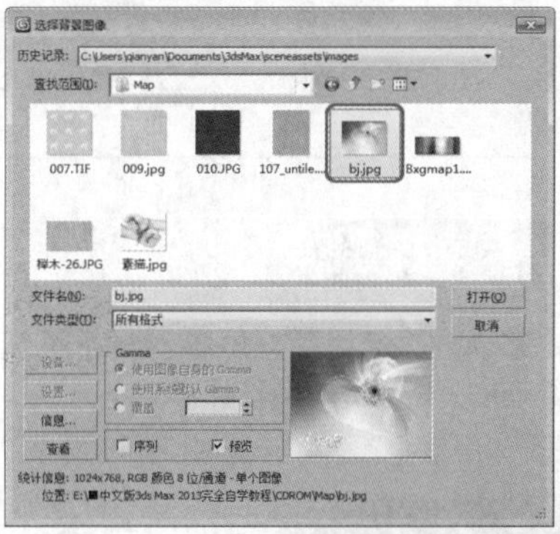

STEP 04 单击“打开”按钮，在“视口配置”对话框中单击“确定”按钮，即可更改所激活视图的背景，效果如右图所示。

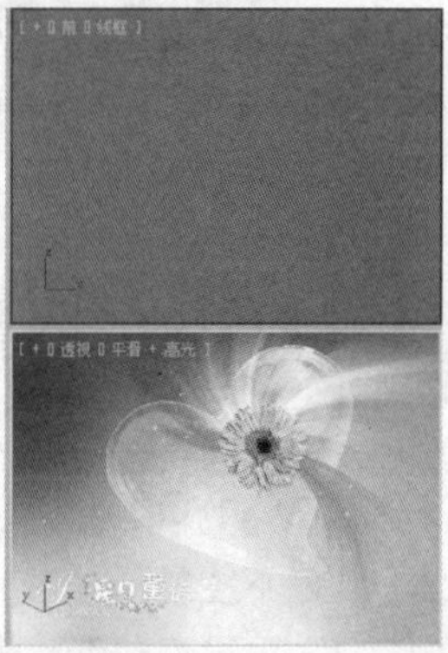

专家提醒

除了通过“配置视口背景”命令可以打开“视口配置”对话框，还可以按Alt+B组合键。

实战操作047 将视图切换成专家模式

↘素材：Scene\Cha01\1-11.max　　↘场景：无

↘难度：★★★★★　　↘视频：视频\Cha01\实战操作047.avi

下面介绍如何将视图切换成专家模式，其具体操作步骤如下所述。

STEP 01 按Ctrl+O组合键，打开素材文件1-11.max，在菜单栏中执行"视图"|"专家模式"命令，如右图所示。

STEP 02 执行该操作后，即可切换至"专家模式"，效果如下图所示。

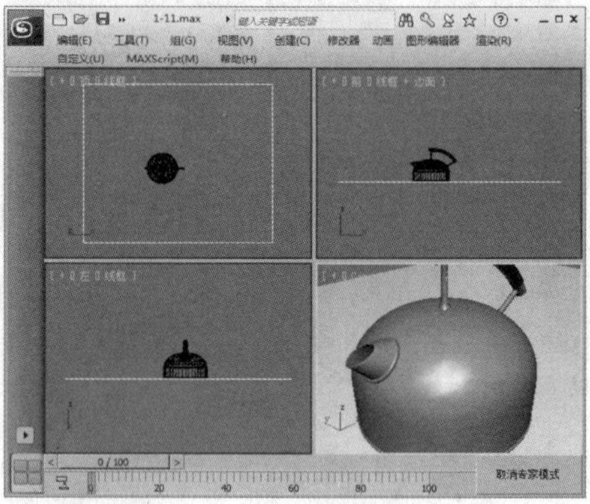

专家提醒

"专家模式"启用后，屏幕上将不再显示标题栏、工具栏、命令面板、状态栏以及所有视口导航按钮，仅显示菜单栏、时间滑块和视口。

实战操作048 显示安全框

素材：Scene\Cha01\1-11.max	场景：无
难度：★★★★★	视频：视频\Cha01\实战操作048.avi

显示安全框可以将图像限定在安全框的"活动"区域中，这样在渲染过程中可以确保渲染输出的尺寸匹配背景图像尺寸，避免扭曲。显示安全框的具体操作步骤如下所述。

STEP 01 按Ctrl+O组合键，打开素材文件1-11.max，如下图所示。

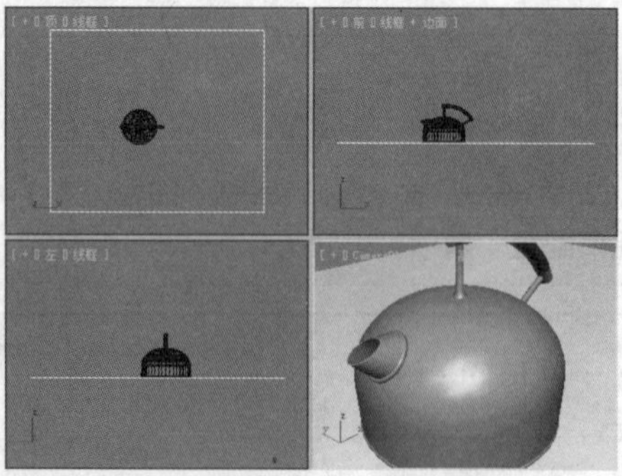

STEP 02 激活"Camera01"视图，在菜单栏中执行"视图"|"视口配置"命令，如右图所示。

专家提醒

除了上述方法可以显示安全框外，还可以按Shift+F组合键。

STEP 03 在弹出的对话框中选择“安全框”选项卡，选中“应用”选项组中的“在活动视图中显示安全框”复选框，如右图所示。

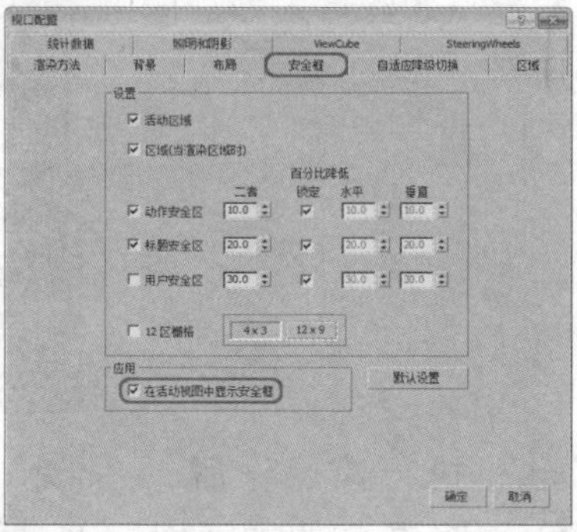

STEP 04 设置完成后，单击“确定”按钮即可显示安全框，如右图所示。

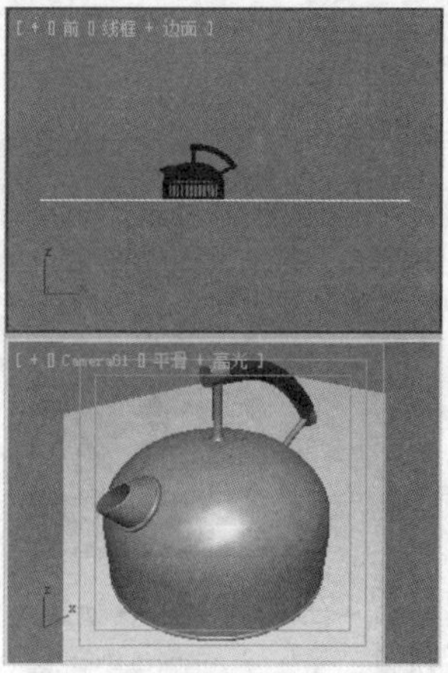

实战操作049 抓取视口

素材：无　　场景：无

难度：★★★★★　　视频：视频\Cha01\实战操作049.avi

下面介绍如何抓取视口，其具体操作步骤如下所述。

STEP 01 继续上一实例的操作，在菜单栏中执行“工具”|“视图-抓取视口”|“创建静止图像文件”命令，如下图所示。

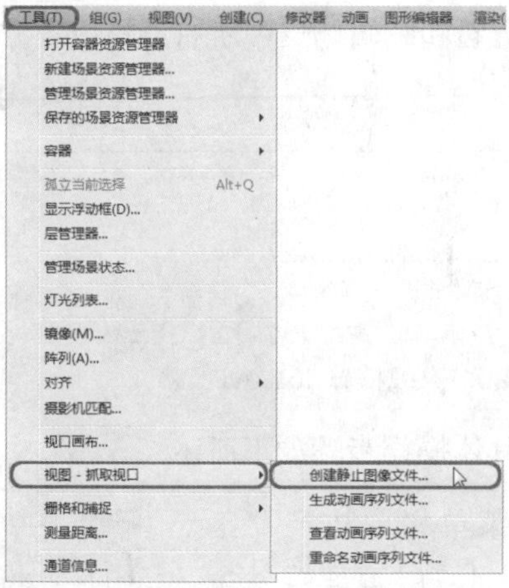

STEP 02 在弹出的对话框中输入标签名，输入完成后，单击“抓取”按钮，即可对视口进行抓取，效果如下图所示。

实战操作050 测量距离

素材：Scene\Cha01\1-11.max　　场景：无

难度：★★★★★　　视频：视频\Cha01\实战操作050.avi

下面介绍“测量距离”工具的使用方法，其具体操作步骤如下所述。

STEP 01 按Ctrl+O组合键，打开素材文件1-11.max，如下图所示。

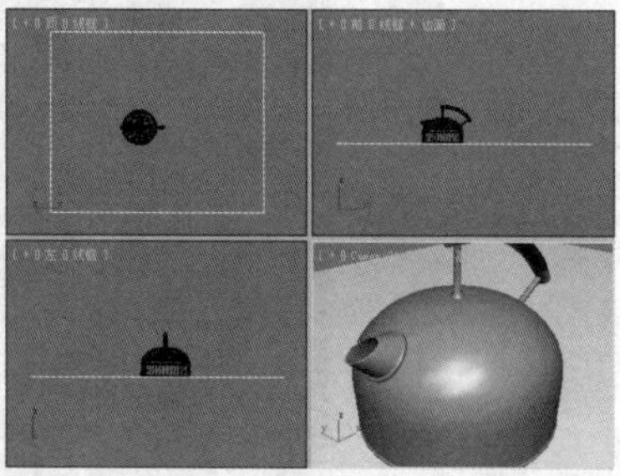

STEP 02 在菜单栏中执行“工具”|“测量距离”命令，如右图所示。

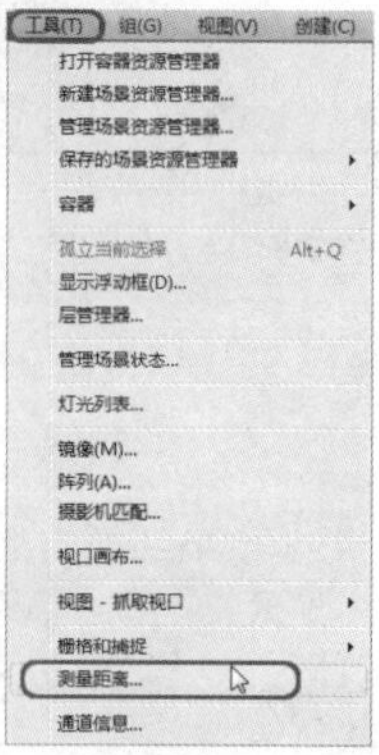

STEP 03 在要测量距离的对象上确定测量的起点和终点，如右图所示。

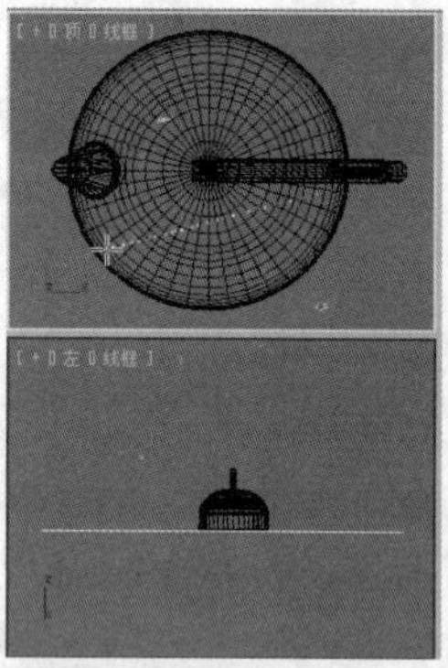

STEP 04 执行该操作后，在屏幕的左下角将会出现测量后的尺寸，如右图所示。

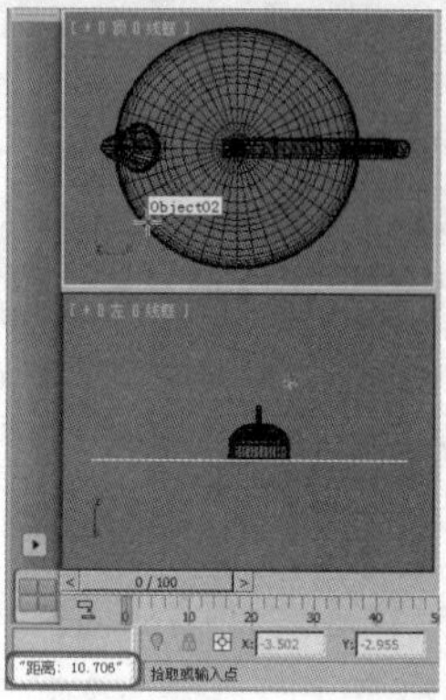

1.13 使用层管理器

通过“层管理器”对话框可以创建和删除层，还可以查看和编辑场景中所有层的设置，本节将对其进行简单介绍。

实战操作051 创建新层

素材：Scene\Cha01\1-12.max	场景：无
难度：★★★★★	视频：视频\Cha01\实战操作051.avi

下面介绍如何通过“层管理器”对话框创建新的层，其具体操作步骤如下所述。

STEP 01 按Ctrl+O组合键，打开素材文件1-12.max，如下图所示。

STEP 02 在菜单栏中执行“工具”|“层管理器”命令，如右图所示。

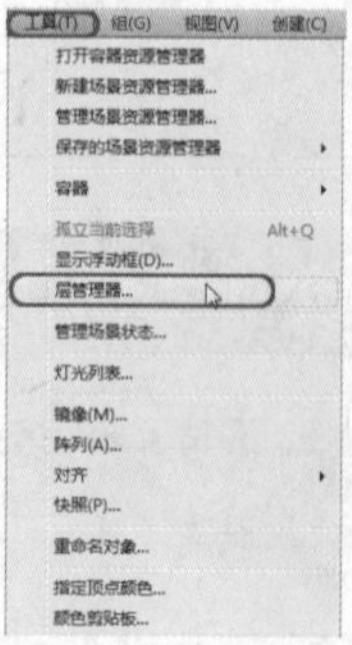

STEP 03 执行该操作后，即可打开“层：0（默认）”对话框，在该对话框中单击“创建新层”按钮，如下图所示。

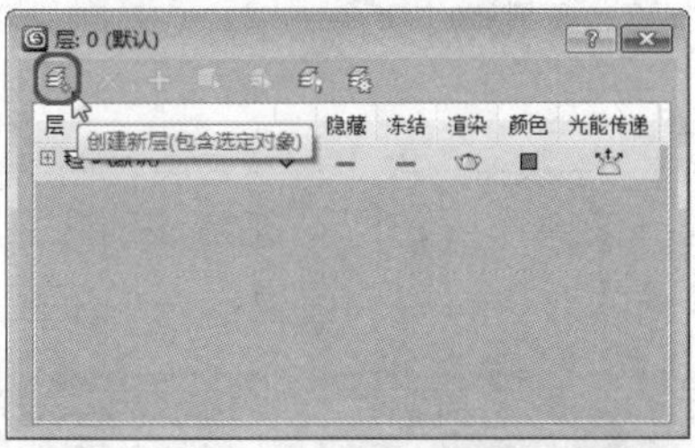

STEP 04 执行该操作后，即可创建一个新的层，如下图所示。

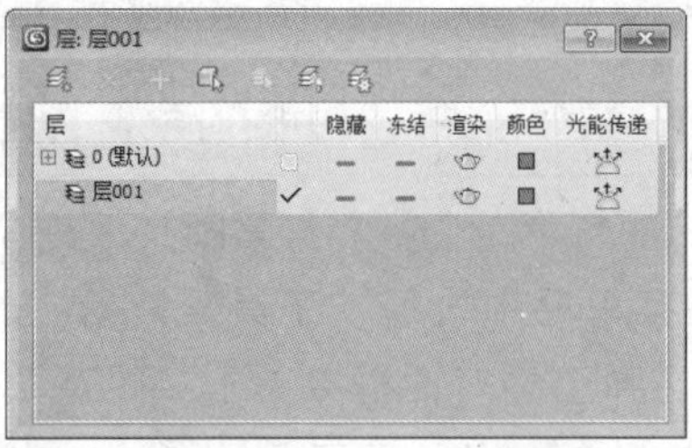

实战操作052 隐藏对象

素材：Scene\Cha01\1-12.max　场景：Scene\Cha01\实战操作052.max

难度：★★★★★　视频：视频\Cha01\实战操作052.avi

在3ds Max中，可以根据需要将不同的对象隐藏。下面介绍如何隐藏对象，其具体操作步骤如下所述。

STEP 01 按Ctrl+O组合键，打开素材文件1-12.max，如下图所示。

STEP 02 在菜单栏中执行“工具”|“层管理器”命令，如右图所示。

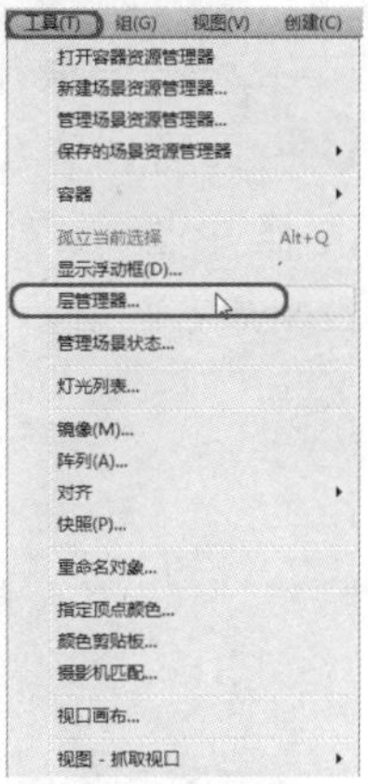

STEP 03 在弹出的对话框中单击“水蜜桃”右侧的隐藏按钮，如下图所示。

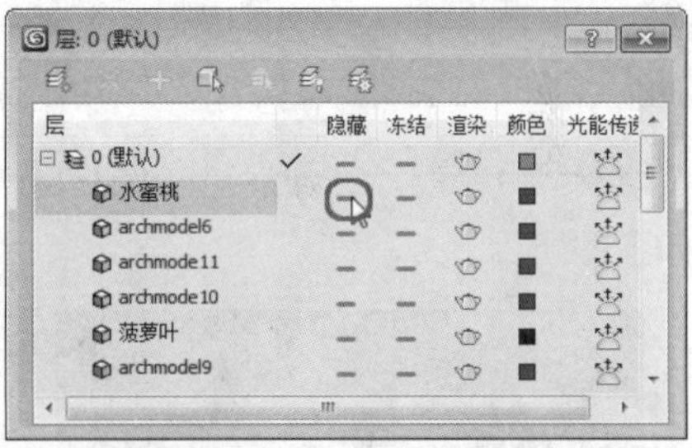

STEP 04 执行操作后，即可隐藏所选层的所有对象，按F9键对“Camera01”视图进行渲染，效果如下图所示。

实战操作053 冻结层中的对象

素材：Scene\Cha01\1-12.max　　场景：无

难度：★★★★★　　视频：视频\Cha01\实战操作053.avi

本节介绍如何冻结层中的对象，其具体操作步骤如下所述。

STEP 01 按Ctrl+O组合键，打开素材文件1-12.max，在菜单栏中执行“工具”|“层管理器”命令，在弹出的对话框中单击“香蕉”右侧的冻结按钮 ，如下图所示。

STEP 02 执行该操作后，即可冻结该对象，且所被冻结的对象将以灰色显示，如下图所示。

实战操作054 查看对象属性

素材：Scene\Cha01\1-12.max　　场景：无

难度：★★★★★　　视频：视频\Cha01\实战操作054.avi

下面介绍如何查看对象属性，其具体操作步骤如下所述。

STEP 01 按Ctrl+O组合键，打开素材文件1-12.max，如下图所示。

STEP 02 在菜单栏中执行“工具”|“层管理器”命令，如右图所示。

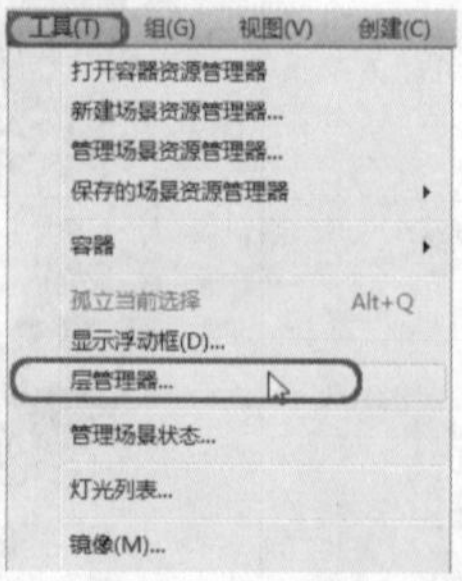

STEP 03 执行该操作后，即可打开“层：0（默认）”对话框，在该对话框中选择“猕猴桃”，并右击鼠标，在弹出的快捷菜单中执行“对象属性”命令，如右图所示。

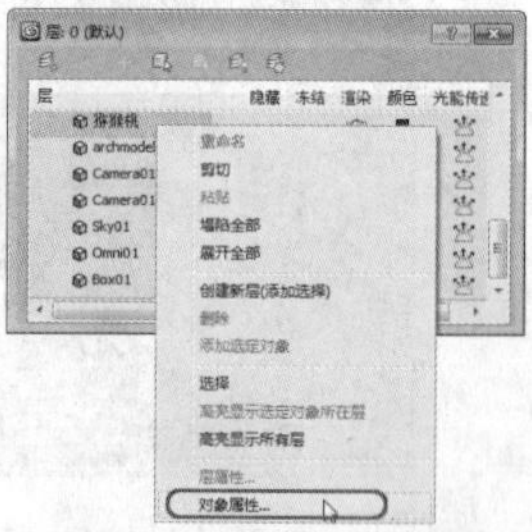

STEP 04 执行该操作后，即可在弹出的对话框中查看对象属性，如右图所示。

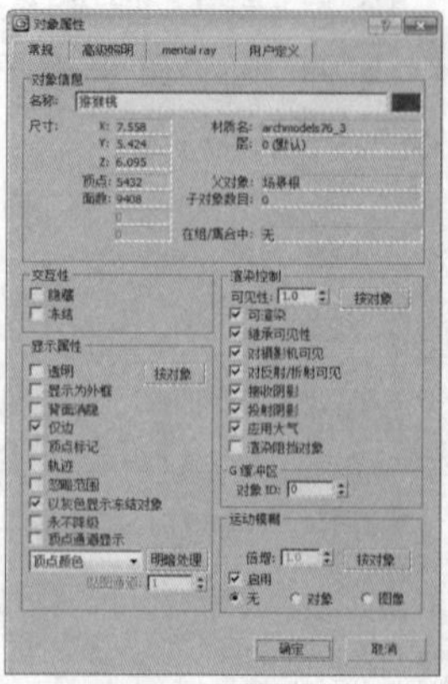

实战操作055 查看层属性

素材：Scene\Cha01\1-12.max	场景：无
难度：★★★★★	视频：视频\Cha01\实战操作055.avi

下面介绍如何查看层属性，其具体操作步骤如下所述。

STEP 01 按Ctrl+O组合键，打开素材文件1-12.max，在菜单栏中执行“工具”|“层管理器”命令，在弹出的对话框中选择0层，右击鼠标，在弹出的快捷菜单中执行“层属性”命令，如右图所示。

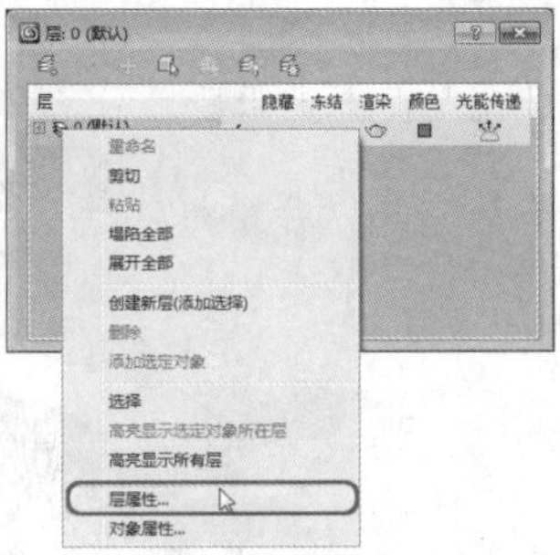

STEP 02 执行该操作后，即可在弹出的对话框中查看层属性，如右图所示。

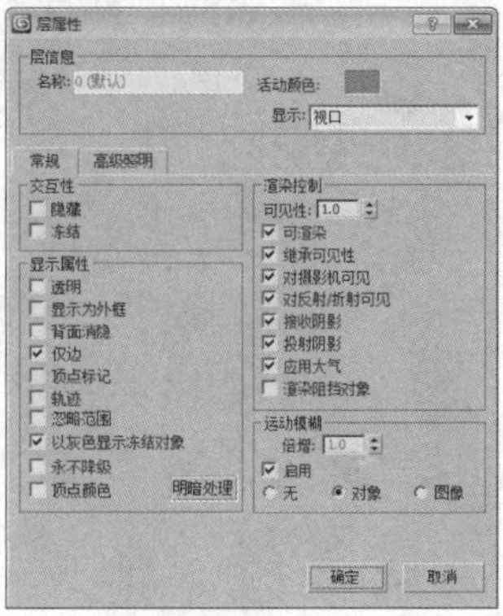

实战操作056 选定层中所有对象

素材：Scene\Cha01\1-12.max	场景：无
难度：★★★★★	视频：视频\Cha01\实战操作056.avi

下面介绍如何选中层中所有的对象，其具体操作步骤如下所述。

STEP 01 按Ctrl+O组合键，打开素材文件1-12.max，如下图所示。

STEP 02 在菜单栏中执行“工具”|“层管理器”命令，如右图所示。

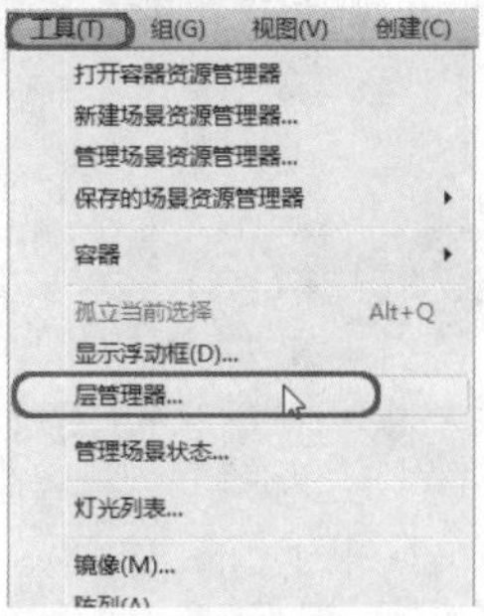

STEP 03 在弹出的对话框中选择0层，单击“选择高亮对象和层”按钮，如下图所示。

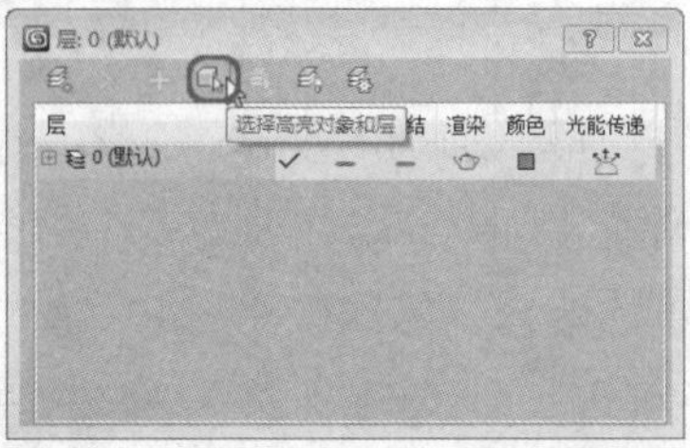

STEP 04 执行该操作后，即可选中该层中所有的对象，如下图所示。

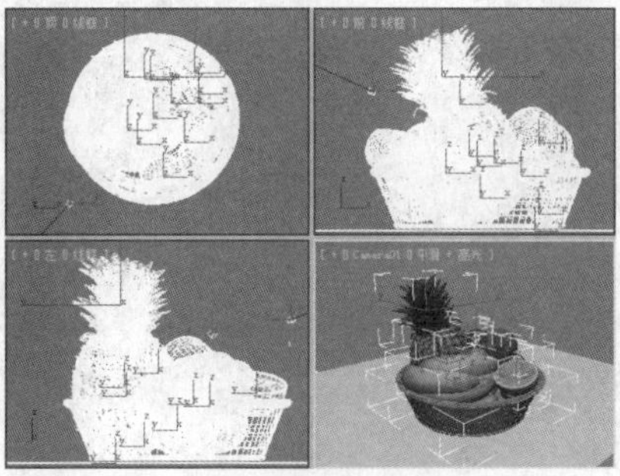

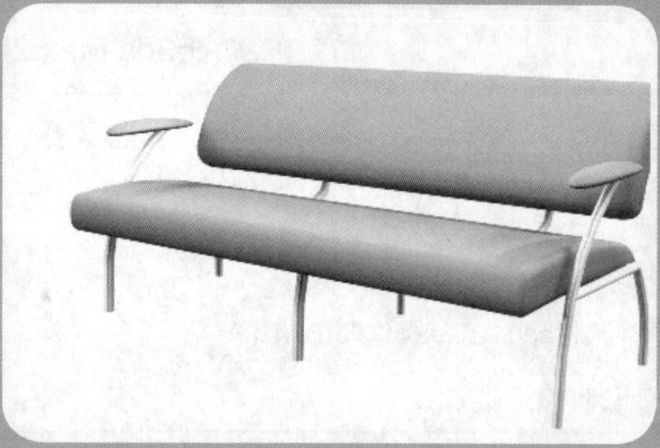

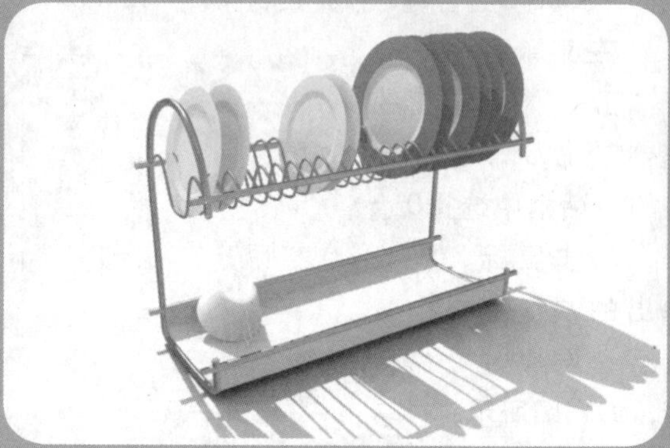

Chapter 02

第2章 对象的基本操作

作为一个3ds Max初学者，为了能够很快地对这个软件运用自如，进行更方便、快捷、准确的操作，应该先熟悉软件的操作界面。本章主要介绍有关3ds Max 2013工作环境中各个区域以及部分常用工具的使用方法，其中包括物体的选择、组的使用、动作的位移、对齐、对象的捕捉等内容。

3ds Max 2013

2.1 选择对象

在3ds Max中，在对对象执行某个操作或者执行场景中的对象之前，首先需要将其选中，因此，选择对象操作是建模和设置动画过程的基础。

实战操作057 使用“矩形选框”工具选择

素材：Scene\Cha02\2-1.max	场景：无
难度：★★★★★	视频：视频\ Cha02\实战操作057.avi

选择对象的方法有多种，“矩形选择区域“就会其中一个，使用“矩形选择区域”的具体操作步骤如下所述。

STEP 01 单击按钮，在弹出的下拉列表中执行“打开”命令，在打开的对话框中选择素材文件2-1.max，在工具栏中单击“矩形选择区域”按钮，移动鼠标至“顶”视图中，按住鼠标并拖曳，此时会出现一个虚线框，如右图所示。

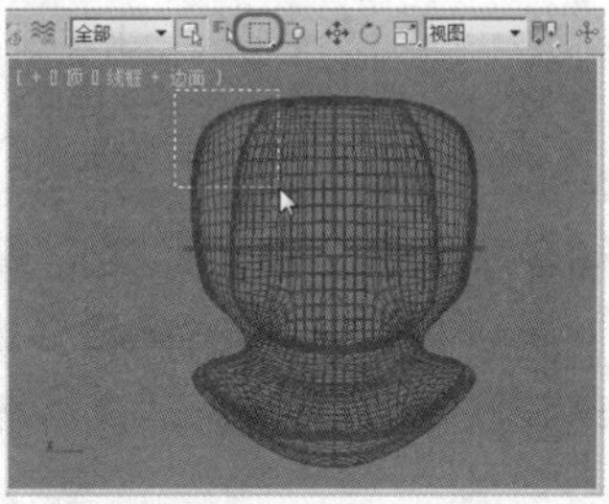

STEP 02 拖曳至合适的位置后释放鼠标，所框选的对象即可处于被选中的状态，如下图所示。

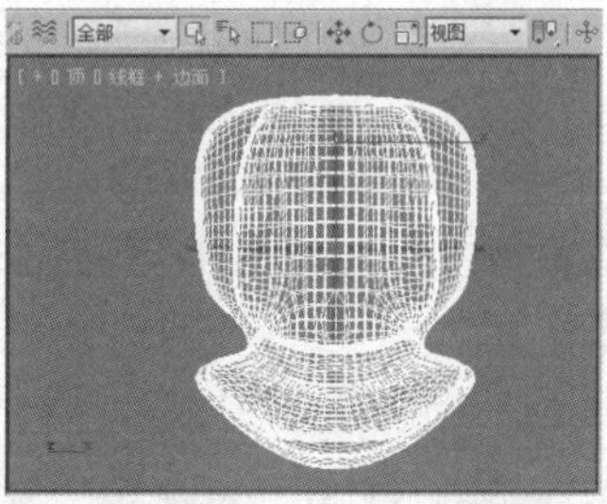

实战操作058 使用“圆形选框”工具选择

素材：Scene\Cha02\2-2.max	场景：无
难度：★★★★★	视频：视频\ Cha02\实战操作058.avi

“圆形选择区域”也是选择对象的工具之一，其具体的操作步骤如下所述。

STEP 01 单击按钮，在弹出的下拉列表中执行“打开”命令，在打开的对话框中选择素材文件2-2.max，如下图所示。

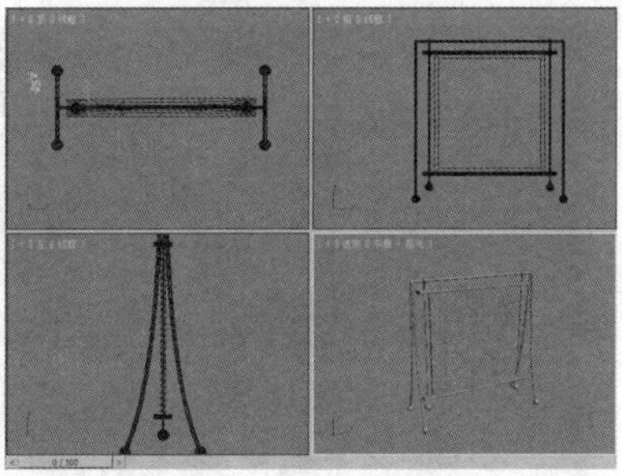

STEP 02 在工具栏中单击“矩形选择区域”按钮并向下拖曳，在下拉列表中单击“圆形选择区域”按钮，如下图所示。

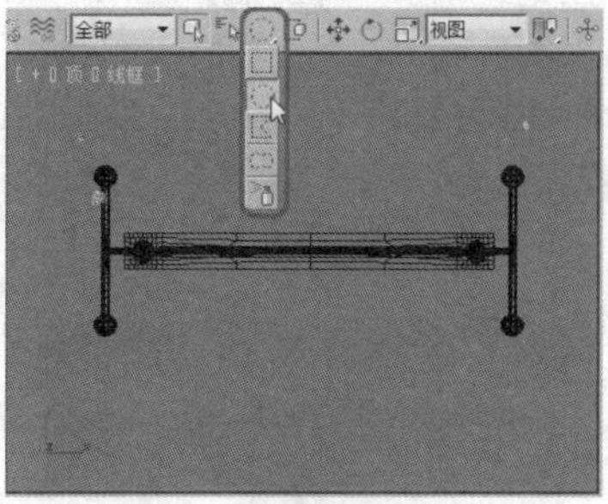

STEP 03 将鼠标移动至“前”视图，按住鼠标左键并进行拖曳，此时会出现一个圆形的虚线框，如下图所示。

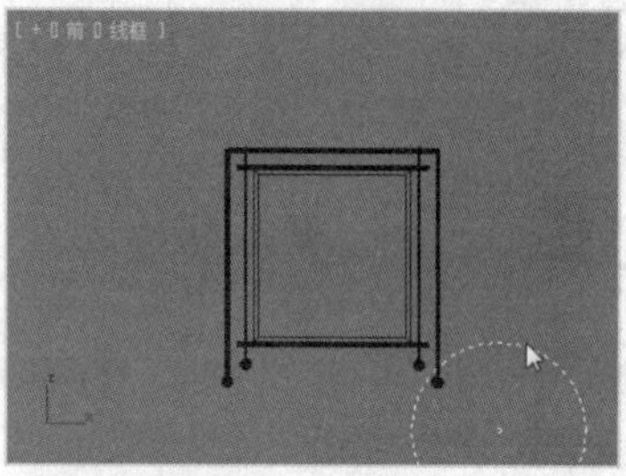

STEP 04 释放鼠标后，被选取的对象四周便会出现白色线框，如下图所示。

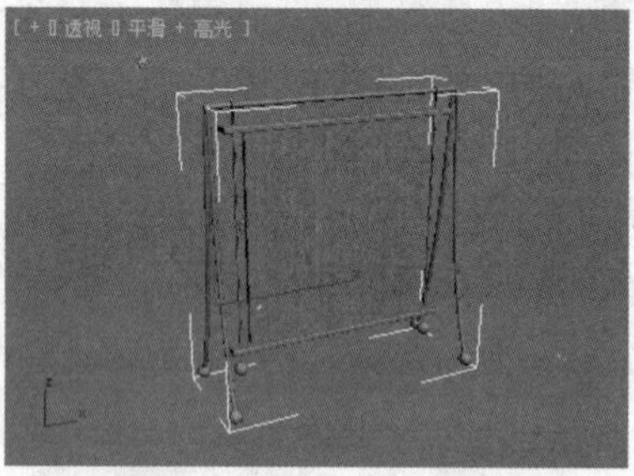

实战操作059 使用“绘制选择区域”工具选择

素材：Scene\Cha02\2-3.max　　场景：无

难度：★★★★★　　视频：视频\ Cha02\实战操作059.avi

“绘制选择区域”工具以圆环的形式选择对象。使用“绘制选择区域”工具选择对象，可以一次选择多个操作对象，使用“绘制选择区域”工具的具体操作步骤如下所述。

STEP 01 单击按钮，在弹出的下拉列表中执行“打开”命令，在打开的对话框中选择素材文件2-3.max，如下图所示。

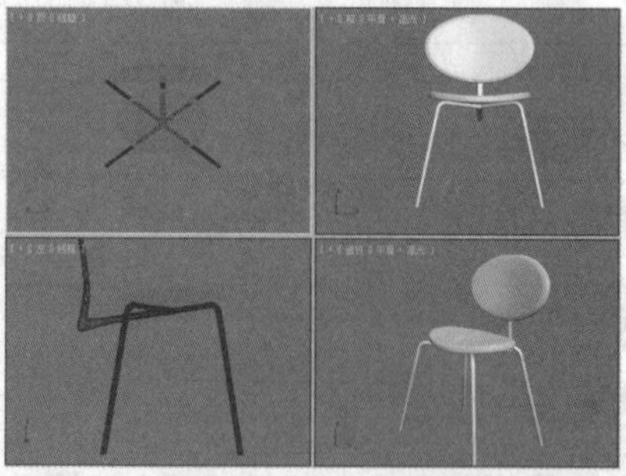

STEP 02 在菜单栏中单击“矩形选择区域”按钮并向下拖曳，在下拉列表中单击“绘制选择区域”按钮，如下图所示。

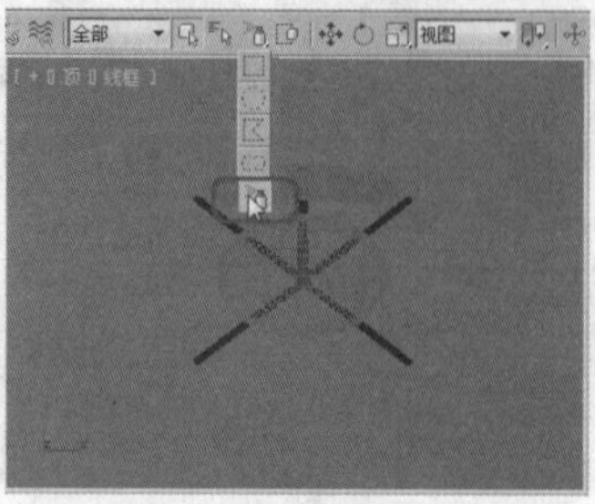

STEP 03 将鼠标移动至“前”视图，按住鼠标左键在空白处单击并拖曳，此时鼠标周围会出现，按住鼠标左键选中要选择的对象，如下图所示。

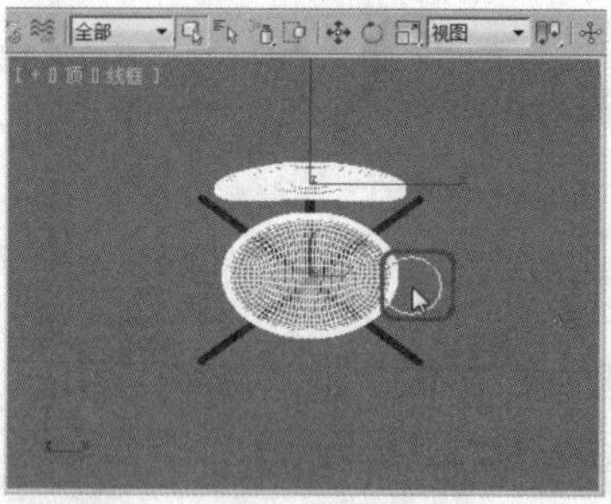

STEP 04 释放鼠标后，被选取的对象四周即会出现白色线框，如下图所示。

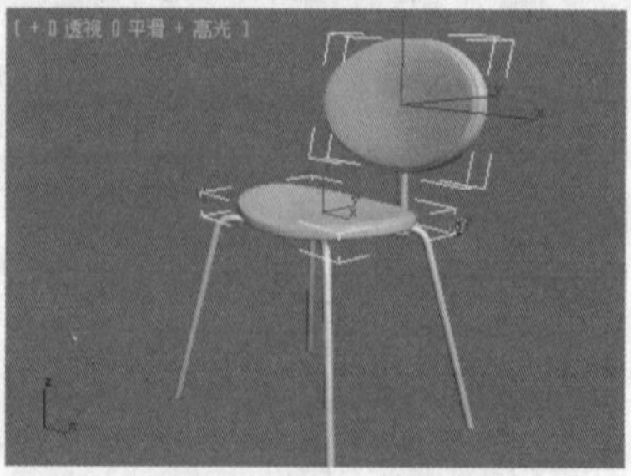

实战操作060 按名称选择

素材：Scene\Cha02\2-4.max　场景：无

难度：★★★★★　视频：视频\ Cha02\实战操作060.avi

“按名称选择”命令可以既精确又快捷地帮助选择对象，其具体操作步骤如下所述。

STEP 01 单击按钮，在弹出的下拉列表中执行“打开”命令，在打开的对话框中选择素材文件2-4.max，如下图所示。

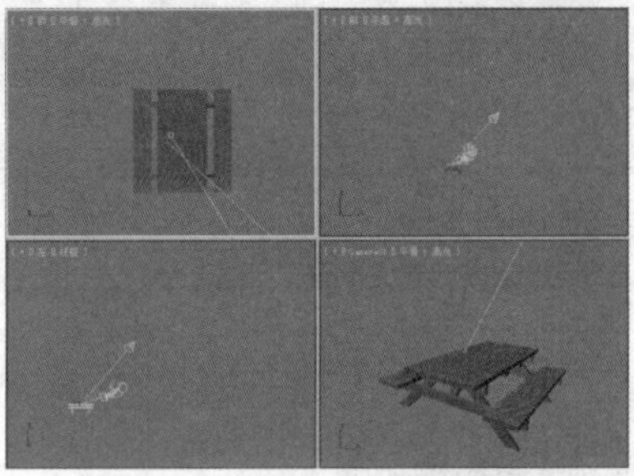

STEP 02 在工具栏中单击“按名称选择”按钮，即可弹出“从场景中选择”对话框，如右图所示。

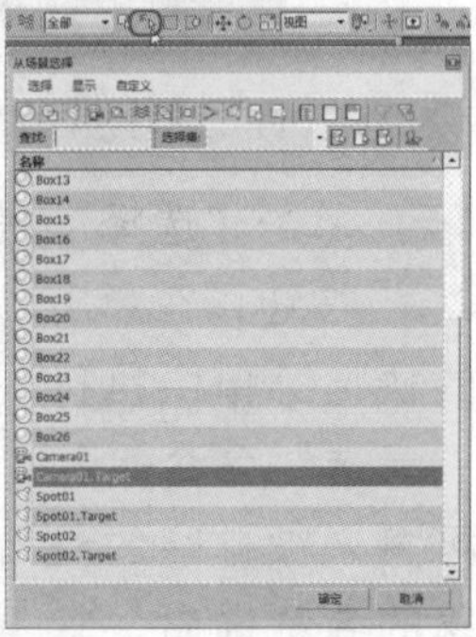

STEP 03 按住Ctrl键的同时在“从场景中选择”对话框中单击需要选择的操作对象，即可一次选取多个对象，如右图所示。

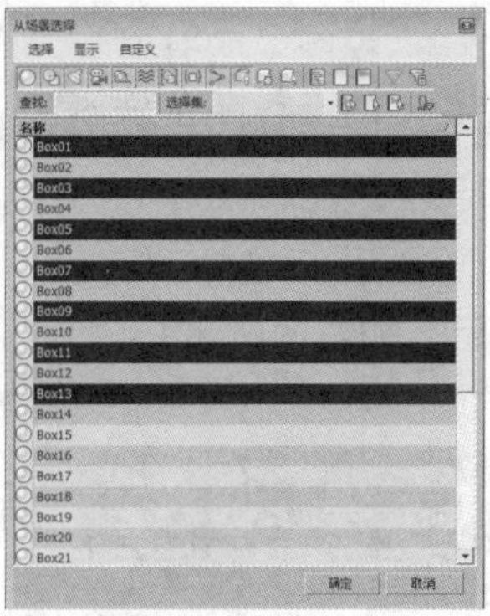

STEP 04 单击“确定”按钮，即可在“透”视图中看到被选取的对象四周出现白色线框，如下图所示。

实战操作061 全选对象

素材：Scene\Cha02\2-5.max　场景：无

难度：★★★★★　视频：视频\ Cha02\实战操作061.avi

在“从场景中选择”对话框中执行“全部选择”命令即可将场景中的对象全部选中，其具体的操作步骤如下所述。

STEP 01 单击按钮，在弹出的下拉列表中执行“打开”命令，在打开的对话框中选择素材文件2-5.max，如右图所示。

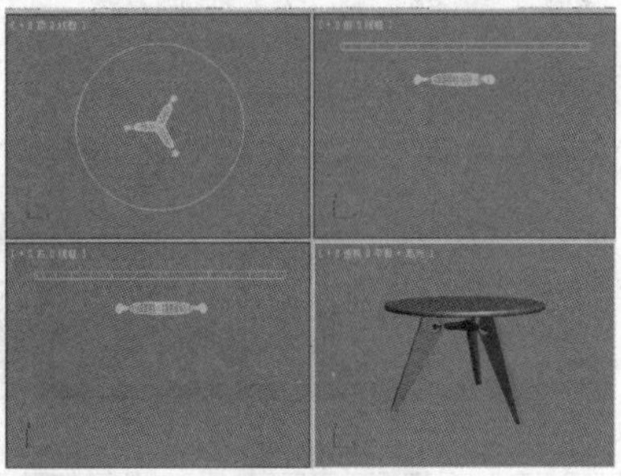

STEP 02 在场景中先选中一个对象，然后在工具栏中单击“按名称选择”按钮，即可弹出“从场景选择”对话框，在弹出的“从场景中选择”对话框中单击“选择”按钮，在弹出的

快捷菜单中执行“全部选择”命令，如右图所示。

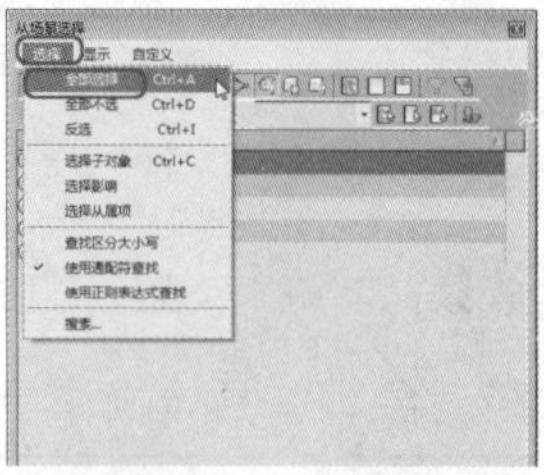

STEP 03 视图中所有对象的名称即可被全部选中，且被选中的部分以灰色状态显示，如右图所示。

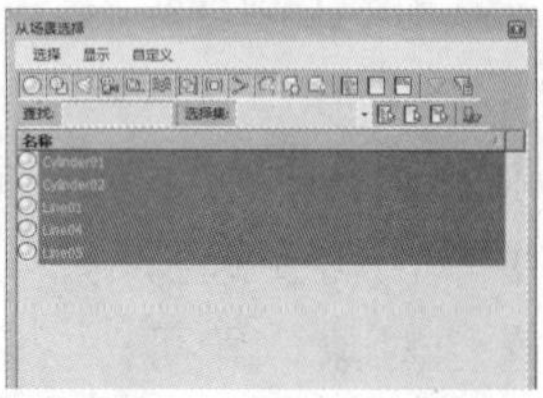

STEP 04 单击“确定”按钮，即可在“透”视图中看到被选取的对象四周出现白色线框，如下图所示。

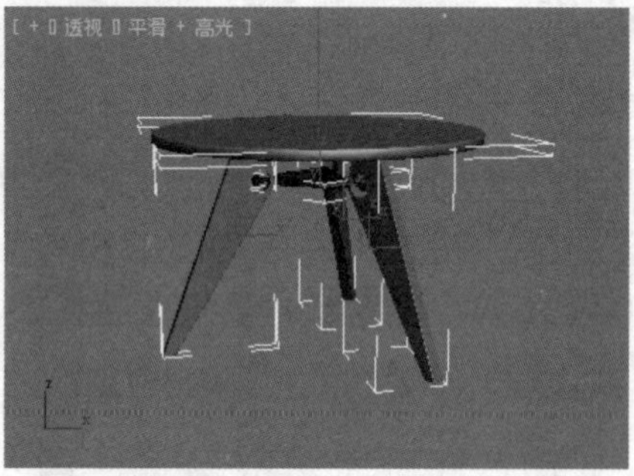

实战操作062 反选对象

素材：Scene\Cha02\2-6.max　　场景：无

难度：★★★★★　　视频：视频\ Cha02\实战操作062.avi

“反选”命令是将没有被选中的对象选择，使用“反选”命令选择对象的具体操作步骤如下所述。

STEP 01 单击按钮，在弹出的下拉列表中选择“打开”选项，在打开的对话框中选择素材文件2-6.max，如下图所示。

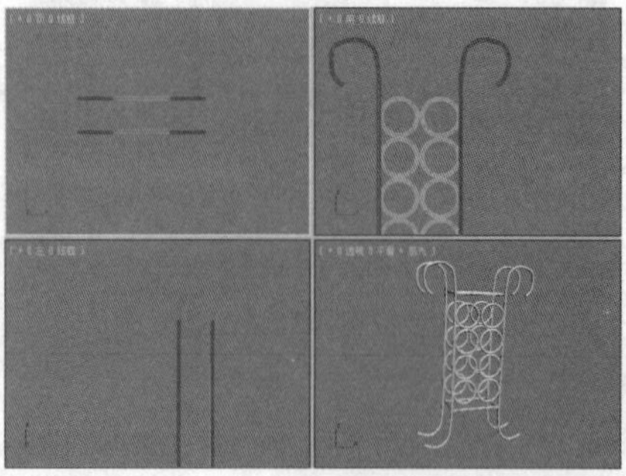

STEP 02 在工具栏中单击“按名称选择”按钮，即可弹出“从场景选择”对话框，按住Ctrl键的同时单击需要排除的对象的名称，如右图所示。

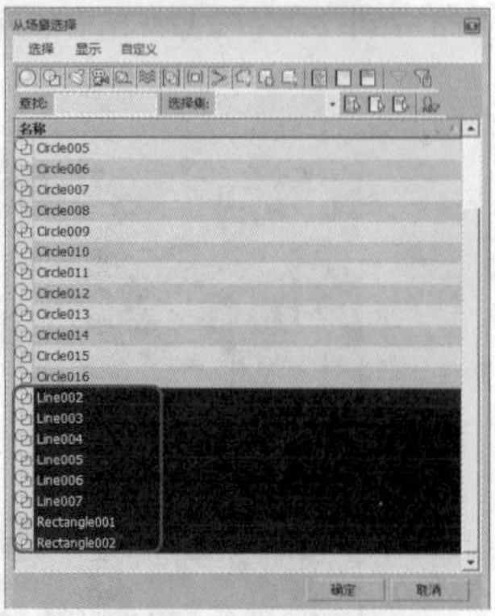

STEP 03 单击“选择”按钮，在弹出的快捷菜单中执行“反选”命令，即可将未被排除的对象的名称选中，其选中的部分以蓝色的形式显示，如右图所示。

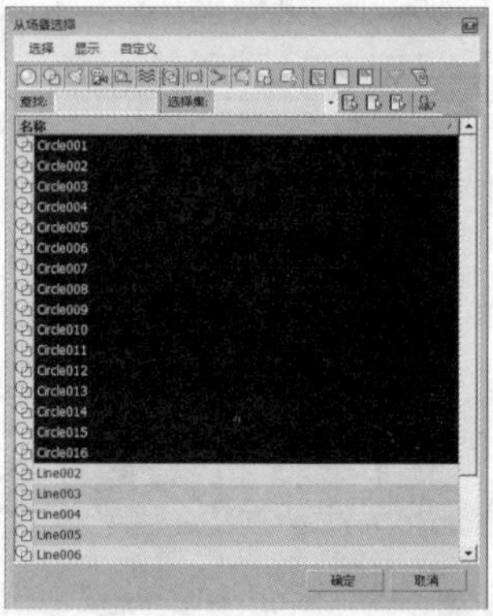

STEP 04 单击“确定”按钮，反选后的对象四周将会出现白色线框，如下图所示。

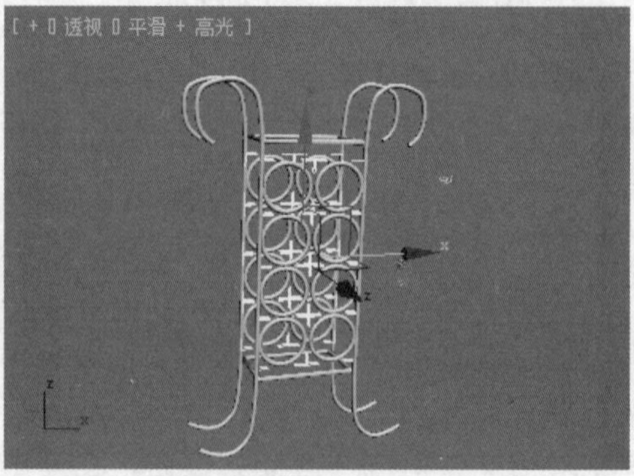

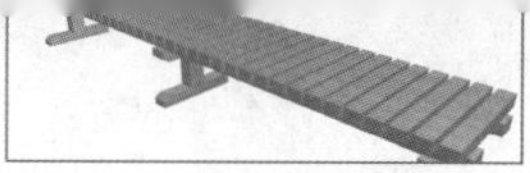

实战操作063 按颜色选择对象

素材：Scene\Cha02\2-7.max　　场景：无

难度：★★★★★　　视频：视频\ Cha02\实战操作063.avi

在场景中选择操作对象时，除了按名称选择外，还可以使用颜色来选择。使用颜色选择对象的具体操作步骤如下所述。

STEP 01 单击按钮，在弹出的下拉列表中执行“打开”命令，在打开的对话框中选择素材文件2-7.max，如下图所示。

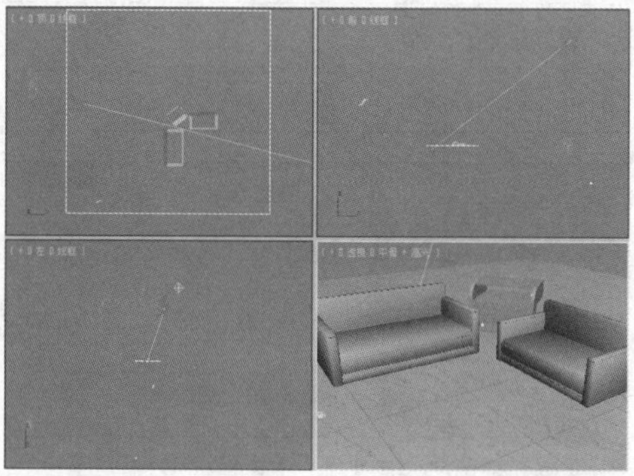

STEP 02 在菜单栏中执行“编辑”|“选择方式”|“颜色”命令，如右图所示。

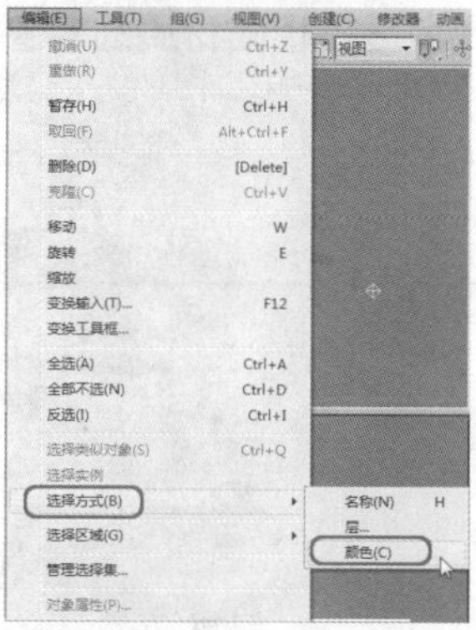

STEP 03 当鼠标指针为形状时单击要选择的对象，如下图所示。

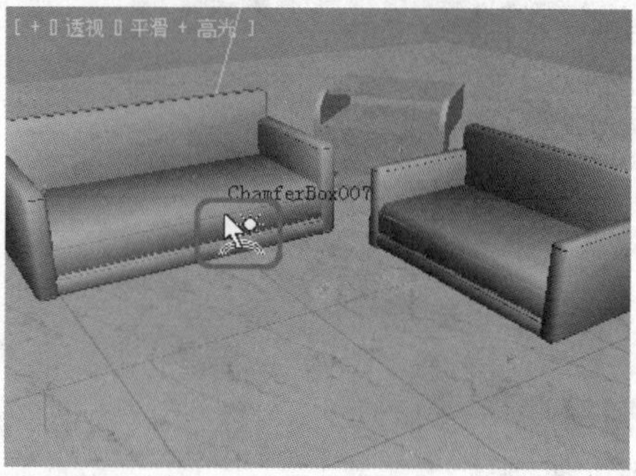

STEP 04 释放鼠标，相同颜色的对象将会被选中，被选中的对象四周会显示白色线框，如下图所示。

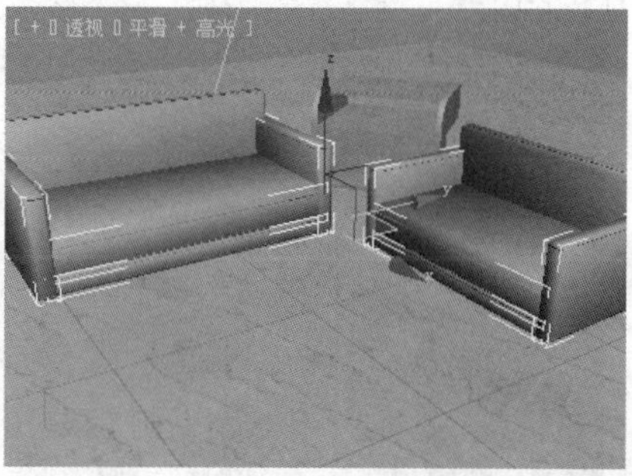

实战操作064 运用过滤器选择对象

素材：Scene\Cha02\2-8.max　　场景：无

难度：★★★★★　　视频：视频\ Cha02\实战操作064.avi

在场景中执行“选择过滤器”按钮下的命令，可准确选择场景中的某个对象，其具体的操作步骤如下所述。

STEP 01 单击按钮，在弹出的下拉列表中执行“打开”命令，在打开的对话框中选择素材文件2-8.max，在工具栏中单击“选择过滤器”按钮全部，在下拉列表中选择“L-灯光”选项，如下图所示。

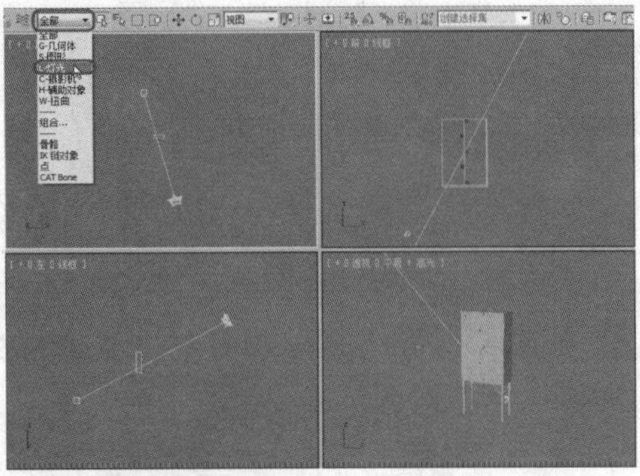

STEP 02 将鼠标移动至“透”视图中，框选所有操作对象即可选择灯光对象，如下图所示。

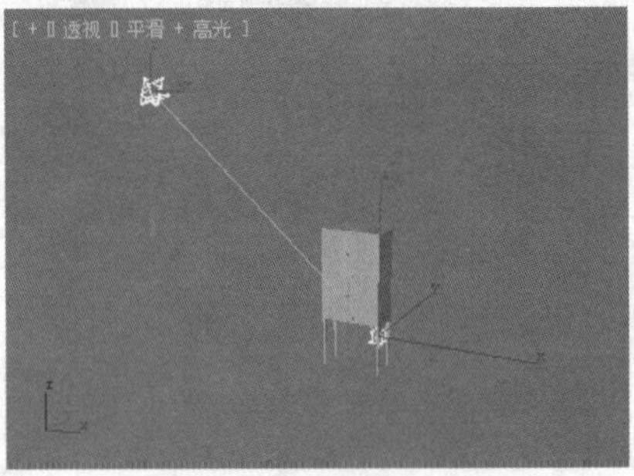

实战操作065 按材质选择

素材：Scene\Cha02\2-9.max	场景：无
难度：★★★★★	视频：视频\ Cha02\实战操作065.avi

在3ds Max中，还可以选择在“材质编辑器”获取材质来选择操作对象。按材质选择操作对象的具体操作步骤如下所述。

STEP 01 单击按钮，在弹出的下拉列表中执行“打开”命令，在打开的对话框中选择素材文件2-9.max，如下图所示。

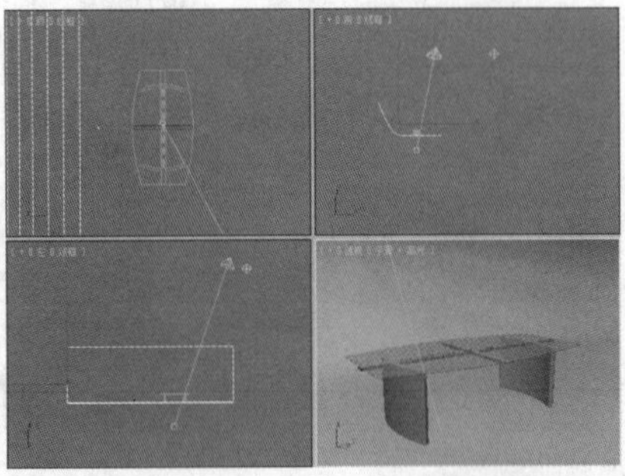

STEP 02 在菜单栏中单击“材质编辑器”按钮，在弹出“材质编辑器”对话框中单击一个材质球，然后单击右侧的“按材质选择”按钮，如右图所示。

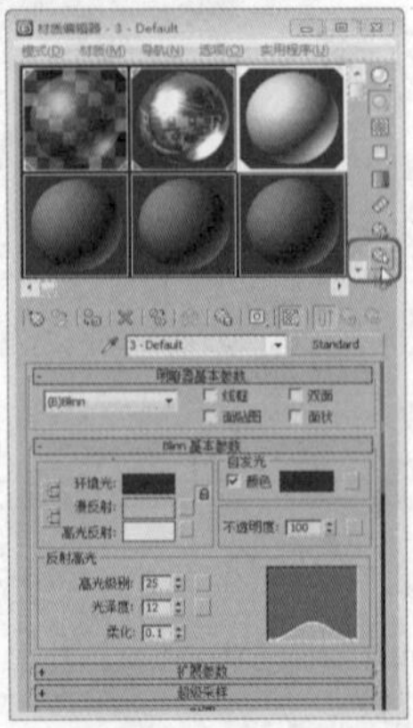

STEP 03 弹出“选择对象”对话框，被选中的相同材质的对象的名称即可呈现为灰色，单击“选择”按钮 选择 ，即可选择相同材质的对象，如下图所示。

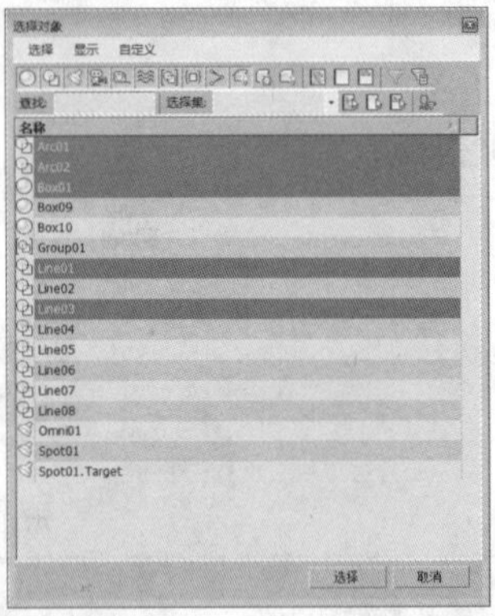

STEP 04 切换至“透”视图中，可以看到被选取的对象四周出现白色线框，如下图所示。

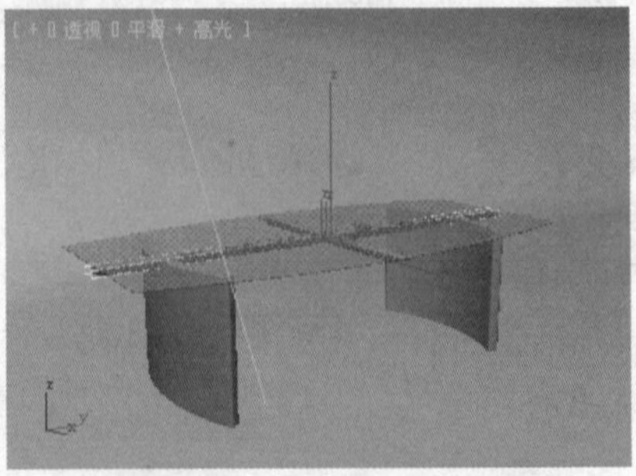

实战操作066 运用命名选择集选择

素材：Scene\Cha02\2-10.max	场景：无
难度：★★★★★	视频：视频\ Cha02\实战操作066.avi

使用“命名选择集”选择场景中对象的具体操作步骤如下所述。

STEP 01 单击按钮，在弹出的下拉列表中执行“打开”命令，在打开的对话框中选择素材文件2-10.max，在工具栏中单击“命名选择集”文本框右侧的下拉按钮，如右图所示。

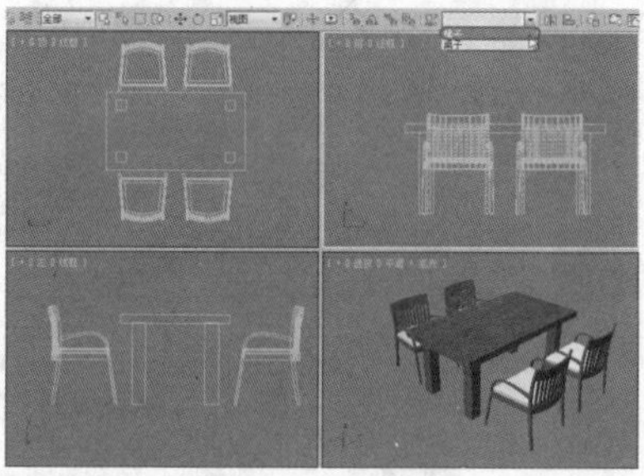

STEP 02 在下拉列表中选择“椅子”选项，释放鼠标后即可在场景中选择“椅子”对象，如下图所示。

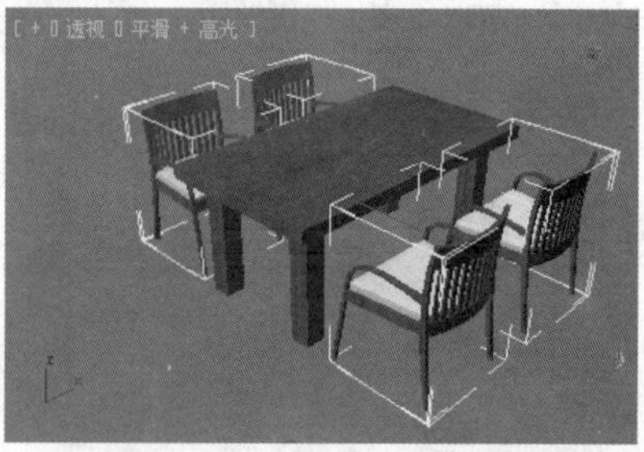

2.2 移动对象

选择对象并进行移动操作，在移动选择的对象时可以沿坐标进行移动，也可以启用“移动变换输入”对话框进行更为准确地移动。

实战操作067 手动移动

素材：Scene\Cha02\2-11.max	场景：无
难度：★★★★★	视频：视频\ Cha02\实战操作067.avi

如果需要在场景中移动某个操作对象时，可以直接手动移动此对象，其手动移动对象的具体操作步骤如下所述。

STEP 01 单击按钮，在弹出的下拉列表中执行“打开”命令，在打开的对话框中打开素材文件2-11.max，如下图所示。

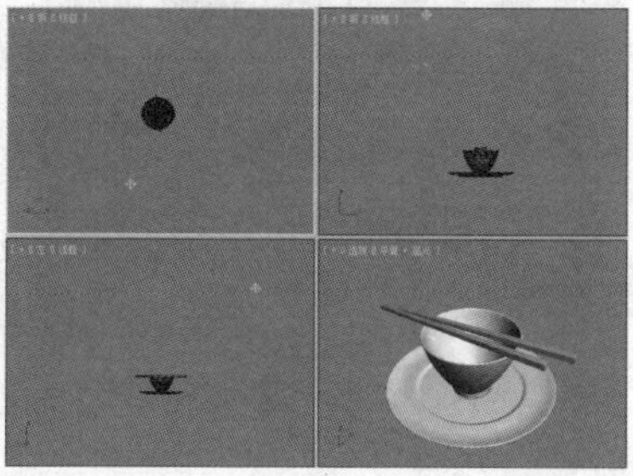

STEP 02 在“前”视图中单击需要移动的对象，在工具栏章单击“选择并移动”工具，当光标指针为形状时，按住鼠标左键移动即可沿Y轴或者X轴移动对象，如右图所示。

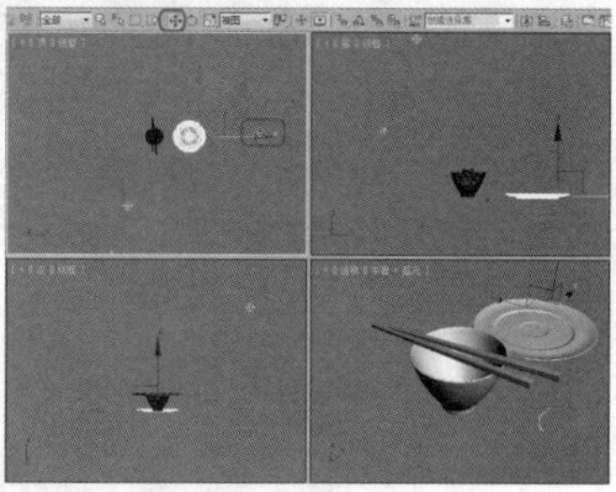

实战操作068 精确移动

素材：Scene\Cha02\2-12.max　　场景：无

难度：★★★★★　　视频：视频Cha02\实战操作068.avi

手动移动工具可用在一些不用精确计算移动距离的模型中，但是往往又需要对象精确移动位置，其具体操作步骤如下所述。

STEP 01 单击按钮，在弹出的下拉列表中执行“打开”命令，在打开的对话框中选择素材文件2-12.max，如下图所示。

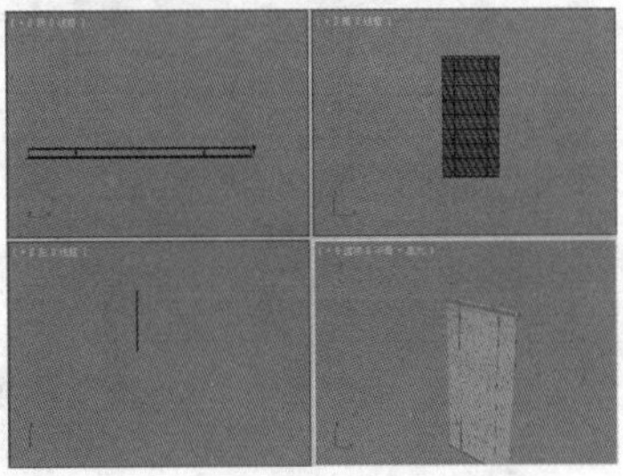

STEP 02 在视图中选择需要移动的对象，单击工具栏中的“选择并移动”按钮并右击鼠标，弹出“移动变换输入”对话框，分别在“绝对：世界”选项组中的X、Y、Z文本框中输入需要移动的数值，按Enter键确认，即可在视图中精确移动对象，如下图所示。

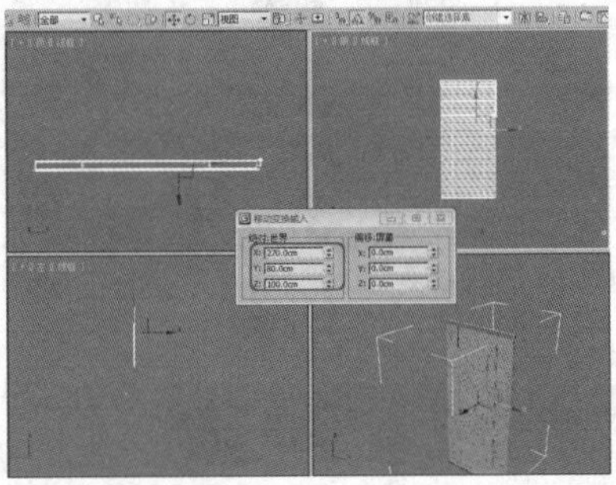

2.3 旋转对象

在场景中往往会有一些物体需要旋转来调整其角度，其旋转时可根据定义的坐标轴定向来进行。

实战操作069 手动旋转

素材：Scene\Cha02\2-13.max　　场景：无

难度：★★★★★　　视频：视频\ Cha02\实战操作069.avi

旋转场景中的对象时，可先在场景中选择需要旋转的对象，然后单击工具栏中的“选择并旋转”按钮，然后进行手动旋转。其具体操作步骤如下所述。

STEP 01 单击按钮，在弹出的下拉列表中执行“打开”命令，在打开的对话框中选择素材文件2-13.max，如右图所示。

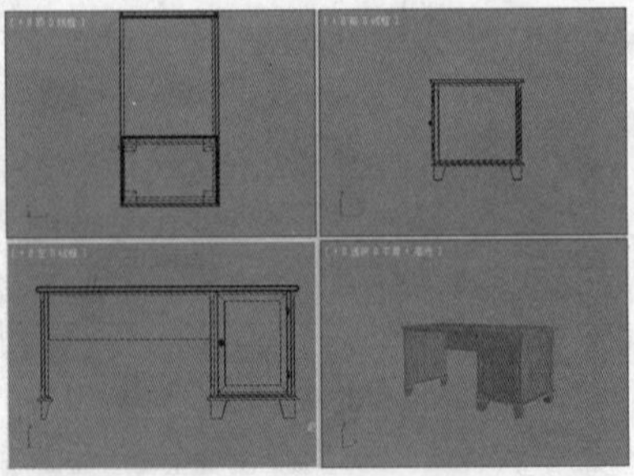

STEP 02 在“前”视图中单击需要旋转的对象，在菜单栏中单击“选择并旋转”按钮，当鼠标处于状态时，按住鼠标左键沿方向轴移动即可旋转对象，如右图所示。

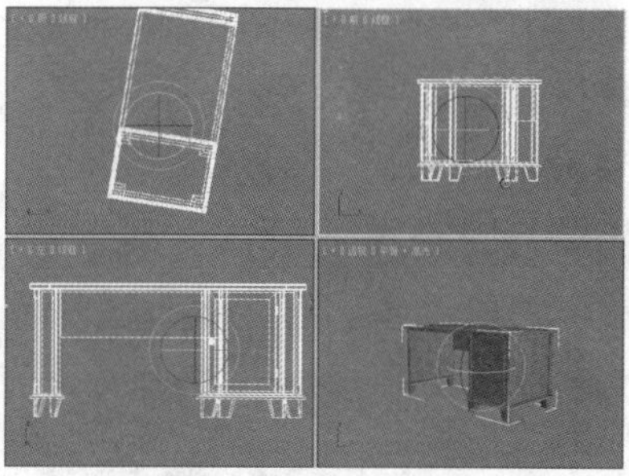

实战操作070 精确旋转

素材：Scene\Cha02\2-14.max　　场景：无

难度：★★★★★　　视频：视频\ Cha02\实战操作070.avi

在旋转对象时，可在工具栏中将“旋转变化输入”对话框调出，从中设置旋转的度数，可使其对象更为准确地旋转，其具体操作步骤如下所述。

STEP 01 单击按钮，在弹出的下拉列表中执行“打开”命令，在打开的对话框中选择素材文件2-14.max，如下图所示。

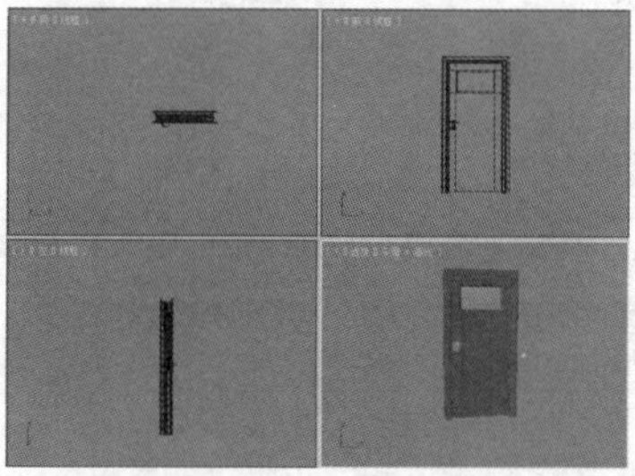

STEP 02 在“顶”视图中选择需要旋转的对象，单击工具栏中的“选择并旋转”按钮并右击鼠标，弹出“旋转变换输入”对话框，在“绝对：世界”选项组中的X、Y、Z文本框中输入需要旋转的数值，按Enter键即可精确旋转对象，如下图所示。

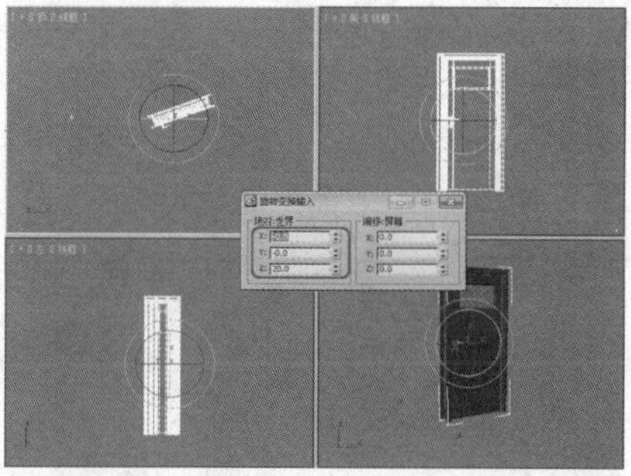

2.4 缩放对象

选择并缩放对象的操作包括“选择并均匀缩放”、“选择并非均匀缩放”与“选择并挤压”三种方法，其中使用不同的方法会出现不同的效果。

实战操作071 手动缩放

素材：Scene\Cha02\2-15.max　　场景：无

难度：★★★★★　　视频：视频\ Cha02\实战操作071.avi

在3ds Max场景中缩放对象，可在工具栏中单击“选择并均匀缩放”按钮或者其他缩放工具对其进行缩放。使用“选择并均匀缩放”工具的具体操作步骤如下所述。

STEP 01 单击按钮，在弹出的下拉列表中执行“打开”命令，在打开的对话框中选择素材文件2-15.max，如下图所示。

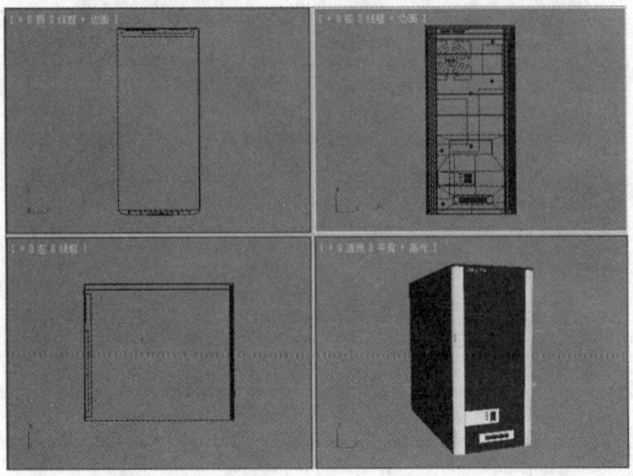

STEP 02 在“前”视图中框选需要缩放的对象，单击工具栏中的“选择并均匀缩放”按钮，当鼠标处于状态时，按住鼠标左键移动即可缩放对象，如下图所示。

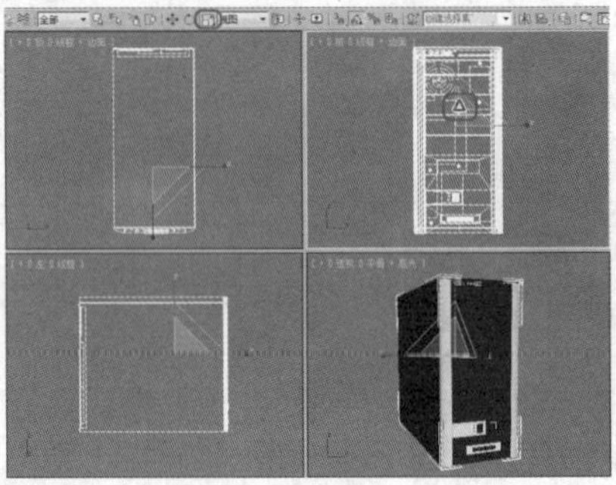

实战操作072 精确缩放

素材：Scene\Cha02\2-16.max	场景：无
难度：★★★★★	视频：视频\ Cha02\实战操作072.avi

通过在“缩放变换输入”对话框中输入变化值来缩放对象，可以更为准确地缩放对象，其具体的操作步骤如下所述。

STEP 01 单击按钮，在弹出的下拉列表中执行“打开”命令，在打开的对话框中选择素材文件2-16.max，如下图所示。

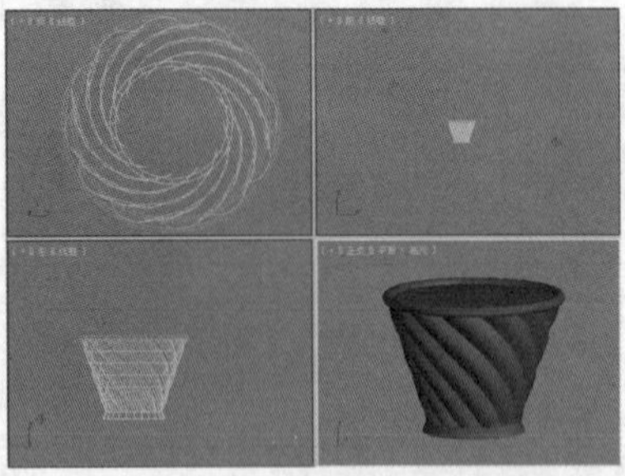

STEP 02 在“顶”视图中选择需要缩放的对象，选择工具栏中的“选择并均匀缩放”按钮并右击鼠标，弹出“缩放变换输入”对话框，在“绝对：局部”选项组中的X、Y、Z文本框中输入需要缩放的数值，按Enter键即可精确缩放，如下图所示。

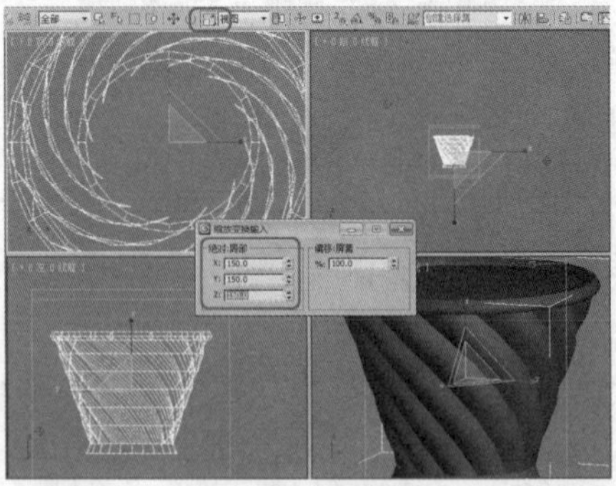

2.5 组合对象

由多个对象组成的集合被称作组。组的形成不会影响组中的对象，单击如果对已经成组的组进行变换时，其组成组的所有对象将会随之变换。所有对象成组以后，如果想要选择组，只需单击其组中的任意一个对象即可将组选中。

实战操作073 组合对象

素材：Scene\Cha02\2-17.max	场景：无
难度：★★★★★	视频：视频\ Cha02\实战操作073.avi

在场景中选择需要成组的对象，在菜单栏中执行“组”|“成组”命令即可将所选中的对象成组，其具体操作步骤如下所述。

STEP 01 单击按钮，在弹出的下拉列表中执行“打开”命令，在打开的对话框中选择素材文件2-17.max，如下图所示。

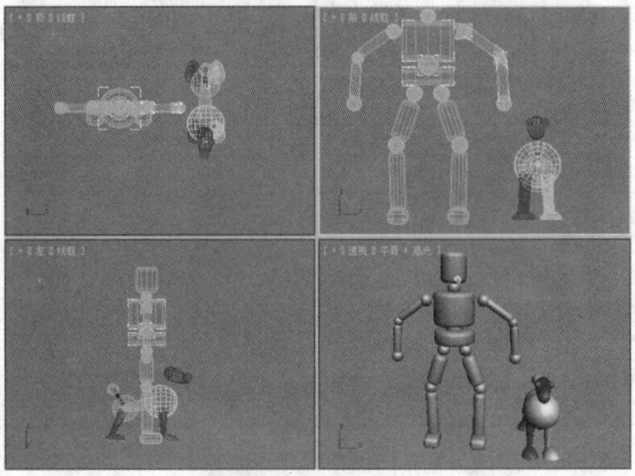

STEP 02 在视图中将需要成组的对象选中，在菜单栏中执行“组”|“成组”命令，如下图所示。

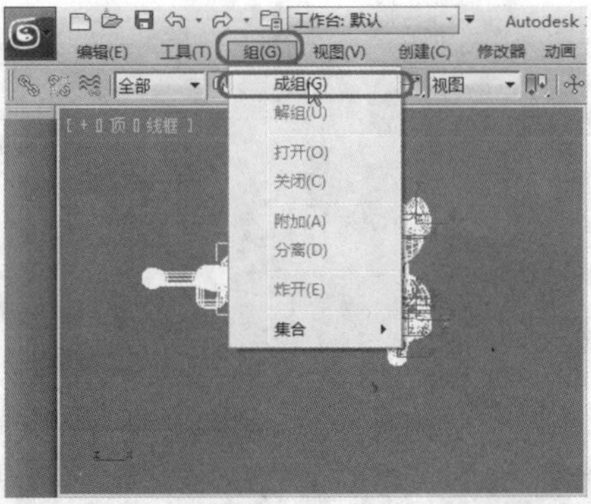

STEP 03 弹出“组”对话框，在“组名”右侧的文本框中输入组的名称，如“模型”，如下图所示。

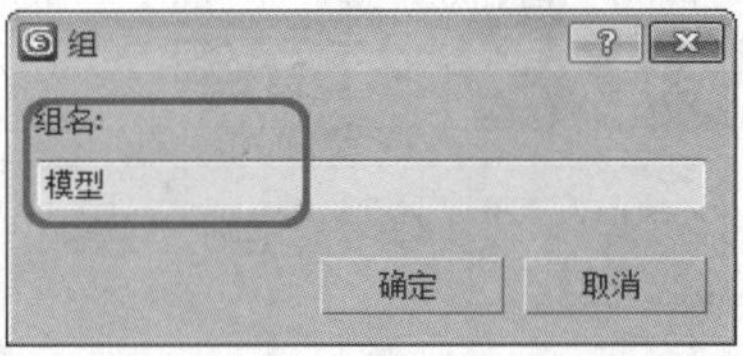

STEP 04 单击“确定”按钮，即可将所选中的对象成组，如下图所示。

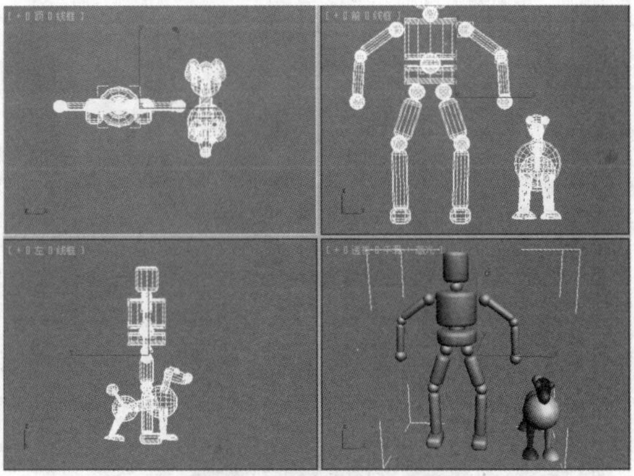

实战操作074 解除对象

素材：Scene\Cha02\2-18.max	场景：无
难度：★★★★★	视频：视频\ Cha02\实战操作074.avi

将当前选定的对象打散，可使用“解组”命令，其命令必须在对象成组的情况下使用，具体操作步骤如下所述。

STEP 01 单击按钮，在弹出的下拉列表中执行“打开”命令，在打开的对话框中选择素材文件2-18.max，如下图所示。

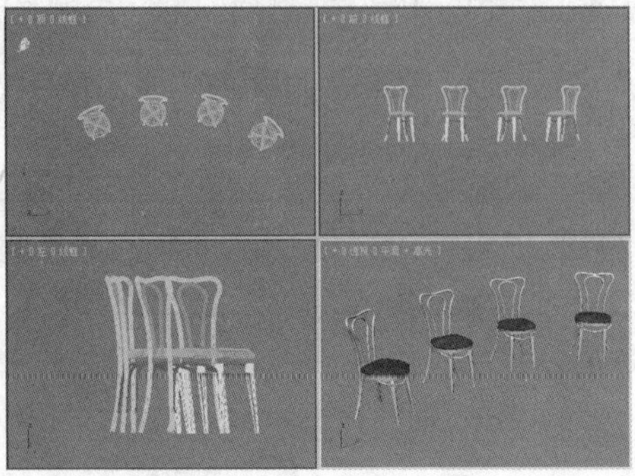

STEP 02 在视图中选择需要解组的对象，在菜单栏中执行“组”|“解组”命令，被选择的对象即可被打散，如下图所示。

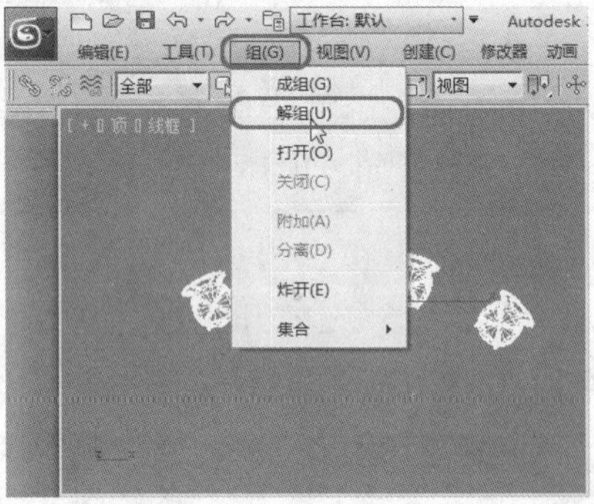

实战操作075 打开组

素材：Scene\Cha02\2-19.max	场景：无
难度：★★★★★	视频：视频\ Cha02\实战操作075.avi

单独对一个对象进行编辑操作时，可将其在组中独立出来，具体操作步骤如下所述。

STEP 01 单击按钮，在弹出的下拉列表中执行“打开”命令，在打开的对话框中选择素材文件2-19.max，在视图中选择需要的全部对象，在菜单栏中执行“组”|“打开”命令，如下图所示。

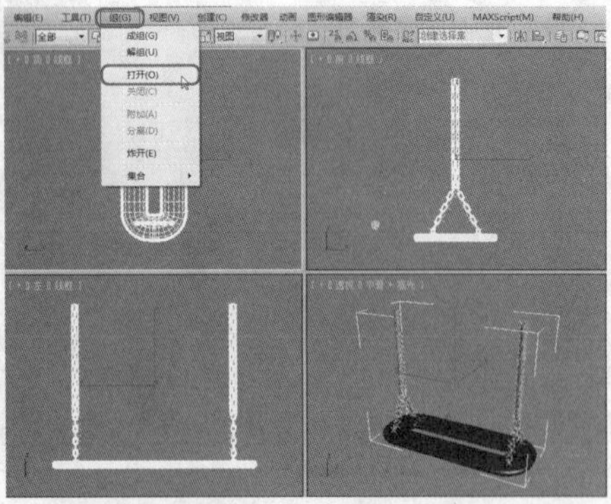

STEP 02 执行该操作后，即可将组打开，切换至“透”视图中，即可看到白色框转换为粉红色框，如下图所示。

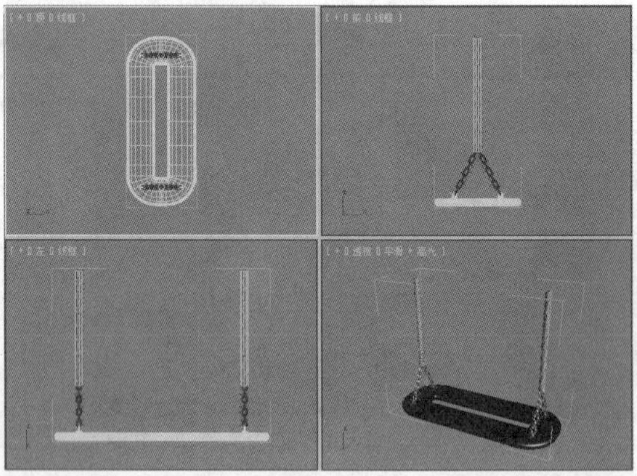

实战操作076 关闭组

素材：Scene\Cha02\2-20.max	场景：无
难度：★★★★★	视频：视频\ Cha02\实战操作076.avi

将暂时打开的组关闭的具体操作步骤如下所述。

STEP 01 单击按钮，在弹出的下拉列表中执行“打开”命令，在打开的对话框中选择素材文件2-20.max，如下图所示。

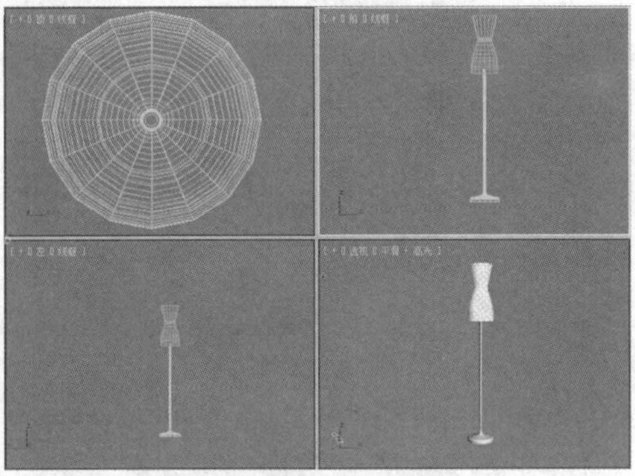

STEP 02 确定组处于打开的状态下，在视图中单击粉红色线框，在菜单栏中执行“组”|“关闭”命令即可将组关闭，如下图所示。

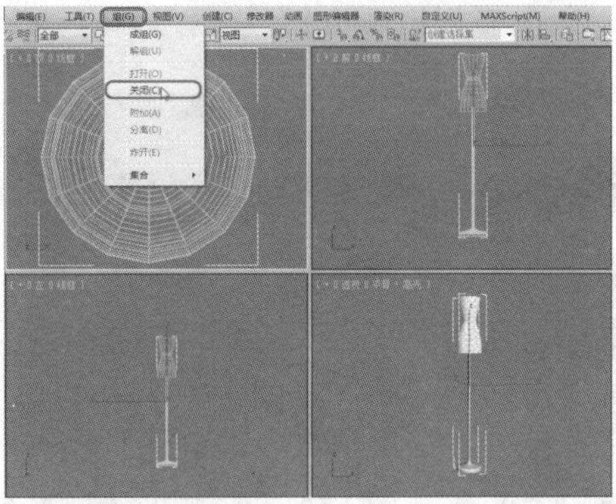

实战操作077 增加组对象

素材：Scene\Cha02\2-21.max　　场景：无

难度：★★★★★　　视频：视频\ Cha02\实战操作077.avi

增加组对象就是在一个对象被选中的状态下将另一个对象附加到被选中的对象上的操作，其具体操作步骤如下所述。

STEP 01 单击按钮，在弹出的下拉列表中执行“打开”命令，在打开的对话框中选择素材文件2-21.max，在“左”视图中选择需要附加的对象，在菜单栏中执行“组”|“附加”命令，如下图所示。

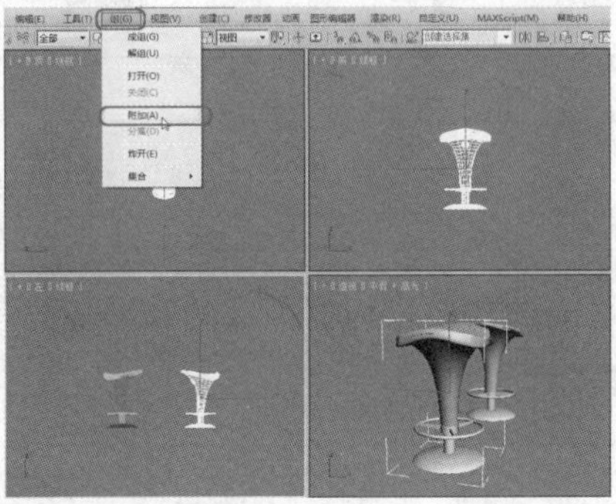

STEP 02 将鼠标移至被附加的对象上并单击鼠标左键进行附加对象，附加完成后，可沿方向轴进行检查，如下图所示。

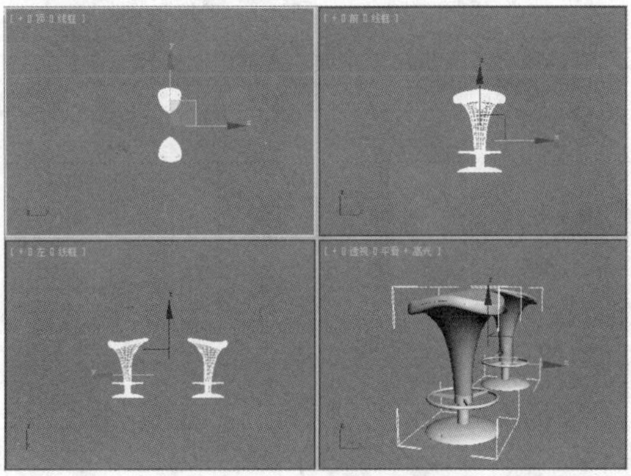

实战操作078 分离组对象

素材：Scene\Cha02\2-22.max　　场景：无

难度：★★★★★　　视频：视频\ Cha02\实战操作078.avi

分离组对象就是在已经打开的组中将某个对象分离出去，其具体操作步骤如下所述。

STEP 01 单击按钮，在弹出的下拉列表中执行“打开”命令，在打开的对话框中选择素材文件2-22.max，在“前”视图中将所有对象选中，并在菜单栏中执行“组”|“打开”命令，如下图所示。

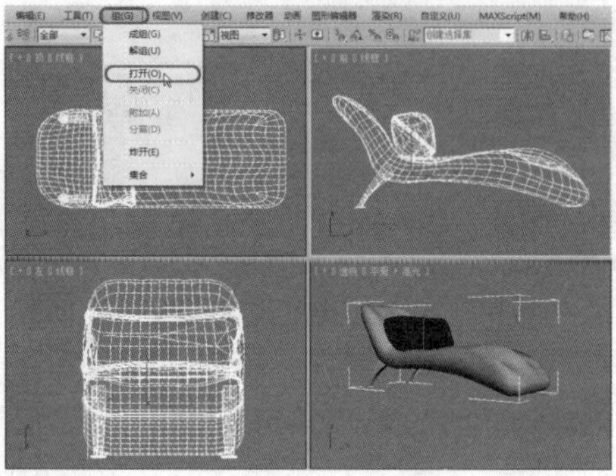

STEP 02 当场景中的对象周围出现粉红色边框时，在“前”视图中选择要分离的对象，在菜单栏中执行“组”|“分离”命令，如下图所示。

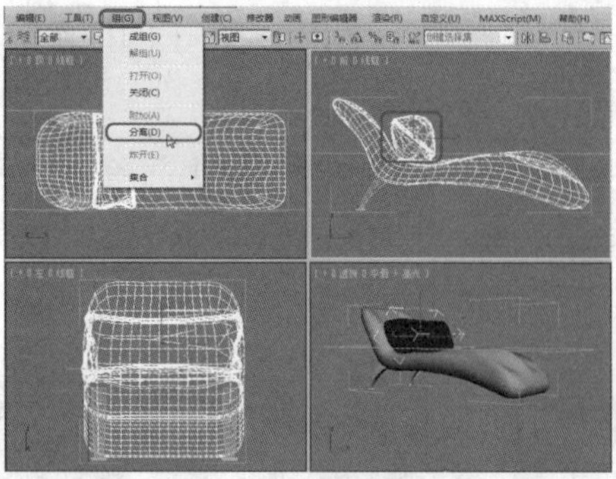

STEP 03 在“前”视图中单击粉红色边框。当边框处于白色状态时，在菜单栏中执行“组”|“关闭”命令，如下图所示。

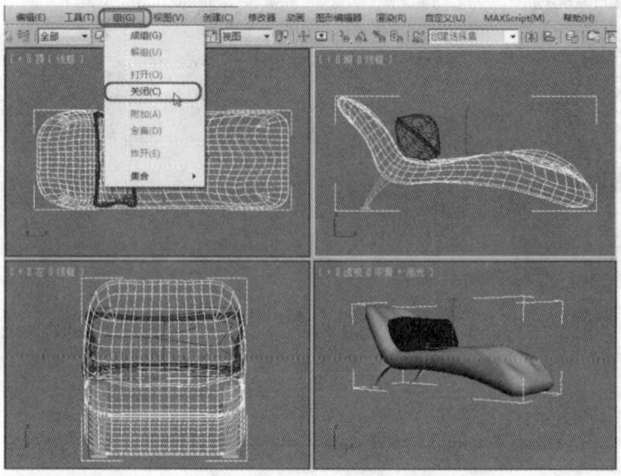

STEP 04 执行“关闭”命令后，即可将对象分离，在工具栏中选择“选择并移动”工具，在“前”视图中选择分离后的对象并将其进行移动，如下图所示。

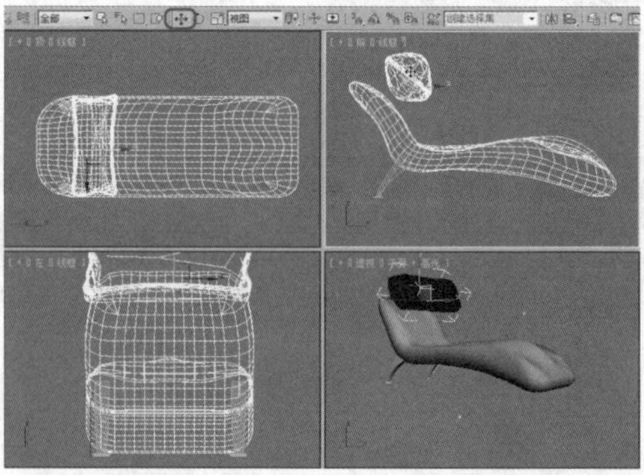

2.6 对齐对象

将选择的对象与目标对齐，其中包括位置的对齐和方向的对齐，根据各自的轴心点三角轴完成。常用于排列对齐大量的对象，或将对象置于复杂的表面。

实战操作079 精确对齐

素材：Scene\Cha02\2-23.max　场景：Scene\Cha02\实战操作079.max

难度：★★★★★　视频：视频\ Cha02\实战操作079.avi

“精确对齐“命令是将选中的对象对齐到另一个对象上，其具体操作步骤如下所述。

STEP 01 单击按钮，在弹出的下拉列表中执行“打开”命令，在打开的对话框中选择素材文件2-23.max，如下图所示。

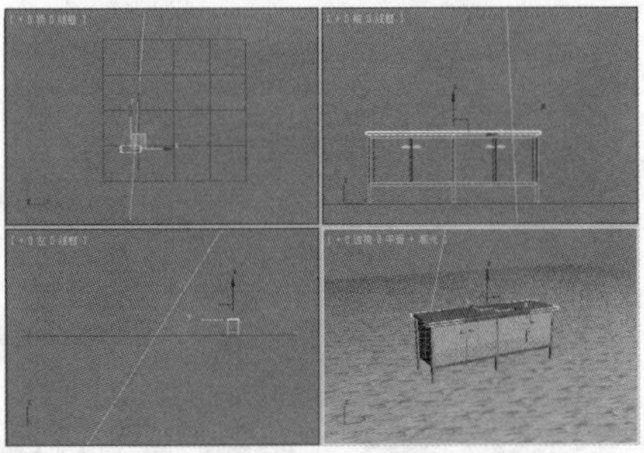

STEP 02 在工具栏中单击“按名称选择“按钮，在弹出的“从场景选择”对话框中选择“ChamferBox01”名称，如右图所示。

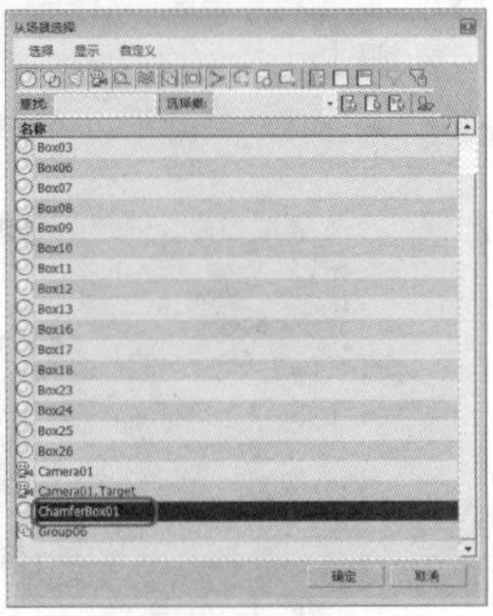

STEP 03 单击“确定”按钮 确定 即可在场景中选中对象，如下图所示。

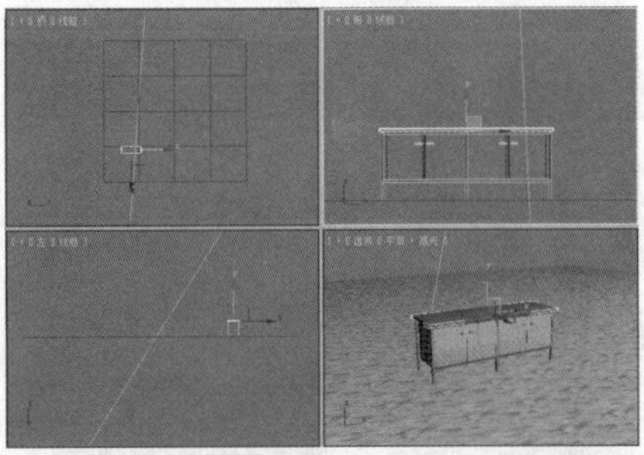

STEP 04 当对象处于选中的状态时，在工具栏中单击“对齐”按钮，当光标为形状时，在“前”视图中单击“Box06”对象，如下图所示。

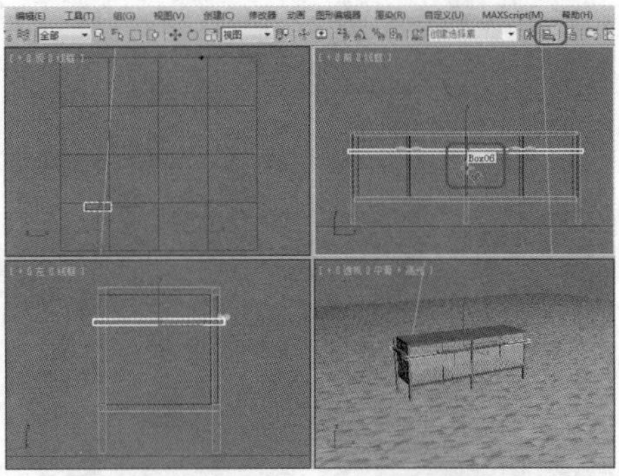

STEP 05 执行以上操作后，会弹出一个“对齐当前选择（Box06）”对话框，取消选中“X位置”、“Z位置”复选框，分别在“当前对象”选项组和“目标对象”选项组中选中“最小”、“最大”单选按钮，如右图所示。

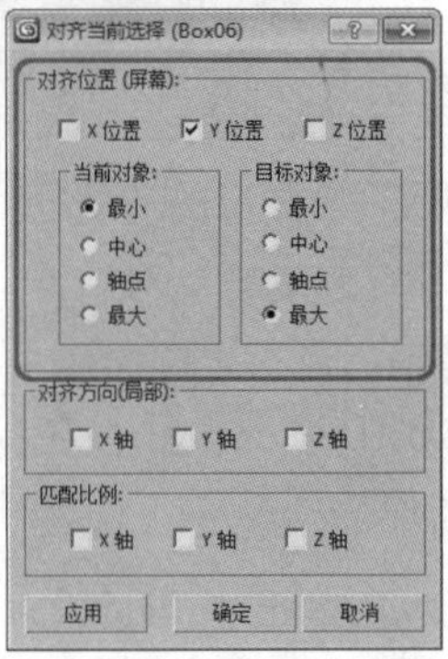

STEP 06 单击“确定”按钮即可将选中的对象对齐，如下图所示。

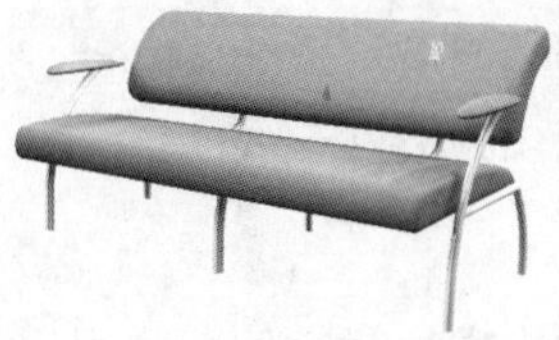

实战操作080 快速对齐

素材：Scene\Cha02\2-24.max　　场景：Scene\Cha02\实战操作080.max

难度：★★★★★　　视频：视频\ Cha02\实战操作080.avi

“快速对齐”命令与“精确对齐”命令相似，即手动将需要对齐的对象与对齐目标快速对齐，其具体操作步骤如下所述。

STEP 01 单击按钮，在弹出的下拉列表中执行“打开”命令，在打开的对话框中选择素材文件2-24.max，在工具栏中单击“按名称选择”按钮，如下图所示。

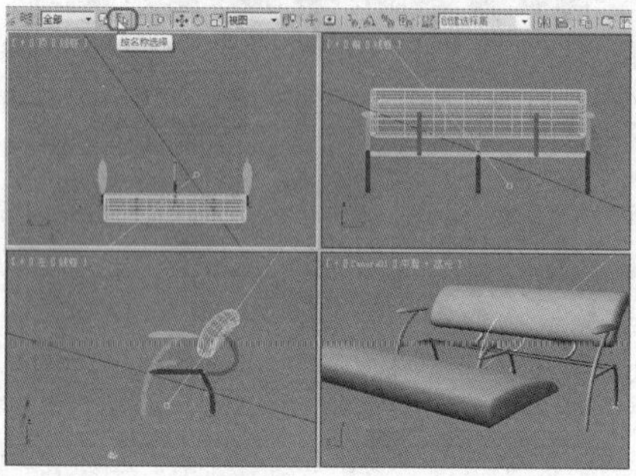

STEP 02 在弹出的“从场景选择”对话框中单击“ChamferBox01”，如右图所示。

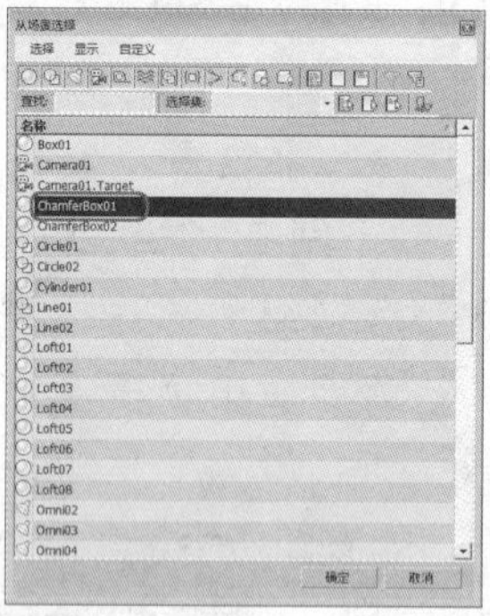

STEP 03 单击“确定”按钮 确定 ，被选中的对象即可在场景中显示出来，如下图所示。

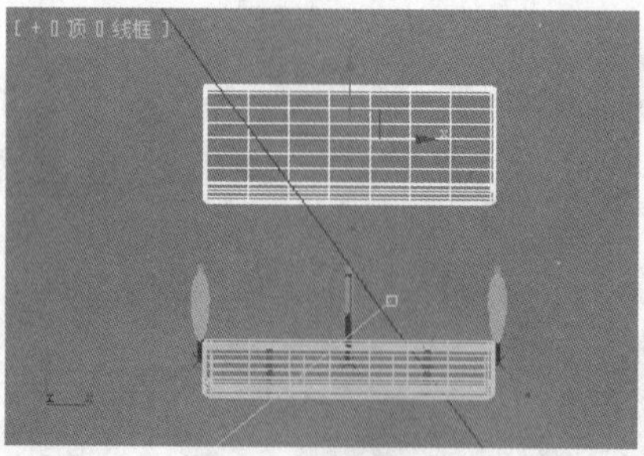

STEP 04 确定对象处于被选中的状态下，在工具栏中单击“对齐”按钮并向下拖曳，在下拉列表中单击“快速对齐”按钮，如下图所示。

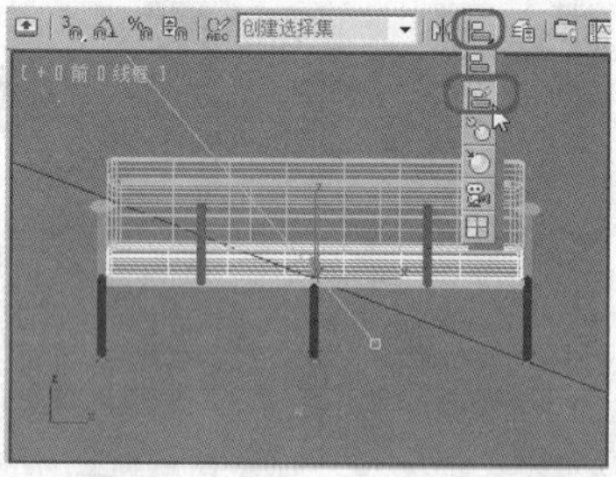

STEP 05 将鼠标移至“左”视图中，当光标为形状时，单击视图中的“Laft04”对象，如下图所示。

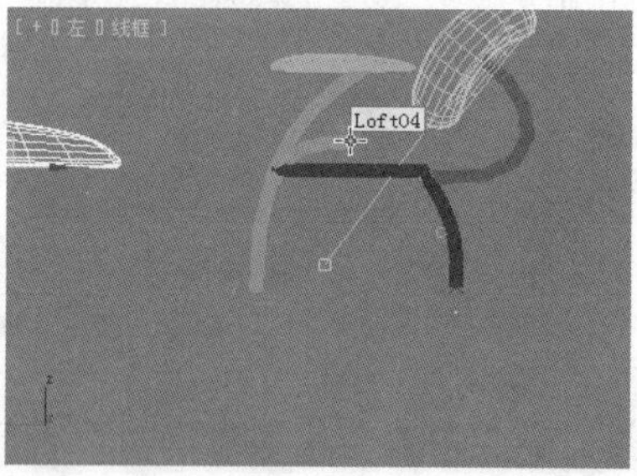

STEP 06 “快速对齐”后的效果如下图所示。

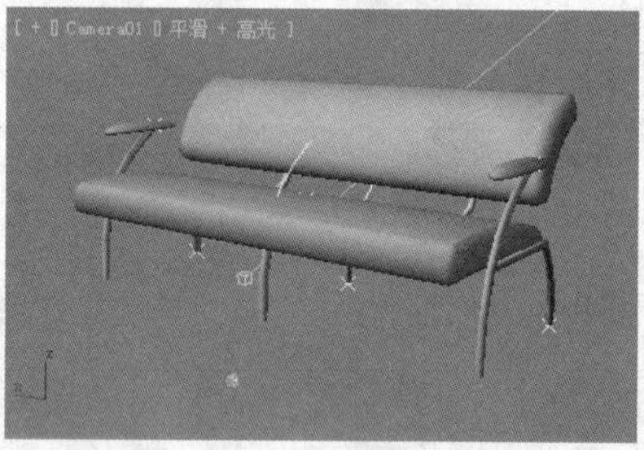

实战操作081 法线对齐

素材：Scene\Cha02\2-25.max　场景：Scene\Cha02\实战操作081.max

难度：★★★★★　视频：视频\ Cha02\实战操作081.avi

法线对齐就是将两个对象的法线对齐，从而使物体发生变化，对于次物体或放样物体，也可以为其指定的面进行法线对齐，在次物体处于激活的状态下，只有选择的次物体可以法线对齐。其具体操作步骤如下所述。

STEP 01 单击按钮，在弹出的下拉列表中执行“打开”命令，在打开的对话框中选择素材文件2-25.max，如下图所示。

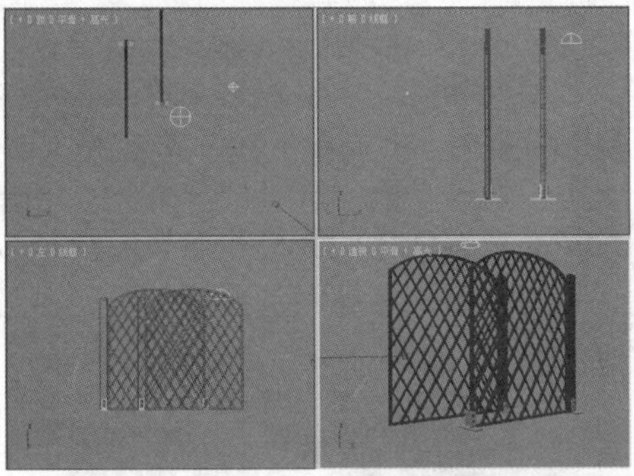

STEP 02 在视图中选择“门1”对象，在工具栏中单击“对齐”按钮并向下拖曳，在下拉列表中单击“法线对齐”按钮，如右图所示。

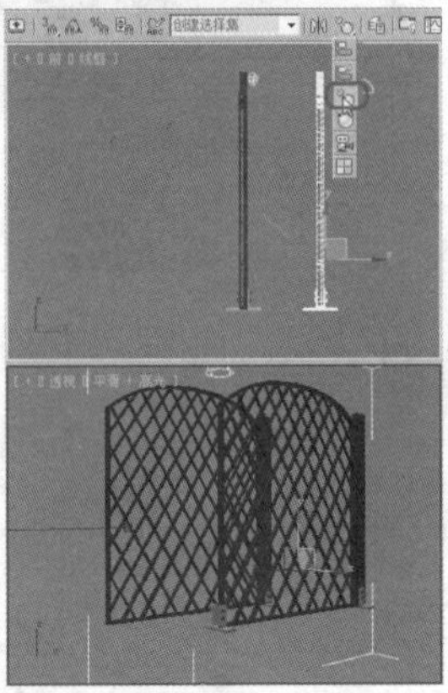

STEP 03 当光标为形状时，在“透”视图中单击选择的对象并向下拖曳，直到在对象的下方出现蓝色法线，如下图所示。

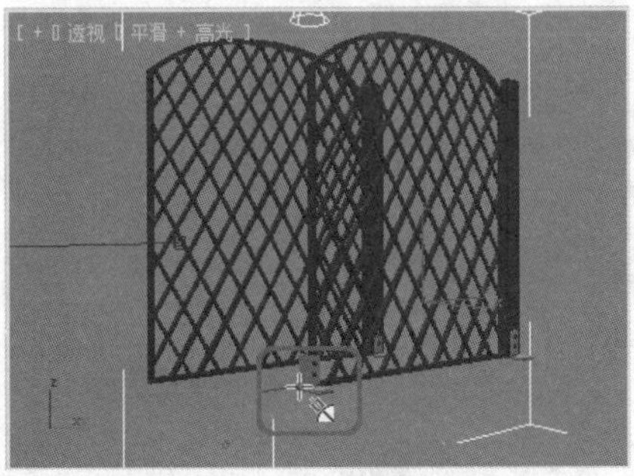

STEP 04 再次单击对象目标并拖曳鼠标，直到目标对象下方出现绿色法线，如下图所示。

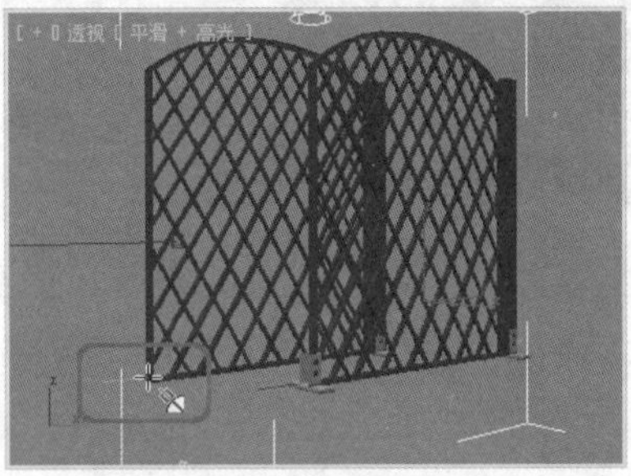

STEP 05 释放鼠标，即可弹出“法线对齐”对话框，可根据需求在对话框中设置其数值，如下图所示。

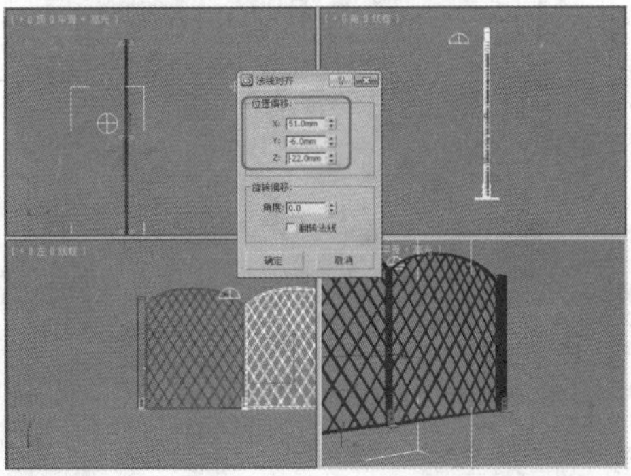

STEP 06 单击“确定”按钮，所选对象将按法线将目标对象对齐，如下图所示。

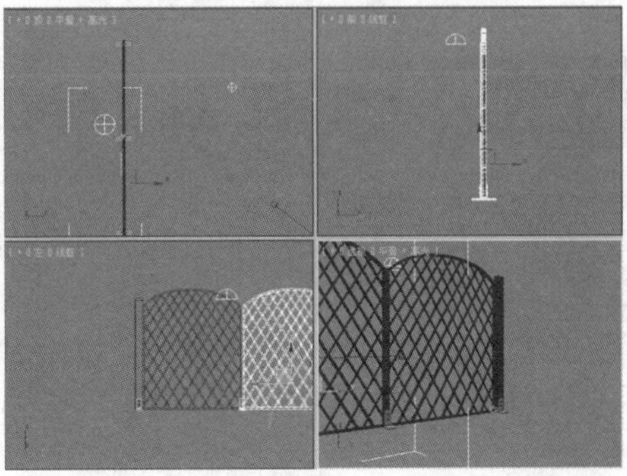

2.7 捕捉对象

3ds Max提供了更加精确地创建和放置对象的工具——捕捉工具。捕捉就是根据栅格和物体的特点放置光标的一种工具，使用捕捉可以精确地将光标放置到想要的地方。下面介绍3ds Max的捕捉工具。

实战操作082 设置对象捕捉

素材：Scene\Cha02\2-26.max　场景：Scene\Cha02\实战操作082.max

难度：★★★★★　视频：视频\ Cha02\实战操作082.avi

捕捉通常用于设置对场景中点的捕捉，精确定位新创建的对象。其具体的操作步骤如下所述。

STEP 01 单击按钮，在弹出的下拉列表中执行“打开”命令，在打开的对话框中选择素材文件2-26.max，如下图所示。

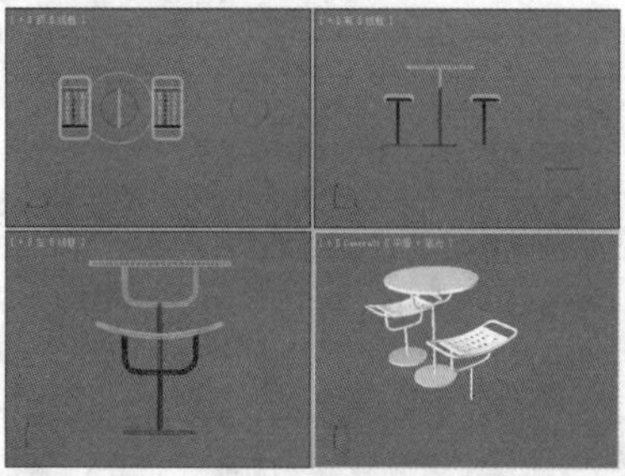

STEP 02 在工具栏中单击“捕捉开关”按钮并右击鼠标，弹出“栅格和捕捉设置”对话框，单击“清楚全部”按钮，然后选中“顶点”复选框，如右图所示。

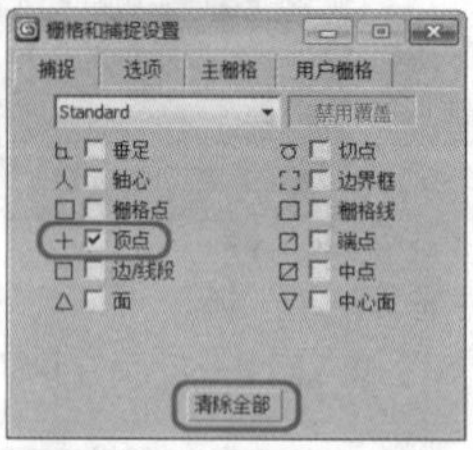

STEP 03 设置完成后将“栅格和捕捉设置”对话框关闭，用“移动”工具在“前”视图中将圆环捕捉到“桌架“的下方，如下图所示。

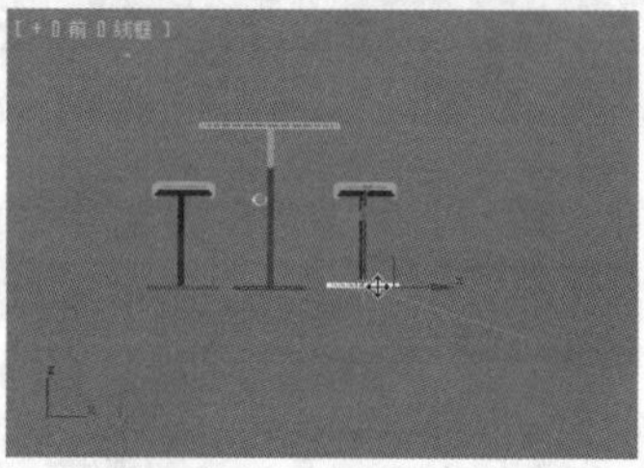

STEP 04 完成捕捉后的对象如下图所示。

实战操作083 设置捕捉精度

素材：Scene\Cha02\2-26.max　场景：无

难度：★★★★★　视频：视频\ Cha02\实战操作083.avi

在3ds Max中，除了可以设置对象捕捉外，还可以对捕捉的精度进行设置，下面进行详细介绍。

STEP 01 单击按钮，在弹出的下拉列表中执行“打开”命令，在打开的对话框中选择素材文件2-26.max，在工具栏中单击“微调器捕捉切换”按钮并右击鼠标，如右图所示。

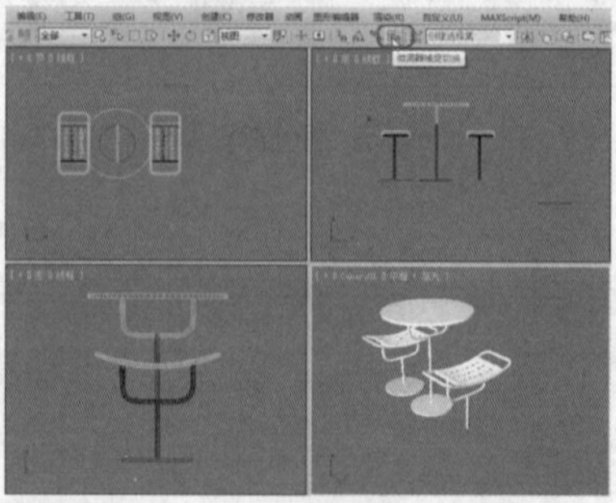

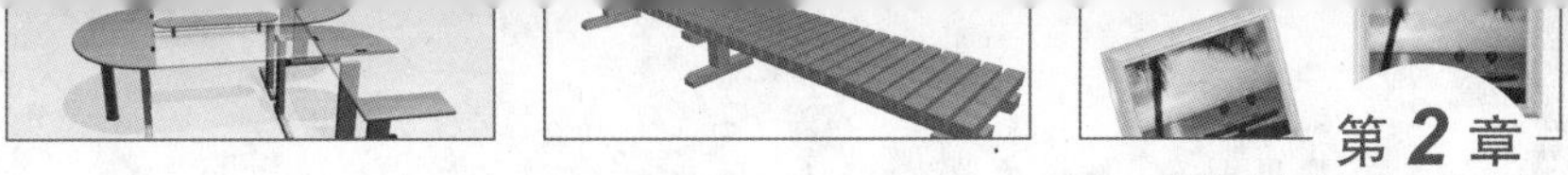

STEP 02 在弹出的“首选项设置”对话框设置“微调器”选项中“精度”的数值，单击“确定”按钮 确定 ，即可完成对捕捉精度的设置，如右图所示。

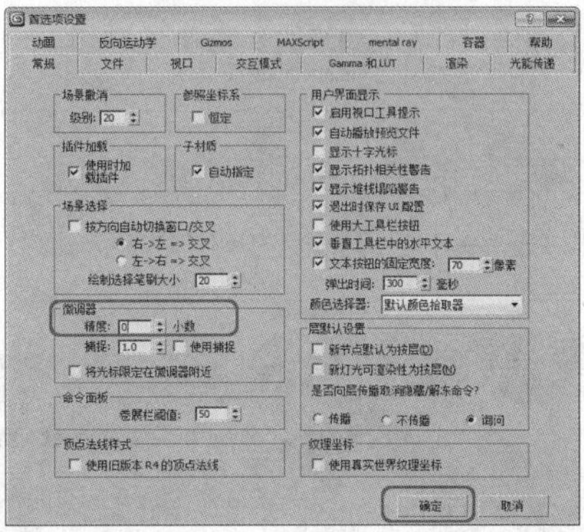

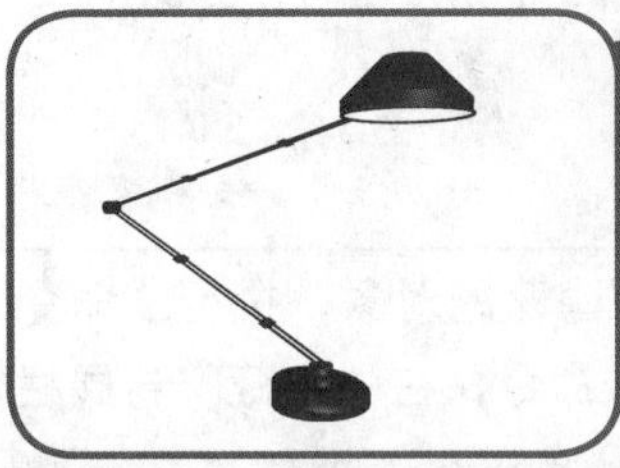

实战操作084 捕捉演习

素材：Scene\Cha02\2-27.max　　场景：Scene\Cha02\实战操作084.max

难度：★★★★★　　视频：视频\ Cha02\实战操作084.avi

下面以一个例子来介绍捕捉的使用方法，具体操作步骤如下所述。

STEP 01 单击按钮，在弹出的下拉列表中执行“打开”命令，在打开的对话框中选择素材文件2-27.max，如下图所示。

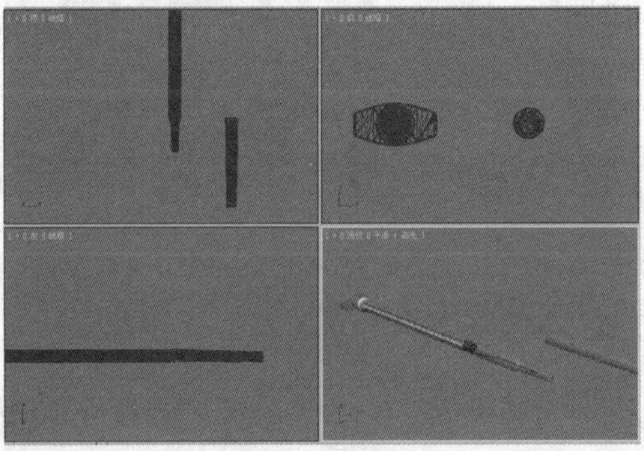

STEP 02 在工具栏中单击“捕捉开关”按钮并向下拖曳，选择“2.5维捕捉”选项，然后在捕捉按钮旁右击鼠标，在弹出的“栅格和捕捉设置”对话框中选中“顶点”复选框，取消其他选项的选中，如右图所示，设置完成后将其关闭即可。

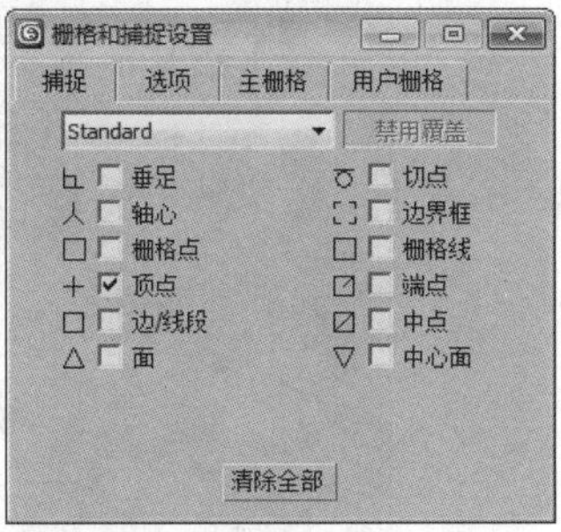

STEP 03 在菜单栏中单击“选择并移动”按钮，移动鼠标指针至“前”视图中，选择对象并捕捉其顶点位置，并将其拖曳至“组02轴”对象上，如下图所示。

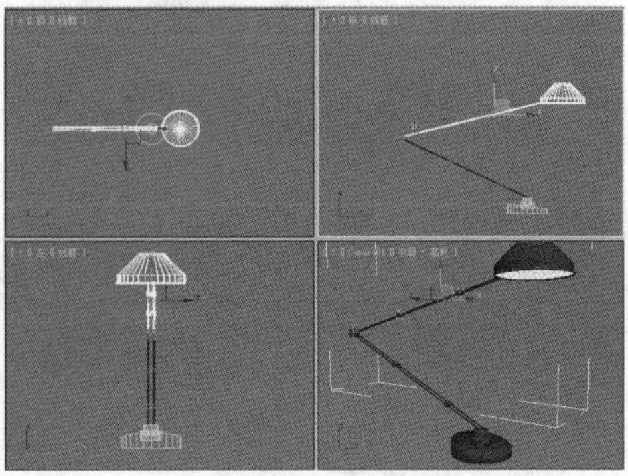

STEP 04 激活“透”视图，按F9键进行渲染，渲染完成后的效果如下图所示。

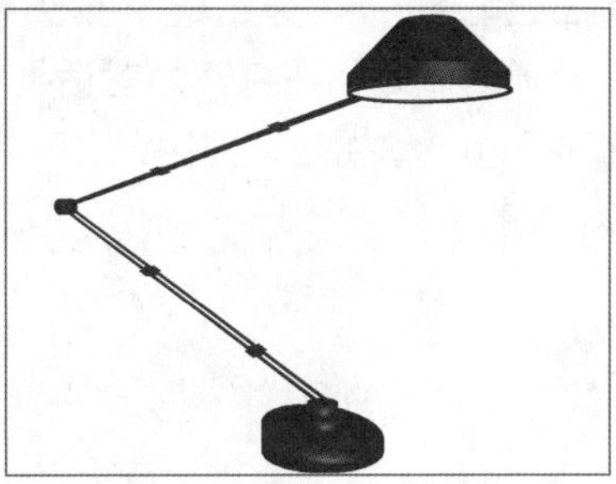

2.8 隐藏对象

将选择的对象在场景中进行隐藏，但是它们仍存在，只是在视图中无法看到，渲染时也不会显示，主要用于加快显示速度，防止当前不需要的对象阻碍视线。

实战操作085 隐藏选定对象

素材：Scene\Cha02\2-28.max　场景：Scene\Cha02\实战操作085.max

难度：★★★★★　视频：视频\ Cha02\实战操作085.avi

在视图中可以将选定的对象进行隐藏，其具体的操作步骤如下所述。

STEP 01 单击按钮，在弹出的下拉列表中执行“打开”命令，在打开的对话框中选择素材文件2-28.max，并在场景中选择要隐藏的对象，如下图所示。

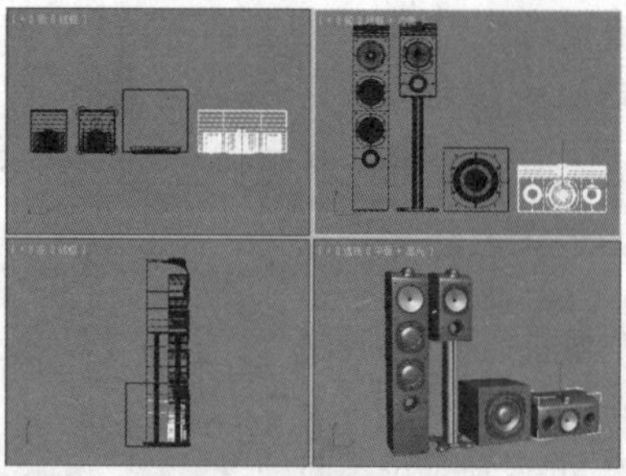

STEP 02 在视图中选择要隐藏的对象，执行“命令面板“|“显示”命令，在“隐藏”卷展栏下单击“隐藏选定对象”按钮 隐藏选定对象 ，释放鼠标后，选定对象即被隐藏，如右图所示。

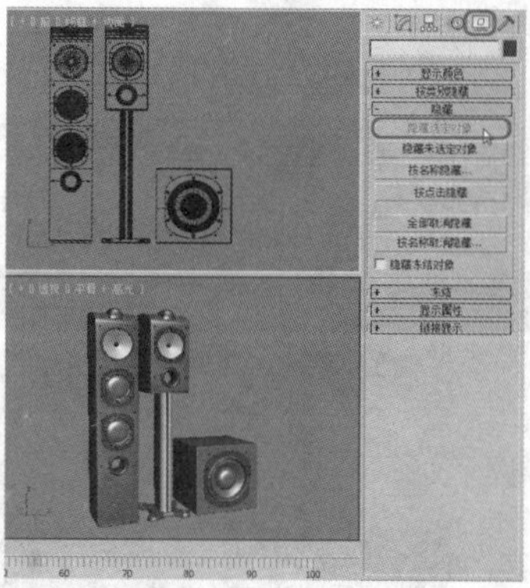

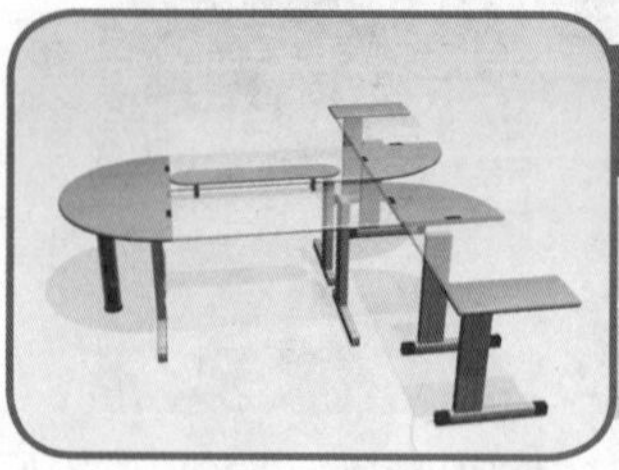

实战操作086 隐藏未选定对象

素材：Scene\Cha02\2-29.max　场景：Scene\Cha02\实战操作086.max

难度：★★★★★　视频：视频\ Cha02\实战操作086.avi

在视图中还可以将未选定的对象进行隐藏，其具体操作步骤如下所述。

STEP 01 单击按钮，在弹出的下拉列表中执行“打开”命令，在打开的对话框中选择素材文件2-29.max，并在视图中选择“组001”对象，如右图所示。

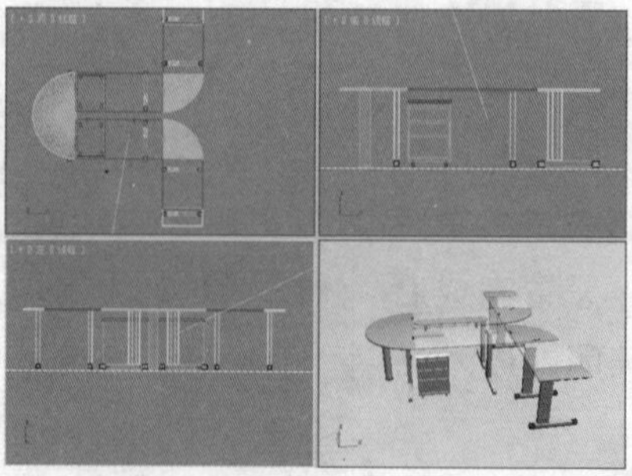

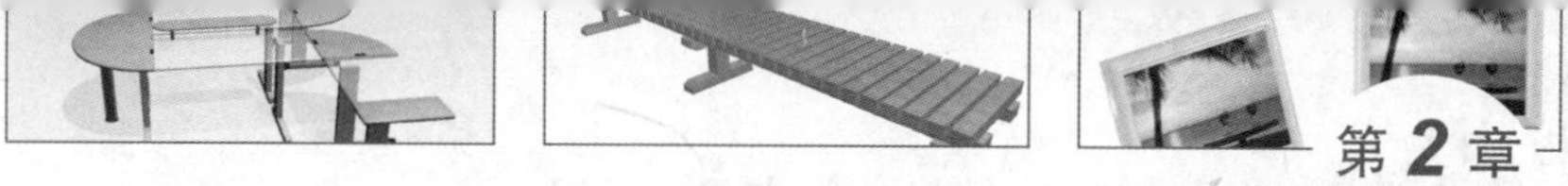

STEP 02 在工具栏中单击“按名称选择”按钮，在弹出的“从场景选择”对话框中执行“选择”|“反选”命令，如右图所示。

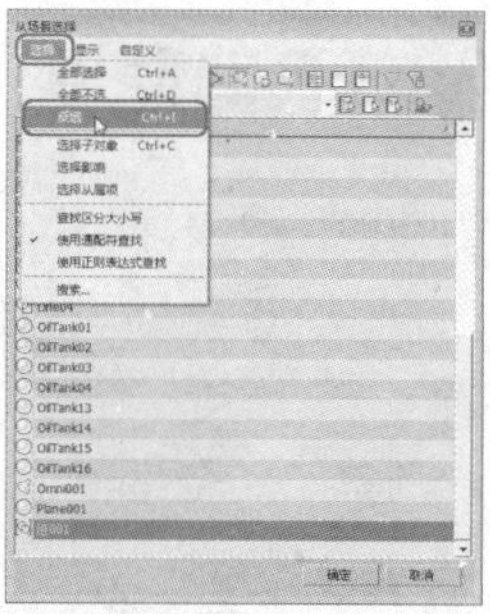

STEP 03 执行“反选”命令后，单击“确定”按钮，即可在场景中选择不需要隐藏的对象，如下图所示。

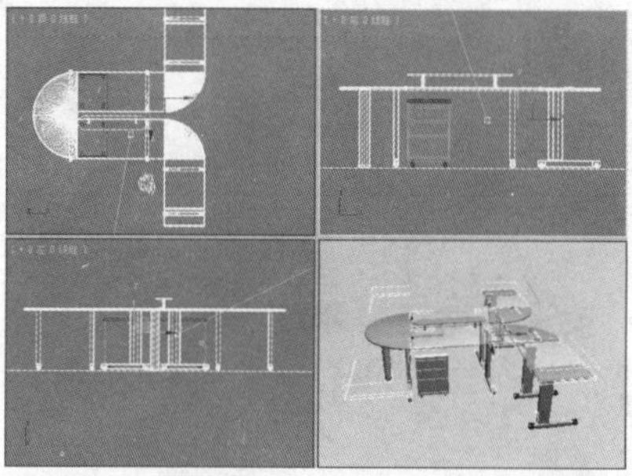

STEP 04 当场景中不需要隐藏的对象处于被选中的状态时，切换至“显示”面板，在“隐藏”卷展栏下单击“隐藏未选定对象”按钮 隐藏未选定对象 ，释放鼠标后未选定对象被隐藏，如下图所示。

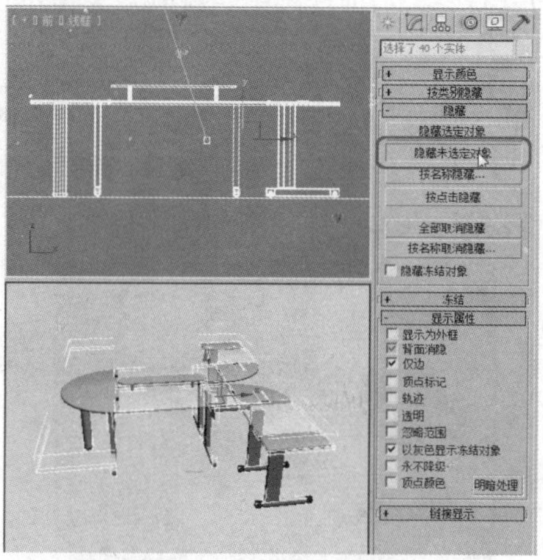

实战操作087 按点击隐藏

素材：Scene\Cha02\2-30.max　场景：Scene\Cha02\实战操作087.max

难度：★★★★★　视频：视频\ Cha02\实战操作087.avi

将选中的对象进行隐藏，可单击“隐藏”卷展栏中的“按点击隐藏”按钮来进行隐藏对象。一次命令可单击隐藏多个对象，其具体操作步骤如下所述。

STEP 01 单击按钮，在弹出的下拉列表中执行“打开”命令，在打开的对话框中选择素材文件2-30.max，如下图所示。

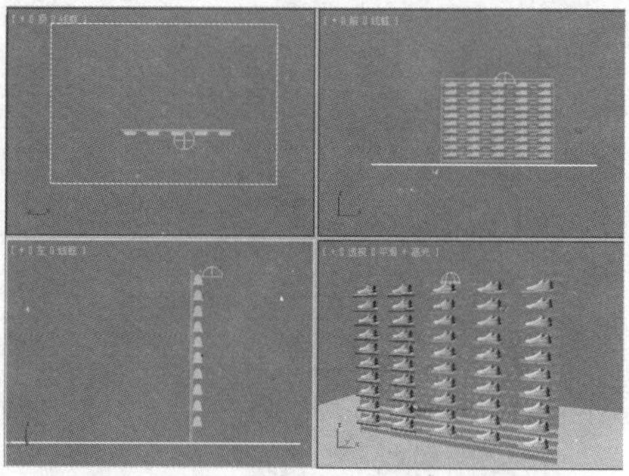

STEP 02 切换至“显示”面板，单击“隐藏”卷展栏下的“按点击隐藏”按钮 按点击隐藏 ，移动鼠标至视图中，点击需要隐藏的对象，如下图所示。

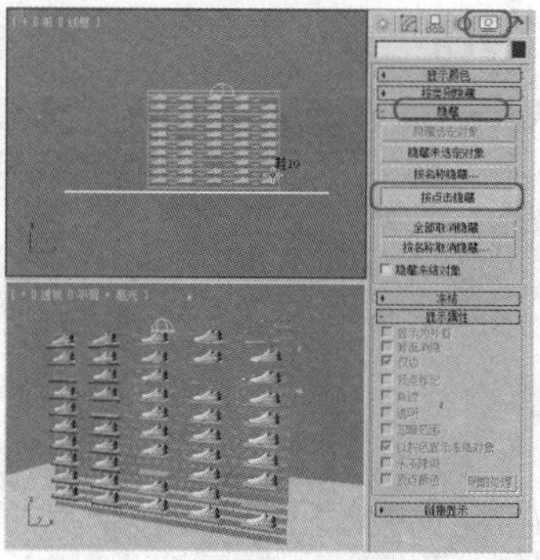

实战操作088 全部取消隐藏

素材：Scene\Cha02\2-31.max　场景：Scene\Cha02\实战操作088.max

难度：★★★★★　视频：视频\ Cha02 \实战操作088.avi

如果需要将当前视图中隐藏的对象全部取消隐藏，则单击“全部取消隐藏”按钮 全部取消隐藏 即可，其具体操作步骤如下所述。

STEP 01 单击按钮，在弹出的下拉列表中执行“打开”命令，在打开的对话框中选择素材文件2-31.max，如下图所示。

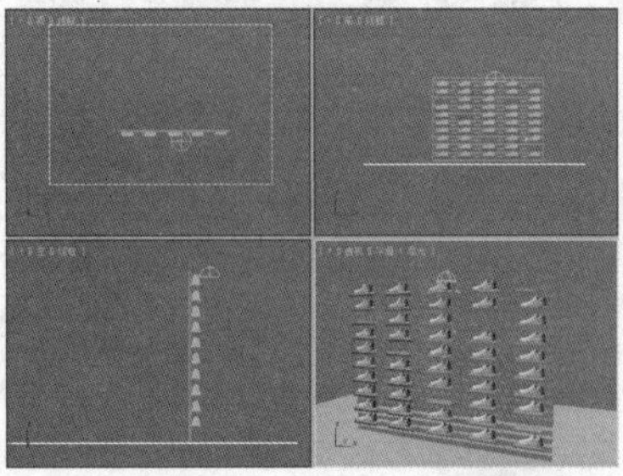

STEP 02 切换至“显示”面板，在“隐藏”卷展栏下单击“全部取消隐藏”按钮 全部取消隐藏 ，即可将视图中隐藏的对象全部取消隐藏，如下图所示。

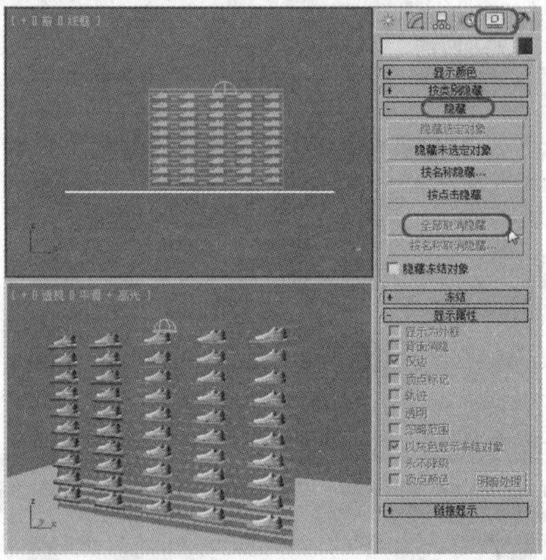

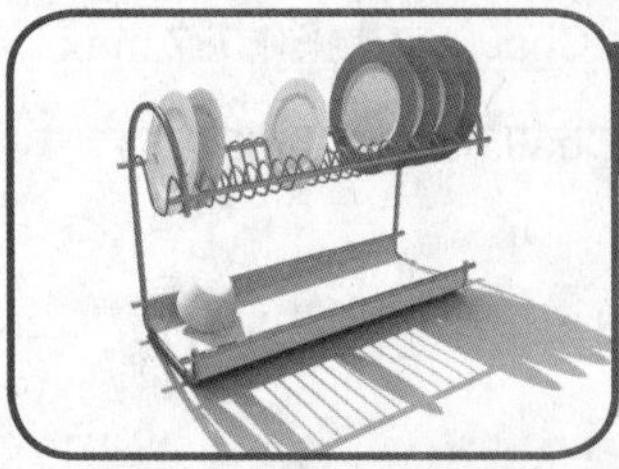

实战操作089 按名称隐藏

素材：Scene\Cha02\2-32.max　场景：Scene\Cha02\实战操作089.max

难度：★★★★★　视频：视频\ Cha02\实战操作089.avi

场景中需要隐藏的对象还可以在“隐藏对象”对话框中选择，其“隐藏对象”对话框与“按名称选择”对话框类似，打开的具体操作步骤如下所述。

STEP 01 单击按钮，在弹出的下拉列表中执行“打开”命令，在打开的对话框中选择素材文件2-32.max，如下图所示。

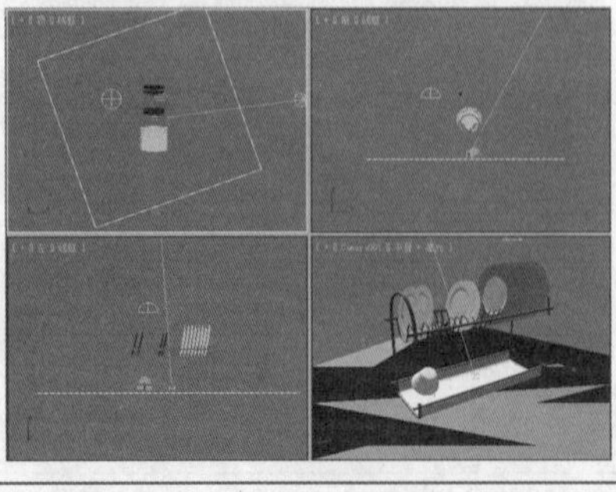

STEP 02 切换至“显示”面板，在“隐藏”卷展栏下单击“按名称隐藏”按钮 按名称隐藏... ，如下图所示。

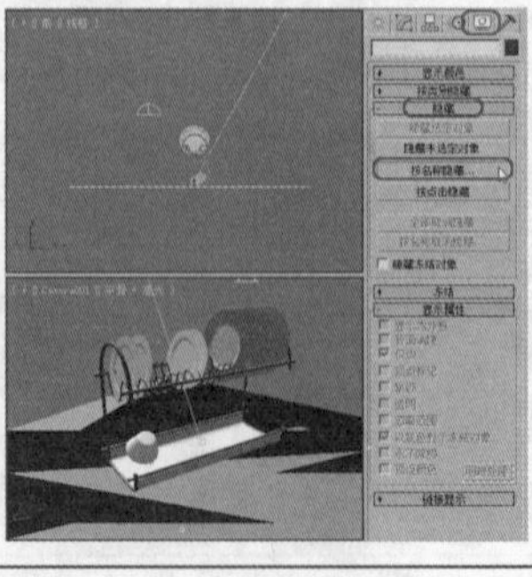

STEP 03 在弹出的“隐藏对象”对话框中选择需要隐藏的对象名称，如下图所示。

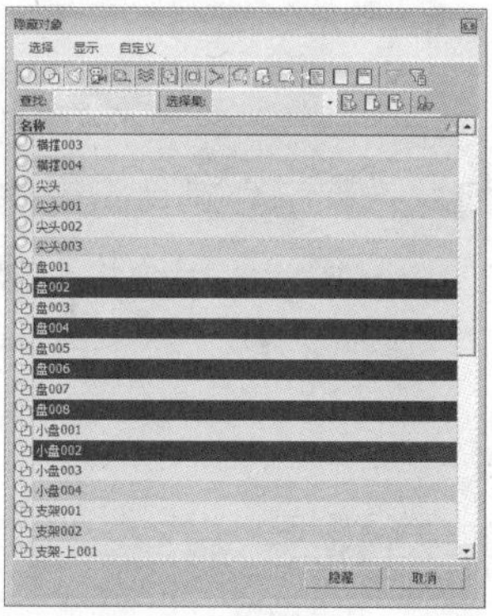

STEP 04 单击“隐藏”按钮 隐藏 ，被选择的对象即可在场景中被隐藏，如下图所示。

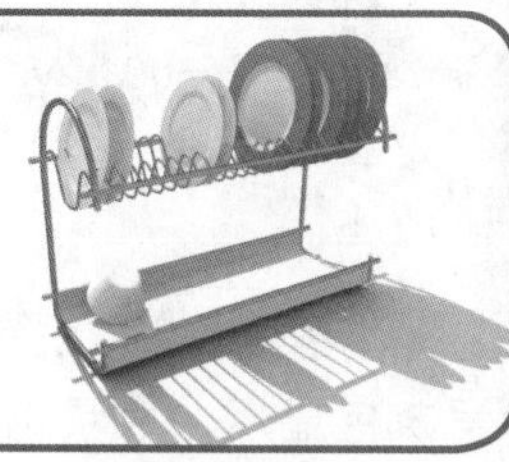

实战操作090 按名称取消隐藏

素材：Scene\Cha02\2-33.max　　场景：Scene\Cha02\实战操作090.max

难度：★★★★★　　视频：视频\ Cha02\实战操作090.avi

“取消隐藏对象”对话框列表中显示当前视图中隐藏的对象名称，单击需要取消隐藏的对象名称，即可将场景中的对象取消隐藏，其具体操作步骤如下所述。

STEP 01 单击按钮，在弹出的下拉列表中执行“打开”命令，在打开的对话框中选择素材文件2-33.max，如下图所示。

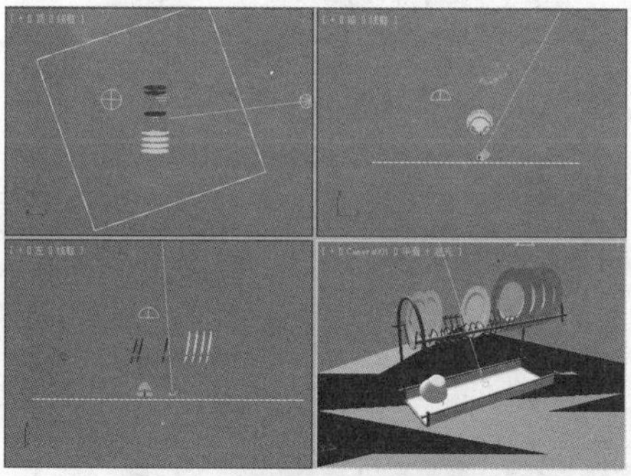

STEP 02 切换至“隐藏”面板，在“显示”卷展栏下单击“按名称取消隐藏”按钮 按名称取消隐藏... ，如右图所示。

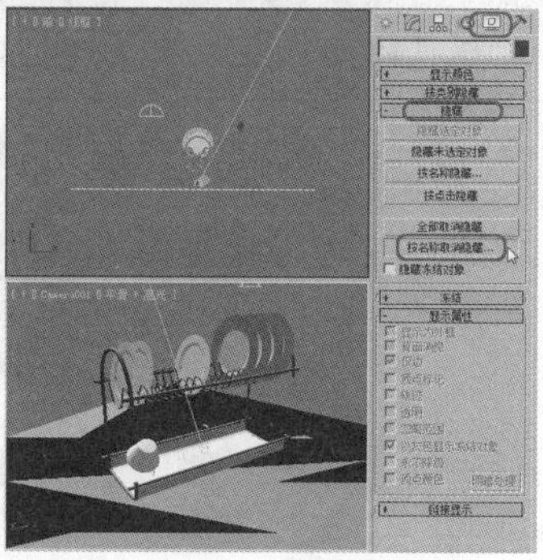

STEP 03 在弹出的“取消隐藏对象”对话框中选择取消对象的名称，如下图所示。

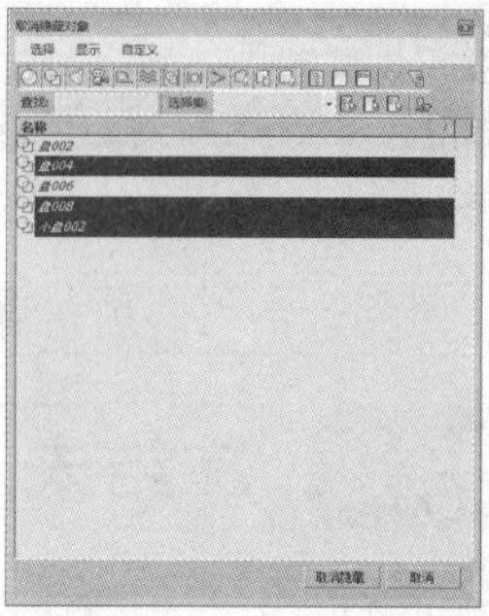

STEP 04 单击“隐藏”按钮 取消隐藏 即可将选择的隐藏对象取消隐藏，如下图所示。

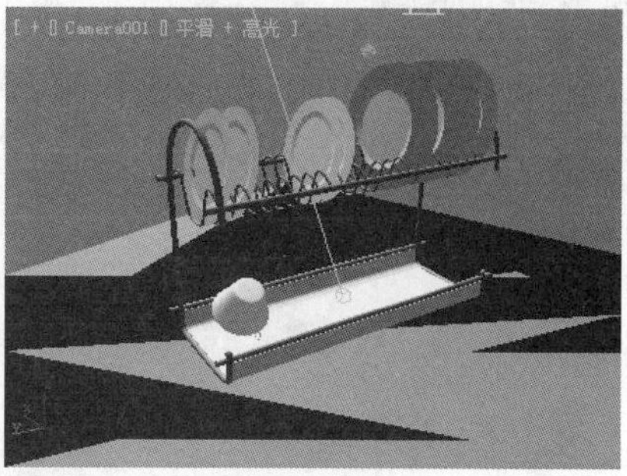

2.9 冻结对象

冻结对象就是将暂时不需要的对象孤立，任何操作都不会对其起到任何作用，冻结后的对象将以灰色方式显示，即防止它们阻碍操作，也避免对它们产生误操作。摄影机、灯光等冻结不会影响其摄影和照明功能。

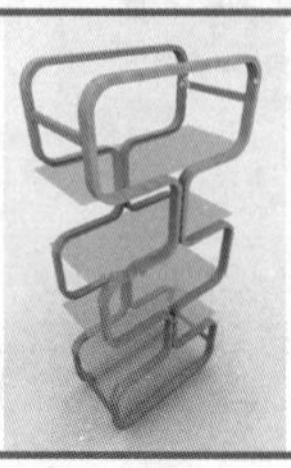

实战操作091 冻结选定对象

素材：Scene\Cha02\2-34.max　场景：Scene\Cha02\实战操作091.max

难度：★★★★★　视频：视频\ Cha02\实战操作091.avi

冻结选定对象就是将当前视图中选择的对象进行孤立，具体操作步骤如下所述。

STEP 01 单击按钮，在弹出的下拉列表中执行“打开”命令，在打开的对话框中选择素材文件2-34.max，如下图所示。

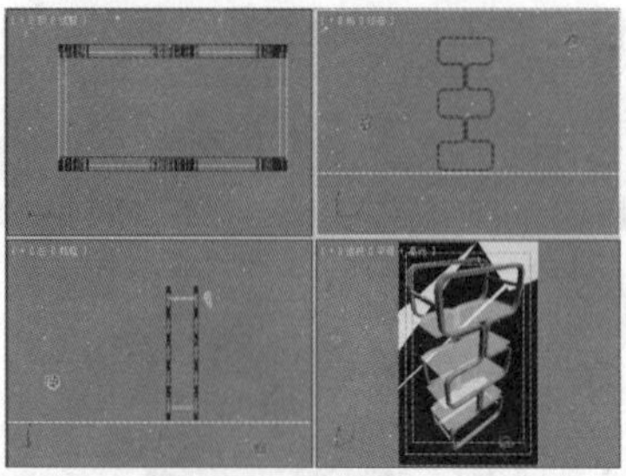

STEP 02 在视图中选择需要冻结的对象，切换至“显示”面板，在“冻结”卷展栏下单击“冻结选定对象”按钮 冻结选定对象 ，释放鼠标后，选定的对象会呈灰色显示，表示选择的对象已经被冻结，如下图所示。

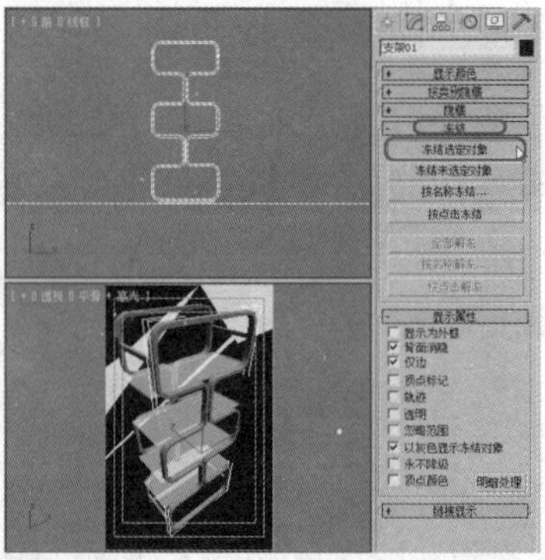

实战操作092 冻结未选定对象

素材：Scene\Cha02\2-34.max　场景：无

难度：★★★★★　视频：视频\ Cha02\实战操作092.avi

冻结未选定对象就是将场景中未选定的对象冻结，其具体操作步骤如下所述。

STEP 01 以实战操作089的素材为例。单击按钮，在弹出的下拉列表中执行“打开”命令，在打开的对话框中选择素材文件2-34.max，如右图所示。

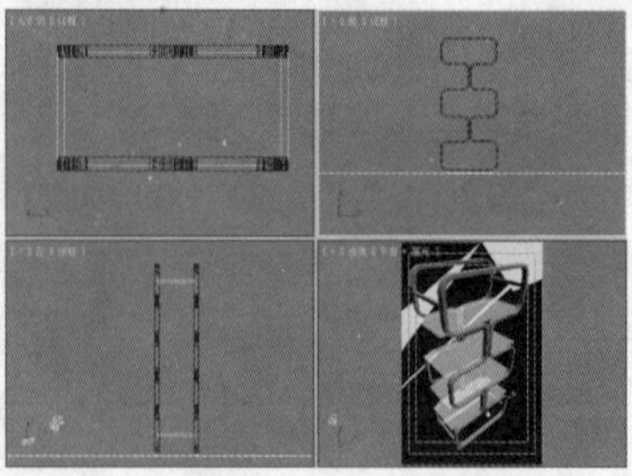

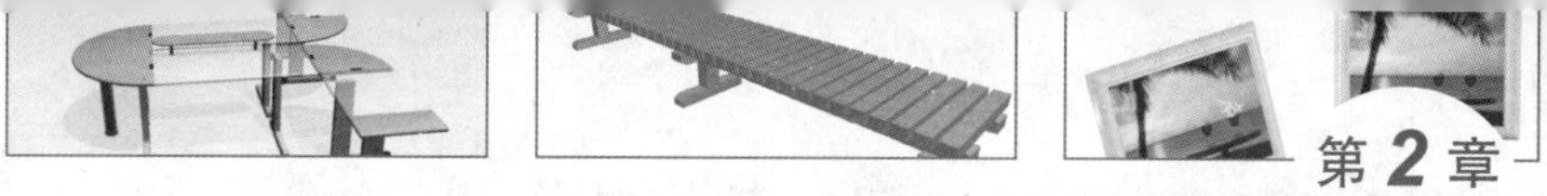

STEP 02 在视图中选择不需要冻结的对象，切换至“显示”面板，在“冻结”卷展栏下单击“冻结未选定对象”按钮 冻结未选定对象 ，释放鼠标后，未选定的对象会呈灰色显示，表示未选择的对象已经被冻结，如右图所示。

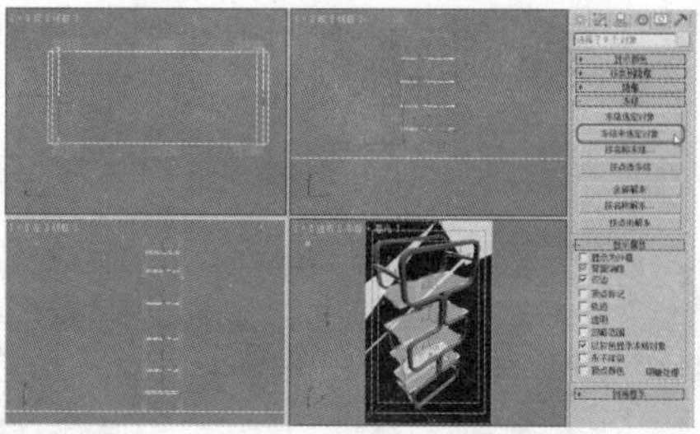

实战操作093 全部解冻

素材：Scene\Cha02\2-35.max　　场景：无

难度：★★★★★　　视频：视频\ Cha02\实战操作093.avi

全部解冻就是将视图中冻结的对象解冻，其具体操作步骤如下所述。

STEP 01 单击按钮，在弹出的下拉列表中执行“打开”命令，在打开的对话框中选择素材文件2-35.max，如右图所示。

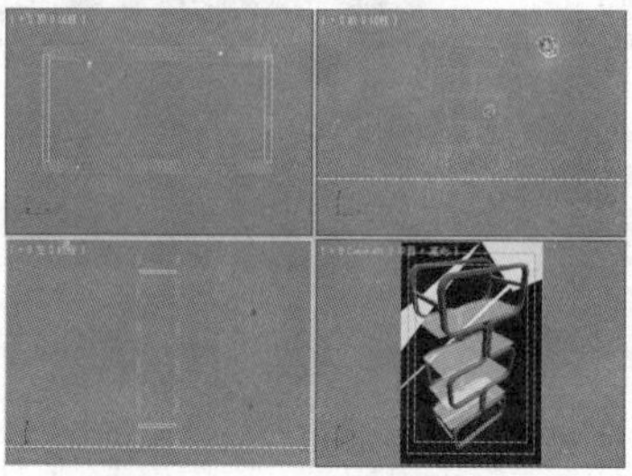

STEP 02 切换至“显示”面板，在“冻结”卷展栏下单击“全部解冻”按钮 全部解冻 ，释放鼠标后，场景中冻结的对象将会被解冻，如下图所示。

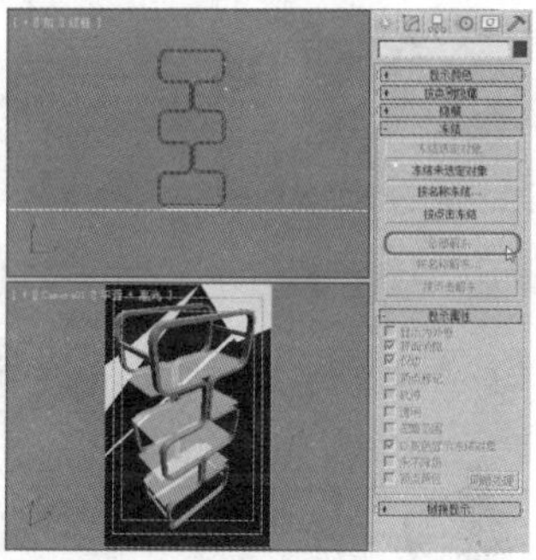

实战操作094 按名称冻结

素材：Scene\Cha02\2-36.max　　场景：Scene\Cha02\实战操作094.max

难度：★★★★★　　视频：视频\ Cha02\实战操作094.avi

在“冻结对象”对话框选择需要进行冻结的对象，其“冻结对象”对话框与“按名称选择”对话框类似，具体操作步骤如下所述。

STEP 01 单击按钮，在弹出的下拉列表中执行“打开”命令，在打开的对话框中选择素材文件2-36.max，如右图所示。

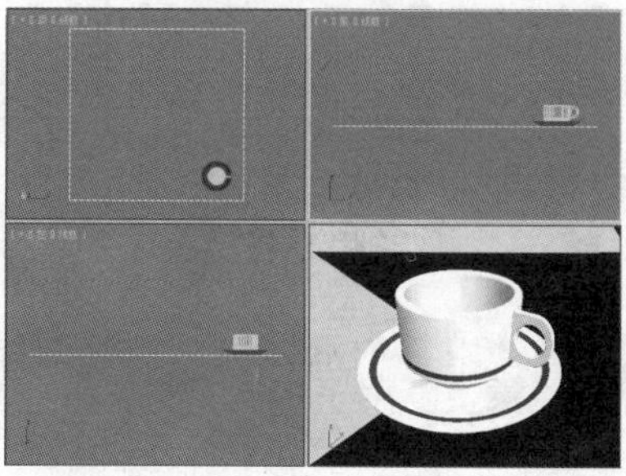

STEP 02 切换至“显示”面板，在“冻结”卷展栏下单击“按名称冻结”按钮 按名称冻结... ，如下图所示。

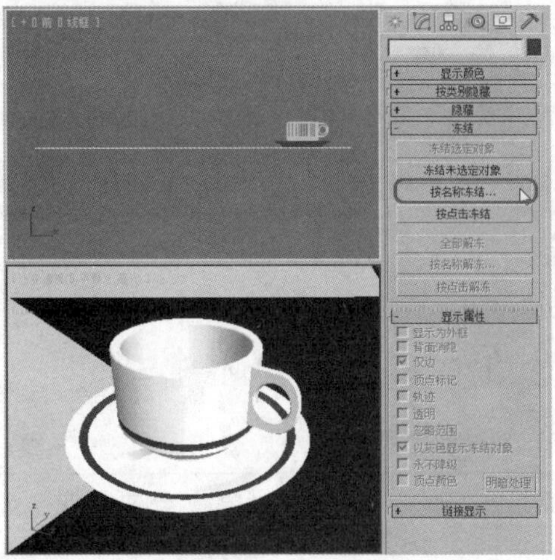

STEP 03 在弹出的“冻结对象”对话框中选择要冻结的对象的名称，如右图所示。

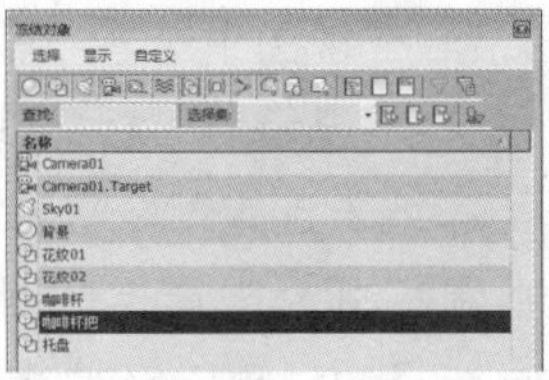

STEP 04 单击“冻结”按钮即可将选择的对象冻结，此时冻结的对象将以灰色显示，如下图所示。

实战操作095 按点击冻结

素材：Scene\Cha02\2-36.max　　场景：无

难度：★★★★★　　视频：视频\ Cha02\实战操作095.avi

单击“按点击冻结”按钮 按点击冻结 即可在场景中通过单击对象来冻结对象，具体操作步骤如下所述。

STEP 01 单击按钮，在弹出的下拉列表中执行“打开”选项，在打开的对话框中选择素材文件2-36.max，如下图所示。

STEP 02 切换至“显示”面板，在“冻结”卷展栏中单击“按点击冻结”按钮 按点击冻结 ，然后在场景中单击需要冻结的对象即可，如下图所示。

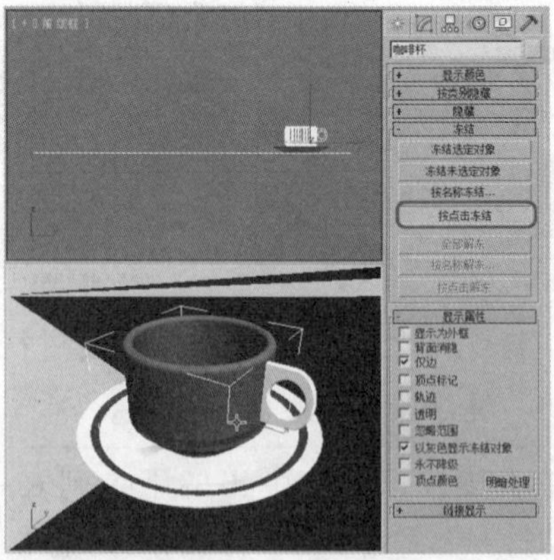

2.10 链接对象

链接对象主要用于控制有关层次链接方面的显示。

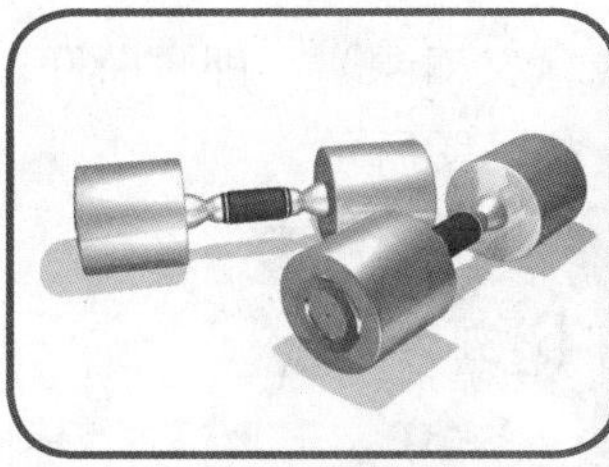

实战操作096 链接对象

素材：Scene\Cha02\2-37.max　　场景：Scene\Cha02\实战操作096.max

难度：★★★★★　　视频：视频\ Cha02\实战操作096.avi

将两个物体按父子关系链接起来，定义层级关系，以便进行链接运动操作。其具体操作步骤如下所述。

STEP 01 单击按钮，在弹出的下拉列表中执行“打开”命令，在打开的对话框中选择素材文件2-37.max，如下图所示。

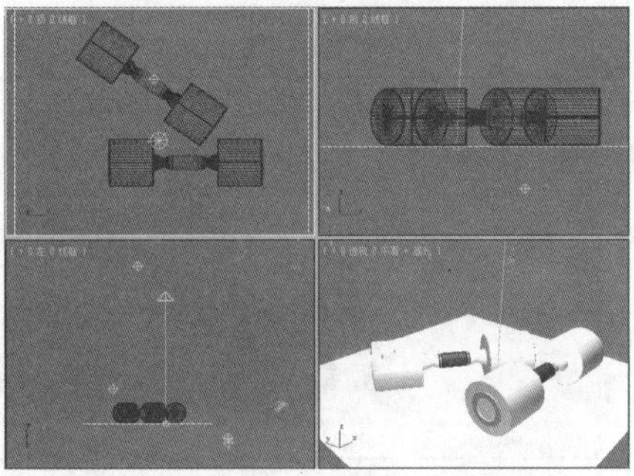

STEP 02 在工具栏中单击“选择并链接”按钮，如下图所示。

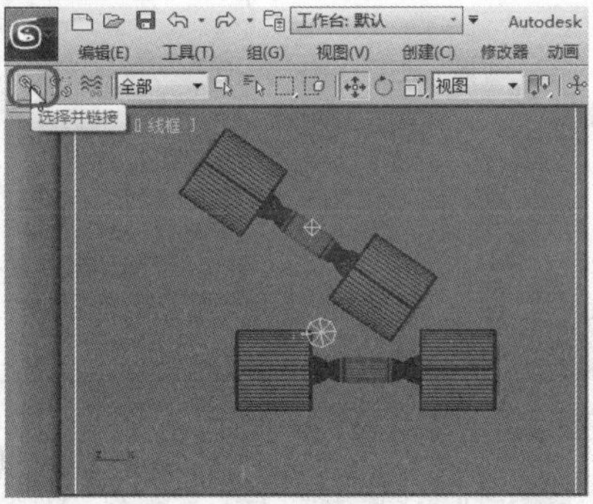

STEP 03 单击一个对象（子对象）并拖曳鼠标至另一个对象上（父对象），如下图所示。

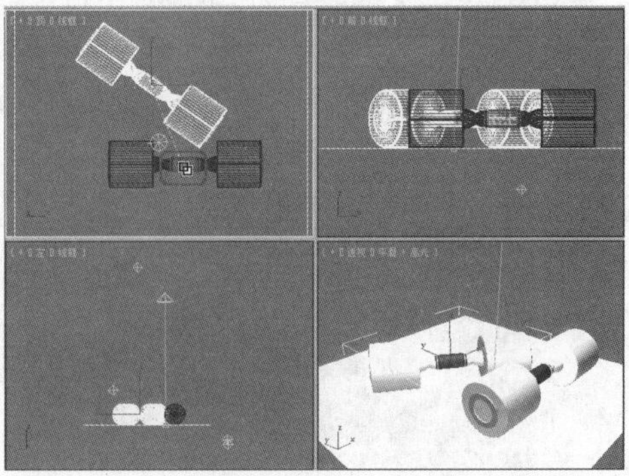

STEP 04 单击目标对象并释放鼠标，即可建立两个对象之间的链接，如下图所示。

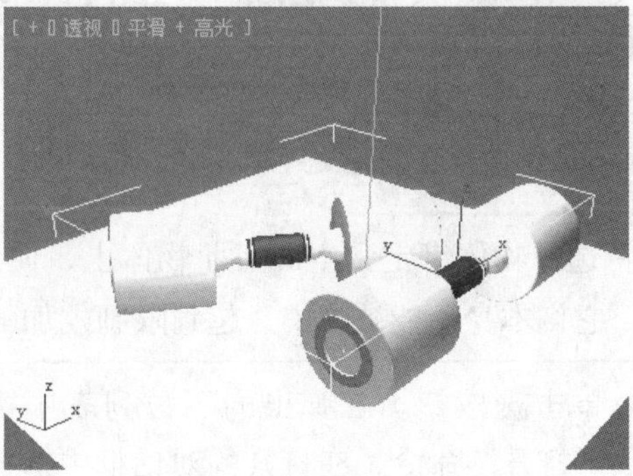

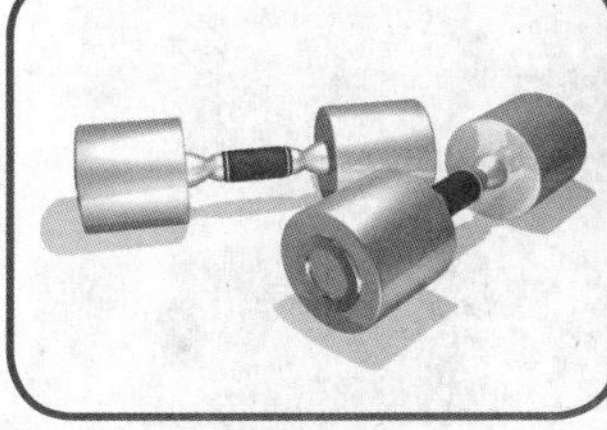

实战操作097 断开链接

素材：Scene\Cha02\2-37.max　　场景：Scene\Cha02\实战操作097.max

难度：★★★★★　　视频：视频\ Cha02\实战操作097.avi

断开链接就是取消两物体之间的层级关系，使子物体恢复独立状态，不再受父层级对象的约束。其具体操作步骤如下所述。

STEP 01 本例继续实战操作096的操作，在场景中选择连接的对象，如下图所示。

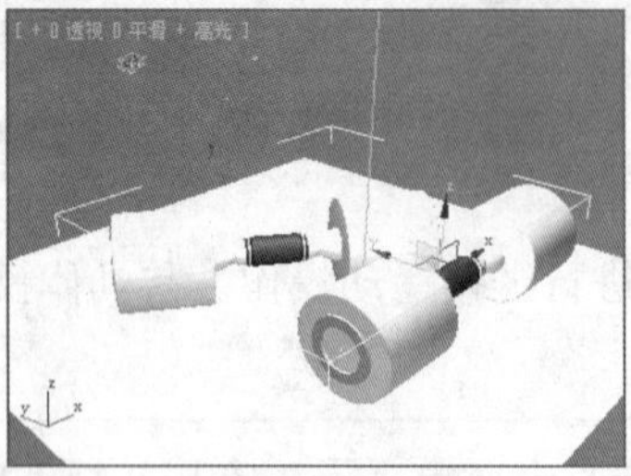

STEP 02 在场景中选择要断开的对象（子对象），单击工具栏中的“断开当前选择链接”按钮，如下图所示。

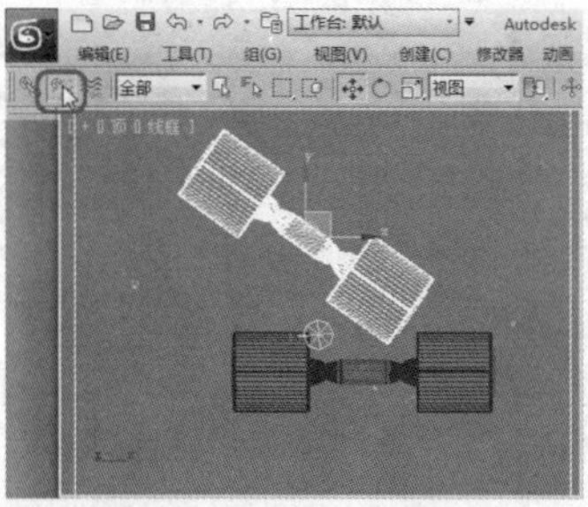

STEP 03 然后单击目标对象（父对象），即可断开对象之间的链接，如下图所示。

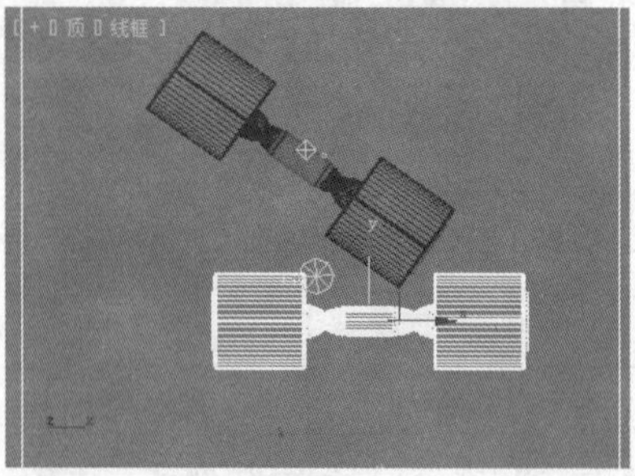

STEP 04 激活“透”视图，按F9键进行渲染，最终效果如下图所示。

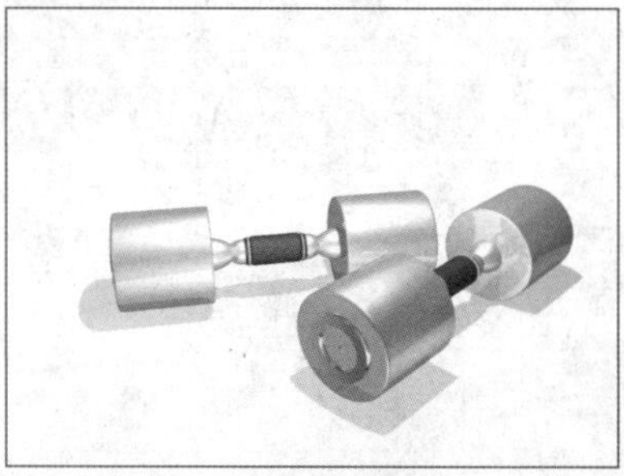

实战操作098 绑定到空间扭曲

素材：Scene\Cha02\2-38.max　场景：Scene\Cha02\实战操作098.max

难度：★★★★★　视频：视频\ Cha02\实战操作098.avi

将选择物体绑定到空间扭曲物体上，使它受空间扭曲物体的影响。空间扭曲物体是一类特殊的物体，它们本身不能被渲染，起到限制或加工绑定的物体的作用。

STEP 01 单击按钮，在弹出的下拉列表中执行“打开”命令，在打开的对话框中选择素材文件2-38.max，并在工具栏中单击“绑定到空间扭曲”按钮，如下图所示。

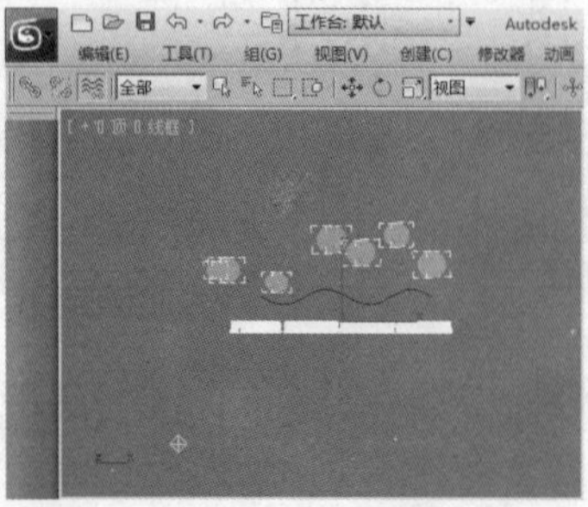

STEP 02 在视图中单击一个对象并拖曳到另一个对象上，释放鼠标即可对对象进行绑定空间扭曲，如下图所示。

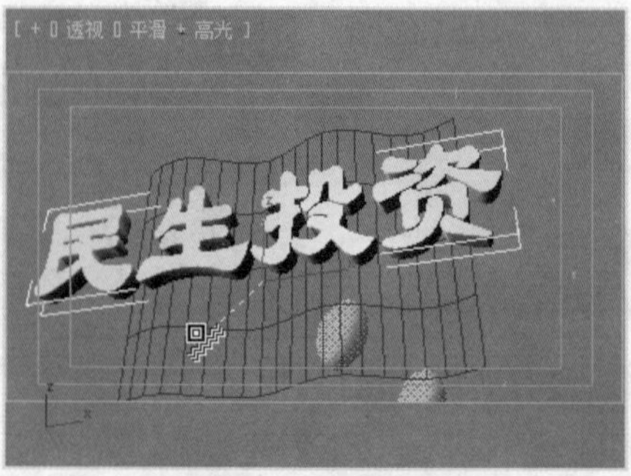

2.11 克隆建模

对当前选择的对象进行原地复制，所复制的对象将会与原物体重合，其复制的对象所占的空间位置与原物体相同，可根据场景的需求再通过变换位置对齐移动位置。

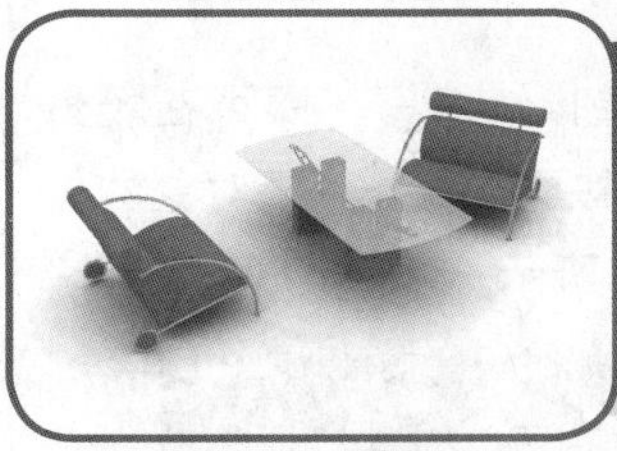

实战操作099 克隆对象

素材：Scene\Cha02\2-39.max　场景：Scene\Cha02\实战操作099.max

难度：★★★★★　视频：视频\ Cha02\实战操作099.avi

将当前选择的物体进行原地复制，复制的对象与原对象相同，即为克隆对象。其具体操作步骤如下所述。

STEP 01 单击按钮，在弹出的下拉列表中执行“打开”命令，在打开的对话框中选择素材文件2-39.max，如下图所示。

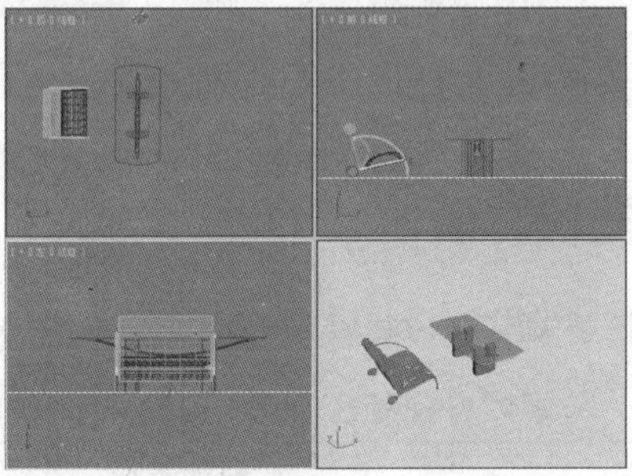

STEP 02 在视图中选择需要克隆的源对象，在菜单栏中执行“编辑”|“克隆”命令，如右图所示。

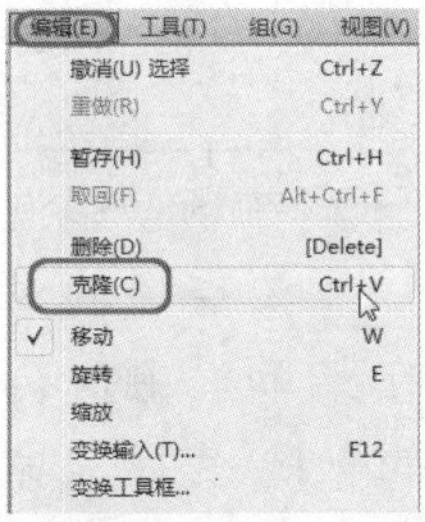

STEP 03 弹出“克隆选项”对话框，单击“确定”按钮 确定 即可，如右图所示，即可在场景中克隆出沙发对象。

STEP 04 使用“移动并选择”工具和“选择并旋转”工具在视图中调整克隆对象的位置和角度，最终效果如下图所示。

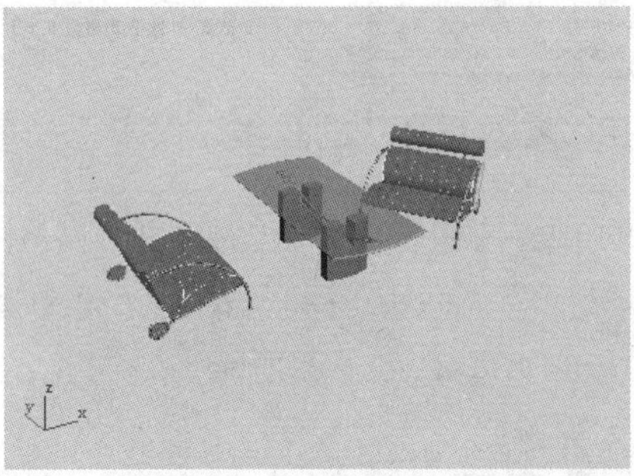

实战操作100 实例克隆

素材：Scene\Cha02\2-40.max　场景：Scene\Cha02\实战操作100.max

难度：★★★★★　视频：视频\Cha02\实战操作100.avi

“实例克隆”是克隆的一种；克隆包括实例克隆、参考克隆、复制克隆。下面以实例克隆的应用为例进行介绍，其具体操作步骤如下所述。

STEP 01 单击按钮，在弹出的下拉列表中执行“打开”命令，在打开的对话框中选择素材文件2-40.max，如下图所示。

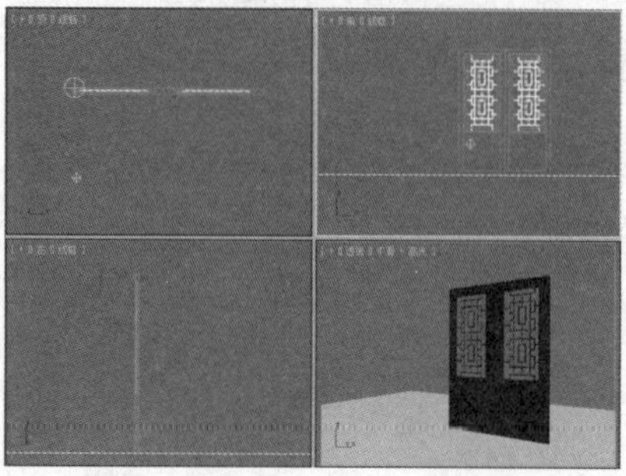

STEP 02 在场景中选择需要克隆的对象，在菜单栏中执行“编辑”|“克隆”命令，如右图所示。

STEP 03 弹出“克隆选项”对话框，在“对象”选项组中选中“实例”单选按钮；在“控制器”选项组中选中“复制”单选按钮，如右图所示。

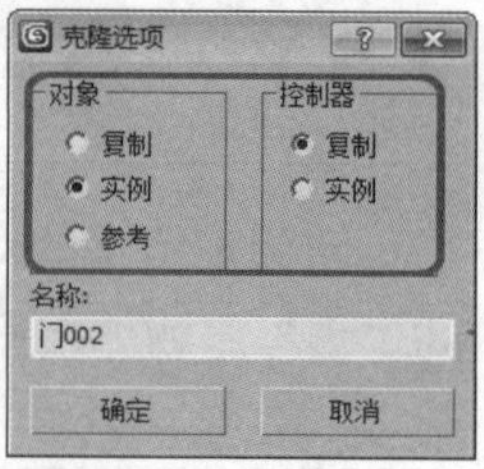

STEP 04 单击“确定”按钮，即可在场景中克隆对象，在视图中调整克隆对象的位置和角度即可，如下图所示。

实战操作101 参考克隆

素材：Scene\Cha02\2-41.max　　场景：Scene\Cha02\实战操作101.max

难度：★★★★★　　视频：视频\ Cha02\实战操作101.avi

使用“参数克隆”的具体操作步骤如下所述。

STEP 01 单击按钮，在弹出的下拉列表中执行“打开”命令，在打开的对话框中选择素材文件2-41.max，如下图所示。

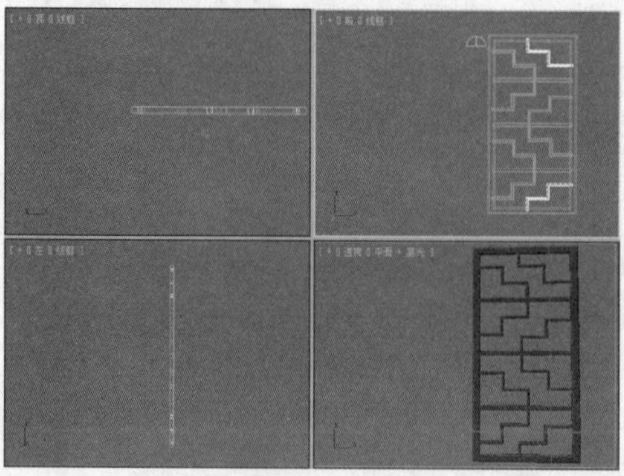

STEP 02 在场景中选择需要克隆的对象，在菜单栏中执行“编辑”|“克隆”命令，如右图所示。

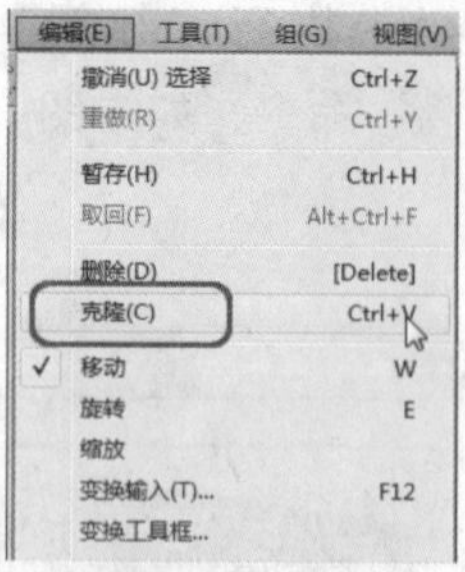

STEP 03 弹出“克隆选项”对话框，在“对象”选项组中选中“参考”单选按钮；在“控制器”选项组中选中“复制”单选按钮，如右图所示。

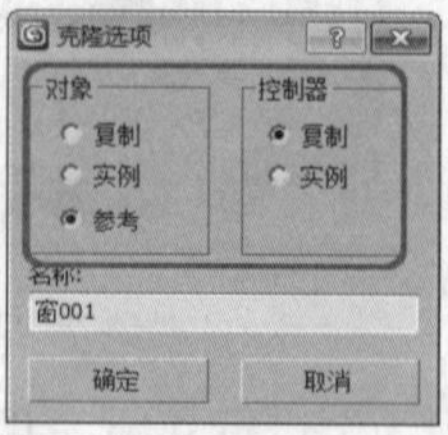

STEP 04 单击“确定”按钮，即可在视图中克隆对象，在视图中调整克隆对象的位置、角度和大小即可，如右图所示。

实战操作102 运用Shift键复制

素材：Scene\Cha02\2-42.max　　场景：Scene\Cha02\实战操作102.max

难度：★★★★★　　视频：视频\ Cha02\实战操作102.avi

Shift键通常与基本变换命令组合，包括移动、旋转、缩放，可以在变换物体的同时进行克隆，产生被变换的克隆物体，具体操作步骤如下所述。

STEP 01 单击按钮，在弹出的下拉列表中执行“打开”命令，在打开的对话框中选择素材文件2-42.max，如下图所示。

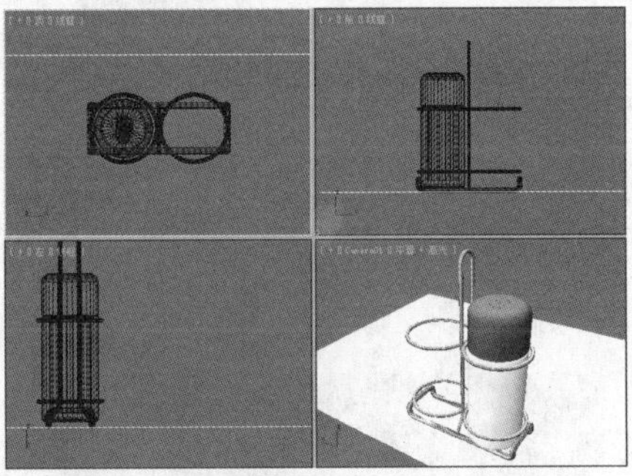

STEP 02 在视图中选择需要复制的对象，在工具栏中单击“选择并移动”工具，当光标为形状时，按住Shift并沿X轴向右拖曳，如下图所示。

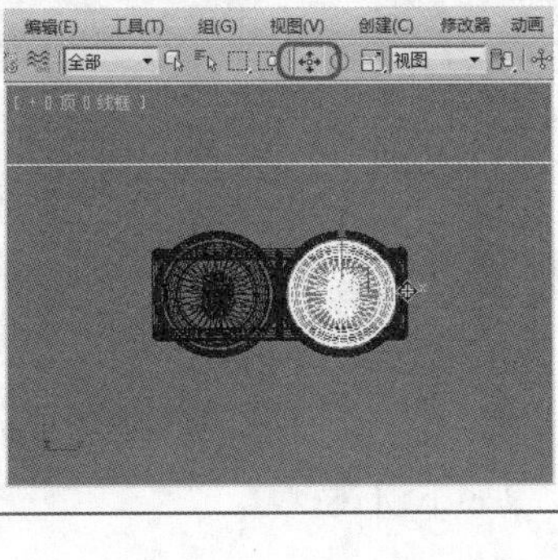

STEP 03 移动至合适位置后释放鼠标，即可弹出“克隆选项”对话框，在“对象”选项组中选中“复制”单选按钮，如下图所示。

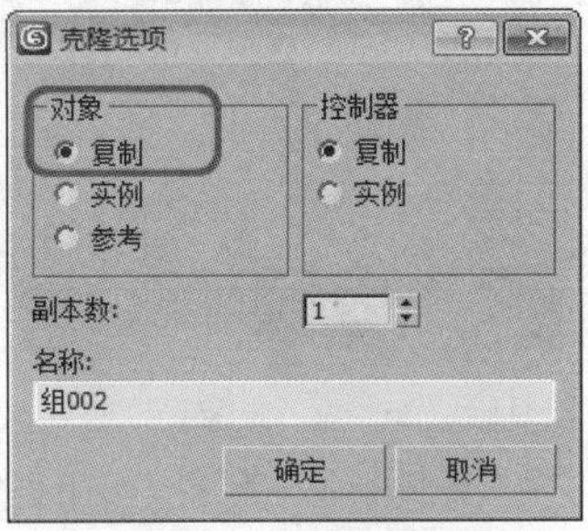

STEP 04 单击“确定”按钮，即可在视图中复制对象，如下图所示。

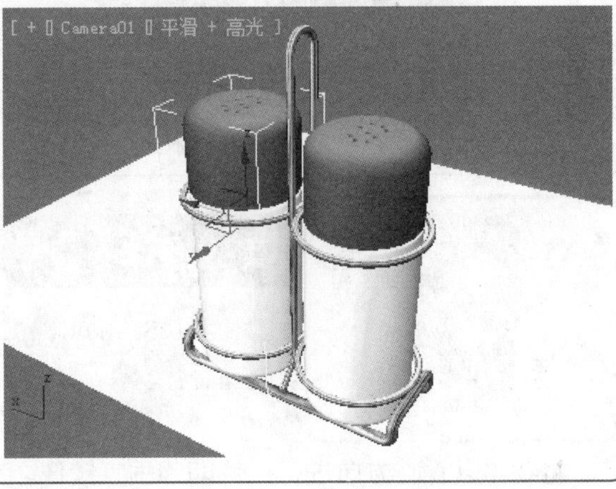

2.12 镜像建模

产生一个或多个物体的镜像。镜像物体可以选择不同的克隆方式，同时可以沿着指定大的坐标轴进行偏移。使用镜像复制可以方便地制作出物体的反射效果，镜像工具可以镜像阵列，添加动画。

实战操作103 水平镜像

素材：Scene\Cha02\2-43.max　场景：Scene\Cha02实战操作103.max

难度：★★★★★　视频：视频\ Cha02\实战操作103.avi

镜像物体一般通过选择不同的镜像方式来进行镜像，以水平方式进行镜像即为水平镜像。其具体操作步骤如下所述。

STEP 01 单击按钮，在弹出的下拉列表中执行“打开”命令，在打开的对话框中选择素材文件2-43.max，如下图所示。

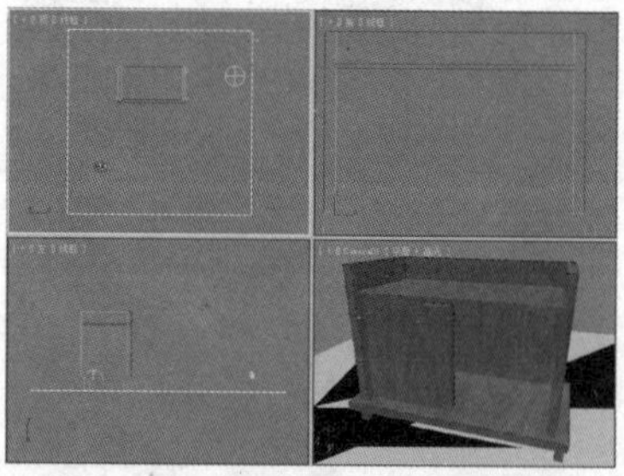

STEP 02 在场景中选择需要镜像的对象，在工具栏中单击“镜像”按钮，如下图所示。

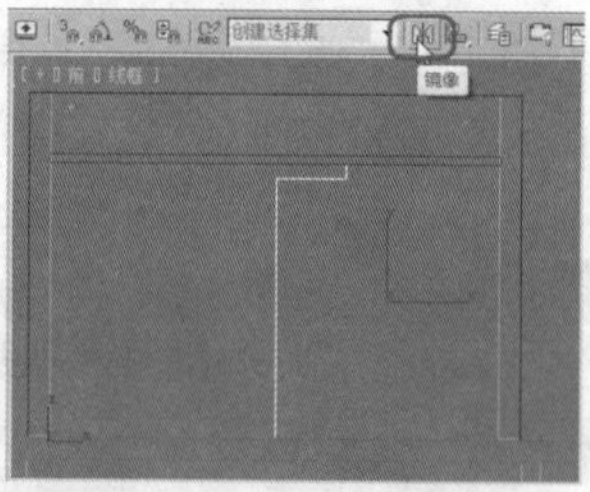

STEP 03 弹出“镜像：屏幕 坐标”对话框，在“镜像轴”选项组中选中“X”单选按钮，将“偏移”值设置为-82.5；在“克隆当前选择”选项组中选中“复制”单选按钮，如右图所示。

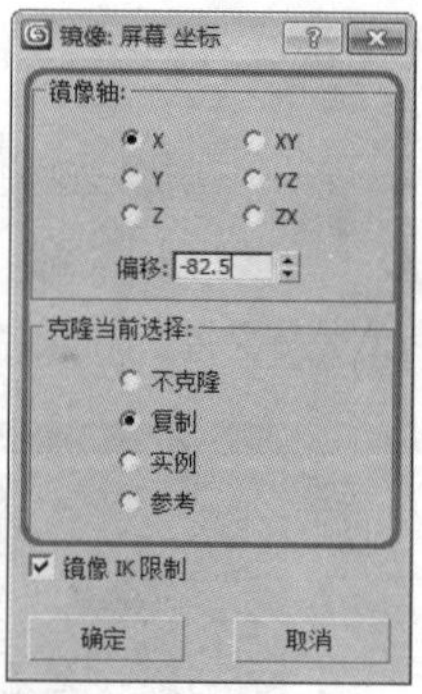

STEP 04 单击“确定”按钮 确定 ，即可对选中的对象水平镜像，如下图所示。

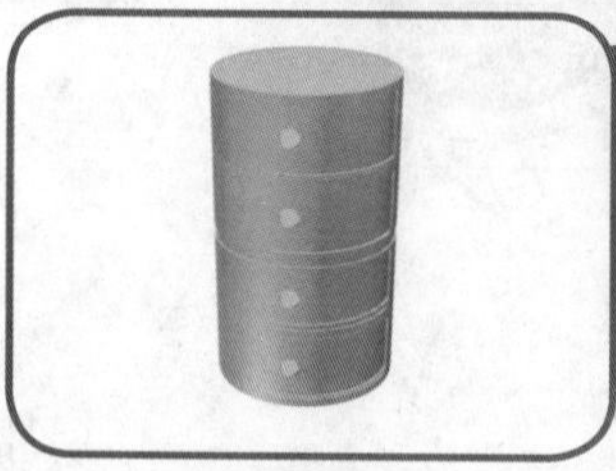

实战操作104 垂直镜像

素材：Scene\Cha02\2-44.max　场景：Scene\Cha02\实战操作104.max

难度：★★★★★　视频：视频\ Cha02\实战操作104.avi

将物体以垂直方向进行镜像即为垂直镜像，其具体操作步骤如下所述。

STEP 01 单击按钮，在弹出的下拉列表中执行“打开”命令，在打开的对话框中选择素材文件2-44.max，如下图所示。

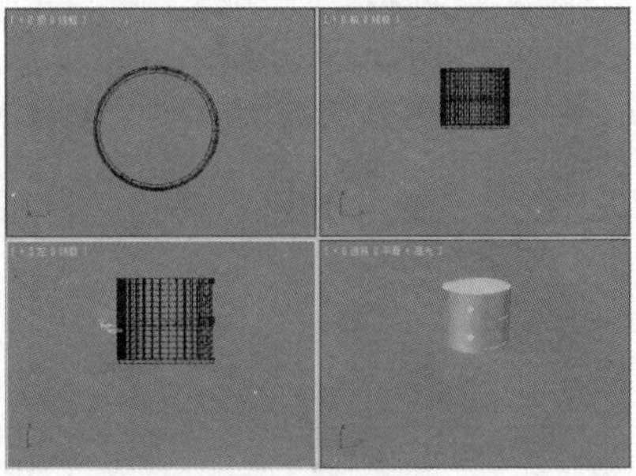

STEP 02 在场景中选择需要镜像的对象，在工具栏中单击“镜像”按钮，如下图所示。

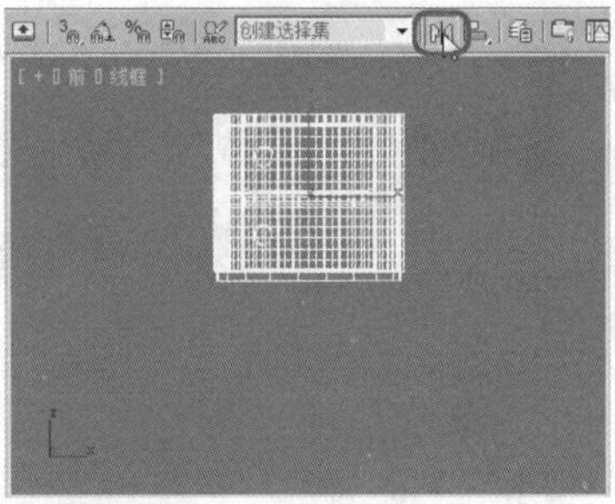

STEP 03 弹出“镜像：屏幕坐标”对话框，在“镜像轴”选项组中选中“Y”单选按钮，将“偏移”值设置为-170；在“克隆当前选择”选项组中选中“复制”单选按钮，如右图所示。

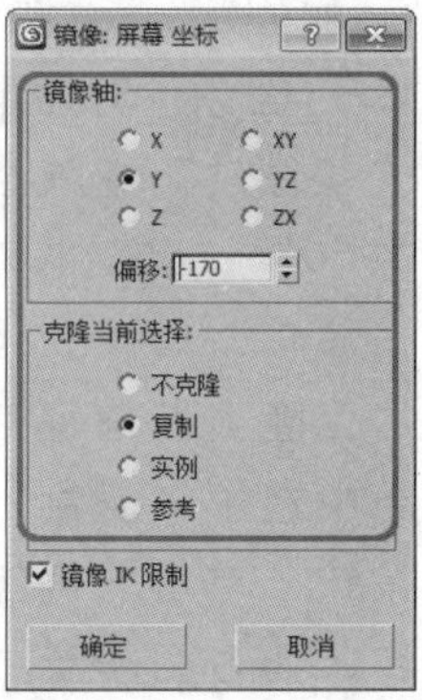

STEP 04 单击“确定”按钮 确定 ，即可对选中的对象垂直镜像，如下图所示。

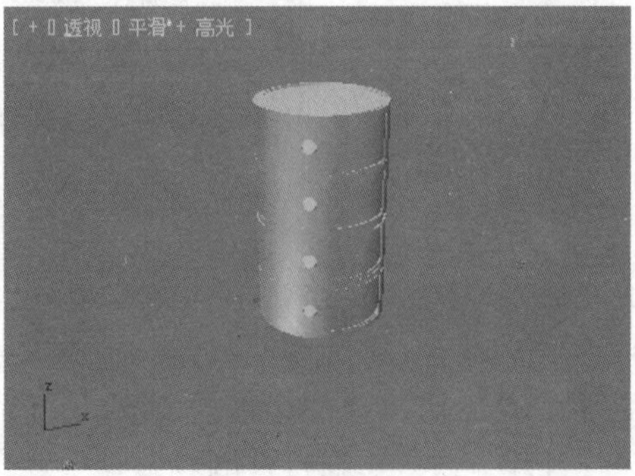

实战操作105 XY轴镜像

素材：Scene\Cha02\2-45.max　场景：Scene\Cha02\实战操作105.max

难度：★★★★★　视频：视频\ Cha02\实战操作105.avi

对象沿XY轴镜像为“XY轴镜像”，其具体操作步骤如下所述。

STEP 01 单击按钮，在弹出的下拉列表中执行“打开”命令，在打开的对话框中选择素材文件2-45.max，如下图所示。

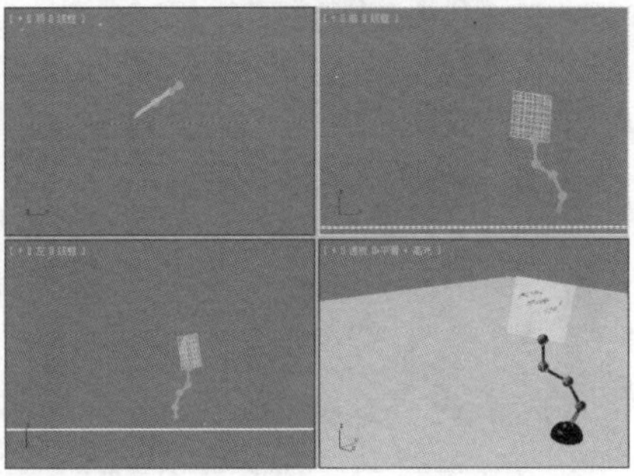

STEP 02 在“透”视图中选择需要镜像的对象，在工具栏中单击“镜像”按钮，如右图所示。

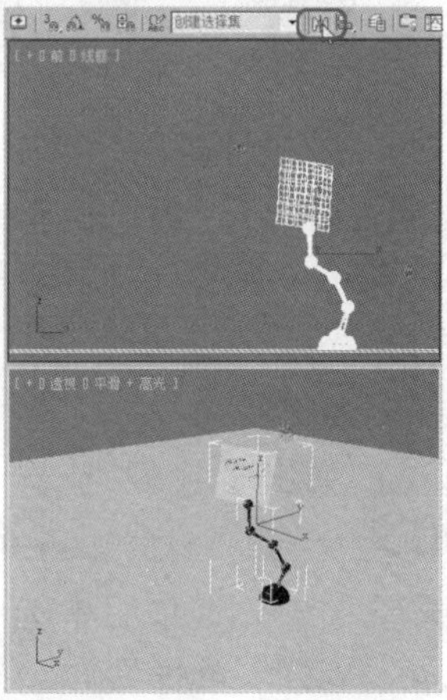

STEP 03 弹出“镜像 世界坐标”对话框，在“镜像轴”选项组中选中“XY”单选按钮，将“偏移”设置为-5；在“克隆当前选择”选项组中选中“复制”单选按钮，单击“确定”按钮，如右图所示，即可在场景中XY镜像对象。

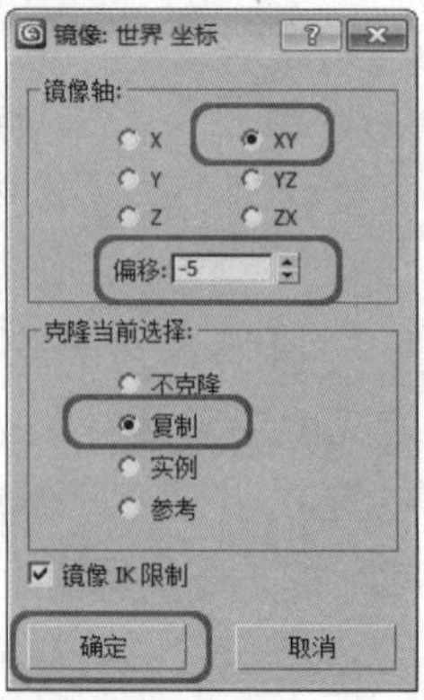

STEP 04 激活“透”视图，按F9键进行快速渲染，渲染完成后的效果如下图所示。

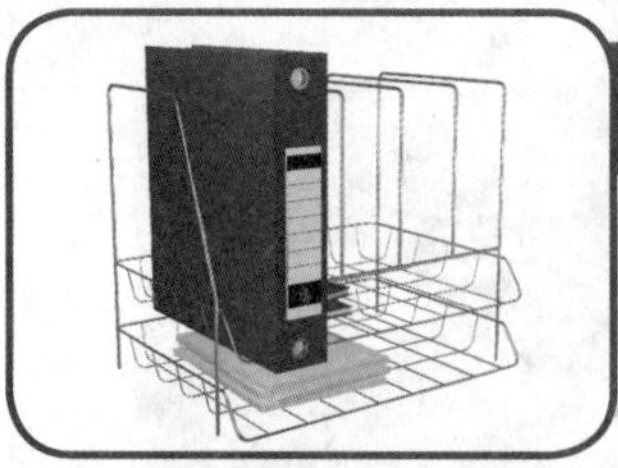

实战操作106 YZ轴镜像

素材：Scene\Cha02\2-46.max　场景：Scene\Cha02\实战操作106.max

难度：★★★★★　视频：视频\ Cha02\实战操作106.avi

将对象沿YZ轴镜像称为“YZ轴镜像”，其具体操作步骤如下所述。

STEP 01 单击按钮，在弹出的下拉列表中执行“打开”命令，在打开的对话框中选择素材文件2-46.max，如下图所示。

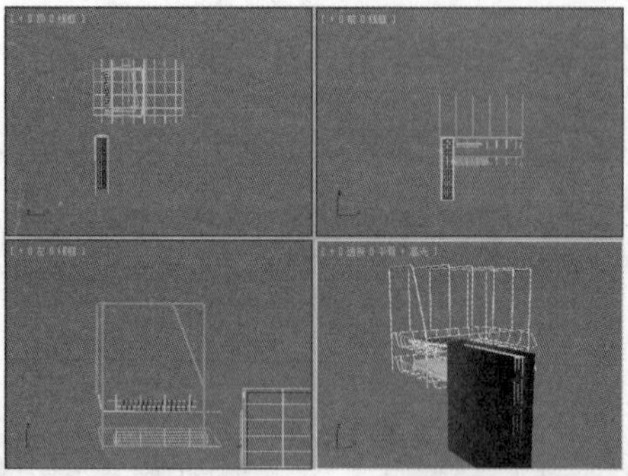

STEP 02 在“透”视图中选择需要YZ镜像的对象，在工具栏中单击“镜像”按钮，如右图所示。

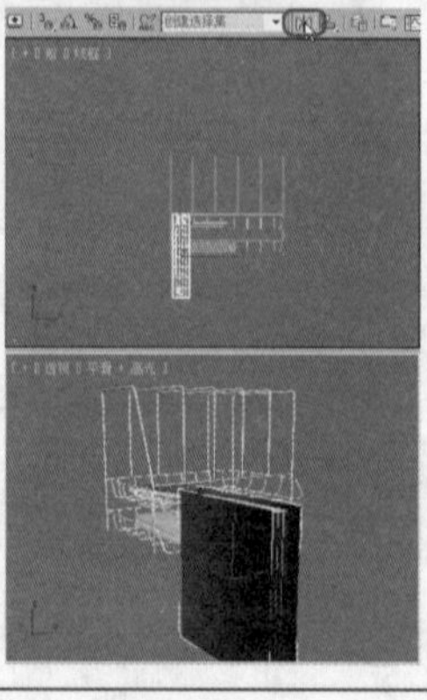

STEP 03 弹出“镜像 世界坐标”对话框，在“镜像轴”选项组中选中“YZ”单选按钮，将“偏移”设置为10；在“克隆当前选择”选项组中选中“不克隆”单选按钮，单击“确定”按钮，如右图所示，即可在场景中YZ镜像对象。

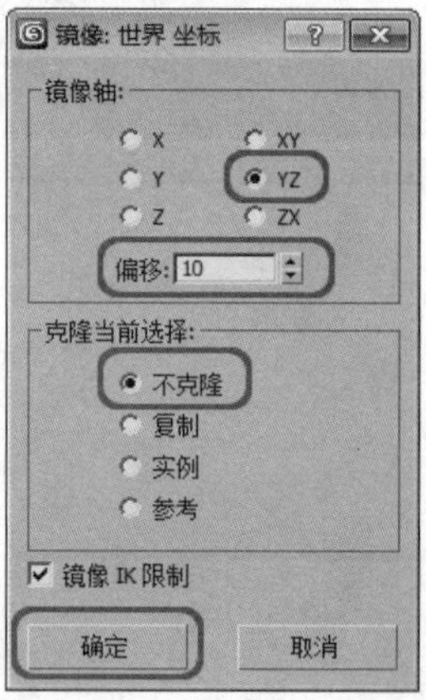

STEP 04 激活“透”视图，按F9键进行快速渲染，渲染完成后的效果如下图所示。

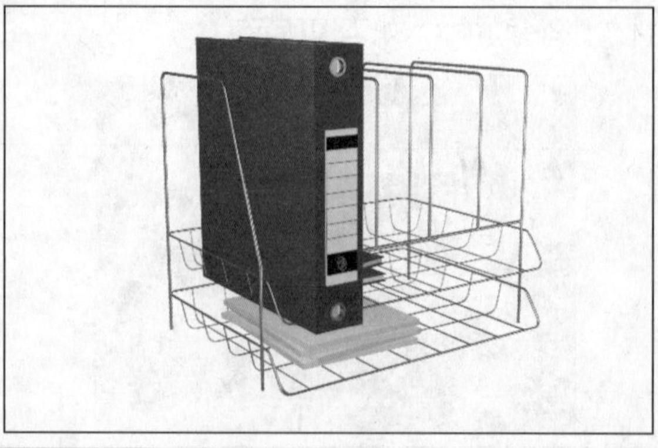

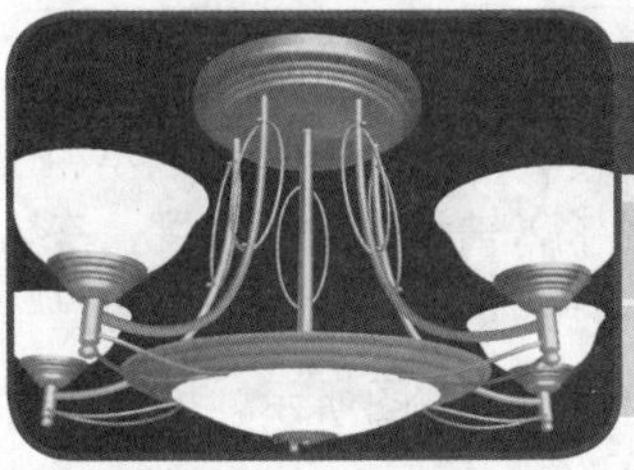

实战操作107 ZX轴镜像

素材：Scene\Cha02\2-47.max　场景：Scene\Cha02\实战操作107.max
难度：★★★★★　视频：视频\ Cha02\实战操作107.avi

将对象沿着ZX轴镜像称为“ZX轴镜像”，其具体操作步骤如下所述。

STEP 01 单击按钮，在弹出的下拉列表中执行“打开”命令，在打开的对话框中选择素材文件2-47.max，如下图所示。

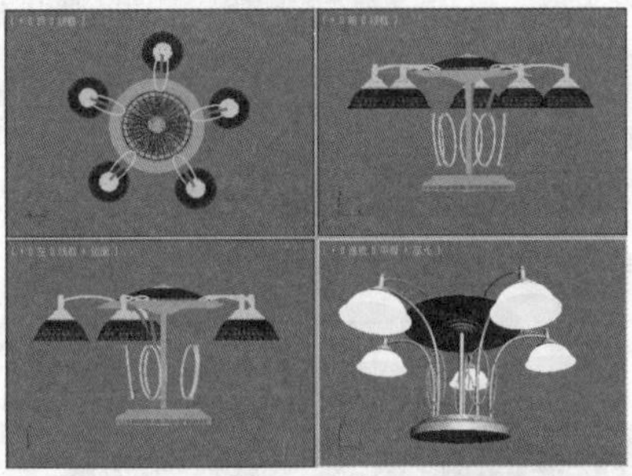

STEP 02 在“透”视图中选择需要ZX镜像的对象，在工具栏中单击“镜像”按钮，如右图所示。

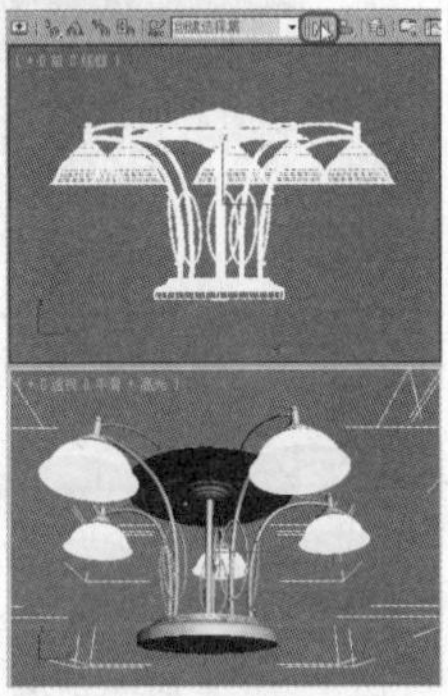

STEP 03 弹出“镜像 世界 坐标”对话框，在“镜像轴”选项组中选中“ZX”单选按钮；在“克隆当前选择”选项组中选中“不克隆”单选按钮，单击“确定”按钮，如右图所示，即可在场景中ZX镜像对象。

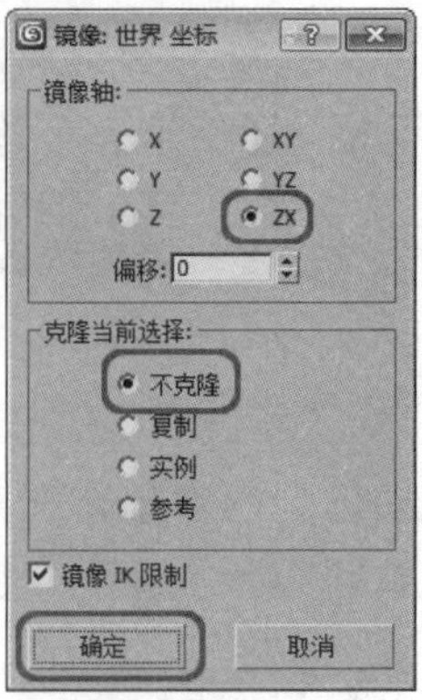

STEP 04 激活“透”视图，按F9键进行快速渲染，渲染完成后的效果如下图所示。

2.13 阵列建模

创建当前选择物体的阵列，它可以控制产生一维、二维、三维的阵列复制，常用于大量有序的复制物体。

实战操作108 移动阵列

素材：Scene\Cha02\2-48.max　场景：Scene\Cha02\实战操作108.max
难度：★★★★★　视频：视频\ Cha02\实战操作108.avi

在阵列中分别设置三个轴向的偏移量即可进行移动阵列，具体操作步骤如下所述。

STEP 01 单击按钮，在弹出的下拉列表中执行“打开”命令，在打开的对话框中选择素材文件2-48.max，如下图所示。

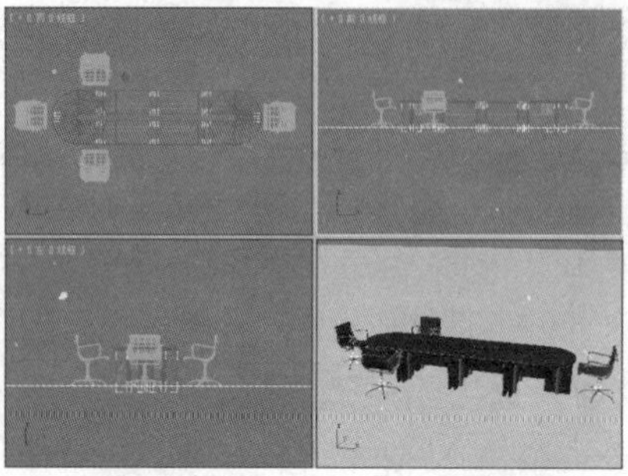

STEP 02 在“顶视图”中选择需要移动阵列的对象，在菜单栏中执行“工具”|“阵列”命令，如右图所示。

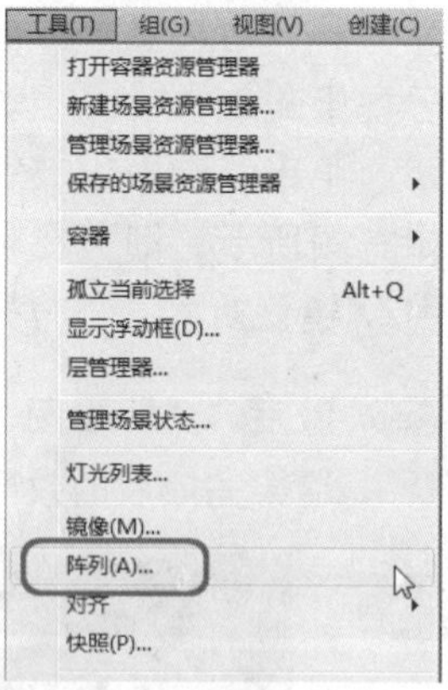

STEP 03 弹出“阵列”对话框，在“阵列变换：屏幕坐标（使用轴点中心）”选项组中激活“移动”坐标文本框，将X轴设置为750度；在“阵列维度”选项组中设置1D的数量为4，单击“确定”按钮，如下图所示，即可在场景中阵列对象。

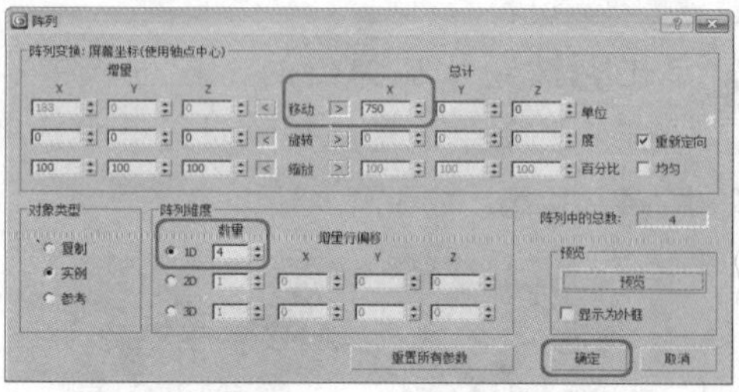

STEP 04 激活“透”视图，按F9键进行快速渲染，渲染完成后的效果如下图所示。

实战操作109 旋转阵列

素材：Scene\Cha02\2-49.max　场景：Scene\Cha02实战操作109.max

难度：★★★★★　视频：视频\ Cha02\实战操作109.avi

STEP 01 单击按钮，在弹出的下拉列表中执行“打开”命令，在打开的对话框中选择素材文件2-49.max，如下图所示。

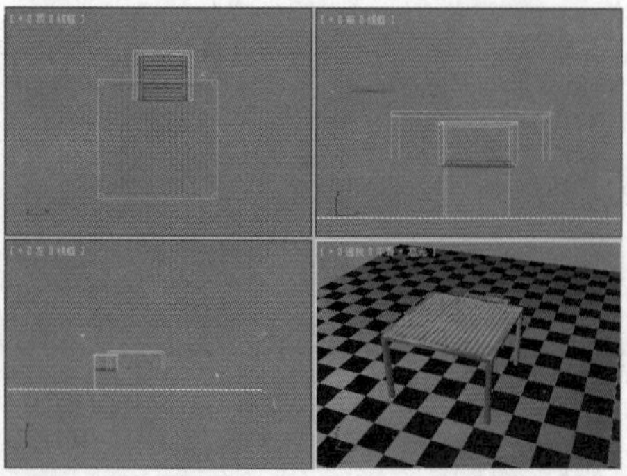

STEP 02 在视图中单击需要旋转阵列的对象，切换至“层次”面板，单击“轴”按钮，在“调整轴”卷展栏下单击“仅影响轴”按钮，如下图所示。

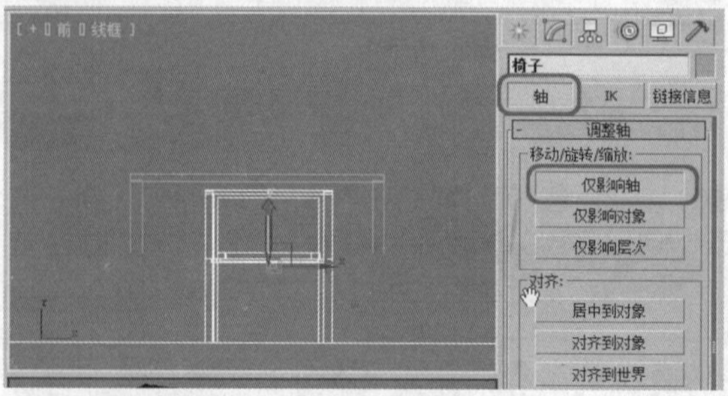

STEP 03 在菜单栏中单击“选择并移动”按钮，在各视图中调整轴的位置，如下图所示。

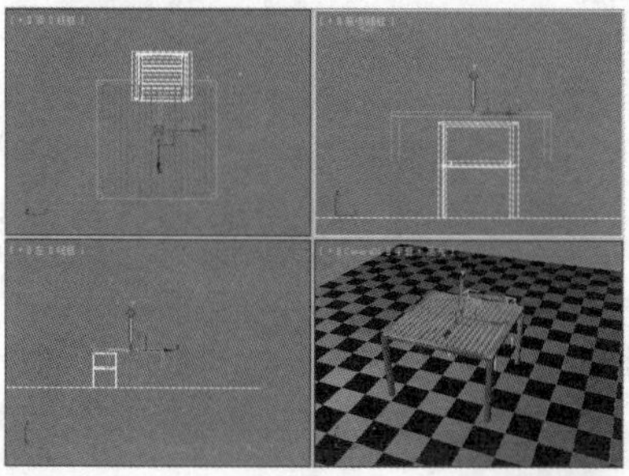

STEP 04 激活“顶”视图，在菜单栏中执行“工具”|“阵列”命令，如右图所示。

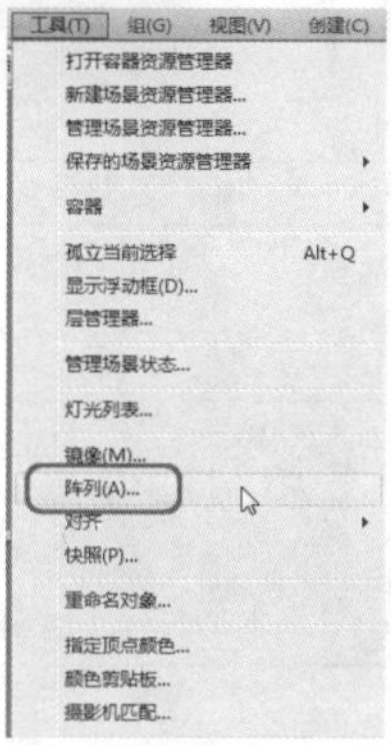

STEP 05 弹出“阵列”对话框，在“阵列变换：屏幕坐标（使用轴点中心）”选项组中激活“旋转”坐标文本框，将Z轴设置为360度；在“阵列维度”选项组中设置1D的数量为4，单击“确定”按钮 确定 ，如下图所示，即可在场景中阵列对象。

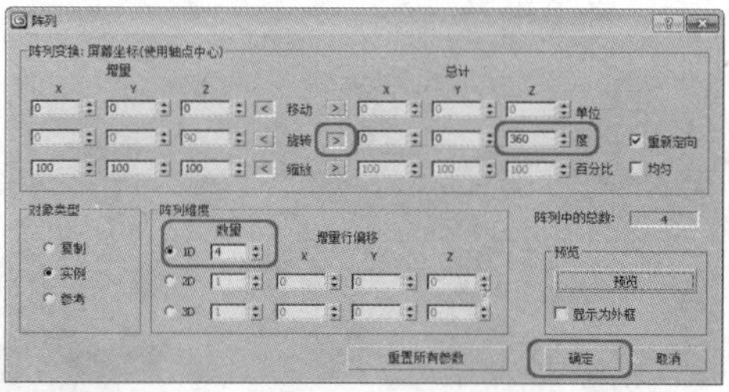

STEP 06 激活“透”视图，按F9键进行快速渲染，渲染完成后的效果如下图所示。

实战操作110 缩放阵列

素材：Scene\Cha02\2-50.max　　场景：Scene\Cha02\实战操作110.max

难度：★★★★★　　视频：视频\ Cha02\实战操作110.avi

在阵列中分别设置在三个轴向上缩放的百分比比例即可进行缩放阵列，具体操作步骤如下所述。

STEP 01 单击按钮，在弹出的下拉列表中执行“打开”命令，在打开的对话框中选择素材文件2-50.max，如下图所示。

STEP 02 在“顶”视图中单击需要缩放阵列的对象，在菜单栏中执行“工具”|“阵列”命令，如右图所示。

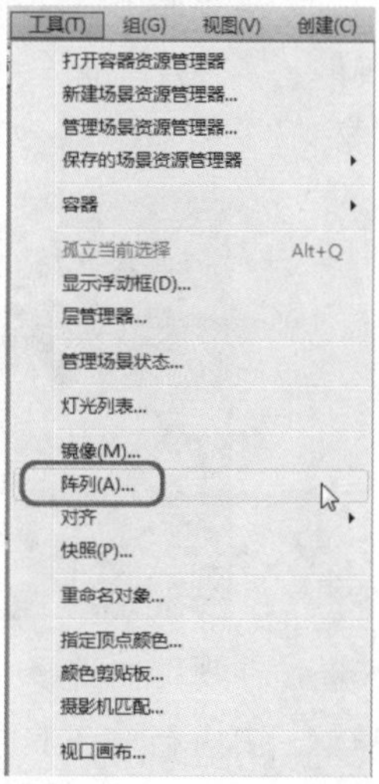

STEP 03 弹出“阵列”对话框，在“阵列变换：屏幕坐标（使用选择中心）”选项组中激活“移动”坐标文本框。在“增量”选项组

中设置X值为180，Y值为45；在“缩放”文本框中设置总计X的值为20；将1D数量设置为3，单击“确定”按钮 确定 ，如下图所示，即可在场景中缩放阵列。

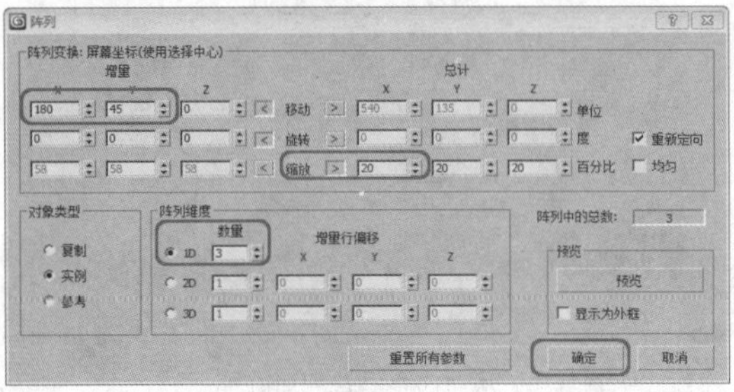

STEP 04 激活“透”视图，按F9键进行快速渲染，渲染完成后的效果如下图所示。

2.14 间隔建模

在一条直线路径上将物体进行批量复制，并整齐均匀地排列在路径上，还可以设置物体的间距方式和轴心点是否与曲线切线对齐。

实战操作111 按计数间隔复制

素材：Scene\Cha02\2-51.max　场景：Scene\Cha02\实战操作111.max

难度：★★★★★　视频：视频\ Cha02\实战操作111.avi

在间隔建模中有两种方式，计数间隔复制是其中之一，即通过计数间隔复制来进行建模。其具体操作步骤如下所述。

STEP 01 单击按钮，在弹出的下拉列表中执行“打开”命令，在打开的对话框中选择素材文件2-51.max，如下图所示。

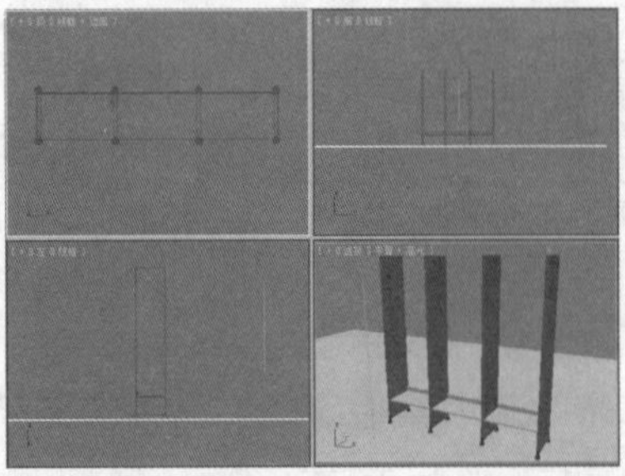

STEP 02 在视图中选择“下层板”对象，在菜单栏中执行“工具”|“对齐”|“间隔工具”命令，如下图所示。

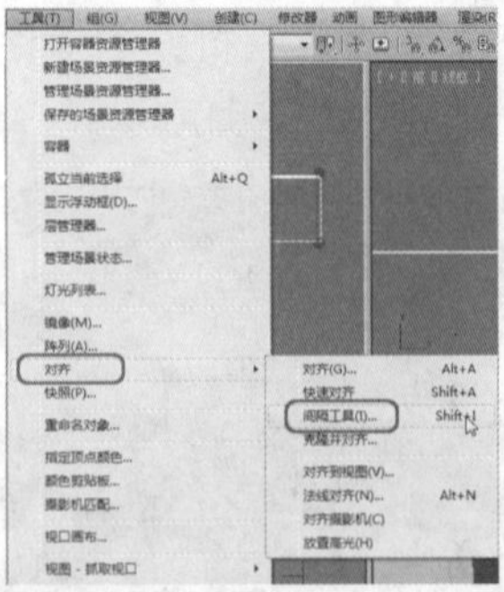

STEP 03 在弹出的“间隔工具”对话框中单击“拾取路径”按钮 拾取路径 ，在“前”视图中拾取“Line001”路径，并在“参数”选项组中

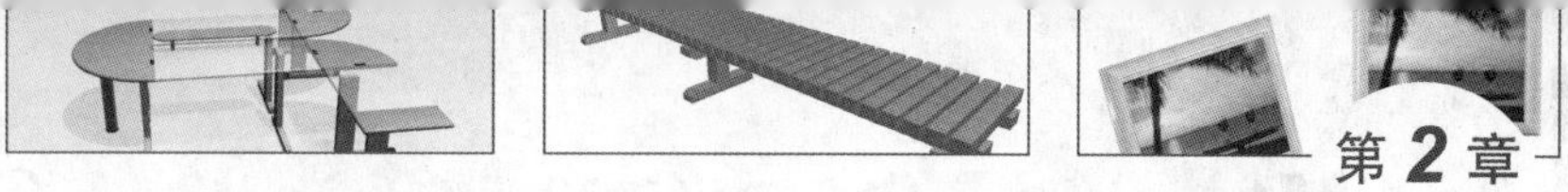

将“计数”设置为5，单击“应用”按钮，如下图所示，即可在场景中为对象设置间隔。

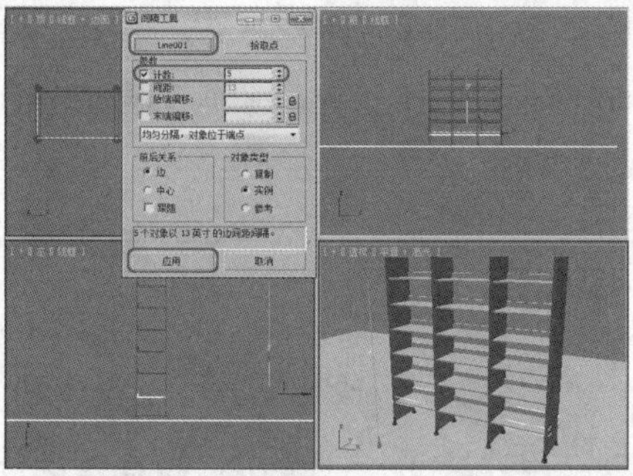

STEP 04 单击“关闭”按钮，激活“透”视图，按F9键进行快速渲染，渲染完成后的效果如下图所示。

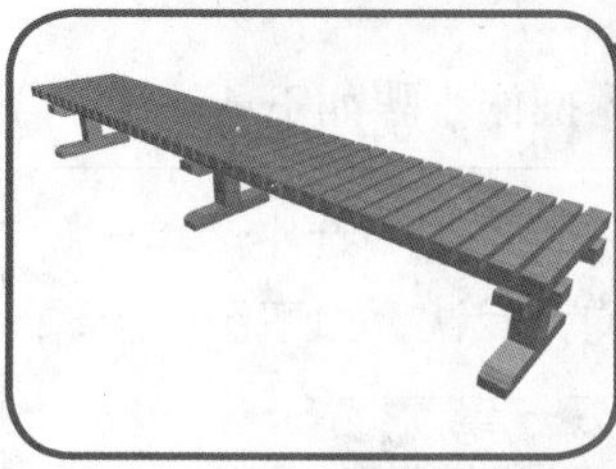

实战操作112 按间距间隔复制

素材：Scene\Cha02\2-52.max　场景：Scene\Cha02\实战操作112.max

难度：★★★★★　视频：视频\ Cha02\实战操作112.avi

通过间距间隔复制的方式进行建模，可以通过设定间隔值来进行间距间隔复制。其具体操作步骤如下所述。

STEP 01 单击按钮，在弹出的下拉列表中执行“打开”命令，在打开的对话框中选择素材文件2-52.max，如下图所示。

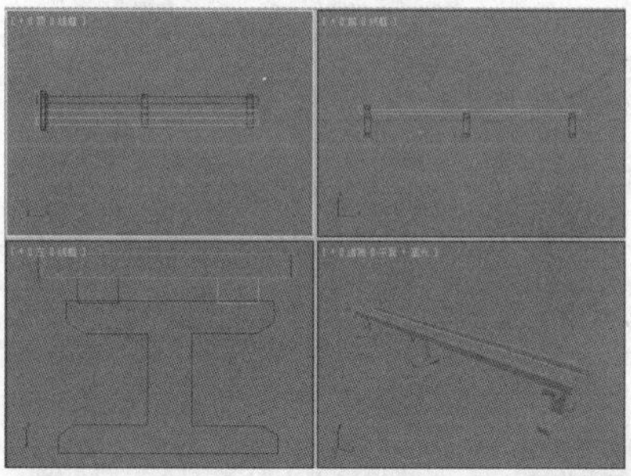

STEP 02 在“顶”视图中单击“截面”对象，在菜单栏中执行“工具”|“对齐”|“间隔工具”命令，如右图所示。

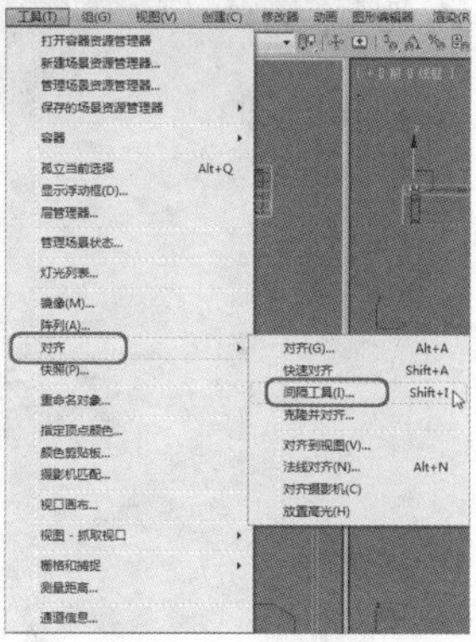

STEP 03 在弹出的“间隔工具”对话框中单击“拾取路径”按钮，在“顶”视图中拾取中“Line001”路径，并在“参数”卷展栏中将“间距”设置为414mm，单击“应用”按钮，如下图所示，即可间隔复制截面。

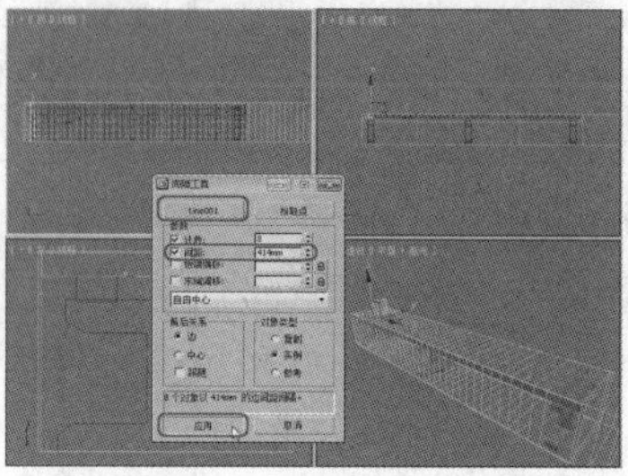

STEP 04 单击“关闭”按钮，激活“透”视图，按F9键进行快速渲染，渲染完成后的效果如下图所示。

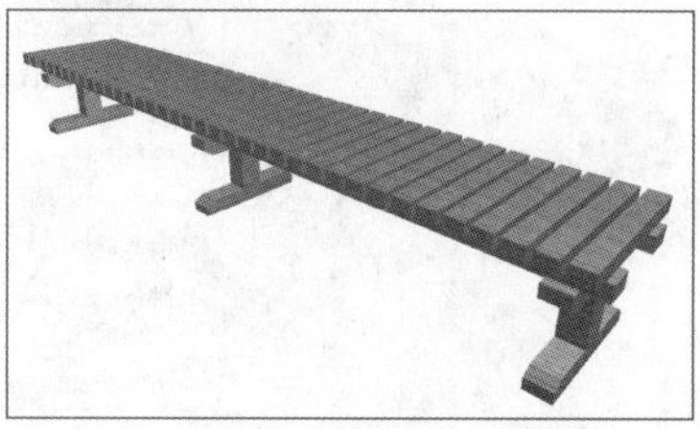

2.15 快照建模

将特定帧的物体以当时的状态克隆出一个新的物体，就像拍了一张照片一样，结果会得到一个瞬间的造型。快照工具不仅可以留下单帧造型，还可以进行连续拍摄，克隆一连串的动态造型。

实战操作113 单一快照

素材：Scene\Cha02\2-53.max　场景：Scene\Cha02\实战操作113.max

难度：★★★★★　视频：视频\ Cha02\实战操作113.avi

单一快照就是在当前帧对选择物体进行快照，克隆一个新物体。其具体操作步骤如下所述。

STEP 01 单击按钮，在弹出的下拉列表中执行“打开”命令，在打开的对话框中选择素材文件2-53.max，如下图所示。

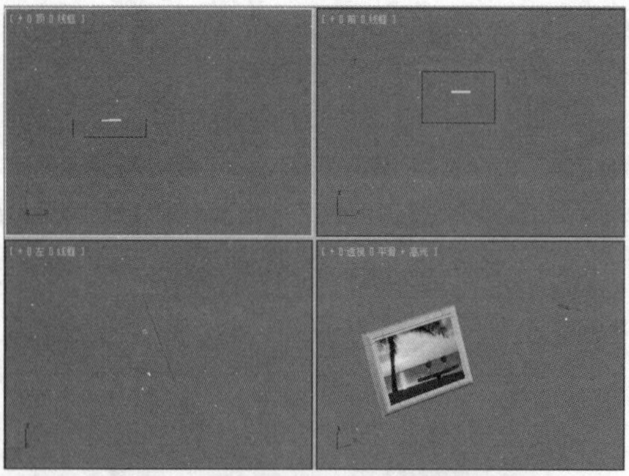

STEP 02 在视图中单击需要快照的对象，在菜单栏中执行“工具”|“快照”命令，如右图所示。

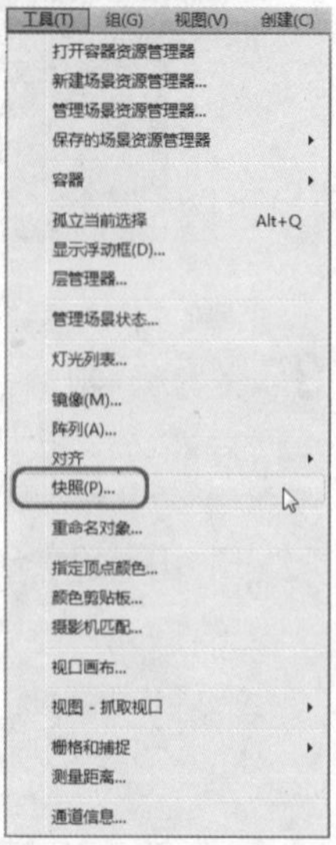

STEP 03 在弹出的“快照”对话框中选中“单一”单选按钮，其他均为默认，如下图所示。

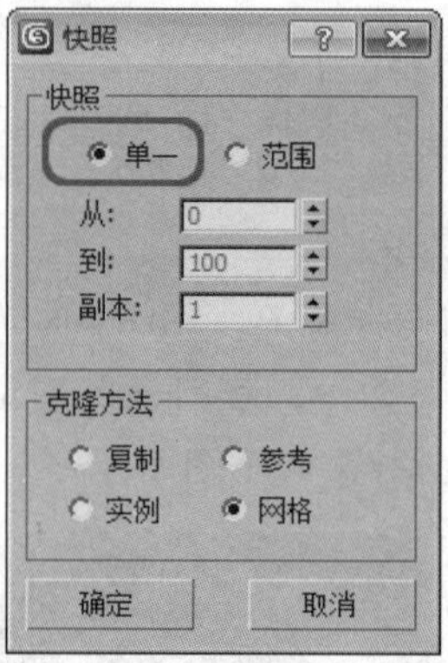

STEP 04 单击“确定”按钮 确定 ，使用“选择并移动”工具将其沿X轴拖动，并使用“选择并缩放”工具调整其角度，调整后的效果如下图所示。

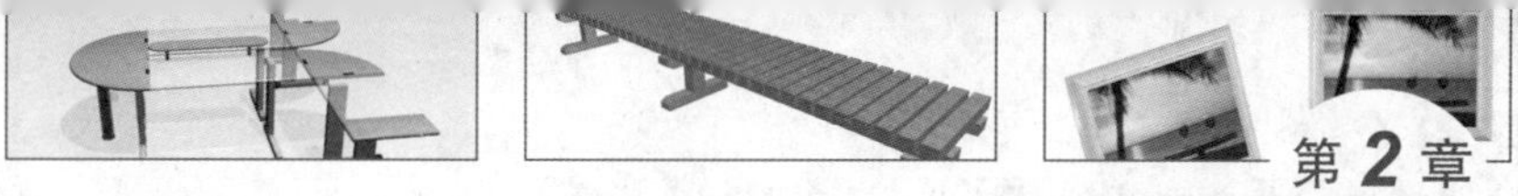

实战操作114 范围快照

素材：Scene\Cha02\2-54.max　场景：Scene\Cha02\实战操作114.max

难度：★★★★★　视频：视频\ Cha02\实战操作114.avi

控制对一段动画中的选择物体进行克隆即为范围快照，其具体操作步骤如下所述。

STEP 01 单击按钮，在弹出的下拉列表中执行“打开”命令，在打开的对话框中选择素材文件2-54.max，如下图所示。

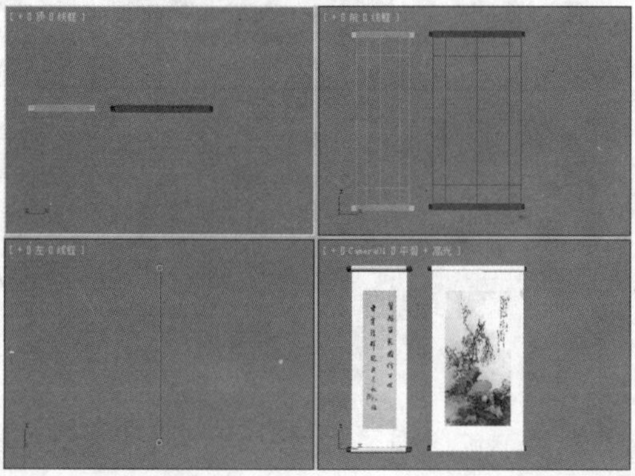

STEP 02 在场景中选择需要快照的对象，在菜单栏中执行“工具”|“快照”命令，如右图所示。

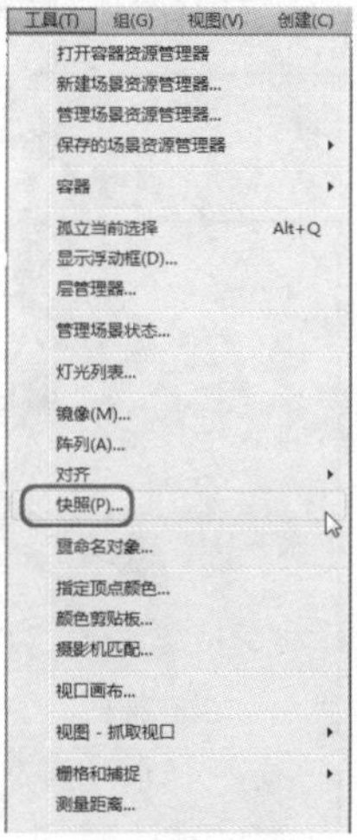

STEP 03 在弹出的“快照”对话框中选中“范围”单选按钮，将“从”设置为0，“到”设置为30，“副本”设置为1，如下图所示。

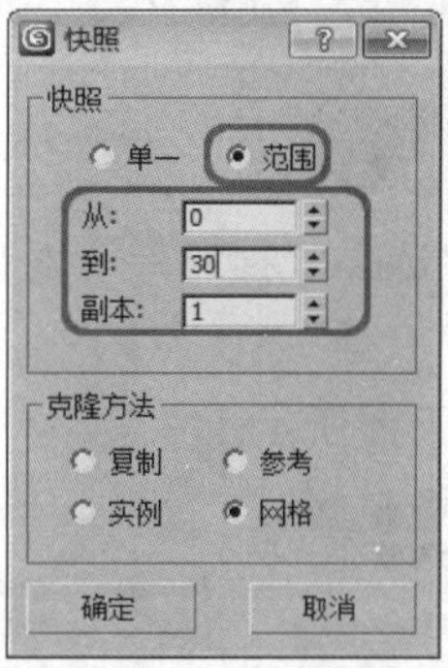

STEP 04 单击“确定”按钮 确定 ，使用“选择并移动”工具将其沿X轴拖动至合适位置后释放鼠标，激活“透”视图，按F9键进行快速渲染，渲染完成后的效果如下图所示。

实战操作115 克隆并对齐

素材：Scene\Cha02\2-55.max　场景：Scene\Cha02\实战操作115.max

难度：★★★★★　视频：视频\ Cha02\实战操作115.avi

使用“克隆并对齐”命令可将克隆的对象与源对象对齐复制，其具体操作步骤如下所述。

STEP 01 单击按钮，在弹出的下拉列表中执行“打开”命令，在打开的对话框中选择素材文件2-55.max，如下图所示。

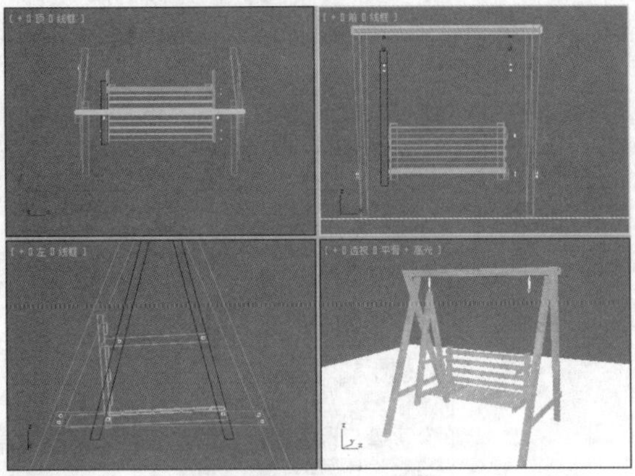

STEP 02 在场景中选择“摇椅架”对象，在菜单栏中执行“工具”|“对齐”|“克隆并对齐”命令，如下图所示。

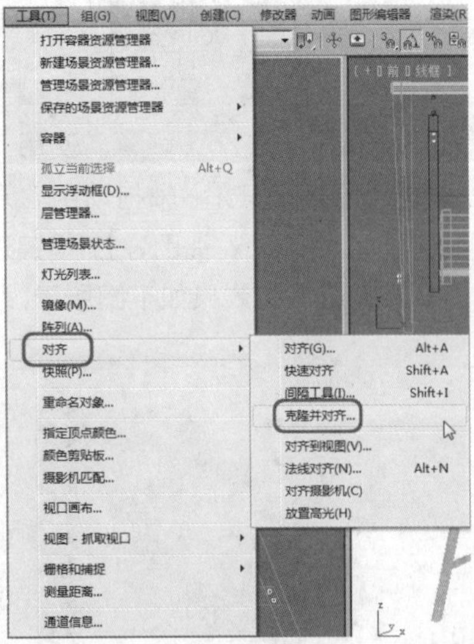

STEP 03 弹出“克隆并对齐”对话框，单击“目标对象”选项组中的“拾取”按钮 拾取 ，移动鼠标至视图中。在视图中单击“靠背”对象，在“对齐参数”卷展栏“对齐位置”选项组中取消选中“Y位置”和“Z位置”复选框；将“偏移（局部）”选项组中的X值设置为69cm；在“对齐方向”（屏幕）选项组中取消选中“X轴”和“Z轴”复选框，按Enter键确认，单击“应用”按钮 应用 ，即可克隆并对齐对象，如下图所示。

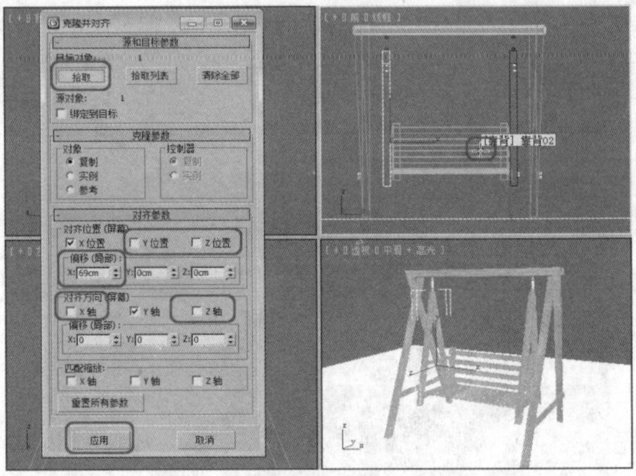

STEP 04 激活“透”视图，按F9键进行快速渲染，渲染完成后的效果如下图所示。

Chapter

03

第3章 基础建模

三维模型是三维动画结构中最为重要的组成部分，在3ds Max中提供了两种基础的三维建模方式：“标准基本体”和“切角长方体”。其中，“标准基本体”包括长方体、球体和圆环等对象；“扩展基本体”包括切角长方体、油罐和软管等。本章将详细介绍三维建模的创建方法。

3ds Max 2013

3.1 三维基础建模的基本操作

本节将介绍一些有关三维基础建模的基本操作，包括为模型重命名、更改对象颜色和使用键盘输入等操作。

实战操作116 为模型重命名

素材：Scene\Cha03\3-1.max	场景：无
难度：★★★★★	视频：视频\Cha03\实战操作116.avi

通过为模型重命名，可以方便在较大场景中查找模型。为模型重命名的操作步骤如下所述。

STEP 01 单击按钮，在弹出的下拉列表中执行“打开”命令，在打开的对话框中选择素材文件3-1.max，如下图所示。

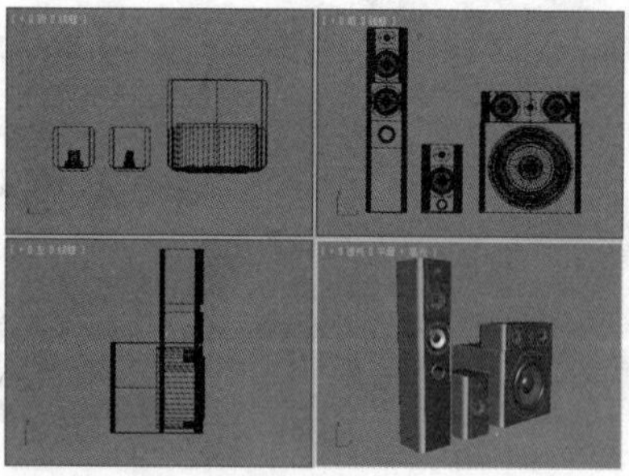

STEP 02 在视图中单击选择需要重命名的模型，如下图所示。

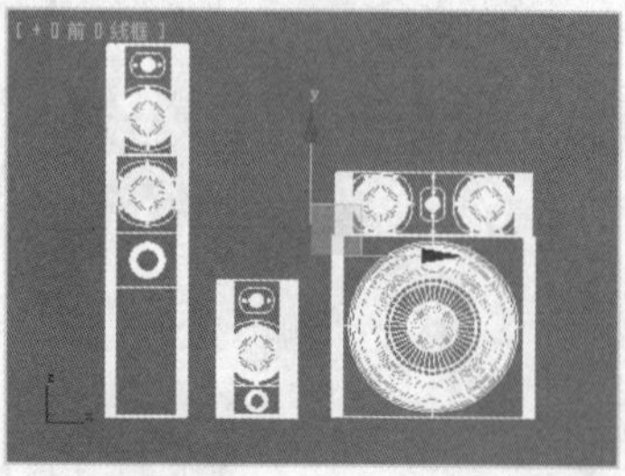

STEP 03 此时会在“名称和颜色”卷展栏中显示出模型的名称，拖动鼠标选中模型的名称，如右图所示。

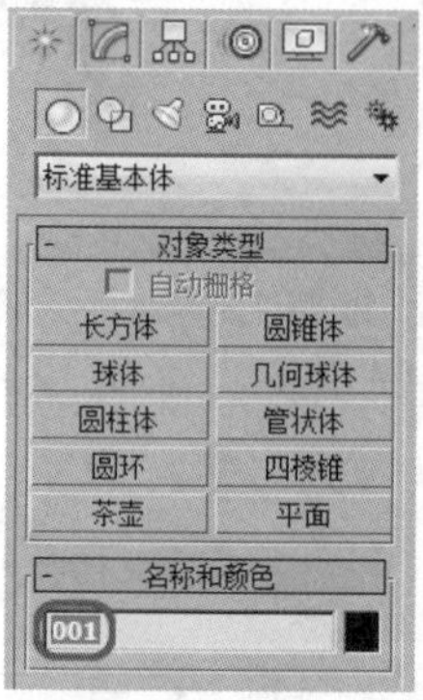

STEP 04 然后输入新的名称即可，如右图所示。

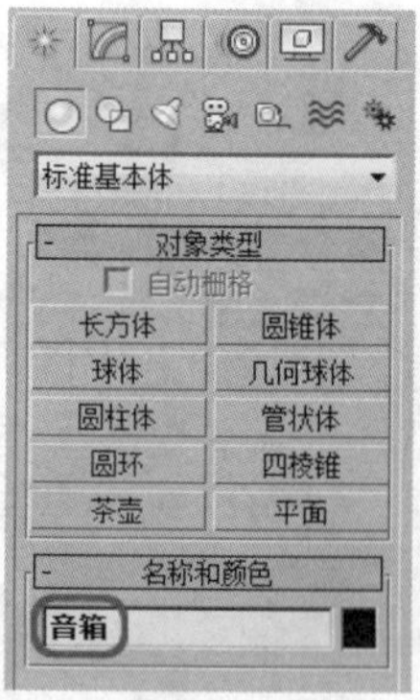

实战操作117 更改对象颜色

素材：无	场景：无
难度：★★★★★	视频：视频\Cha03\实战操作117.avi

通过更改选定对象的颜色，可以方便观察和更改编辑对象。更改对象颜色的操作步骤如下所述。

STEP 01 选择“创建” | “几何体” | “标准基本体” | “球体”工具，在视图中按住鼠标左键并拖动鼠标创建球体，然后释放鼠标，完成球体的创建，如下图所示。

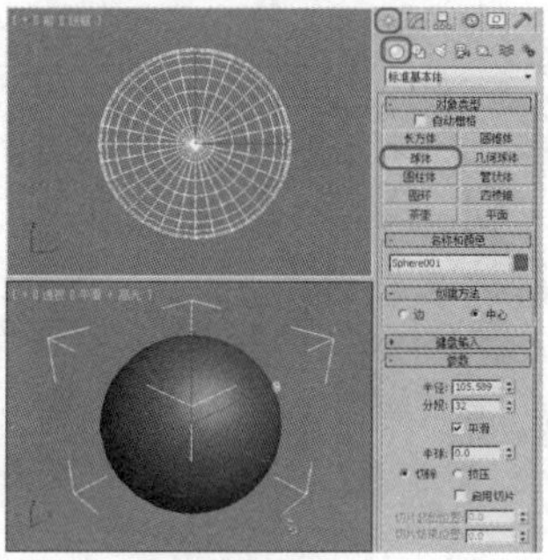

STEP 02 然后选择创建的球体，在“名称和颜色”卷展栏中单击右侧的色块，如下图所示。

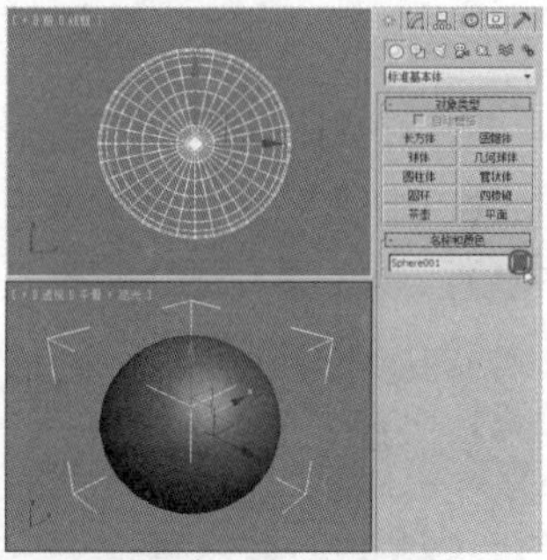

STEP 03 弹出“对象颜色”对话框，在该对话框中选择一种颜色，并单击“确定”按钮，如下图所示。

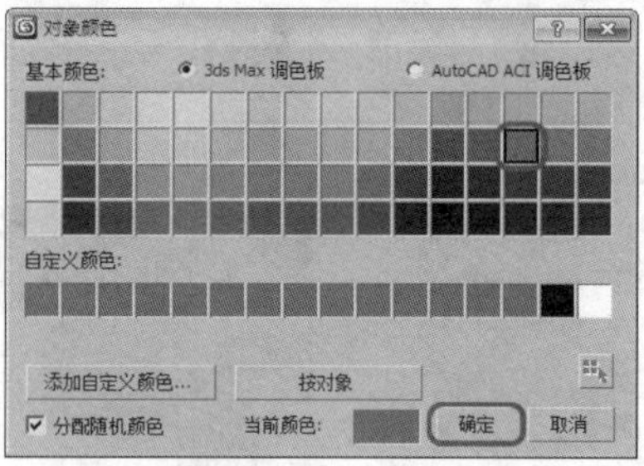

STEP 04 即可为选择的球体更改颜色，效果如下图所示。

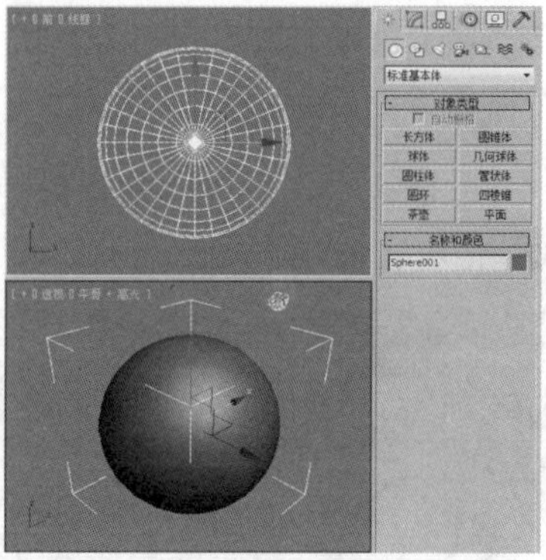

实战操作118 使用键盘输入

素材：无　　场景：无

难度：★★★★★　　视频：视频\Cha03\实战操作118.avi

使用键盘输入可以通过键盘来创建多数几何基本体。在单个操作中，可以同时定义对象的初始大小和其三维位置。下面以创建圆柱体为例介绍键盘输入的使用方法，操作步骤如下所述。

STEP 01 激活“顶”视图，选择“创建” | “几何体” | “标准基本体” | “圆柱体”工具，打开“键盘输入”卷展栏，将“半径”设置为50，“高度”设置为100，如右图所示。

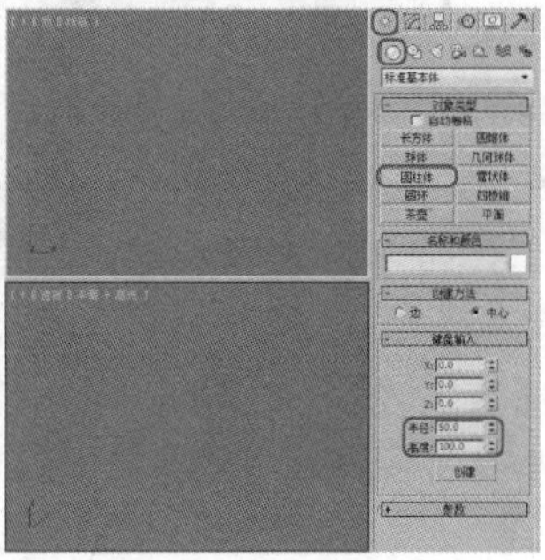

STEP 02 单击“创建”按钮，即可在视图中创建圆柱体，效果如右图所示。

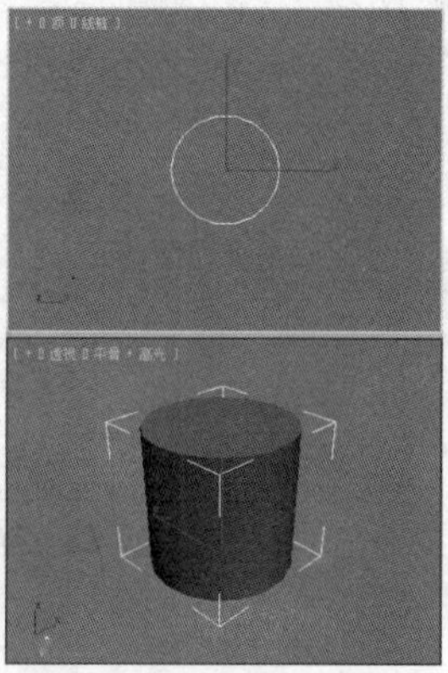

3.2 创建标准基本体

标准基本体类似于现实世界中的皮球、管道或长方体等对象。本节就介绍标准基本体的创建以及参数设置。

实战操作119 创建长方体

素材：Scene\Cha03\3-2.max　　场景：Scene\Cha03\实战操作119.max

难度：★★★★★　　视频：视频\Cha03\实战操作119.avi

使用“长方体”工具可以创建立方体和长方体对象，通过设置长度、宽度、高度的参数可以控制对象的形状，如果只设置其中的两个参数，则可以产生矩形平面。创建长方体的操作步骤如下所述。

STEP 01 单击按钮，在弹出的下拉列表中执行“打开”命令，在打开的对话框中选择素材文件3-2.max，如下图所示。

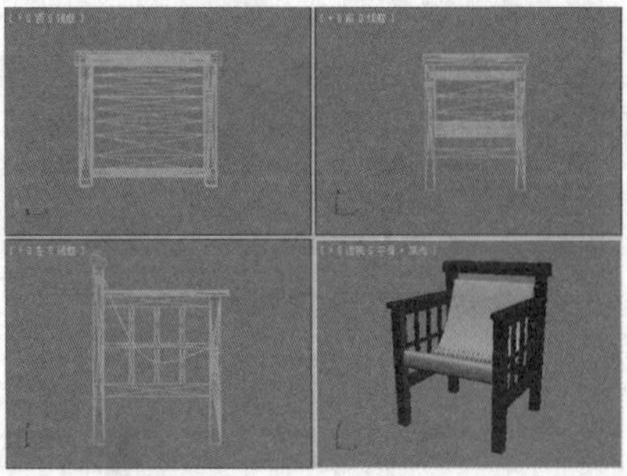

STEP 02 选择“创建”|“几何体”|“标准基本体”|“长方体”工具，在“顶”视图中按住鼠标左键并拖动鼠标，拉出矩形底面，释放鼠标并向上移动，确定长方体的高度，单击鼠标完成长方体的创建，如下图所示。

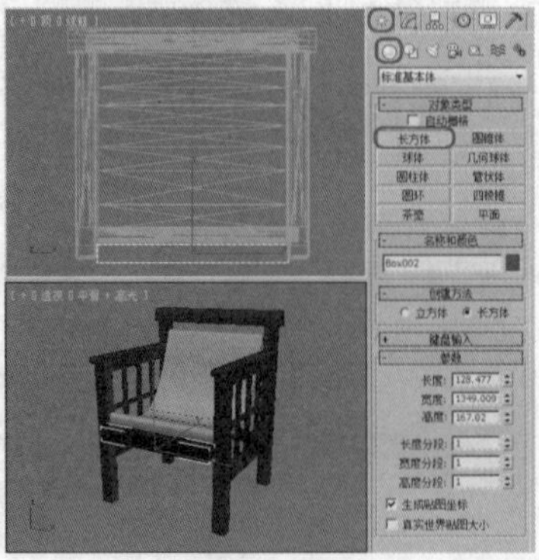

STEP 03 切换到“修改”命令面板，在“参数”卷展栏中将“长度”设置为125，“宽度”设置为1345，“高度”设置为150，并在视图中调整长方体的位置，如下图所示。

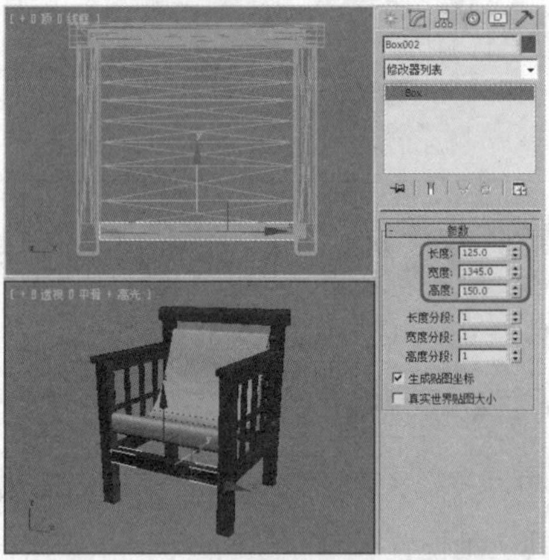

STEP 04 按M键打开“材质编辑器”对话框，在该对话框中选择“材质2”材质，并单击“将材质指定给选定对象”按钮，将材质指定给新创建的长方体，如右图所示。

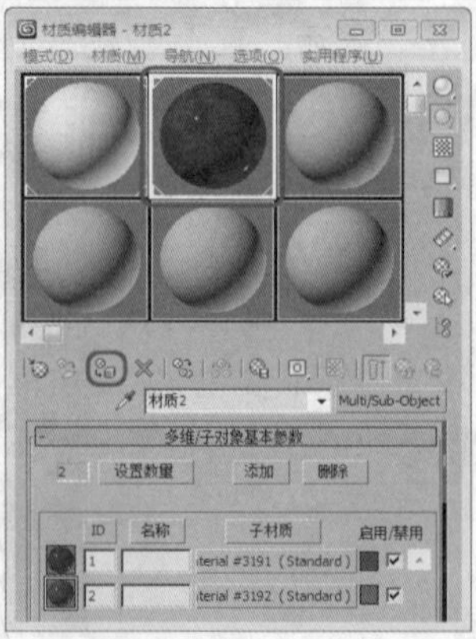

实战操作120 创建圆锥体

素材：Scene\Cha03\3-3.max　　场景：Scene\Cha03\实战操作120.max

难度：★★★★★　　视频：视频\Cha03\实战操作120.avi

使用“圆锥体”工具可以创建直立或倒立的圆形圆锥体，其具体操作步骤如下所述。

STEP 01 单击按钮，在弹出的下拉列表中执行“打开”命令，在打开的对话框中选择素材文件3-3.max，如下图所示。

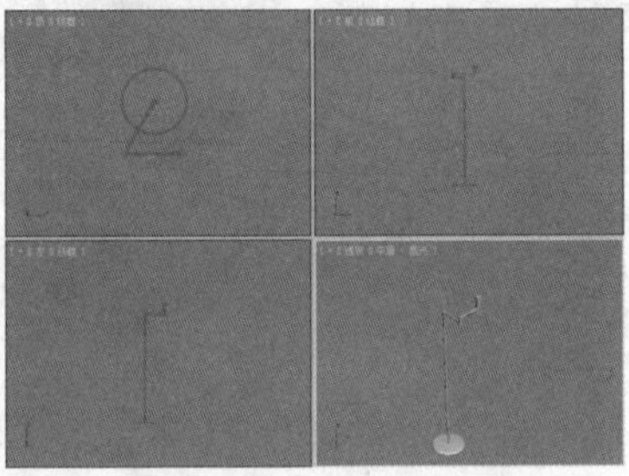

STEP 02 选择“创建”|“几何体”|“标准基本体”|“圆锥体”工具，在“顶”视图中单击鼠标左键并拖动鼠标，创建圆锥体的一级半径，如下图所示。

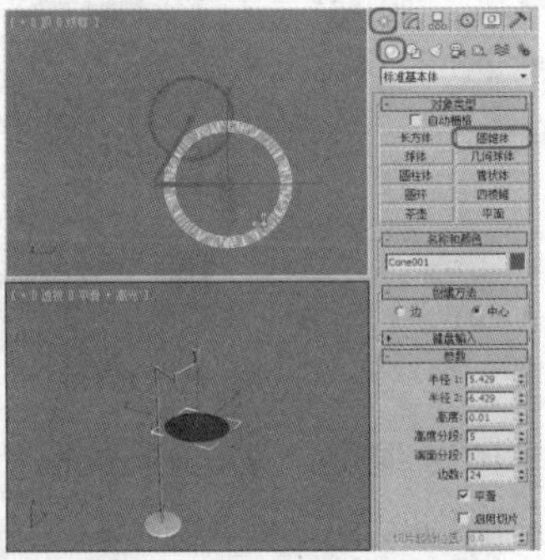

STEP 03 然后释放鼠标左键，并向上移动鼠标，创建圆锥体的高度，如下图所示。

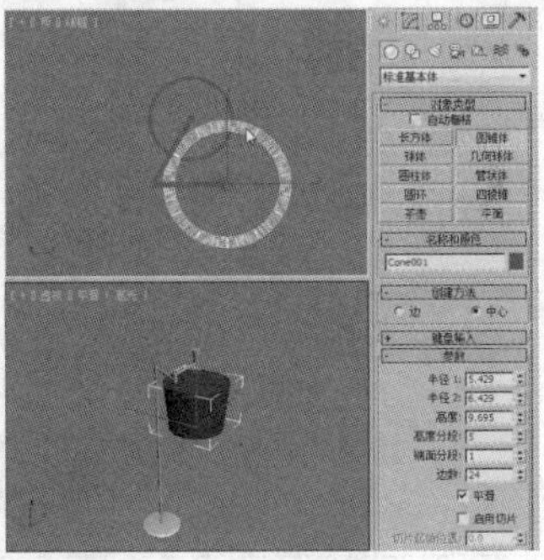

STEP 04 单击鼠标左键，然后向下移动鼠标，创建圆锥体的二级半径，再次单击鼠标左键，完成圆锥体的创建，如右图所示。

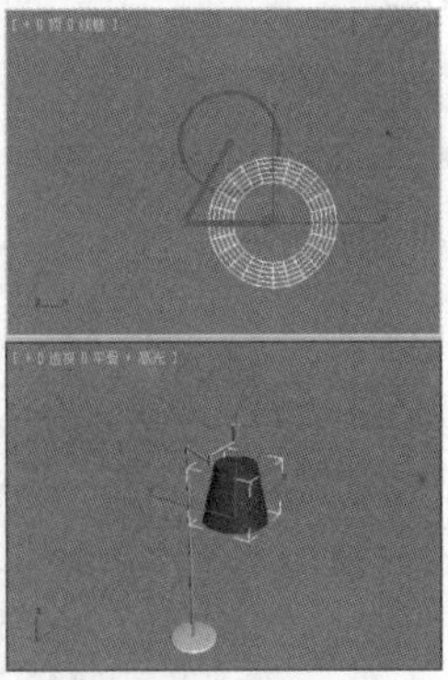

STEP 05 创建完成后，切换到“修改”命令面板，在“参数”卷展栏中将“半径1”设置为7.5，“半径2”设置为3，“高度”设置为8.9，并在视图中调整圆锥体的位置，如下图所示。

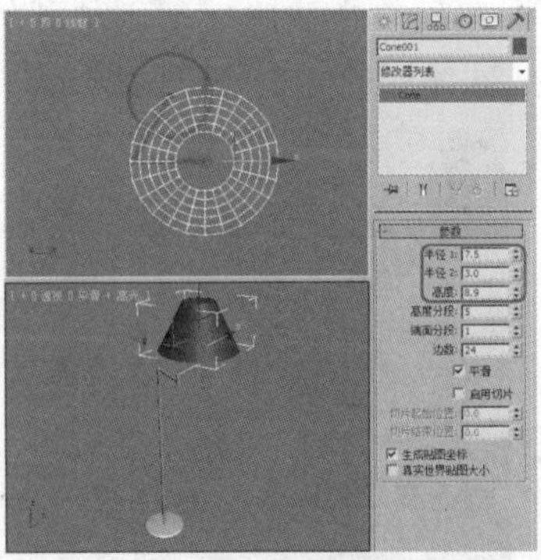

STEP 06 按M键打开“材质编辑器”对话框，在该对话框中选择“灯罩”材质，并单击“将材质指定给选定对象”按钮，将材质指定给新创建的圆锥体，如右图所示。

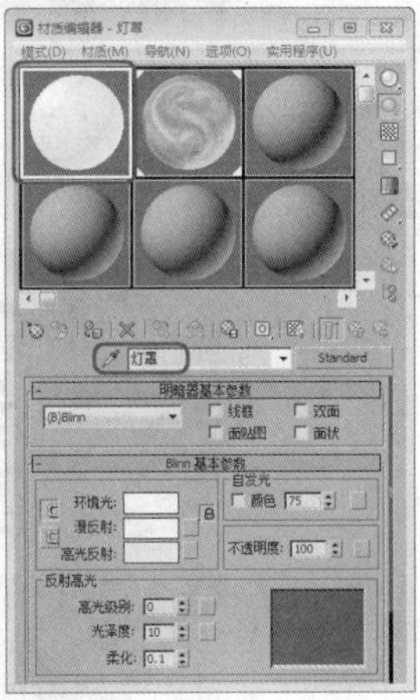

实战操作121 创建球体

素材：Scene\Cha03\3-4.max　　场景：Scene\Cha03\实战操作121.max

难度：★★★★★　　视频：视频\Cha03\实战操作121.avi

使用“球体”工具可以创建完整的球体、半球体或球体的其他部分。创建球体的操作步骤如下所述。

STEP 01 单击按钮，在弹出的下拉列表中执行“打开”命令，在打开的对话框中选择素材文件3-4.max，如下图所示。

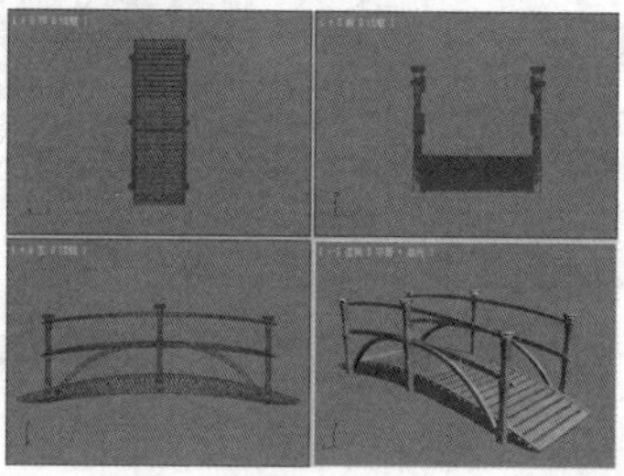

STEP 02 选择“创建”|“几何体”|“标准基本体”|“球体”工具，在“顶”视图中单击鼠标左键并拖动鼠标，创建球体，释放鼠标，完成球体的创建，如下图所示。

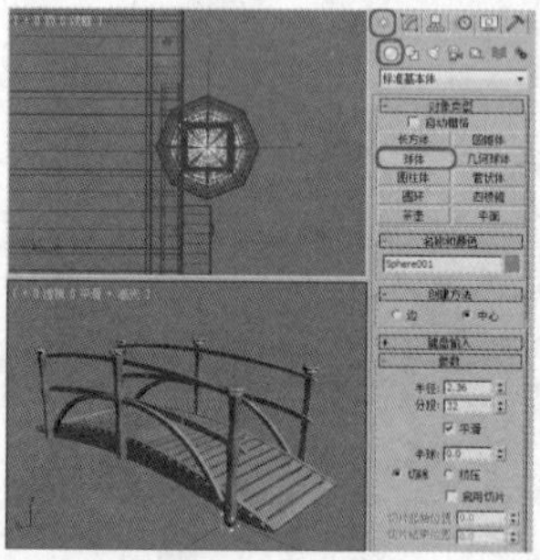

STEP 03 切换到“修改”命令面板，在“参数”卷展栏中将“半径”参数设为1.92，并在视图中调整球体的位置，如下图所示。

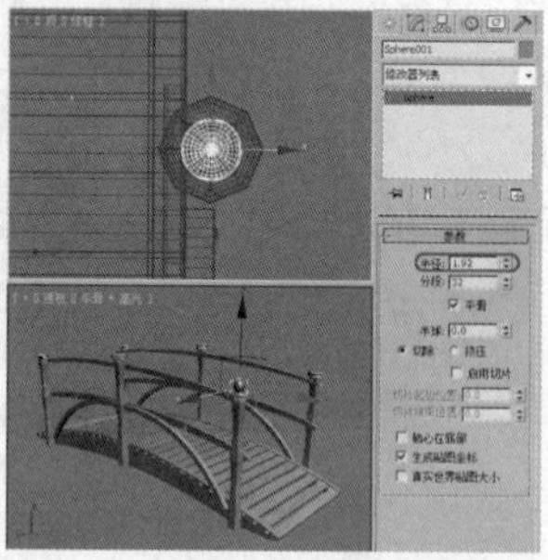

STEP 04 按M键打开“材质编辑器”对话框，在该对话框中选择“木桥材质”材质，并单击“将材质指定给选定对象”按钮，将材质指定给新创建的球体，如右图所示。

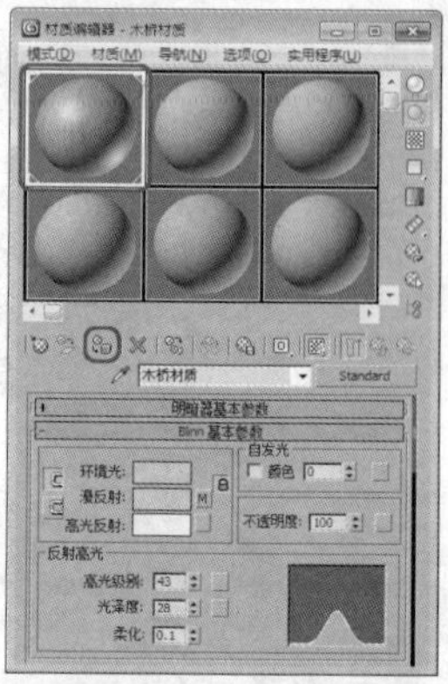

STEP 05 然后复制多个创建的球体，并调整球体的位置，效果如右图所示。

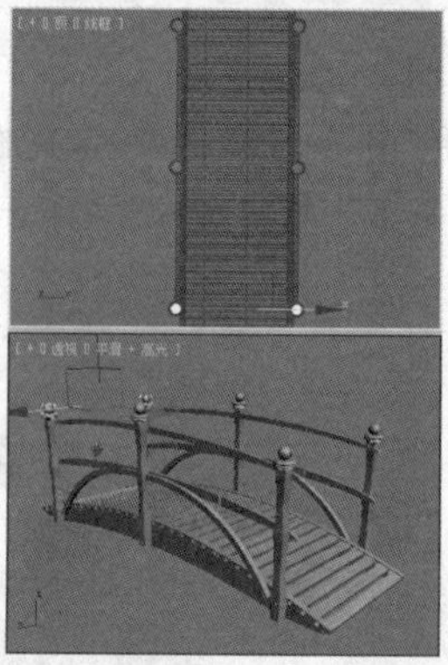

STEP 06 激活“透”视图，按F9键进行渲染，渲染完成后的效果如下图所示。

实战操作122 创建几何球体

素材：Scene\Cha03\3-5.max　　场景：Scene\Cha03\实战操作122.max

难度：★★★★★　　视频：视频\Cha03\实战操作122.avi

使用“几何球体”工具可以创建以三角面拼成的球体或半球体。创建几何球体的操作步骤如下所述。

STEP 01 单击按钮，在弹出的下拉列表中执行“打开”命令，在打开的对话框中选择素材文件3-5.max，如下图所示。

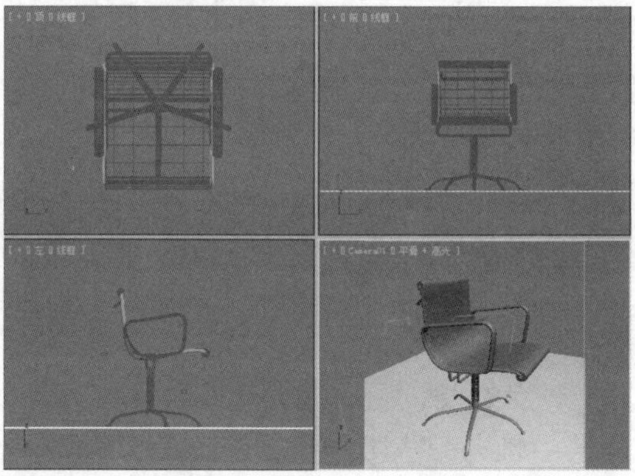

STEP 02 选择“创建”|“几何体”|“标准基本体”|“几何球体”工具，在“左”视图中单击鼠标左键并拖动鼠标，创建几何球体，释放鼠标，完成几何球体的创建，如下图所示。

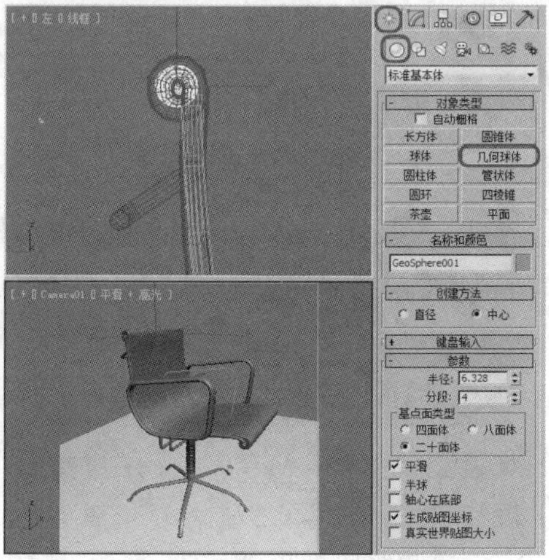

STEP 03 切换到“修改”命令面板，在“参数”卷展栏中将“半径”参数设为8，并在视图中调整几何球体的位置，如下图所示。

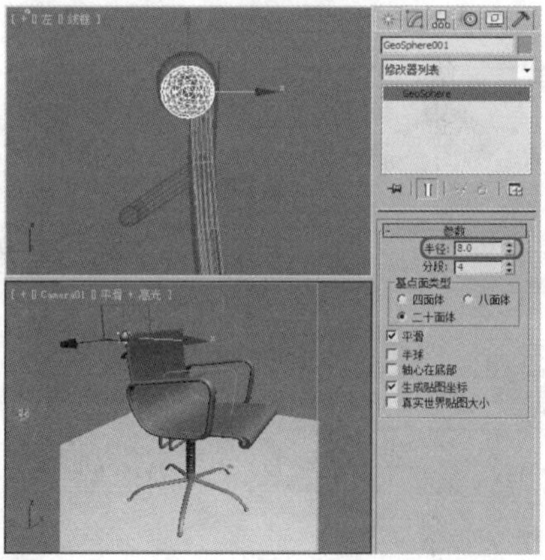

STEP 04 按M键打开“材质编辑器”对话框，在该对话框中选择“金属01”材质，并单击“将材质指定给选定对象”按钮，将材质指定给新创建的几何球体，如下图所示。

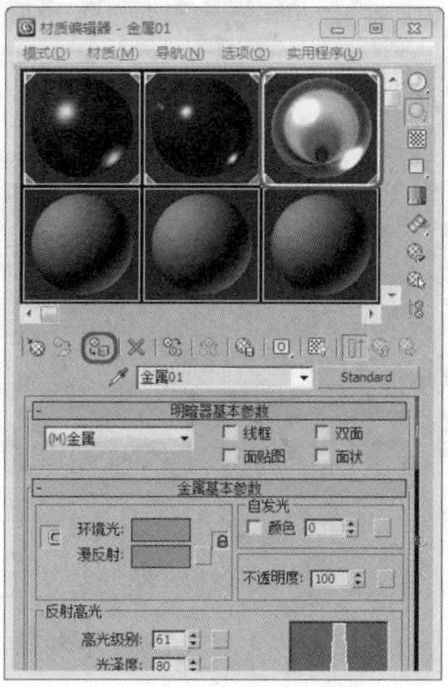

STEP 05 然后复制多个创建的几何球体，并调整几何球体的位置，效果如下图所示。

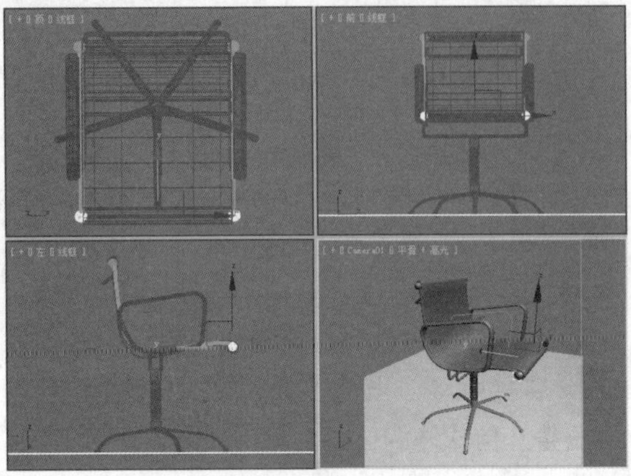

STEP 06 激活“摄影机”视图，按F9键进行渲染，渲染完成后的效果如下图所示。

实战操作123 创建圆柱体

素材：Scene\Cha03\3-6.max　场景：Scene\Cha03\实战操作123.max

难度：★★★★★　视频：视频\Cha03\实战操作123.avi

使用“圆柱体”工具可以创建圆柱体，还可以围绕其主轴进行“切片”。创建圆柱体的操作步骤如下所述。

STEP 01 单击按钮，在弹出的下拉列表中执行“打开”命令，在打开的对话框中选择素材文件3-6.max，如下图所示。

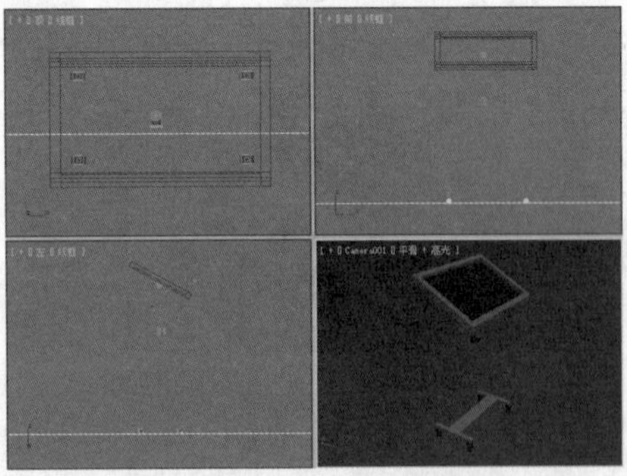

STEP 02 选择“创建”|“几何体”|“标准基本体”|“圆柱体”工具，在“顶”视图中按住鼠标左键并拖动鼠标，拉出底面圆形，释放鼠标并向上移动，确定圆柱体的高度，单击鼠标完成圆柱体的创建，如下图所示。

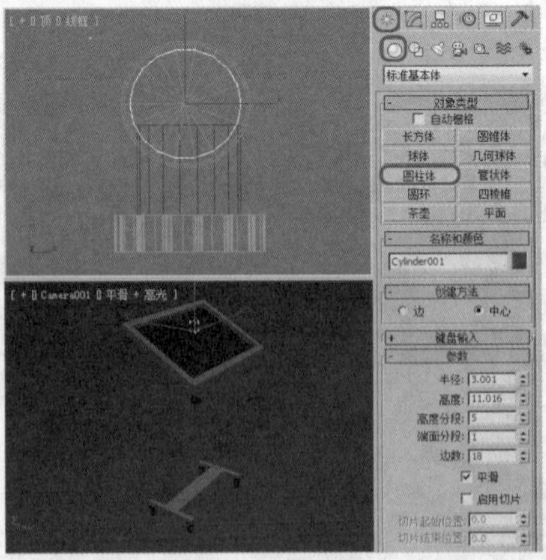

STEP 03 切换到“修改”命令面板，在“参数”卷展栏中将“半径”设置为3，“高度”设置为200，“高度分段”和“端面分段”设置为1，

并在视图中调整圆柱体的位置，如下图所示。

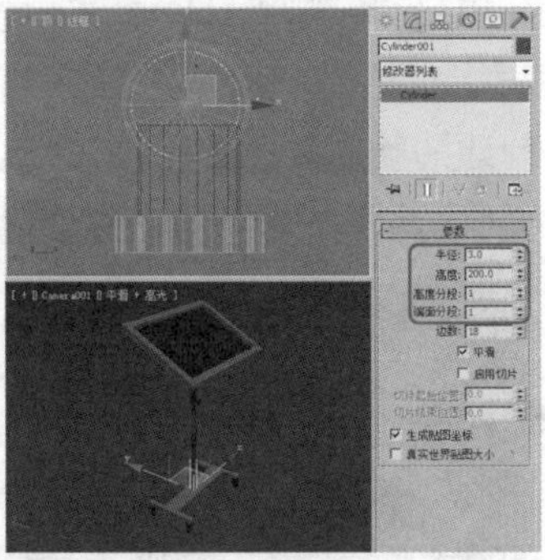

STEP 04 按M键打开“材质编辑器”对话框，在该对话框中选择“塑料”材质，并单击“将材质指定给选定对象”按钮，将材质指定给新创建的圆柱体，如右图所示。

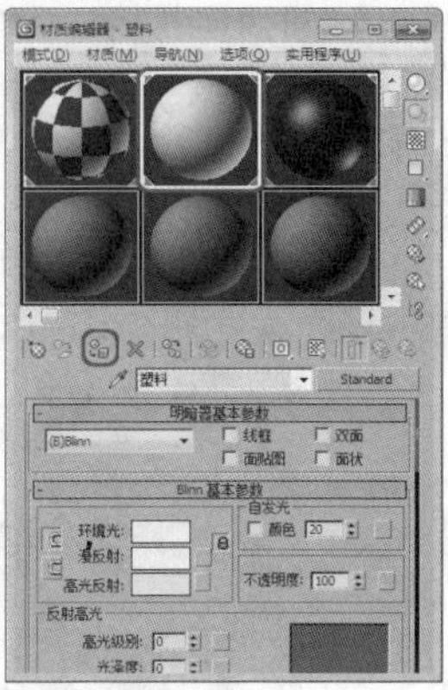

实战操作124 创建管状体

素材：Scene\Cha03\3-7.max　场景：Scene\Cha03\实战操作124.max

难度：★★★★★　视频：视频\Cha03\实战操作124.avi

使用“管状体”工具可以创建圆形和棱柱管道。管状体类似于中空的圆柱体。创建管状体的操作步骤如下所述。

STEP 01 单击按钮，在弹出的下拉列表中执行“打开”命令，在打开的对话框中选择素材文件3-7.max，如下图所示。

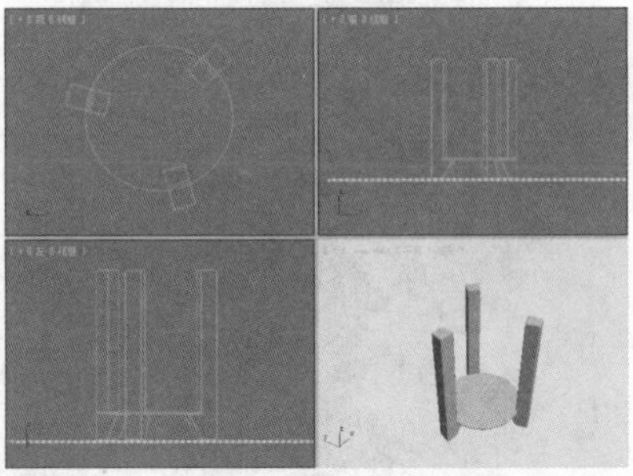

STEP 02 选择“创建”|“几何体”|“标准基本体”|“管状体”工具，在“顶”视图中单击鼠标左键并拖动鼠标，创建管状体的一级半径，如右图所示。

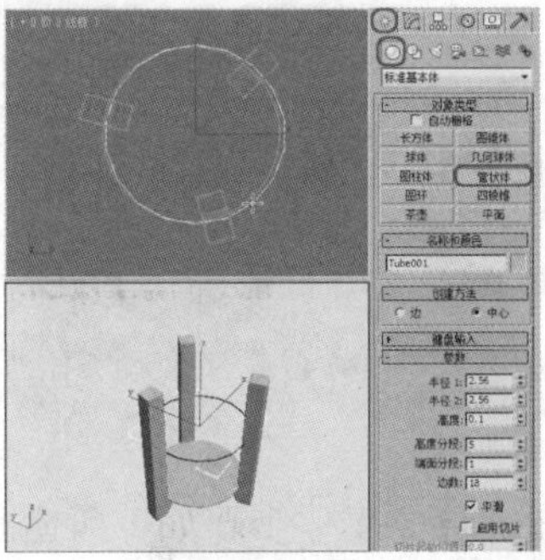

STEP 03 然后释放鼠标左键，并向内移动鼠标，创建管状体的二级半径，如下图所示。

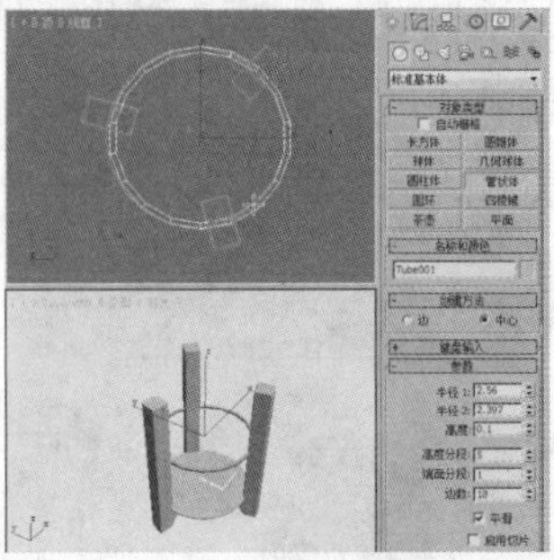

STEP 04 单击鼠标左键，并向上移动鼠标，创建管状体的高度，再次单击鼠标左键，完成管状体的创建，如下图所示。

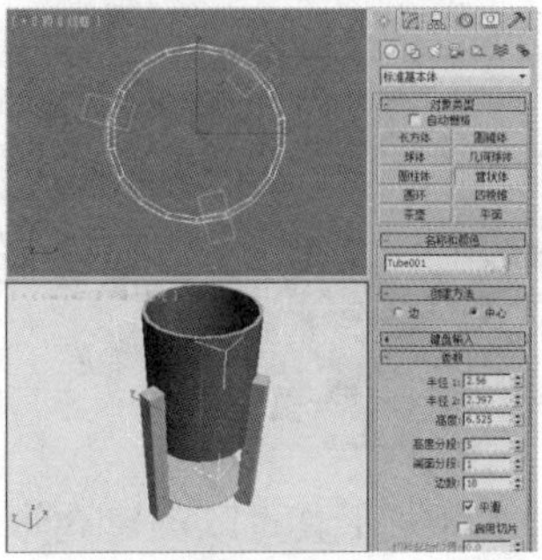

STEP 05 创建完成后，切换到“修改”命令面板，在“参数”卷展栏中将“半径1”设置为2.37，“半径2”设置为2.28，“高度”设置为7，“边数”设置为27，并在视图中调整管状体的位置，如下图所示。

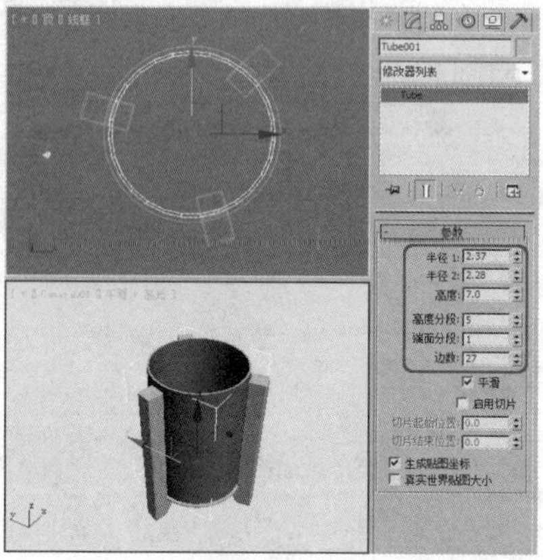

STEP 06 在“修改器列表”中选择“UVW贴图”修改器；在“参数”卷展栏中选中“贴图”选项组中的“柱形”单选按钮；在“对齐”选项组中选中“Z”单选按钮，并单击“适配”按钮，如下图所示。

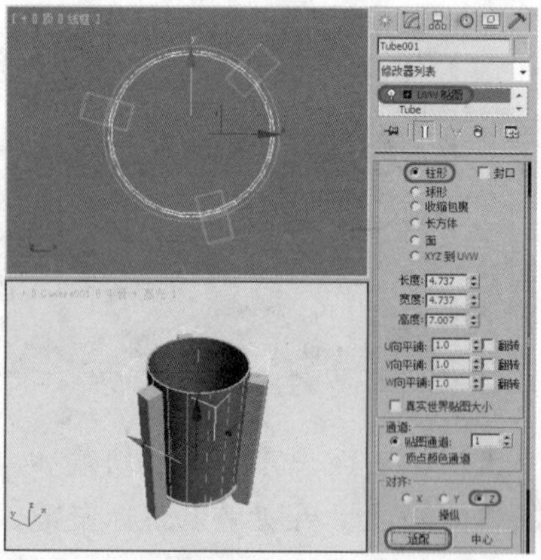

STEP 07 按M键打开“材质编辑器”对话框，在该对话框中选择“02 - Default”材质，并单击“将材质指定给选定对象”按钮，将材质指定给新创建的管状体，如下图所示。

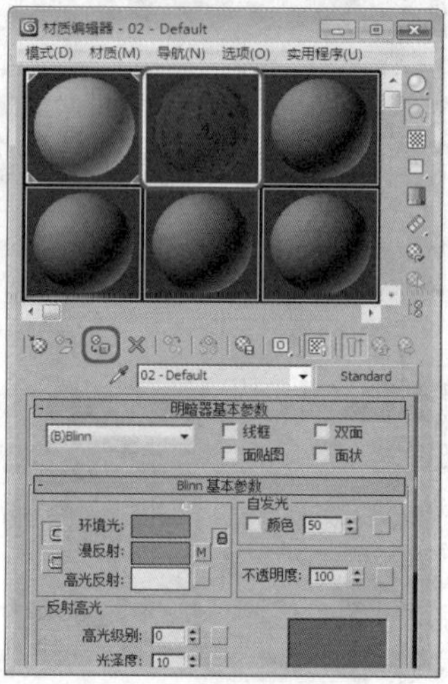

STEP 08 激活“摄影机”视图，按F9键进行渲染，渲染完成后的效果如下图所示。

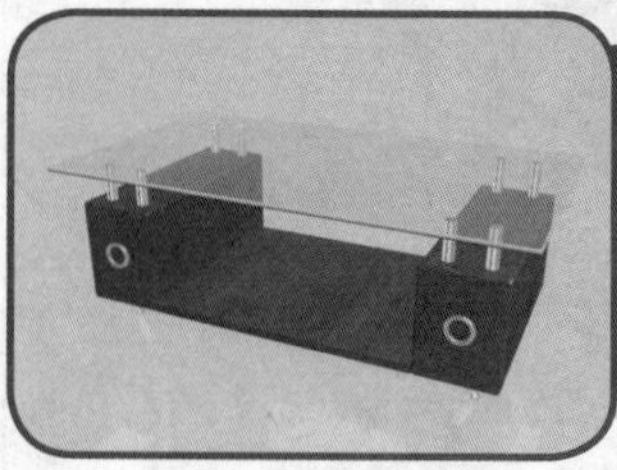

实战操作125 创建圆环

素材：Scene\Cha03\3-8.max　　场景：Scene\Cha03\实战操作125.max

难度：★★★★★　　视频：视频\Cha03\实战操作125.avi

使用“圆环”工具可以创建立体的圆环圈。创建圆环的操作步骤如下所述。

STEP 01 单击按钮，在弹出的下拉列表中执行“打开”命令，在打开的对话框中选择素材文件3-8.max，如下图所示。

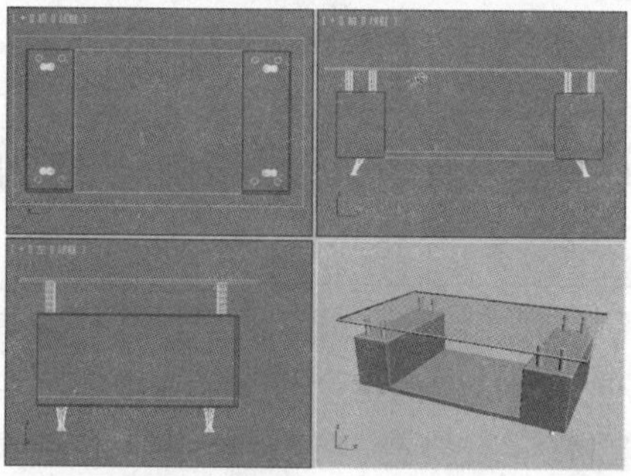

STEP 02 选择“创建”|“几何体”|“标准基本体”|“圆环”工具，在“前”视图中按住鼠标左键并拖动鼠标，创建圆环的一级半径，如下图所示。

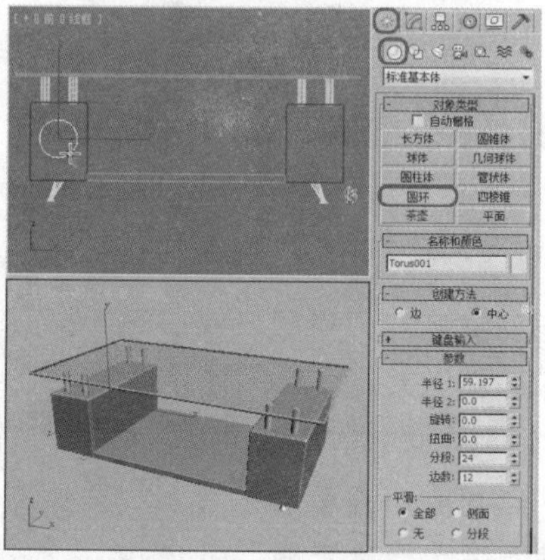

STEP 03 释放并移动鼠标，创建圆环的二级半径，然后单击鼠标左键，完成圆环的创建，如下图所示。

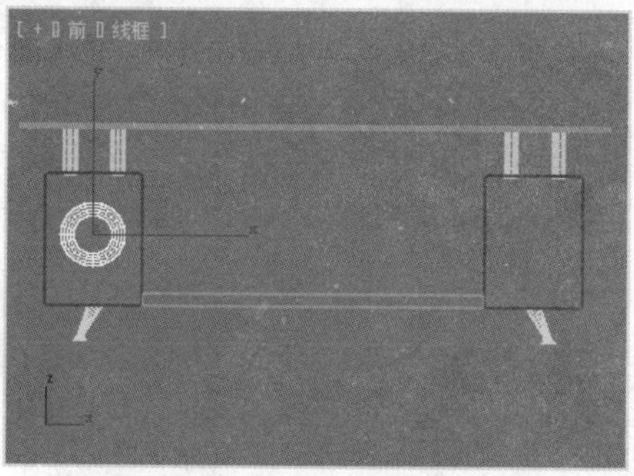

STEP 04 切换到“修改”命令面板，在“参数”卷展栏中将“半径1”设置为27，“半径2”设置为5，并在视图中调整圆环的位置，如下图所示。

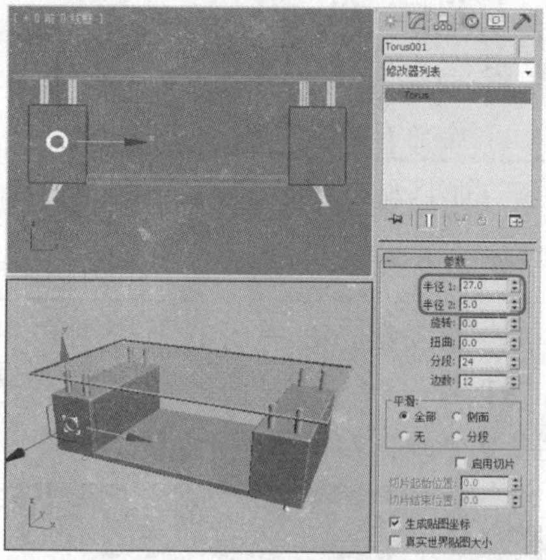

STEP 05 按M键打开“材质编辑器”对话框，在该对话框中选择“金属2”材质，并单击“将材质指定给选定对象”按钮，将材质指定给新创建的圆环，如下图所示。

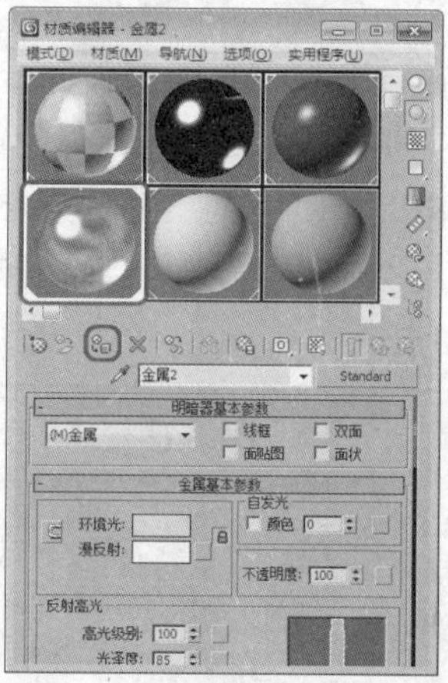

STEP 06 然后复制一个创建的圆环，并调整圆环的位置，效果如下图所示。

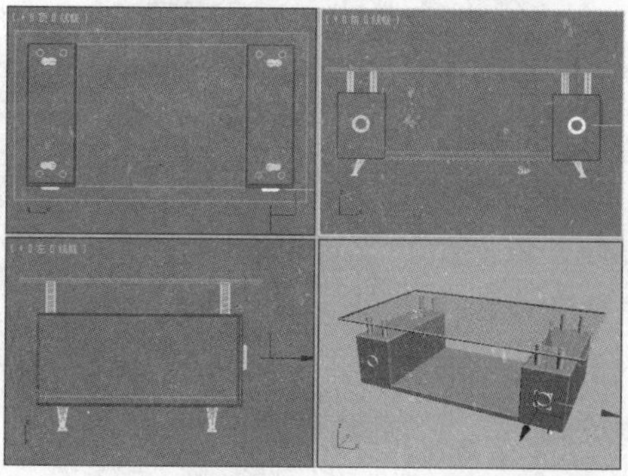

实战操作126 创建四棱锥

素材：Scene\Cha03\3-9.max　　场景：Scene\Cha03\实战操作126.max

难度：★★★★★　　视频：视频\Cha03\实战操作126.avi

使用“四棱锥”工具可以创建拥有方形或矩形底部和三角形侧面的四棱锥基本体。创建四棱锥的操作步骤如下所述。

STEP 01 单击按钮，在弹出的下拉列表中执行“打开”命令，在打开的对话框中选择素材文件3-9.max，如下图所示。

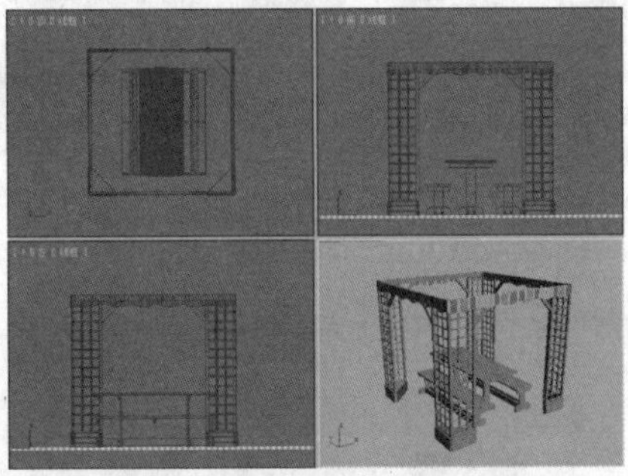

STEP 02 选择“创建” | “几何体” | “标准基本体” | “四棱锥”工具，在“顶”视图中按住鼠标左键并拖动，创建出四棱锥的底部，如下图所示。

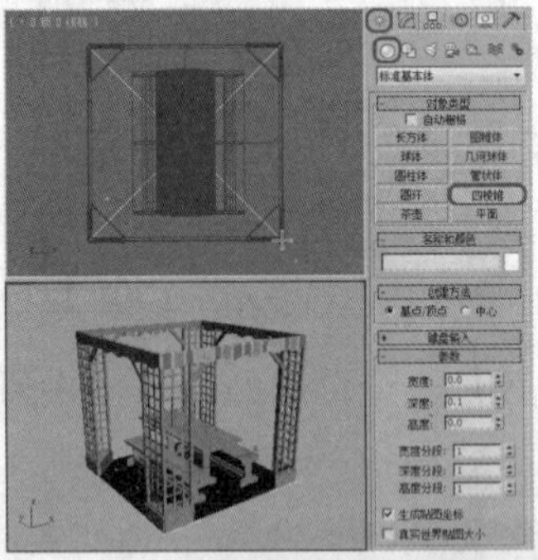

STEP 03 释放并向上移动鼠标，确定四棱锥的高度，单击鼠标左键完成四棱锥的创建，如右图所示。

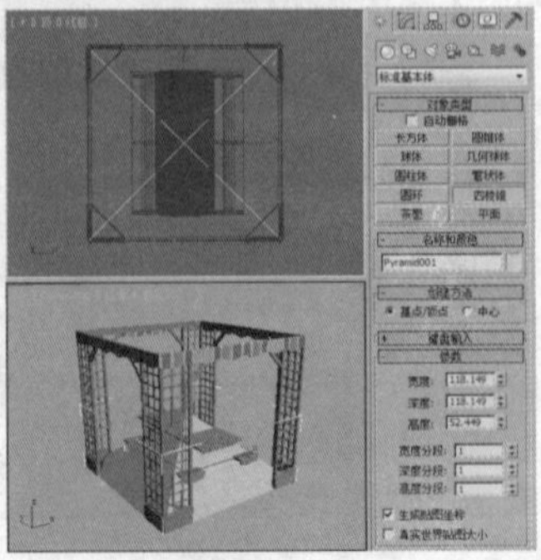

STEP 04 切换到“修改”命令面板，在“参数”卷展栏中将“宽度”设置为119，“深度”设置为116，“高度”设置为29，并在视图中调整四棱锥的位置，如下图所示。

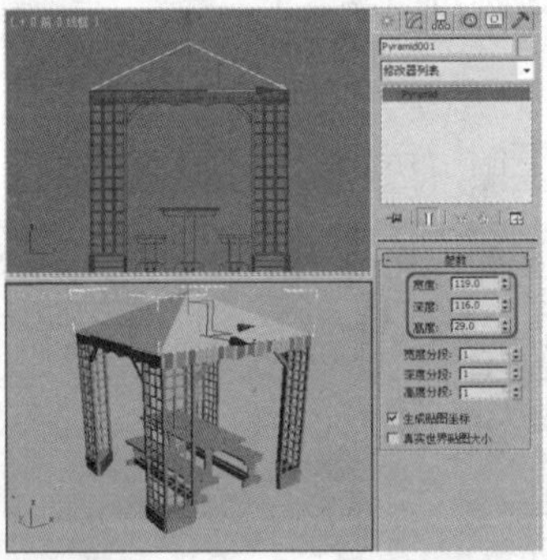

STEP 05 按M键打开“材质编辑器”对话框，在该对话框中选择“02-Default”材质，并单击“将材质指定给选定对象”按钮，将材质指定给新创建的四棱锥，如右图所示。

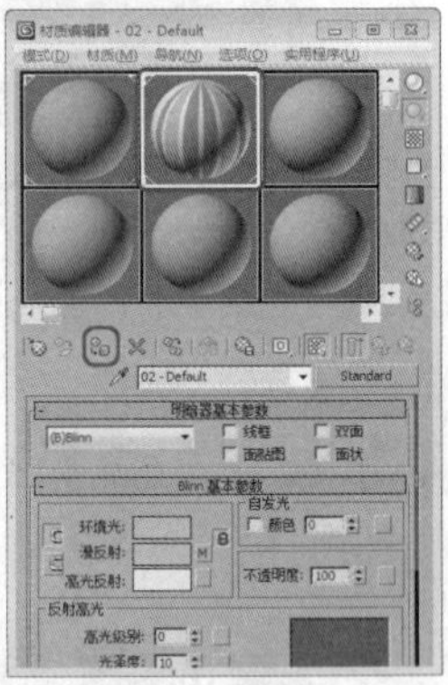

STEP 06 激活“摄影机”视图，按F9键进行渲染，渲染完成后的效果如下图所示。

实战操作127 创建茶壶

素材：Scene\Cha03\3-10.max　　场景：无

难度：★★★★★　　视频：视频\Cha03\实战操作127.avi

使用“茶壶”工具不仅可以创建整个茶壶，还可以创建茶壶的一部分，其具体操作步骤如下所述。

STEP 01 单击按钮，在弹出的下拉列表中执行“打开”命令，在打开的对话框中选择素材文件3-10.max，如下图所示。

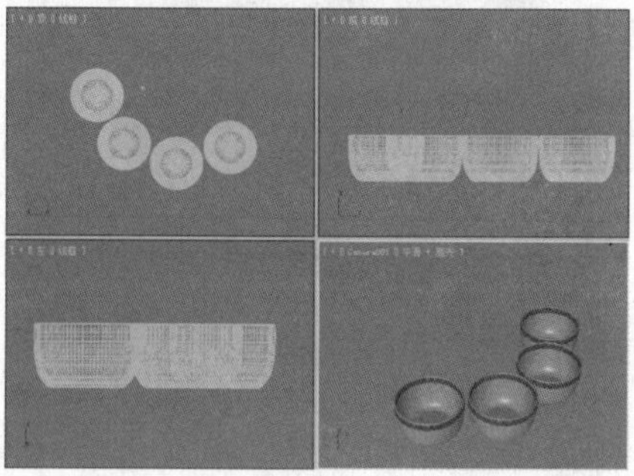

STEP 02 选择“创建” | “几何体” | “标准基本体” | “茶壶”工具，在“顶”视图中单击鼠标左键并拖动鼠标，创建茶壶，释放鼠标完成茶壶的创建，如下图所示。

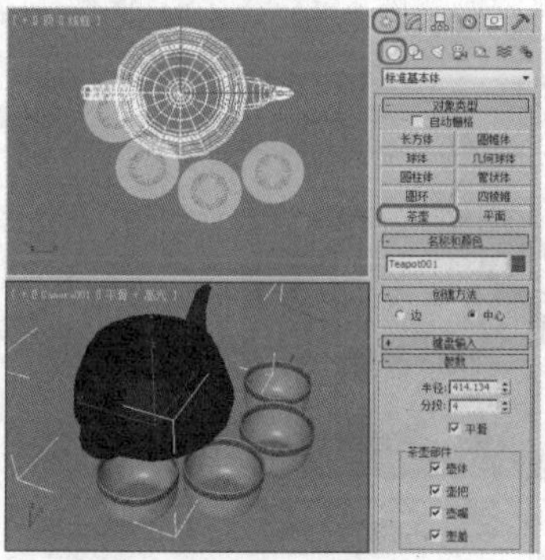

STEP 03 切换到“修改”命令面板，在“参数”卷展栏中将“半径”设置为433，“分段”设置为6。在工具栏中单击“选择并旋转”工具，在“顶”视图中沿Z轴旋转茶壶，并使用“选择并移动”工具在视图中调整茶壶的位置，效果如下图所示。

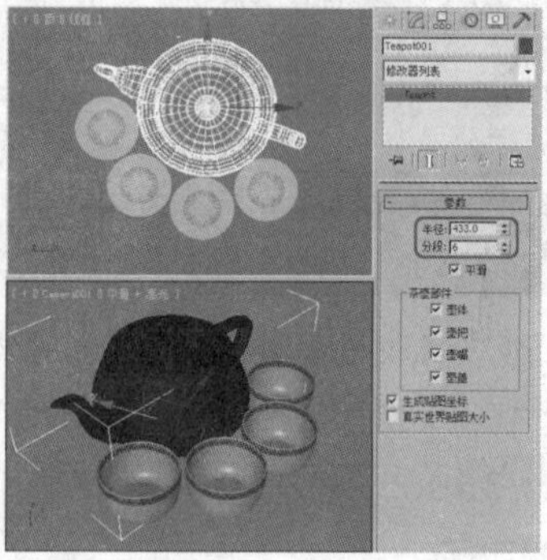

STEP 04 按M键打开“材质编辑器”对话框，在该对话框中选择“01 - Default”材质，并单击“将材质指定给选定对象”按钮，将材质指定给新创建的茶壶，如下图所示。

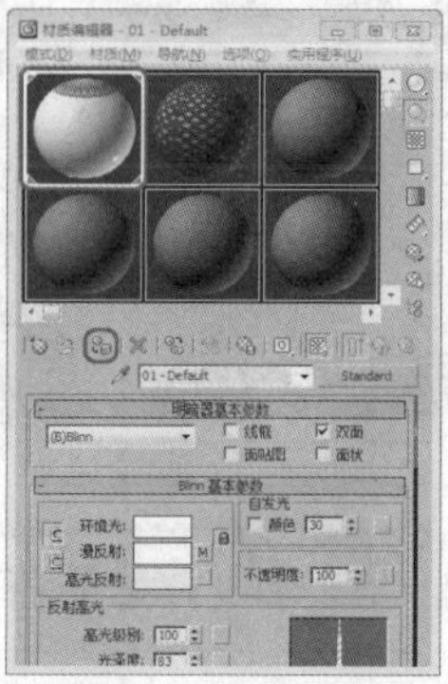

实战操作128 创建平面

素材：无　　场景：Scene\Cha03\实战操作128.max

难度：★★★★★　　视频：视频\Cha03\实战操作128.avi

使用“平面”工具可以创建平面。“平面”对象是特殊类型的平面多边形网格，可在渲染时无限放大。创建平面的操作步骤如下所述。

STEP 01 继续上一实例的操作，选择“创建”|“几何体”|“标准基本体”|“平面”工具，在“顶”视图中单击鼠标左键并拖动鼠标，创建一个平面，释放鼠标完成平面的创建，如下图所示。

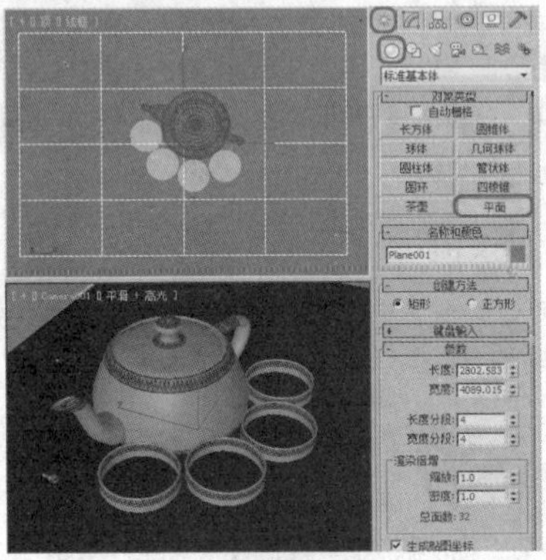

STEP 02 切换到“修改”命令面板，在“参数”卷展栏中将“长度”设置为3500，“宽度”设置为3500，并在视图中调整平面的位置，如下图所示。

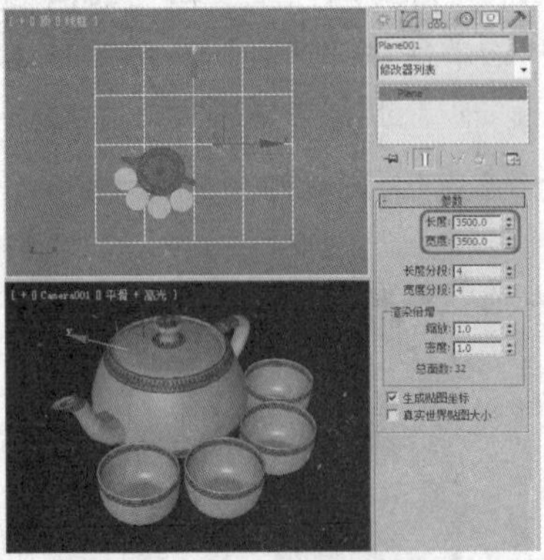

STEP 03 按M键打开“材质编辑器”对话框，在该对话框中选择“02 - Default”材质，并单击“将材质指定给选定对象”按钮，将材质指定给新创建的平面，如下图所示。

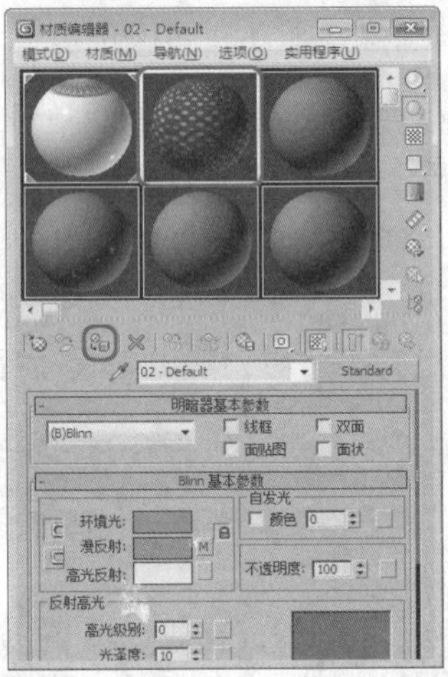

STEP 04 激活“摄影机”视图，按F9键进行渲染，渲染完成后的效果如下图所示。

3.3 创建扩展基本体

扩展基本体是 3ds Max 复杂基本体的集合。本节将主要介绍扩展基本体的创建以及参数设置。

实战操作129 创建异面体

素材：无	场景：无
难度：★★★★★	视频：视频\Cha03\实战操作129.avi

使用“异面体”工具可以创建四面体、八面体、十二面体，以及二十面体等。创建异面体的操

作步骤如下所述。

STEP 01 选择“创建” | “几何体” | “扩展基本体” | “异面体”工具，在“顶”视图中按住鼠标左键并拖动鼠标，创建异面体，释放鼠标完成创建，效果如下图所示。

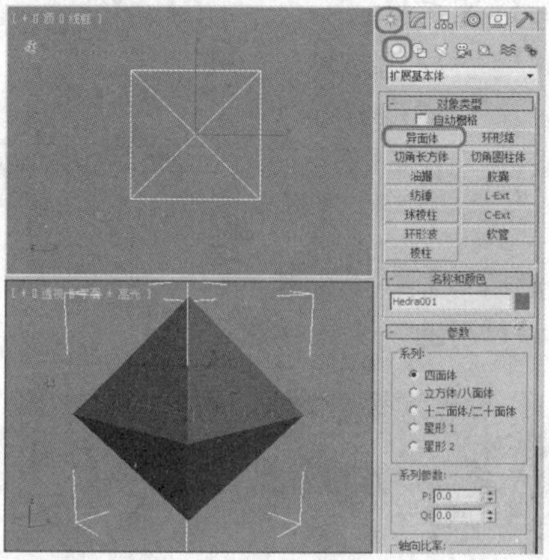

STEP 02 切换到“修改”命令面板，在“参数”卷展栏中选中“星形1”单选按钮，效果如下图所示。

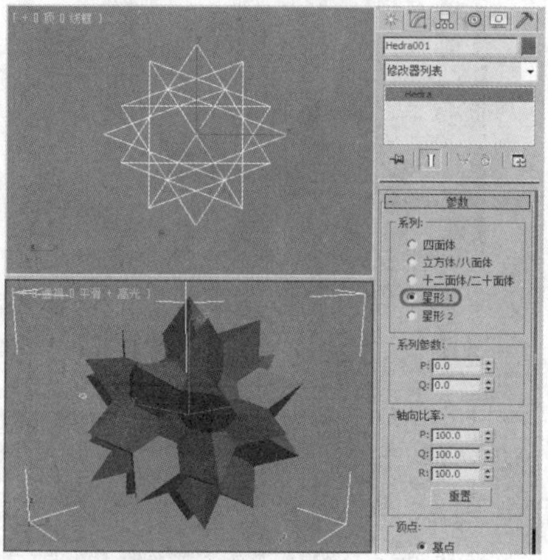

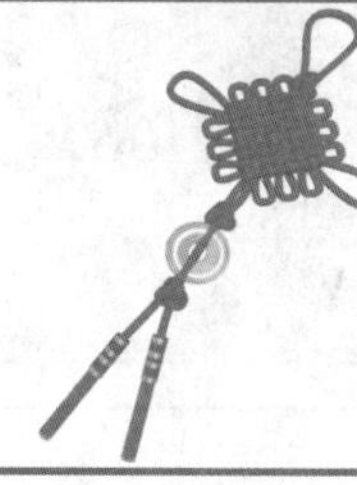

实战操作130 创建环形结

素材：Scene\Cha03\3-11.max　场景：Scene\Cha03\实战操作130.max

难度：★★★★★　视频：视频\Cha03\实战操作130.avi

使用“环形结”工具可以通过在正常平面中围绕 3D 曲线绘制 2D 曲线来创建复杂或带结的环形。创建环形结的操作步骤如下所述。

STEP 01 单击按钮，在弹出的下拉列表中执行“打开”命令，在打开的对话框中选择素材文件3-11.max，如下图所示。

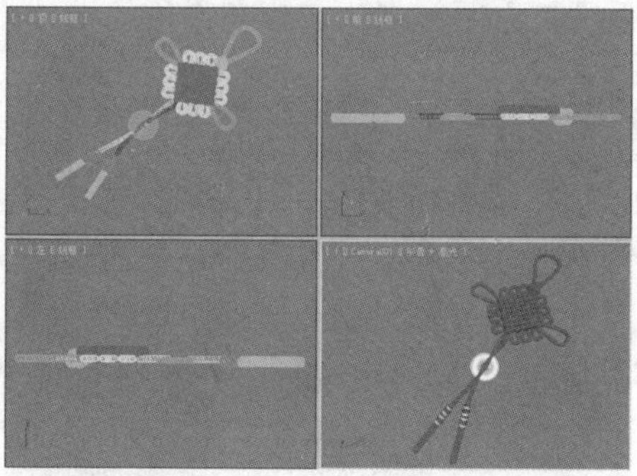

STEP 02 选择“创建” | “几何体” | “扩展基本体” | “环形结”工具，在“顶”视图中按住鼠标左键并拖动鼠标，定义环形结的大小，如下图所示。

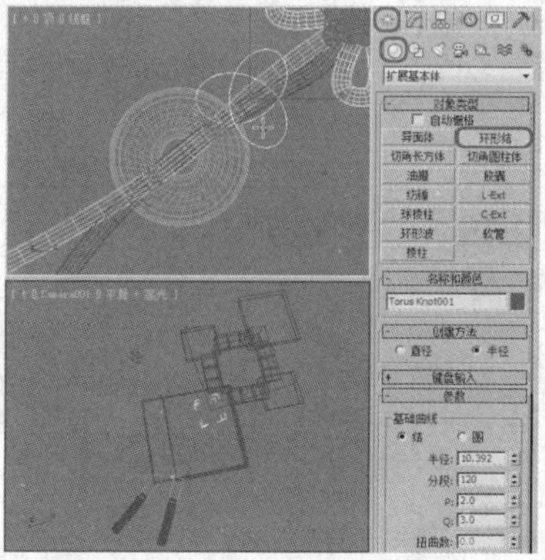

STEP 03 释放并移动鼠标，定义环形结的半径，然后单击鼠标左键，完成环形结的创建，如

下图所示。

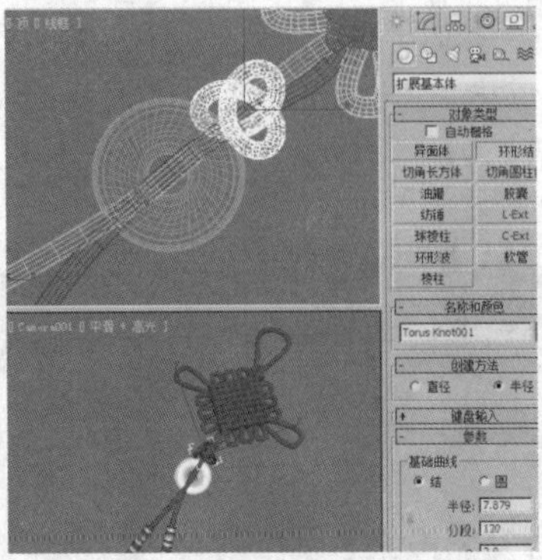

STEP 04 切换到“修改”命令面板，在“参数”卷展栏中将“基础曲线”选项组中的“半径”设置为5；将“横截面”选项组中的“半径”设置为4，其他参数使用默认设置，并在视图中调整环形结的位置，如右图所示。

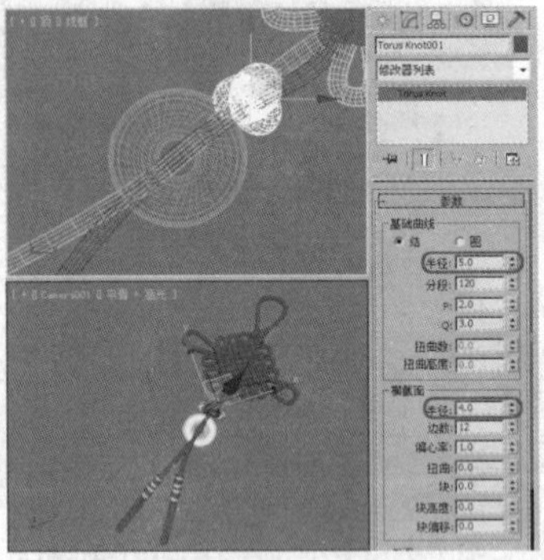

STEP 05 按M键打开“材质编辑器”对话框，在该对话框中选择“中国结主体”材质，并单击“将材质指定给选定对象”按钮，将材质指定给新创建的环形结，如右图所示。

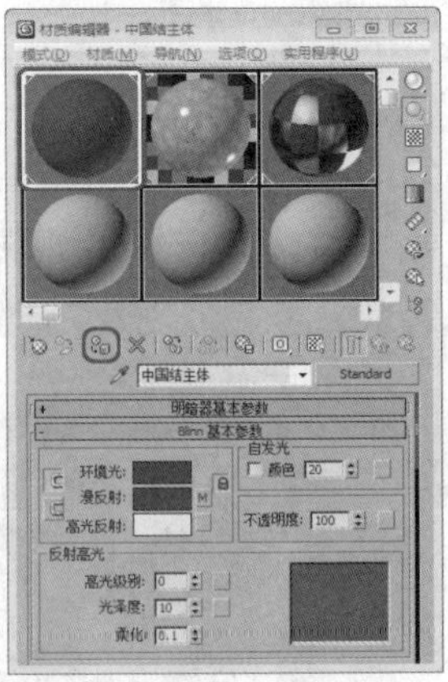

STEP 06 然后复制一个创建的环形结，并调整其位置，效果如下图所示。

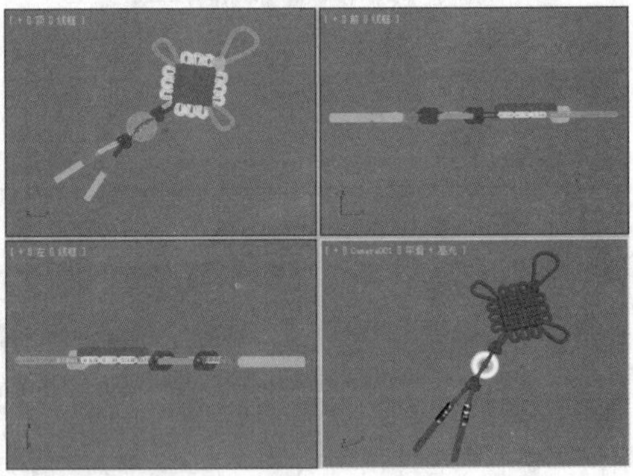

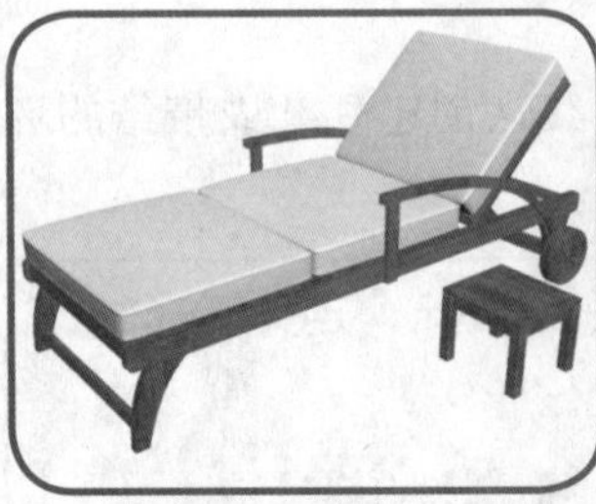

实战操作131 创建切角长方体

素材：Scene\Cha03\3-12.max　场景：Scene\Cha03\实战操作131.max

难度：★★★★★　视频：视频\Cha03\实战操作131.avi

使用“切角长方体”工具可以创建具有倒角或圆形边的长方体。创建切角长方体的操作步骤如下所述。

STEP 01 单击按钮，在弹出的下拉列表中执行“打开”命令，在打开的对话框中选择素材文件3-12.max，如右图所示。

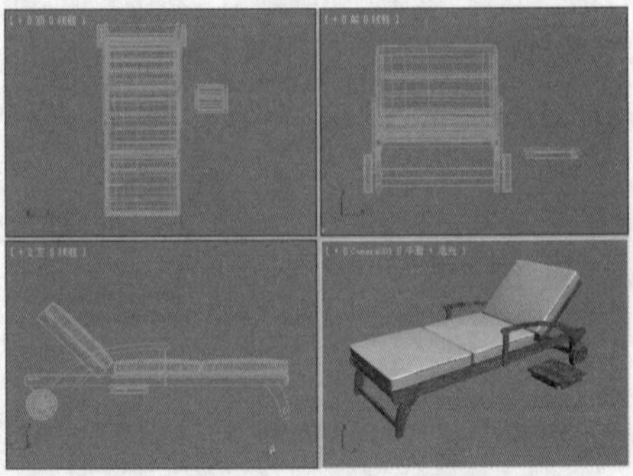

STEP 02 选择“创建” | “几何体” | “扩展基本体” | “切角长方体”工具，在“前”视图中单击鼠标左键并拖动鼠标，定义切角长方体的长度和宽度，如下图所示。

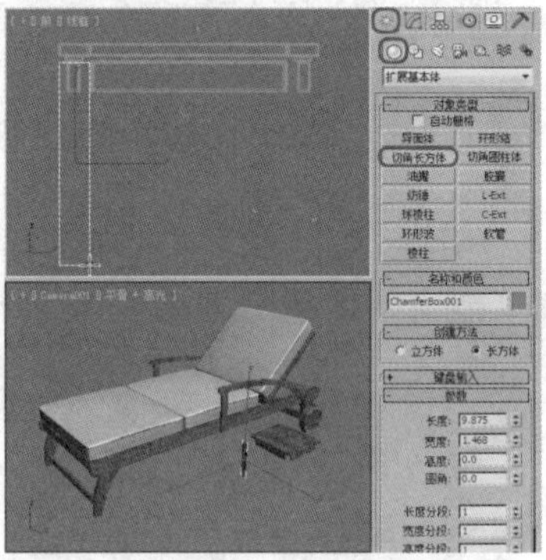

STEP 03 释放并移动鼠标，定义切角长方体的高度，如下图所示。

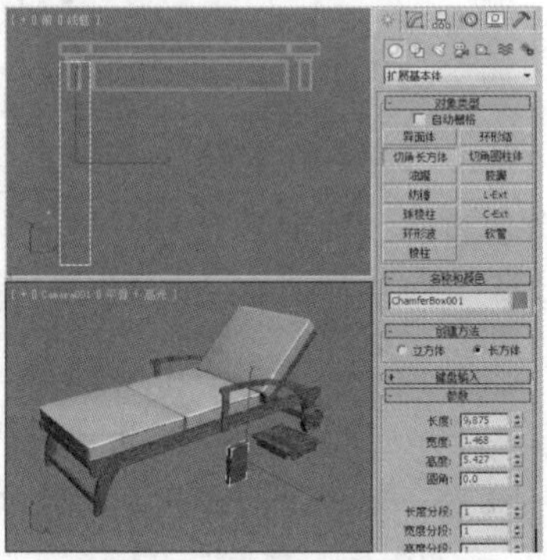

STEP 04 单击鼠标左键，然后对角移动鼠标，定义切角长方体的圆角，再次单击鼠标左键，完成切角长方体的创建，如下图所示。

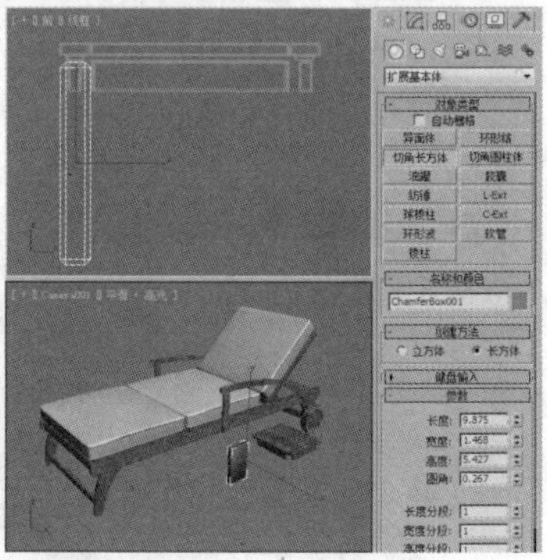

STEP 05 切换到“修改”命令面板，在“参数”卷展栏中将“长度”设置为9.2，“宽度”设置为1.53，“高度”设置为1.38，“圆角”设置为0.08，“圆角分段”设置为3，并在视图中调整切角长方体的位置，如下图所示。

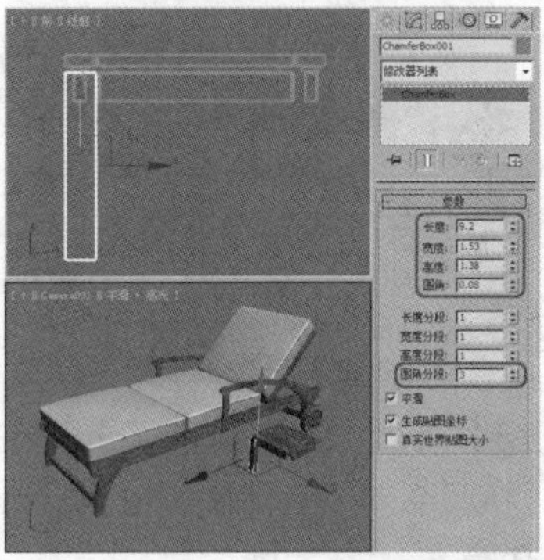

STEP 06 按M键打开“材质编辑器”对话框，在该对话框中选择“02 - Default”材质，并单击“将材质指定给选定对象”按钮，将材质指定给新创建的切角长方体，如右图所示。

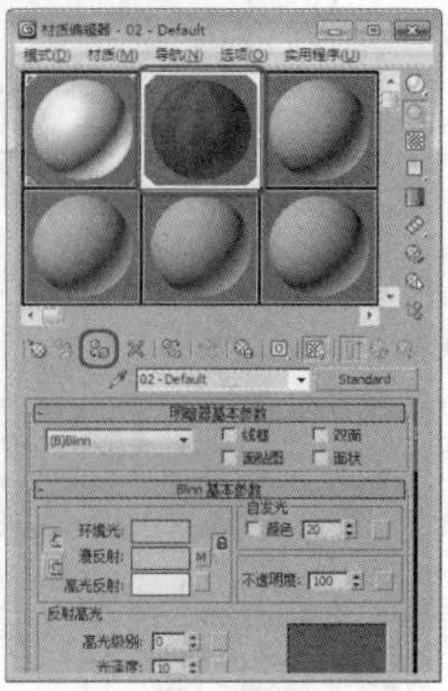

STEP 07 然后复制多个创建的切角长方体，并调整其位置，效果如下图所示。

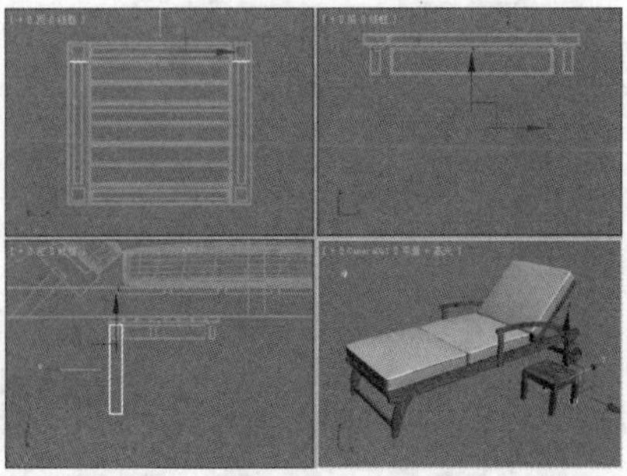

STEP 08 激活“摄影机”视图，按F9键进行渲染，渲染完成后的效果如下图所示。

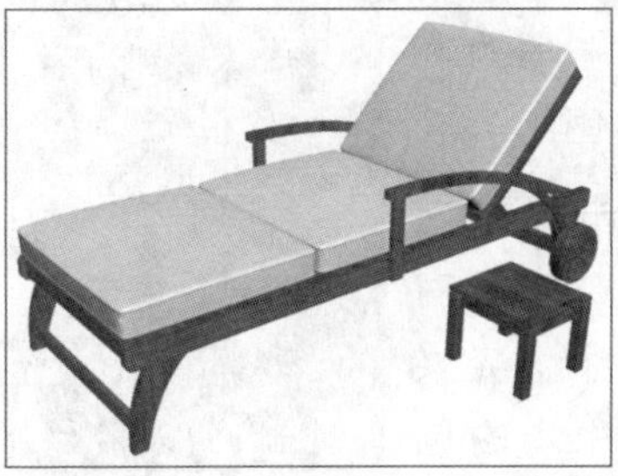

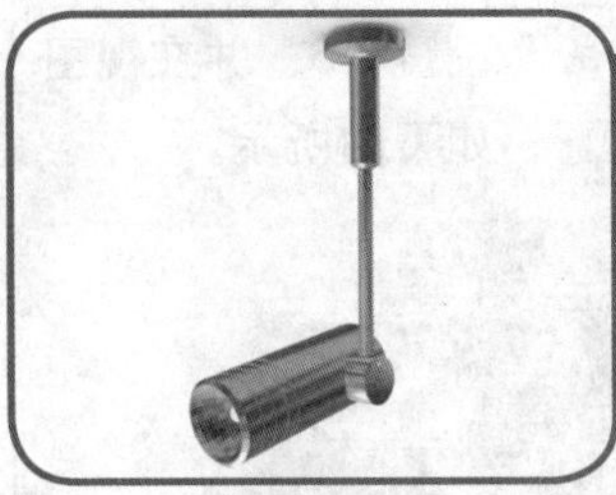

实战操作132 创建切角圆柱体

素材：Scene\Cha03\3-13.max　场景：Scene\Cha03\实战操作132.max

难度：★★★★★　视频：视频\Cha03\实战操作132.avi

使用“切角圆柱体”工具可以创建具有倒角或圆形封口边的圆柱体。创建切角圆柱体的操作步骤如下所述。

STEP 01 单击按钮，在弹出的下拉列表中执行“打开”命令，在打开的对话框中选择素材文件3-13.max，如下图所示。

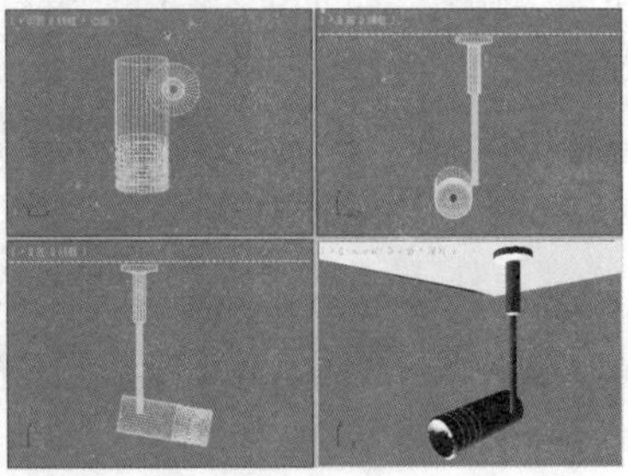

STEP 02 选择“创建”|“几何体”|“扩展基本体”|“切角圆柱体”工具，在“左”视图中单击鼠标左键并拖动，定义切角圆柱体底部的半径，如下图所示。

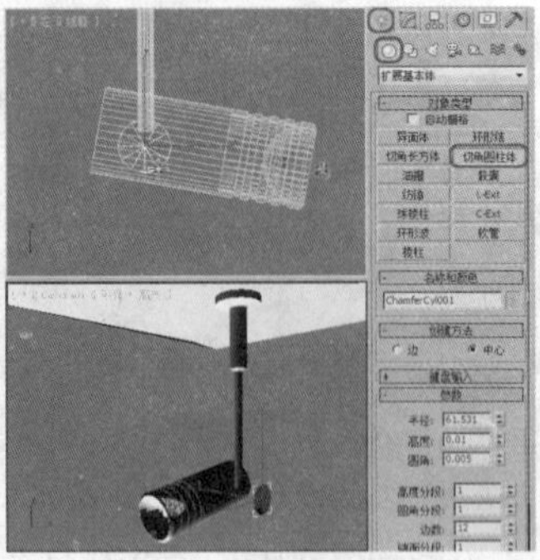

STEP 03 释放并移动鼠标，定义切角圆柱体的高度，如右图所示。

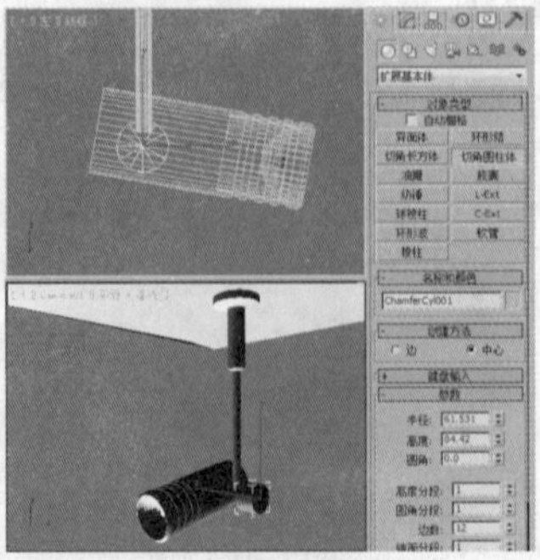

STEP 04 单击鼠标左键，然后对角移动鼠标，定义切角圆柱体的圆角，再次单击鼠标左键，完成切角圆柱体的创建，如下图所示。

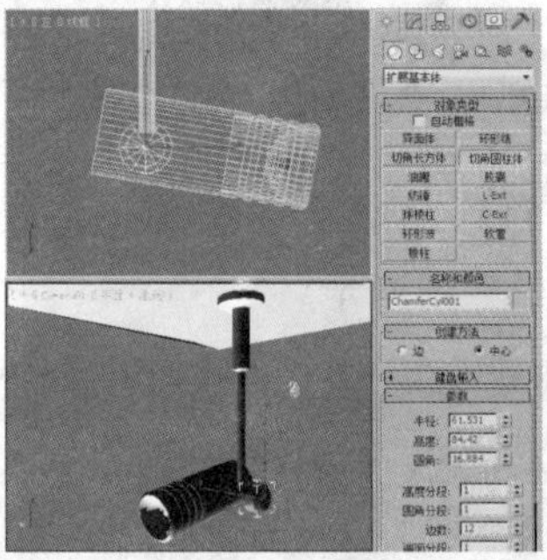

STEP 05 切换到“修改”命令面板，在“参数”卷展栏中将“半径”设置为60，“高度”设置为80，“圆角”设置为2，“圆角分段”设置为5，“边数”设置为30，并在视图中调整切角圆柱体的位置，如下图所示。

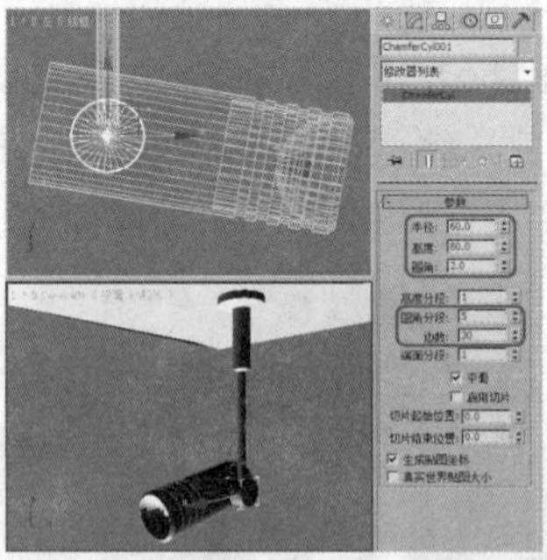

STEP 06 按M键打开“材质编辑器”对话框，在该对话框中选择“金属”材质，并单击“将材质指定给选定对象”按钮，将材质指定给新创建的切角圆柱体，如右图所示。

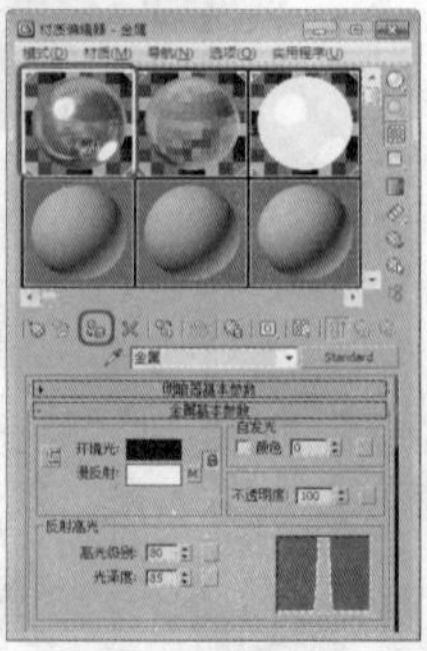

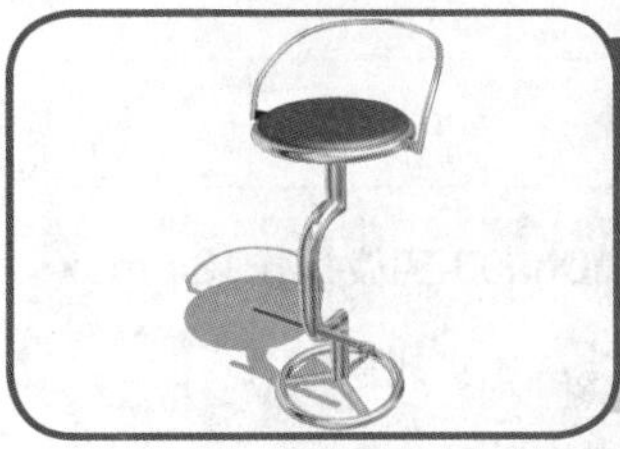

实战操作133 创建油罐

素材：Scene\Cha03\3-14.max　场景：Scene\Cha03\实战操作133.max

难度：★★★★★　视频：视频\Cha03\实战操作133.avi

使用“油罐”工具可以创建带有凸面封口的圆柱体。创建油罐的操作步骤如下所述。

STEP 01 单击按钮，在弹出的下拉列表中执行“打开”命令，在打开的对话框中选择素材文件3-14.max，如下图所示。

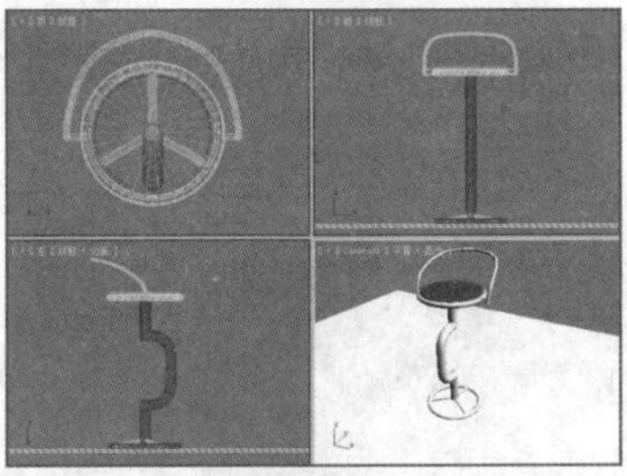

STEP 02 选择“创建”|“几何体”|“扩展基本体”|“油罐”工具，在“顶”视图中单击鼠标左键并拖动鼠标，定义油罐底部的半径，如下图所示。

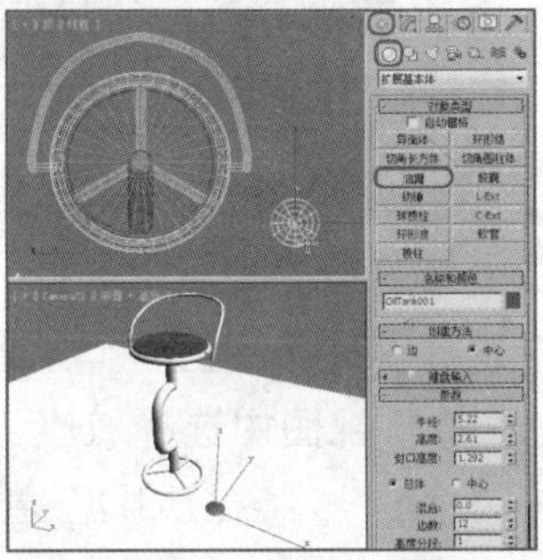

STEP 03 释放并移动鼠标，定义油罐的高度，如下图所示。

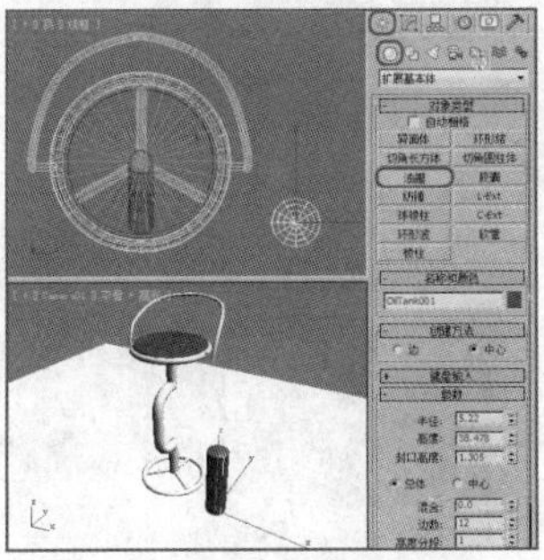

STEP 04 单击鼠标左键，然后移动鼠标，定义凸面封口的高度，再次单击鼠标左键，完成油罐的创建，如下图所示。

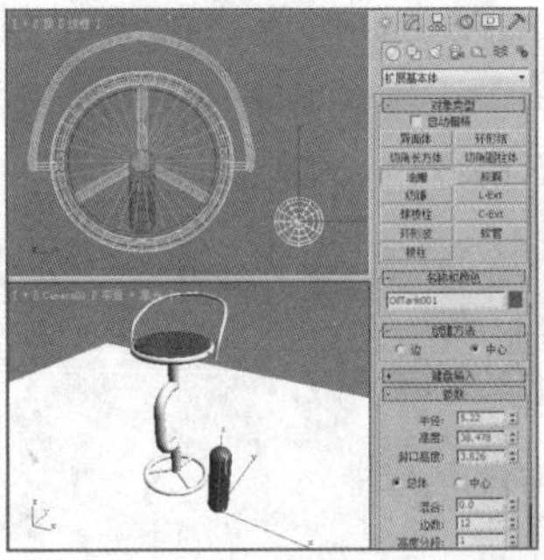

STEP 05 切换到“修改”命令面板，在“参数”卷展栏中将“半径”设置为1.2，“高度”设置为37，“封口高度”设置为0.5，在工具栏中单击“选择并旋转”工具，在“前”视图中沿Z轴旋转创建的油罐，并使用“选择并移动”工具在视图中调整油罐的位置，效果如下图所示。

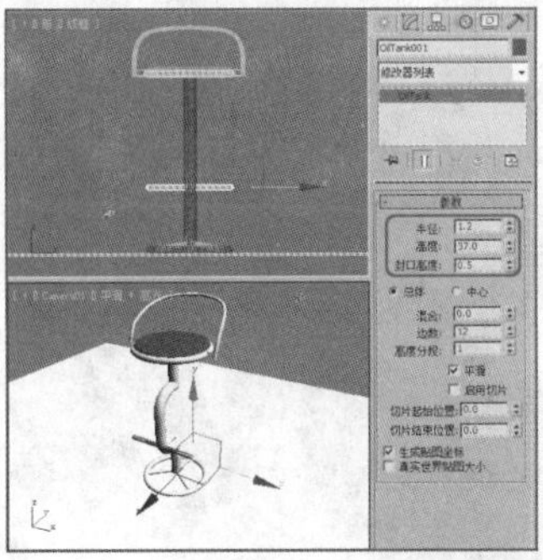

STEP 06 按M键打开“材质编辑器”对话框，在该对话框中选择“不锈钢”材质，并单击“将材质指定给选定对象”按钮，将材质指定给新创建的油罐，如右图所示。

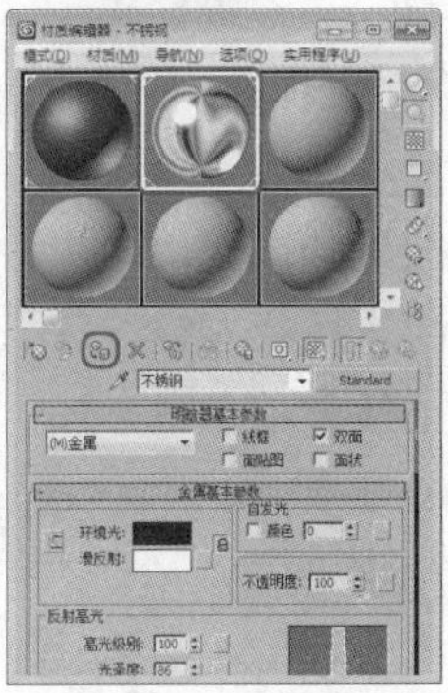

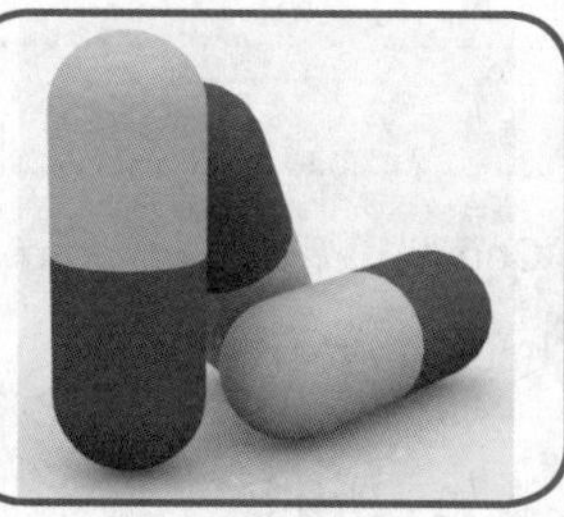

实战操作134 创建胶囊

素材：Scene\Cha03\3-15.max　场景：Scene\Cha03\实战操作134.max

难度：★★★★★　视频：视频\Cha03\实战操作134.avi

使用“胶囊”工具可以创建带有半球状封口的圆柱体。创建胶囊的操作步骤如下所述。

STEP 01 单击按钮，在弹出的下拉列表中执行“打开”命令，在打开的对话框中选择素材文件3-15.max，如下图所示。

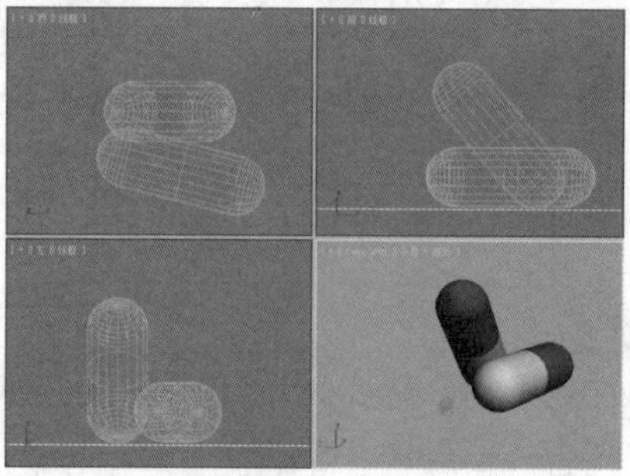

STEP 02 选择“创建”|“几何体”|“扩展基本体”|“胶囊”工具，在“顶”视图中单击鼠标左键并拖动鼠标，定义胶囊的半径，如下图所示。

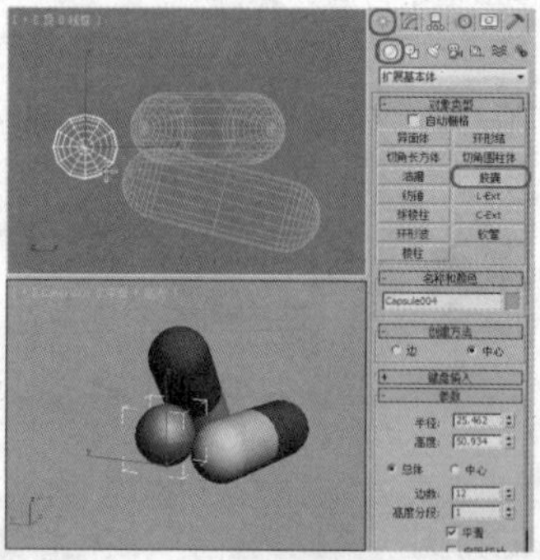

STEP 03 释放并移动鼠标，定义胶囊的高度，再次单击鼠标左键，完成胶囊的创建，如右图所示。

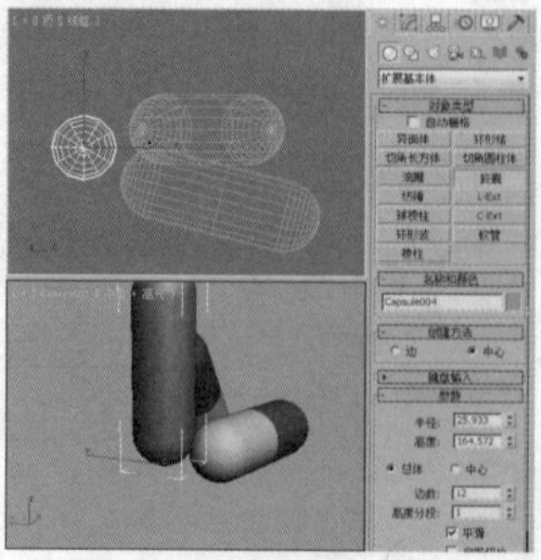

STEP 04 切换到“修改”命令面板，在“参数”卷展栏中将“半径”设置为28，“高度”设置为160，“边数”设置为18，“高度分段”设置为2，并在视图中调整胶囊的位置，如下图所示。

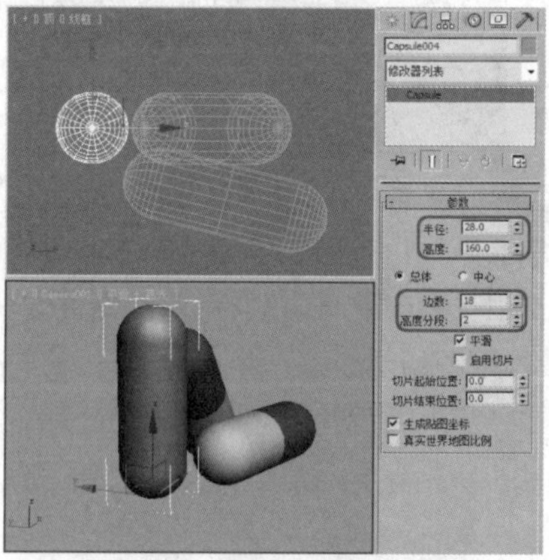

STEP 05 然后在“修改器列表”中选择“编辑多边形”修改器，并将当前选择集定义为“多边形”，在“前”视图中选择胶囊上半部分的多边形，在“多边形：材质ID”卷展栏中将“设置ID”设置为1，如下图所示。

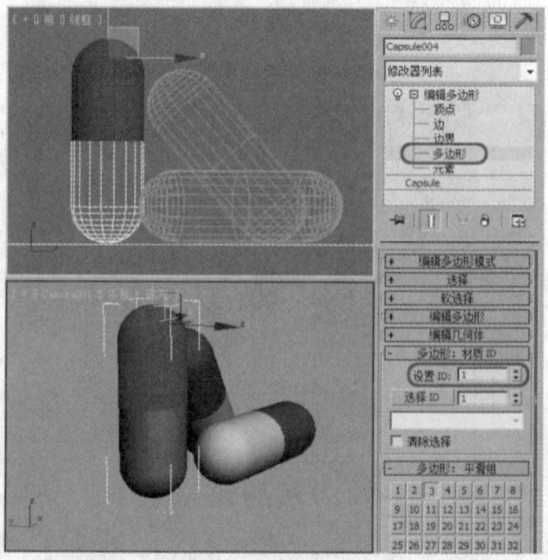

STEP 06 在菜单栏中执行“编辑”|“反选”命令，如右图所示，即可选择胶囊下半部分的多边形。

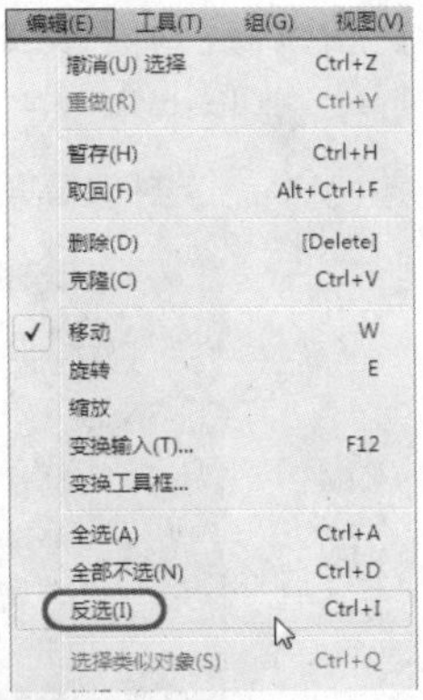

STEP 07 然后在“多边形：材质ID”卷展栏中将“设置ID”设置为2，如下图所示。

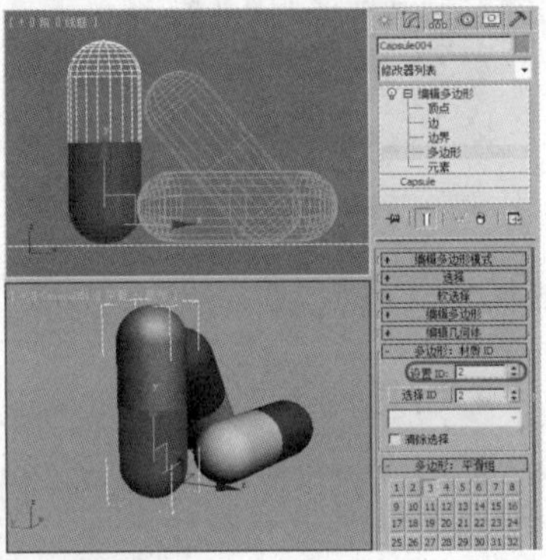

STEP 08 关闭当前选择集，按M键打开“材质编辑器”对话框，在该对话框中选择“01 - Default”材质，并单击“将材质指定给选定对象”按钮，将材质指定给新创建的胶囊，如下图所示。

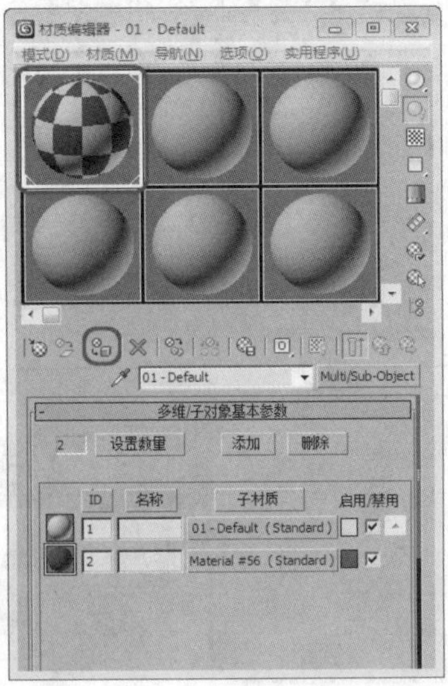

实战操作135 创建纺锤

素材：无	场景：无
难度：★★★★★	视频：视频\Cha03\实战操作135.avi

使用“纺锤”工具可以创建带有圆锥形封口的圆柱体。创建纺锤的操作步骤如下所述。

STEP 01 选择“创建”|“几何体”|“扩展基本体”|“纺锤”工具，在“顶”视图中单击鼠标左键并拖动鼠标，定义纺锤底部的半径，如下图所示。

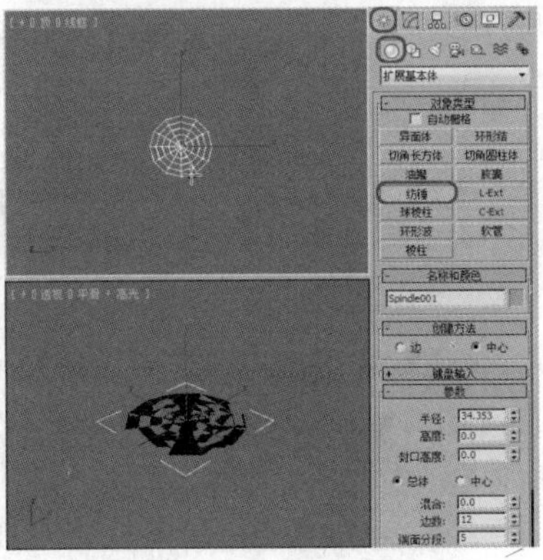

STEP 02 释放并移动鼠标，定义纺锤的高度，如下图所示。

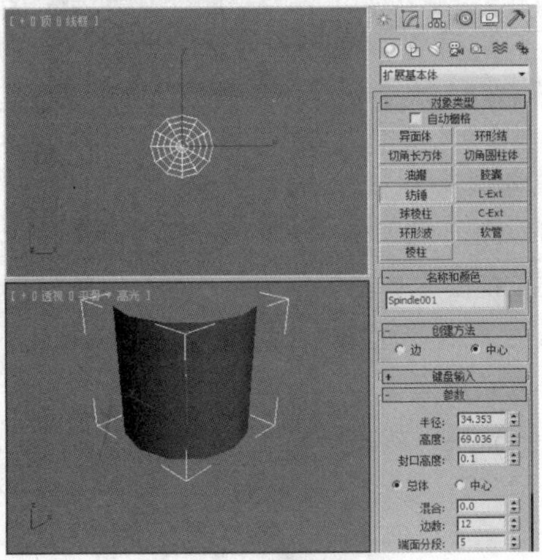

STEP 03 单击鼠标左键，然后移动鼠标，定义纺锤的封口高度，再次单击鼠标左键完成纺锤的创建，如下图所示。

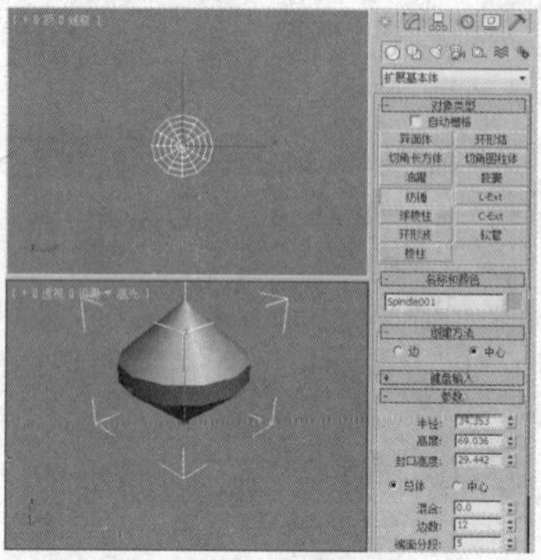

STEP 04 切换到“修改”命令面板，在“参数”卷展栏中将“半径”设置为20，“高度”设置为90，“封口高度”设置为25，如下图所示。

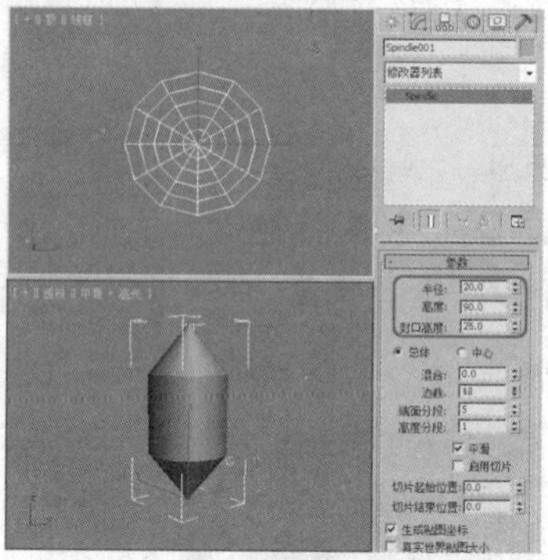

实战操作136 创建L-Ext

素材：Scene\Cha03\3-16.max 场景：Scene\Cha03\实战操作136.max

难度：★★★★★ 视频：视频\Cha03\实战操作136.avi

使用“L-Ext”工具可以创建挤出的L形对象，具体操作步骤如下所述。

STEP 01 单击按钮，在弹出的下拉列表中执行“打开”命令，在打开的对话框中选择素材文件3-16.max，如下图所示。

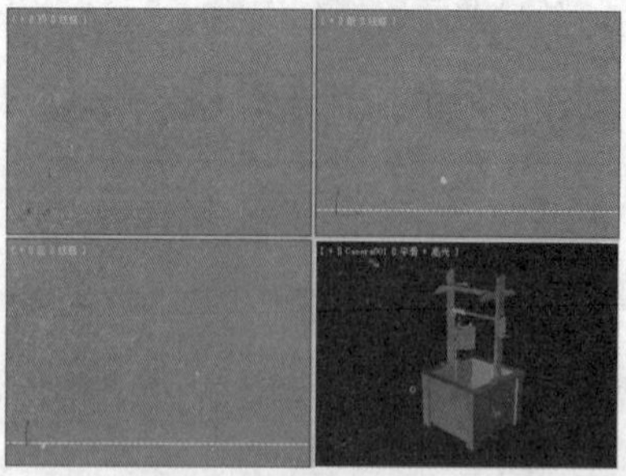

STEP 02 选择“创建” |“几何体” |“扩展基本体”|“L-Ext”工具，在“左”视图中单击鼠标左键并拖动鼠标，定义侧面长度和前面长度，如右图所示。

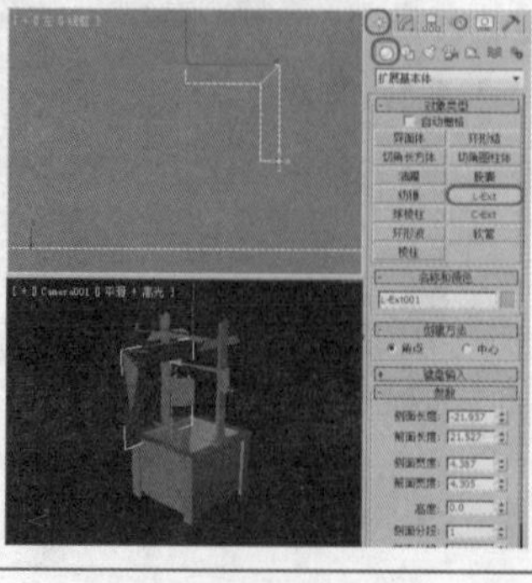

STEP 03 释放并移动鼠标，定义挤出的高度，如下图所示。

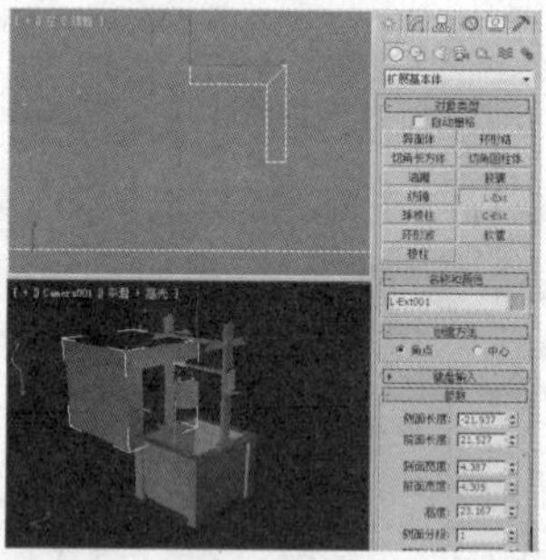

STEP 04 单击鼠标左键并移动鼠标，定义侧面宽度和前面宽度，再次单击鼠标左键完成创建，如下图所示。

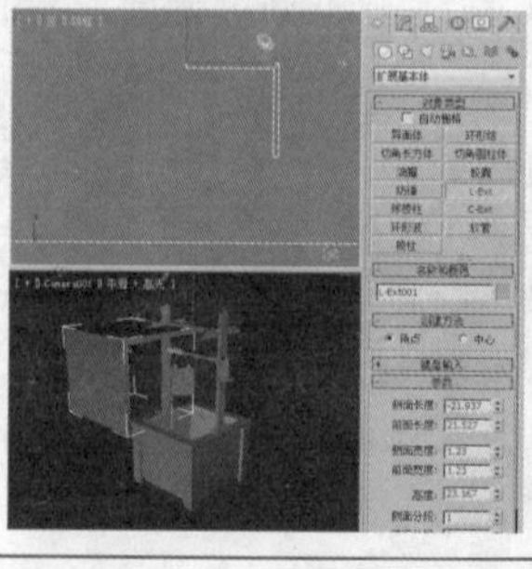

STEP 05 切换到“修改”命令面板，在“参数”卷展栏中将“侧面长度”设置为-16，“前面长度”设置为16，“侧面宽度”和“前面宽度”设置为1，“高度”设置为23。在工具栏中单击“选择并旋转”工具，在“左”视图中沿Z轴进行旋转，并使用“选择并移动”工具在视图中调整其位置，效果如下图所示。

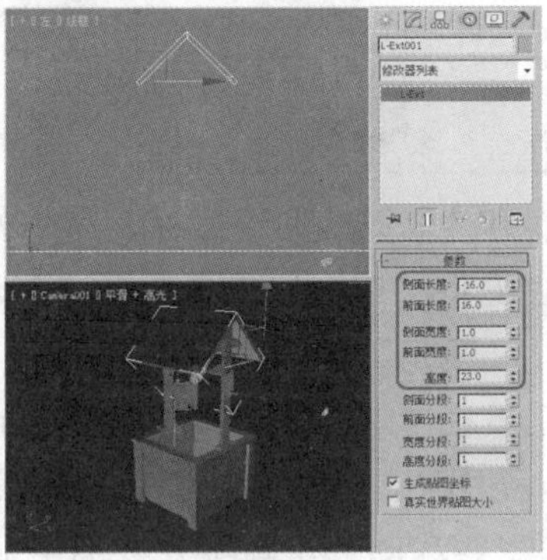

STEP 06 在“修改器列表”中选择“UVW贴图”修改器，在“参数”卷展栏中选中“贴图”选项组中的“长方体”单选按钮；在“对齐”选项组中选中“Z”单选按钮，并单击“适配”按钮，如下图所示。

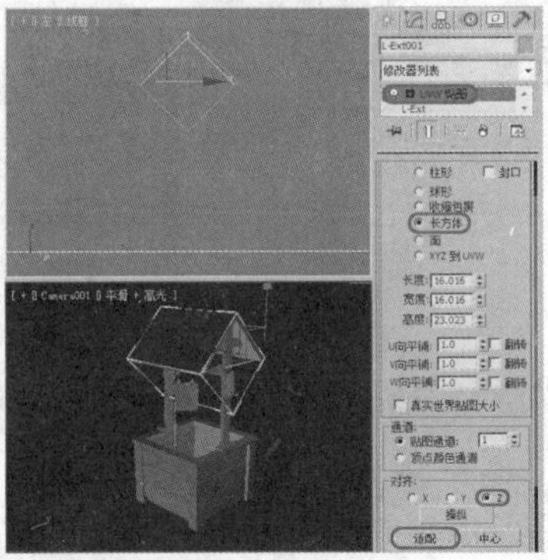

STEP 07 按M键打开“材质编辑器”对话框，在该对话框中选择“01 - Default”材质，并单击“将材质指定给选定对象”按钮，将材质指定给新创建的L-Ext，如下图所示。

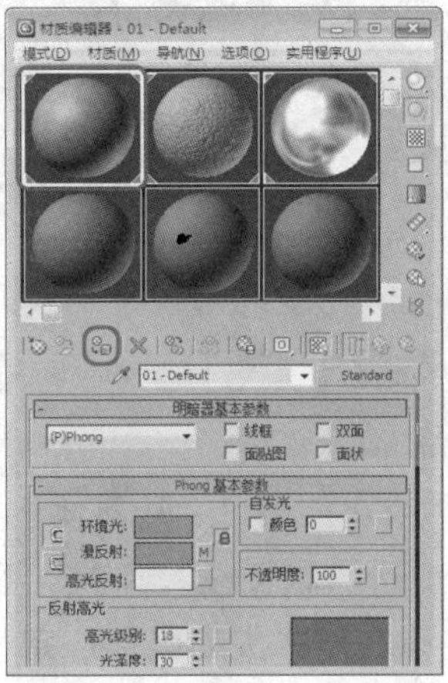

STEP 08 激活“摄影机”视图，按F9键进行渲染，渲染完成后的效果如下图所示。

实战操作137 创建球棱柱

素材：Scene\Cha03\3-17.max　　场景：Scene\Cha03\实战操作137.max

难度：★★★★★　　视频：视频\Cha03\实战操作137.avi

下面介绍创建球棱柱的方法，具体操作步骤如下所述。

STEP 01 单击◎按钮，在弹出的下拉列表中执行“打开”命令，在打开的对话框中选择素材文件3-17.max，如下图所示。

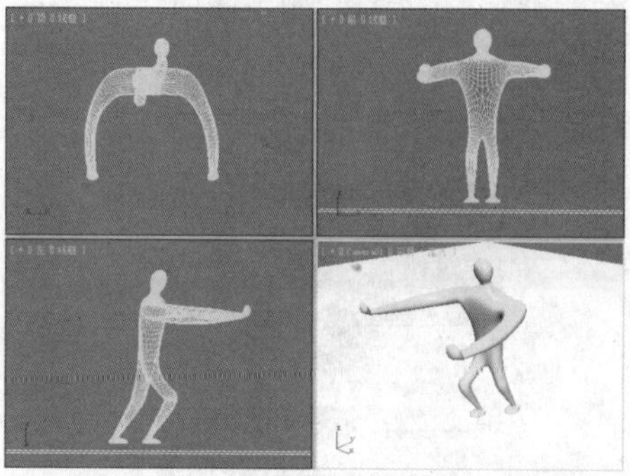

STEP 02 选择“创建”☀|“几何体”◎|“扩展基本体”|“球棱柱”工具，在“顶”视图中单击鼠标左键并拖动鼠标，定义球棱柱的半径，如下图所示。

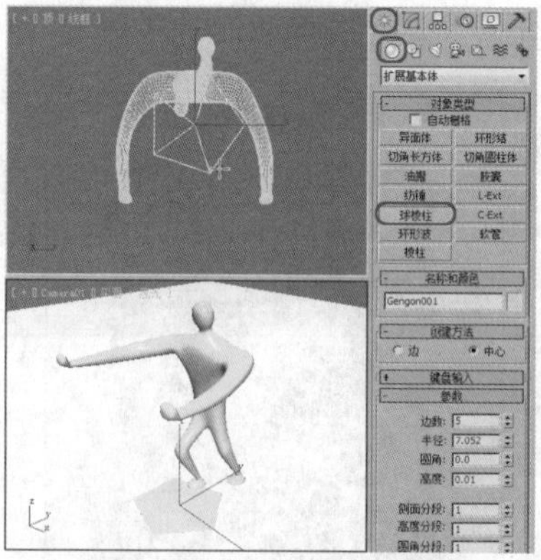

STEP 03 释放并移动鼠标，定义球棱柱的高度，如下图所示。

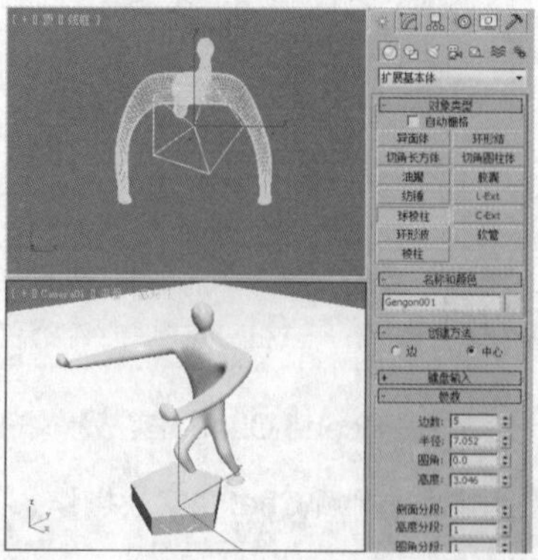

STEP 04 单击鼠标左键，然后移动鼠标，定义球棱柱的圆角，再次单击鼠标左键完成球棱柱的创建，如下图所示。

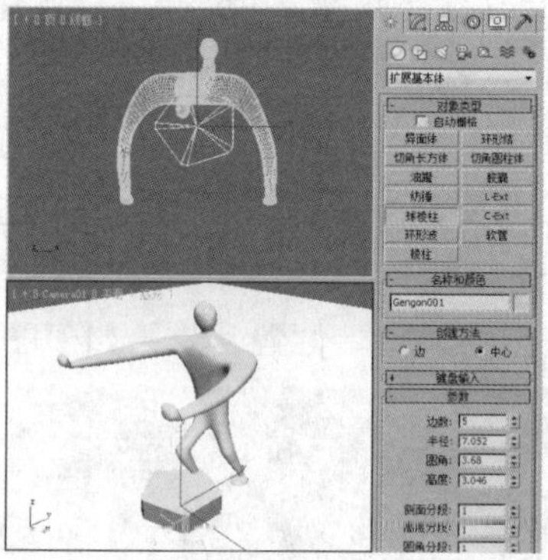

STEP 05 切换到“修改”命令面板，在“参数”卷展栏中将“边数”设置为4，“半径”设置为10，“圆角”设置为1，“高度”设置为1.2。在工具栏中单击“选择并旋转”工具◎，在“顶”视图中沿Z轴旋转创建的球棱柱，并使用“选择并移动”工具✥在视图中调整球棱柱的位置，效果如下图所示。

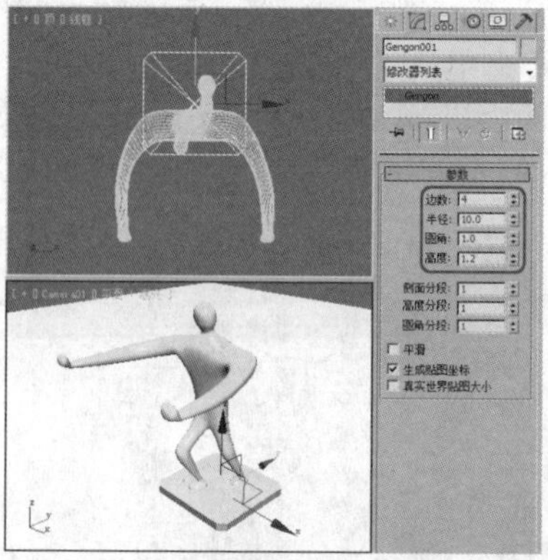

STEP 06 按M键打开“材质编辑器”对话框，在该对话框中选择“沙砾金”材质，并单击“将材质指定给选定对象”按钮，将材质指定给新创建的球棱柱，如右图所示。

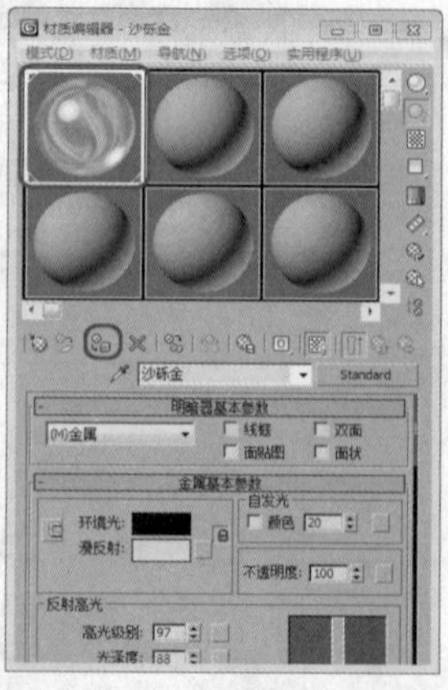

实战操作138 创建C-Ext

素材：Scene\Cha03\3-18.max　场景：Scene\Cha03\实战操作138.max

难度：★★★★★　视频：视频\Cha03\实战操作138.avi

使用“C-Ext”工具可以创建挤出的C形对象，具体操作步骤如下所述。

STEP 01 单击按钮，在弹出的下拉列表中执行“打开”命令，在打开的对话框中选择素材文件3-18.max，如下图所示。

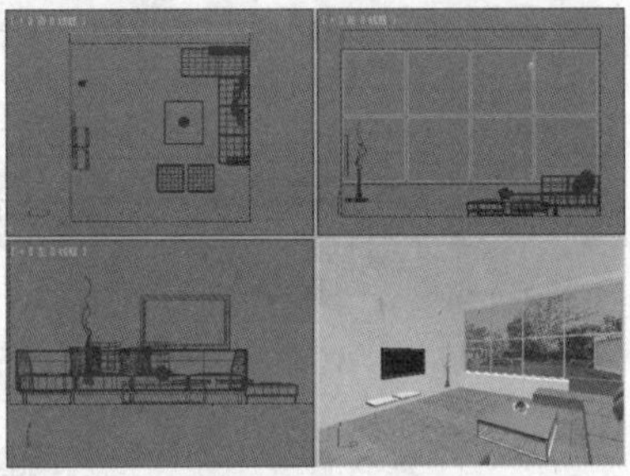

STEP 02 选择“创建”|“几何体”|“扩展基本体”|“C-Ext”工具，在“左”视图中单击鼠标左键并拖动鼠标，定义背面长度、侧面长度和前面长度，如下图所示。

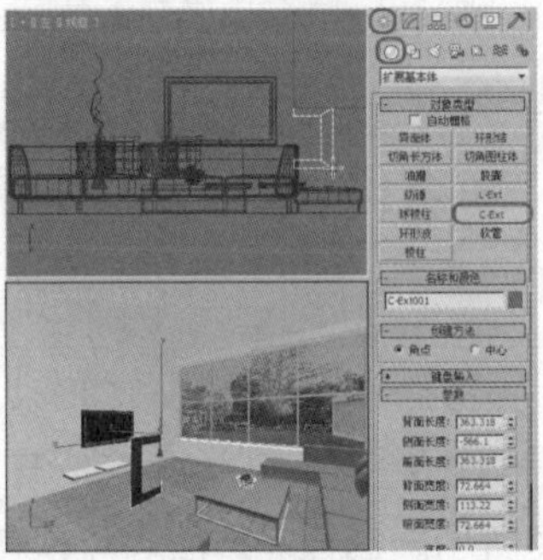

STEP 03 释放并移动鼠标，定义挤出的高度，如下图所示。

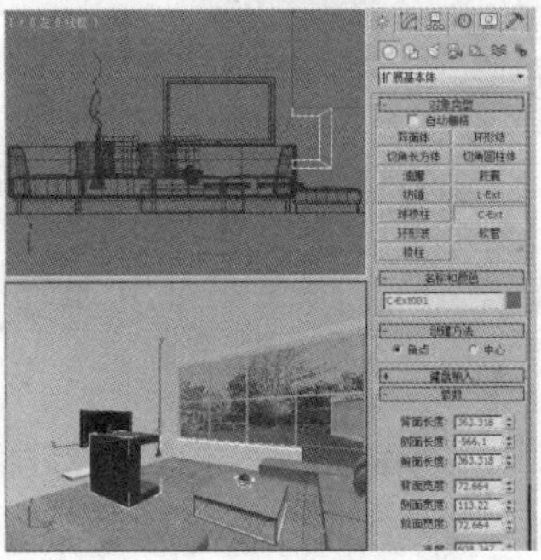

STEP 04 单击鼠标左键并移动，定义背面宽度、侧面宽度和前面宽度，再次单击鼠标左键完成创建，如下图所示。

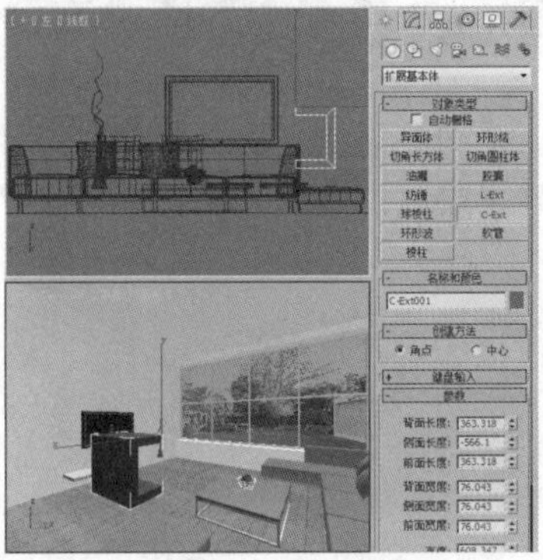

STEP 05 切换到“修改”命令面板，在“参数”卷展栏中将“背面长度”设置为2450，“侧面长度”设置为-275，“前面长度”设置为1900，“背面宽度”设置为47，“侧面宽度”设置为51，“前面宽度”设置为50，“高度”设置为478，并在视图中调整其位置，效果如下图所示。

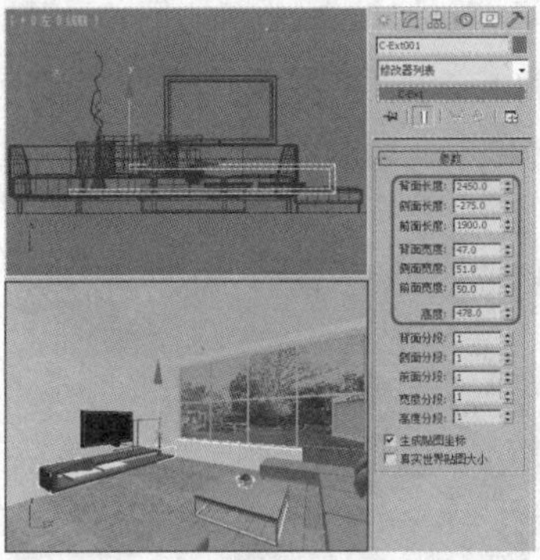

STEP 06 在“修改器列表”中选择“UVW贴图”修改器，在“参数”卷展栏中选中“贴图”选项组中的“长方体”单选按钮；在“对齐”选项组中选中“Z”单选按钮，并单击

“适配”按钮，如下图所示。

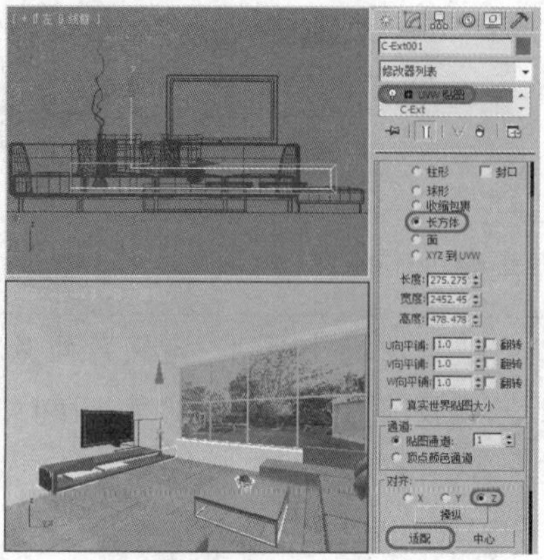

STEP 07 按M键打开“材质编辑器”对话框，在该对话框中选择“14 - Default”材质，并单击“将材质指定给选定对象”按钮，如右图所示。

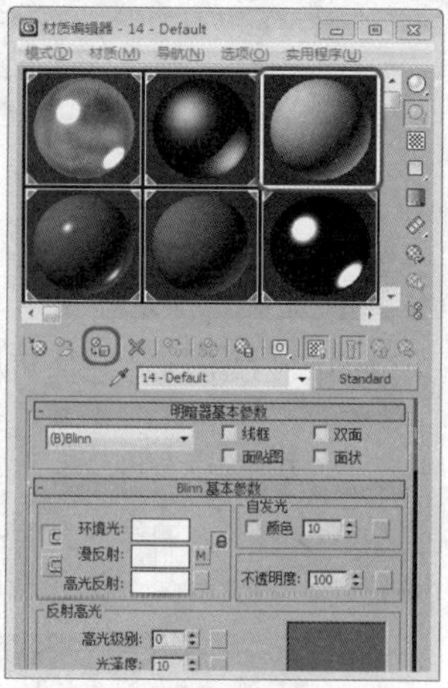

STEP 08 激活“摄影机”视图，按F9键进行渲染，渲染完成后的效果如右图所示。

实战操作139 创建环形波

素材：无	场景：无
难度：★★★★★	视频：视频\Cha03\实战操作139.avi

下面介绍创建环形波的方法，具体操作步骤如下所述。

STEP 01 选择“创建”|“几何体”|“扩展基本体”|“环形波”工具，在视图中单击鼠标左键并拖动，定义环形波的半径，如下图所示。

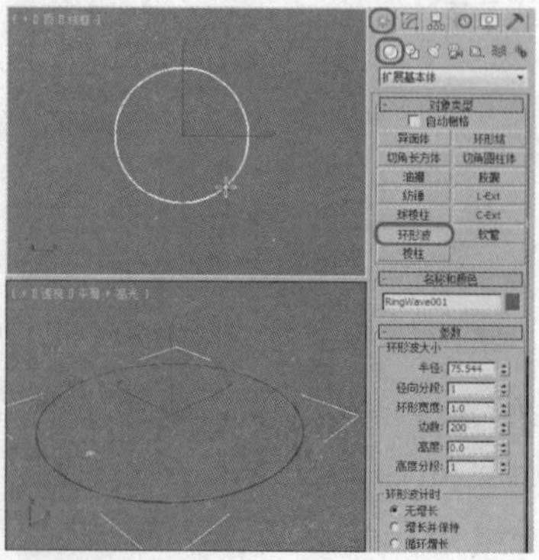

STEP 02 释放并移动鼠标，定义环形波的环形宽度，再次单击鼠标左键完成环形波的创建，如下图所示。创建完成后，可以在“修改”命令面板中的“参数”卷展栏中设置参数。

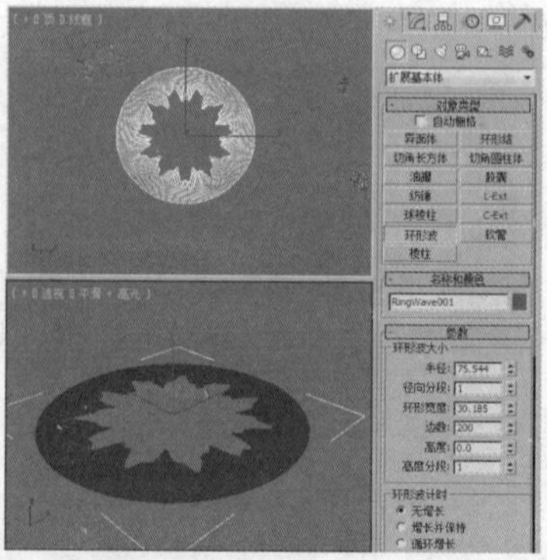

实战操作140 创建软管

素材：Scene\Cha03\3-19.max　场景：Scene\Cha03\实战操作140.max

难度：★★★★★　视频：视频\Cha03\实战操作140.avi

使用“软管”工具可以创建圆形软管、长方形软管和D截面软管，下面介绍创建圆形软管的方法，具体操作步骤如下所述。

STEP 01 单击按钮，在弹出的下拉列表中执行“打开”命令，在打开的对话框中选择素材文件3-19.max，如下图所示。

STEP 02 选择“创建” |“几何体” |“扩展基本体”|“软管”工具，在“顶”视图中按住鼠标左键并拖动，定义软管的半径，如下图所示。

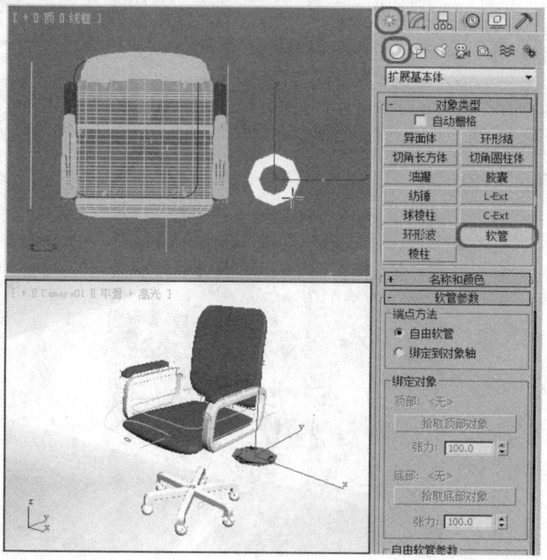

STEP 03 释放并移动鼠标定义软管的高度，再次单击鼠标左键完成软管的创建，如下图所示。

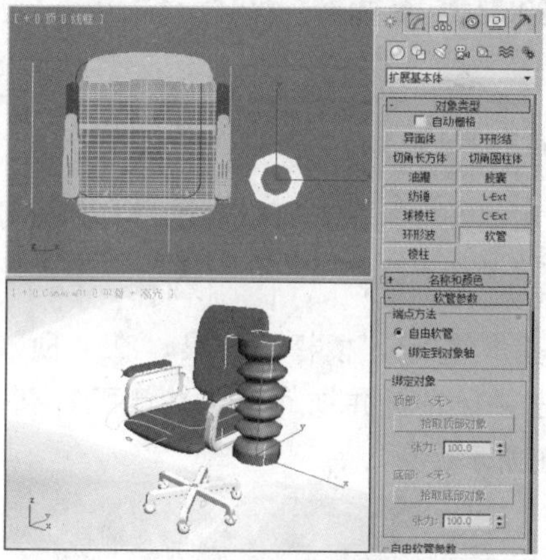

STEP 04 切换到“修改”命令面板，打开“软管参数”卷展栏，在“自由软管参数”选项组中将“高度”设置为123；在“公用软管参数”选项组中将“周期数”设置为12，“直径”设置为12；在“软管形状”选项组中将“直径”设置为23，并在视图中调整软管的位置，如下图所示。

STEP 05 按M键打开“材质编辑器”对话框，在该对话框中选择“03 - Default”材质，并单击“将材质指定给选定对象”按钮，如右图所示。

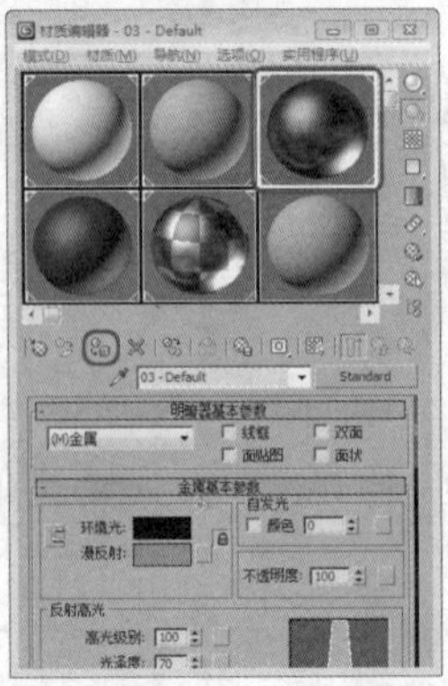

STEP 06 激活“摄影机”视图，按F9键进行渲染，渲染完成后的效果如右图所示。

实战操作141 创建棱柱

素材：无	场景：无
难度：★★★★★	视频：视频\Cha03\实战操作141.avi

使用“棱柱”工具可以创建带有独立分段面的三面棱柱。创建棱柱的操作步骤如下所述。

STEP 01 选择“创建”|“几何体”|“扩展基本体”|“棱柱”工具，在“顶”视图中单击鼠标左键并拖动，定义侧面1的长度，如下图所示。

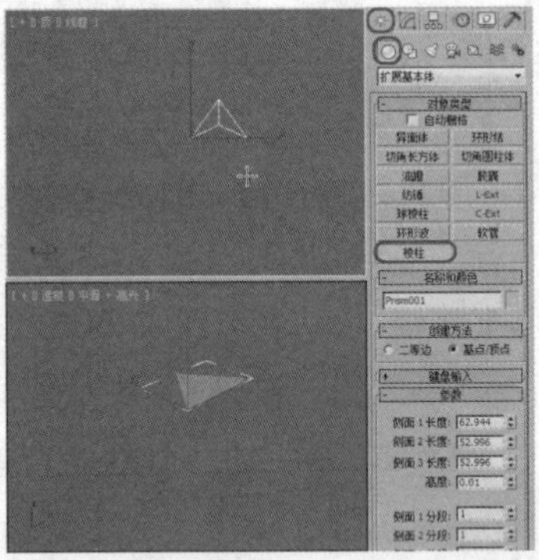

STEP 02 释放并移动鼠标，定义侧面2和侧面3的长度，如下图所示。

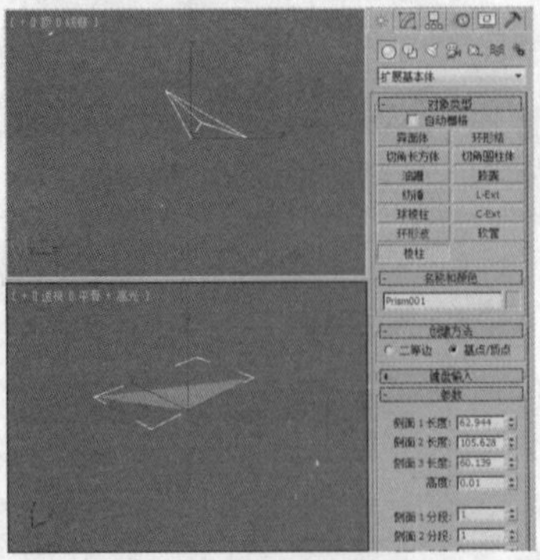

STEP 03 单击鼠标左键，然后移动，定义棱柱的高度，再次单击鼠标左键完成棱柱的创建，如下图所示。

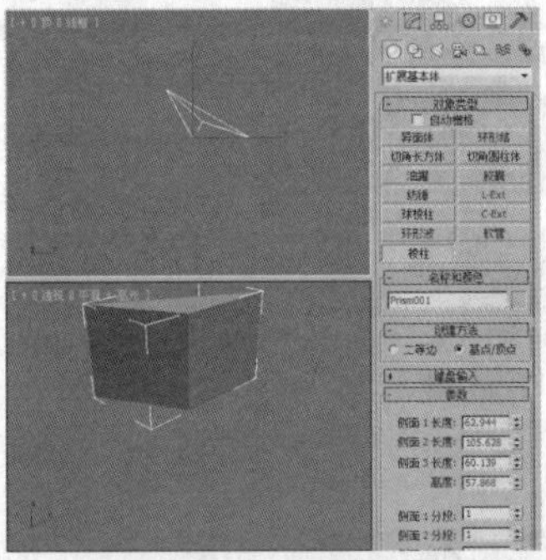

STEP 04 切换到“修改”命令面板，在“参数”卷展栏中将“侧面1长度”设置为100，“侧面2长度”设置为90，“侧面3长度”设置为60，“高度”设置为100，效果如下图所示。

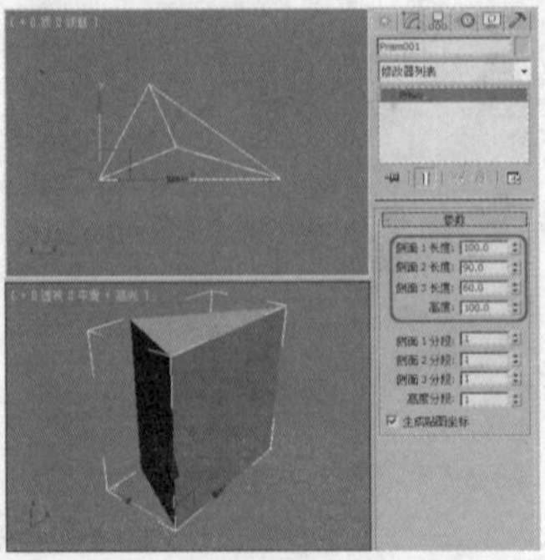

Chapter

04

第4章 二维图形的创建和编辑

在现实生活中，通常看到的复杂而又真实的三维模型是通过2D样条线加工而成的。本章将介绍如何在3ds Max 2013中使用二维图形面板中的工具进行基础建模，使读者对基础建模有所了解，并掌握基础建模的方法，为深入学习3ds Max 2013做更好的铺垫。

3ds Max 2013

4.1 创建样条线

样条曲线一共有12种类型，它们可以作为挤压、旋转等加工成型的截面图形，还可以作为物体运动的路径，每建立的一个曲线都可以作为一个新的独立物体。

实战操作142 创建线

素材：Scene\Cha04\4-1.max　　场景：Scene\Cha04\实战操作142.max

难度：★★★★★　　视频：视频\Cha04\实战操作142.avi

“线”工具是用来绘制开放或是封闭型的曲线，它还可以创建对各分段组成的自由形式样条线。

STEP 01 按Ctrl+O组合键，打开一幅素材模型，如下图所示。

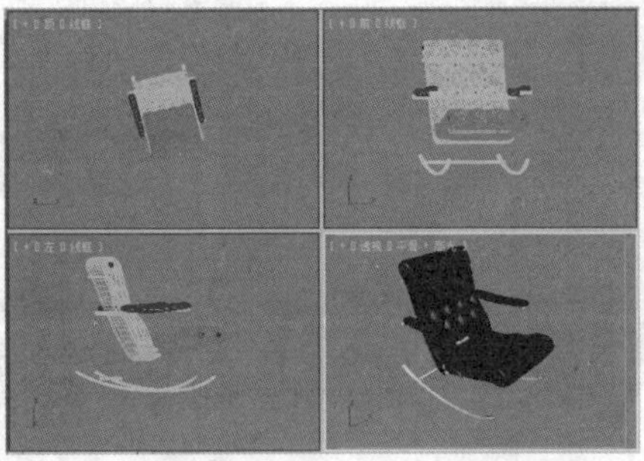

STEP 02 选择“创建” | “图形” | “样条线” | “线”工具，在“左”视图中绘制两个样条线，如下图所示。

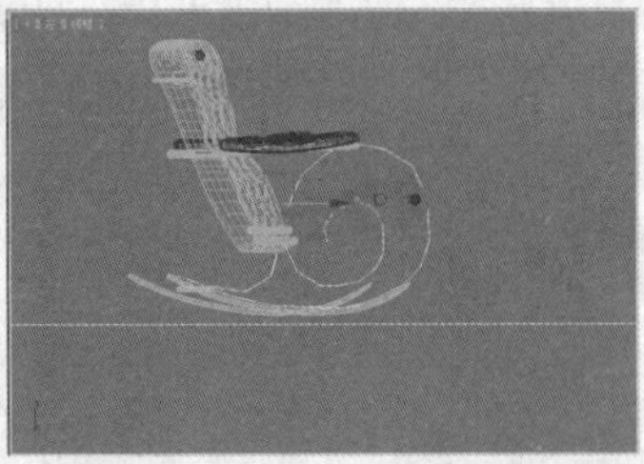

STEP 03 在“左”视图中适当调节顶点的位置，如下图所示。

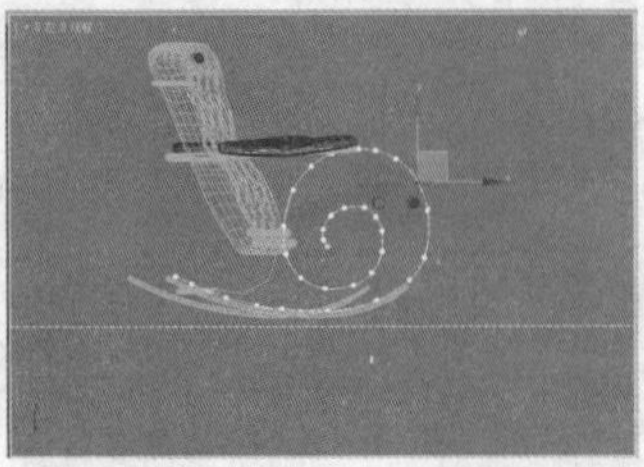

STEP 04 切换到“修改”面板，在“渲染”卷展栏中选中“在渲染中启用”和“在视口中启用”复选框，将“径向”中的厚度设置为6，“边”设置为12，如右图所示。

STEP 05 第二个样条线同第一个样条线的制作方法一样，渲染出的效果如下图所示。

STEP 06 设置完成后，在“顶”视图中选择刚刚绘制的两个样条线，按住Shift键单击鼠标左键向右拖动，对其进行复制，并在视图中调整其位置，如下图所示。

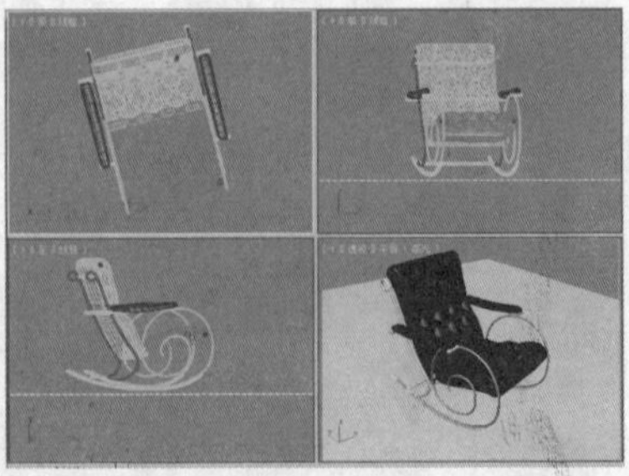

实战操作143 创建矩形

素材：Scene\Cha04\4-2.max　　场景：Scene\Cha04\实战操作143.max

难度：★★★★★　　视频：视频\Cha04\实战操作143.avi

“矩形”工具是一个常用到的工具，可以创建正方形和矩形样条线。

STEP 01 按Ctrl+O组合键，打开光盘中提供的素材文件4-2.max，如下图所示。

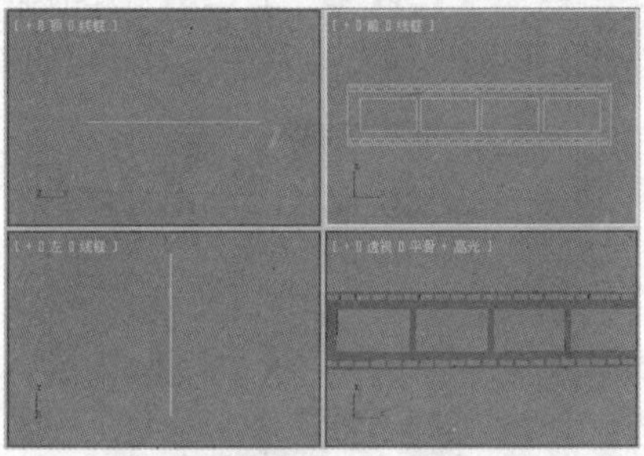

STEP 02 选择“创建” | “图形” | “样条线” | “矩形”工具，在“前”视图中创建矩形，如下图所示，并将其位置进行调整。

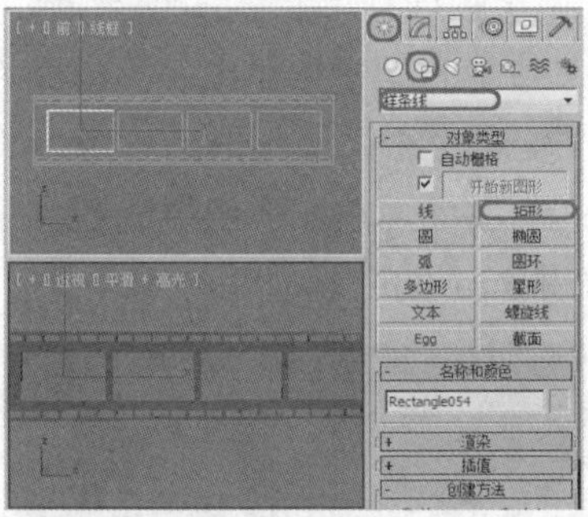

STEP 03 切换到“修改”命令面板，在修改器下拉列表中选择“挤出”修改器，对其进行挤出，如下图所示。

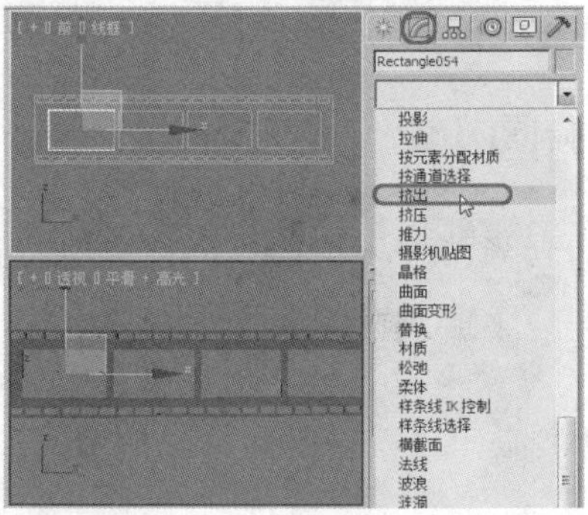

STEP 04 选择完成后，在“参数”卷展栏中，将其挤出“数量”设置为20，“分段”设置为1，如右图所示。

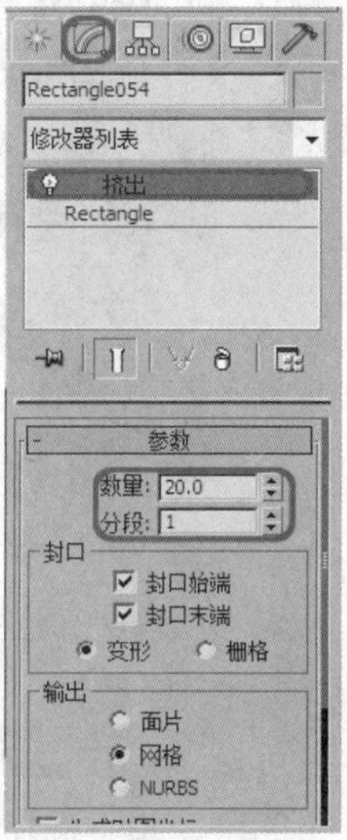

STEP 05 设置完成后，在“顶”视图中选择刚刚绘制的矩形，按住Shift键单击鼠标左键向右拖动，对其进行复制，在弹出的对话框中，将其“副本数”设置为3，并在视图中调整其位置，复制后的效果如下图所示。

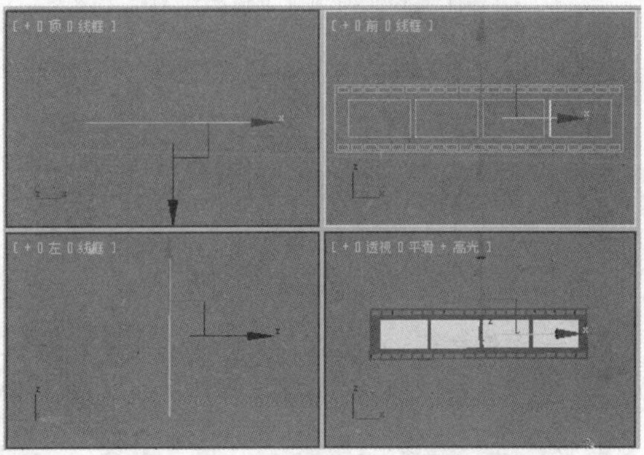

STEP 06 设置完成后，为创建的矩形指定材质，效果如下图所示。

实战操作144 创建圆

素材：Scene\Cha04\4-3.max　场景：Scene\Cha04\实战操作144.max

难度：★★★★★　视频：视频\Cha04\实战操作144.avi

“圆”工具可以用来创建圆形。

STEP 01 按Ctrl+O组合键，打开光盘中提供的素材文件4-3.max，如下图所示。

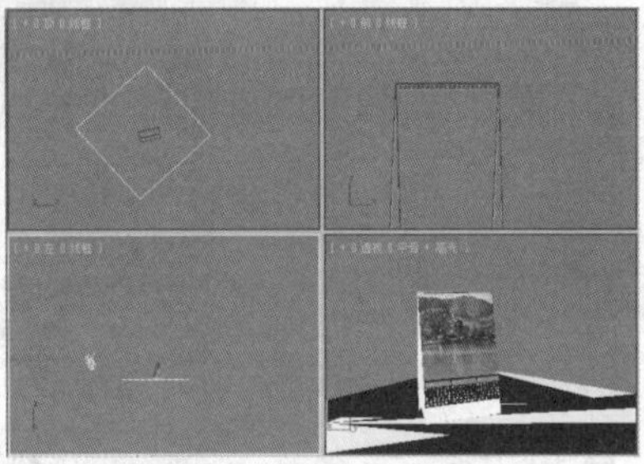

STEP 02 打开后，选择“创建” | “图形” | “样条线” | “圆”工具，在“左”视图中单击鼠标左键并拖动，单击鼠标右键完成圆的创建，如下图所示。

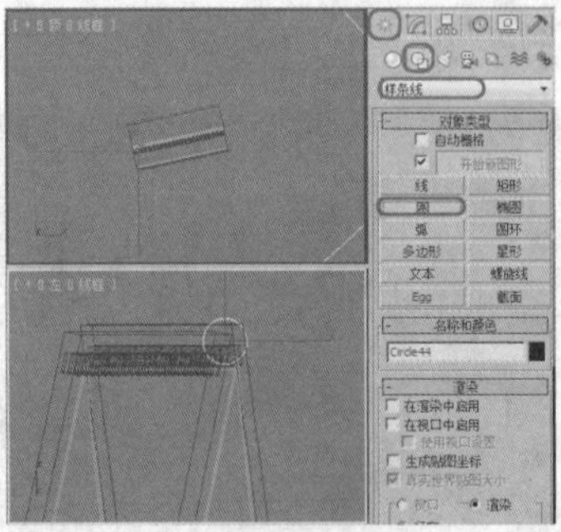

STEP 03 完成对象的创建后，将圆移动到合适的位置，单击“修改”按钮，进入“修改”命令面板，在“渲染”卷展栏中选中“在渲染中启用”和“在视口中启用”复选框，将“厚度”设为0.8，“边”设为12。在“参数”卷展栏中将“半径”设为4，并设置圆的颜色，如下图所示。

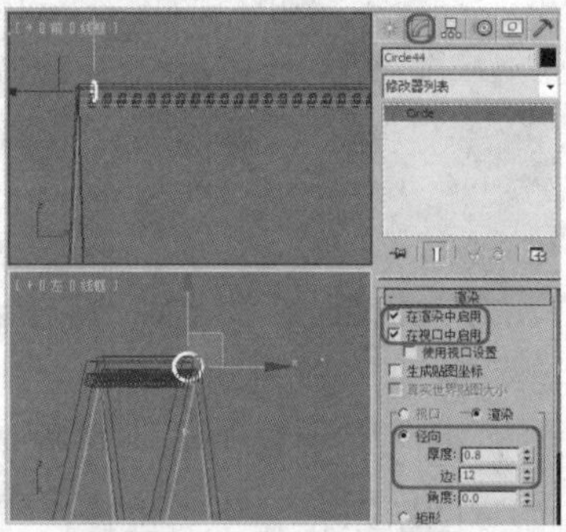

STEP 04 设置完成后，激活“前”视图，选择圆环，按住Shift键单击鼠标左键向右拖动，对齐进行复制，在弹出的对话框中，将其“副本数”设置为21，并在视图中调整其位置，复制后的效果如下图所示。

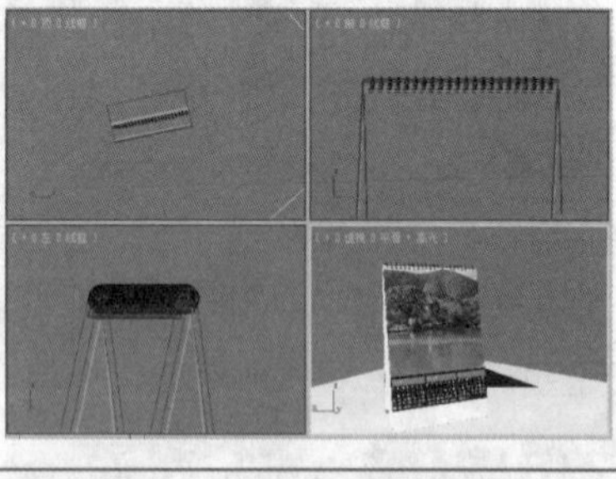

实战操作145 创建椭圆

素材：Scene\Cha04\4-4.max　场景：Scene\Cha04\实战操作145.max

难度：★★★★★　视频：视频\Cha04\实战操作145.avi

“椭圆”工具可以用来绘制椭圆形，与“圆”的创建类似，只不过椭圆可以调节“长度”和“宽度”两个参数。

STEP 01 按Ctrl+O组合键，打开一幅素材模型，如下图所示。

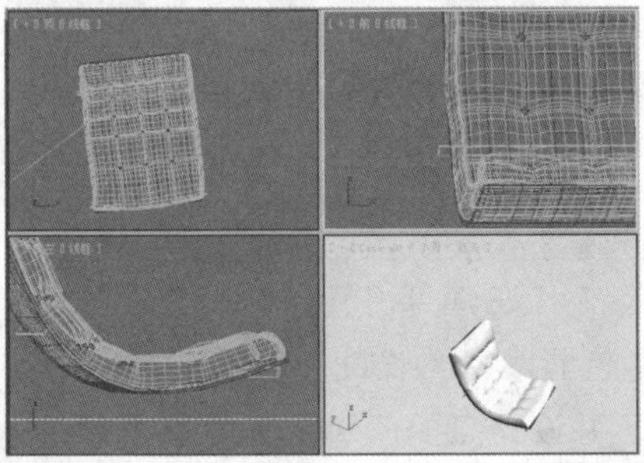

STEP 02 选择“创建” | “图形” | “样条线” | “椭圆”工具，在“左”视图中按住鼠标左键并拖动，单击鼠标右键结束椭圆的创建，如下图所示。

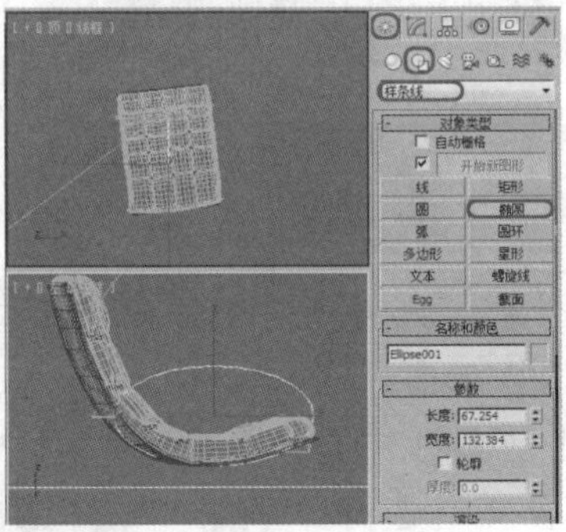

STEP 03 完成对象的创建后，将椭圆移动到合适的位置，单击“修改”按钮，进入“修改”命令面板，在“参数”卷展栏中将“长度”设为77，“宽度”设为126。在“渲染”卷展栏中选中“在渲染中启用”和“在视口中启用”复选框，将“长度”设为3，“宽度”设为4，并设置椭圆的颜色，如下图所示。

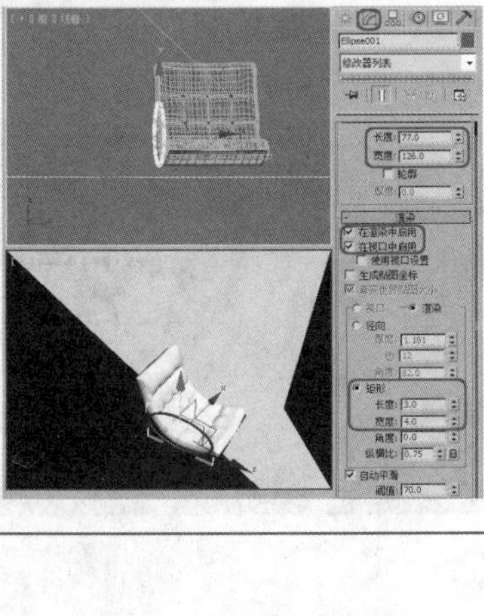

STEP 04 设置完成后，切换至“修改”面板，在“修改器”下拉列表中选择“网格平滑”选项，使其平滑，如下图所示。

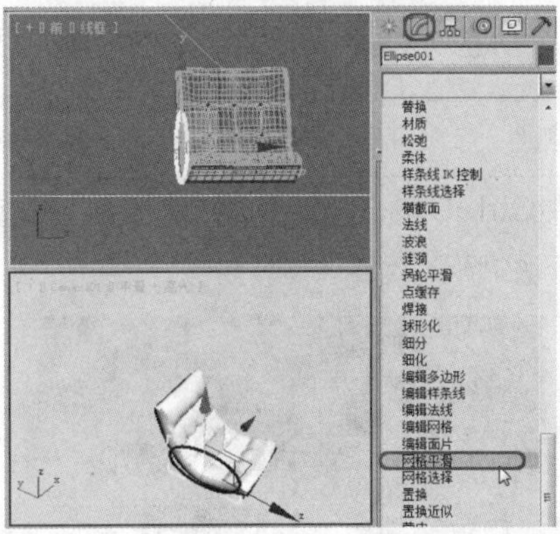

STEP 05 激活“顶”视图，选择创建好的椭圆，按Shift键单击鼠标左键向右拖动，对齐进行复制，在弹出的对话框中，将其“副本数”设置为1，并在视图中调整其位置，复制后的效果如下图所示。

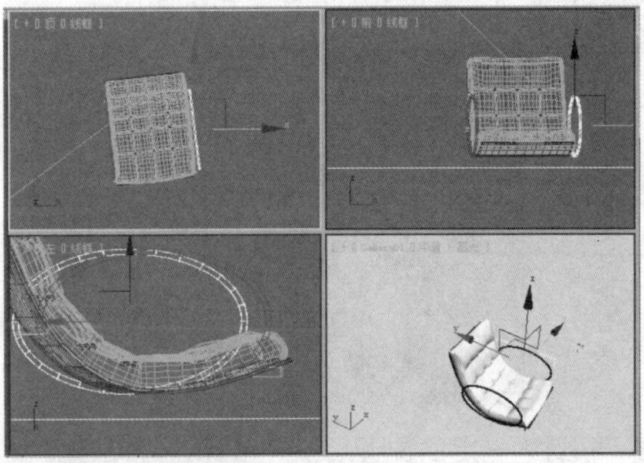

STEP 06 设置完成后，按F9键，渲染即可出效果图，如下图所示。

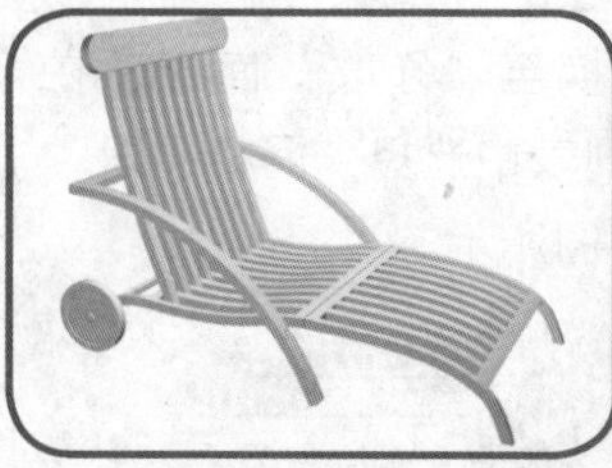

实战操作146 创建弧

素材：Scene\Cha04\4-5.max　　场景：Scene\Cha04\实战操作146.max

难度：★★★★★　　视频：视频\Cha04\实战操作146.avi

“弧”工具可以用来制作圆弧曲线和扇形。

STEP 01 按Ctrl+O组合键，打开一幅素材模型，如下图所示。

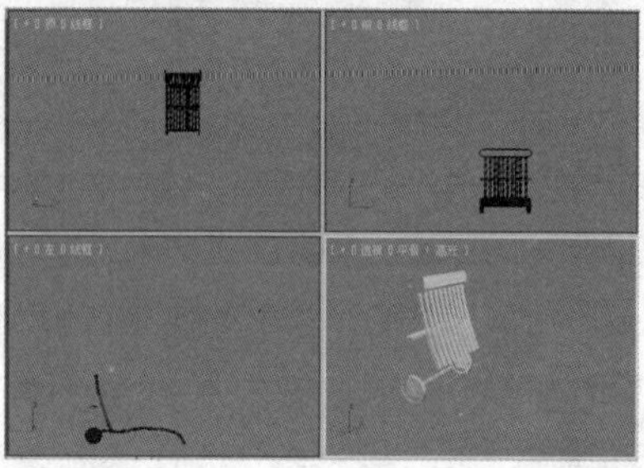

STEP 02 选择“创建”|“图形”|“样条线”|“弧”工具，在“左”视图中按住鼠标并拖动，拖出一条直线，如下图所示。

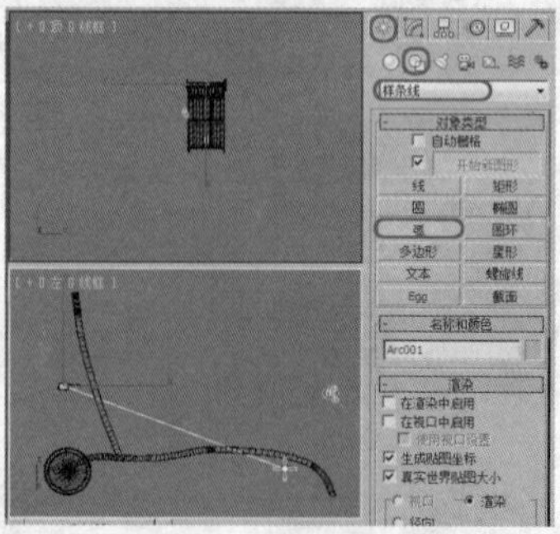

STEP 03 到达一定的位置后松开鼠标，移动鼠标确定圆弧的大小，单击鼠标左键完成弧的创建，如下图所示。

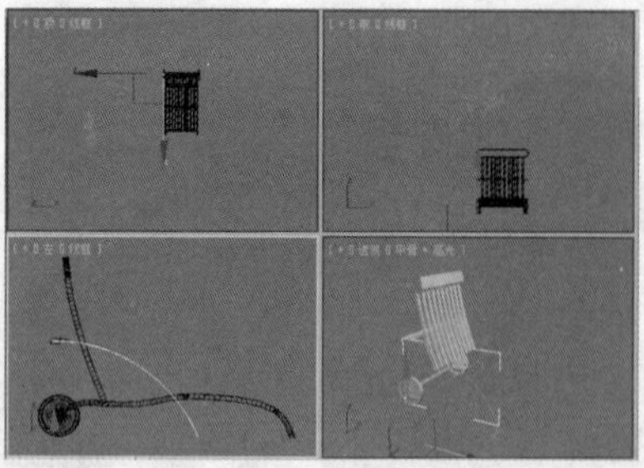

STEP 04 完成对象的创建后，单击“修改”按钮，进入“修改”命令面板，在“渲染”卷展栏中选中“在渲染中启用”和“在视口中启用”复选框，将“长度”设为4.0，“宽度”设为2.5，并设置弧的颜色，如下图所示。

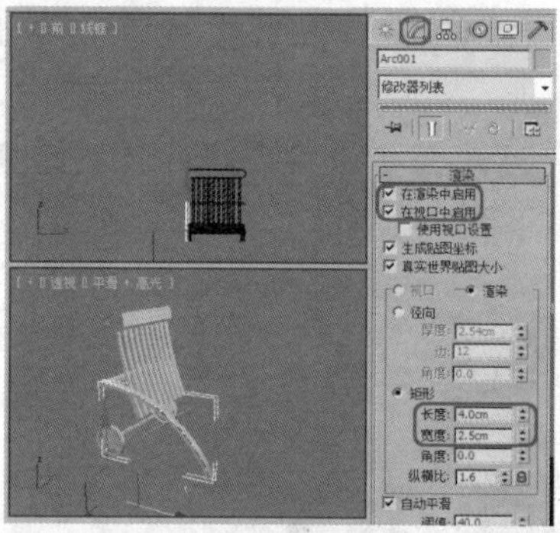

STEP 05 选择弧，切换到“修改”面板，单击“修改”面板右侧的小三角按钮，在弹出的下拉菜单中选择“网格平滑”修改器，使其平滑，如右图所示。

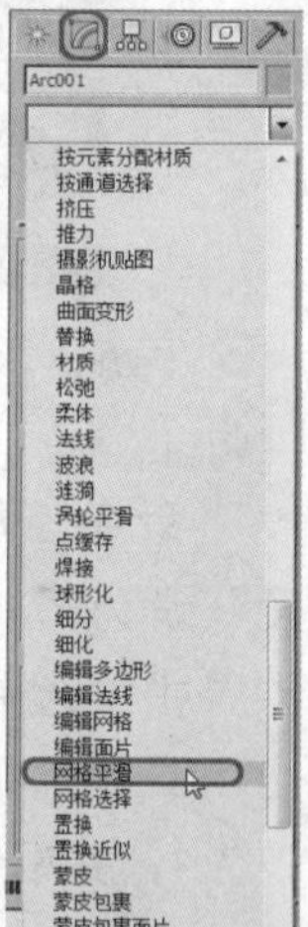

STEP 06 激活“顶”视图，选择创建好的弧，按住Shift键单击鼠标左键向右拖动，对齐进行复制，在弹出的对话框中，将其“副本数”设置为1，并在视图中调整其位置，复制后的效果如下图所示。

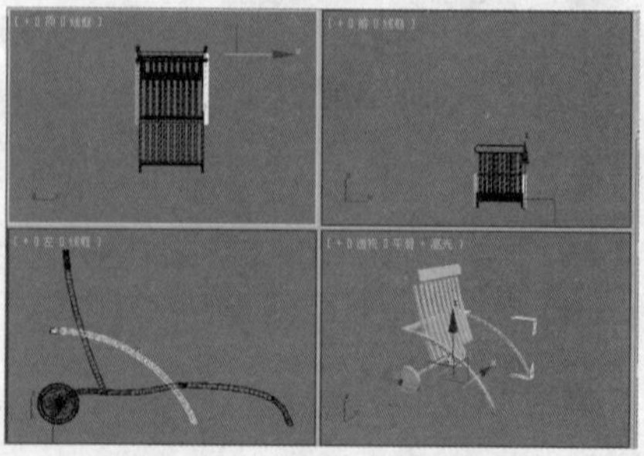

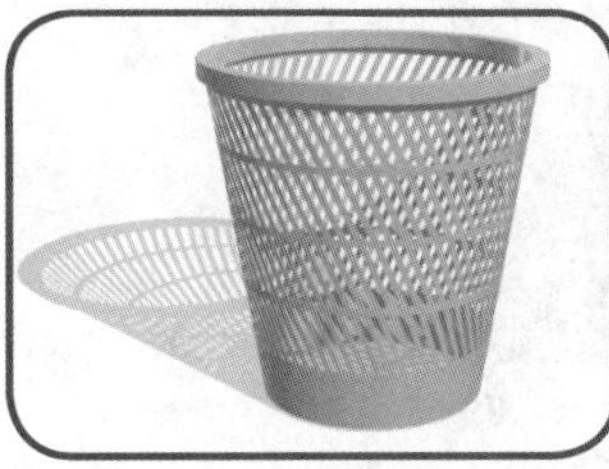

实战操作147 创建圆环

素材：Scene\Cha04\4-6.max　　场景：Scene\Cha04\实战操作147.max

难度：★★★★★　　视频：视频\Cha04\实战操作147.avi

使用“圆环”可以通过两个同心圆创建封闭的形状，而且每个圆都由四个顶点组成。

STEP 01 按Ctrl+O组合键，打开光盘中提供的素材文件4-6.max，如下图所示。

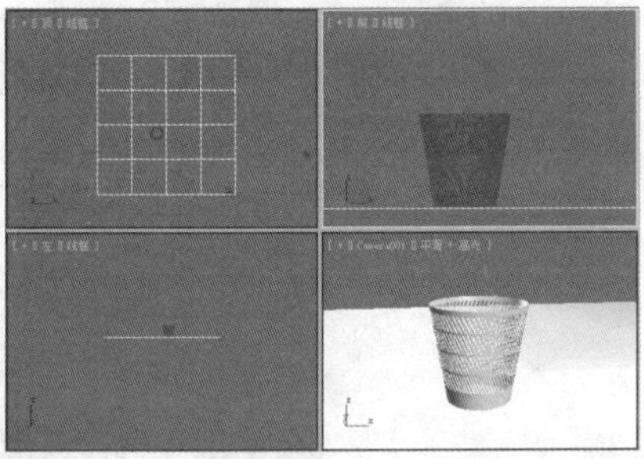

STEP 02 选择“创建” |“图形” |“样条线”|“圆环”工具，在“顶”视图中创建圆环，在“参数”卷展栏中将“半径1”设置为10，将“半径2”设置为9，并在视图中将其位置调整好，如下图所示。

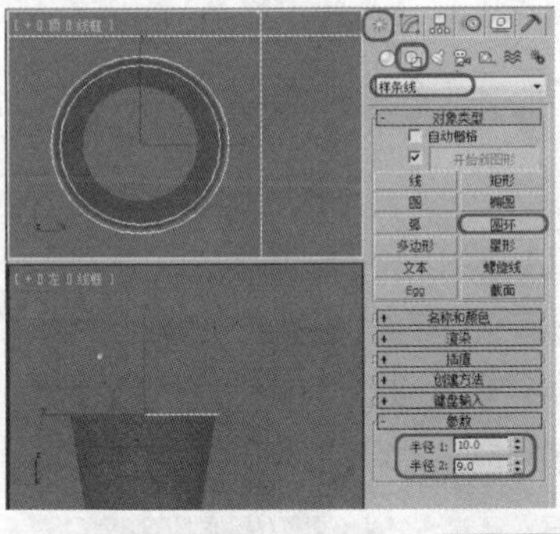

STEP 03 选择绘制的圆环，切换到“修改”面板，单击“修改”面板右侧的小三角按钮，在弹出的下拉菜单中选择“挤出”修改器，如右图所示。

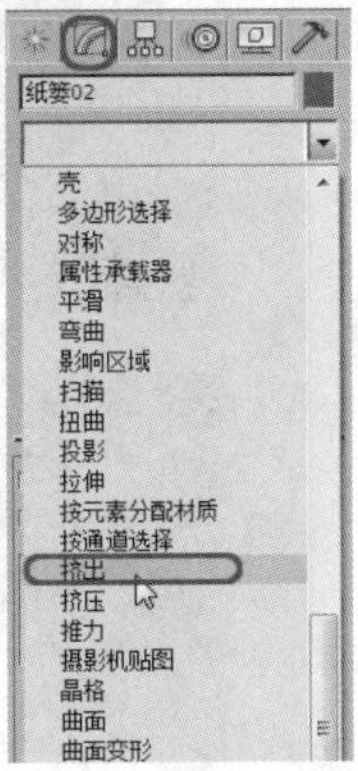

STEP 04 在“参数”卷展栏中将“数量”设为1，“分段”设为100，如下图所示。

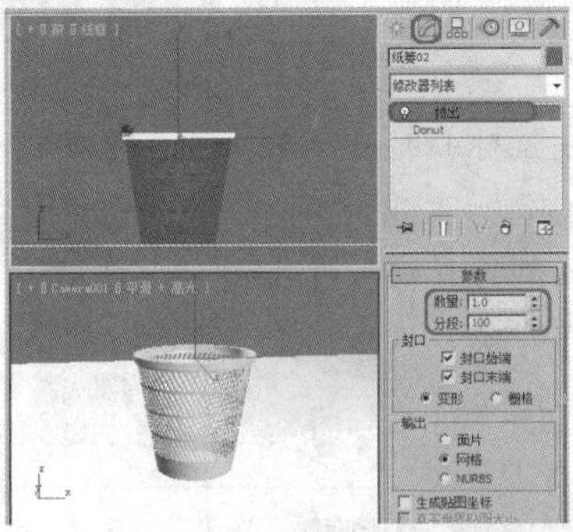

STEP 05 设置完成后，在视图中选择挤出后的圆环，再单击“修改”面板右侧的小三角按钮，在弹出的下拉菜单中选择“网格平滑”修改器，使其平滑，如下图所示。

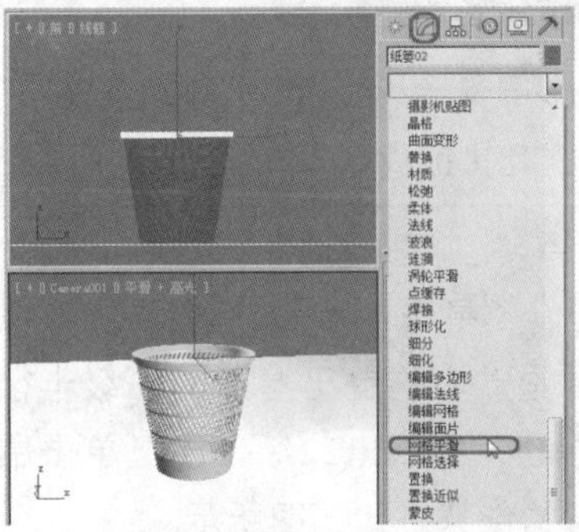

STEP 06 为圆环设置材质，激活“透”视图，按F9快捷键进行渲染，最终效果如下图所示。

实战操作148 创建多边形

素材：无　　场景：无

难度：★★★★★　　视频：视频\Cha04\实战操作148.avi

"多边形"工具可以制作任意边数的正多边形，还可以产生圆角多边形。

STEP 01 选择"创建"|"图形"|"样条线"|"多边形"工具，在"顶"视图中按住鼠标并拖动，释放鼠标完成多边形的创建，如右图所示。

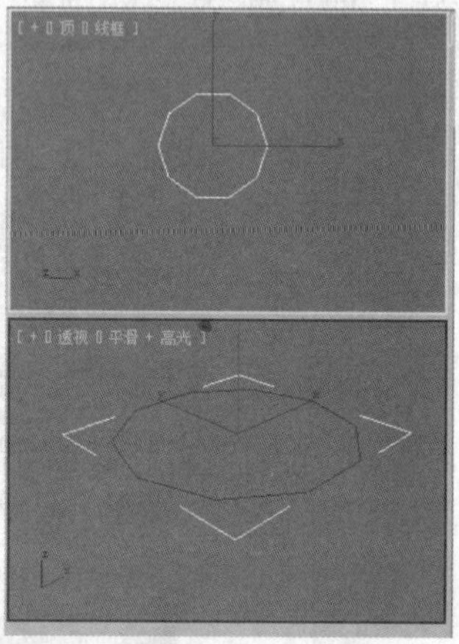

STEP 02 完成对象的创建后，可以在命令面板中对其参数进行修改，如右图所示。

实战操作149 创建星形

素材：无　　场景：Scene\Cha04\实战操作149.max

难度：★★★★★　　视频：视频\Cha04\实战操作149.avi

"星形"工具可以建立多角星形，尖角可以钝化为圆角，制作齿轮图案；尖角的方向可以扭曲，产生倒刺状锯齿；参数的变换可以产生许多奇特的图案。

STEP 01 选择"创建"|"图形"|"样条线"|"星形"工具，在"顶"视图中按住鼠标并拖动，拖曳出星形的一级半径，松开鼠标并移动，拖曳出二级半径，单击鼠标右键完成星形的创建，如下图所示。

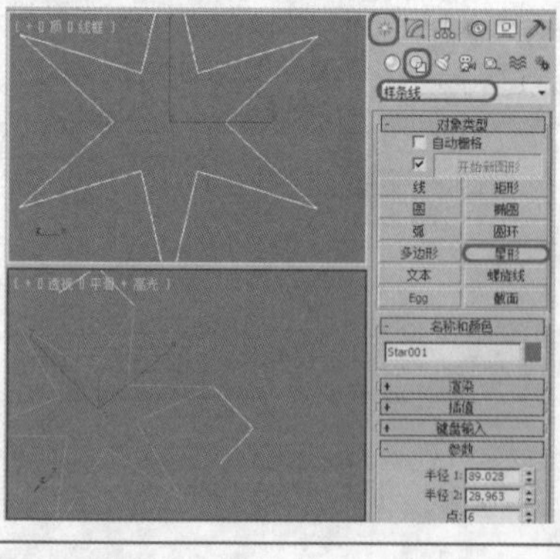

STEP 02 单击"修改"按钮，进入"修改"命令面板，在参数卷展栏中将"半径1"设为30，"半径2"设为3，"点"设为4，并将其颜色改为白色，如下图所示。

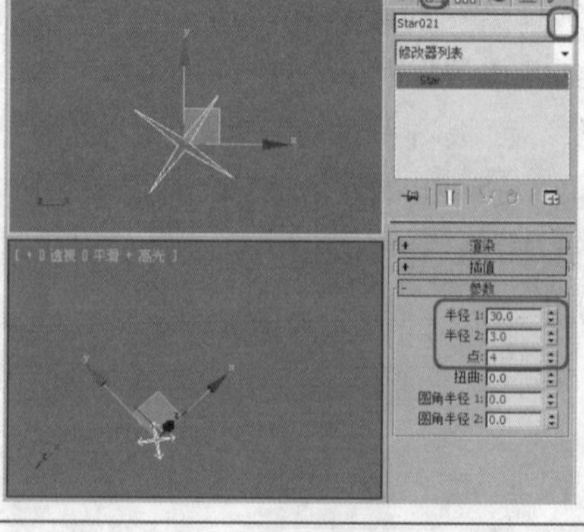

STEP 03 在“修改器”下拉列表中选择“挤出”修改器，如右图所示。

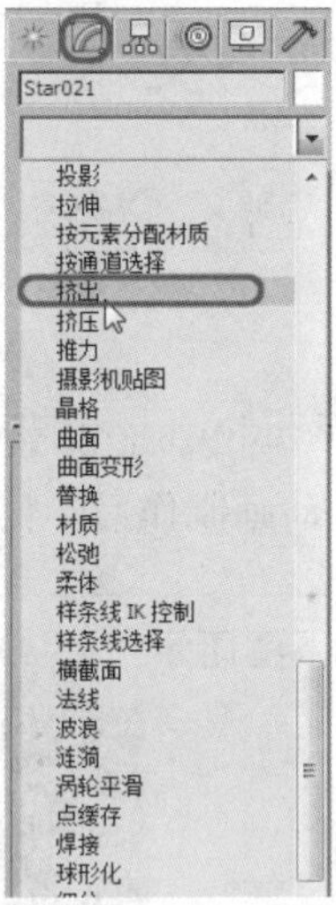

STEP 04 在“参数”卷展栏中将“数量”设为2，“分段”设为1，这样星星就有了厚度，如下图所示。

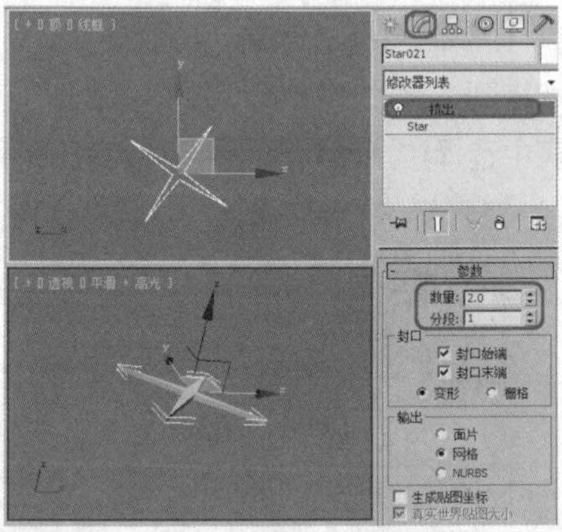

STEP 05 设置完成后，激活“顶”视图，选择创建好的星星，按住Shift键单击鼠标左键向右拖动，对齐进行复制，在弹出的对话框中，将其“副本数”设置为15，并在视图中调整其位置，复制后的效果如下图所示。

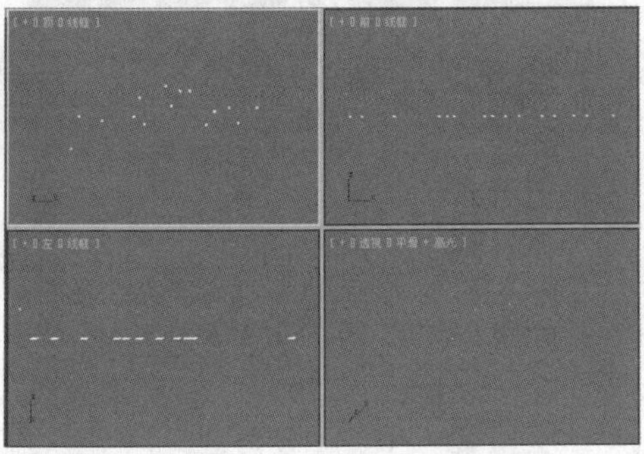

STEP 06 按8键，设置“环境贴图”。在弹出的“环境和效果”对话框中，单击“背景”选项组中的“无”按钮，在打开的“材质/贴图浏览器”对话框中双击“位图”贴图，如下图所示。

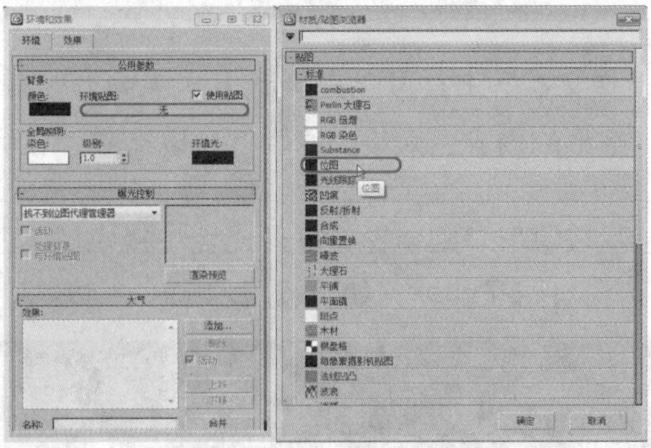

STEP 07 然后在弹出的“选择位图图像文件”对话框中选择随书附带光盘中的\Map\夜景1.jpg文件，如下图所示。

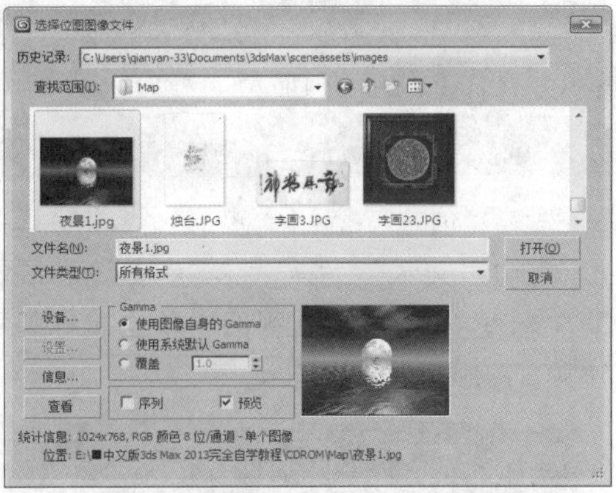

STEP 08 设置完成后，激活“顶”视图，按F9键进行渲染，渲染完成后的效果如下图所示。

实战操作150 创建文本

素材：Scene\Cha04\4-7.max　　场景：Scene\Cha04\实战操作150.max

难度：★★★★★　　视频：视频\Cha04\实战操作150.avi

“文本”工具可以直接产生文字图形，在中文Windows平台下可以直接产生各种字体的中文字形，字形的内容、大小、间距都可以调整，在完成了动画制作后，仍可以修改文字的内容。

STEP 01 按Ctrl+O组合键，打开光盘中提供的素材文件4-7.max，如下图所示。

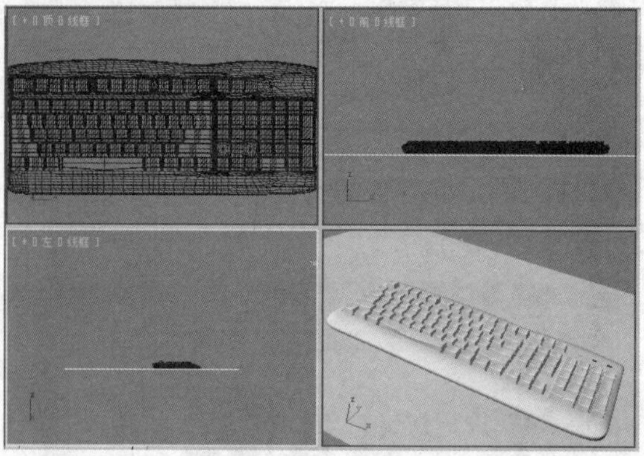

STEP 02 选择“创建”|“图形”|“样条线”|“文本”工具，在“参数”卷展栏中的文本框中输入1，在视图中单击鼠标即可创建文本图形，如下图所示。

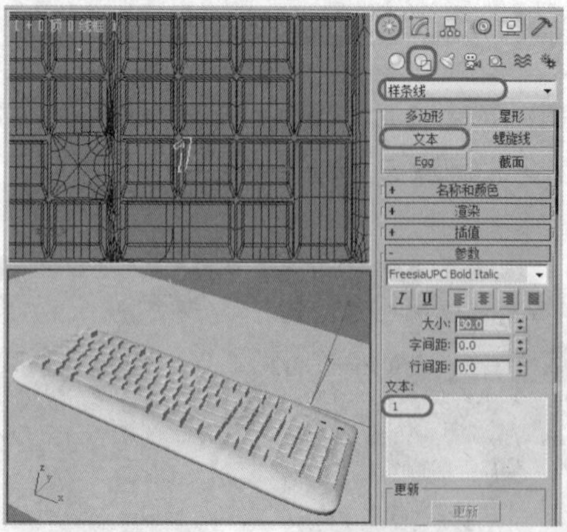

STEP 03 在“参数”卷展栏中可以对文本的字体、字号、间距以及文本的内容进行修改，将“大小”参数设为20，“字间距”参数设为0，“行间距”设为0，字体设为DokChampa，如下图所示。

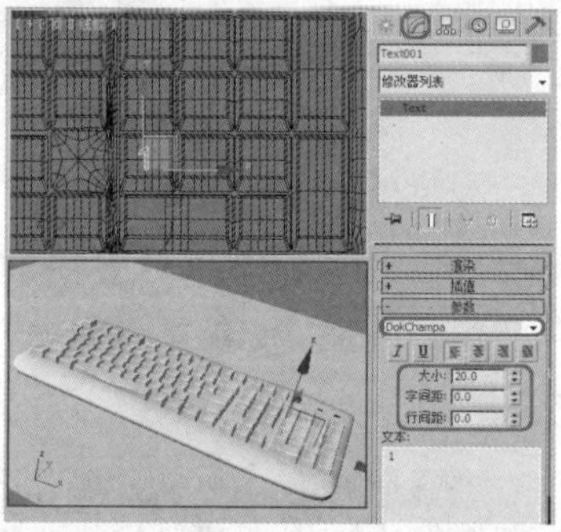

STEP 04 切换到“修改”面板，在“修改器”下拉列表中选择“挤出”修改器，如下图所示。

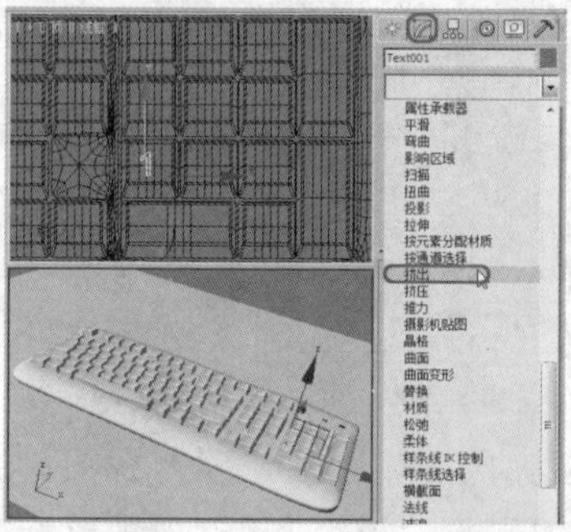

STEP 05 在“参数”卷展栏中将“数量”设为0.5，“分段”设为1，将文本的颜色设为黑色，并在视图中调整文本的位置，如下图所示。

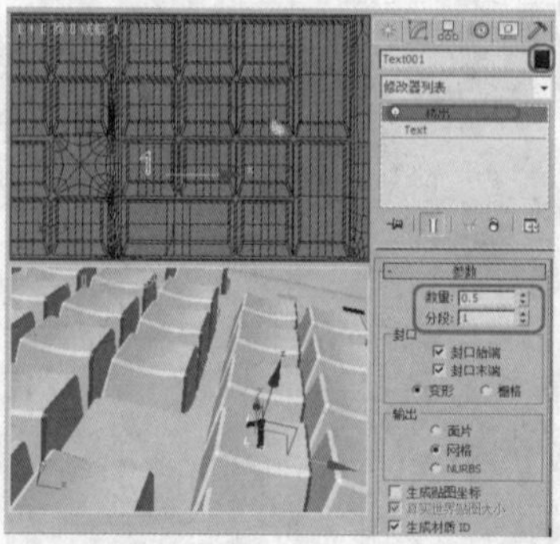

STEP 06 按照同样的方法创建其他文本，其效果如右图所示。

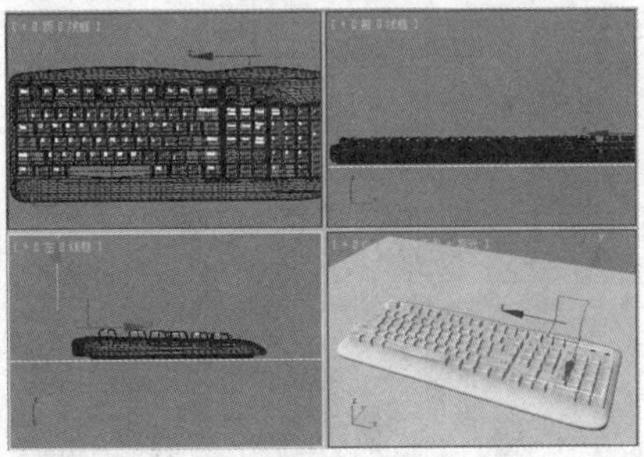

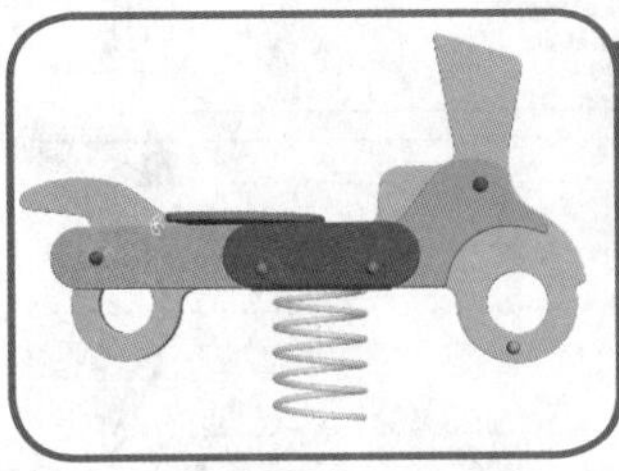

实战操作151 创建螺旋线

素材：Scene\Cha04\4-8.max

场景：Scene\Cha04\实战操作151.max

难度：★★★★★

视频：视频\Cha04\实战操作151.avi

“螺旋线”工具可以制作平面或空间的螺旋线，用于完成弹簧、盘香、线轴等的造型，或用来制作运动路径。

STEP 01 按Ctrl+O组合键，打开一幅素材模型，如下图所示。

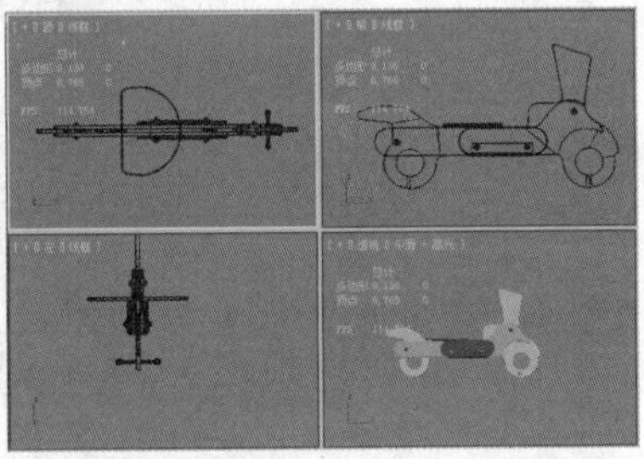

STEP 02 选择“创建”|“图形”|“样条线”|“螺旋线”工具，在“顶”视图中单击鼠标左键并拖动鼠标，拉出一级半径，如下图所示。

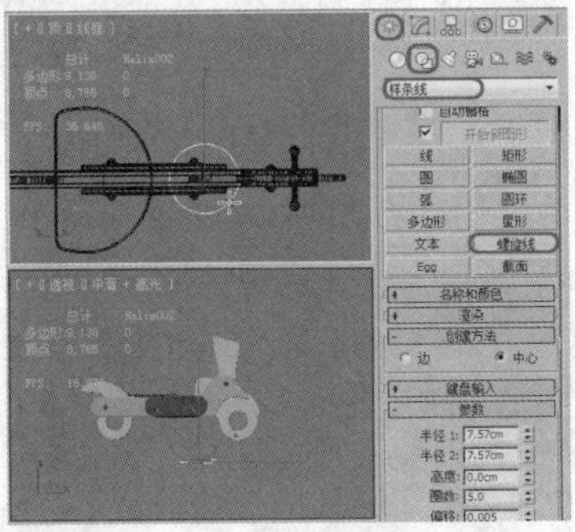

STEP 03 释放鼠标并移动，拖曳出螺旋线的高度，单击鼠标左键确定螺旋线的高度，然后再移动鼠标，拉出二级半径后单击鼠标右键结束螺旋线的创建，如下图所示。

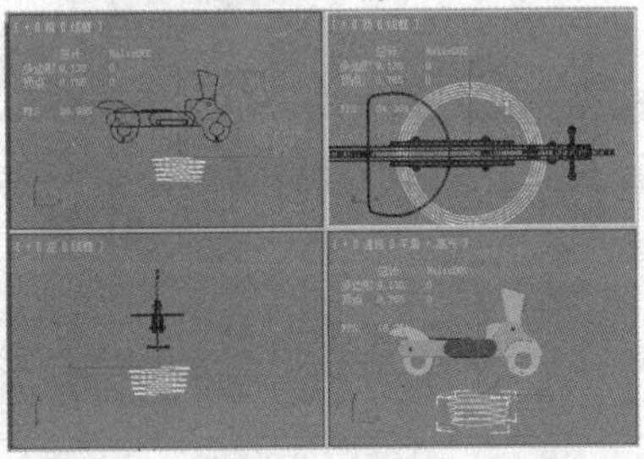

STEP 04 切换到“修改”面板，在“渲染”卷展栏中选中“在渲染中启用”和“在视口中启用”复选框，将“厚度”设为1，“边”设为18；在参数卷展栏中将“半径1”设为7，“半径2”设为7，“高度”设为20，“圈数”设为5，“偏移”设为0.005，如下图所示。

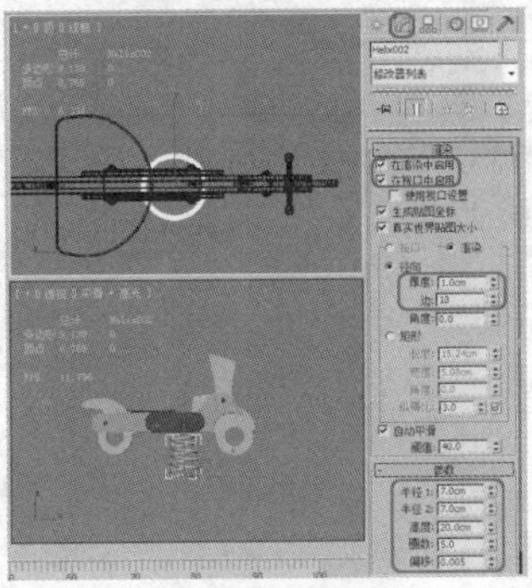

STEP 05 设置完成后，在视图中将其位置调整好，并为其指定金属材质，如下图所示。

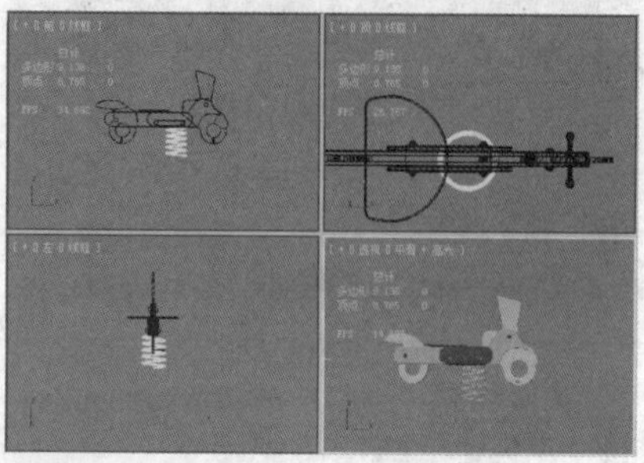

STEP 06 调整好后，激活“透”视图，按F9键进行渲染，渲染完成后的效果如下图所示。

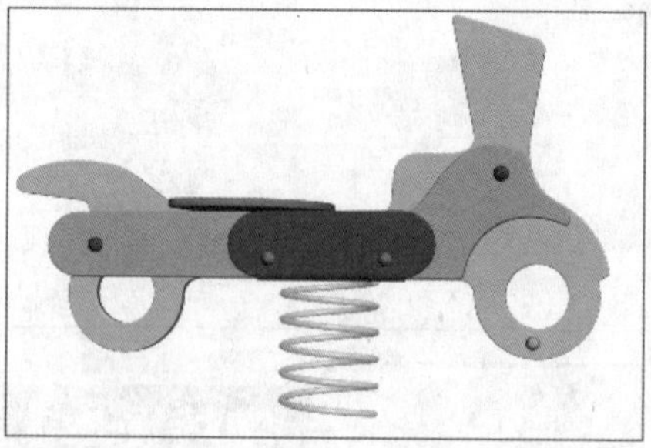

实战操作152 创建Egg

素材：无　　场景：无

难度：★★★★★　　视频：视频\Cha04\实战操作152.avi

使用“Egg”可以通过两个同心圆创建封闭的形状，而且每个圆都由四个顶点组成。

STEP 01 选择“创建” | “图形” | “样条线” | “Egg”工具，在“顶”视图中按住鼠标并拖动，释放鼠标完成多边形的创建，如右图所示。

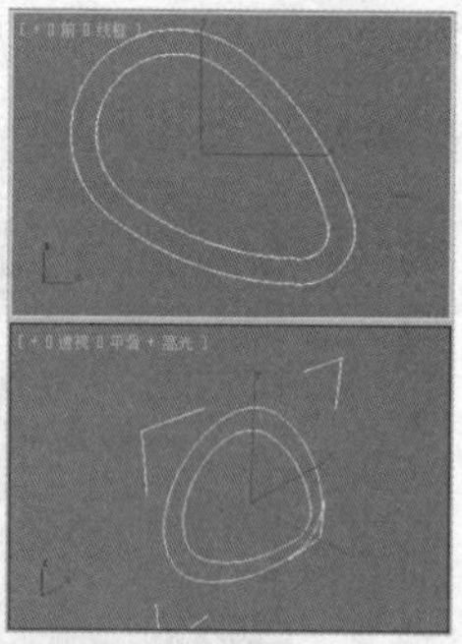

STEP 02 完成对象的创建后，可以在命令面板中对其参数进行修改，如右图所示。

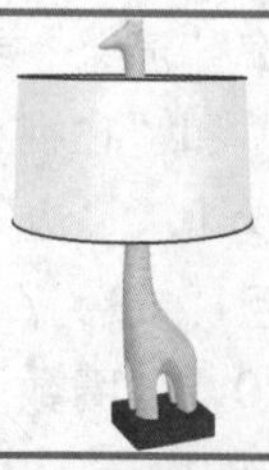

实战操作153 创建截面

素材：Scene\Cha04\4-9.max　　场景：Scene\Cha04\实战操作153.max

难度：★★★★★　　视频：视频\Cha04\实战操作153.avi

“截面”工具可以通过截取三维造型的截面而获得二维图形，使用此工具建立一个平面可以对其进行移动、旋转和缩放，当它穿过一个三维造型时，会显示出截获的截面。

STEP 01 按Ctrl+O组合键，打开一幅素材模型，如右图所示。

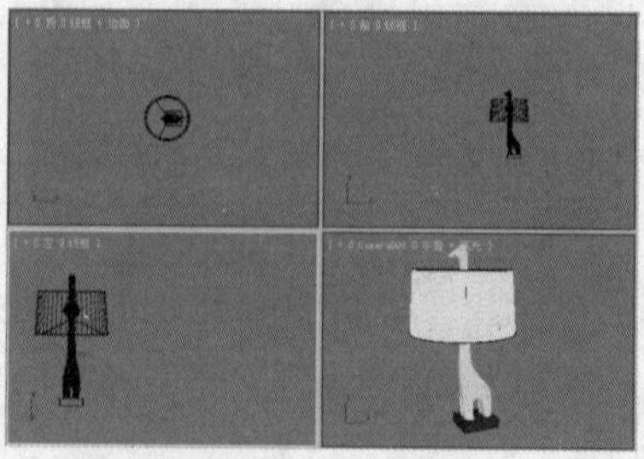

STEP 02 选择“创建” | “图形” | “样条线” | “截面”工具，在“前”视图中单击鼠标左键并拖动鼠标，然后释放鼠标，拖曳出截面，单击鼠标右键完成截面的创建，如下图所示。

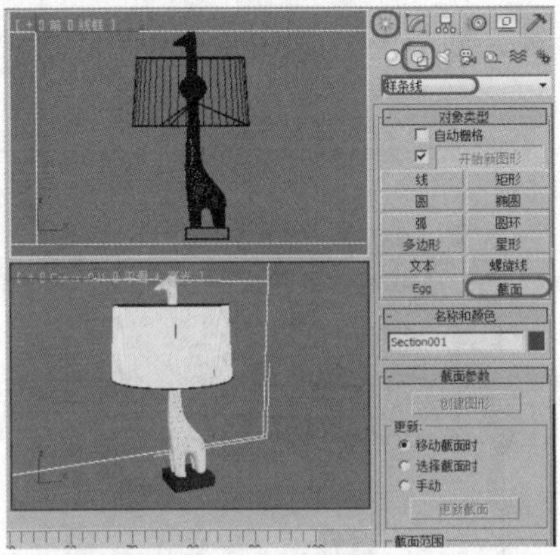

STEP 03 创建完成后，切换到“修改”面板，在“截面大小”卷展栏中，将“长度”和“宽度”都设为45，在视图调整截面的位置，使其截出的图形完整，如下图所示。

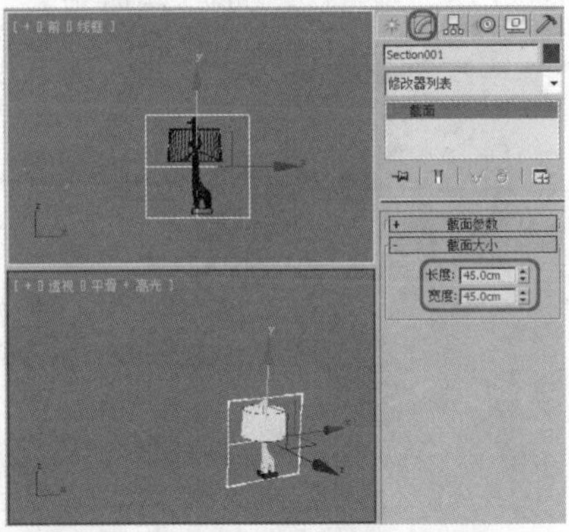

STEP 04 调整后，在“截面参数”卷展栏中单击“创建图形”按钮 创建图形 ，弹出“命名截面图形”对话框，为图形命名，单击“确定”按钮 确定 ，如下图所示。

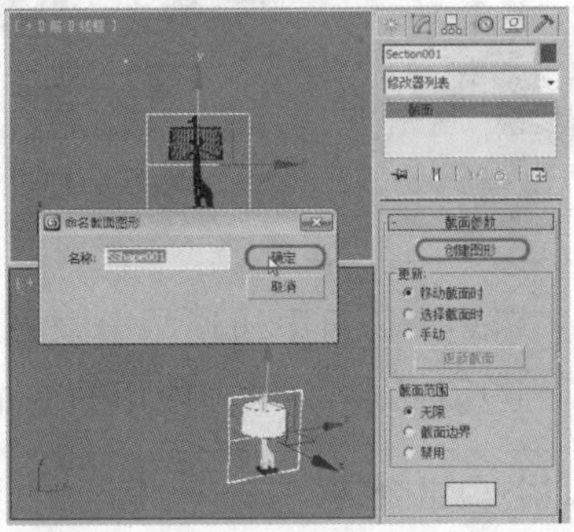

STEP 05 选择模型，切换到“显示”面板，在“隐藏”卷展栏中单击“隐藏选定对象”按钮，如下图所示。

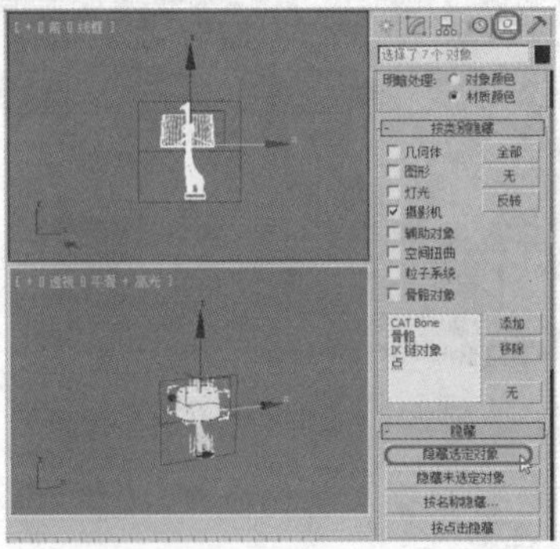

STEP 06 效果如下图所示。

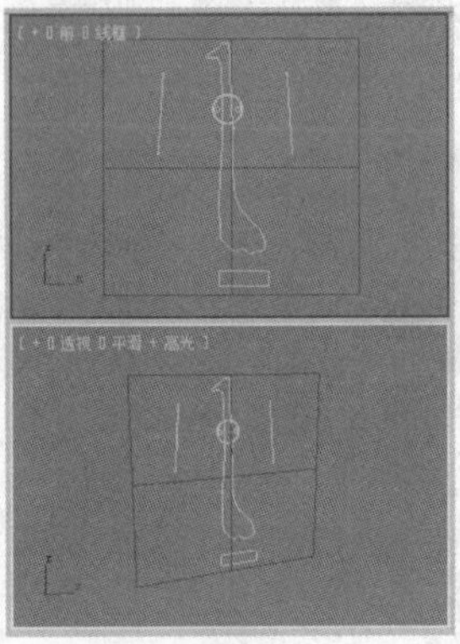

4.2 创建扩展样条线

扩展样条线是对原始样条线集的增强，包括墙矩形样条线、通道样条线、角度样条线、T形样条线、宽法兰样条线，下面介绍这几种扩展样条线的使用。

实战操作154 创建墙矩形

素材：Scene\Cha04\4-10.max　场景：Scene\Cha04\实战操作154.max

难度：★★★★★　视频：视频\Cha04\实战操作154.avi

使用“墙矩形”可以通过两个同心矩形创建封闭的形状。每个矩形都由四个顶点组成。墙矩形与“圆环”工具相似，只是其使用的是矩形而不是圆。

STEP 01 按Ctrl+O组合键，打开一幅素材模型，如下图所示。

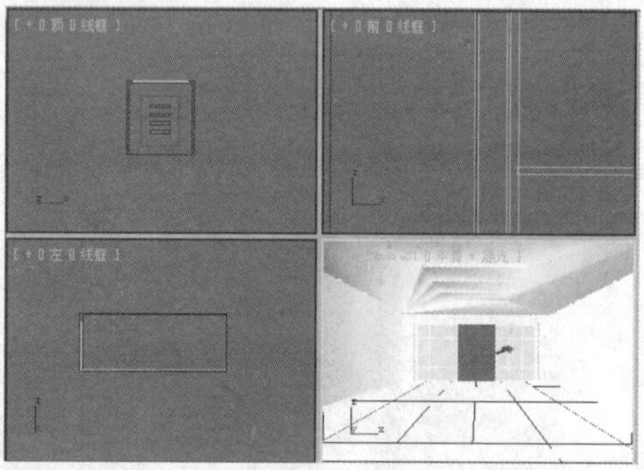

STEP 02 选择“创建” |“图形” |“扩展样条线”|“墙矩形”工具，在“顶”视图中单击鼠标并拖动，创建出墙矩形的长度和宽度，然后释放鼠标并移动，创建出墙矩形的厚度，单击鼠标右键完成墙矩形的创建，如下图所示。

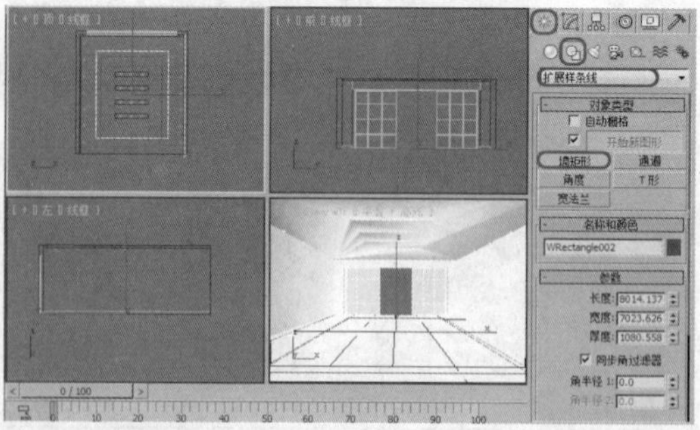

STEP 03 单击“修改”按钮，进入“修改”命令面板，在“渲染”卷展栏中选中“在渲染中启用”和“在视口中启用”复选框；在“参数”卷展栏中将“长度”设为8000，“宽度”设为7000，“厚度”设为500；将“径向”中的“厚度”设为1，“边”设为12，如下图所示。

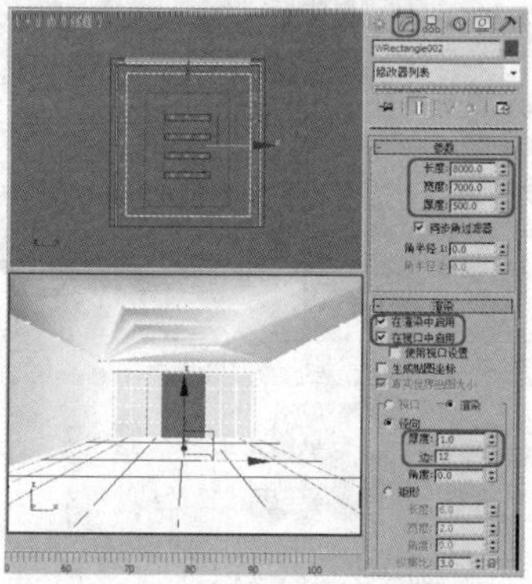

STEP 04 设置完成后，在“修改器”下拉列表中选择“挤出”修改器，如下图所示。

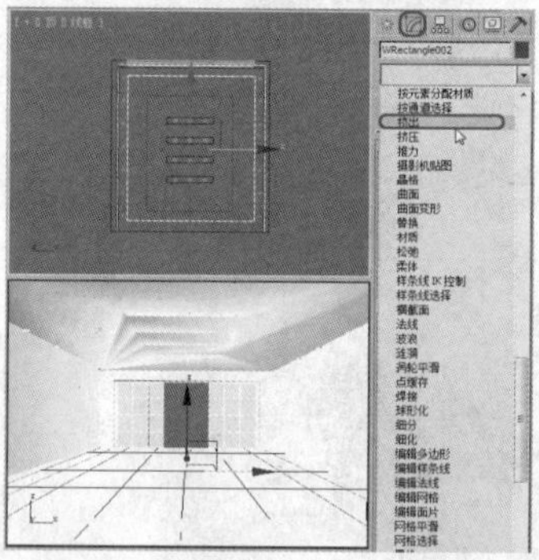

STEP 05 在“参数”卷展栏中将“数量”设为50，如下图所示。

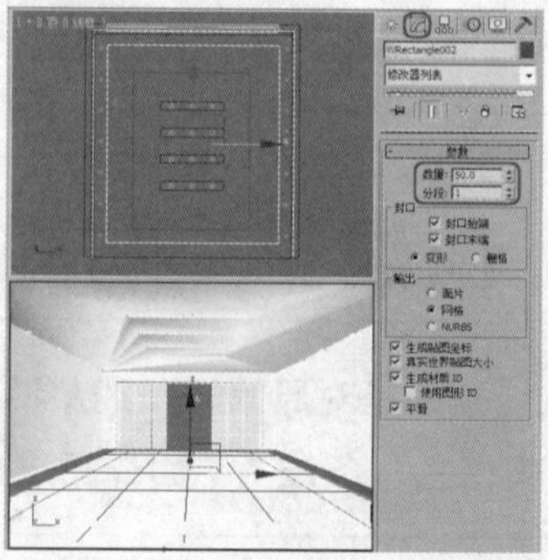

STEP 06 设置完成后，在视图中将其位置调整好，并为其指定颜色，如右图所示。

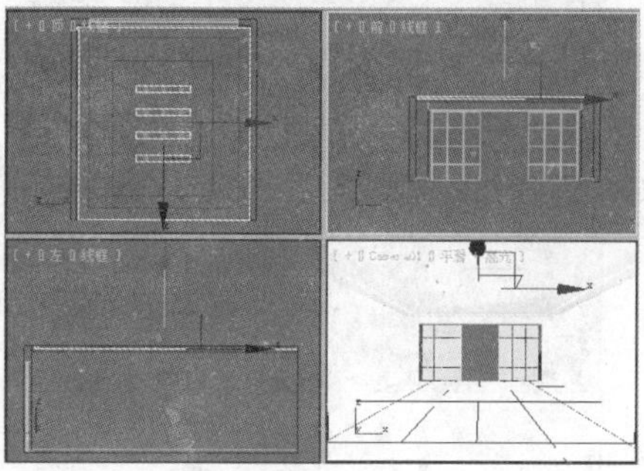

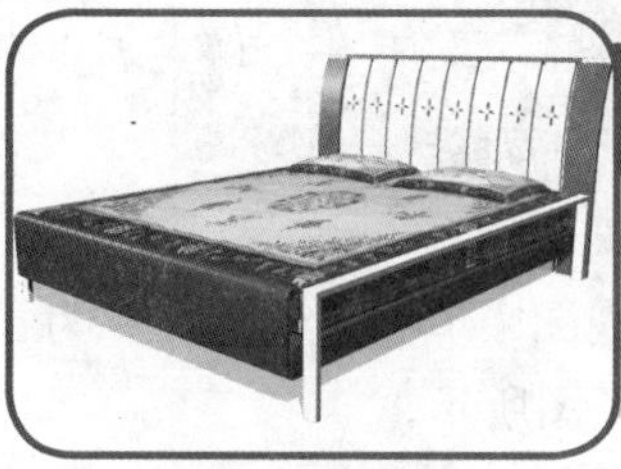

实战操作155 创建通道

素材：Scene\Cha04\4-11max　场景：Scene\Cha04\实战操作155.max

难度：★★★★★　视频：视频\Cha04\实战操作155.avi

使用通道创建一个闭合的形状为“C”的样条线，可以选择指定该部分的垂直网和水平腿之间的内部与外部角。

STEP 01 按Ctrl+O组合键，打开一幅素材模型，如下图所示。

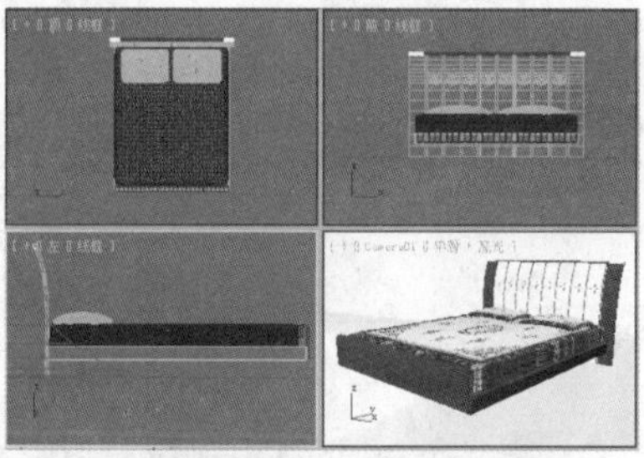

STEP 02 选择“创建” |“图形” |“扩展样条线”|“通道”工具，在“左”视图中单击鼠标并拖动，创建通道的长度和宽度，释放鼠标并移动，确定通道的厚度，如下图所示。

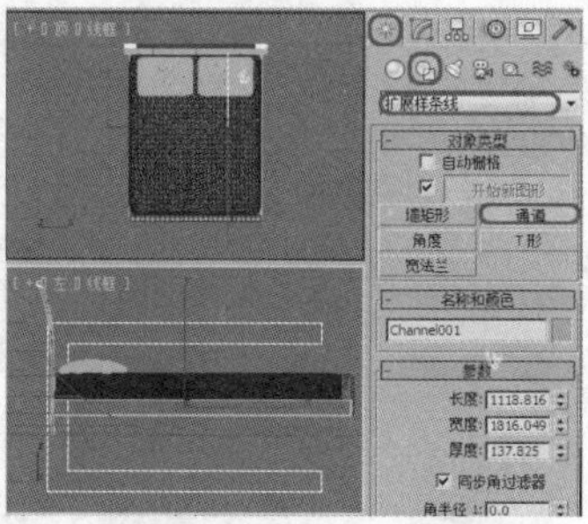

STEP 03 在工具栏中右击鼠标，然后单击“选择并旋转”按钮，将弹出“旋转变换输入”对话框，在Z轴右侧的文本框中输入“270”，如下图所示。

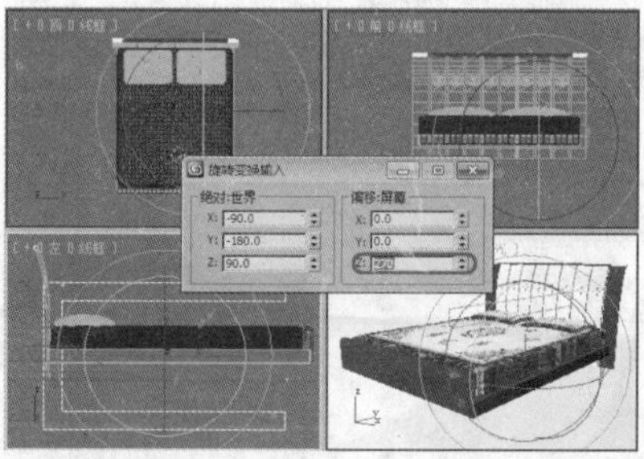

STEP 04 单击“修改”按钮，进入“修改”命令面板，在“渲染”卷展栏中选中“在渲染中启用”和“在视口中启用”复选框；在“参数”卷展栏中将“长度”设为1900，“宽度”设为400，“厚度”设为20，如下图所示。

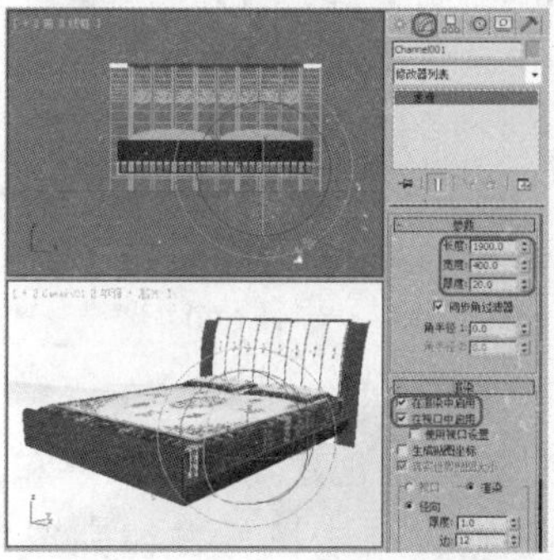

STEP 05 设置完成后，在“修改器”下拉列表中选择“挤出”修改器，如下图所示。

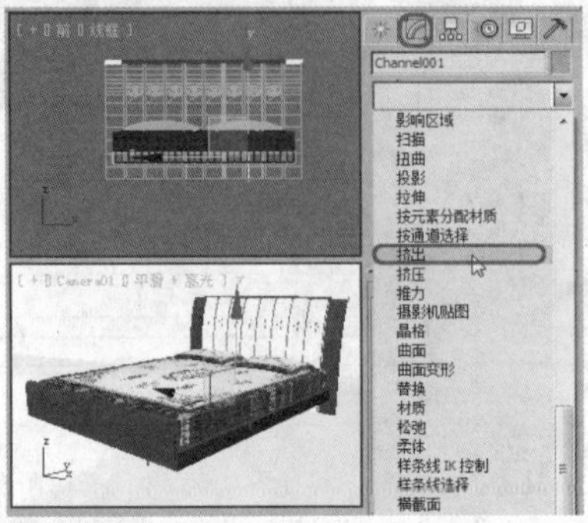

STEP 06 在“参数”卷展栏中将“数量”设为50，并在视图中调整其位置，如下图所示。

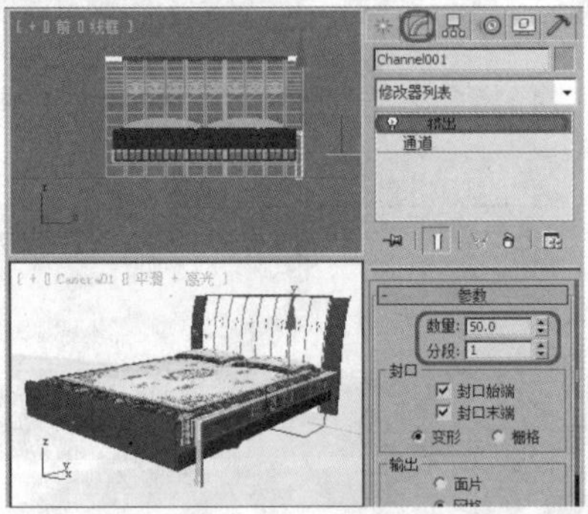

STEP 07 设置完成后，在“顶”视图中选择创建的通道，按住Shift键单击鼠标左键向左侧拖动，对其进行复制，在“副本数”右侧的文本框中输入1，如下图所示。

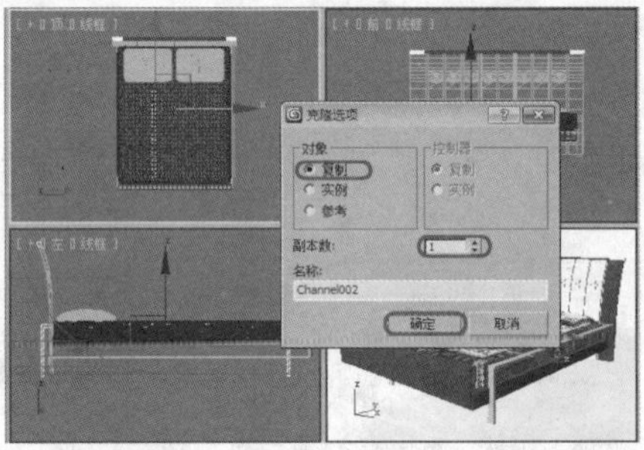

STEP 08 设置完成后，在视图中调整其位置，并为其指定颜色，如下图所示。

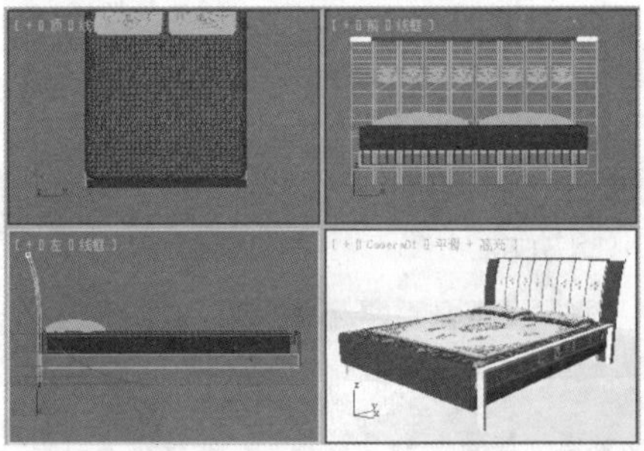

实战操作156 创建角度

素材：Scene\Cha04\4-12.max　场景：Scene\Cha04\实战操作156.max

难度：★★★★★　视频：视频\Cha04\实战操作156.avi

使用“角度”创建一个闭合的形状为“L”的样条线，可以选择指定该部分的垂直腿和水平腿之间的角半径。

STEP 01 按Ctrl+O组合键，打开一幅素材模型，如右图所示。

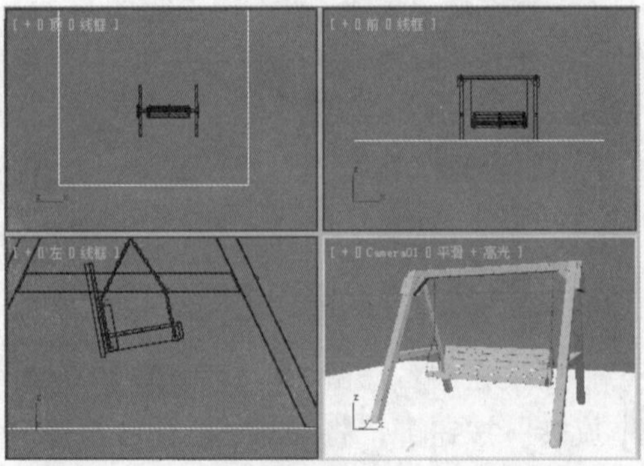

STEP 02 选择“创建” |“图形” |“扩展样条线”|“角度”工具，在“左”视图中单击鼠标并拖动，创建角度的长度和宽度，释放鼠标并移动，单击鼠标左键完成角度的创

建，如下图所示。

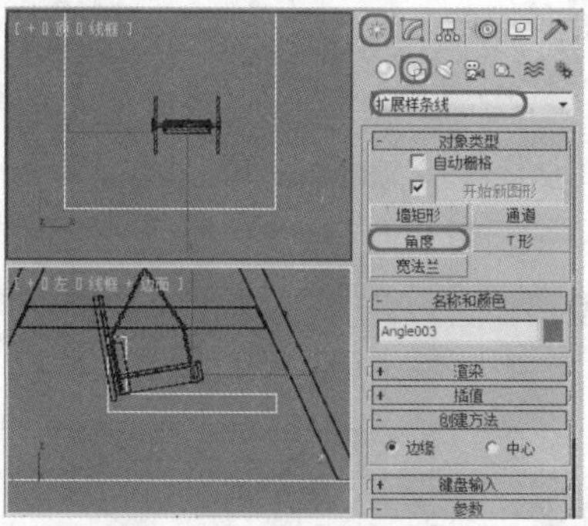

STEP 03 在工具栏中单击“选择并旋转”按钮，将角度旋转到合适的角度，如下图所示。

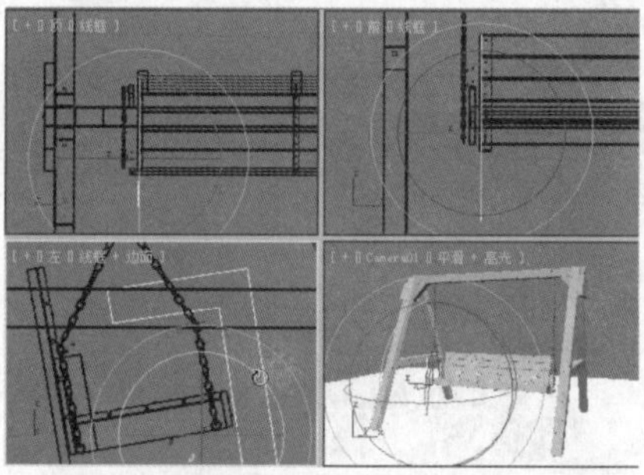

STEP 04 切换到“修改”面板，在“参数”卷展栏中将“长度”设为45，“宽度”设为30，“厚度”设为3，如下图所示。

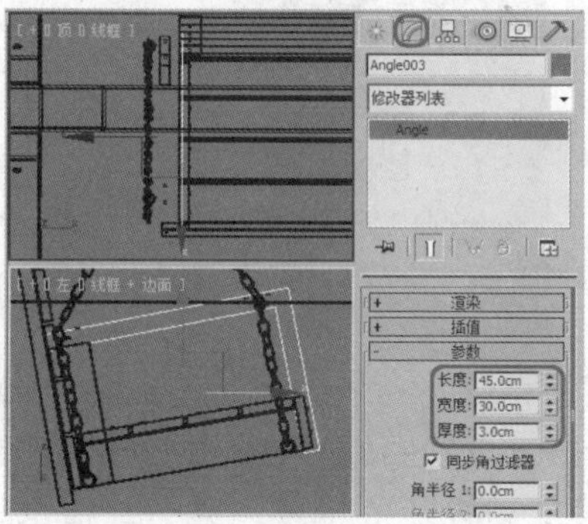

STEP 05 设置完成后，在“修改器”下拉列表中选择“挤出”修改器，如下图所示。

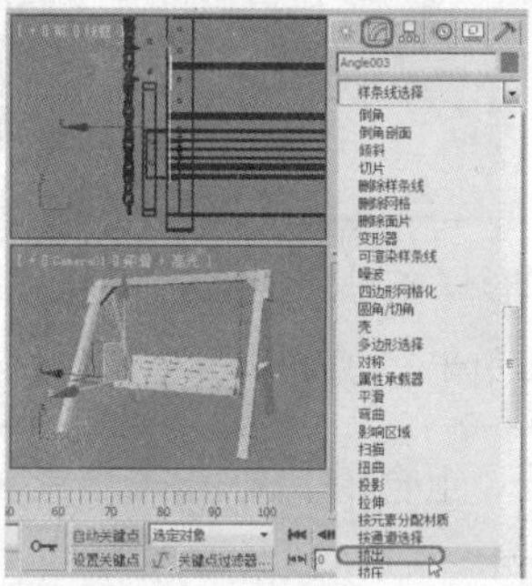

STEP 06 在“参数”卷展栏中将“数量”设为50，并在视图中调整其位置，如下图所示。

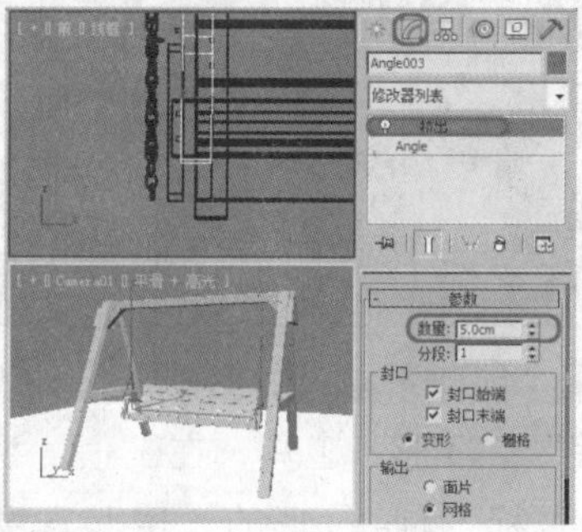

STEP 07 设置完成后，在“顶”视图中选择创建的角度，按住Shift键单击鼠标左键向右侧拖动，对其进行复制，在“副本数”右侧的文本框中输入1，如下图所示。

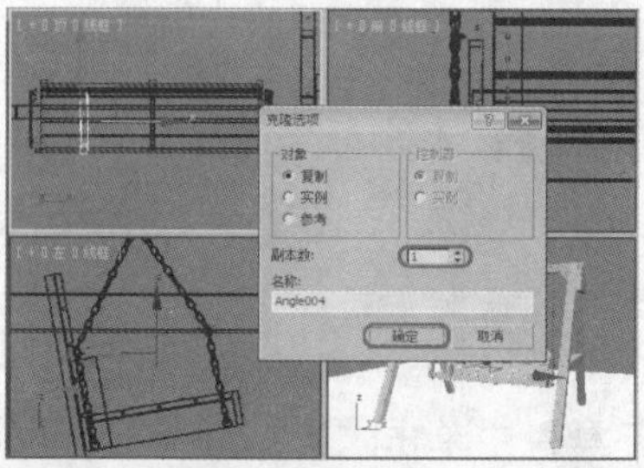

STEP 08 设置完成后，在视图中调整其位置，并为其指定颜色，如右图所示。

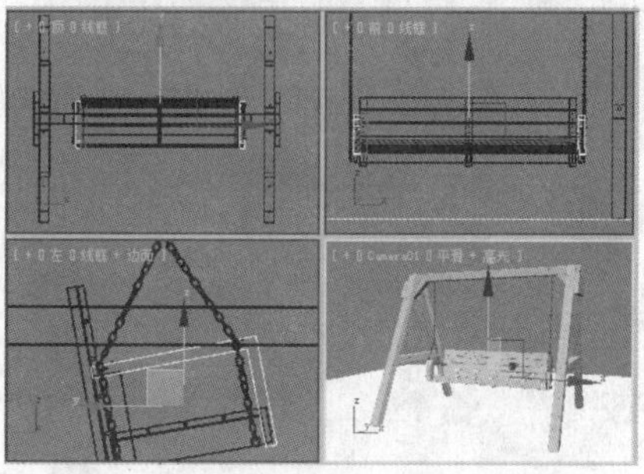

实战操作157 创建T形

素材：Scene\Cha04\4-13.max　场景：Scene\Cha04\实战操作157.max

难度：★★★★★　视频：视频\Cha04\实战操作157.avi

使用“T形样条线”可以绘制出同“T”字形状的样条线，并可以指定该部分的垂直网和水平凸缘之间的内部角半径。

STEP 01 按Ctrl+O组合键，打开一幅素材模型，如下图所示。

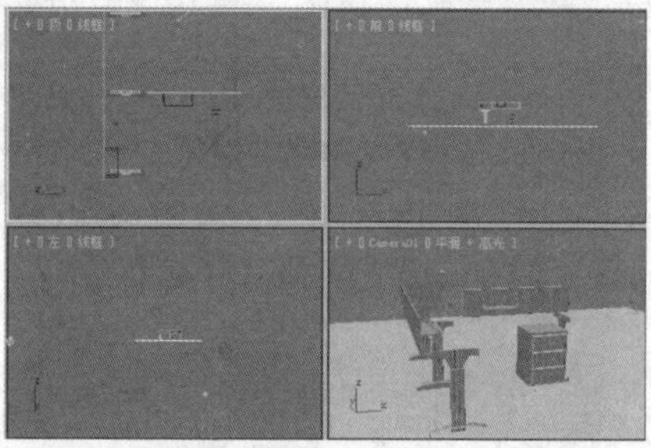

STEP 02 选择“创建” | “图形” | “扩展样条线” | “T形”工具，在“顶”视图中单击并拖动鼠标，创建T形的长度和宽度，释放并拖动鼠标创建T形的厚度，单击鼠标左键完成T形的创建，如下图所示。

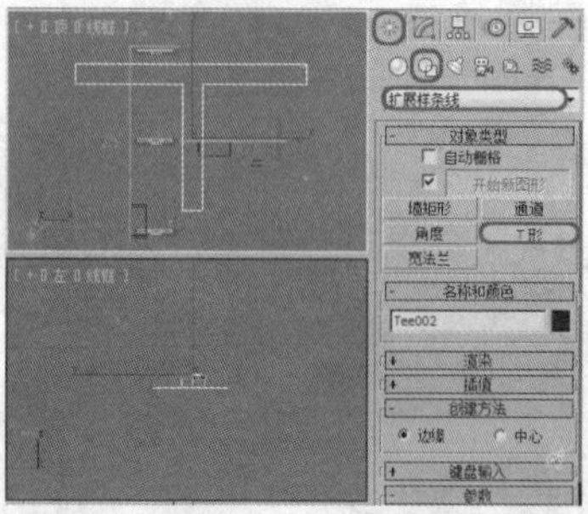

STEP 03 在工具栏中单击“选择并旋转”按钮，将角度旋转到合适的角度，如下图所示。

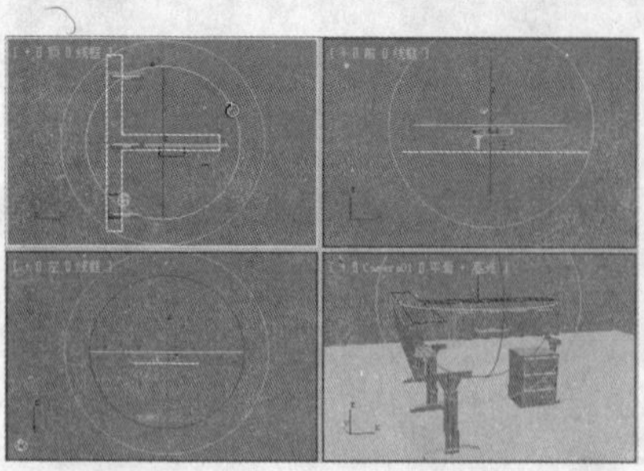

STEP 04 单击“修改”按钮，进入“修改”命令面板，在“参数”卷展栏中将“长度”设为138，“宽度”设为178，“厚度”设为43，如下图所示。

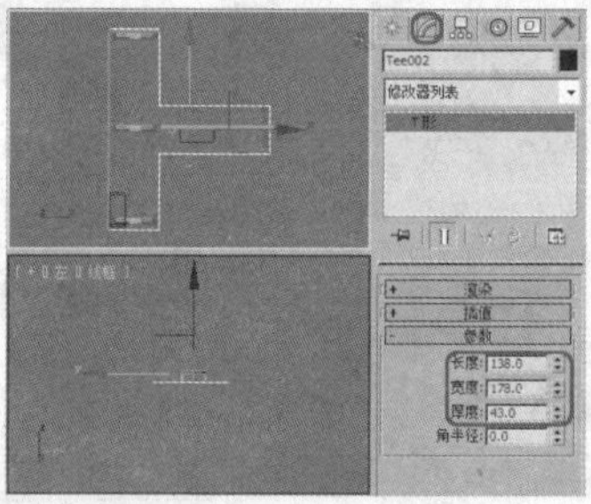

STEP 05 设置完成后，在“修改器”下拉列表中选择“挤出”修改器，如下图所示。

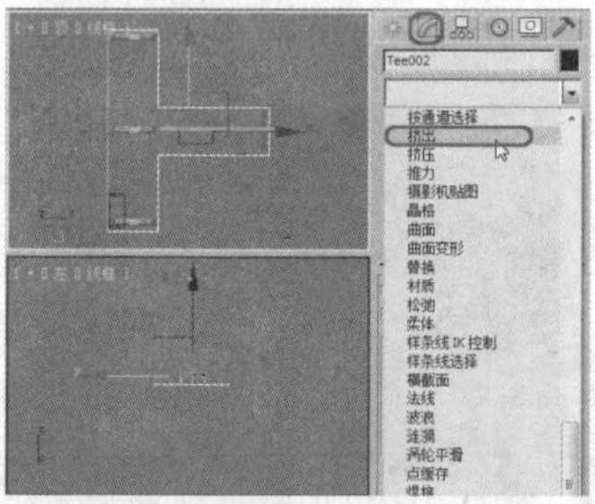

STEP 06 在“参数”卷展栏中将“数量”设为2。单击工具栏中的“选择并移动”按钮，将T形移动到合适的位置，并为其指定颜色，如下图所示。

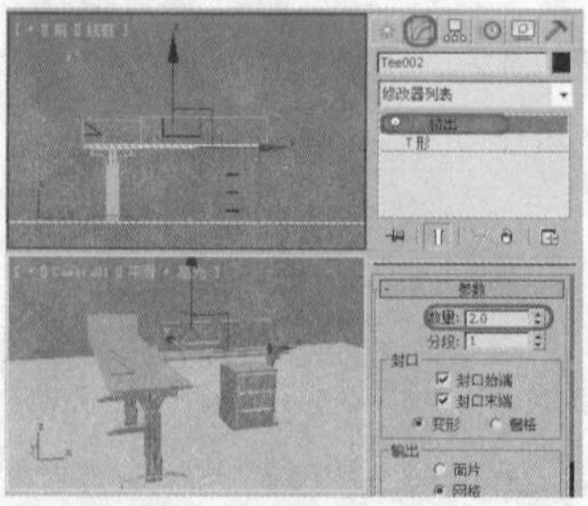

4.3 编辑顶点

在对二维图形进行修改时，最基本最常用的方法就是对顶点进行编辑修改，通过对图形进行添加点、移动点、连接点等操作，调整到需要的图形。

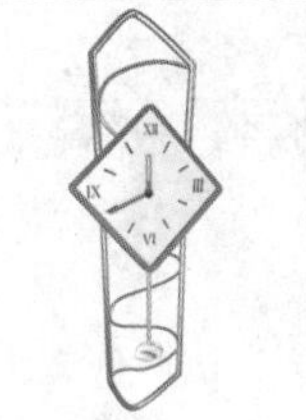

实战操作158 编辑Bezier角点

素材：Scene\Cha04\4-14.max　　场景：Scene\Cha04\实战操作158.max

难度：★★★★★　　视频：视频\Cha04\实战操作158.avi

“Bezier角点”是一种比较常用的顶点类型，通过分别对它们的两个控制手柄进行调节，可以灵活地控制顶点、修改曲线。

STEP 01 按Ctrl+O组合键，打开一幅素材模型，如下图所示。

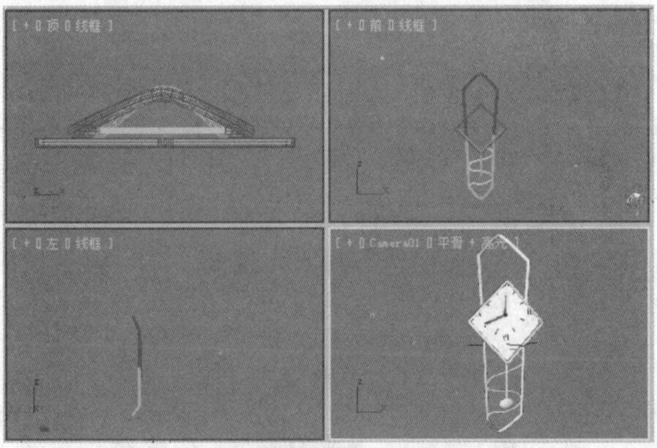

STEP 02 选择“创建” | “图形” | “样条线” | “线”工具，在“前”视图中绘制一个样条线，如下图所示。

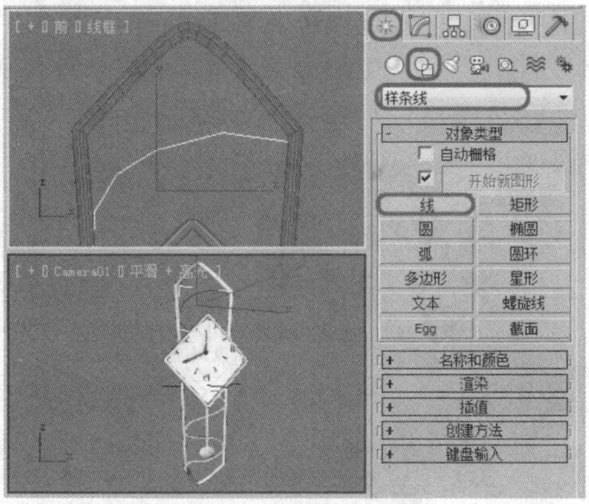

STEP 03 切换至“修改”面板，将当前选择集定义为“顶点”，如下图所示。

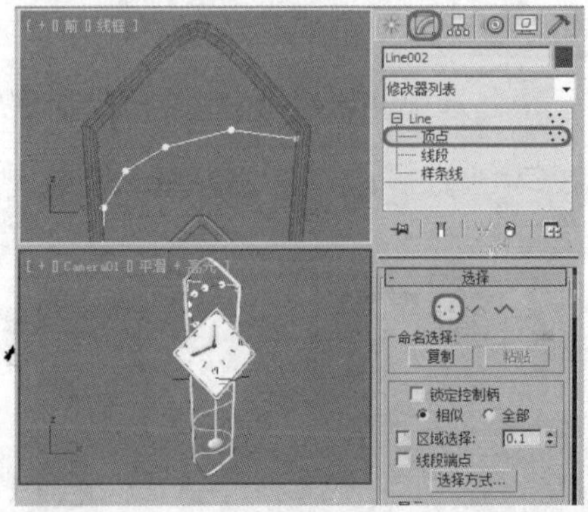

STEP 04 在“顶”视图中选择一个节点，选择的点以红色显示，在节点上右击鼠标，在弹出的快捷菜单中执行“Bezier角点”命令，如下图所示。

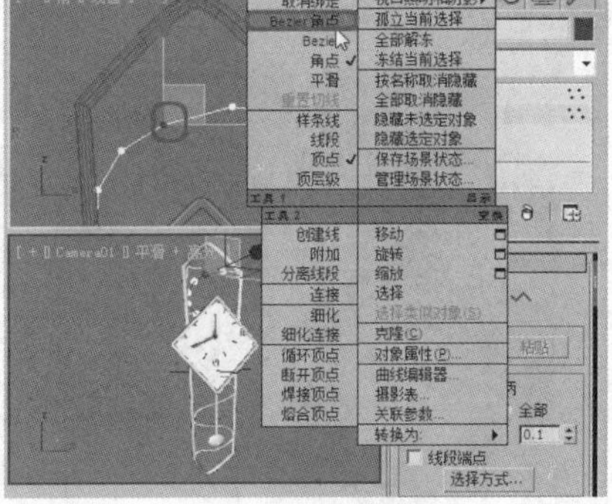

STEP 05 被修改的节点变为带控制柄的Bezier角点，单击工具栏中的"选择并移动"工具，调节节点的控制柄，线形变平滑，如下图所示。

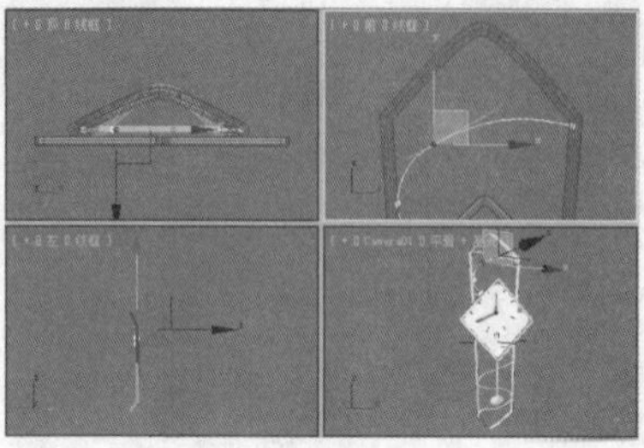

STEP 06 修改完成后，切换至"修改"面板，在"渲染"卷展栏中选中"在渲染中启用"和"在视口中启用"复选框，将"径向厚度"设置为4，"边"设置为12，并为其指定颜色，如下图所示。

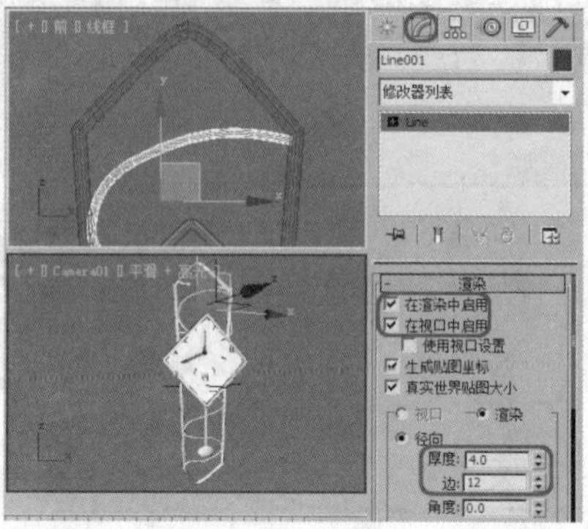

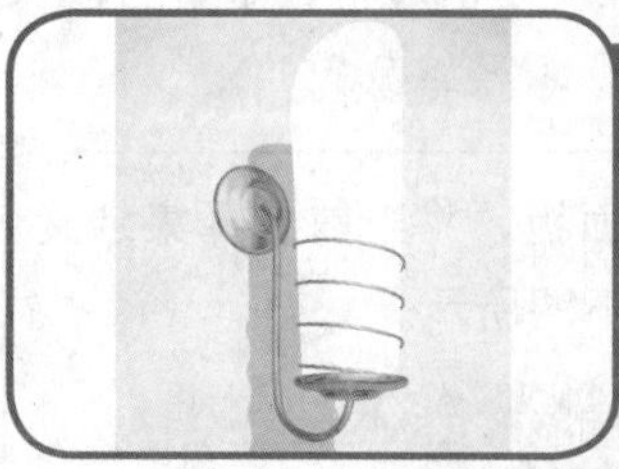

实战操作159 将顶点转换为平滑

素材：Scene\Cha04\4-15.max　场景：Scene\Cha04\实战操作159.max

难度：★★★★★　视频：视频\Cha04\实战操作159.avi

"平滑"选项的属性决定了经过该点的曲线为平滑曲线。

STEP 01 按Ctrl+O组合键，打开一幅素材模型，如下图所示。

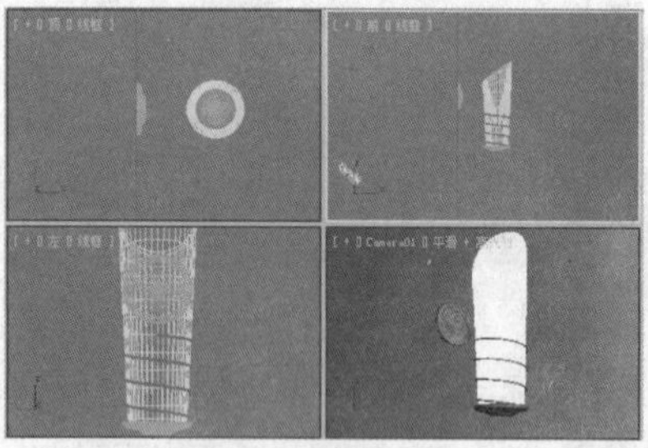

STEP 02 选择"创建"|"图形"|"样条线"|"线"工具，在"前"视图中绘制一个样条线，如下图所示。

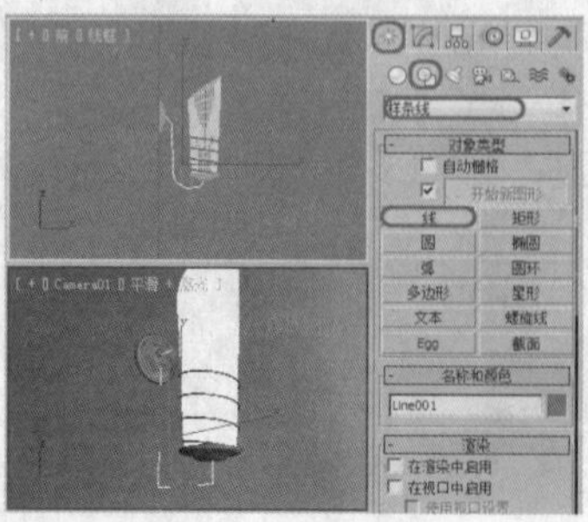

STEP 03 切换至"修改"面板，将当前选择集定义为"顶点"，如下图所示。

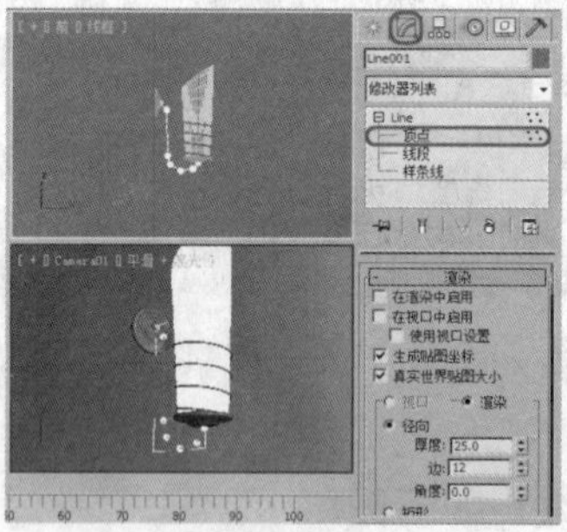

STEP 04 在"前"视图中选择所有节点，选择的点以红色显示，在节点上右击鼠标，在弹出的快捷菜单中执行"平滑"命令，如下图所示。

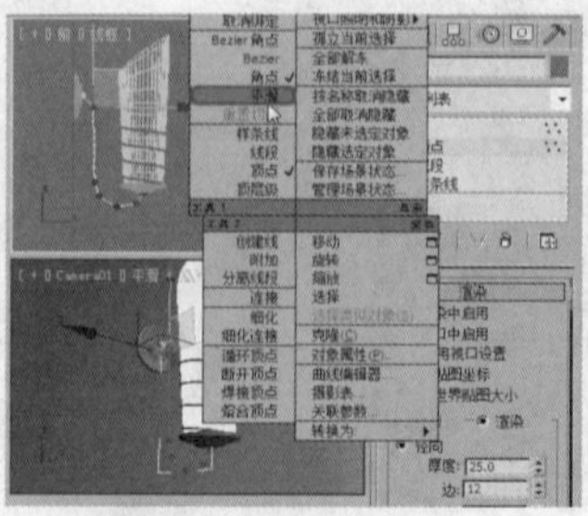

STEP 05 释放鼠标后节点变成光滑的曲线，单击工具栏中的“选择并移动”工具，适当调整节点的位置，如下图所示。

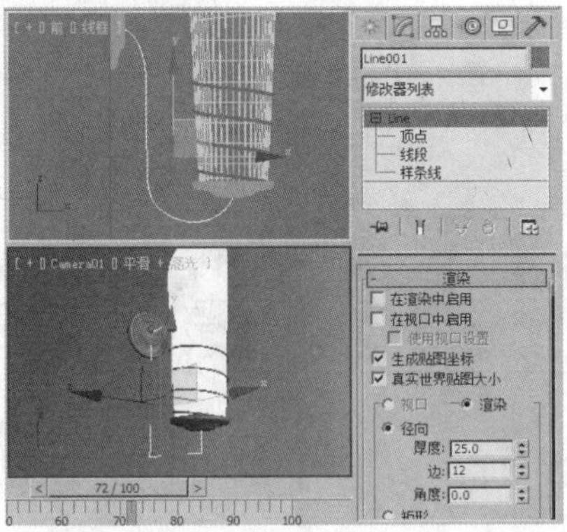

STEP 06 切换至“修改”面板，为其命名为“灯托”。在“渲染”卷展栏中选中“在渲染中启用”和“在视口中启用”复选框，将“径向”中的“厚度”设置为25，“边”设置为12，并为其指定颜色，如下图所示。

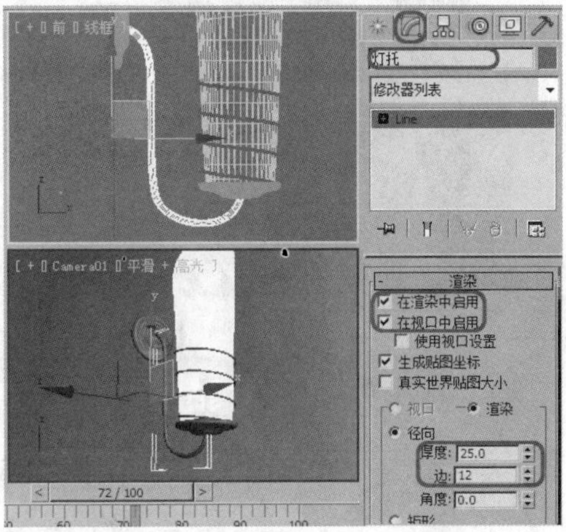

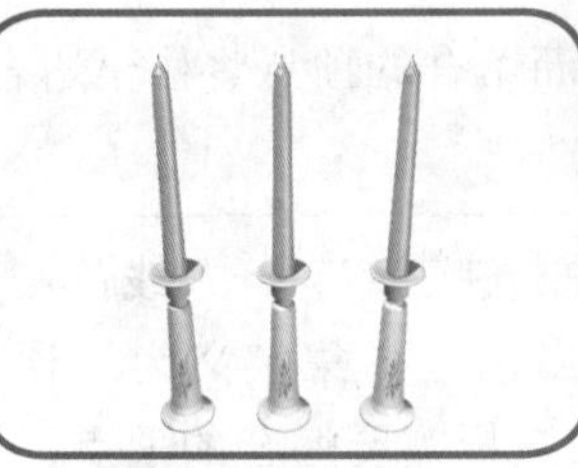

实战操作160 优化顶点

素材：Scene\Cha04\4-16.max　场景：Scene\Cha04\实战操作160.max

难度：★★★★★　视频：视频\Cha04\实战操作160.avi

使用“优化”命令可以添加顶点，而不更改样条线的曲率值。单击“优化”按钮，然后选择每次单击时要添加顶点的任意数量的样条线线段。下面举例介绍优化的作用。

STEP 01 按Ctrl+O组合键，打开一幅素材模型，如下图所示。

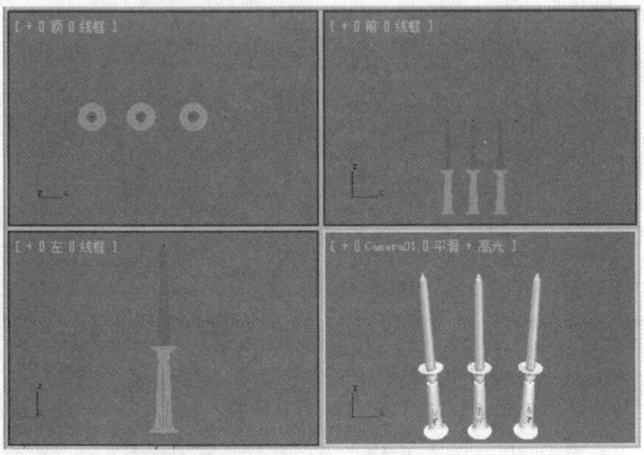

STEP 02 选择烛芯004，切换到“修改”面板，单击“修改”面板上右侧的小三角按钮，在弹出的下拉菜单中选择“编辑样条线”选项，如下图所示。

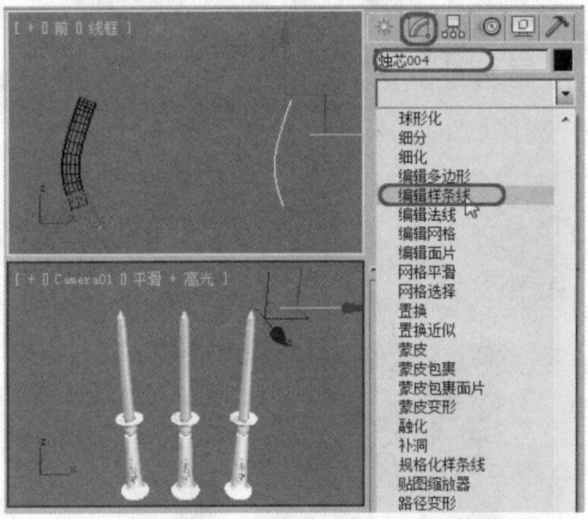

STEP 03 单击“修改器”堆栈中的“编辑样条线”左侧的按钮，将当前选择集定义为“顶点”，在“几何体”卷展栏单击“优化”按钮

优化，如下图所示。

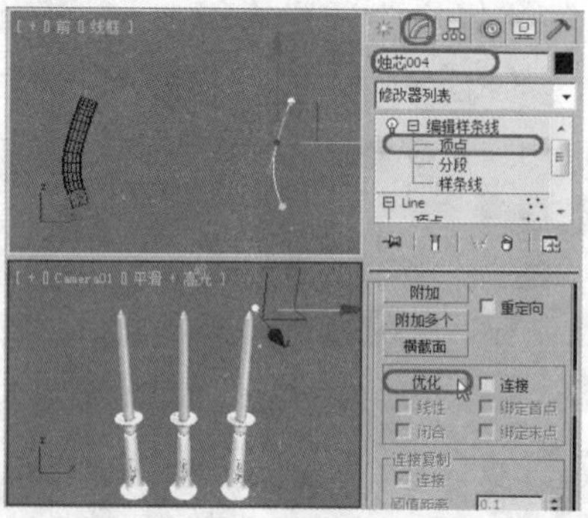

STEP 04 在“前”视图中，当鼠标在Line上呈现形状时，在线段上单击鼠标左键，即可看见优化的节点，如下图所示。

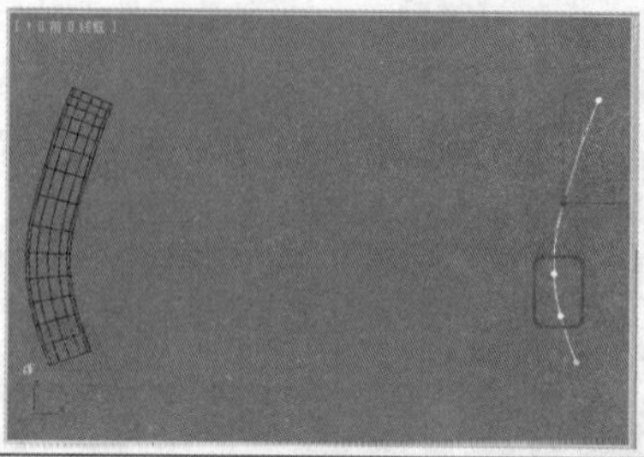

实战操作161 熔合顶点

素材：Scene\Cha04\4-17.max　场景：Scene\Cha04\实战操作161.max

难度：★★★★★　视频：视频\Cha04\实战操作161.avi

“熔合”与“焊接”的命令相似，都是将两个断点合并为一个顶点，而熔合的顶点将移至熔合顶点的中心位置。

STEP 01 按Ctrl+O组合键，打开一幅素材模型，如下图所示。

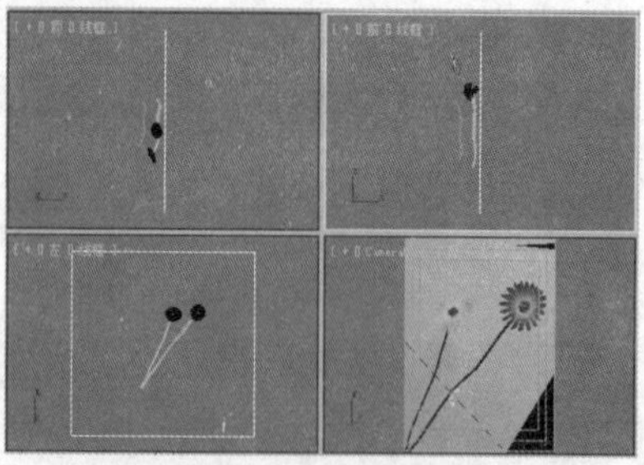

STEP 02 选择Line001，切换到“修改”面板，单击“修改”面板上右侧的小三角按钮，在弹出的下拉菜单中选择“编辑样条线”选项，如下图所示。

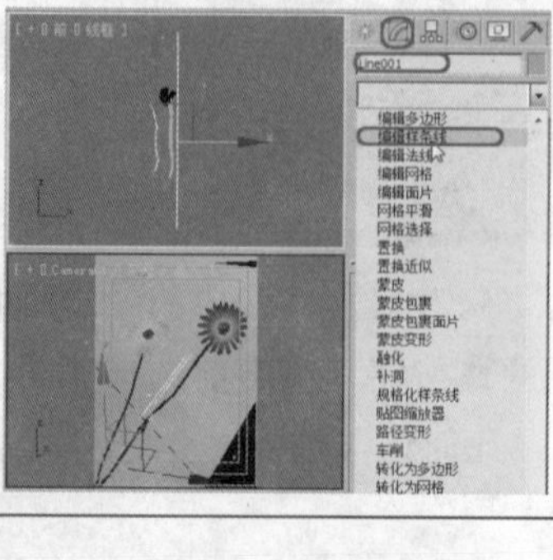

STEP 03 单击“修改器”堆栈中“编辑样条线”左侧的按钮，将当前选择集定义为“顶点”，在“前”视图中选择需要熔合的顶点，选中的节点呈红色显示，如下图所示。

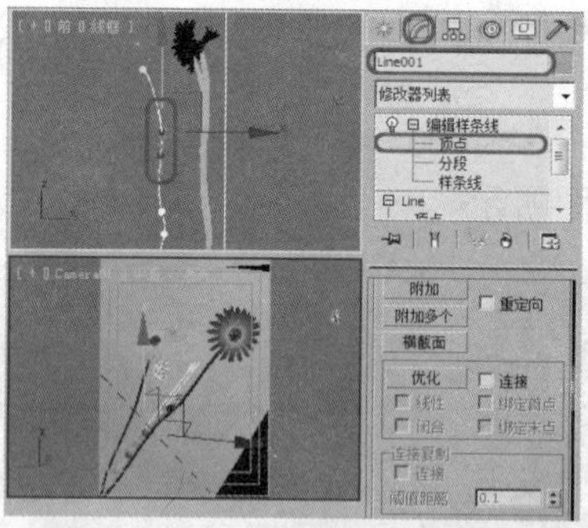

STEP 04 右击鼠标，在弹出的快捷菜单中执行“熔合顶点”命令，节点将熔合并移至熔合节点的中心位置，如右图所示。

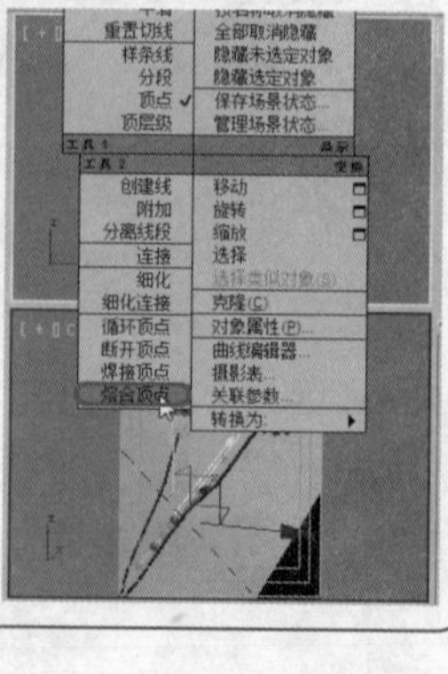

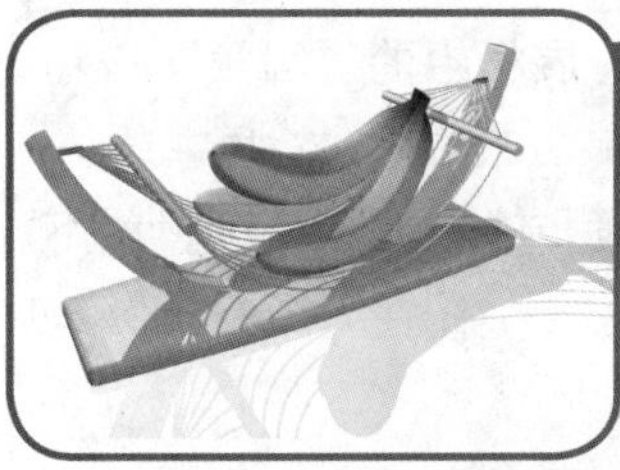

实战操作162 焊接顶点

素材：Scene\Cha04\4-18.max　场景：Scene\Cha04\实战操作162.max

难度：★★★★★　视频：视频\Cha04\实战操作162.avi

“焊接”命令的功能是将两个断点合并为一个顶点。

STEP 01 按Ctrl+O组合键，打开一幅素材模型，如下图所示。

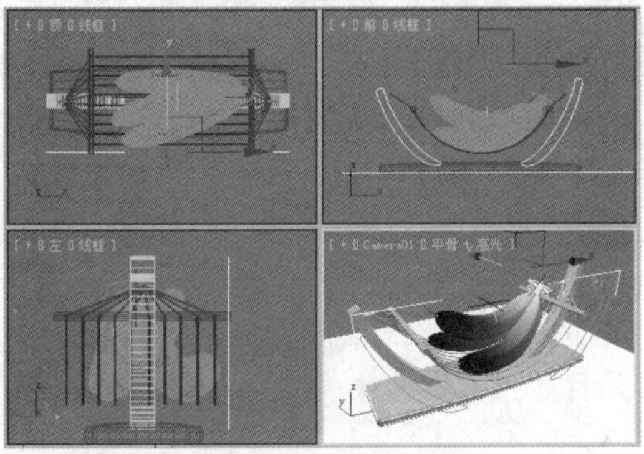

STEP 02 选择支架001，切换到“修改”面板，将当前选择集定义为“顶点”，在“前”视图中选择四个节点，如下图所示。

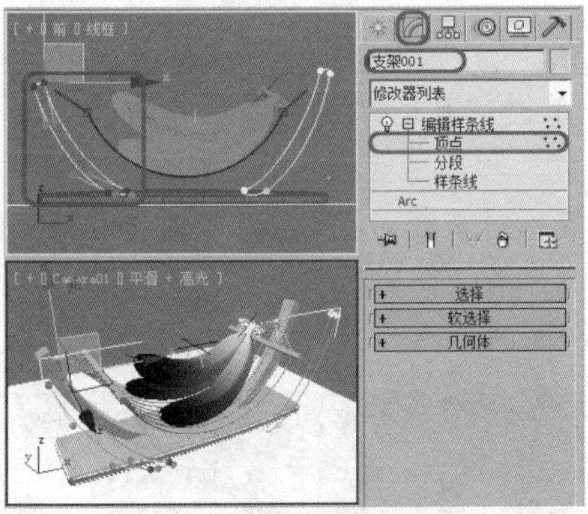

STEP 03 右击鼠标，在弹出的快捷菜单中执行“焊接顶点”命令，如下图所示。

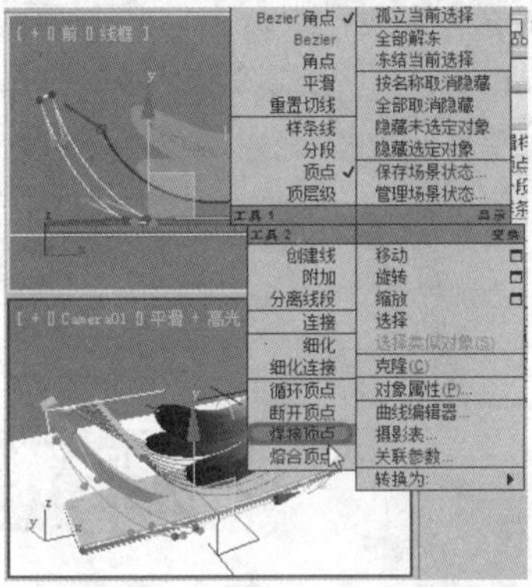

STEP 04 当视图中显示有且仅有一个呈黄色显示的顶点时，说明之前断开的顶点已焊接在一起，如下图所示。

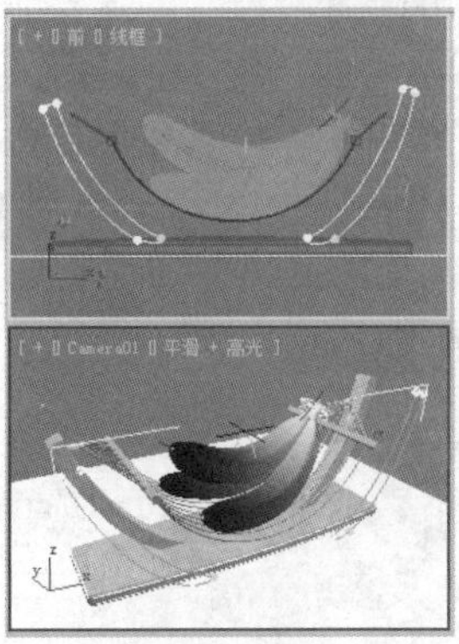

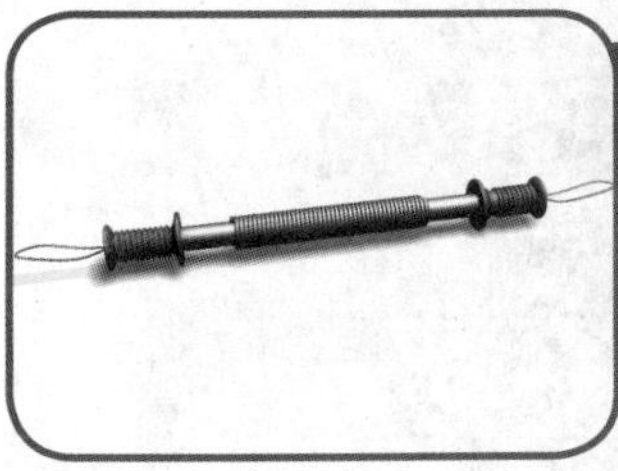

实战操作163 圆角顶点

素材：Scene\Cha04\4-19.max　场景：Scene\Cha04\实战操作163.max

难度：★★★★★　视频：视频\Cha04\实战操作163.avi

“圆角”命令的功能是将顶点所在的线段变得圆滑。

STEP 01 按Ctrl+O组合键，打开一幅素材模型，单击Line002样条线，切换到“修改”面板，将当前选择集定义为“顶点”，在“前”视图中选择一个节点，如下图所示。

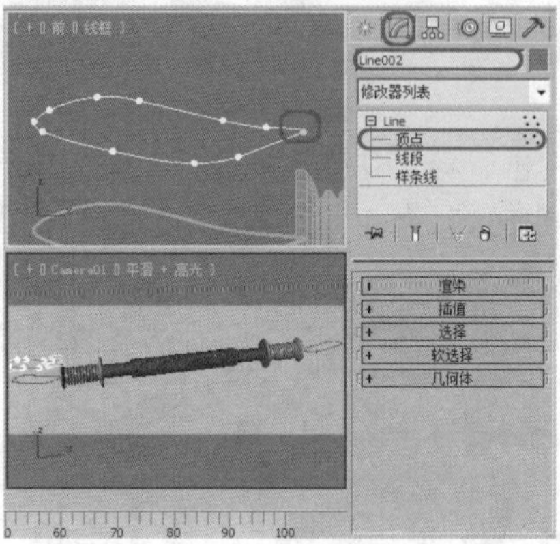

STEP 02 单击“几何体”卷展栏中的“圆角”按钮 圆角 ，并在其右侧的文本框中输入10，按Enter键即可将顶点进行圆角处理，如下图所示。

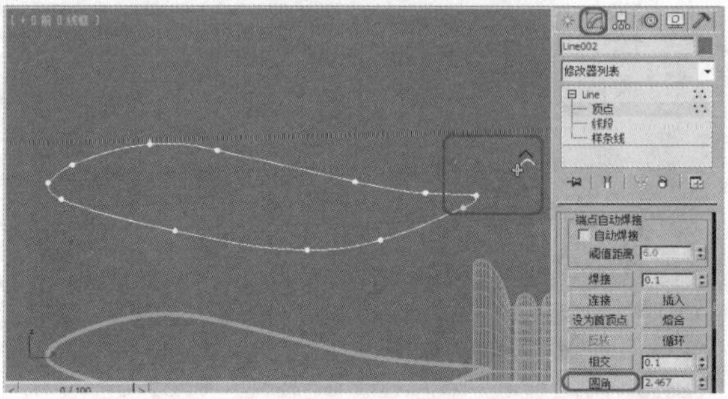

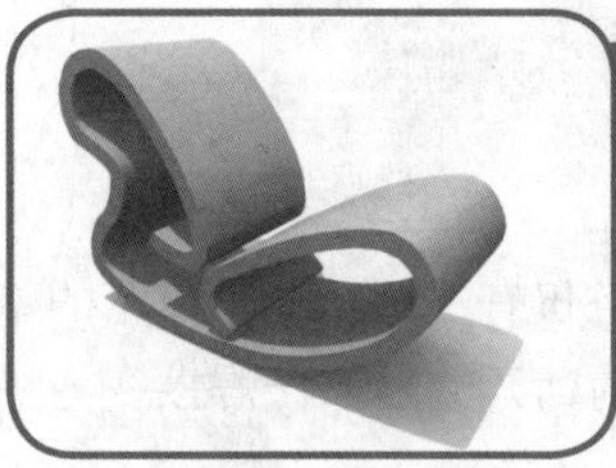

实战操作164 切角顶点

素材：Scene\Cha04\4-20.max　场景：Scene\Cha04\实战操作164.max

难度：★★★★★　视频：视频\Cha04\实战操作164.avi

用“切角”工具可以将一个顶点切角，形成切角顶点。

STEP 01 按Ctrl+O组合键，打开一幅素材模型，单击Line002样条线，切换到“修改”面板，将当前选择集定义为顶点，在“顶”视图中选择一个节点，如下图所示。

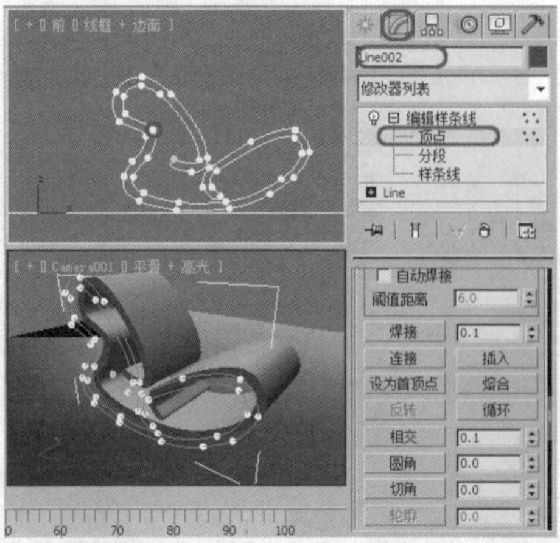

STEP 02 单击“几何体”卷展栏中的“切角”按钮，移动鼠标至“前”视图，选择节点，当鼠标指针呈形状时，沿Y轴向上拖曳鼠标至合适位置，然后释放鼠标，即可切角顶点，如下图所示。

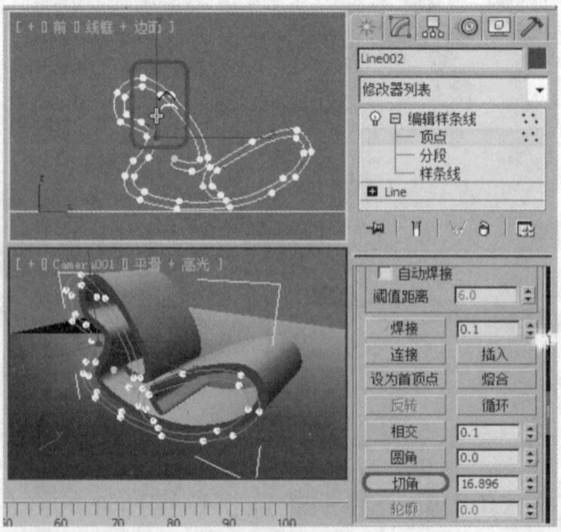

4.4 编辑线段

线段选择集是连接两个节点之间的线段，当对线段进行操作时相当于对线段两端的节点进行操作。

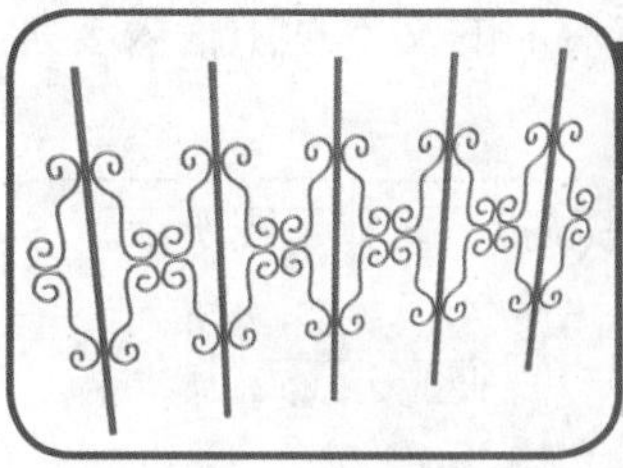

实战操作165 插入线段

素材：Scene\Cha04\4-21.max　场景：Scene\Cha04\实战操作165.max

难度：★★★★★　视频：视频\Cha04\实战操作165.avi

用“插入”工具可以在选择的线段中插入线段。

STEP 01 按Ctrl+O组合键，打开一幅素材模型，如下图所示。

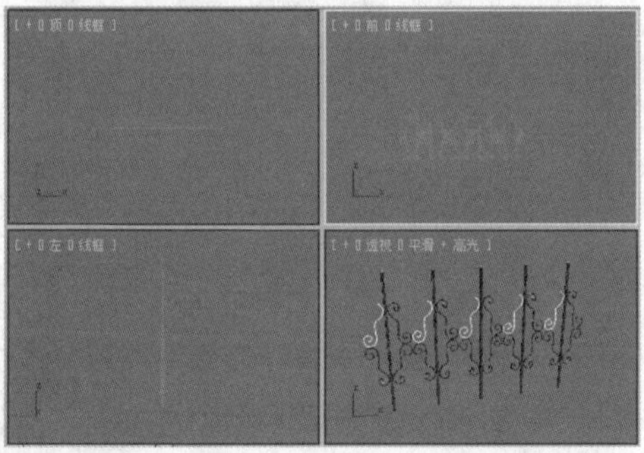

STEP 02 选择Line016样条线，切换到“修改”面板，将当前选择集定义为线段，使其高亮显示，如下图所示。

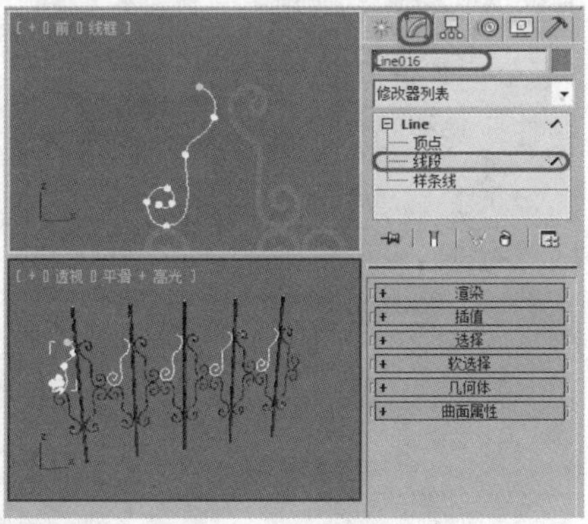

STEP 03 单击“几何体”卷展栏中的“插入”按钮 插入 ，移动鼠标至“顶”视图中的线段顶点上，鼠标指针呈时，按住鼠标左键并拖曳线段，样条线的形状也跟随变化，单击鼠标左键即可插入线段，如下图所示。

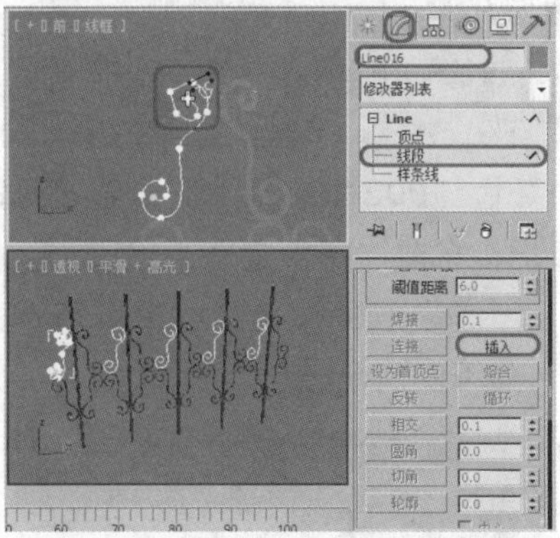

STEP 04 激活“前”视图，在视图中调整顶点的位置，将其平滑，并在“渲染”卷展栏中选中“在渲染中启用”和“在视口中启用”复选框，将“径向”中的“厚度”设置为2.5，“边”设置为12，如下图所示。

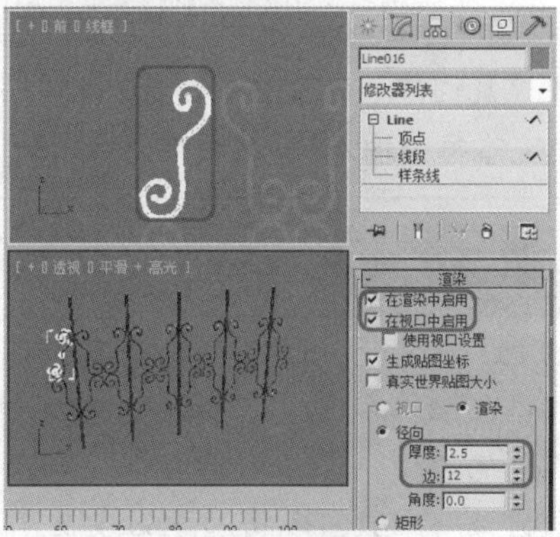

实战操作166 拆分线段

素材：Scene\Cha04\4-22.max　场景：Scene\Cha04\实战操作166.max

难度：★★★★★　视频：视频\Cha04\实战操作166.avi

通过在选择的线段上加点，将选择的线段分成若干条线段，通过在其后面的文本框中输入要加入顶点的数值，然后单击该按钮，即可将选择的线段拆分为若干条线段。

STEP 01 按Ctrl+O组合键，打开一幅素材模型，如下图所示。

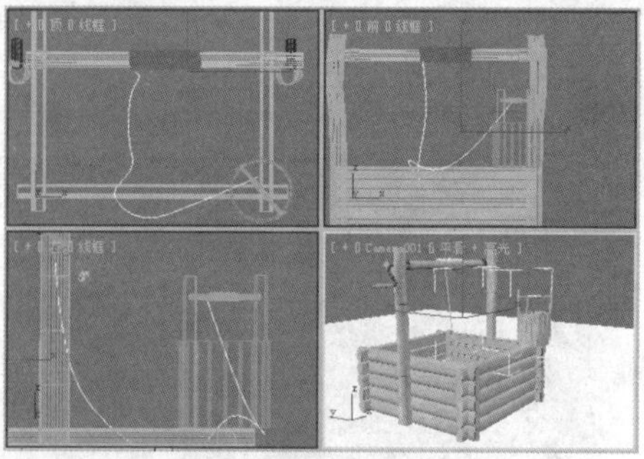

STEP 02 选择拉绳002样条线，切换到“修改”面板，将当前选择集定义为线段，使其高亮显示，在“前”视图中选择线段，所选的线段呈红色，如下图所示。

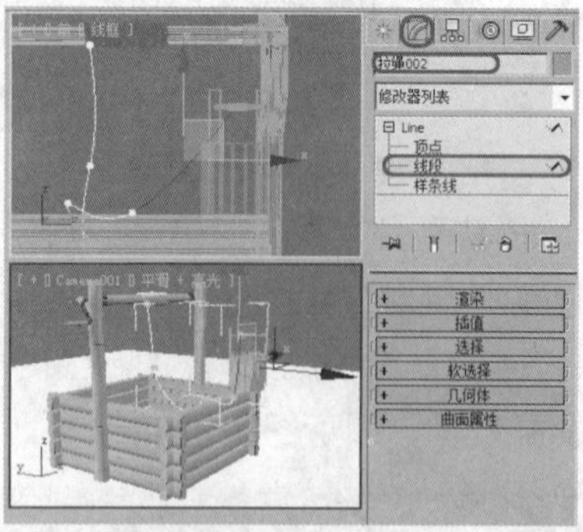

STEP 03 在“几何体”卷展栏中的“拆分”按钮后的文本框中输入1，然后单击“拆分“按钮 拆分 ，所选的线段将被拆分，如下图所示。

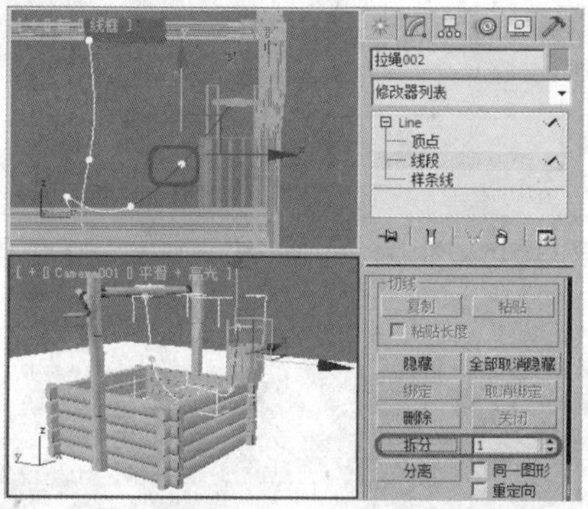

STEP 04 拆分后，将当前选择集定义为顶点，在“渲染”卷展栏中选中“在渲染中启用”和“在视口中启用”复选框，将“径向”中的“厚度”设置为2，“边”设置为12，并在视图中调整其位置，如下图所示。

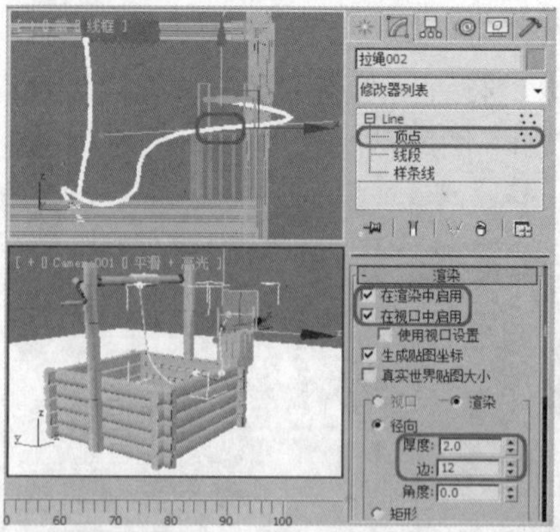

实战操作167 分离线段

素材：Scene\Cha04\4-22..max　场景：Scene\Cha04\实战操作167.max

难度：★★★★★　视频：视频\Cha04\实战操作167.avi

用“分离”工具可以将选择的线段分离。

STEP 01 按Ctrl+O组合键，打开4-22.max素材模型，选择拉绳002样条线，将当前选择集定义为线段，使其高亮显示，在“前”视图中选择线段，所选的线段呈红色，如下图所示。

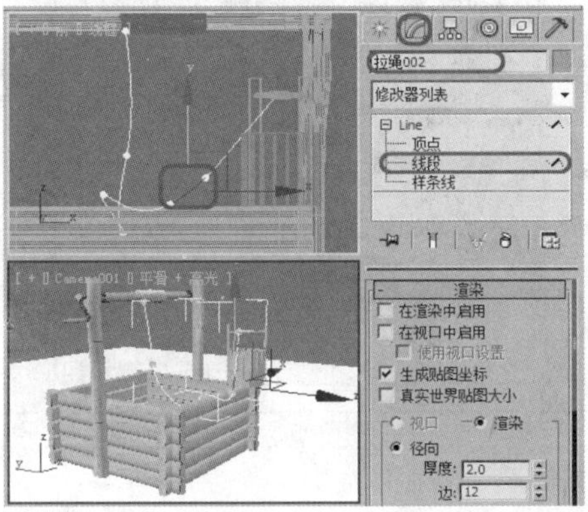

STEP 02 单击“几何体”卷展栏中的“分离”按钮，弹出“分离”的对话框，单击“确定”按钮，所选的线段将成为单独的图形分离出来，如下图所示。

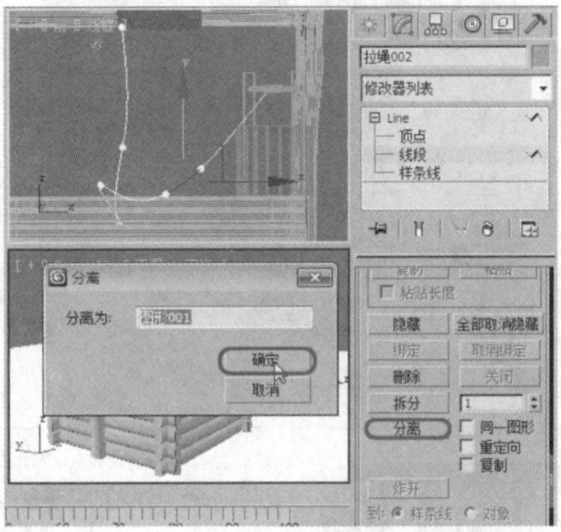

4.5 编辑二维样条线

样条线级别是二维图形中另一个功能强大的次物体修改级别，相连接的线段即为一条样条线。

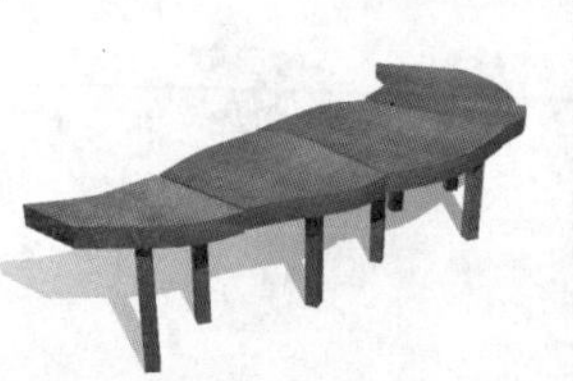

实战操作168 附加单个样条线

素材：Scene\Cha04\4-23.max　场景：Scene\Cha04\实战操作168.max

难度：★★★★★　视频：视频\Cha04\实战操作168.avi

单击“几何体”卷展栏中的“附加”按钮，则两个样条线形成一个整体。

STEP 01 按Ctrl+O组合键，打开一幅素材模型，如下图所示。

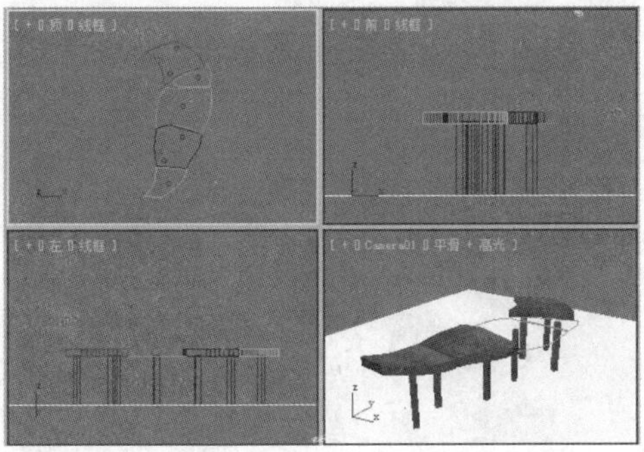

STEP 02 在“前”视图中选择休闲椅中的样条线，将当前选择集定义为样条线，如下图所示。

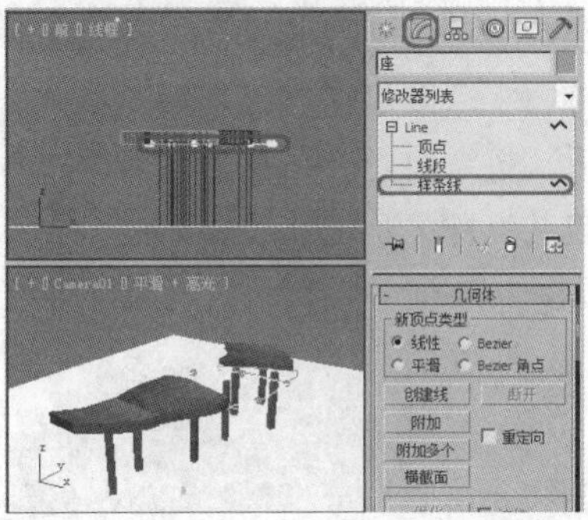

STEP 03 单击“几何体”卷展栏中的“附加”按钮 附加 ，移动鼠标至视图中，鼠标指针呈现形状时，单击鼠标左键附加坐垫，如下图所示。

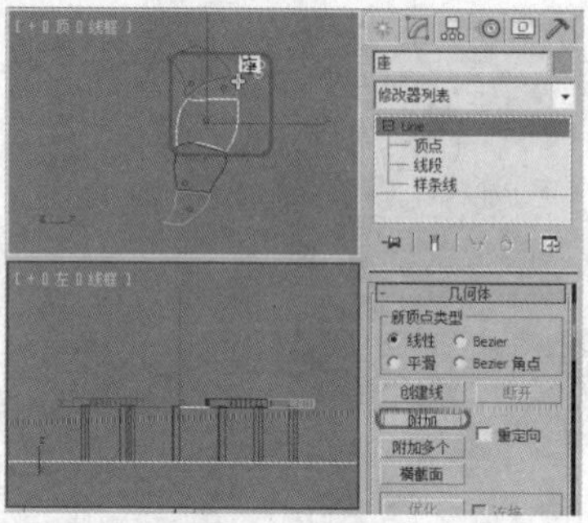

STEP 04 在“修改器”列表中选择“挤出”修改器。在“参数”卷展栏中将“数量”设为3，如下图所示。

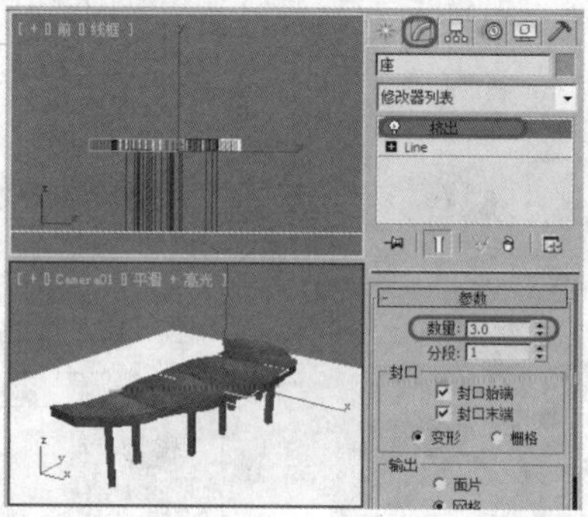

实战操作169 附加多个样条线

素材：Scene\Cha04\4-23.max	场景：Scene\Cha04\实战操作169.max
难度：★★★★★	视频：视频\Cha04\实战操作169.avi

在附加样条线中不仅可以附加一条，而且可以附加多条，使多条样条线成为一个整体。

STEP 01 按Ctrl+O组合键，打开4-23.max素材模型，在“顶”视图中选择一个“座”，切换到“修改”面板，在堆栈中将“UVW贴图”和“挤出”修改器处于选择状态，选择完成后，单击“修改”面板中的“在堆栈中移除修改器”按钮 ，如右图所示，即可将选择的对象移除。

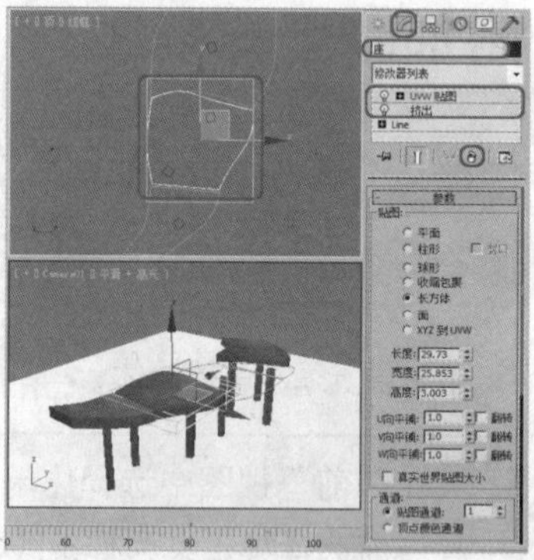

STEP 02 移除后，在“顶”视图中选择一个样条线，切换到“修改”面板，将当前选择集定义为样条线，单击“几何体”卷展栏中的“附加多个”按钮，如右图所示。

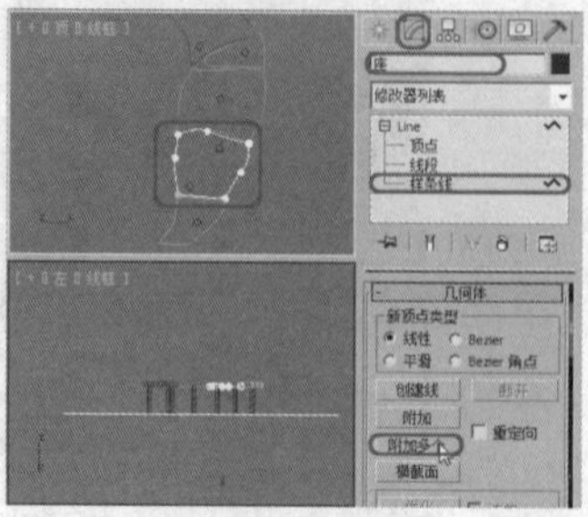

STEP 03 弹出“附加多个”对话框，按住Ctrl键同时单击线段对象名称，选中后对象呈蓝色，单击“附加”按钮即可附加所选的对象，如右图所示。

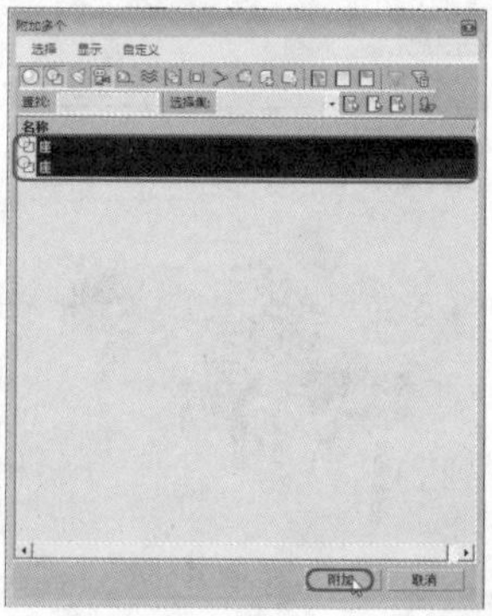

STEP 04 选择完成后，在“修改器列表”中，选择“挤出”修改器，在“参数”卷展栏中将“数量”设为3，如下图所示。

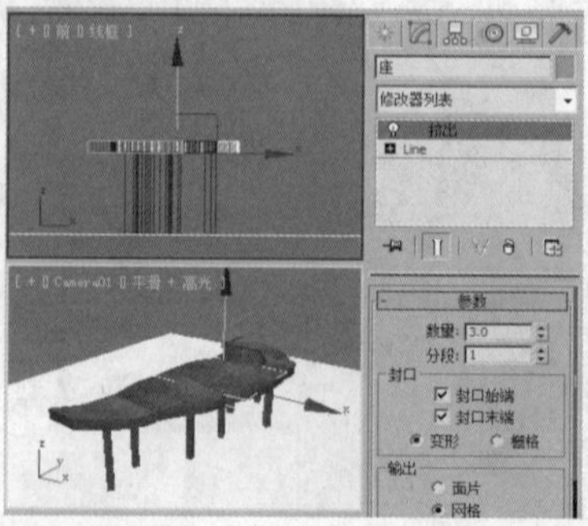

实战操作170 设置样条线轮廓

素材：Scene\Cha04\4-24.max　　场景：Scene\Cha04\实战操作170.max

难度：★★★★★　　视频：视频\Cha04\实战操作170.avi

制作样条线的副本，所有侧边上的距离偏移量由“轮廓宽度”微调器（在“轮廓”按钮的右侧）指定。选择一个或多个样条线，然后使用微调器动态地调整轮廓位置，或单击“轮廓”然后拖动样条线。如果样条线是开口的，生成的样条线及其轮廓将生成一个闭合的样条线。

STEP 01 按Ctrl+O组合键，打开一幅素材模型，如下图所示。

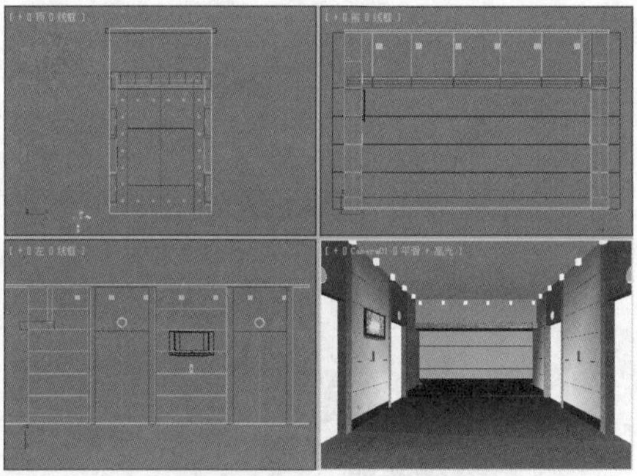

STEP 02 选择“创建” | “图形” | “样条线” | “矩形”工具，在“顶”视图中绘制一个矩形，如下图所示。

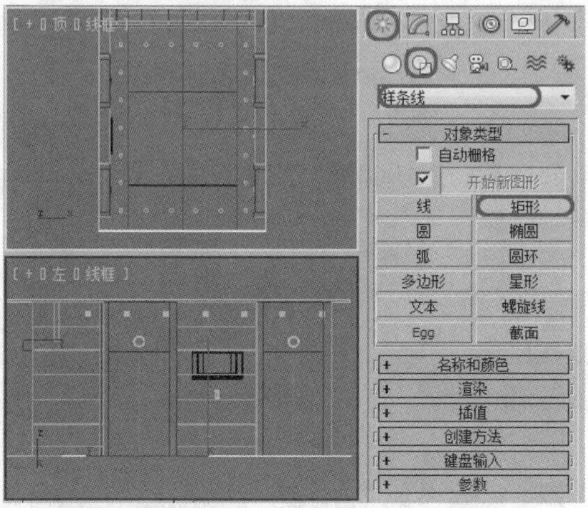

STEP 03 切换至“修改”面板，在“参数”卷展栏中，将其“长度”设为5800，“宽度”设为4600，并在视图中调整其位置，如下图所示。

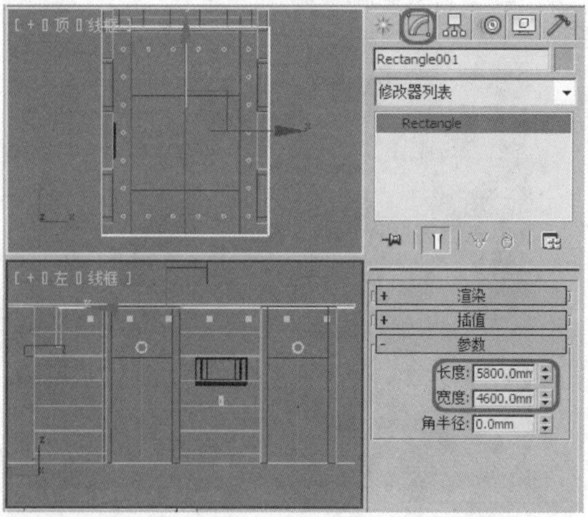

STEP 04 选择样条线,单击鼠标右键，在弹出的快捷菜单中执行“转换为” | “转换为可编辑样条线”命令，如下图所示。

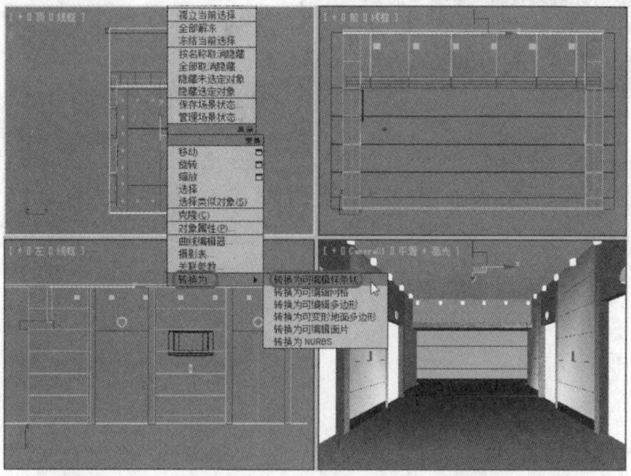

STEP 05 切换至“修改”面板，将当前选择集定义为样条线，并选中视图中的样条线，

如下图所示。

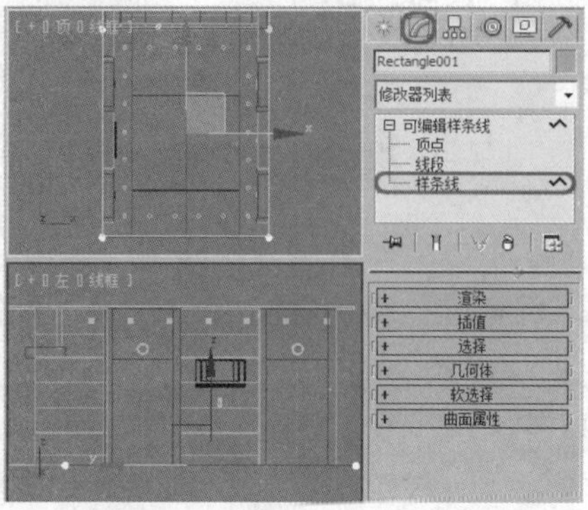

STEP 06 在“几何体”卷展栏中，单击“轮廓”按钮，并在右侧的文本框中输入800，如下图所示。

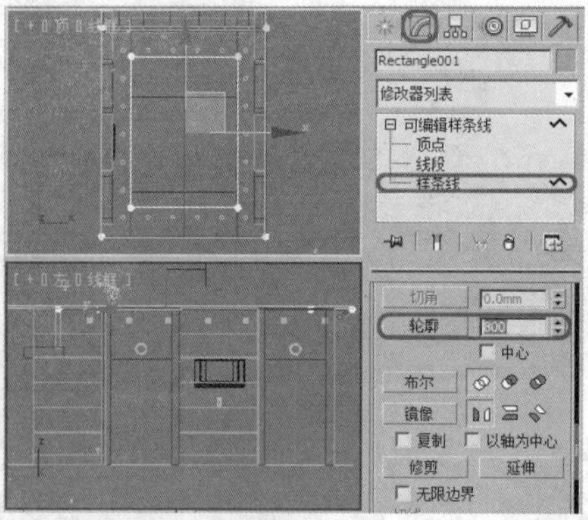

STEP 07 在“修改器下拉列表”中选择“挤出”修改器，如下图所示。

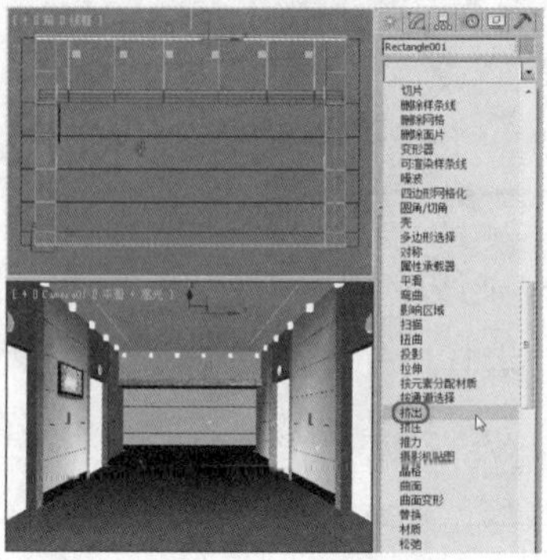

STEP 08 在参数卷展栏中，将数量设为100。在视图中调整其位置，并为其指定材质，如下图所示。

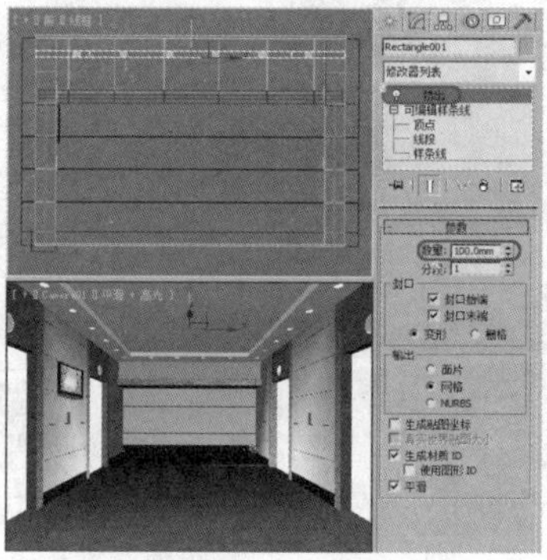

实战操作171 修剪样条线

素材：Scene\Cha04\4-25.max　场景：Scene\Cha04\实战操作171.max

难度：★★★★★　视频：视频\Cha04\实战操作171.avi

“修剪”工具可以将样条线中交叉或无用的样条线修剪掉，以达到需要的形状。

STEP 01 按Ctrl+O组合键，打开一幅素材模型，如右图所示。

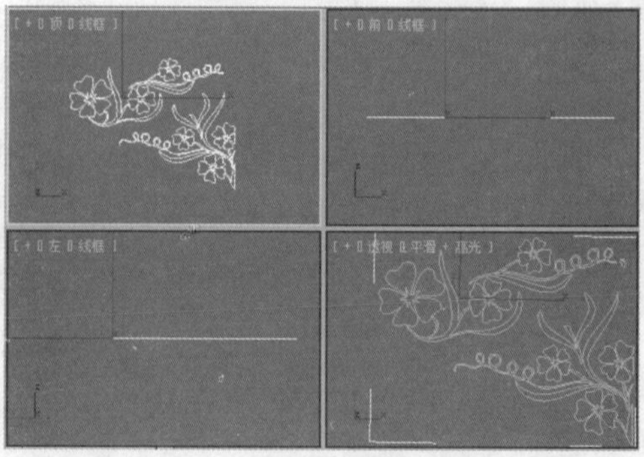

STEP 02 选择视图中的模型，切换到“修改”面板，将当前选择集定义为“样条线”，单击“几何体”卷展栏中的“修剪”按钮 修剪 ，如下图所示。

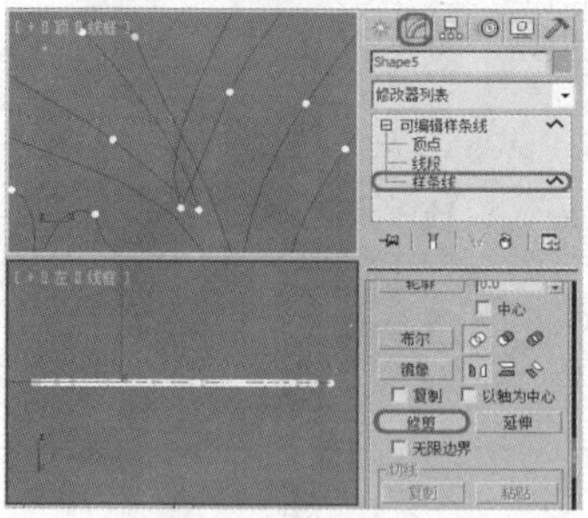

STEP 03 移动鼠标至Line上，鼠标指针呈现形状时，单击鼠标左键，确定线段的相交点，再次单击需要修剪的线段，释放鼠标即可修剪，如下图所示。

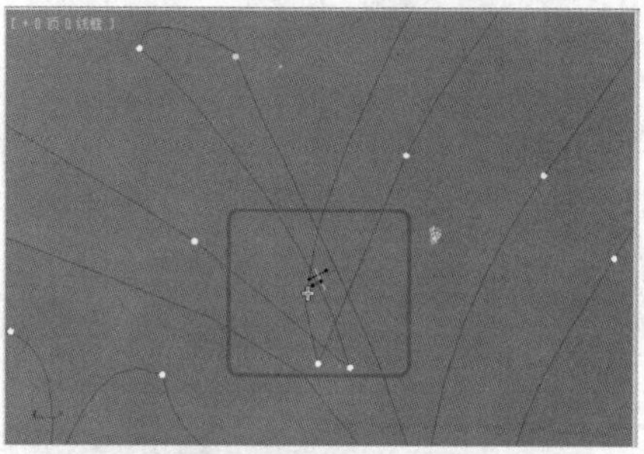

STEP 04 修剪后，单击“修改”面板右侧的小三角按钮，在弹出的下拉菜单中选择“挤出”修改器项。在“参数”卷展栏中将“数量”设为0.5，如右图所示。

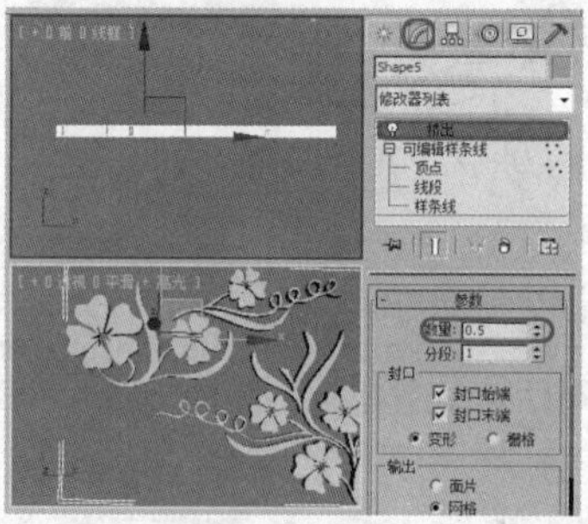

实战操作172 并集二维样条线

素材：Scene\Cha04\4-26.max　　场景：Scene\Cha04\实战操作172.max

难度：★★★★★　　视频：视频\Cha04\实战操作172.avi

在“几何体”卷展栏中的“并集”命令是将两个样条线合并，相交的部分被删除，形成一个新的样条线。

STEP 01 按Ctrl+O组合键，打开一幅素材模型，如下图所示。

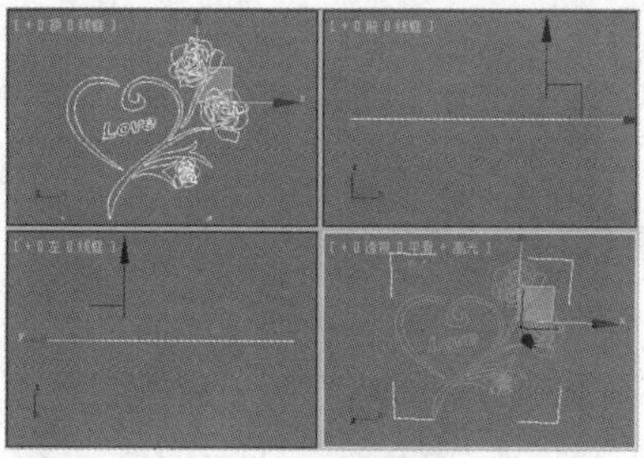

STEP 02 切换至“修改”面板，将当前选择集定义为“样条线”，在“顶”视图中选择一个样条线，如下图所示。

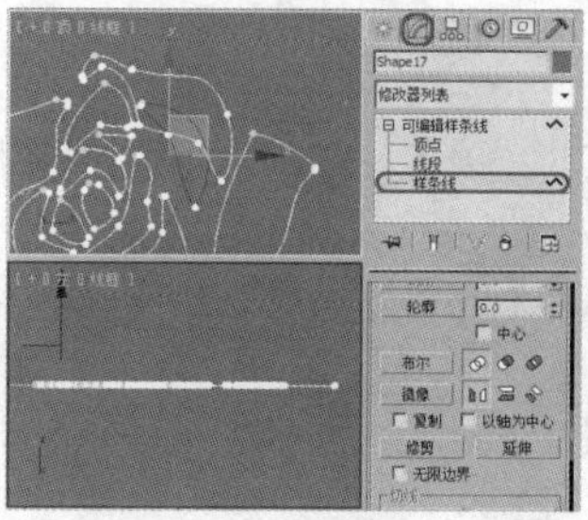

STEP 03 在“几何体”卷展栏中单击“并集”按钮，然后单击“布尔”按钮 布尔 ，移动鼠标到样条线上，鼠标指针呈形状时，单

击鼠标左键，即可并集样条线，如下图所示。

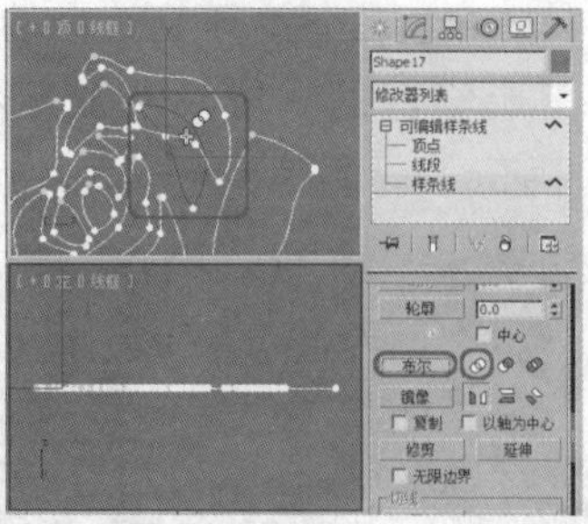

STEP 04 单击“修改”面板右侧的小三角按钮，在弹出的下拉菜单中选择“挤出”修改器。在“参数”卷展栏中将“数量”设为0.5，如下图所示。

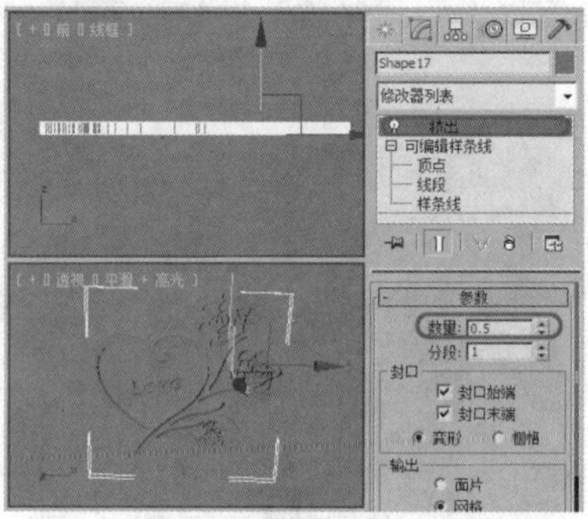

实战操作173 差集二维样条线

素材：Scene\Cha04\4-27.max　场景：Scene\Cha04\实战操作173.max

难度：★★★★★　视频：视频\Cha04\实战操作173.avi

“差集”是布尔运算中的一种，是将两个样条线进行相减处理，得到一种切割后的样条线。

STEP 01 按Ctrl+O组合键，打开一幅素材模型，如下图所示。

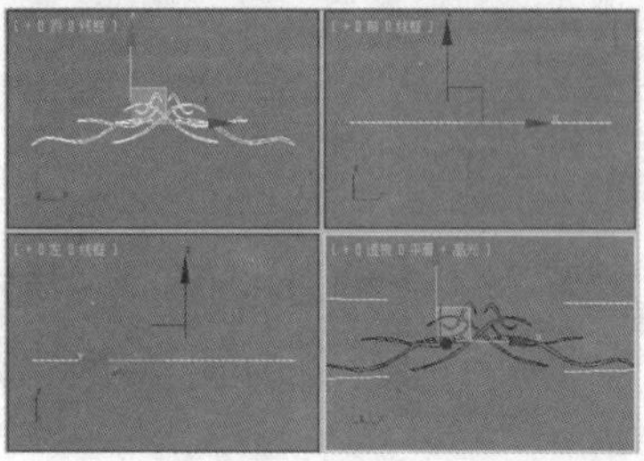

STEP 02 在“前”视图中选择Shape2，切换到“修改”面板，将当前选择集定义为“样条线”，选择需要差集的样条线，选中的样条线呈红色显示，如下图所示。

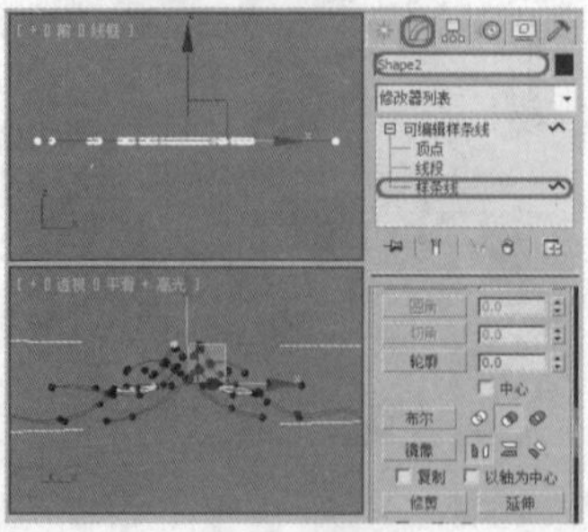

STEP 03 在“几何体”卷展栏中单击“差集”按钮，然后单击“布尔”按钮 布尔 ，移动鼠标到样条线上，鼠标指针呈形状时，单击鼠标左键即可差集样条线，如下图所示。

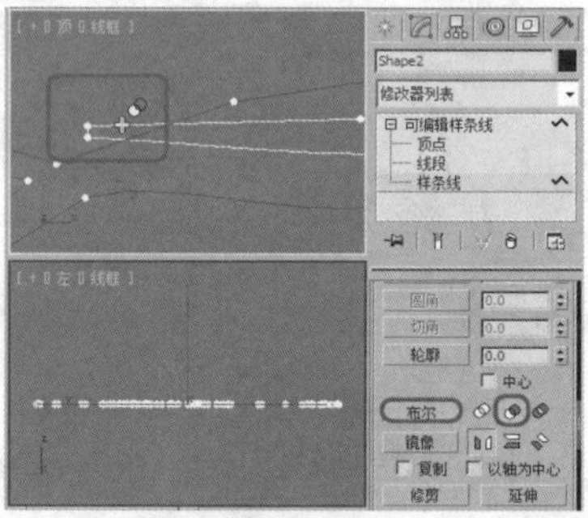

STEP 04 单击“修改”面板右侧的小三角按钮，在弹出的下拉菜单中选择“挤出”修改器。在“参数”卷展栏中将“数量”设为0.3，并设置图形的颜色，如下图所示。

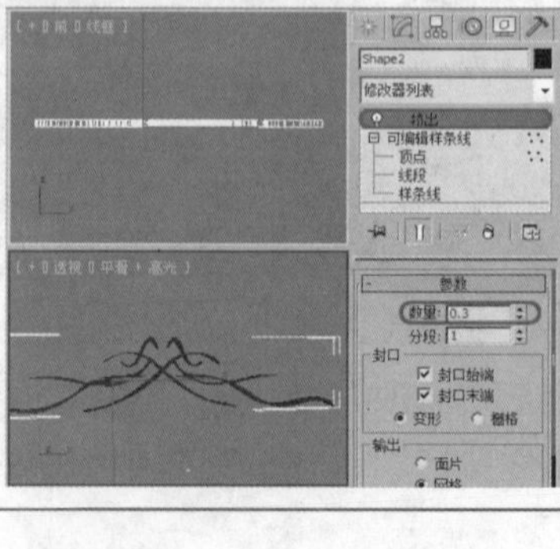

实战操作174 交集二维样条线

素材：Scene\Cha04\4-28.max　　场景：Scene\Cha04\实战操作174.max

难度：★★★★★　　视频：视频\Cha04\实战操作174.avi

“交集”与“并集”、“差集”的功能相似，两个样条线相交的部分保留，不相交的部分删除，形成新的样条线。

STEP 01 按Ctrl+O组合键，打开一幅素材模型，如下图所示。

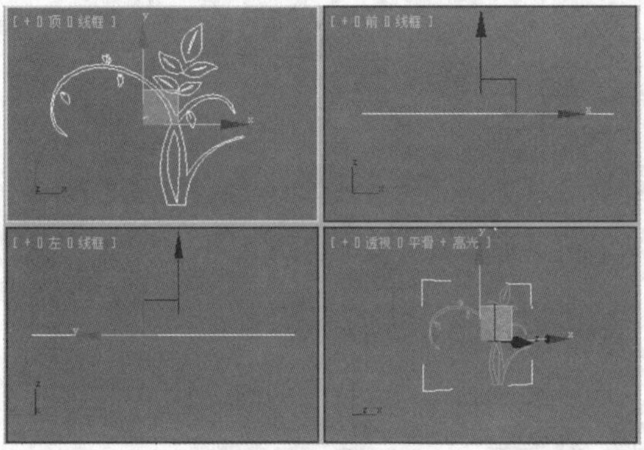

STEP 02 在“顶”视图中选择Shape7，切换到“修改”面板，将当前选择集定义为“样条线”，选中的样条线呈红色显示，如下图所示。

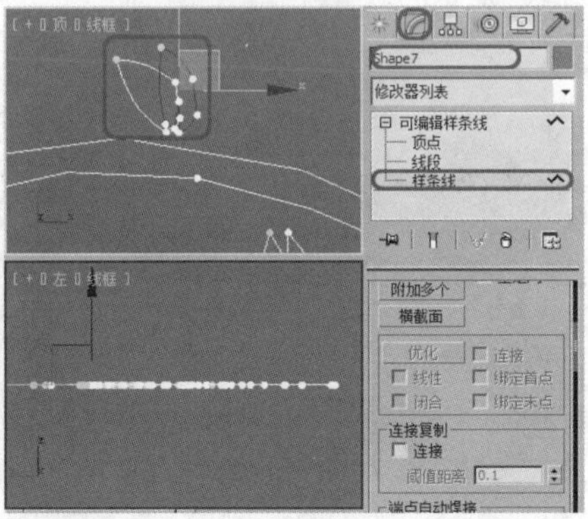

STEP 03 在“几何体”卷展栏中单击“交集”按钮，然后单击“布尔”按钮 布尔 ，移动鼠标到样条线上鼠标指针呈形状时，单击鼠标左键，即可交集样条线，如下图所示。

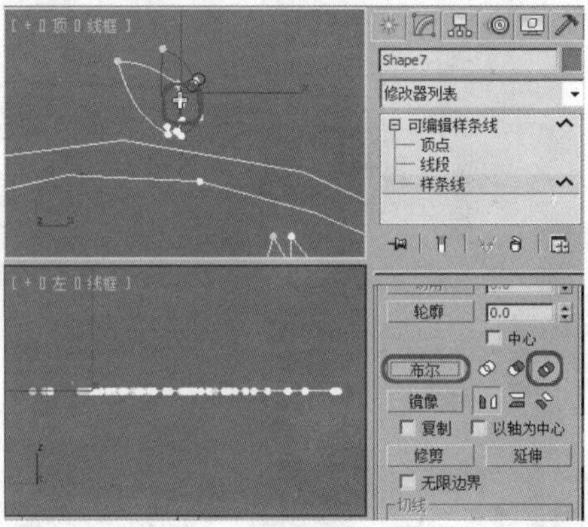

STEP 04 单击“修改”面板右侧的小三角按钮，在弹出的下拉菜单中选择“挤出”修改器。在“参数”卷展栏中将“数量”设为0.3，如下图所示。

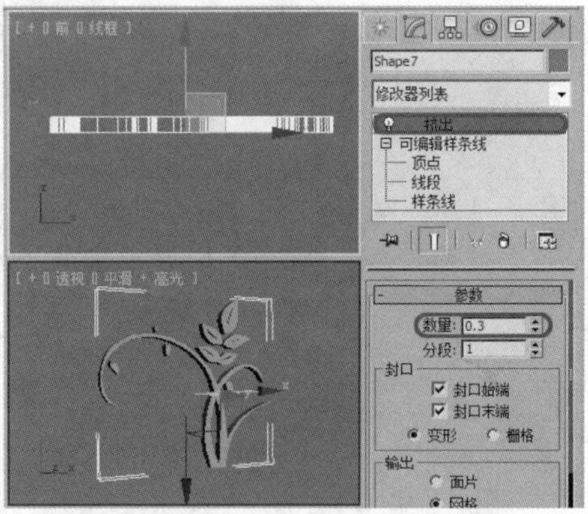

Chapter 05

第5章 创建植物和建筑对象

为了方便用户高效、快捷地完成工作，从3ds Max 6之后新增了不少几何体，这些几何体也在3ds Max 2013中得到保留。它们是一些简单的植物模型和建筑模型，在大多数场景中，只要将它们稍加修改就能满足用户的需求。

3ds Max 2013

5.1 创建AEC扩展

“AEC 扩展”对象专为在建筑、工程和构造领域中使用而设计。使用“植物”创建植物，使用“栏杆”创建栏杆和栅栏，使用“墙”创建墙。

实战操作175 创建孟加拉菩提树

素材：无　　场景：无

难度：★★★★★　　视频：视频\Cha05\实战操作175.avi

下面介绍如何创建孟加拉菩提树，其具体操作步骤如下所述。

STEP 01 启动3ds Max 2013，启动后的界面如下图所示。

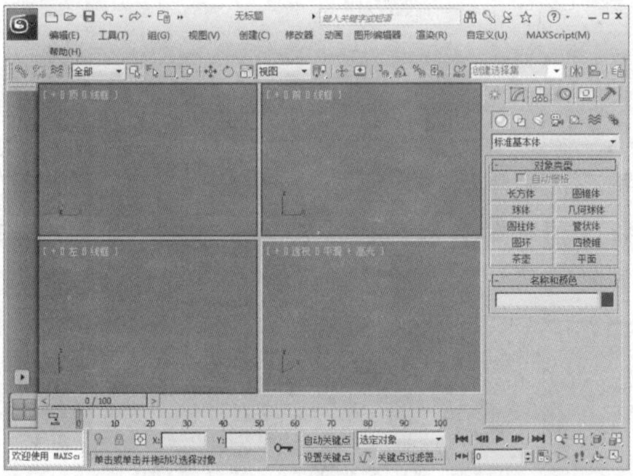

STEP 02 在命令面板中选择“创建” | “几何体” | “AEC扩展”选项，在“对象类型”卷展栏下单击“植物”按钮 植物 ；在“收藏的植物”卷展栏中单击“孟加拉菩提树”，如右图所示。

STEP 03 在“顶”视图中单击鼠标左键，即可创建一棵孟加拉菩提树，如下图所示。

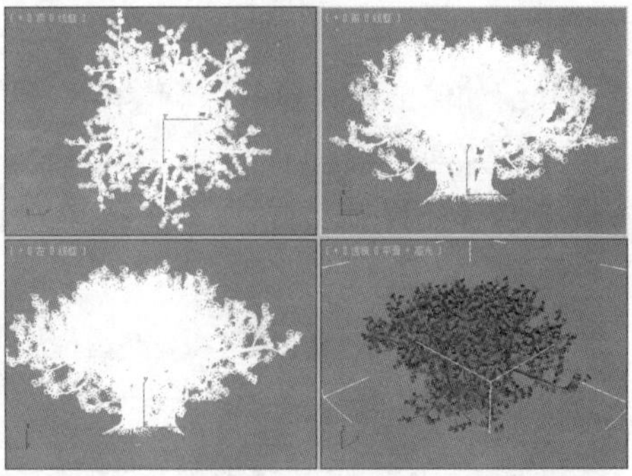

STEP 04 切换至“修改”命令面板，在“参数”卷展栏下将“高度”值设置为300，按Enter键确认，即可调整孟加拉菩提树的高度，如下图所示。

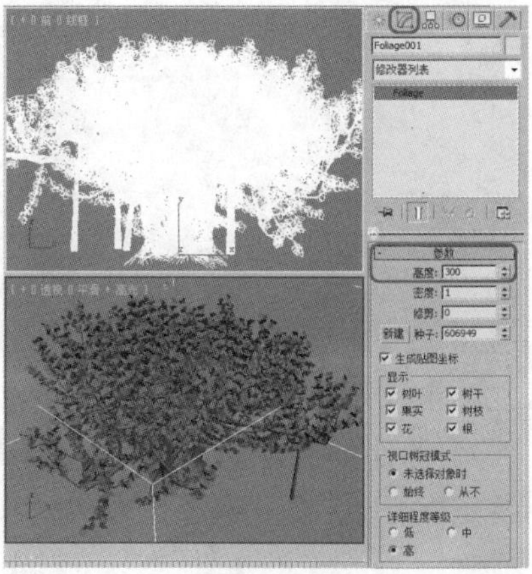

专家提醒

高度：通过设置其参数来控制植物的近似高度。

密度：控制植物上叶子和花朵的数量。值为 1 表示植物具有全部的叶子和花；值为5 表示植物具有一半的叶子和花；值为0 表示植物没有叶子和花。

修剪：只适用于具有树枝的植物。删除位于一个与构造平面平行的不可见平面之下的树枝。

种子：介于 0 与 16 777 215 之间的值，表示当前植物可能的树枝变体、叶子位置以及树干的形状与角度。

“显示”选项组：控制植物的叶子、果实、花、树干、树枝和根的显示。选项是否可用取决于所选的植物种类。

实战操作176 创建一般的棕榈

素材：无	场景：无
难度：★★★★★	视频：视频\Cha05\实战操作176.avi

下面介绍如何创建一般的棕榈，其具体操作步骤如下所述。

STEP 01 单击按钮，在弹出的下拉菜单中执行“重置”命令，如下图所示。

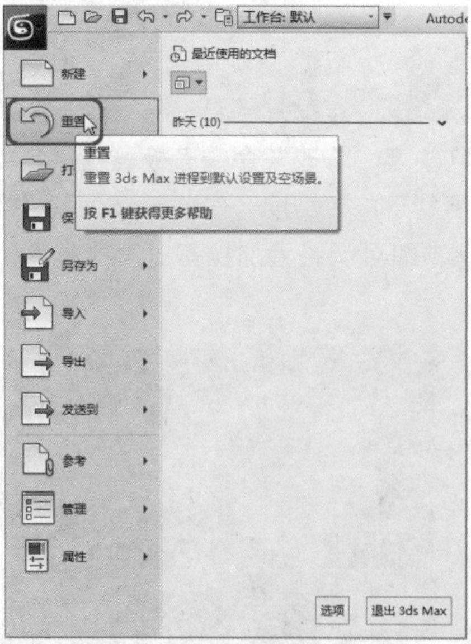

STEP 02 在弹出提示的对话框中单击“是”按钮，在命令面板中选择“创建” |“几何体” |“AEC扩展”选项，在“对象类型”卷展栏下单击“植物”按钮 植物 ；在“收藏的植物”卷展栏中单击“一般的棕榈”，如下图所示。

STEP 03 在“顶”视图中单击鼠标左键，即可创建一棵棕榈树，如下图所示。

STEP 04 切换至“修改”命令面板，在“参数”卷展栏中取消选中“树干”复选框，即可隐藏树干，如下图所示。

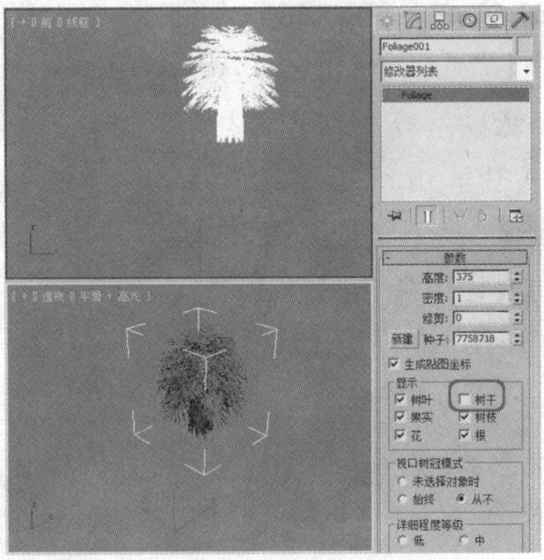

实战操作177 创建苏格兰松树

素材：无

场景：无

难度：★★★★★

视频：视频\Cha05\实战操作177.avi

下面介绍如何创建苏格兰松树，其具体操作步骤如下所述。

STEP 01 重置一个新的场景，在命令面板中选择“创建” | “几何体” | “AEC扩展”选项，在“对象类型”卷展栏中单击“植物”按钮 植物 ；在“收藏的植物”卷展栏中单击“苏格兰松树”，如右图所示。

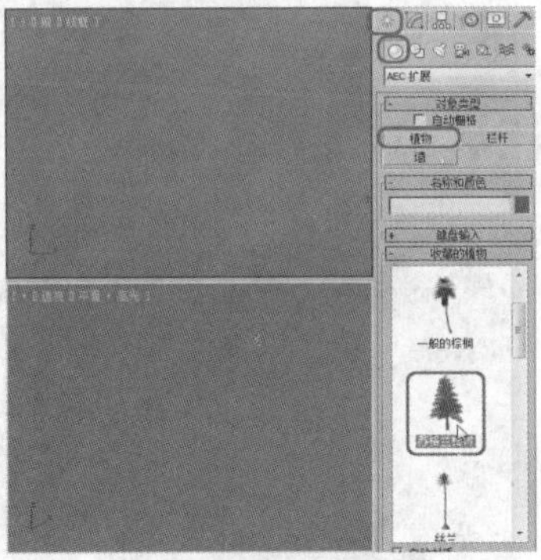

STEP 02 在“顶”视图中单击鼠标左键，即可创建一棵“苏格兰松树”，如下图所示。

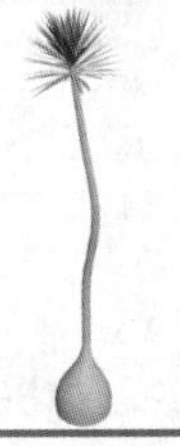

实战操作178 创建丝兰

素材：无

场景：无

难度：★★★★★

视频：视频\Cha05\实战操作178.avi

下面介绍如何创建丝兰，其具体操作步骤如下所述。

STEP 01 重置一个新的场景，在命令面板中选择“创建” | “几何体” | “AEC扩展”选项，在“对象类型”卷展栏中单击“植物”按钮 植物 ；在“收藏的植物”卷展栏中单击“丝兰”，如右图所示。

STEP 02 在“顶”视图中单击鼠标左键，即可创建一棵丝兰，如下图所示。

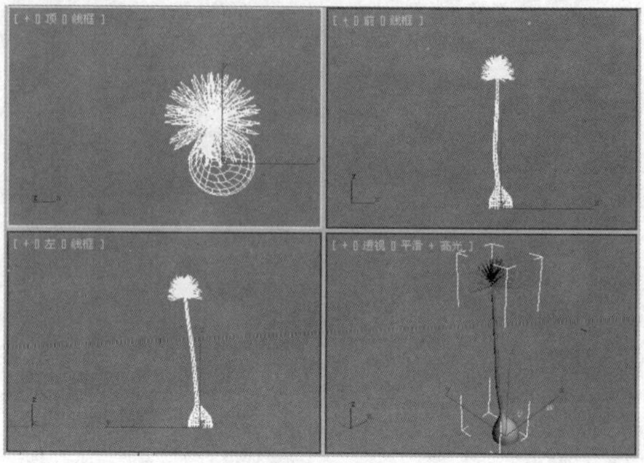

实战操作179 创建蓝色的针松

素材：无　　场景：无

难度：★★★★★　　视频：视频\Cha05\实战操作179.avi

下面介绍如何创建蓝色的针松，具体操作步骤如下所述。

STEP 01 重置一个新的场景，在命令面板中选择“创建” | “几何体” | “AEC扩展”选项，在“对象类型”卷展栏中单击“植物”按钮 植物 ；在“收藏的植物”卷展栏中单击“蓝色的针松”，如右图所示。

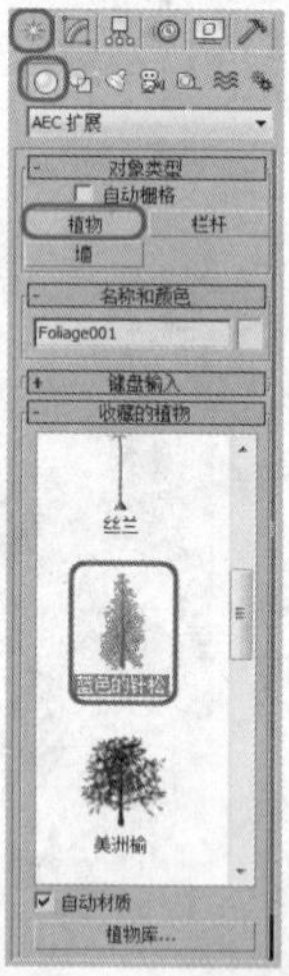

STEP 02 在“顶”视图中单击鼠标左键，即可创建一棵蓝色的针松，如下图所示。

实战操作180 创建美洲榆

素材：无　　场景：无

难度：★★★★★　　视频：视频\Cha05\实战操作180.avi

下面介绍如何创建美洲榆，其具体操作步骤如下所述。

STEP 01 重置一个新的场景，在命令面板中选择“创建” | “几何体” | “AEC扩展”选项，在“对象类型”卷展栏中单击“植物”按钮 植物 ；在“收藏的植物”卷展栏中单击“美洲榆”，如右图所示。

STEP 02 在“顶”视图中单击鼠标左键，即可创建一棵美洲榆，如下图所示。

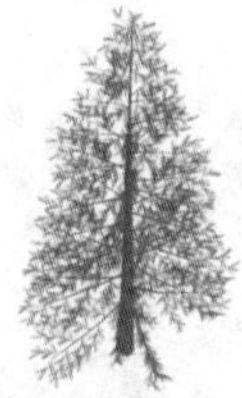

实战操作181 创建垂柳

素材：无	场景：无
难度：★★★★★	视频：视频\Cha05\实战操作181.avi

下面介绍如何创建垂柳，其具体操作步骤如下所述。

STEP 01 重置一个新的场景，在命令面板中选择“创建” | “几何体” | “AEC扩展”选项，在“对象类型”卷展栏中单击“植物”按钮 植物 ；在“收藏的植物”卷展栏中单击“垂柳”，如右图所示。

STEP 02 在“顶”视图中单击鼠标左键，即可创建一颗垂柳，如下图所示。

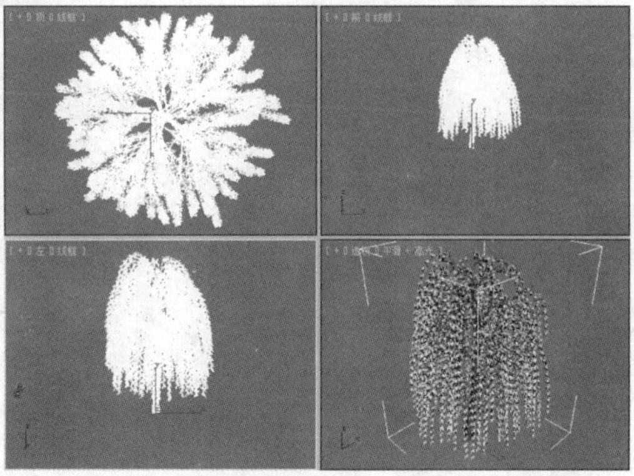

实战操作182 创建大戟属植物

素材：无	场景：无
难度：★★★★★	视频：视频\Cha05\实战操作182.avi

创建大戟属植物的具体操作步骤如下所述。

STEP 01 重置一个新的场景，在命令面板中选择“创建” | “几何体” | “AEC扩展”选项，在“对象类型”卷展栏中单击“植物”按钮 植物 ；在“收藏的植物”卷展栏中单击“大戟属植物：大含水茎叶”，如右图所示。

STEP 02 在“顶”视图中单击鼠标左键，即可创建一颗大戟属植物，如下图所示。

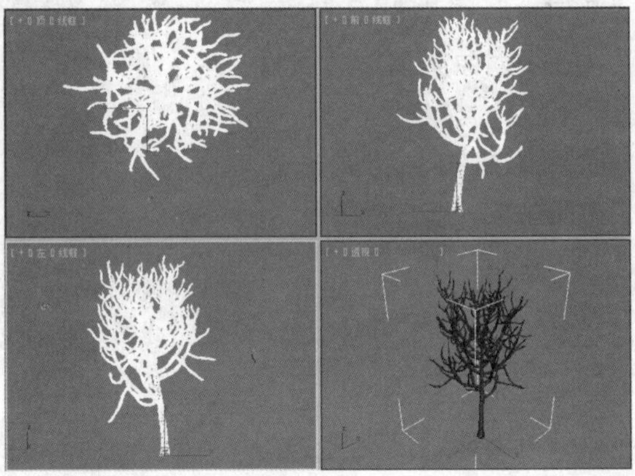

实战操作183 创建芳香蒜

素材：无　　场景：无

难度：★★★★★　　视频：视频\Cha05\实战操作183.avi

创建“芳香蒜”的具体操作步骤如下所述。

STEP 01 重置一个新的场景，在命令面板中选择“创建” | “几何体” | “AEC扩展”选项，在“对象类型”卷展栏中单击“植物”按钮 植物 ；在“收藏的植物”卷展栏中单击“芳香蒜”，如右图所示。

STEP 02 在“顶”视图中单击鼠标左键，即可创建芳香蒜，如下图所示。

实战操作184 创建大丝兰

素材：无　　场景：无

难度：★★★★★　　视频：视频\Cha05\实战操作184.avi

创建“大丝兰”的具体操作步骤如下所述。

STEP 01 重置一个新的场景，在命令面板中选择“创建” | “几何体” | “AEC扩展”选项，在“对象类型”卷展栏中单击“植物”按钮 植物 ；在“收藏的植物”卷展栏中单击“大丝兰”，如右图所示。

STEP 02 在“顶”视图中单击鼠标左键，即可创建“大丝兰”，如下图所示。

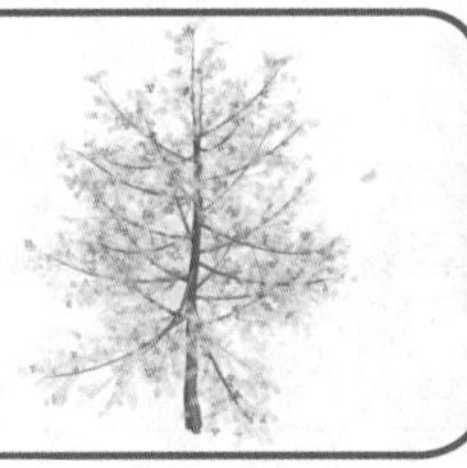

实战操作185 春天的日本樱花

素材：无　　场景：无

难度：★★★★★　　视频：视频\Cha05\实战操作185.avi

STEP 01 重置一个新的场景，在命令面板中选择“创建” | “几何体” | “AEC扩展”选项，在“对象类型”卷展栏中单击“植物”按钮 植物 ；在“收藏的植物”卷展栏中单击“春天的日本樱花”，如右图所示。

STEP 02 在“顶”视图中单击鼠标左键，即可创建“春天的日本樱花”，如下图所示。

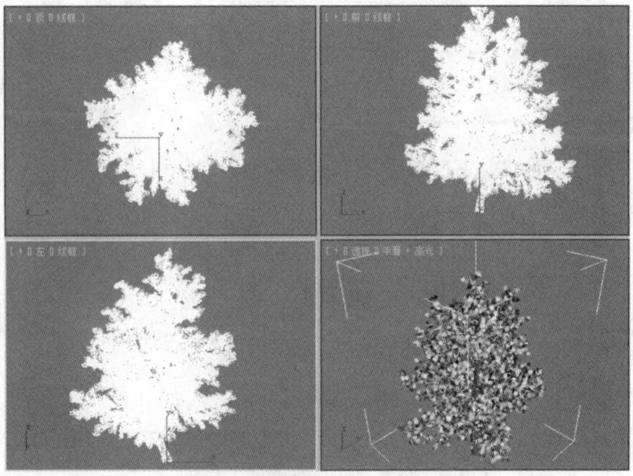

实战操作186 创建一般的橡树

素材：无　　场景：无

难度：★★★★★　　视频：视频\Cha05\实战操作186.avi

STEP 01 重置一个新的场景，在命令面板中选择“创建”|“几何体”|“AEC扩展”选项，在“对象类型”卷展栏中单击“植物”按钮 植物 ；在“收藏的植物”卷展栏中单击“一般的橡树”，如右图所示。

STEP 02 在“顶”视图中单击鼠标左键，即可创建“一般的橡树”，如下图所示。

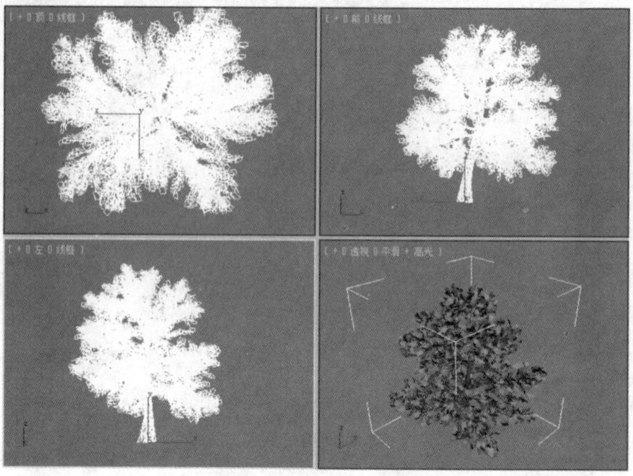

5.2 创建栏杆和墙

运用“AEC扩展”建模，可以创建栏杆、立柱和简单户型的墙体等模型。本节将介绍如何使用“AEC扩展”创建栏杆和墙。

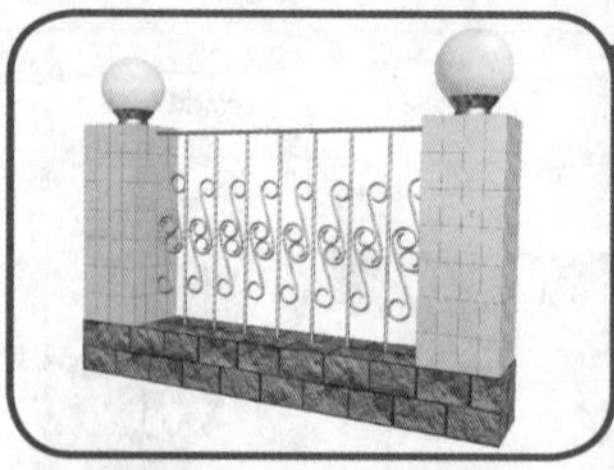

实战操作187 创建栏杆

素材：Scene\Cha05\5-1.max　场景：Scene\Cha05\实战操作187.max

难度：★★★★★　视频：视频\Cha05\实战操作187.avi

运用“AEC扩展”建模，可以创建栏杆、立柱和简单户型的墙体等模型。下面介绍如何创建栏杆，其具体操作步骤如下所述。

STEP 01 单击按钮，在弹出的下拉列表中执行“打开”命令，在打开的对话框中选择素材文件5-1.max，如下图所示。

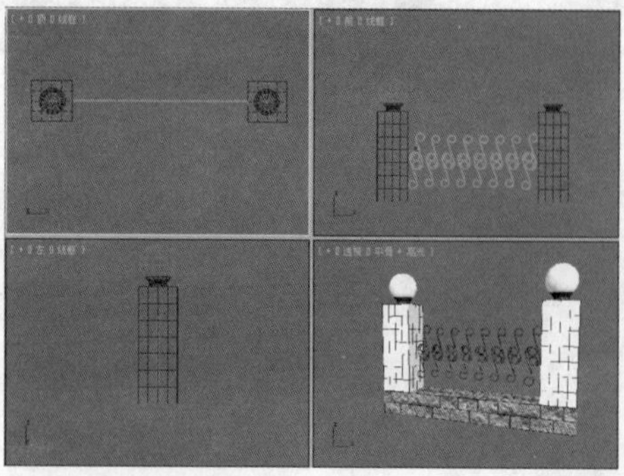

STEP 02 选择“创建”|“几何体”|“AEC扩展”选项，在“对象类型”卷展栏中单击“栏杆”按钮 栏杆 ，如下图所示。

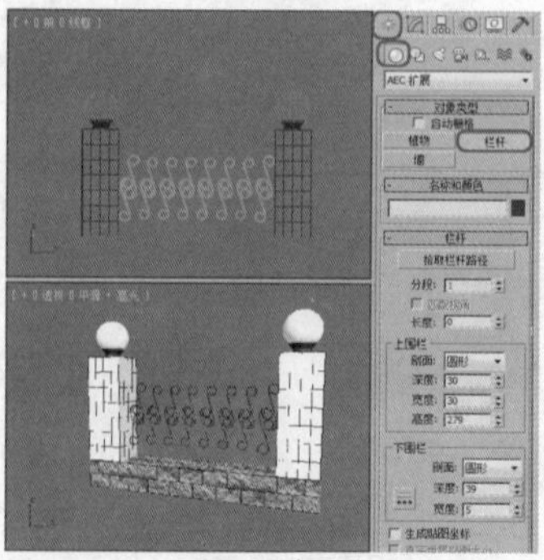

STEP 03 切换至“顶”视图，单击鼠标左键并向右拖曳，释放鼠标后向上移动鼠标，至合适位置后单击鼠标左键，即可在视图中创建一个栏杆，如下图所示。

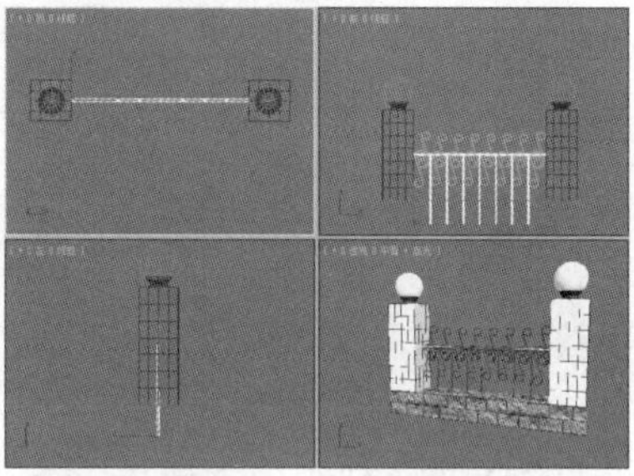

STEP 04 单击“命令面板”中的“修改”按钮，在“栏杆”卷展栏中将栏杆的“长度”设置为2150，在“上围栏”选项组中设置“剖面”为圆形，“深度”值为30，“宽度”值为30，“高度”值为1460；将“下围栏”选项组中的“剖面”设置为“无”，如下图所示。

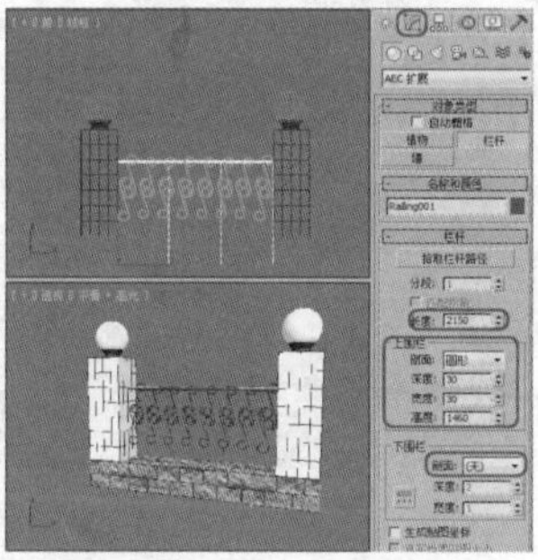

STEP 05 在“立柱”卷展栏中设置其“剖面”为无；在“栅栏”卷展栏中设置其“类型”为“支柱”；在“支柱”选项组中设置其“剖面”为“圆形”，“深度”值为22，“宽度”设置为24，设置完成后单击“支柱间距”按钮，如下图所示。

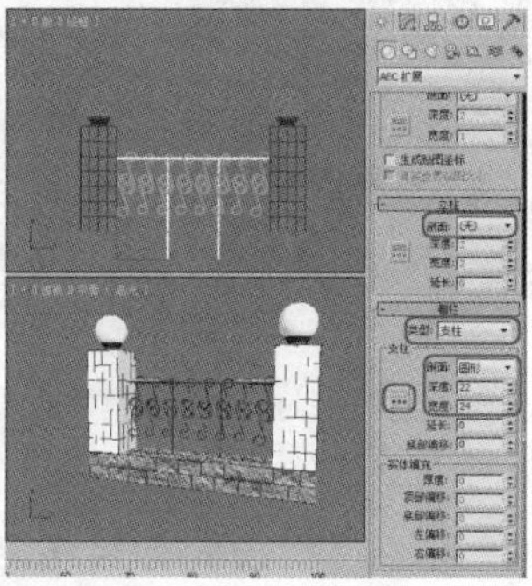

STEP 06 弹出“支柱间距”对话框，在“参数”选项组中设置“计数”为7，单击“关闭”按钮 关闭 即可，如下图所示。

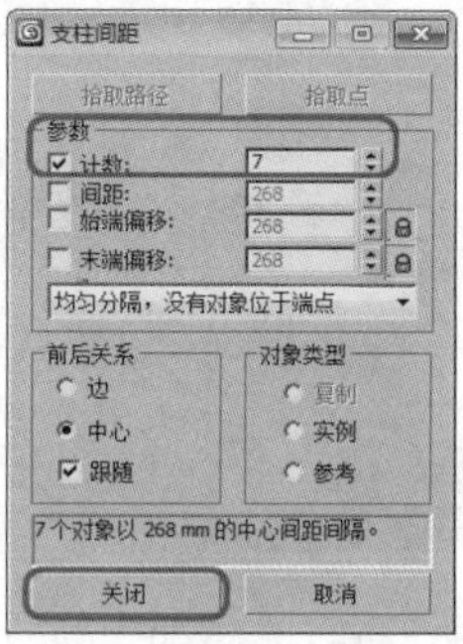

STEP 07 使用“移动”工具在“前”视图中将其移动至合适位置，按M键打开“材质编辑器”。在“材质编辑器”中选择“金属”材质球，然后单击“将材质制定给选定对象”按钮，如下图所示。

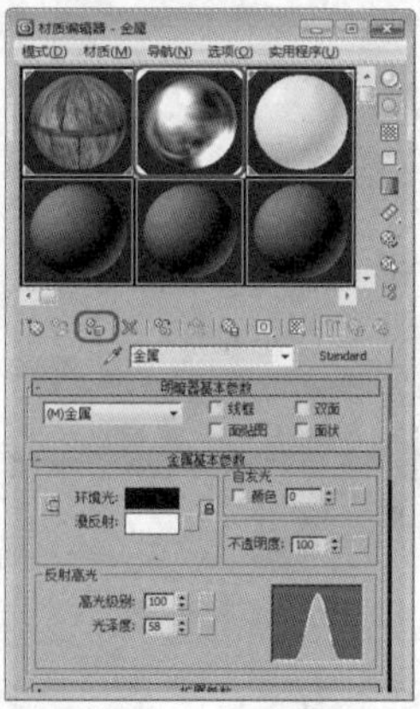

STEP 08 为对象制定完材质后将其“材质编辑器”关闭，激活“透”视图，按F9键快速渲染，渲染后的效果如下图所示。

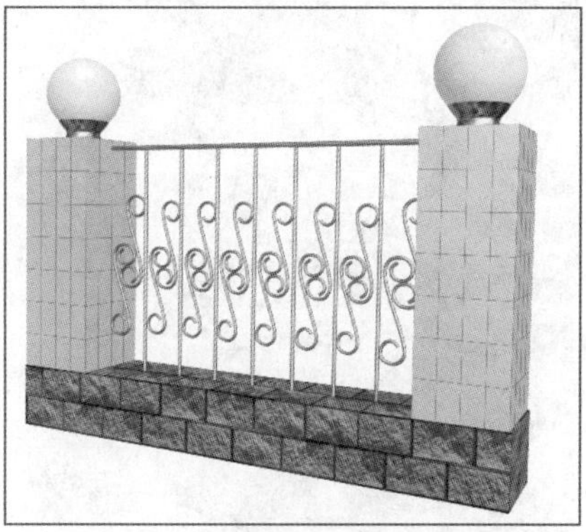

专家提醒

在“栏杆”卷展栏中可以设置栏杆横截面的形状以及栏杆的深度和宽度，“立柱”卷展栏和“栅栏”卷展栏中的设置与“栏杆”卷展栏中的作用基本相同。

实战操作188 创建墙

素材：Scene\Cha05\5-2.max　　场景：Scene\Cha05\实战操作188.max

难度：★★★★★　　视频：视频\Cha05\实战操作188avi

运用AEC扩展建模，可以创建墙，使用户可以更简便地对建筑进行制作。创建墙的具体操作步骤如下所述。

STEP 01 单击按钮，在弹出的下拉列表中执行“打开”命令，在打开的对话框中选择素材文件5-2.max，如下图所示。

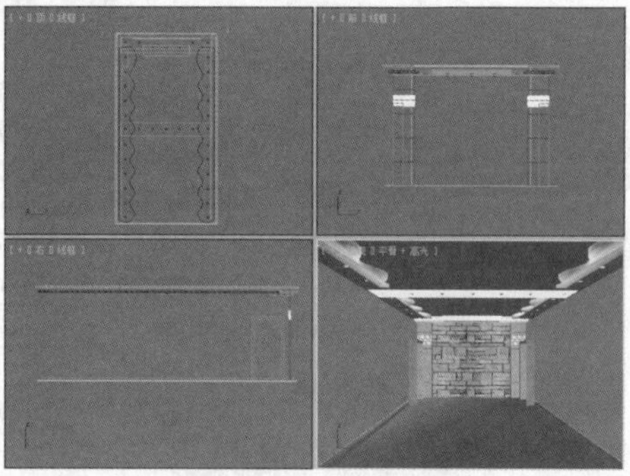

STEP 02 切换至命令面板，选择“创建” |“几何体” |“AEC扩展”选项。在“对象类型”卷展栏中单击“墙”按钮 墙 ，如下图所示。

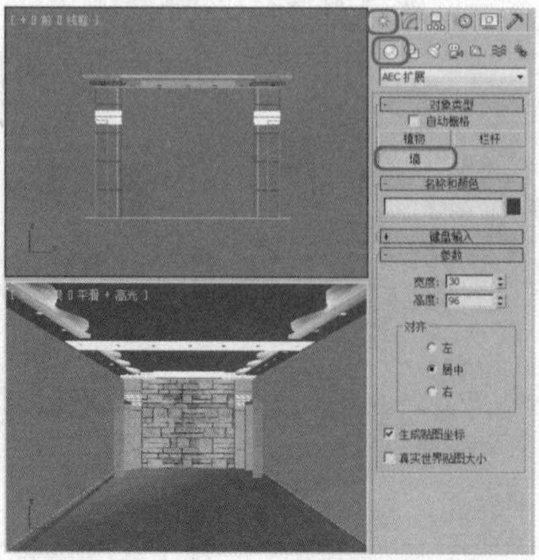

STEP 03 在“顶”视图中绘制一个宽为230，高度为3000的墙体，如下图所示。

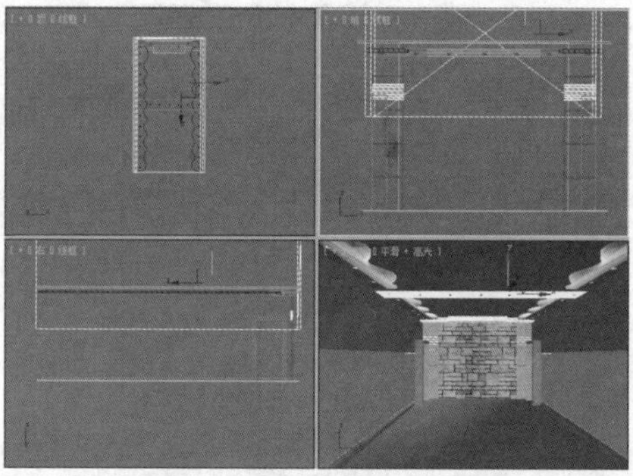

STEP 04 在场景中选择创建完的墙体，在工具栏中单击“选择并移动”按钮，在视图中对其进行调整，效果如下图所示。

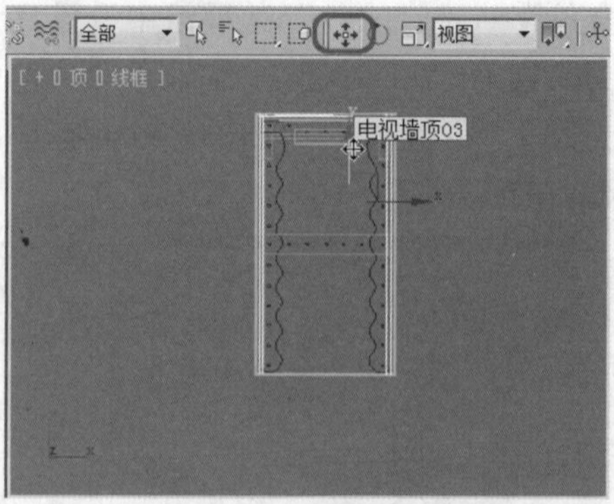

STEP 05 在场景中选择创建完的墙体，按M键打开“材质编辑器”，从中选择“墙体”材质球，然后单击“将材质制定给选定对象”按

钮，如下图所示。

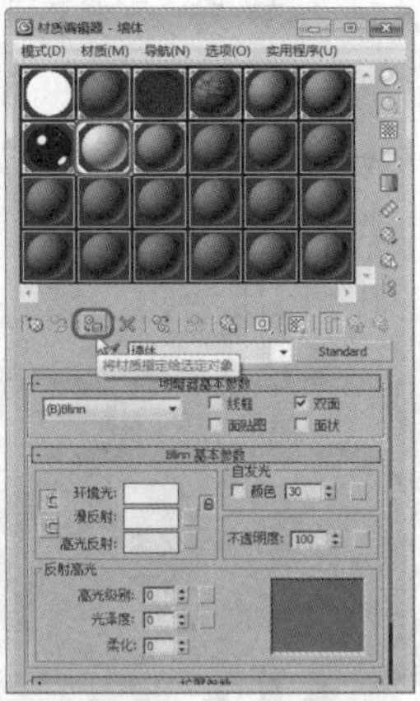

STEP 06 关闭“材质编辑器”对话框，激活“透”视图，按F9键快速渲染，渲染后的效果如下图所示。

专家提醒

在结束分段时如果两个墙体相接，3ds Max 将会弹出“是否焊接点”对话框。通过该对话框，可将两个末端顶点转化为一个顶点，或者将两个末端顶点分开。

5.3 创建楼梯

运用“楼梯”建模可以创建直线楼梯、L型楼梯、U型楼梯、螺旋楼梯等模型。

实战操作189 创建L型楼梯

素材：无　　场景：Scene\Cha05\实战操作189.max

难度：★★★★★　　视频：视频\Cha05\实战操作189.avi

使用“L 型楼梯”对象可以创建带有彼此成直角的两段楼梯。下面介绍如何创建L型楼梯，具体操作步骤如下所述。

STEP 01 重置一个新的场景，在“命令面板”中选择“创建”|“几何体”|“楼梯”选项，在“对象类型”卷展栏中单击“L型楼梯”按钮 L型楼梯，如右图所示。

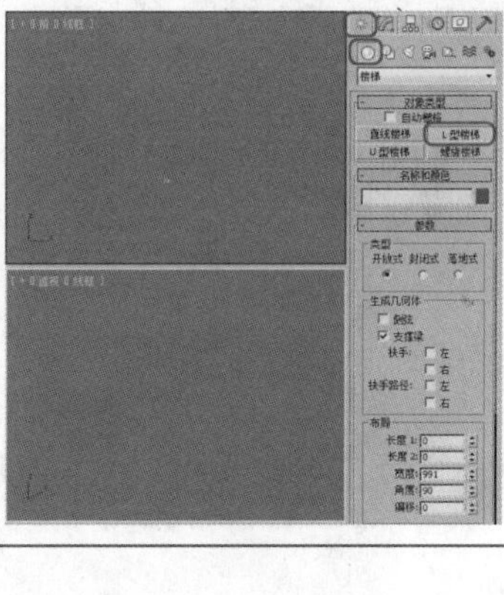

STEP 02 在“顶”视图中按住鼠标左键向上进行拖曳，至合适位置后释放鼠标，然后移动鼠标并单击确定第二段的长度和方向，再次向上移动

鼠标并单击鼠标确定楼梯的高度，如下图所示。

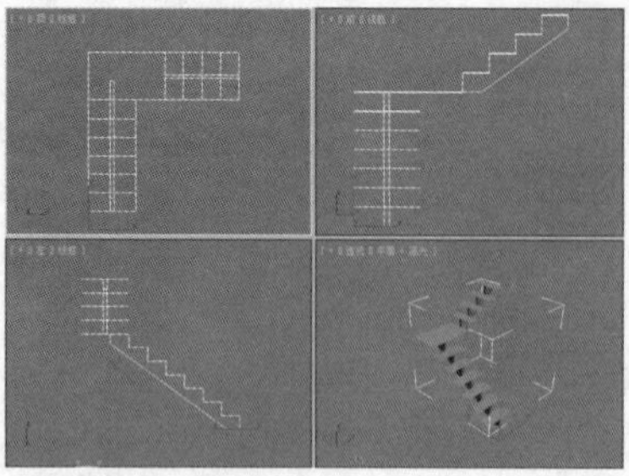

STEP 03 在“参数”卷展栏中设置其“类型”为“封闭式”，在“生成几何体”选项组中选中“扶手路径”右侧的“左”、“右”两个复选框；在“布局”选项组设置“长度1”、“长度2”、“宽度”、“角度”、“偏移”分别为6400、6400、3000、90、400；在“梯级”选项组设置“总高”、“竖板高”分别为6300、350，还可以通过激活“竖板高”前的“枢轴竖板数”按钮来激活“竖板数”文本框，在其文本框中设置其值为18，按Enter键确认，如下图所示。

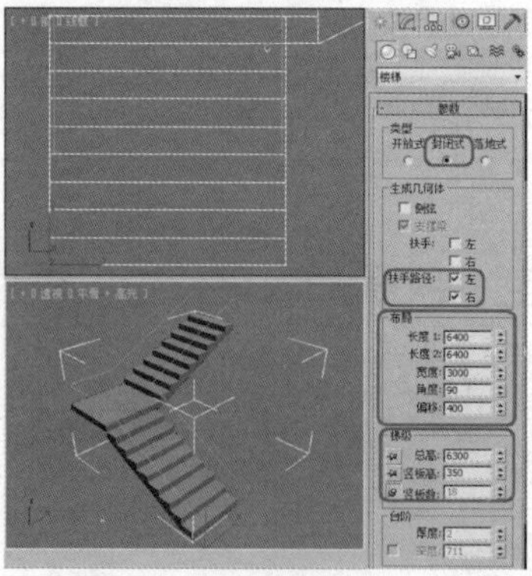

STEP 04 在“栏杆”卷展栏中设置“高度”值为0，“偏移”值为250，如下图所示。

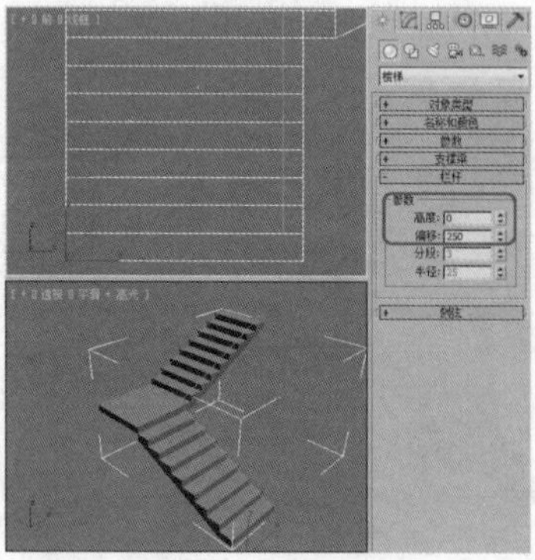

STEP 05 选择“创建” | “几何体” | “AEC扩展”选项，在“对象类型”卷展栏中单击“栏杆”按钮 栏杆 ，在“顶”视图中单击鼠标左键并拖曳鼠标，至合适位置后释放，然后将鼠标向上移动，确定好栏杆的高度后单击鼠标左键，如下图所示。

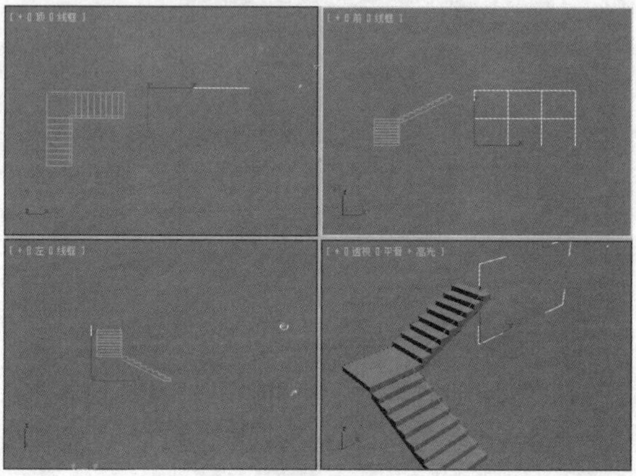

STEP 06 在“栏杆”卷展栏中设置其长度值为12000，在“上围栏”选项组中设置其“剖面”为“圆形”，其“深度”、“宽度”、“高度”分别设置为200、200、2000；在“下围栏”选项组中设置其“剖面”为“无”，在“立柱”卷展栏中设置其剖面为“无”，如下图所示。

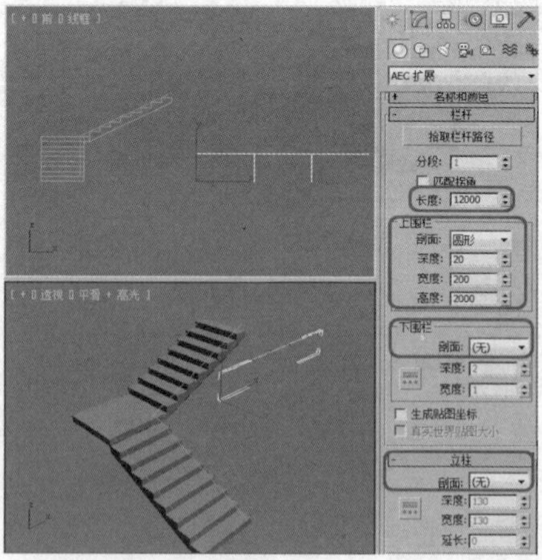

STEP 07 打开“栅栏”卷展栏，设置其“类型”为“支柱”，在“支柱”选项组中设置其“剖面”为“圆形”，“深度”值为150，“宽度”值为150，单击“支柱间

距”按钮，如下图所示。

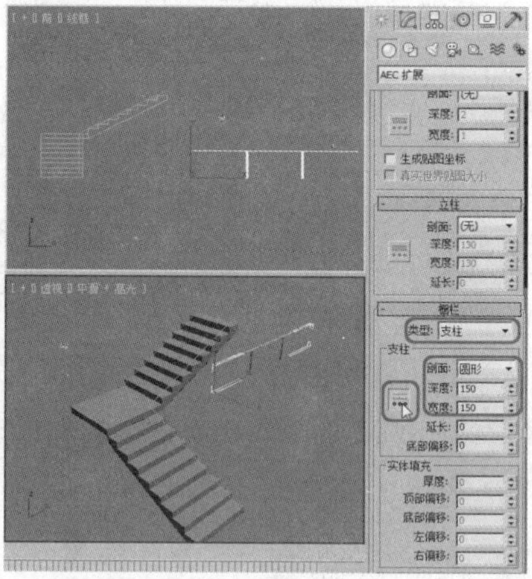

STEP 08 在弹出的“支柱间距”对话框中设置“计数”值为17，单击“关闭”按钮 关闭 即可设置支柱间距，如下图所示。

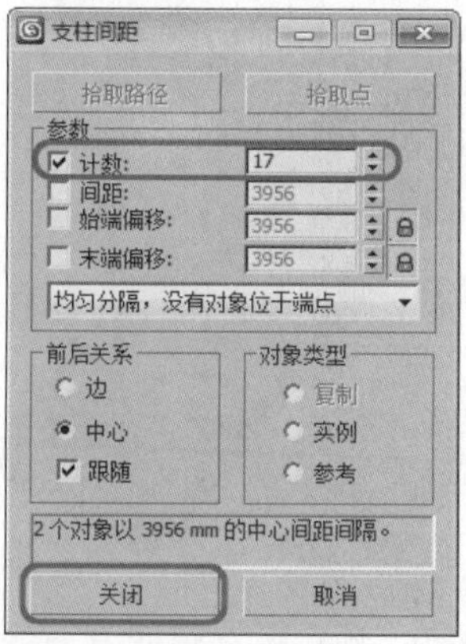

STEP 09 在“栏杆”卷展栏中单击“拾取栏杆路径”按钮，在“透”视图中拾取栏杆的路径，选中“匹配拐角”复选框，完成后的效果如下图所示。

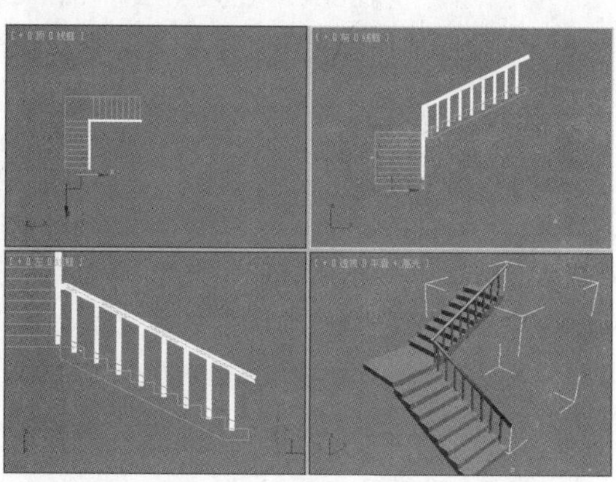

STEP 10 使用同样的方法为楼梯的另一侧添加栏杆，并调整两个栏杆的位置，调整后的效果如下图所示。

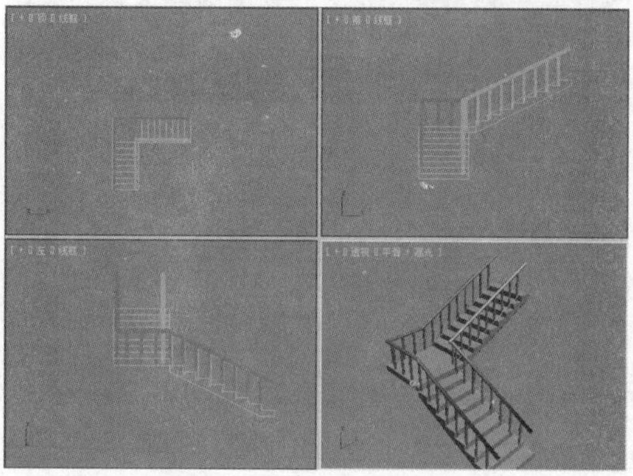

STEP 11 在场景中选择创建好的栏杆对象，按M键打开“材质编辑器”，从中选择“金属”材质球，然后单击“将材质制定给选定对象”按钮，使用同样的方法为楼梯赋予材质，如下图所示。

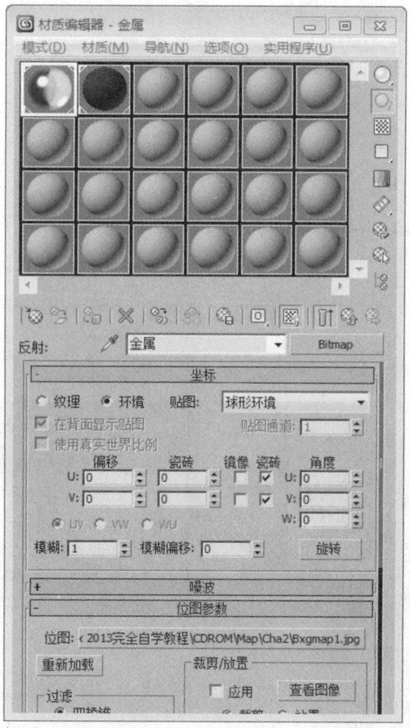

STEP 12 关闭“材质编辑器”对话框，选择“创建” |“摄影机” |“目标”工具选项，在“顶”视图创建一个摄影机，激活“透”视图，然后按C键将当前激活的视图转为“摄影机”视图，并在视图中调整摄影机的

位置，调整后的效果如下图所示。

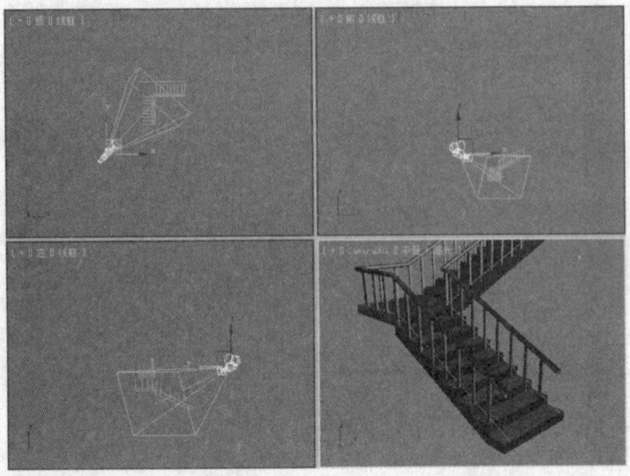

STEP 13 在命令面板中选择“创建” | “灯光” | “标准”选项，在“对象类型”卷展栏中单击“目标聚光灯”按钮 目标聚光灯 ，在场景中创建一个“聚光区/光束”值为43、“衰减区/光束”值为45的聚光灯，如下图所示。

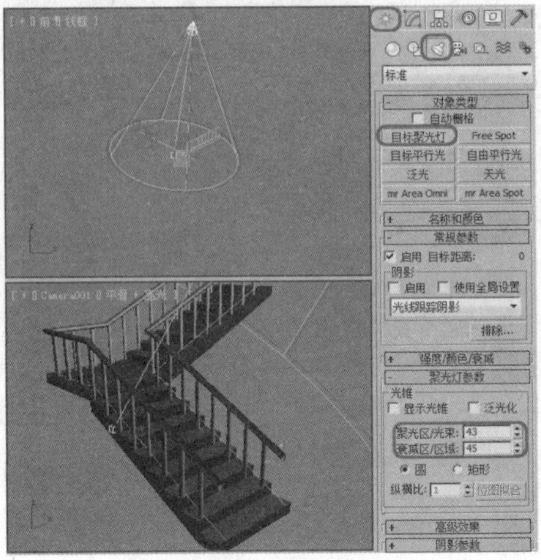

STEP 14 激活“透”视图，按F9键快速渲染，渲染后的效果如右图所示。

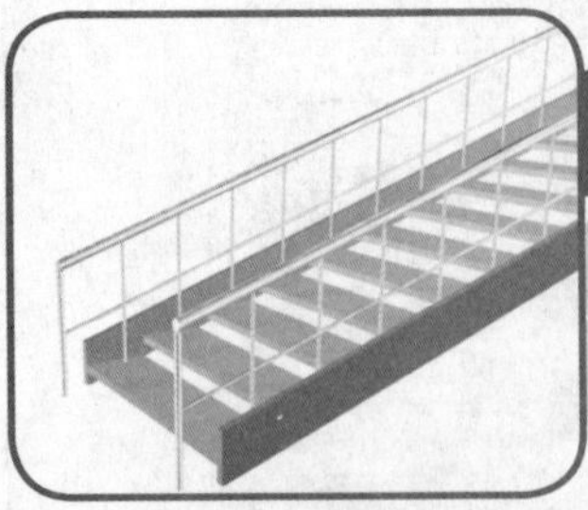

实战操作190 创建直线型楼梯

素材：无

场景：Scene\Cha05\实战操作190.max

难度：★★★★★

视频：视频\Cha05\实战操作190.avi

创建直线型楼梯的具体操作步骤如下所述。

STEP 01 重置一个新的场景，选择“创建” | “几何体” | “楼梯”选项，在“对象类型”卷展栏中单击“直线型楼梯”按钮 直线楼梯 ，在“顶”视图中按住鼠标左键并拖曳，至合适位置后释放鼠标，向上移动鼠标至合适的位置并单击左键确认楼梯的宽度，再次拖动鼠标至合适位置单击左键确认楼梯的高度，如下图所示 。

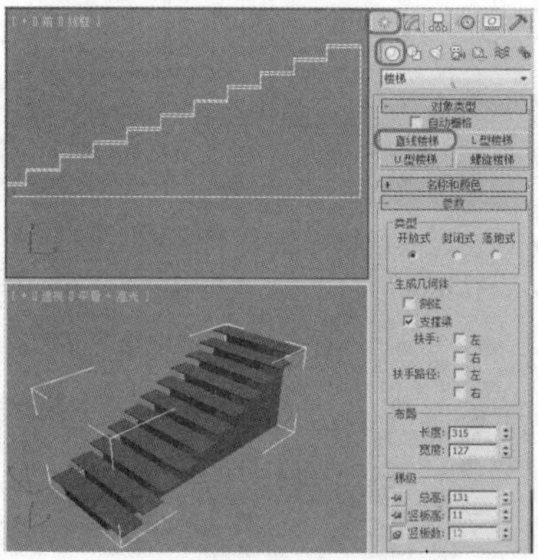

STEP 02 在“参数”卷展栏中选中“侧弦”复选框，取消选中“支撑梁”复选框，选中“扶手路径”右侧的“左”、“右”复选框；在“布局”选项组分别设置“长度”和“宽度”值为500、170，按Enter键确认，如下图所示。

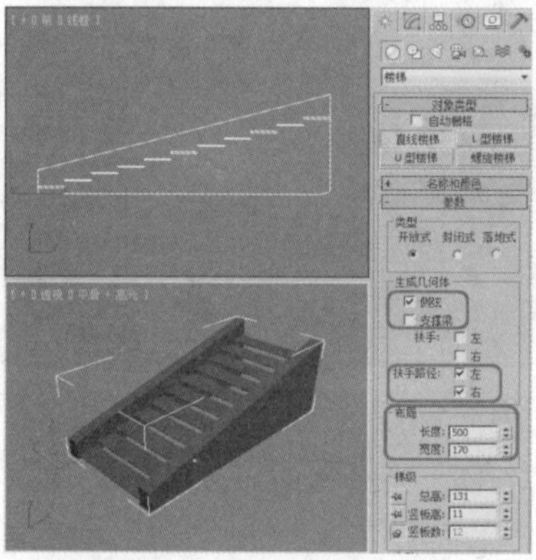

STEP 03 在“梯级”选项组中设置“总高”值为170，在“台阶”选项组中的“厚度”文本框中输入5；在“栏杆”卷展栏中的“高度”和“偏移”文本框中分别输入0、8，按Enter键确认，如下图所示。

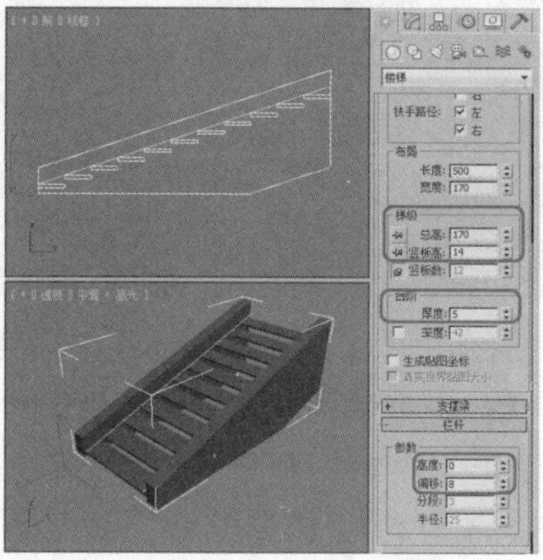

STEP 04 在“侧弦”卷展栏中的“深度”、“宽度”、“偏移”文本框中分别输入30、5、15，按Enter键确认，如下图所示。

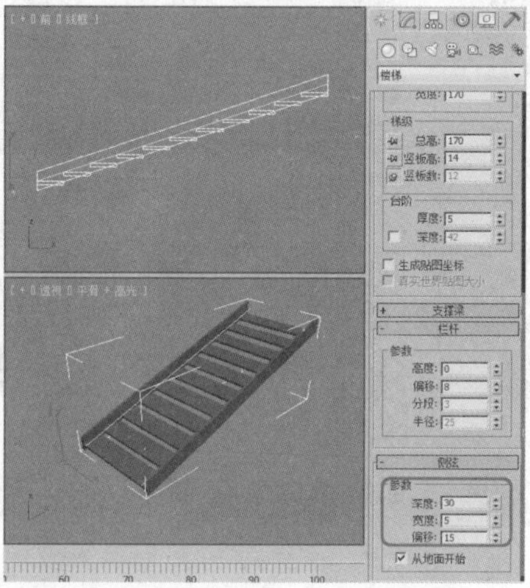

STEP 05 选择“创建”|“几何体”|“AEC扩展”选项，在“对象类型”卷展栏中单击“栏杆”按钮 栏杆 ，在“顶”视图中单击鼠标左键并拖曳，至合适位置后释放鼠标，然后向上移动鼠标，绘制栏杆的高度，至合适位置后单击鼠标左键，结束绘制，如下图所示。

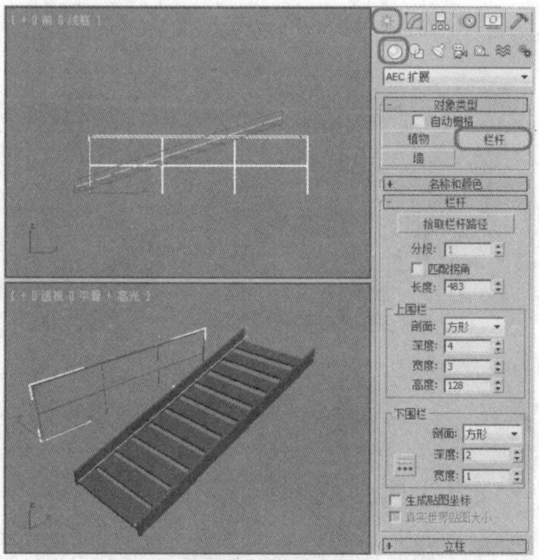

STEP 06 在“栏杆”卷展栏中设置“长度”值为450，在“上围栏”选项组中设置“剖面”为“圆形”，分别将“深度”、“宽度”、“高度”值设置为7、7、90；在“下围栏”选项组中设置“剖面”为“圆形”，分别

将“深度”、“宽度”值设置为2、2，按Enter键确认，如下图所示。

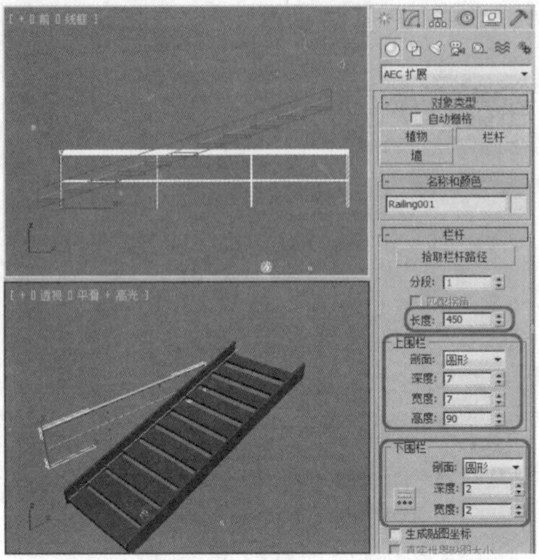

STEP 07 在“立柱”卷展栏中设置“剖面”为“圆形”，在“深度”、“宽度”文本框中输入4、4；打开“栅栏”卷展栏，在“支柱”选项组中设置“剖面”为“圆形”，在“厚度”和“宽度”文本框中分别输入2、2；在“支柱”选项组中单击“支柱间距”按钮，弹出“支柱间距”对话框，从中设置“计数”值为10，如下图所示。

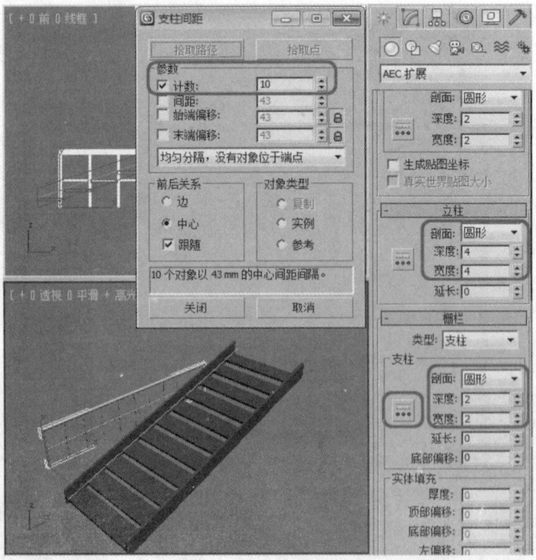

STEP 08 单击“关闭”按钮 关闭 ，在“栏杆”卷展栏中单击“拾取栏杆路径”按钮，选中“匹配拐角”复选框，在视图中拾取栏杆的路径，效果如下图所示。

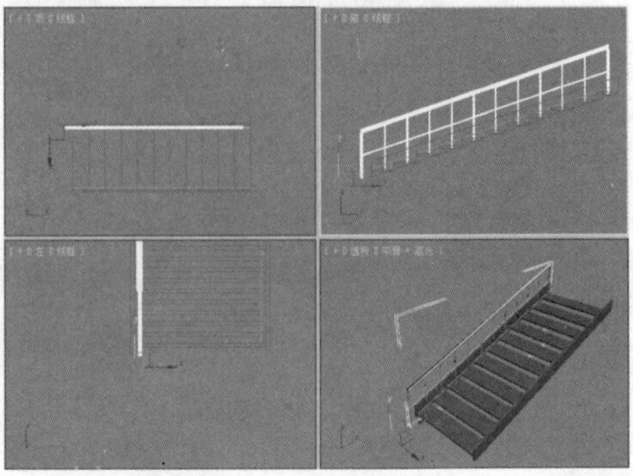

STEP 09 使用同样的方法为楼梯的另一侧创建栏杆，创建完成后并调整其位置，效果如下图所示。

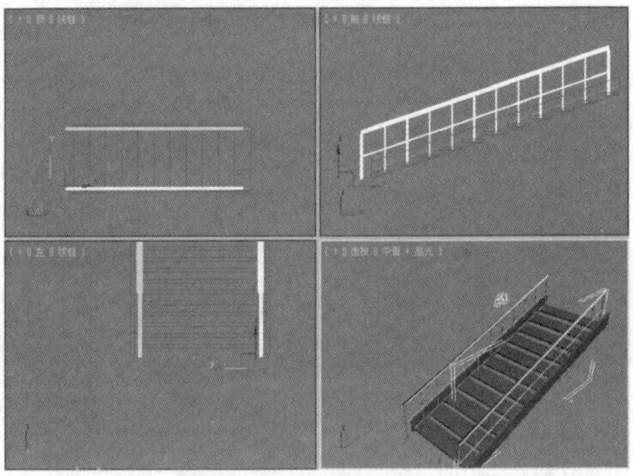

STEP 10 选择“创建” |“几何体” |“标准基本体”选项，在“对象类型”卷展栏中单击“平面”工具，在“顶”视图中创建一个长、宽分别为2500、2500的长方体，如下图所示。

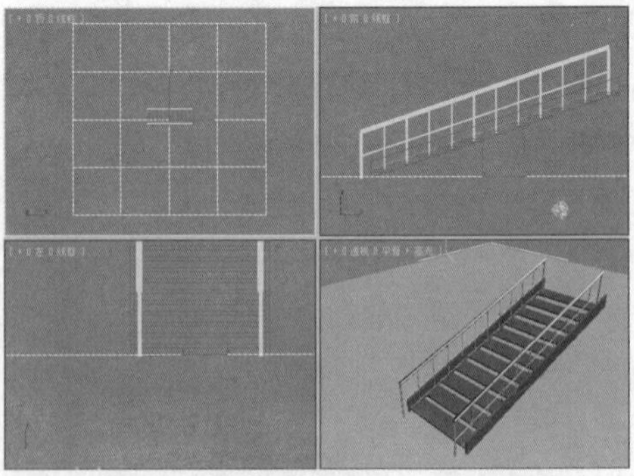

STEP 11 在视图中调整长方体的位置，然后分别为楼梯、栏杆赋予材质，将所创建的长方体的颜色设置为白色，选择“创建” |“摄影机” 选项，在“对象类型”卷展栏中选择

"目标"工具，在"前"视图创建一个摄影机，激活"透"视图，然后按C键将当前激活的视图转为"摄影机"视图，并在视图中调整摄影机的位置，效果如下图所示。

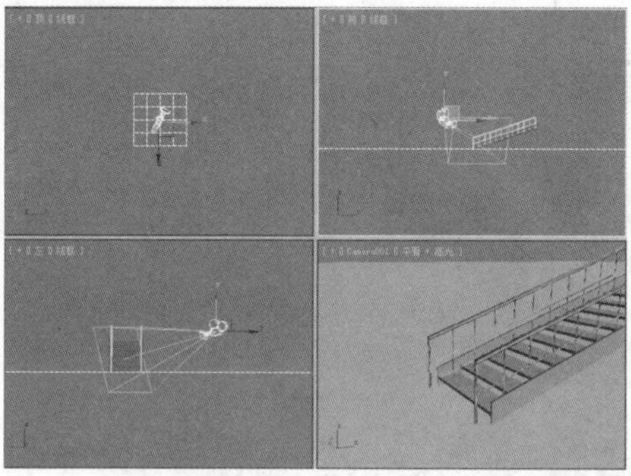

STEP 12 选择"创建"|"灯光"|"标准"选项，在"对象类型"卷展栏中选择"泛光"工具，在"顶"视图中创建一个泛光灯，切换至"修改"命令面板，在"强度/颜色/衰减"卷展栏中设置"倍增"值为1.3，并将其调整至合适的位置，如下图所示。

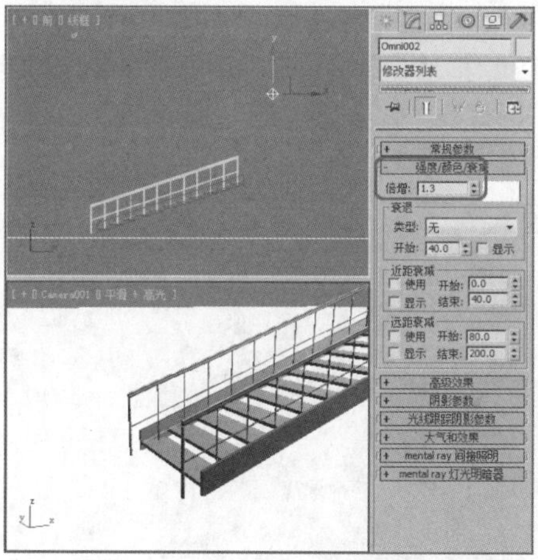

STEP 13 使用同样的方法创建一个泛光灯，并将其调整至合适的位置，如下图所示。

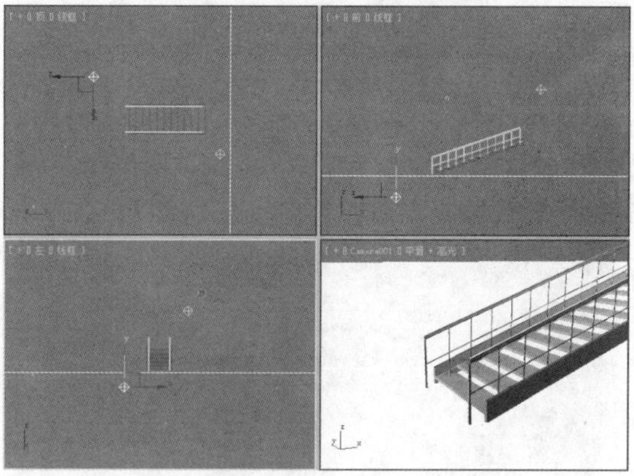

STEP 14 按8键，在弹出的"环境和效果"对话框中设置"背景"颜色为白色，如下图所示，设置完成后将其对话框关闭，激活"透"视图，按F9键快速渲染即可。

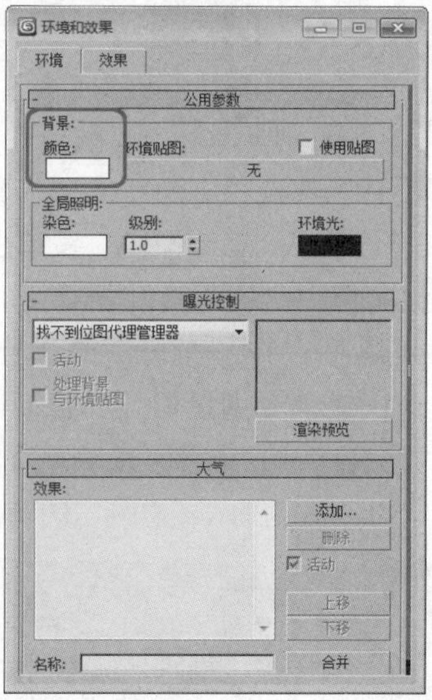

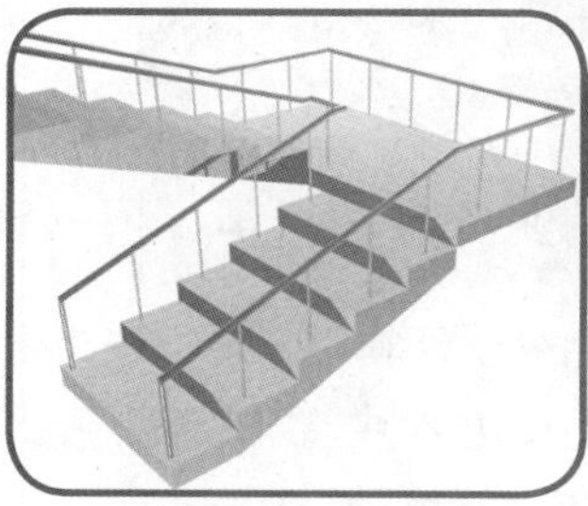

实战操作191 创建U型楼梯

素材：无　　场景：Scene\Cha05\实战操作191.max

难度：★★★★★　　视频：视频\Cha05\实战操作191.avi

使用"U型楼梯"工具可以创建一个两段的楼梯，这两段彼此平行并且它们之间有一个平台。创建U型楼梯的具体操作步骤如下所述。

STEP 01 重置一个新的场景，在命令面板选择“创建” | “几何体” | “楼梯”选项，在“对象类型”卷展栏中单击“U型楼梯”按钮，在“顶”视图中按住鼠标左键并进行拖动，在合适的位置上释放鼠标，然后移动光标并单击确定宽度，再次向上或向下移动光标单击鼠标确定楼梯的高度，如下图所示。

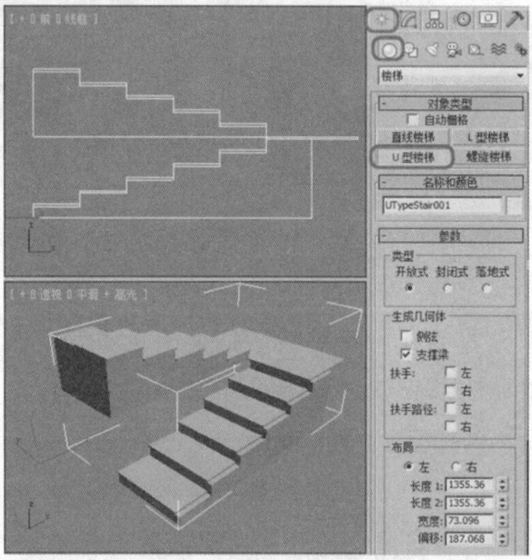

STEP 02 在“参数”卷展栏中的“类型”选项组中选中“封闭式”单选按钮；在“生成几何体”选项组中选中“扶手路径”右侧的“左”和“右”复选框；在“布局”选项组中选中“左”单选按钮，分别设置“长度1”、“长度2”、“宽度”、“偏移”值为300、300、150、20，按Enter键确认，如下图所示。

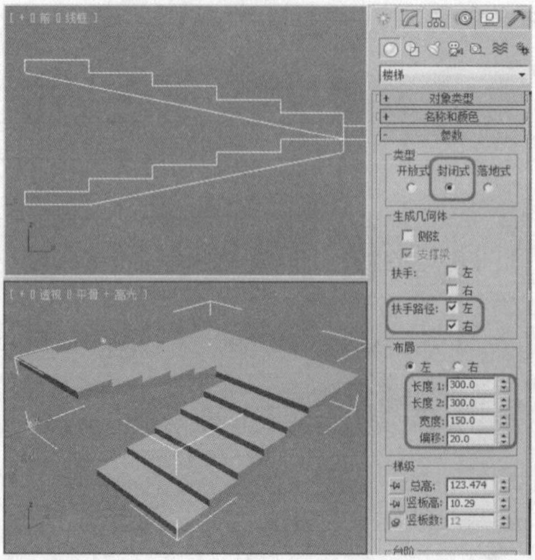

STEP 03 在“梯级”选项组设置“总高”值为200，在“栏杆”卷展栏中设置“高度”值为0，“偏移”值为10，按Enter键确认，如下图所示。

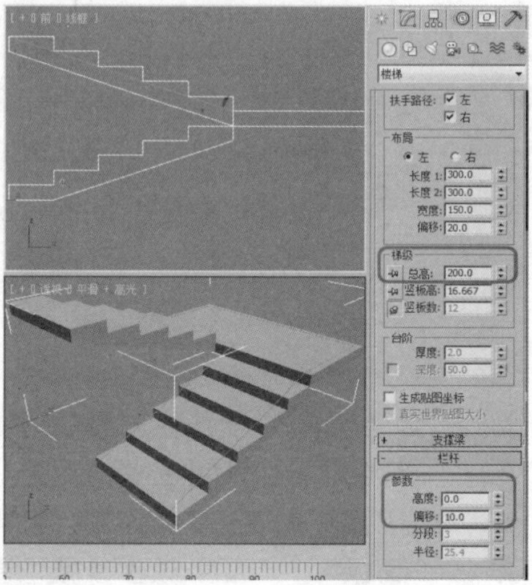

STEP 04 选择“创建” | “几何体” | “AEC扩展”选项，在“对象类型”卷展栏中单击“栏杆”按钮 栏杆 ，在“顶”视图中单击鼠标左键并拖曳其至合适位置后释放鼠标，然后向上移动鼠标，绘制栏杆的高度，至合适位置后单击鼠标左键，如下图所示。

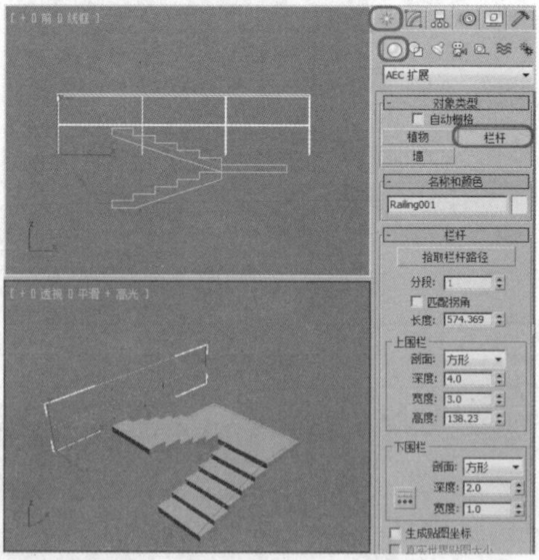

STEP 05 在“栏杆”卷展栏中设置其“长度”值为500；在“上围栏”选项组中将“剖面”设置为“圆形”，分别设置“深度”、“宽度”、“高度”值为5、5、70；在“下围栏”选项组中

将“剖面”设置为“无”，如下图所示。

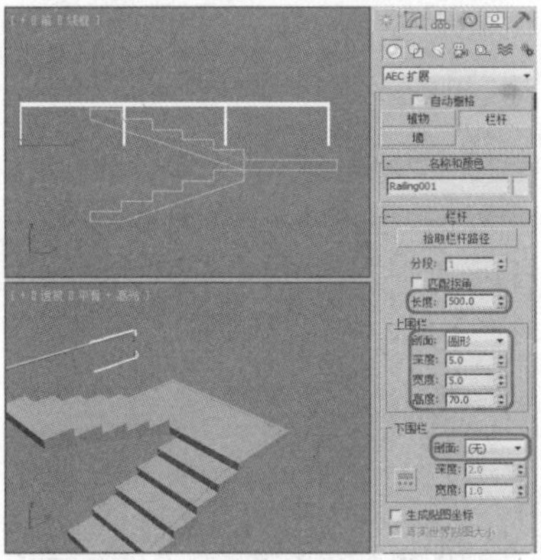

STEP 06 打开“立柱”卷展栏，将“剖面”设置为“圆形”，分别设置“深度”、“宽度”值为4、4，如下图所示。

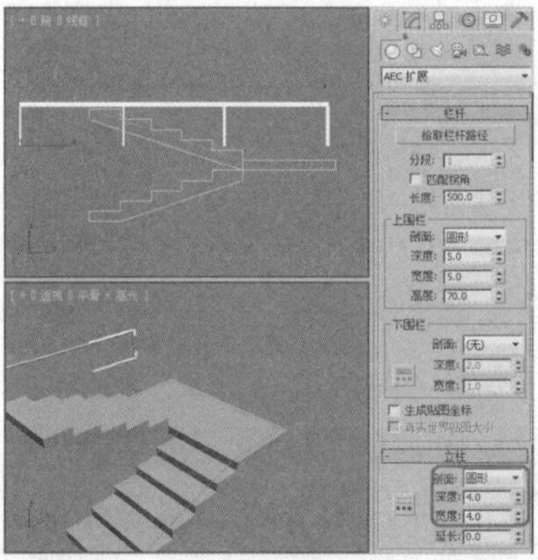

STEP 07 在“栅栏”卷展栏中设置“类型”为“支柱”，在“支柱”选项组中设置“剖面”为“圆形”，并将其“深度”、“宽度”均设置为2，单击“支柱间距”按钮，在弹出的“支柱间距”对话框中设置其“计数”值为10，如下图所示。

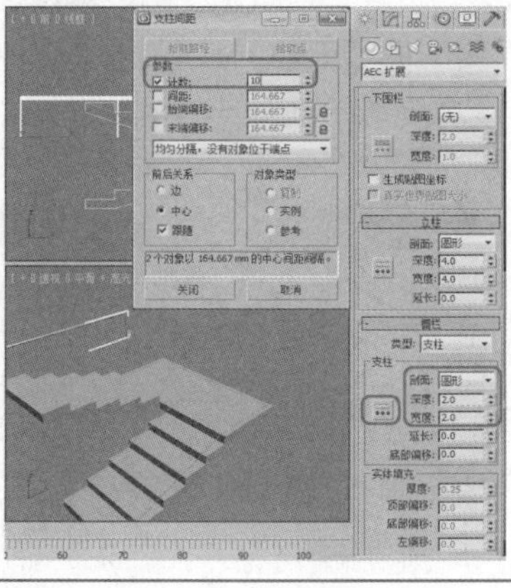

STEP 08 单击“关闭”按钮 关闭 ，在“栏杆”卷展栏中单击“拾取栏杆路径”按钮，在“透”视图中拾取栏杆的路径，选中“匹配拐角”复选框，并在视图中调整其位置，完成后的效果如下图所示。

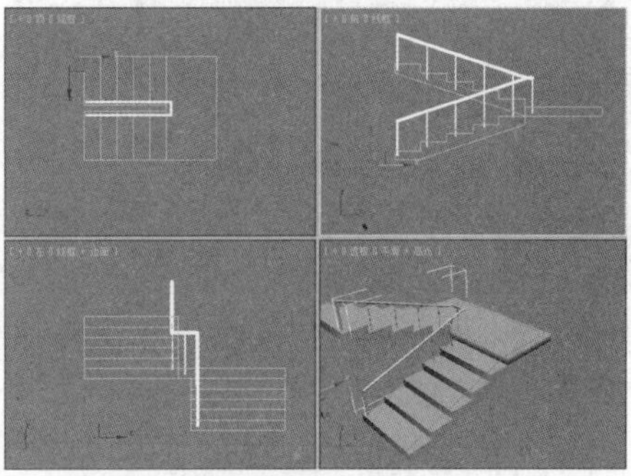

STEP 09 使用同样的方法为楼梯的另一侧添加栏杆，并调整栏杆的位置，效果如下图所示。

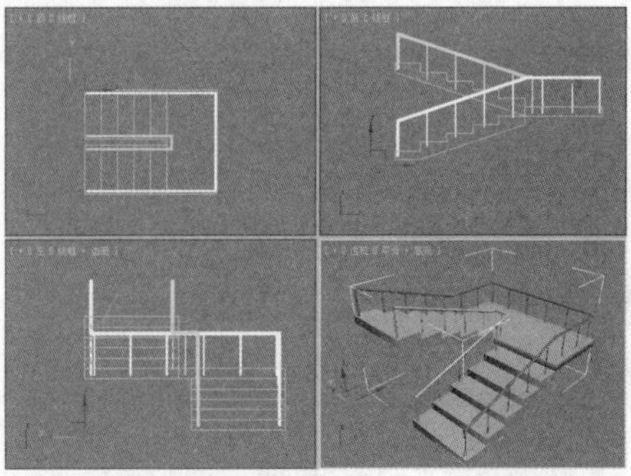

STEP 10 为栏杆和楼梯赋予材质，效果如下图所示。

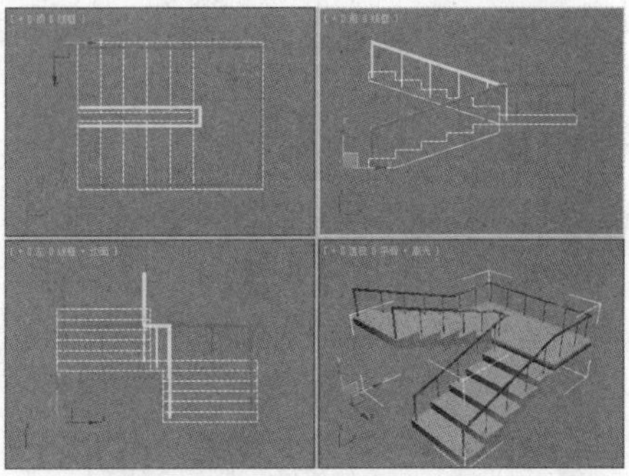

STEP 11 在命令面板选择“创建” | “几何体” | “标准基本体”选项，在“参数类型”卷展栏中选择“平面”工具，在“顶”视图中创建一个“长度”和“宽度”均为2500的平面，

将其颜色设置为白色，并在视图中调整其位置，完成后的效果如下图所示。

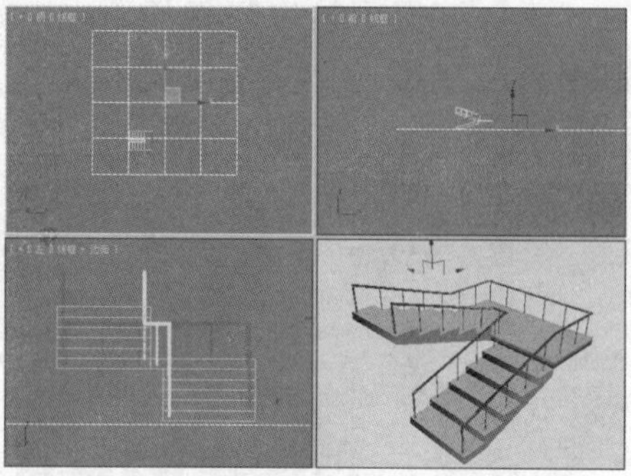

STEP 12 选择“创建”|“摄影机”选项，在“对象类型”卷展栏中选择“目标”工具，在“前”视图创建一个摄影机，激活“透”视图，然后按C键将当前激活的视图转为“摄影机”视图，并在视图中调整摄影机的位置，调整后的效果如下图所示。

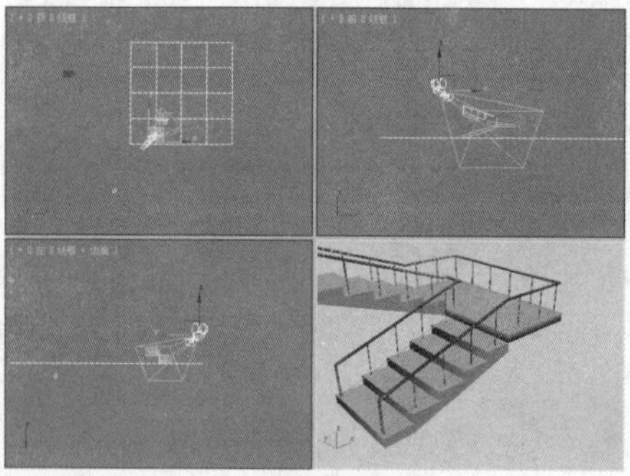

STEP 13 按Ctrl+C组合键将场景中的摄影机隐藏，在命令面板中选择“创建”|“灯光”|“标准”选项，在“对象类型”卷展栏中单击“泛光”按钮，在视图中创建一个泛光灯，如下图所示。

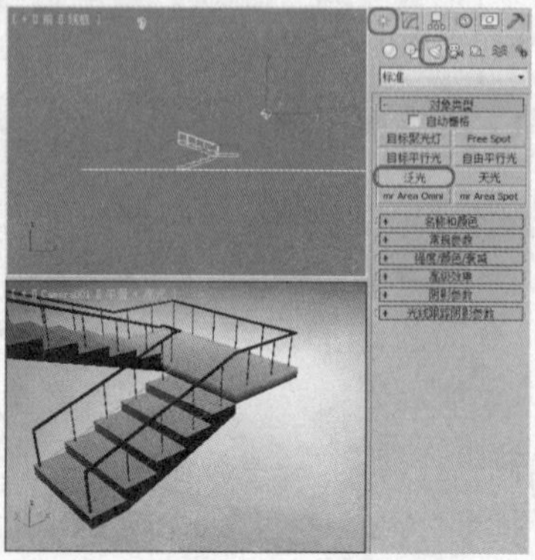

STEP 14 在“常规参数”卷展栏中选中“启用 目标距离”复选框，并将应用类型设置为“光线跟踪阴影”。打开“强度/颜色/衰减”卷展栏，在“倍增”文本框中输入1.3；打开“阴影参数”卷展栏，单击颜色右侧的颜色色块，在弹出的对话框设置其红、绿、蓝值分别为124、124、124，如下图所示。

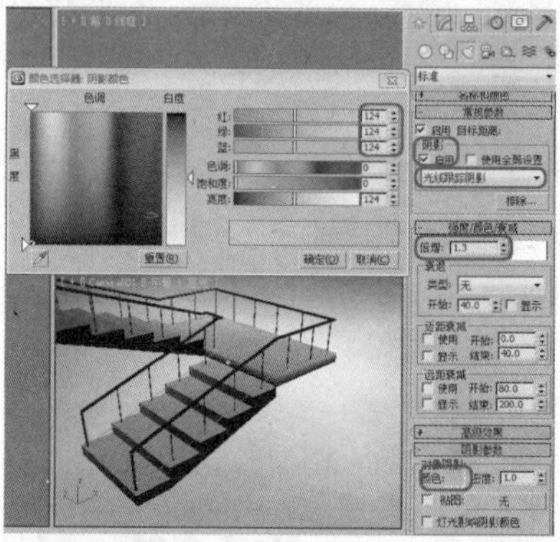

STEP 15 设置完成后单击“确定”按钮，使用同样的方法在场景中再创建两个泛光灯（最后一个不用设置阴影效果），并调整其位置，完成后的效果如下图所示。

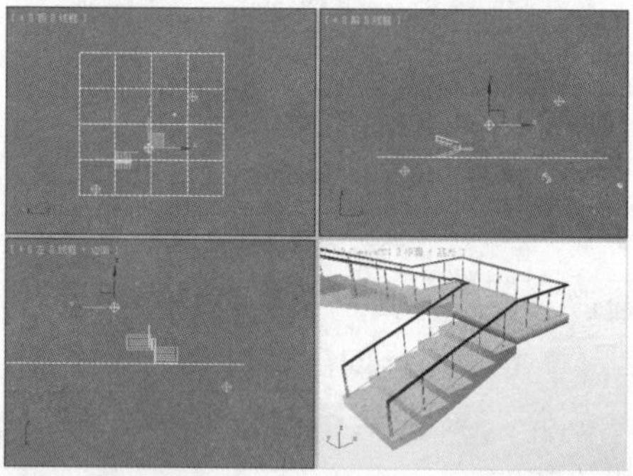

STEP 16 激活“摄影机”视图，按F9键快速渲染，效果如下图所示。

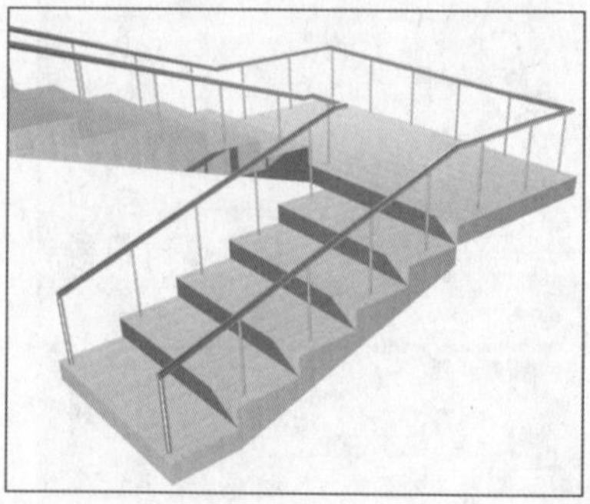

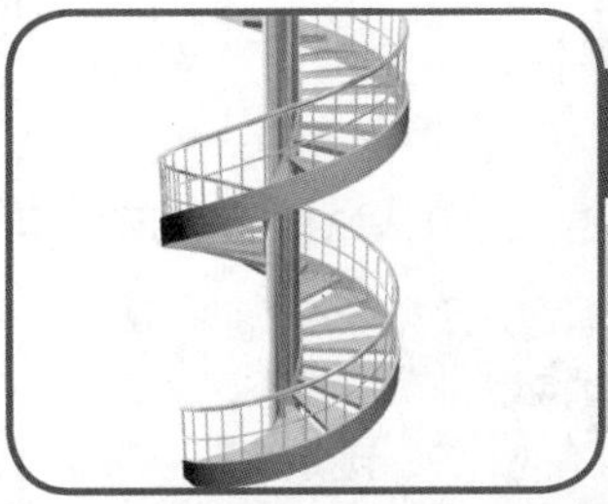

实战操作192 创建螺旋楼梯

素材：无　　场景：Scene\Cha05\实战操作192.max

难度：★★★★★　　视频：视频\Cha05\实战操作192.avi

创建螺旋楼梯的具体操作步骤如下所述。

STEP 01 重置一个新的场景，选择“创建” | “几何体” | “楼梯”选项，在“对象类型”卷展栏中单击“螺旋楼梯”按钮，在“顶”视图中按住鼠标左键进行拖曳，至合适的位置后释放鼠标，再次拖动鼠标至合适位置单击鼠标左键确认楼梯的高度，如下图所示。

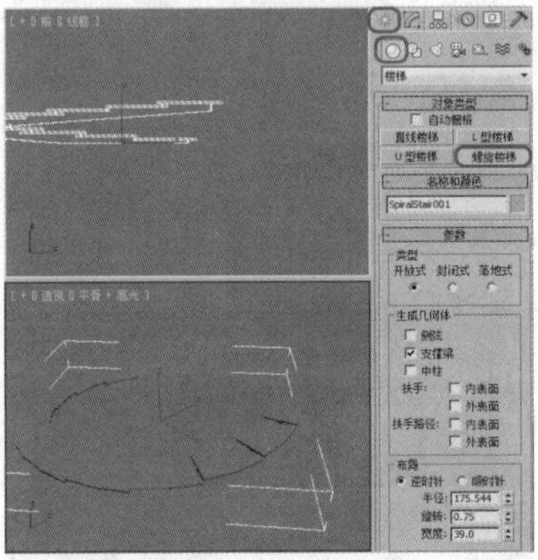

STEP 02 在“参数”卷展栏中选中“开放式”单选按钮；在“生成几何体”选项组中分别选中“侧弦”和“中柱”复选框，取消选中“支撑梁”复选框，选中“扶手路径”右侧的“外表面”复选框；在“布局”选项组中设置“半径”、“旋转”和“宽度”值分别为103、2、86，按Enter键确认，如下图所示。

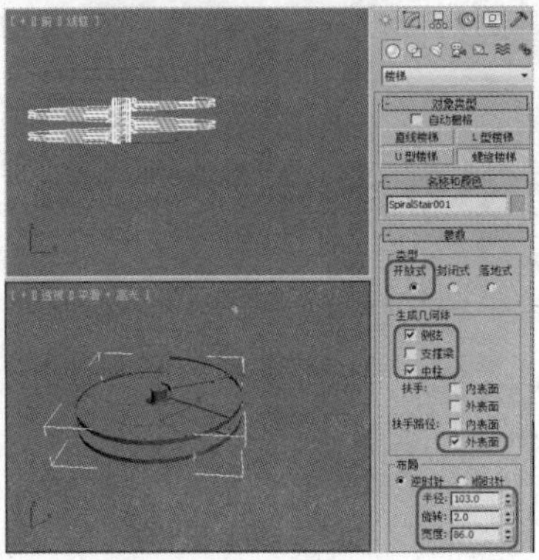

STEP 03 在“梯级”选项组中单击“竖板高”左侧的“枢轴竖板高度”按钮，激活“竖板数”文本框并将其设置为35，再单击“竖板数”左侧的“枢轴竖板高度”按钮，设置“总高”值为458；在“台阶”选项组中设置其“厚度”为5，选中“深度”复选框，并将其值设置为24，按Enter键确认，如下图所示。

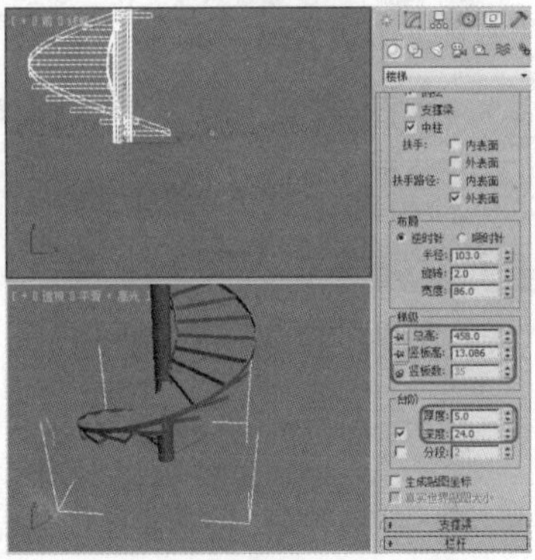

STEP 04 打开“栏杆”卷展栏，分别设置其“高度”和“偏移”值为0、4，打开“侧弦”卷展栏，分别设置“深度”、“宽度”和“偏移”值为25、3.5、5；打开“中柱”卷展栏，分别设置“半径”、“分段”值为15、12，按Enter键确认，如下图所示。

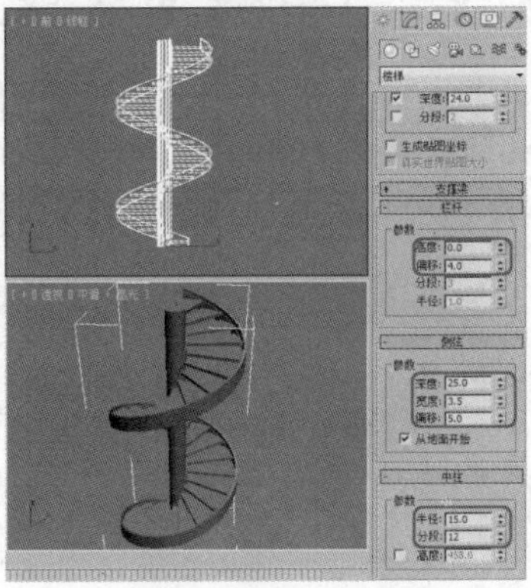

STEP 05 选择“创建” | “几何体” | “AEC扩展”选项，在“对象类型”卷展栏中单击“栏杆”按钮，在“顶”视图中单击鼠标左键并拖曳，至合适位置后释放鼠标，绘制栏杆的长度，然后向上移动鼠标，至合适位置后单击鼠标左键，绘制栏杆的高度，如下图所示。

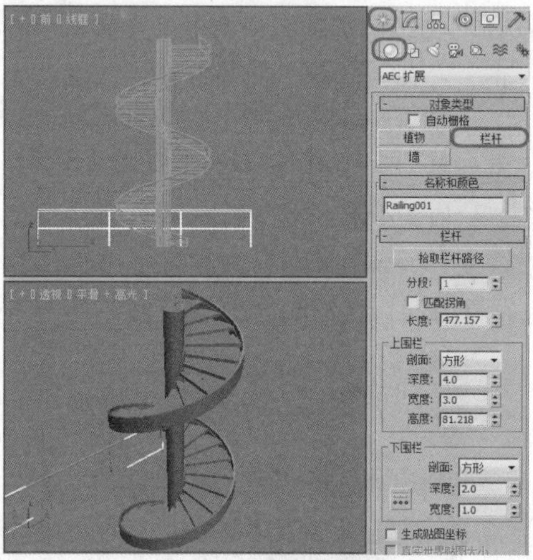

STEP 06 在“栏杆”卷展栏中的“上围栏”选项组中将“剖面”设置为“圆形”，分别将“深度”、“宽度”、“高度”值设置为5、5、58；在“下围栏”选项组中将“剖面”设置为“圆形”并将其“深度”、“宽度”均设置为2，如下图所示。

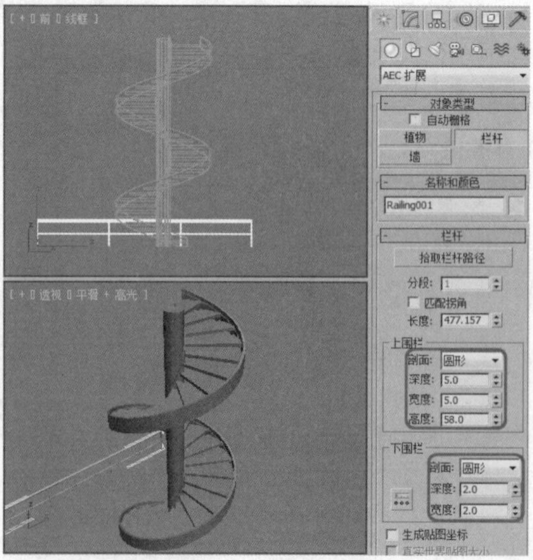

STEP 07 打开“立柱”卷展栏，将“剖面”设置为“圆形”，分别设置“深度”、“宽度”、“延长”的值为2、2、0，如下图所示。

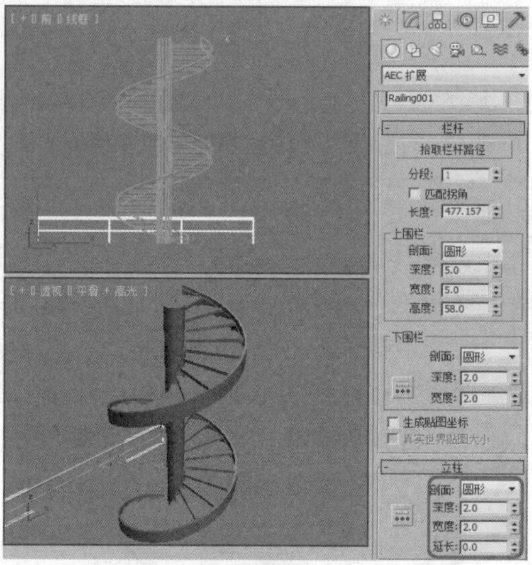

STEP 08 打开“栅栏”卷展栏，在“支柱”选项组中将“剖面”设置为“圆形”，分别将“厚度”和“宽度”设置为1.5、1.5，单击“支柱间距”按钮，在弹出的“支柱间距”对话框中将“计数”设置为16，如下图所示。

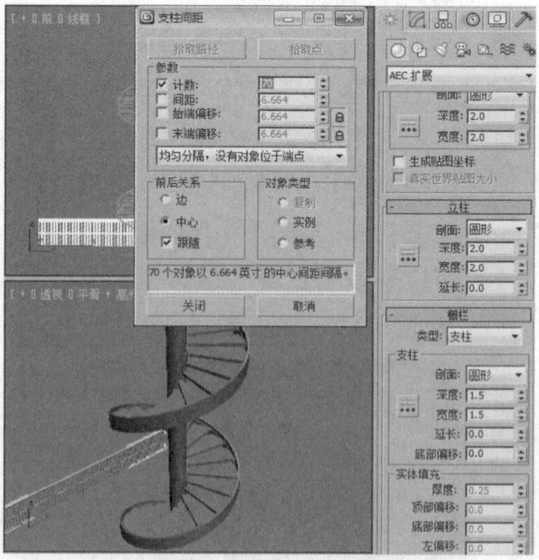

STEP 09 单击“关闭”按钮 关闭 ，在“栏杆”卷展栏中单击“拾取栏杆路径”按钮，在“透”视图中拾取栏杆的路径，选中“匹配拐角”复选框，在“分段”文本框中输

入80，按Enter键确认，完成后的效果如下图所示。

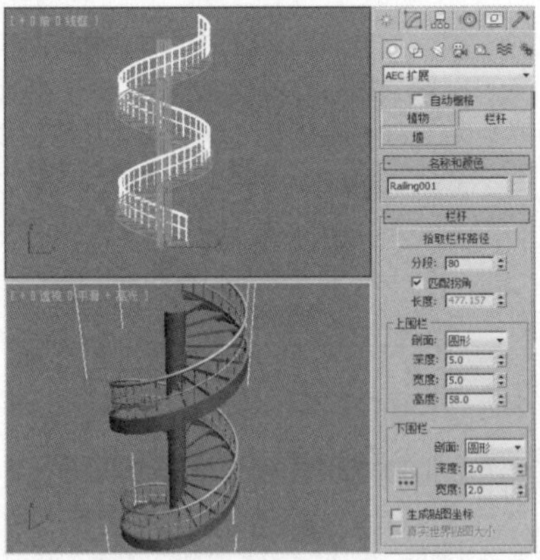

STEP 10 使用“选择并移动”工具在视图中进行调整，效果如下图所示。

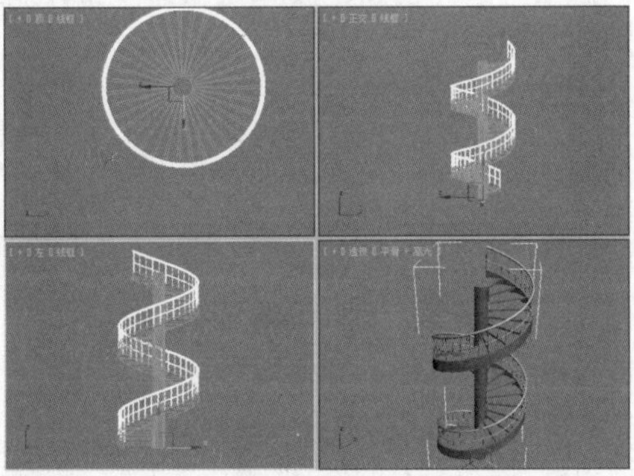

STEP 11 在视图中选择创建的螺旋型楼梯，进入“修改”命令面板，在“修改器”下拉列表中选择“编辑多边形”修改器，将当前选择集定义为“元素”，在视图中选择中柱对象，如下图所示。

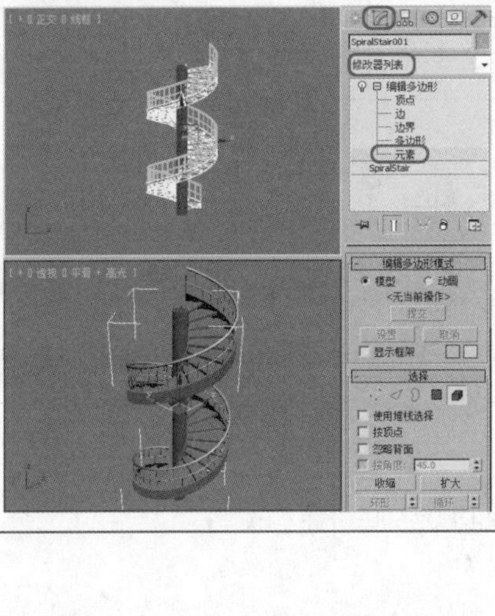

STEP 12 在“编辑几何体”卷展栏中单击“分离”按钮，如下图所示。

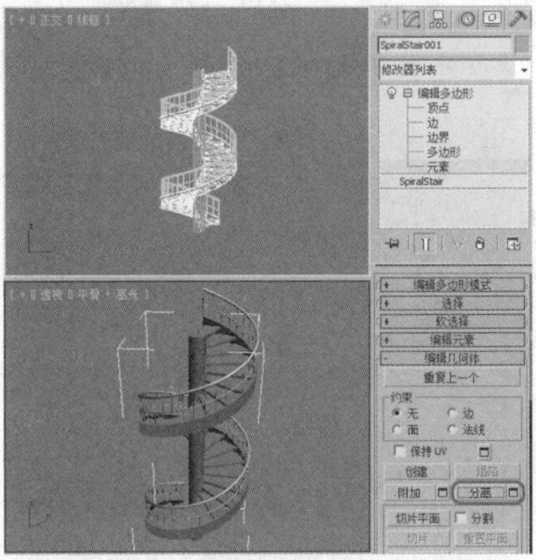

STEP 13 为栏杆、楼梯和圆柱赋予材质，效果如下图所示。

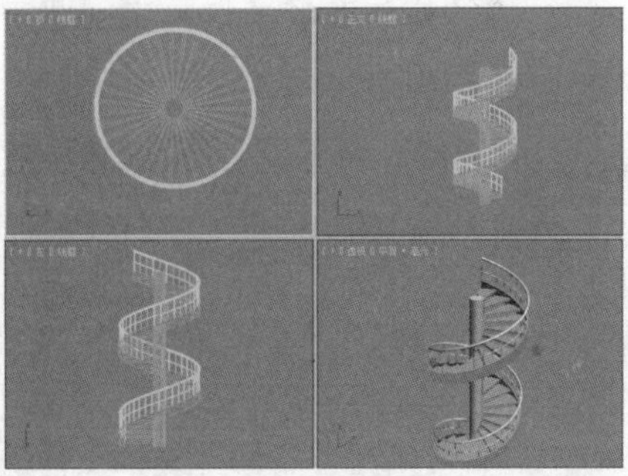

STEP 14 选择“创建” | “摄影机” 选项，在“对象类型”卷展栏中单击“目标”按钮，在“前”视图创建一个摄影机，激活“透”视图，然后按C键将“透”视图转为“摄影机”视图，并在视图中调整摄影机的位置，调整后的效果如下图所示。

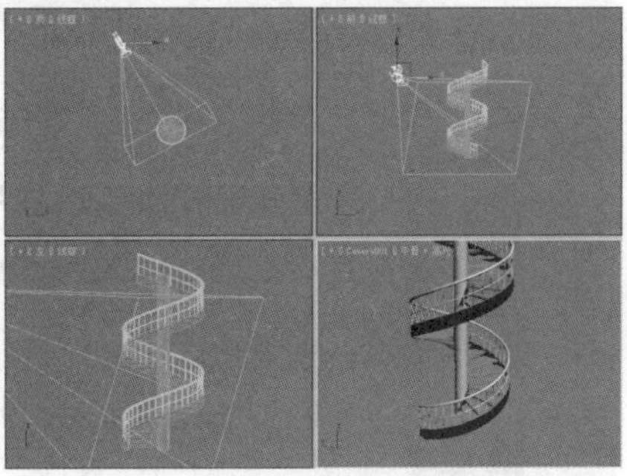

STEP 15 按Ctrl+C组合键对创建好的摄影机进行隐藏，选择“创建” | “灯光” | “标

准”选项，在“对象类型”卷展栏中单击“泛光”按钮；在“前”视图中创建一个泛光灯，在“强度/颜色/衰减”卷展栏中设置其“倍增”值为1.3，并在场景中调整其位置，如下图所示。

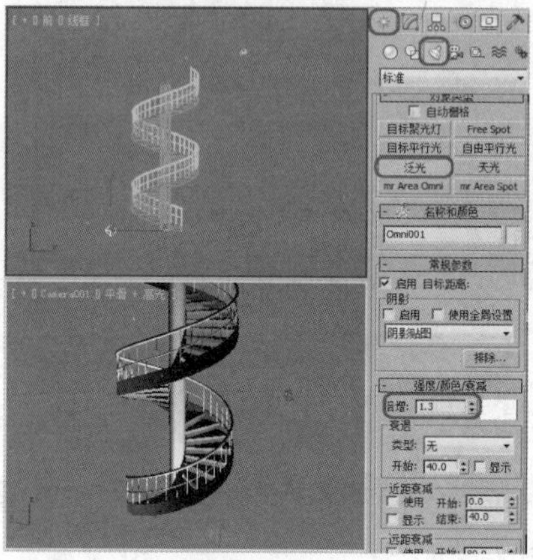

STEP 16 使用同样的方法在场景中再次创建一个泛光灯，如下图所示。

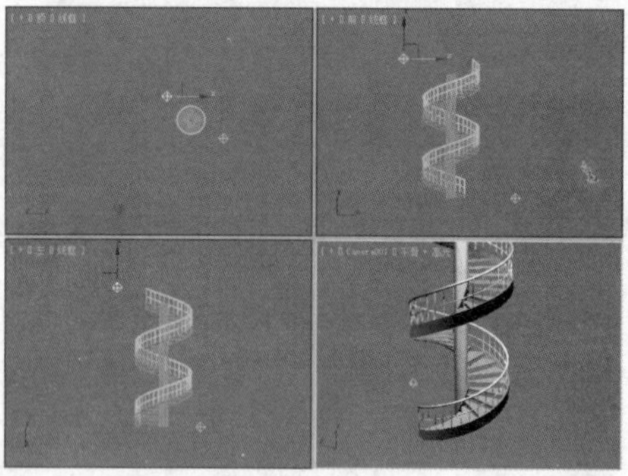

STEP 17 按8键打开“环境和效果”对话框，在“公用参数”卷展栏中设置其颜色为白色，如下图所示。

STEP 18 激活“透”视图，按F9键快速渲染，效果如下图所示。

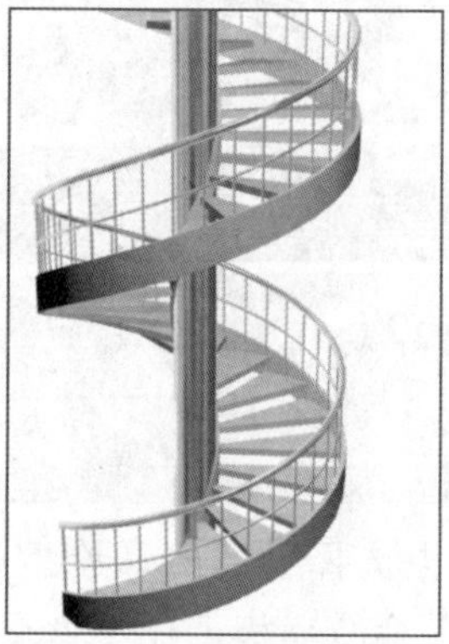

5.4 创建门

运用“门”建模，可以制作枢纽门、推拉门、折叠门等模型。

实战操作193 创建枢轴门

素材：Scene\Cha05\5-3.max　　场景：Scene\Cha05\实战操作193.max

难度：★★★★★　　视频：视频\Cha05\实战操作193.avi

枢轴门只在一侧用铰链接合。还可以将门制作成为双门，该门具有两个门元素，每个元素在其外边缘处用铰链接合。下面介绍如何创建枢轴门，具体操作步骤如下所述。

STEP 01 单击按钮，在弹出的下拉列表中执行“打开”命令，在打开的对话框中选择素材文件5-3.max，如下图所示。

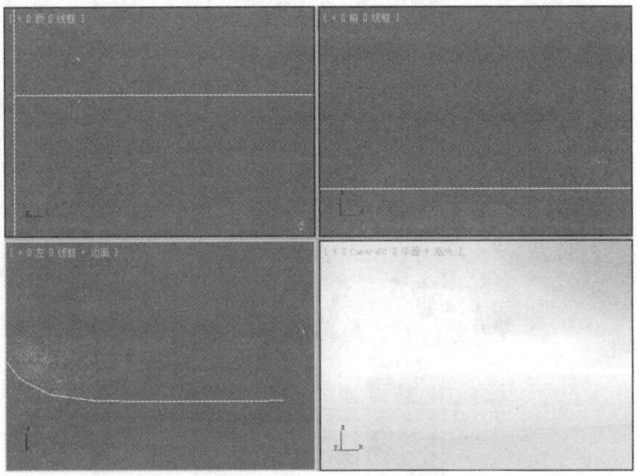

STEP 02 选择“创建” | “几何体” | “门”选项，在“对象类型”卷展栏中单击“枢轴门”按钮，在“顶”视图中按住鼠标左键进行拖曳，至合适位置后释放鼠标，然后向上或向下移动鼠标，至合适位置后单击鼠标左键，再次移动鼠标，绘制门的高度，至合适位置后释放并单击鼠标左键，如下图所示。

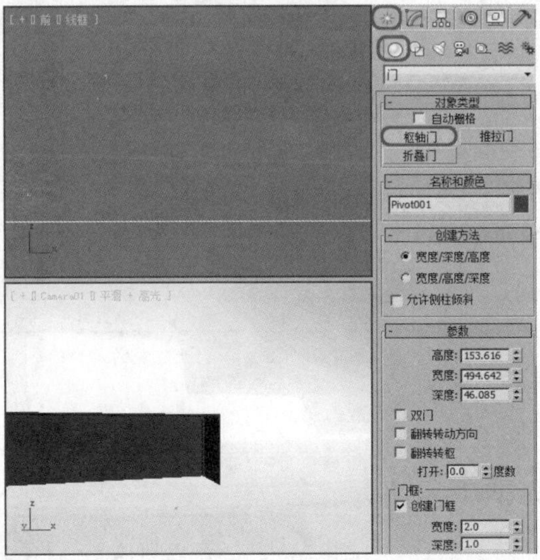

STEP 03 在“参数”卷展栏中设置其“高度”值为240，“宽度”值为86，“深度”值为12，选中“翻转转动方向”和“翻转转枢”复选框，设置“打开”值为12；在“门框”选项组中分别设置“宽度”、“深度”值为2.5、0，按Enter键确认，如下图所示。

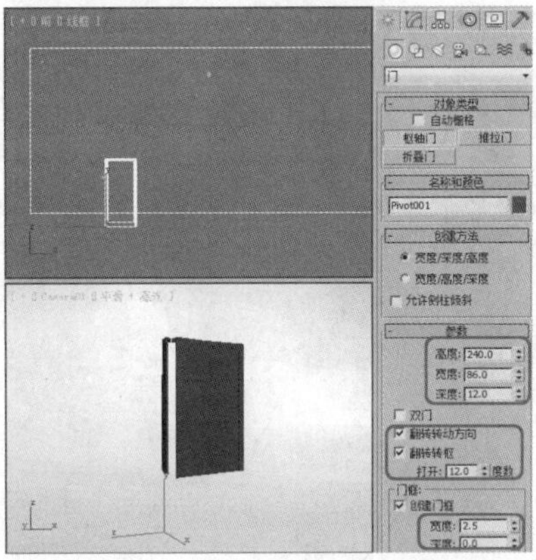

STEP 04 在“页扇参数”卷展栏中设置其“厚度”值为6，“门挺/顶梁”值为6，“底梁”值为16，按Enter键确认，如下图所示。

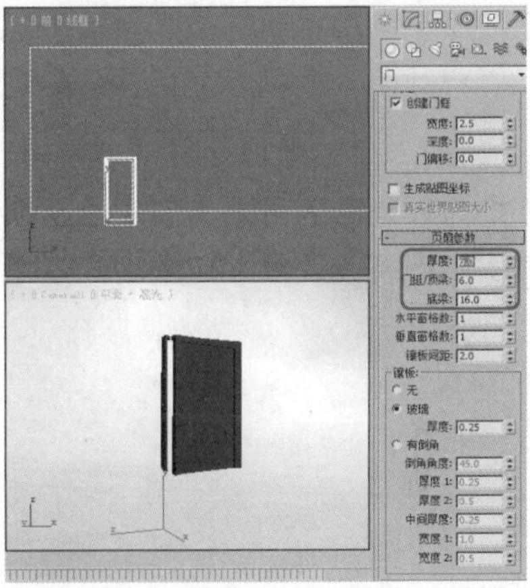

STEP 05 在视图中选择枢轴门，在“修改器”下拉列表中选择“编辑多边形”修改器，将当前选择集定义为“元素”，在“透”视图中选择如下图所示的元素。

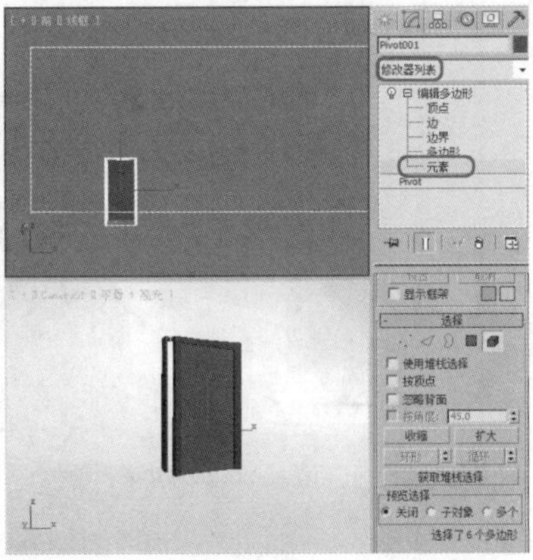

STEP 06 在“编辑几何体”卷展栏中单击“分离”按钮，如下图所示。

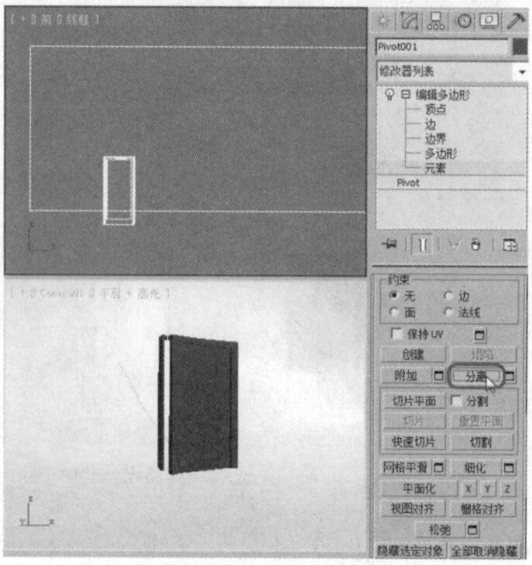

STEP 07 在视图中选择枢轴门的页扇，进入“修改”命令面板，在“修改器”下拉列表中选择“UVW贴图”修改器，在“参数”卷展栏中的“贴图”选项组中选中“平面”单选按钮，在“U向平铺”和“V向平铺”文本框中均输入0.33，并选中“U向平铺”复选框；在“对齐”选项组中选中“Z”单选按钮，单击“适配”按钮，如下图所示。

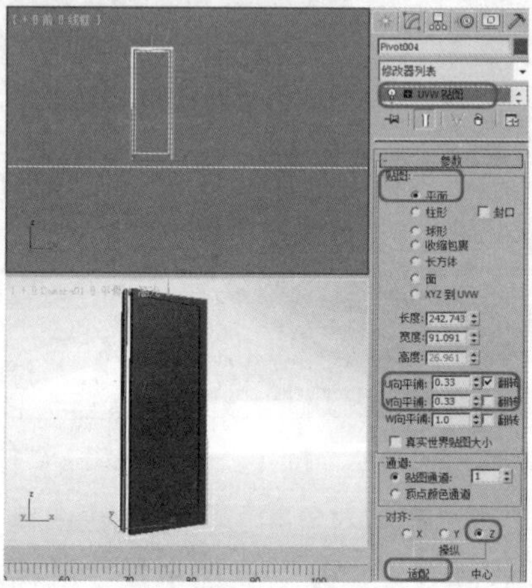

STEP 08 分别为枢轴门的页扇和门赋予材质，并在视图中调整其位置，完成后的效果如右图所示。

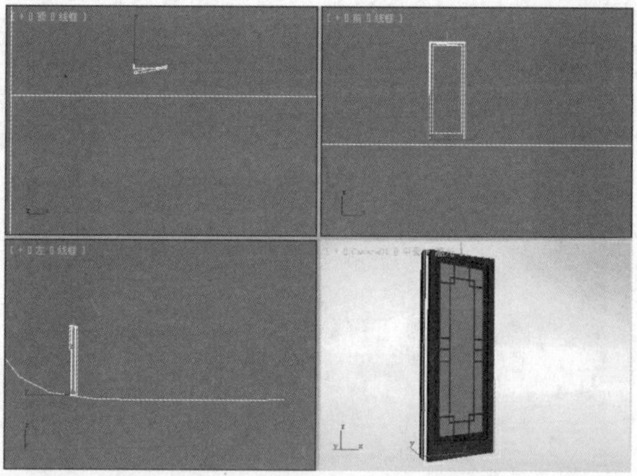

实战操作194 创建推拉门

素材：Scene\Cha05\5-3.max　　场景：Scene\Cha05\实战操作194.max

难度：★★★★★　　视频：视频\Cha05\实战操作194.avi

使用“滑动”门可以将门进行滑动，就像在轨道上一样。该门有两个门元素：一个保持固定，而另一个可以移动。下面介绍如何创建推拉门，具体操作步骤如下所述。

STEP 01 单击按钮，在弹出的下拉列表中执行“打开”命令，在打开的对话框中选择素材文件5-3.max，如下图所示。

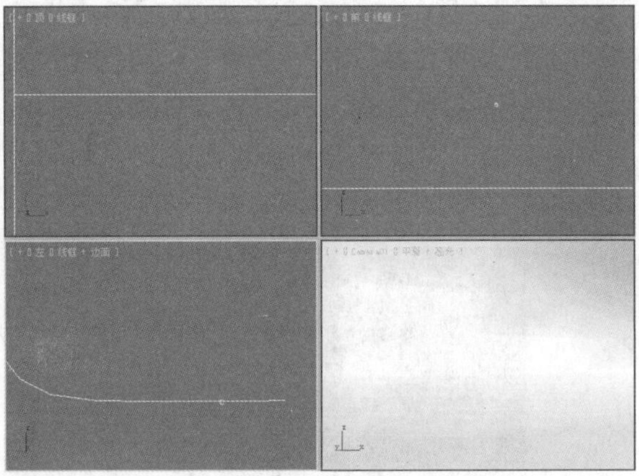

STEP 02 选择“创建”|“几何体”|“门”选项，在“对象类型”卷展栏中选择“推拉门”工具，在“顶”视图中按住鼠标左键进行拖曳，至合适位置后释放鼠标，然后向上或向下移动鼠标，至合适位置后单击鼠标左键，再次移动鼠标，绘制门的高度，至合适位置后释放并单击鼠标左键，如下图所示。

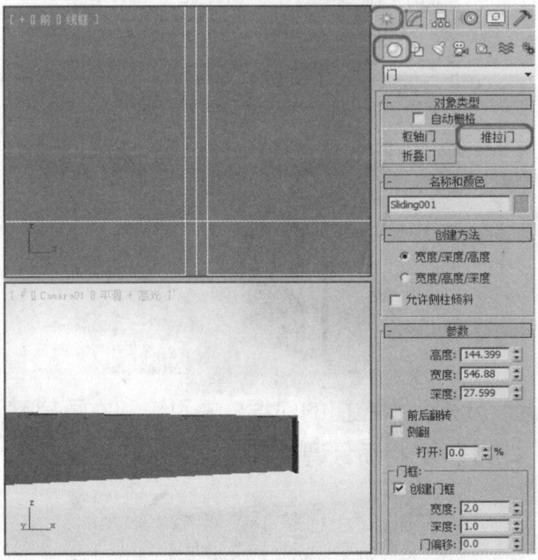

STEP 03 在“参数”卷展栏中设置“高度”值为320，“宽度”值设置为190，“深度”值设置为12，选中“侧翻”复选框，设置其“打开”值为45%；设置“门框”选项组中的“宽度”值为4、“深度”值为3，按Enter键确认，如下图所示。

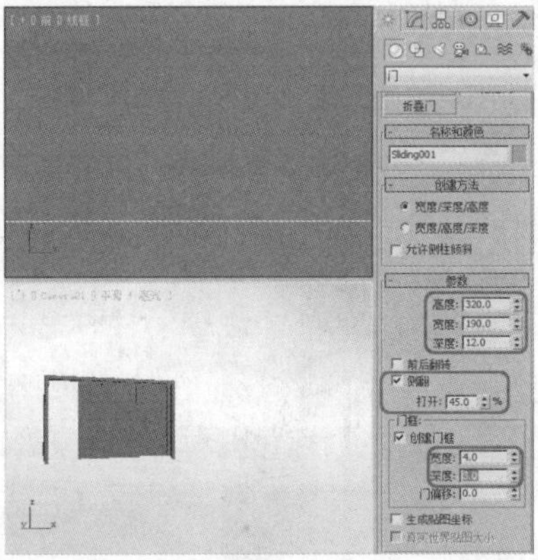

STEP 04 在“页扇参数”卷展栏中设置其“厚度”值为4.5，“门挺/顶梁”值为16.5，“底梁”值为12，按Enter键确认，并使用“移动”工具在视图中调整门的位置，如下图所示。

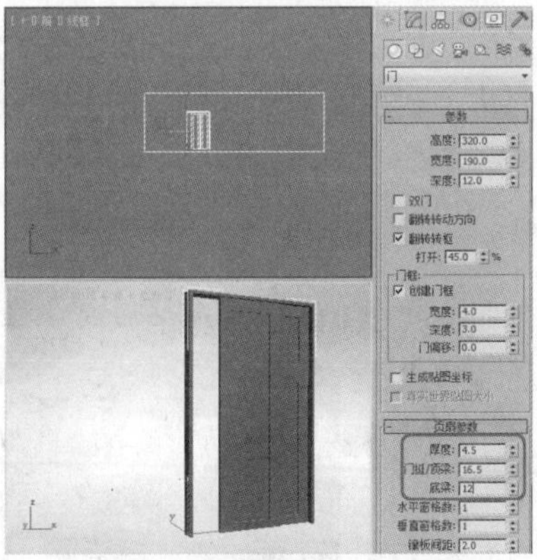

STEP 05 在视图中选择创建好的“推拉门”，在“修改器”下拉列表中选择“编辑多边形”修改器，将当前选择集定义为“元素”，按住Alt键在视图中选择如下图所示的多边形。

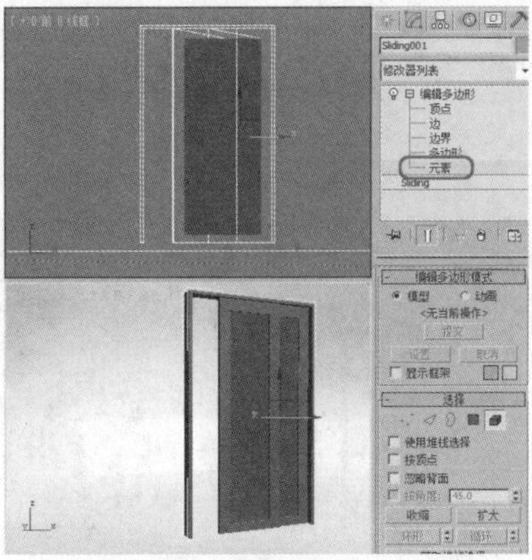

STEP 06 在“编辑几何体”卷展栏中单击“分离”按钮，如下图所示。

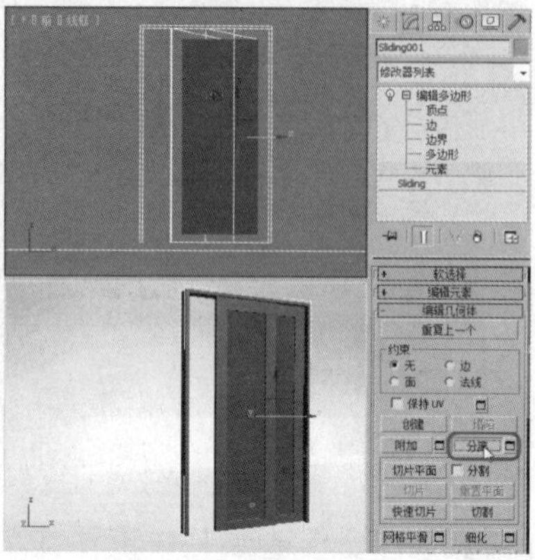

STEP 07 关闭当前选择集，在视图中选择推拉门的页扇，然后在“修改”面板中将当前选择集定义为“元素”，在视图中选择如下图所示的多边形。

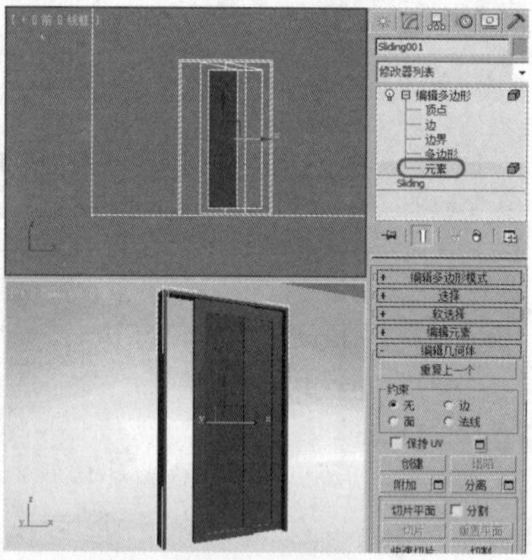

STEP 08 在“编辑几何体”卷展栏中单击“分离”按钮，在弹出的“分离”对话框的文本框中输入页扇，如下图所示。

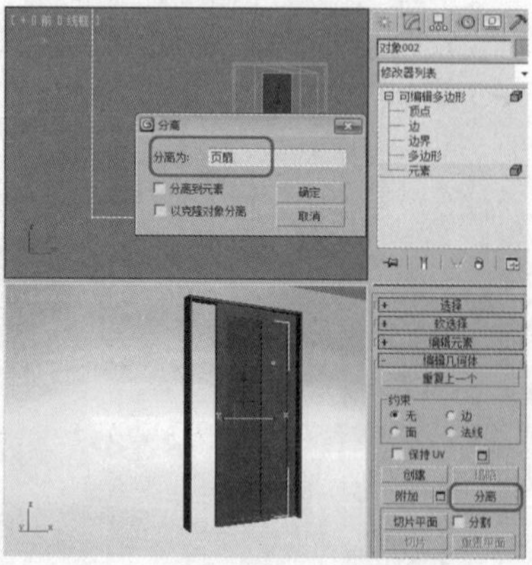

STEP 09 单击“确定”按钮，关闭当前选择集，在视图中选择推拉门左侧的页扇，在“修改器”下拉列表中选择“UVW贴图”修改器；在“参数”卷展栏中的“贴图”选项组中选中“平面”单选按钮，在“长度”和“宽度”文本框中分别输入339、80，在“U向平铺”和“V向平铺”文本框中分别输入0.35、1.01，并选中“V向平铺”复选框，如下图所示。

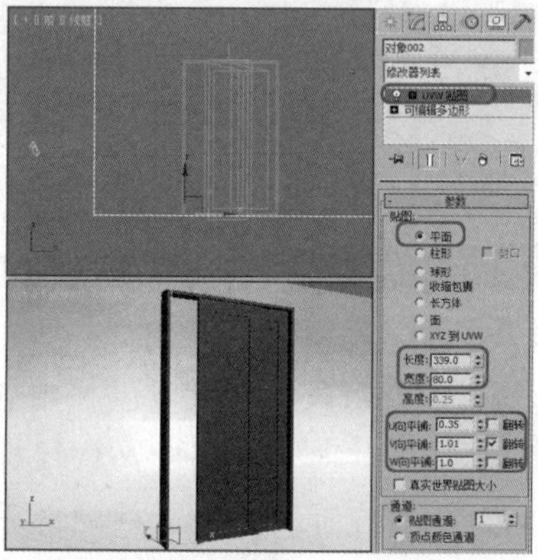

STEP 10 使用同样的方法为推拉门右侧的页扇添加“UVW贴图”修改器，如下图所示。

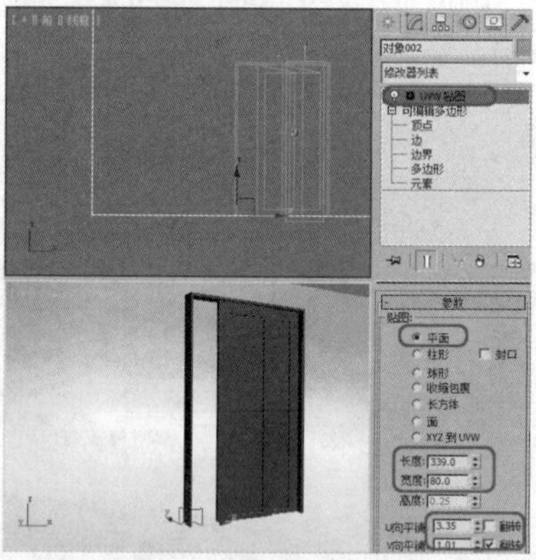

STEP 11 分别为推拉门的门框、左页扇和右页扇赋予不同的材质，调整后的效果如下图所示。

STEP 12 激活“透”视图，按F9键快速渲染，渲染后的效果如右图所示。

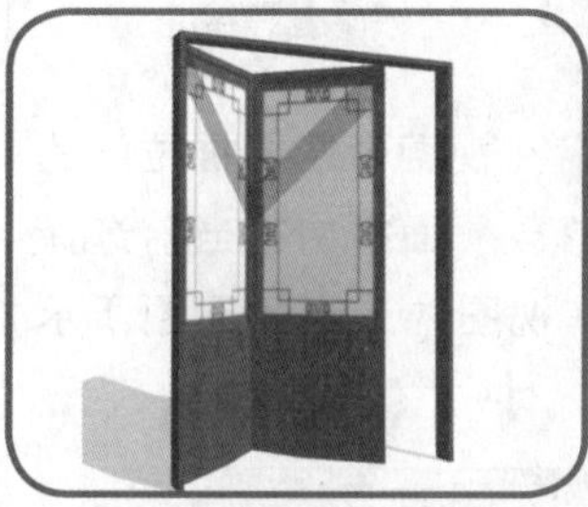

实战操作195 创建折叠门

素材：Scene\Cha05\5-3.max　　场景：Scene\Cha05\实战操作195max

难度：★★★★★　　视频：视频\Cha05\实战操作195.avi

折叠门在中间转枢也在侧面转枢。该门有两个门元素。也可以将该门制作成有四个门元素的双门。下面介绍如何创建折叠门，具体操作步骤如下所述。

STEP 01 单击按钮，在弹出的下拉列表中执行“打开”命令，在打开的对话框中选择素材文件5-3.max，如下图所示。

STEP 02 选择“创建” | “几何体” | “门”选项，在“对象类型”卷展栏中单击“折叠门”按钮，在“顶”视图中按住鼠标左键进行拖曳，至合适位置后释放鼠标，然后向上或向下进行移动鼠标，至合适位置后单击鼠标左键，再次移动鼠标，绘制门的高度，至合适位置后释放并单击鼠标左键，如下图所示。

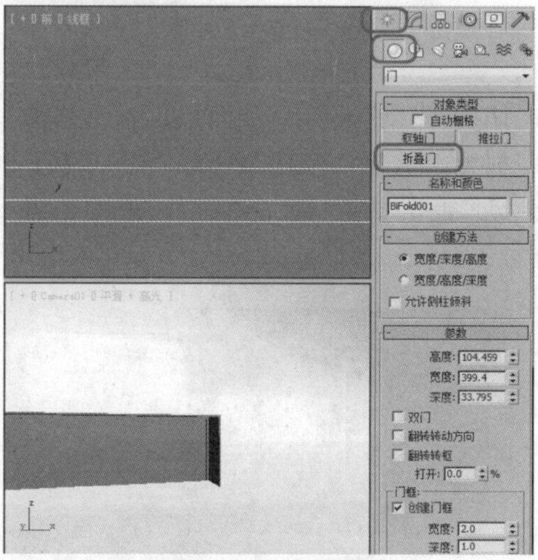

STEP 03 在“参数”卷展栏中设置其“高度”值为255，“宽度”值为177，“深度”值为13，将“打开”设置为45%；在“门框”选项组中设置其“宽度”值为3，“深度”值为1，

如下图所示。

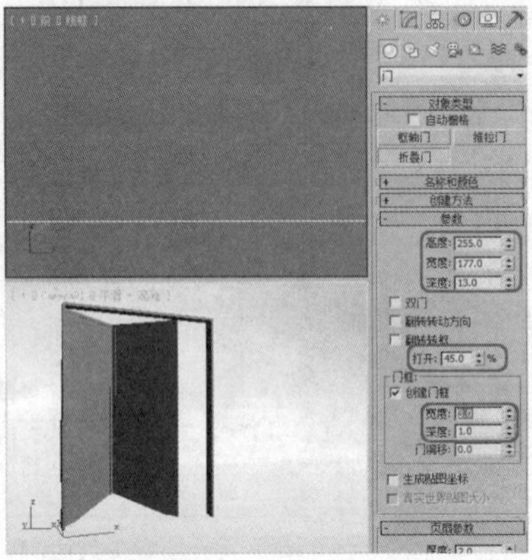

STEP 04 在“页扇参数”卷展栏中设置其“厚度”值为3，“门挺/顶梁”值为4，“底梁”值为86，设置完成后在视图中调整门的位置，如下图所示。

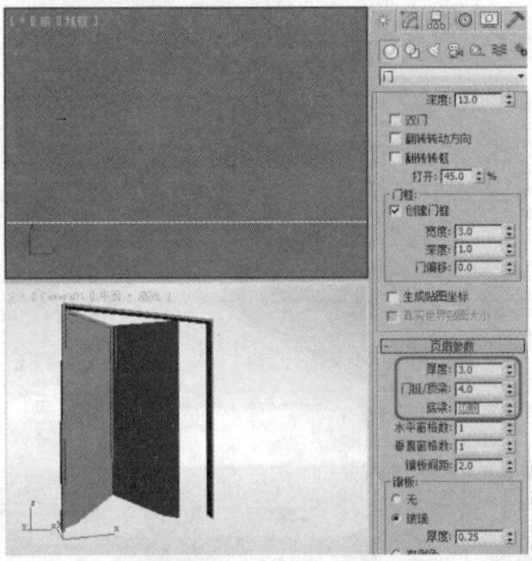

STEP 05 切换至“修改”命令面板，在“修改器”列表中选择“编辑多边形”修改器，并将当前选项集定义为“元素”，在视图中选择如下图所示的图形。

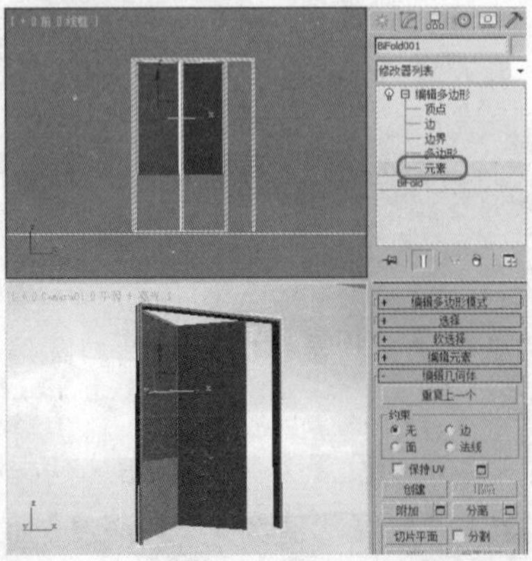

STEP 06 在“编辑几何体”卷展栏中单击“分离”按钮，如下图所示。

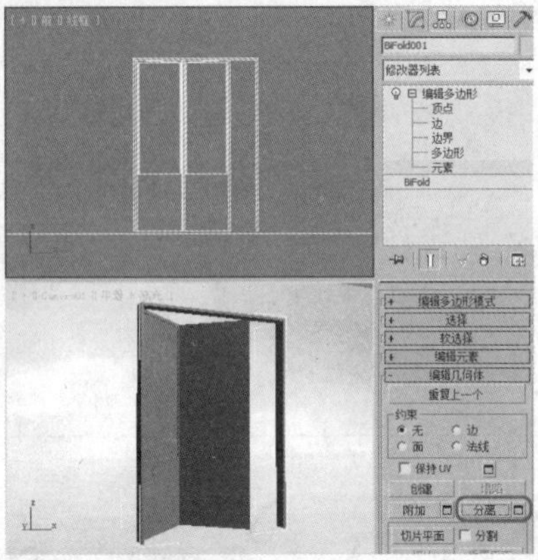

STEP 07 关闭当前选择集，在视图中选择推拉门的页扇，然后在“修改”面板中将当前选择集定义为“元素”，在视图中选择如下图所示的多边形。

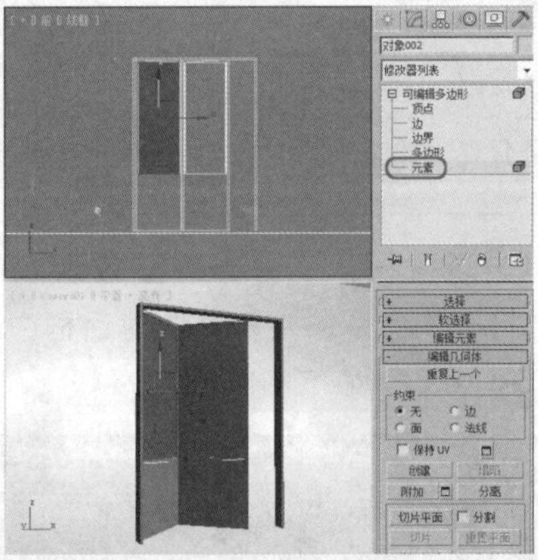

STEP 08 在“编辑几何体”卷展栏中单击“分离”按钮，弹出“分离”对话框，如下图所示。

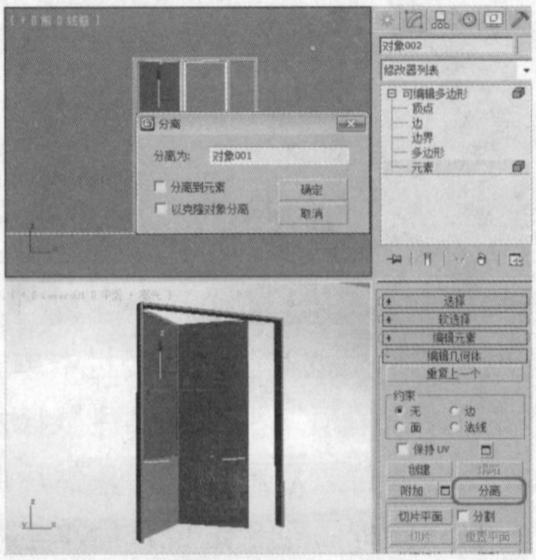

STEP 09 单击“确定”按钮，关闭当前选择集，在视图中选择推拉门左侧的页扇，在“修改器”下拉列表中选择“UVW贴图”修改器，如下图所示。

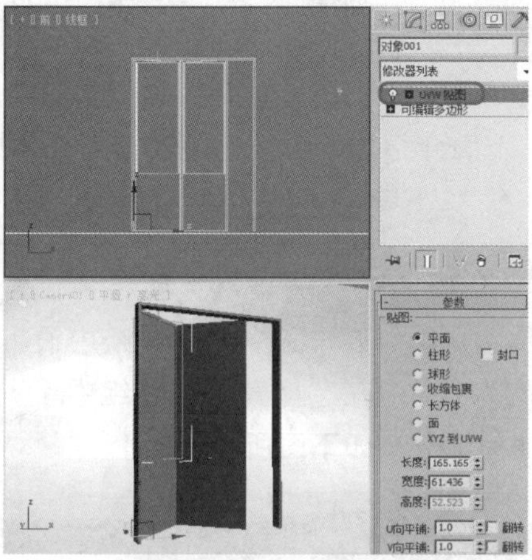

STEP 10 使用同样的方法为推拉门右侧的页扇添加“UVW贴图”修改器，如下图所示。

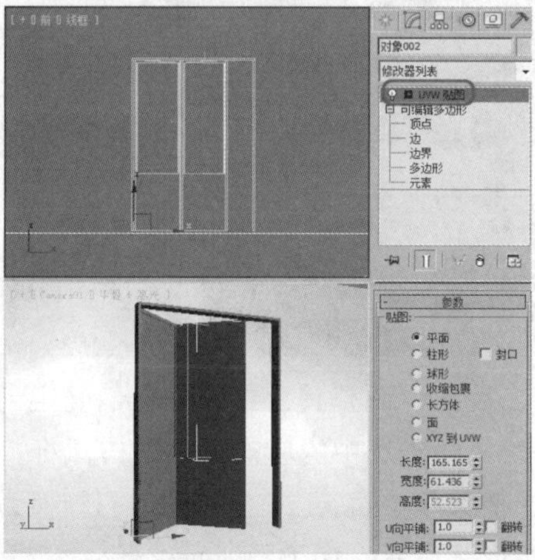

STEP 11 分别为折叠门的门框、左页扇和右页扇赋予不同的材质，调整后的效果如下图所示。

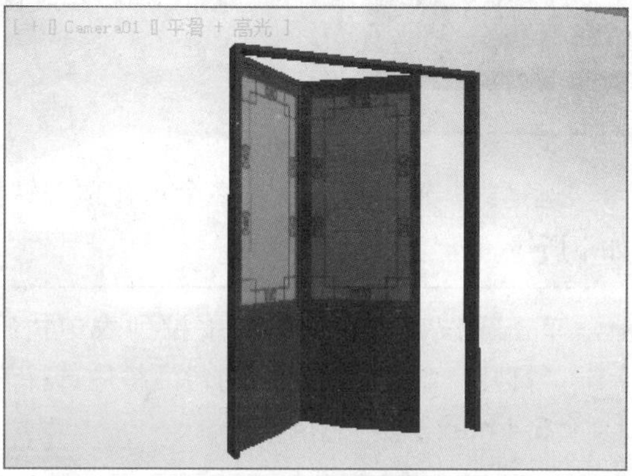

STEP 12 激活“透”视图，按F9键快速渲染，渲染后的效果如下图所示。

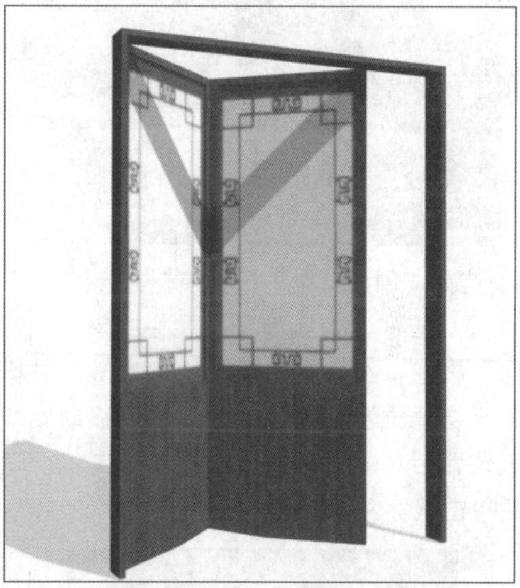

5.5 创建窗户

运用“窗”建模，可以快速创建各种窗户模型。其有一到两扇像门一样的窗框，它们可以向内或向外转动；旋开窗的轴垂直或水平位于其窗框的中心；伸出式窗有3扇窗框，其中两扇窗框打开时像反向的遮篷；推拉窗有两扇窗框，其中一扇窗框可以沿着垂直或水平方向滑动；固定式窗户不能打开；遮篷式窗户有一扇通过铰链与顶部相连的窗框。下面介绍创建窗户具体的操作方法。

实战操作196 创建遮篷式窗

素材：Scene\Cha05\5-4.max　　场景：Scene\Cha05\实战操作196.max

难度：★★★★★　　视频：视频\Cha05\实战操作196.avi

“遮篷式”窗具有一个或多个可在顶部转枢的窗框。下面介绍如何创建遮篷式窗，具体操作步骤如下所述。

STEP 01 单击按钮，在弹出的下拉列表中执行“打开”命令，在打开的对话框中选择素材文件5-4.max，如下图所示。

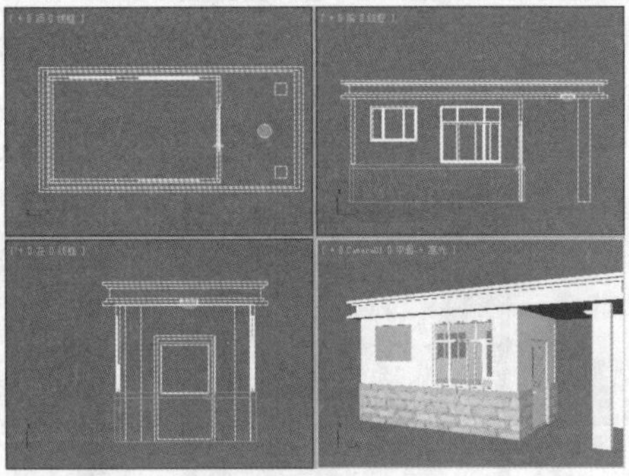

STEP 02 选择“创建”|“几何体”|“窗”选项，在“对象类型”卷展栏中单击“遮蓬式窗”按钮，在视图中单击鼠标左键并进行拖曳，至合适位置后释放鼠标，然后移动鼠标至合适位置后单击鼠标左键，将其拖曳式合适高度后单击鼠标左键，如下图所示。

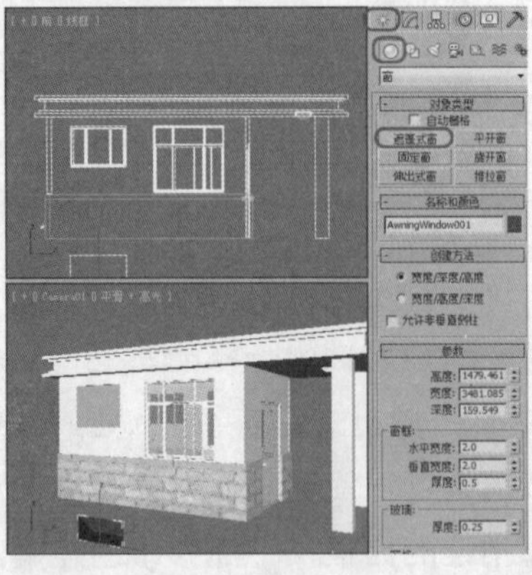

STEP 03 在“参数”卷展栏中设置其“高度”、“宽度”、“深度”值分别为2567、3400、205，在“玻璃”选项组中设置“厚度”值为0.5，在“窗格”选项组中设置“宽度”值为130，在“打开”选项组中设置“打开”值为50%，如下图所示。

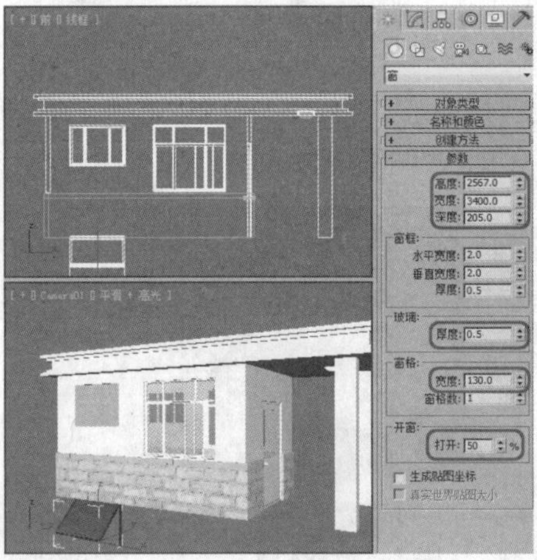

STEP 04 在视图中调整其窗户的位置，确定创建的对象处于选中的状态下，右击鼠标，在弹出的快捷菜单中执行“转换为”|“转换为可编辑多边形”命令，如下图所示。

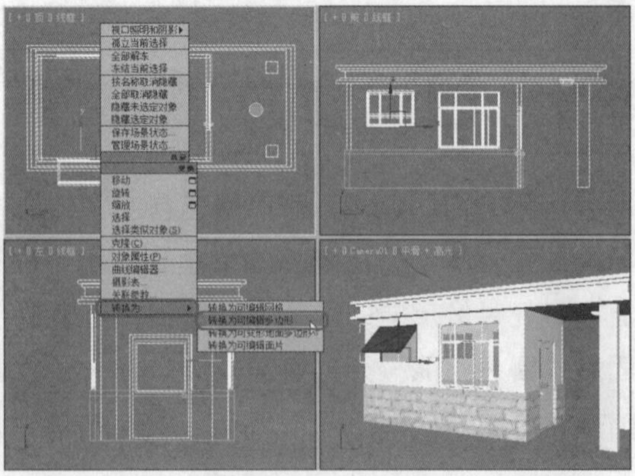

STEP 05 在“修改”面板中将当前的选项集定义为“元素”，在视图中选择如下图所示的对象。

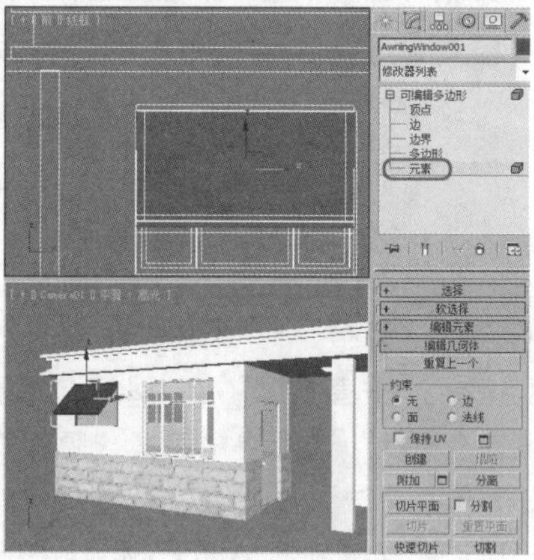

STEP 06 在“编辑几何体”卷展栏中单击“分离”按钮，如下图所示。

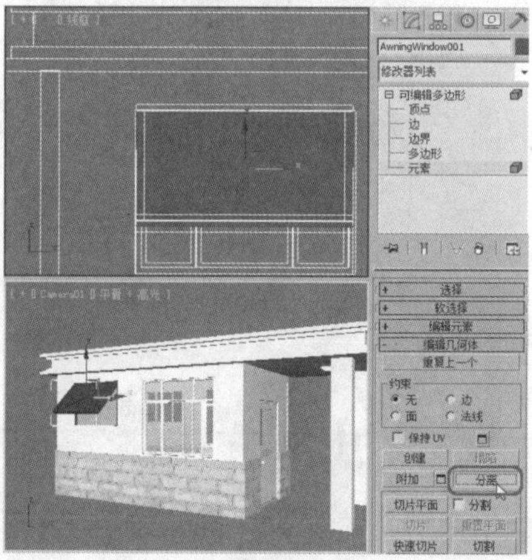

STEP 07 在弹出的“分离”对话框的文本框中输入“玻璃”，单击“确定”按钮，如下图所示。

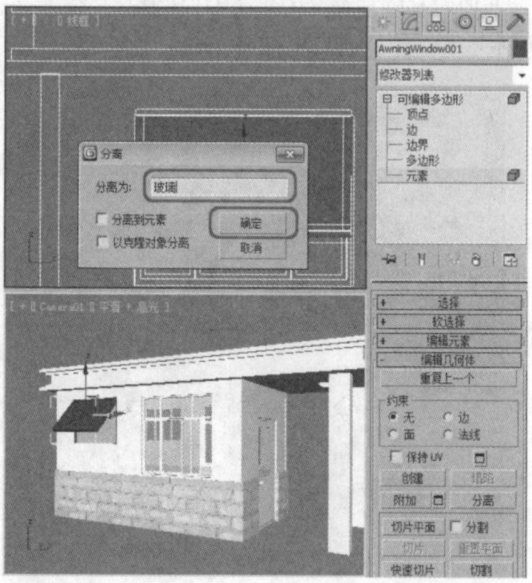

STEP 08 选择“创建”|“图像”|“样条线”|“线”工具，在视图中绘制一条直线，在“渲染”卷展栏中选中“在渲染中启用”与“在视口中启用”复选框，设置“径向”中的“厚度”值为90，如下图所示。

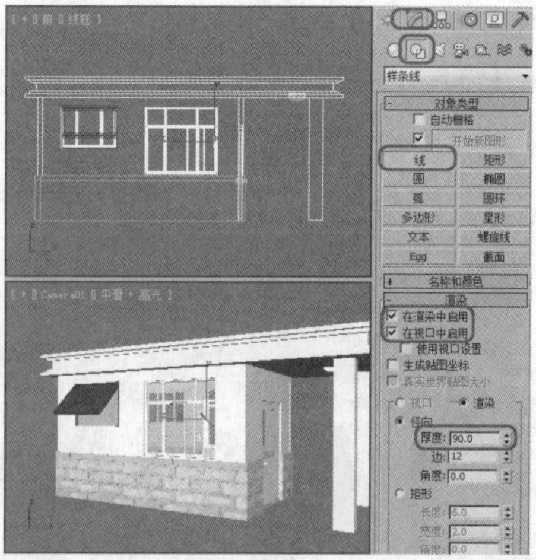

STEP 09 移动支柱至合适位置，分别为玻璃、窗框、支柱赋予不同的材质，完成后的效果如下图所示。

STEP 10 激活“透”视图，按F9键快速渲染，效果如下图所示。

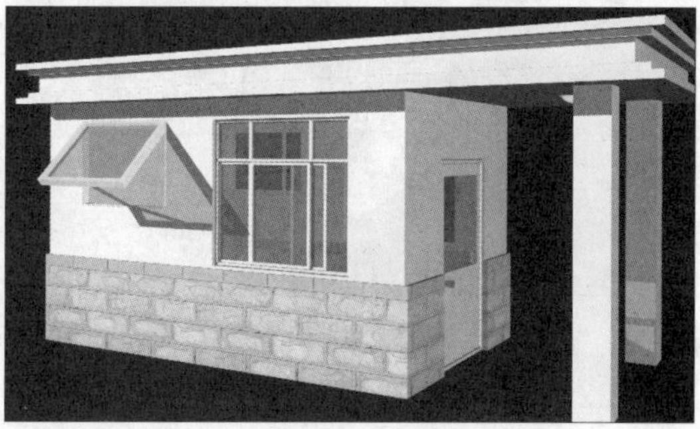

实战操作197 创建平开窗

素材：Scene\Cha05\5-5.max　　场景：Scene\Cha05\实战操作197.max

难度：★★★★★　　视频：视频\Cha05\实战操作197.avi

平开窗具有一个或两个类似于门的窗户。下面介绍如何创建平开窗，具体操作步骤如下所述。

STEP 01 单击按钮，在弹出的下拉列表中执行“打开”命令，在打开的对话框中选择素材文件5-5.max，如下图所示。

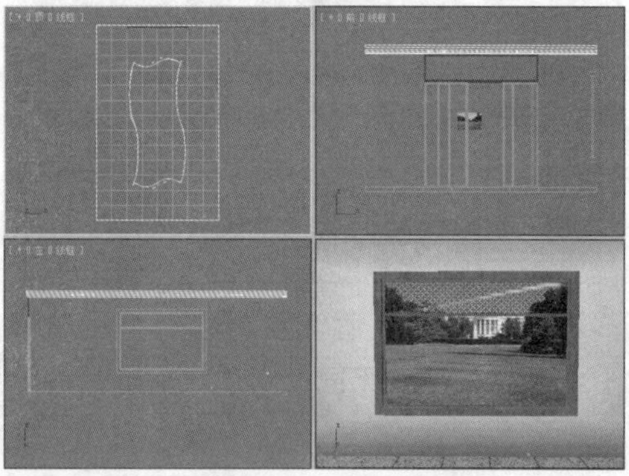

STEP 02 选择“创建”|“几何体”|“窗”选项，在“对象类型”卷展栏中单击“平开窗”按钮，然后在“顶”视图中单击鼠标左键至合适位置后释放鼠标，再次移动鼠标，至合适宽度后单击鼠标，向上或向下移动鼠标，至合适高度后单击鼠标左键，如下图所示。

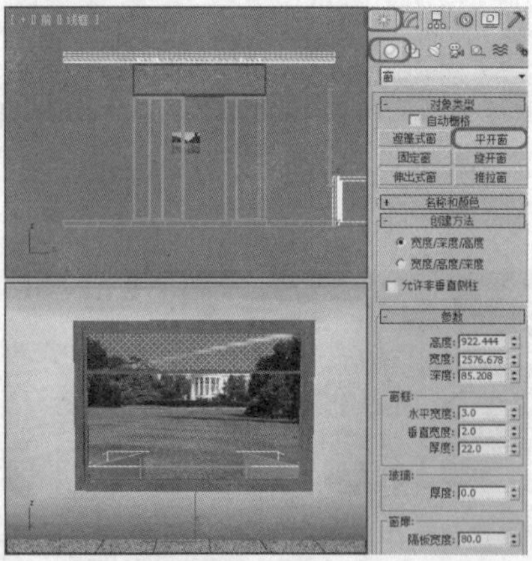

STEP 03 在“参数”卷展栏中设置其“高度”值为1220，“宽度”值为2474.5，“深度”值为66；在“窗框”选项组中设置“水平宽度”值为3，“垂直宽度”值为2，“厚度”值为22；在“窗扉”选项组中设置“隔板宽度”值为80，选中“二”单选按钮；在“打开窗”选项组中设置“打开”值为75%，按Enter确认，在视图中调整其位置，如下图所示。

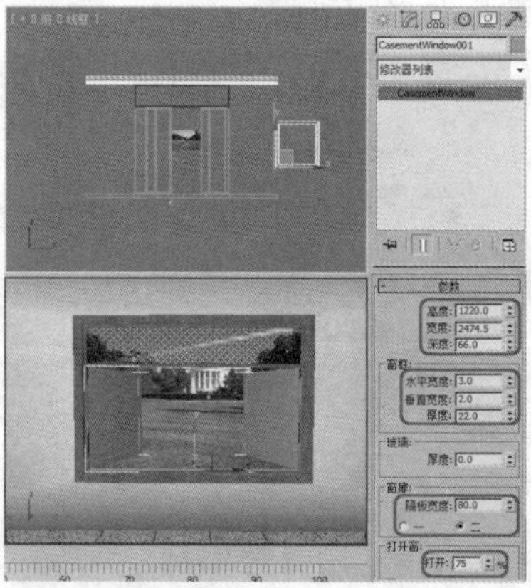

STEP 04 当创建的对象处于选择的状态时，在“修改”面板中的“修改器列表”中选择“编辑多边形”修改器，将当前的选择集定义为“元素”，在视图中选择如下图所示的元素，在“编辑几何体”卷展栏中单击“分离”按钮。

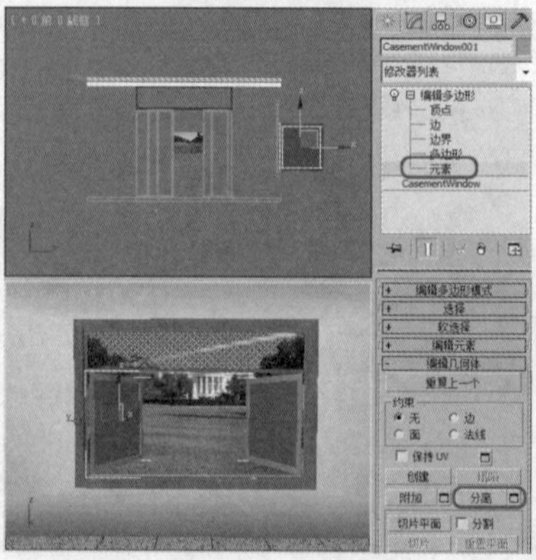

STEP 05 分别为玻璃和窗框赋予不同的材质，完成后的效果如下图所示。

STEP 06 激活“透”视图，按F9键进行渲染，效果如下图所示。

实战操作198 创建固定窗

素材：Scene\Cha05\5-6.max　场景：Scene\Cha05\实战操作198.max

难度：★★★★★　视频：视频\Cha05\实战操作198.avi

“固定窗”不能被打开，因为没有可在侧面转枢的窗框。它被固定在指定的位置不能推动。下面介绍如何创建固定窗，具体操作步骤如下所述。

STEP 01 单击按钮，在弹出的下拉列表中执行“打开”命令，在打开的对话框中选择素材文件5-6.max，选择“创建”|“几何体”|“窗”选项，在“对象类型”卷展栏中单击“固定窗”按钮，在“顶”视图中按住鼠标左键并拖动，在合适的位置上释放，移动鼠标至合适的位置并单击左键确认窗户的深度，再次拖动鼠标至合适位置，单击左键确认窗户的高度，如下图所示。

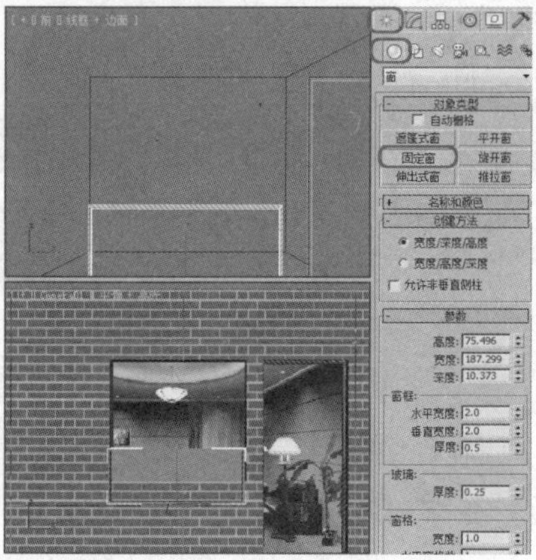

STEP 02 切换至“修改”面板，在“参数”卷展栏中的“高度”文本框中输入180，在“宽度”文本框中输入200，在“深度”文本框中输入13；在“窗框”选项组中设置“水平宽度”、“垂直宽度”和“厚度”值各为5、5、0.25；在“玻璃”选项组中设置“厚度”值为0.5，在“窗格”选项组中的“宽度”、“水平窗格数”和“垂直窗格数”文本框中分别输入10、2、2，并选中“切角剖面”复选框，如下图所示。

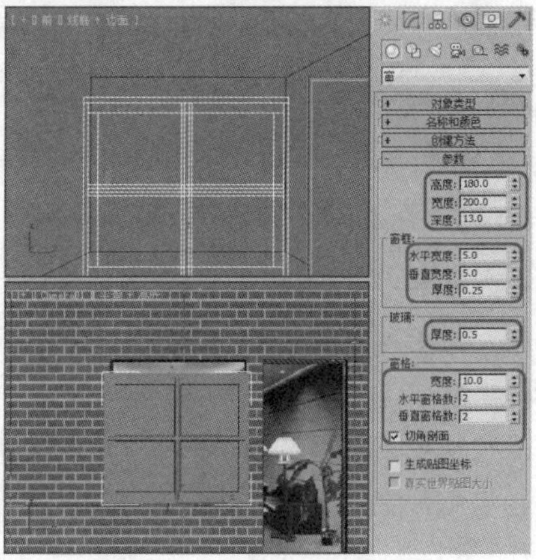

STEP 03 在视图中调整固定窗的位置，确定固定窗处于被选择的状态下，进入“修改”命令面板，在修改器下拉列表中选择“编辑多边形”修改器，并将当前的选择集定义为“元素”，在视图中选择如下图所示的多边形。

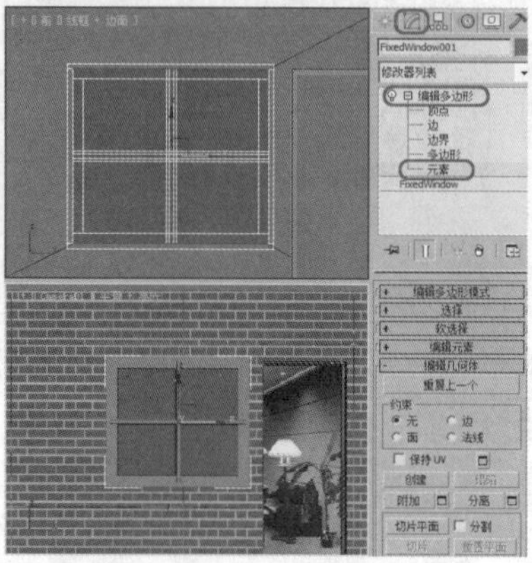

STEP 04 在“编辑几何体”卷展栏中单击“分离”按钮，如下图所示。

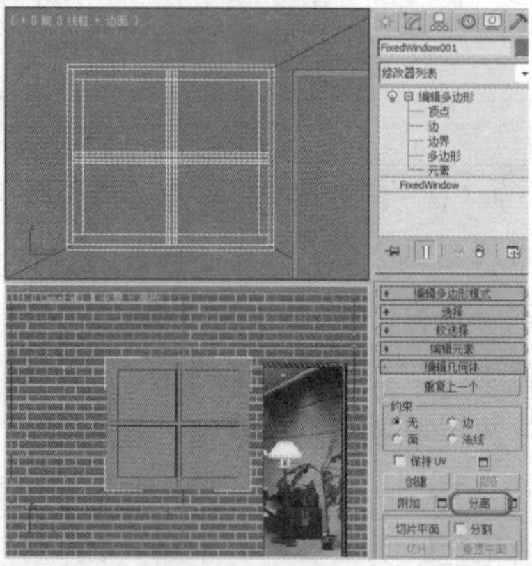

STEP 05 分别为场景中的窗框和玻璃赋予不同的材质，完成后的效果如下图所示。

STEP 06 激活“透”视图，按F9键快速渲染，渲染后的效果如下图所示。

实战操作199 创建旋开窗

素材：Scene\Cha05\5-7.max　场景：Scene\Cha05\实战操作199.max

难度：★★★★★　视频：视频\Cha05\实战操作199.avi

创建旋开窗的具体操作步骤如下所述。

STEP 01 单击按钮，在弹出的下拉列表中执行“打开”命令，在打开的对话框中选择素材文件5-7.max，选择“创建”|“几何体”|“窗”选项，在“对象类型”卷展栏中单击“旋开

窗”按钮；在“顶”视图中按住鼠标左键并拖动，在合适的位置上释放鼠标，并单击左键确认窗户的深度，再次拖动鼠标至合适位置，单击左键确认窗户的高度，如下图所示。

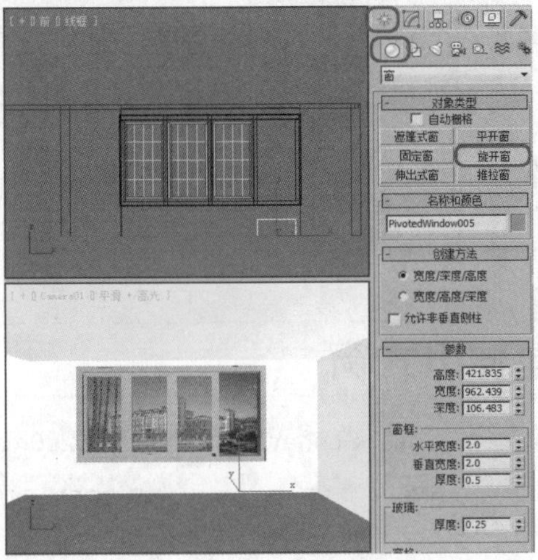

STEP 02 在“参数”卷展栏中设置“高度”、“宽度”、“深度”值各为2045、1060、90，在“窗框”选项组中设置“水平宽度”、“垂直宽度”均为50；在“窗格”选项组中设置“宽度”值为50；在“打开窗”选项组中的“打开”文本框中输入30，按Enter键确认，如下图所示。

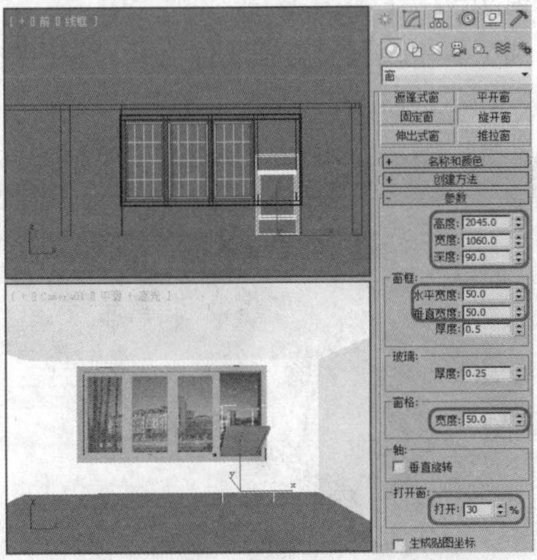

STEP 03 在视图中调整旋开窗的位置，当旋开窗处于被选中的状态下，在“修改器”下拉列表中选择“编辑多边形”修改器，将当前选择集定义为“元素”，在视图中选择如下图所示的多边形，按Enter键确认。

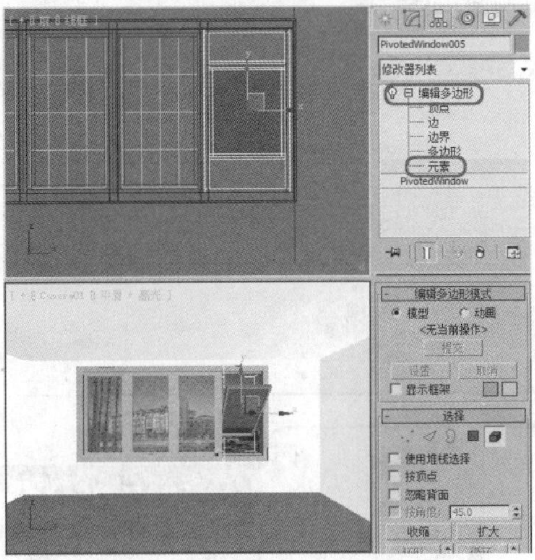

STEP 04 在“编辑几何体”选项组中单击“分离”按钮，如下图所示。

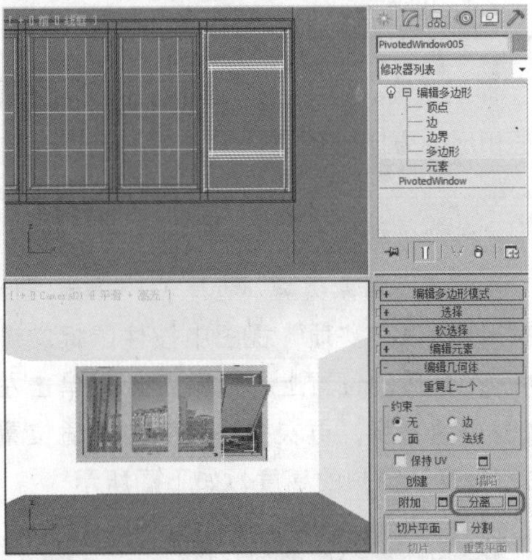

STEP 05 分别为场景中的玻璃和窗框赋予不同的材质，完成后的效果如下图所示。

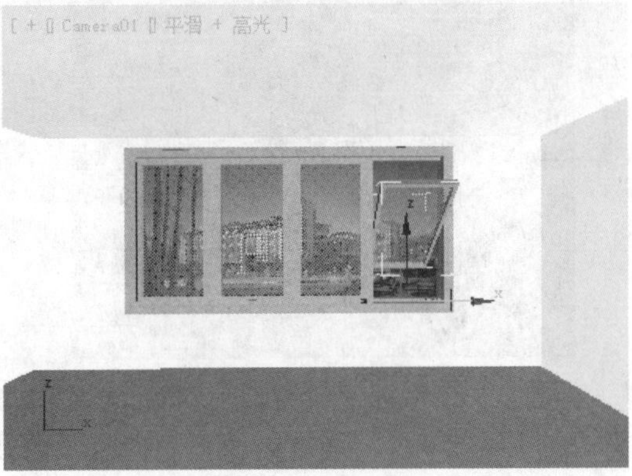

STEP 06 激活“透”视图，按F9键快速渲染，效果如右图所示。

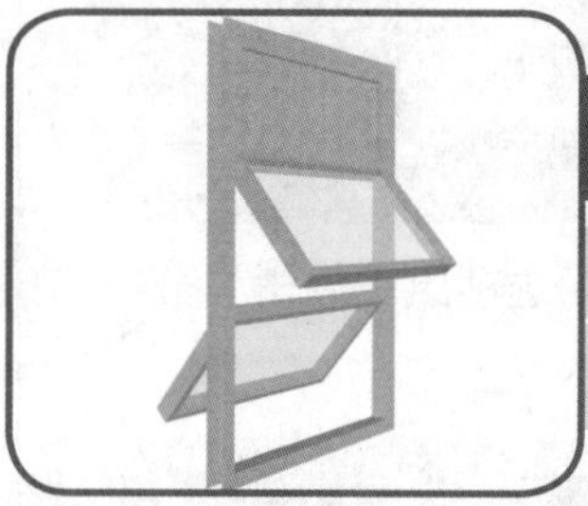

实战操作200 创建伸出式窗

素材：无　　场景：Scene\Cha05\实战操作200max

难度：★★★★★　　视频：视频\Cha05\实战操作200.avi

“伸出式窗”具有三个窗框：顶部窗框是固定的，底部的两个窗框像遮篷式窗那样旋转打开，但却是相反的方向。创建伸出式窗的具体操作步骤如下所述。

STEP 01 选择“创建”|“几何体”|“窗”选项，在“对象类型”卷展栏中单击“伸出式窗”按钮，在“顶”视图中按住鼠标左键并拖动，在合适的位置上释放鼠标，并单击左键确认窗户的深度，再次拖动鼠标至合适位置，单击左键确认窗户的高度，如下图所示。

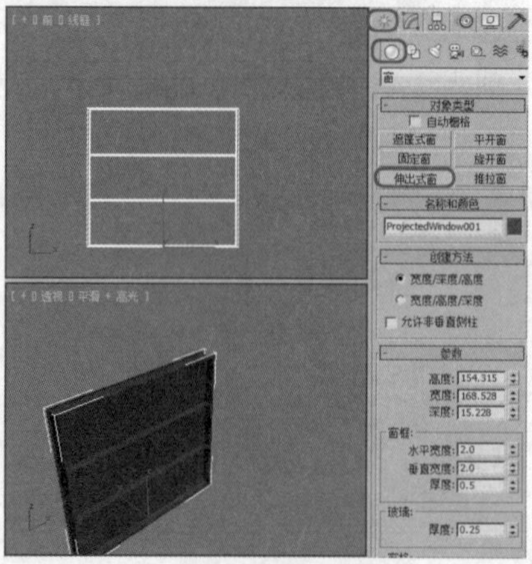

STEP 02 在“参数”卷展栏中分别设置其“高度”、“宽度”和“深度”值各为148、96、7.5，在“窗框”选项组中设置其“水平宽度”、“垂直宽度”值分别为5、5；在“窗格”选项组中设置“宽度”值为3，“中点高度”值为50，“底部高度”值为50；在“打开窗”选项组中设置“打开”值为45，按Enter键确认，如下图所示。

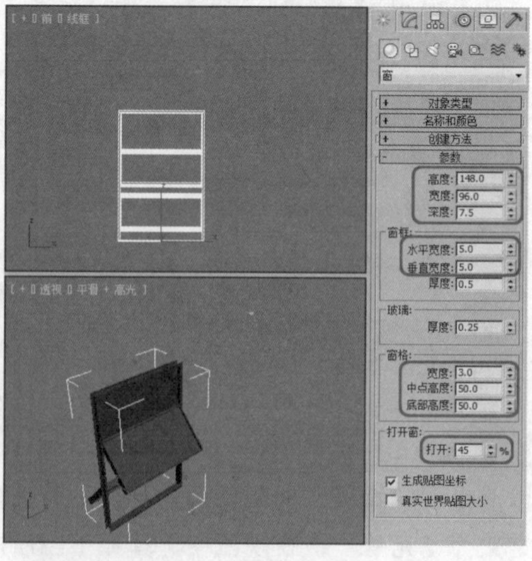

STEP 03 在视图中选择创建的“伸出式窗”，在“修改器”下拉列表中选择“编辑多边形”修改器，将当前选择集定义为“元素”，在视图中选择如下图所示的多边形，并在“多边形：材质ID”卷展栏中的“设置ID”文本框中输入1，按Enter键确认。

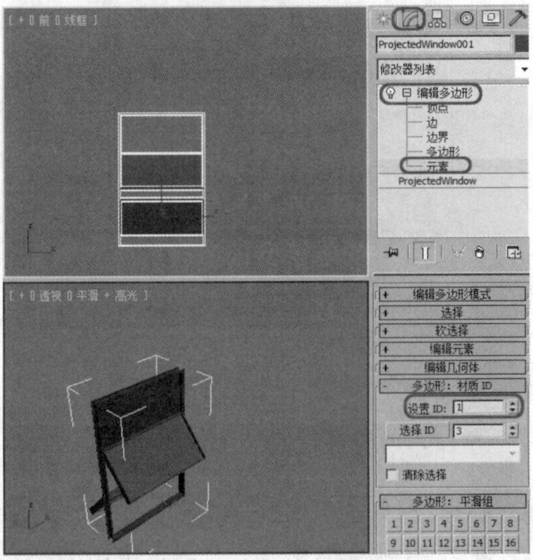

STEP 04 按Ctrl+I组合键进行反选，在“多边形：材质ID”卷展栏中的“设置ID”文本框中输入2，按Enter键确认，如下图所示，然后关闭当前选择集。

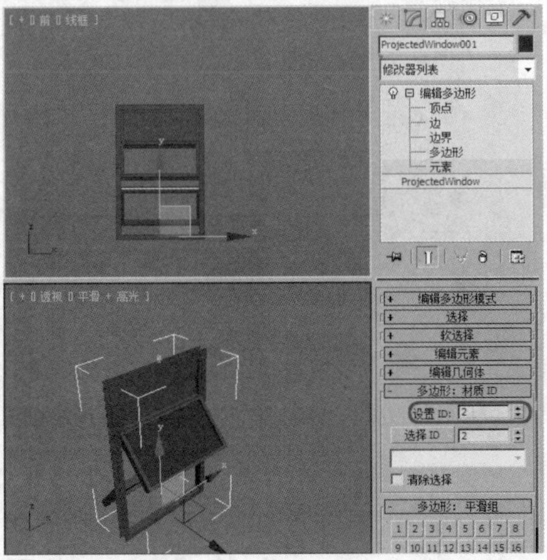

STEP 05 单击工具栏中的“材质编辑器”按钮，在弹出的对话框中选择第一个样本材质球，单击“standard”按钮 Standard ，如下图所示。

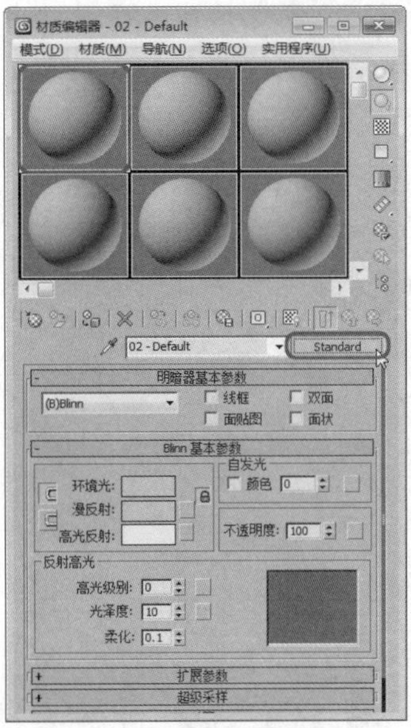

STEP 06 在弹出的“材质/贴图浏览器”对话框中选择“多维/子对象”选项，单击“确定”按钮，如下图所示。

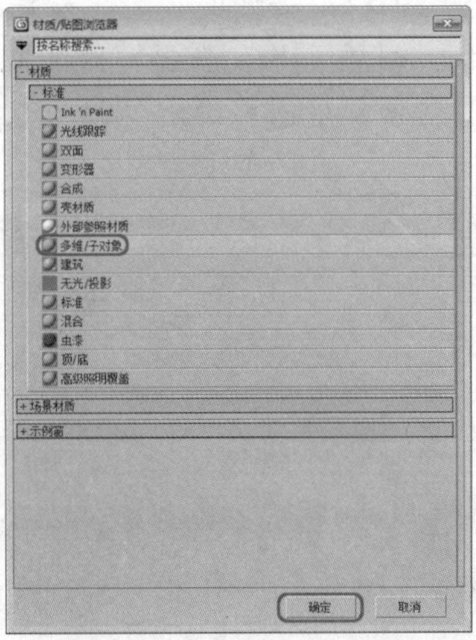

STEP 07 在弹出的“替换材质”对话框中选中“丢弃旧材质？”单选按钮，再单击“确定”按钮，如下图所示。

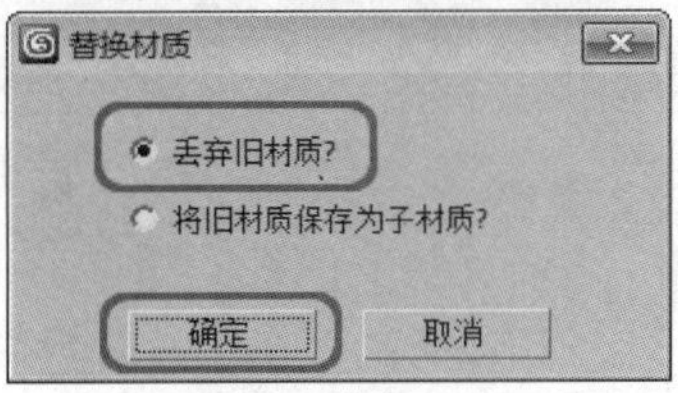

STEP 08 在“多维/子对象基本参数”卷展栏中单击“设置数量”按钮，在弹出的“设置材质数量”对话框中设置“材质数量”值为2，单击“确定”按钮即可，如下图所示。

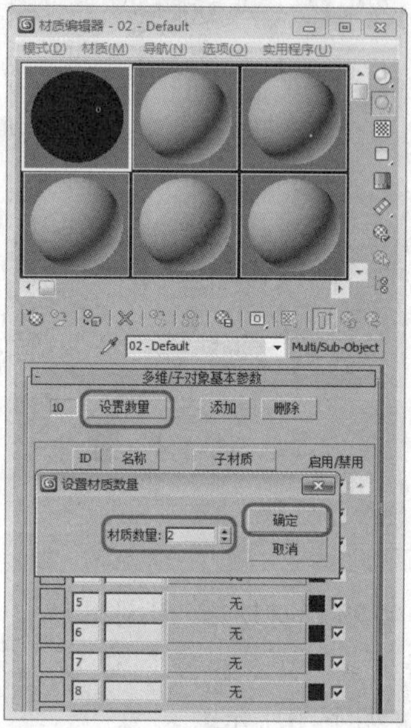

STEP 09 单击“ID1”右侧的“无”按钮，在弹出的“材质/贴图浏览器”对话框中选择“标准”选项，单击“确定”按钮，如下图所示。

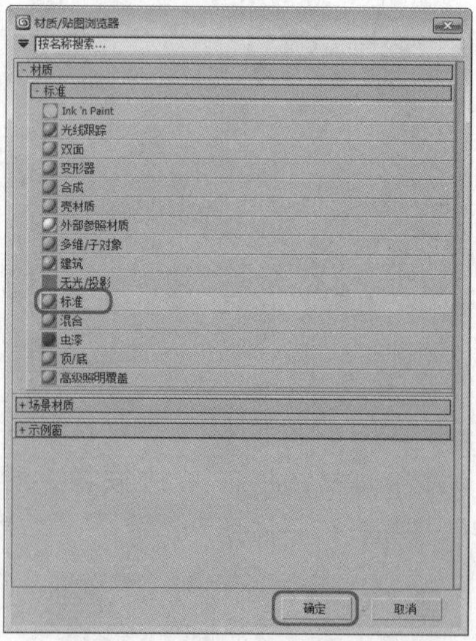

STEP 10 在“Blinn基本参数”卷展栏设置“环境光”、“漫反射”的红、绿、蓝值分别为146、233、255，设置“高光反射”的红、绿、蓝值分别为0、0、0，并将其不透明度设置为40，按Enter确认，如下图所示。

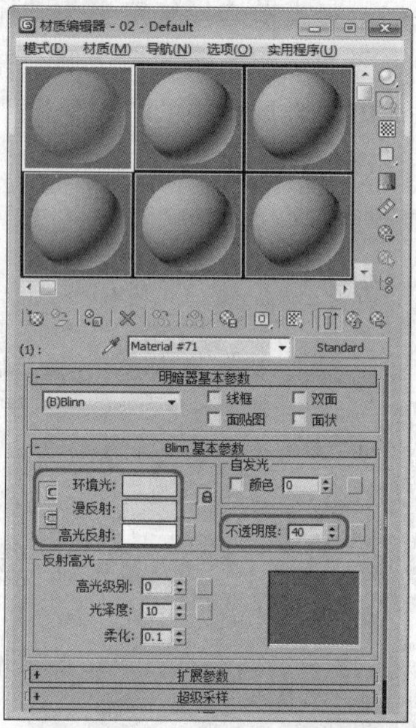

STEP 11 单击“转到父对象”按钮，转到“多维/子对象基本参数”层级，单击ID2右侧的无，在弹出的“材质/贴图编辑器”对话框中选择“标准”选项，单击“确定”按钮，如下图所示。

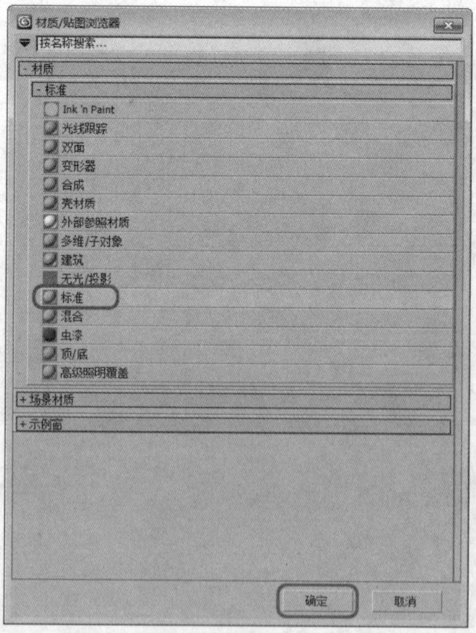

STEP 12 在“贴图”卷展栏中单击“漫反射颜色”右侧的None，在弹出的“材质/贴图编辑器”对话框中选择“贴图”选项，单击“确

定”按钮，如下图所示。

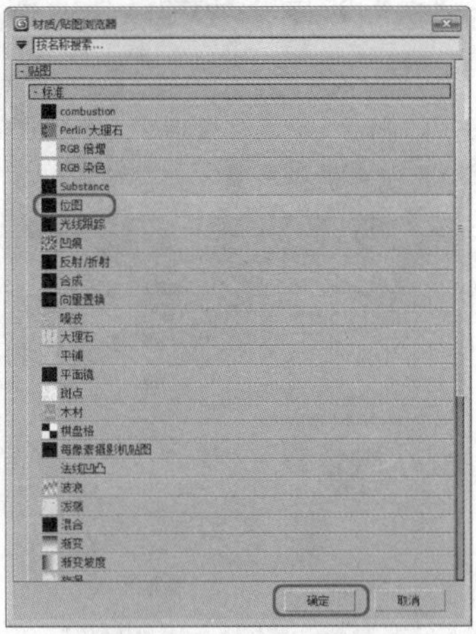

STEP 13 在弹出的“选择位图图像文件”对话框中选择随书附带光盘中的\Map\MW120.jpg素材，单击“打开”按钮，如下图所示。

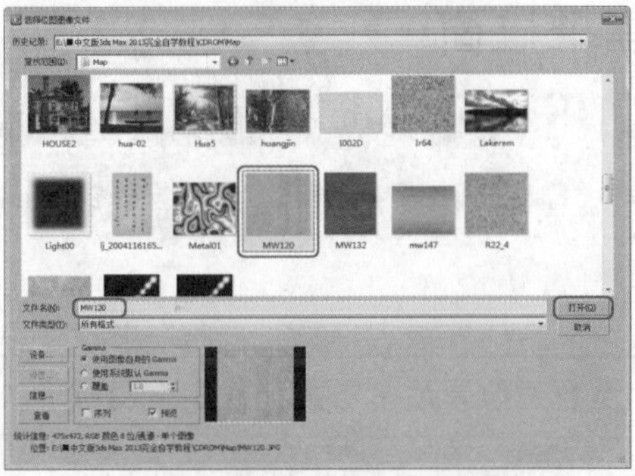

STEP 14 单击“将材质指定给选定对象”按钮，然后单击“在视口中显示标准贴图”按钮，如下图所示。

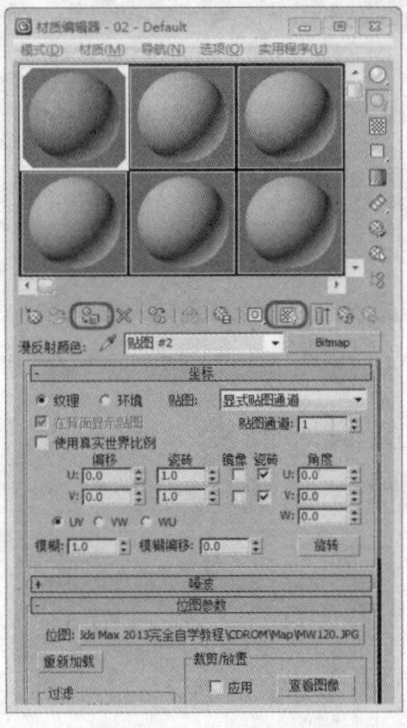

STEP 15 单击两次“转到父对象”按钮，然后单击“ID1”右侧的子材质按钮，再单击“将材质指定给选定对象”按钮，之后单击“在视口中显示标准贴图”按钮，如下图所示。

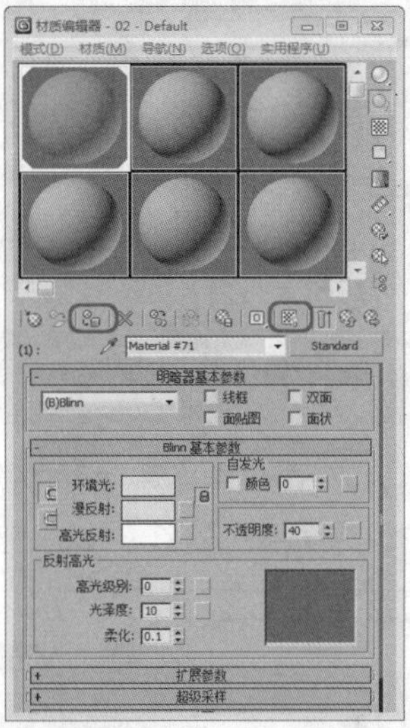

STEP 16 将“材质编辑器”对话框关闭，选择“创建”|“摄影机”|“标准”选项，在“对象类型”卷展栏中单击“目标”按钮；在“顶”视图创建一个摄影机，设置其“参数”为35mm，激活“透”视图，将当前视图转换为“摄影机”视图，并在除“摄影机”视图的其他视图中调整摄影机的位置，如下图所示。

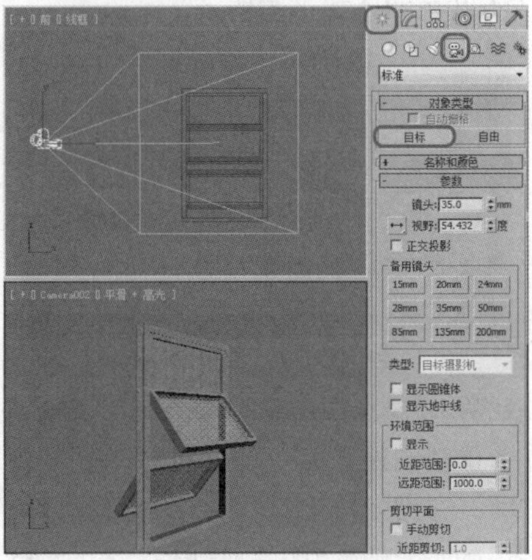

STEP 17 选择“创建”|“灯光”|“标准”选项，在“对象类型”卷展栏中单击“泛光”按钮，在场景中创建一个泛光灯，并调整其位

置，使用同样的方法再创建一个发光灯，如下图所示。

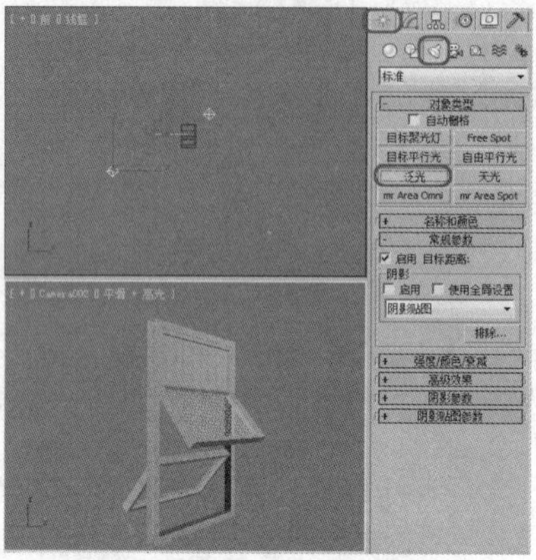

STEP 18 按8键，在弹出的“环境和效果”对话框中设置“颜色”的红、绿、蓝值分别为250、250、250。设置完成后关闭对话框即可，激活“透”视图，按F9键快速渲染，如下图所示。

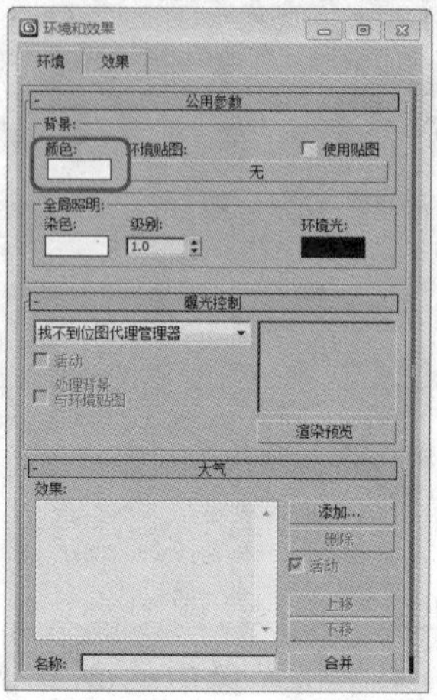

实战操作201 创建推拉窗

素材：Scene\Cha05\5-8.max　　场景：Scene\Cha05\实战操作201.max

难度：★★★★★　　视频：视频\Cha05\实战操作201.avi

创建推拉门的具体操作步骤如下所述。

STEP 01 单击按钮，在弹出的下拉列表中执行“打开”命令，在打开的对话框中选择素材文件5-8.max，如下图所示。

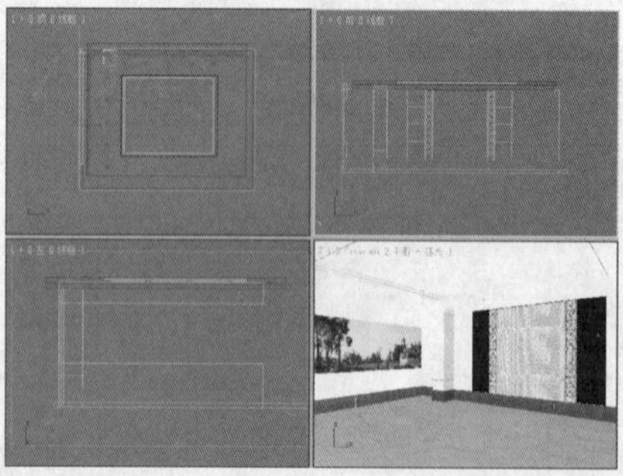

STEP 02 选择“创建”|“几何体”|“窗”选项，在“对象类型”中单击“推拉窗”按钮，在“顶”视图中单击鼠标左键并拖曳，至合适位置后单击鼠标，然后再次向左或向右拖曳，绘制窗的宽度，至合适位置后单击鼠标左键，然后向上或向下移动鼠标，绘制窗的高度，至合适位置后单击鼠标，如下图所示。

STEP 03 进入“修改”命令面板，在“参数”卷展栏中设置其“高度”值为59，“宽度”值为80，“深度”值为5；在“窗框”选项组中设置“水平宽度”值为3，“垂直宽度”值为2，“厚度”值为0.5；在“窗格”选项组中设置“窗格宽度”值为3，“水平窗格数”与

"垂直窗格数"值各为1；在"打开窗"选项组中设置其值为45%，按Enter键确认，并在场景中调整窗的位置，如下图所示。

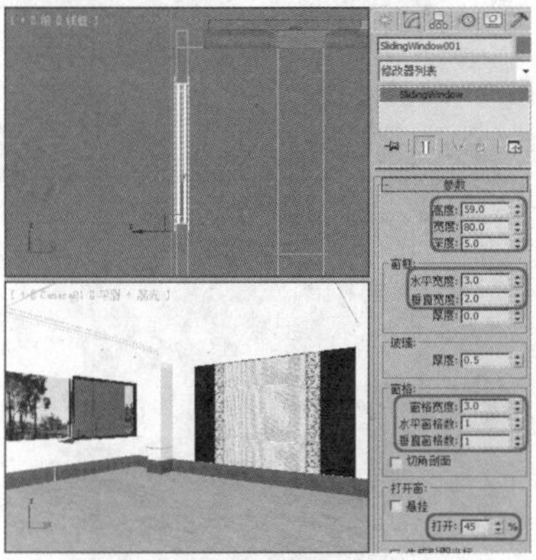

STEP 04 当创建的窗处于选中的状态时，在"修改器列表"中选择"编辑多边形"修改器，将当前的选择集定义为"元素"，按住Alt键在视图中选择如下图所示的对象。

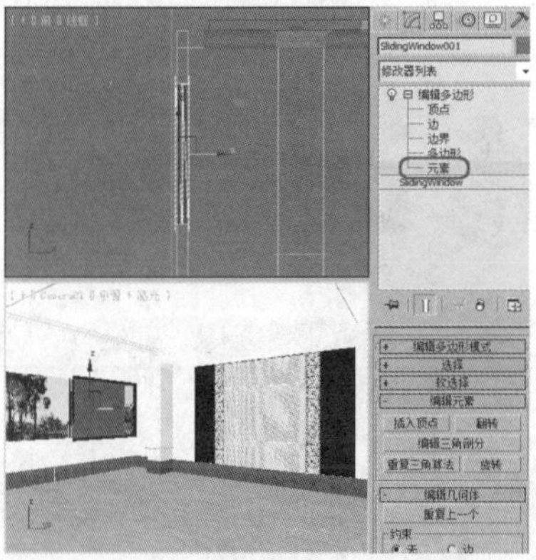

STEP 05 在"编辑几何体"卷展栏中单击"分离"按钮，如下图所示。

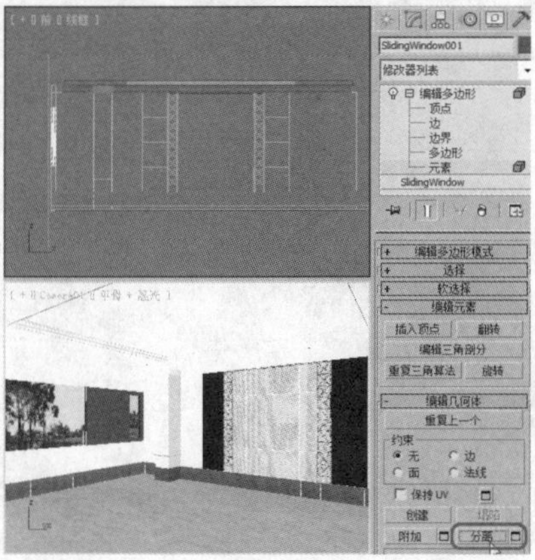

STEP 06 然后分别为窗框和玻璃赋予不同的材质，完成后的效果如下图所示。

STEP 07 在场景中选择窗户的全部对象，在工具栏中单击"镜像"按钮，在弹出的"镜像：屏幕 坐标"对话框中设置"偏移"值为71.5；在"克隆当前选择"选项组中选中"复制"单选按钮，如下图所示。

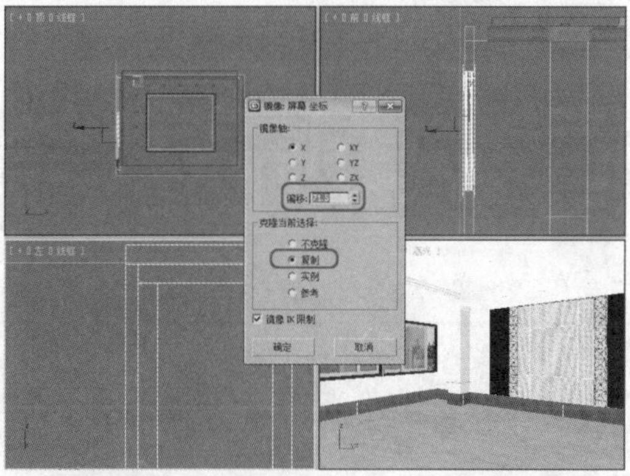

STEP 08 单击"确定"按钮，激活"透"视图，按F9键快速渲染，渲染后的效果如下图所示。

Chapter 06

第6章 模型的编辑与修改

在“修改”命令面板中，通过添加修改器可以对场景中的对象进行编辑修改。本章将主要对修改器进行详细介绍。

3ds Max 2013

6.1 变形修改器

变形修改器主要包括“扭曲”、“拉伸”和“挤压”等。本节将对变形修改器的使用方法进行详细介绍。

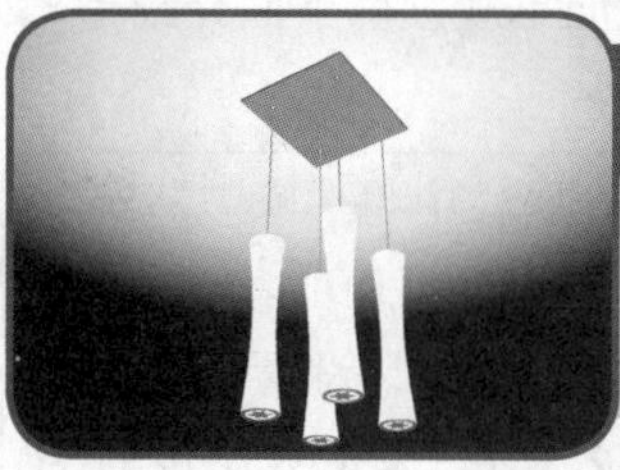

实战操作202 “扭曲”修改器

素材：Scene\Cha06\6-1.max　　场景：Scene\Cha06\实战操作202.max

难度：★★★★★　　视频：视频\ Cha06\实战操作202.avi

“扭曲”修改器在对象几何体中产生一个旋转效果，可以控制任意三个轴上扭曲的角度，并设置偏移来压缩扭曲相对于轴点的效果。下面介绍“扭曲”修改器的使用方法，具体操作步骤如下所述。

STEP 01 单击按钮，在弹出的下拉列表中执行“打开”命令，在打开的对话框中选择素材文件6-1.max，如下图所示。

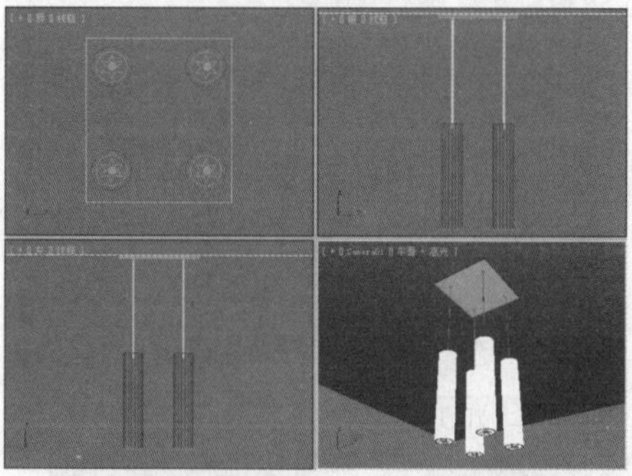

STEP 02 在视图中选择“灯”对象，然后切换到“修改”命令面板，在“修改器列表”中选择“扭曲”修改器，如下图所示。

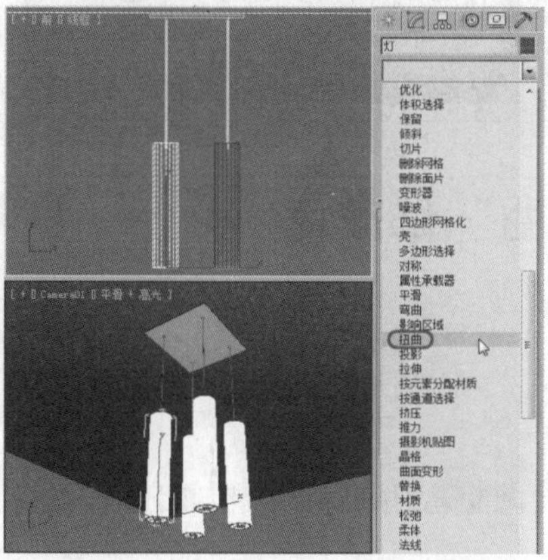

STEP 03 然后在“参数”卷展栏中将“角度”设置为120，如下图所示。

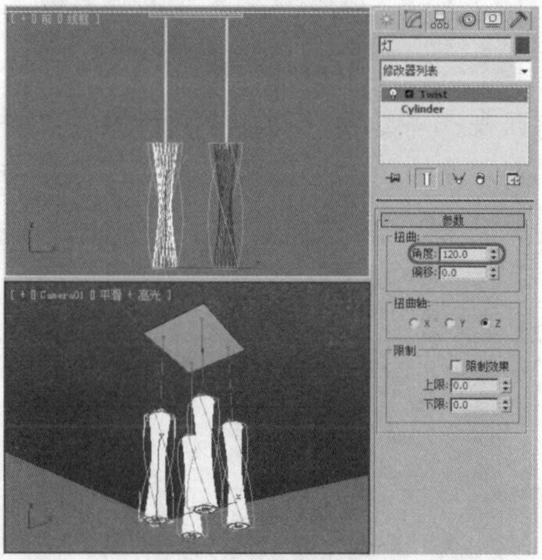

STEP 04 激活“摄影机”视图，按F9键进行渲染，效果如下图所示。

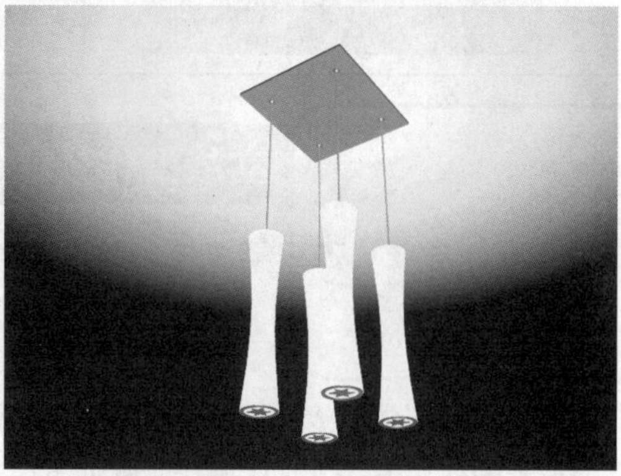

实战操作203 “噪波”修改器

素材：Scene\Cha06\6-2.max　　场景：Scene\Cha06\实战操作203.max

难度：★★★★★　　视频：视频\ Cha06\实战操作203.avi

“噪波”修改器是对物体表面的顶点进行随机变动，使表面变得起伏而不规则。下面介绍 “噪波”修改器的使用方法，具体操作步骤如下所述。

STEP 01 单击按钮，在弹出的下拉列表中执行“打开”命令，在打开的对话框中选择素材文件6-2.max，如下图所示。

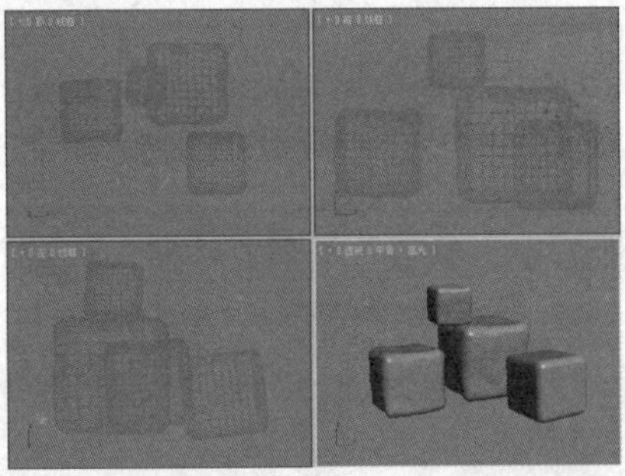

STEP 02 在视图中选择“冰块1”对象，然后切换到“修改”命令面板，在“修改器列表”中选择“噪波”修改器，如下图所示。

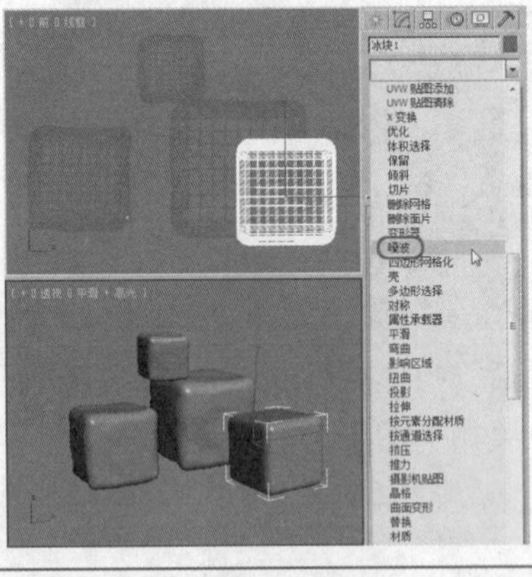

STEP 03 然后在“参数”卷展栏中将“噪波”选项组中的“比例”设置为100，选中“分形”复选框，将“迭代次数”设置为9；在“强度”选项组中将X、Y、Z参数均设置为10，如下图所示。

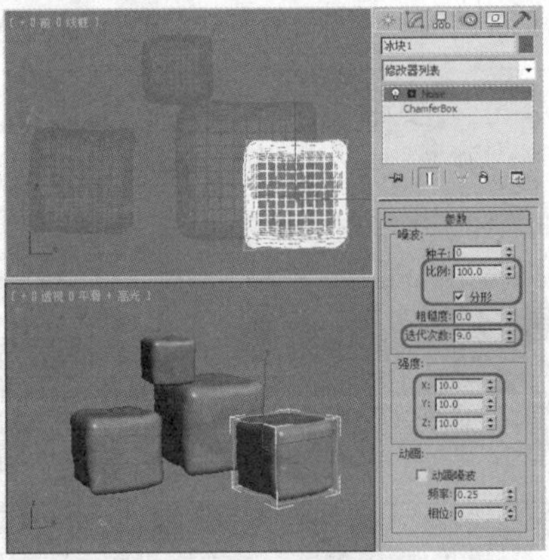

STEP 04 激活“透”视图，按F9键进行渲染，效果如下图所示。

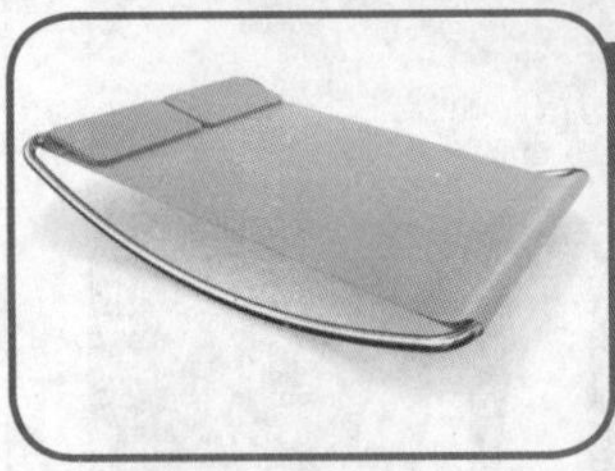

实战操作204 “弯曲”修改器

素材：Scene\Cha06\6-3.max　　场景：Scene\Cha06\实战操作204.max

难度：★★★★★　　视频：视频\ Cha06\实战操作204.avi

“弯曲”修改器主要用于对对象进行弯曲处理，可以调整弯曲的角度和方向。下面介绍 “弯曲”修改器的使用方法，具体操作步骤如下所述。

STEP 01 单击按钮，在弹出的下拉列表中执行“打开”命令，在打开的对话框中选择素材文件6-3.max，如下图所示。

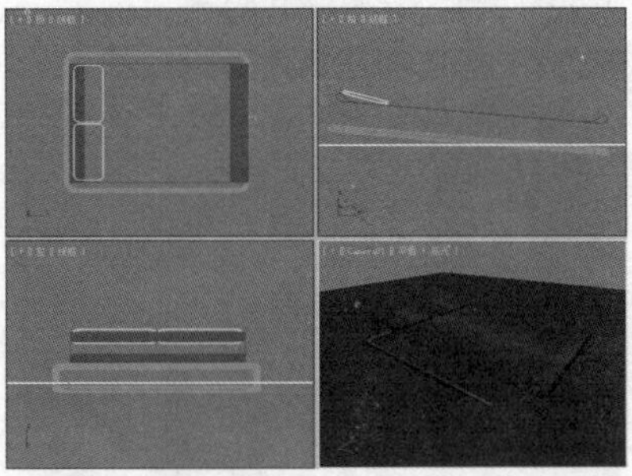

STEP 02 在视图中选择“躺椅支架01”对象，然后切换到“修改”命令面板，在“修改器列表”中选择“弯曲”修改器，如下图所示。

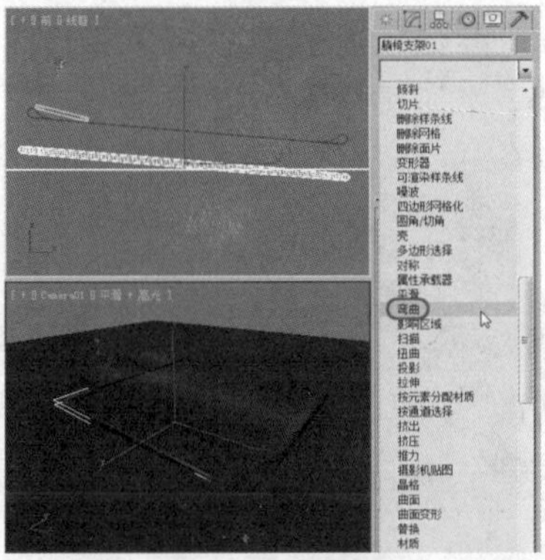

STEP 03 然后在“参数”卷展栏中将“弯曲”选项组中的“角度”设置为-55；选中“弯曲轴”选项组中的“X”单选按钮，如下图所示。

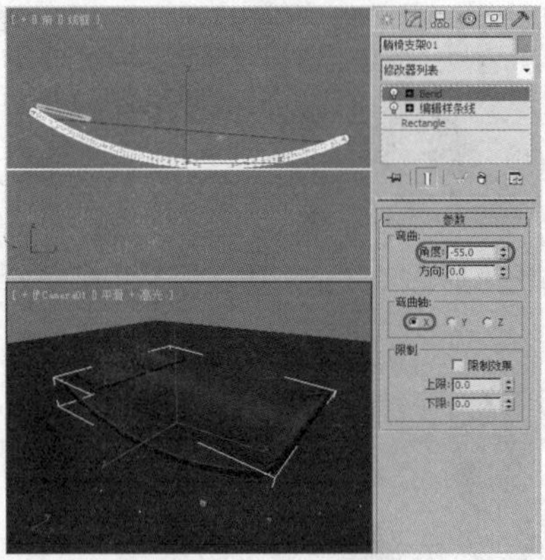

STEP 04 激活“摄影机”视图，按F9键进行渲染，效果如下图所示。

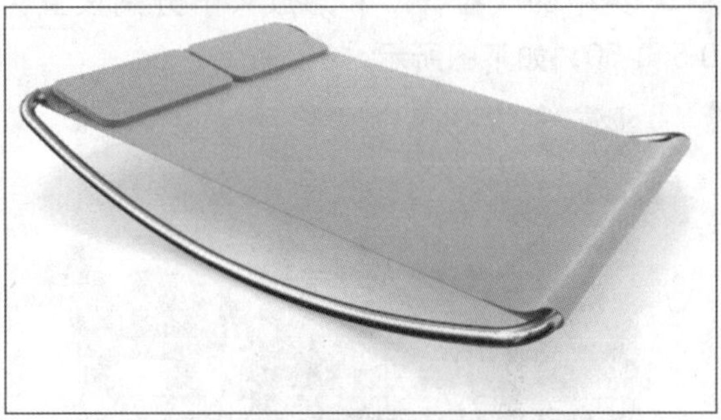

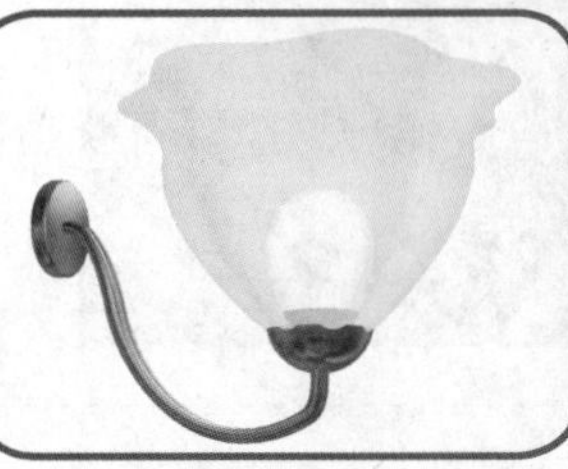

实战操作205 “拉伸”修改器

素材：Scene\Cha06\6-4.max　场景：Scene\Cha06\实战操作205.max

难度：★★★★★　视频：视频\ Cha06\实战操作205.avi

“拉伸”修改器是指在保持体积不变的前提下，沿指定的轴向拉伸或挤压物体的形态。下面介绍“拉伸”修改器的使用方法，具体操作步骤如下所述。

STEP 01 单击按钮，在弹出的下拉列表中执行“打开”命令，在打开的对话框中选择素材文件6-4.max，如右图所示。

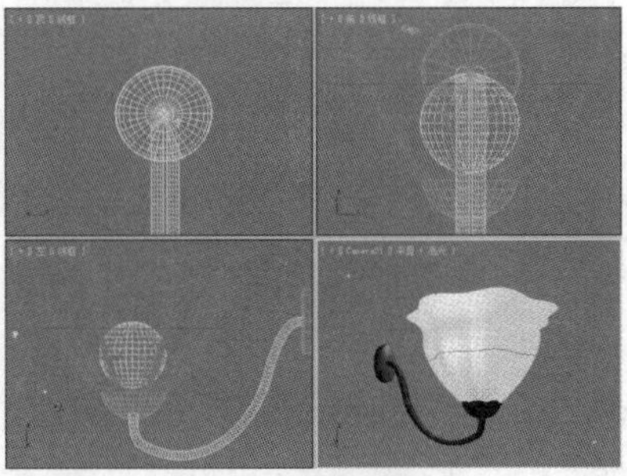

STEP 02 在视图中选择“灯泡”对象，然后切换到“修改”命令面板，在“修改器列表”中选择“拉伸”修改器，如下图所示。

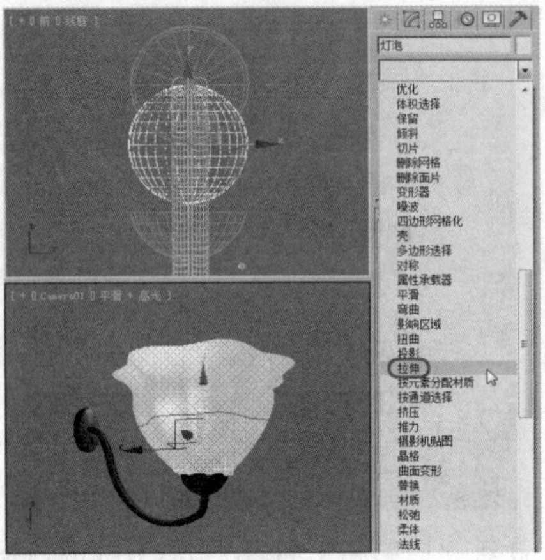

STEP 03 然后在“参数”卷展栏中将“拉伸”选项组中的“拉伸”和“放大”分别设置为0.5和-50，如下图所示。

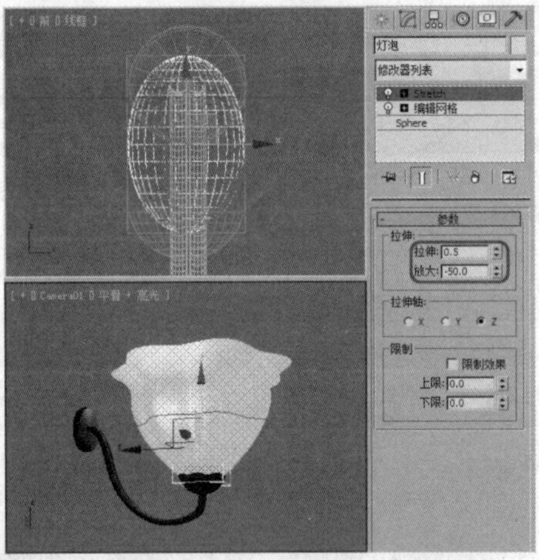

STEP 04 再在“修改器列表”中选择“锥化”修改器，如下图所示。

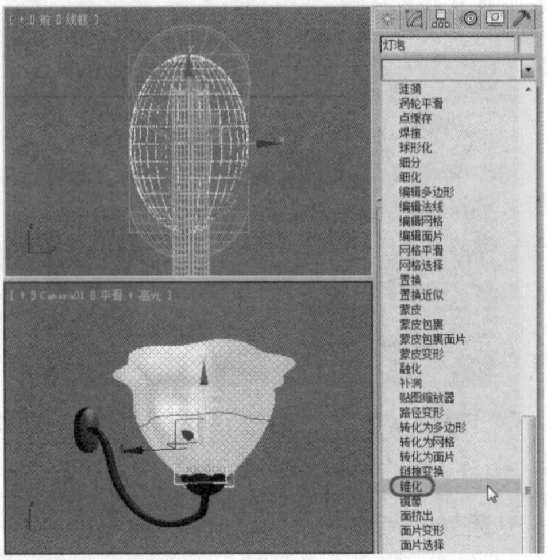

STEP 05 在“参数”卷展栏中将“数量”设置为0.5，如下图所示。

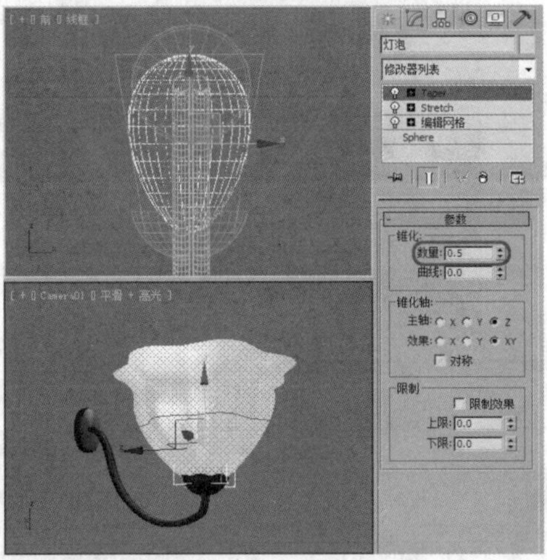

STEP 06 激活“摄影机”视图，按F9键进行渲染，效果如右图所示。

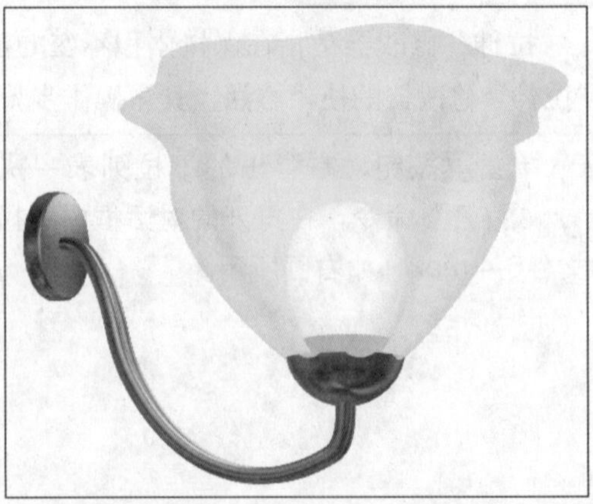

实战操作206 “挤压”修改器

素材：Scene\Cha06\6-5.max　　场景：Scene\Cha06\实战操作206.max

难度：★★★★★　　视频：视频\ Cha06\实战操作206.avi

“挤压”修改器可以将挤压效果应用到对象，在此效果中，与轴点最为接近的顶点会向内移动。下面介绍“挤压”修改器的使用方法，具体操作步骤如下所述。

STEP 01 单击按钮，在弹出的下拉列表中执行“打开”命令，在打开的对话框中选择素材文件6-5.max，如下图所示。

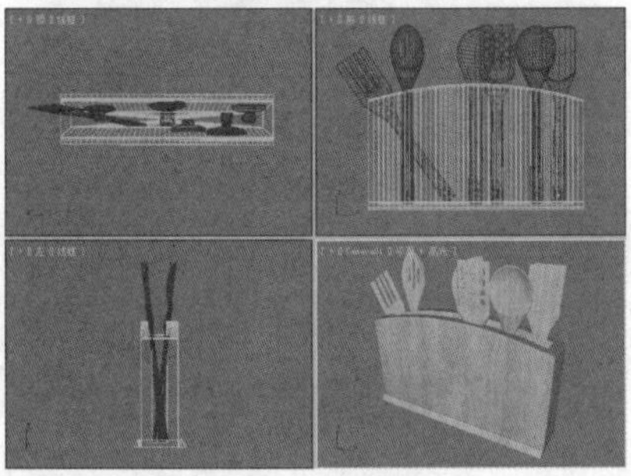

STEP 02 在视图中选择“Rectangle03”对象，然后切换到“修改”命令面板，在“修改器列表”中选择“挤压”修改器，如下图所示。

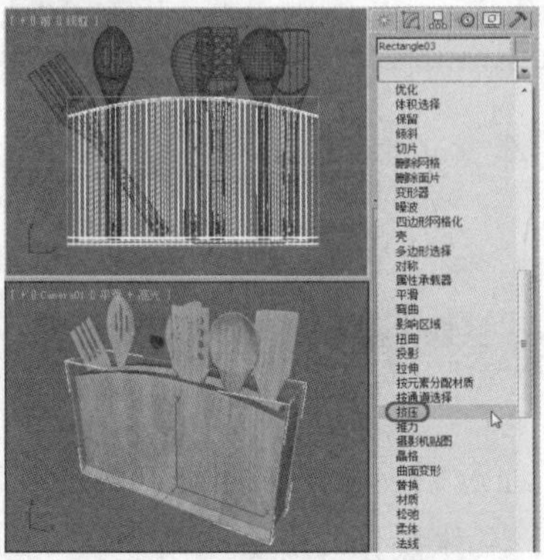

STEP 03 然后在“参数”卷展栏中将“轴向凸出”选项组中的“数量”设置为-0.2，如下图所示。

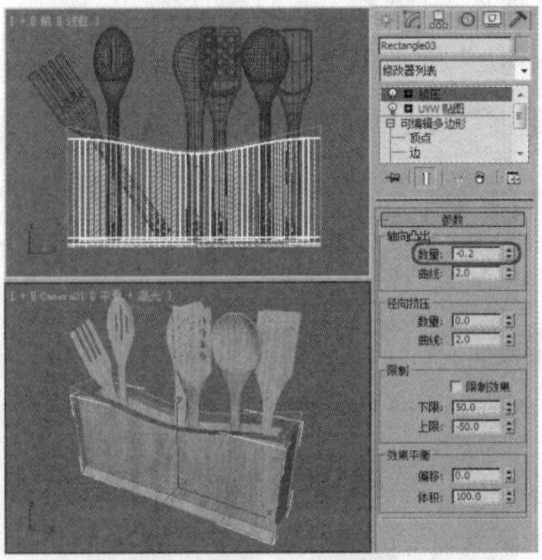

STEP 04 激活“摄影机”视图，按F9键进行渲染，效果如下图所示。

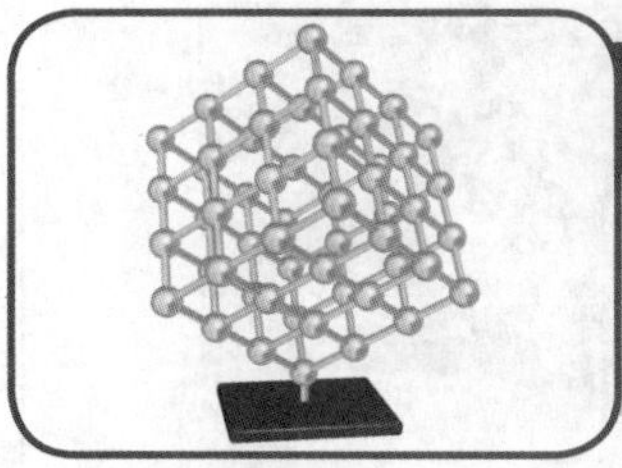

实战操作207 “晶格”修改器

素材：Scene\Cha06\6-6.max　　场景：Scene\Cha06\实战操作207.max

难度：★★★★★　　视频：视频\ Cha06\实战操作207.avi

“晶格”修改器是将图形的线段或边转化为圆柱形结构，并在顶点上产生可选的关节多面体。下面介绍“晶格”修改器的使用方法，具体操作步骤如下所述。

STEP 01 单击按钮，在弹出的下拉列表中执行“打开”命令，在打开的对话框中选择素材文件6-6.max，如下图所示。

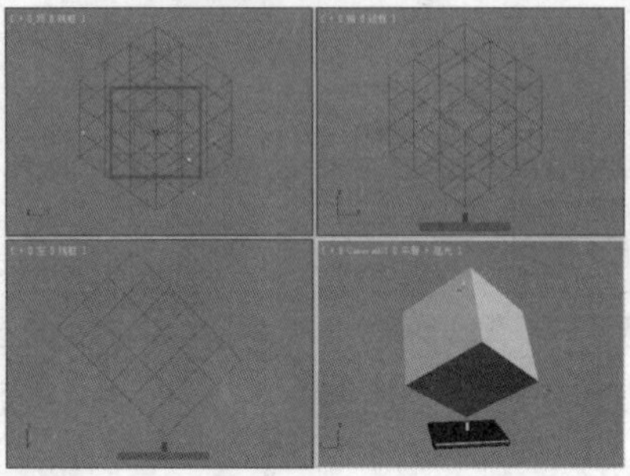

STEP 02 在视图中选择“Box001”对象，然后切换到“修改”命令面板，在“修改器列表”中选择“晶格”修改器，如下图所示。

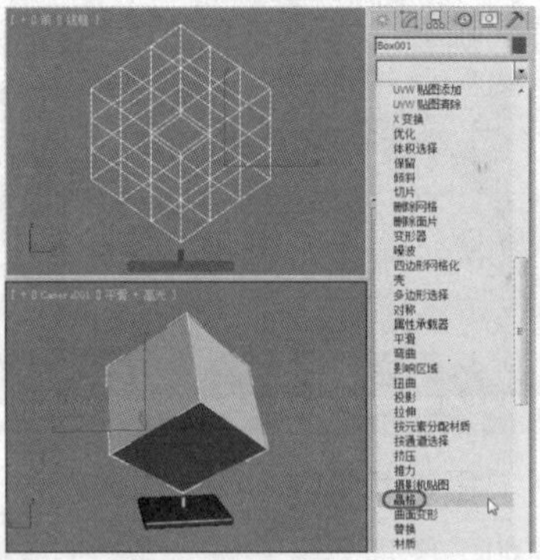

STEP 03 然后在“参数”卷展栏中将“支柱”选项组中的“半径”设置为4，“边数”设置为10；在“节点”选项组中选中“二十面体”单选按钮，并将“半径”设置为15，“分段”设置为4，然后选中“平滑”复选框，如下图所示。

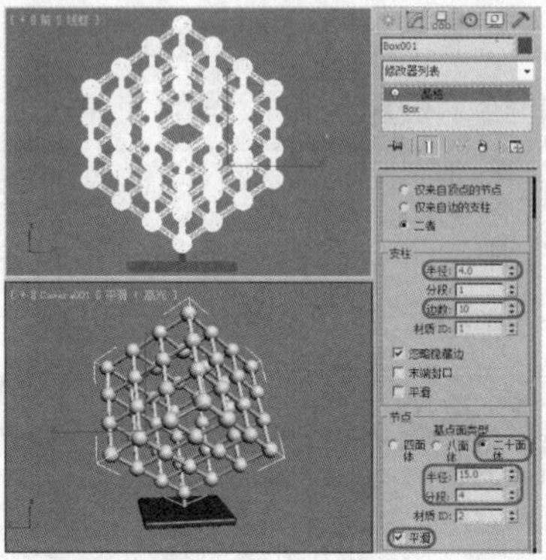

STEP 04 激活“摄影机”视图，按F9键进行渲染，效果如右图所示。

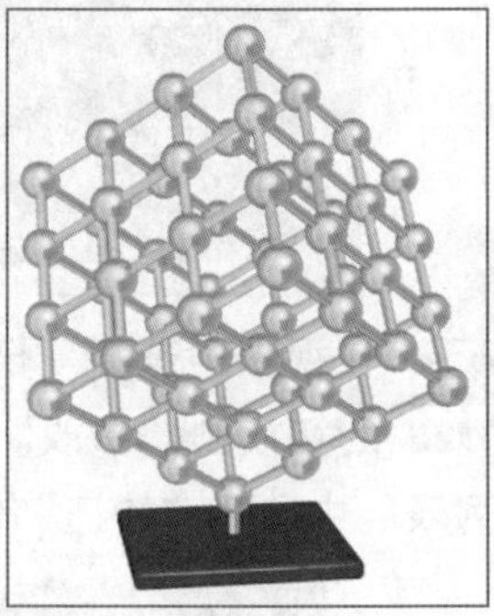

实战操作208 “FFD4×4×4”修改器

素材：Scene\Cha06\6-7.max　场景：Scene\Cha06\实战操作208.max

难度：★★★★★　视频：视频\ Cha06\实战操作208.avi

“FFD4×4×4”修改器是使用晶格框包围选中几何体。通过调整晶格的控制点，可以改变封闭几何体的形状。下面介绍“FFD4×4×4”修改器的使用方法，具体操作步骤如下所述。

STEP 01 单击按钮，在弹出的下拉列表中执行“打开”命令，在打开的对话框中选择素材文件6-7.max，如右图所示。

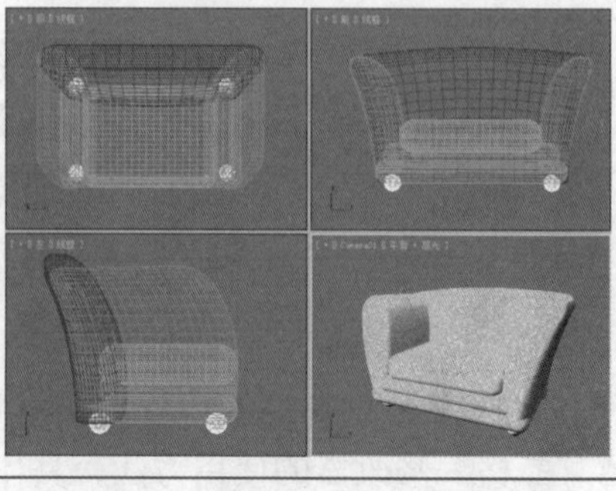

STEP 02 在视图中选择“坐垫03”对象，然后切换到“修改”命令面板，在“修改器列表”中选择“FFD4×4×4”修改器，如下图所示。

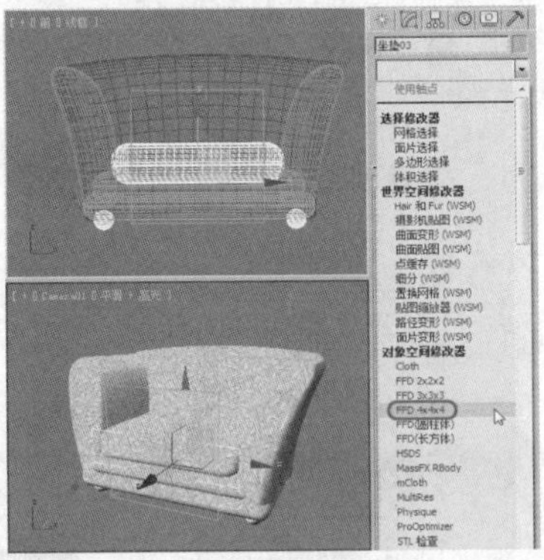

STEP 03 单击修改器前面的+图标，在展开的列表中选择“控制点”，即可将当前选择集定义为“控制点”，如下图所示。

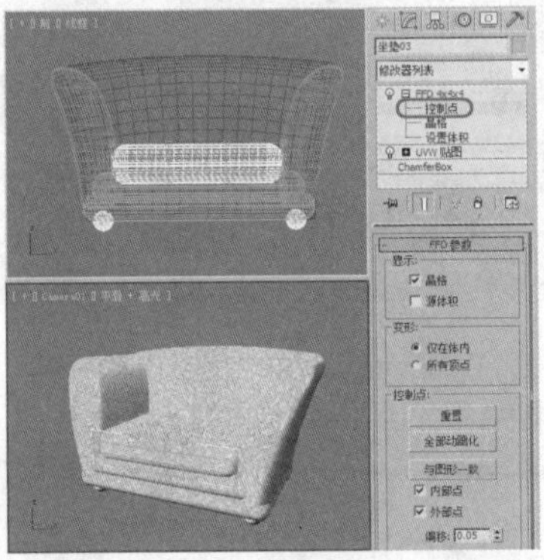

STEP 04 然后在“前”视图中对控制点的位置进行调整，如下图所示。

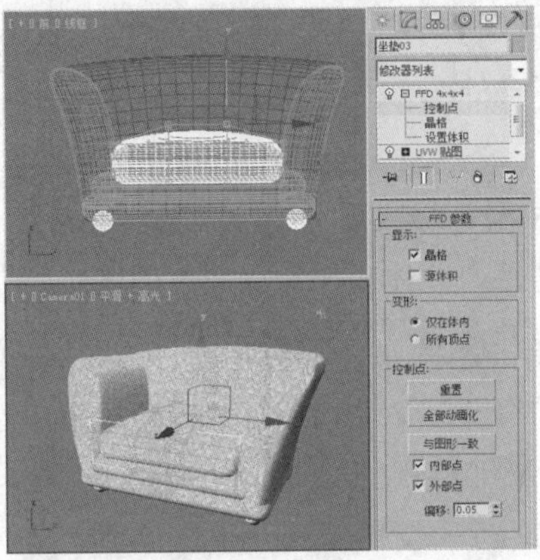

STEP 05 再在“左”视图中对控制点的位置进行调整，效果如下图所示。

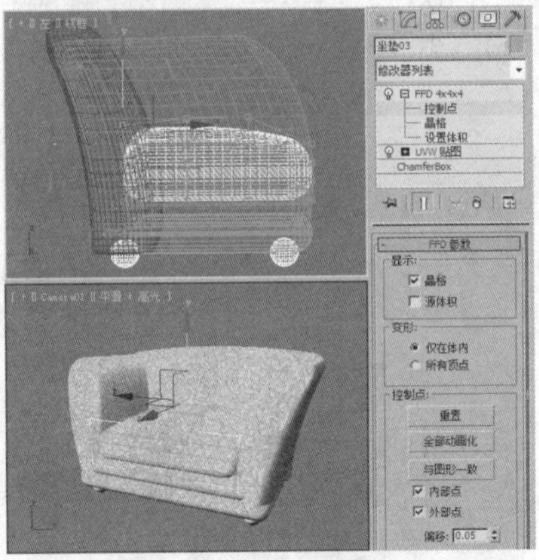

STEP 06 激活“摄影机”视图，按F9键进行渲染，效果如右图所示。

6.2 二维造型修改器

二维造型修改器主要包括“挤出”、“车削”和“倒角”等。本节将对二维造型修改器的使用方法进行详细介绍。

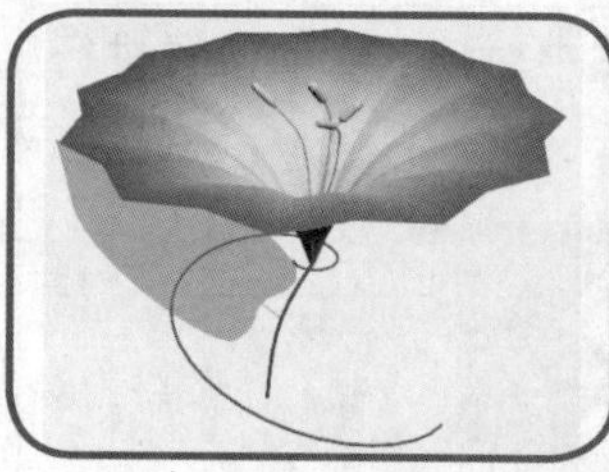

实战操作209 “挤出”修改器

素材：Scene\Cha06\6-8.max　　场景：Scene\Cha06\实战操作209.max

难度：★★★★★　　视频：视频\ Cha06\实战操作209.avi

“挤出”修改器是将二维的样条线图形增加厚度，挤出为三维实体。下面介绍“挤出”修改器的使用方法，具体操作步骤如下所述。

STEP 01 单击按钮，在弹出的下拉列表中执行“打开”命令，在打开的对话框中选择素材文件6-8.max，如下图所示。

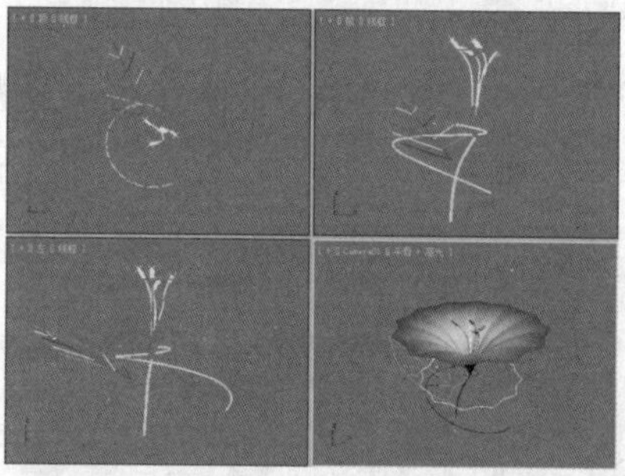

STEP 02 在视图中选择“叶子”对象，然后切换到“修改”命令面板，在“修改器列表”中选择“挤出”修改器，如下图所示。

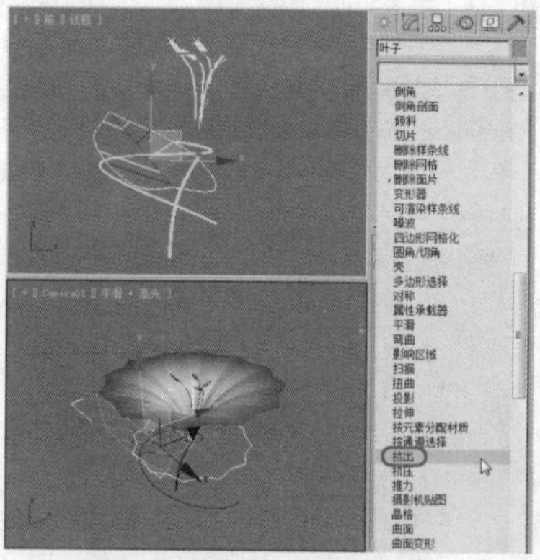

STEP 03 然后在“参数”卷展栏中将“数量”设置为0.1，如下图所示。

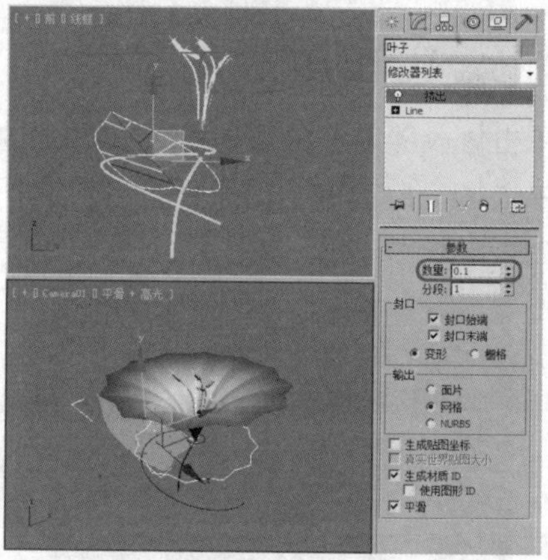

STEP 04 激活“摄影机”视图，按F9键进行渲染，效果如下图所示。

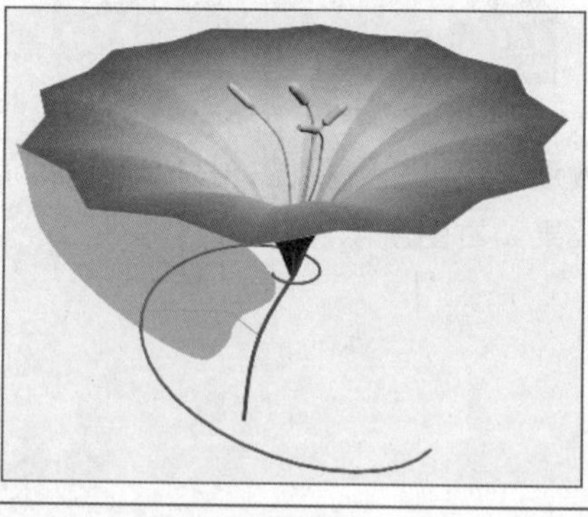

实战操作210 “车削”修改器

素材：Scene\Cha06\6-9.max　　场景：Scene\Cha06\实战操作210.max

难度：★★★★★　　视频：视频\ Cha06\实战操作210.avi

“车削”修改器通过绕轴旋转出一个图形或NURBS曲线来创建三维对象。下面介绍“车削”修改器的使用方法，具体操作步骤如下所述。

STEP 01 单击按钮，在弹出的下拉列表中执行“打开”命令，在打开的对话框中选择素材文件6-9.max，如下图所示。

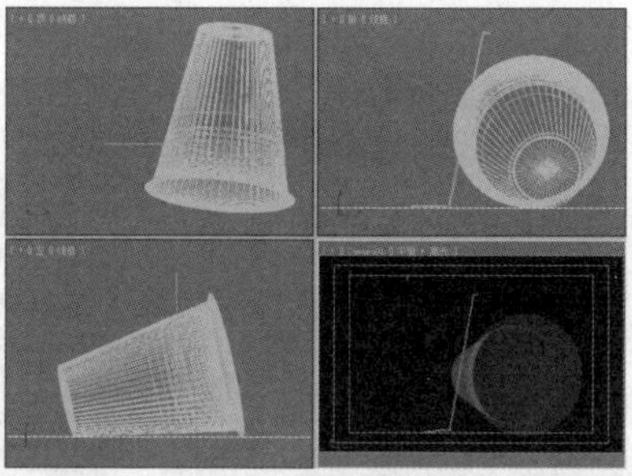

STEP 02 在视图中选择“一次性水杯01”对象，然后切换到“修改”命令面板，在“修改器列表”中选择“车削”修改器，如下图所示。

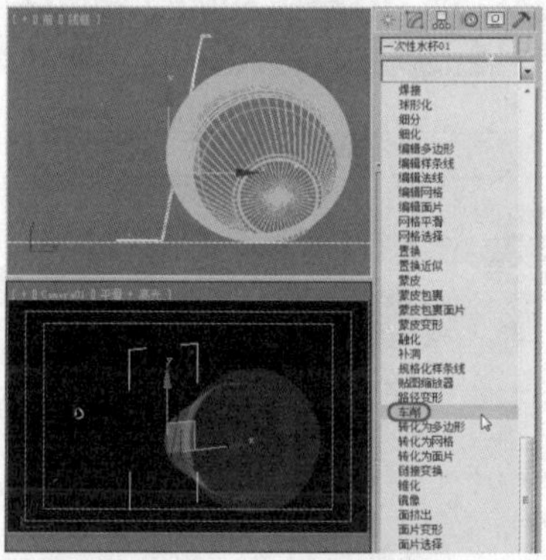

STEP 03 然后在“参数”卷展栏中选中“焊接内核”复选框，将“分段”设置为50，并在“对齐”选项组中单击“最小”按钮，如下图所示。

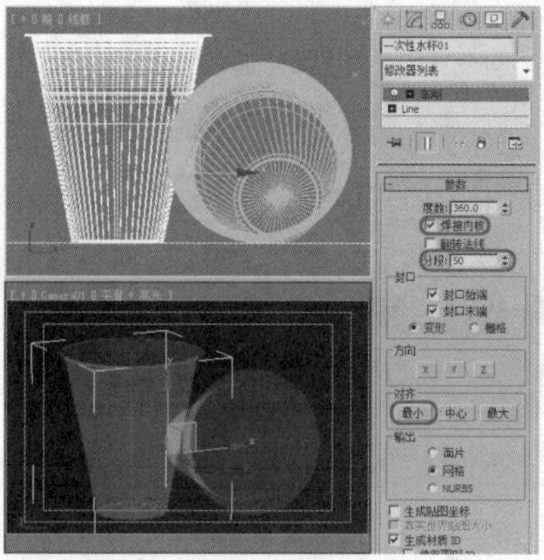

STEP 04 激活“摄影机”视图，按F9键进行渲染，效果如下图所示。

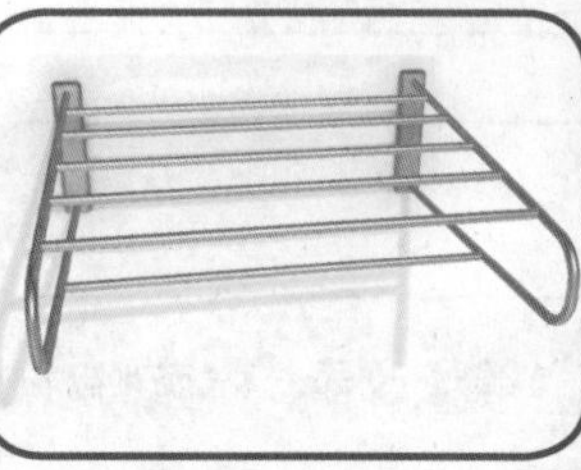

实战操作211 “倒角”修改器

素材：Scene\Cha06\6-10.max　场景：Scene\Cha06\实战操作211.max

难度：★★★★★　视频：视频\ Cha06\实战操作211.avi

“倒角”修改器是将图形挤出为 3D 对象并在边缘应用平或圆的倒角。下面介绍“倒角”修改器的使用方法，具体操作步骤如下所述。

STEP 01 单击按钮，在弹出的下拉列表中执行“打开”命令，在打开的对话框中选择素材文件6-10.max，如右图所示。

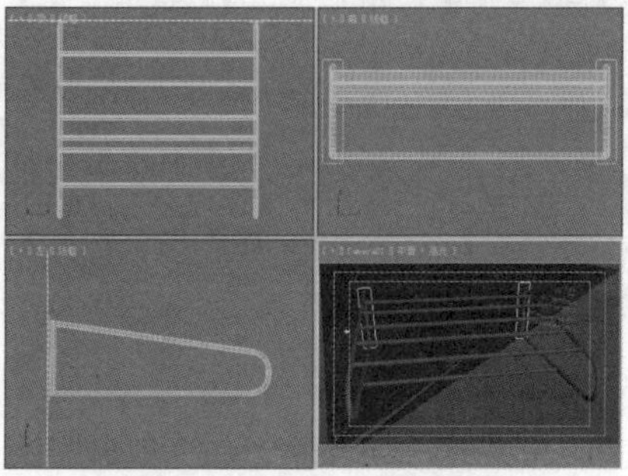

STEP 02 在视图中选择“固定板001”对象，然后切换到“修改”命令面板，在“修改器列表”中选择“倒角”修改器，如下图所示。

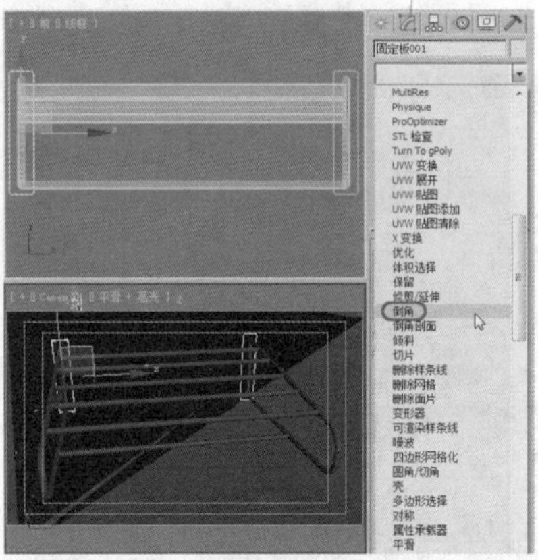

STEP 03 然后在“参数”卷展栏中选中“曲面”选项组中的“曲线侧面”单选按钮，设置“分段”为3；在“倒角值”卷展栏中设置“级别1”的“高度”为5，选中“级别2”复选框，设置“高度”为3，“轮廓”为-3，如下图所示。

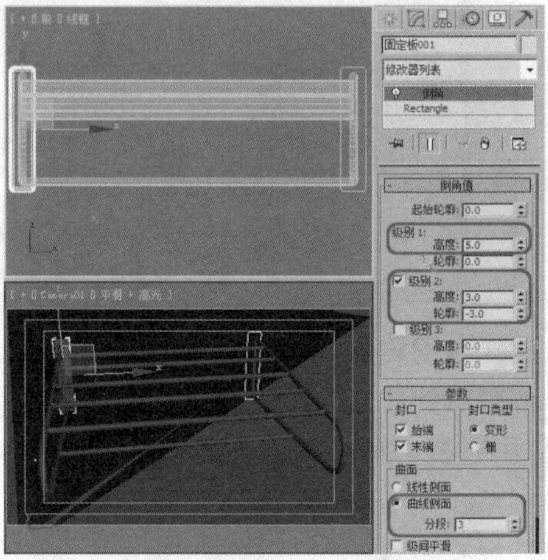

STEP 04 使用同样的方法为“固定板002”对象施加“倒角”修改器，然后激活“摄影机”视图，按F9键进行渲染，效果如右图所示。

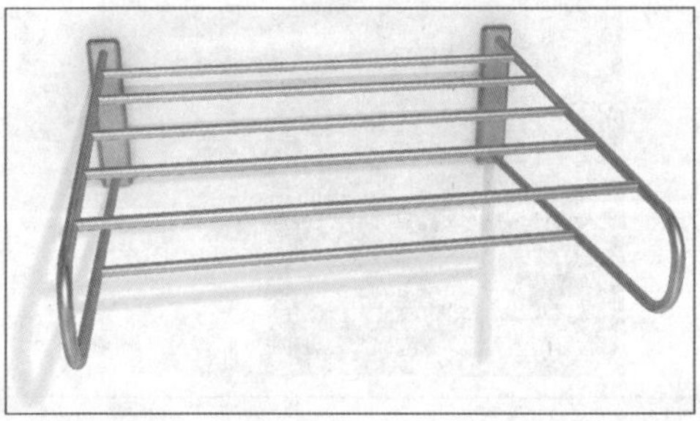

6.3 三维造型修改器

三维造型修改器主要包括“贴图缩放”、“路径变形”和“倒角剖面”等修改器。本节将对三维造型修改器的使用方法进行详细介绍。

实战操作212 “贴图缩放器”修改器

素材：Scene\Cha06\6-11.max　场景：Scene\Cha06\实战操作212.max

难度：★★★★★　视频：视频\ Cha06\实战操作212.avi

“贴图缩放器”修改器工作于对象空间，用来保持应用到对象上贴图的缩放大小。如果通过调整创建参数来更改对象大小，可以使用该修改器来保持贴图的尺寸大小而不必考虑几何体如何缩放。下面介绍“贴图缩放器”修改器的使用方法，具体操作步骤如下所述。

STEP 01 单击按钮，在弹出的下拉列表中执行“打开”命令，在打开的对话框中选择素材文件6-11.max，如下图所示。

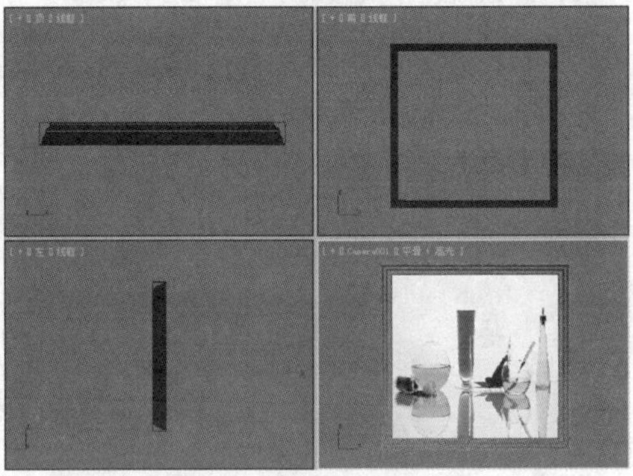

STEP 02 在视图中选择“画”对象，然后切换到“修改”命令面板，在“修改器列表”中选择“贴图缩放器”修改器，如下图所示。

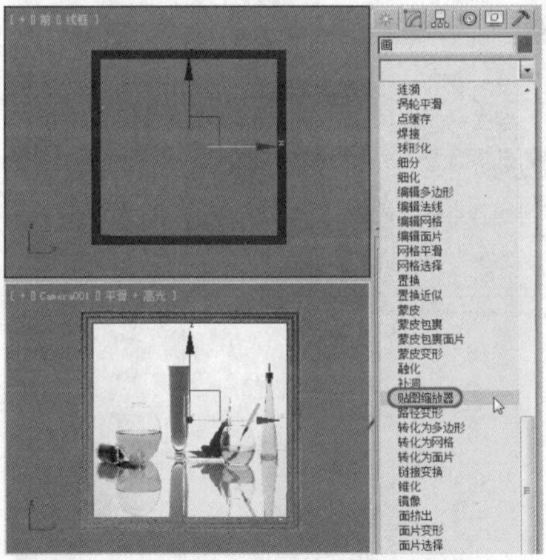

STEP 03 然后在“参数”卷展栏中将“比例”设置为950，“U向偏移”设置为-0.35，“V向偏移”设置为-0.23，如下图所示。

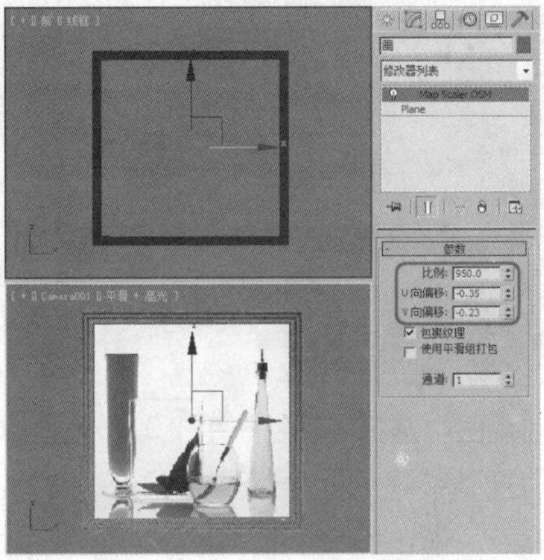

STEP 04 使用同样的方法为“固定板002”对象施加“倒角”修改器，然后激活“摄影机”视图，按F9键进行渲染，效果如下图所示。

实战操作213 “路径变形”修改器

素材：Scene\Cha06\6-12.max　　场景：Scene\Cha06\实战操作213.max

难度：★★★★★　　视频：视频\ Cha06\实战操作213.avi

“路径变形”修改器将样条线或 NURBS 曲线作为路径使用来变形对象。可以沿着该路径移动和拉伸对象，也可以关于该路径旋转和扭曲对象。下面介绍“路径变形”修改器的使用方法，具体操作步骤如下所述。

STEP 01 单击按钮，在弹出的下拉列表中执行“打开”命令，在打开的对话框中选择素材文件6-12.max，如下图所示。

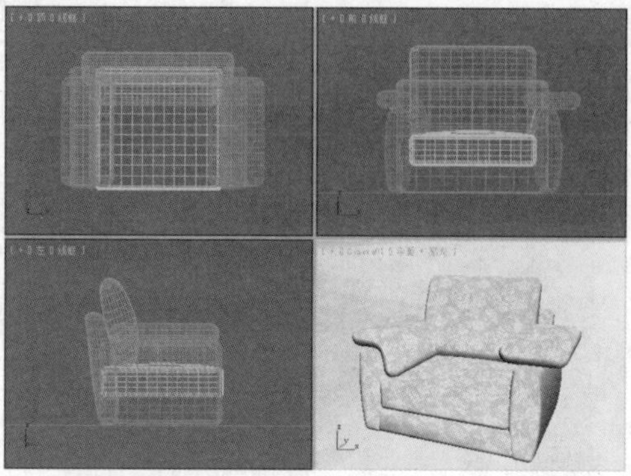

STEP 02 在视图中选择“沙发扶手上01”对象，然后切换到“修改”命令面板，在“修改器列表”中选择“路径变形”修改器，如下图所示。

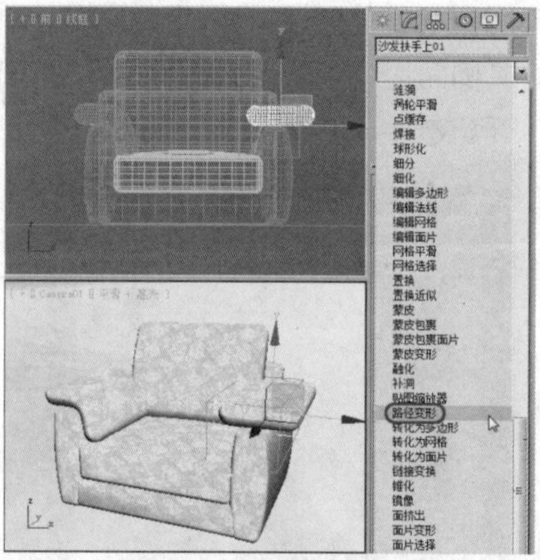

STEP 03 在“参数”卷展栏中单击“拾取路径”按钮，然后按H键，弹出“拾取对象”对话框，在该对话框中选择“Line01”对象，如下图所示。

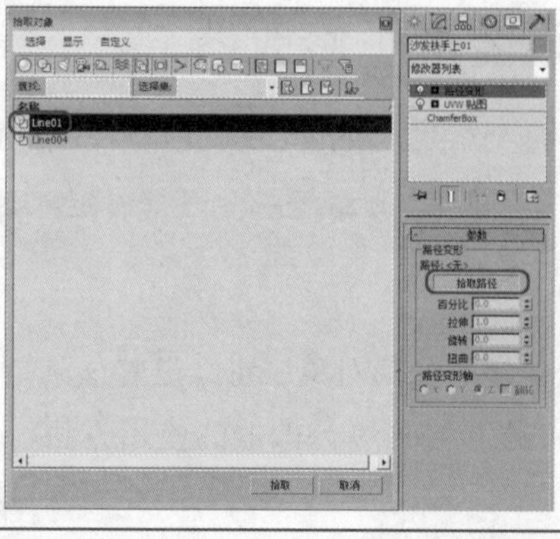

STEP 04 单击“拾取”按钮，然后在“参数”卷展栏中将“百分比”设置为30，并选中“路径变形轴”选项组的“X”单选按钮和“翻转”复选框，如下图所示。

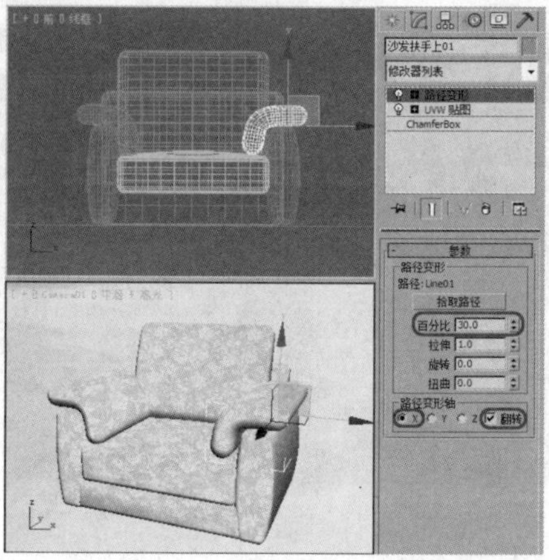

STEP 05 然后在“前”视图中调整变形后对象的位置，效果如下图所示。

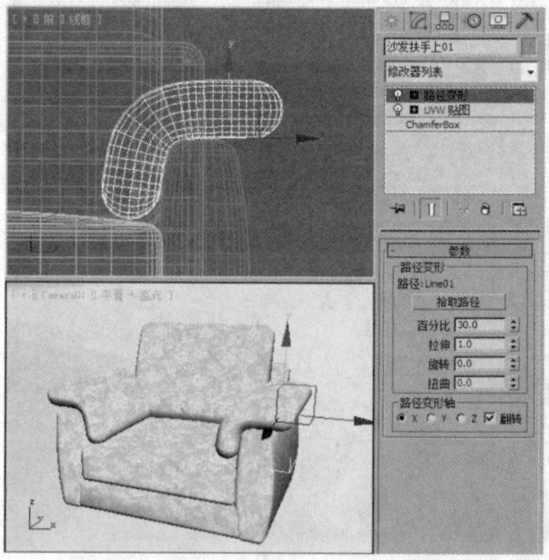

STEP 06 激活“摄影机”视图，按F9键进行渲染，效果如下图所示。

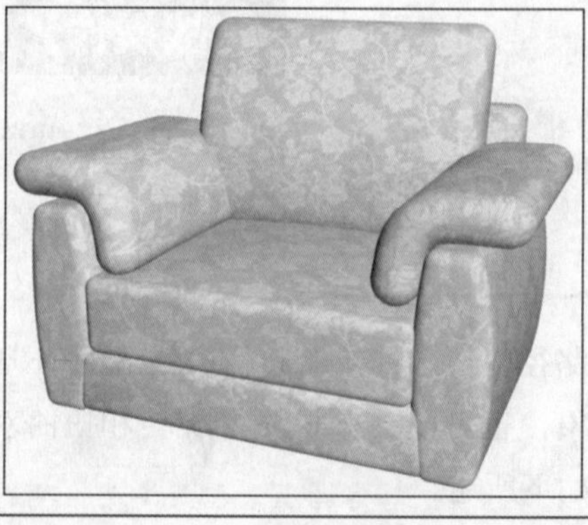

实战操作214 “倒角剖面”修改器

素材：Scene\Cha06\6-13.max　场景：Scene\Cha06\实战操作214.max

难度：★★★★★　视频：视频\ Cha06\实战操作214.avi

“倒角剖面”修改器使用另一个图形路径作为“倒角截剖面”来挤出一个图形。它是“倒角”修改器的一种变量。下面介绍“倒角剖面”修改器的使用方法，具体操作步骤如下所述。

STEP 01 单击按钮，在弹出的下拉列表中执行“打开”命令，在打开的对话框中选择素材文件6-13.max，如下图所示。

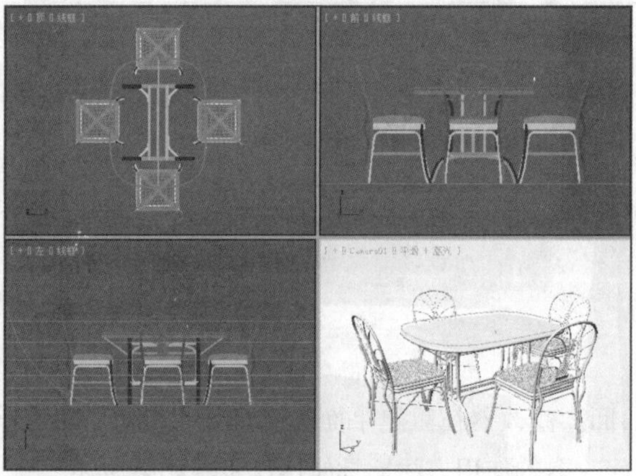

STEP 02 在视图中选择“桌面”对象，然后切换到“修改”命令面板，在“修改器列表”中选择“倒角剖面”修改器，如下图所示。

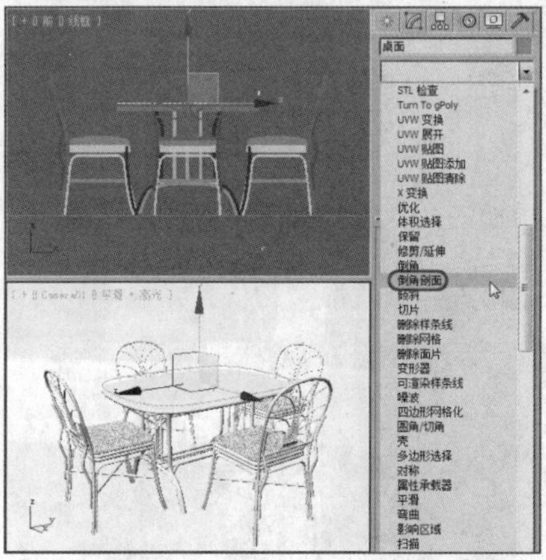

STEP 03 在“参数”卷展栏中单击“拾取剖面”按钮，然后在“前”视图中单击拾取“Line01”对象，效果如下图所示。

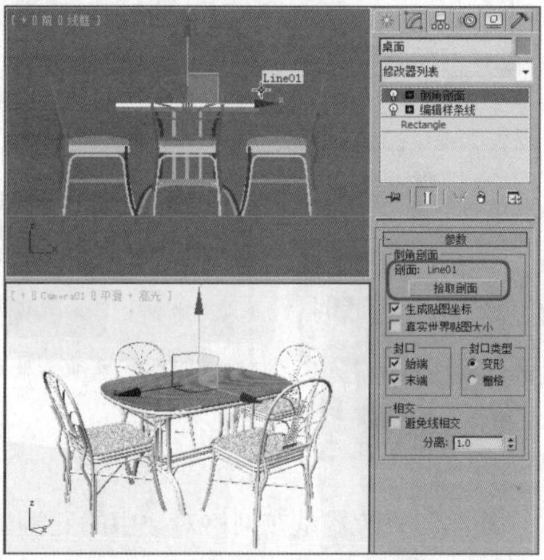

STEP 04 然后在“修改器列表”中选择“UVW贴图”修改器，如下图所示。

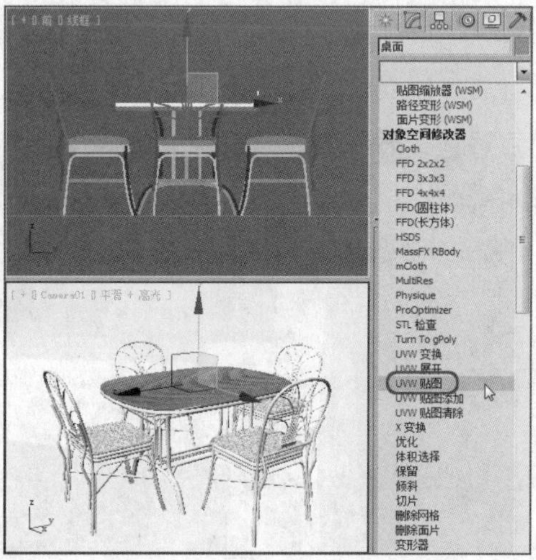

STEP 05 在“参数”卷展栏中选中“贴图”选项组中的“长方体”单选按钮，并将“长度”

设置为20，“高度”设置为19.4，如下图所示。

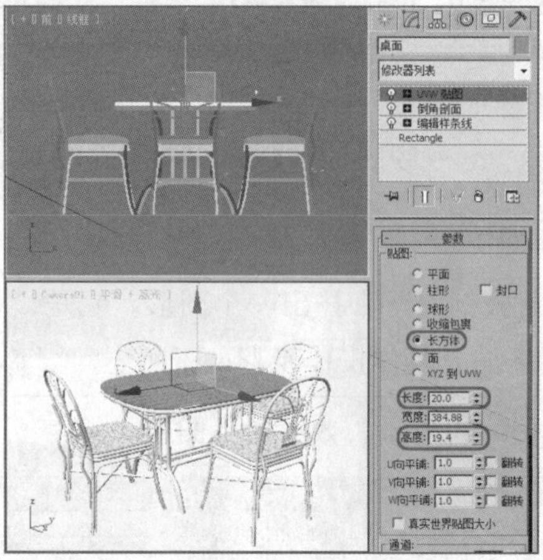

STEP 06 激活“摄影机”视图，按F9键进行渲染，效果如下图所示。

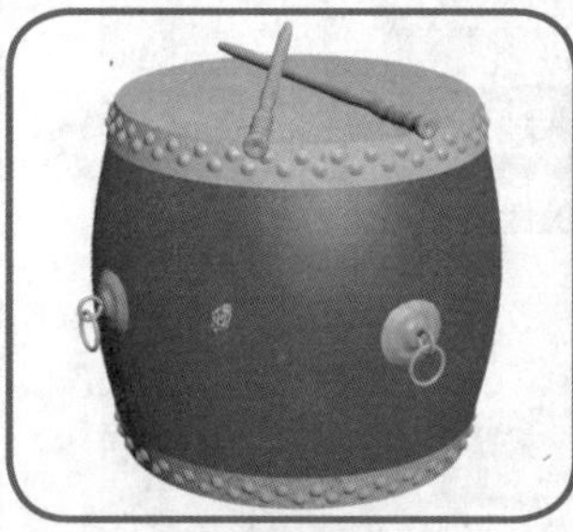

实战操作215 “补洞”修改器

素材：Scene\Cha06\6-14.max　场景：Scene\Cha06\实战操作215.max

难度：★★★★★　视频：视频\ Cha06\实战操作215.avi

“补洞”修改器是在网格对象中的孔洞里构建曲面。修改器在重建平面孔洞时效果最好，而在非平面孔洞上也会产生合理的效果。下面介绍“补洞”修改器的使用方法，具体操作步骤如下所述。

STEP 01 单击按钮，在弹出的下拉列表中执行“打开”命令，在打开的对话框中选择素材文件6-14.max，如下图所示。

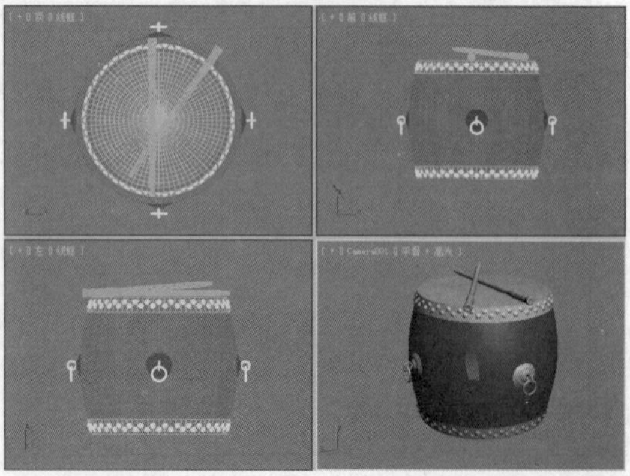

STEP 02 在视图中选择“圆桶”对象，然后切换到“修改”命令面板，在“修改器列表”中选择“补洞”修改器，如下图所示。

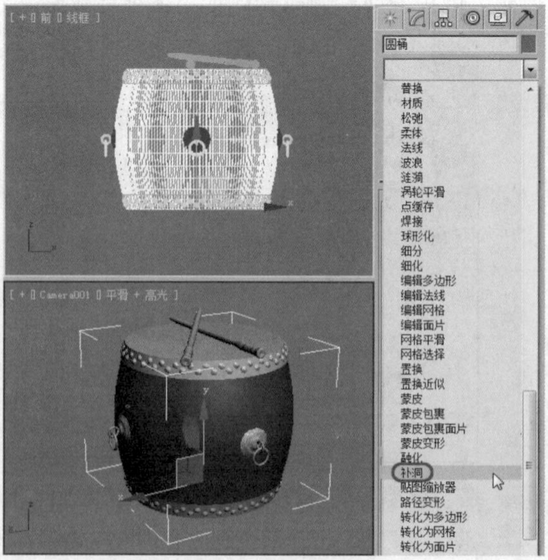

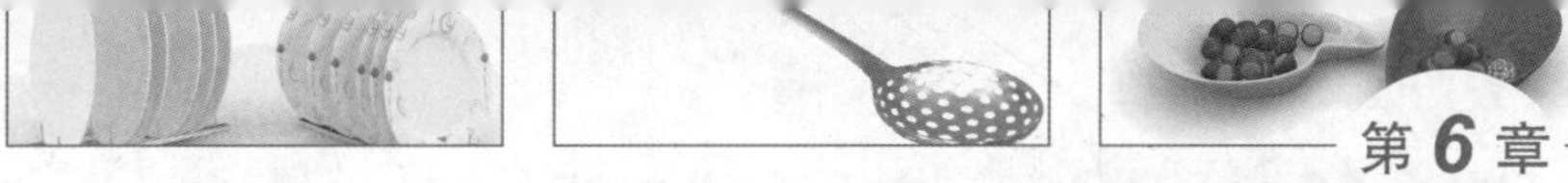

STEP 03 然后在“参数”卷展栏中选中“与旧面保持平滑”复选框，如下图所示。

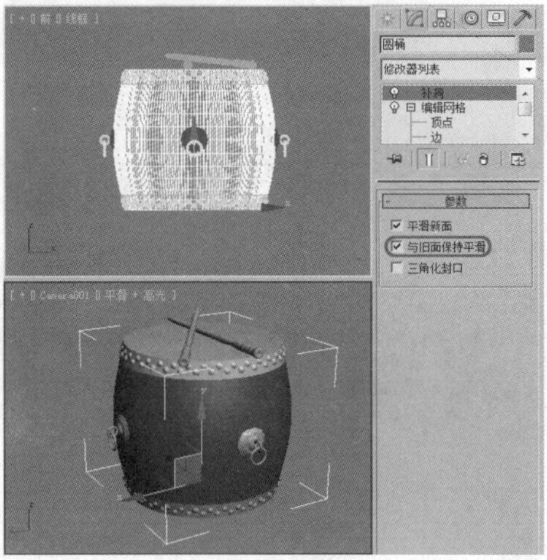

STEP 04 激活“摄影机”视图，按F9键进行渲染，效果如下图所示。

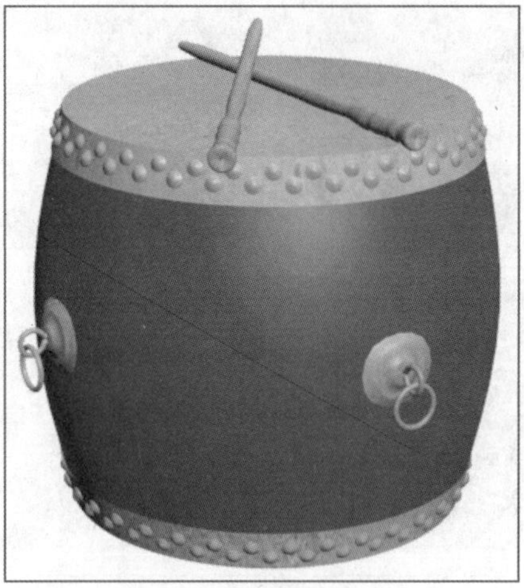

实战操作216 “删除网格”修改器

素材：Scene\Cha06\6-15.max　场景：Scene\Cha06\实战操作216.max

难度：★★★★★　视频：视频\ Cha06\实战操作216.avi

使用“删除网格”修改器可以删除在子对象层级指定的子物体，也可以删除整个对象。下面介绍“删除网格”修改器的使用方法，具体操作步骤如下所述。

STEP 01 单击按钮，在弹出的下拉列表中执行“打开”命令，在打开的对话框中选择素材文件6-15.max，如下图所示。

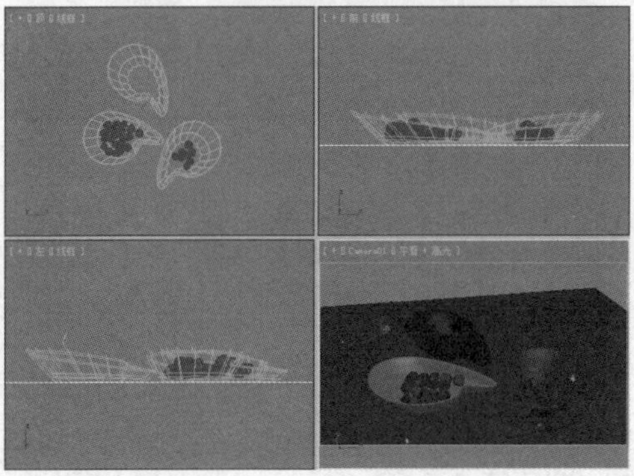

STEP 02 在视图中选择“Cylinder03”对象，然后切换到“修改”命令面板，在“修改器列表”中选择“删除网格”修改器，如下图所示。

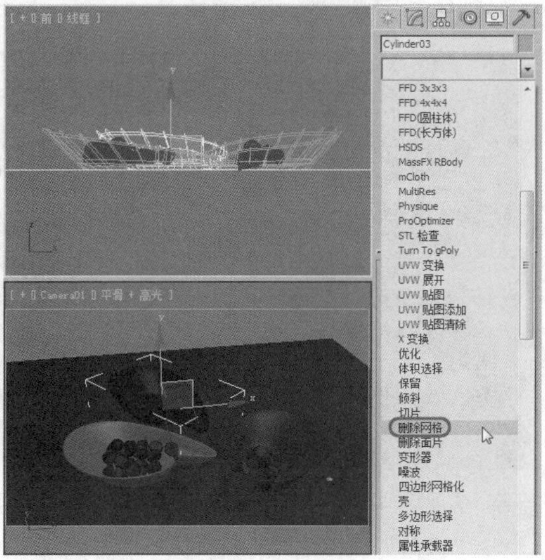

STEP 03 即可将选择的对象删除，效果如下图所示。

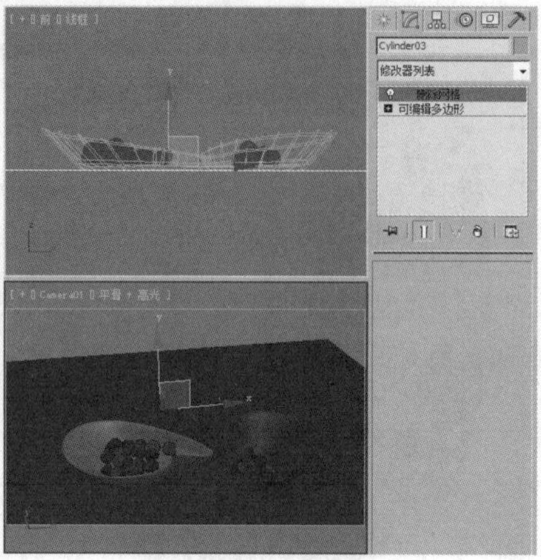

STEP 04 激活“摄影机”视图，按F9键进行渲染，效果如下图所示。

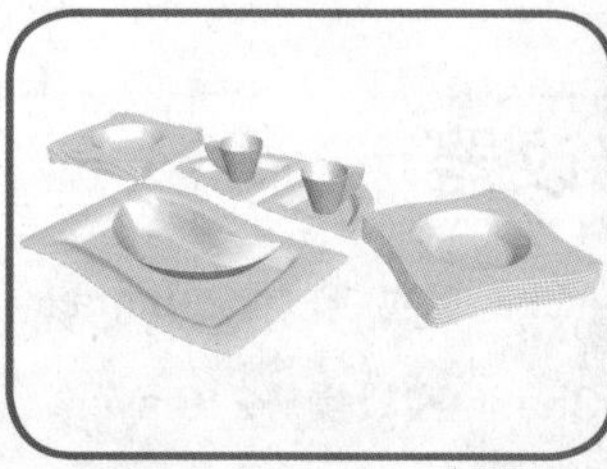

实战操作217 “替换”修改器

素材：Scene\Cha06\6-16.max　场景：Scene\Cha06\实战操作217.max

难度：★★★★★　视频：视频\ Cha06\实战操作217.avi

“替换”修改器可以在视口中或渲染时快速地用其他对象来替换一个或多个对象。下面介绍“替换”修改器的使用方法，具体操作步骤如下所述。

STEP 01 单击按钮，在弹出的下拉列表中执行“打开”命令，在打开的对话框中选择素材文件6-16.max，如下图所示。

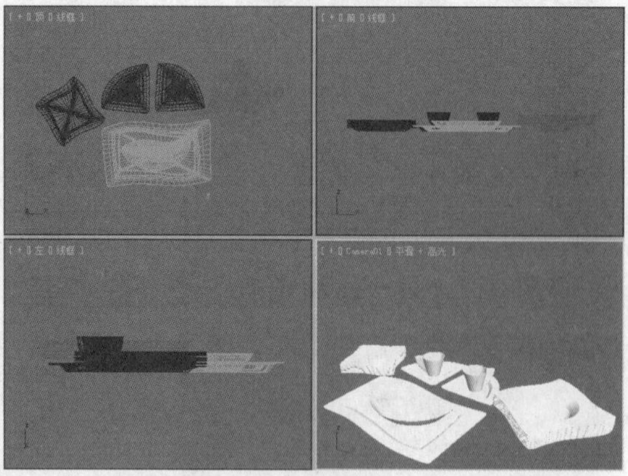

STEP 02 在视图中选择“平盘”对象，然后切换到“修改”命令面板，在“修改器列表”中选择“替换”修改器，如下图所示。

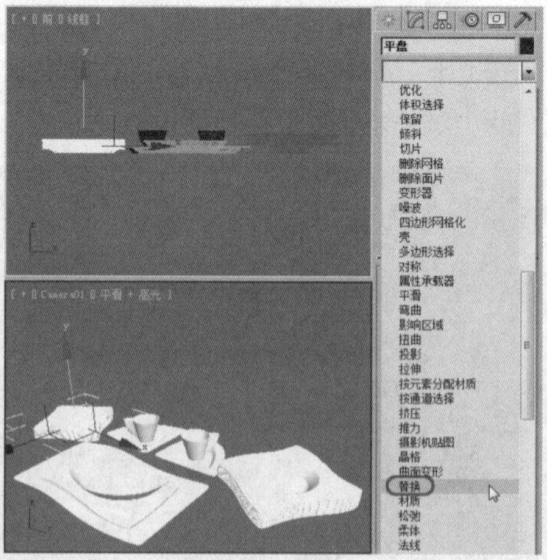

STEP 03 然后在“参数”卷展栏中单击“拾取场景对象”按钮右侧的按钮，弹出“选择替换对象”对话框，在该对话框中选择“餐盘

001”对象，如下图所示。

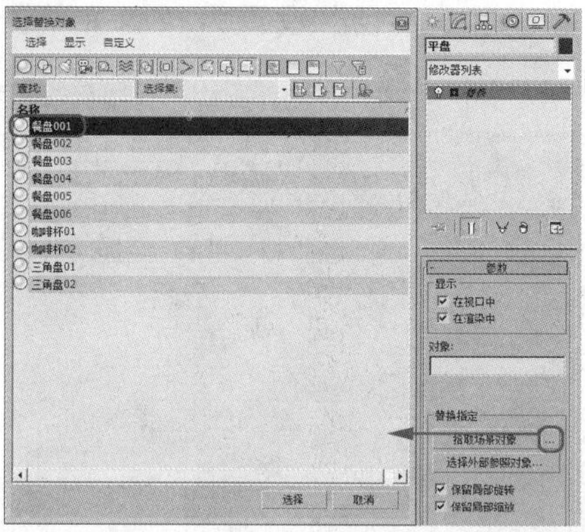

STEP 04 单击“选择”按钮，弹出“替换问题”对话框，在该对话框中单击“是”按钮，如右图所示。

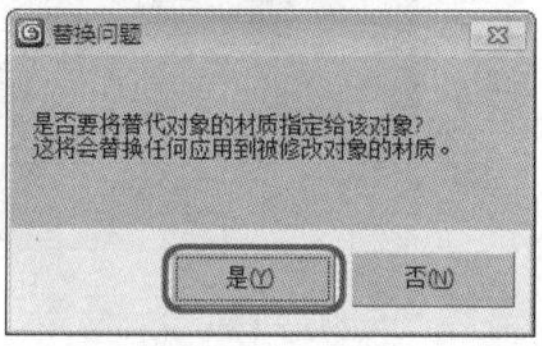

STEP 05 即可将选择的对象替换，此时会在“参数”卷展栏的“对象”文本框中显示出替换为对象的名称，效果如下图所示。

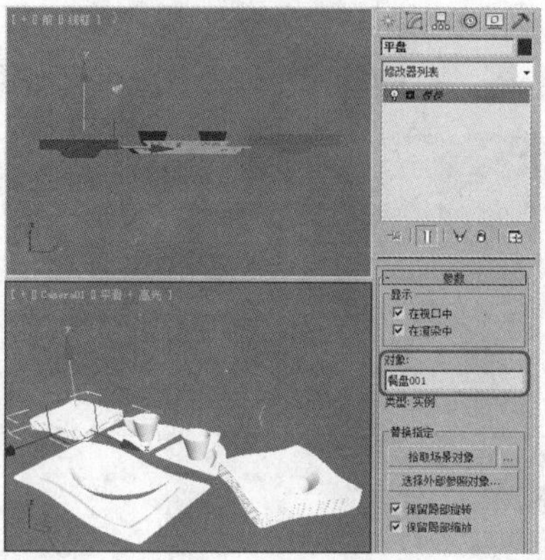

STEP 06 激活“摄影机”视图，按F9键进行渲染，效果如下图所示。

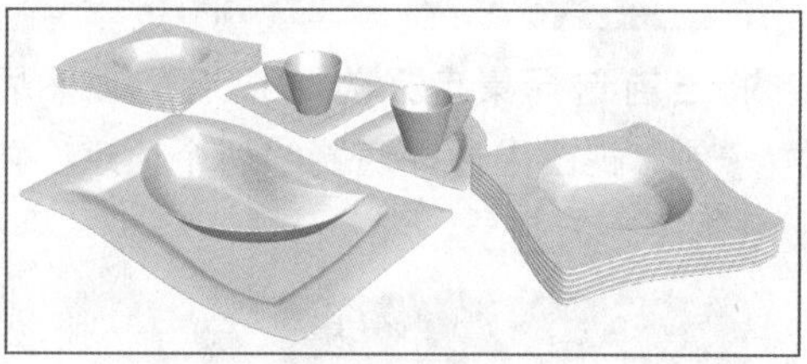

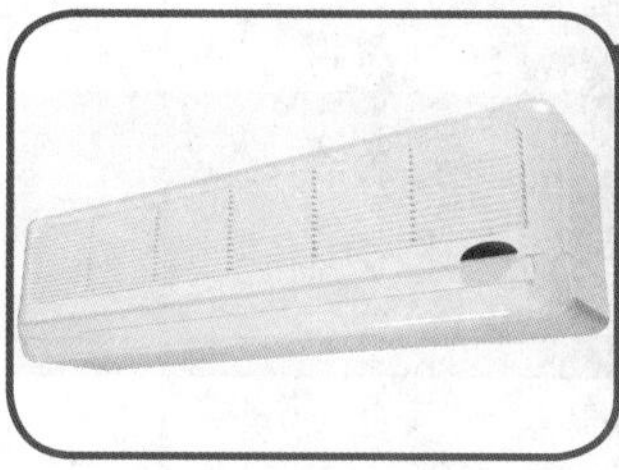

实战操作218 “圆角/切角”修改器

素材：Scene\Cha06\6-17.max　场景：Scene\Cha06\实战操作218.max

难度：★★★★★　视频：视频\ Cha06\实战操作218.avi

使用“圆角/切角”修改器可以将图形对象中线段之间的夹角变为圆角或切角。圆角在线段相交处时，将添加一个新控制顶点。切一个倒角，将添加另外一个顶点和线段。值得注意的是，该修改器只工作于图形子对象层级中的样条线上，它在两个或多个独立图形对象之间不工作。下面介绍“圆角/切角”修改器的使用方法，具体操作步骤如下所述。

STEP 01 单击按钮，在弹出的下拉列表中执行“打开”命令，在打开的对话框中选择素材文件6-17.max，如右图所示。

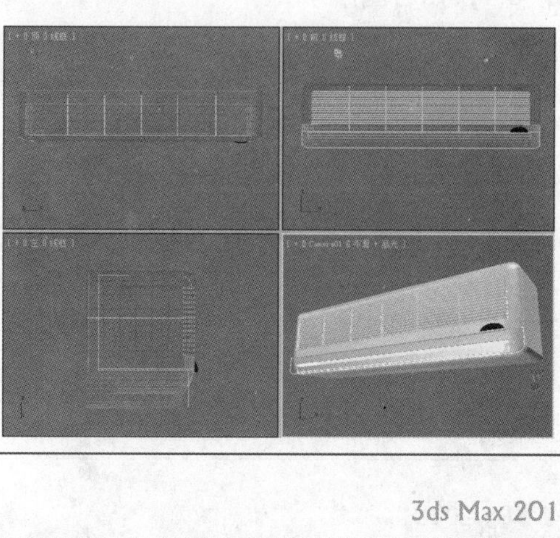

STEP 02 在视图中选择“出风口扇叶02”对象，然后切换到“修改”命令面板，在“修改器列表”中选择“圆角/切角”修改器，如下图所示。

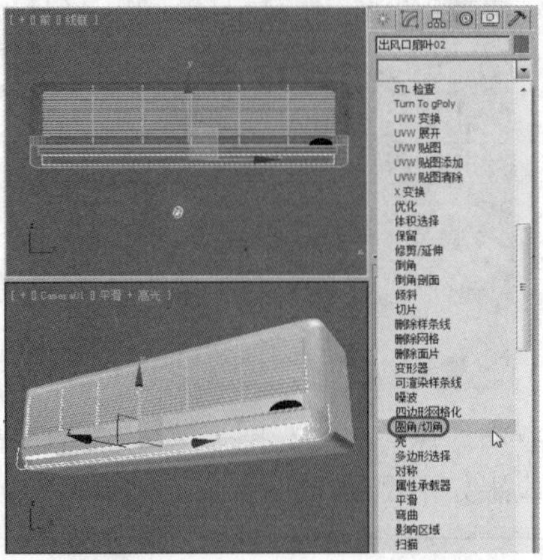

STEP 03 将当前选择集定义为“顶点”，然后在“前”视图中选择底端的两个顶点，如下图所示。

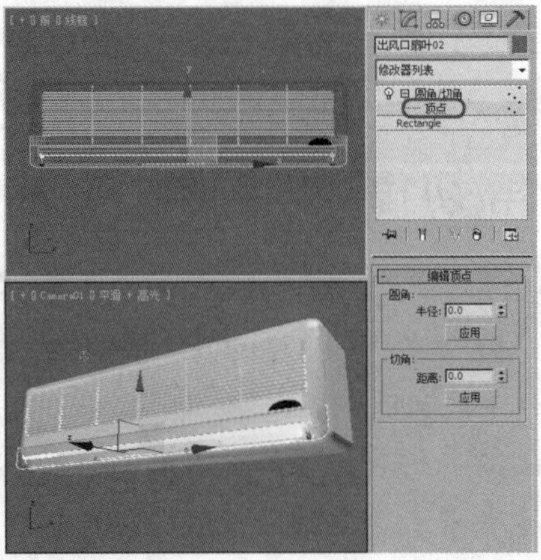

STEP 04 在“编辑顶点”卷展栏中将“圆角”选项组中的“半径”设置为10，并单击“应用”按钮，如下图所示。

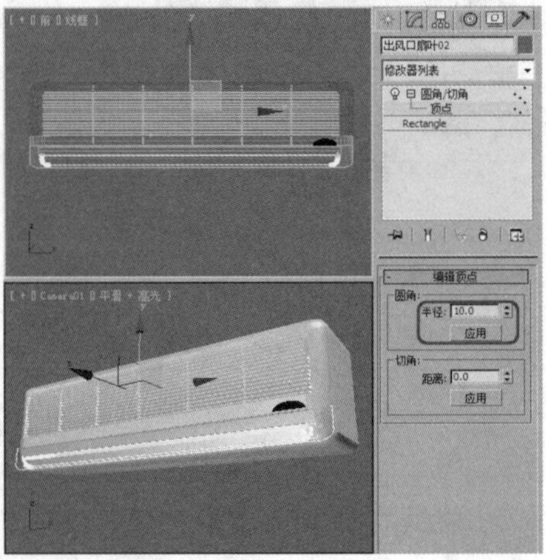

STEP 05 关闭当前选择集，然后在“修改器列表”中选择“挤出”修改器，如下图所示。

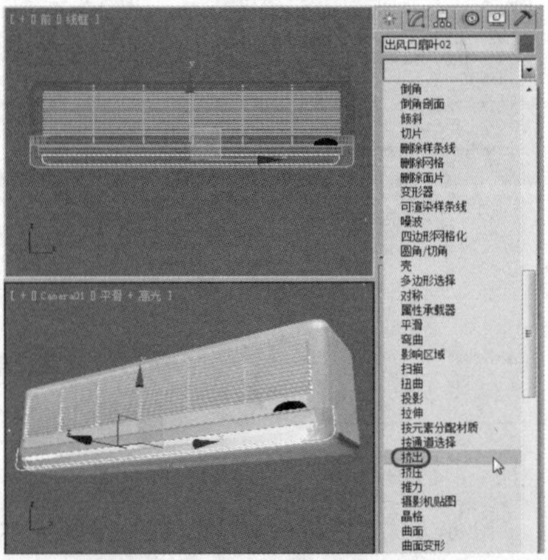

STEP 06 在“参数”卷展栏中将“数量”设置为0.4，如右图所示。

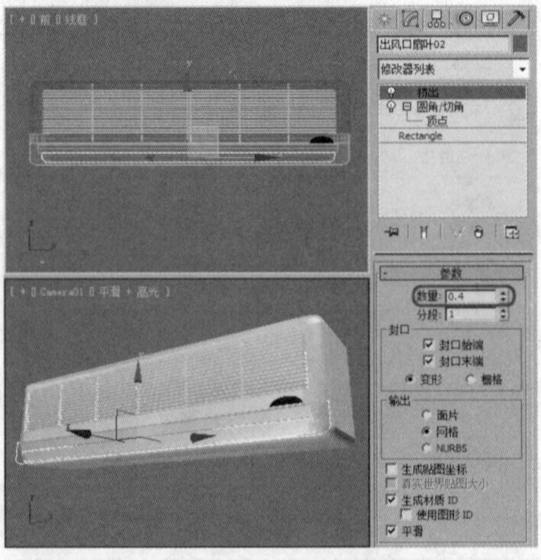

实战操作219 “融化”修改器

素材：Scene\Cha06\6-18.max　场景：Scene\Cha06\实战操作219.max

难度：★★★★★　视频：视频\ Cha06\实战操作219.avi

使用“融化”修改器可以将实际融化效果应用到所有类型的对象上，其中也包括可编辑面片和NURBS对象。下面介绍“融化”修改器的使用方法，具体操作步骤如下所述。

STEP 01 单击按钮，在弹出的下拉列表中执行“打开”命令，在打开的对话框中选择素材文件6-18.max，如下图所示。

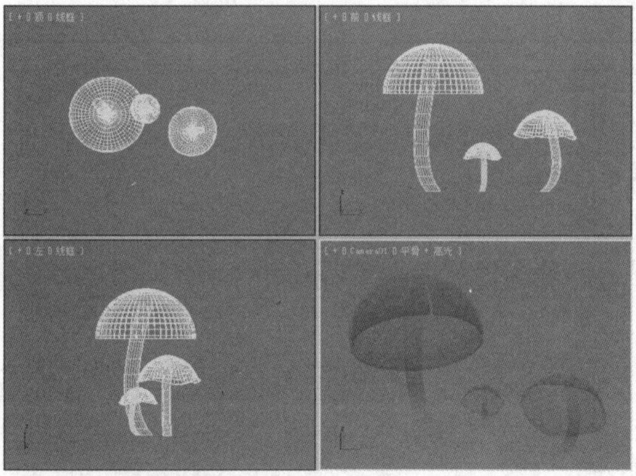

STEP 02 在视图中选择“蘑菇”对象，然后切换到“修改”命令面板，在“修改器列表”中选择“融化”修改器，如下图所示。

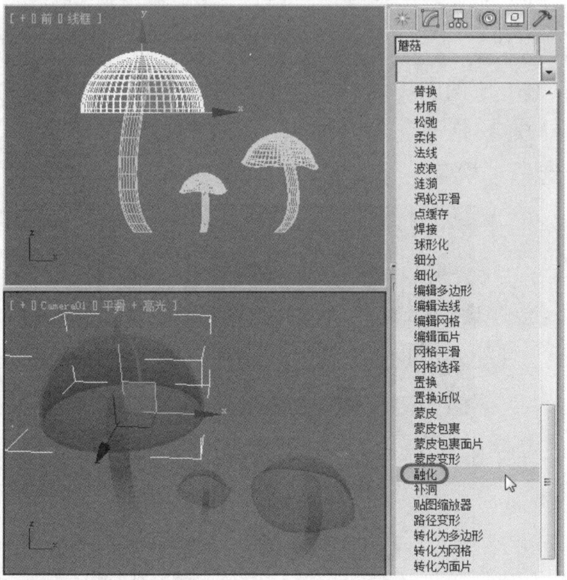

STEP 03 在“参数”卷展栏中将“数量”设置为28，如下图所示。

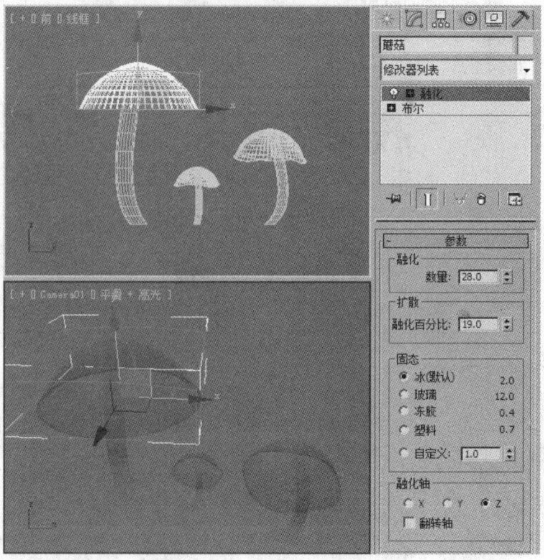

STEP 04 再在“修改器列表”中选择“FFD 4×4×4”修改器，如下图所示。

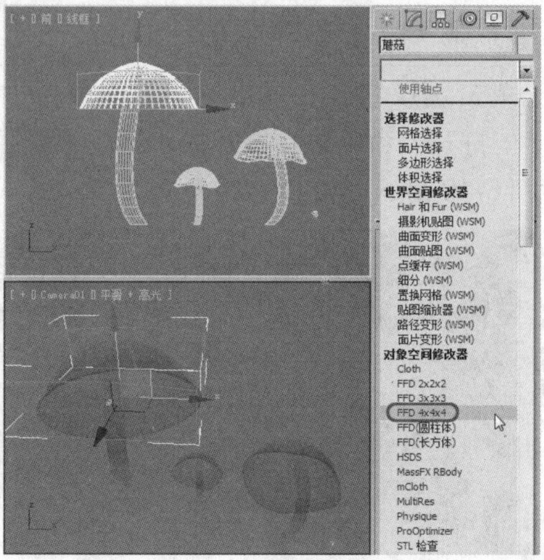

STEP 05 将当前选择集定义为“控制点”，然后在视图中调整控制点的位置，效果如下图所

示，调整完成后，关闭当前选择集。

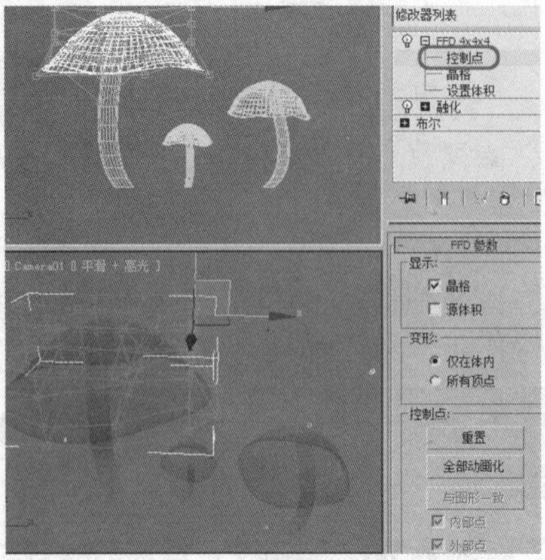

STEP 06 激活“摄影机”视图，按F9键进行渲染，效果如下图所示。

6.4 特殊效果修改器

特殊效果修改器主要包括“网格平滑”、“材质”和“切片”等修改器。本节将对特殊效果修改器的使用方法进行详细介绍。

实战操作220 “松弛”修改器

素材：Scene\Cha06\6-19.max　场景：Scene\Cha06\实战操作220.max

难度：★★★★★　视频：视频\ Cha06\实战操作220.avi

“松弛”修改器通过向内收紧表面的顶点或向外松弛表面的顶点来改变物体表面的张力。下面介绍“松弛”修改器的使用方法，具体操作步骤如下所述。

STEP 01 单击按钮，在弹出的下拉列表中执行“打开”命令，在打开的对话框中选择素材文件6-19.max，如下图所示。

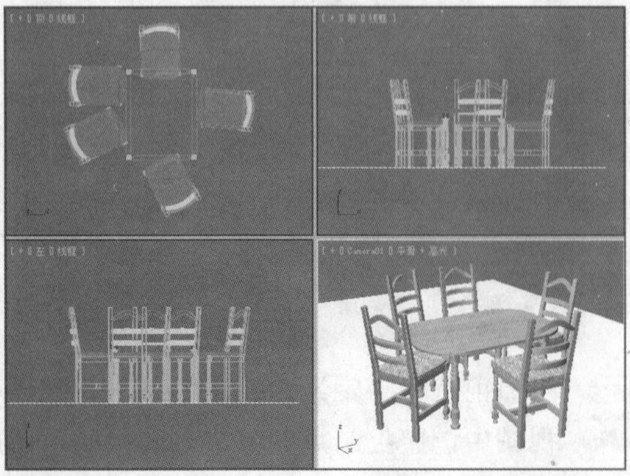

STEP 02 在视图中选择“坐垫”对象，然后切换到“修改”命令面板，在“修改器列表”中选择“松弛”修改器，如下图所示。

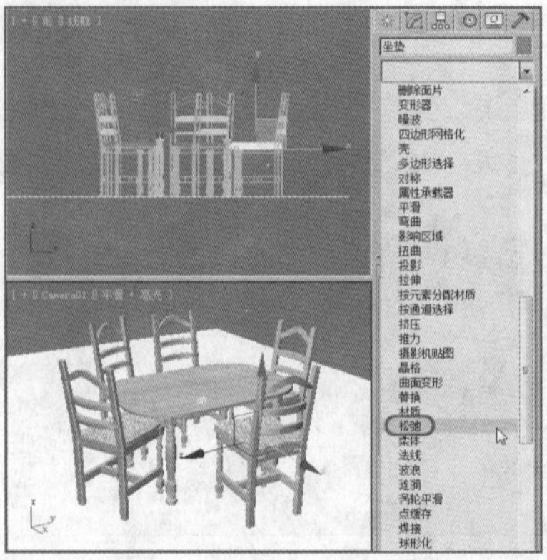

STEP 03 在“参数”卷展栏中将“松弛值”设置为0.5，将“迭代次数”设置为90，如下图所示。

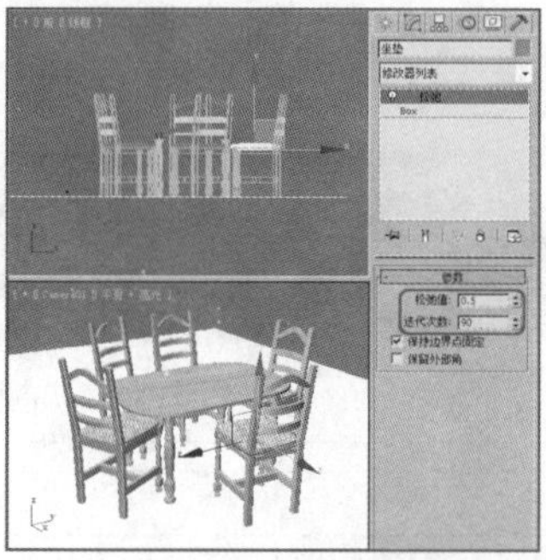

STEP 04 激活“摄影机”视图，按F9键进行渲染，效果如下图所示。

实战操作221 “网格平滑”修改器

素材：Scene\Cha06\6-20.max　场景：Scene\Cha06\实战操作221.max

难度：★★★★★　视频：视频\ Cha06\实战操作221.avi

“网格平滑”修改器可以通过多种不同方法平滑场景中的几何体。其效果是使角和边变圆，就像它们被锉平或刨平一样。下面介绍“网格平滑”修改器的使用方法，具体操作步骤如下所述。

STEP 01 单击按钮，在弹出的下拉列表中执行“打开”命令，在打开的对话框中选择素材文件6-20.max，如下图所示。

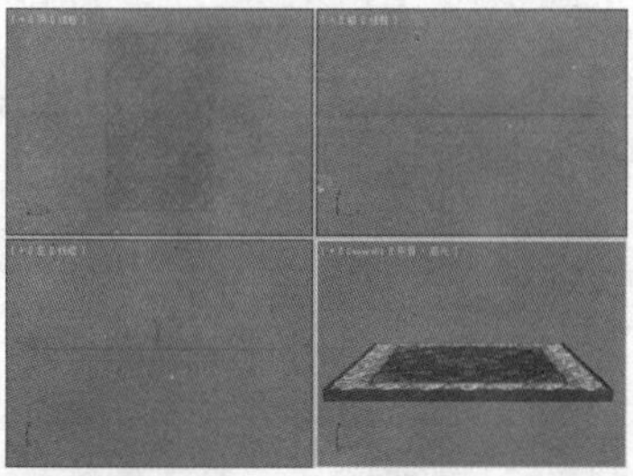

STEP 02 在视图中选择“Plane01”对象，然后切换到“修改”命令面板，在“修改器列表”中选择“网格平滑”修改器，如下图所示。

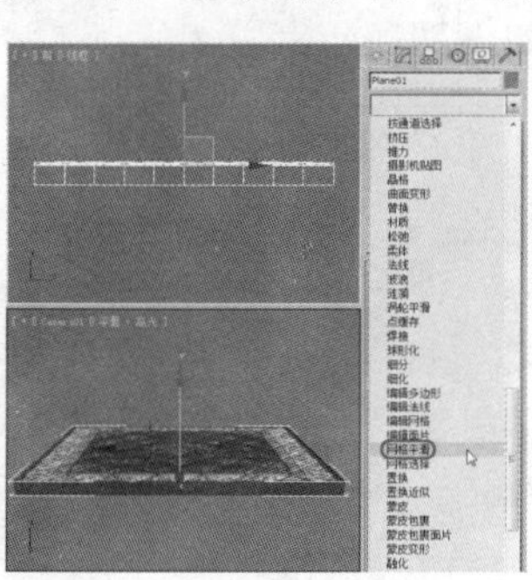

STEP 03 为选择对象施加“网格平滑”修改器后的效果如下图所示。

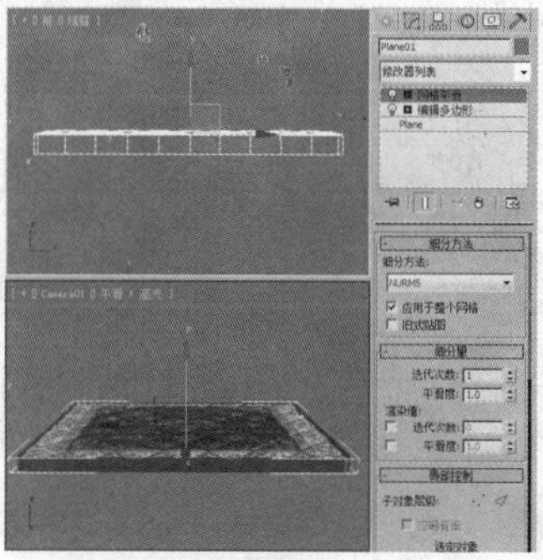

STEP 04 再在“修改器列表”中选择“UVW贴图”修改器，如下图所示。

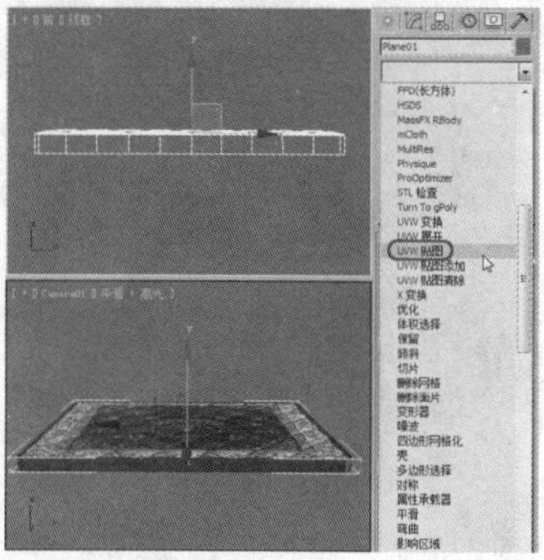

STEP 05 在“参数”卷展栏中选中“贴图”选项组中的“长方体”单选按钮，并将“高度”设置为20，如右图所示。

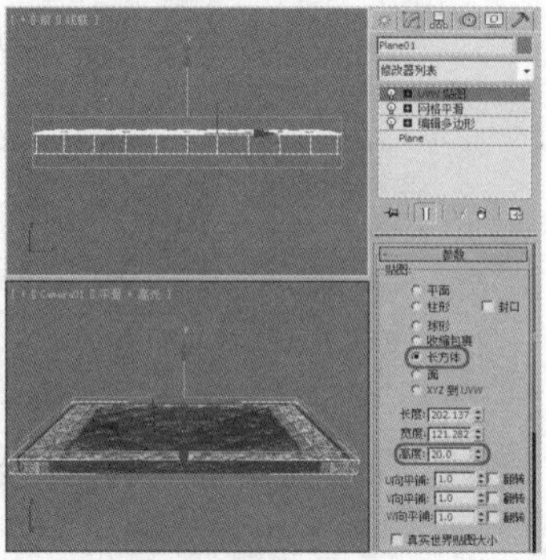

STEP 06 激活“摄影机”视图，按F9键进行渲染，效果如下图所示。

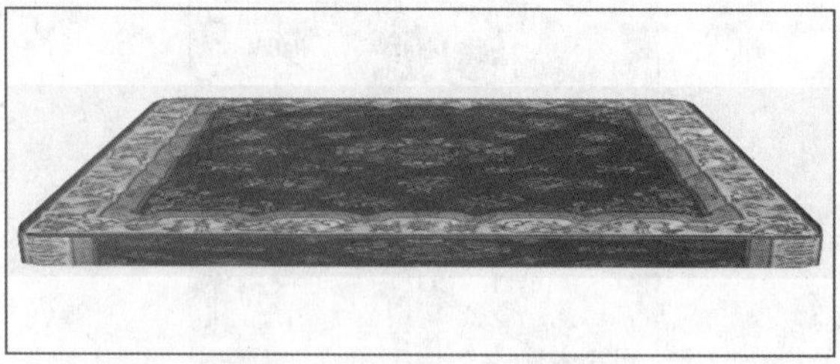

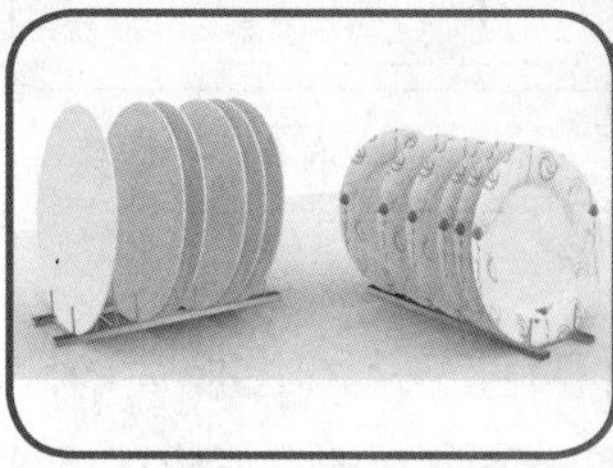

实战操作222 “材质”修改器

素材：Scene\Cha06\6-21.max　场景：Scene\Cha06\实战操作222.max

难度：★★★★★　视频：视频\Cha06\实战操作222.avi

“材质”修改器可以设置对象上材质ID的指定，下面介绍“材质”修改器的使用方法，具体操作步骤如下所述。

STEP 01 单击按钮，在弹出的下拉列表中执行“打开”命令，在打开的对话框中选择素材文件6-21.max，如下图所示。

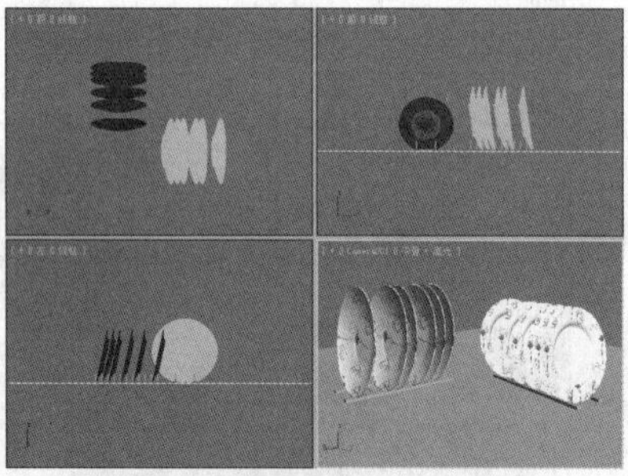

STEP 02 在视图中选择“盘子”对象，然后切换到“修改”命令面板，在“修改器列表”中选择“材质”修改器，如下图所示。

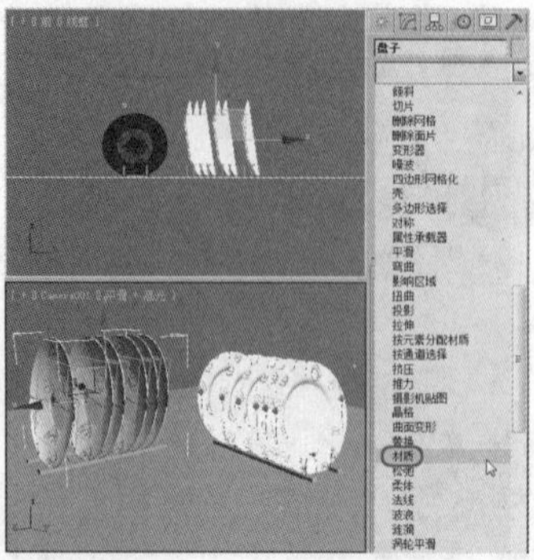

STEP 03 在“参数”卷展栏中将“材质ID”设置为2，如下图所示。

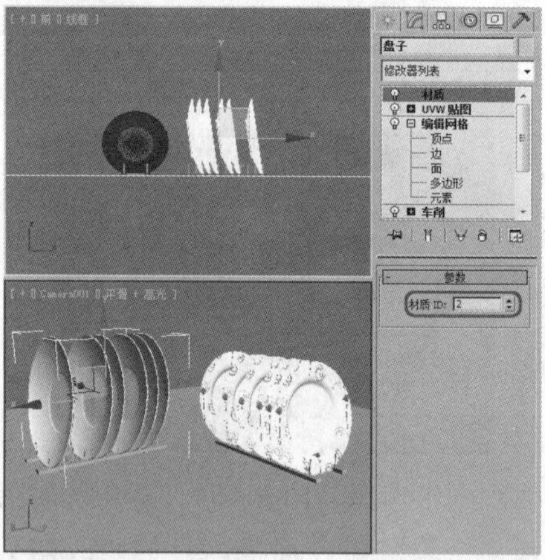

STEP 04 激活“摄影机”视图，按F9键进行渲染，效果如下图所示。

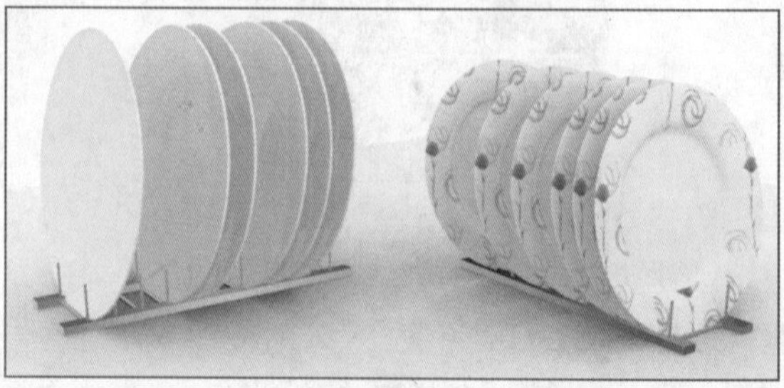

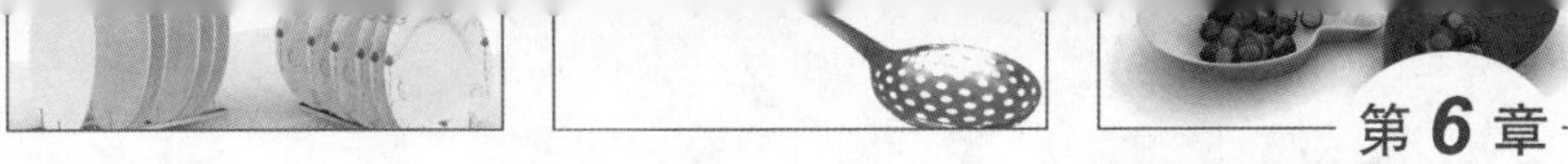

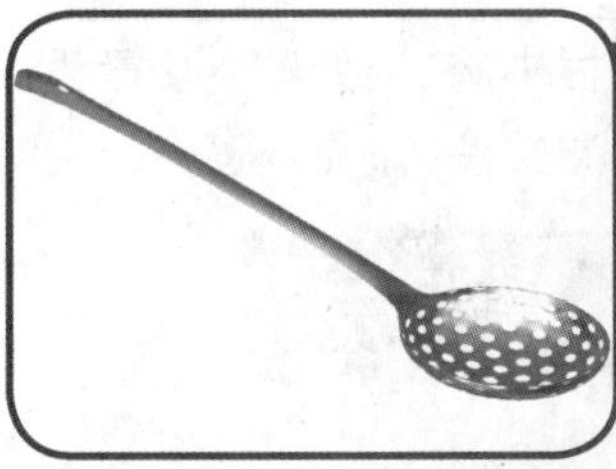

实战操作223 “壳”修改器

素材：Scene\Cha06\6-22.max　场景：Scene\Cha06\223.max

难度：★★★★★　视频：视频\ Cha06\实战操作223.avi

使用“壳”修改器可以为对象赋予厚度，下面介绍“壳”修改器的使用方法，具体操作步骤如下所述。

STEP 01 单击 按钮，在弹出的下拉列表中执行“打开”命令，在打开的对话框中选择素材文件6-22.max，如下图所示。

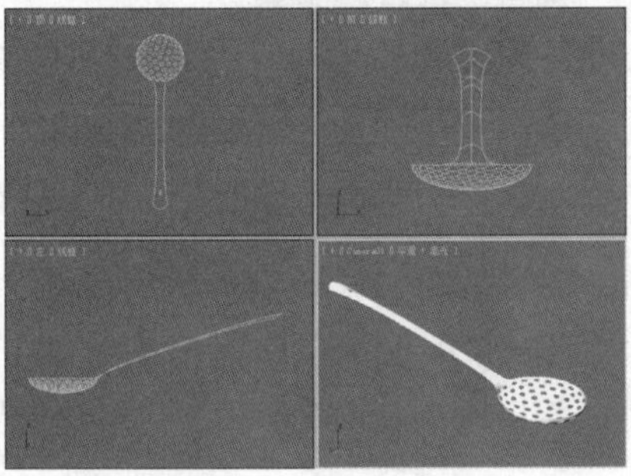

STEP 02 在视图中选择“笊篱”对象，然后切换到“修改”命令面板，在“修改器列表”中选择“壳”修改器，如下图所示。

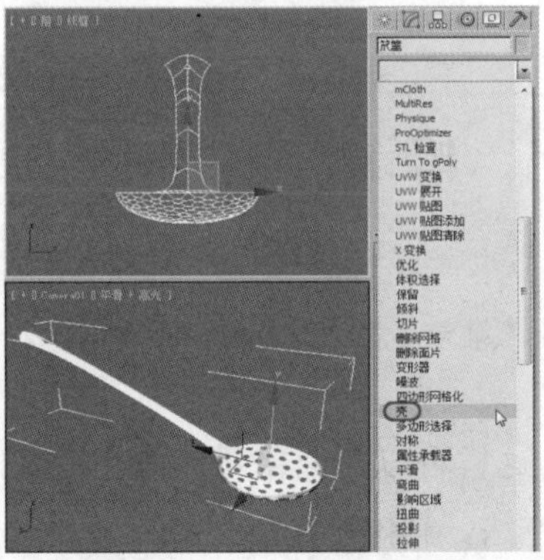

STEP 03 在“参数”卷展栏中将“内部量”设置为0.5，“外部量”设置为1.5，如下图所示。

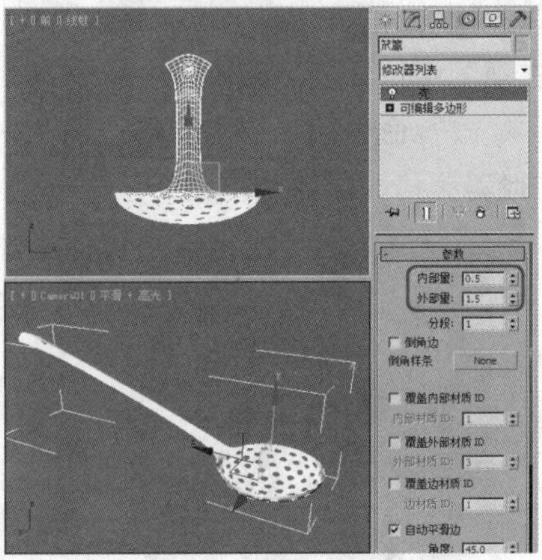

STEP 04 激活“摄影机”视图，按F9键进行渲染，效果如下图所示。

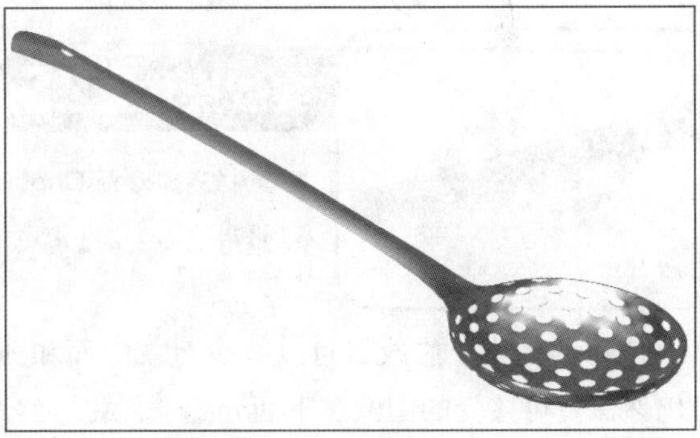

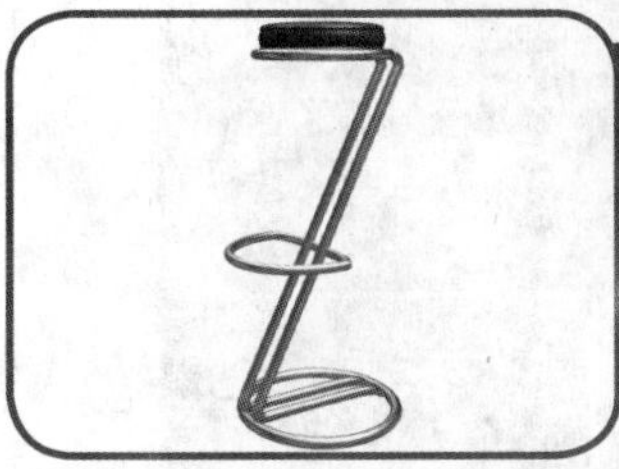

实战操作224 “倾斜”修改器

素材：Scene\Cha06\6-23.max　场景：Scene\Cha06\224.max

难度：★★★★★　视频：视频\Cha06\实战操作224.avi

“倾斜”修改器可以在对象几何体中产生均匀的偏移。可以控制在任何一个轴上的倾斜数量和方向。下面介绍“倾斜”修改器的使用方法，具体操作步骤如下所述。

STEP 01 单击 按钮，在弹出的下拉列表中执行“打开”命令，在打开的对话框中选择素材文件6-23.max，如下图所示。

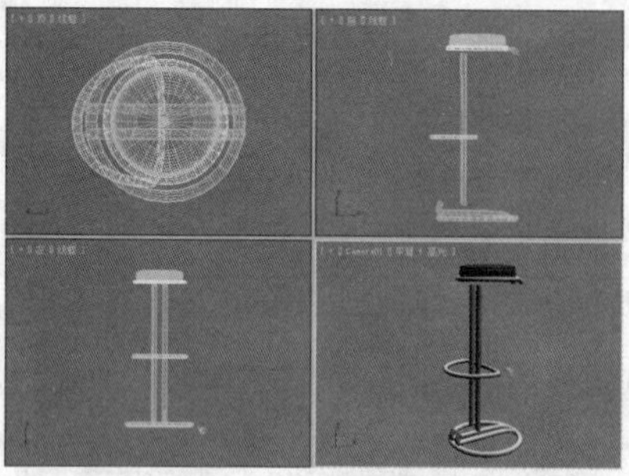

STEP 02 在视图中选择“支架”对象，然后切换到“修改”命令面板，在“修改器列表”中选择“倾斜”修改器，如下图所示。

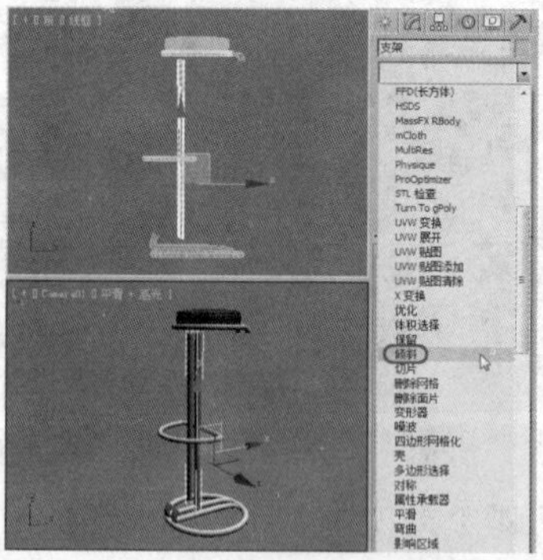

STEP 03 在“参数”卷展栏中将“数量”设置为203，并选中“Y”单选按钮，如下图所示。

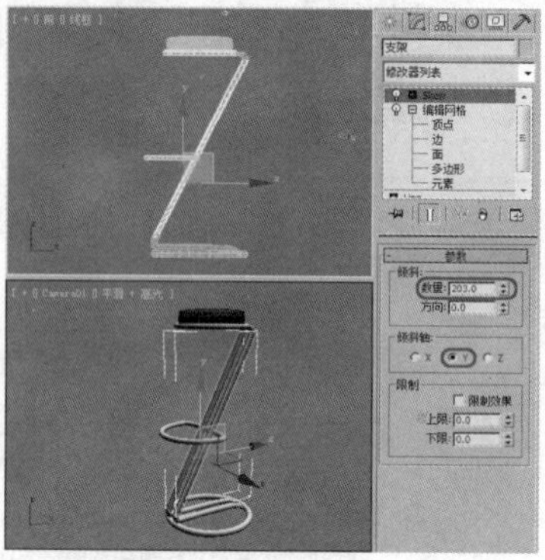

STEP 04 激活“摄影机”视图，按F9键进行渲染，效果如下图所示。

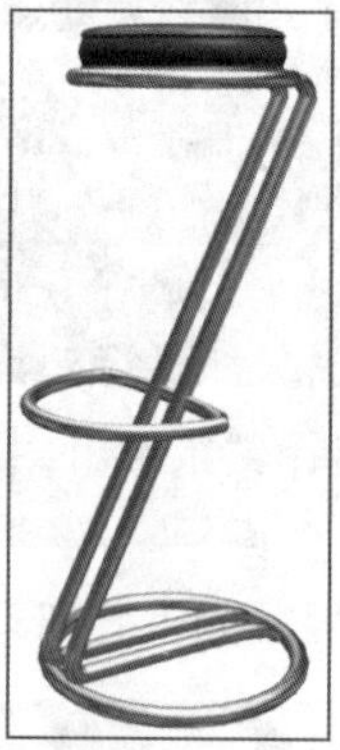

实战操作225 “优化”修改器

素材：Scene\Cha06\6-24.max　场景：Scene\Cha06\225.max

难度：★★★★★　视频：视频\ Cha06\实战操作225.avi

使用“优化”修改器可以减少对象中面和顶点的数目。这样可以在简化几何体和加速渲染的同时仍然保留可接受的图像。下面介绍“优化”修改器的使用方法，具体操作步骤如下所述。

STEP 01 单击 按钮，在弹出的下拉列表中执行“打开”命令，在打开的对话框中选择素材文件6-24.max，如右图所示。

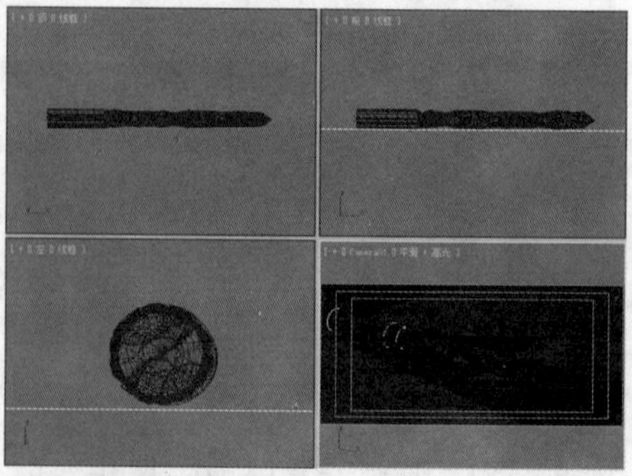

STEP 02 在视图中选择“Loft01”对象，然后切换到“修改”命令面板，在“修改器列表”中选择“优化”修改器，如下图所示。

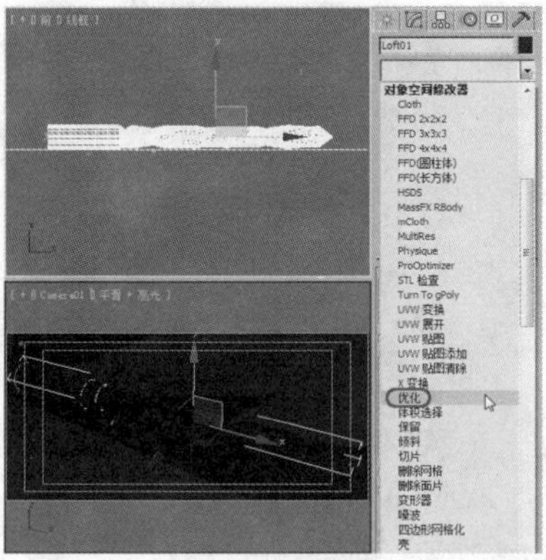

STEP 03 打开“参数”卷展栏，即可在“上次优化状态”选项组看到优化前后顶点和面数的对比情况，如下图所示。

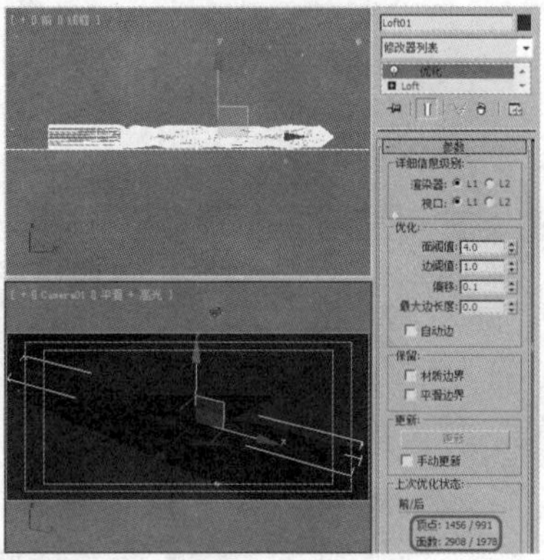

STEP 04 然后激活“摄影机”视图，按F9键进行渲染，效果如右图所示。

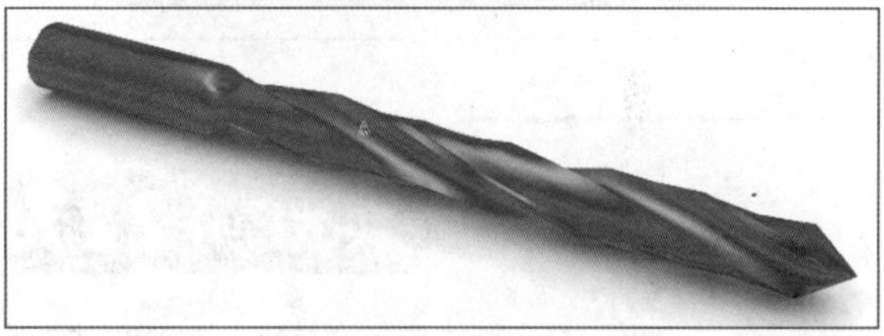

实战操作226 “切片”修改器

素材：Scene\Cha06\6-25.max 场景：Scene\Cha06\226..max

难度：★★★★★ 视频：视频\ Cha06\实战操作226.avi

“切片”修改器通过基于切片平面 Gizmo 的位置创建新的顶点、边和面。下面介绍“切片”修改器的使用方法，具体操作步骤如下所述。

STEP 01 单击按钮，在弹出的下拉列表中执行“打开”命令，在打开的对话框中选择素材文件6-25.max，如下图所示。

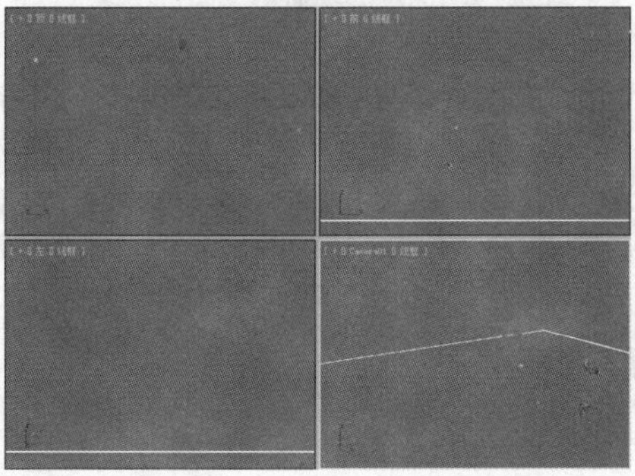

STEP 02 在视图中选择“001”对象，然后切换到“修改”命令面板，在“修改器列表”中选择“切片”修改器，如下图所示。

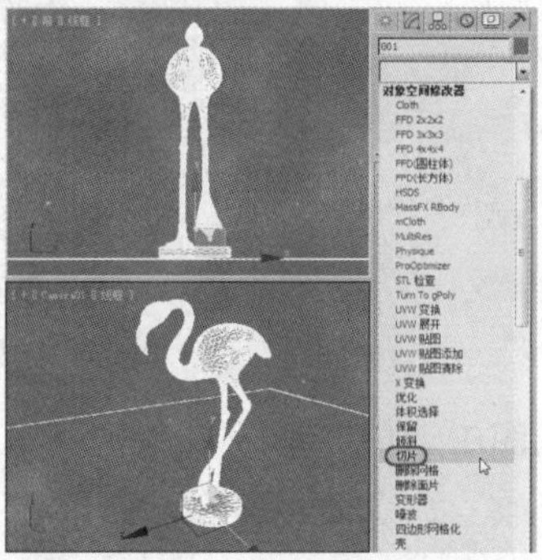

STEP 03 将当前选择集定义为“切片平面”，然后在“前”视图中将其沿Y轴向上移动至如下图所示的位置。

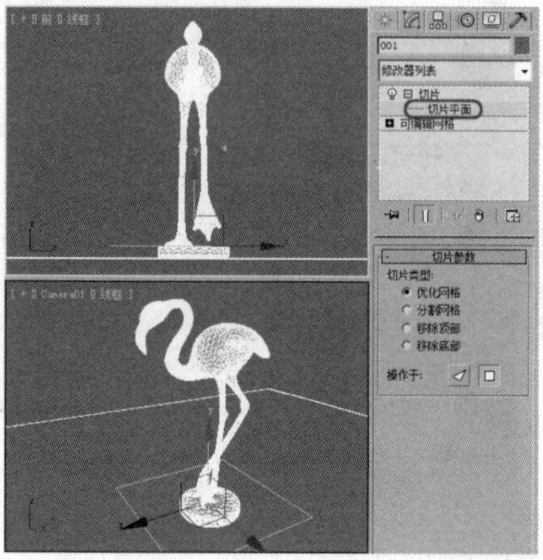

STEP 04 关闭当前选择集，然后在“切片参数”卷展栏中选中“移除底部”单选按钮，效果如下图所示。

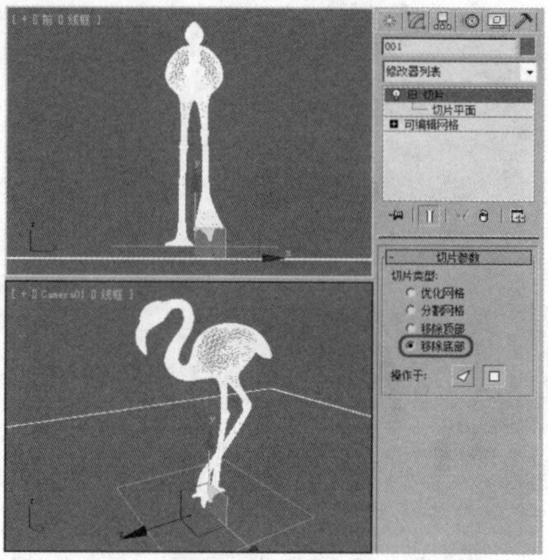

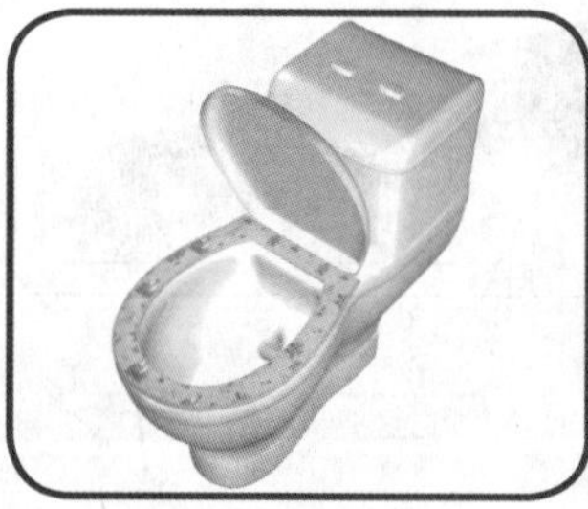

实战操作227 “平滑”修改器

素材：Scene\Cha06\6-26.max　场景：Scene\Cha06\227.max

难度：★★★★★　视频：视频\ Cha06\实战操作227.avi

“平滑”修改器是基于相邻面的角提供自动平滑。下面介绍“平滑”修改器的使用方法，具体操作步骤如下所述。

STEP 01 单击按钮，在弹出的下拉列表中执行“打开”命令，在打开的对话框中选择素材文件6-26.max，如下图所示。

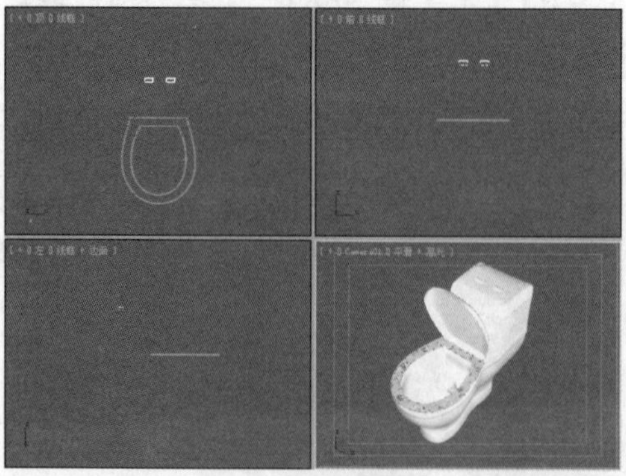

STEP 02 在视图中选择“垫子”对象，然后切换到“修改”命令面板，在“修改器列表”中选择“平滑”修改器，如下图所示。

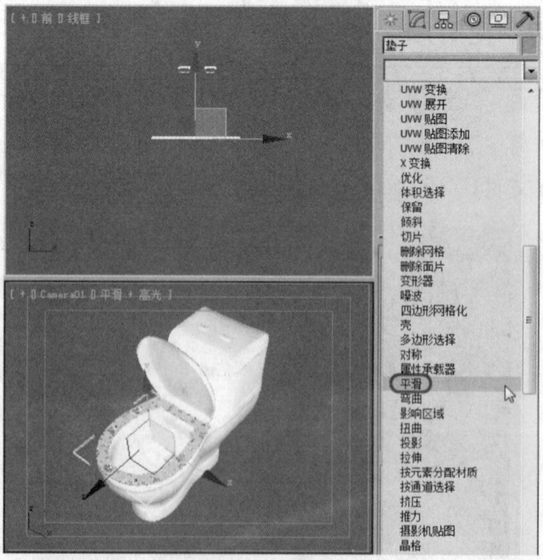

STEP 03 在“参数”卷展栏的“平滑组”选项组中单击“4”按钮，如下图所示。

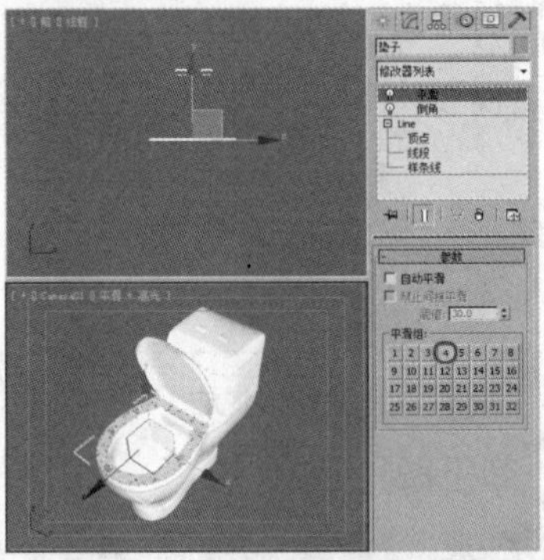

STEP 04 激活“摄影机”视图，按F9键进行渲染，效果如下图所示。

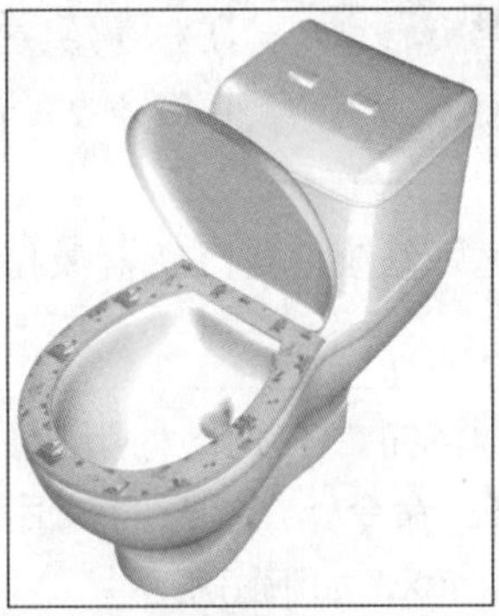

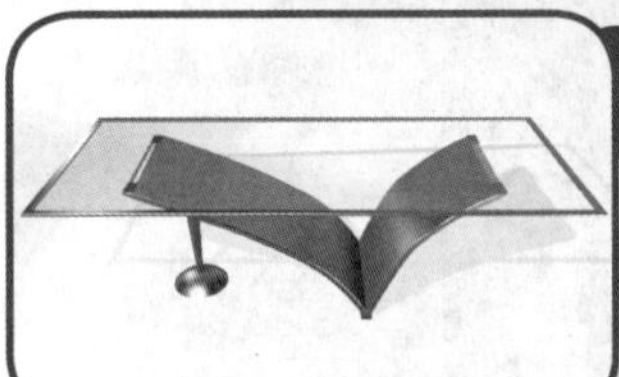

实战操作228 “锥化”修改器

素材：Scene\Cha06\6-27.max　场景：Scene\Cha06\228.max

难度：★★★★★　视频：视频\ Cha06\实战操作228.avi

“锥化”修改器是通过缩放对象几何体的两端产生锥化轮廓。下面介绍“锥化”修改器的使用方法，具体操作步骤如下所述。

STEP 01 单击按钮，在弹出的下拉列表中执行“打开”命令，在打开的对话框中选择素材文件6-27.max，如下图所示。

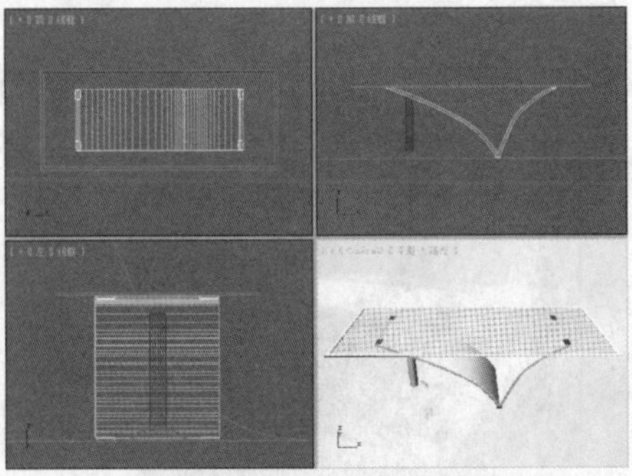

STEP 02 在视图中选择“腿”对象，然后切换到“修改”命令面板，在“修改器列表”中选择“锥化”修改器，如右图所示。

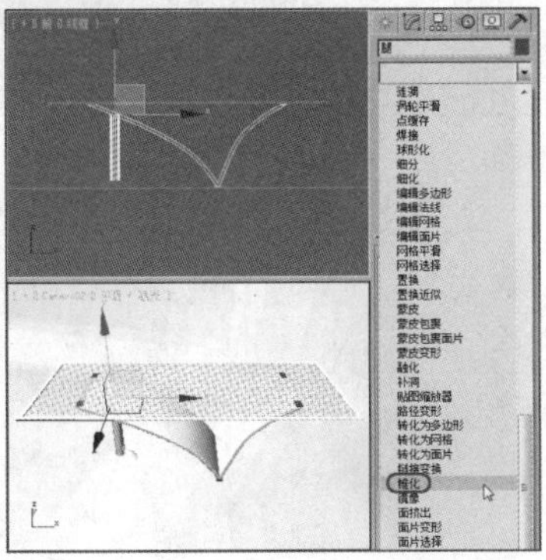

STEP 03 在“参数”卷展栏中将“锥化”选项组中的“数量”设置为0.63，如下图所示。

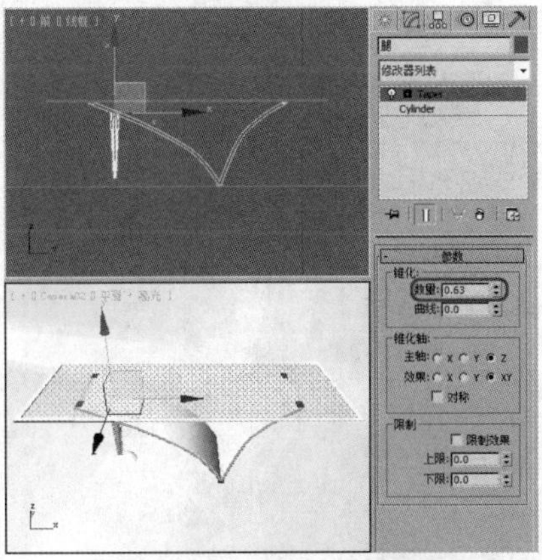

STEP 04 激活“摄影机”视图，按F9键进行渲染，效果如下图所示。

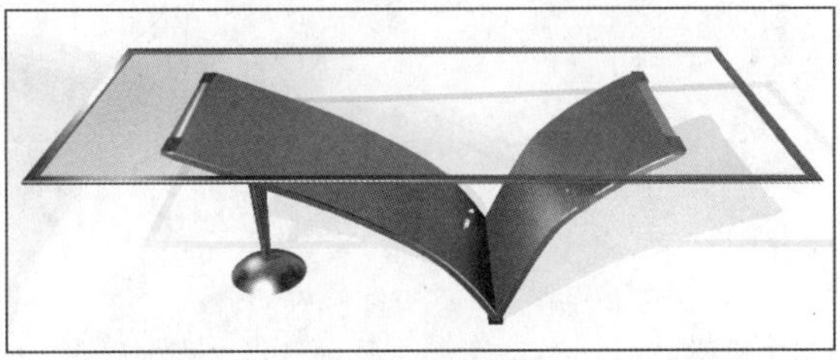

实战操作229 “球形化”修改器

素材：Scene\Cha06\6-28.max　　场景：Scene\Cha06\229.max

难度：★★★★★　　视频：视频\ Cha06\实战操作229.avi

“球形化”修改器可以将对象扭曲为球形。下面介绍“球形化”修改器的使用方法，具体操作步骤如下所述。

STEP 01 单击按钮，在弹出的下拉列表中执行“打开”命令，在打开的对话框中选择素材文件6-28.max，如下图所示。

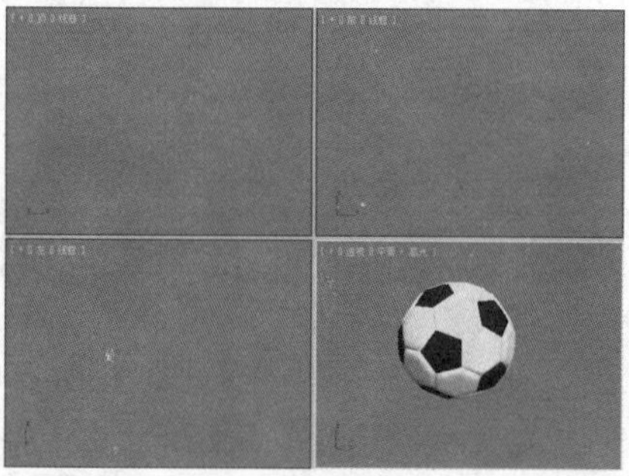

STEP 02 按Ctrl+A组合键选择所有对象，然后切换到“修改”命令面板，在“修改器列表”中选择“球形化”修改器，如下图所示。

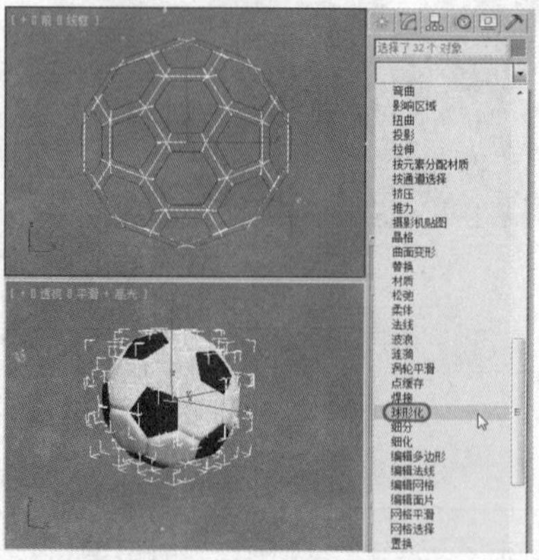

STEP 03 在“参数”卷展栏中将“百分比”设置为60，如下图所示。

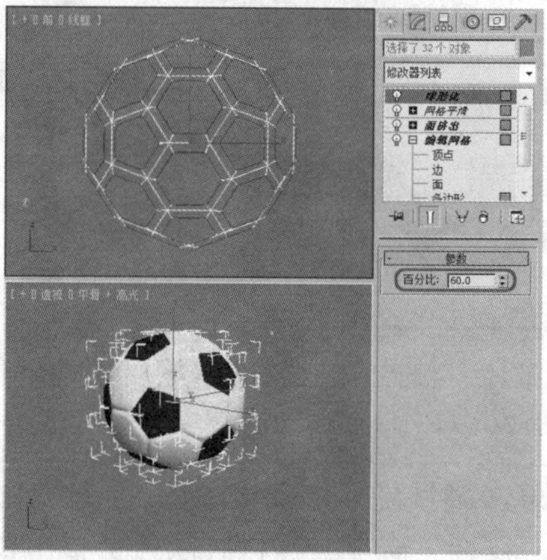

STEP 04 激活“透”视图，按F9键进行渲染，效果如下图所示。

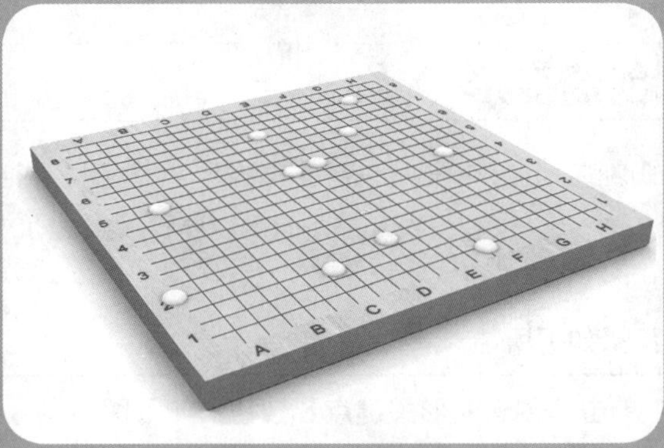

Chapter 07

第7章 复合建模

复合对象通常将两个或多个现有对象组合成单个对象。从而产生千变万化的模型，对于合并的过程中不仅可以反复调节，也可以将其表现为动画的方式。

3ds Max 2013

7.1 变形复合对象

变形是一种动画特技，是作为动画的一种表现形式，它可以通过一个模型向另一个模型的演变来产生物体表面的变形动画。在3ds Max中，可以通过在不同帧拾取不同对象来制作变形动画，本节将对其进行简单介绍。

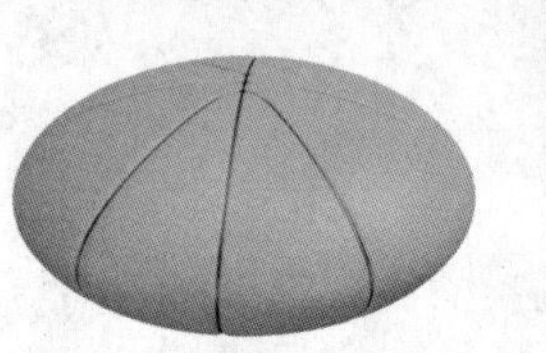

实战操作230 创建变形

素材：Scene\Cha07\7-1.max　　场景：Scene\Cha07\实战操作230.max

难度：★★★★★　　视频：视频\Cha07\实战操作230.avi

下面介绍如何创建变形复合对象，其具体操作步骤如下所述。

STEP 01 启动3ds Max 2013，按Ctrl+O组合键打开素材文件7-1.max，如下图所示。

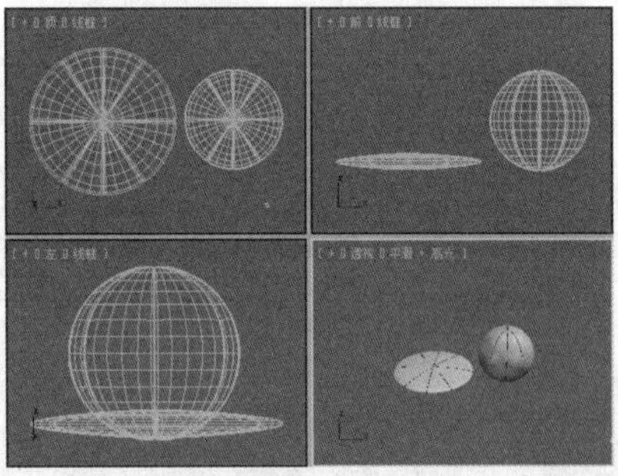

STEP 02 在场景中选择“篮球”对象，选择“创建” | “几何体” | “复合对象” | “变形”工具，如下图所示。

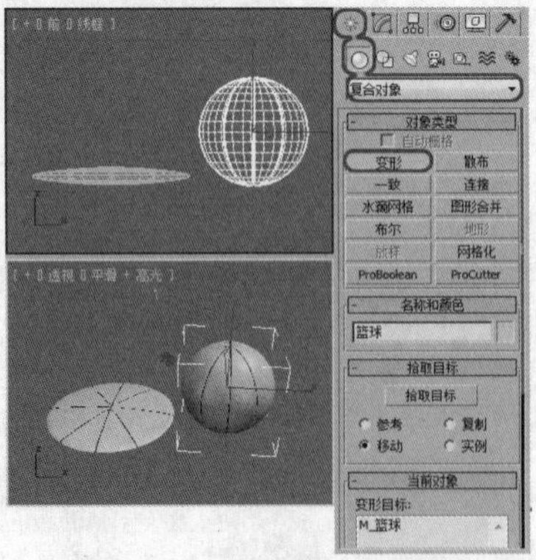

STEP 03 在“当前对象”卷展栏中的“变形目标”列表框中选择“M_篮球”对象，将时间滑块拖曳到0帧处，然后在“当前对象”卷展栏中单击“创建变形关键点”按钮，如下图所示。

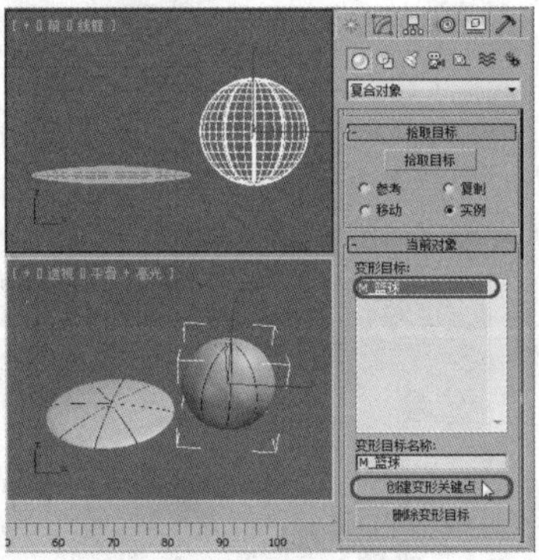

STEP 04 在“拾取目标”卷展栏中选中“移动”单选按钮，单击“拾取目标”按钮，将时间滑块拖动到100帧处，在场景中选择“篮球001”对象；在“变形目标”列表框中选择“M_篮球001”对象，单击“创建变形关键点”按钮，如下图所示。

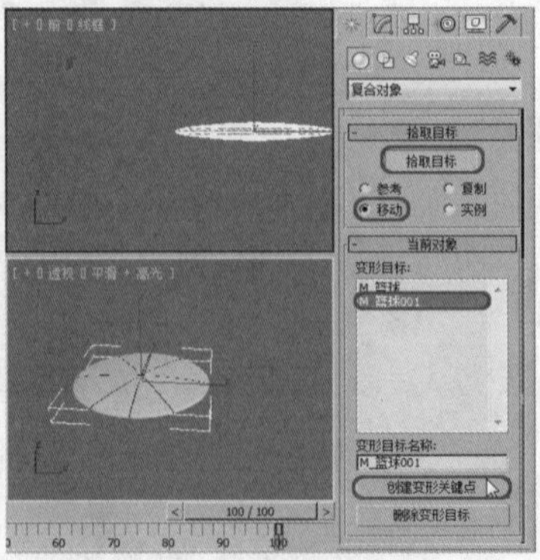

实战操作231 观看变形动画

素材：无　　场景：无

难度：★★★★★　　视频：视频\Cha07\实战操作231.avi

下面介绍如何查看变形动画，其具体操作步骤如下所述。

STEP 01 继续上一实例的操作，激活“透”视图，在动画控制区中单击“播放动画”按钮▶，进行播放，如下图所示。

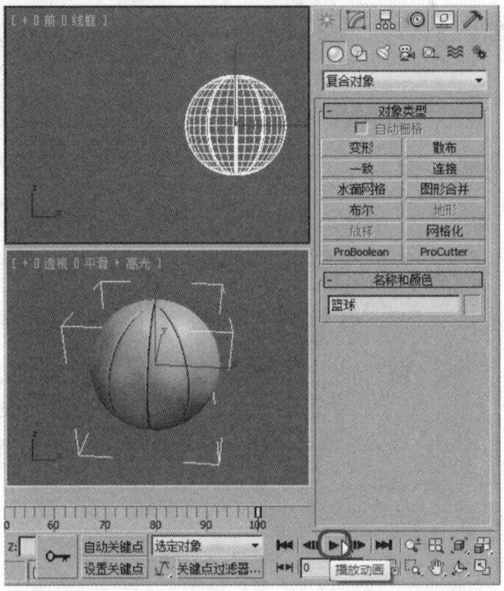

STEP 02 执行该操作后，即可查看每帧对象变形的效果，如下图所示。

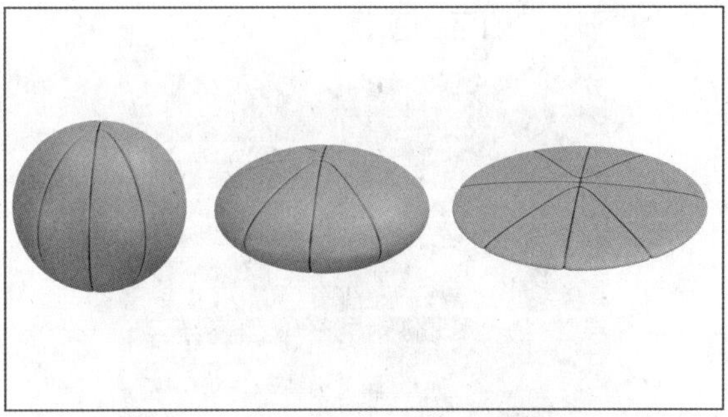

7.2 散布复合对象

散布复合对象是指将散布分子散布到目标物体的表面，从而产生大量的复制品。散布是将对象以各种方式覆盖至目标物体的表面上，产生多个复制品，可以制作草地、乱石或满身是刺的刺猬等，也可以将散布中的控制参数记录成动画。

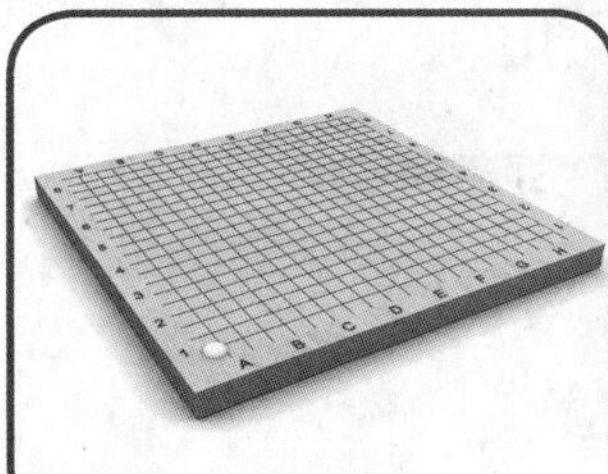

实战操作232 创建散布复合对象

素材：Scene\Cha07\7-2.max　　场景：Scene\Cha07\实战操作232.max

难度：★★★★★　　视频：视频\Cha07\实战操作232.avi

下面介绍如何创建散布复合对象，其具体操作步骤如下所述。

STEP 01 启动3ds Max 2013，按Ctrl+O组合键，打开素材文件7-2.max，打开的场景如下图所示。

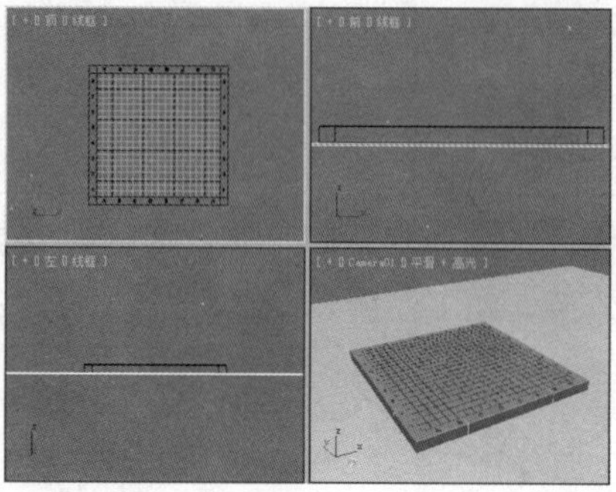

STEP 02 选择“创建” | “几何体” | “标准基本体” | “球体”工具，在“顶”视图中创建一个“半径”为3.3的圆形，并将其命名为“棋子”，如下图所示。

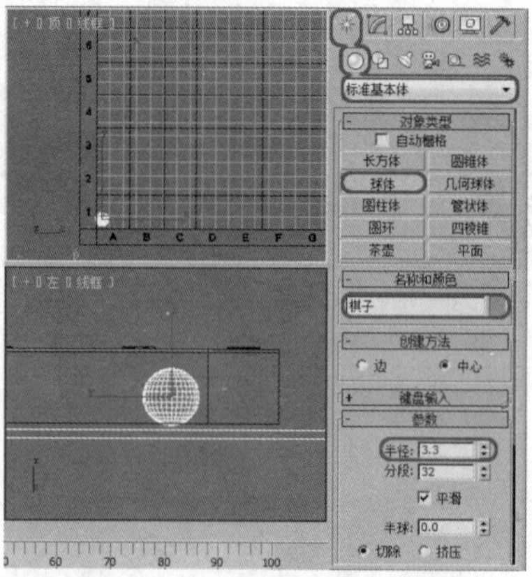

STEP 03 切换至“修改”命令面板，在“修改器列表”中选择“拉伸”修改器，在“参数”卷展栏中将“拉伸”、“放大”分别设置为-0.7、-16.6，按Enter键确认，如下图所示。

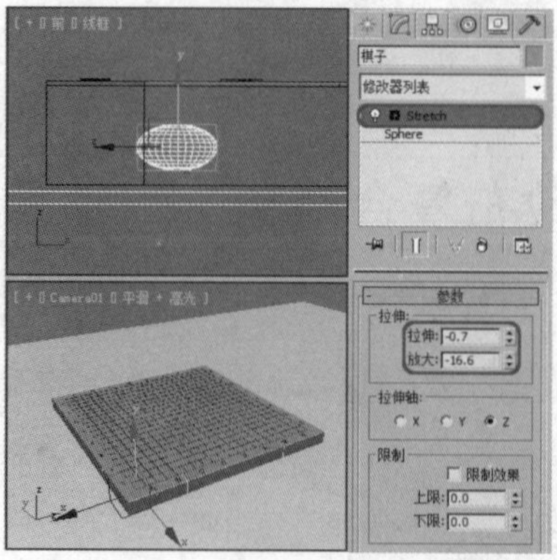

STEP 04 设置完成后，为该球体指定相应的材质，然后在工具栏中单击“选择并移动”工具，在视图对其进行调整，调整后的效果如下图所示。

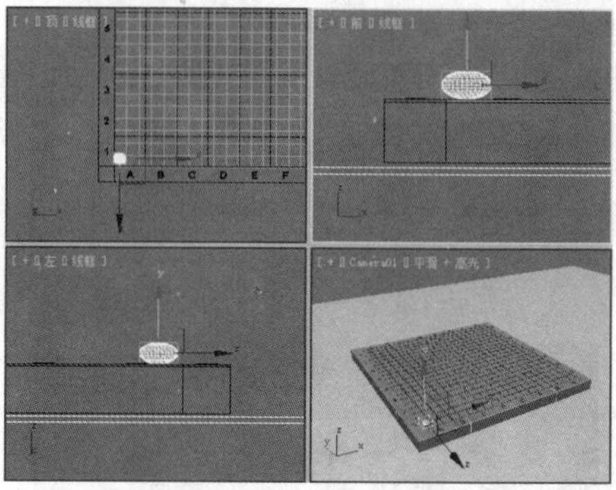

STEP 05 确认该球体处于选中状态，选择“创建” | “几何体” | “复合对象” | “散布”工具，如下图所示。

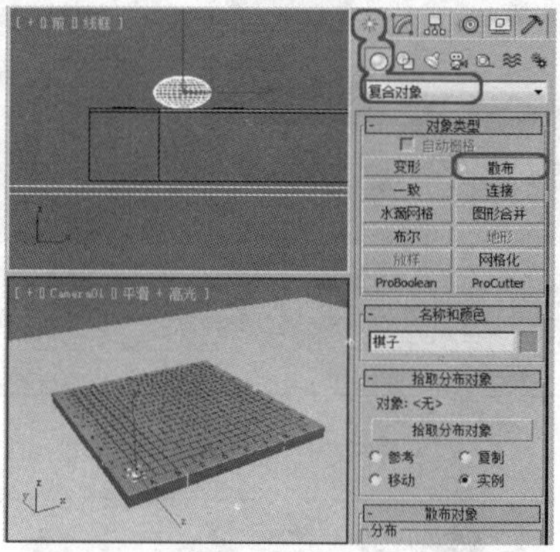

STEP 06 在“拾取分布对象”卷展栏中单击“拾取分布对象”按钮，按H键打开“拾取对象”对话框，在该对话框中选择“棋盘”，如下图所示。

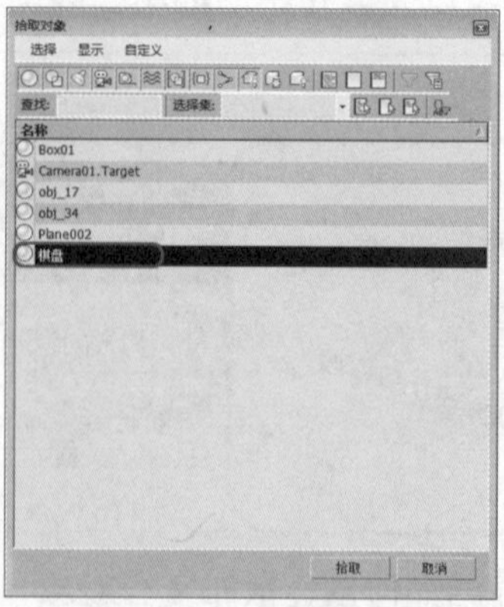

STEP 07 选择完成后，单击“拾取”按钮，即可散布到选定对象上，如下图所示。

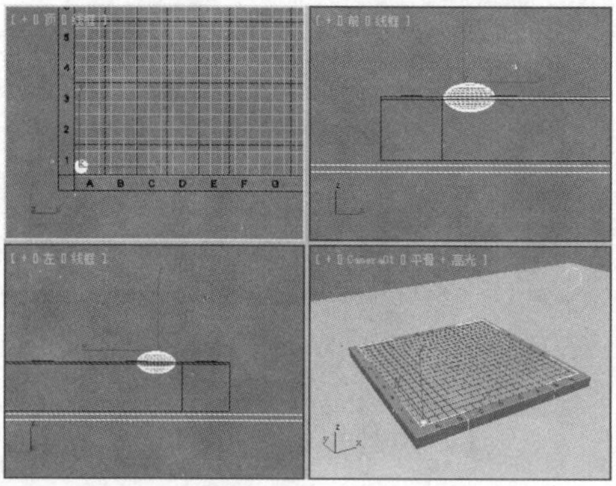

STEP 08 按F9键对“Camera01”视图进行渲染，渲染后的效果如下图所示。

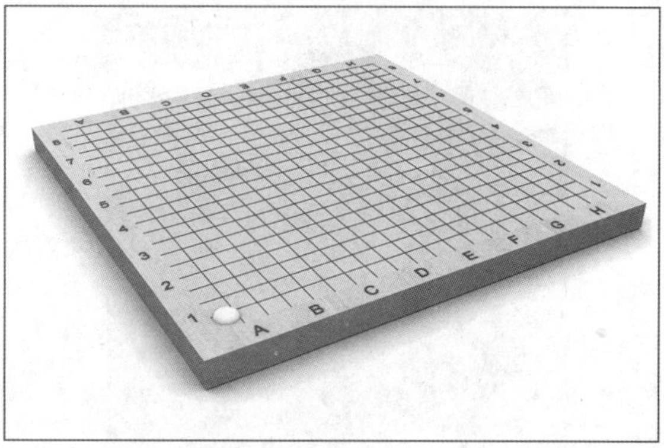

专家提醒

除了上述方法可以执行“散布”命令外，还可以通过在菜单栏中执行“创建”|“复合”|“散布”命令。

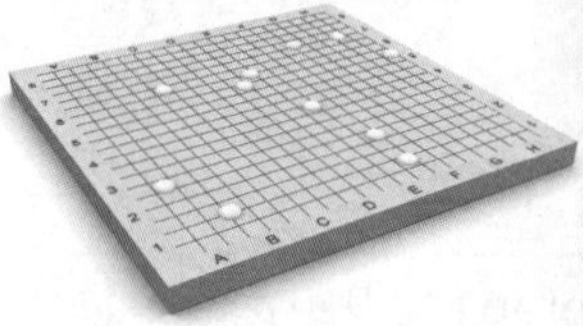

实战操作233 设置重复数与分布方式

- 素材：无
- 场景：Scene\Cha07\实战操作233.max
- 难度：★★★★★
- 视频：视频\Cha07\实战操作233.avi

创建完复合对象外，还可以根据需要设置重复数和分布方式。

STEP 01 继续上一实例的操作，按H键，打开“从场景选择”对话框，在该对话框中选择“棋子”，如下图所示。

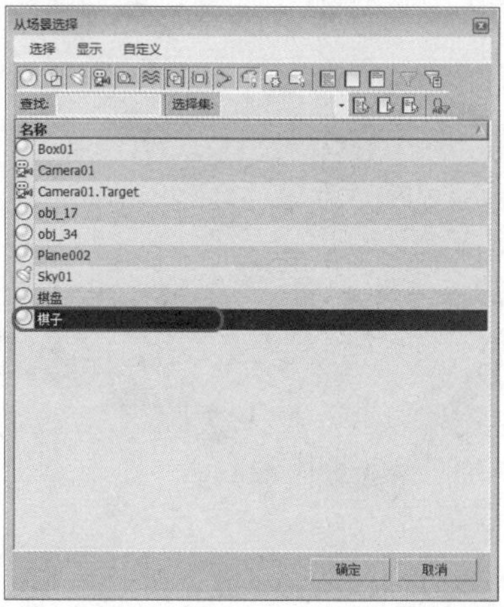

STEP 02 选择完成后，单击“确定”按钮，即可将该对象选中，如下图所示。

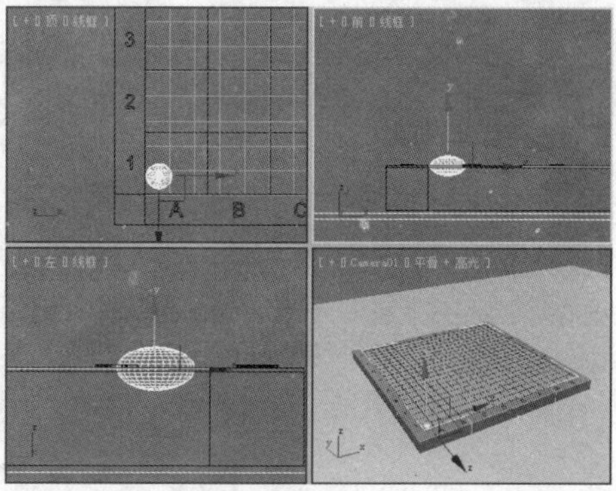

STEP 03 切换至“修改”命令面板，在“散布对象”卷展栏中将“源对象参数”选项组中的“重复数”设置为11，再选中“分布对象参

数”选项组中的“随机面”单选按钮，如下图所示。

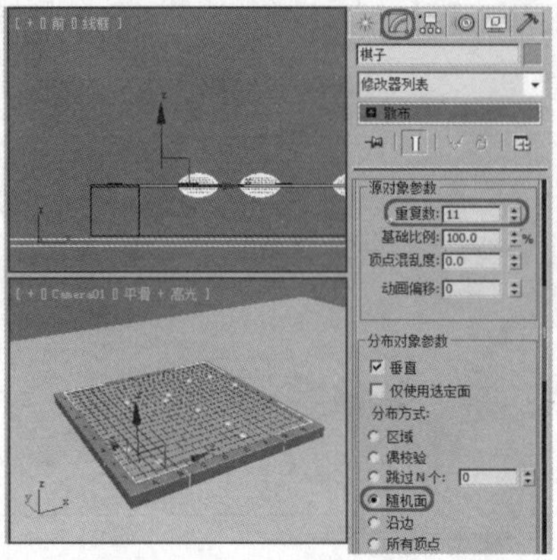

STEP 04 按F9键对“Camera01”视图进行渲染，渲染后的效果如下图所示。

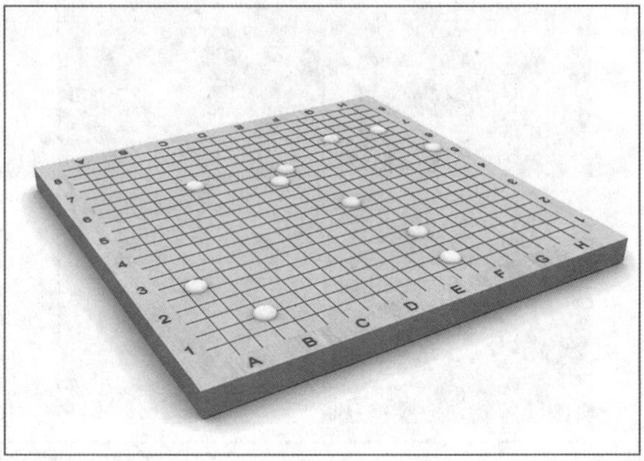

实战操作234 设置局部平移

素材：无　　场景：Scene\Cha07\实战操作234.max

难度：★★★★★　　视频：视频\Cha07\实战操作234.avi

下面介绍如何设置局部平移，其具体操作步骤如下所述。

STEP 01 继续上一实例的操作，确认棋子处于选中状态，切换至“修改”命令面板，在“变换”卷展栏中将“局部平移”选项组中的X、Y分别设置为-10、20，按Enter键确认，如下图所示。

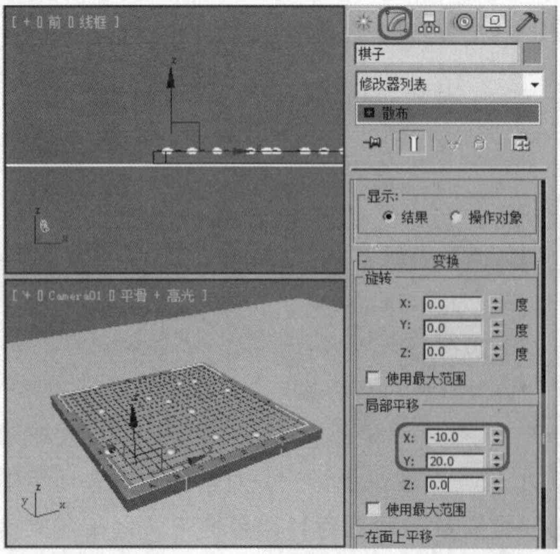

STEP 02 按F9键对“Camera01”视图进行渲染，渲染后的效果如下图所示。

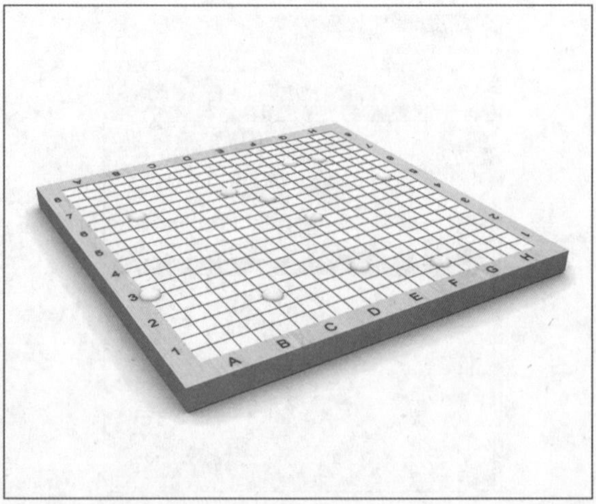

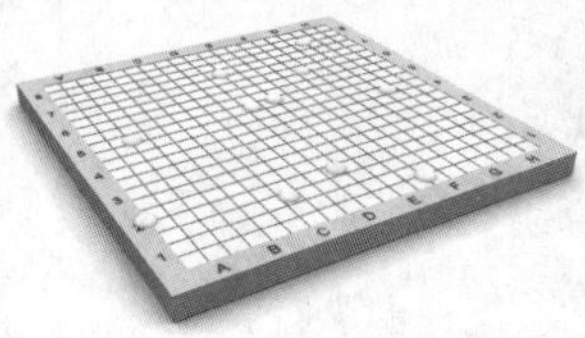

实战操作235 设置在面上平移

素材：无　　场景：Scene\Cha07\实战操作235.max

难度：★★★★★　　视频：视频\Cha07\实战操作235.avi

下面介绍如何设置“在面上平移”，其具体操作步骤如下所述。

STEP 01 继续上一实例的操作，确认棋子处于选中状态，切换至“修改”命令面板，在“变换”卷展栏中将“在面上平移”选项组中的A、B分别设置为20、10，按Enter键确认，如下图所示。

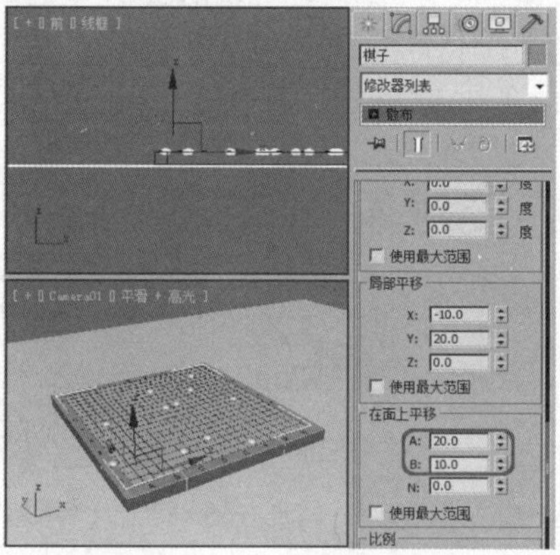

STEP 02 按F9键对“Camera01”视图进行渲染，渲染后的效果如下图所示。

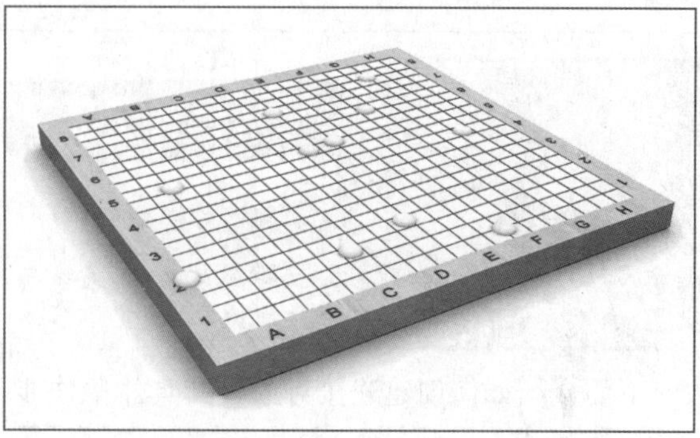

实战操作236 设置显示

素材：无　　场景：Scene\Cha07\实战操作236.max

难度：★★★★★　　视频：视频\Cha07\实战操作236.avi

下面介绍如何设置显示方式，其具体操作步骤如下所述。

STEP 01 继续上一实例的操作，确认棋子处于选中状态，切换至“修改”命令面板，在“显示”卷展栏中选中“隐藏分布对象”复选框，如右图所示。

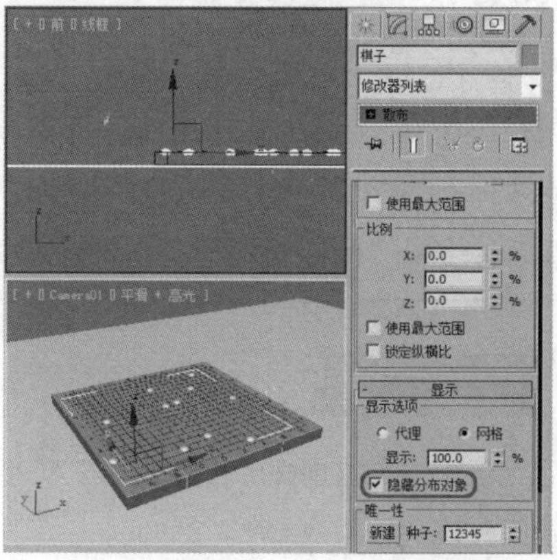

STEP 02 按F9键对“Camera01”视图进行渲染，效果如右图所示。

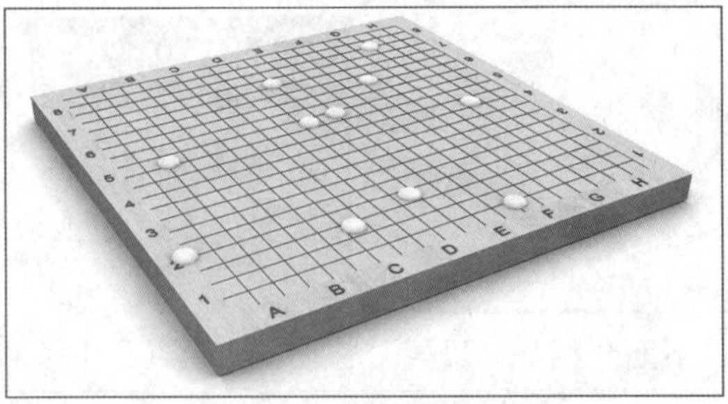

7.3 连接复合对象

连接复合对象是指在两个以上物体对应的删除面之间创建封闭的表面，将其焊接在一起，并产生平滑过渡的效果，该工具常用，它可以消除生硬的接缝。本节将对其进行简单介绍。

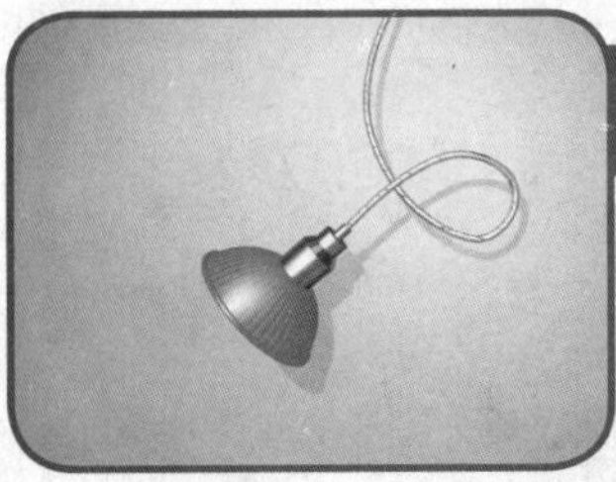

实战操作237 创建连接对象

- 素材：Scene\Cha07\7-3.max
- 场景：Scene\Cha07\实战操作237.max
- 难度：★★★★★
- 视频：视频\Cha07\实战操作237.avi

下面介绍如何创建连接对象，其具体操作步骤如下所述。

STEP 01 启动3ds Max 2013，按Ctrl+O组合键，打开素材文件7-3.max，打开的场景如下图所示。

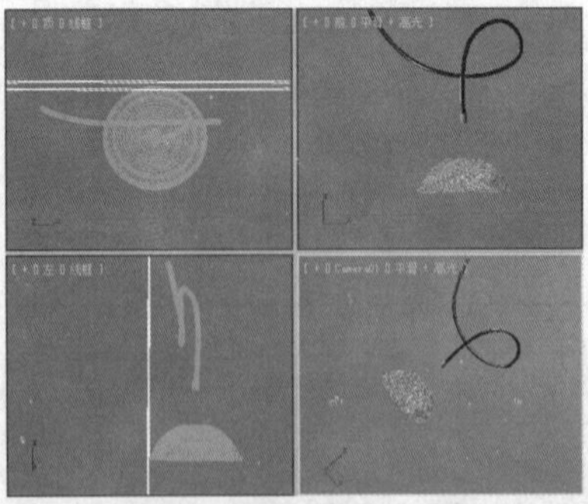

STEP 02 选择“创建” | “几何体” | “标准基本体” | “圆柱体”工具，在“顶”视图中创建一个“半径”、“高度”都为8，“高度分段”为1的圆柱体，并将其命名为“连接01”，如下图所示。

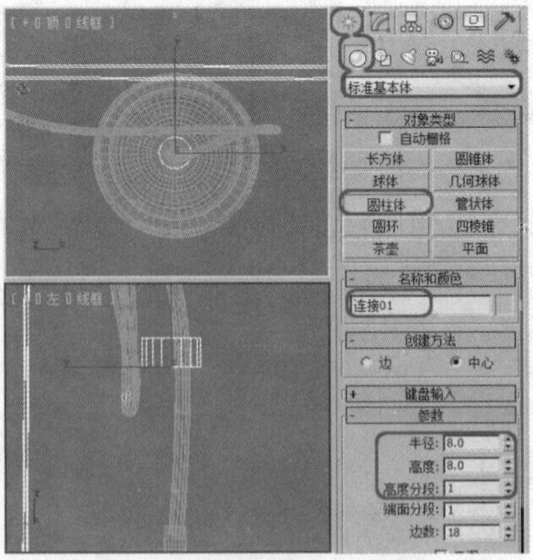

专家提醒

除了上述方法可以创建圆柱体外，还可以通过在菜单栏中执行“创建” | “标准基本体” | “圆柱体”命令来创建圆柱体。

STEP 03 切换至“修改”命令面板，在“修改器列表”中选择“编辑网格”修改器，将当前选择集定义为“多边形”，使用“选择并移动”工具在“左”视图中选择如下图所示的多边形。

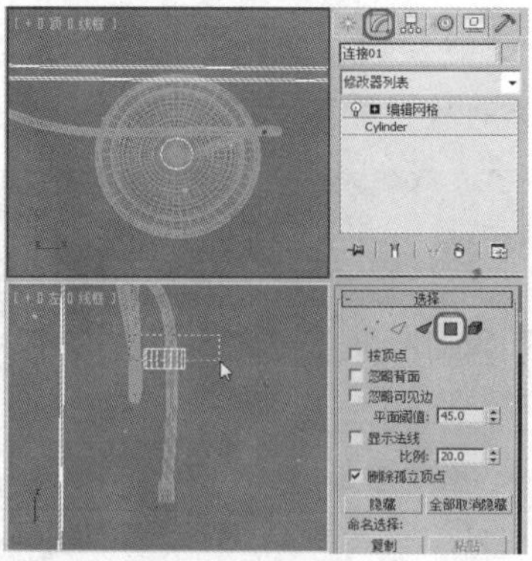

STEP 04 在菜单栏中执行“编辑” | “反选”命令，如下图所示。

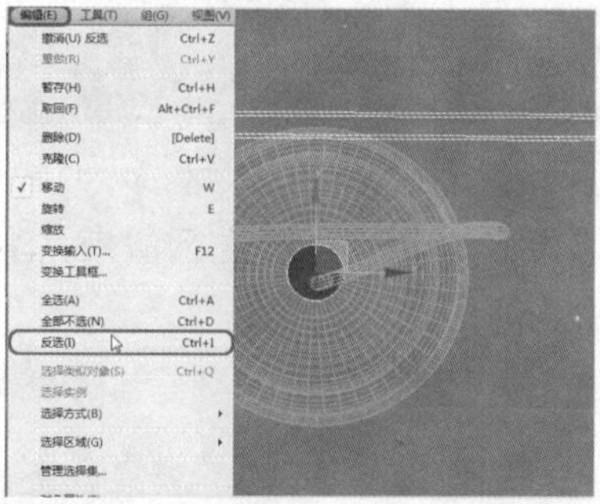

专家提醒

除了上述方法可以执行“反选”命令外，还可以按Ctrl+I组合键来进行反选。

STEP 05 按Delete键将反选后的多边形删除，关闭当前选择集，使用“选择并移动”工具调整该对象的位置，调整后的效果如下图所示。

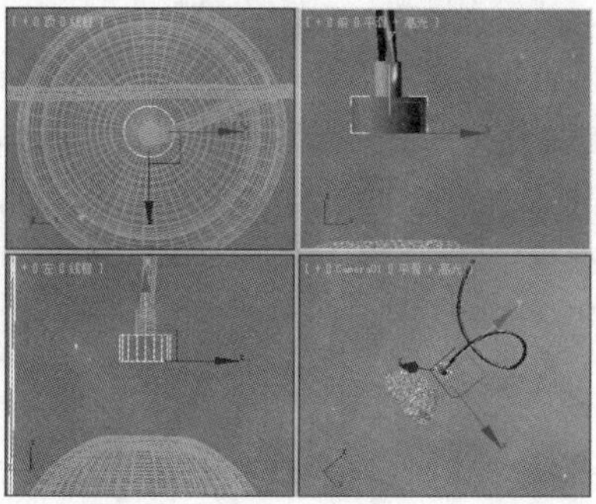

STEP 06 选择“创建” | “几何体” | “标准基本体” | “圆柱体”工具，在“顶”视图中创建一个“半径”、“高度”分别为12、18，“高度分段”为5的圆柱体，并将其命名为“连接02”，如下图所示。

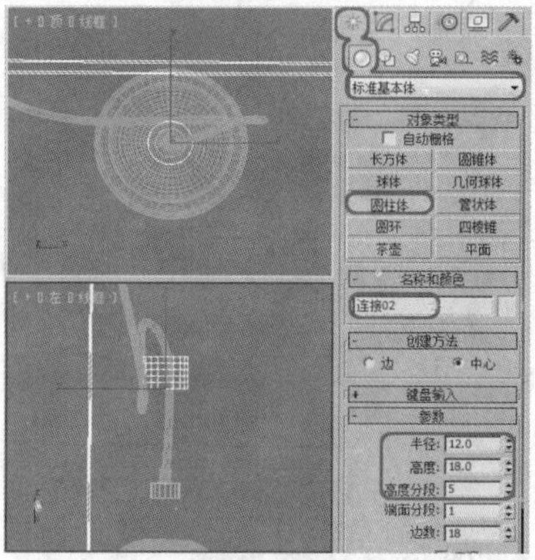

STEP 07 切换至“修改”命令面板，在“修改器列表”中选择“编辑网格”修改器，将当前选择集定义为“多边形”，使用“选择并移动”工具在“顶”视图中选择如下图所示的多边形。

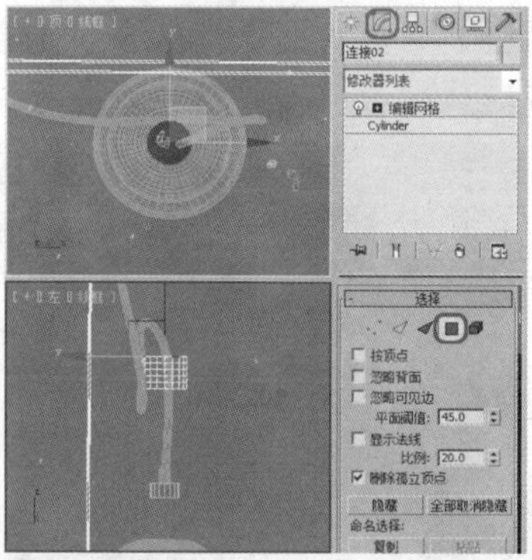

STEP 08 按Delete键将选中的多边形删除，关闭当前选择集，使用“选择并移动”工具调整该对象的位置，调整后的效果如下图所示。

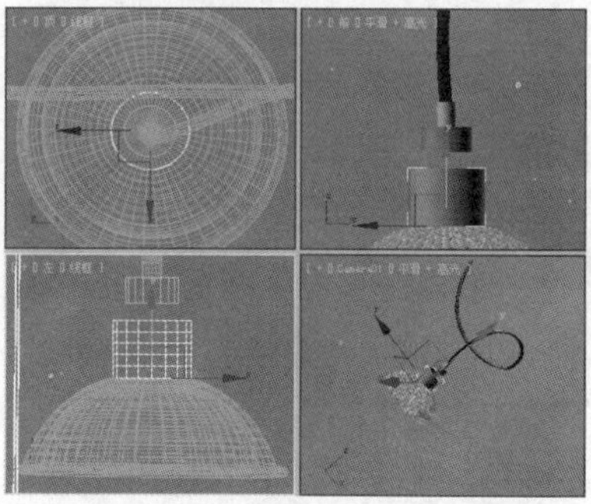

专家提醒

当连接物体为NURBS 对象时，系统将不能保证连接的正确性，如果需要对其进行连接，首先要将NURBS 对象应用“焊接”修改器转换为网格类型。

STEP 09 确认“连接02”对象处于选中状态，选择“创建” | “几何体” | “复合对象” | “连接”工具，如下图所示。

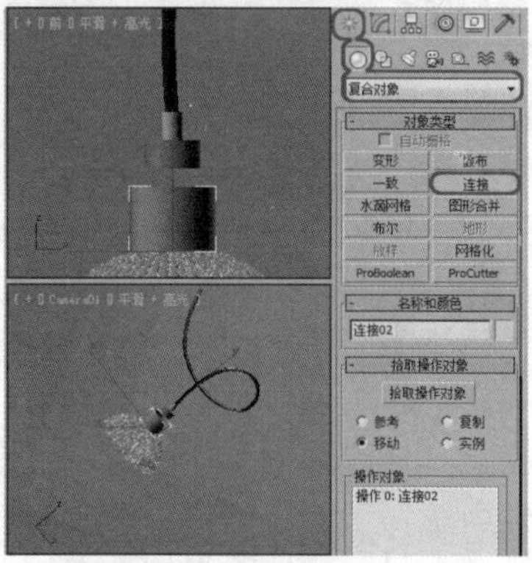

STEP 10 在“拾取操作对象”卷展栏中单击“拾取操作对象”按钮，按H键打开“拾取对象”对话框，在该对话框中选择“连接01”，如下图所示。

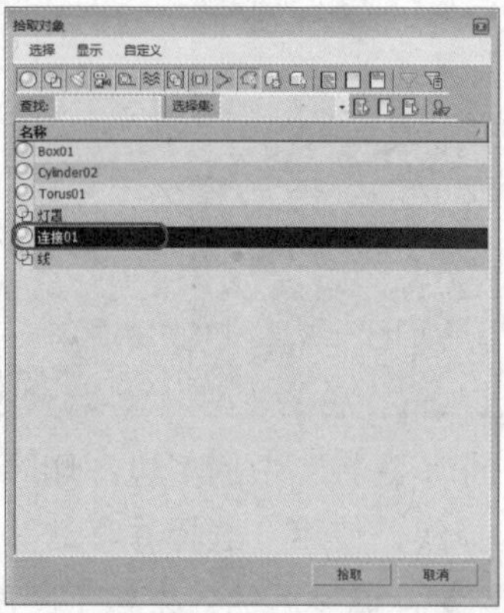

STEP 11 选择完成后，单击“拾取”按钮，即可连接对象，如下图所示。

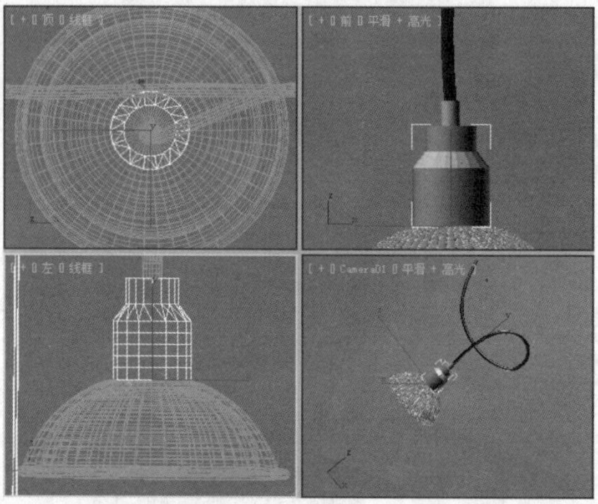

STEP 12 为其指定“金属”材质，按F9键对“Camera01”视图进行渲染，渲染后的效果如下图所示。

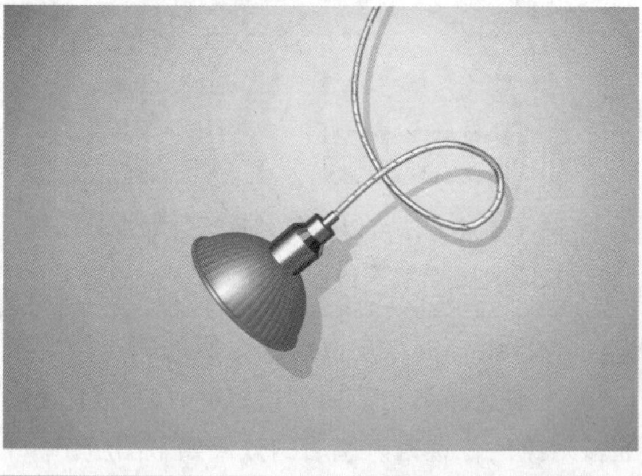

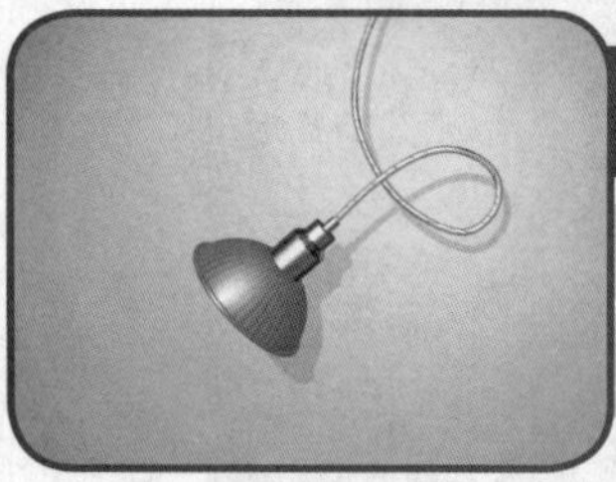

实战操作238 设置分段数

素材：无

场景：Scene\Cha07\实战操作238.max

难度：★★★★★

视频：视频\Cha07\实战操作238.avi

当创建完连接复合对象后，可以根据需要设置连接对象的分段数，其具体操作步骤如下所述。

STEP 01 继续上一实例的操作，在场景中选择“连接02”，切换至“修改”命令面板，在“参数”卷展栏中将“分段”设置为100，按Enter键确认，如下图所示。

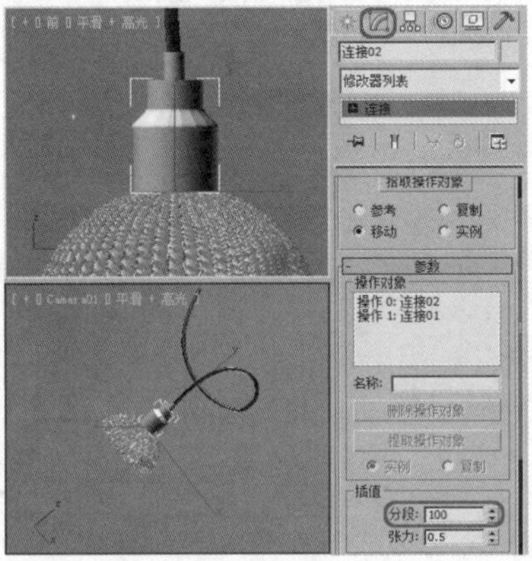

STEP 02 设置完成后，按F9键对“Camera01”视图进行渲染，效果如下图所示。

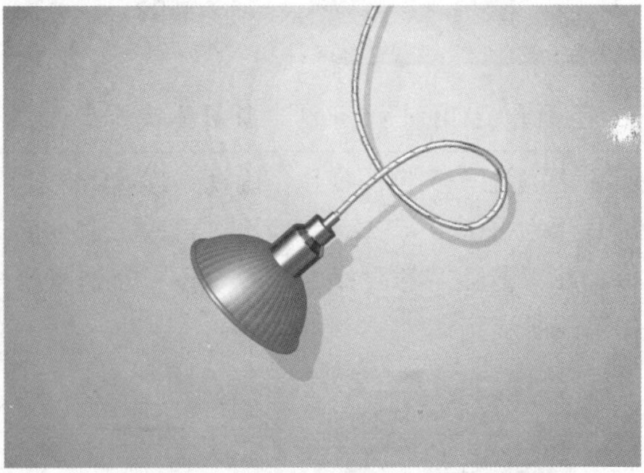

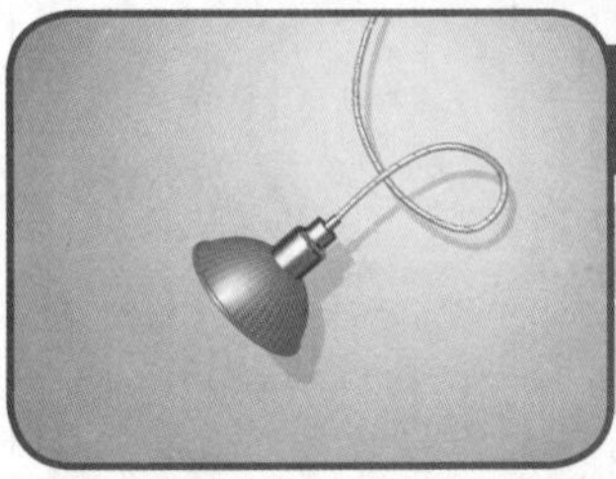

实战操作239 设置张力

素材：无　　场景：Scene\Cha07\实战操作239.max

难度：★★★★★　　视频：视频\Cha07\实战操作239.avi

“张力”主要控制连接过渡物体的曲度，当该值为0时，无张力，物体不会进行弯曲，该值越大，系统就会在连接物体上建立曲线并增加光滑度，以匹配连接物体过渡部分末端的法线表面。

STEP 01 继续上一实例的操作，确认“连接02”对象处于选中状态，切换至“修改”命令面板，在“参数”卷展栏中将“张力”设置为1，按Enter键确认，如下图所示。

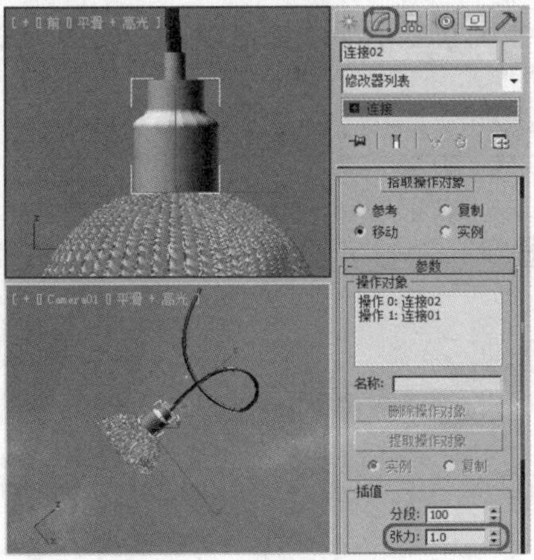

STEP 02 设置完成后，按F9键对“Camera01”视图进行渲染，效果如下图所示。

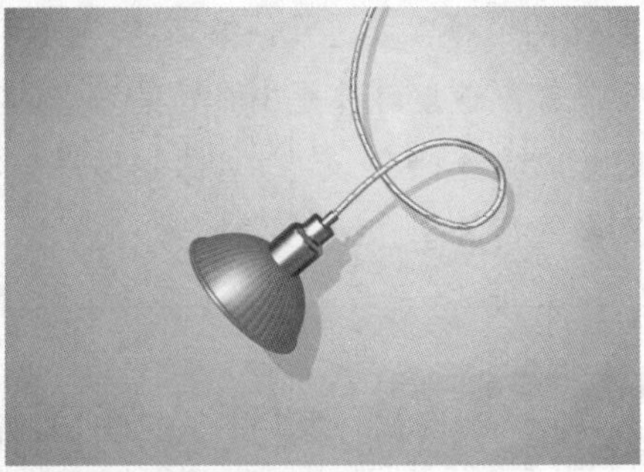

专家提醒

当“分段”为0时，无论“张力”值多大，都不会产生任何效果。

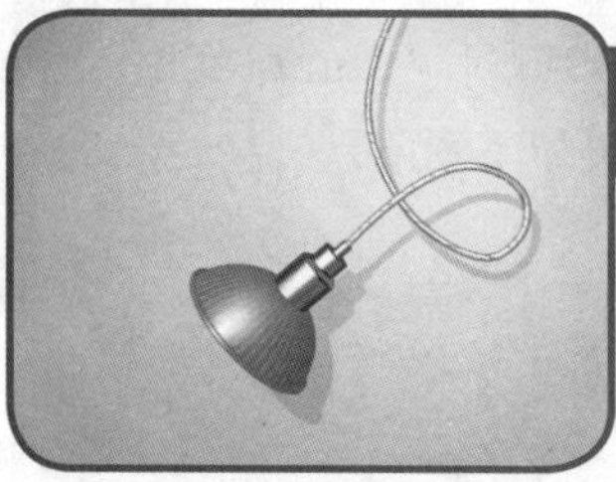

实战操作240 设置平滑

素材：无　　场景：Scene\Cha07\实战操作240.max

难度：★★★★★　　视频：视频\Cha07\实战操作240.avi

下面介绍如何设置平滑，其具体操作步骤如下所述。

STEP 01 继续上一实例的操作，确认“连接02”对象处于选中状态，切换至“修改”命令面板，在“参数”卷展栏中选中“桥”复选框，如下图所示。

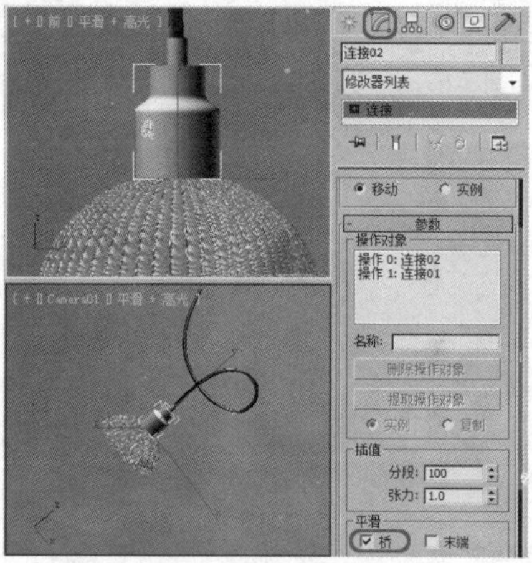

STEP 02 设置完成后，按F9键对“Camera01”视图进行渲染，效果如下图所示。

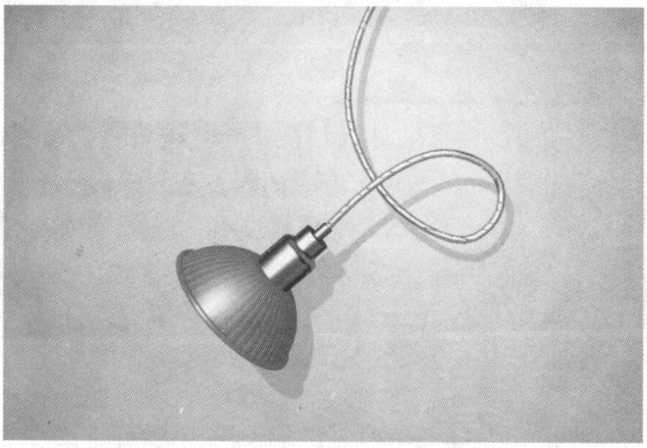

7.4 水滴网格复合对象

水滴网格可以通过几何体或粒子创建一组球体，这种球体也叫做变形球，还可以将球体连接起来，就如同这些球体是由柔软的液态物质构成的。如果球体在离另外一个球体的一定范围内移动，它们就会连接在一起。如果这些球体相互移开，将会重新显示球体的形状。下面对水滴网格复合对象进行简单介绍。

实战操作241 创建水滴网格复合对象

素材：Scene\Cha07\7-4.max　　场景：无

难度：★★★★★　　视频：视频\Cha07\实战操作241.avi

水滴网格复合对象可以根据场景中的指定对象生成变形球。下面介绍如何创建水滴网格复合对象。

STEP 01 启动3ds Max 2013，按Ctrl+O组合键，打开素材文件7-4.max，如下图所示。

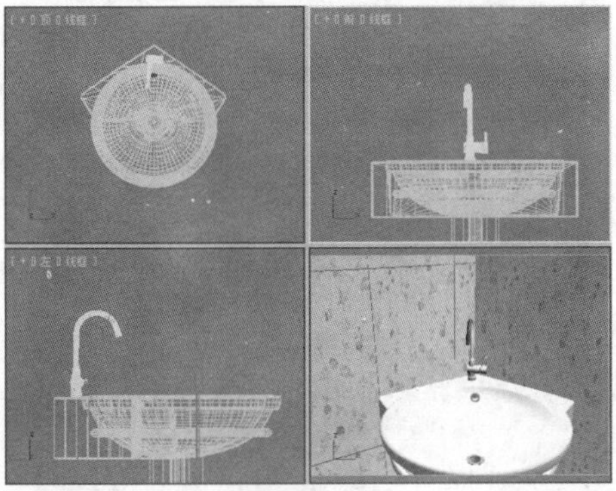

STEP 02 选择“创建” | “几何体” | “复合对象” | “水滴网格”工具，在“前”视图中创建一个水滴网格复合对象，如下图所示。

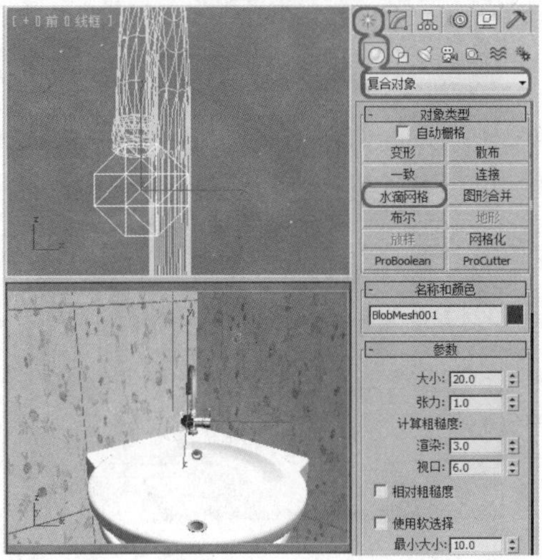

实战操作242 拾取水滴对象

素材：无　　场景：Scene\Cha07\实战操作242.max

难度：★★★★★　　视频：视频\Cha07\实战操作242.avi

下面介绍如何拾取水滴网格复合对象，其具体操作步骤如下所述。

STEP 01 继续上一实例的操作，选择“创建” | “图形” | “样条线” | “线”工具，在“前”视图创建一个如下图所示的图形，并将其命名为“水滴1”。

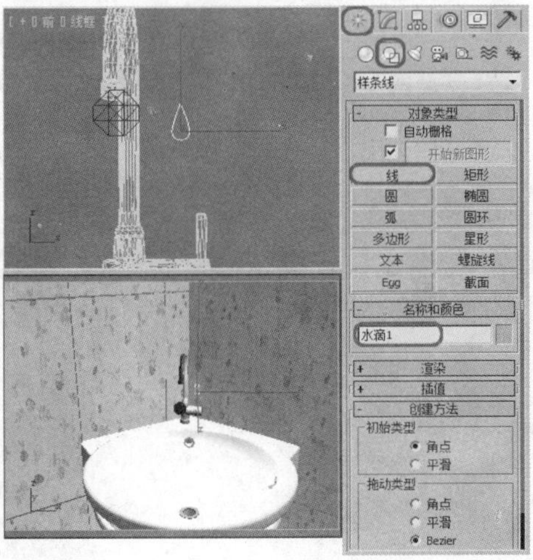

STEP 02 按住Shift键对该图形进行复制，并将其命名为“水滴2”，使用“选择并移动”工具调整其位置，调整后的效果如下图所示。

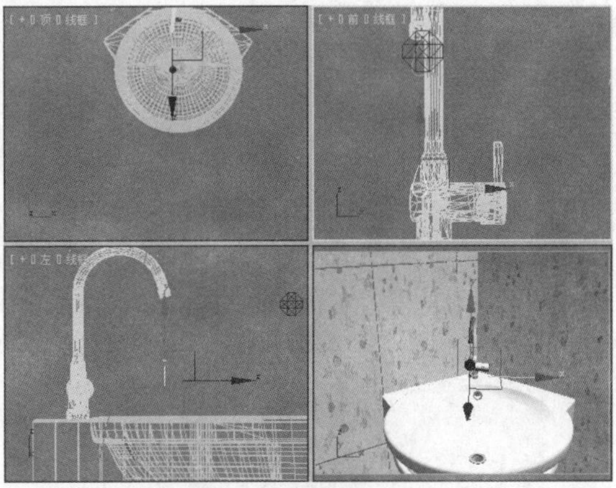

STEP 03 在场景中选择创建的水滴网格复合对象，切换至“修改”命令面板，在“参数”卷

展栏中单击“水滴对象”选项组中的“拾取”按钮。

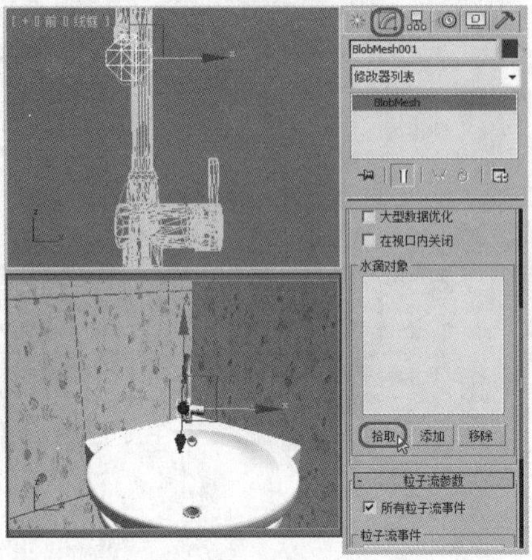

STEP 04 按H键打开“拾取对象”对话框，在该对话框中选择“水滴1”，如下图所示。

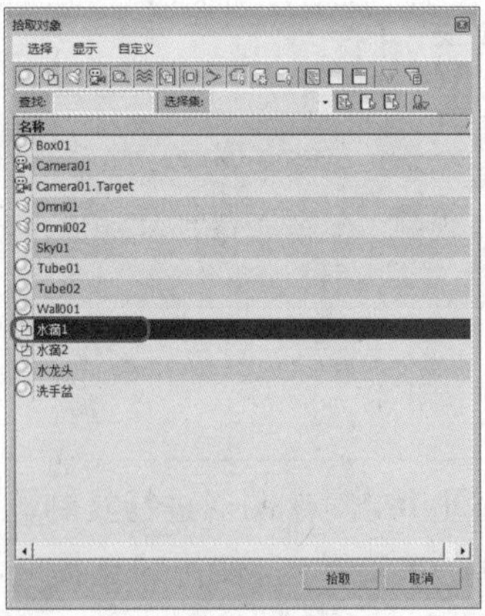

STEP 05 选择完成后，单击“拾取”按钮，在“参数”卷展栏中将“大小”设置为4，选中“相对粗糙度”复选框，如下图所示。

STEP 06 使用同样的方法拾取“水滴2”对象，并在“参数”卷展栏中将“大小”设置为4，选中“相对粗糙度”复选框，如下图所示。

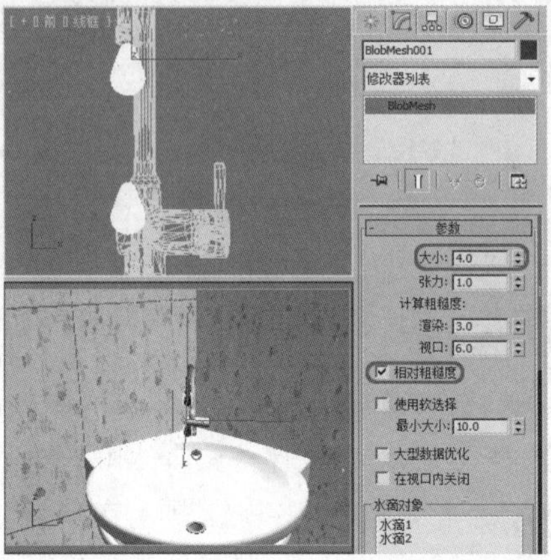

STEP 07 选择水滴网格复合对象，按M键打开“材质编辑器”对话框，在该对话框中选择“水滴”材质样本球，单击“将材质指定给选定对象”按钮，如下图所示。

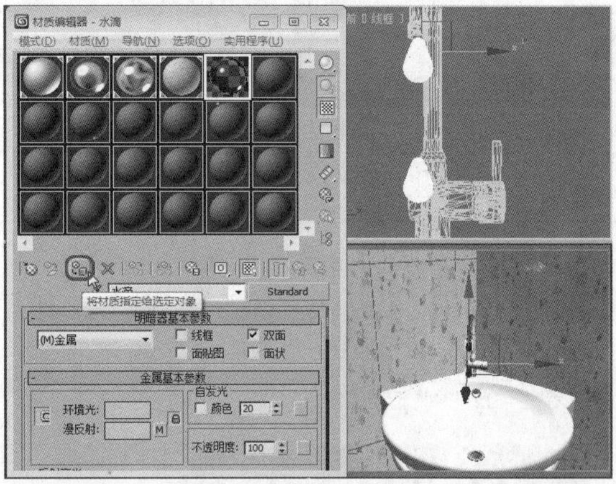

STEP 08 按F9键对“Camera01”视图进行渲染，效果如下图所示。

7.5 ProCutter与图形合并复合对象

"ProCutter"工具主要是将对象进行分裂或细分体积。与"ProCutter"工具大不相同的是，"图形合并"工具用来创建包含网格对象和一个或多个图形的复合对象，本节将对其进行简单介绍。

实战操作243 "ProCutter"工具

素材：Scene\Cha07\7-5.max　场景：Scene\Cha07\实战操作243.max

难度：★★★★★　视频：视频\Cha07\实战操作243.avi

下面介绍"ProCutter"工具的使用方法，其具体操作步骤如下所述。

STEP 01 启动3ds Max 2013，按Ctrl+O组合键，打开素材文件7-5.max，打开的场景如下图所示。

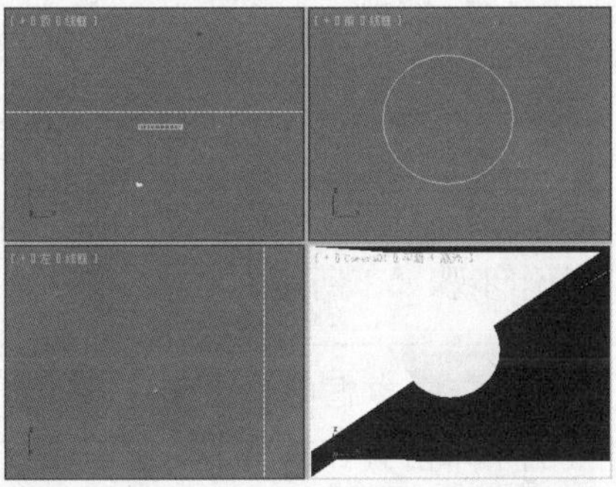

STEP 02 选择"创建"|"图形"|"样条线"|"文本"工具，在"参数"卷展栏中将字体设置为"华文行楷"，将"大小"设置为3.5，在"文本"文本框中输入M，在"前"视图中单击鼠标，如下图所示。

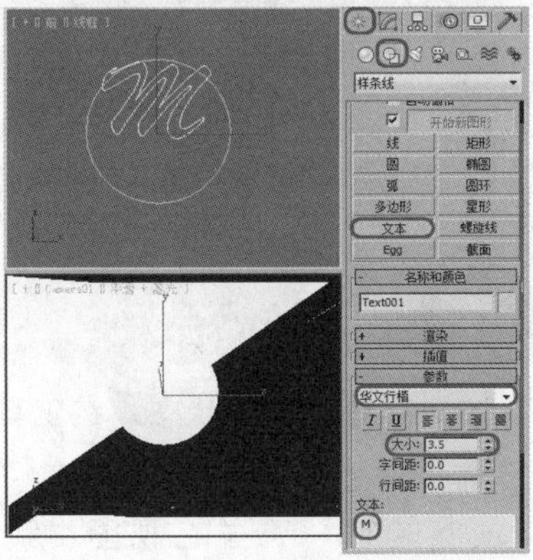

STEP 03 切换至"修改"命令面板，在"修改器列表"中选择"挤出"修改器，在"参数"卷展栏中将"数量"设置为0.7，并使用"选择并移动"工具调整其位置，效果如下图所示。

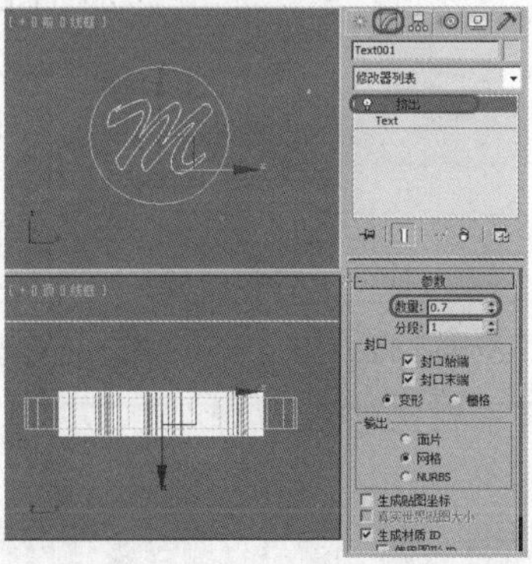

STEP 04 选择"创建"|"几何体"|"复合对象"|"ProCutter"工具，在"切割器拾取参数"卷展栏中选中"自动提取网格"复选框，单击"拾取原料对象"按钮，如下图所示。

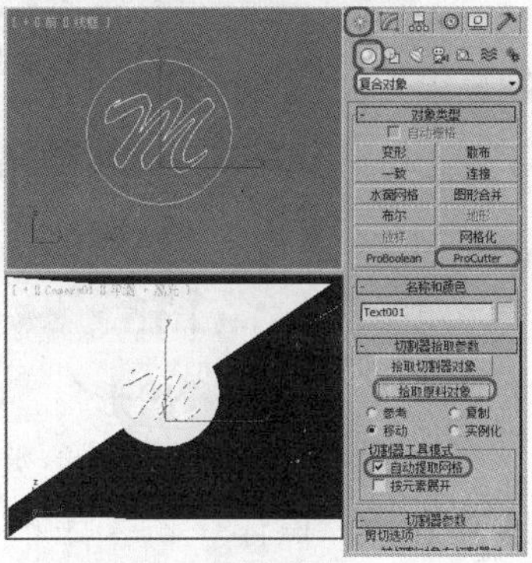

STEP 05 按H键，打开“拾取对象”对话框，在该对话框中选择“Circle001”，如下图所示。

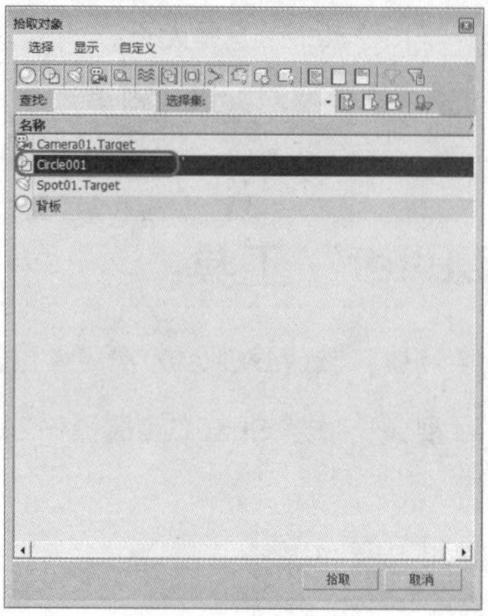

STEP 06 在视图中选择“Text001”，按Delete键删除，再在视图中选择“Text002”，为其指定材质，按F9键对“Camera01”视图进行渲染，完成后的效果如下图所示。

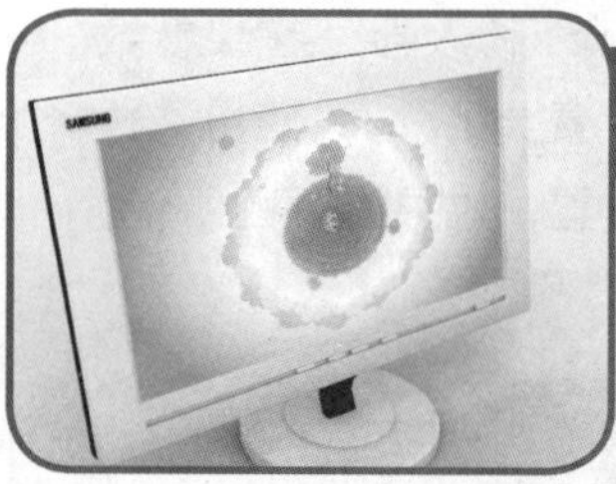

实战操作244 “图形合并”工具

素材：Scene\Cha07\7-6.max　场景：Scene\Cha07\实战操作244.max

难度：★★★★★　视频：视频\Cha07\实战操作244.avi

下面介绍如何使用“图形合并”工具合并图形，其具体操作步骤如下所述。

STEP 01 启动3ds Max 2013，按Ctrl+O组合键，打开素材文件7-6.max，打开的场景如下图所示。

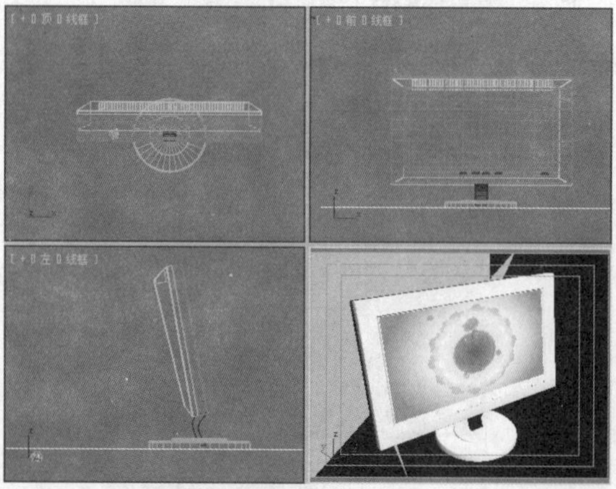

STEP 02 选择“创建” | “图形” | “样条线” | “文本”工具，在“参数”卷展栏中将字体设置为“黑体”，“大小”设置为5，在“文本”文本框中输入SAMSUNG，在“前”视图中单击鼠标，如下图所示。

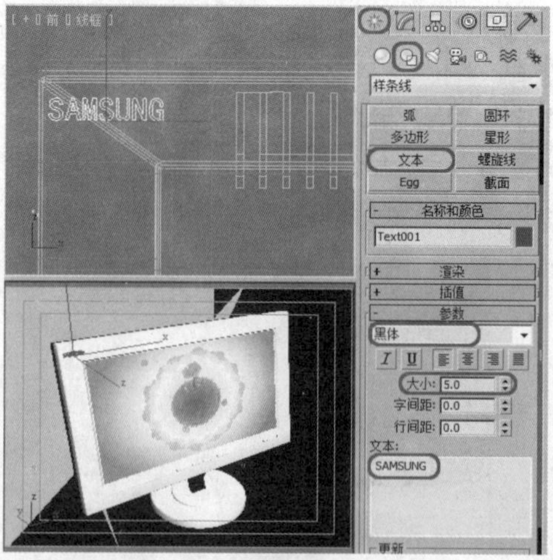

STEP 03 确认该文字处于选中状态，在工具栏中单击“选择并旋转”按钮，在“左”视图中沿X轴旋转10°，并在视图中调整其位

置，效果如下图所示。

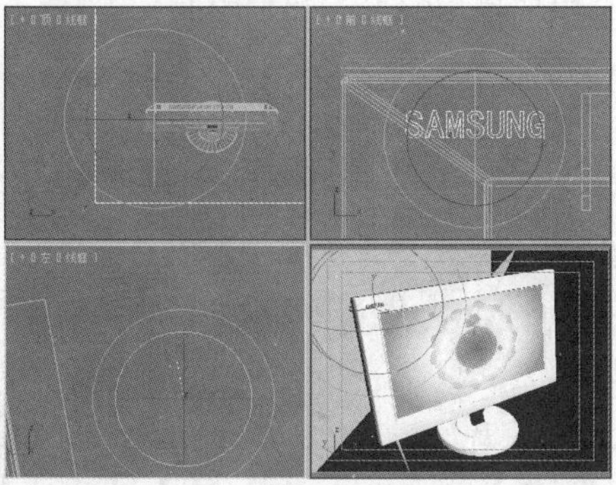

STEP 04 在视图中选择“显示器模型01”对象，选择“创建”|“几何体”|“复合对象”|“图形合并”按钮，在“拾取操作对象”卷展栏中选中“移动”单选按钮，单击“拾取图形”按钮，在视图中选择文本，如下图所示。

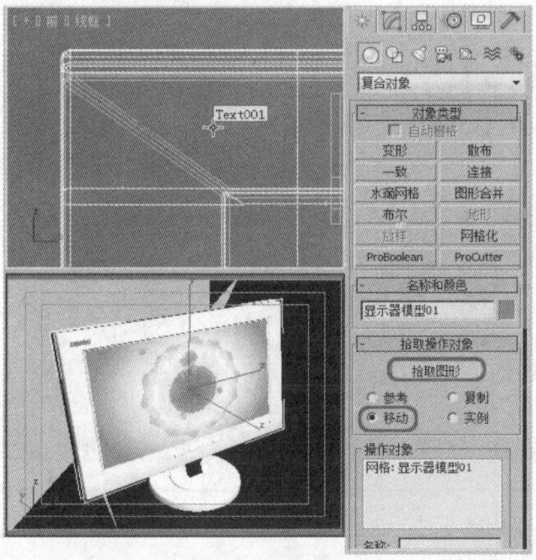

STEP 05 切换至“修改”命令面板，在“修改器列表”中选择“编辑多边形”修改器，如下图所示。

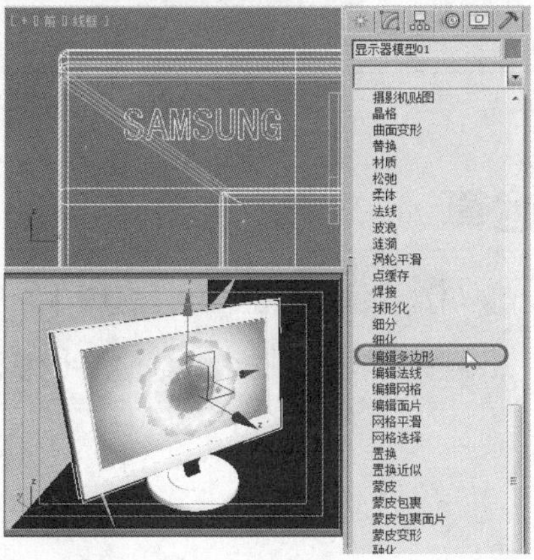

STEP 06 将当前选择集定义为“多边形”，在“前”视图中使用“选择并移动”工具选择如下图所示的多边形。

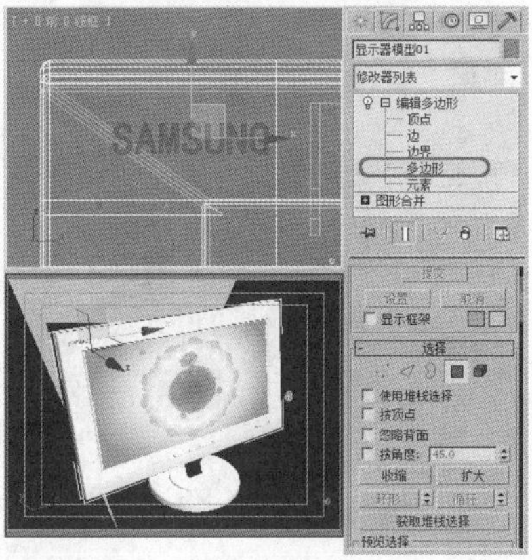

STEP 07 在“编辑多边形”卷展栏中单击“挤出”按钮，再单击该按钮右侧的“设置”按钮 ，在“高度”文本框中输入1，单击“确定”按钮，如下图所示。

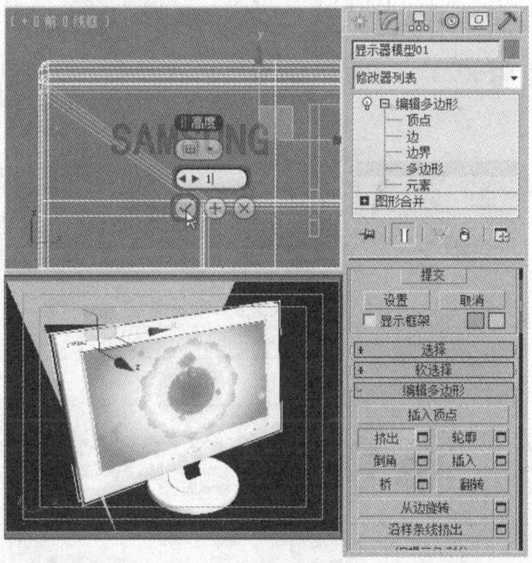

STEP 08 再次单击“挤出”按钮，将其关闭，在视图中选择如下图所示的多边形。

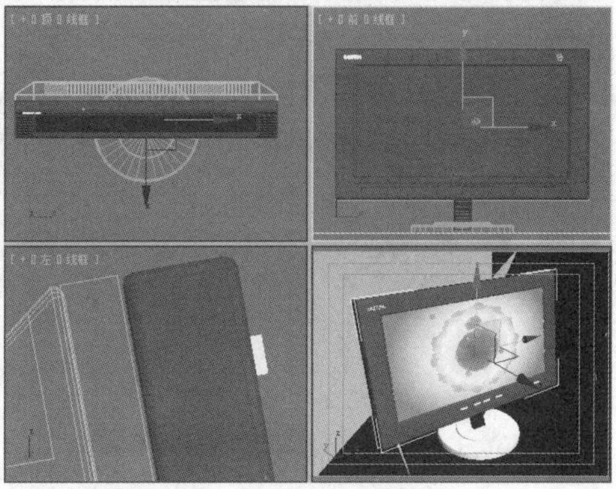

STEP 09 在“多边形：材质ID”卷展栏的“设置ID”文本框中输入1，按Enter键确认，如下图所示。

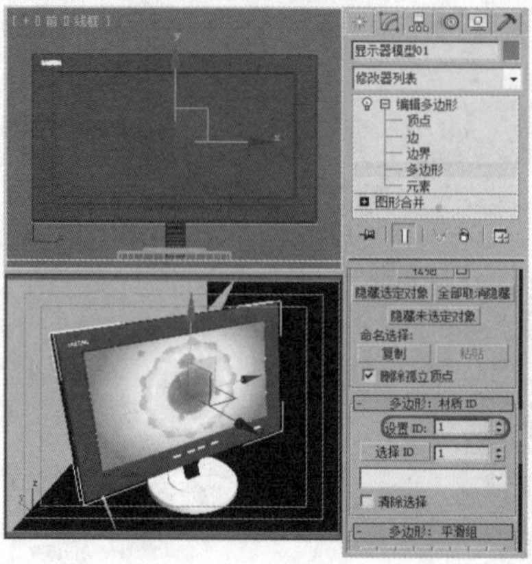

STEP 10 在菜单栏中执行“编辑”|“反选”命令，如右图所示。然后在“多边形：材质ID”卷展栏的“设置ID”文本框中输入2，按Enter键确认。

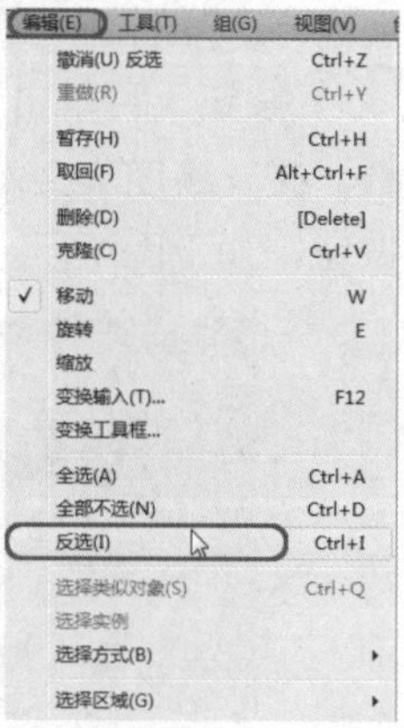

STEP 11 将当前选择集关闭，单击“材质编辑器”按钮，打开“材质编辑器”对话框，将如下图所示的材质指定给“显示器模型01”，如下图所示。

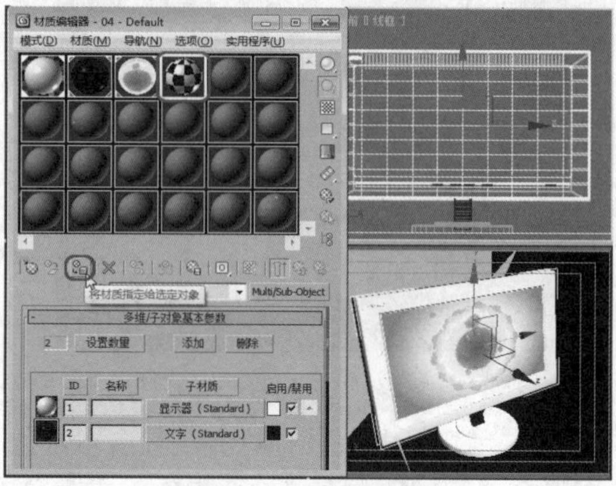

STEP 12 指定完成后，按F9键对“Camera01”视图进行渲染，效果如下图所示。

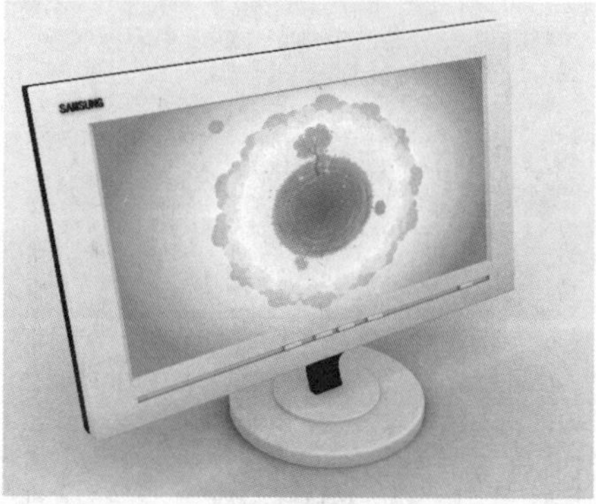

7.6 布尔复合对象

布尔复合对象通过对两个对象进行布尔操作将它们组合起来，通过布尔运算可以制作出复杂的复合物体。

实战操作245 差集运算

素材：Scene\Cha07\7-7.max　　场景：Scene\Cha07\实战操作245.max

难度：★★★★★　　视频：视频\Cha07\实战操作245.avi

下面介绍差集运算的使用方法，其具体操作步骤如下所述。

STEP 01 启动3ds Max 2013，按Ctrl+O组合键，打开素材文件7-7.max，如下图所示。

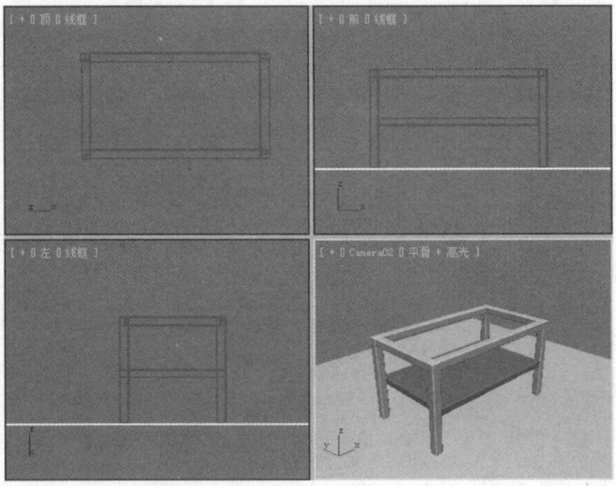

STEP 02 选择“创建” | “几何体” | “扩展基本体” | “切角长方体”工具，在“顶”视图中创建切角长方体，在“参数”卷展栏中设置“长度”为100、“宽度”为178、“高度”为50、“圆角”为1，将其命名为“抽屉01”，如下图所示。

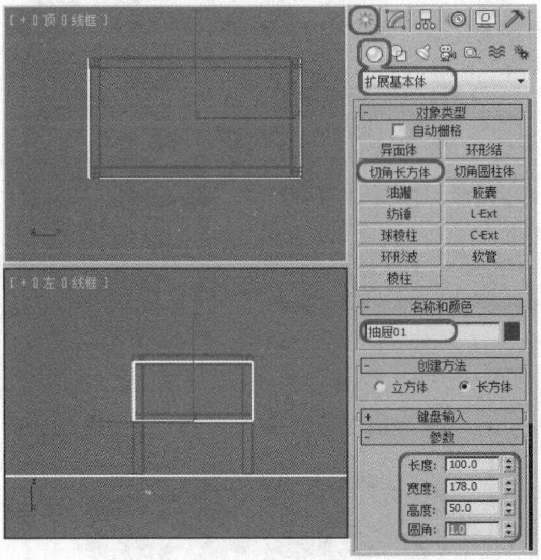

STEP 03 选择所创建的“抽屉01”对象，在“前”视图中按住Shift键沿Y轴向下拖动，在弹出的“克隆选项”对话框中，将名称设置为“抽屉”02，切换至“修改”命令面板，在“参数”卷展栏中将“长度”、“宽度”、“高度”、“圆角”分别设置为100、140、50、1，如下图所示。

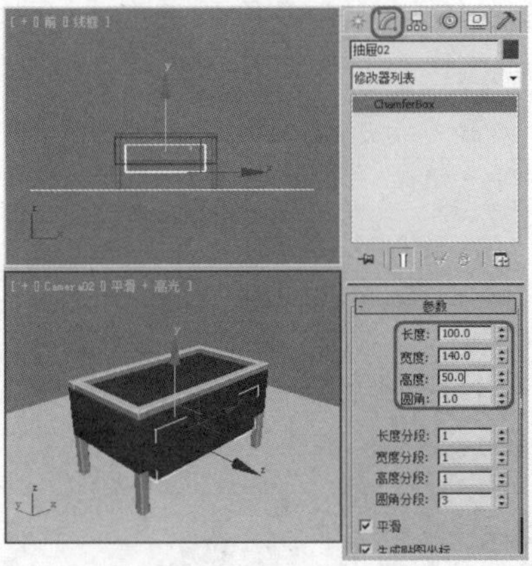

STEP 04 在工具栏中单击“选择并移动”按钮，在视图中调整“抽屉01”和“抽屉02”的位置，调整后的效果如下图所示。

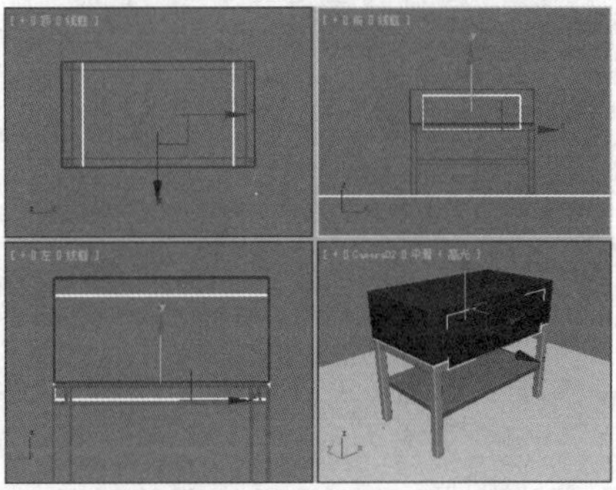

STEP 05 在视图中选择“抽屉01”对象，选择“创建” | “几何体” | “复合对象” | “布尔”工具，在“参数”卷展栏中选中“差集（A-B）”单选按钮；在“拾取布尔”卷展栏中单击“拾取操作对象B”按钮，在视图中拾取“抽屉02”对象，如下图所示。

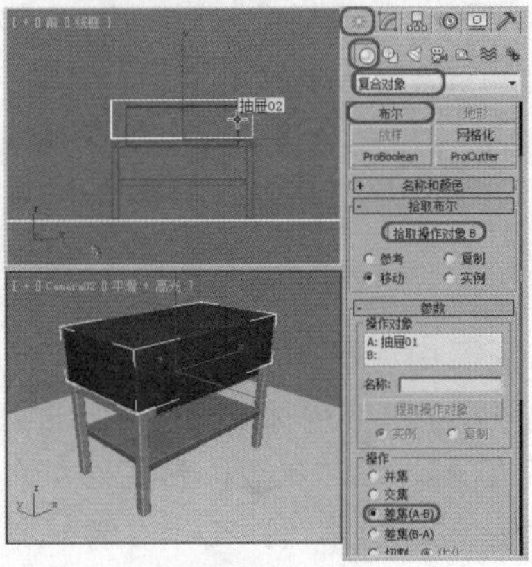

STEP 06 选择“创建” | “几何体” | “扩展基本体” | “切角长方体”工具，在“顶”视图中创建切角长方体；在“参数”卷展栏中设置“长度”为93、“宽度”为137、“高度”为40、“圆角”为1，将其命名为“抽屉”，如下图所示。

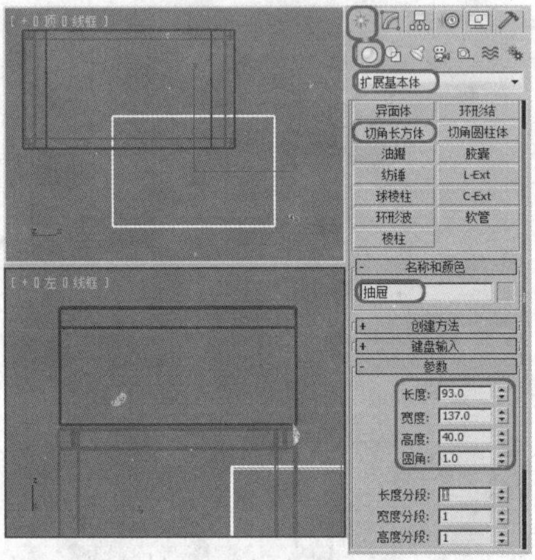

STEP 07 在视图中调整其位置，按住Shift键对“抽屉”对象进行复制，并将其命名为“抽屉03”，切换至“修改”命令面板，在“参数”卷展栏中将“长度”、“宽度”、“高度”、“圆角”分别设置为9.3、32.88、18、1，并在视图中调整其位置，效果如下图所示。

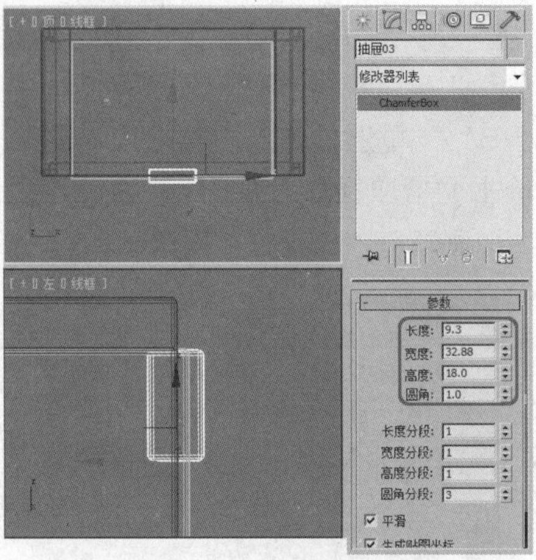

STEP 08 在视图中选择“抽屉”对象，选择“创建” | “几何体” | “复合对象” | “布尔”工具，在“参数”卷展栏中选中“差集（A-B）”单选按钮；在“拾取布尔”卷展栏中单击“拾取操作对象B”按钮，在视图中拾取“抽屉03”对象，如下图所示。

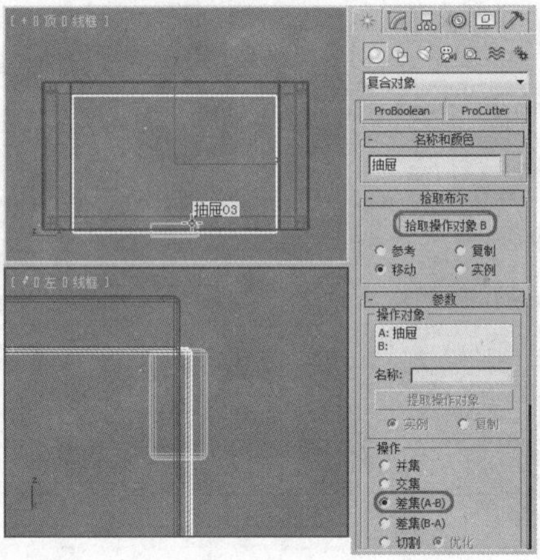

STEP 09 使用同样的方法创建其他对象，为“抽屉01”和“抽屉”对象添加“UVW贴图”修改器，并对其进行调整及指定相应材质，效果如下图所示。

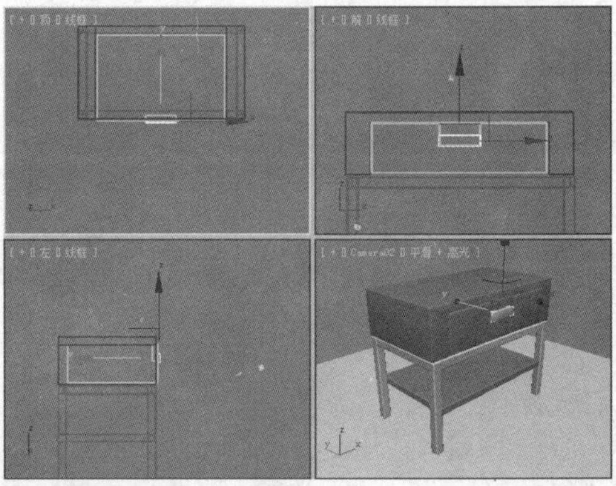

STEP 10 按F9键对“Camera02”视图进行渲染，效果如下图所示。

实战操作246 并集运算

素材：Scene\Cha07\7-8.max　　场景：Scene\Cha07\实战操作246.max

难度：★★★★★　　视频：视频\Cha07\实战操作246.avi

并集运算是指将两个对象进行合并，然后将相交的部分删除。下面介绍如何应用并集运算，其具体操作步骤如下所述。

STEP 01 启动3ds Max 2013，按Ctrl+O组合键，打开素材文件7-8.max，如下图所示。

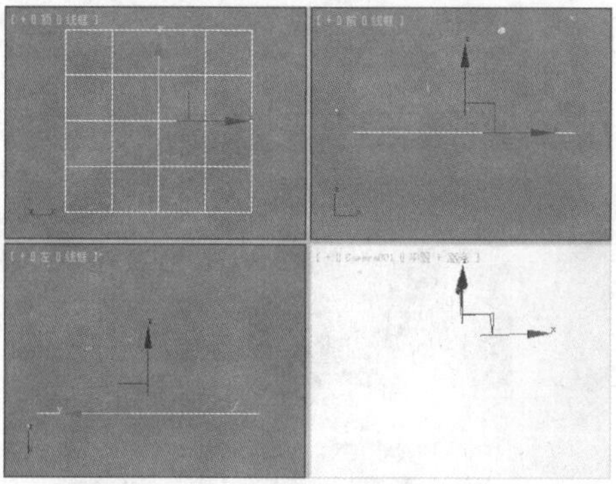

STEP 02 选择“创建” | “几何体” | “标准基本体” | “圆柱体”工具，在“顶”视图中设置“半径”、“高度”、“高度分段”、“端面分段”、“边数”分别为150、3、5、13、36，将其命名为“铜钱”，如下图所示。

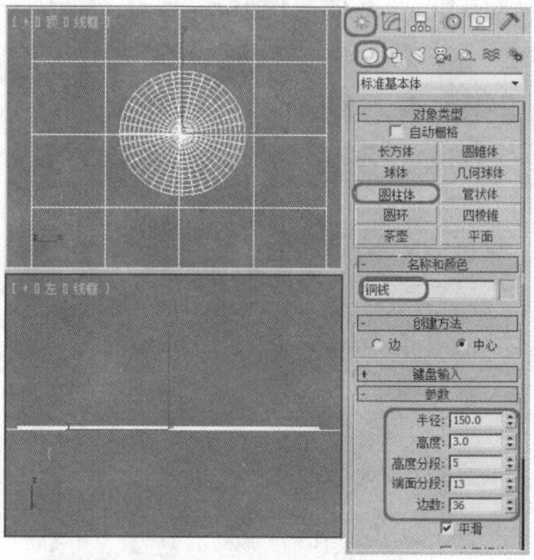

STEP 03 切换至“修改”命令面板，在“修改器列表”中选择“编辑多边形”修改器，将当前选择集定义为“多边形”，在“顶”视图中选择如下图所示的多边形。

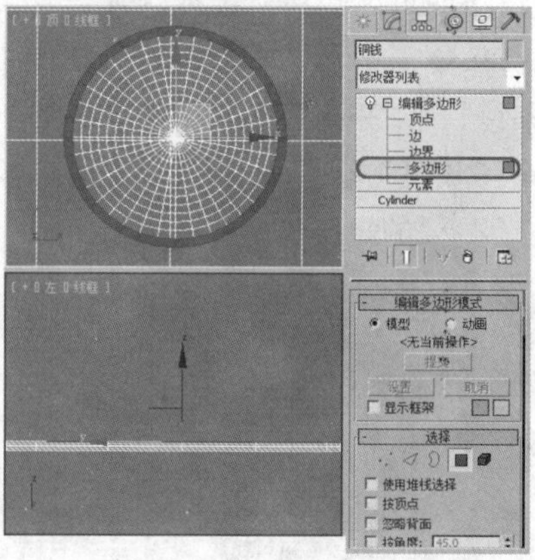

STEP 04 在“编辑多边形”卷展栏中单击“挤出”按钮，再单击其右侧的“设置”按钮，在“高度”文本框中输入3，单击“确定”按钮，如下图所示。

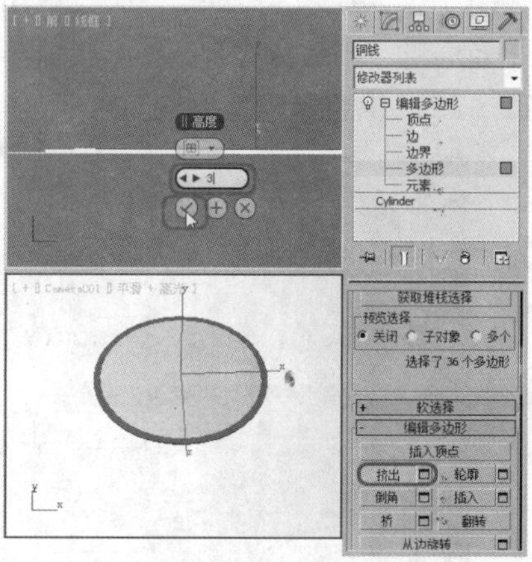

STEP 05 再次单击“挤出”按钮，将其关闭，使用相同的方法对其底部的多边形进行挤出，然后将当前选择集定义为“顶点”，在“顶”

视图中选择如下图所示的顶点。

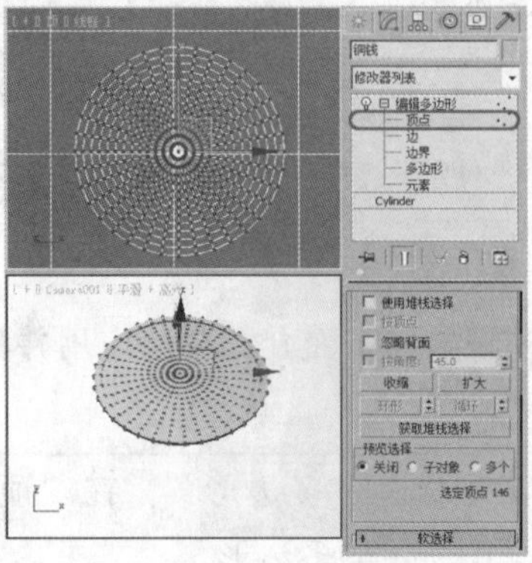

STEP 06 按Delete键删除所选择的顶点，关闭当前选择集，选择“创建” |“图形” |“样条线” |“矩形”工具，在“顶”视图中绘制一个“长度”、“宽度”、“角半径”分别为52、52、7的矩形，如下图所示。

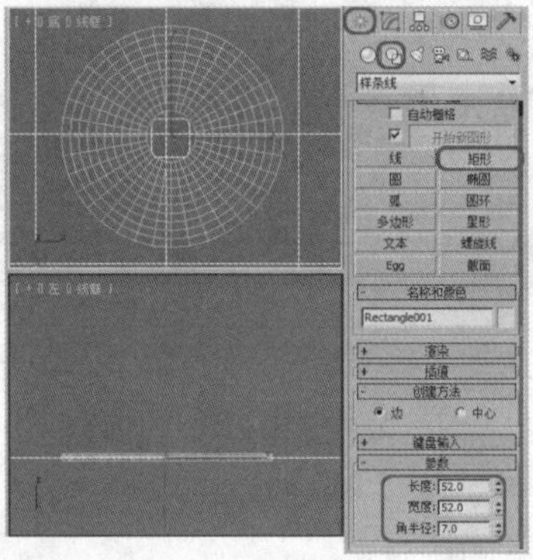

STEP 07 再使用“矩形”工具在“顶”视图中创建一个“长度”、“宽度”、“角半径”分别为72、72、12的矩形，如下图所示。

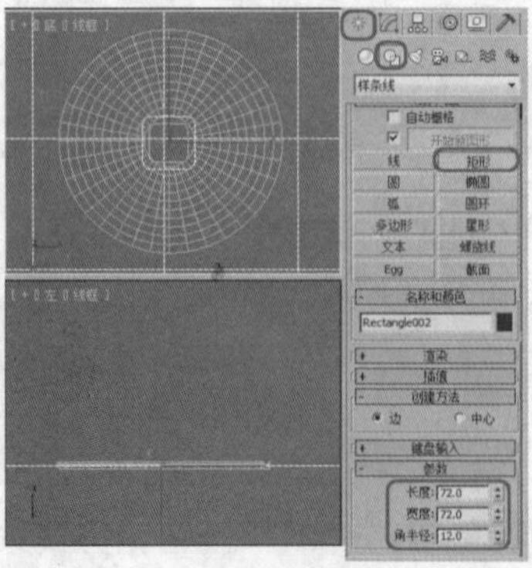

STEP 08 切换至“修改”命令面板，在“修改器列表”中选择“编辑样条线”修改器，在“几何体”卷展栏中单击“附加”按钮，在“顶”视图中选择另外一个矩形，如下图所示。

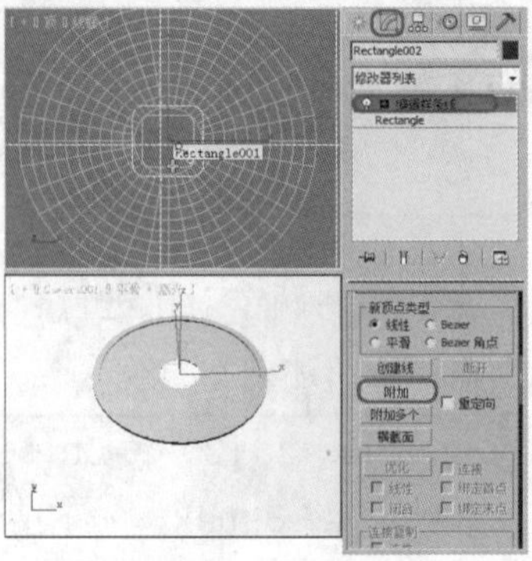

STEP 09 再在“修改器列表”中选择“挤出”修改器，在“参数”卷展栏中将“数量”设置为9，并在视图中调整其位置，如下图所示。

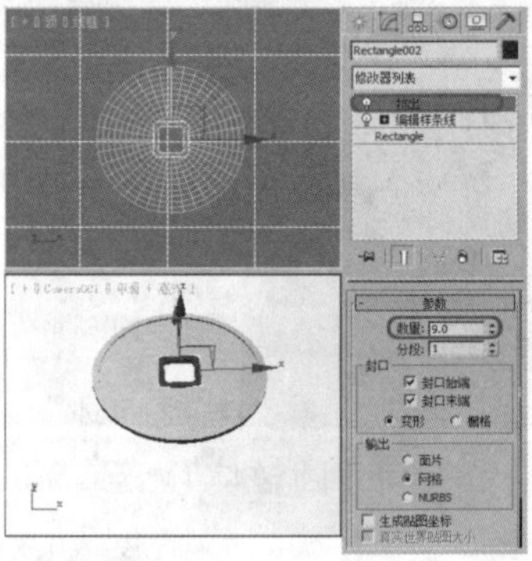

STEP 10 在视图中选择“铜钱”，选择“创建” |“几何体” |“复合对象” |“布尔”工具，在“拾取布尔”卷展栏中单击“拾取操作对象B”按钮；在“参数”卷展栏中选中“并集”单选按钮，在视图中的矩形上单击鼠标左键，如下图所示。

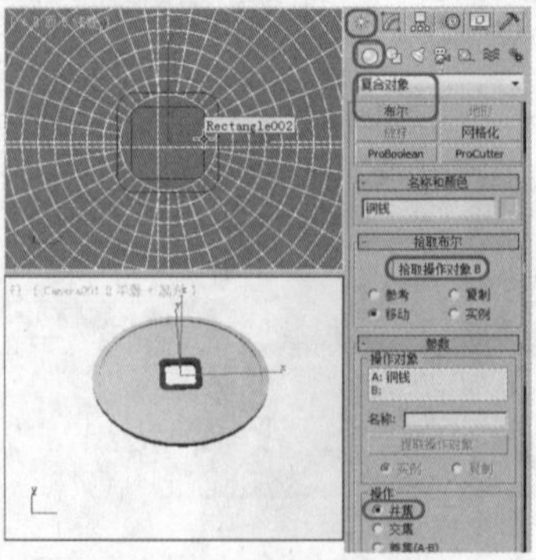

STEP 11 拾取完成后，为该对象添加“UVW贴图”修改器，使用“选择并缩放”工具对

该对象进行缩放，并复制，对复制后的对象进行调整，效果如下图所示。

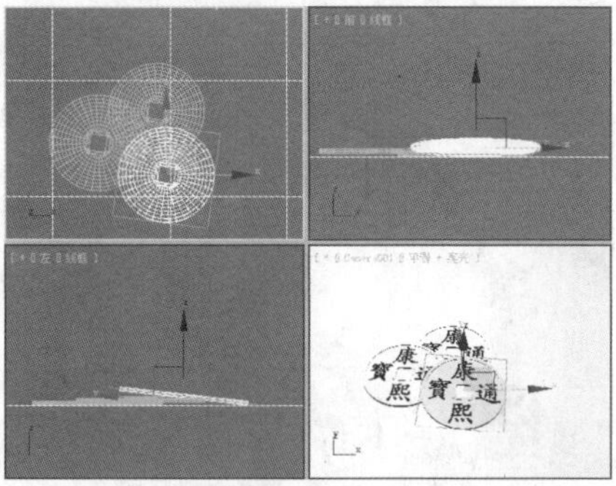

STEP 12 按F9键对“Camera001”视图进行渲染，效果如下图所示。

7.7 放样复合对象

放样的原理就是在一条指定的路径上排列截面，从而形成对象表面。放样对象由两个因素组成，即放样路径和放样图形。本节介绍“放样”工具的使用方法。

实战操作247 创建放样对象

素材：Scene\Cha07\7-9.max　　场景：Scene\Cha07\实战操作247.max

难度：★★★★★　　视频：视频\Cha07\实战操作247.avi

如果创建放样对象，必须要有放样图形和放样路径，然后再通过“放样”工具将其组成放样对象。创建放样对象的具体操作步骤如下所述。

STEP 01 在3ds Max 2013中按Ctrl+O组合键打开素材文件7-12.max，打开后的场景如下图所示。

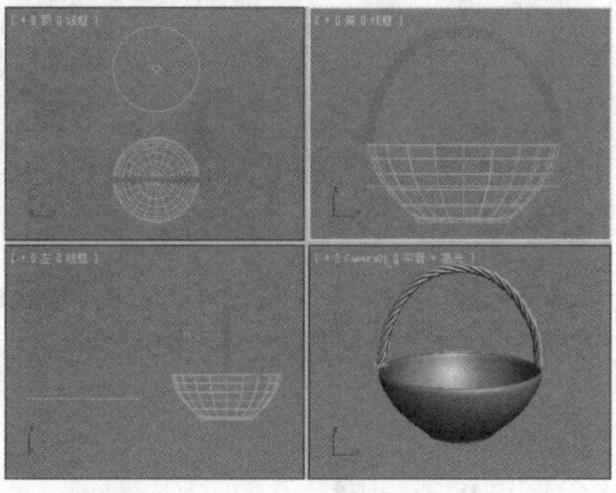

STEP 02 在视图中选择“路径01”，选择“创建”| “几何体”| “复合对象”| “放样”工具，在“创建方法”卷展栏中单击“获取图形”按钮，再在场景中选择“图形01”，如下图所示。

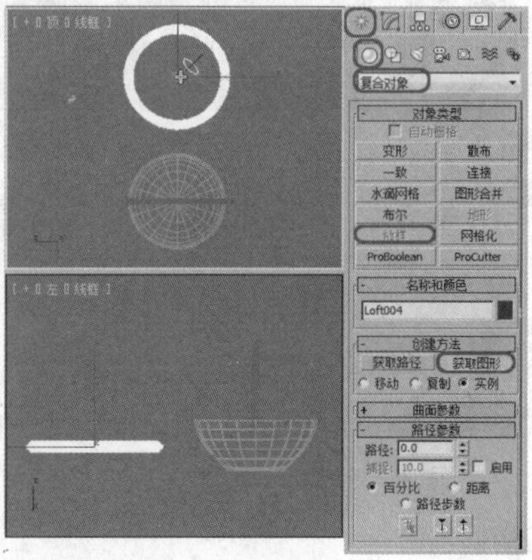

STEP 03 切换至“修改”命令面板，在“曲面参数”卷展栏中选中“应用贴图”复选框，如下图所示。

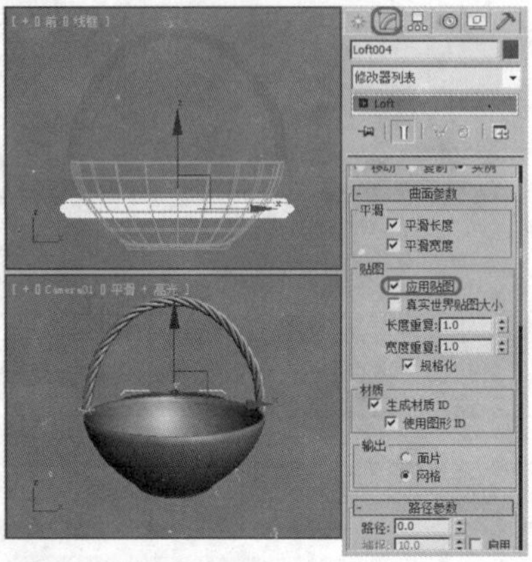

STEP 04 在视图中调整该对象的位置，并为其指定相应材质，按F9键对“Camera01”视图进行渲染，效果如下图所示。

实战操作248 设置蒙皮参数

素材：无	场景：Scene\Cha07\实战操作248.max
难度：★★★★★	视频：视频\Cha07\实战操作248.avi

下面介绍如何设置蒙皮参数，其具体操作步骤如下所述。

STEP 01 继续上一实例的操作，选择放样的复合对象，设置“路径步数”之前的效果如下图所示。

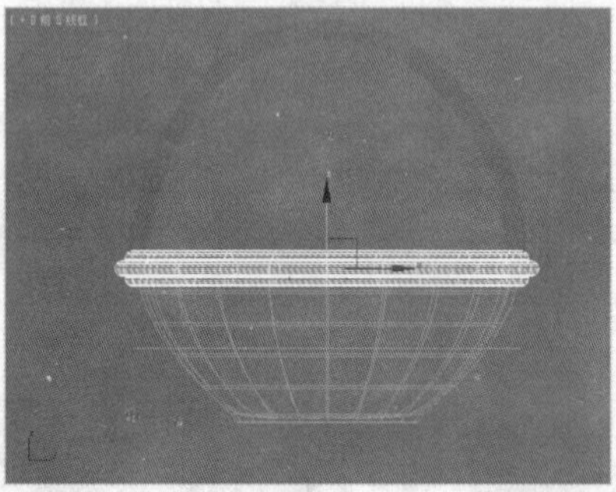

STEP 02 切换至“修改”命令面板，在“蒙皮参数”卷展栏中将“图形步数”设置为3，取消选中“自适应路径步数”复选框和“变换降级”复选框，如下图所示。

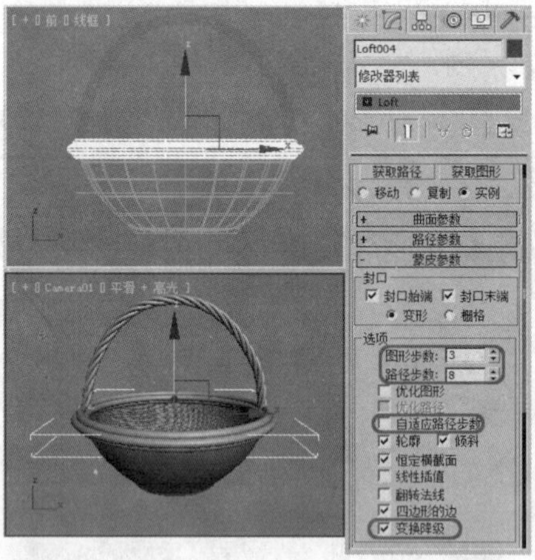

专家提醒

“路径参数”卷展栏中的“路径”用于控制沿着放样路径在不同间隔之间的多个图形位置。

“蒙皮参数”卷展栏中的“图形步数”用于设置截面图形的分段数，数值越高，生成的复合对象表面周边的网格就越密。

实战操作249 缩放变形

素材：无　　场景：Scene\Cha07\实战操作249.max

难度：★★★★★　　视频：视频\Cha07\实战操作249.avi

下面介绍如何对放样的图形进行缩放，其具体操作步骤如下所述。

STEP 01 继续上一实例的操作，选择放样的对象，切换至“修改”命令面板，在“变形”卷展栏中单击“缩放”按钮，如下图所示。

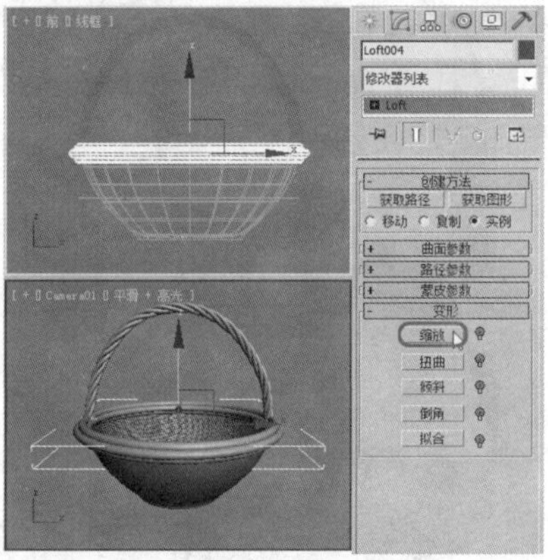

STEP 02 执行该操作后，即可打开“缩放变形”对话框，在该对话框中选择最左侧的控制点，在底部的文本框中输入70，按Enter键确认，如下图所示。

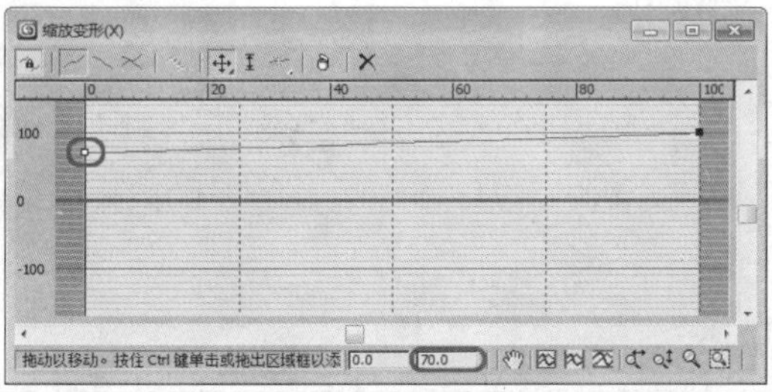

STEP 03 使用同样的方法调整右侧的控制点，调整完成后，将该对话框关闭，效果如下图所示。

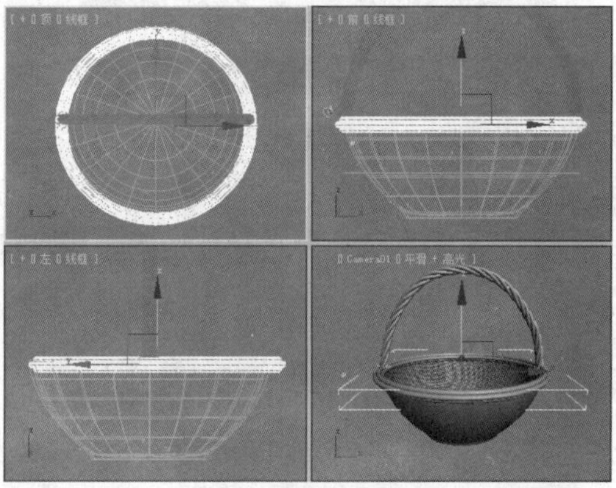

STEP 04 按F9键对“Camera01”视图进行渲染，效果如下图所示。

实战操作250 扭曲变形

素材：无　　场景：Scene\Cha07\实战操作250.max

难度：★★★★★　　视频：视频\Cha07\实战操作250.avi

下面介绍对放样复合对象进行扭曲变形，其具体操作步骤如下所述。

STEP 01 继续上一实例的操作，切换至“修改”命令面板，在“变形”卷展栏中单击“扭曲”按钮，如下图所示。

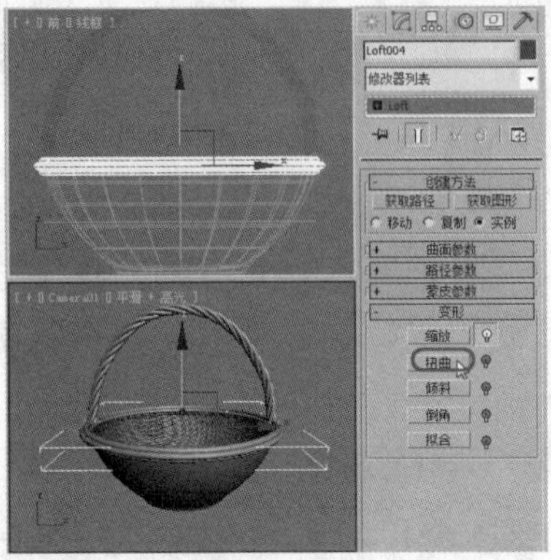

STEP 02 执行该操作后，即可打开“扭曲变形”对话框，在该对话框中选择最右侧的控制点，在底部的文本框中输入1483，按Enter键确认，如下图所示。

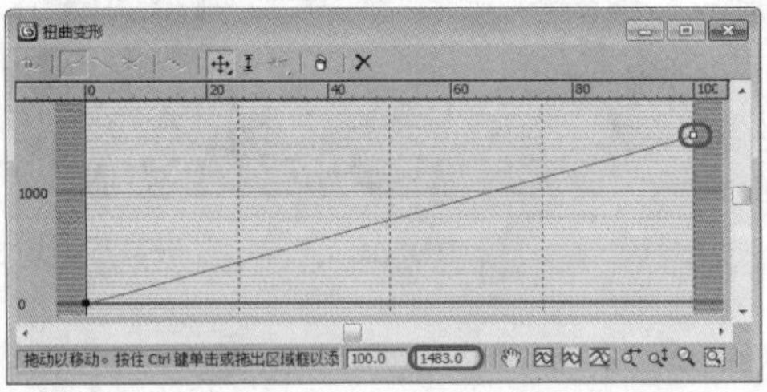

STEP 03 设置完成后，将该对话框关闭，即可将对象进行扭曲变形，如下图所示。

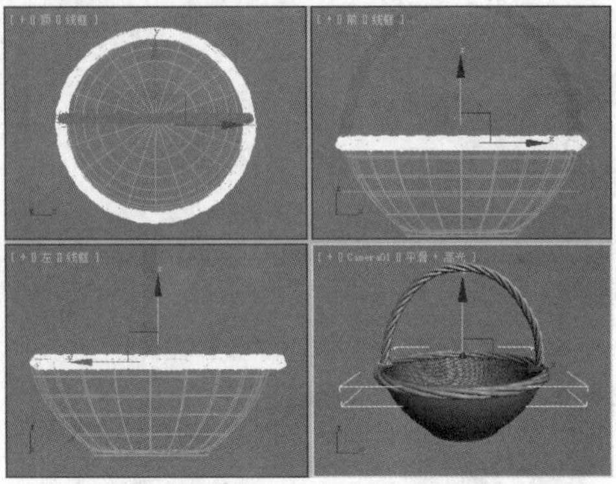

STEP 04 按F9键对“Camera01”视图进行渲染，效果如下图所示。

实战操作251 拟合变形

素材：Scene\Cha07\7-10.max　场景：Scene\Cha07\实战操作251.max

难度：★★★★★　视频：视频\Cha07\实战操作251.avi

下面介绍如何创建拟合变形，其具体操作步骤如下所述。

STEP 01 启动3ds Max 2013，按Ctrl+O组合键，打开素材文件7-10.max，如右图所示。

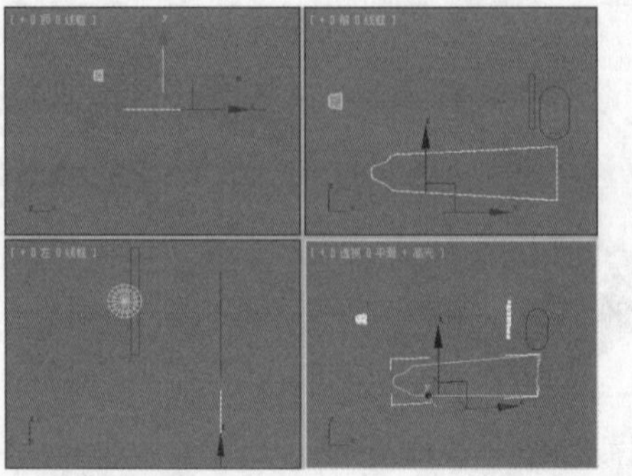

STEP 02 在视图区中选择“路径”对象，然后选择“创建”|“几何体”|“复合对象”|“放样”工具，在“创建方法”卷展栏中单击“获取图形”按钮，在“前”视图中拾取“截面”，创建放样对象，如下图所示。

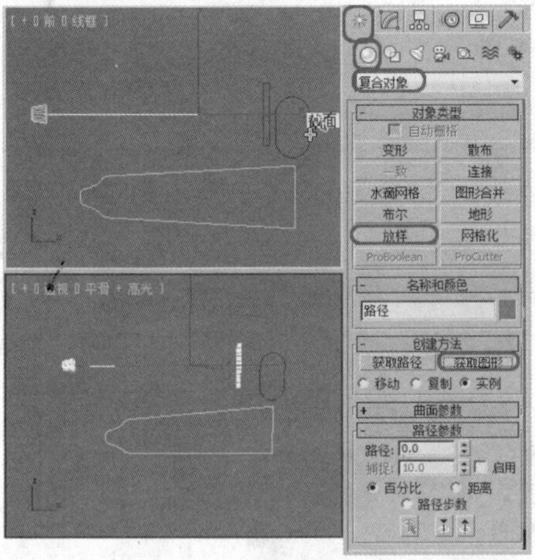

STEP 03 切换至“修改”命令面板，单击“变形”卷展栏中的“拟合”变形按钮，打开“拟合变形（X）”窗口。单击“均衡”按钮，然后单击“显示X轴”按钮，再单击“获取图形”按钮，并在“顶”视图中拾取“X轴变形”对象，如下图所示。

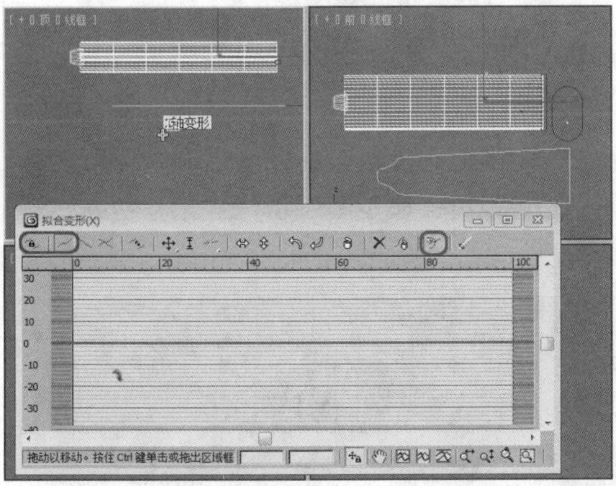

STEP 04 单击“显示Y轴”按钮，然后在“前”视图中拾取“Y轴变形”对象，如下图所示。

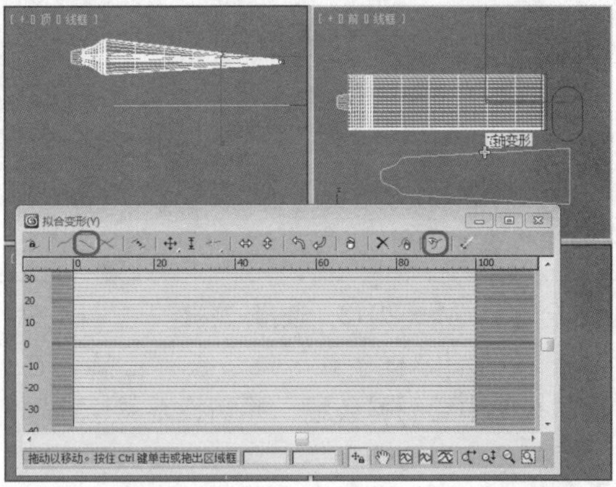

STEP 05 拾取完成后，将该对话框关闭，为其添加“网格平滑”和“UVW贴图”修改器，并对其进行调整及指定材质，效果如下图所示。

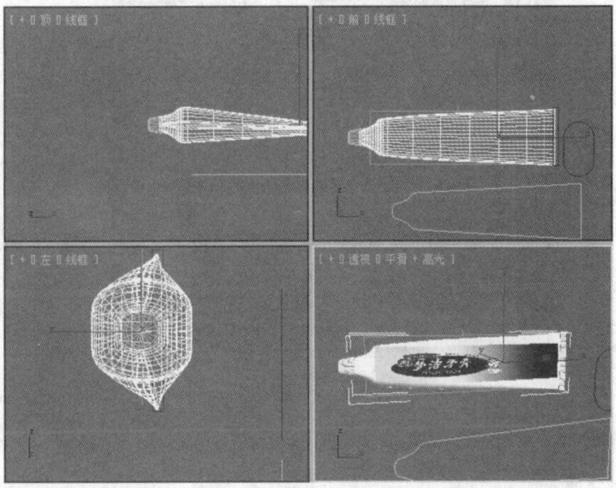

STEP 06 按F9键对“透”视图进行渲染，效果如下图所示。

7.8 地形复合对象

在3ds Max中，可以根据需要创建地形符合对象，本节将对其进行简单介绍。

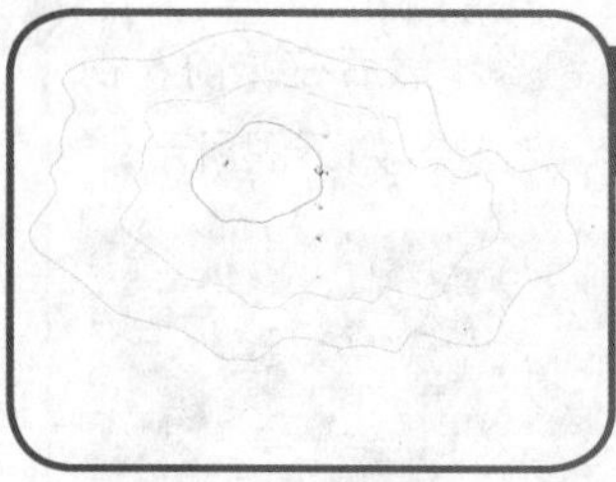

实战操作252 创建等高线

素材：无　　场景：Scene\Cha07\实战操作252.max

难度：★★★★★　　视频：视频\Cha07\实战操作252.avi

在创建地形复合对象之前，首先要创建用于表示海拔轮廓的样条线。下面介绍创建等高线，其具体操作步骤如下所述。

STEP 01 启动3ds Max 2013，选择“创建”|“图形”|“样条线”|“线”工具，在“顶”视图中绘制样条线，并切换至“修改”命令面板，将当前选择集定义为“顶点”，在视图中调整样条线的形状，如下图所示。

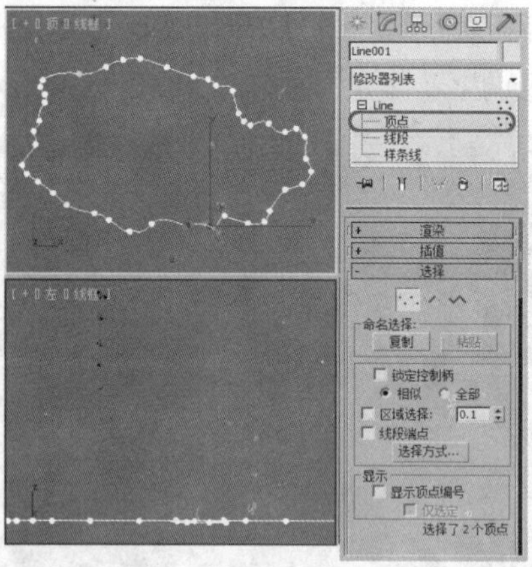

STEP 02 关闭当前选择集，在工具栏中单击“选择并均匀缩放”按钮，在“顶”视图中按住Shift键对其进行均匀缩放，在弹出的对话框中选中“复制”单选按钮，然后单击“确定”按钮，使用“选择并移动”工具调整其位置，效果如下图所示。

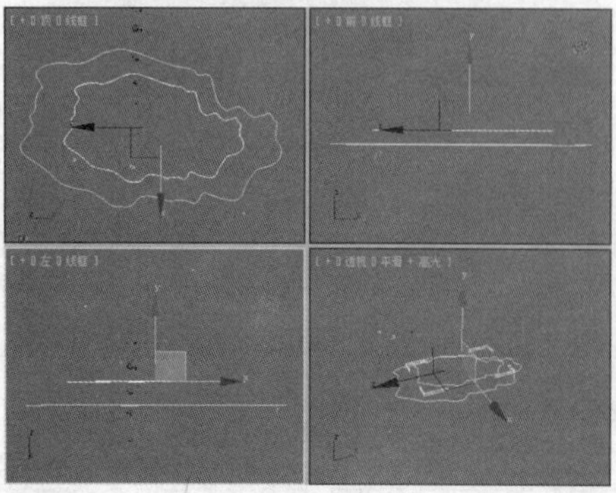

STEP 03 选择“创建”|“图形”|“样条线”|“线”工具，在“顶”视图中绘制第三条样条线，并切换至“修改”命令面板，将当前选择集定义为“顶点”，在视图中调整样条线的形状，如下图所示。

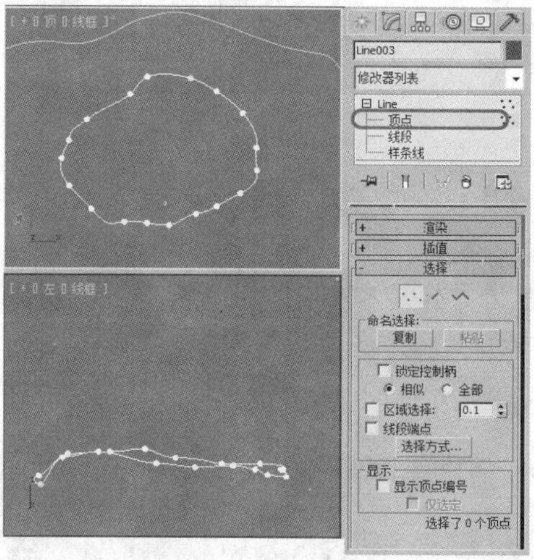

STEP 04 关闭当前选择集，在视图中调整样条线的上下距离，如下图所示，至此等高线创建完成。

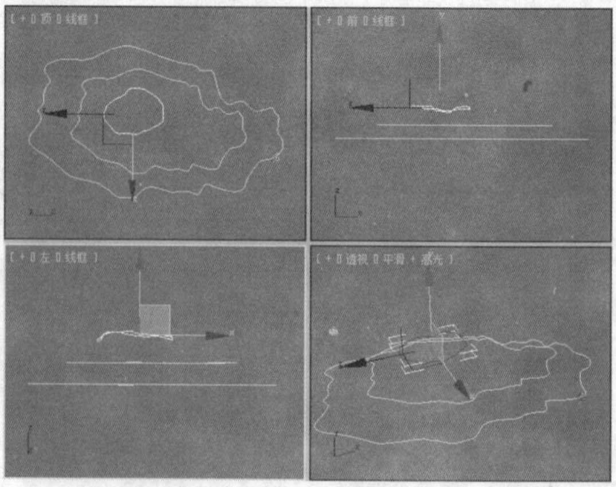

实战操作253 创建地形复合对象

素材：无　　场景：Scene\Cha07\实战操作253.max

难度：★★★★★　　视频：视频\Cha07\实战操作253.avi

创建完等高线后，即可通过所创建的等高线创建地形复合对象，其具体操作步骤如下所述。

STEP 01 继续上一实例的操作，在场景中选择“Line001”样条线，选择“创建”　|“几何体”　|“复合对象”|“地形”工具，如下图所示。

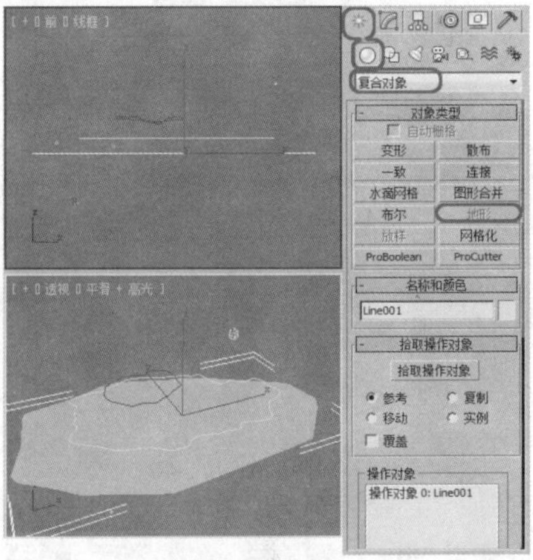

STEP 02 单击“拾取操作对象”卷展栏中的“拾取操作对象”按钮，在场景中分别选择“Line002”、“Line003”样条线，效果如下图所示。

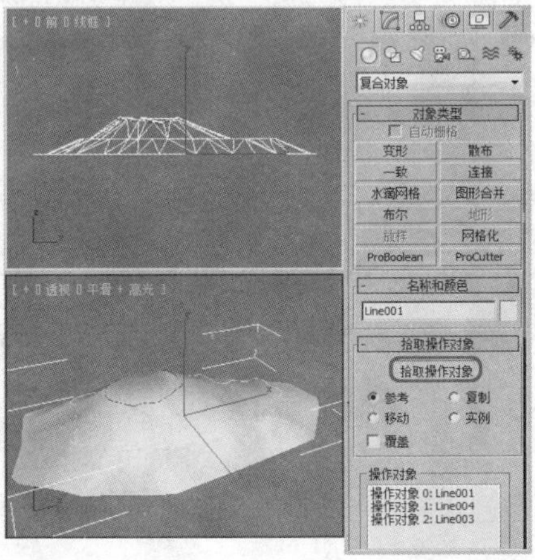

STEP 03 选择“创建”　|“摄影机”　|“标准”|“目标”摄影机工具，在“顶”视图中创建一架摄影机，将“镜头”设置为60，按Enter键确认，如下图所示。

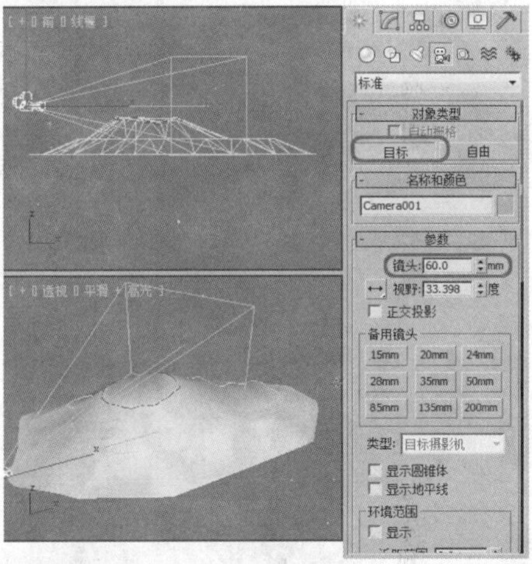

STEP 04 按C键将“透”视图转换为“摄影机”视图，并调整摄影的位置，为地形设置材质，按F9键对“Camera001”视图进行渲染，效果如下图所示。

Chapter

08

第8章 高级建模

前面介绍的都是实体建模，而现实生活中有大量物体时无法通过实体建模的方法来实现，例如人物、衣服、植物等，这些物体形状非常复杂，这时就需要使用高级建模方式。本章将对网格建模、面片建模、多边形建模和NURBS建模进行逐一介绍。

3ds Max 2013

8.1 编辑网格建模

本节主要介绍将模型转换为“可编辑网格”的方法，以及对网格建模的编辑等。

实战操作254 转换为可编辑网格

素材：Scene\Cha08\8-1.max　场景：Scene\Cha08\实战操作254.max

难度：★★★★★　视频：视频\Cha08\实战操作254.avi

下面介绍如何将模型转换为可编辑网格，其具体操作步骤如下所述。

STEP 01 启动3ds Max 2013，按Ctrl+O组合键，打开素材文件8-1.max，如下图所示。

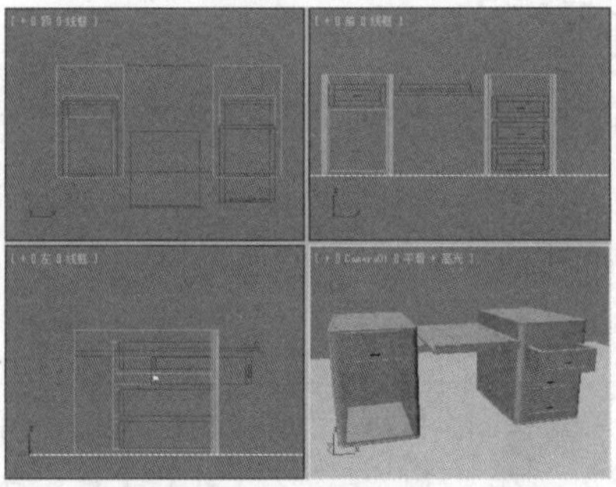

STEP 02 选择“创建”|“图形”|“矩形”工具，在“顶”视图中绘制一个“长度”和“宽度”分别为113、227的矩形，如下图所示。

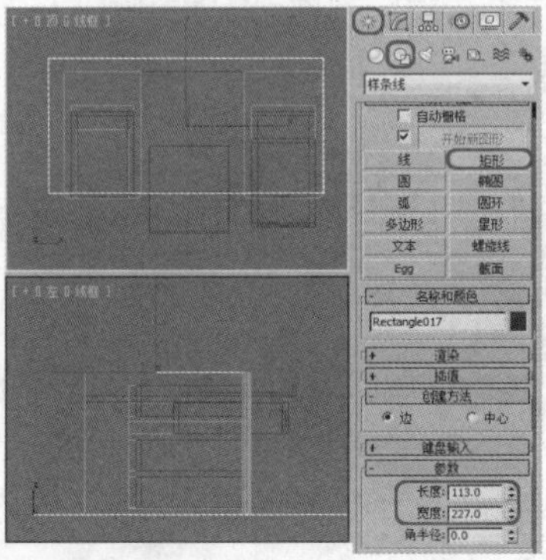

STEP 03 切换至“修改”命令面板，在“修改器列表”中选择“挤出”修改器，在“参数”卷展栏中将“数量”设置为5，按Enter键确认，如下图所示。

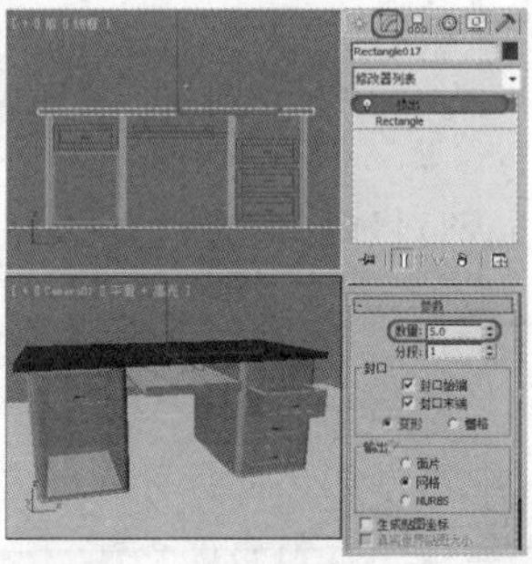

STEP 04 确认该对象处于选中状态，右击鼠标，在弹出的快捷菜单中执行“转换为可编辑网格”命令，如下图所示。

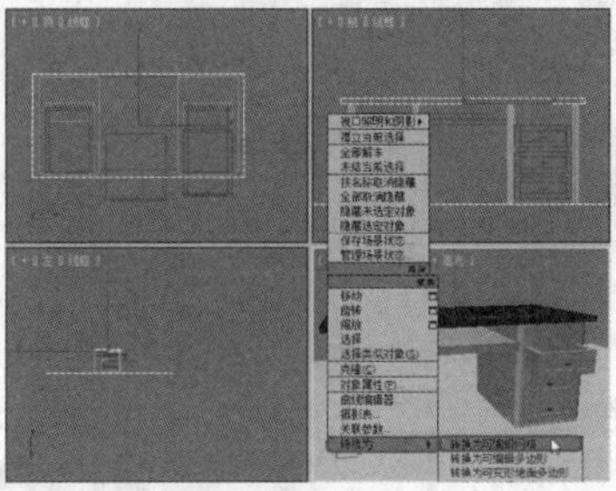

专家提醒

除了用上述方法可以将模型转换为可编辑网格外，还可以使用下面的两种方法。

方法1：在“修改”命令面板中的“修改器列表”中选择“编辑网格”修改器。

方法2：在菜单栏中执行“修改器”|“网格编辑”|“编辑网格”命令。

STEP 05 执行该操作后，即将其转换为可编辑网格，为其添加“UVW贴图”修改器及指定材质，如下图所示。

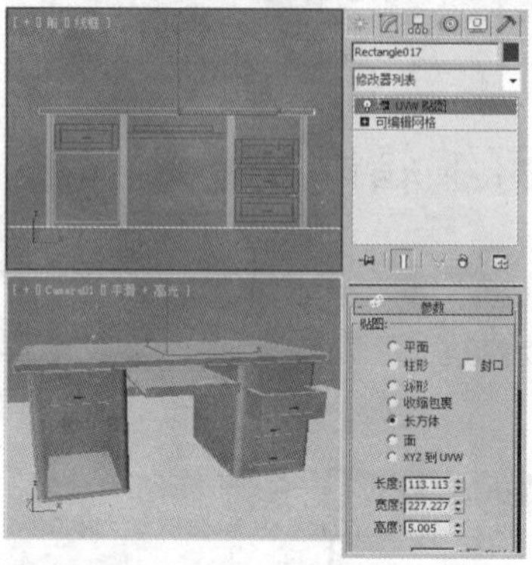

STEP 06 按F9键对“Camera01”视图进行渲染，效果如下图所示。

实战操作255 挤出多边形

素材：无

场景：Scene\Cha08\实战操作255.max

难度：★★★★★

视频：视频\Cha08\实战操作255.avi

下面介绍如何对选择的多边形进行挤出，其具体操作步骤如下所述。

STEP 01 继续上一实例的操作，切换至“修改”命令面板，将当前选择集定义为“多边形”，在视图中选择如下图所示的多边形。

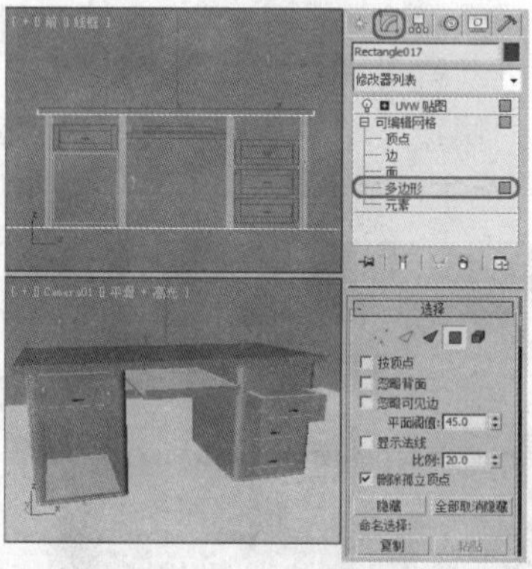

STEP 02 在“编辑几何体”卷展栏中单击“挤出”按钮，在右侧的文本框中输入1.5，按Enter键确认，挤出后的效果如下图所示。

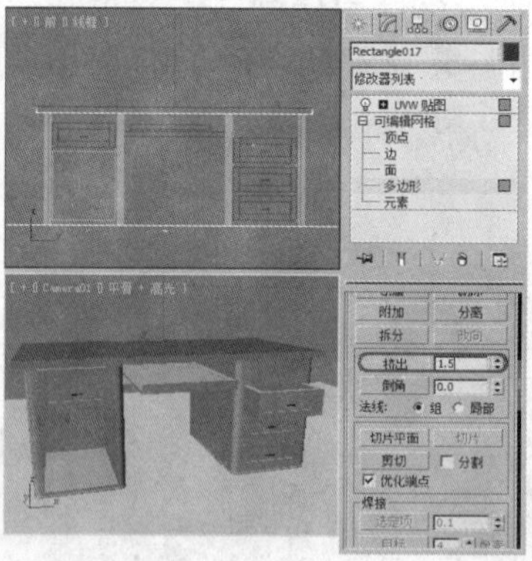

实战操作256 倒角多边形

素材：无

场景：Scene\Cha08\实战操作256.max

难度：★★★★★

视频：视频\Cha08\实战操作256.avi

下面介绍如何对多边形进行倒角，其具体操作步骤如下所述。

STEP 01 继续上一实例的操作，切换至“修改”命令面板，将当前选择集定义为“多边形”，在视图中选择如下图所示的多边形。

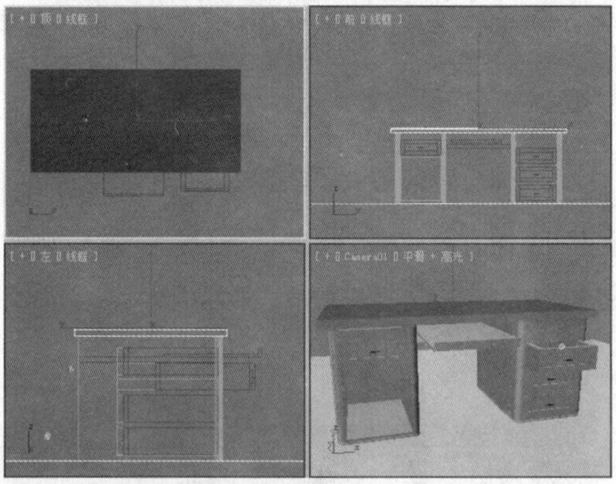

STEP 02 在“编辑几何体”卷展栏中单击“倒角”按钮，在右侧的文本框中输入-0.6，按Enter键确认，倒角后的效果如下图所示。

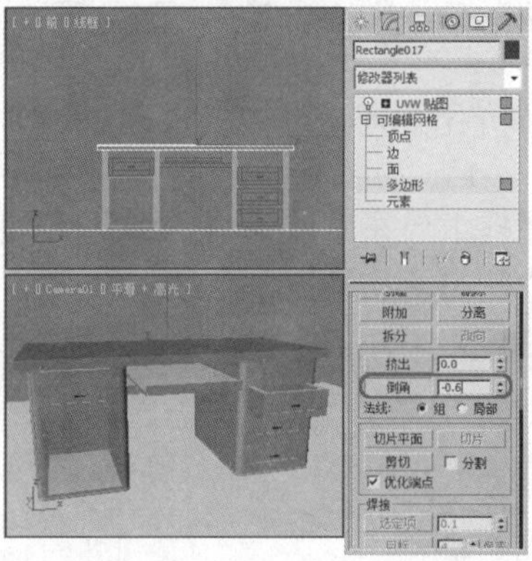

实战操作257 细化元素

素材：无 场景：无

难度：★★★★★ 视频：视频\Cha08\实战操作257.avi

下面介绍细化元素的方法。

STEP 01 继续上一实例的操作，确认该对象处于选中状态，切换至“修改”命令面板，将当前选择集定义为“元素”，在视图中选择整个对象，如下图所示。

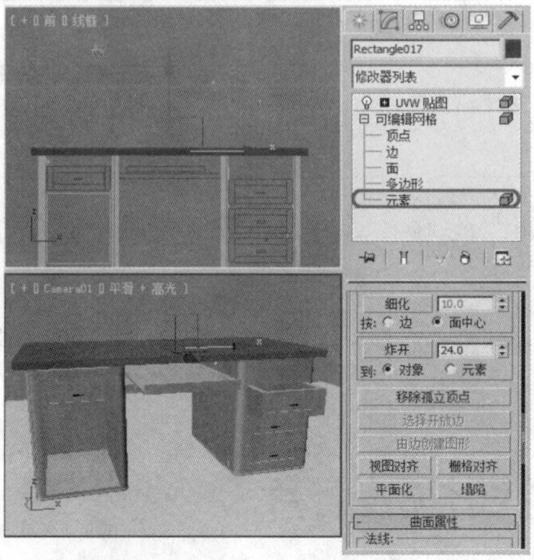

STEP 02 在“编辑几何体”卷展栏中将细化方式定义为“面中心”，然后单击“细化”按钮，即可将选择的元素细化，如下图所示。

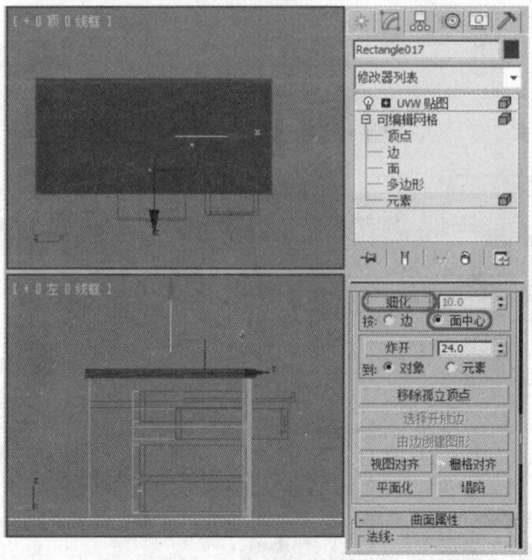

专家提醒

细化方式分为两种：“边”和“面中心”。“边”是以选择面的边为根据进行分裂复制，通过“细化”按钮右侧的文本框进行调节；“面中心”是以选择面的中心为依据进行分裂复制。

实战操作258 通过边模式创建切角

素材：无	场景：无
难度：★★★★★	视频：视频\Cha08\实战操作258.avi

下面介绍如何通过边模式创建切角，其具体操作步骤如下所述。

STEP 01 继续上一实例的操作，确认该对象处于选中状态，切换至“修改”命令面板，将当前选择集定义为“边”，在视图中选择如下图所示的边。

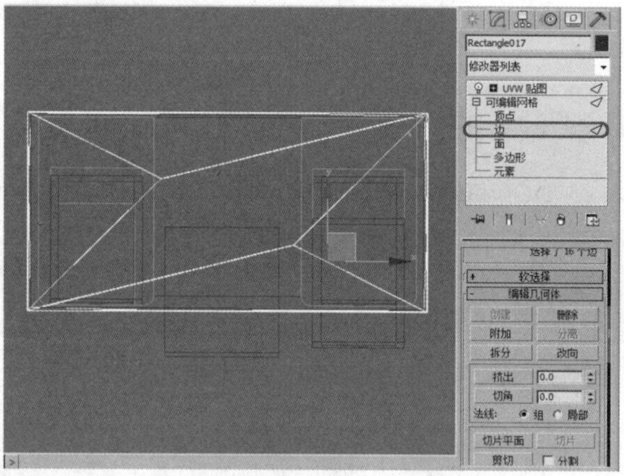

STEP 02 在“编辑几何体”卷展栏中单击“切角”按钮，并在右侧的文本框中输入2，然后按Enter键确认，即可对选中的边进行切角，如下图所示。

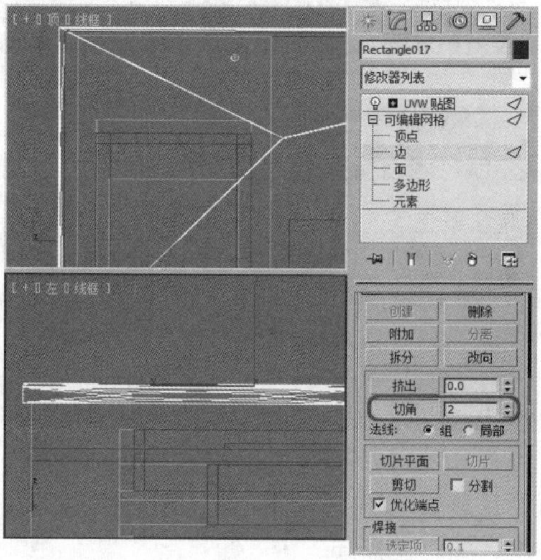

8.2 编辑面片栅格

面片栅格包括四边形面片和三角形面片两种。在3ds Max中，可以根据需要对创建的面片栅格进行编辑。本节将对其进行简单介绍。

实战操作259 创建四边形面片

素材：Scene\Cha08\8-2.max	场景：Scene\Cha08\实战操作259.max
难度：★★★★★	视频：视频\Cha08\实战操作259.avi

下面介绍创建四边形面片的方法。

STEP 01 启动3ds Max 2013，按Ctrl+O组合键，打开素材文件8-2.max，如下图所示。

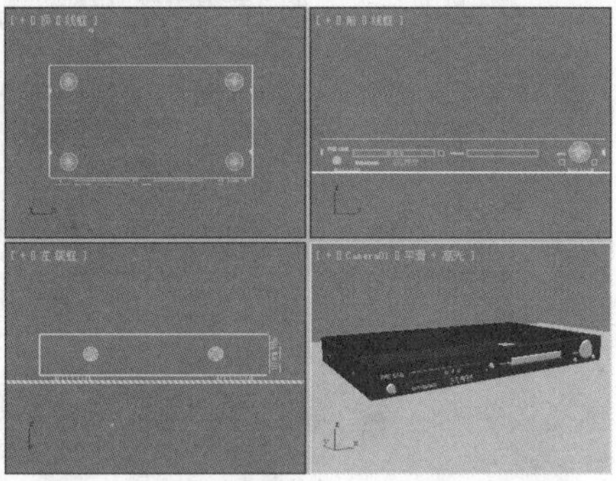

STEP 02 选择“创建” | “几何体” | “面片栅格” | “四边形面片”工具，在“顶”视图中创建一个“长度”、“宽度”分别为159、279的四边形面片，如下图所示。

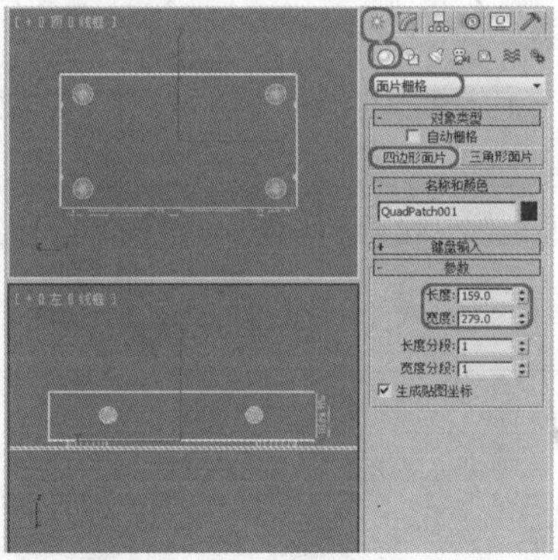

STEP 03 确认该对象处于选中状态为其指定材质，并在视图中调整其位置，调整后的效果如下图所示。

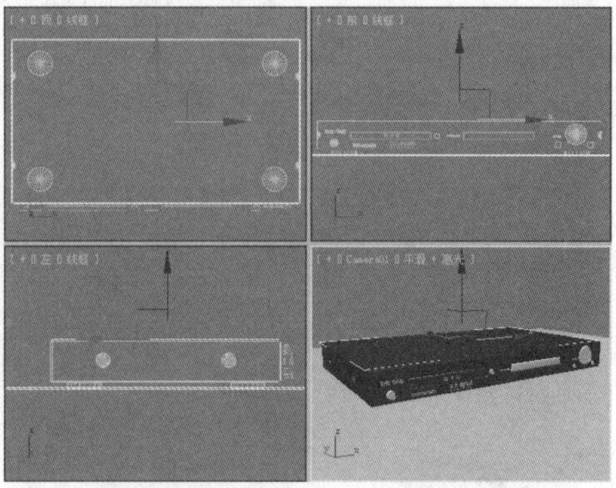

STEP 04 按F9键对“Camera01”视图进行渲染，效果如下图所示。

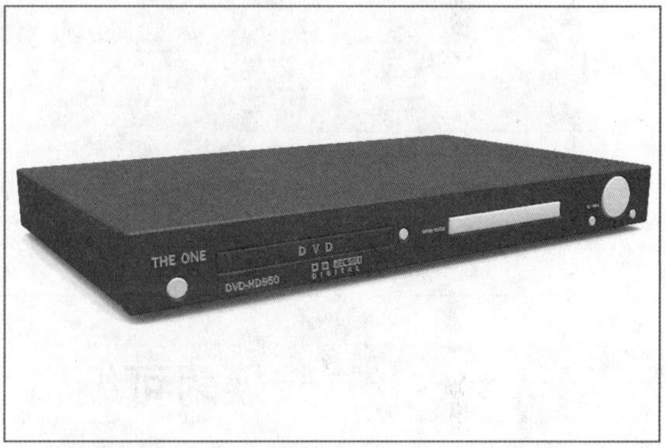

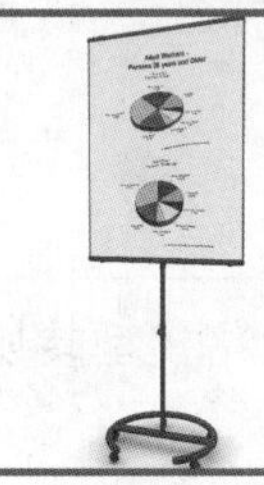

实战操作260 创建三角形面片

素材：Scene\Cha08\8-3.max　　场景：Scene\Cha08\实战操作260.max

难度：★★★★★　　视频：视频\Cha08\实战操作260.avi

下面介绍创建三角形面片的方法。

STEP 01 启动3ds Max 2013，按Ctrl+O组合键，打开素材文件8-3.max，如右图所示。

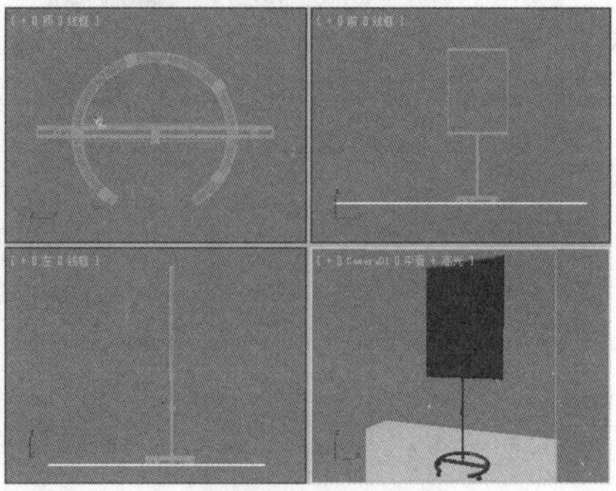

STEP 02 选择“创建”|“几何体”|“面片栅格”|“三角形面片”工具，在“前”视图中按住鼠标左键并拖动至适当位置处松开鼠标左键，在“参数”卷展栏中将“长度”设置为193，“宽度”设置为138，如下图所示。

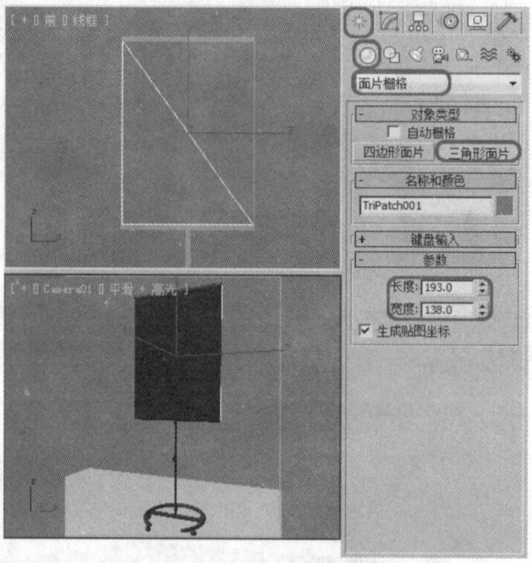

STEP 03 确定新创建的三角形面片处于选择状态，按M键打开“材质编辑器”对话框，选择第一个材质样本球，然后单击“将材质指定给选定对象”按钮，为三角形面片赋予材质，如右图所示。

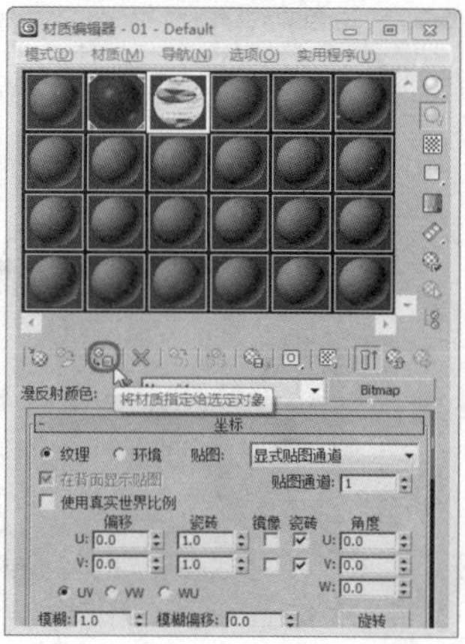

STEP 04 指定完成后，将该对话框关闭，在视图中调整该对象的位置，按F9键对“Camera01”视图进行渲染，效果如右图所示。

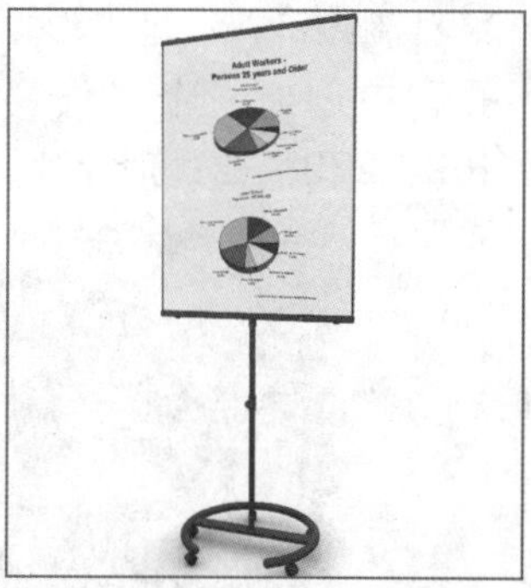

实战操作261 转换为可编辑面片

素材：无	场景：无
难度：★★★★★	视频：视频\Cha08\实战操作261.avi

下面介绍如何将选中的对象换为可编辑面片，其具体操作步骤如下所述。

STEP 01 继续上一实例的操作，在视图中选择创建的三角形面片对象，如下图所示。

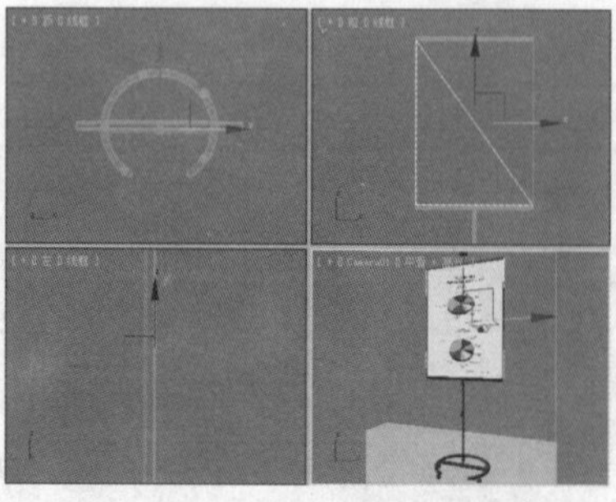

STEP 02 右击鼠标，在弹出的快捷菜单中执行“转换为”|“转换为可编辑面片”命令，如下图所示，执行操作后，即可将模型转换为可编辑面片。

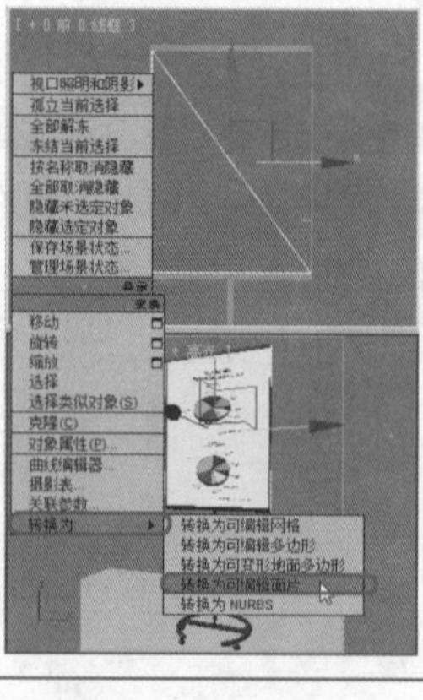

专家提醒

除了上述方法可以将几何体转换为可编辑面片外，还可以使用下面的两种方法。
方法1：在“修改”命令面板中的“修改器列表”中选择“编辑面片”修改器。
方法2：在菜单栏中执行“修改器”|“面片/样条线编辑”|“编辑面片”命令。

实战操作262 细分面片

素材：无	场景：无
难度：★★★★★	视频：视频\Cha08\实战操作262.avi

使用“细分”命令可以将选择的面片分成四个大小相同的面片，具体操作步骤如下所述。

STEP 01 继续上一实例的操作，确认该对象处于选中状态，切换至“修改”命令面板，将当前选择集定义为“面片”，在视图中选择如下图所示的面片。

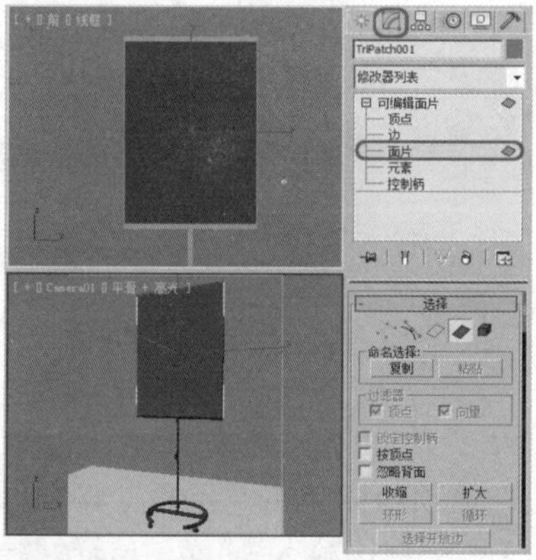

STEP 02 在“几何体”卷展栏中单击“细分”按钮，即可细分选择的面片，如下图所示。

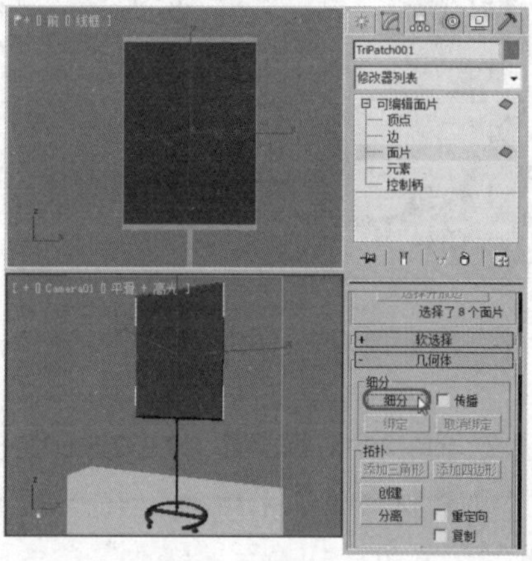

实战操作263 挤出面片

素材：无	场景：无
难度：★★★★★	视频：视频\Cha08\实战操作263.avi

下面介绍如何挤出面片，其具体操作步骤如下所述。

STEP 01 继续上一实例的操作，确认该对象处于选中状态，切换至“修改”命令面板，将当前选择集定义为“面片”，在视图中选择如右图所示的面片。

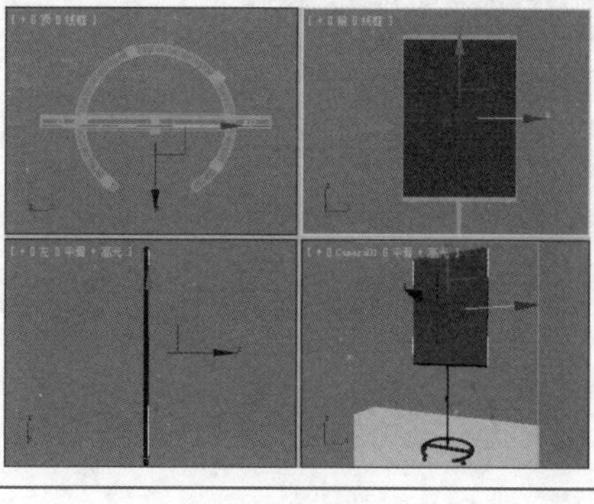

STEP 02 打开“几何体”卷展栏，在“挤出和倒角”选项组中的“挤出”文本框中输入2，然后按Enter键确认，即可挤出面片，如右图所示。

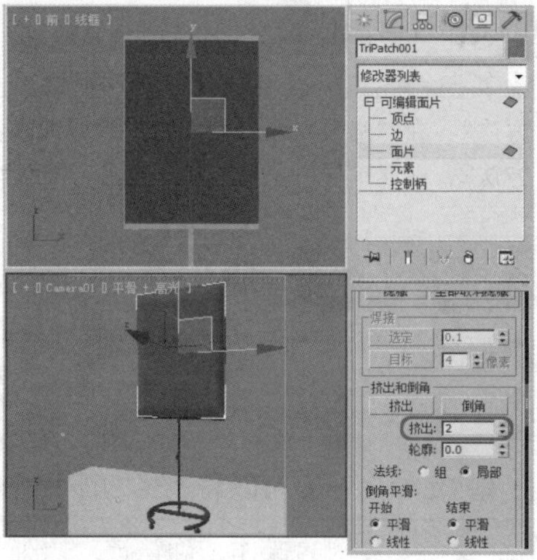

实战操作264 倒角面片

素材：Scene\Cha08\8-4.max　　场景：Scene\Cha08\实战操作264.max

难度：★★★★★　　视频：视频\Cha08\实战操作264.avi

下面介绍如何对选中的面片进行倒角，其具体操作步骤如下所述。

STEP 01 启动3ds Max 2013，按Ctrl+O组合键，打开素材文件8-4.max，在视图中选择“音响01”对象，切换至“修改”命令面板，将当前选择集定义为“面片”，在视图中选择如下图所示的面片。

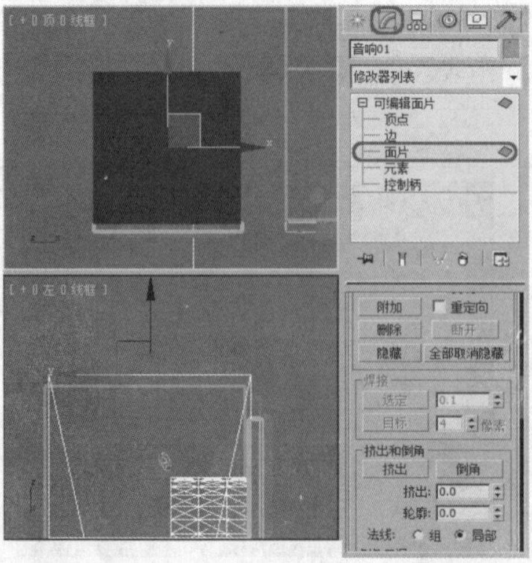

STEP 02 打开“几何体”卷展栏，在“挤出和倒角”选项组中单击“倒角”按钮，然后在“挤出”文本框中输入5，按Enter键确认，在“轮廓”文本框中输入-2.5，按Enter键确认，如下图所示。

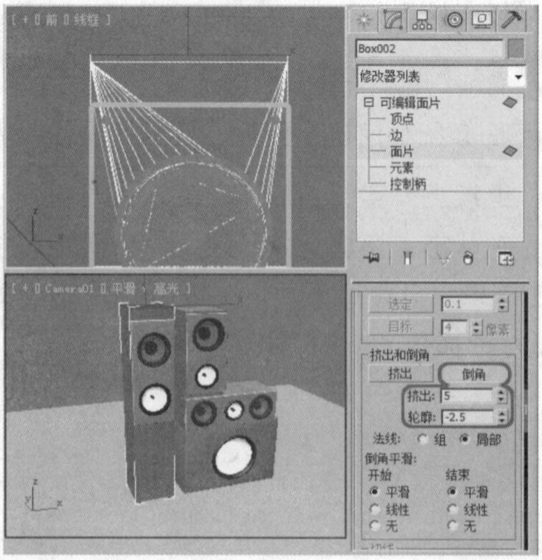

8.3 编辑多边形建模

本节主要介绍将模型转换为“可编辑多边形”的方法，以及对多边形建模的编辑等。

实战操作265 转换为可编辑多边形

素材：Scene\Cha08\8-5.max	场景：无
难度：★★★★★	视频：视频\Cha08\实战操作265.avi

下面介绍如何将选中的对象转换为可编辑多边形，其具体操作步骤如下所述。

STEP 01 启动3ds Max 2013，按Ctrl+O组合键，打开素材文件8-5.max，如下图所示。

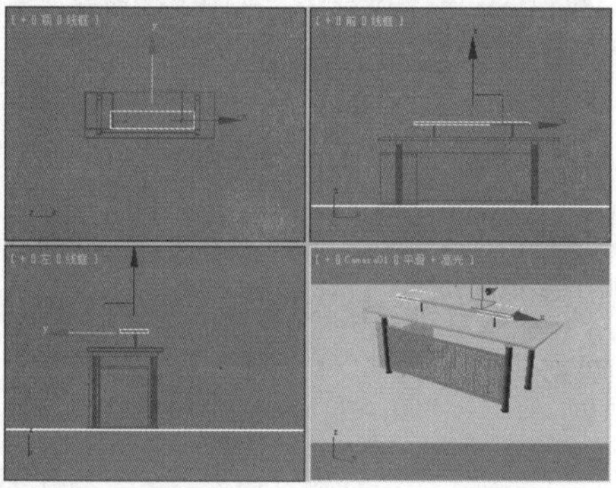

STEP 02 在场景中选择“木-桌面01”对象，右击鼠标，在弹出的快捷菜单中执行“转换为”|“转换为可编辑多边形”命令，即可将模型转换为可编辑多边形，如下图所示。

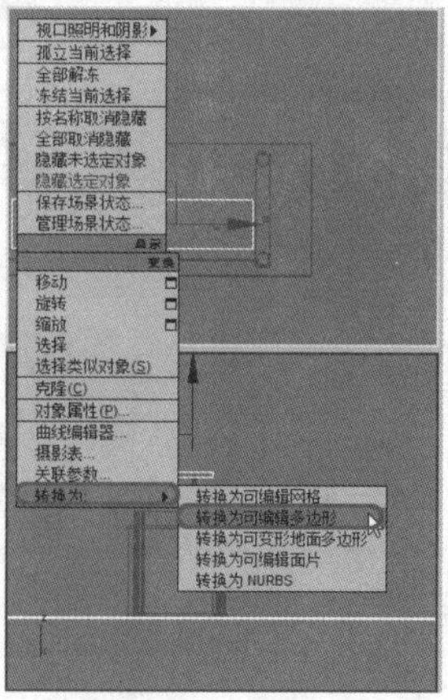

专家提醒

除了上述方法可以将模型转换为可编辑多边形外，还可以使用下面的两种方法。
方法1：在“修改”命令面板中的“修改器列表”中选择“编辑多边形”修改器。
方法2：在菜单栏中执行“修改器”|“网格编辑”|“编辑多边形”命令。

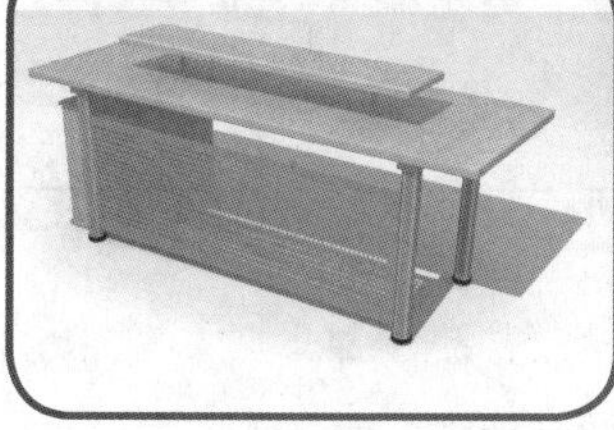

实战操作266 创建切角

素材：无	场景：Scene\Cha08\实战操作266.max
难度：★★★★★	视频：视频\Cha08\实战操作266.avi

下面介绍如何创建切角，其具体操作步骤如下所述。

STEP 01 继续上一实例的操作，在视图中选择“木-桌面01”对象，切换至“修改”命令面板，将当前选择集定义为“边”，在“顶”视图中选择如下图所示的边。

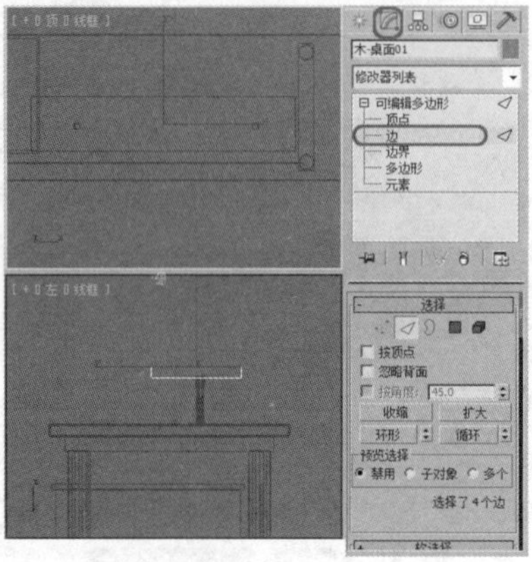

STEP 02 在“编辑边”卷展栏中单击“切角”后面的“设置”按钮▢，在弹出的“切角”对话框中将“边切角量”设置为2，然后单击“确定”按钮，如下图所示。

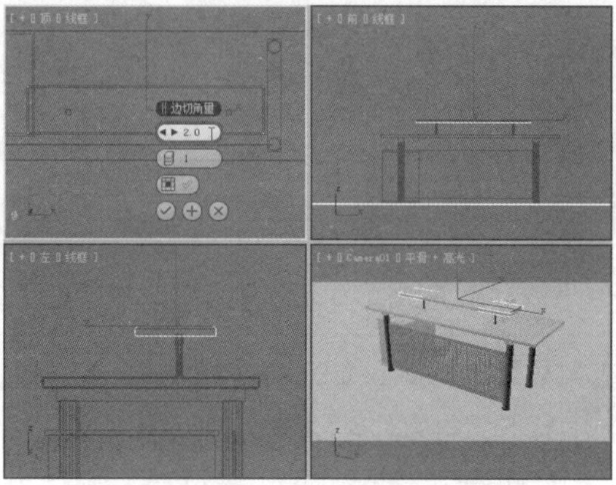

实战操作267 附加对象

素材：无　　场景：Scene\Cha08\实战操作267.max

难度：★★★★★　　视频：视频\Cha08\实战操作267.avi

在3ds Max中，为了更好地对对象进行操作，可以根据需要将不同的对象附加在一起，附加对象的具体操作步骤如下所述。

STEP 01 继续上一实例的操作，在工具栏中单击“选择并移动”按钮✥，在视图中选择“木-桌面01”对象，如下图所示。

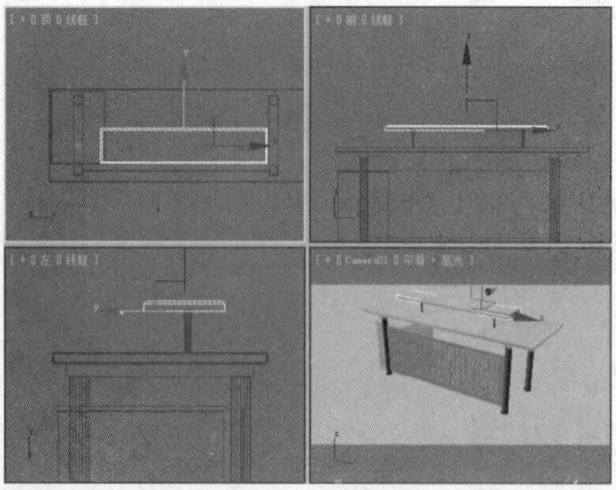

STEP 02 切换至“修改”命令面板，在“编辑几何体”卷展栏中单击“附加”按钮右侧的“附加列表”按钮▢，如下图所示。

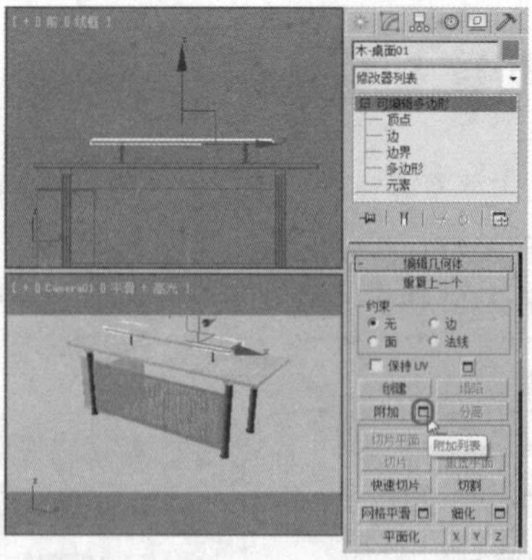

专家提醒

单击“附加”按钮后，如果要附加的对象与源对象材质不同时，将会弹出“附加选项”对话框，可以根据需要在该对话框中选中不同的单选按钮，从而匹配材质。

STEP 03 执行该操作后，即可打开“附加列表”对话框，在该对话框中按住Ctrl键选择下图所示的对象。

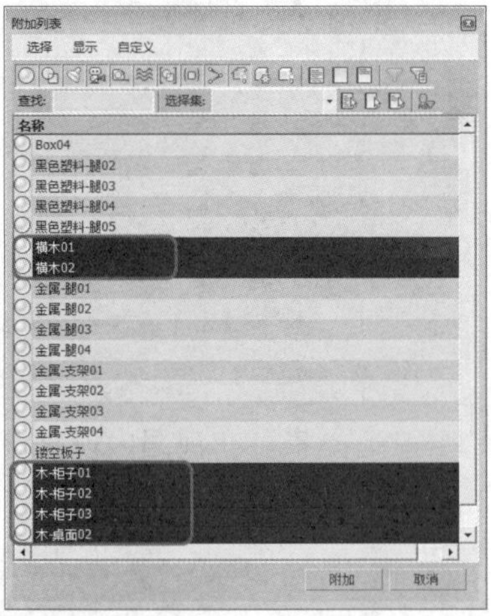

STEP 04 选择完成后，单击“附加”按钮，即可将选中的对象附加在一起，效果如下图所示。

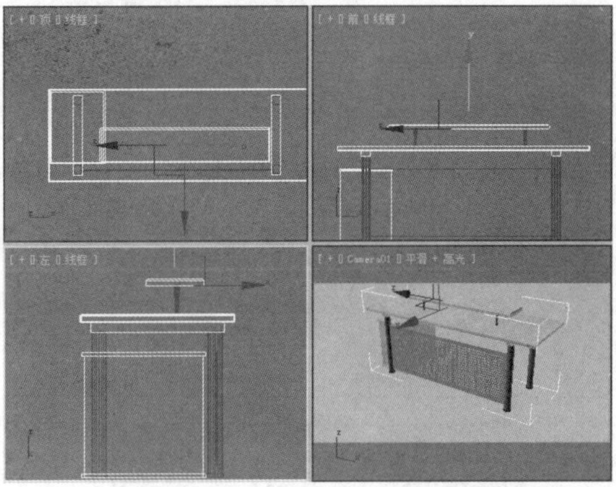

实战操作268 倒角多边形

素材：Scene\Cha08\8-6.max　　场景：Scene\Cha08\实战操作268.max

难度：★★★★★　　视频：视频\Cha08\实战操作268.avi

下面介绍如何对多边形进行倒角，其具体操作步骤如下所述。

STEP 01 启动3ds Max 2013，按Ctrl+O组合键，打开素材文件8-6.max，如下图所示。

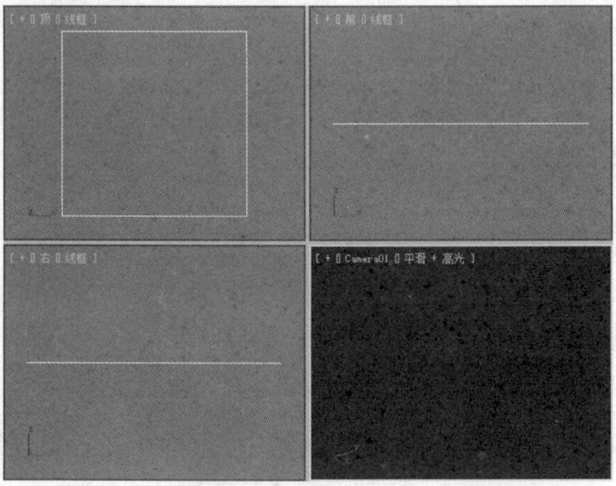

STEP 02 选择“创建”|“几何体”|“长方体”工具，在“顶”视图中绘制一个“长度”、“宽度”、“高度”、“长度分段”、“宽度分段”、“高度分段”分别设置为100、100、100、3、3、3的长方体，如下图所示。

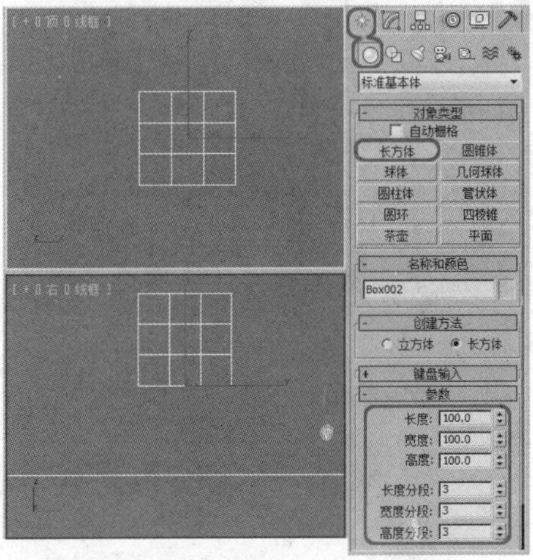

STEP 03 确认该对象处于选中状态，右击鼠标，在弹出的快捷菜单中执行“转换为”|“转

换为可编辑多边形”命令，如右图所示。

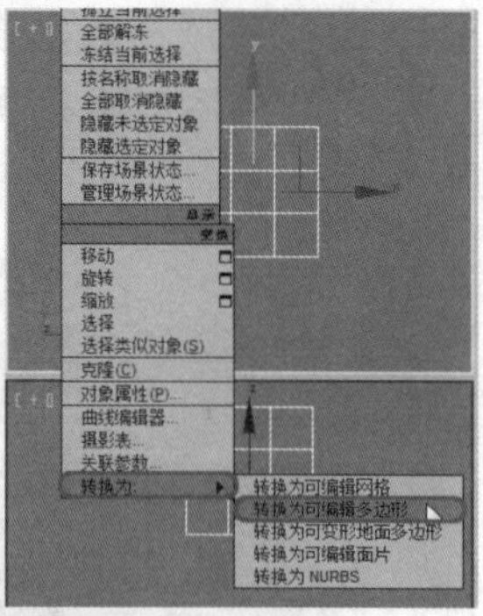

STEP 04 切换至“修改”命令面板，将当前选择集定义为“多边形”，在视图中选择如下图所示的多边形。

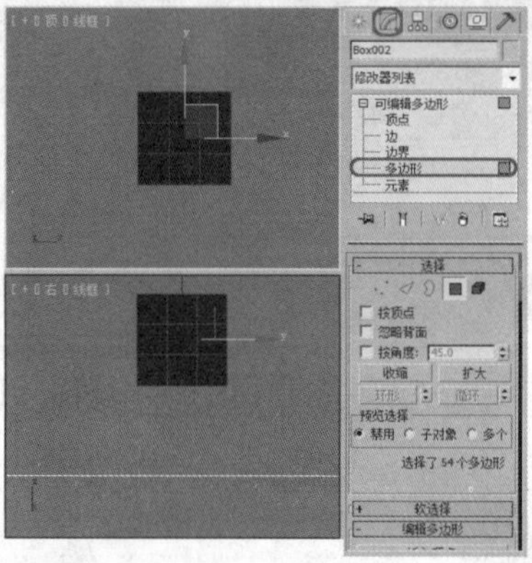

STEP 05 在“编辑多边形”卷展栏中单击“倒角”右侧的“设置”按钮，在弹出的“倒角”对话框中将“组”设置为“按多边形”，“高度”和“轮廓”分别设置为2、-1，单击“确定”按钮，如下图所示。

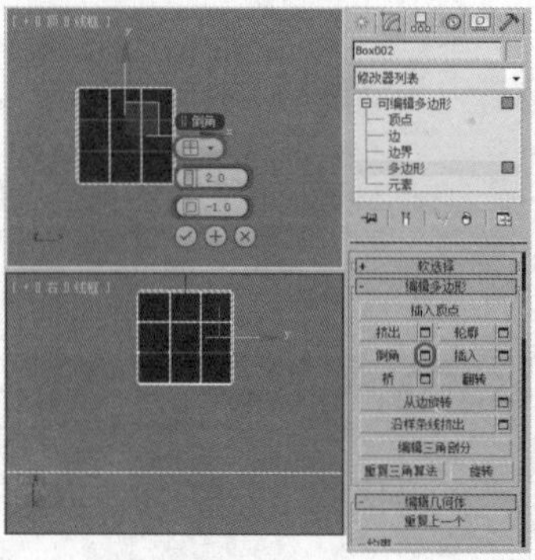

STEP 06 关闭当前选择集，在视图中调整该对象的位置，调整后的效果如下图所示。

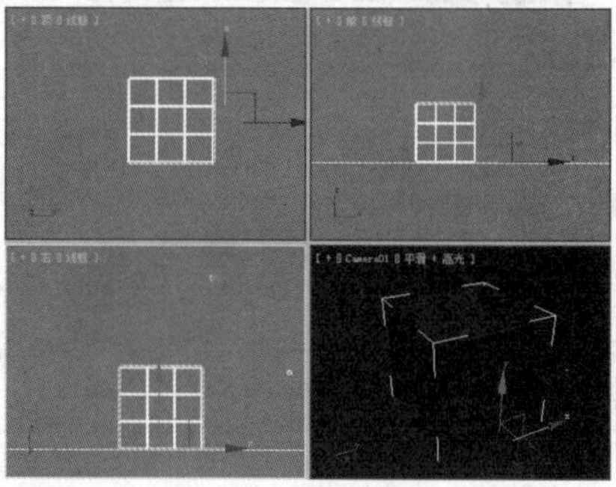

实战操作269 设置ID号

素材：无

场景：Scene\Cha08\实战操作269.max

难度：★★★★★

视频：视频\Cha08\实战操作269.avi

在3ds Max中，可以根据需要为同一个对象设置不同的ID号，及设置不同的材质。设置ID号的具体操作步骤如下所述。

STEP 01 继续上一实例的操作，切换至“修改”命令面板，将当前选择集定义为“多边形”，在“顶”视图中按住Ctrl键选择如右图所示的多边形。

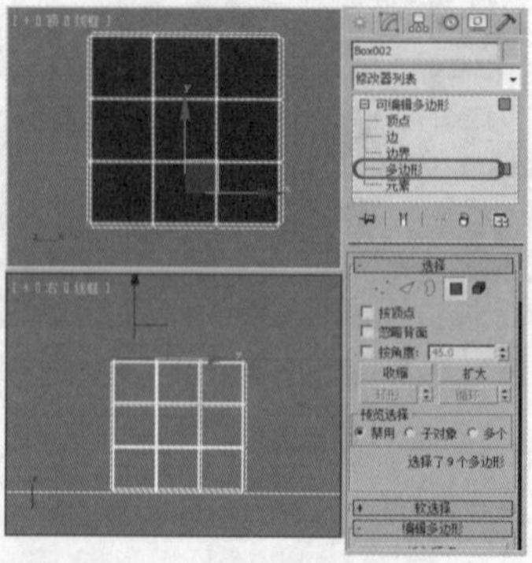

STEP 02 在“多边形：材质ID”卷展栏中的“设置ID”文本框中输入1，按Enter键确认，如下图所示。

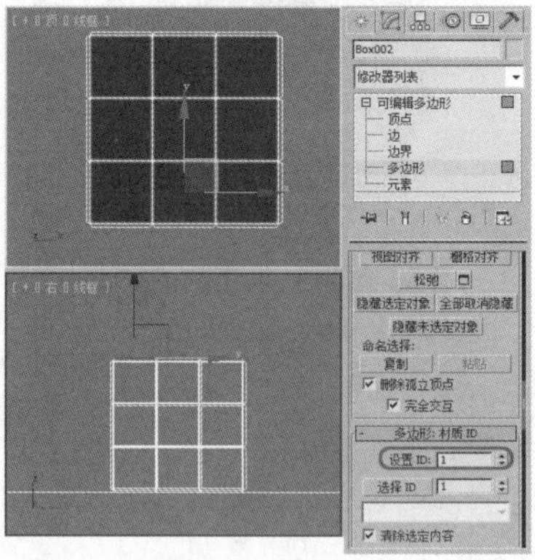

STEP 03 使用同样的方法为其他多边形设置ID，设置完成后，将当前选择集关闭，按M键打开“材质编辑器”对话框，在弹出的对话框中选择一个材质样本球，并命名为“魔方”，如下图所示。

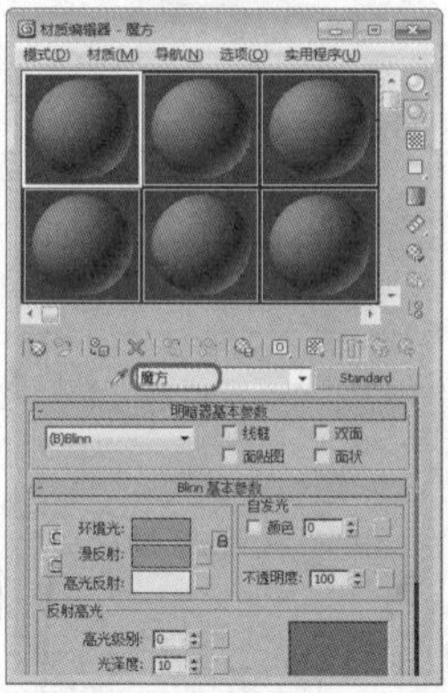

STEP 04 单击“Standard”按钮，在弹出的对话框中选择“多维/子对象”，如下图所示。

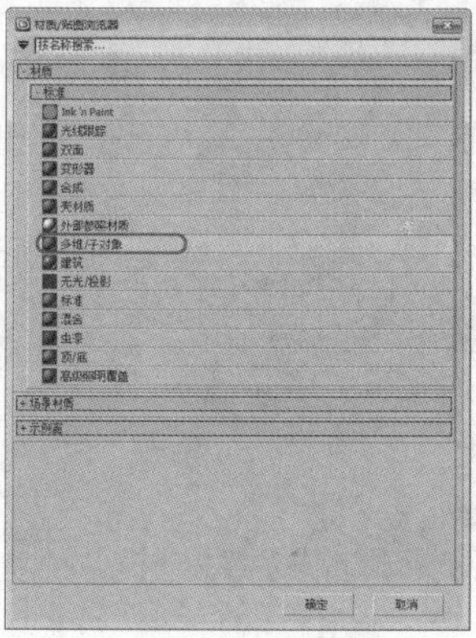

STEP 05 单击“确定”按钮，在弹出的“替换材质”对话框中选中“将旧材质保存为子材质”单选按钮，如右图所示。

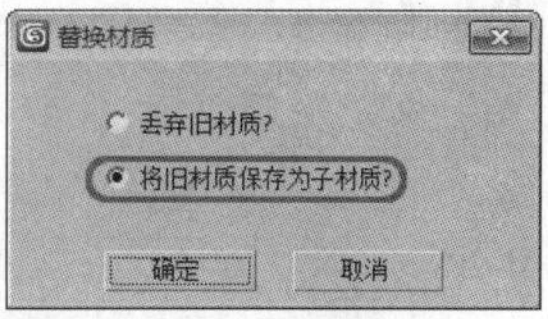

STEP 06 单击“确定”按钮，在“多维/子对象基本参数”卷展栏中单击“设置数量”按钮，在弹出的对话框中将“材质数量”设置为7，如下图所示。

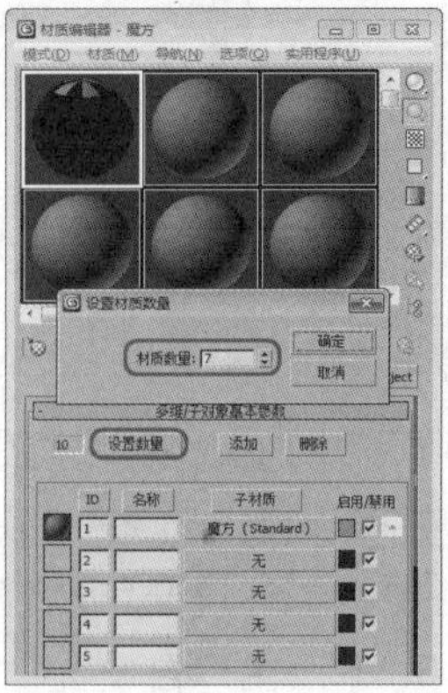

STEP 07 设置完成后，单击“确定”按钮，单击ID1右侧的材质通道按钮，将明暗器类型设置为“（A）各向异性”，在“各向异性基本参数”卷展栏中将“环境光”的红、绿、蓝值设置为255、246、0；在“自发光”选项组中将“颜色”设置为40，将“漫反射级别”设置为102；在“反射高光”选项组中将“高光级别”、“光泽度”、“各向异性”分别设置为96、65、86，如下图所示。

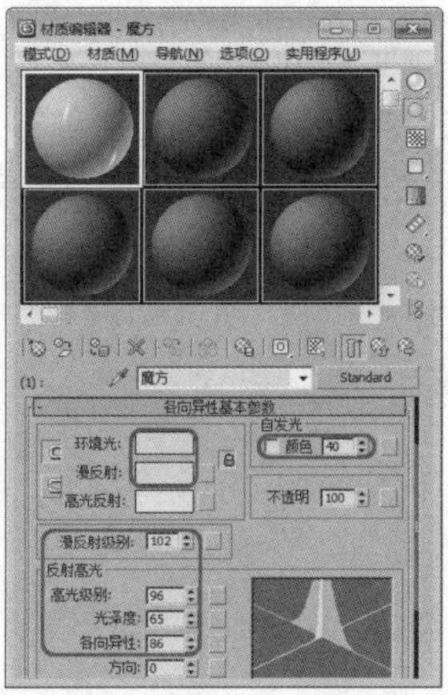

STEP 08 单击“转到父对象”按钮，单击ID2右侧的材质按钮，在弹出的对话框中选择“标准”选项，如下图所示。

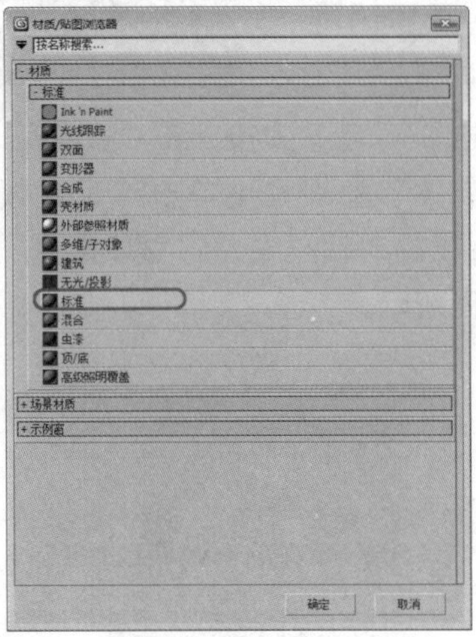

STEP 09 单击“确定”按钮，将明暗器类型设置为“(A)各向异性”，在“各向异性基本参数”卷展栏中将“环境光”的红、绿、蓝值设置为255、0、0；在“自发光”选项组中将“颜色”设置为40，将“漫反射级别”设置为102；在“反射高光”选项组中将“高光级别”、“光泽度”、“各向异性”分别设置为96、65、86，如下图所示。

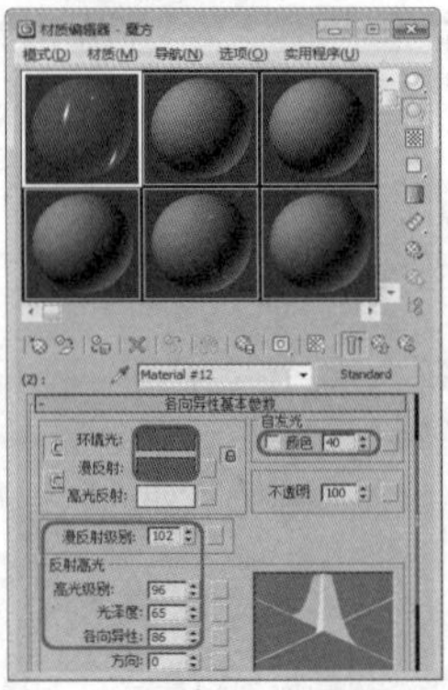

STEP 10 单击“转到父对象”按钮，使用同样的方法设置其他材质，设置后的效果如下图所示，将设置完成后的材质指定给选定对象。

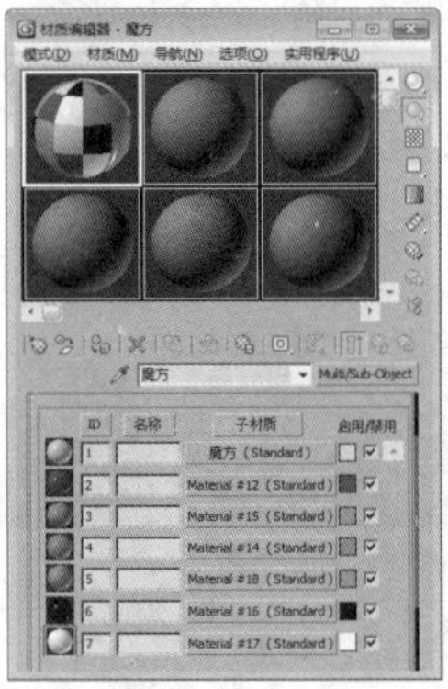

实战操作270 分离对象

素材：无　　场景：无

难度：★★★★★　　视频：视频\Cha08\实战操作270.avi

下面介绍如何对对象进行分离，其具体操作步骤如下所述。

STEP 01 继续上一实例的操作，切换至“修改”命令面板，将当前选择集定义为“多边形”，在视图中选择如右图所示的多边形。

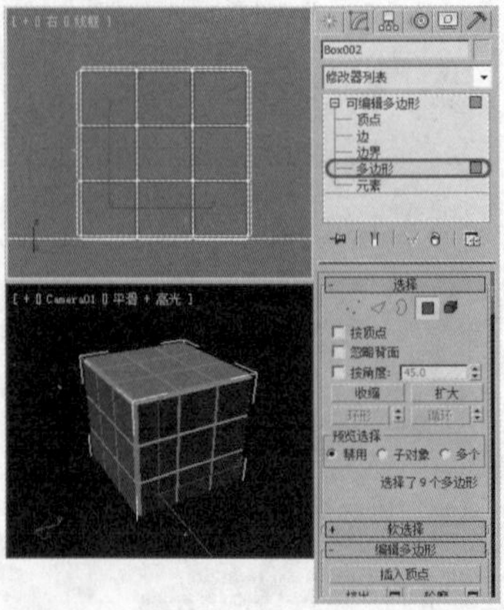

STEP 02 在“编辑几何体”卷展栏中单击“分离”按钮，在弹出的对话框中设置分离名称，如右图所示，设置完成后，单击“确定”按钮即可。

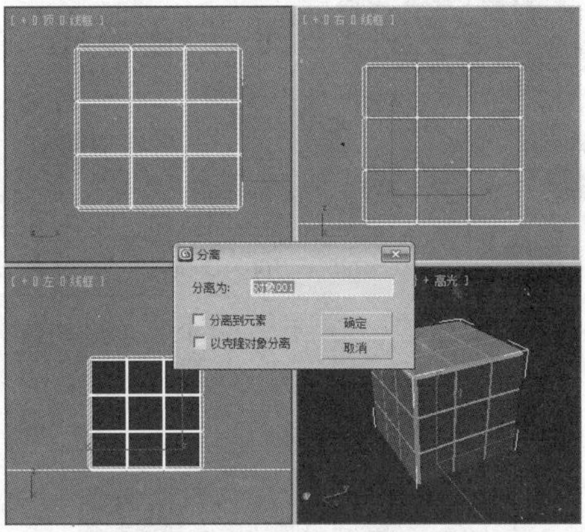

8.4 创建NURBS点

NURBS建模由点、曲线和曲面3种元素组成，本节将简单介绍创建NURBS点的方法。

实战操作271 创建点

素材：Scene\Cha08\8-7.max　　场景：无

难度：★★★★★　　视频：视频\Cha08\实战操作271.avi

使用“点”命令可以创建一个独立存在的点，具体操作步骤如下所述。

STEP 01 启动3ds Max 2013，按Ctrl+O组合键，打开素材文件8-7.max，如下图所示。

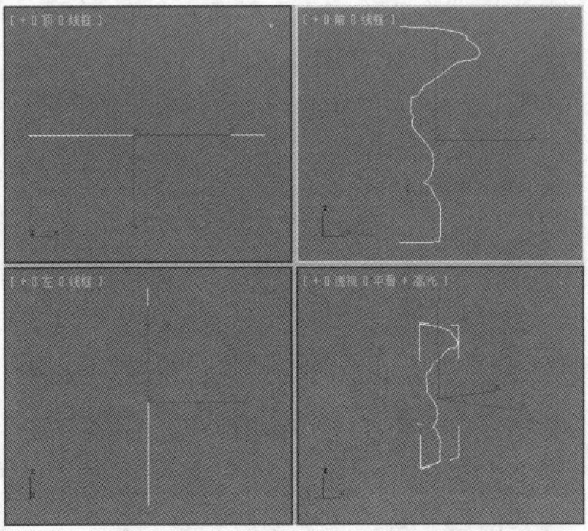

STEP 02 在场景中选择“Curve001”对象，切换至“修改”命令面板，在“创建点”卷展栏中单击“点”按钮，在需要创建点的位置处单击鼠标左键即可，如下图所示。

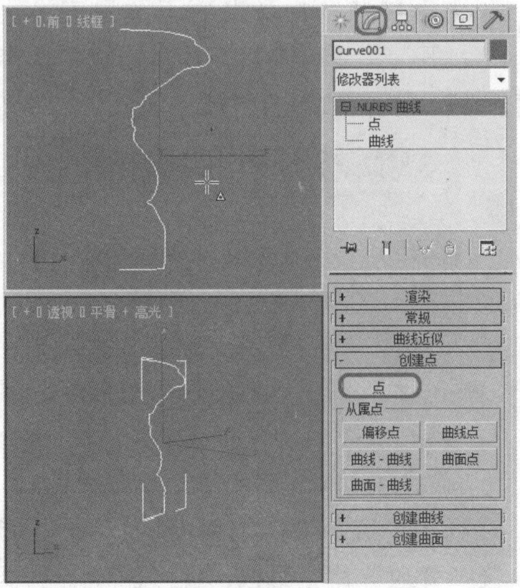

实战操作272 创建偏移点

素材：Scene\Cha08\8-7.max	场景：无
难度：★★★★★	视频：视频\Cha08\实战操作272.avi

使用“偏移点”命令可以创建一个与选定点相依附的点，具体操作步骤如下所述。

STEP 01 单击按钮，在弹出的下拉列表中执行“打开”命令，在打开的对话框中选择素材文件8-7.max，如下图所示。

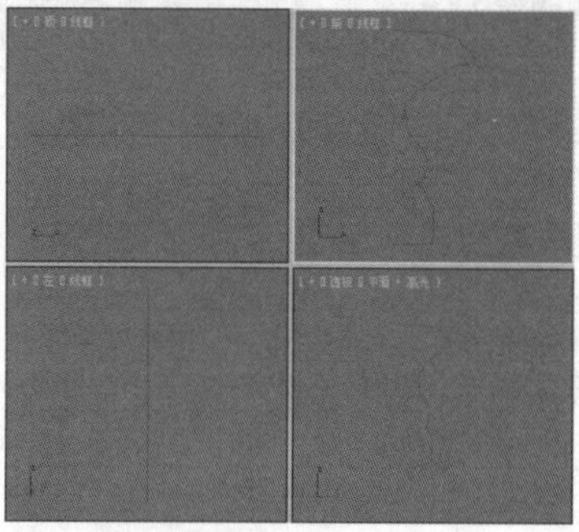

STEP 02 在场景中选择“Curve001”对象，切换至“修改”命令面板，在“创建点”卷展栏中单击“偏移点”按钮，在如下图所示的位置处创建偏移点。

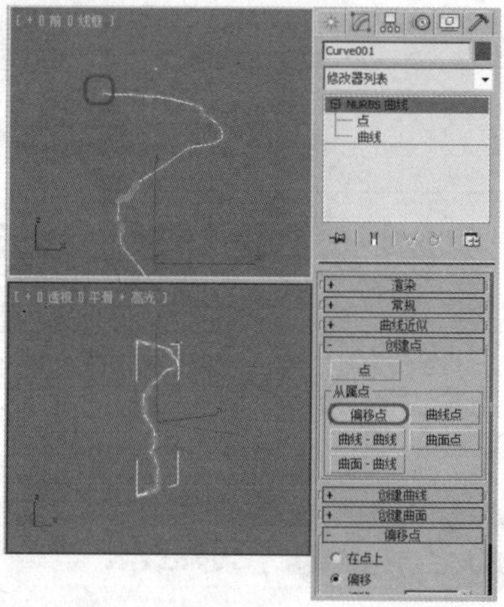

实战操作273 创建曲线点

素材：Scene\Cha08\8-7.max	场景：无
难度：★★★★★	视频：视频\Cha08\实战操作273.avi

使用“曲线点”命令可以创建一个依赖于曲线的点，具体操作步骤如下所述。

STEP 01 单击按钮，在弹出的下拉列表中执行“打开”命令，在打开的对话框中选择素材文件8-7.max，如下图所示。

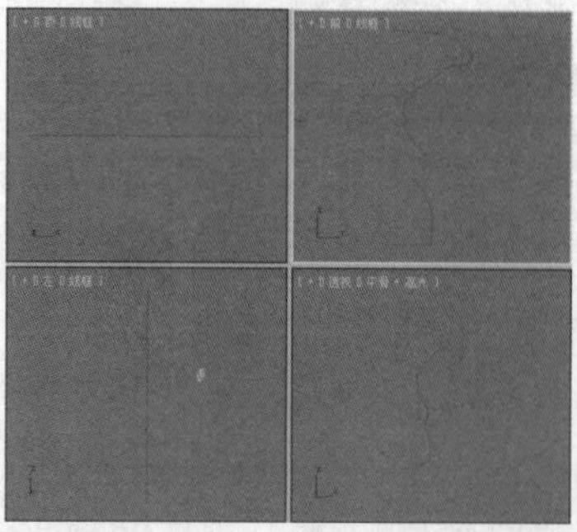

STEP 02 在场景中选择“Curve001”对象，切换至“修改”命令面板，在“创建点”卷展栏中单击“曲线点”按钮，在曲线的任意位置处创建一个点，如下图所示。

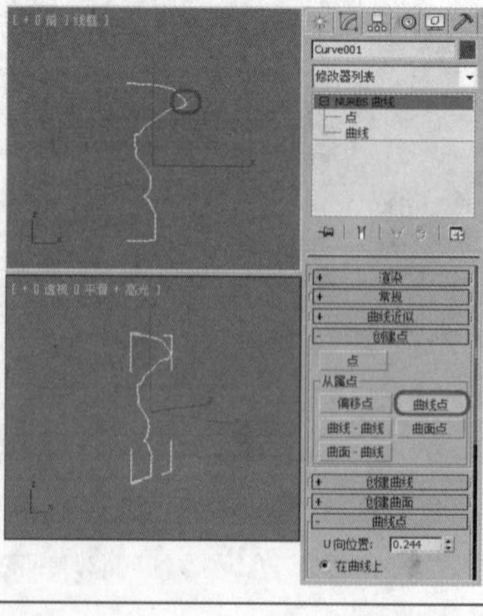

实战操作274 创建曲线-曲线点

素材：Scene\Cha08\8-8.max　　场景：无

难度：★★★★★　　视频：视频\Cha08\实战操作274.avi

使用“曲线-曲线”命令可以在两条曲线的相交处创建一个从属点，具体操作步骤如下所述。

STEP 01 打开素材文件8-8.max，在“前”视图中选择“Curve001”对象，切换至“修改”命令面板，在“创建点”卷展栏中单击“曲线-曲线”按钮，在右侧的曲线上单击鼠标左键，然后拖动鼠标，此时在第一条曲线和鼠标之间会出现一条虚线，如右图所示。

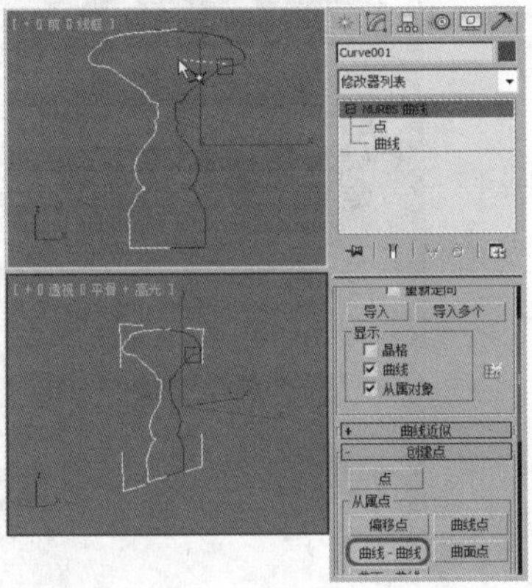

STEP 02 将鼠标移至左侧的曲线上，然后单击鼠标左键，即可在两条曲线的相交处创建一个点，如下图所示。

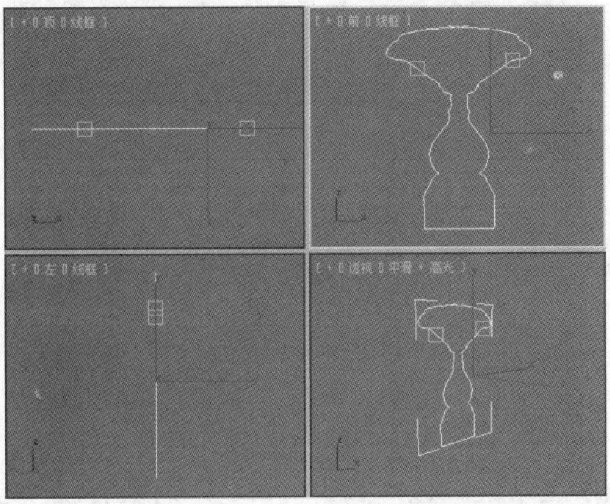

实战操作275 创建曲面点

素材：Scene\Cha08\8-9.max　　场景：无

难度：★★★★★　　视频：视频\Cha08\实战操作275.avi

下面介绍如何创建曲面点，其具体操作步骤如下所述。

STEP 01 单击按钮，在弹出的下拉列表中执行“打开”命令，在打开的对话框中选择素材文件8-9.max，如下图所示。

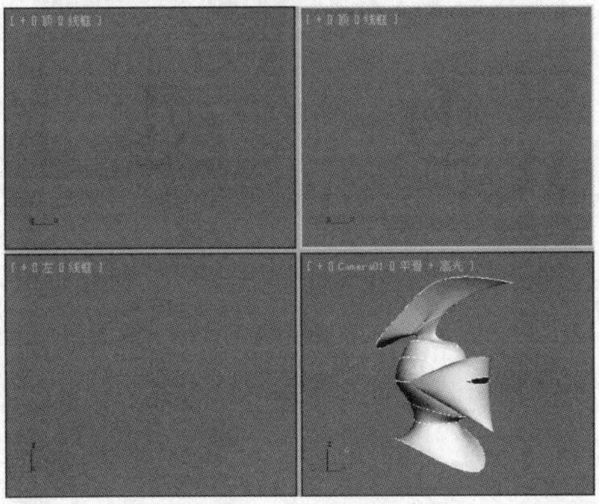

STEP 02 在场景中选择“Curve01”对象，切换至“修改”命令面板，在“创建点”卷展栏中单击“曲面点”按钮，在如右图所示的位置处单击鼠标左键，即可创建曲面点。

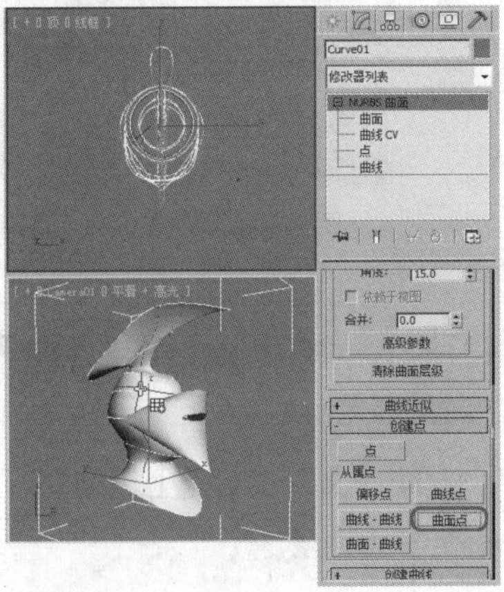

实战操作276 创建曲面-曲线点

素材：Scene\Cha08\8-9.max　　场景：无

难度：★★★★★　　视频：视频\Cha08\实战操作276.avi

下面介绍如何创建曲面-曲线点，其具体操作步骤如下所述。

STEP 01 单击按钮，在弹出的下拉列表中执行“打开”命令，在打开的对话框中选择素材文件8-9.max，如下图所示。

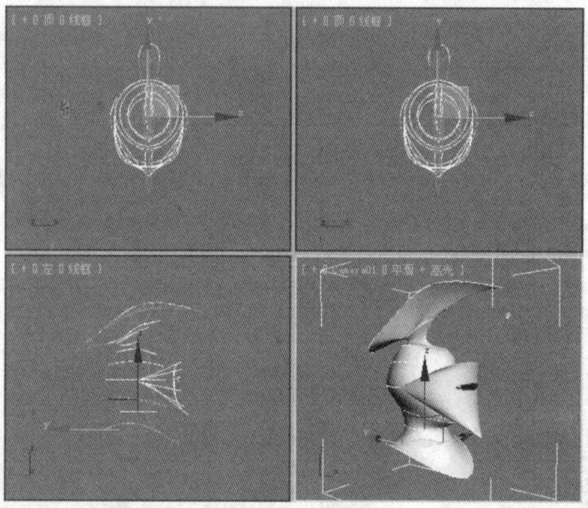

STEP 02 在场景中选择“Curve01”对象，切换至“修改”命令面板，在“创建点”卷展栏中单击“曲面-曲线”按钮，在“前”视图中创建如下图所示的曲线。

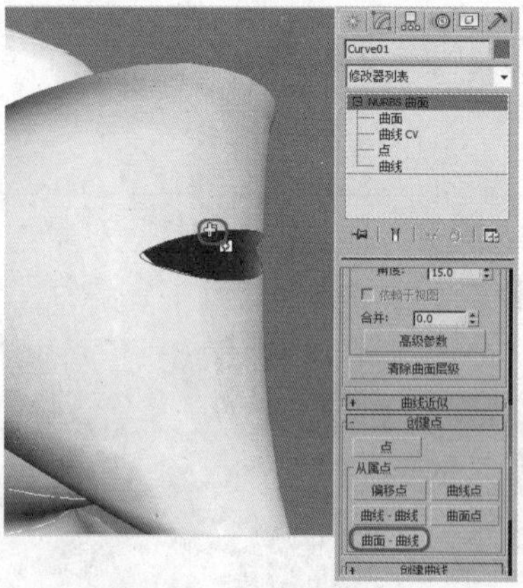

STEP 03 在该曲线上单击，再将鼠标移动到如下图所示的曲线上。

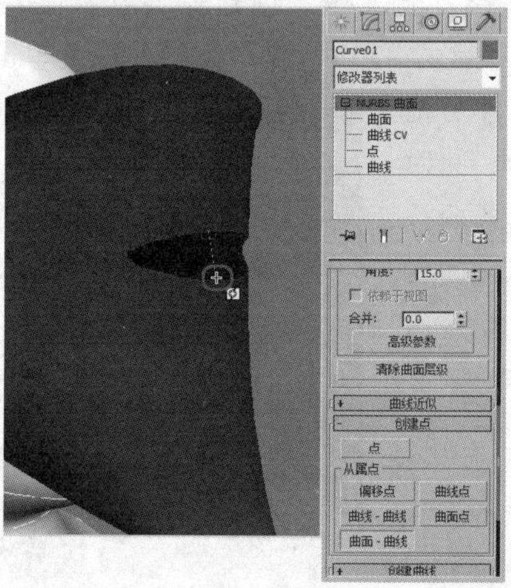

STEP 04 在曲面上单击鼠标左键，即可创建曲面-曲线点，如下图所示。

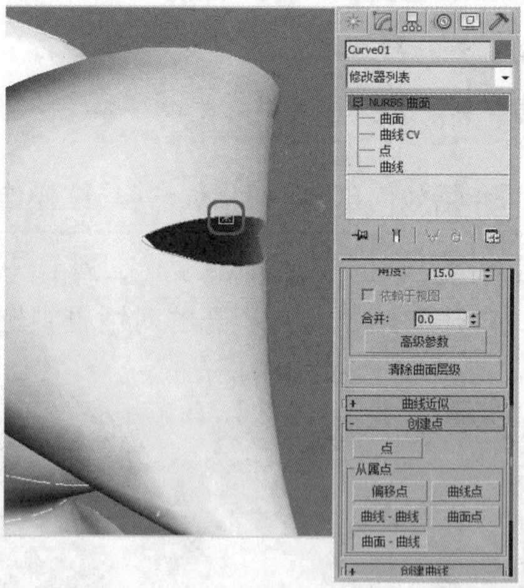

8.5 创建NURBS基本曲线

NURBS 曲线是图形对象，在制作样条线时可以使用这些曲线。下面介绍如何使用NURBS创建基本曲线。

实战操作277 创建点曲线

素材：Scene\Cha08\8-10.max　　场景：无

难度：★★★★★　　视频：视频\Cha08\实战操作277.avi

在3ds Max中，可以根据需要创建点曲线，其具体操作步骤如下所述。

STEP 01 启动3ds Max 2013，按Ctrl+O组合键，打开素材文件8-10.max，如下图所示。

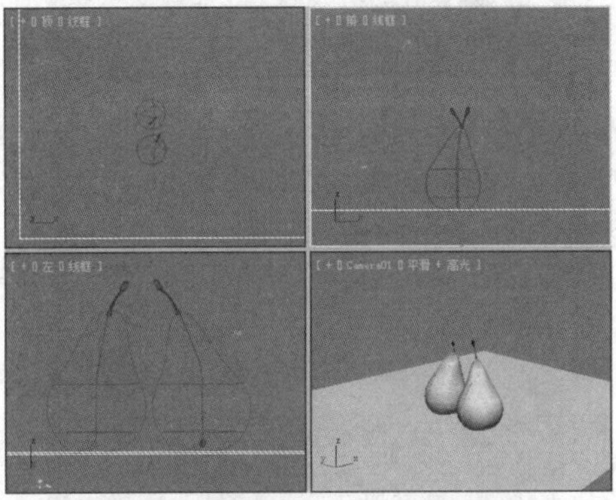

STEP 02 选择“创建” | “图形” | “NURBS曲线” | “点曲线”工具，在“左”视图中如下图所示的位置上单击鼠标。

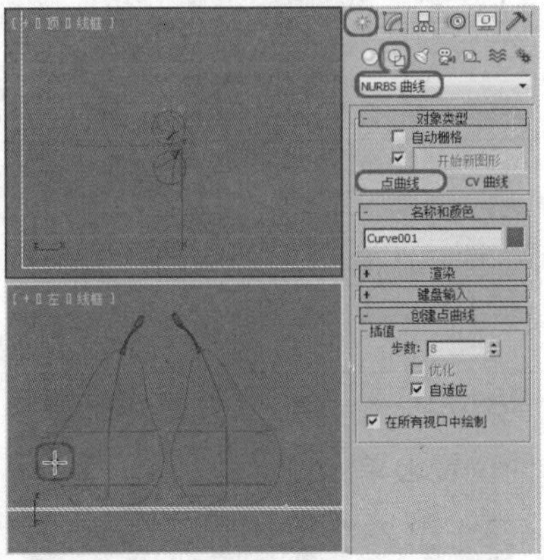

STEP 03 向右移动鼠标，然后在如下图所示的位置处单击鼠标左键。

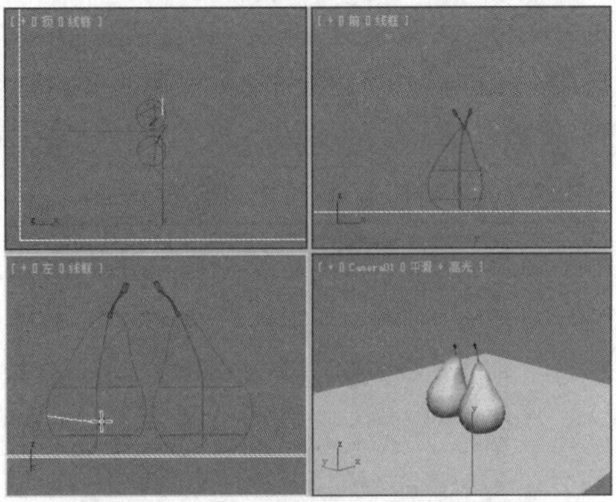

STEP 04 再次向右移动鼠标，在如下图所示的位置处单击鼠标左键，然后再单击鼠标右键，即可完成点曲线的创建。

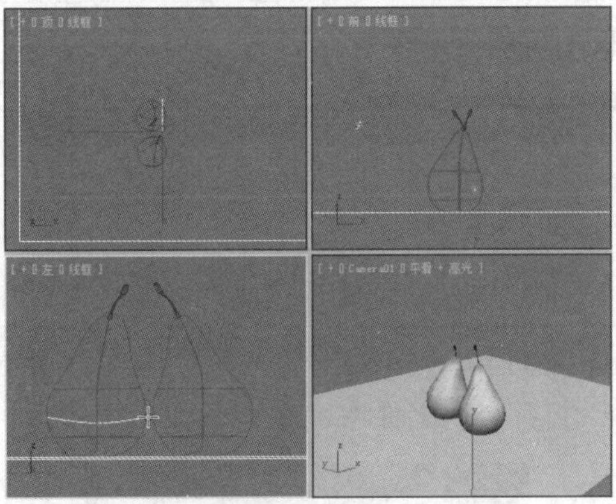

实战操作278 创建CV曲线

素材：Scene\Cha08\8-10.max　　场景：无

难度：★★★★★　　视频：视频\Cha08\实战操作278.avi

CV 曲线是由控制顶点（CV）控制的 NURBS 曲线。CV 不位于曲线上。它们定义在一个包含曲线的控制晶格上，可通过调整CV来更改曲线。创建CV曲线的操作步骤如下所述。

STEP 01 启动3ds Max 2013，按Ctrl+O组合键，打开素材文件8-10.max，如下图所示。

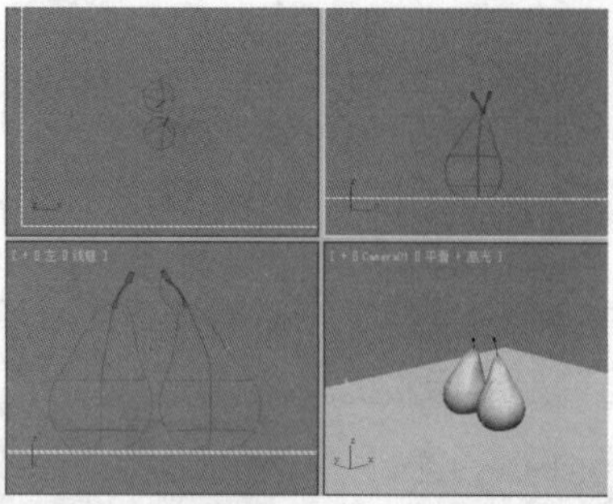

STEP 02 选择“创建” | “图形” | “NURBS曲线” | “CV 曲线”工具，在“左”视图中如下图所示的位置上单击鼠标。

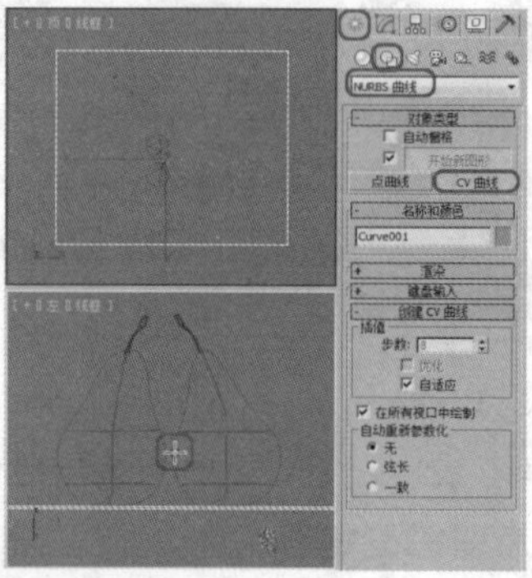

STEP 03 向右移动鼠标，然后在下图所示的位置处单击鼠标左键。

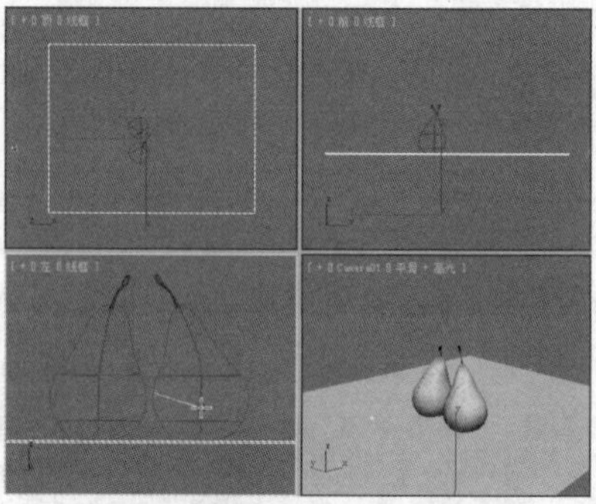

STEP 04 再次向右移动鼠标，在下图所示的位置处单击鼠标左键，然后再单击鼠标右键，即可完成CV 曲线的创建。

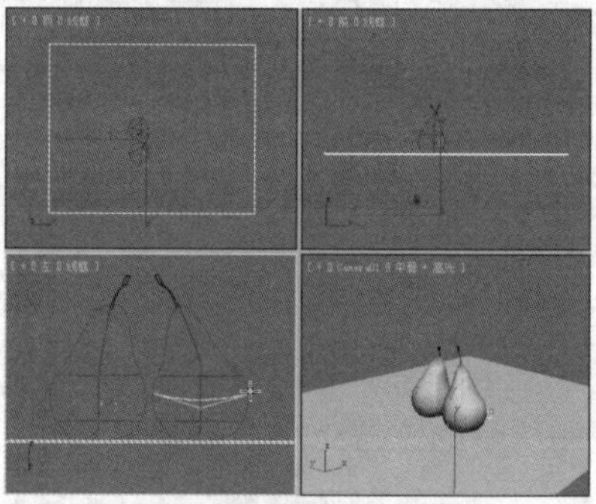

实战操作279 创建拟合曲线

素材：Scene\Cha08\8-10.max	场景：无
难度：★★★★★	视频：视频\Cha08\实战操作279.avi

下面介绍如何创建拟合曲线，其具体操作步骤如下所述。

STEP 01 启动3ds Max 2013，按Ctrl+O组合键，打开素材文件8-10.max，如下图所示。

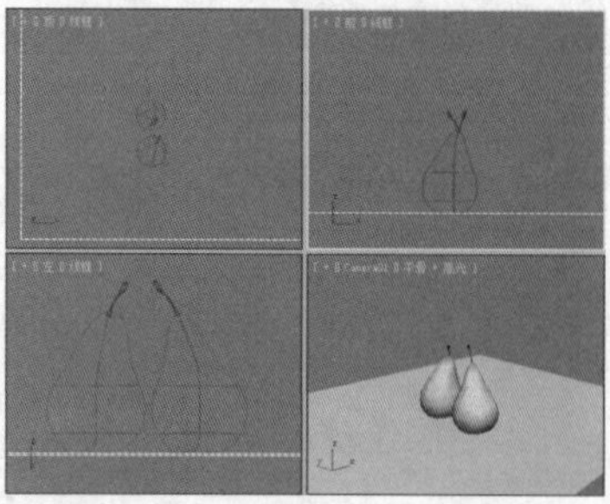

STEP 02 在场景中选择“梨01”对象，切换至“修改”命令面板，在“创建曲线”卷展栏中单击“曲线拟合”按钮，在“左”视图中如下图所示的位置上单击鼠标。

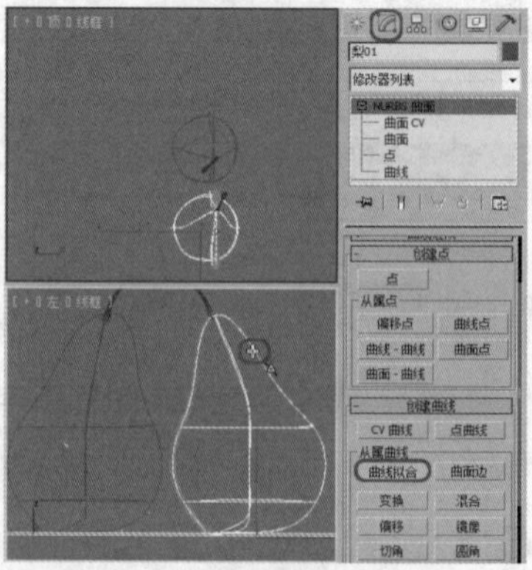

STEP 03 向右移动鼠标，然后在下图所示的位置处单击鼠标左键。

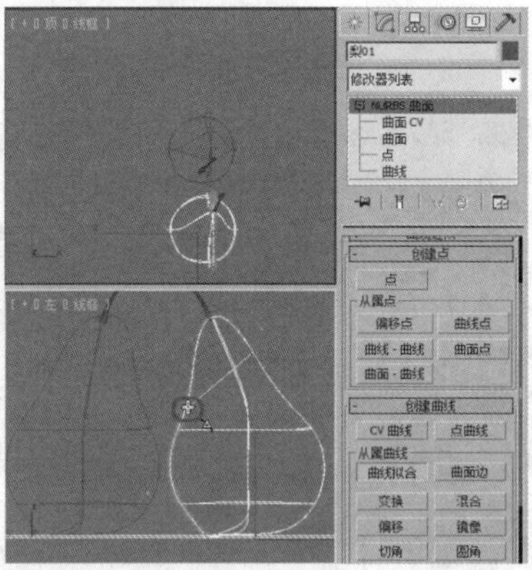

STEP 04 再次向右移动鼠标，在下图所示的位置处单击鼠标左键，然后再单击鼠标右键，即可完成拟合曲线的创建。

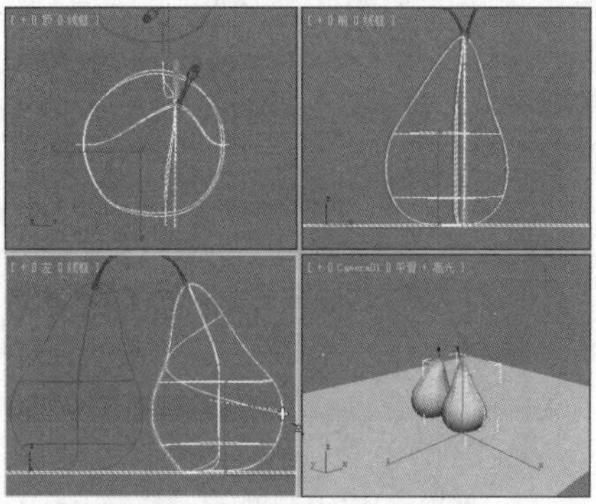

实战操作280 创建变换曲线

素材：Scene\Cha08\8-10.max	场景：无
难度：★★★★★	视频：视频\Cha08\实战操作280.avi

变换曲线指的是具有不同位置、旋转或缩放的原始曲线的副本。创建变化曲线的操作步骤如下所述。

STEP 01 打开素材文件8-10.max，在场景中选择“梨02”对象，切换至“修改”命令面板，在“创建曲线”卷展栏中单击“变换”按钮，将鼠标移至下图所示的曲线上。

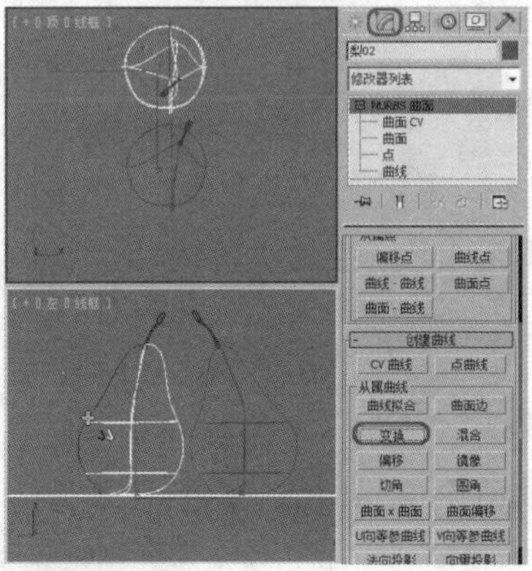

STEP 02 然后按住鼠标左键并向任意方向拖动至适当的位置处松开鼠标即可，如下图所示。

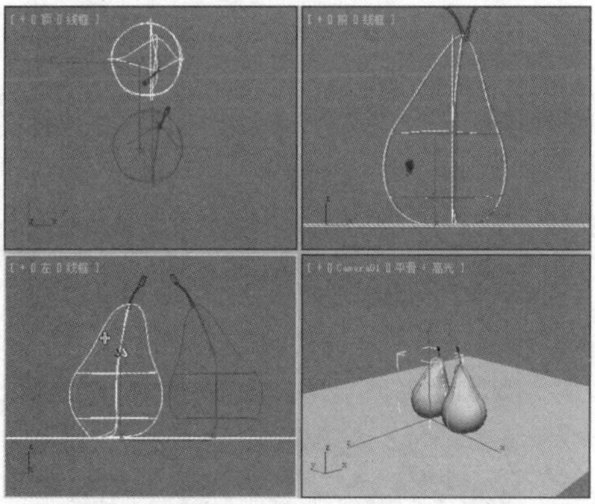

实战操作281 创建偏移曲线

素材：Scene\Cha08\8-10.max	场景：无
难度：★★★★★	视频：视频\Cha08\实战操作281.avi

下面介绍如何创建偏移曲线，其具体操作步骤如下所述。

STEP 01 打开素材文件8-10.max，在场景中选择“梨01”对象，切换至“修改”命令面板，在“创建曲线”卷展栏中单击“偏移”按钮，将鼠标移至下图所示的曲线上。

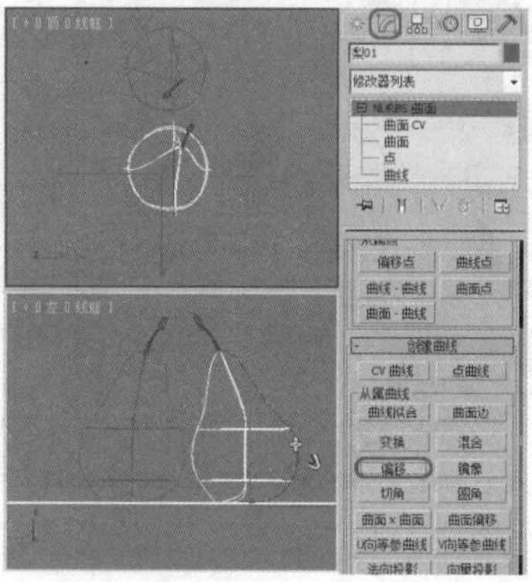

STEP 02 然后按住鼠标左键并向上拖动至适当位置处松开鼠标即可，如下图所示。

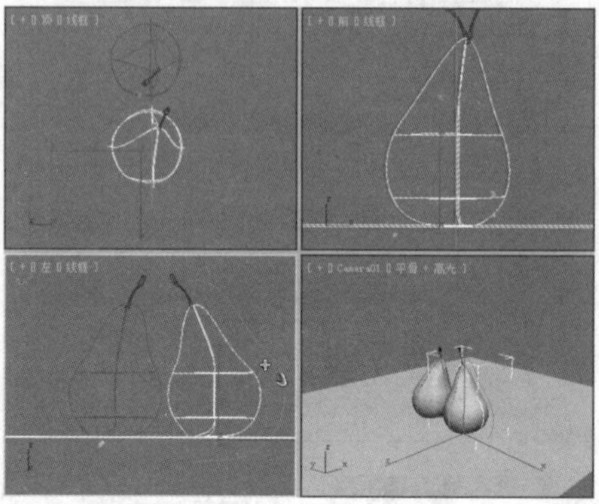

实战操作282 创建镜像曲线

素材：Scene\Cha08\8-10.max	场景：无
难度：★★★★★	视频：视频\Cha08\实战操作282.avi

镜像曲线是指原始曲线的镜像图像。创建镜像曲线的操作步骤如下所述。

STEP 01 打开素材文件8-10.max，在场景中选择“梨01”对象，切换至“修改”命令面板，在“创建曲线”卷展栏中单击“镜像”按钮，将鼠标移至下图所示的曲线上。

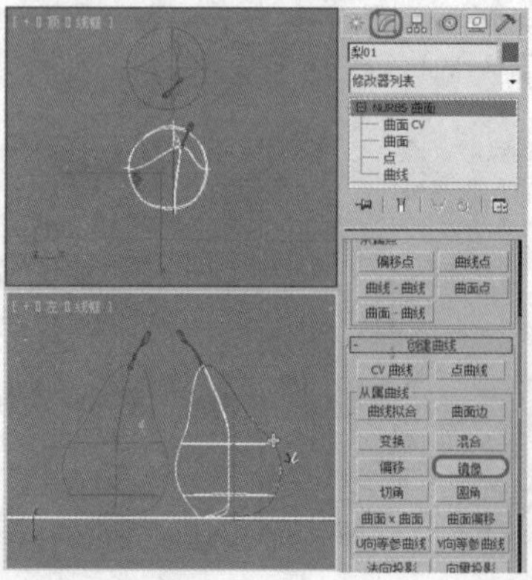

STEP 02 在曲线上单击鼠标左键，在“镜像曲线”卷展栏中将“镜像轴”设置为X，将“偏移”设置为-1.2，如下图所示。

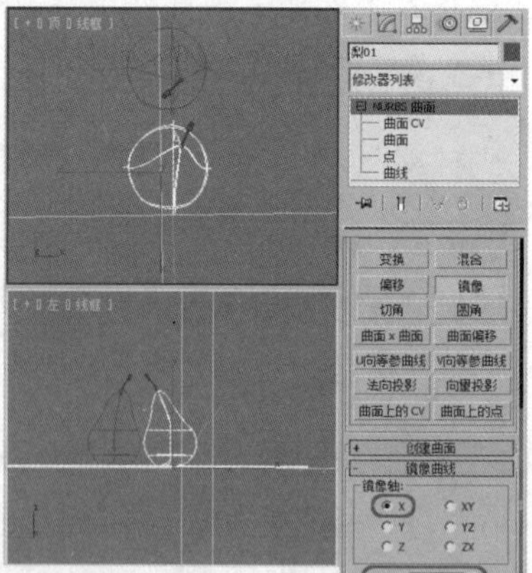

实战操作283 创建U向等参曲线

素材：Scene\Cha08\8-10.max	场景：无
难度：★★★★★	视频：视频\Cha08\实战操作283.avi

下面介绍如何创建U向等参曲线，其具体操作步骤如下所述。

STEP 01 启动3ds Max 2013，按Ctrl+O组合键，打开素材文件8-10.max，如下图所示。

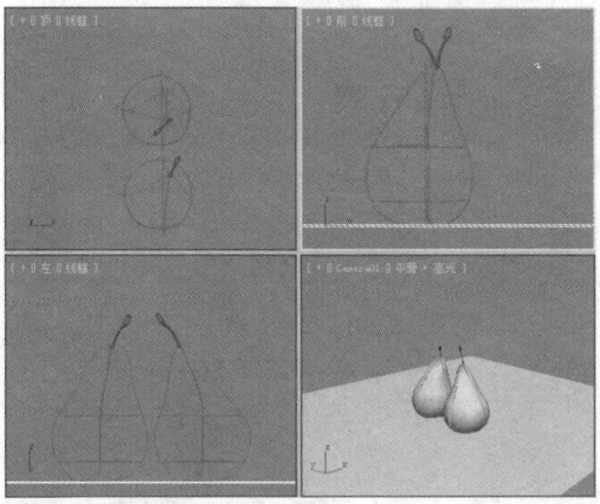

STEP 02 在场景中选择“梨02”对象，切换至“修改”命令面板，在“创建曲线”卷展栏中单击“U向等参曲线”按钮，在“梨02”对象上单击鼠标左键即可创建U向等参曲线，如下图所示。

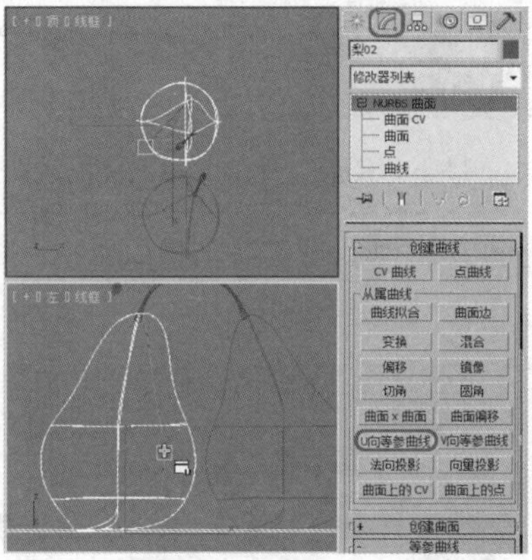

实战操作284 创建V向等参曲线

素材：Scene\Cha08\8-10.max　　场景：无

难度：★★★★★　　视频：视频\Cha08\实战操作284.avi

下面介绍如何创建V向等参曲线，其具体操作步骤如下所述。

STEP 01 启动3ds Max 2013，按Ctrl+O组合键，打开素材文件8-10.max，如下图所示。

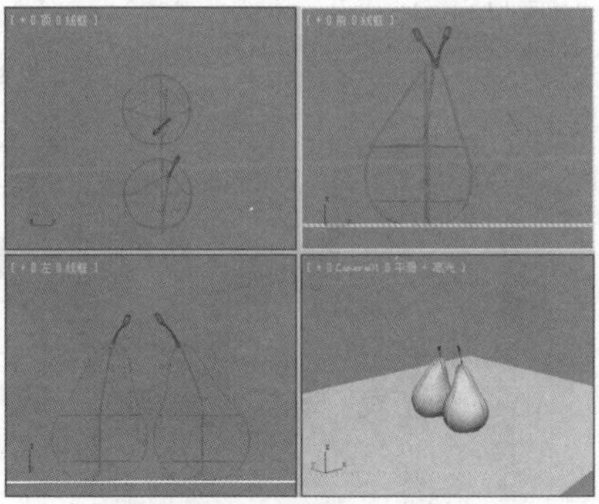

STEP 02 在场景中选择“梨02”对象，切换至“修改”命令面板，在“创建曲线”卷展栏中单击“V向等参曲线”按钮，在“梨02”对象上单击鼠标左键即可创建V向等参曲线，如下图所示。

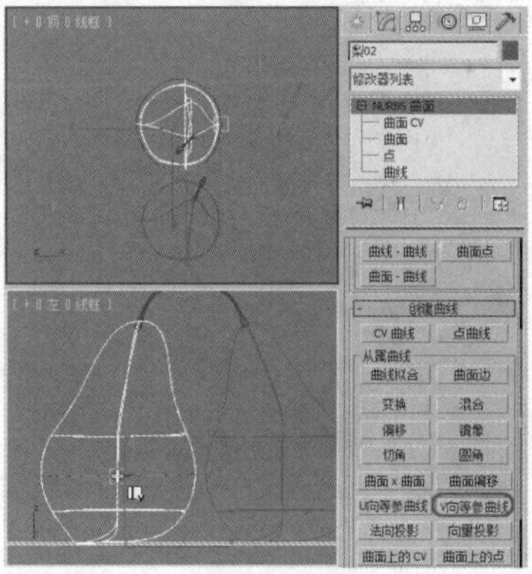

8.6 创建NURBS基本曲面

NURBS曲面对象是 NURBS 模型的基础。使用“创建”面板来创建的初始曲面是带有点或CV 的平面段。本节将介绍创建NURBS曲面的方法。

实战操作285 创建点曲面

素材：Scene\Cha08\8-11.max　　场景：Scene\Cha08\实战操作285.max

难度：★★★★★　　视频：视频\Cha08\实战操作285.avi

点曲面是 NURBS 曲面，其中曲面上的点被约束在曲面上。创建点曲面的操作步骤如下所述。

STEP 01 启动3ds Max 2013，按Ctrl+O组合键，打开素材文件8-11.max，如下图所示。

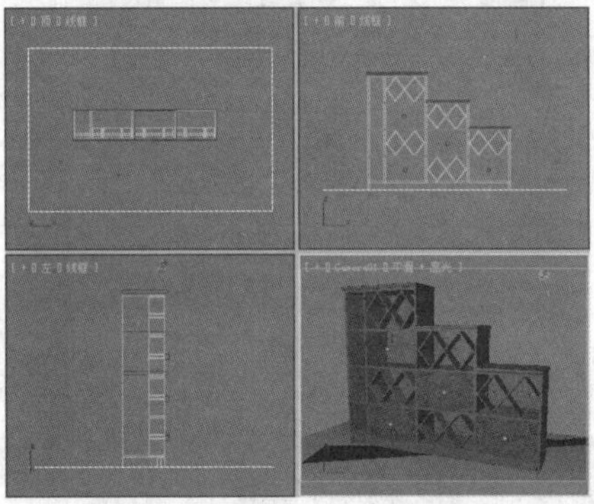

STEP 02 选择"创建" |"几何体" |NURBS 曲面 |"点曲面"工具，在"前"视图中按住鼠标左键并拖动鼠标至适当位置处松开鼠标左键，即可创建一个点曲面，如下图所示。

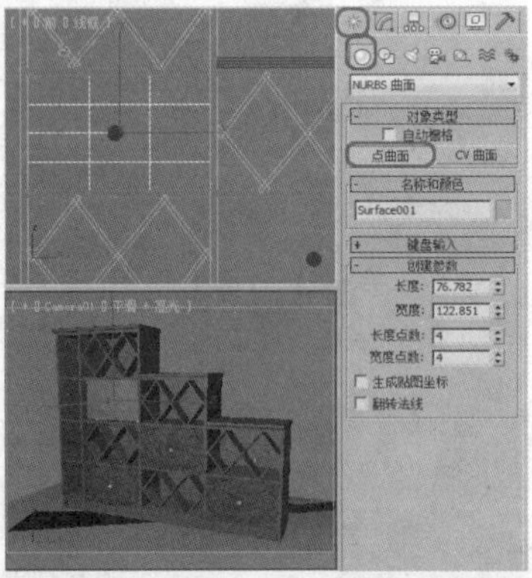

STEP 03 在工具栏中单击"选择并移动"按钮，在视图中调整点曲面的位置，调整后的效果如下图所示。

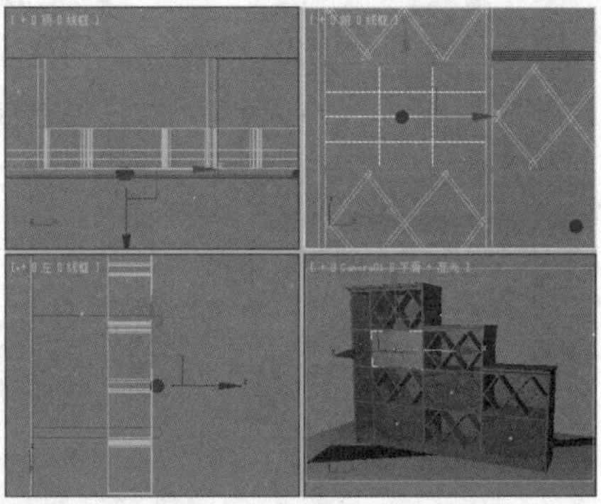

STEP 04 按M键打开"材质编辑器"对话框，选择第一个材质样本球，然后单击"将材质指定给选定对象"按钮 ，按F9键对"Camera01"视图进行渲染，渲染后的效果如下图所示。

实战操作286 创建CV曲面

素材：Scene\Cha08\8-12.max　　场景：Scene\Cha08\实战操作286.max

难度：★★★★★　　视频：视频\Cha08\实战操作286.avi

下面介绍如何创建CV曲面，其具体操作步骤如下所述。

STEP 01 启动3ds Max 2013，按Ctrl+O组合键，打开素材文件8-12.max，如下图所示。

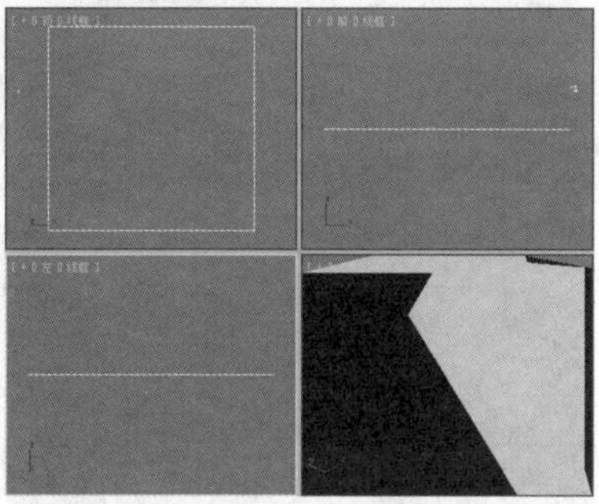

STEP 02 选择“创建” | “几何体” | NURBS曲面 | “CV曲面”工具，在“顶”视图中按住鼠标左键并拖动鼠标至适当位置处松开鼠标左键，在“创建参数”卷展栏中将“长度”设置为249，“宽度”设置为233，如下图所示。

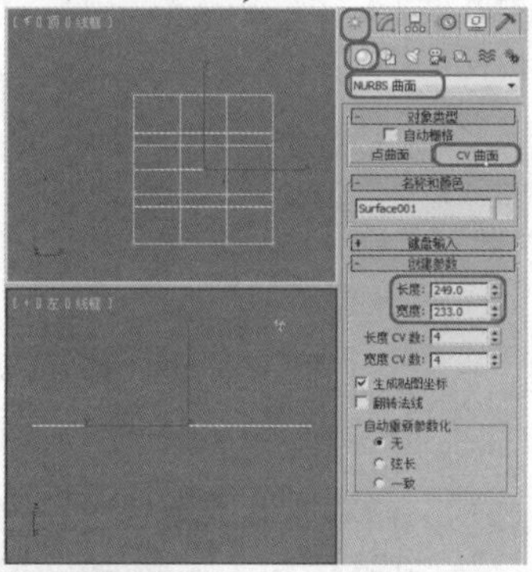

STEP 03 切换至“修改”命令面板，将当前选择集定义为“曲面CV”，使用“选择并移动”工具调整CV的位置，调整后的效果如下图所示。

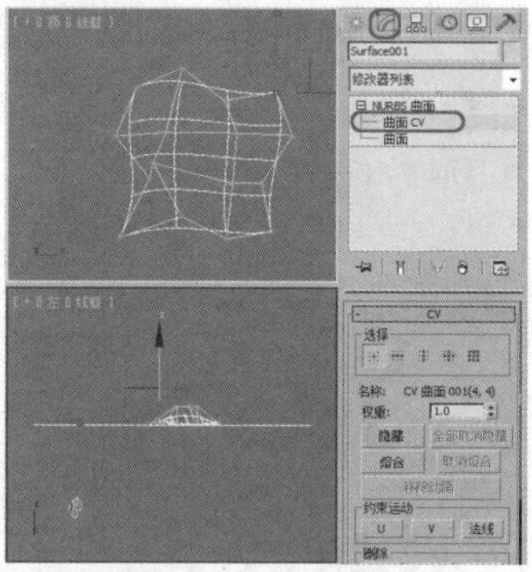

STEP 04 关闭当前选择集，按M键打开“材质编辑器”对话框，选择第一个材质样本球，然后单击“将材质指定给选定对象”按钮，按F9键对“Camera001”视图进行渲染，渲染后的效果如下图所示。

实战操作287 创建挤出曲面

素材：Scene\Cha08\8-13.max　　场景：无

难度：★★★★★　　视频：视频\Cha08\实战操作287.avi

挤出曲面的优势在于挤出子对象是NURBS模型的一部分，因此可以使用它来构造曲线和曲面子对象。创建挤出曲面的操作步骤如下所述。

STEP 01 启动3ds Max 2013，按Ctrl+O组合键，打开素材文件8-13.max，如右图所示。

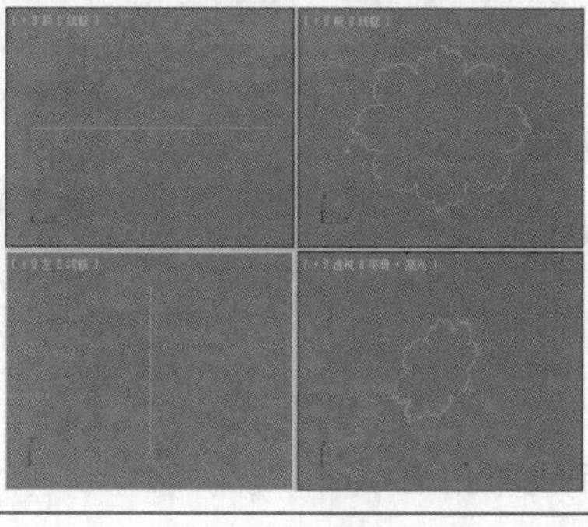

STEP 02 在“前”视图中选择“花”对象，切换至“修改”命令面板，在“创建曲面”卷展栏中单击“挤出”按钮，将鼠标移至“花”对象上，单击鼠标左键并向上拖动至适当位置处松开鼠标；在“挤出曲面”卷展栏中将“数量”设置为10，如右图所示。

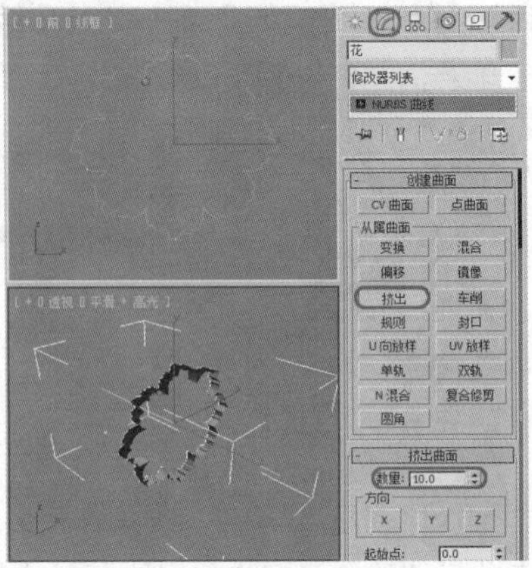

实战操作288 创建封口曲面

素材：Scene\Cha08\8-14.max	场景：无
难度：★★★★★	视频：视频\Cha08\实战操作288.avi

下面介绍如何创建封口曲面，其具体操作步骤如下所述。

STEP 01 打开素材文件8-14.max，在场景中选择“花”对象，切换至“修改”命令面板，在“创建曲面”卷展栏中单击“封口”按钮，将鼠标移至下图所示的位置处。

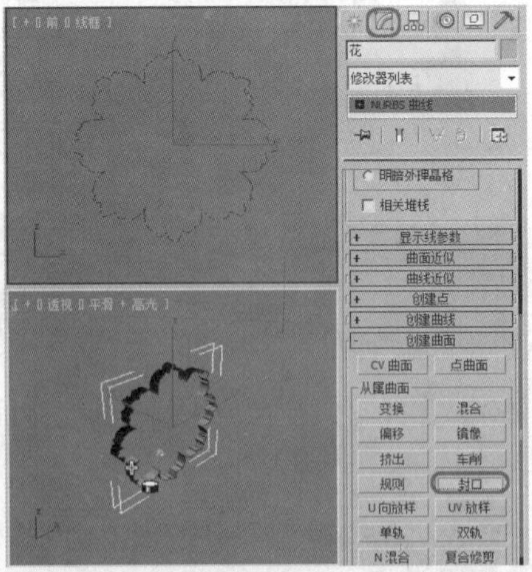

STEP 02 单击鼠标左键，即可创建封口曲面，如下图所示。

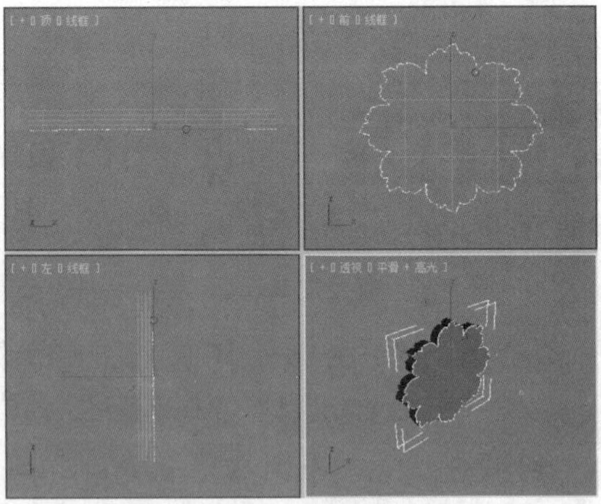

实战操作289 创建镜像曲面

素材：Scene\Cha08\8-15.max	场景：无
难度：★★★★★	视频：视频\Cha08\实战操作289.avi

下面介绍如何创建镜像曲面，其具体操作步骤如下所述。

STEP 01 打开素材文件8-15.max，在场景中选择“花”对象，切换至“修改”命令面板，在“创建曲面”卷展栏中单击“镜像”按钮，将鼠标移至下图所示的位置处。

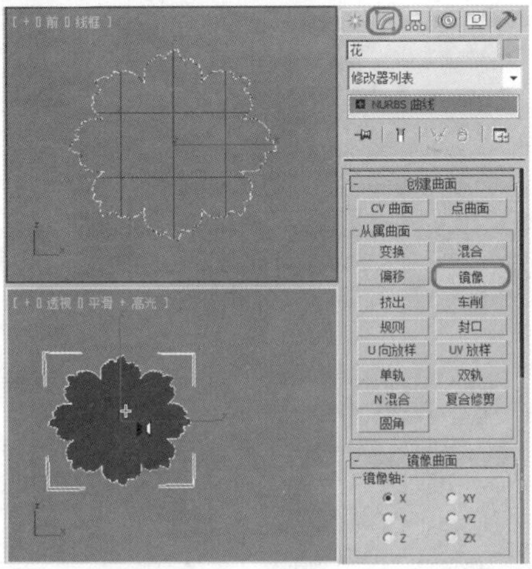

STEP 02 单击鼠标左键，打开“镜像曲面”卷展栏，在“镜像轴”选项组中选中“X”单选按钮，将“偏移”设置为-66，即可创建镜像曲面，如下图所示。

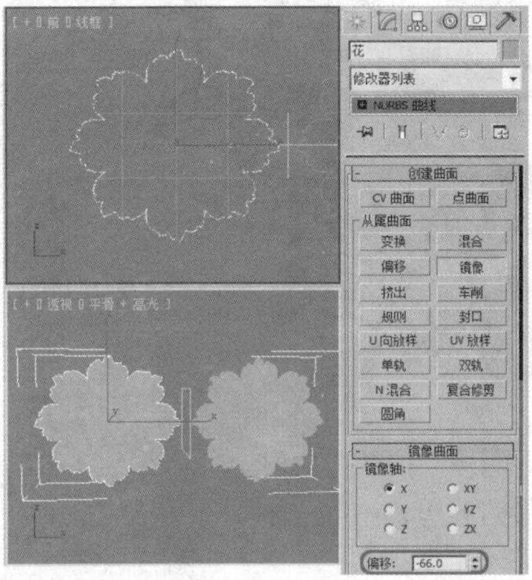

实战操作290 创建车削曲面

素材：Scene\Cha08\8-16.max　场景：Scene\Cha08\实战操作290.max

难度：★★★★★　视频：视频\Cha08\实战操作290.avi

下面介绍如何创建车削曲面，其具体操作步骤如下所述。

STEP 01 启动3ds Max 2013，按Ctrl+O组合键，打开素材文件8-16.max，如下图所示。

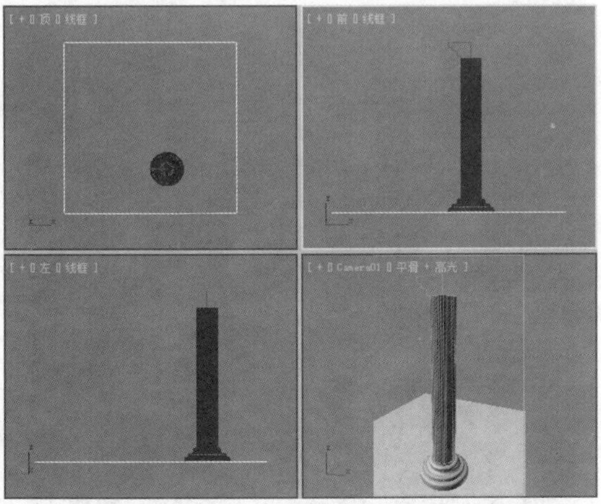

STEP 02 在场景中选择“Curve002”对象，切换至“修改”命令面板，在“创建曲面”卷展栏中单击“车削”按钮，在曲线上单击鼠标左键，即可创建车削曲面，如下图所示。

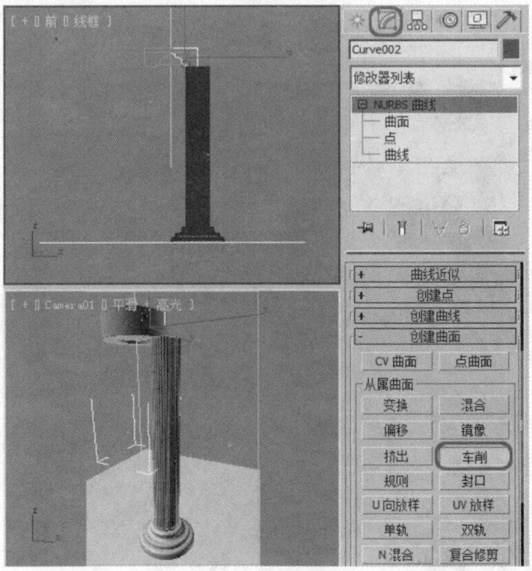

STEP 03 在“车削曲面”卷展栏中单击“最大”按钮，选中“翻转法线”复选框，如下图所示。

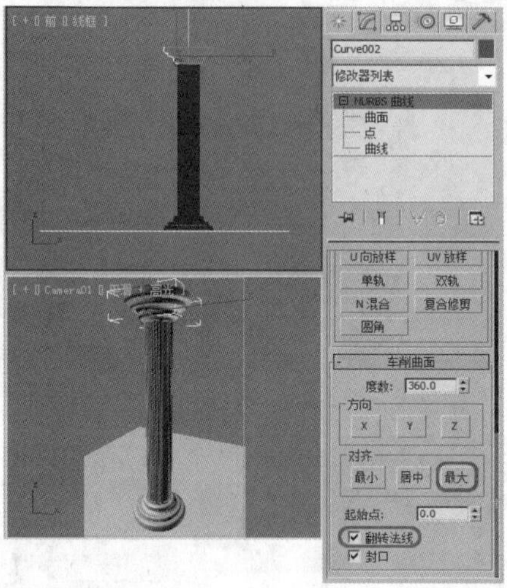

STEP 04 按F9键对“amera01”图进行渲染，效果如下图所示。

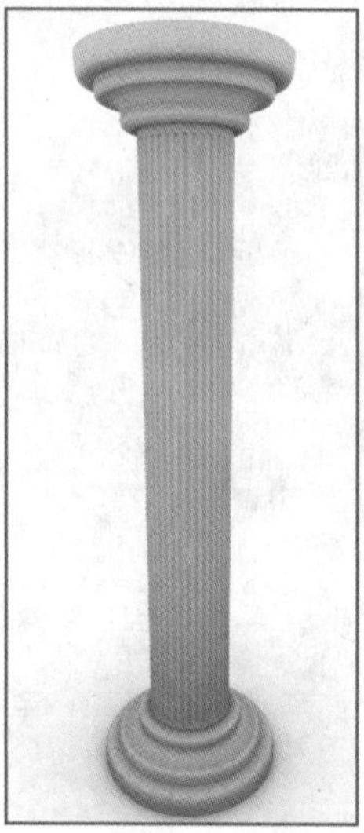

实战操作291 创建U向放样曲面

素材：Scene\Cha08\8-17.max　　场景：无

难度：★★★★★　　视频：视频\Cha08\实战操作291.avi

下面介绍如何创建U向放样曲面，其具体操作步骤如下所述。

STEP 01 打开素材文件8-17.max，在场景中选择“鲨鱼”对象，切换至“修改”命令面板，在“创建曲面”卷展栏中单击“U向放样”按钮，在下图所示的曲线上单击鼠标左键。

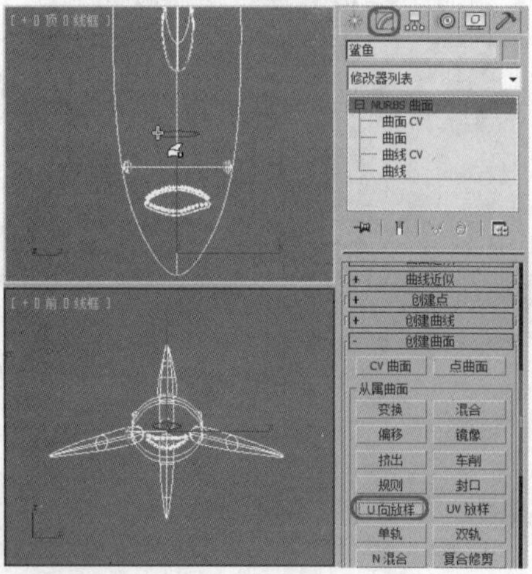

STEP 02 将鼠标移至如下图所示的曲线上并单击鼠标左键，然后右击鼠标，即可创建U 向放样曲面。

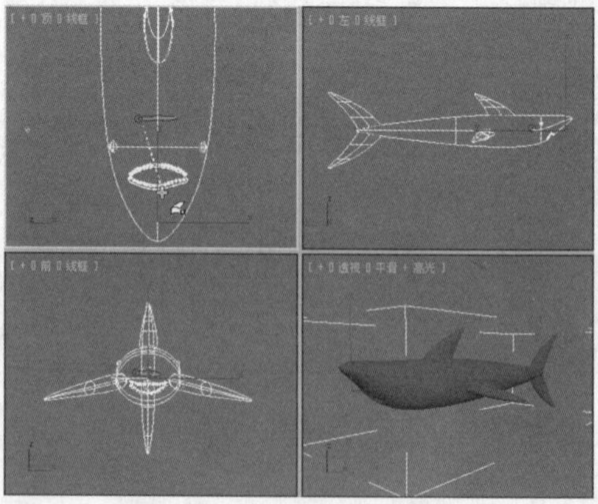

8.7 编辑NURBS曲线

本节主要介绍将模型转换为“NURBS”的方法，以及对NURBS曲线的编辑等。

实战操作292 将模型转换为NURBS

素材：Scene\Cha08\8-18.max　　场景：无

难度：★★★★★　　视频：视频\Cha08\实战操作292.avi

下面介绍将模型转换为NURBS的方法。

STEP 01 启动3ds Max 2013，按Ctrl+O组合键，打开素材文件8-18.max，如下图所示。

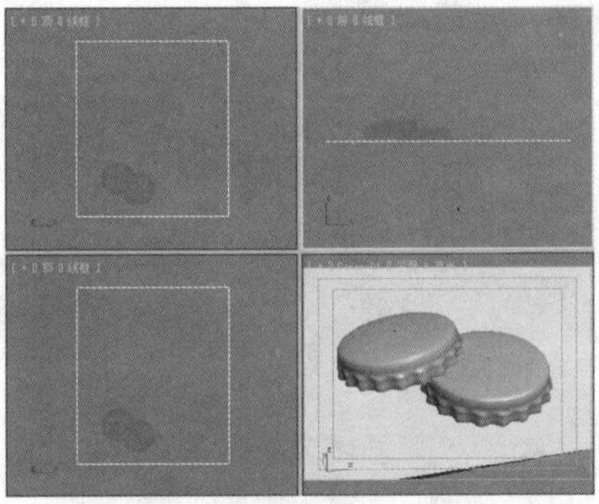

STEP 02 在场景中选择“瓶盖01”对象，并右击鼠标，在弹出的快捷菜单中执行“转换为”|“转换为NURBS”命令，即可将模型转换为NURBS，如下图所示。

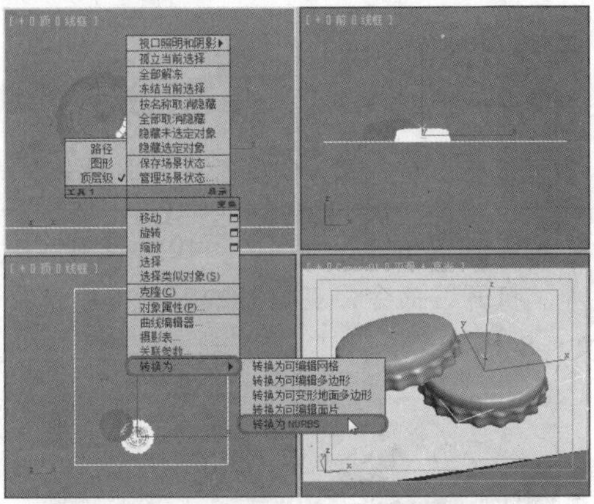

实战操作293 设置U向线数

素材：Scene\Cha08\8-19.max　　场景：无

难度：★★★★★　　视频：视频\Cha08\实战操作293.avi

下面介绍如何设置U向线数，其具体操作步骤如下所述。

STEP 01 启动3ds Max 2013，按Ctrl+O组合键，打开素材文件8-19.max，在视图中选择“瓶盖01”对象，如右图所示。

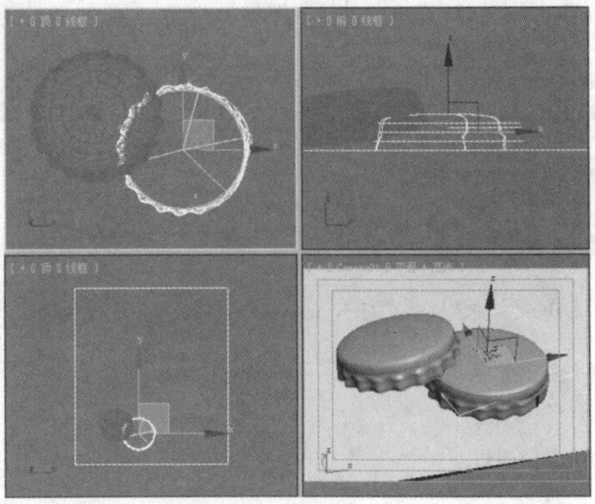

STEP 02 切换至“修改”命令面板，在“显示线参数”卷展栏中将“U向线数”设置为6，然后按Enter键确认，如右图所示。

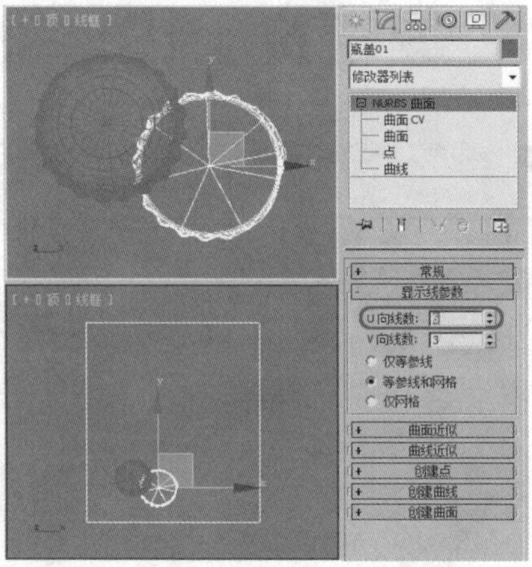

实战操作294 设置V向线数

素材：Scene\Cha08\8-19.max　　场景：无

难度：★★★★★　　视频：视频\Cha08\实战操作294.avi

下面介绍如何设置V向线数，其具体操作步骤如下所述。

STEP 01 单击按钮，在弹出的下拉列表中选执行“打开”命令，在打开的对话框中选择素材文件8-19.max，如下图所示。

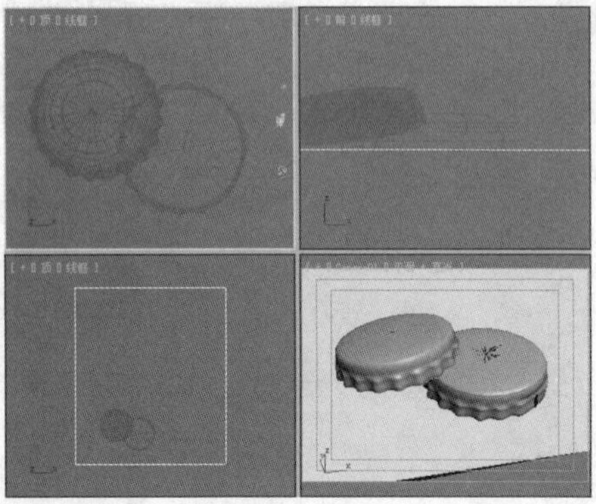

STEP 02 在场景中选择“瓶盖01”对象，并切换至“修改”命令面板，在“显示线参数”卷展栏中将“V向线数”设置为6，然后按Enter键确认，如下图所示。

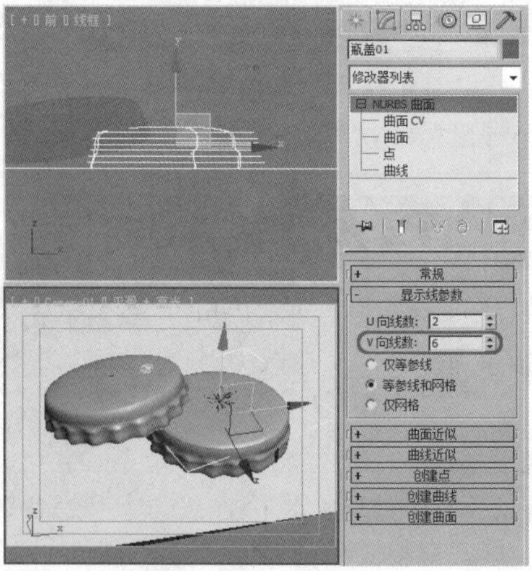

实战操作295 熔合曲线点

素材：Scene\Cha08\8-19.max　　场景：无

难度：★★★★★　　视频：视频\Cha08\实战操作295.avi

通过使用“熔合”命令可以将选择的曲线上的点熔合在一起，具体的操作步骤如下所述。

STEP 01 打开素材文件8-19.max，在场景中选择“瓶盖01”对象，并切换到“修改”命令面板，将当前选择集定义为“点”，在“点”卷展栏中单击“熔合”按钮，在下图所示的顶点上单击。

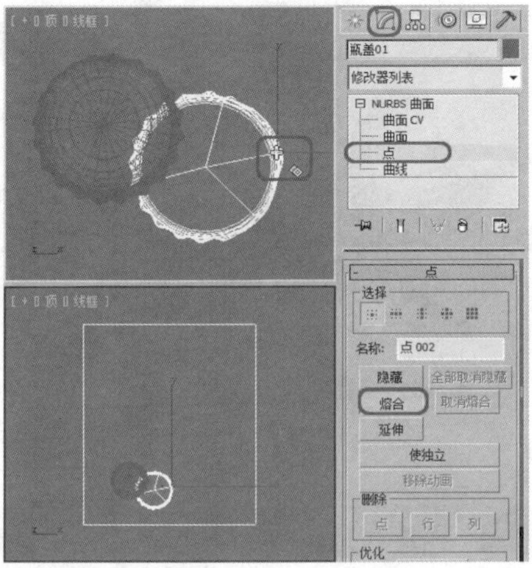

STEP 02 然后将鼠标移到第二个点上并单击鼠标左键，即可熔合曲线点，如下图所示。

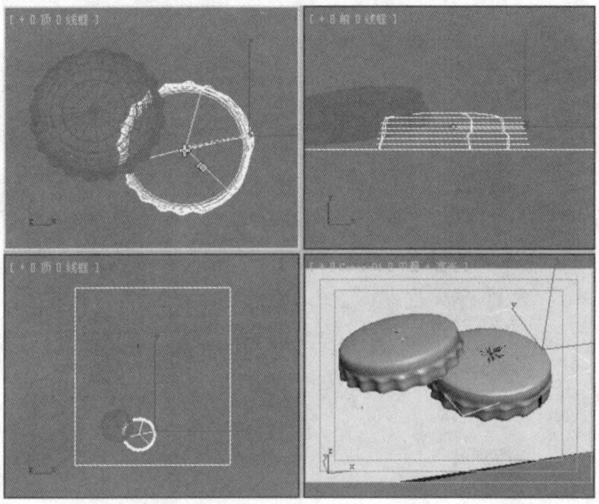

实战操作296 优化曲线

素材：Scene\Cha08\8-19.max	场景：无
难度：★★★★★	视频：视频\Cha08\实战操作296.avi

下面介绍优化曲线的方法，具体操作步骤如下所述。

STEP 01 启动3ds Max 2013，按Ctrl+O组合键，打开素材文件8-19.max，如下图所示。

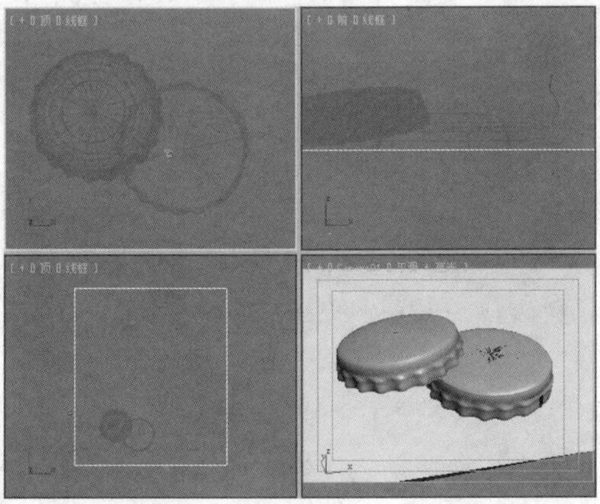

STEP 02 在场景中选择“瓶盖01”对象，并切换至“修改”命令面板，将当前选择集定义为“点”，打开“点”卷展栏，在“优化”选项组中单击“曲线”按钮，将鼠标移至曲线上并单击鼠标左键，即可优化曲线，如下图所示。

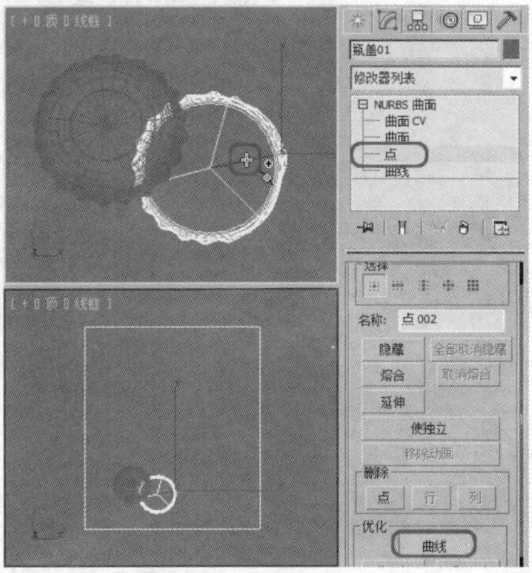

Chapter 09

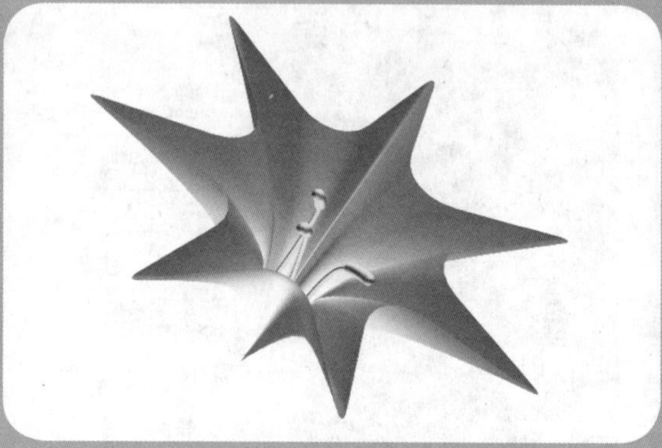

第9章 材质与贴图

材质是对现实世界中各种材料视觉效果的模拟，材质的制作也是一个相对复杂的过程。材质主要用于描述物体如何反射和传播光线，而材质中的贴图不仅可以用于模拟物体的质地、提供纹理图案、反射与折射等其他效果，还可以用于环境和灯光投影。通过各种类型的贴图，可以制作出千变万化的材质。

3ds Max 2013

9.1 材质编辑器

“材质编辑器”用于创建、编辑材质以及设置贴图的窗口，并将设置的材质和贴图赋予视图中的物体，通过渲染场景便可以看到设置的材质与贴图的效果。

实战操作297 打开材质编辑器

素材：Scene\Cha09\9-1.max	场景：无
难度：★★★★★	视频：视频\Cha09\实战操作297.avi

“材质编辑器”对话框中主要可以分为菜单栏、示例窗、工具按钮、参数控制四大区域。

STEP 01 在3ds Max 2013中按Ctrl+O组合键打开素材文件9-1.max，如下图所示。

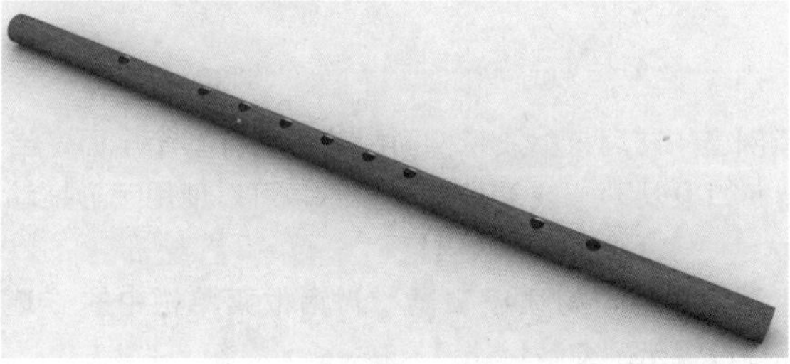

STEP 02 在工具栏中单击“材质编辑器”按钮，即可打开“材质编辑器”对话框，如下图所示。

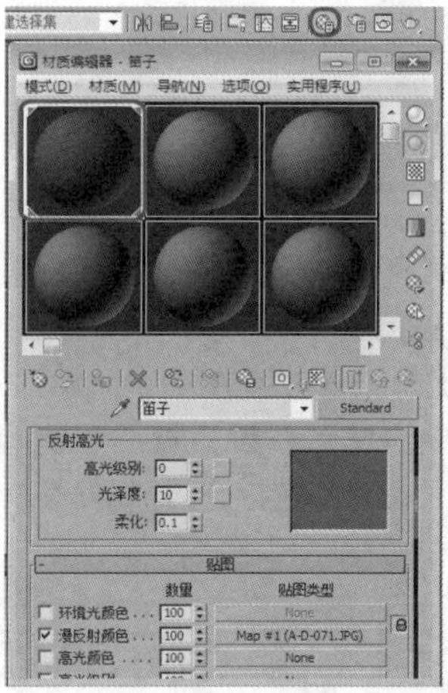

专家提醒

除了上述方法可以打开“材质编辑器”对话框外，还有以下两种方法。

方法1：按M键，可以打开“材质编辑器”对话框。

方法2：在菜单栏中执行“渲染”|“材质编辑器”命令，在弹出的子菜单中选择相应的“材质编辑器”选项。

实战操作298 更改材质示例窗显示数目

素材：Scene\Cha09\9-1.max	场景：无
难度：★★★★★	视频：视频\Cha09\实战操作298.avi

在3ds Max 2013中提供了3种材质示例窗数目的显示方式。默认情况下以3×2的方式显示。

STEP 01 打开素材文件9-1.max，按M键打开“材质编辑器”对话框，在任意一个材质球上右击鼠标，在弹出的快捷菜单中选择一种显示方式，如下图所示。

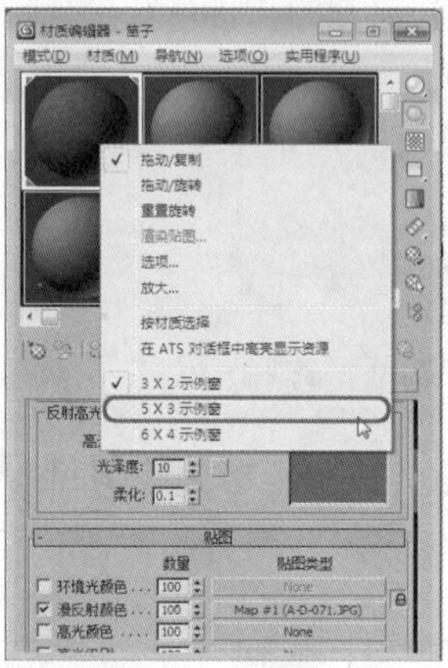

STEP 02 例如选择“5×3示例窗”显示方式后，“材质编辑器”中材质示例窗的效果，如下图所示。

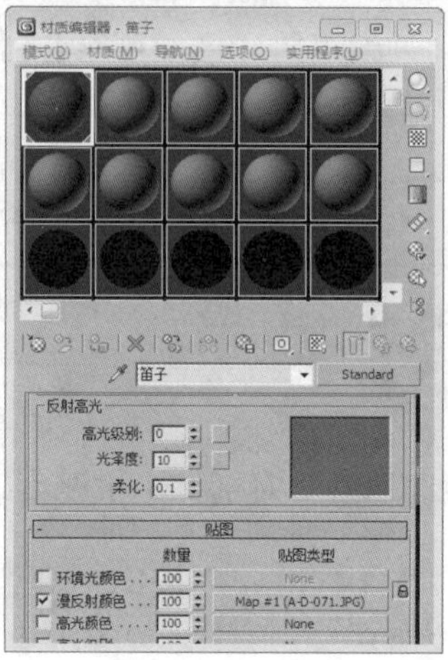

专家提醒

3×2示例窗、5×3示例窗、6×4示例窗：用来设计示例窗的布局，材质示例窗中其实共有24个小窗，当以6×4方式显示时，它们可以完全显示出来，只是比较小；如果以5×3或3×2方式显示，可以使用手形拖动窗口，显示出隐藏在内部的其他示例窗。

除了上述方法可以设置材质示例窗显示数目外，还可以执行“材质编辑器”对话框菜单栏中的“选项”|“选项”命令，在打开的“材质编辑器选项”对话框中设置示例窗数目。

实战操作299 显示材质球的背景

素材：Scene\Cha09\9-1.max	场景：无
难度：★★★★★	视频：视频\Cha09\实战操作299.avi

启用材质球背景将在材质球背面显示多颜色的方格背景。使用该背景可便观察材质球的透明度。

STEP 01 打开素材文件9-1.max，按M键打开“材质编辑器”对话框，未显示材质球背景的效果如右图所示。

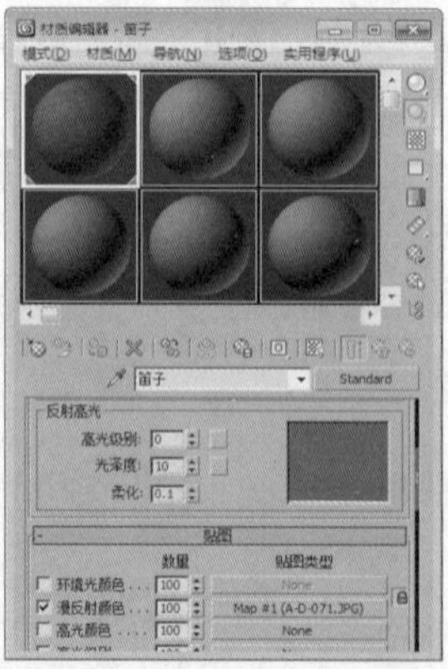

STEP 02 选择一个材质球，单击工具栏中的“背景”按钮，即可显示材质球的背景，效果如右图所示。

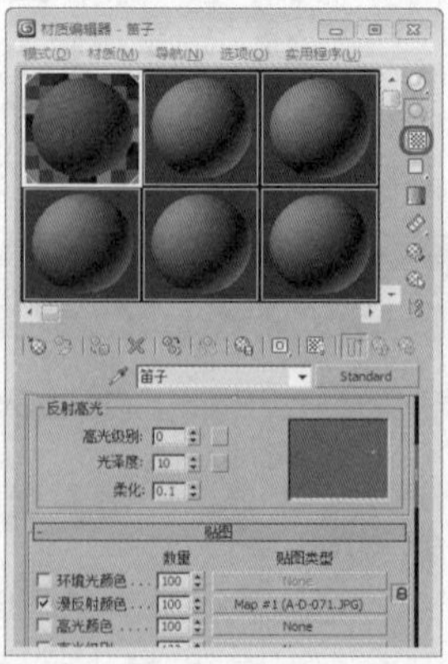

实战操作300 更改采样类型

素材：Scene\Cha09\9-1.max　　场景：无

难度：★★★★★　　视频：视频\Cha09\实战操作300.avi

在“材质编辑器”对话框中默认情况的采样类型显示方式为球体，可以通过单击“采样类型”按钮进行更改。

STEP 01 打开素材文件9-1.max，按M键打开“材质编辑器”对话框，选择任意一个材质球，在工具栏中的“采样类型”按钮上按住鼠标左键，将弹出采样类型列表框，如下图所示。

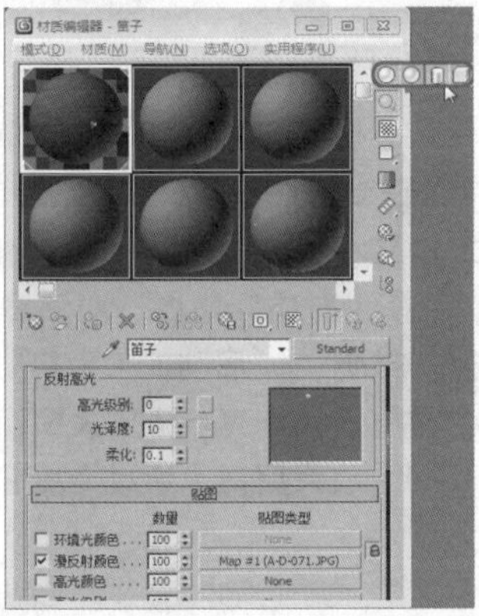

STEP 02 在弹出的列表框中选择“圆柱体”形状，原材质球将以圆柱体形状显示，如下图所示。

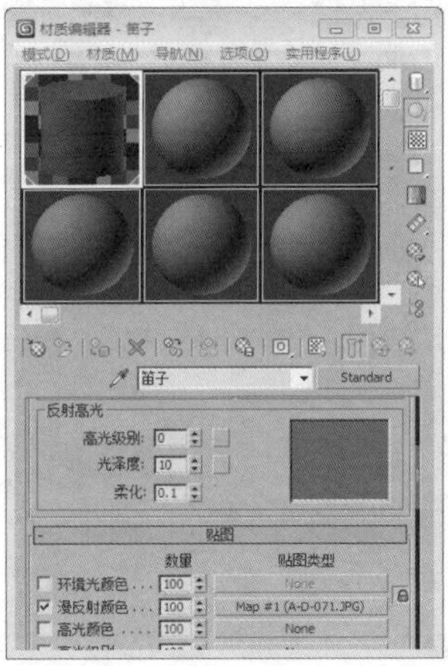

实战操作301 从对象拾取材质

素材：Scene\Cha09\9-1.max　　场景：无

难度：★★★★★　　视频：视频\Cha09\实战操作301.avi

通过“从对象拾取材质”按钮可以在场景中的某个对象上获取其所附的材质。此时鼠标会变为吸管状态。

STEP 01 打开素材文件9-1.max，按M键打开“材质编辑器”对话框，选择一个没有材质的样本球，单击“从对象拾取材质”按钮，如右图所示。

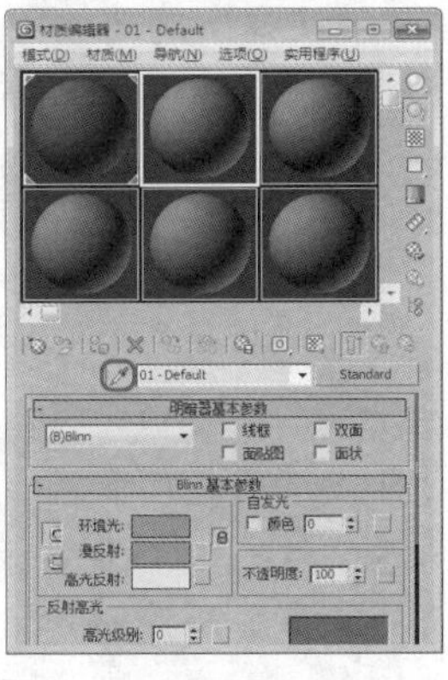

STEP 02 在对象上单击需要的材质，如将鼠标移至笛子上，当鼠标变为时，单击鼠标左键，则所选的材质将指定给选择的样本球，如下图所示。

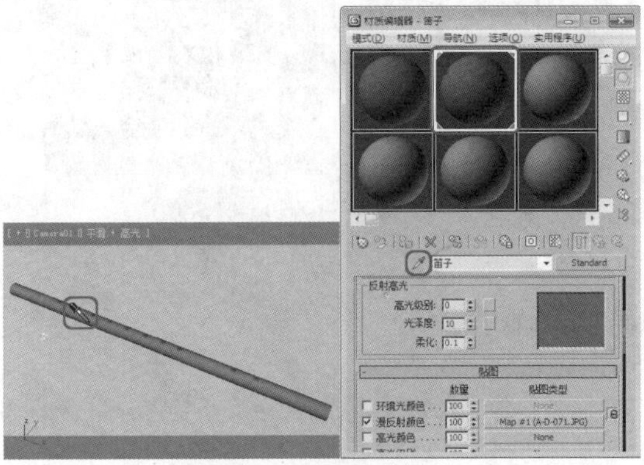

实战操作302 最大化查看材质

素材：Scene\Cha09\9-1.max　　场景：无

难度：★★★★★　　视频：视频\Cha09\实战操作302.avi

在3ds Max2013中可以将当前活动示例窗最大化显示，此时示例窗将以浮动窗口的方式显示。

STEP 01 打开素材文件9-1.max，按M键打开“材质编辑器”对话框，在任意一个材质球上右击鼠标，在弹出的快捷菜单中执行“放大”命令，如下图所示。

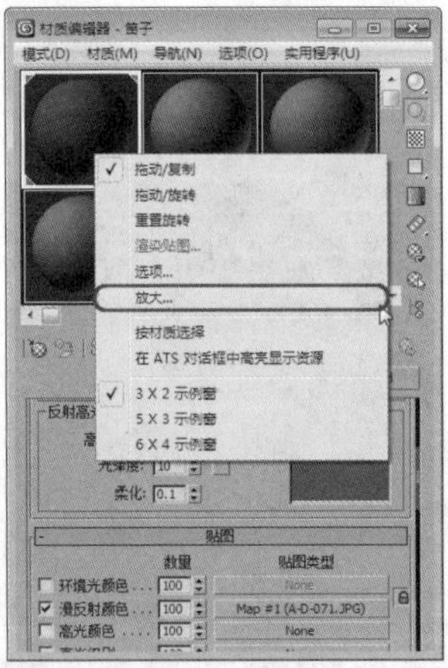

STEP 02 所选的材质球将以浮动窗口的方式最大化显示，如右图所示。

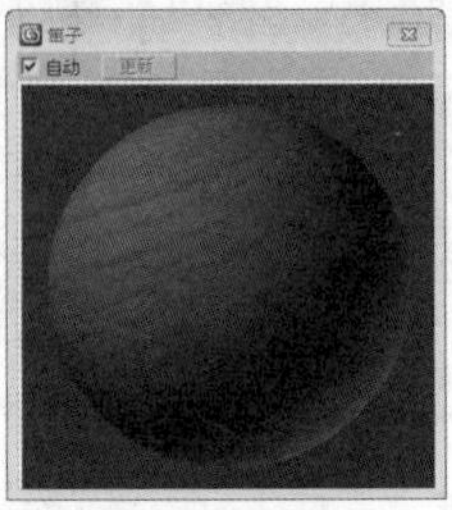

专家提醒

最大化查看材质的另外两种方法如下所述。

方法1：在当前活动示例窗上双击鼠标，即可将其最大化显示。

方法2：在“材质编辑器”对话框中的菜单栏上，执行“材质”|“启动放大窗口”命令。

每一个材质只允许有一个放大窗口，最多可以同时打开24个放大窗口。通过拖曳它的四角可以任意放大尺寸。

实战操作303 保存材质

素材：Scene\Cha09\9-1.max　　场景：无

难度：★★★★★　　视频：视频\Cha09\实战操作303.avi

将材质指定给对象时，它是场景中的一部分，并且可以与场景一同保存，除此之外还可以将材质放入到库中来保存。

STEP 01 打开素材文件9-1.max，按M键打开“材质编辑器”对话框，选择一个带材质的样本球，单击工具栏中的“放入库”按钮，如右图所示。

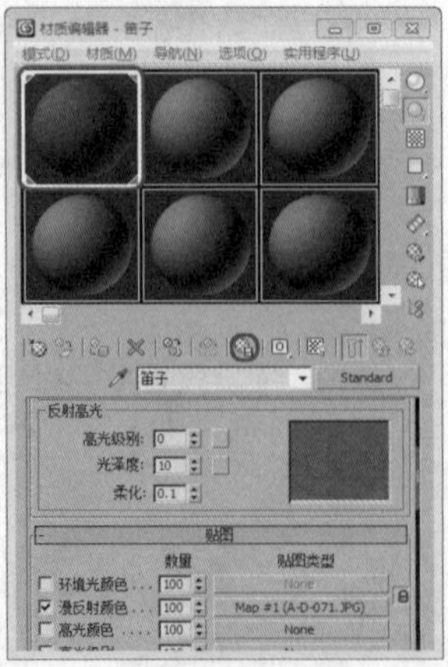

STEP 02 在弹出的“放置到库”对话框中可以对材质进行命名，如下图所示，单击“确定”按钮即可将材质保存到库中。

实战操作304 删除材质

素材：Scene\Cha09\9-1.max　　场景：无

难度：★★★★★　　视频：视频\Cha09\实战操作304.avi

通过单击“重置贴图/材质为默认设置”按钮可以将当前示例窗中已设置材质的还原为默认状态，即灰色轻微反光的不透明材质，如果处在贴图层级，将恢复为最初的贴图设置。

STEP 01 打开素材文件9-1.max，按M键打开“材质编辑器”，选择一个带有材质的样本球，并单击工具栏中的“重置贴图/材质为默认状态”按钮，如下图所示。

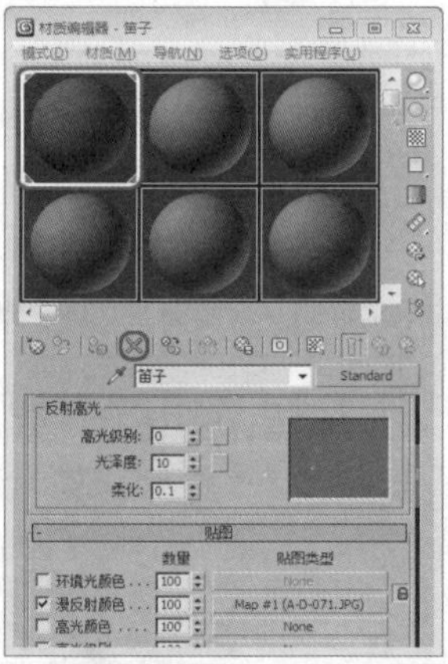

STEP 02 当该材质已指定给场景中的某个对象时，将会弹出“重置材质/贴图参数”对话框，如右图所示，单击“确定”按钮，即可删除材质。

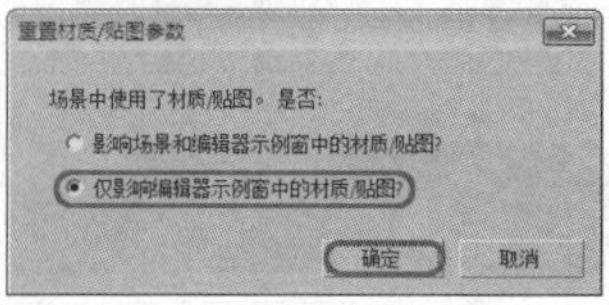

专家提醒

在“重置材质/贴图参数”对话框中选中第1个单选按钮会影响示例窗及场景中所有使用该材质的对象，但仍保持为同步材质；选中第2个单选按钮将只影响示例窗中的材质，变为非同步材质。

“同步材质”是指将材质指定给场景中的对象，对示例窗中的材质进行编辑时，场景中跟着变化，“非同步材质”与其相反。

实战操作305 旋转材质

素材：Scene\Cha09\9-2.max　　场景：无

难度：★★★★★　　视频：视频\Cha09\实战操作305.avi

在示例窗中还可以旋转样本球，已便于观察其他角度的材质效果。在材质球对象上拖动，是绕它自己的X或Y轴旋转；在材质球示例窗角落进行拖动，是绕它自己的Z轴旋转。

STEP 01 打开素材文件9-2.max，按M键打开“材质编辑器”对话框，选择一个带有材质的样本球，并右击鼠标，在弹出的快捷菜单中执行“拖动/旋转”命令，如右图所示。

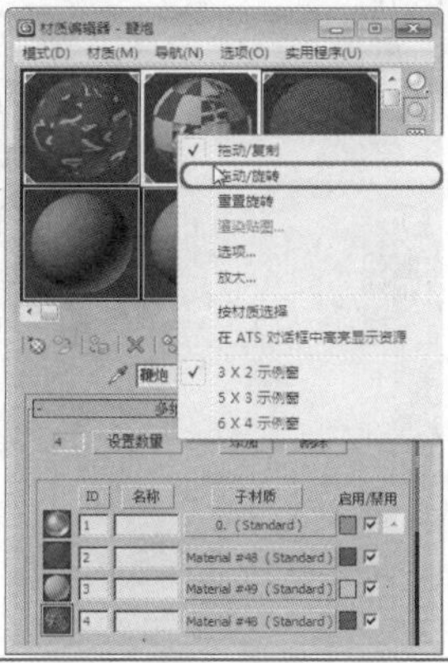

STEP 02 将鼠标移至材质样本球上并按住鼠标左键进行拖动，即可查看该样本球其他角度的材质效果，如右图所示。

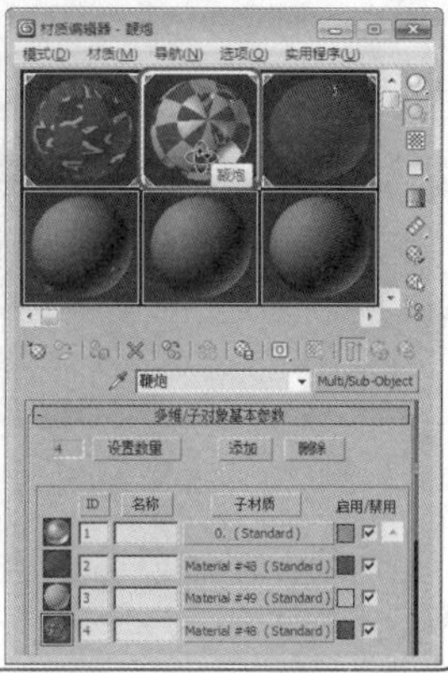

专家提醒

要将旋转后的样本球还原为默认状态的方法是：在该样本球上右击鼠标，在弹出的快捷菜单中执行“重置旋转”命令即可。

9.2 材质/贴图浏览器

“材质/贴图浏览器”对话框提供全方位的材质和贴图浏览选择功能，它会根据当前的情况而变化，如果允许选择材质和贴图，则会将两者都显示在该对话框中，否则将仅显示材质或贴图。

实战操作306 打开系统材质

素材：Scene\Cha09\9-3.max	场景：无
难度：★★★★★	视频：视频\Cha09\实战操作306.avi

在“材质/贴图浏览器”对话框中提供了标准、虫漆、多维/子对象、光线跟踪等15种内置材质。

STEP 01 在3ds Max 2013中按Ctrl+O组合键打开素材文件9-3.max，如下图所示。

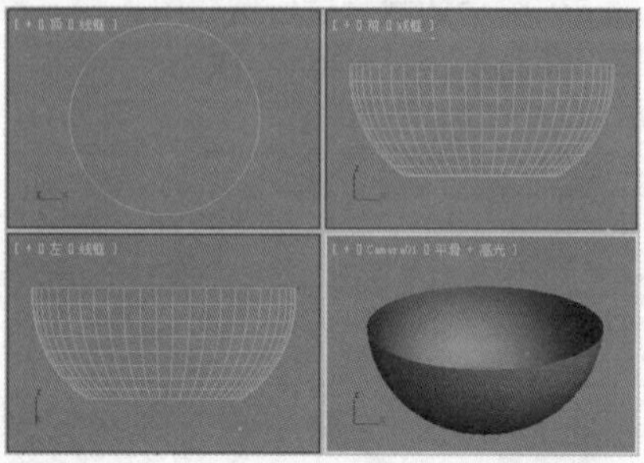

STEP 02 按M键打开“材质编辑器”对话框，选择一个新样本球，单击“获取材质”按钮，如下图所示。

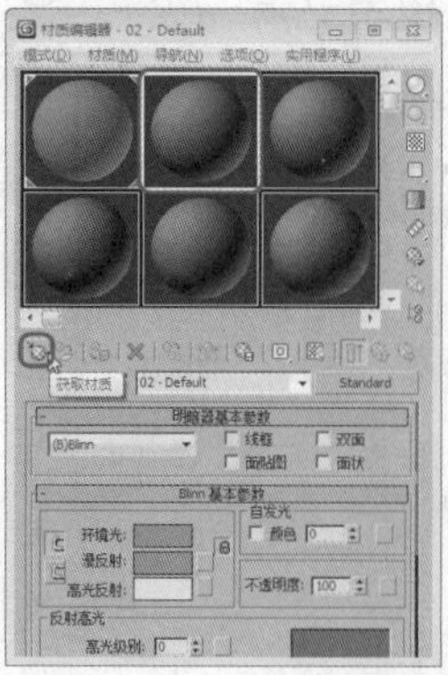

STEP 03 在打开的“材质/贴图浏览器”对话框中双击“虫漆”材质选项，如下图所示。

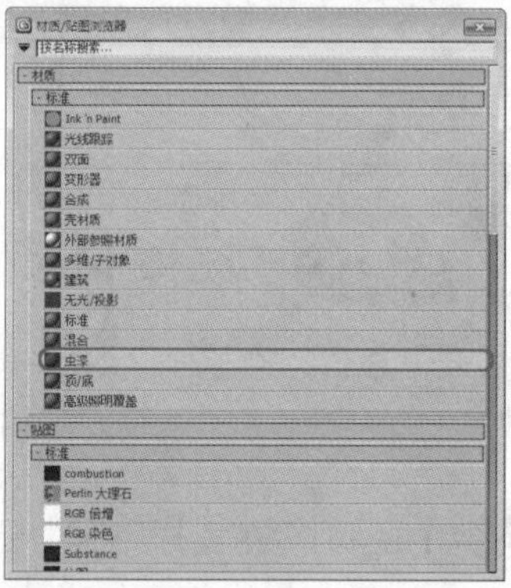

STEP 04 即可打开系统内置材质，该材质将显示在当前活动示例窗中，如下图所示。

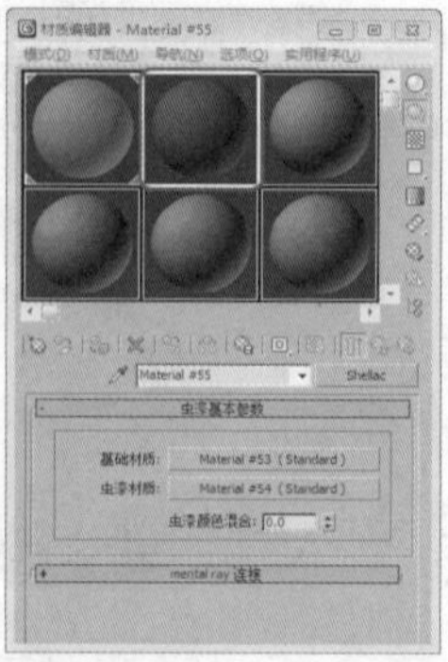

实战操作307 永久保存材质

素材：Scene\Cha09\9-4.max　　场景：无

难度：★★★★★　　视频：视频\Cha09\实战操作307.avi

永久保存材质是将材质保存到本地磁盘中，关机后也不会丢失。材质库的文件扩展名为.mat。

STEP 01 打开素材文件9-4.max，按M键打开“材质编辑器”，选择一个材质球，单击“从对象拾取材质”按钮，在场景中选择对象，将该对象中的材质拾取到样本球上，如下图所示。

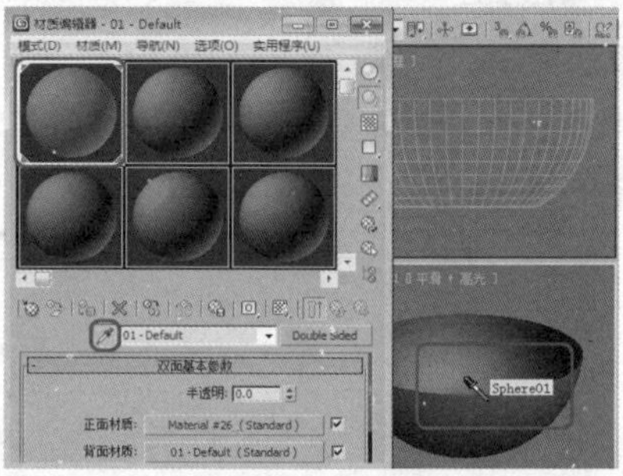

STEP 02 单击“放入库”按钮，在打开的“放置到库”对话框中使用默认名称，并单击“确定”按钮，如下图所示。

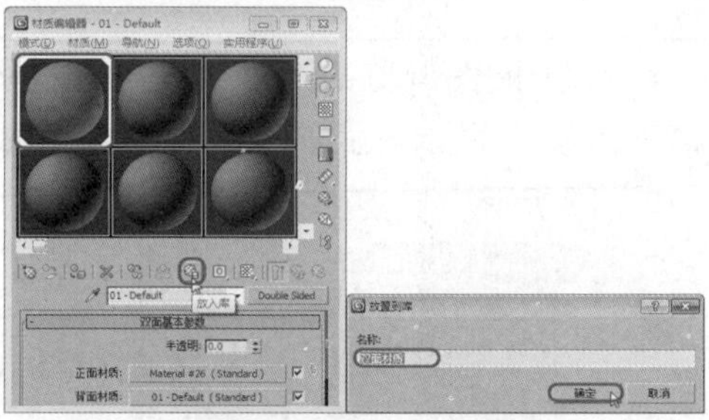

STEP 03 再单击“获取材质”按钮，在打开的对话框中的“临时库”卷展栏中显示出刚存储的材质，在“临时库”卷展栏上右击鼠标，在弹出的快捷菜单中执行“另存为”命令，如下图所示。

STEP 04 在弹出的“导出材质库”对话框中设置保存路径及文件名，如下图所示，单击“保存”按钮，即可将该材质永久保存至磁盘中。

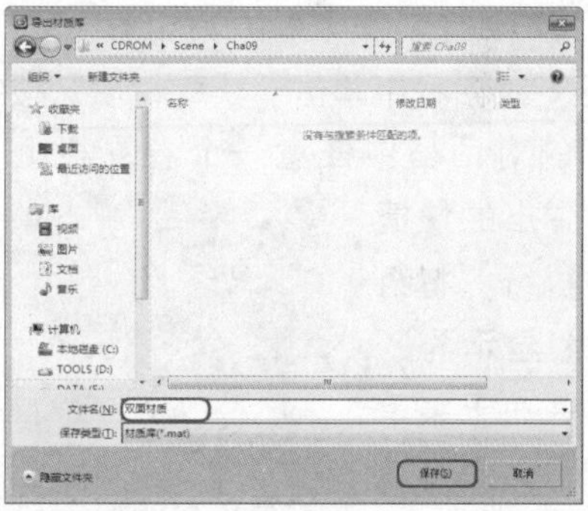

实战操作308 打开已保存的材质

素材：Scene\Cha09\9-4.max　　场景：无

难度：★★★★★　　视频：视频\Cha09\实战操作308.avi

在打开的场景中可以将已保存的材质，即扩展名为.mat的材质库文件直接导入到“材质/贴图浏览器”对话框中。

STEP 01 打开素材文件9-4.max，按M键打开“材质编辑器”对话框，单击“获取材质”按钮，在打开的对话框中单击“材质/贴图浏览器选项”按钮，并在弹出的快捷菜单中选择“打开材质库”选项，如下图所示。

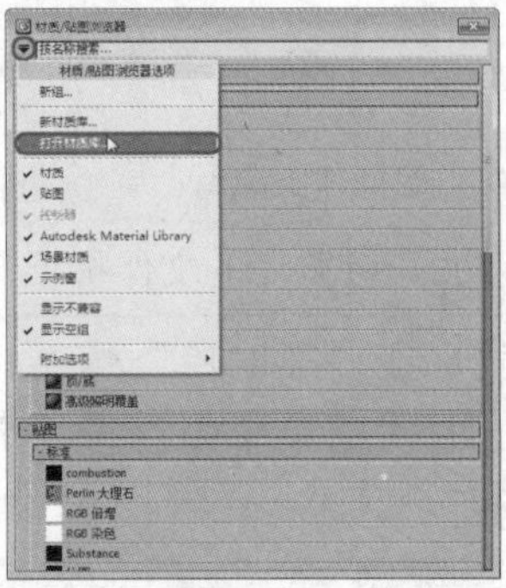

STEP 02 在打开的“导入材质库”对话框中选择实战操作中保存的材质库文件，单击“打开”按钮，即可将材质库文件导入，如下图所示。双击该材质库中的材质即可将其指定给选择的样本球。

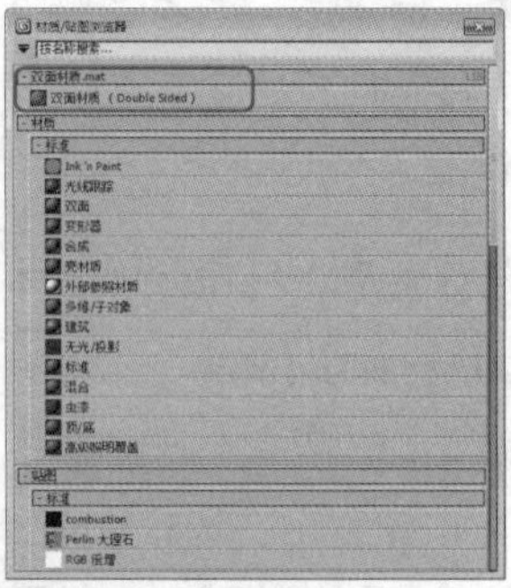

专家提醒

扩展名为.mat的材质库文件中可以包含1个或多个不同的材质。

实战操作309 查看文本

素材：Scene\Cha09\9-4.max	场景：无
难度：★★★★★	视频：视频\Cha09\实战操作309.avi

在“材质/贴图浏览器”对话框中默认是以图标和文本的方式显示材质和贴图。除此外还可以其他方式显示。其中文本是以文字方式显示。

STEP 01 打开素材文件9-4.max，在“材质编辑器”对话框中单击“获取材质”按钮，在打开的对话框中任意一个卷展栏上右击鼠标，在弹出的快捷菜单中执行“将组(和子组)显示为”命令，并在子菜单中执行“文本”命令，如右图所示。

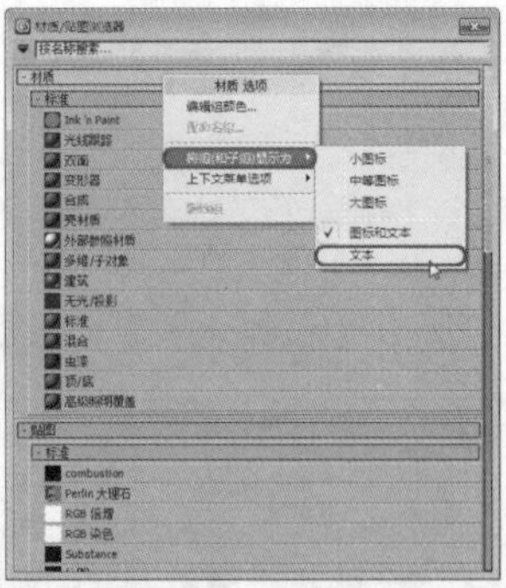

STEP 02 “材质/贴图浏览器”对话框中该卷展栏下内容的显示方式将变为以文字方式显示，如下图所示。

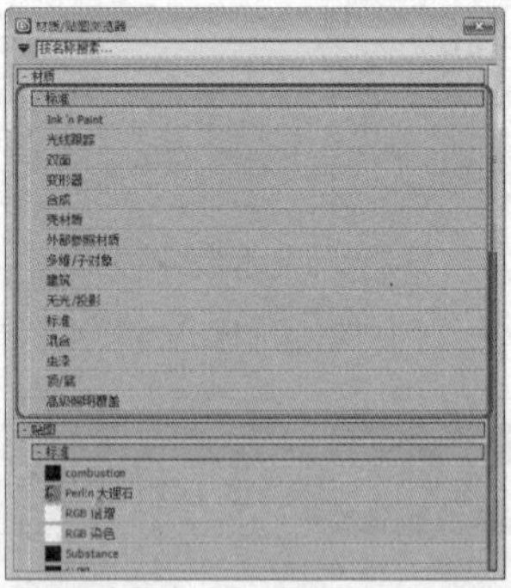

实战操作310 查看小图标

素材：Scene\Cha09\9-4.max	场景：无
难度：★★★★★	视频：视频\Cha09\实战操作310.avi

查看小图标即以小图标方式显示，并在小图标下显示其名称。当鼠标停留在某个小图标上时，也会显示它的名称。

STEP 01 打开素材文件9-4.max，在“材质编辑器”对话框中单击“获取材质”按钮，在打开的对话框中任意一个卷展栏上右击鼠标，在弹出的快捷菜单中执行“将组(和子组)显示为”命令，并在子菜单中执行“小图标”命令，如右图所示。

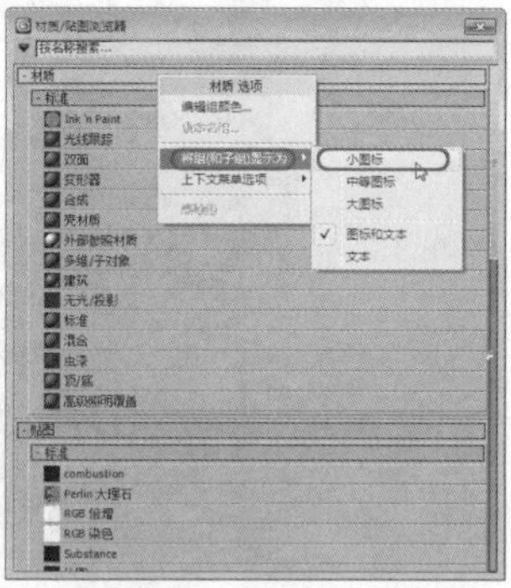

STEP 02 “材质/贴图浏览器”对话框中该卷展栏下内容的显示方式将变为以小图标方式显示，如下图所示。

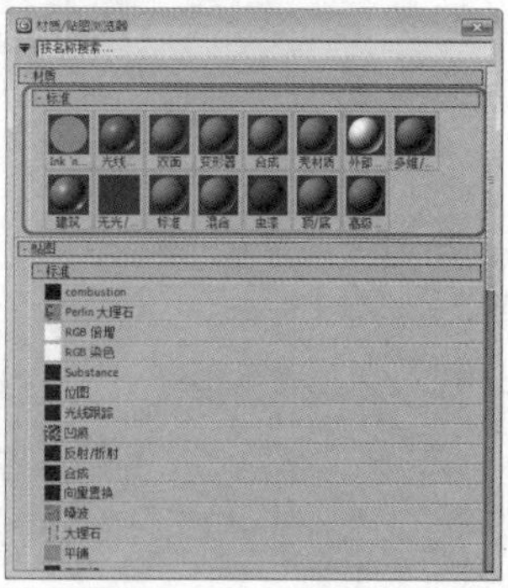

实战操作311 查看中等图标

素材：Scene\Cha09\9-4.max	场景：无
难度：★★★★★	视频：视频\Cha09\实战操作311.avi

查看中等图标即以中等图标方式显示，并在中等图标下显示其名称。当鼠标停留在某个中等图标上时，也会显示它的名称。

STEP 01 打开素材文件9-4.max，在“材质编辑器”对话框中单击“获取材质”按钮，在打开的对话框中任意一个卷展栏上右击鼠标，在弹出的快捷菜单中执行“将组(和子组)显示为”命令，并在子菜单中执行“中等图标”命令，如右图所示。

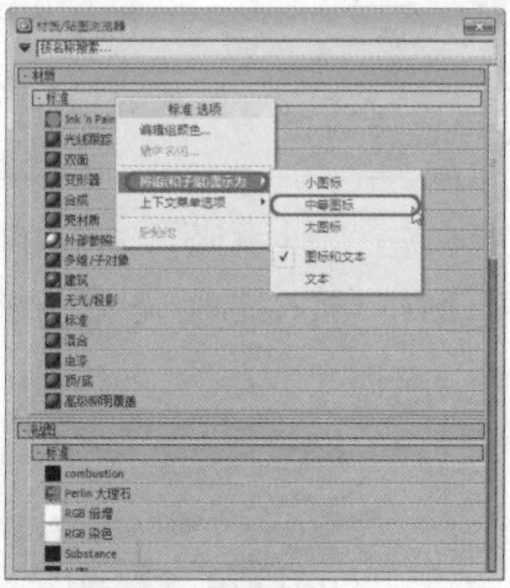

STEP 02 “材质/贴图浏览器”对话框中该卷展栏下内容的显示方式将变为以中等图标方式显示，如下图所示。

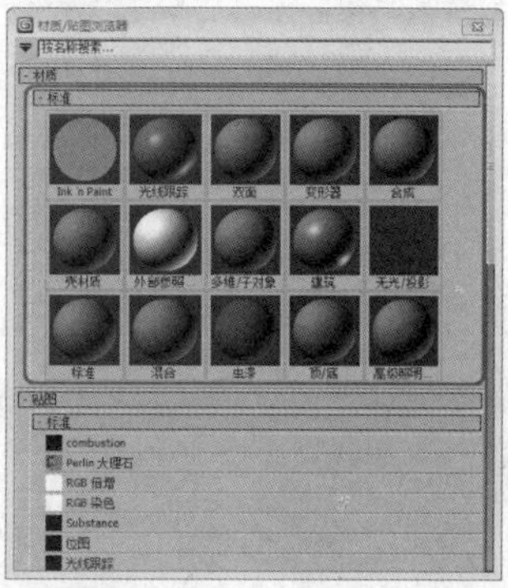

实战操作312 查看大图标

素材：Scene\Cha09\9-4.max	场景：无
难度：★★★★★	视频：视频\Cha09\实战操作312.avi

查看大图标即以大图标方式显示，并在大图标下显示其名称。当鼠标停留在某个大图标上时，也会显示它的名称。

STEP 01 打开素材文件9-4.max，在“材质编辑器”对话框中单击“获取材质”按钮，在打开的对话框中任意一个卷展栏上右击鼠标，在弹出的快捷菜单中执行“将组(和子组)显示为”命令，并在子菜单中执行“大图标”命令，如右图所示。

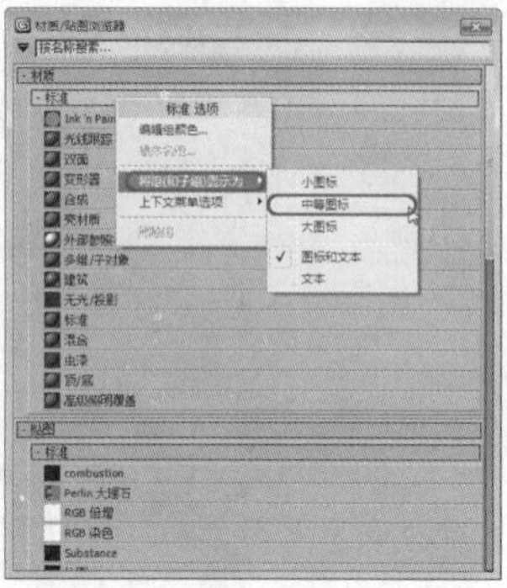

STEP 02 “材质/贴图浏览器”对话框中该卷展栏下内容的显示方式将变为以大图标方式显示，如下图所示。

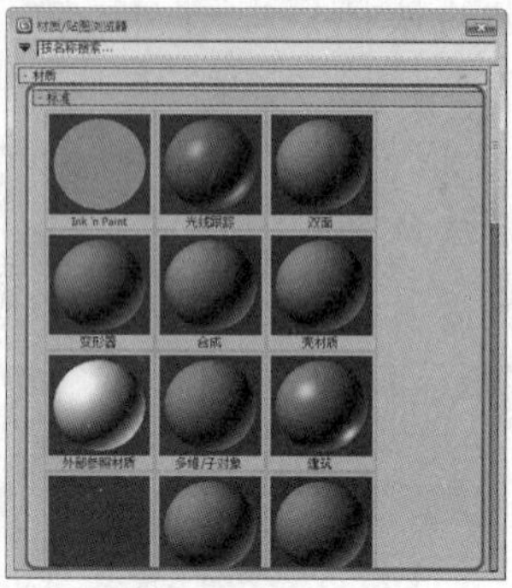

9.3 设置材质的属性

当为创建的物体设置材质时，其属性是至关重要的，一个物体的效果如何取决于如何设置其属性。本节将介绍如何设置材质的属性，使读者对3ds Max 2013有进一步的了解。

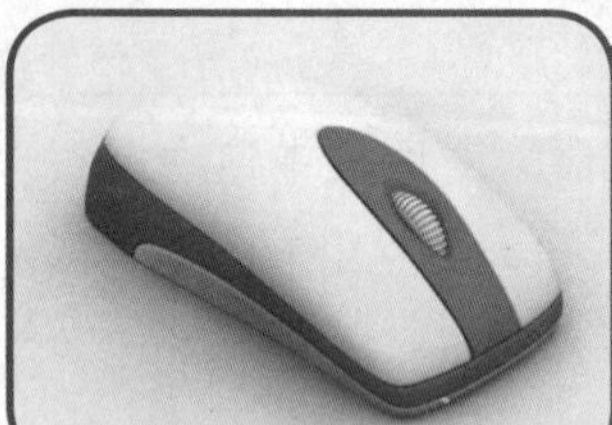

实战操作313 设置环境光

素材：Scene\Cha09\9-5.max　场景：Scene \Cha09\实战操作313.max

难度：★★★★★　视频：视频\Cha09\实战操作313.avi

环境光主要控制物体表面阴影区的颜色，下面将介绍设置的方法。

STEP 01 在3ds Max 2013中按Ctrl+O组合键打开素材文件9-5.max，如下图所示。

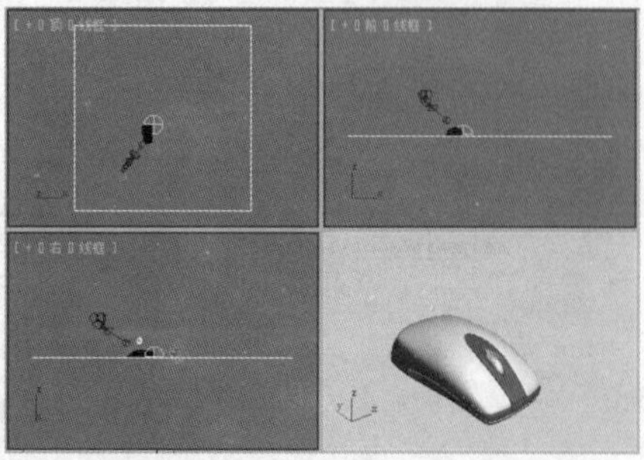

STEP 02 打开素材后，在工具栏中单击“材质编辑器”按钮，并在弹出的对话框中选择第一个材质样本球，在“Blinn基本参数”卷展栏中单击“环境光”右侧的颜色框，在弹出的对话框中将RGB值设置为34、155、185，如下图所示。

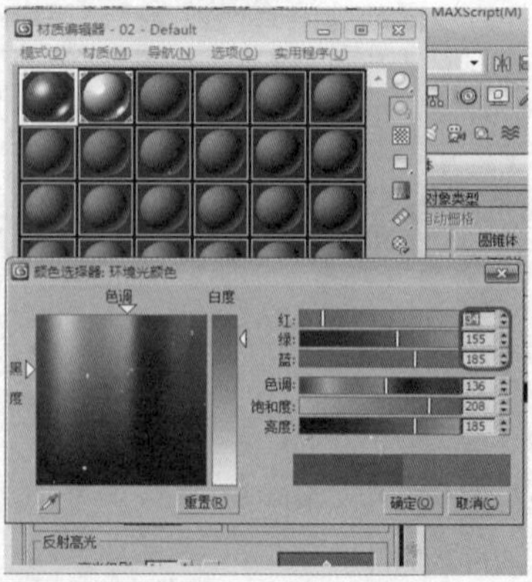

STEP 03 将“材质编辑器”对话框关闭，按8键，在打开的对话框中选择“环境”选项卡，如右图所示。

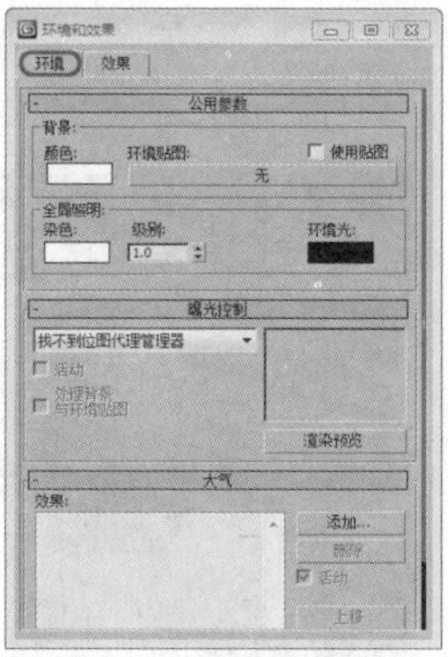

STEP 04 在“参数公用”卷展栏中的“全局照明”选项组中单击“环境光”下方的颜色框，在弹出的对话框中将RGB值设置为12、21、21，如下图所示，然后将“环境和效果”对话框关闭即可。

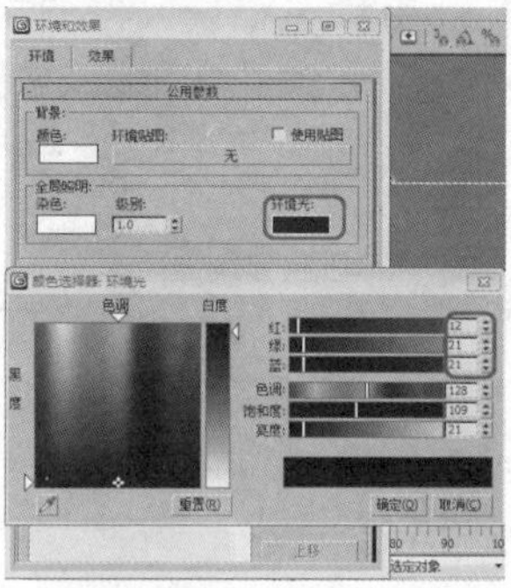

实战操作314 设置漫反射

素材：Scene\Cha09\9-5.max　场景：Scene \Cha09\实战操作314.max

难度：★★★★★　视频：视频\Cha09\实战操作314.avi

漫反射主要控制物体表面过滤区的颜色，下面进行具体介绍。

STEP 01 打开素材9-5.max，在工具栏中单击“材质编辑器”按钮，并在弹出的对话框中选择第一个材质样本球，在“Blinn基本参数”卷展栏中单击“漫反射”右侧的颜色框，在弹出的对话框中将红、绿、蓝值设置为219、223、107，如右图所示。

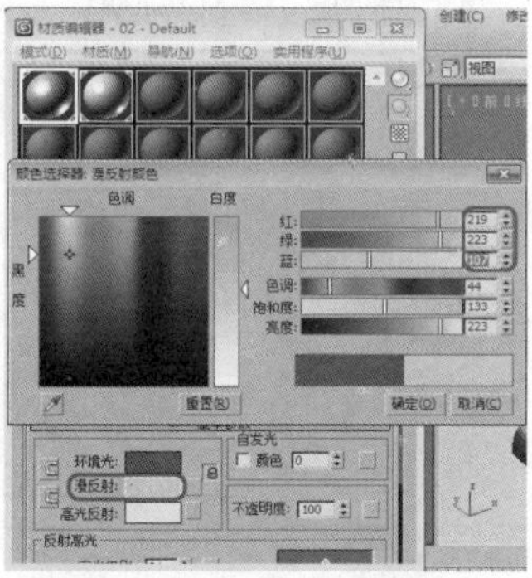

STEP 02 将“材质编辑器”对话框关闭，即可完成漫反射的设置，如下图所示。

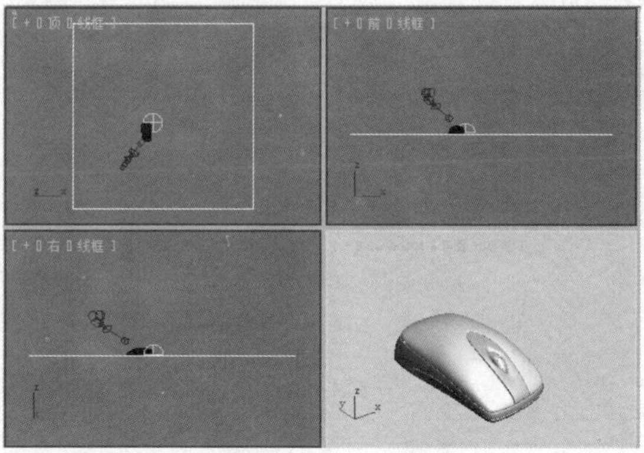

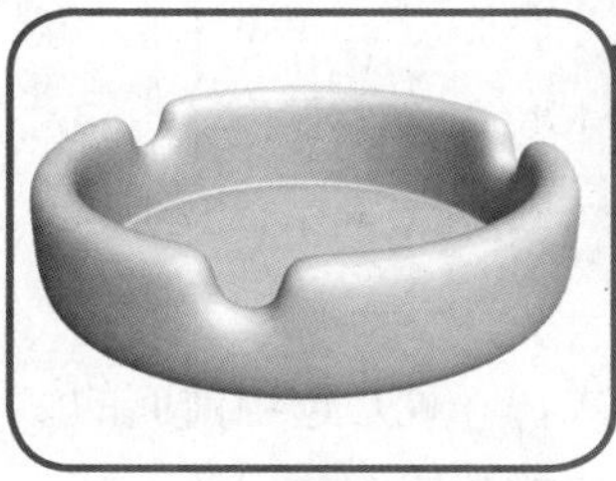

实战操作315 设置高光反射

素材：Scene\Cha09\9-6.max　场景：Scene \Cha09\实战操作315.max

难度：★★★★★　视频：视频\Cha09\实战操作315.avi

高光反射主要控制物体表面高光区的颜色，下面进行具体介绍。

STEP 01 打开素材9-6.max，在工具栏中单击“材质编辑器”按钮，并在弹出的对话框中选择第一个材质样本球，在“Blinn基本参数”卷展栏中单击“高光反射”右侧的颜色框，在弹出的对话框中将红、绿、蓝值设置为0、102、255，如右图所示。

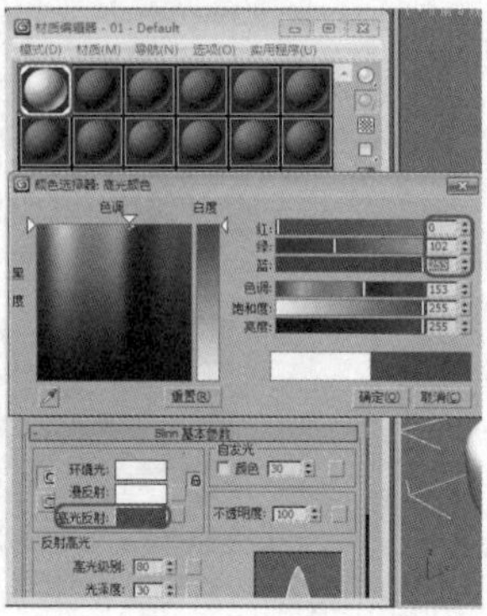

STEP 02 将“材质编辑器”对话框关闭，即可完成高光反射的设置，如下图所示。

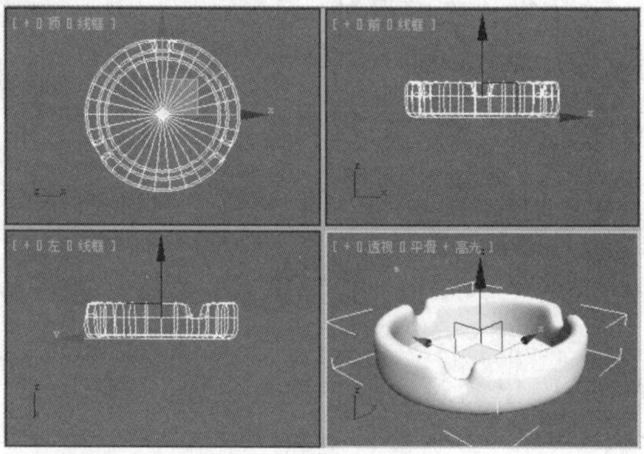

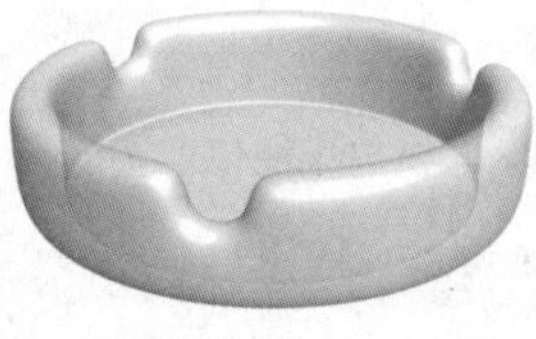

实战操作316 设置材质的不透明度

素材：Scene\Cha09\9-6.max　　场景：Scene \Cha09\实战操作316.max

难度：★★★★★　　视频：视频\Cha09\实战操作316.avi

一般情况下，材质透明度的默认值为100，可以根据调整数值来设置材质的透明度。下面介绍设置材质不透明度的方法。

STEP 01 打开素材9-6.max，在工具栏中单击“材质编辑器”按钮，并在弹出的对话框中选择第一个材质样本球，如右图所示。

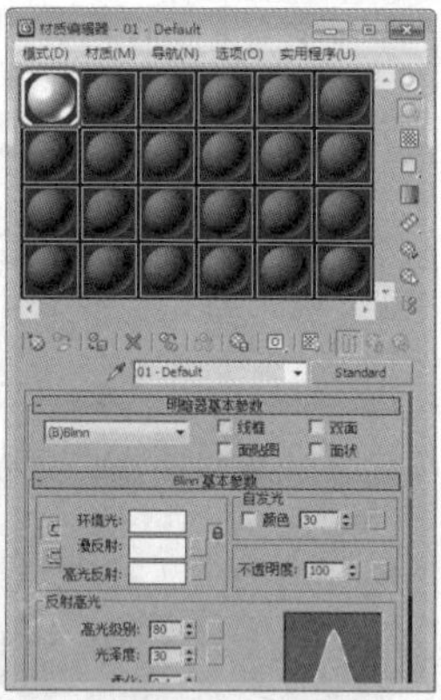

STEP 02 在“Blinn基本参数”卷展栏中的“不透明度”文本框中输入70，按Enter键确认，如右图所示，将“材质编辑器”对话框关闭，即可设置材质的不透明度。

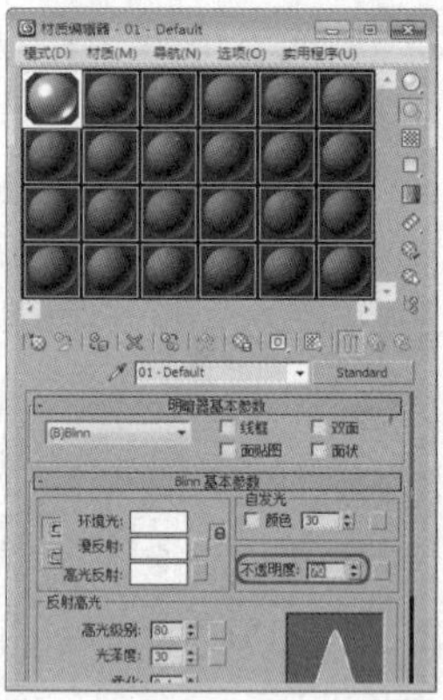

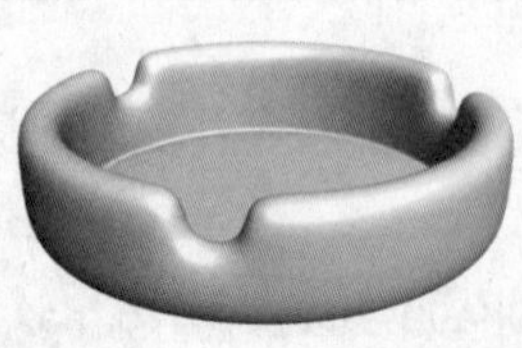

实战操作317 设置材质的自发光

素材：Scene\Cha09\9-7.max　　场景：Scene \Cha09\实战操作317.max

难度：★★★★★　　视频：视频\Cha09\实战操作317.avi

设置材质的自发光可以使材质具备自身的发光效果。自发光有两种方式，一种是选中前面的复选框，使用带有颜色的自发光；另一种是关闭复选框，在文本框中输入相应的数值，使用单一颜色的自发光。下面简单介绍第二种方式的使用方法。

STEP 01 打开素材9-7.max，在工具栏中单击“材质编辑器”按钮，并在弹出的对话框中选择第一个材质样本球，如下图所示。

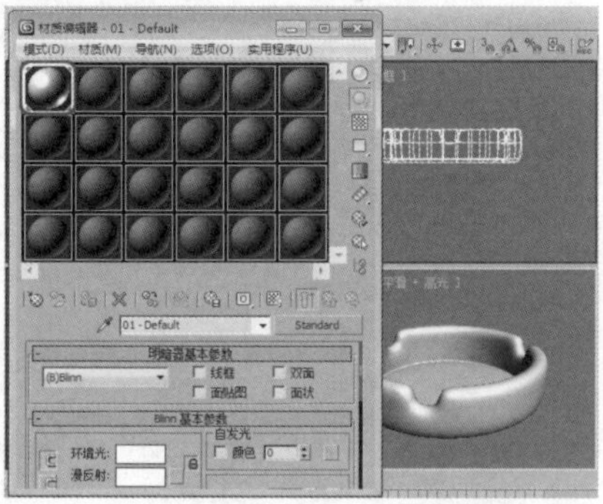

STEP 02 在“Blinn基本参数”卷展栏中的“自发光”选项组的文本框中输入15，按Enter键确认，如下图所示，将“材质编辑器”对话框关闭，即可设置材质的自发光。

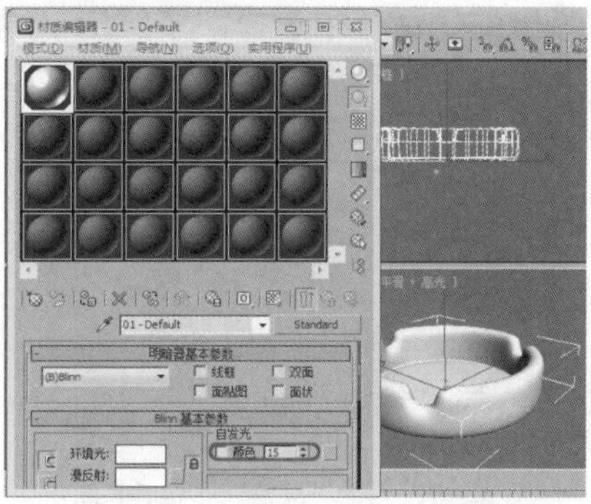

9.4 创建标准材质

标准材质类型为表面建模提供了非常直观的方式。在现实世界中，表面的外观取决于它如何反射光线。在 3ds Max 中，标准材质模拟表面的反射属性。如果不使用贴图，标准材质会为对象提供单一统一的颜色。下面以实例介绍如何创建材质。

实战操作318 创建多维/子材质

素材：Scene\Cha09\9-8.max　　场景：Scene \Cha09\实战操作318.max

难度：★★★★★　　视频：视频\Cha09\实战操作318.avi

创建多维/子材质是将多个材质组合为一种复合式材质，可以在一组不同的物体之间分配ID号，使用一个物体享有不同的多维/子材质。下面介绍如何创建多维/子材质。

STEP 01 打开素材9-8.max，在视图中选择“路锥B01”对象，进入“修改”命令面板，将当前选择集定义为“元素”，如下图所示。

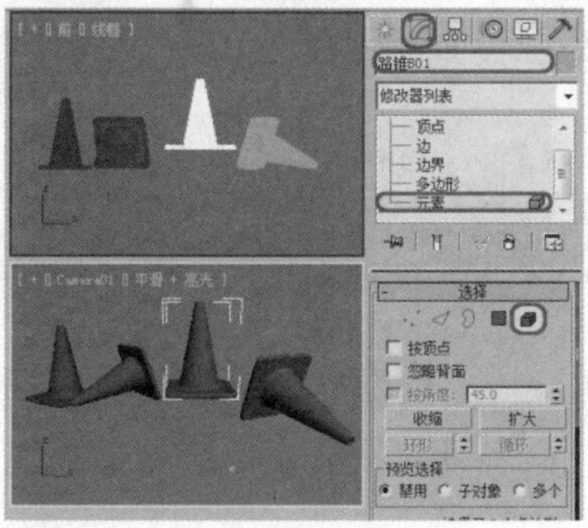

STEP 02 在视图中选择如下图所示的元素，在“多边形：材质ID”卷展栏中的“设置ID”文本框中输入1，按Enter键确认，如下图所示。

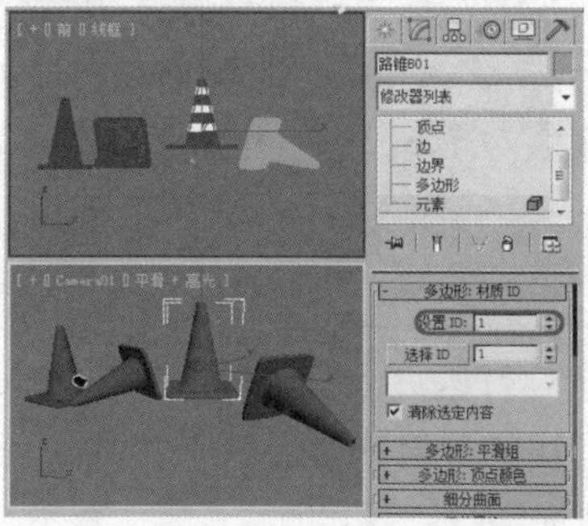

STEP 03 激活“前”视图，按Ctrl+I组合键进行反选，将其设置为ID2，并关闭当前选择集。在工具栏中单击“材质编辑器”按钮，选择一个新的材质球，单击“Standard”按钮，在弹出的对话框中选择“多维/子对象”，如下图所示。

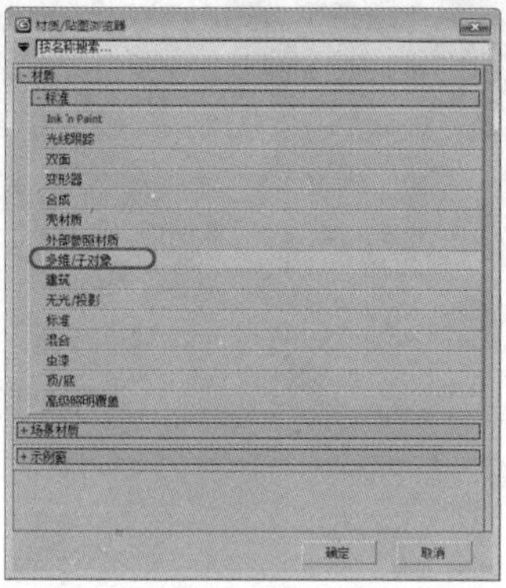

STEP 04 单击“确定”按钮，在弹出的“替换材质”对话框中单击“确定”按钮，在“多维/子对象基本参数”卷展栏中单击“设置数量”按钮，在弹出的“设置材质数量”对话框中的“材质数量”文本框中输入2，如右图所示。

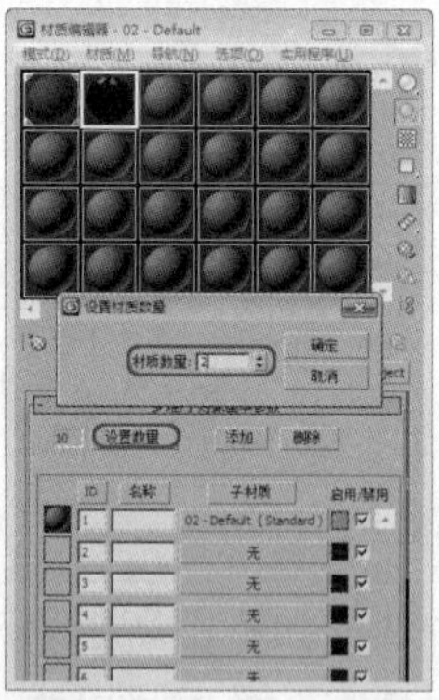

STEP 05 单击“确定”按钮，按照ID的排列，单击1号材质后面的材质按钮，在“Blinn基本参数”卷展栏中将“环境光”的红、绿、蓝值设置为255、0、0，如下图所示。

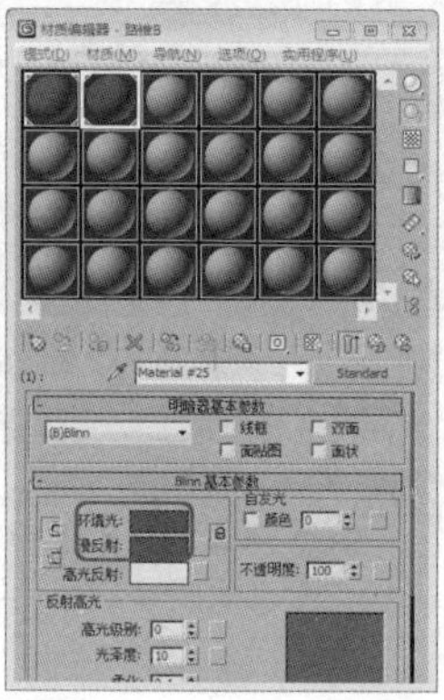

STEP 06 单击“转到父对象”按钮，按照ID的排列，单击2号材质后面的材质按钮，在弹出的“材质贴图浏览器”对话框中双击“标准”；在“Blinn基本参数”卷展栏中将“环境光”的红、绿、蓝值设置为255、255、255。设置完成后，为其指定材质即可，然后使用同样的方法，为其他路锥设置材质，效果如下图所示。

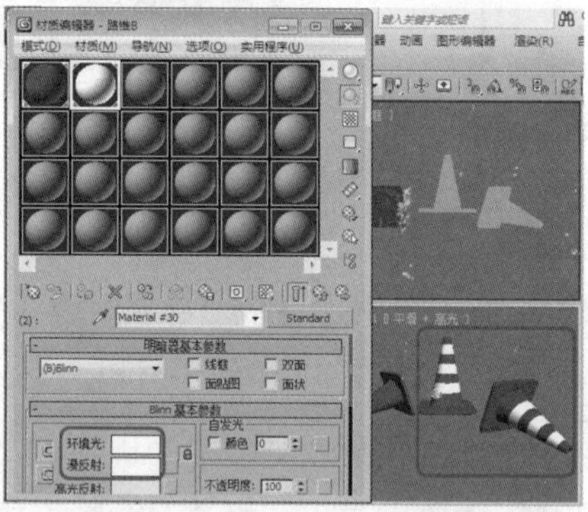

实战操作319 创建光线跟踪材质

素材：Scene\Cha09\9-9.max　　场景：Scene \Cha09\实战操作319.max

难度：★★★★★　　视频：视频\Cha09\实战操作319.avi

光线跟踪材质是一种比标准材质更高的材质类型，它不仅包括了标准材质具备的全部特性，还可以创建真实的反射和折射效果，并且还支持雾、颜色浓度、半透明以及荧光等特殊效果。下面介绍如何创建光线跟踪材质。

STEP 01 在3ds Max 2013中按Ctrl+O组合键打开素材文件9-9.max，如下图所示。

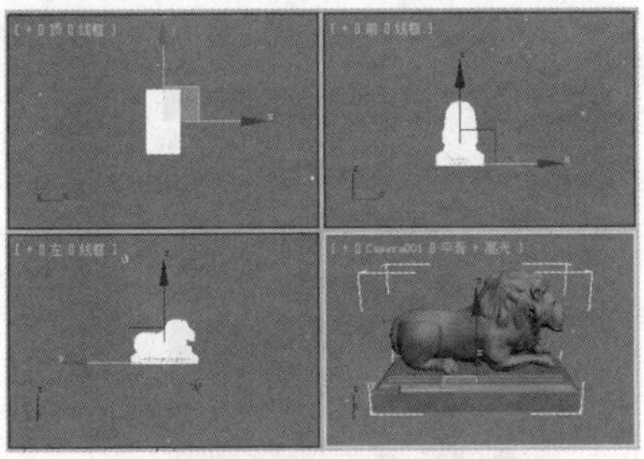

STEP 02 打开后，在视图中选择全部对象，在工具栏中单击“材质编辑器”按钮，在打开的对话框中选择第一个材质样本球，将其命名为“狮子”，如下图所示。

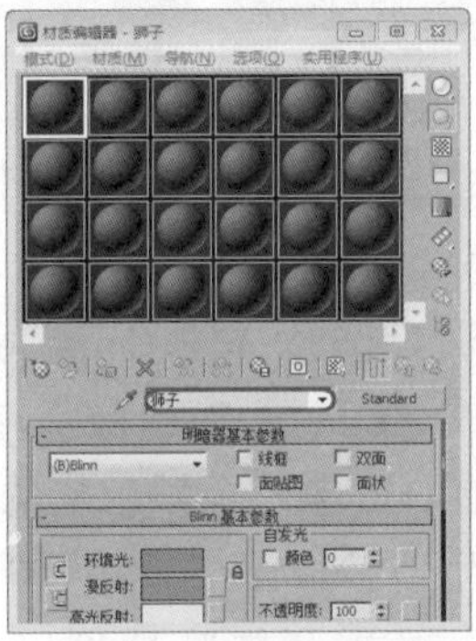

STEP 03 在“材质编辑器”对话框中单击“Standard”按钮，在弹出的“材质/贴图浏览器”对话框中单击“光线跟踪”，如下图所示。

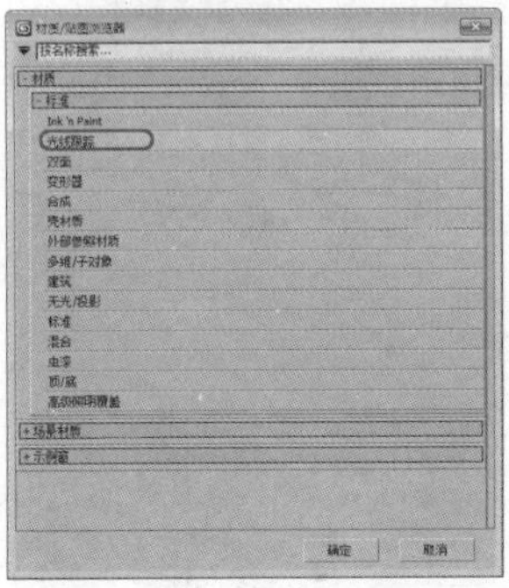

STEP 04 单击“确定”按钮，在“光线跟踪基本参数”卷展栏中将“环境光”和“反射”的红、绿、蓝值都设置为255、0、0，将“漫反射”和“发光度”的红、绿、蓝值分别设置为128、146、222，将“透明度”的红、绿、蓝值设置为144、144、144，在“高光级别”和“光泽度”对话框中分别输入0、100，按Enter键确认，如下图所示。

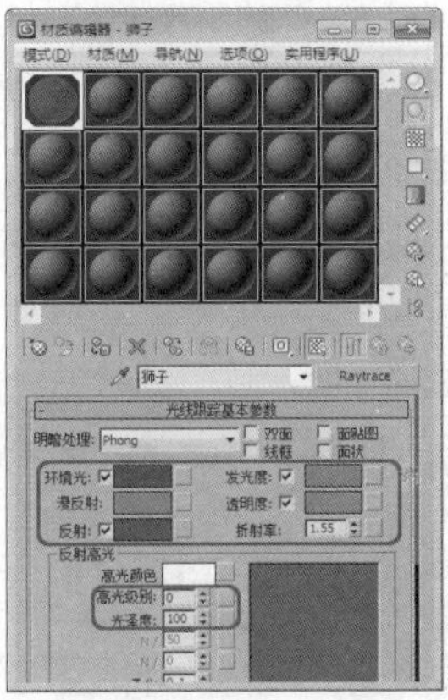

STEP 05 在“光线跟踪器控制”卷展栏中取消选中“启用光线跟踪”复选框，如下图所示。

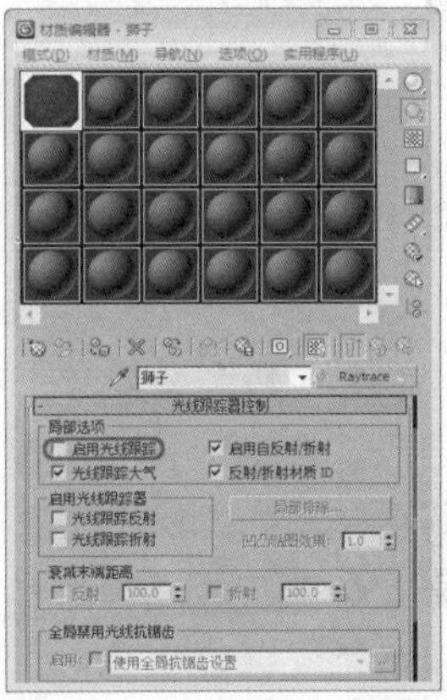

STEP 06 打开“贴图”卷展栏，单击“漫反射”贴图通道后面的无按钮，在打开的“材质/贴图浏览器”中双击“噪波”，在“噪波参数”卷展栏中将“颜色#1”的红、绿、蓝值设置为0、0、255，如下图所示。

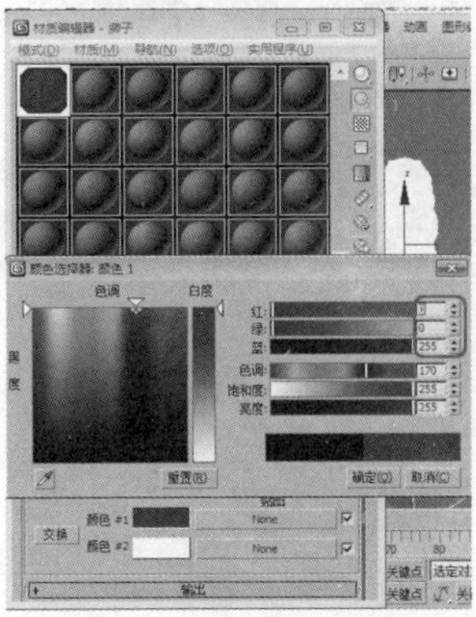

STEP 07 单击“转到父对象”按钮，返回到父材质层级，单击“透明度”贴图通道后面的无按钮，在打开的“材质/贴图浏览器”中双击“衰减”，在“衰减参数”卷展栏下，将“前：侧”选项组中两个颜色框的红、绿、蓝值分别设置为255、255、255和0、0、0，如下图所示。

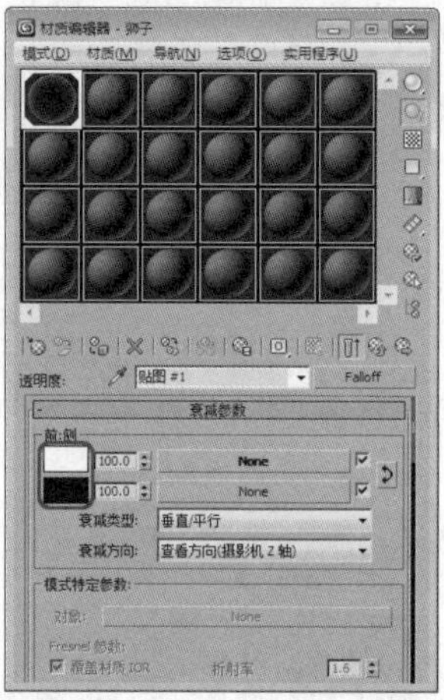

STEP 08 打开“输出”卷展栏，将“输出量”设置为1.2，单击“转到父对象”按钮，返回到父材质层级，单击“发光度”贴图通道后面的无按钮，在打开的“材质/贴图浏览器”中双击“平面镜”贴图，在“平面镜参数”卷展栏中，选中“渲染”选项组中的“应用于带ID的面”复选框，如下图所示。

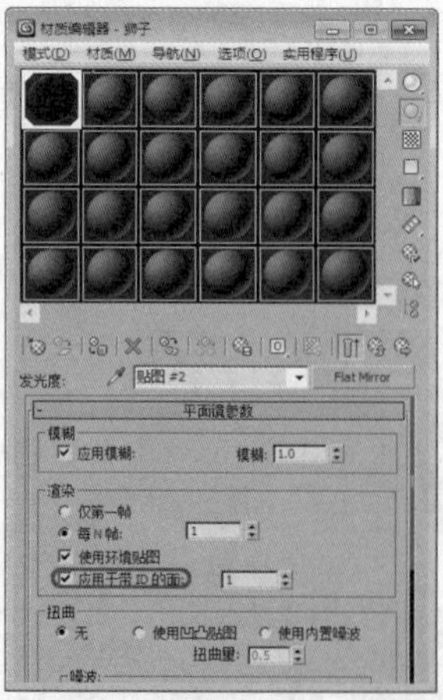

STEP 09 单击“转到父对象”按钮，返回到父材质层级，单击“附加光”贴图通道后面的无按钮，在打开的“材质/贴图浏览器”中双击“平面镜”，在“平面镜参数”卷展栏中，选中“渲染”选项组中的“应用于带ID的面”复选框，如下图所示。

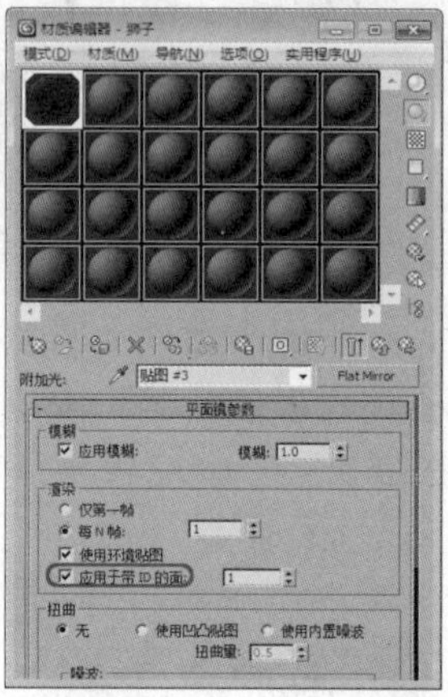

STEP 10 单击“转到父对象”按钮，返回到父材质层级，单击“半透明”贴图通道后面的无按钮，在打开的“材质/贴图浏览器”中双击“衰减”，在“衰减参数”卷展栏中将“前：侧”选项组中两个颜色框的红、绿、蓝值分别设置为255、255、255和0、0、0，然后在“输出”卷展栏中将“输出量”设置为1.2，按Enter键确认，如下图所示。

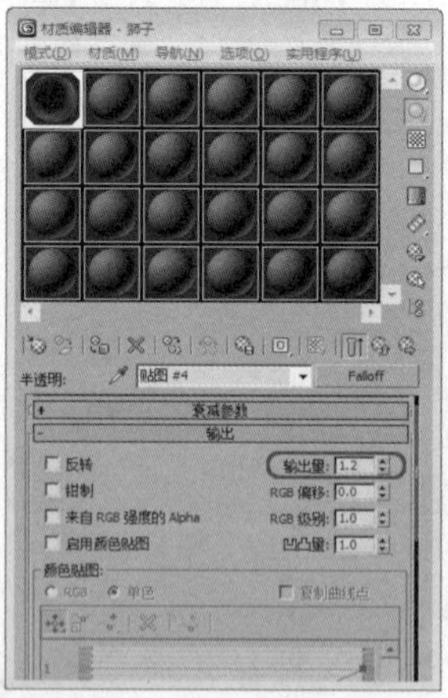

STEP 11 设置完成后单击“转到父对象”按钮，返回到父材质层级，单击“将材质指定给选定对象”按钮和“在视口中显示标准贴图”按钮，将当前材质指定给场景中选择的对象，将“材质编辑器”对话框关闭，即可完成

创建光线跟踪材质，如下图所示。

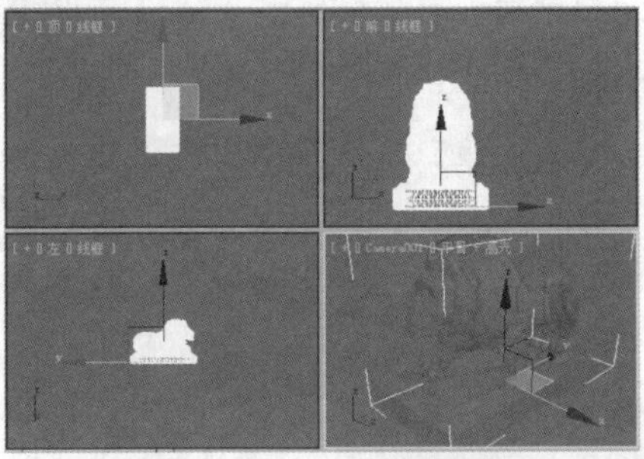

STEP 12 指定材质后，单击“确定”按钮，将“材质编辑器”对话框关闭，按8键，在打开的对话框中选择“环境”选项卡，如右图所示。

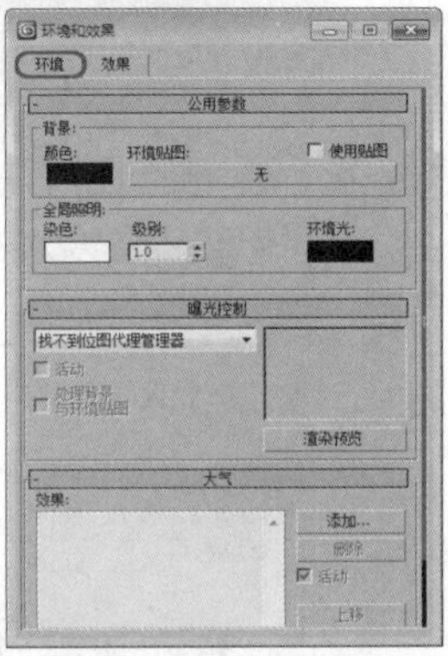

STEP 13 在“参数公用”卷展栏中的“背景”选项组中单击“颜色”下方的颜色框，在弹出的对话框中将红、绿、蓝值设置为242、242、242，如下图所示。

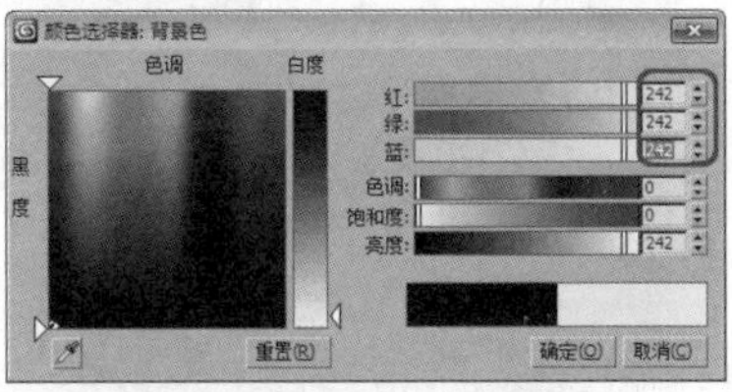

STEP 14 将“环境和效果”对话框关闭即可，其效果如下图所示。

实战操作320 创建双面材质

素材：Scene\Cha09\9-10.max　场景：Scene \Cha09\实战操作320.max

难度：★★★★★　视频：视频\Cha09\实战操作320.avi

双面材质是指在物体的内外表面分别指定两种不同的材质，并且还可以控制它们的透明程度，下面介绍如何创建双面材质。

STEP 01 在3ds Max 2013中按Ctrl+O组合键打开素材文件9-10.max，如下图所示。

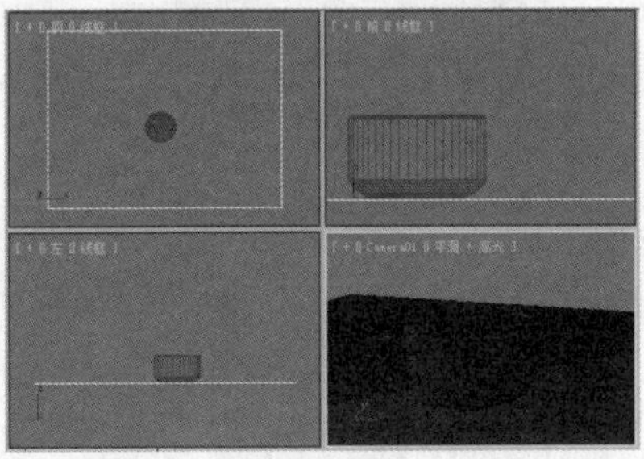

STEP 02 打开素材后，按H键打开“从场景选择”对话框，在对话框中选择“杯子”，如下图所示。

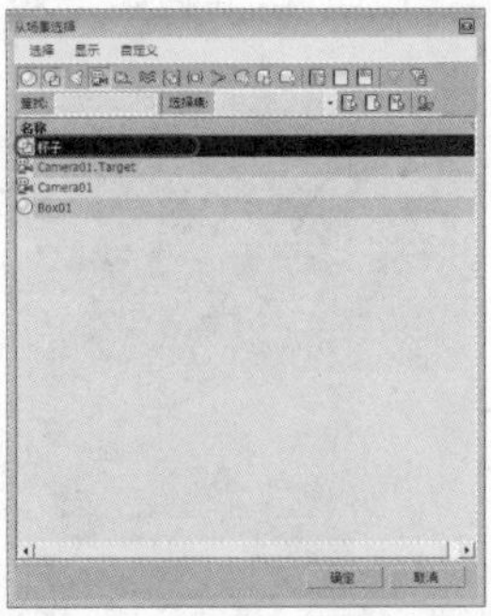

STEP 03 单击“确定”按钮，在工具栏中单击“材质编辑器”按钮，在弹出的对话框中单

击“Standard”按钮，在弹出的“材质/贴图浏览器”对话框中选择“双面”，如下图所示。

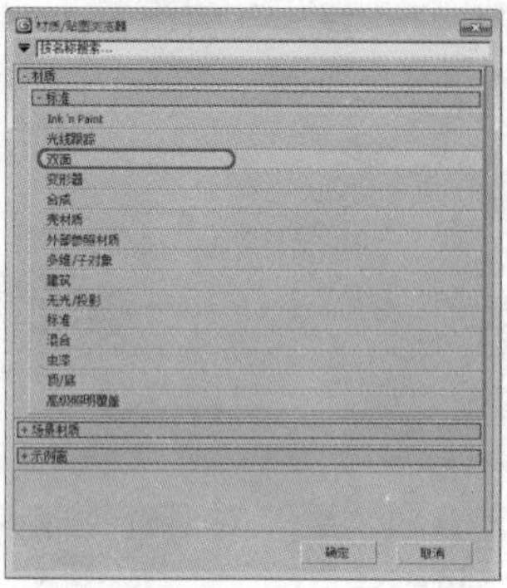

STEP 04 单击“确定”按钮，在弹出的“替换材质”对话框中单击“确定”按钮，在“双面基本参数”卷展栏中单击“正面材质”右侧的材质按钮，如下图所示。

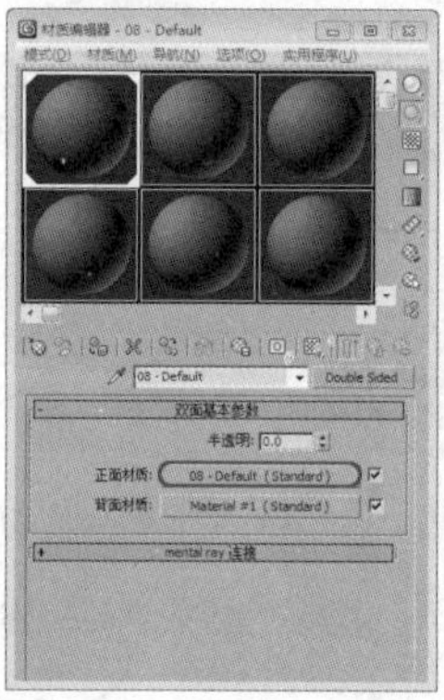

STEP 05 在“Blinn基本参数”卷展栏中将“环境光”的红、绿、蓝值设置为39、218、77，在“自发光”选项组中的文本框中输入30，在“高光级别”和“光泽度”文本框中分别输入77、32，按Enter键确认，如下图所示。

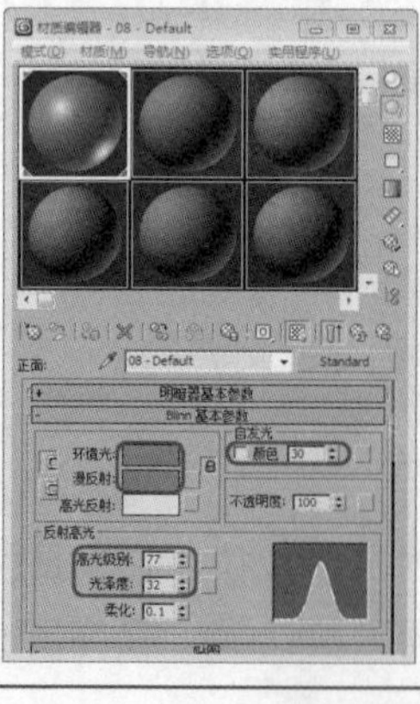

STEP 06 在“贴图”卷展栏中单击“漫反射颜色”右侧的None，在弹出的“材质/贴图浏览器”对话框中双击“位图”，如下图所示。

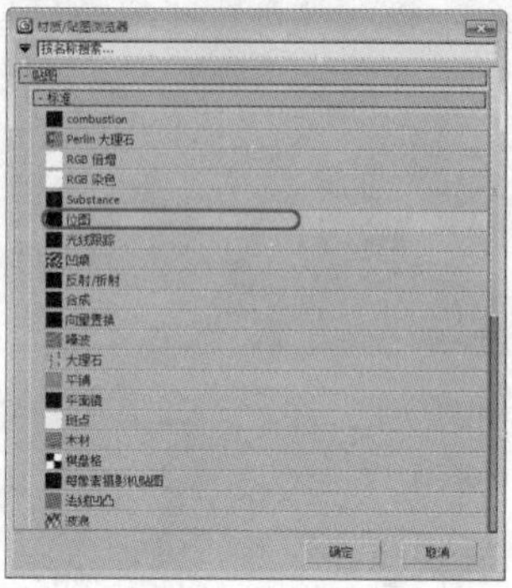

STEP 07 在弹出的“选择位图图像文件”对话框中选择随书附带光盘中的\Map\012.jpg素材图片，如下图所示。

STEP 08 单击“打开”按钮，在“坐标”卷展栏中选中“环境”单选按钮，在“偏移”下方的“U”、“V”文本框中分别输入-1、-0.16，在“瓷砖”下方的“U”、“V”文本框中分别输入2、2，如下图所示。

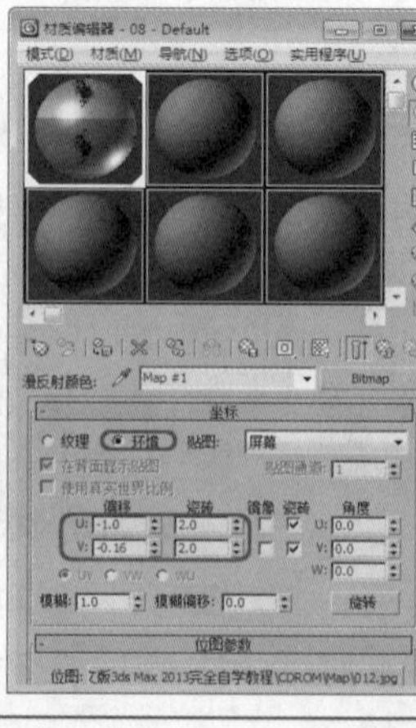

STEP 09 单击两次“转到父对象”按钮，返回到父材质层级，在“材质编辑器”对话框中单击“背面材质”右侧的材质按钮，如下图所示。

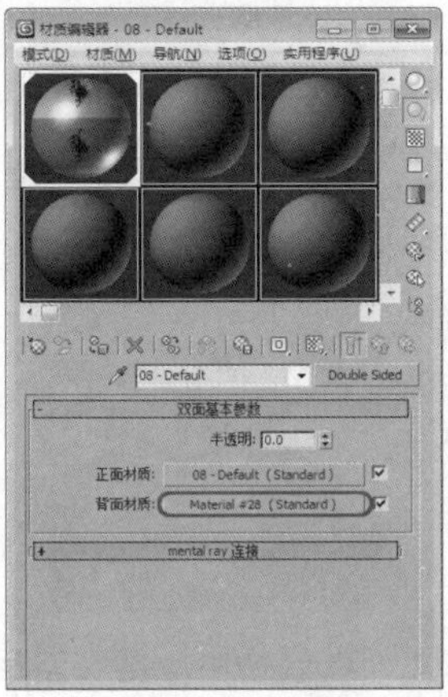

STEP 10 在“Blinn基本参数”卷展栏中将“环境光”的红、绿、蓝值设置为255、255、255，在“自发光”选项组中的文本框中输入40，在“高光级别”和“光泽度”文本框中分别输入71、31，按Enter键确认，如下图所示，然后单击“将材质指定给选定对象”和“在视口中显示标准贴图”按钮，将“材质编辑器”对话框关闭即可。

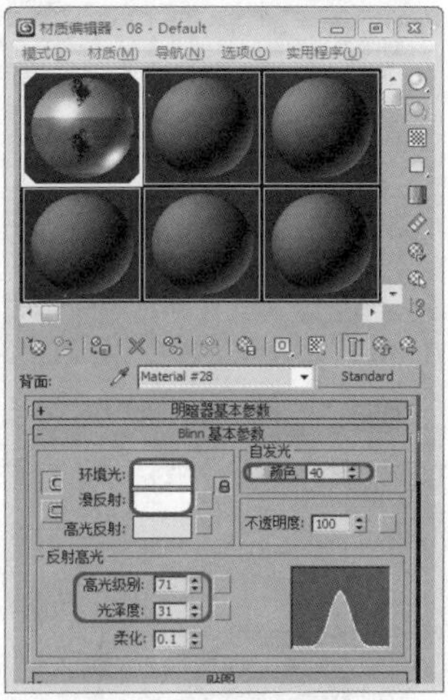

实战操作321 创建壳材质

素材：Scene\Cha09\9-11.max　场景：Scene \Cha09\实战操作321.max

难度：★★★★★　视频：视频\Cha09\实战操作321.avi

壳材质是指将两种材质指定到一个物体上，并且可以设置在视口和渲染时显示两种不同的材质，下面介绍如何创建壳材质。

STEP 01 打开素材9-11.max，如下图所示。

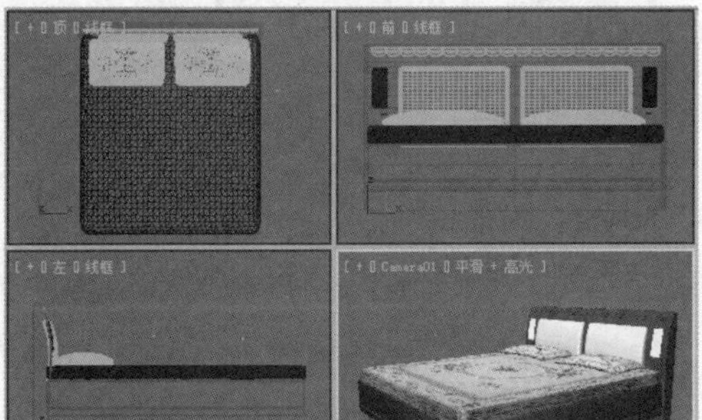

STEP 02 打开模型后，按H键打开“从场景中选择”对话框，在对话框中选择“床垫”，如下图所示。

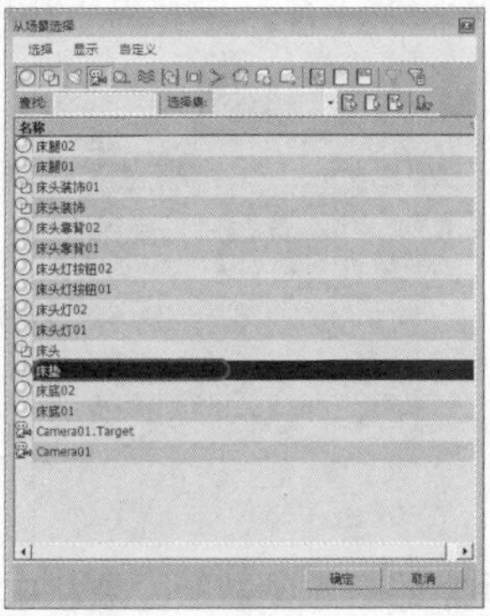

STEP 03 单击“确定”按钮，在工具栏中单击“材质编辑器”按钮，在弹出的“材质编辑

器”对话框中选择第五个材质样本球，然后单击“Standard”按钮，在弹出的“材质/贴图浏览器”对话框中选择“壳材质”，如下图所示。

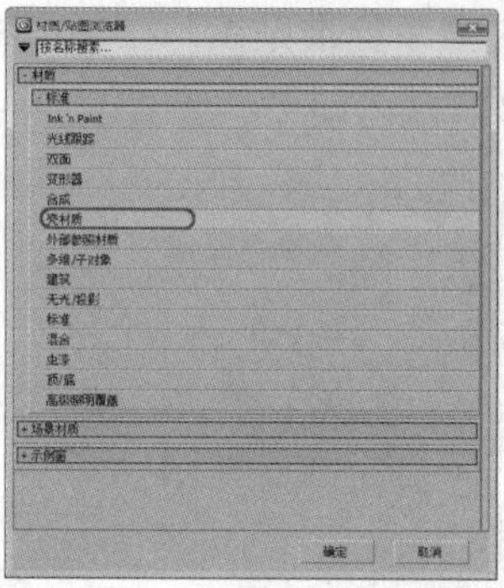

STEP 04 单击“确定”按钮，这时将会弹出一个“替换材质”对话框，单击“确定”按钮，如下图所示。

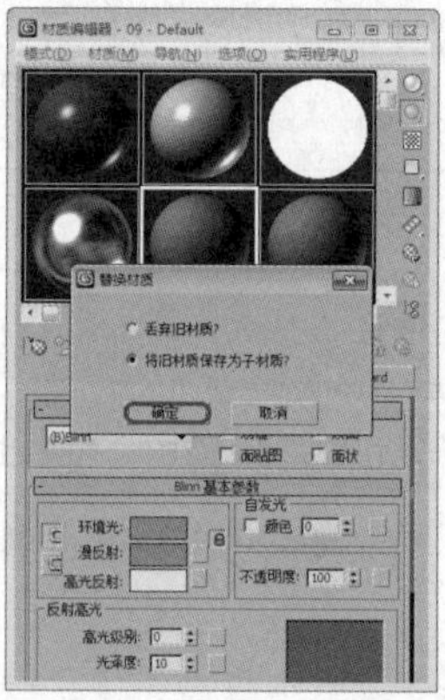

STEP 05 在“壳材质参数”卷展栏中单击“Original Material”下方的“09-Default(standard)”按钮，如下图所示。

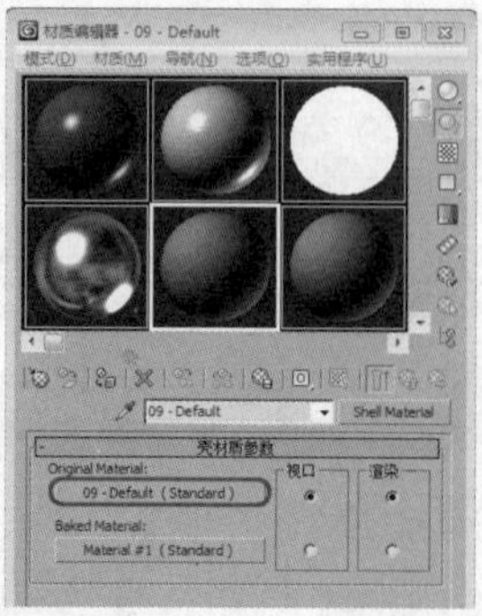

STEP 06 在“明暗器基本参数”卷展栏中将明暗器类型定义为“Phong”，在“Phong基本参数”卷展栏中将“环境光”的红、绿、蓝值设置为181、101、6，在“自发光”选项组中的文本框中输入80，在“高光级别”和“光泽度”文本框中分别输入16、27，按Enter键确认，如下图所示。

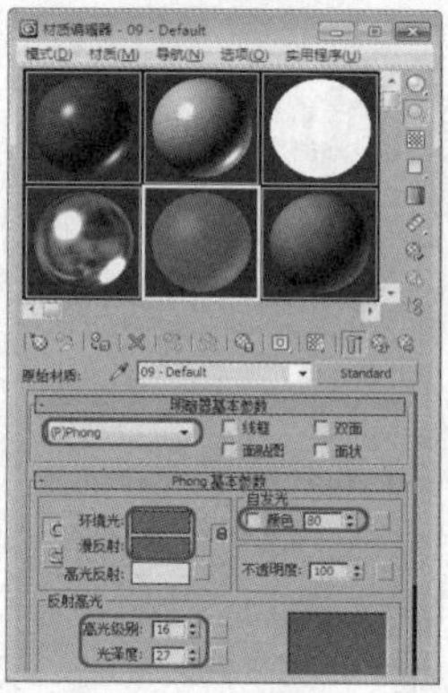

STEP 07 在“贴图”卷展栏中单击“漫反射颜色”右侧的“None”按钮，在弹出的“材质/贴图浏览器”对话框双击“位图”，如下图所示。

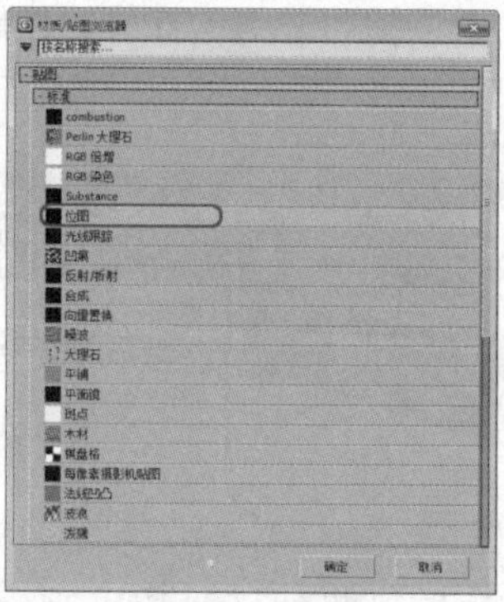

STEP 08 在弹出的“选择位图图像文件”对话框中选择随书附带光盘中的\Map\Dt16.jpg素材图像，如下图所示。

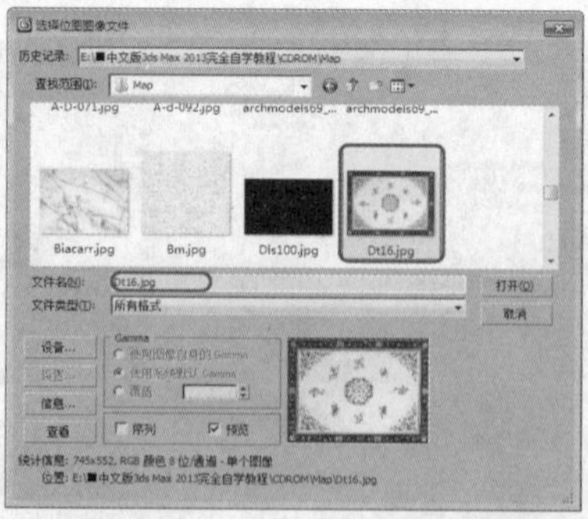

STEP 09 单击“打开”按钮，在“坐标”卷展栏中，取消“使用真实世界比例”复选框的选中，在“瓷砖”下方的“V”文本框中输入

1.2，按Enter键确认，如下图所示。

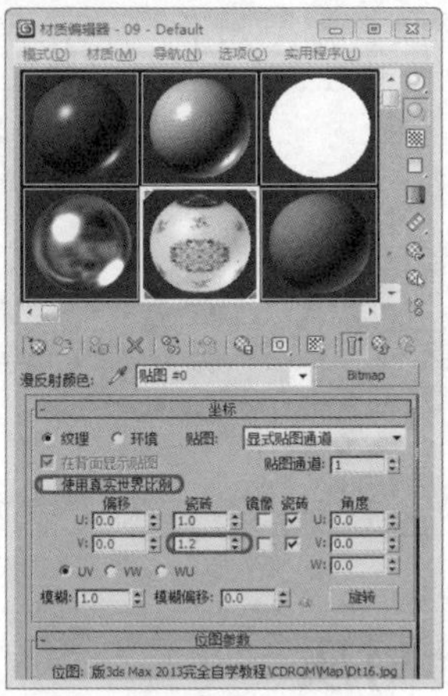

STEP 10 单击“转到父对象”按钮，单击“在视口中显示标准贴图”按钮，再单击“转到父对象”按钮，在“壳材质参数”卷展栏中单击“Baked Material”下方的“Material#1（Standard）”按钮，如下图所示。

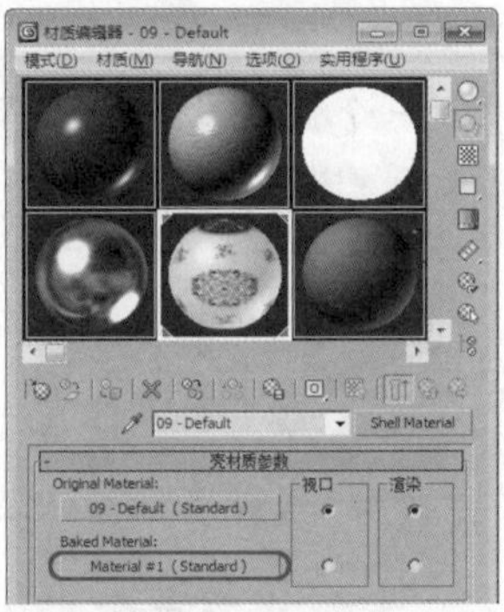

STEP 11 在“明暗器基本参数”卷展栏中将明暗器类型定义为“Phong”，在“Phong基本参数”卷展栏中将“环境光”的红、绿、蓝值设置为181、101、6，在“自发光”选项组中的文本框中输入80，在“高光级别”和“光泽度”文本框中分别输入16、27，按Enter键确认，如右图所示。

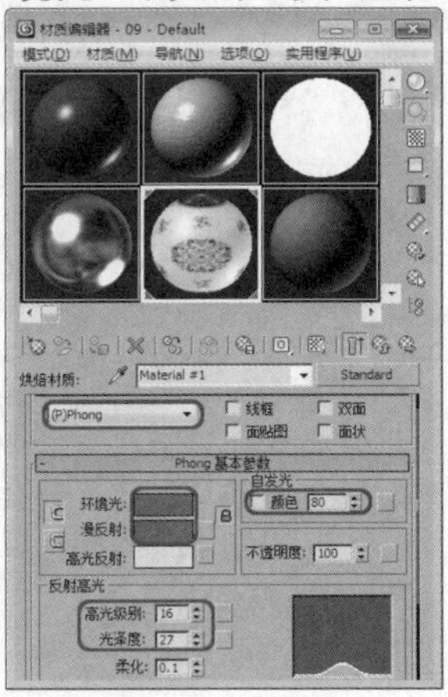

STEP 12 在“贴图”卷展栏中单击“漫反射颜色”右侧的None按钮，在弹出的“材质/贴图浏览器”对话框双击“位图”，如下图所示。

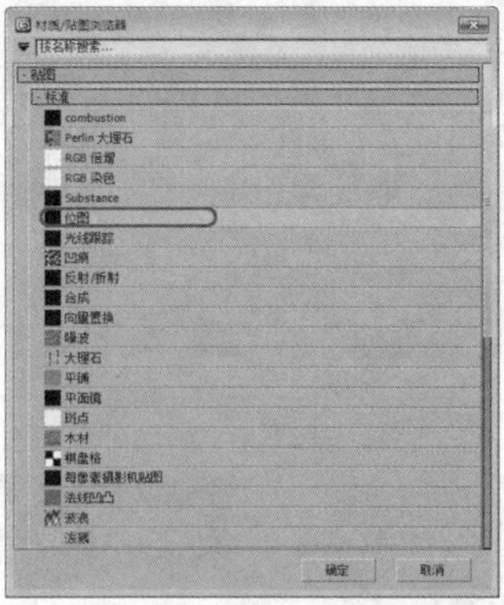

STEP 13 在弹出的“选择位图图像文件”对话框中选择随书附带光盘中的\Map\024.jpg素材文件，如下图所示。

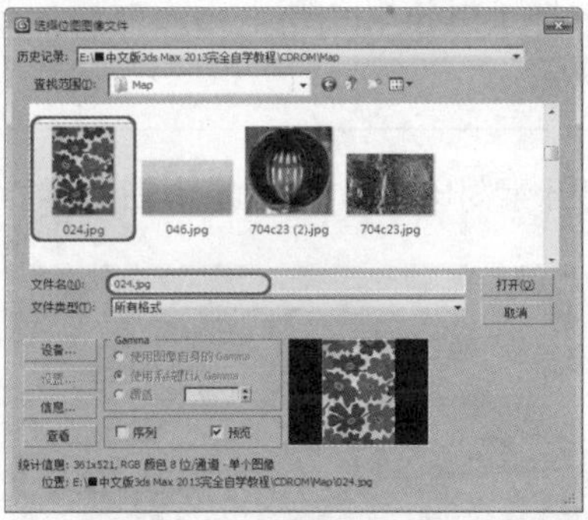

STEP 14 单击“打开”按钮，在“坐标”卷展栏中取消“使用真实世界比例”复选框的选中，然后单击两次“转到父对象”按钮，在“视口”选项组中选中第二个单选按钮，并将其材质指定给“床垫”即可，如下图所示。

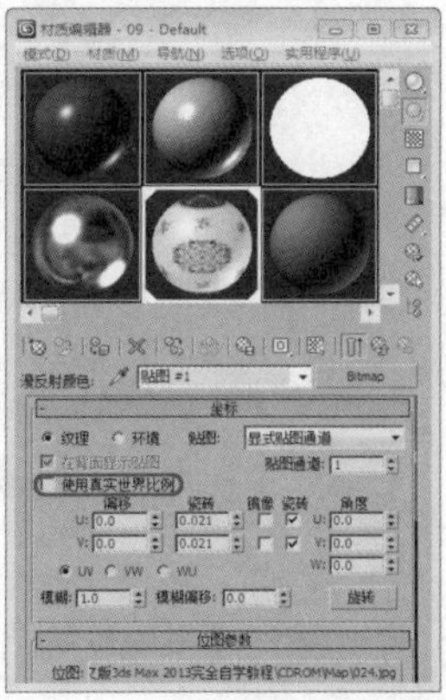

STEP 15 将“材质编辑器”对话框关闭，即可在视图中显示如下图所示的材质。

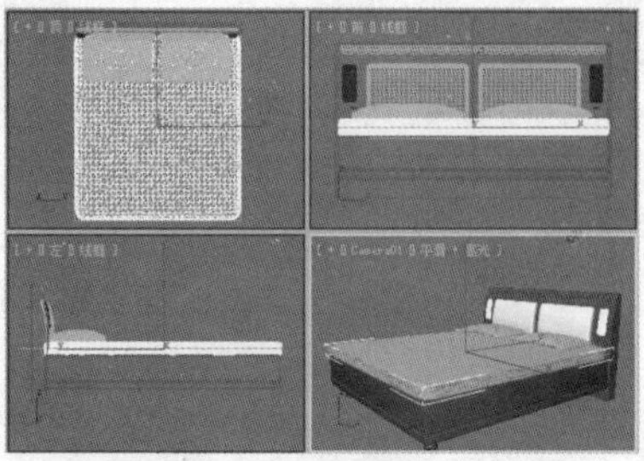

STEP 16 至此，壳材质就设置完成了，按F9键进行快速渲染，效果如下图所示。

实战操作322 创建混合材质

素材：Scene\Cha09\9-12.max 场景：Scene \Cha09\实战操作322.max

难度：★★★★★ 视频：视频\Cha09\实战操作322.avi

将两种子材质组合在一起的材质便是混合材质，可表现物体创建混合的效果。下面介绍如何创建混合材质。

STEP 01 打开素材9-12.max，如下图所示。

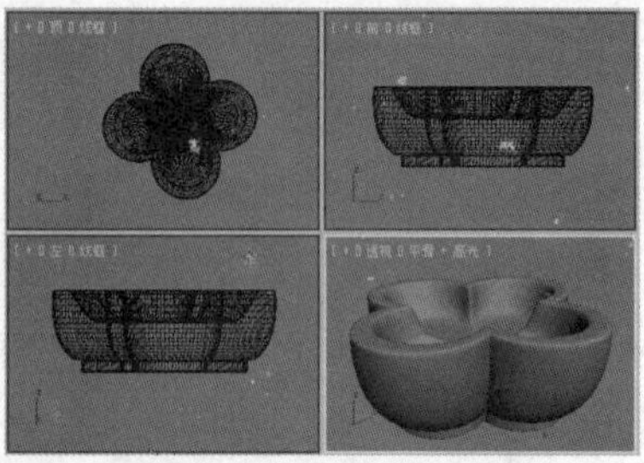

STEP 02 按H键打开“从场景中选择”对话框，在对话框中选择“花盆”，如下图所示。

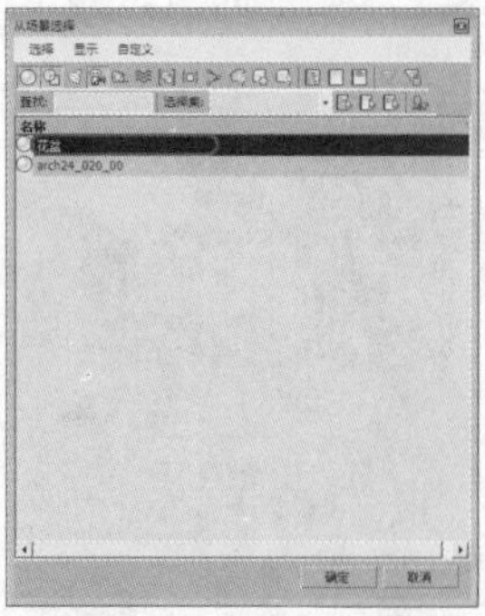

STEP 03 单击“确定”按钮，在工具栏中单击“材质编辑器”按钮，在弹出的“材质编辑器”对话框中选择第一个材质样本球，如下图所示。

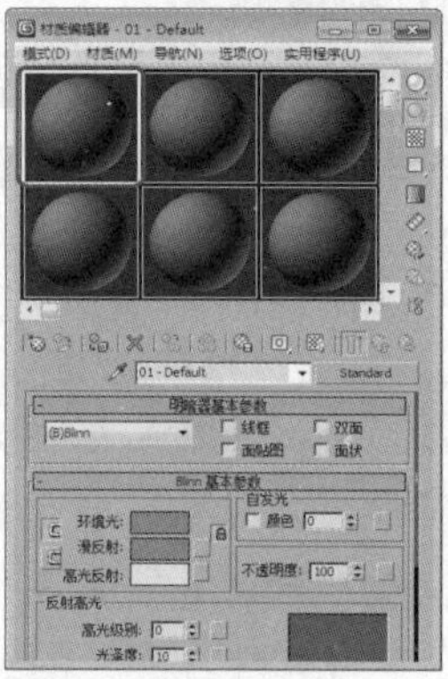

STEP 04 然后单击“Standard”按钮，在弹出的“材质/贴图浏览器”对话框中选择“混合”，如下图所示。

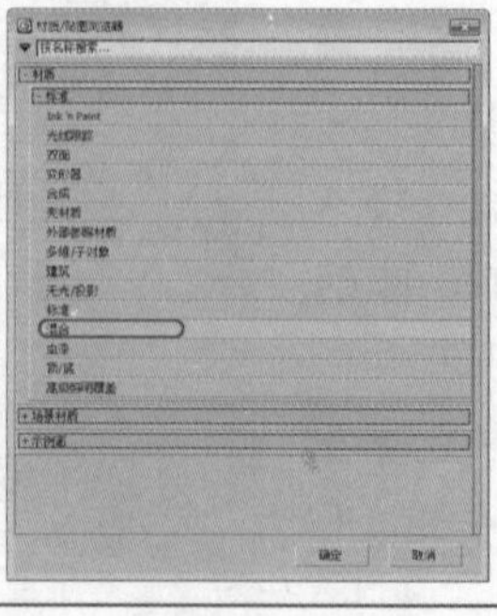

STEP 05 单击“确定”按钮，在弹出的“替换材质”对话框中单击“确定”按钮，如下图所示。

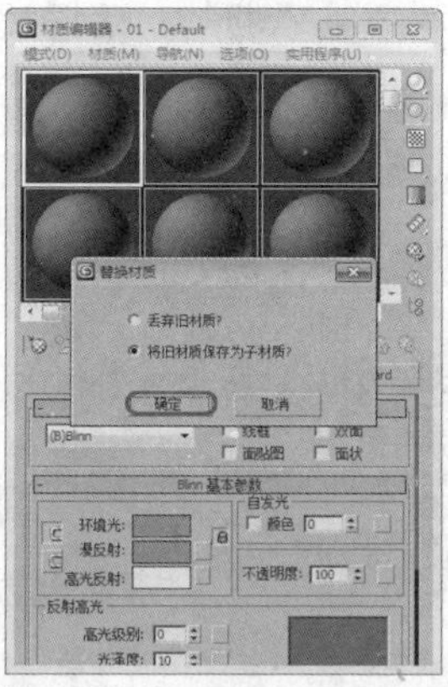

STEP 06 在“混合基本参数”卷展栏中单击“材质1”右侧的材质通道按钮，如下图所示。

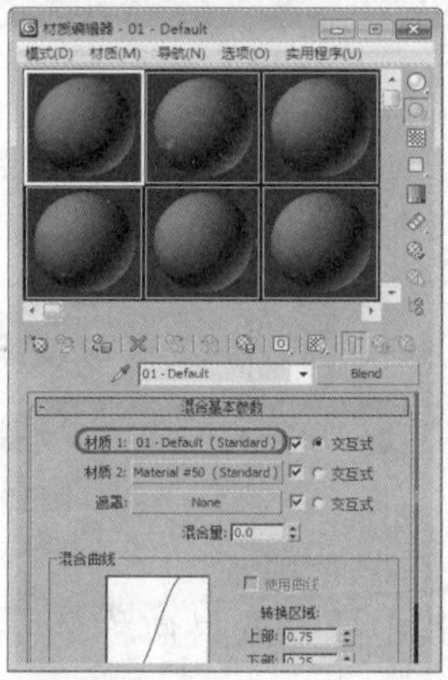

STEP 07 打开“Blinn基本参数”卷展栏，在“自发光”选项组中的文本框中输入45，在“高光级别”和“光泽度”文本框中分别输入80、10，按Enter键确认，如下图所示。

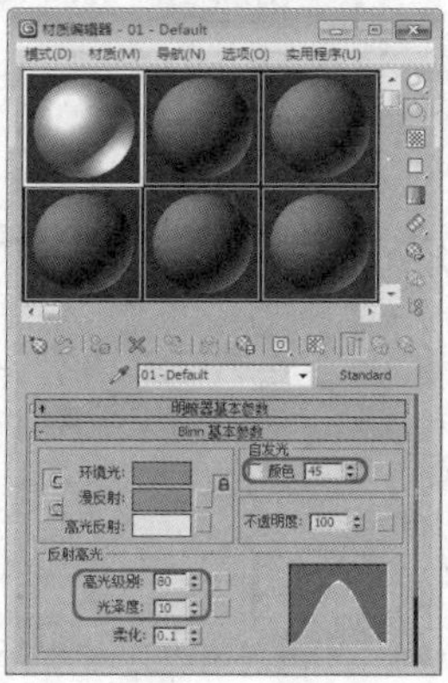

STEP 08 在“贴图”卷展栏中单击“漫反射颜色”右侧的“None”按钮，在弹出的“材质/贴图浏览器”对话框双击“位图”，如下图所示。

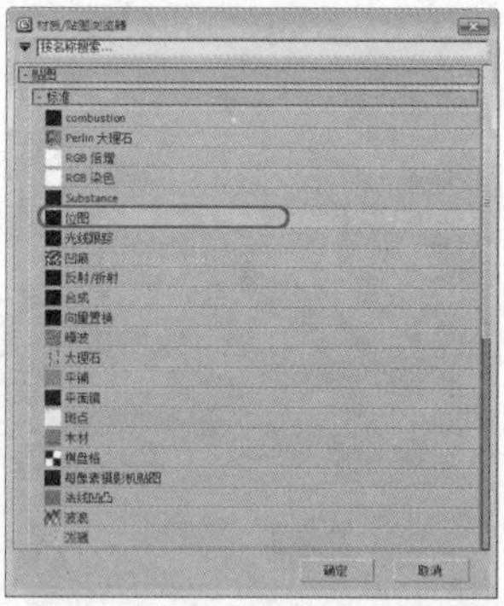

STEP 09 在弹出的“选择位图图像文件”对话框中选择随书附带光盘中的\Map\Bm.jpg素材图形，如下图所示。

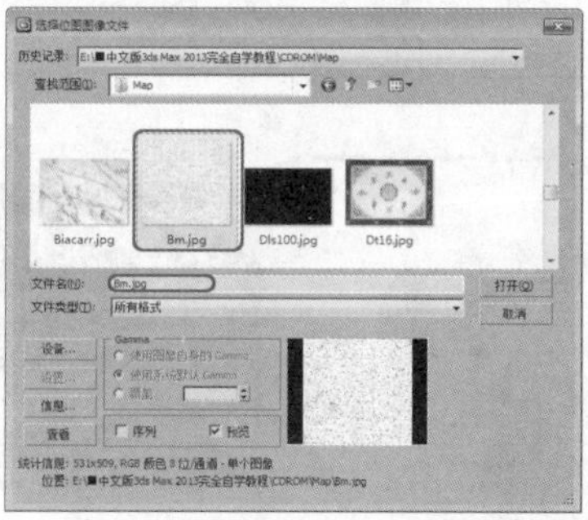

STEP 10 单击“打开”按钮，在“坐标”卷展栏中定义为“环境”，在“瓷砖”下方的“U”、“V”文本框中都输入0.02，如下图所示。

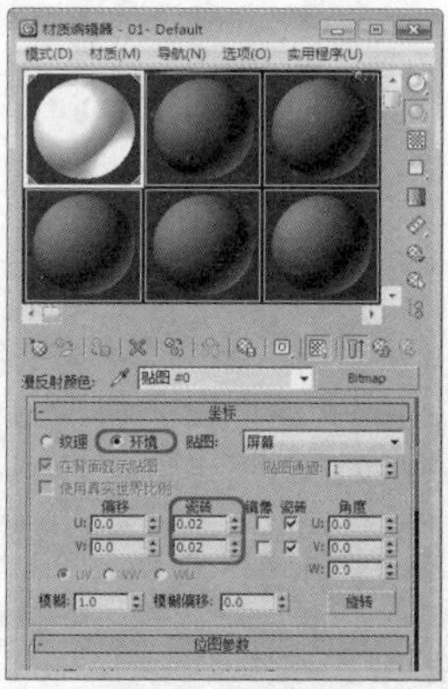

STEP 11 单击两次“转到父对象”按钮，在“混合基本参数”卷展栏中单击“材质2”右侧的材质通道按钮，在“Blinn基本参数”卷展

栏中将“环境光”的红、绿、蓝值设置为65、21、8，在“自发光”选项组中的文本框中输入45，按Enter键确认，并单击“在视口中显示标准贴图”按钮和“将材质指定给选定对象”按钮，如下图所示。

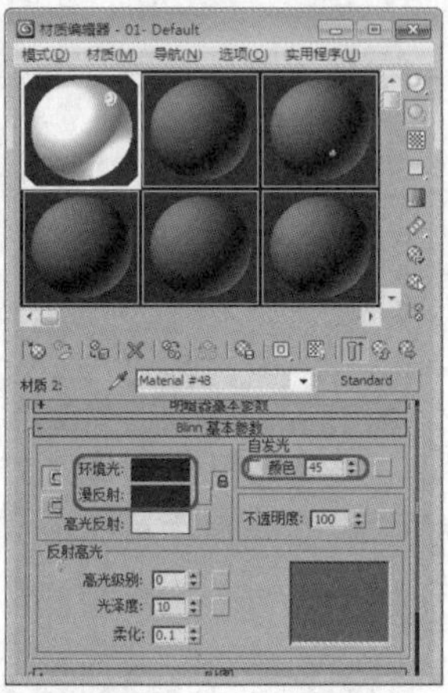

STEP 12 单击“转到父对象”按钮，在“混合基本参数”卷展栏中的“混合量”文本框中输入40，按Enter键确认，如下图所示，设置完成后，将“材质编辑器”对话框关闭即可。

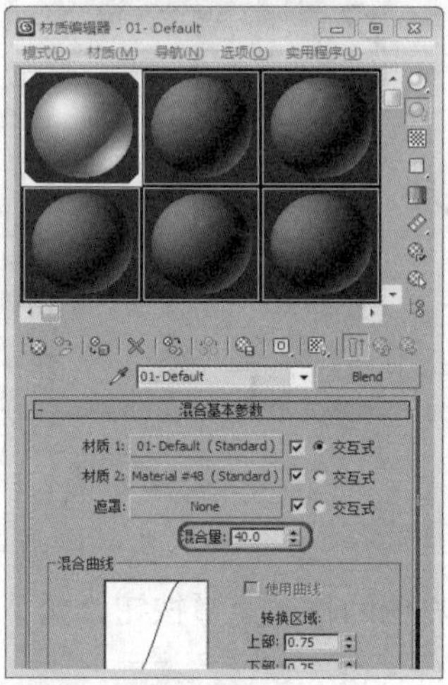

实战操作323 创建虫漆材质

素材：Scene\Cha09\9-13.max　场景：Scene \Cha09\实战操作323.max

难度：★★★★★　视频：视频\Cha09\实战操作323.avi

虫漆材质是将一种材质叠加到另一种材质上的混合材质，其中叠加的材质称为“虫漆”材质，被叠加的材质称为基本材质。“虫漆”材质的颜色增加到基础材质的颜色上，通过参数控制颜色混合的程度。

STEP 01 打开素材9-13.max，如下图所示。

STEP 02 按H键打开“从场景选择”对话框，在对话框中选择“花瓶”，如下图所示。

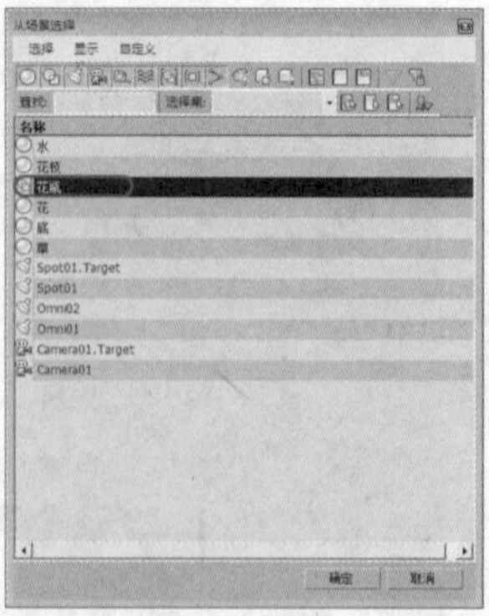

STEP 03 单击“确定”按钮，在工具栏中单击“材质编辑器”按钮，在弹出的“材质编辑器”对话框中选择一个新的材质样本球，然后单击“Standard”按钮，在弹出的“材质/贴图浏览器”对话框中选择“虫漆”，如下图所示。

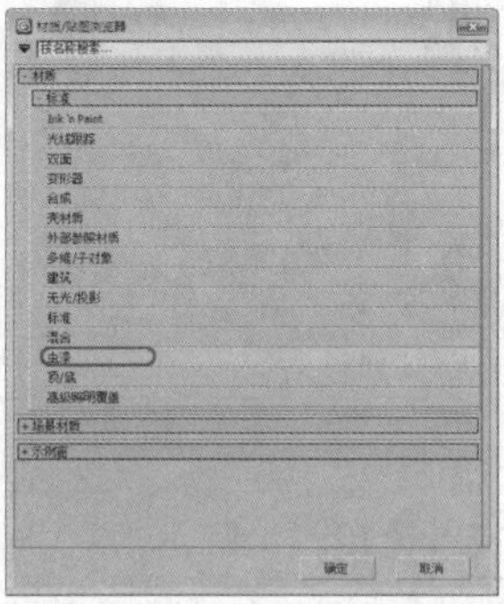

STEP 04 单击“确定”按钮，这时会在材质编辑器中弹出“替换材质”对话框，单击“确定”按钮，如下图所示。

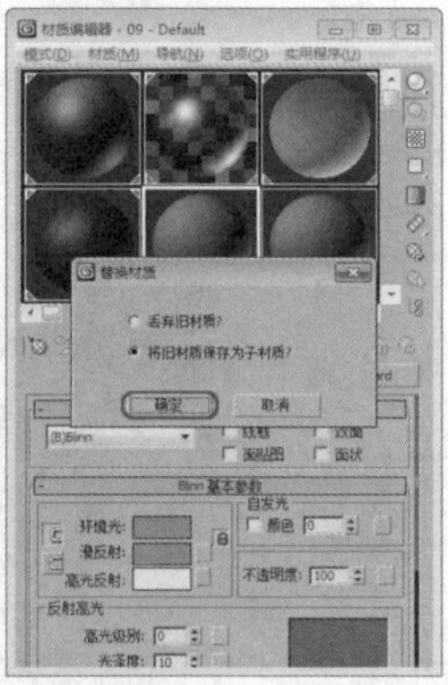

STEP 05 在“虫漆基本参数”卷展栏中单击“基本材质”右侧的材质通道按钮，如下图所示。

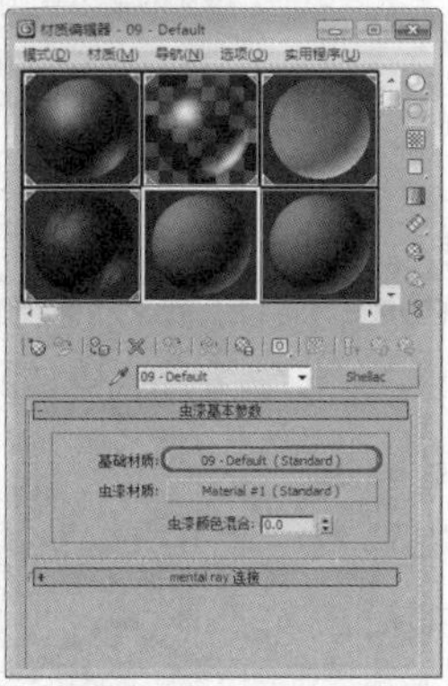

STEP 06 在“Blinn基本参数”卷展栏中将“环境光”的红、绿、蓝值设置为94、188、205，在“自发光”选项组中的文本框中输入40，在“高光级别”和“光泽度”的文本框中分别输入10、20，按Enter键确认，如下图所示。

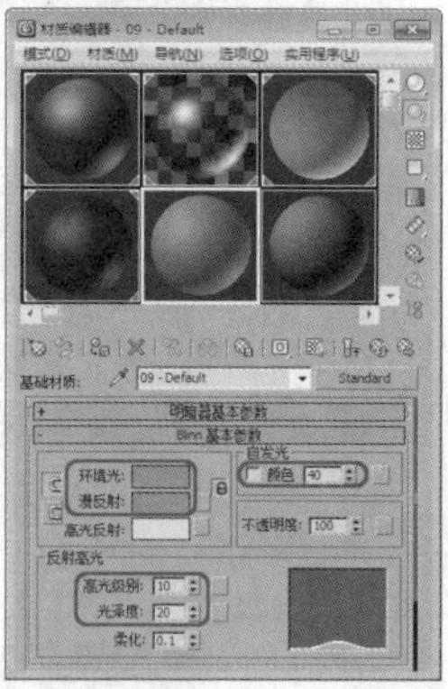

STEP 07 单击“转到父对象”按钮，在“虫漆基本参数”卷展栏中单击“虫漆材质”右侧的材质通道按钮，如下图所示。

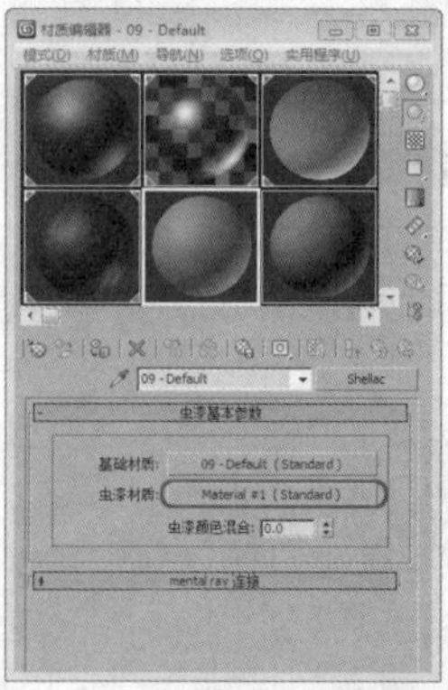

STEP 08 在“Blinn基本参数”卷展栏中将“环境光”的红、绿、蓝值设置为86、169、208，在“自发光”选项组中的文本框中输入40，在“高光级别”和“光泽度”文本框中都输入10，如下图所示。

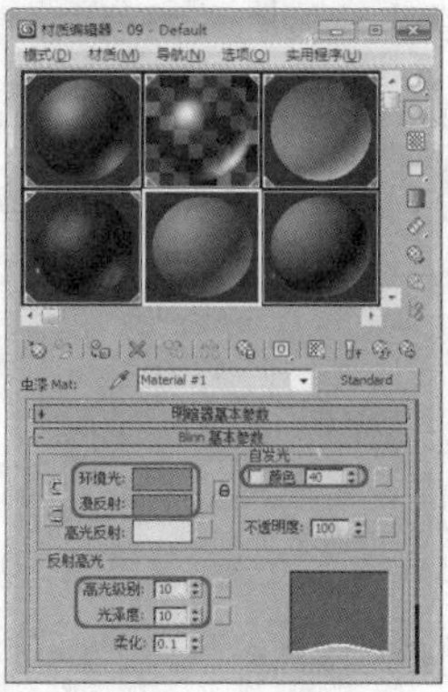

STEP 09 单击“转到父对象”按钮，在“虫漆颜色混合”文本框中输入50，按Enter键确认，如右图所示，单击“将材质指定给选定对象”按钮，将“材质编辑器”对话框关闭即可。

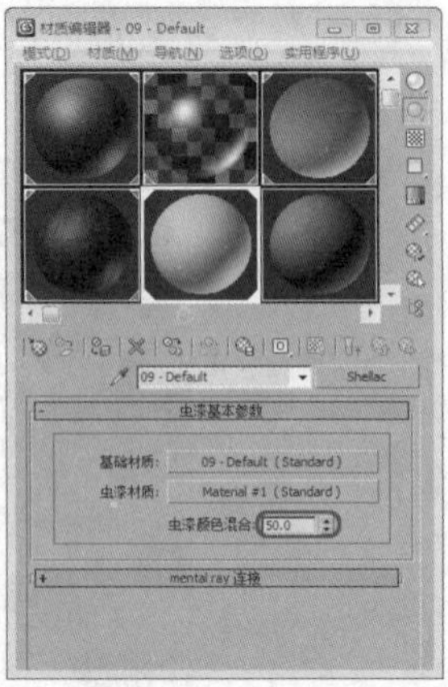

STEP 10 至此，创建虫漆材质就设置完成了，按F9键进行快速渲染，效果如下图所示。

实战操作324 创建顶/底材质

素材：Scene\Cha09\9-13.max　场景：Scene \Cha09\实战操作324.max

难度：★★★★★　视频：视频\Cha09\实战操作324.avi

顶/底材质是指两个材质分别位于顶部与底部。下面介绍创建顶/底材质的方法。

STEP 01 打开素材9-13.max，如下图所示。

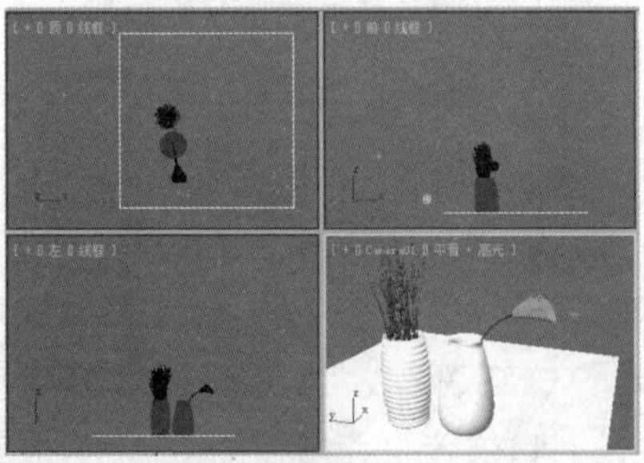

STEP 02 按H键打开“从场景选择”对话框，在对话框中选择“花瓶”，如下图所示。

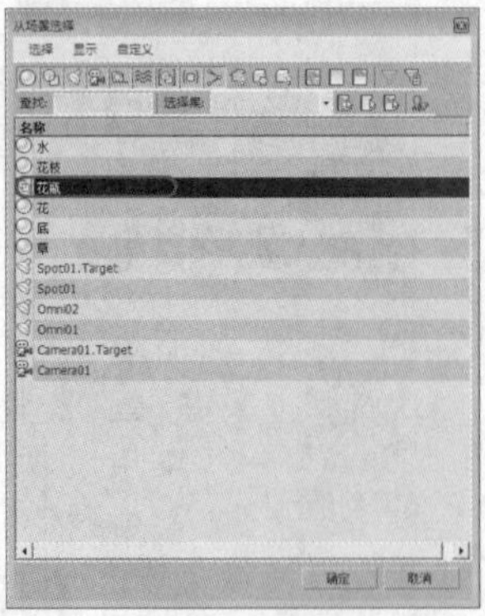

STEP 03 单击“确定”按钮，在工具栏中单击“材质编辑器”按钮，在弹出的“材质编辑器”对话框中选择一个新的材质样本球，如右图所示。

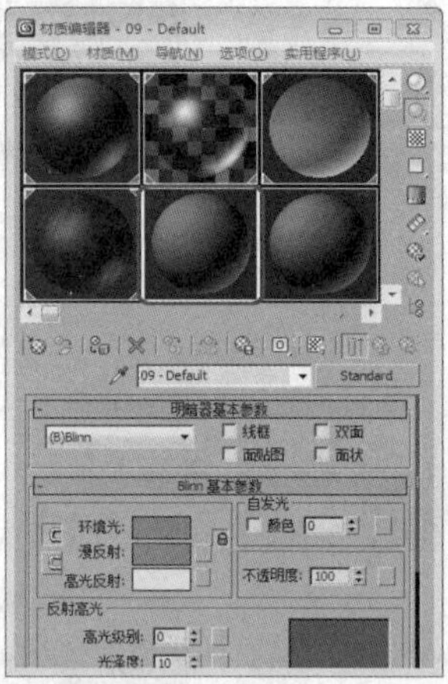

STEP 04 然后单击“Standard”按钮，在弹出的“材质/贴图浏览器”对话框中选择“顶/底”，如右图所示。

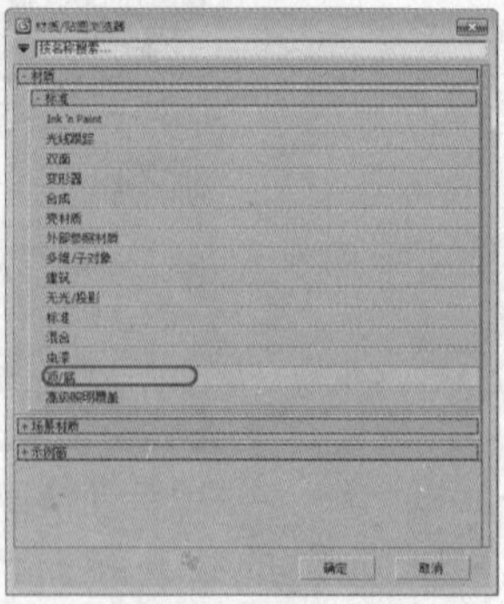

STEP 05 单击“确定”按钮，这时会在“材质编辑器”中弹出“替换材质”对话框，单击“确定”按钮即可，如下图所示。

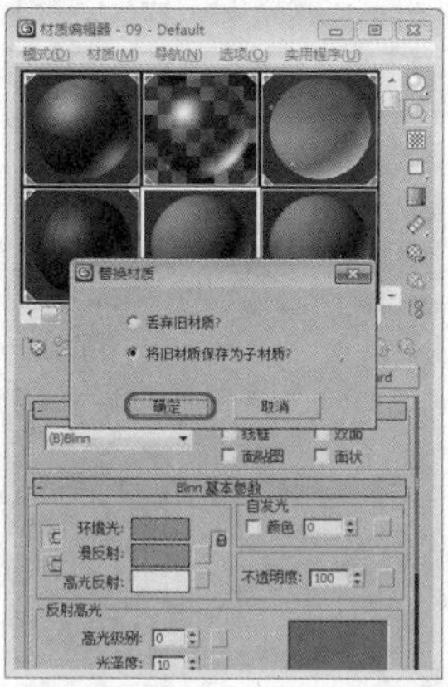

STEP 06 在“顶/底基本参数”卷展栏中单击“顶材质”右侧的材质通道按钮，在“Blinn基本参数”卷展栏中将“环境光”的红、绿、蓝值设置为255、255、255，在“自发光”选项组中的文本框中输入50，在“高光级别”和“光泽度”的文本框中分别输入20、10，按Enter键确认，如下图所示。

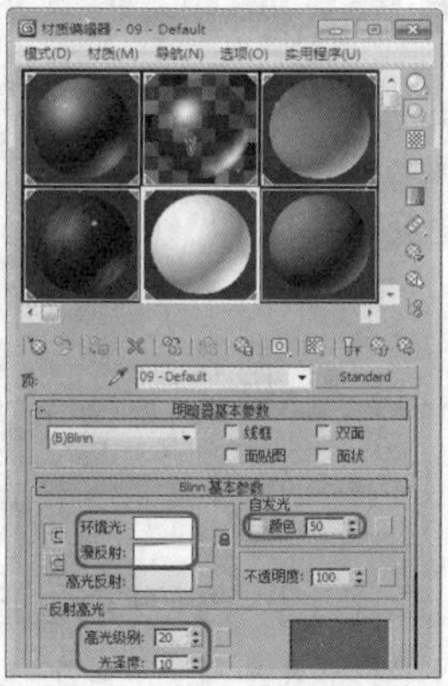

STEP 07 单击“转到父对象”按钮，在“顶/底基本参数”卷展栏中单击“底材质”右侧的材质通道按钮，在“Blinn基本参数”卷展栏中将“环境光”的红、绿、蓝值设置为143、204、215，在“自发光”选项组中的文本框中输入50，在“高光级别”和“光泽度”的文本框中分别输入20、10，按Enter键确认，并单击“在视口中显示标准贴图”按钮，如下图所示。

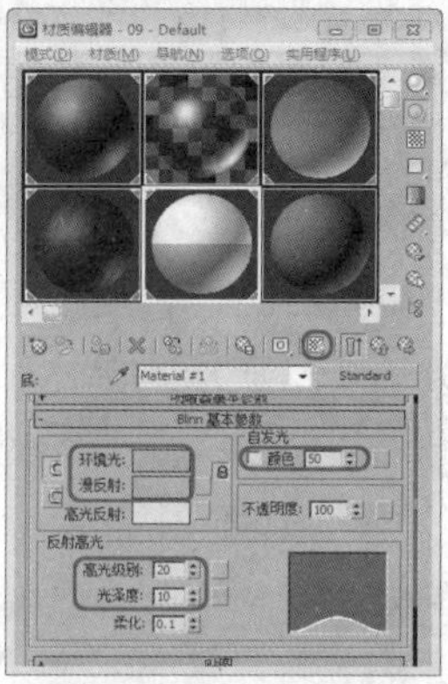

STEP 08 单击“转到父对象”按钮，在“顶/底基本参数”卷展栏中的“位置”文本框中输入50，按Enter键确认，如下图所示。

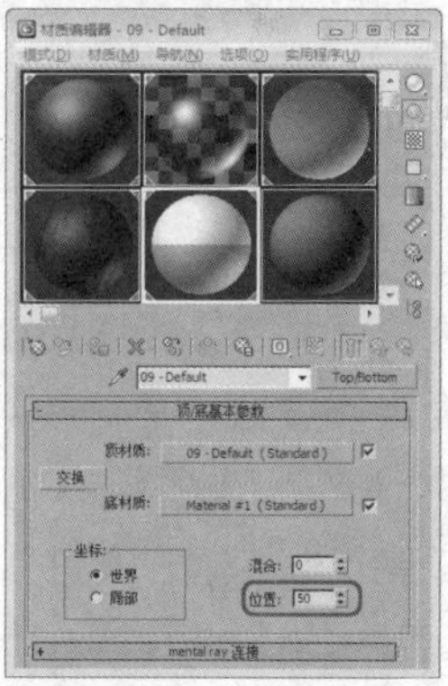

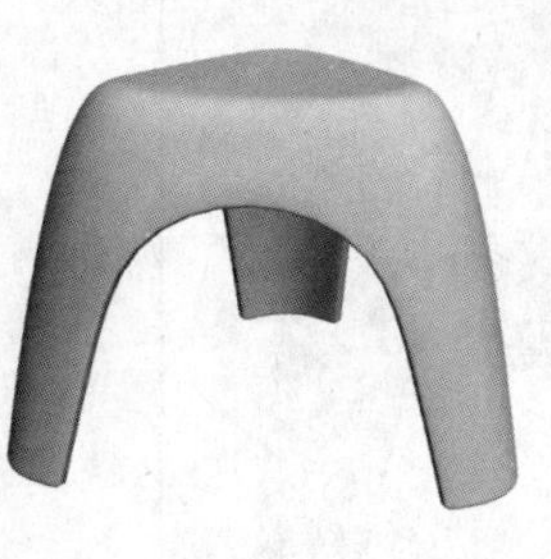

实战操作325 创建外部参照材质

- 素材：Scene\Cha09\9-14.max、9-15.max
- 场景：Scene \Cha09\实战操作325.max
- 难度：★★★★★
- 视频：视频\ Cha09\实战操作325.avi

外部参照材质能够使用户在另一个场景文件中从外部参照某个应用于对象的材质。对于外部参照对象，材质驻留在单独的源文件中，可以仅在源文件中设置材质属性。当在源文件中改变材质属性然后保存时，在包含外部参照的主文件中，材质的外观可能会发生变化。

STEP 01 打开9-14.max素材文件，如下图所示。

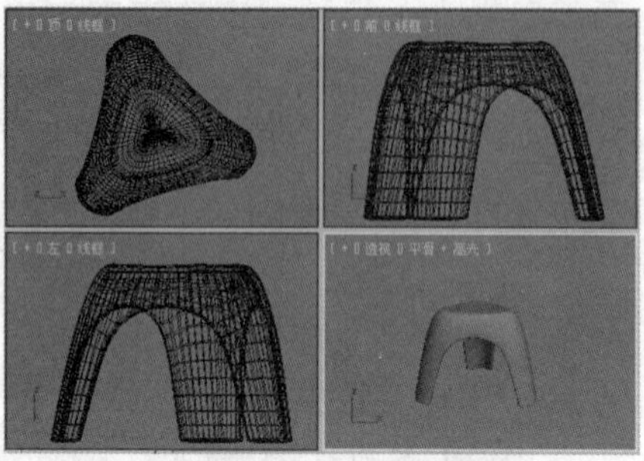

STEP 02 按M键，在弹出的"材质编辑器"对话框中选择第一个材质球，单击"standard"按钮，弹出"材质/贴图浏览器"对话框，选择"外部参照材质"，如下图所示。

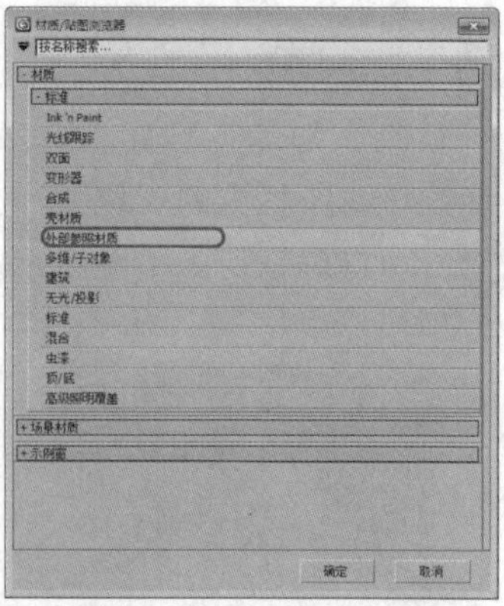

STEP 03 单击"确定"按钮，在"参数"卷展栏中单击"文件名"选项组右侧的"浏览文件"按钮，在弹出的"打开文件"对话框中选择随书附带光盘中的\Scenes\9-15.max素材文件，如下图所示。

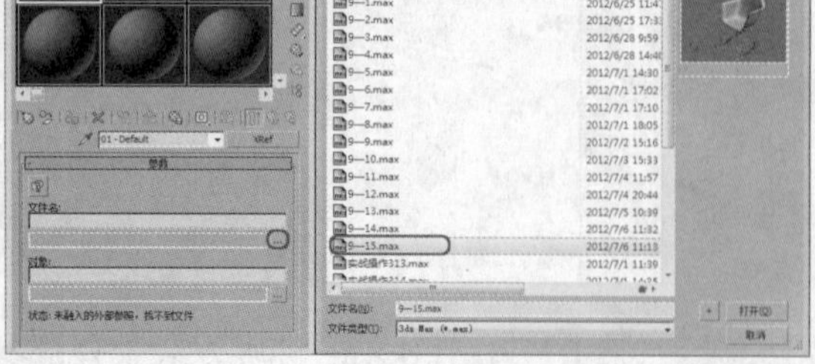

STEP 04 单击"打开"按钮，弹出"外部参照合并 9-15.max"对话框，选择"椅背"选项，如下图所示。

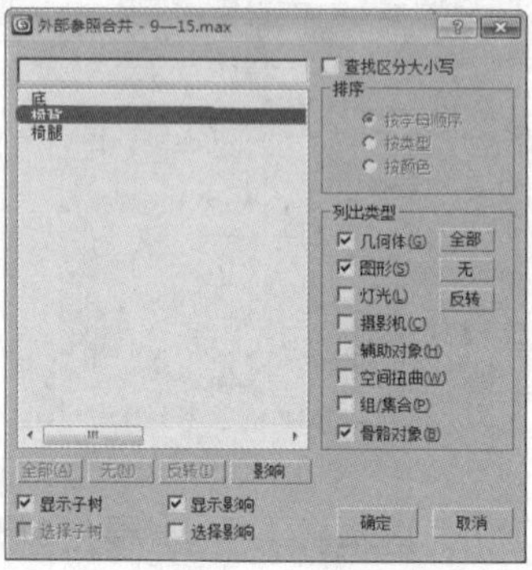

STEP 05 单击"确定"按钮，这样就完成了合并材质。选择视图中的对象，单击"将材质指定给选定对象"按钮，即可赋予参照外部的材质，效果如下图所示。

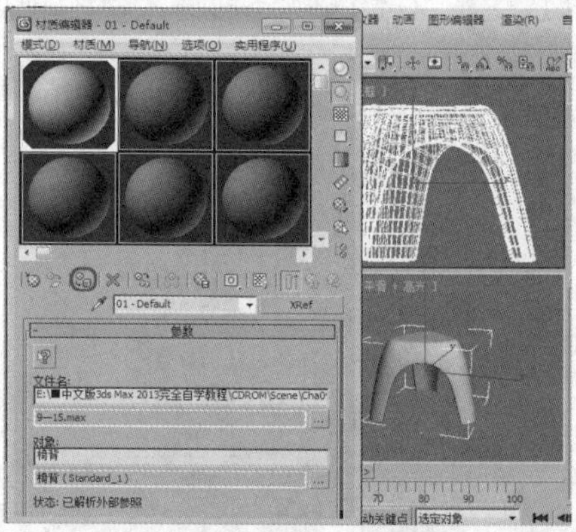

STEP 06 激活"透"视图，按F9键进行快速渲染，效果如下图所示。

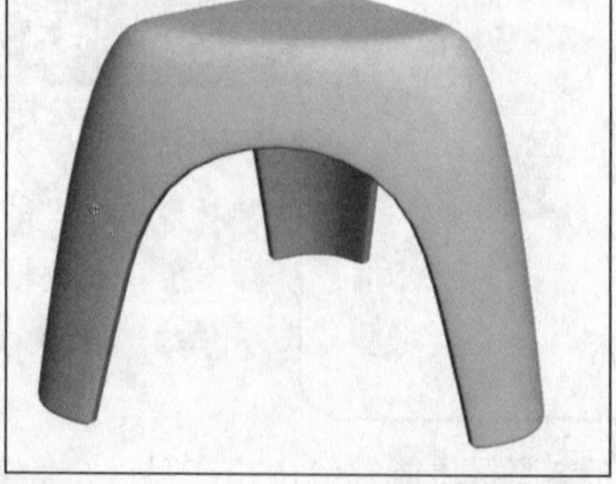

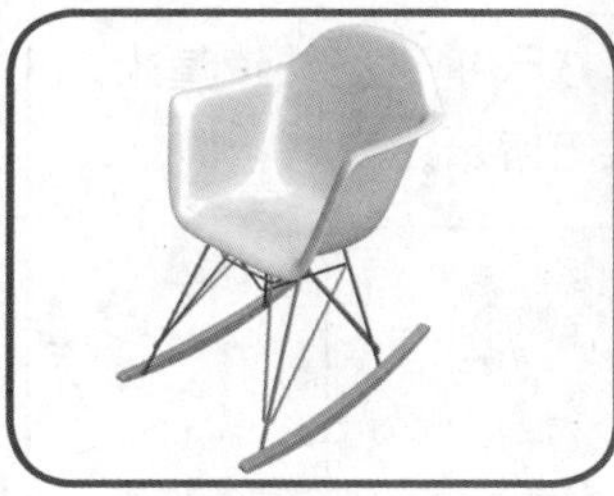

实战操作326 创建高级照明材质

素材：Scene\Cha09\9-15.max　场景：Scene \Cha09\实战操作326.max

难度：★★★★★　视频：视频\ Cha09\实战操作326.avi

高级照明材质有两种主要的用途：其一，调整在光能传递解决方案或光跟踪中使用的材质属性；其二，产生特殊的效果，例如让自发光对象在光能传递解决方案中起作用。

STEP 01 单击按钮，在弹出的下拉列表中执行“打开”命令，从打开的对话框中选择9-15.max素材文件，如下图所示。

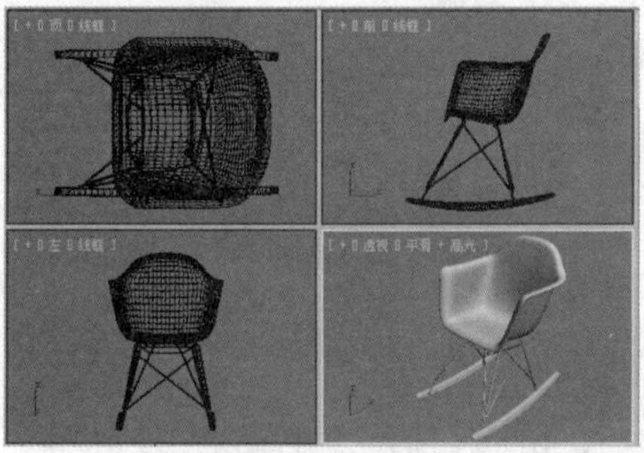

STEP 02 选择“椅背”对象，按M键，在弹出的“材质编辑器”对话框中选择一个新的材质样本球，单击“Standard”按钮，弹出“材质/贴图浏览器”对话框，选择“高级照明覆盖”选项，如下图所示。

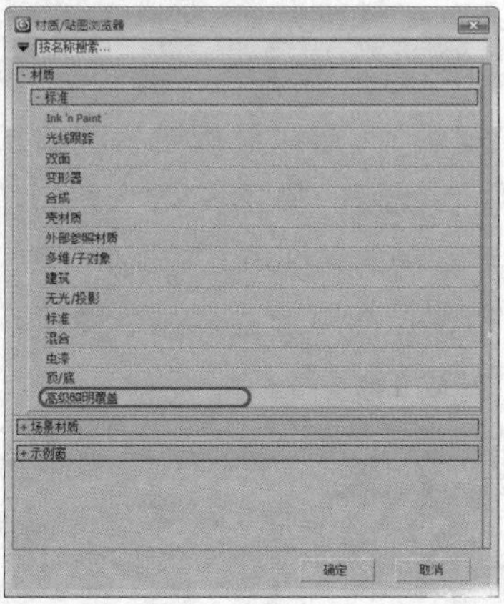

STEP 03 单击“确定”按钮，弹出“替换材质”对话框，选中“丢弃旧材质”单选按钮，单击“确定”按钮，展开“高级照明覆盖材质”卷展栏，单击“基础材质”右侧的按钮，如下图所示。

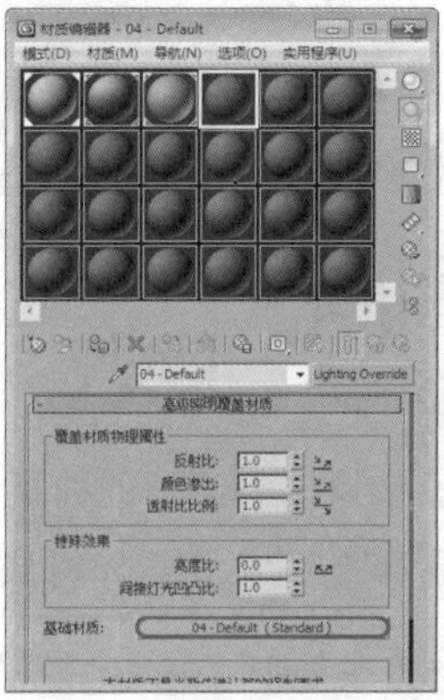

STEP 04 切换到“Blinn基本参数”卷展栏，将“环境光”和“漫反射”的红、绿、蓝值均设置为255、255、255，将“高光反射”的红、绿、蓝值设置为255、255、255，并将“反射高光”选项组中的“高光级别”和“光泽度”分别设置为63和22，将“自发光”选项组中的“颜色”值设置为50，如下图所示。

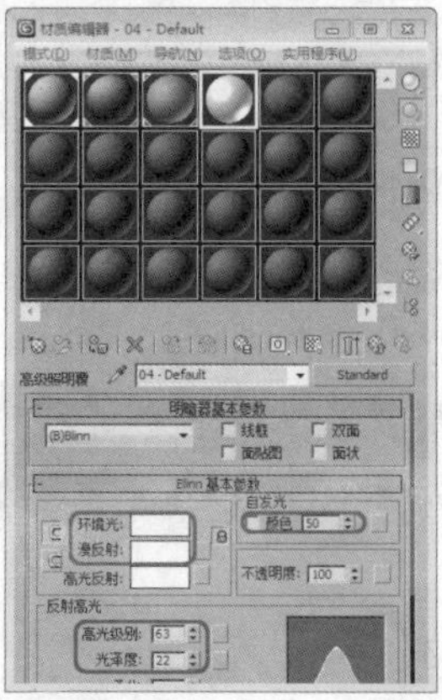

STEP 05 单击“将材质指定给选定对象”按钮，即可为椅背对象赋予高级照明材质，效果

如下图所示。

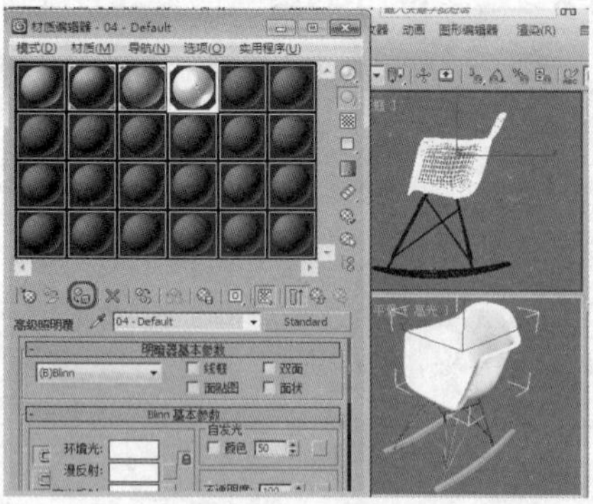

STEP 06 激活“透”视图，按F9键进行快速渲染，渲染后的效果如下图所示。

实战操作327 创建合成材质

素材：Scene\Cha09\9-16.max　场景：Scene\Cha09\实战操作327.max

难度：★★★★★　视频：视频\Cha09\实战操作327.avi

合成材质最多可以合成 10 种材质。按照在卷展栏中列出的顺序，从上到下叠加材质。使用相加不透明度、相减不透明度来组合材质，或使用 Amount（数量）值来混合材质。

STEP 01 打开素材文件9-16.max，按M键打开“材质编辑器”对话框，选择“瓷器”材质，单击“Standard”按钮，在打开的对话框中选择“合成”材质，如下图所示。

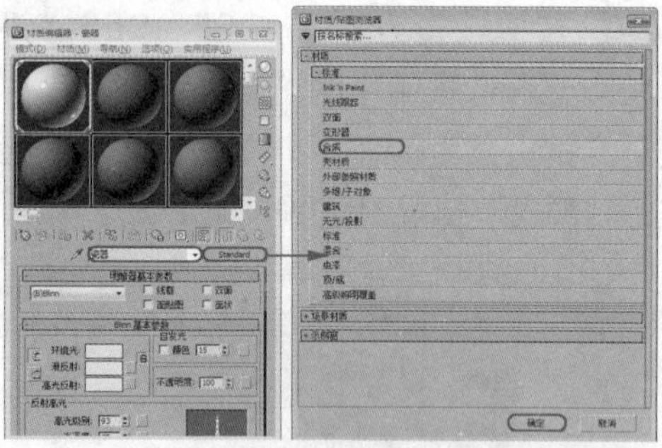

STEP 02 单击“确定”按钮，在打开的“替换材质”对话框中选中“将旧材质保存为子材质”单选按钮，如右图所示，并单击“确定”按钮。

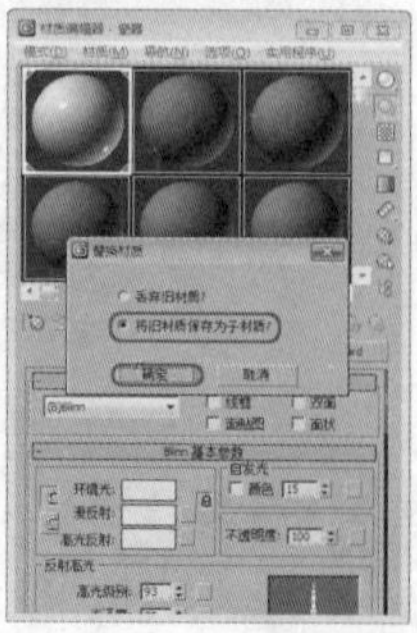

STEP 03 单击“材质1”右侧的“None”按钮，在打开的对话框中选择“标准”材质，如下图所示，并单击“确定”按钮。

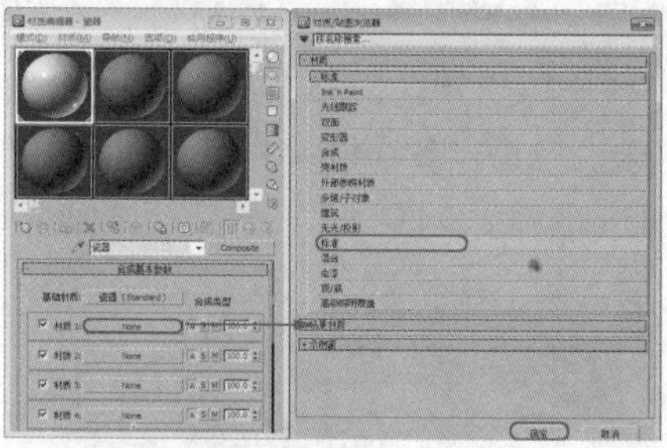

STEP 04 在“材质1”层级面板中将“自发光”设为80，并展开“贴图”卷展栏，单击“漫反射颜色”右侧的“None”按钮，在打开的对话框中选择“位图”选项，如下图所示，并单击“确定”按钮。

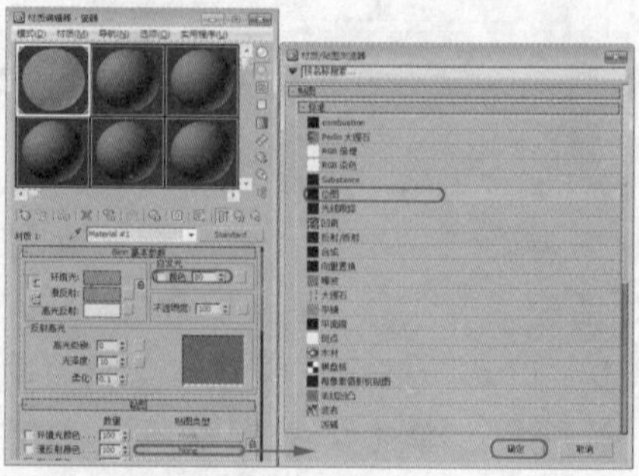

STEP 05 在打开的对话框中选择随书附带光盘中\Map\024.jpg文件，单击“打开”按钮，在“坐标”卷展栏中取消“使用真实世界比例”复选框的选中，将“瓷砖”下的U、V分别设置为1、1，如右图所示。

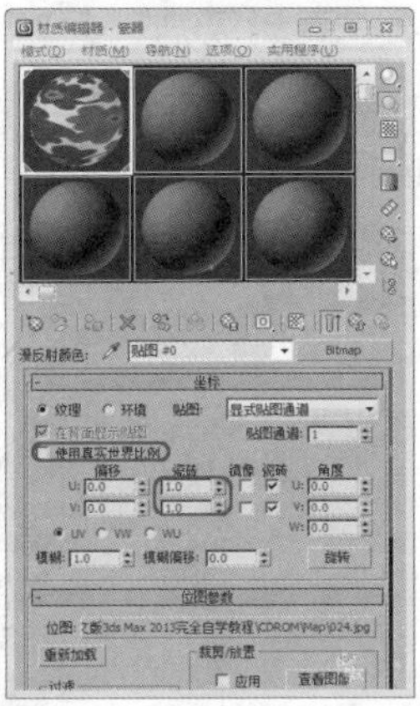

STEP 06 单击两次“转到父对象”按钮，返回到合成材质面板，将“材质1”的合成类型下的数值设置为6，如右图所示，最后对“摄影机”视图进行渲染。

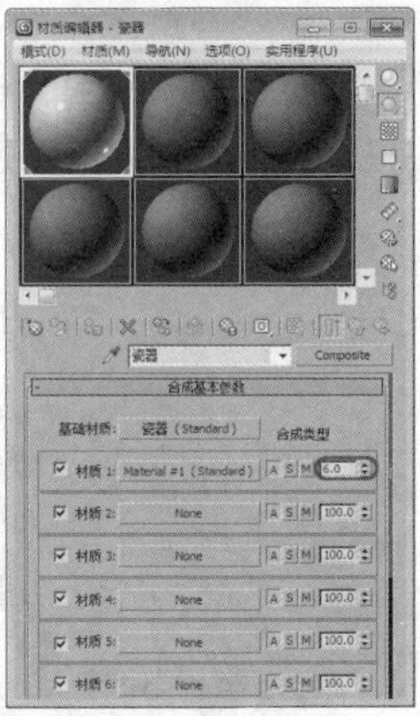

9.5 编辑材质

制作完物体的模型后，需要为模型指定材质、为物体指定材质，这是非常重要，因为它是决定最后渲染效果的关键。本章主要对编辑材质进行系统介绍，希望通过本章的学习，不仅能了解材质，并且学会基本的材质设置。

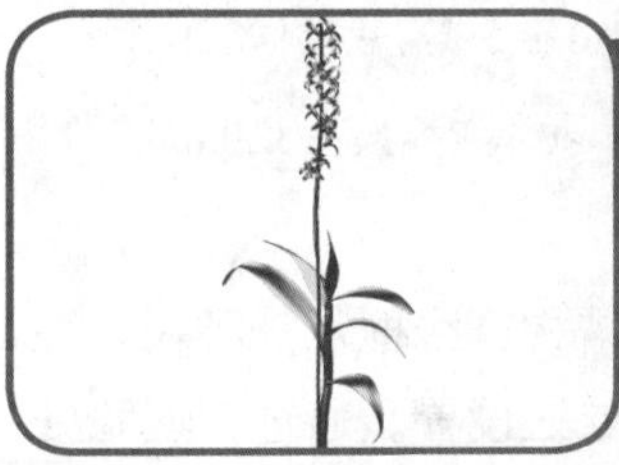

实战操作328 编辑金属材质

素材：Scene\Cha09\9-17.max　　场景：Scene \Cha09\实战操作328.max

难度：★★★★★　　视频：视频\Cha09\实战操作328.avi

本例介绍金属材质的制作，首先要确定金属的颜色，然后在“金属基本参数”卷展栏中设置“反射高光”相应参数。通过本例学习，可以掌握金属质感的制作、修改以及编辑操作，更好地利用“材质编辑器”。

STEP 01 打开素材文件9-17.max，如下图所示。

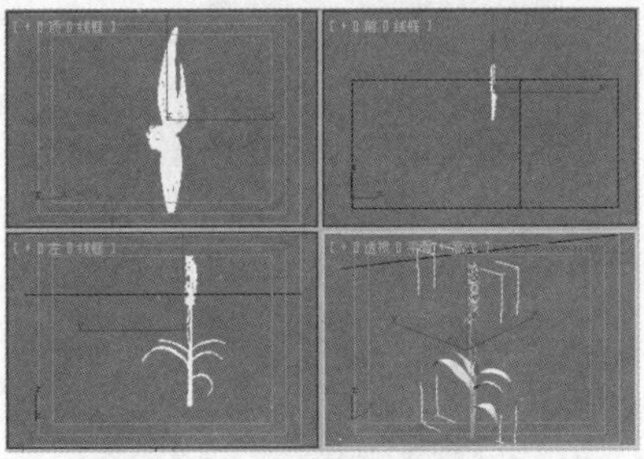

STEP 02 按M键，弹出“材质编辑器”对话框，从中选择一个材质样本球，在“明暗器基本参数”卷展栏中将明暗器类型设置为“（M）金属”，如下图所示。

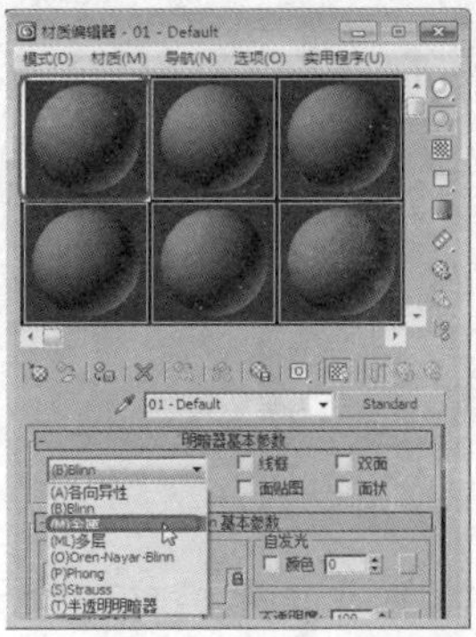

STEP 03 在“金属基本参数”卷展栏中单击“漫反射”右侧的“颜色”色块，弹出“颜色选择器：漫反射颜色”对话框，将红、绿、蓝值设置为240、120、10，如下图所示。

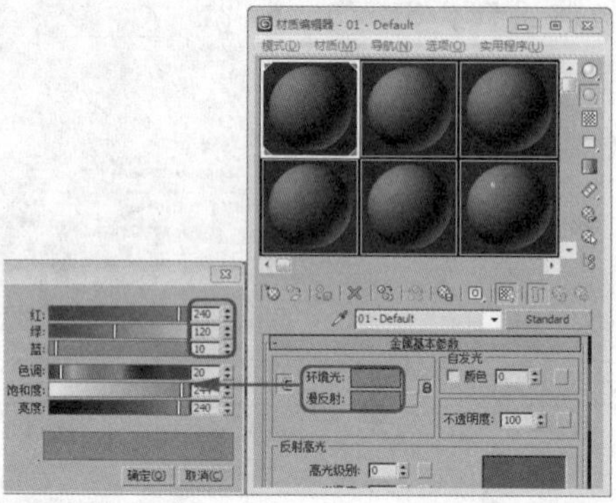

STEP 04 单击“确定”按钮，返回“金属基本参数”卷展栏，在“反射高光”选项组中设置“高光级别”为100、“光泽度”为70；将“自发光”选项组中的“颜色”值设置为25，选择场景中的对象，单击“将材质指定给选定对象”按钮，赋予金属材质，如下图所示。

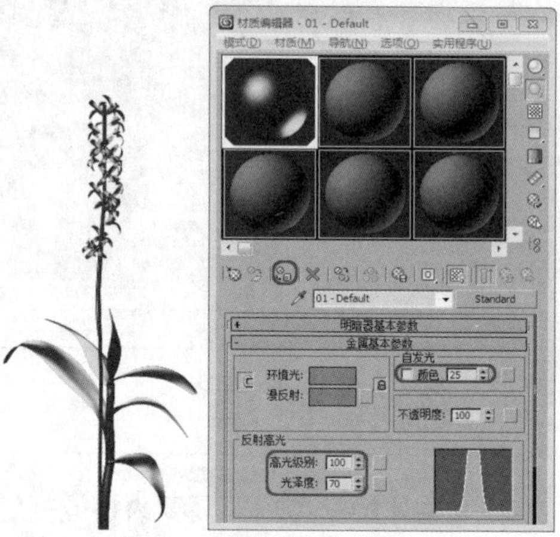

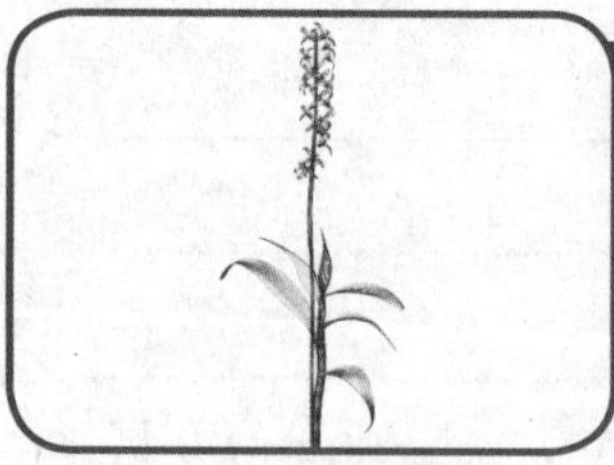

实战操作329 显示线框材质

素材：Scene\Cha09\9-18.max　　场景：Scene \Cha09\实战操作329.max

难度：★★★★★　　视频：视频\Cha09\实战操作329.avi

“线框”是以网格线框的方式来渲染对象，它只能表现出对象的线架结构，线框是一种视口显示设置，用于以线框网格形式查看给定视口中的对象。这是非透视视口的默认设置。通过“明暗处理”视口标签菜单可以对此设置进行更改。

STEP 01 打开素材文件9-18.max，如下图所示。

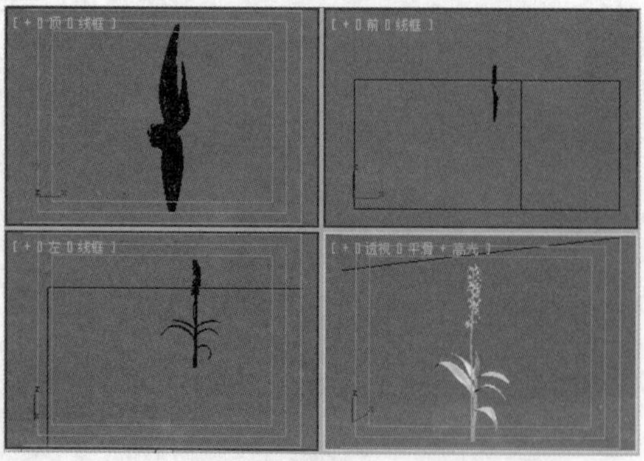

STEP 02 按M键，弹出“材质编辑器”对话框，在“明暗器基本参数”卷展栏中选中“线框”复选框，如下图所示。

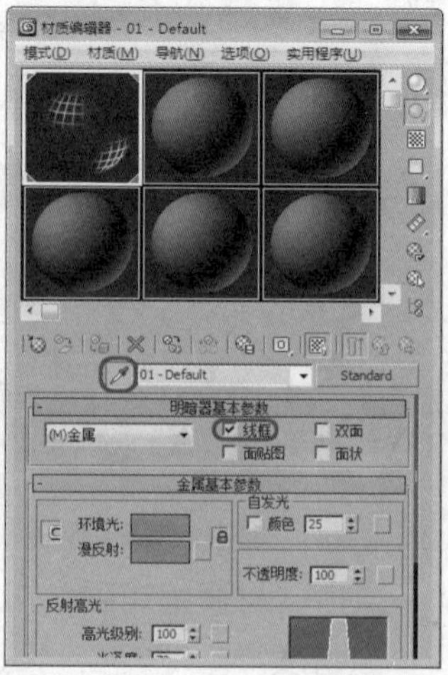

STEP 03 按照以上操作完成后，则对象和材质以线框的形式显示，如右图所示。

STEP 04 最后激活“透”视图，按F9键进行快速渲染，如右图所示。

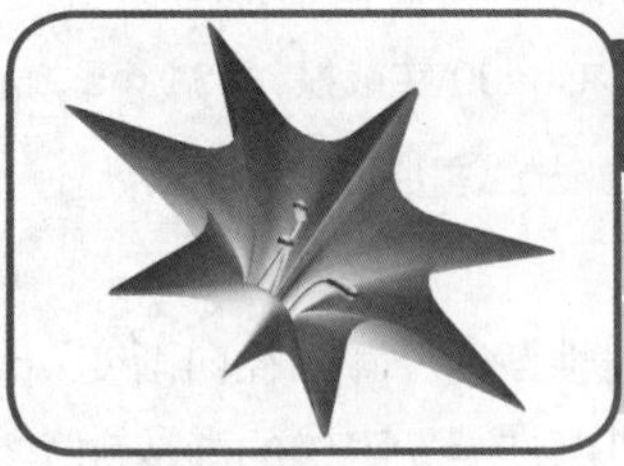

实战操作330 显示双面材质

素材：Scene\Cha09\9-19.max　场景：Scene \Cha09\实战操作330.max

难度：★★★★★　视频：视频\Cha01实战操作330.avi

使用双面材质可以向对象的前面和后面制定两个不同的材质。将对象发现相反的一面也进行渲染，使对象更加美观。

STEP 01 打开素材文件9-19.max，如下图所示。

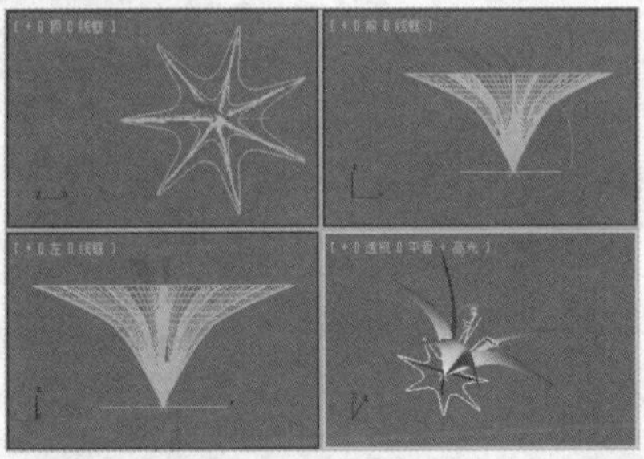

STEP 02 按M键，弹出“材质编辑器”对话框，选择“花瓣材质”材质球，在“明暗器基本参数”卷展栏中选中“双面”复选框，如下图所示。

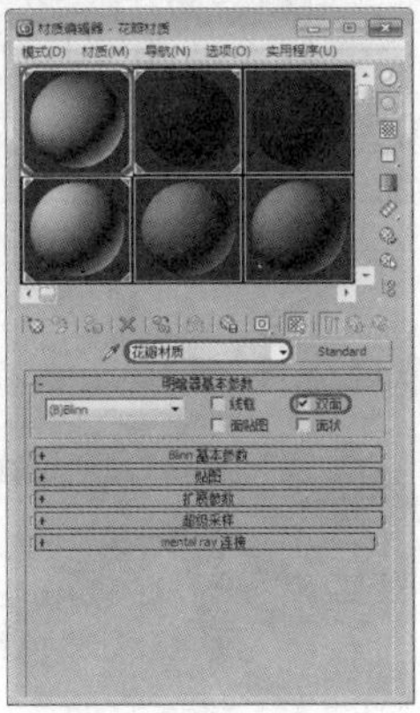

STEP 03 执行操作后，对象以双面材质方式显示，如下图所示。

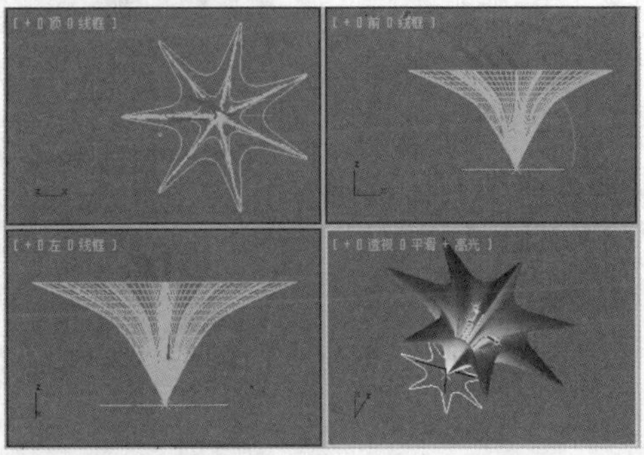

STEP 04 最后激活“透”视图，按F9键进行快速渲染，效果如下图所示。

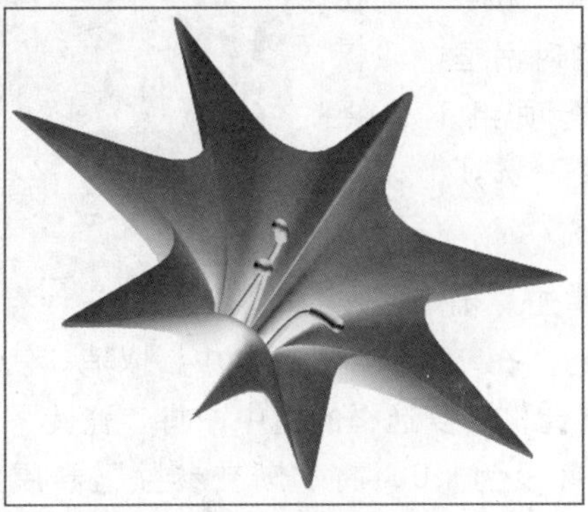

9.6 使用2D贴图

3ds Max 中包括很多种贴图，它们可以根据使用方法、效果分为多种类型。下面主要介绍2D贴图，在“贴图”卷展栏，单击任何通道右侧的“None”按钮，都可以打开“材质/贴图浏览器”。2D贴图主要是一些平面贴图。

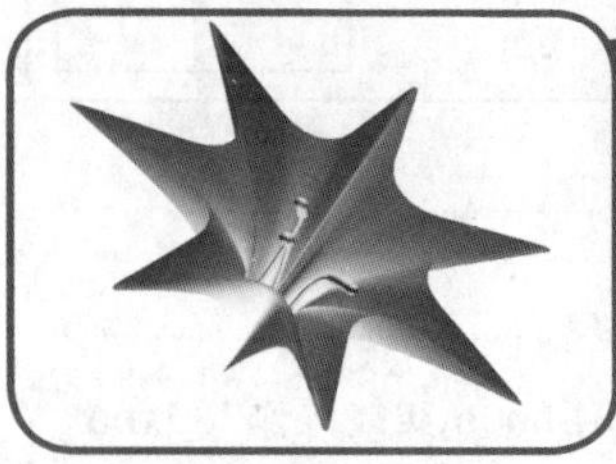

实战操作331 使用渐变贴图

素材：Scene\Cha09\9-20.max　场景：Scene \Cha09\实战操作331.max

难度：★★★★★　视频：视频\ Cha09\实战操作331.avi

产生三色（或三个贴图）的渐变过渡效果，它的可拓展性非常强，有“线性渐变”和“径向渐变”两种，三个色彩可以随便调节，相互区域比例的大小也可以调节，通过贴图可以产生无限级的渐变和图像嵌套结果。另外，自身还有Noise噪波参数可以调节，用于控制相互区域之间融合时产生的杂乱效果。

STEP 01 打开9-20.max素材文件，按M键，在弹出的“材质编辑器”对话框中选择一个材质球，将其命名为“花瓣”，在“明暗器基本参数”卷展栏中选中“双面”复选框，如右图所示。

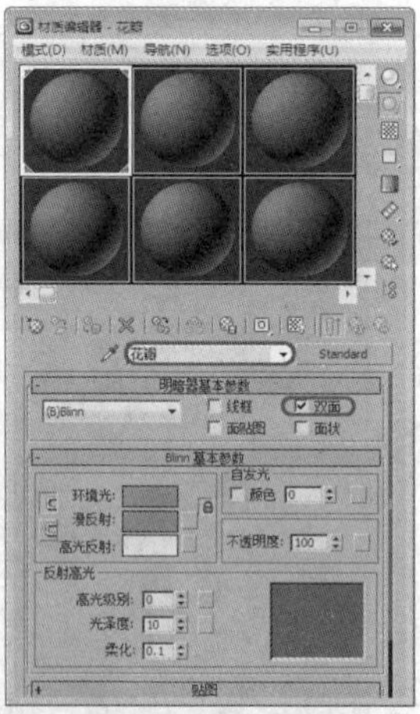

STEP 02 在“贴图”卷展栏中单击“漫反射颜色”后面的“None”按钮，再在弹出的对话框中“标准”选项组下选择“渐变”选项，如右图所示。

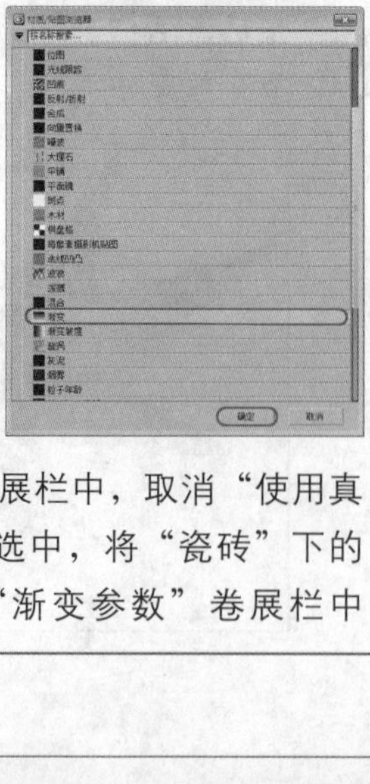

STEP 03 单击“确定”按钮，在“坐标”卷展栏中，取消“使用真实世界比例”复选框的选中，将“瓷砖”下的U、V都设为1.0，将“渐变参数”卷展栏中“颜色#1”的红、绿、蓝设置为255、35、35；将“颜色#2”的红、绿、蓝设置为194、255、197；将“颜色#3”的红、绿、蓝设置为255、255、255，单击“确定”按钮，如右图所示。

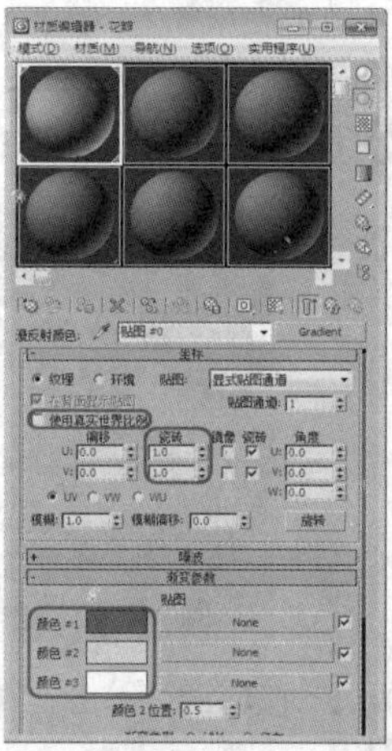

STEP 04 单击“转到父对象”按钮，选择场景中的所有花瓣对象，单击“将材质指定给选定对象”按钮，为花瓣赋予渐变贴图，再单击“在视口中显示标准贴图”按钮，在视图中就可以看到设置的渐变贴图，如下图所示。

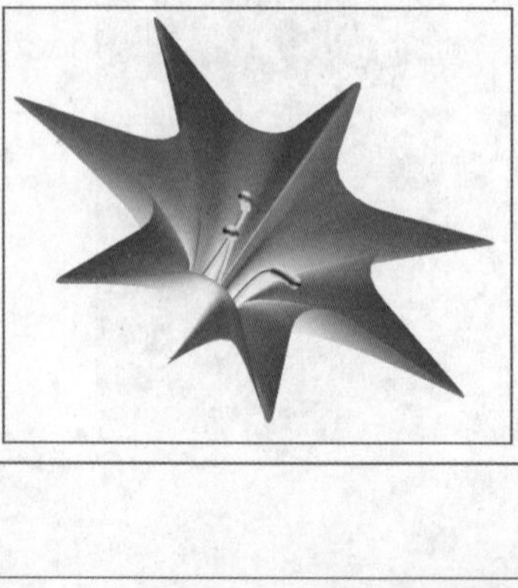

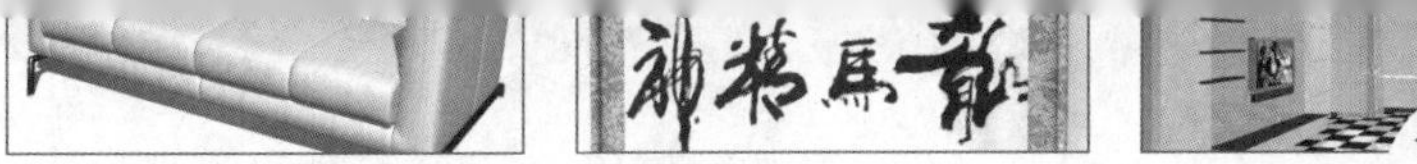

实战操作332 使用棋盘格贴图

素材：Scene\Cha09\9-21.max　场景：Scene \Cha09\实战操作332.max

难度：★★★★★　视频：视频\ Cha09\实战操作332.avi

棋盘格贴图可以产生两色方格交错的方案，也可以用两个贴图来进行交错，如果使用棋盘格进行嵌套，可以产生多彩色方格图案效果。它通常用于产生一些格状纹理，或者砖墙、地板块等有序纹理。

STEP 01 单击按钮，在弹出的下拉列表中执行“打开”命令，从打开的对话框中选择9-21.max素材文件，如下图所示。

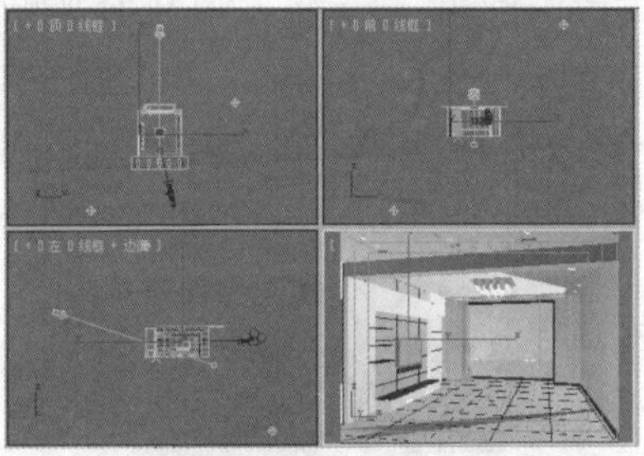

STEP 02 按M键，在弹出的“材质编辑器”对话框中选择一个新的材质样本球，将其命名为“地面”，在“贴图”卷展栏中单击“漫反射颜色”后面的“None”按钮，再在弹出的对话框的“标准”选项组中选择“棋盘格”选项，如下图所示。

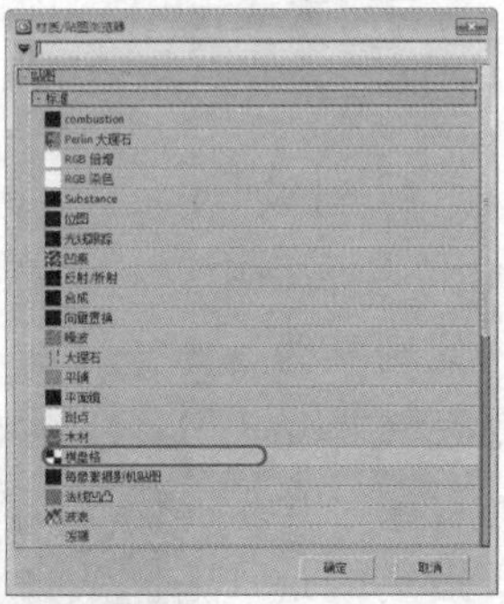

STEP 03 单击“确定”按钮，将“坐标”卷展栏展开，取消“使用真实世界比例”复选框的选中，然后将坐标卷展栏中“瓷砖”下面的U、V都设置为8.0、8.0，按Enter键确认，如下图所示。

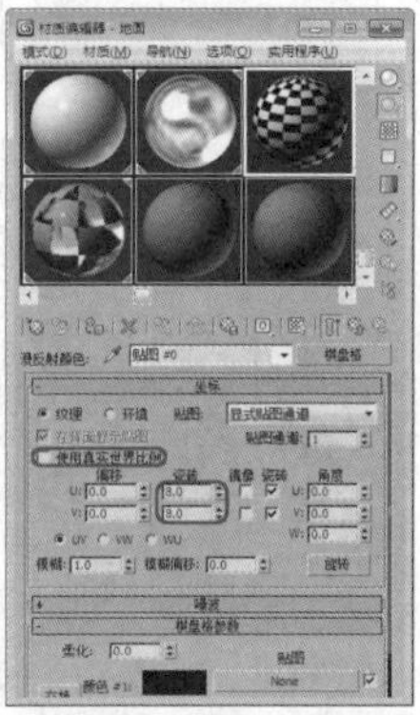

STEP 04 单击“转到父对象”按钮，选择场景中的地面对象，单击“将材质指定给选定对象”按钮，为地面赋予棋盘格贴图，再单击“在视口中显示标准贴图”按钮，在视图中就可以看到设置的棋盘格贴图，如下图所示。

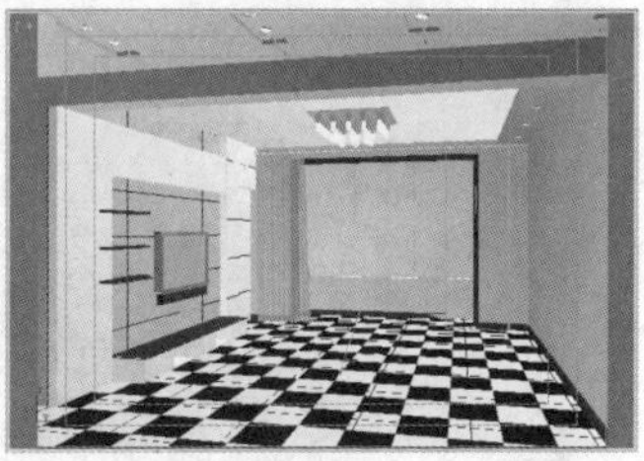

实战操作333 使用位图贴图

素材：Scene\Cha09\9-22.max　场景：Scene \Cha09\实战操作333.max

难度：★★★★★　视频：视频\Cha09\实战操作333.avi

位图贴图就是将位图图像文件作为贴图使用，它可以支持各种类型的图像和动画格式。其应用广泛，通常用在漫反射颜色贴图通道、凹凸贴图通道、反射贴图通道、折射贴图通道中。

STEP 01 打开9-22.max素材文件，如下图所示。

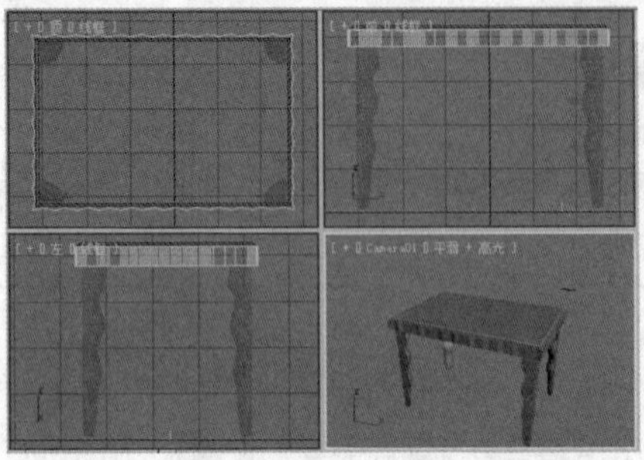

STEP 02 按M键，在弹出的“材质编辑器”对话框中选择一个材质球，将其命名为“桌子”，在“贴图”卷展栏中单击“漫反射颜色”后面的“None”按钮，如下图所示。

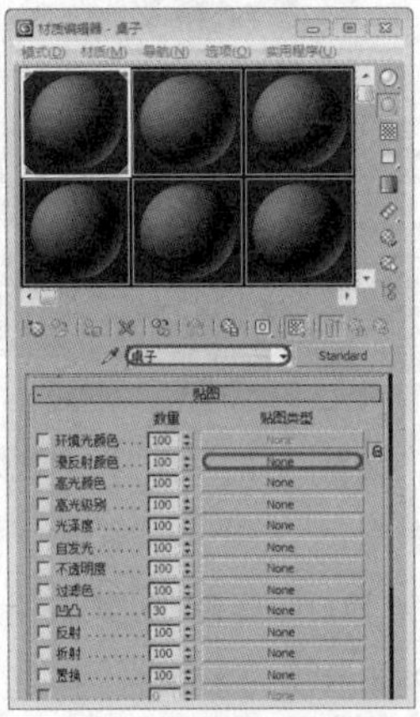

STEP 03 再在弹出对话框中的“标准”选项组中选择“位图”选项，如下图所示。

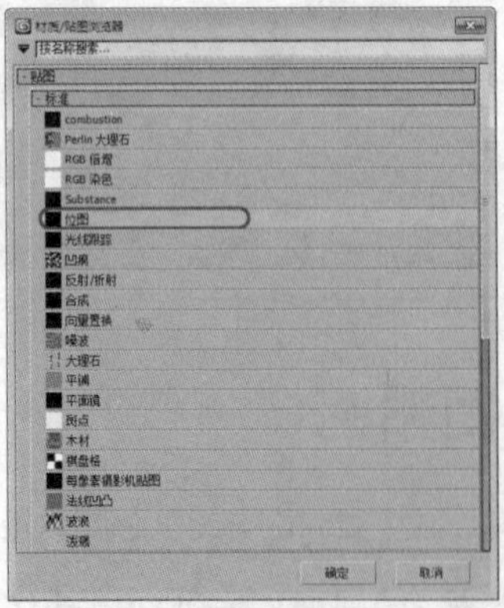

STEP 04 单击“确定”按钮，弹出“选择位图图像文件”对话框，选择随书附带光盘中的\Map\MW132.jpg素材，如下图所示。

STEP 05 单击“打开”按钮，为其添加贴图。在“坐标”卷展栏中，取消“使用真实世界比例”复选框的选中，将“瓷砖”下的U、V都设为1.0，如下图所示。

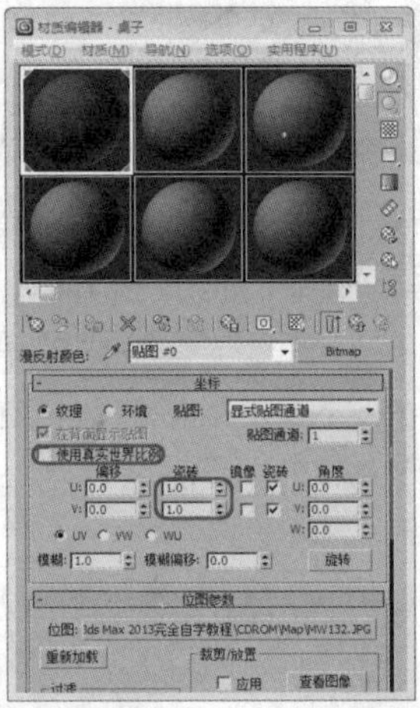

STEP 06 单击“转到父对象”按钮，在“Blinn”卷展栏中，将“高光级别”和“光泽度”分别设为50、40，然后选择场景中的桌子对象，单击“将材质指定给选定对象”按钮，为桌子赋予贴图，再单击“在视口中显示标准贴图”按钮，按F9键快速渲染即可，如右图所示。

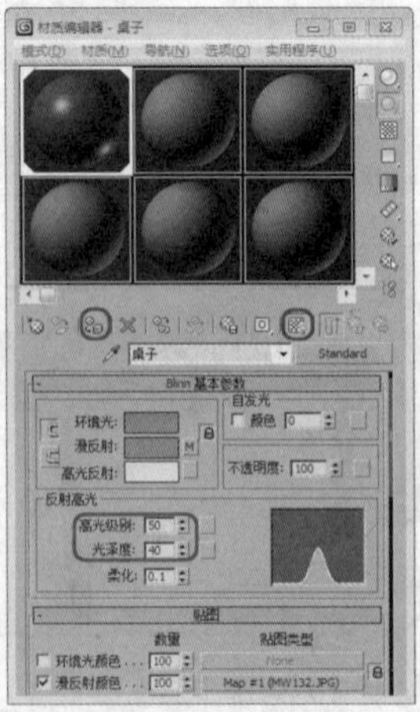

9.7 使用贴图通道

在“标准”材质中提供了12种贴图通道，如“漫反射颜色”、“反射”、“凹凸”等，每种通道右侧都有一个“None”按钮，单击该按钮可以选择磁盘上的位图文件或程序贴图。左侧的“复选框”用于启用或禁用贴图效果。“数量”参数用于控制贴图影响材质的数量，以百分比表示。例如数量为100时的漫反射贴图表示完全覆盖，为50时表示以50%的透明度进行覆盖。

实战操作334 使用“漫反射颜色”贴图通道

素材：Scene\Cha09\9-23.max　场景：Scene\Cha09\实战操作334.max

难度：★★★★★　视频：视频\Cha09\实战操作334.avi

“漫反射颜色”贴图主要用于表现材质的纹理效果，当它的数值为100时，会完全覆盖漫反射颜色。例如要用砖头砌成墙，则可以选择带有砖头图像的贴图。

STEP 01 在3ds Max 2013中按Ctrl+O组合键打开素材文件9-23.max，如下图所示。

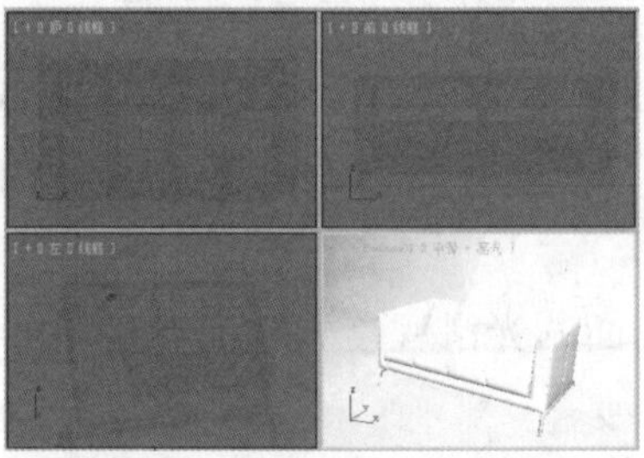

STEP 02 按M键打开“材质编辑器”对话框，选择“沙发”材质样本球，并单击“贴图”卷展栏中“漫反射颜色”右侧的“None”按钮，如下图所示。

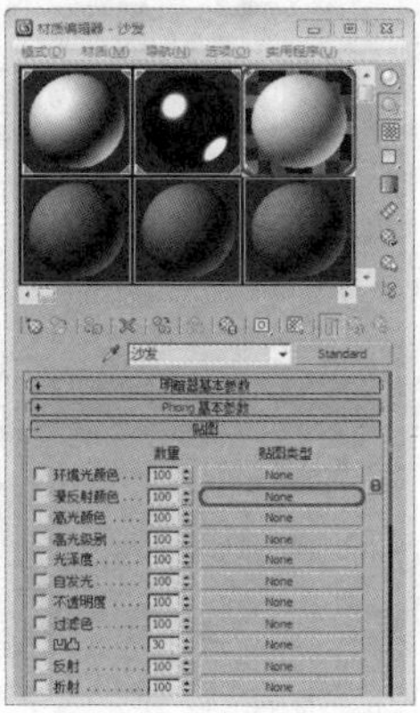

STEP 03 在打开的“材质/贴图浏览器”对话框中选择“位图”贴图选项，如下图所示，并单击“确定”按钮。

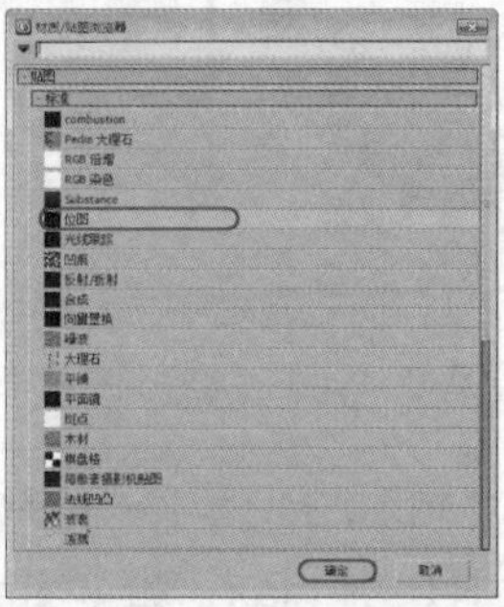

STEP 04 在打开的对话框中选择随书附带光盘中的\Map\0166.jpg位图文件，如下图所示。

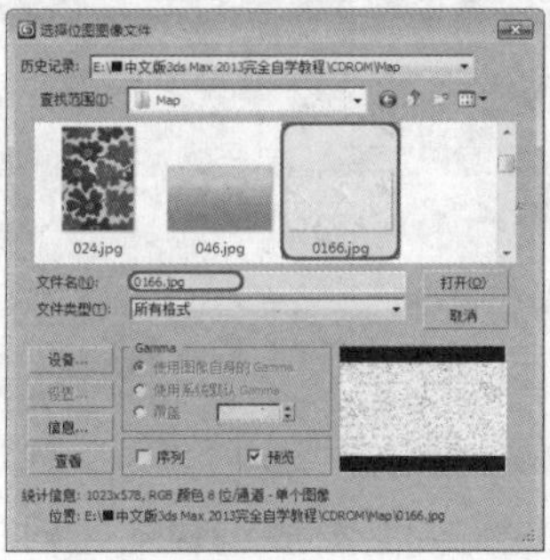

STEP 05 单击“打开”按钮，进入“漫反射颜色”层级面板，在“坐标”卷展栏中，取消

“使用真实世界比例”复选框的选中，在“贴图”右侧的下拉列表中选择“对象XYZ平面”选项，将“瓷砖”的U、V均设置为10，如右图所示。

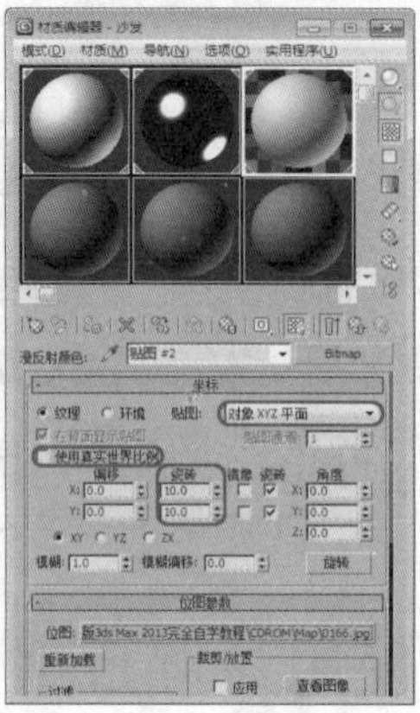

STEP 06 单击“转到父对象”按钮，返回上一层级面板，在场景中选择除沙发腿外的所有沙发组件，并单击“将材质指定给选定对象”按钮，效果如下图所示。

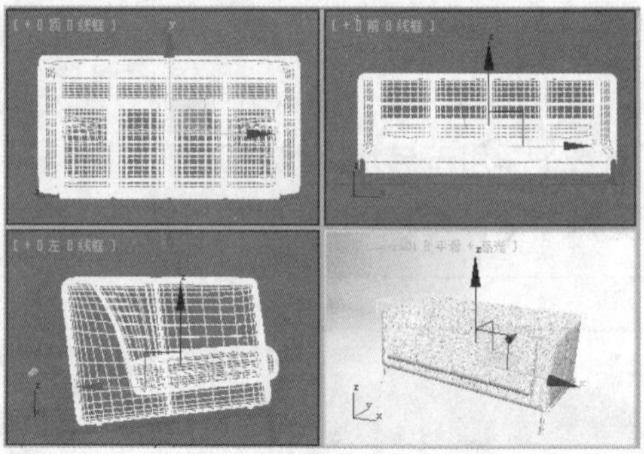

专家提醒

默认情况下，漫反射贴图也将相同的贴图应用于环境光颜色，并不一定必须锁定环境光贴图和漫反射贴图。通过禁用锁定并针对每个组件使用不同的贴图，可以获得有趣的混合效果。但是，通常漫反射贴图的目的是模拟比基本材质更复杂的单个曲面，为此，应该启用锁定。

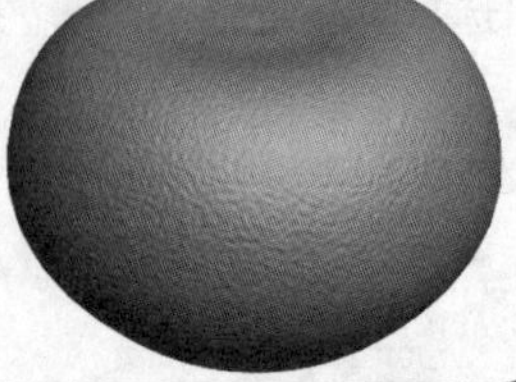

实战操作335 使用“凹凸”贴图通道

素材：Scene\Cha09\9-24.max　　场景：Scene\Cha09\实战操作335.max

难度：★★★★★　　视频：视频\Cha09\实战操作335.avi

“凹凸”贴图通道通过图像的明暗强度来影响材质表面的光滑程度，从而产生凹凸的表面效果，白色图像产生凸起，黑色图像产生凹陷，中间色产生过渡。

STEP 01 在3ds Max 2013中按Ctrl+O组合键打开素材文件9-24.max，如下图所示。

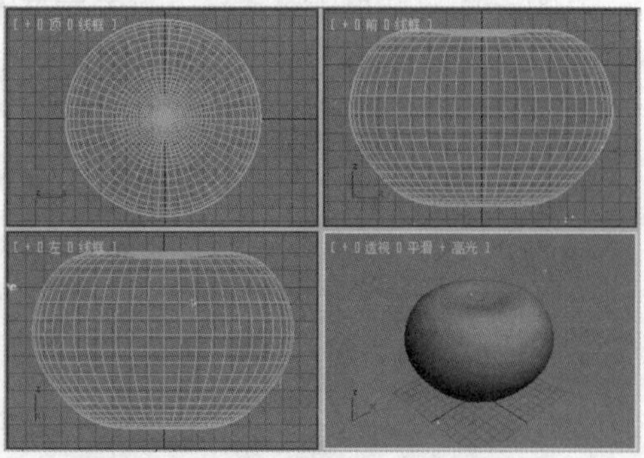

STEP 02 按M键打开“材质编辑器”对话框，选择“橘子”材质样本球，在“Blinn基本参数”卷展栏中，将“环境光”与“漫反射”的红、绿、蓝值均设为246、129、25，将“高光级别”与“光泽度”分别设为27、16，如下图所示。

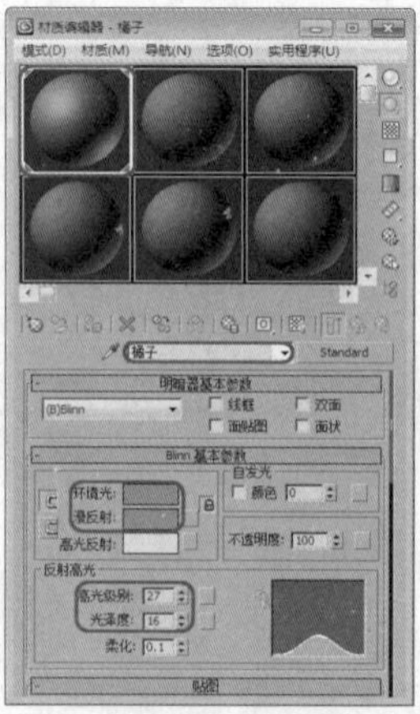

STEP 03 在“贴图”卷展栏中单击“凹凸”右侧的“None”按钮，在弹出的对话框中选择“噪波”选项，如下图所示。

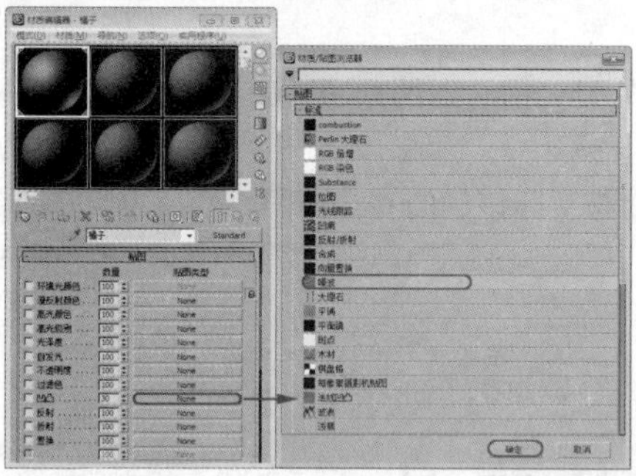

STEP 04 单击“确定”按钮，在“噪波参数”卷展栏中，将“大小”值设为1.5，如右图所示。设置完成后，在视图中选择橘子，为其指定贴图即可。

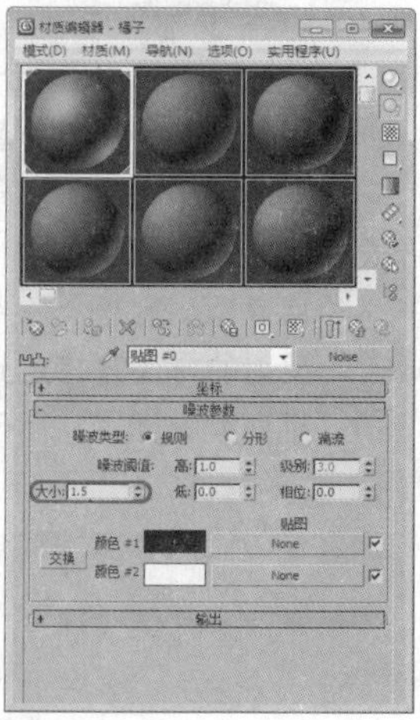

实战操作336 使用“反射”贴图通道

素材：Scene\Cha09\9-25.max　场景：Scene\Cha09\实战操作336.max

难度：★★★★★　视频：视频\Cha09\实战操作336.avi

“反射”贴图是一种很重要的贴图方式，要想制作出光洁亮丽的质感，必须熟练掌握它的使用方法。

STEP 01 打开素材文件9-25.max，如下图所示。

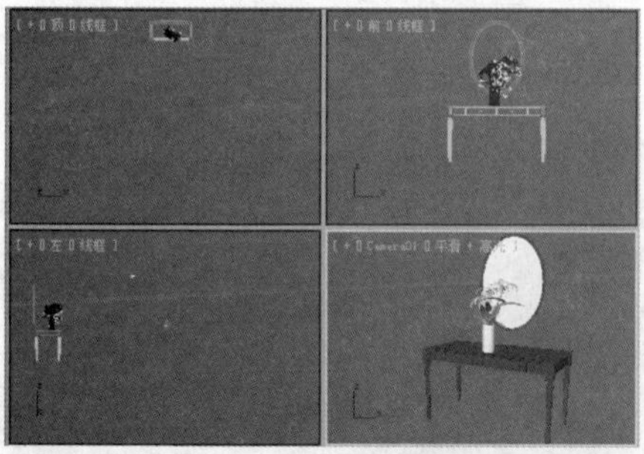

STEP 02 按M键打开“材质编辑器”对话框，选择“镜子”材质样本球，在“Blinn基本参数”卷展栏中，将“环境光”与“漫反射”的颜色设为黑色，在“自发光”右侧的文本框中输入100，将“高光级别”与“光泽度”分别设为5、25，如右图所示。

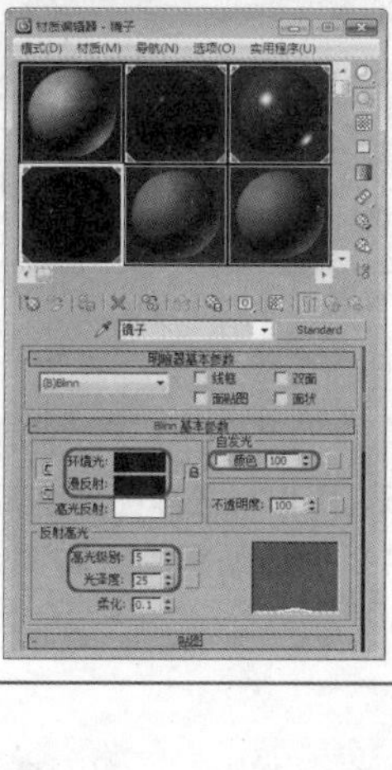

STEP 03 切换至“贴图”卷展栏，单击“反射”右侧的“None”按钮，在打开的对话框中选择“平面镜”选项，如右图所示。

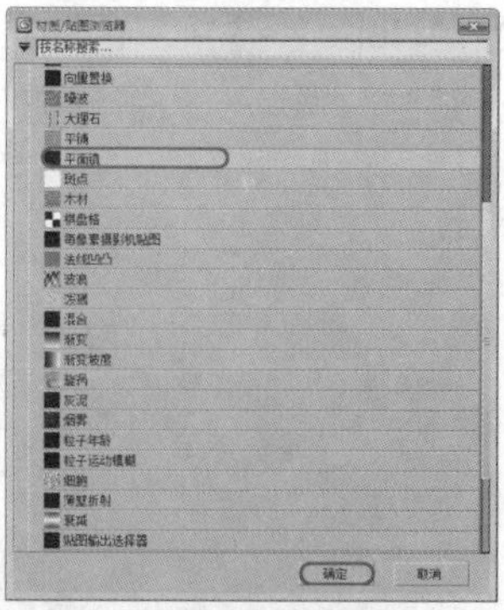

STEP 04 单击“确定”按钮，在“平面镜参数”卷展栏中选中“应用于带ID的面”复选框，设置完成后，在视图中选择“镜子”对象，单击“将材质指定给选定对象”按钮，为其指定材质即可，如右图所示。

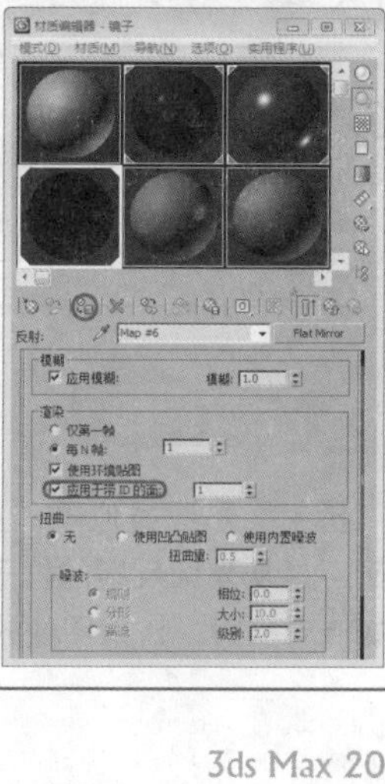

专家提醒

可以创建三种反射：基本反射贴图、自动反射贴图和平面镜反射贴图。

“基本反射贴图”：能创建铬合金、玻璃或金属的效果，方法是在几何体上使用贴图，使图像看起来好像表面反射的一样。

“自动反射贴图”：根本不使用贴图，它从对象的中心向外看，把看到的东西映射到表面上。另一种生成自动反射的方法是指定光线跟踪贴图作为反射贴图。

“平面镜贴图”：用于一系列共面的面，面对它的对象反射与实际镜子的完全相同。

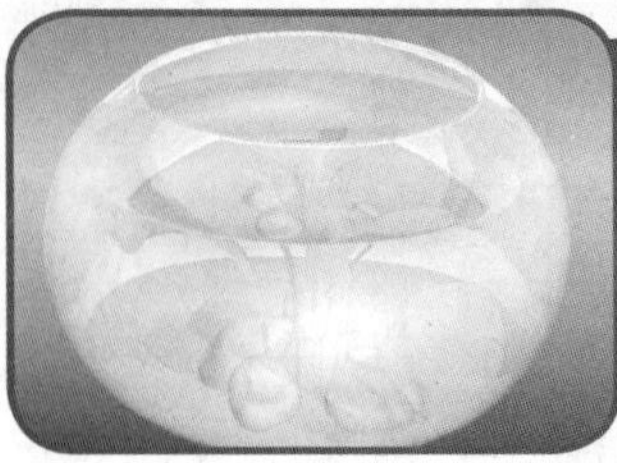

实战操作337 使用“折射”贴图通道

素材：Scene\Cha09\9-26.max　场景：Scene\Cha09\实战操作337.max

难度：★★★★★　视频：视频\Cha09\实战操作337.avi

“折射”贴图用于模拟空气和水等介质的折射效果，在物体表面产生对周围景物的折射映像，它表现一种穿透效果。

STEP 01 打开素材文件9-26.max，按M键打开“材质编辑器”对话框，选择“水杯”材质样本球，在“贴图”卷展栏中单击“折射”右侧的“None”按钮，在打开的对话框中选择“光线跟踪”选项，如下图所示。

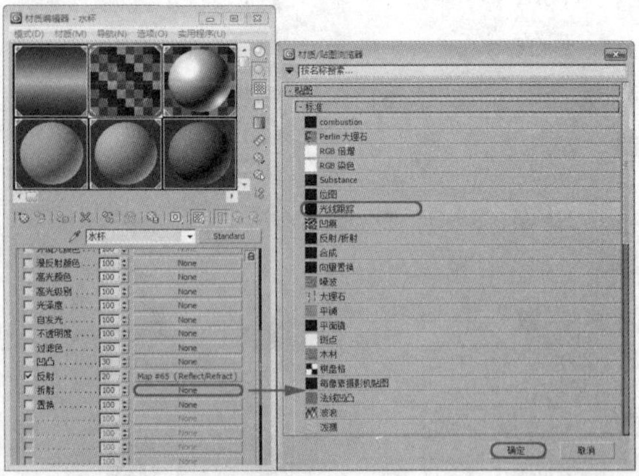

STEP 02 单击“确定”按钮，再选择“水”材质样本球，在“贴图”卷展栏中将“折射”数值设为90，并单击右侧的“None”按钮，在打开的对话框中选择“光线跟踪”选项，如下图所示，并单击“确定”按钮，最后对“摄影机”视图进行渲染。

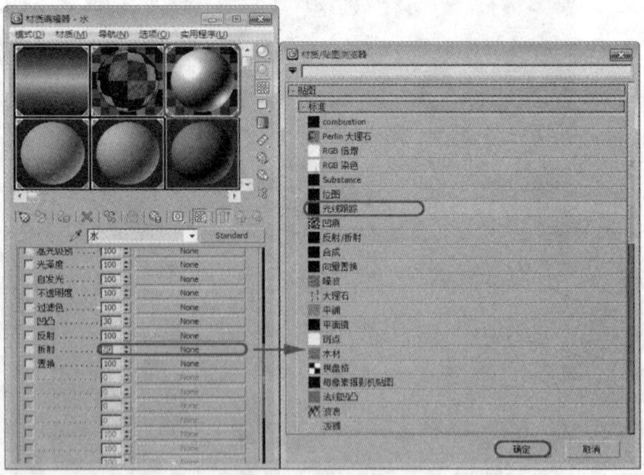

专家提醒

“折射”贴图类似于“反射”贴图。它将视图贴在表面上，这样图像看起来就像透过表面所看到的一样，而不是从表面反射的样子。与“反射”贴图一样，“折射”贴图的方向锁定到视图而不是对象，即在移动或旋转对象时，折射图像的位置固定不变。

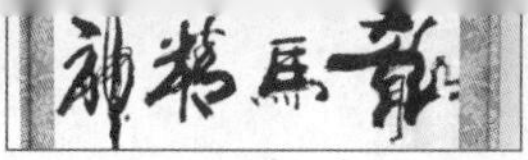

9.8 修改贴图坐标

贴图坐标用于指定几何体上贴图的位置、方向以及大小。坐标通常以 U、V 和 W 指定，其中 U 是水平维度，V 是垂直维度，W 是可选的第三维度，它表示深度。

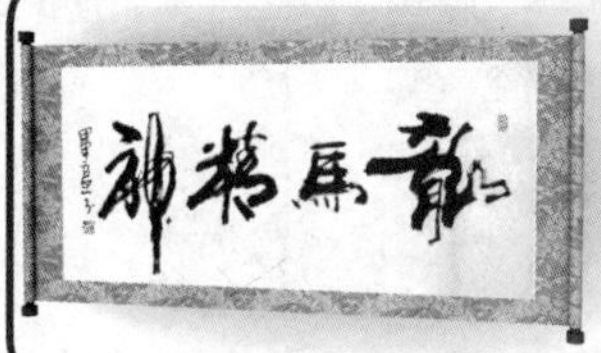

实战操作338 使用“UVW贴图”修改器

素材：Scene\Cha09\9-27.max　场景：Scene\Cha09\实战操作338.max

难度：★★★★★　视频：视频\Cha09\实战操作338.avi

“UVW贴图”修改器用于对物体表面指定贴图坐标，以确定如何使材质投射到物体表面。使用“UVW贴图”修改器能更有力地控制贴图坐标。

STEP 01 在3ds Max 2013中按Ctrl+O组合键打开素材文件9-27.max，效果如下图所示。

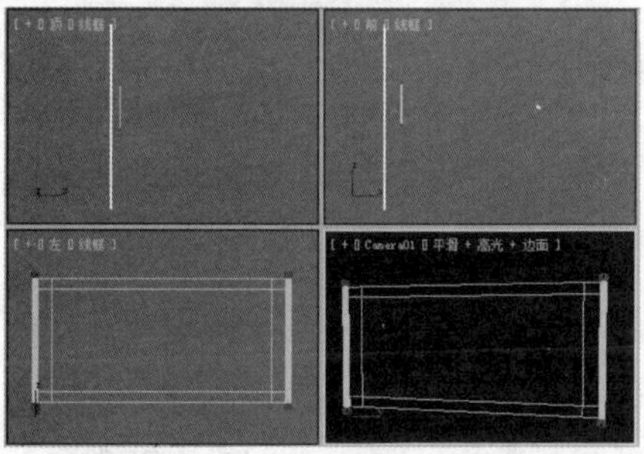

STEP 02 按H键，打开“从场景选择”对话框，在该对话框中选择“边框”对象，如下图所示，并单击“确定”按钮。

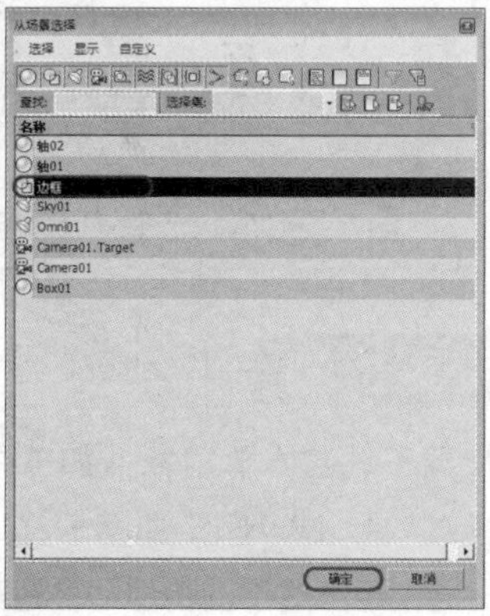

STEP 03 按M键打开“材质编辑器”，选择“壁画材质”的材质样本球，在“多维/子对象基本参数”卷展栏中单击ID2的材质按钮，如下图所示。

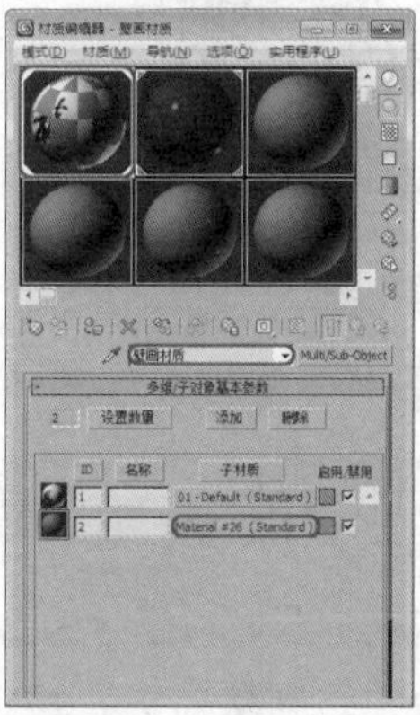

STEP 04 在“贴图”卷展栏中单击“漫反射颜色”右侧的“None”按钮，在打开的“材质/贴图浏览器”中选择“位图”选项，单击“确定”按钮即可，如下图所示。

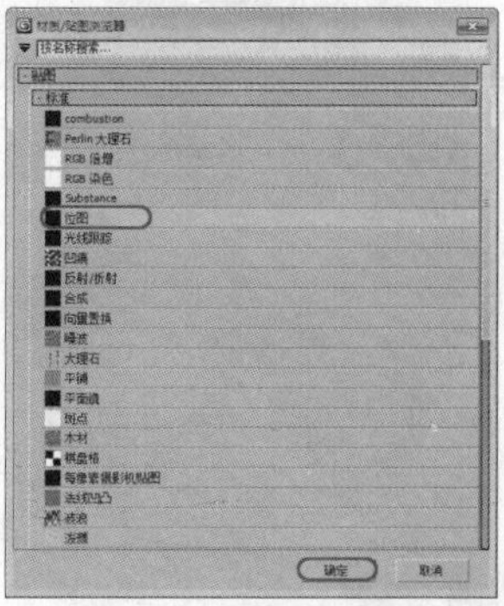

STEP 05 在打开对话框中选择随书附带光盘中的\Map\bu0123.jpg位图文件，如下图所示。

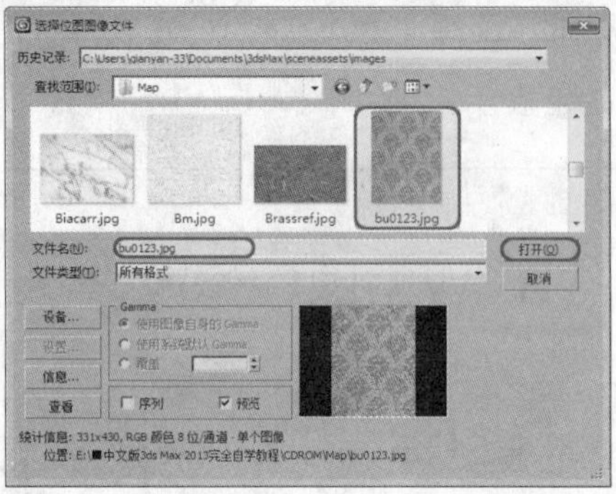

STEP 06 选择位图后，在“坐标”卷展栏中取消“使用真实世界比例”复选框的选中，将“瓷砖”下的U、V分别设为2.0、1.0，如下图所示。

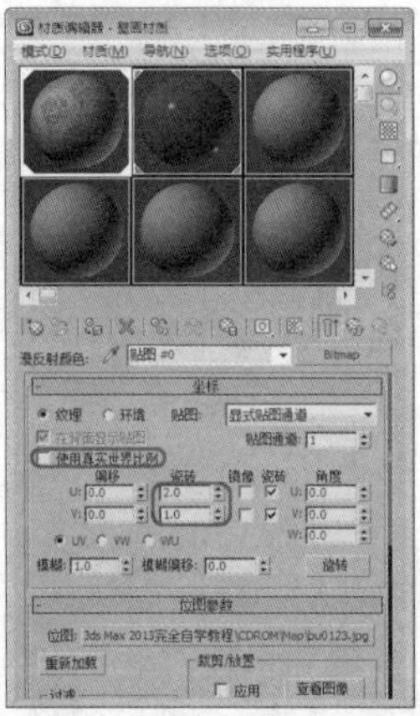

STEP 07 单击两次“转到父对象”按钮，进入多维子对象层级，单击“将材质指定给选定对象”按钮，为其指定材质，如下图所示。

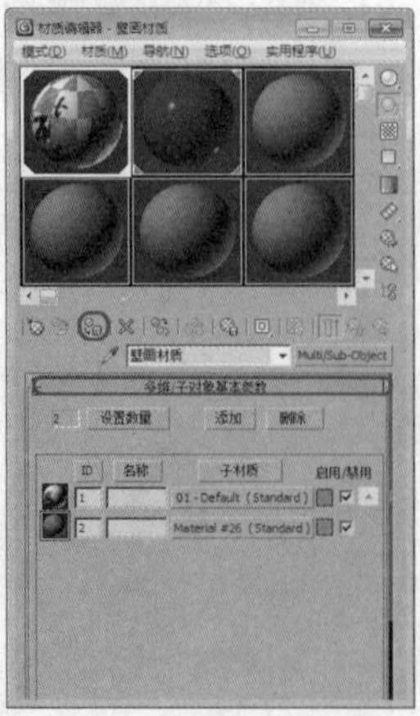

STEP 08 指定材质后，按M键关闭“材质编辑器”，切换至“修改”命令面板，并为其添加“UVW贴图”修改器，如下图所示。

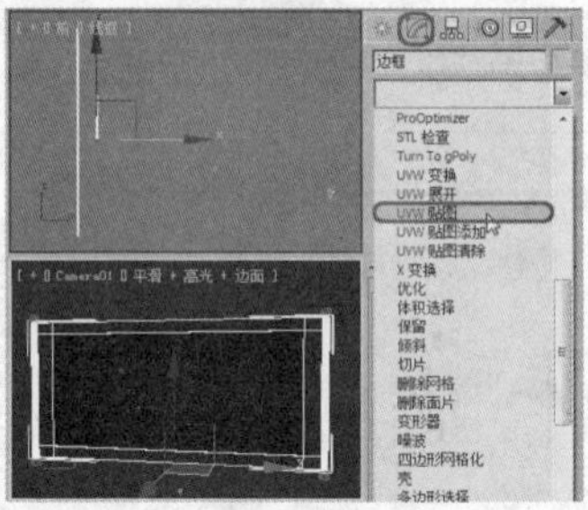

STEP 09 在“参数”卷展栏中选中“长方体”单选按钮，取消“真实世界贴图大小”复选框的选中，并将“长度”、“宽度”、“高度”分别设置为246、10、116，如下图所示。

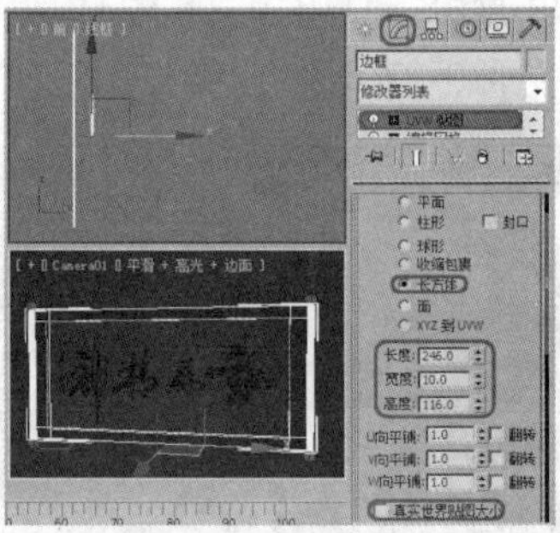

STEP 10 在场景中代表贴图坐标的黄色的Gizmo线框会随着长、宽、高的更改而变化，最终的效果如下图所示。

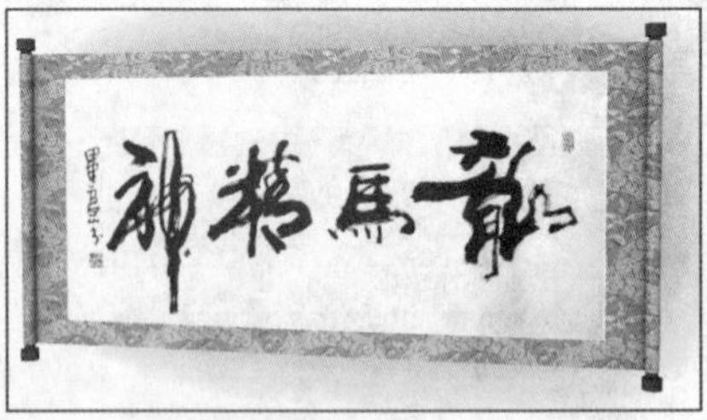

专家提醒

默认情况下，基本体对象（如球体和长方体）与放样对象和 NURBS 曲面一样，具有贴图坐标。扫描、导入或手动构造的多边形或面片模型不具有贴图坐标系，直到应用了“UVW 贴图”修改器。

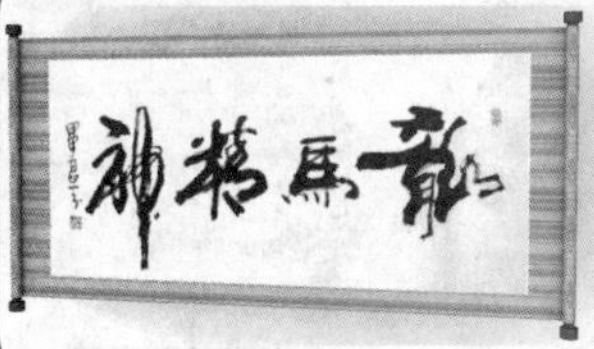

实战操作339 更改贴图坐标系

素材：Scene\Cha09\9-28.max　场景：Scene\Cha09\实战操作339.max
难度：★★★★★　视频：视频\Cha09\实战操作339.avi

贴图坐标指定如何将位图投影到对象上。UVW 坐标系与XYZ坐标系相似。位图的U和V轴对应于X和Y轴。对应于Z轴的W轴一般仅用于程序贴图。默认UV，可在“材质编辑器”中将位图坐标系切换到VW或WU。

STEP 01 在3ds Max 2013中按Ctrl+O组合键打开素材文件9-28.max，效果如下图所示。

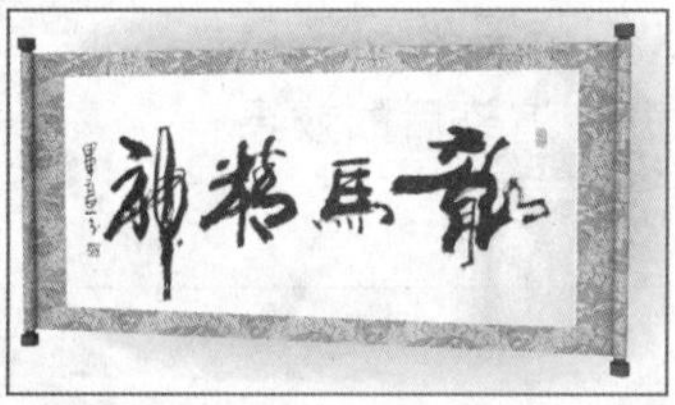

STEP 02 按M键打开“材质编辑器”对话框，选择“壁画材质”的材质样本球，在“多维/子对象基本参数”卷展栏中进入ID为2的子材质层级中，单击“漫反射”颜色块右侧的M按钮，如下图所示。

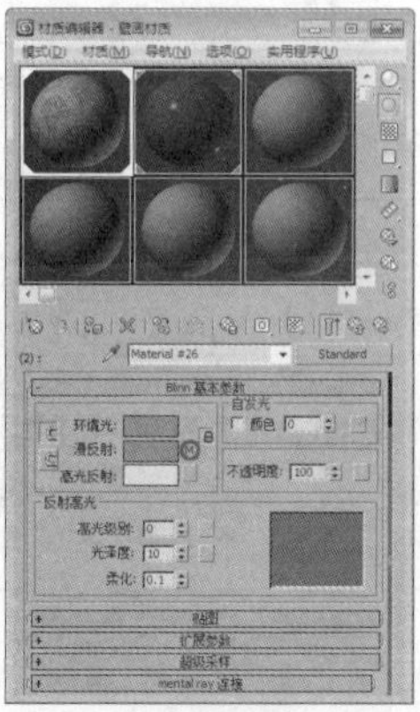

STEP 03 进入“漫反射颜色”层级面板，并在“坐标”卷展栏中选中“VW”单选按钮，如下图所示。

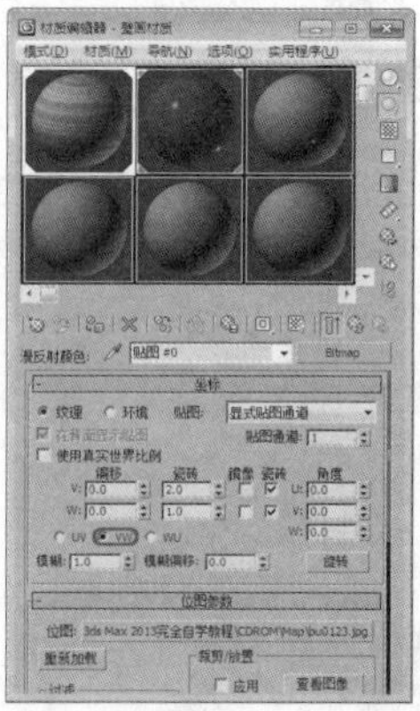

STEP 04 将贴图坐标系更改为“VW”后，场景中对象上的材质也随之发生变化，其效果如下图所示。

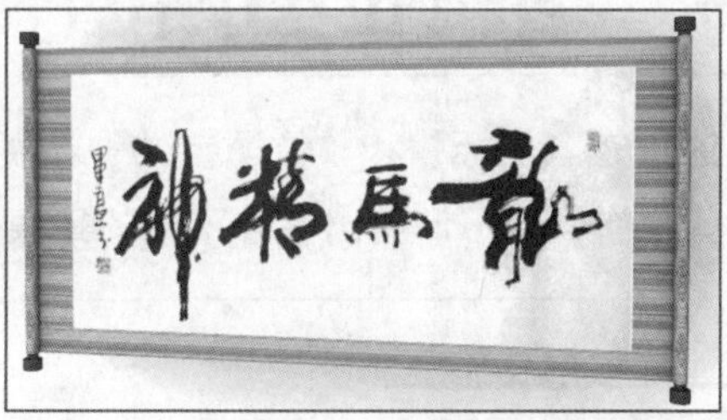

实战操作340 对齐贴图坐标

素材：Scene\Cha09\9-28.max　场景：Scene\Cha09\实战操作340.max
难度：★★★★★　视频：视频\Cha09\实战操作340.avi

在“UVW贴图”修改器参数卷展栏中的“对齐”组中，可以设置表示贴图坐标的Gizmo的对齐方法。

STEP 01 在3ds Max 2013中按Ctrl+O组合键打开素材文件9-28.max，如下图所示。

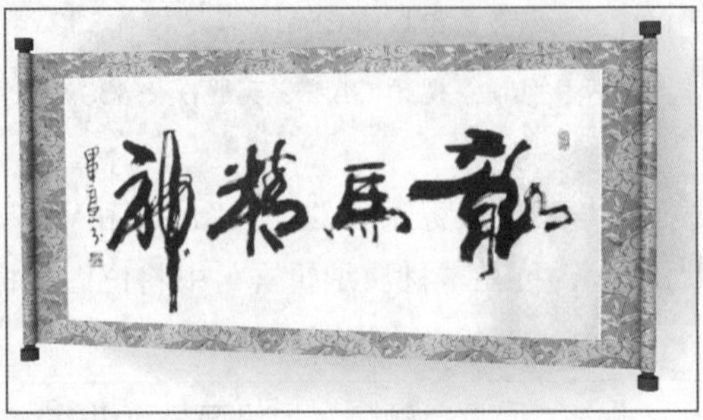

STEP 02 按H键打开“从场景选择”对话框，在该对话框中选择“边框”对象，如下图所示，并单击“确定”按钮。

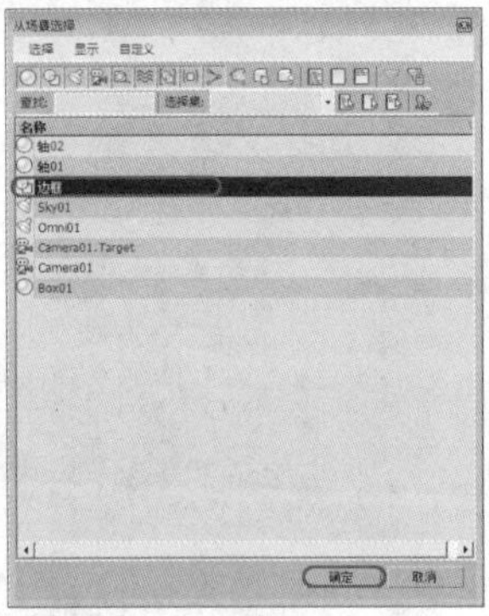

STEP 03 切换至“修改”命令面板，在“参数”卷展栏中的“对齐”选项组中，单击“适配”按钮，如右图所示。

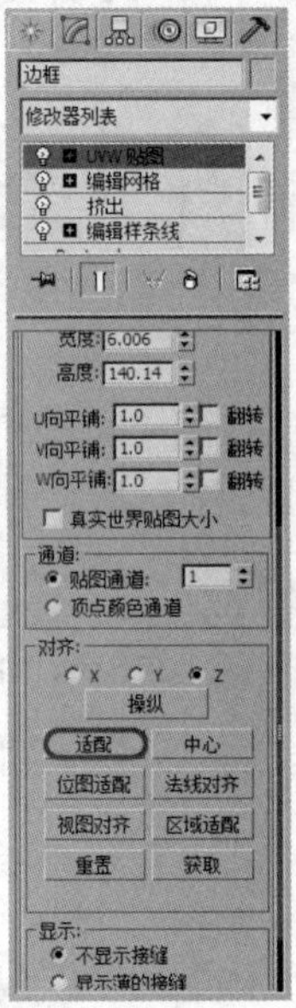

STEP 04 执行操作后，所选择对象的贴图坐标将自动适配对齐，渲染后的效果如下图所示。

9.9 编辑位图贴图

通过在“坐标”和“位图参数”卷展栏中的相关按钮参数或按钮对当前使用的贴图进行旋转和裁剪操作，便于调整出多种不同的效果。

实战操作341 旋转位图

素材：Scene\Cha09\9-29.max　场景：Scene\Cha09\实战操作341.max

难度：★★★★★　视频：视频\Cha09\实战操作341.avi

可以通过“坐标”卷展栏中的“角度”参数组和“旋转”按钮来控制在相应坐标方向上产生贴图的旋转效果。

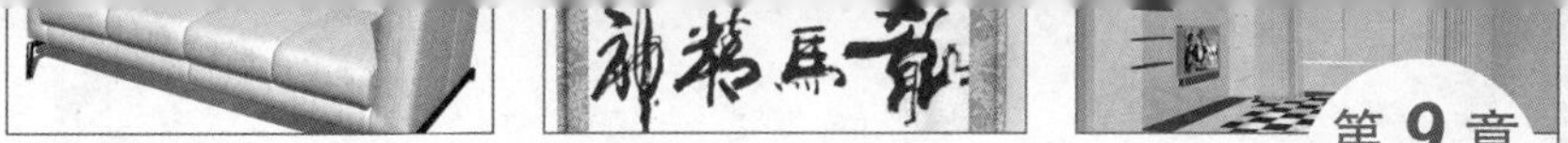

STEP 01 在3ds Max 2013中按Ctrl+O组合键打开素材文件9-29.max，如下图所示。

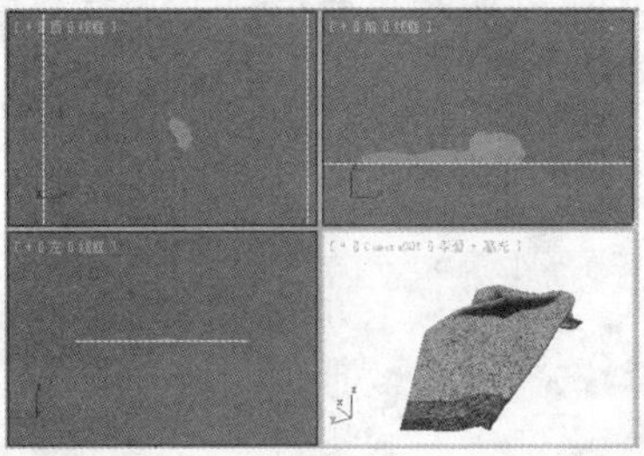

STEP 02 按M键打开“材质编辑器”对话框，选择“毛巾”材质，并单击“Blinn基本参数”卷展栏中“漫反射”颜色块右侧的M按钮，如下图所示。

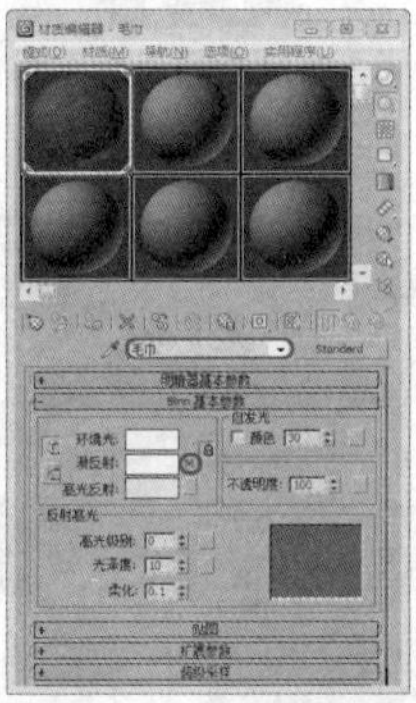

STEP 03 在“坐标”卷展栏中单击“旋转”按钮，打开“旋转贴图坐标”对话框，如下图所示。

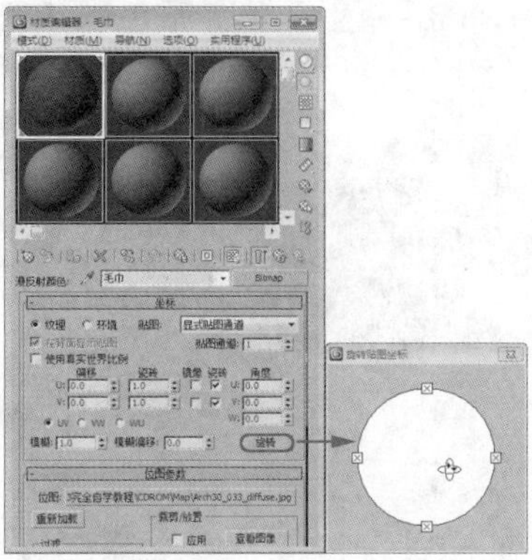

STEP 04 通过在该对话框中拖动鼠标来旋转位图，同时“摄影机”视图中会随时显示旋转后效果，如下图所示。

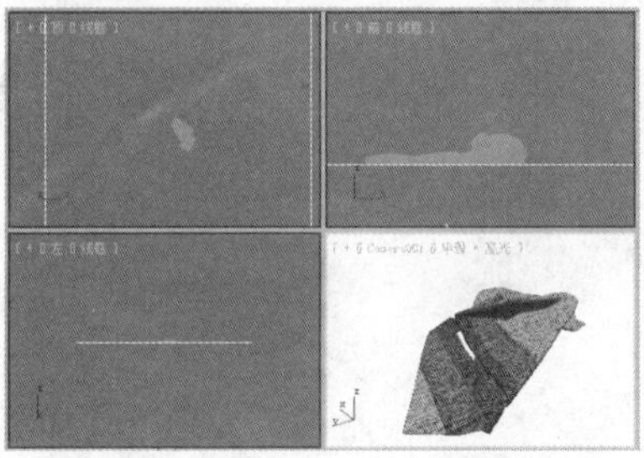

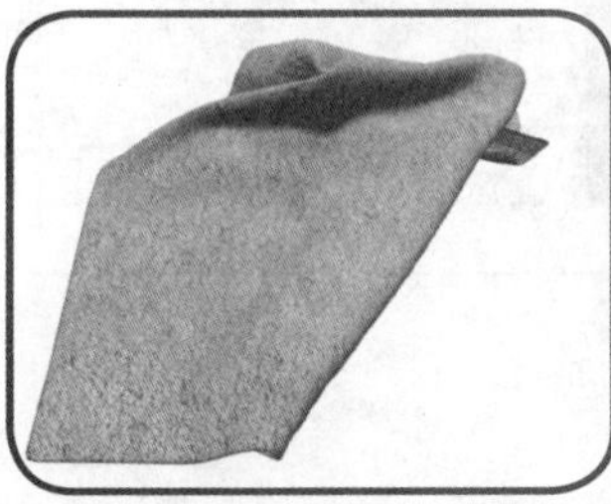

实战操作342 裁剪位图

素材：Scene\Cha09\9-29.max　场景：Scene\Cha09\实战操作342.max

难度：★★★★★　视频：视频\Cha09\实战操作342.avi

裁剪位图允许在位图上任意剪切一部分图像作为贴图进行使用，或将原位图比例进行缩小使用。它并不会改变原位图文件，只是在“材质编辑器”中实施控制。

STEP 01 在3ds Max 2013中按Ctrl+O组合键打开素材文件9-29.max，如右图所示。

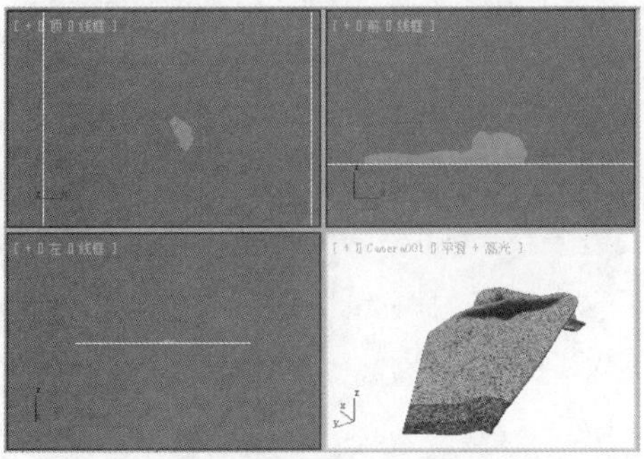

STEP 02 按M键打开“材质编辑器”对话框，选择“毛巾”材质，并在“Blinn基本参数”卷展栏中单击“漫反射”颜色块右侧的M按钮，如下图所示。

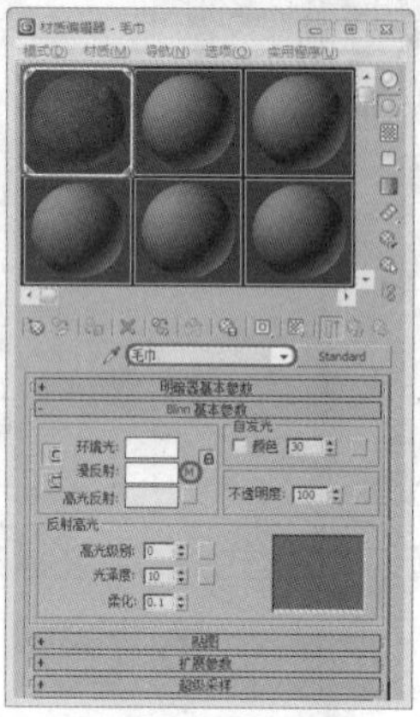

STEP 03 在“位图参数”卷展栏中选中“应用”复选框，单击“查看图像”按钮，在打开的对话框中调整裁剪框的大小及位置，如下图所示。

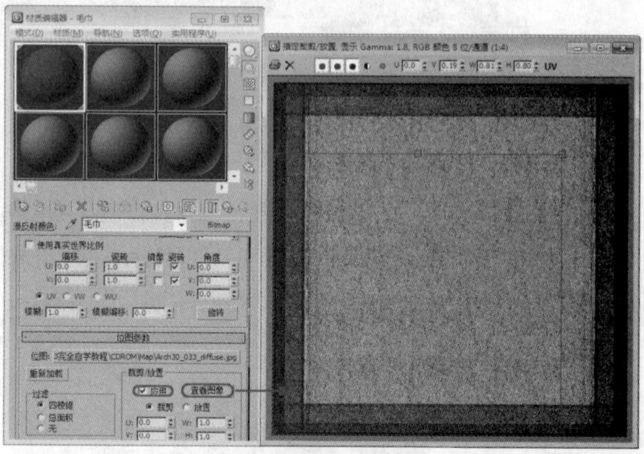

STEP 04 关闭裁剪对话框，即可在视图中查看裁剪后的贴图效果，如右图所示。

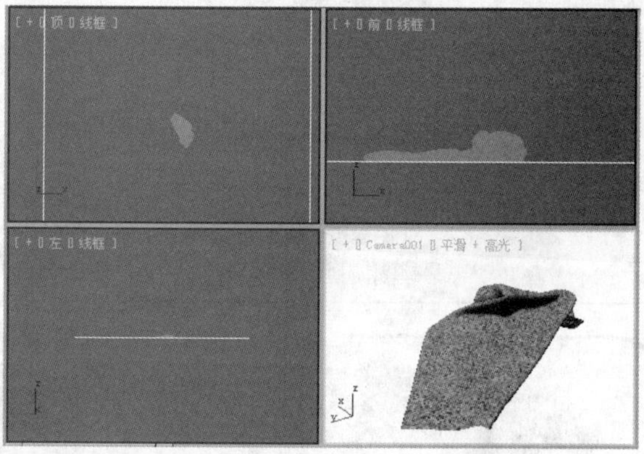

Chapter 10

第10章 灯光与摄影机

光线是画面视觉信息与视觉造型的基础，没有光便无法体现物体的形状与质感。摄影机好比人的眼睛，通过对摄影机的调整可以决定视图中物体的位置和尺寸，影响场景对象的数量及创建方法。

3ds Max 2013

10.1 创建标准灯光

不同种类的标准灯光对象可用不同的方法投影灯光，及模拟不同种类的光源。与光度学灯光不同，标准灯光不具有基于物理的强度值。

实战操作343 创建目标聚光灯

素材：Scene\Cha10\10-1.max　　场景：Scene\Cha10\实战操作343.max

难度：★★★★★　　视频：视频\ Cha10\实战操作343.avi

聚光灯像闪光灯一样投影聚焦的光束，创建“目标聚光灯”的操作步骤如下所述。

STEP 01 单击按钮，在弹出的下拉列表中执行“打开”命令，在打开的对话框中选择素材文件10-1.max，如下图所示。

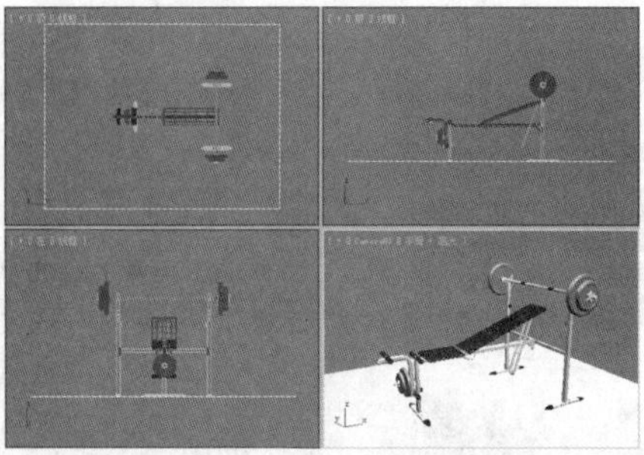

STEP 02 选择“创建”|“灯光”|“标准”|“目标聚光灯”工具，在“顶”视图中单击鼠标左键并拖动至适当位置处松开鼠标，即可创建目标聚光灯，如下图所示。

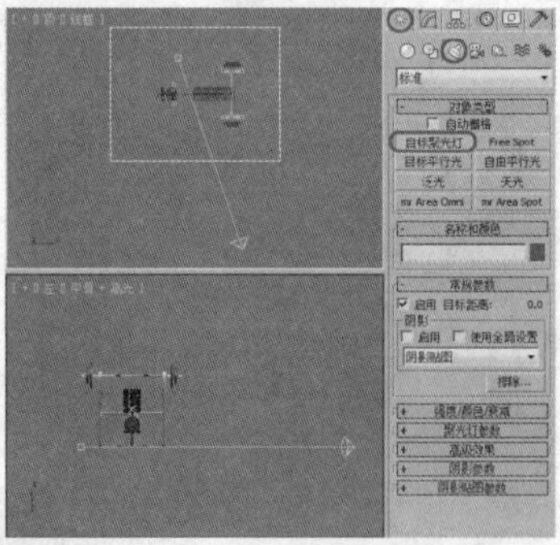

STEP 03 切换到“修改”命令面板，在“常规参数”卷展栏中选中“阴影”选项组中的“启用”复选框，将阴影模式定义为“光线跟踪阴影”。在“聚光灯参数”卷展栏中将“聚光区/光束”和“衰减区/区域”分别设置为86和88；在“阴影参数”卷展栏中将“对象阴影”选项组中的“颜色”设置为58、58、58，如下图所示。

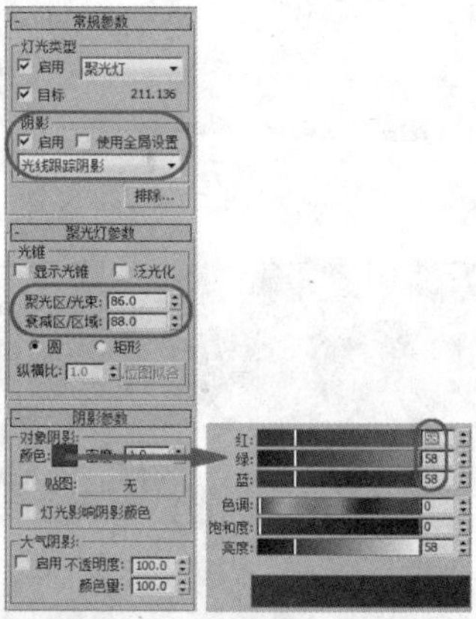

STEP 04 在工具栏中单击“选择并移动”按钮，在其他视图中调整目标聚光灯的位置，如下图所示。

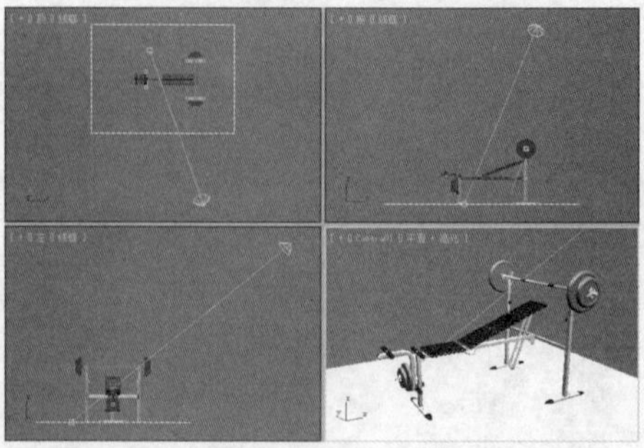

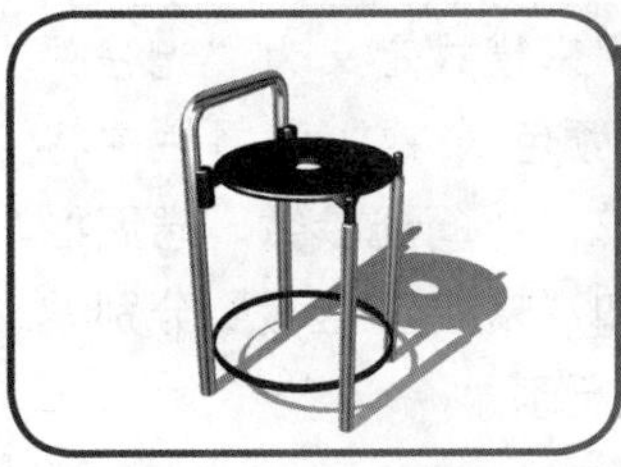

实战操作344 创建 Free Spot

素材：Scene\Cha10\10-2.max　场景：Scene\Cha10\实战操作344.max

难度：★★★★★　视频：视频\ Cha10\实战操作344.avi

Free Spot（自由聚光灯）没有目标对象，可以通过移动和旋转方法将其指向任何方向。创建“Free Spot”的操作步骤如下所述。

STEP 01 单击按钮，在弹出的下拉列表中执行“打开”命令，在打开的对话框中选择素材文件10-2.max，如下图所示。

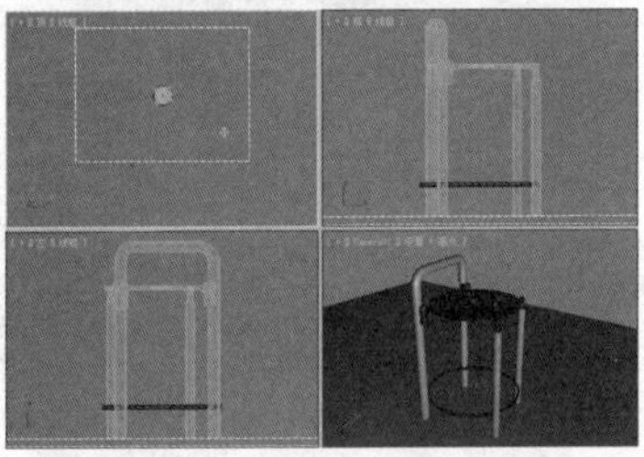

STEP 02 选择“创建” |“灯光” |“标准” |“Free Spot”工具，在“顶”视图中单击鼠标左键即可创建Free Spot（自由聚光灯），如下图所示。

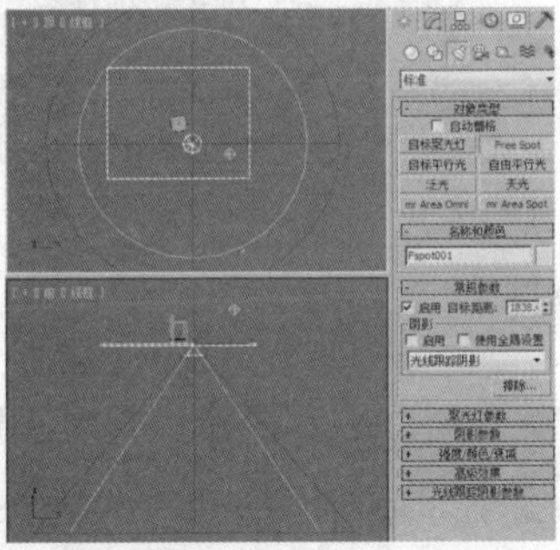

STEP 03 切换到“修改”命令面板，在“常规参数”卷展栏中选中“阴影”选项组中的“启用”复选框，将阴影模式定义为“光线跟踪阴影”。在“聚光灯参数”卷展栏中将“聚光区/光束”和“衰减区/区域”分别设置为70和80；在“阴影参数”卷展栏中将“对象阴影”选项组中的“颜色”设置为94、94、94，如下图所示。

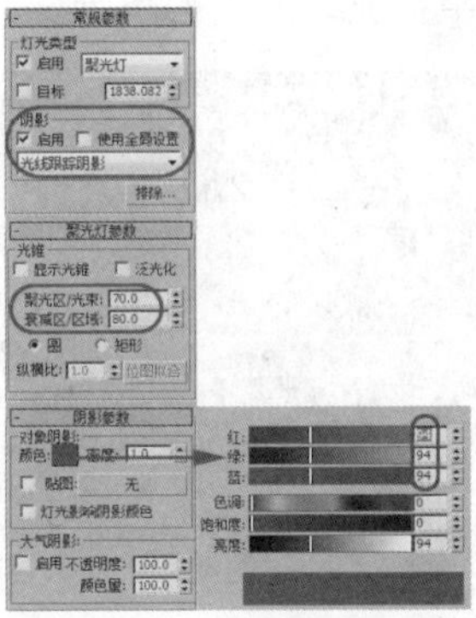

STEP 04 单击工具栏中的“选择并移动”按钮和“选择并旋转”按钮，在其他视图中调整Free Spot（自由聚光灯）的位置，如下图所示。

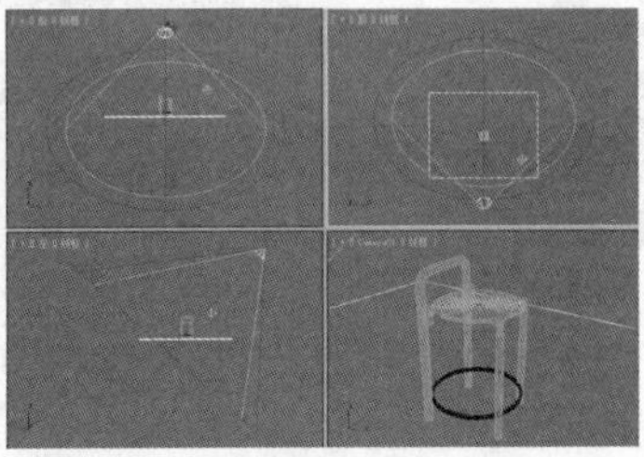

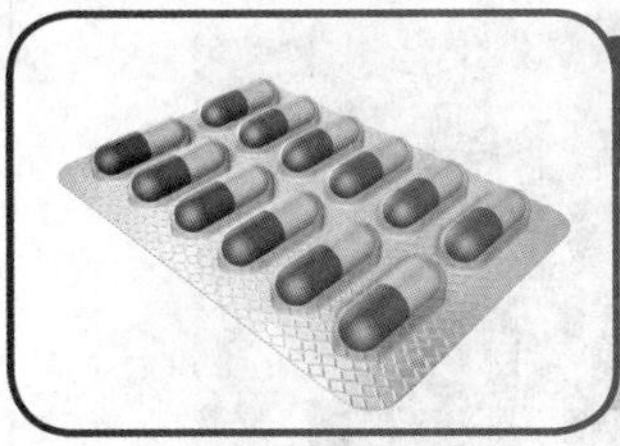

实战操作345 创建目标平行光

素材：Scene\Cha10\10-3.max　场景：Scene\Cha10\实战操作345.max

难度：★★★★★　视频：视频\ Cha10\实战操作345.avi

由于平行光线是平行的，所以平行光线呈圆形或矩形棱柱，而不是圆锥体。创建“目标平行光”的操作步骤如下所述。

STEP 01 单击按钮，在弹出的下拉列表中执行“打开”命令，在打开的对话框中选择素材文件10-3.max，如下图所示。

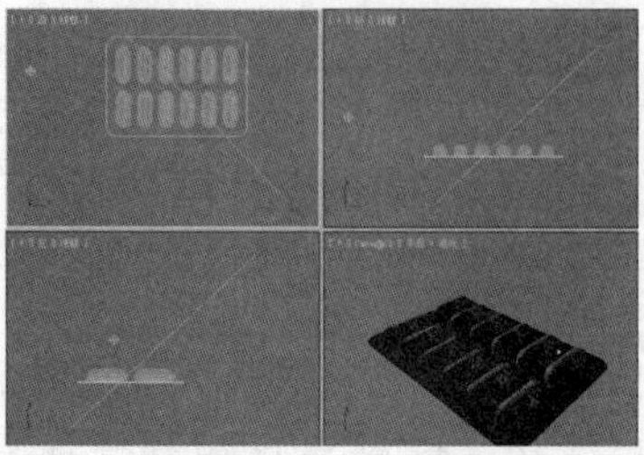

STEP 02 选择“创建” |“灯光” |“标准” |“目标平行光”工具，在“顶”视图中单击鼠标左键并拖动至适当位置处松开鼠标，即可创建目标平行光，如下图所示。

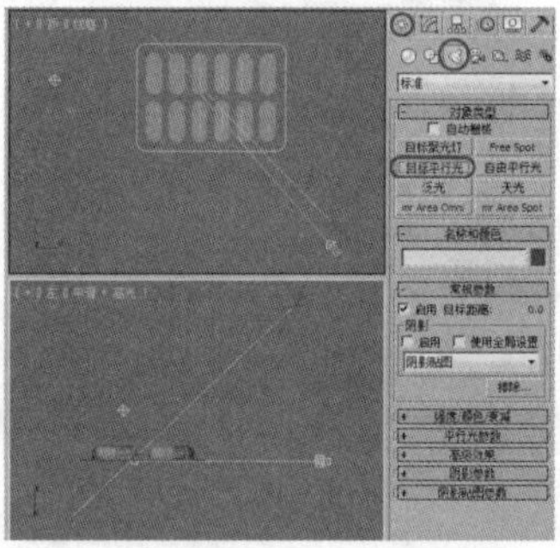

STEP 03 切换到“修改”命令面板，在“常规参数”卷展栏中选中“阴影”选项组中的“启用”复选框，将阴影模式定义为“光线跟踪阴影”。在“强度/颜色/衰减”卷展栏中将“倍增”设置为0.6；在“平行光参数”卷展栏中将“聚光区/光束”和“衰减区/区域”分别设置为90和270，如下图所示。

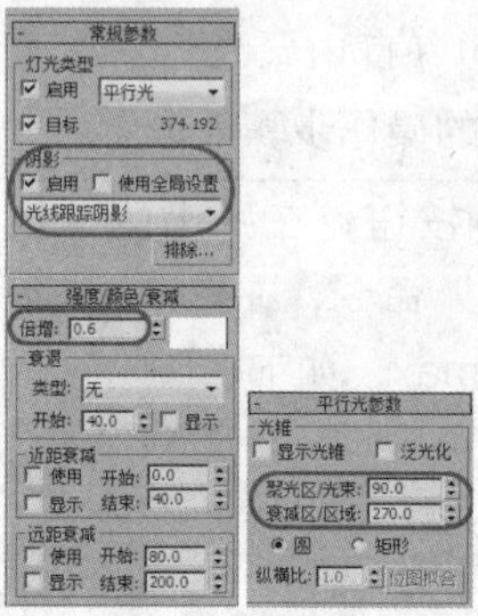

STEP 04 单击工具栏中的“选择并移动”按钮，在其他视图中调整目标平行光的位置，如下图所示。

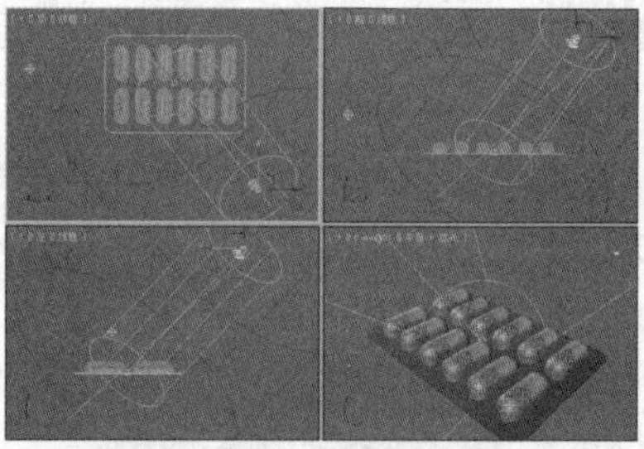

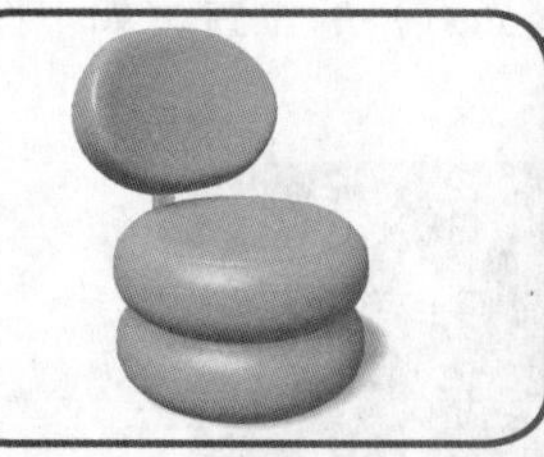

实战操作346 创建自由平行光

素材：Scene\Cha10\10-4.max　场景：Scene\Cha10\实战操作346.max

难度：★★★★★　视频：视频\ Cha10\实战操作346.avi

“自由平行光”没有目标对象，可以通过移动和旋转方法将其指向任何方向。创建“自由平行光”的操作步骤如下所述。

STEP 01 单击按钮，在弹出的下拉列表中执行“打开”命令，在打开的对话框中选择素材文件10-4.max，如右图所示。

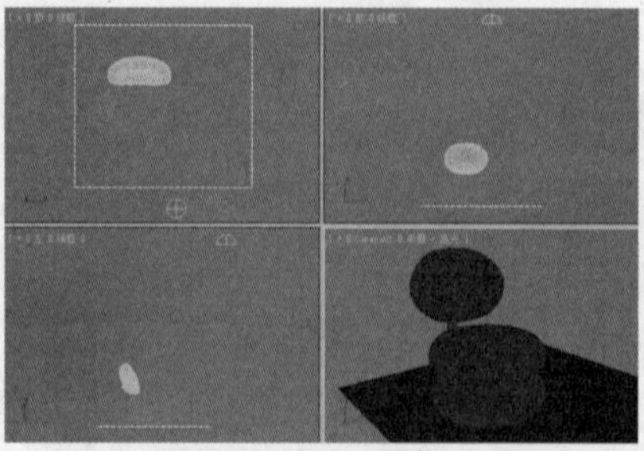

STEP 02 选择“创建”|“灯光”|“标准”|“自由平行光”工具，在“左”视图中单击鼠标左键即可创建自由平行光，如下图所示。

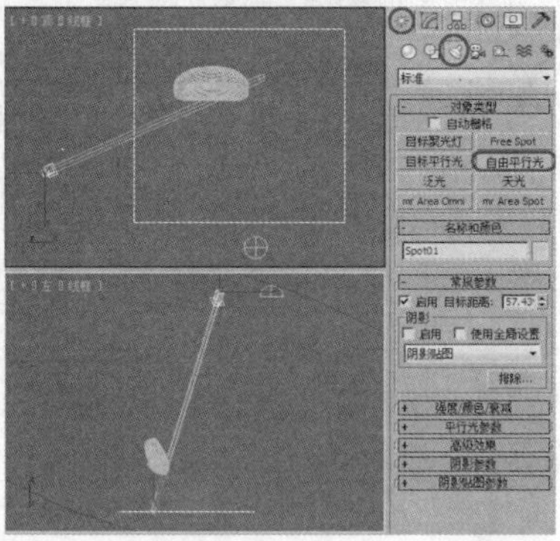

STEP 03 切换到“修改”命令面板，打开“常规参数”卷展栏，选中“阴影”选项组中的“启用”复选框，将阴影模式定义为“阴影贴图”；在“强度/颜色/衰减”卷展栏中将“倍增”设置为1.0；将“对象阴影”选项组中的“颜色”设置为55、34、0，如右图所示。

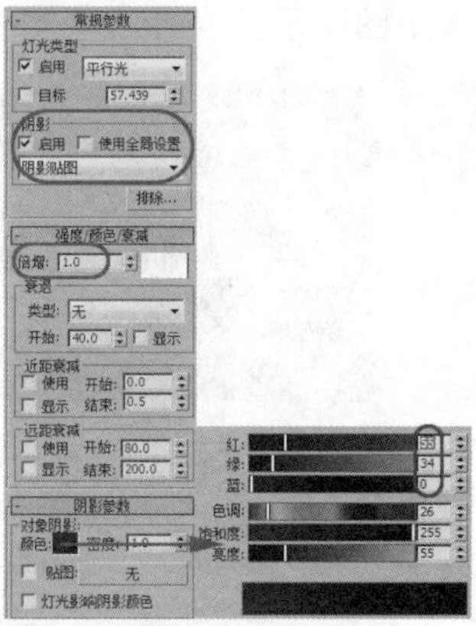

STEP 04 单击工具栏中的“选择并移动”按钮和“选择并旋转”按钮，在其他视图中调整自由平行光的位置，如下图所示。

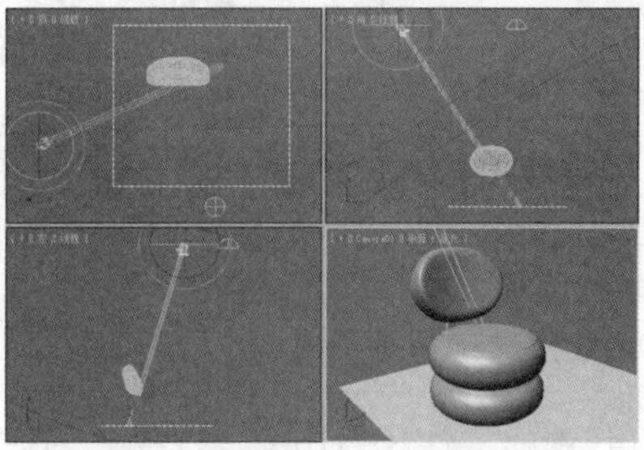

实战操作347 创建泛光灯

素材：Scene\Cha10\10-5.max　场景：Scene\Cha10\实战操作347.max

难度：★★★★★　视频：视频\ Cha10\实战操作347.avi

泛光灯可以投射阴影和投影。单个投射阴影的泛光灯等同于6个投射阴影的聚光灯，从中心指向外侧。创建“泛光”的操作步骤如下所述。

STEP 01 单击按钮，在弹出的下拉列表中执行“打开”命令，在打开的对话框中选择素材文件10-5.max，如下图所示。

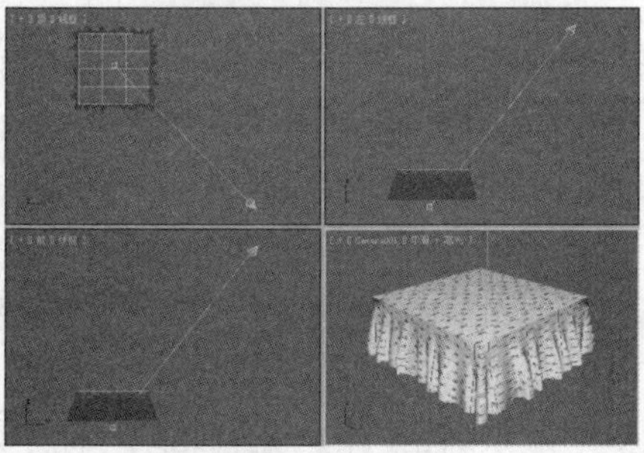

STEP 02 选择“创建”|“灯光”|“标准”|“泛光”工具，在“顶”视图中单击鼠标左键即可创建泛光灯，如下图所示。

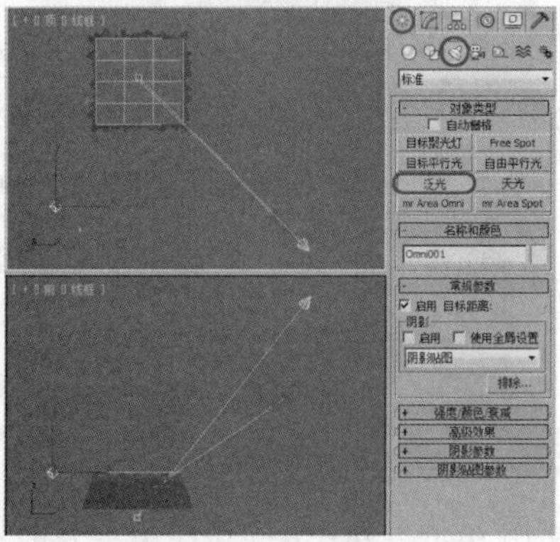

STEP 03 切换到“修改”命令面板，在“强度/颜色/衰减”卷展栏中将“倍增”设置为1，

如下图所示。

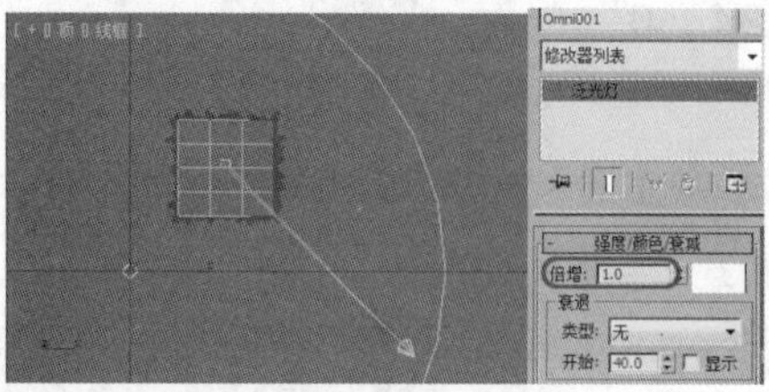

STEP 04 使用同样的方法，再次创建一个泛光灯，然后在其他视图中调整两个泛光灯的位置，如下图所示。

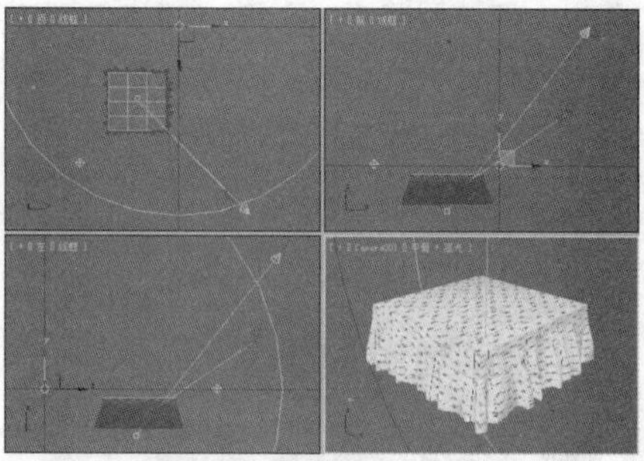

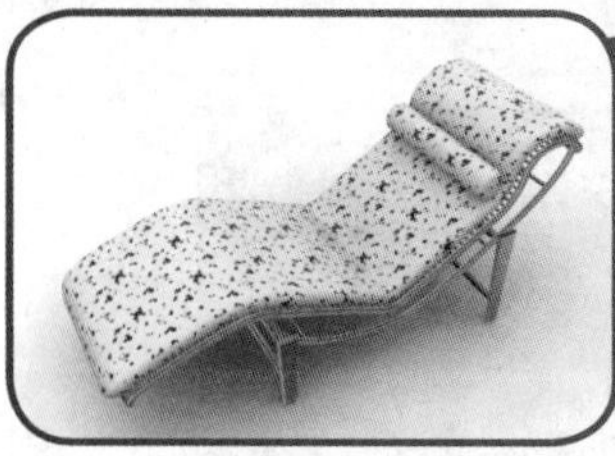

实战操作348 创建天光

素材：Scene\Cha10\10-6.max　场景：Scene\Cha10\实战操作348.max

难度：★★★★★　视频：视频\ Cha10\实战操作348.avi

天光能够模拟日光照射效果，创建“天光”的操作步骤如下所述。

STEP 01 打开素材文件10-6.max，选择“创建”|“灯光”|“标准”|“天光”工具，在“前”视图中单击鼠标左键即可创建天光，如下图所示。

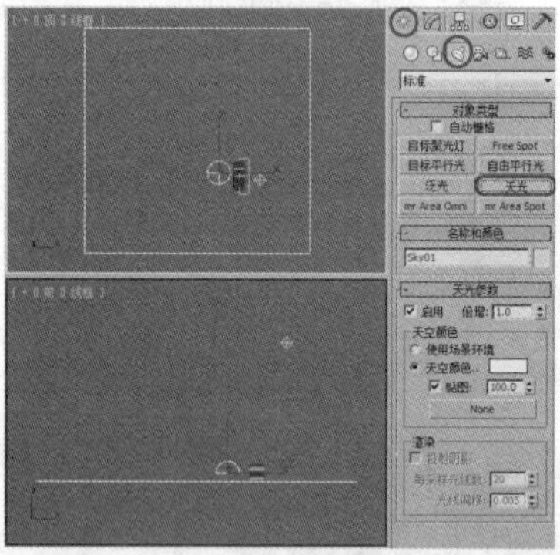

STEP 02 切换到“修改”命令面板，在“天光参数”卷展栏中将“倍增”设置为1.0，如右图所示。

实战操作349 创建mr Area Omni

素材：Scene\Cha10\10-7.max　场景：Scene\Cha10\实战操作349.max

难度：★★★★★　视频：视频\ Cha10\实战操作349.avi

当使用 mental ray 渲染器渲染场景时，mr Area Omni从球体或圆柱体体积发射光线，而不是从点源发射光线。当使用默认扫描线渲染器渲染时，其效果等同于标准的泛光灯。创建“mr Area Omni”的操作步骤如下所述。

STEP 01 单击按钮，在弹出的下拉列表中执行“打开”命令，在打开的对话框中选择素材文件10-7.max，如下图所示。

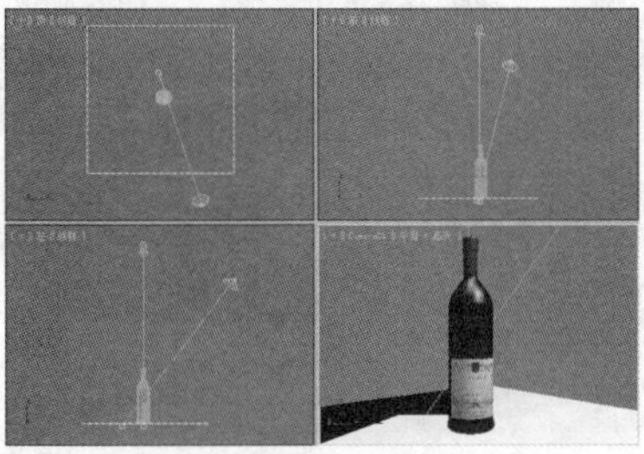

STEP 02 选择“创建”|“灯光”|“标准”|“mr Area Omni”工具，在“顶”视图中单击鼠标左键即可创建mr Area Omni，如下图所示。

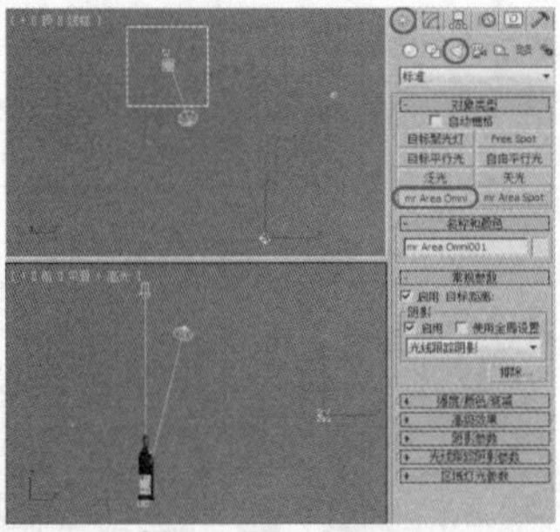

STEP 03 切换到“修改”命令面板，在“常规参数”卷展栏中，取消选中“阴影”选项组中“启用”复选框，在“强度/颜色/衰减”卷展栏中将“倍增”设置为0.7，如右图所示。

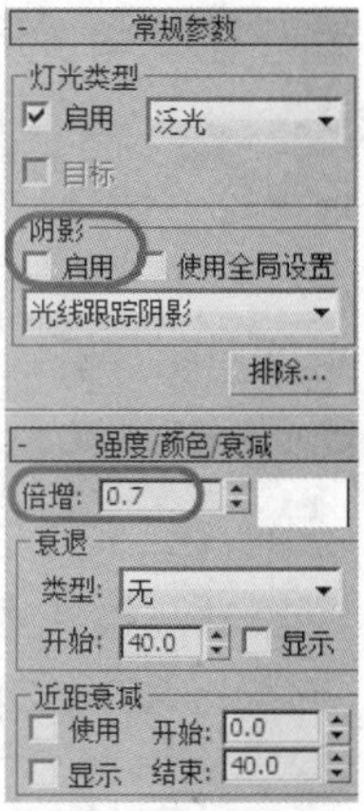

STEP 04 在工具栏中单击“选择并移动”按钮，在其他视图中调整mr Area Omni的位置，如下图所示。

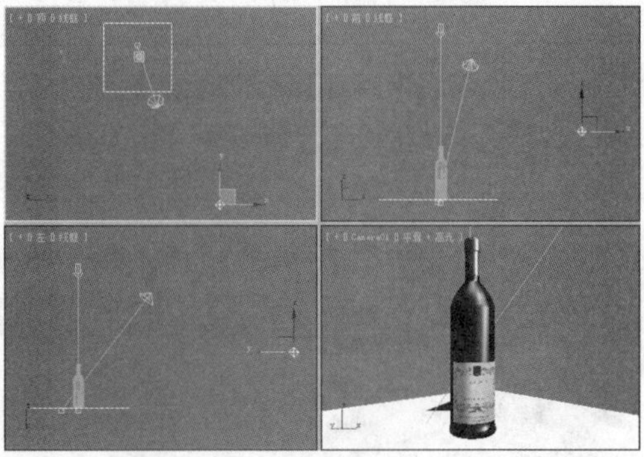

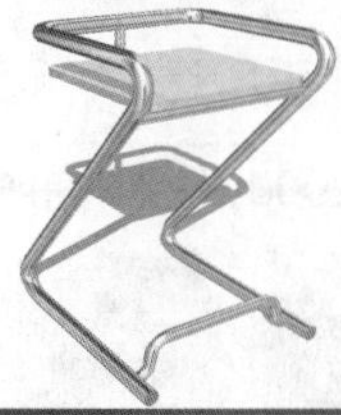

实战操作350 创建mr Area Spot

素材：Scene\Cha10\10-8.max　场景：Scene\Cha10\实战操作350.max

难度：★★★★★　视频：视频\ Cha10\实战操作350.avi

当使用 mental ray 渲染器渲染场景时，mr Aera Spot从矩形或圆形区域发射光线，而不是从点源发射光线。当使用默认扫描线渲染器渲染时，其效果等同于标准的聚光灯。创建“mr Area Spot”的操作步骤如下所述。

STEP 01 单击按钮，在弹出的下拉列表中执行“打开”命令，在打开的对话框中选择素材文件10-8.max，如下图所示。

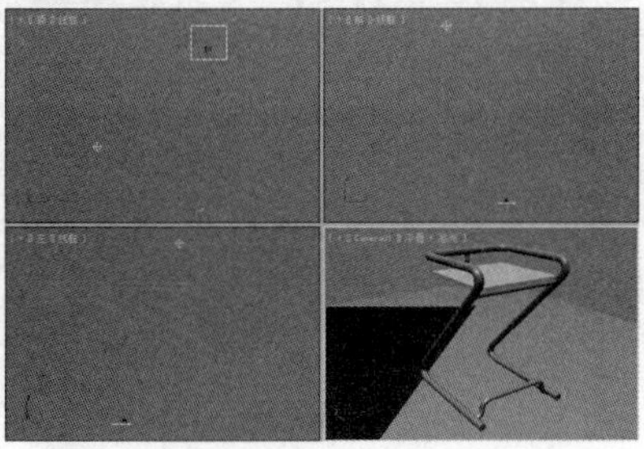

STEP 02 选择“创建”|“灯光”|“标准”|“mr Area Spot”工具，在“顶”视图中单击鼠标左键并拖动至适当位置处松开鼠标，即可创建mr Aera Spot，如右图所示。

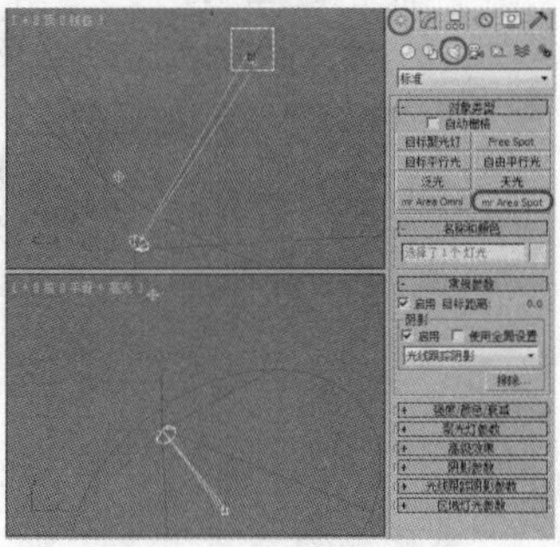

STEP 03 切换到“修改”命令面板，在“强度/颜色/衰减”卷展栏中将“倍增”设置为1，在“聚光灯参数”卷展栏中将“聚光区/光束”和“衰减区/区域”分别设置为2.8和100，如右图所示。

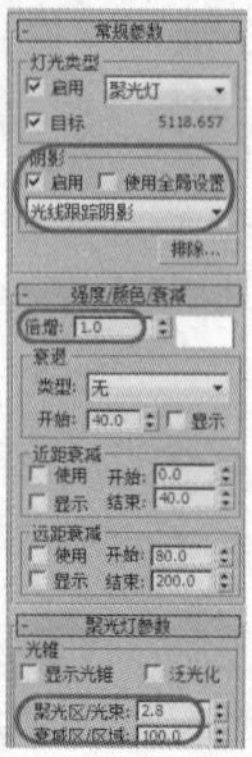

STEP 04 在工具栏中单击“选择并移动”按钮，在其他视图中调整mr Aera Spot的位置，如下图所示。

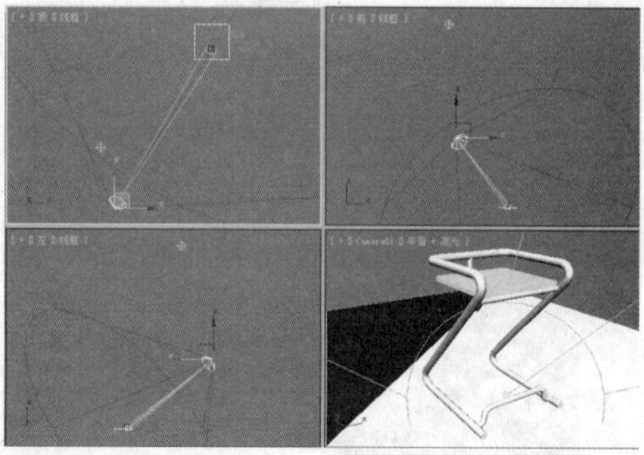

10.2 创建光度学灯光

光度学灯光使用光度学（光能）值，通过这些值可以更精确地定义灯光，就像在真实世界一样。

实战操作351 创建目标灯光

素材：Scene\Cha10\10-9.max　场景：Scene\Cha10\实战操作351.max

难度：★★★★★　视频：视频\ Cha10\实战操作351.avi

目标灯光具有可以用于指向灯光的目标子对象。创建目标灯光的操作步骤如下所述。

STEP 01 打开素材文件10-9.max，选择“创建”|“灯光”|“光度学”|“目标灯光”工具，此时会弹出如右图所示的“创建光度学灯光”对话框。

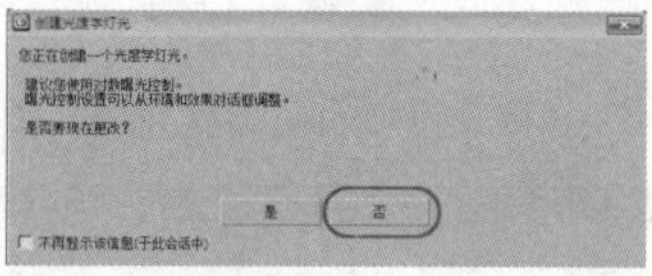

STEP 02 单击“否”按钮，然后在“前”视图中单击鼠标左键并拖动至适当位置处松开鼠标，即可创建目标灯光，如下图所示。

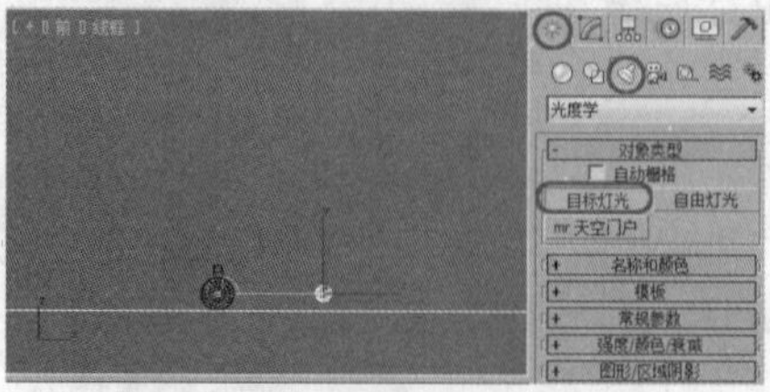

STEP 03 切换到“修改”命令面板，打开“强度/颜色/衰减”卷展栏，在“强度”选项组中“lm”下方的文本框中输入2000，如下图所示。

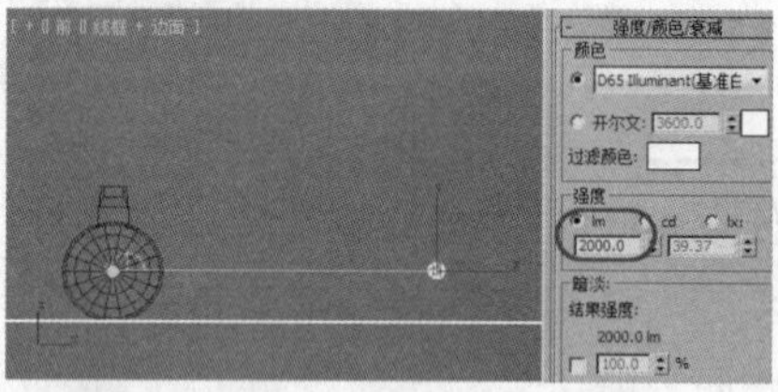

STEP 04 在工具栏中单击“选择并移动”按钮，在其他视图中调整目标灯光的位置，如下图所示。

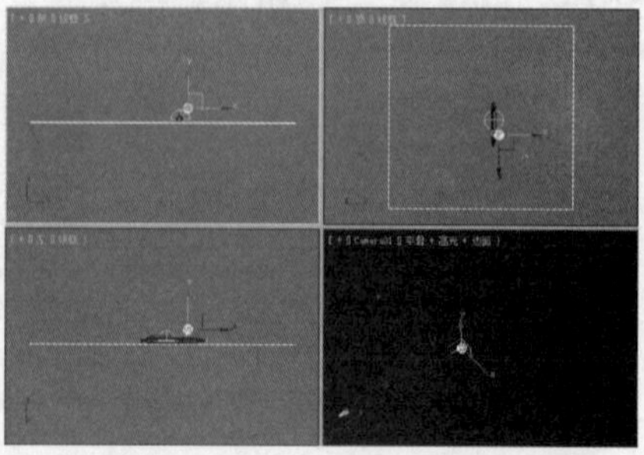

实战操作352 创建白炽灯

素材：Scene\Cha10\10-10.max 场景：Scene\Cha10\实战操作352.max

难度：★★★★★ 视频：视频\ Cha10\实战操作352.avi

创建白炽灯的操作步骤如下所述。

STEP 01 打开素材文件10-10.max，选择“创建” | “灯光” | “光度学” | “目标灯光”工具，此时会弹出如右图所示的“创建光度学灯光”对话框。

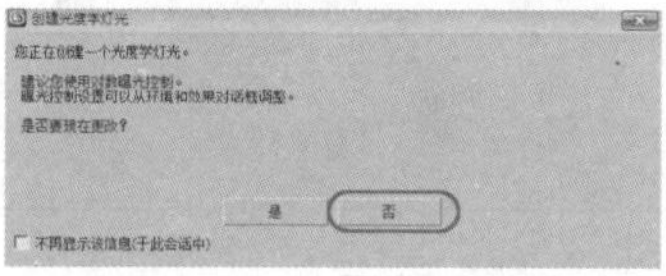

STEP 02 单击“否”按钮，然后在“左”视图中单击鼠标左键并拖动至适当位置处松开鼠标，即可创建目标灯光，如下图所示。

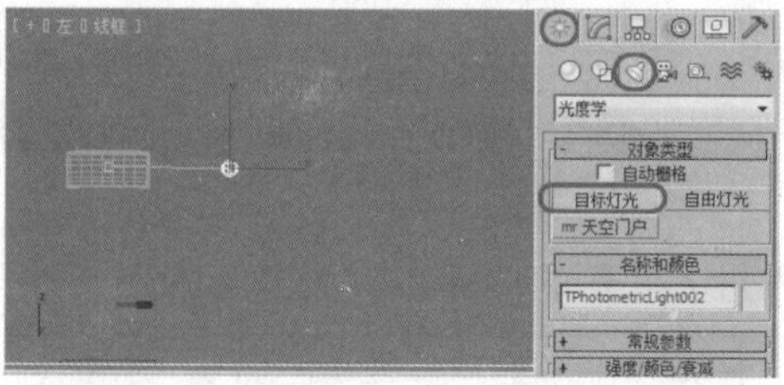

STEP 03 切换到“修改”命令面板，打开“强度/颜色/衰减”卷展栏，在“颜色”选项组中的下拉列表中选择“白炽灯”选项，在“强度”选项组左侧的文本框中输入8000，如下图所示。

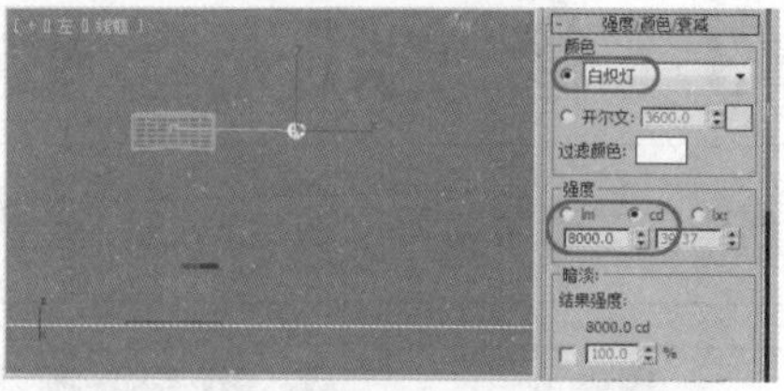

STEP 04 在工具栏中单击“选择并移动”按钮，在其他视图中调整灯光的位置，如下图所示。

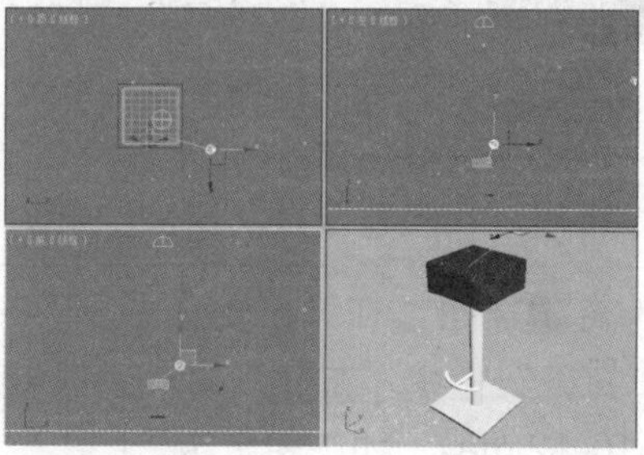

实战操作353 创建自由灯光

素材：Scene\Cha10\10-11.max 场景：Scene\Cha10\实战操作353.max

难度：★★★★★ 视频：视频\ Cha10\实战操作353.avi

自由灯光不具备目标子对象。创建自由灯光的操作步骤如下所述。

STEP 01 打开素材文件10-11.max，选择“创建” | “灯光” | “光度学” | “自由灯光”工具，此时会弹出如下图所示的“创建光度学灯光”对话框。

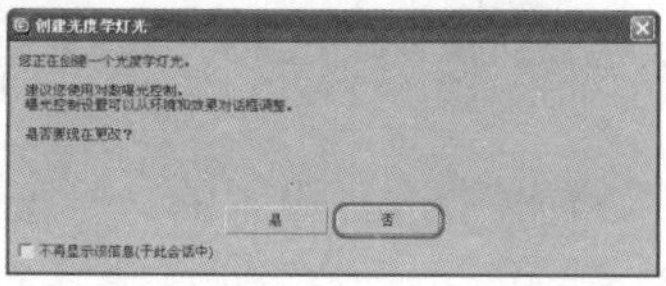

STEP 02 单击“否”按钮，然后在“顶”视图中单击鼠标左键即可创建自由灯光，如下图所示。

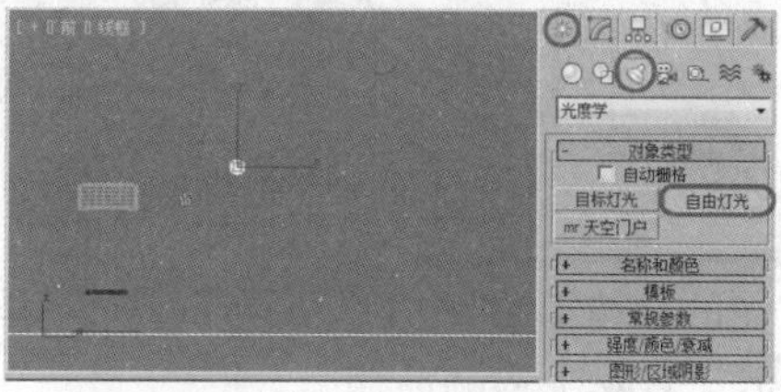

STEP 03 切换到“修改”命令面板，打开“强度/颜色/衰减”卷展栏，在“强度”选项组左侧的文本框中输入5000，如下图所示。

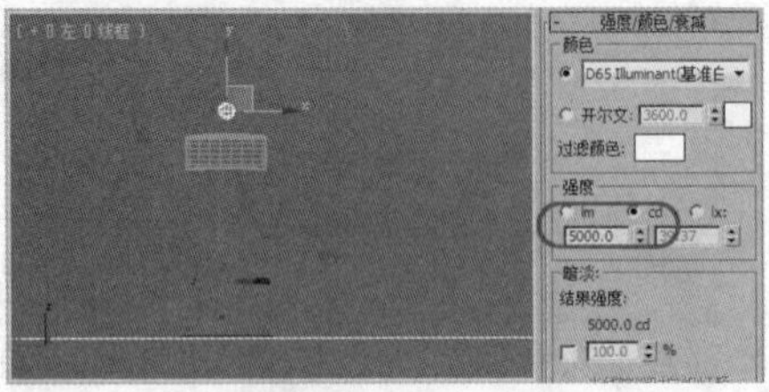

STEP 04 在工具栏中单击“选择并移动”按钮，在其他视图中调整灯光的位置，如下图所示。

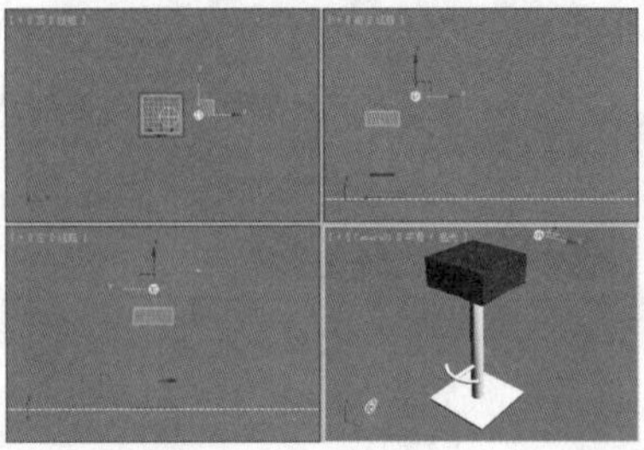

10.3 修改灯光参数

创建完灯光后，可以通过修改灯光参数，来更加真实的效果。

实战操作354 使用灯光阴影

素材：Scene\Cha10\10-12.max 场景：Scene\Cha10\实战操作354.max

难度：★★★★★ 视频：视频\ Cha10\实战操作354.avi

通过使用灯光阴影，可以使模型更加形象逼真。使用灯光阴影的操作步骤如下所述。

STEP 01 单击按钮，在弹出的下拉列表中执行“打开”命令，在打开的对话框中选择素材文件10-12.max，如下图所示。

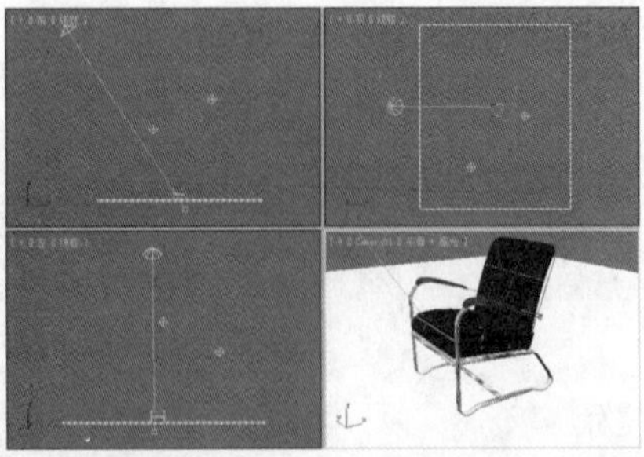

STEP 02 在场景中选择目标聚光灯对象，切换到“修改”命令面板，在“常规参数”卷展栏中选中“阴影”选项组中的“启用”复选框，并将阴影模式定义为“光线跟踪阴影”，如下图所示。

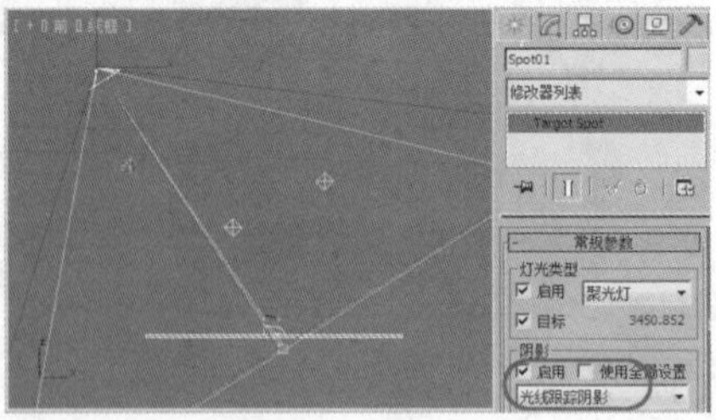

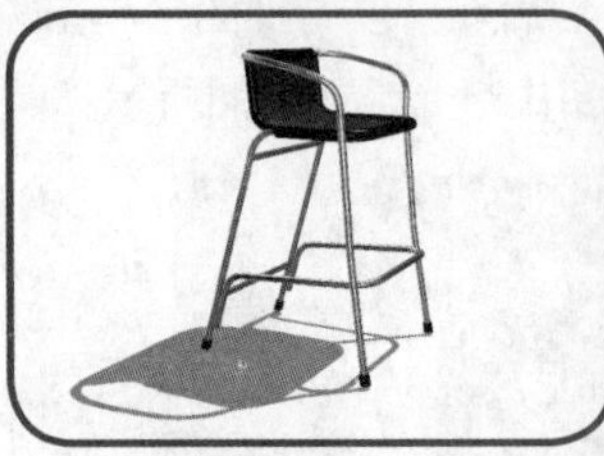

实战操作355 设置灯光强度

素材：Scene\Cha10\10-13.max 场景：Scene\Cha10\实战操作355.max

难度：★★★★★ 视频：视频\ Cha10\实战操作355.avi

灯光的强度是在“强度/颜色/衰减”卷展栏中的“倍增”文本框中进行设置的，标准值为1。下面介绍设置灯光强度的方法。

STEP 01 单击按钮，在弹出的下拉列表中执行“打开”命令，在打开的对话框中选择素材文件10-13.max，如下图所示。

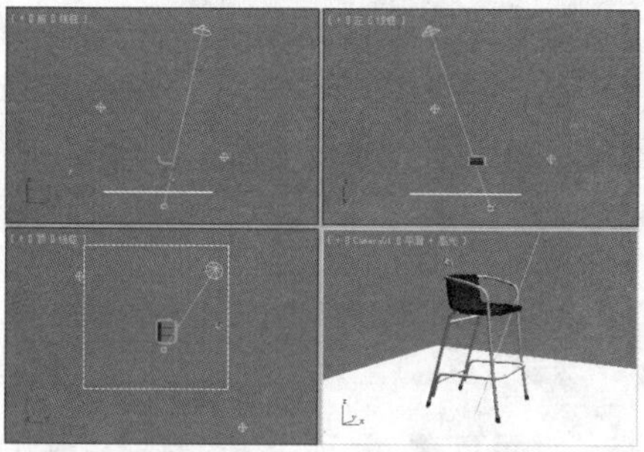

STEP 02 在场景中选择“Omni01”对象，切换到“修改”命令面板，“强度/颜色/衰减”卷展栏中将“倍增”设置为0.5，如下图所示。

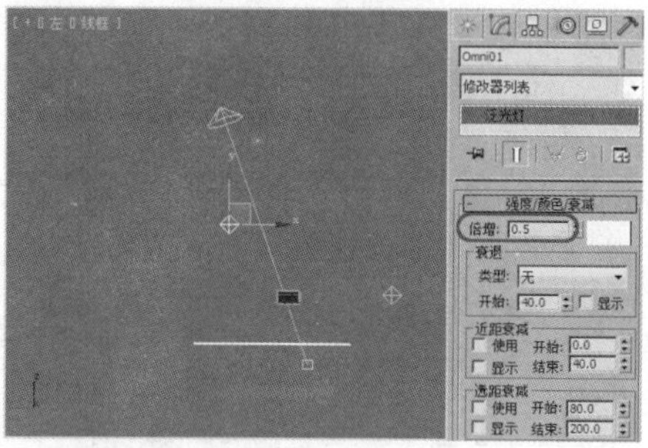

实战操作356 设置灯光颜色

素材：Scene\Cha10\10-14.max 场景：Scene\Cha10\实战操作356.max

难度：★★★★★ 视频：视频\ Cha10\实战操作356.max

可以根据需要，为灯光设置不同的颜色。下面介绍设置灯光颜色的方法，其操作步骤如下所述。

STEP 01 单击按钮，在弹出的下拉列表中执行“打开”命令，在打开的对话框中选择素材文件10-14.max，如下图所示。

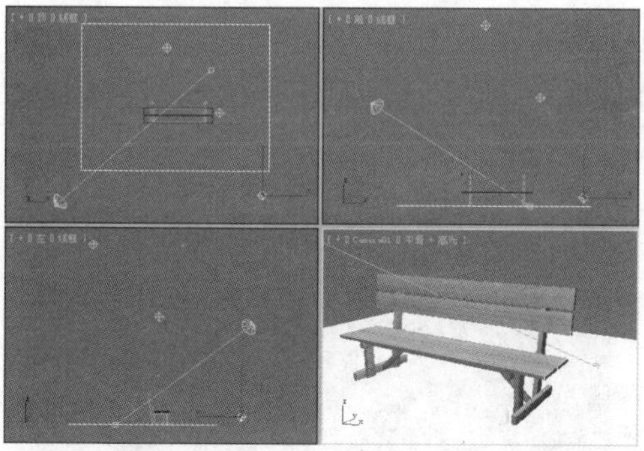

STEP 02 在场景中选择“Omni01”对象，切换到“修改”命令面板，在“强度/颜色/衰减”卷展栏中单击“倍增”右侧的色块，在弹出的“颜色选择器”面板中将灯光颜色的红、绿、蓝值设置为183、199、203，单击“确定”按钮，如下图所示。

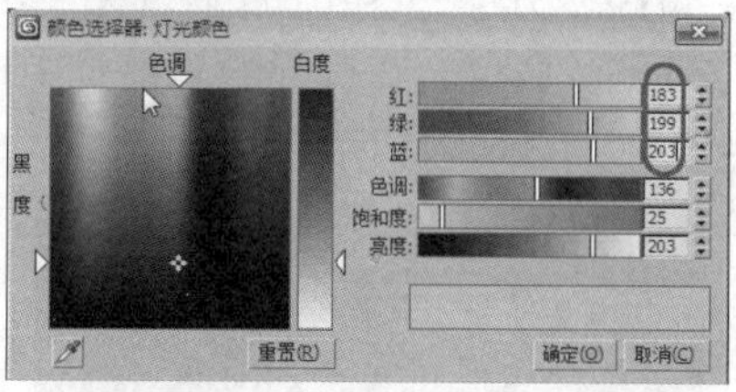

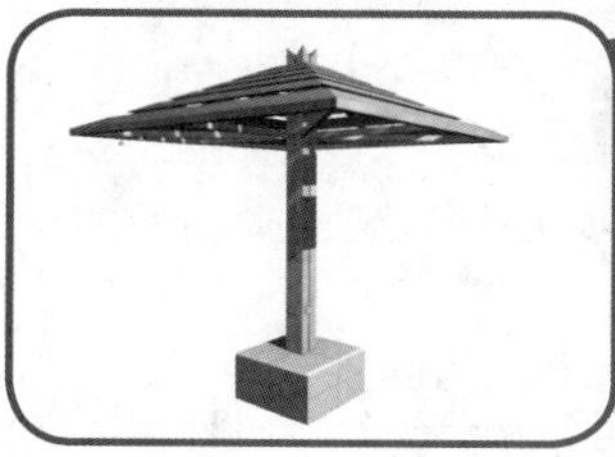

实战操作357 使用近距衰减

素材：Scene\Cha10\10-15.max 场景：Scene\Cha10\实战操作357.max

难度：★★★★★ 视频：视频\ Cha10\实战操作357.avi

使用“近距衰减”时，灯光亮度在光源到指定起点之间保持为0，在起点到指定终点之间不断增强，在终点以外保持为颜色和倍增控制所指定的值。下面介绍使用近距衰减的方法。

STEP 01 单击按钮，在弹出的下拉列表中执行“打开”命令，在打开的对话框中选择素材文件10-15.max，如下图所示。

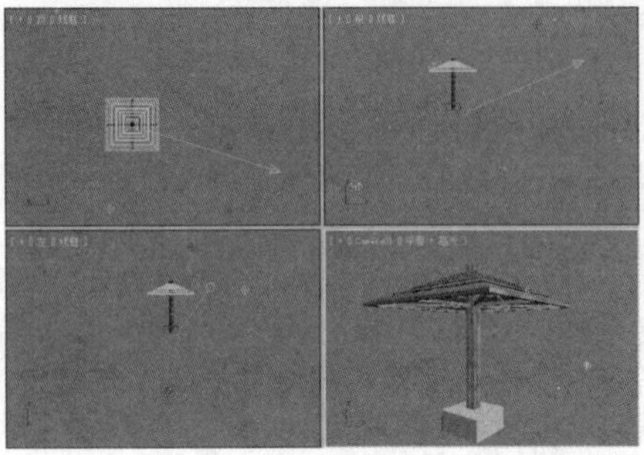

STEP 02 在场景中选择“Spot01”对象，切换到“修改”命令面板，打开“强度/颜色/衰减”卷展栏，在“近距衰减”选项组中选中“使用”和“显示”复选框，在“开始”文本框中输入1000，“结束”文本框中输入12000，如下图所示。

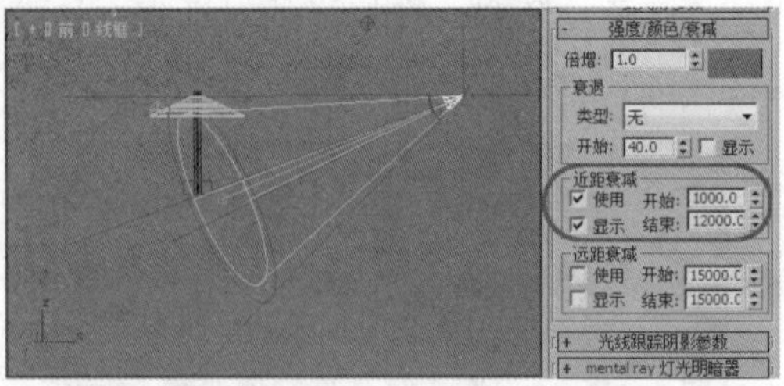

专家提醒

在“近距衰减”选项组中各选项功能介绍如下所述。

开始：设置灯光开始淡入的位置。

结束：设置灯光达到最大值的位置。

使用：用来开启近距或远距衰减开关。

显示：用来显示近距或远距衰减的范围线框。

实战操作358 使用远距衰减

素材：Scene\Cha10\10-16.max　场景：Scene\Cha10\实战操作358.max

难度：★★★★★　视频：视频\ Cha10\实战操作358.avi

设置远距衰减范围有助于极大缩短渲染时间。使用远距衰减时，在光源与起点之间保持颜色和倍增控制的灯光亮度，在起点到终点之间，灯光亮度一直为0。下面介绍使用远距衰减的方法。

STEP 01 单击按钮，在弹出的下拉列表中执行“打开”命令，在打开的对话框中选择素材文件10-16.max，如下图所示。

STEP 02 在场景中选择“Spot01”对象，切换到“修改”命令面板，打开“强度/颜色/衰减”卷展栏，在“远距衰减”选项组中选中“使用”和“显示”复选框，在“开始”文本框中输入1000，在“结束”文本框中输1500，如下图所示。

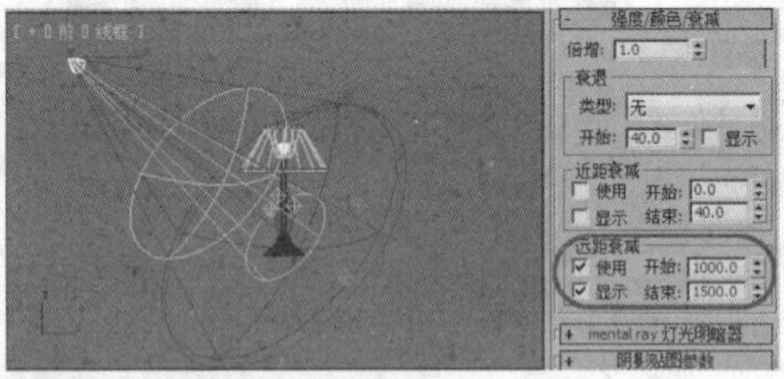

专家提醒

在“远距衰减”选项组中各选项功能介绍如下所述。

开始：设置灯光开始淡出的位置。

结束：设置灯光将为0的位置。

使用：用来开启近距或远距衰减开关。

显示：用来显示近距或远距衰减的范围线框。

实战操作359 调整聚光区/光束

素材：Scene\Cha10\10-17.max　场景：Scene\Cha10\实战操作359.max

难度：★★★★★　视频：视频\ Cha10\实战操作359.avi

调整聚光区/光束是指调整灯光的锥形区，以角度进行衡量，默认值为43，标准聚光灯在聚光区内的强度保持不变。其具体操作步骤如下所述。

STEP 01 单击按钮，在弹出的下拉列表中执行“打开”命令，在打开的对话框中选择素材文件10-17.max，如下图所示。

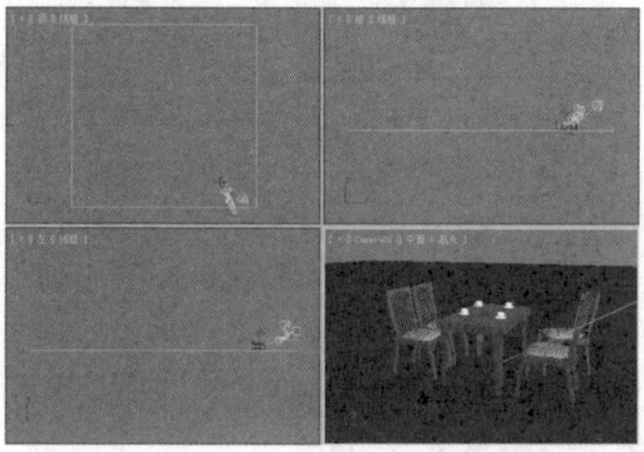

STEP 02 在场景中选择“Spot01”对象，切换到“修改”命令面板，在“聚光灯参数”卷展栏中的“聚光区/光束”文本框中输入2.0，如下图所示。

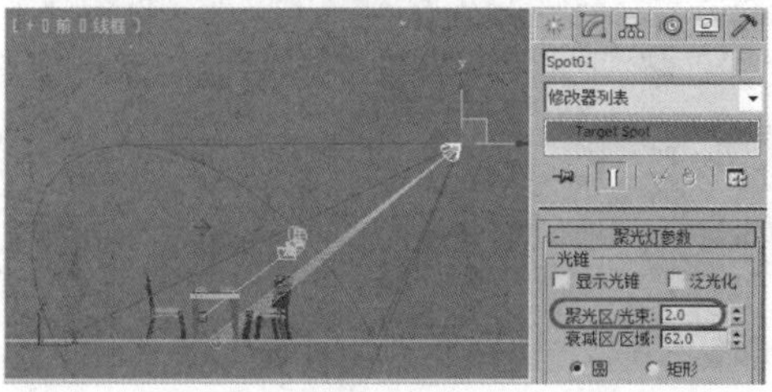

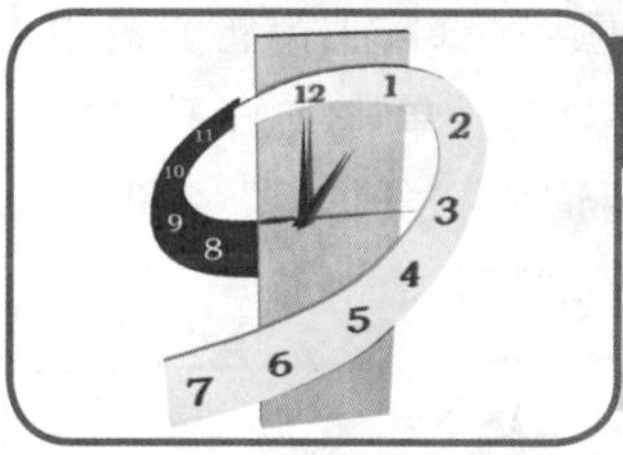

实战操作360 调整衰减区/区域

素材：Scene\Cha10\10-18.max　场景：Scene\Cha10\实战操作360.max

难度：★★★★★　视频：视频\ Cha10\实战操作360.avi

调整衰减区/区域是指调整灯光衰减区的角度。调节灯光的衰减区域，以角度进行衡量。此范围外物体将不受任何光强的影响，聚光区与此范围之间，光线由强向弱进行衰减变化。其具体操作步骤如下所述。

STEP 01 单击按钮，在弹出的下拉列表中执行“打开”命令，在打开的对话框中选择素材文件10-18.max，如下图所示。

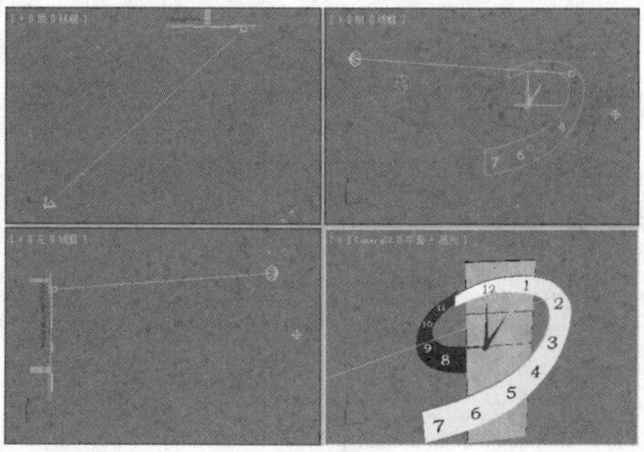

STEP 02 在场景中选择“Spot01”对象，切换到“修改”命令面板，在“聚光灯参数”卷展栏中的“衰减区/区域”文本框中输入80，如下图所示。

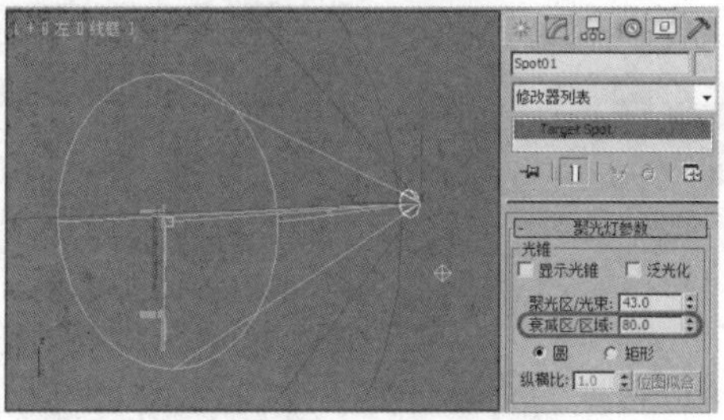

实战操作361 使用投影贴图

素材：Scene\Cha10\10-19.max 场景：Scene\Cha10\实战操作361.max

难度：★★★★★ 视频：视频\ Cha10\实战操作361.avi

下面介绍使用投影贴图的方法。

STEP 01 单击按钮，在弹出的下拉列表中执行“打开”命令，在打开的对话框中选择素材文件10-19.max，如下图所示。

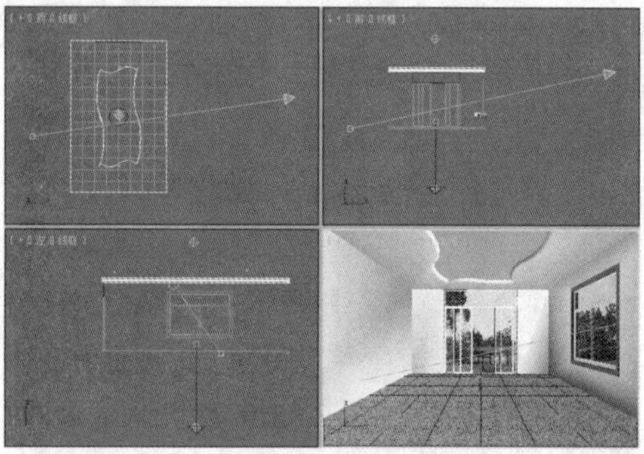

STEP 02 在场景中选择“Spot01太阳光源”对象，切换到“修改”命令面板，在“高级效果”卷展栏中的“投影贴图”选项组中单击“无”按钮，如下图所示。

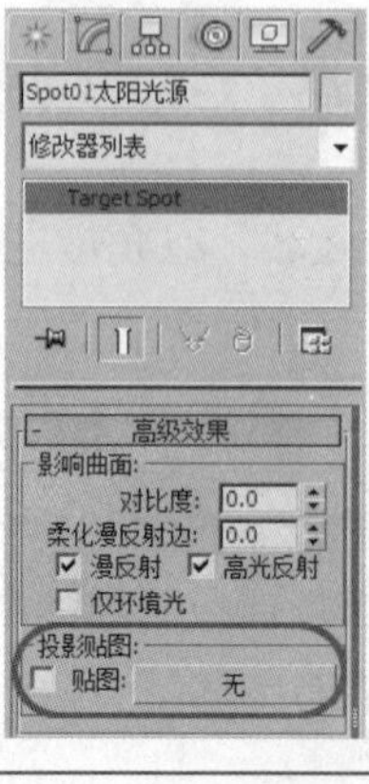

STEP 03 在弹出的“材质/贴图浏览器”对话框中选择“位图”贴图，如下图所示。

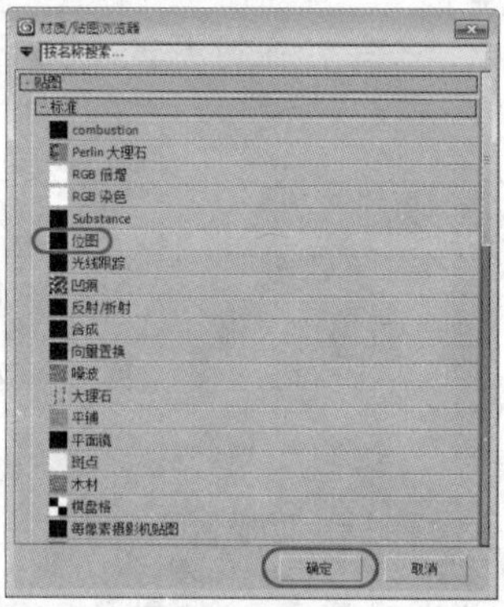

STEP 04 单击“确定”按钮，在弹出的“选择位图图像文件”对话框中选择随书附带光盘中的\Map\植物130.jpg文件，单击“打开”按钮，如下图所示。然后渲染“摄影机”视图即可查看使用投影贴图后的效果。

实战操作362 设置阴影颜色

素材：Scene\Cha10\10-20.max 场景：Scene\Cha10\实战操作362.max

难度：★★★★★ 视频：视频\ Cha10\实战操作362.avi

可以根据需要为灯光阴影设置不同的颜色，其具体操作步骤如下所述。

STEP 01 单击![]按钮，在弹出的下拉列表中执行“打开”命令，在打开的对话框中选择素材文件10-20.max，如下图所示。

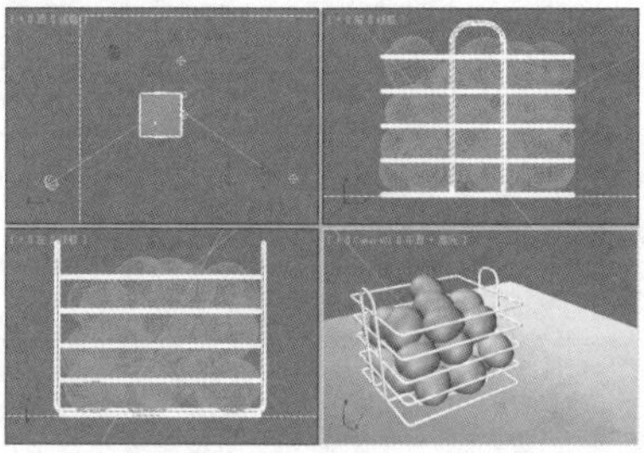

STEP 02 在场景中选择“Spot01”对象，切换到“修改”命令面板，打开“阴影参数”卷展栏，在“对象阴影”选项组中单击“颜色”右侧的色块，在弹出的“颜色选择器”面板中将阴影颜色的红、绿、蓝值设置为6、0、133，单击“确定”按钮，如下图所示。然后渲染“摄影机”视图即可查看设置阴影颜色后的效果。

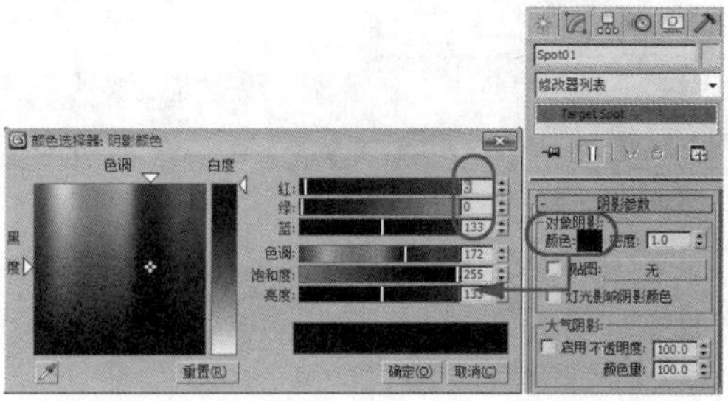

实战操作363 设置阴影贴图

素材：Scene\Cha10\10-21.max　场景：Scene\Cha10\实战操作363.max

难度：★★★★★　视频：视频\ Cha10\实战操作363.avi

在3ds Max中可以将贴图指定给阴影。下面介绍设置阴影贴图的方法。

STEP 01 单击![]按钮，在弹出的下拉列表中执行“打开”命令，在打开的对话框中选择素材文件10-21.max，如下图所示。

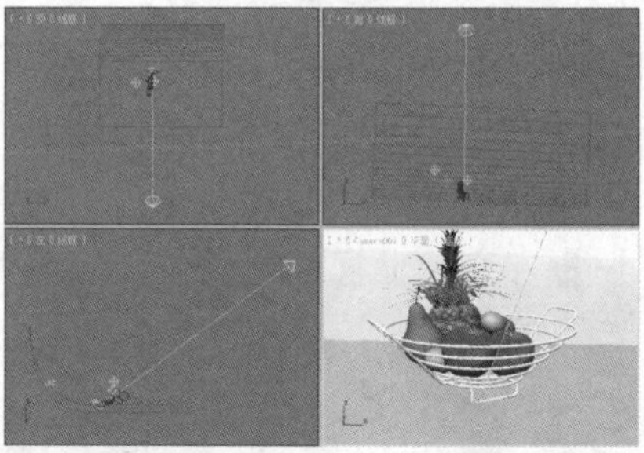

STEP 02 在场景中选择“Omni001”对象，切换到“修改”命令面板，打开“阴影参数”卷展栏，在“对象阴影”选项组中单击“贴图”右侧的“无”按钮，如右图所示。

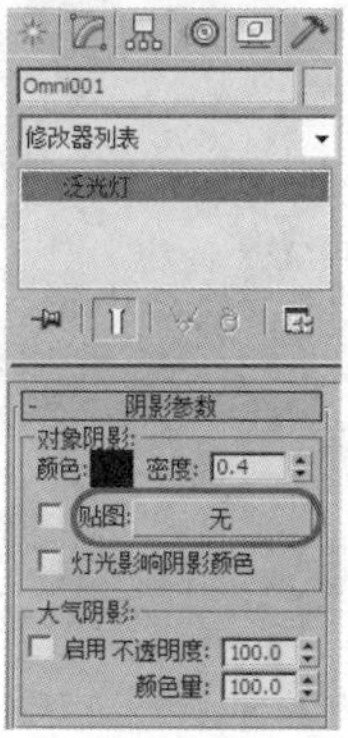

STEP 03 在弹出的“材质/贴图浏览器”对话框中选择“位图”贴图，如下图所示。

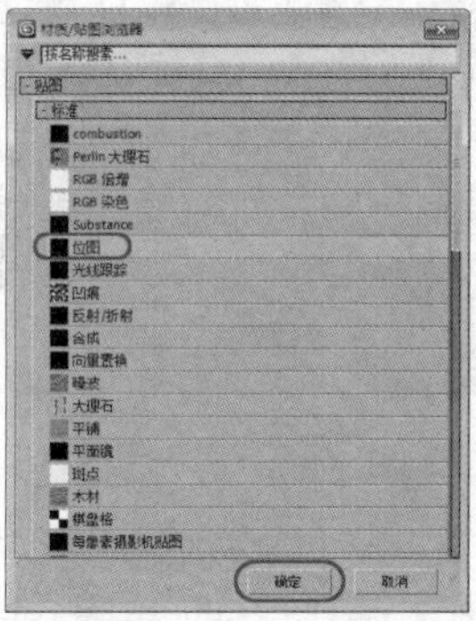

STEP 04 单击“确定”按钮，在弹出的“选择位图图像文件”对话框中选择随书附带光盘中的\Map\48475633.jpg文件，单击“打开”按钮，如右图所示。然后渲染“摄影机”视图即可查看设置阴影贴图后的效果。

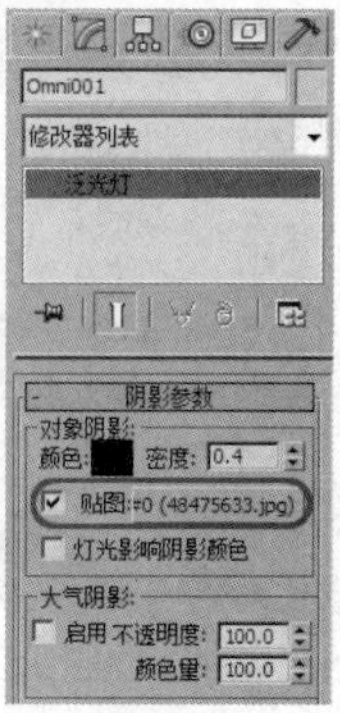

10.4 使用摄影机

摄影机从特定的观察点表现场景，用来模拟现实世界中的静止图像、运动图片或视频摄影机。多个摄影机可以提供相同场景的不同视图。

实战操作364 创建目标摄影机

素材：Scene\Cha10\10-22.max　场景：Scene\Cha10\实战操作364.max

难度：★★★★★　视频：视频\ Cha10\实战操作364.avi

目标摄影机用于查看目标对象周围的区域。它有摄影机和目标点两部分，可以单独进行控制调整。创建目标摄影机的操作步骤如下所述。

STEP 01 单击按钮，在弹出的下拉列表中执行“打开”命令，在打开的对话框中选择素材文件10-22.max，如下图所示。

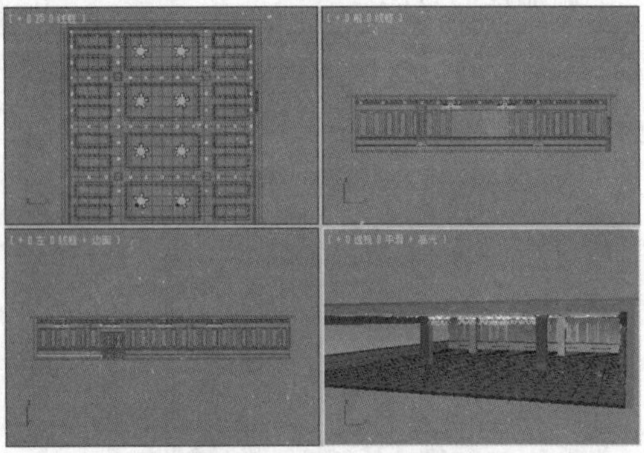

STEP 02 选择“创建” | “摄影机” | “标准” | “目标”摄影机工具，在“顶”视图中单击鼠标左键并拖动至适当位置处松开鼠标，即可创建目标摄影机，如下图所示。

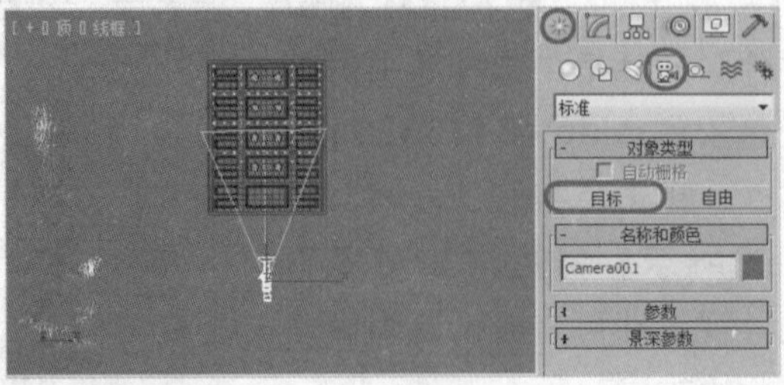

STEP 03 切换到“修改”命令面板，在“参数”卷展栏中将“镜头”设置为20，如下图所示。

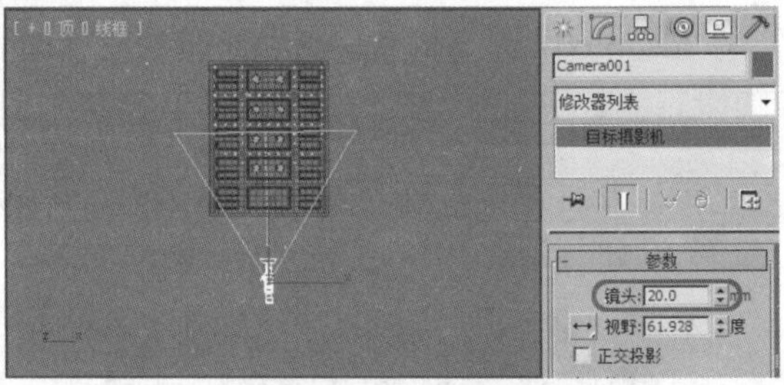

STEP 04 激活“透”视图，按C键将其转换为“摄影机”视图。在工具栏中单击“选择并移动”按钮，在其他视图中调整目标摄影机的位置，如下图所示。

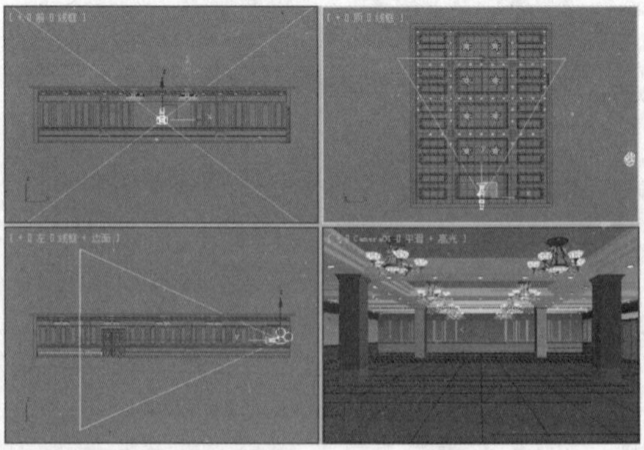

实战操作365 创建自由摄影机

素材：Scene\Cha10\10-23.max　场景：Scene\Cha10\实战操作365.max

难度：★★★★★　视频：视频\ Cha10\实战操作365.avi

自由摄影机用于查看注视摄影机方向的区域，它没有目标点。创建自由摄影机的操作步骤如下所述。

STEP 01 单击按钮，在弹出的下拉列表中执行“打开”命令，在打开的对话框中选择素材文件10-23.max，如下图所示。

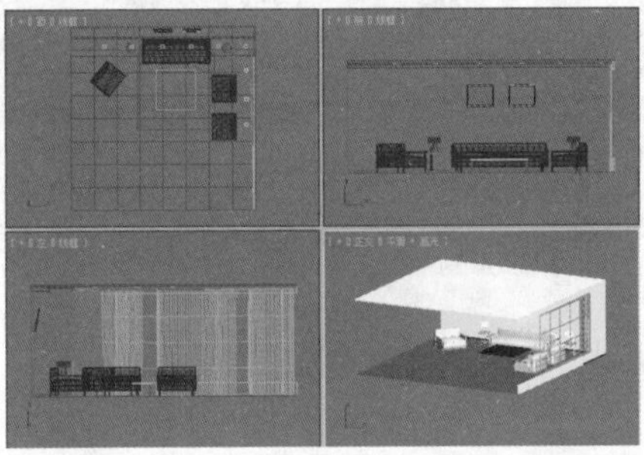

STEP 02 选择“创建” |“摄影机” |“标准” |“自由”摄影机工具，在“前”视图中单击鼠标左键即可创建自由摄影机，如下图所示。

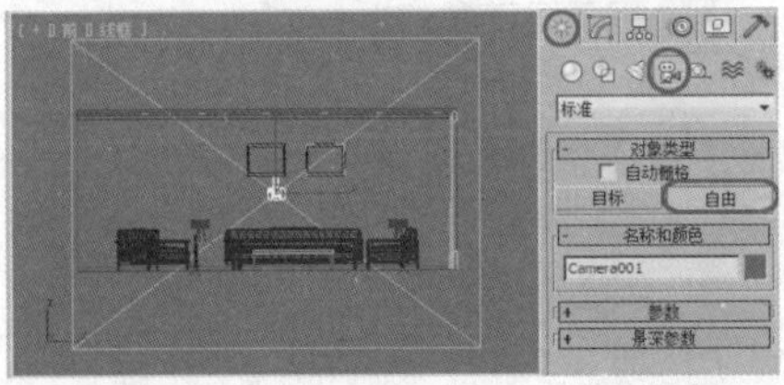

STEP 03 切换到“修改”命令面板，在“参数”卷展栏中将“镜头”设置为25，如下图所示。

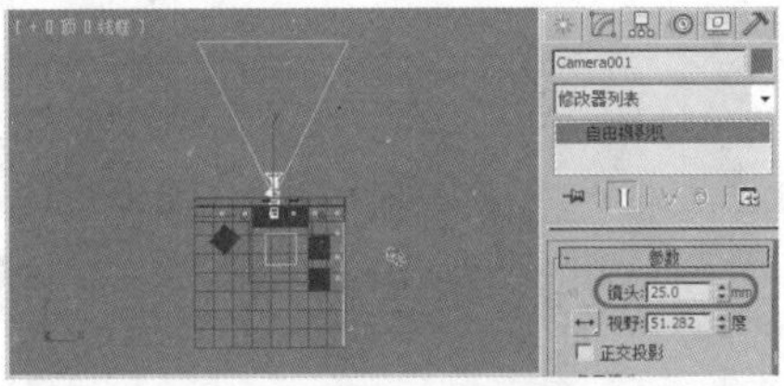

STEP 04 激活“透”视图，按C键将其转换为“摄影机”视图。在工具栏中单击“选择并移动”按钮，在其他视图中调整摄影机的位置，如下图所示。

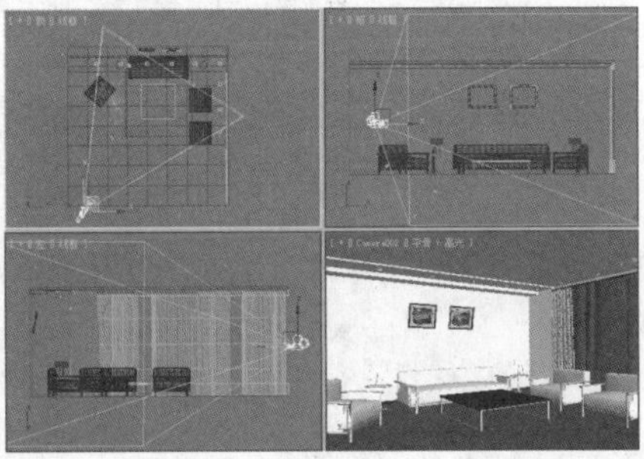

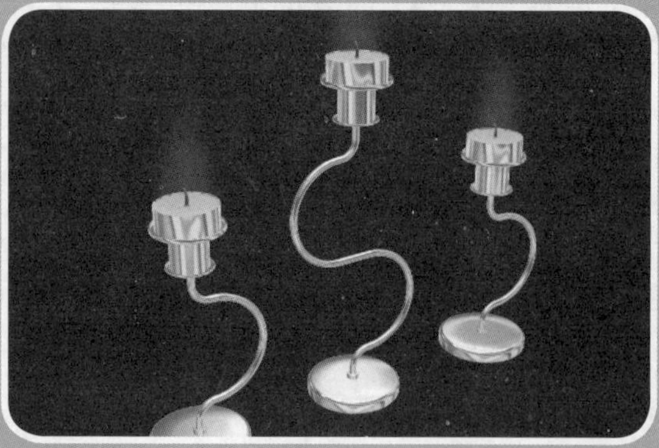

Chapter 11

第11章 环境与效果

在渲染特效中，可以使用一些特殊的效果对场景进行加工和添色，来模拟现实中的视觉效果。在3ds Max中提供了4种大气效果，包括“火效果”、“雾”、“体积雾”和“体积光”。

3ds Max 2013

11.1 设置渲染环境

本节对环境和环境效果进行了简单介绍，通过本节的学习，能够使用户对环境效果有一个简单的认识，并能掌握环境效果的基本应用。

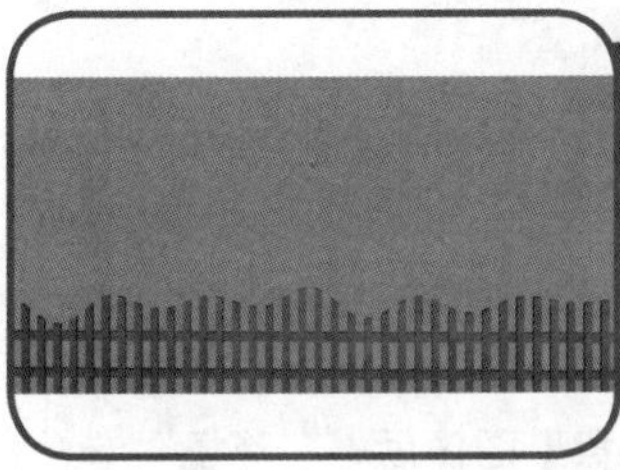

实战操作366 设置渲染背景颜色

素材：Scene\Cha11\11-1.max　场景：Scene \Cha11\实战操作366.max

难度：★★★★★　视频：视频\ Cha11\实战操作366.avi

在渲染的时候见到的背景色是默认的黑色，但有时渲染主体为深颜色的场景时，就需要适当更改背景颜色，方法如下所述。

STEP 01 打开素材文件11-1.max，对场景进行渲染，得到如下图所示的效果。

STEP 02 执行“渲染”|“环境”命令，或者按8键，系统会弹出如右图所示的“环境和效果”对话框。

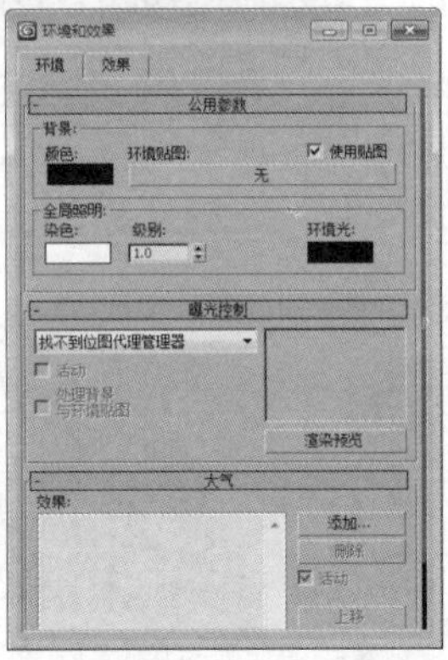

STEP 03 在“公用参数”卷展栏中设置渲染环境的一般属性。单击“背景”选项组中“颜色”下方的颜色块，系统会弹出如下图所示的对话框，将颜色的红、绿、蓝值设置为0、174、255，然后单击“确定”按钮。

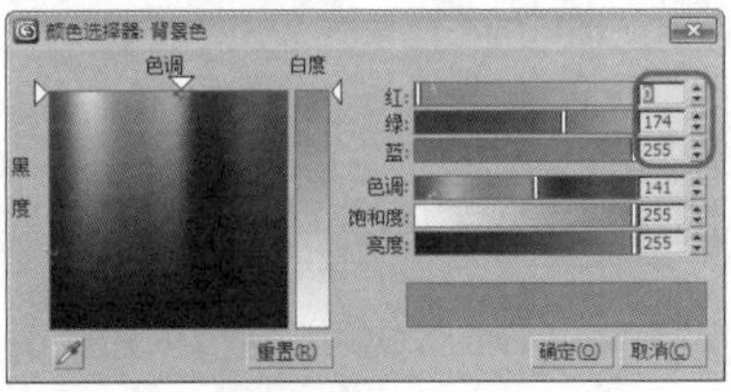

STEP 04 再次渲染，背景颜色便改变了，效果如下图所示。

实战操作367 设置渲染背景贴图

素材：Scene\Cha11\11-1.max　场景：Scene \Cha11\实战操作367.max

难度：★★★★★　视频：视频\Cha11\实战操作367.avi

在三维创作中，无论是静止的建筑效果图还是运动的三维动画片，除了主体的精工细作外，还要用一些贴图来增加烘托效果。

STEP 01 打开要添加背景贴图的素材11-1.max，执行“渲染”|“环境”命令，在弹出的“环境和效果”对话框中单击“背景”选项组中的“无”按钮，在打开的“材质/贴图浏览器”对话框中双击“位图”贴图，然后在弹出的“选择位图图像文件”中选择随书附带光盘中的\Map\卡通背景.jpg文件，如下图所示。

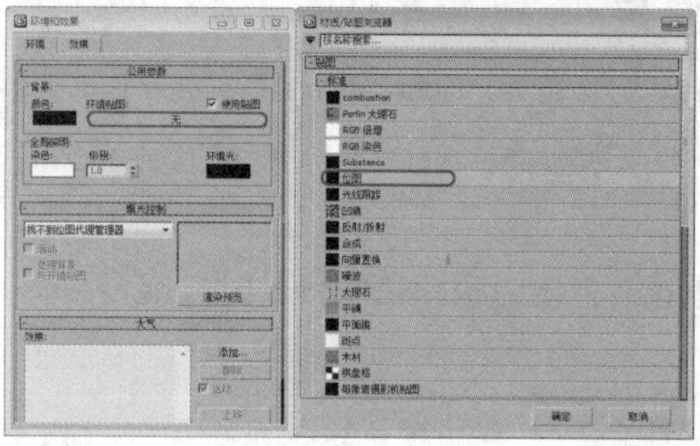

STEP 02 激活“透”视图，按F9键进行渲染，效果如下图所示。

专家提醒

选择一幅图片作为背景图像后，“环境”选项卡中的“使用贴图”复选框将同时被选中，表示将使用背景图片。如果此时取消选中“使用贴图”复选框，渲染时将不会显示背景图像。

实战操作368 设置染色

素材：Scene\Cha11\实战操作367.max 场景：Scene \Cha11\实战操作368.max

难度：★★★★★ 视频：视频\Cha11\实战操作368.avi

系统默认是白色，如果此颜色不是白色，则为场景中的所有灯光（环境光除外）染色。

STEP 01 以“实战操作367”效果为例，按8键，打开“环境和效果”对话框，单击“全局照明”选项组中“染色”下的色块，在弹出的“颜色选择器”中设置颜色的红、绿、蓝值为0、255、132，如右图所示。

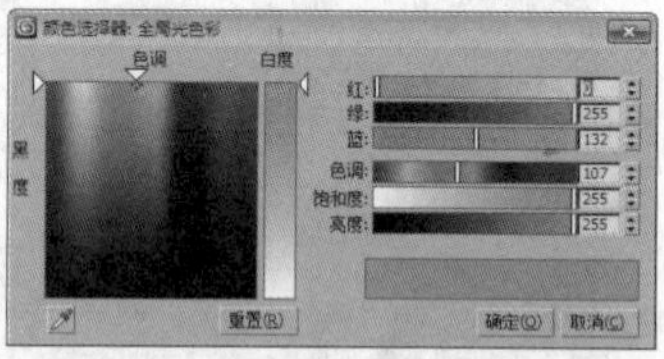

STEP 02 按F9键进行快速渲染，得到的效果如下图所示。

实战操作369 设置环境光

素材：Scene\Cha11\实战操作367.max 场景：Scene \Cha11\实战操作369.max

难度：★★★★★ 视频：视频\Cha11\实战操作369.avi

环境光是照亮整个场景的常规光线。这种光具有均匀的强度，并且属于均质漫反射。它不具有可辨别的光源和方向。

STEP 01 以“实战操作367”为例，执行“渲染”|“环境”命令，打开“环境和效果”对话框，单击“全局照明”选项组中“环境光”下的色块，在弹出的“颜色选择器”中设置颜色的红、绿、蓝值为21、226、11，如下图所示。

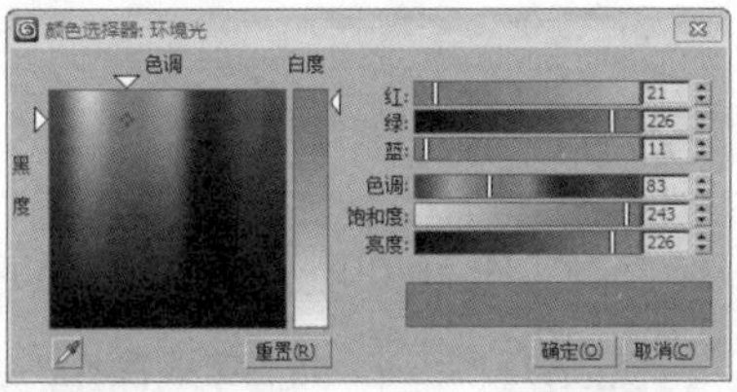

STEP 02 按F9键进行快速渲染，得到的效果如下图所示。

实战操作370 设置曝光

素材：Scene\Cha11\实战操作367.max　场景：Scene \Cha11\实战操作370.max

难度：★★★★★　视频：视频\Cha11\实战操作370.avi

“曝光控制”是用于调整渲染的输出级别和颜色范围的插件组件，就像调整胶片曝光一样。此过程就是所谓的色调贴图。如果渲染使用光能传递并且处理高动态范围 (HDR) 图像，这些控制尤其有用。设置曝光的操作步骤如下所述。

STEP 01 以“实战操作367”的效果为例，执行“渲染”|“环境”命令，打开“环境和效果”对话框，如右图所示。

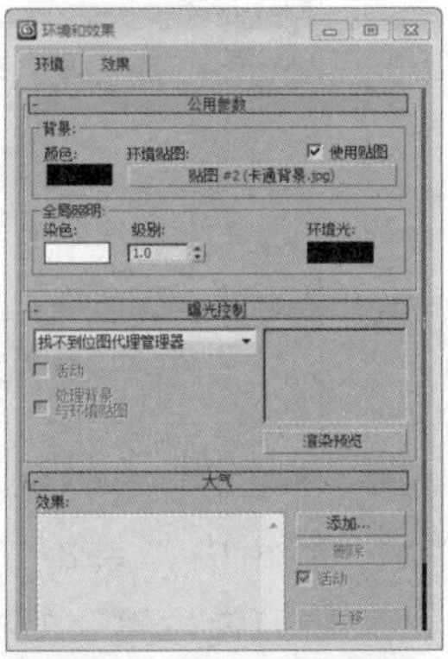

STEP 02 单击“曝光控制”卷展栏中的“找不到位图代理管理器”右侧的下拉按钮，在列表框中选择“自动曝光控制”选项，如右图所示。

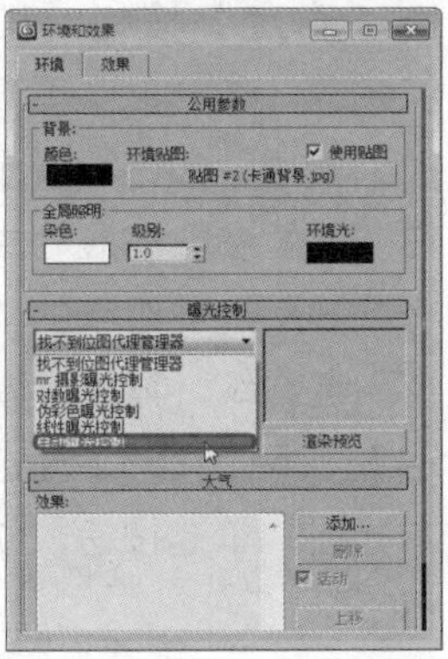

STEP 03 在“自动曝光控制参数”卷展栏中设置“亮度”为55、曝光值为0.5，并分别选中“颜色修正”与“降低暗区饱和度级别”复选框，如右图所示。

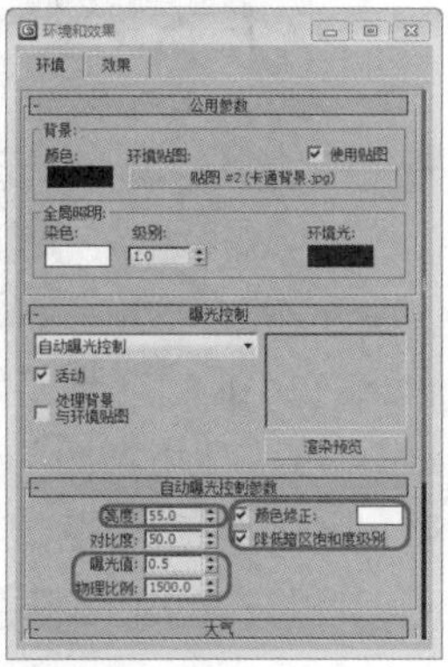

STEP 04 按F9进行快速渲染，效果如下图所示。

11.2 使用大气特效

在三维场景中，有时要用到一些特殊大气效果，如雾效果、火焰效果、体积光等，大气是用于创建照明效果（例如雾、火焰等）的插件组件。

实战操作371 使用雾效果

素材：Scene\Cha11\11-2.max　　场景：Scene\Cha11\实战操作371.max

难度：★★★★★　　视频：视频\ Cha11\实战操作371.avi

在大气特效中，雾是制造氛围的一种方法。它可使对象随着与摄像机距离的增加逐渐衰减，或提供分层雾效果，使所有对象或部分对象被雾笼罩，方法如下所述。

STEP 01 单击按钮，在弹出的下拉列表中执行“打开”命令，在打开的对话框中选择素材文件11-2.max，如下图所示。

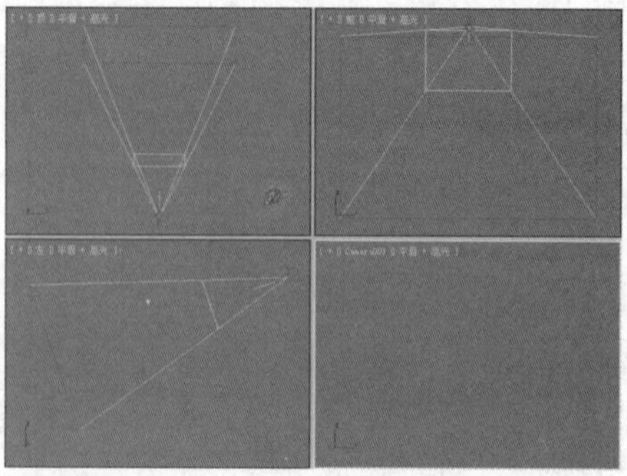

STEP 02 按8键，打开“环境和效果”对话框，单击“环境贴图”通道下的“无”按钮，在弹出的“材质/贴图浏览器”中选择“位图”贴图，在打开的对话框中选择随书附带光盘\Map\arch22_background.jpg文件，单击“打开”按钮，如下图所示。

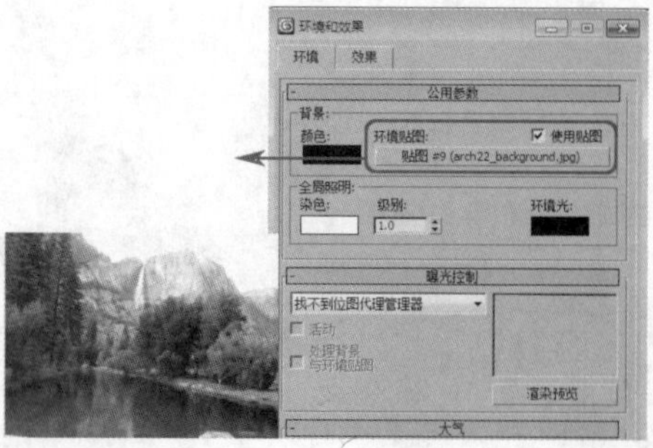

STEP 03 按Alt+B组合键，在“背景”选项卡下，选中“使用环境背景”复选框，单击“确定”按钮，如下图所示。

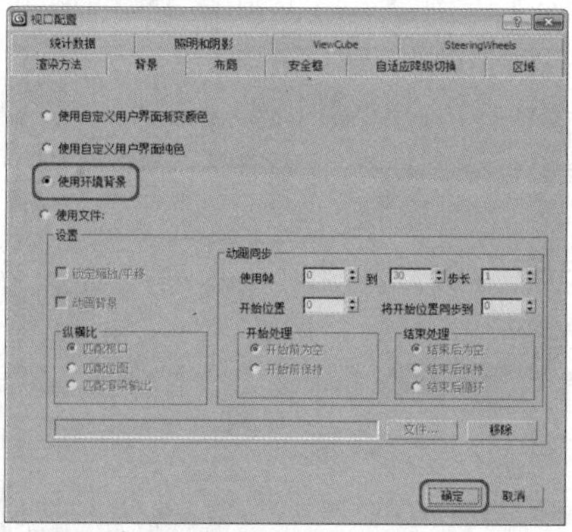

STEP 04 在“环境和效果”对话框中的“大气”卷展栏中，单击“添加”按钮，在弹出的“添加大气效果”对话中选择“雾”选项，单击“确定”按钮，即可将“雾”添加到大气效果列表中，如下图所示。在“雾”参数卷展栏中，将“雾”选项组下的“颜色”红、绿、蓝值设置为243、254、255，并选中“分层”单选按钮，如右图所示。

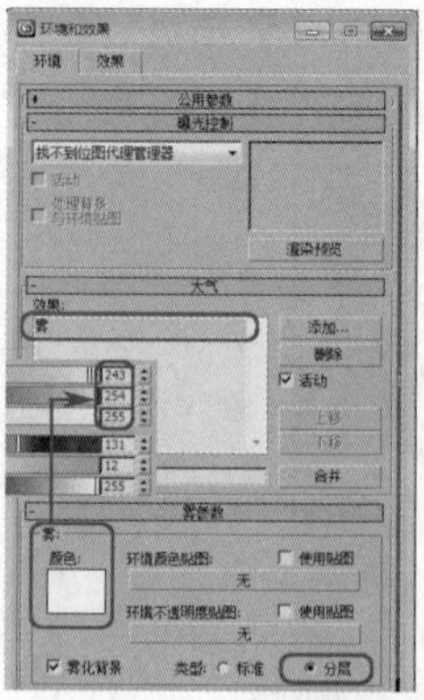

STEP 05 在“分层”选项组下，将“顶”、“底”、“密度”分别设置为200、10、15，并将“衰减”设置为“顶”；选中“地平线噪波”复选框，可以增加场景的真实感，将“大小”、“角度”和“相位”分别设置为100、0、50，如右图所示。

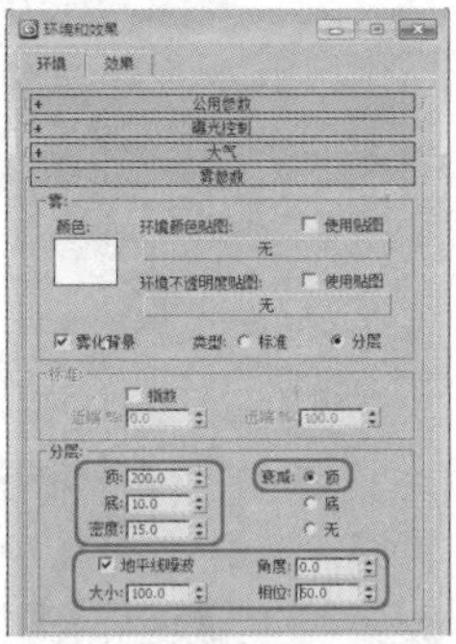

STEP 06 激活“摄影机”视图，按F9键进行渲染，效果如下图所示。

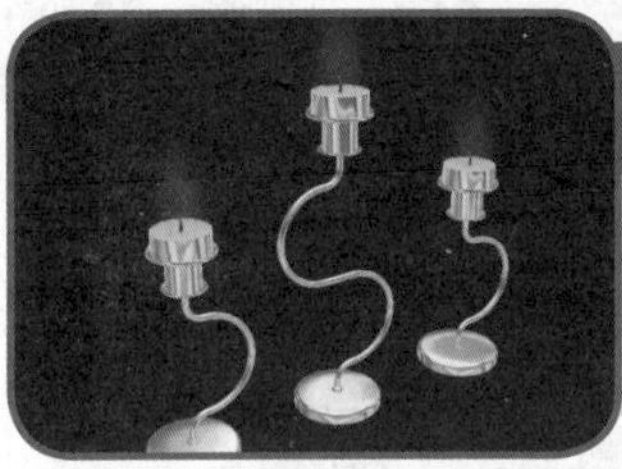

实战操作372 使用火焰效果

素材：Scene\Cha11\11-3.max　场景：Scene \Cha11\实战操作372.max

难度：★★★★★　视频：视频\ Cha11\实战操作372.avi

在三维动画中，火焰效果是为了烘托气氛经常用到的效果之一。使用“火焰”可以生成动画的火焰、烟雾和爆炸效果。可能的火焰效果用法包括篝火、火炬、火球、烟云和星云。

STEP 01 打开素材文件11-3.max文件，选择“创建”|“辅助对象”|“大气装置”|“球体Gizmo”工具，在“顶”视图中创建球体Gizmo；在修改器下的“球体Gizmo参数”卷展栏中将“半径”设置为2.5，选中“半球”复选框，如下图所示。

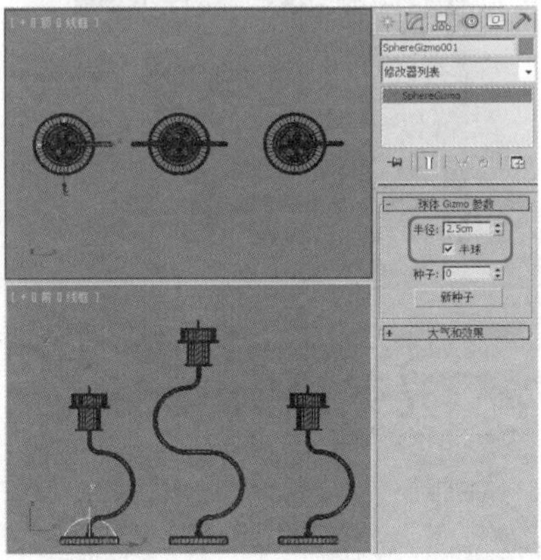

STEP 02 在“前”视图中将“SphereGizmo001”移动至蜡烛中心位置；再单击“缩放”工具栏中的“选择并均匀缩放”（快捷键R）按钮，对其进行不对称缩放，如下图所示。

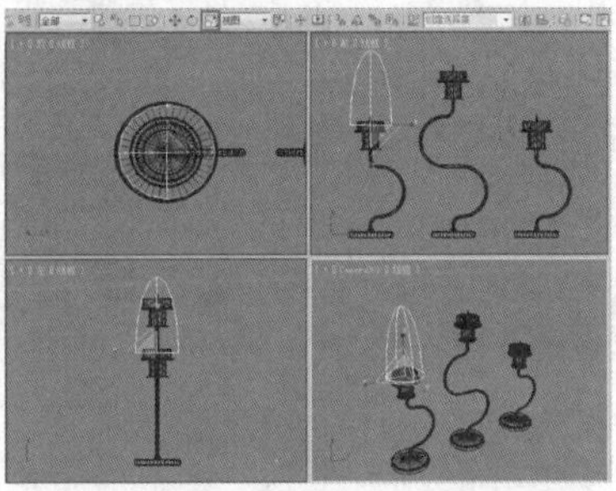

STEP 03 按8键，打开“环境和效果”对话框；在“大气”卷展栏下，单击“添加”按钮，在弹出的“添加大气效果”对话框中选择“火效果”选项，单击“确定”按钮，如下图所示。

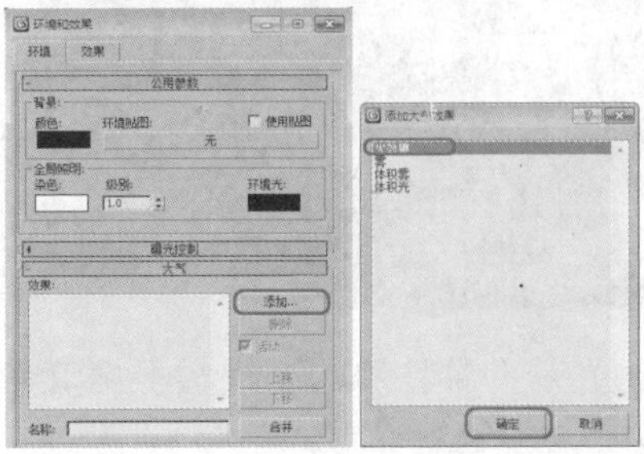

STEP 04 在“环境和效果”对话框的“火效果参数”卷展栏中单击“拾取Gizmo”按钮，场景中的球体Gizmo对象其相对应的名字将显示在右边的下拉列表中，如下图所示。

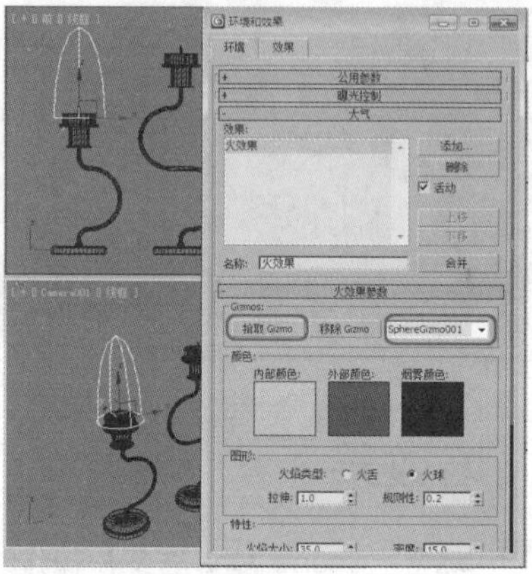

STEP 05 选中场景中的球体Gizmo，按住Shift键，复制出两个球体Gizmo，并调整好位置，如下图所示。

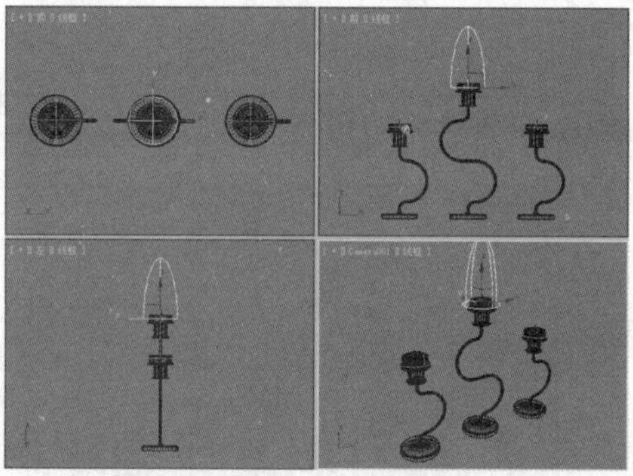

STEP 06 在“环境和效果”对话框中，在“火效果参数”卷展栏下，将“火焰类型”设置为“火舌”，“拉伸”值设置为1“火焰大小”、“密度”和“采样值”分别设置为18、50、30，如下图所示。

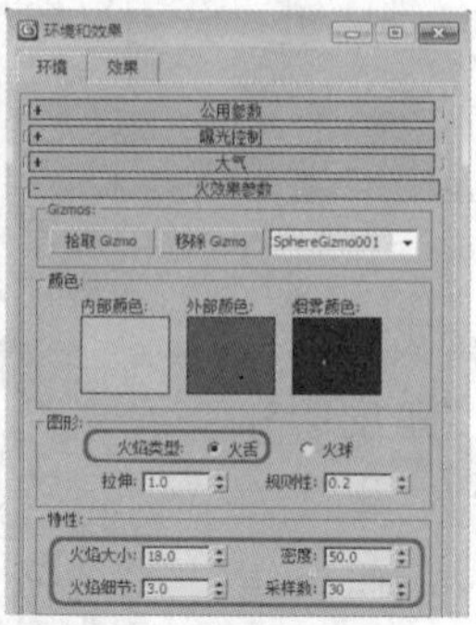

STEP 07 在“颜色”通道下，将“内部颜色”红、绿、蓝值设置为225、225、0；将“外部颜色”红、绿、蓝值设置为225、0、0，如下图所示。

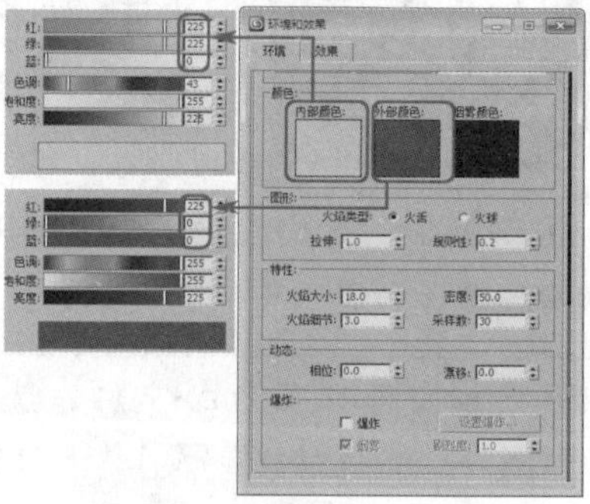

STEP 08 激活“摄影机”视图，按F9进行渲染，效果如下图所示。

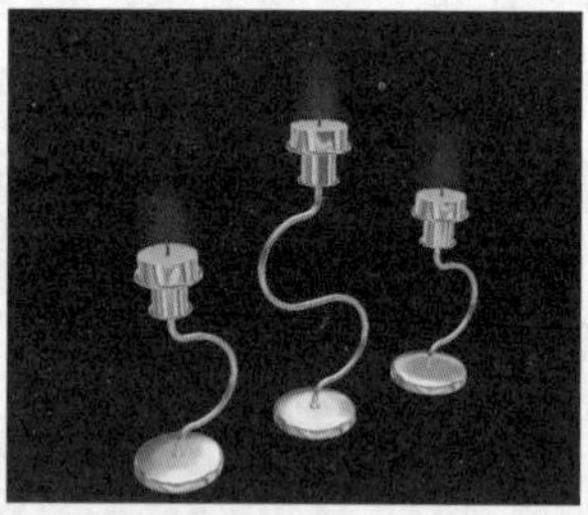

实战操作373 使用体积光效果

素材：Scene\Cha11\11-4.max　场景：场景\Cha11\实战操作373.max

难度：★★★★★　视频：视频\ Cha11\实战操作373.avi

体积光是一种特殊的光线，根据灯光与大气的相互作用提供灯光效果。用它可以制作出各种光束、光斑、光芒等效果。

STEP 01 打开素材文件11-4.max，在“前”视图中创建一盏目标聚光灯，如下图所示。

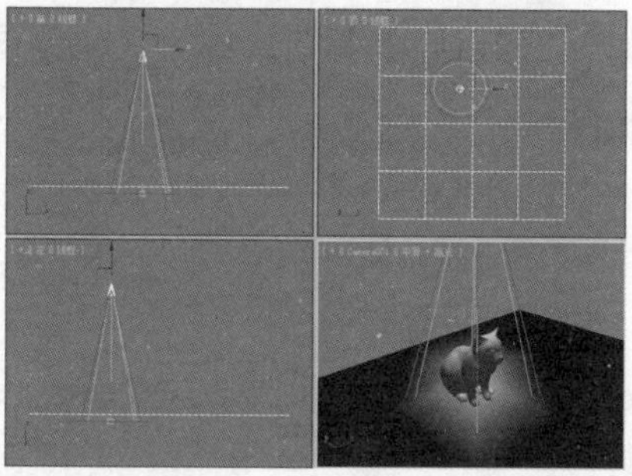

STEP 02 切换到“修改”命令面板，在“常规参数”卷展栏中的“阴影”选项组中选中“启用”复选框；在“强度/颜色/衰减”卷展栏中将“倍增”设置为0.8；在“聚光灯参数”卷展栏中选中“显示光锥”复选框，并将“聚光区/光束”的值设置为28，“衰减区/区域”的值设置为32，如下图所示。

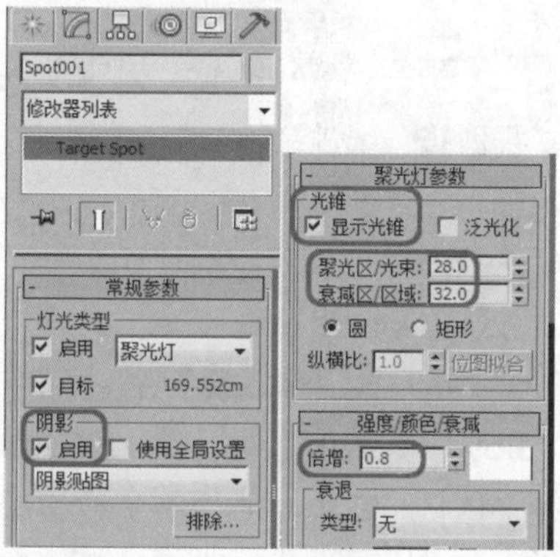

STEP 03 按8键，弹出“环境和效果”对话框，在“环境”选项卡中单击“大气”卷展栏下的“添加”按钮，在弹出的“添加大气效果”对话框中选择“体积光”选项，单击“确定”按钮，如下图所示。

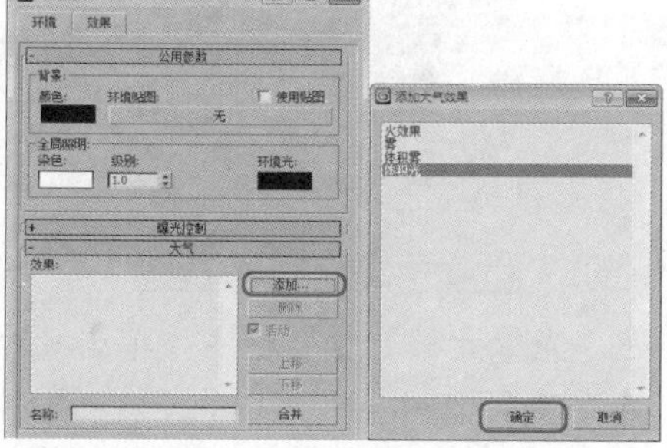

STEP 04 返回到“环境和效果”对话框，在“体积光参数”卷展栏中单击“拾取灯光”按钮，在场景中选择创建的目标聚光灯，其相对应的名字将显示在右边的下拉列表中，如下图所示。

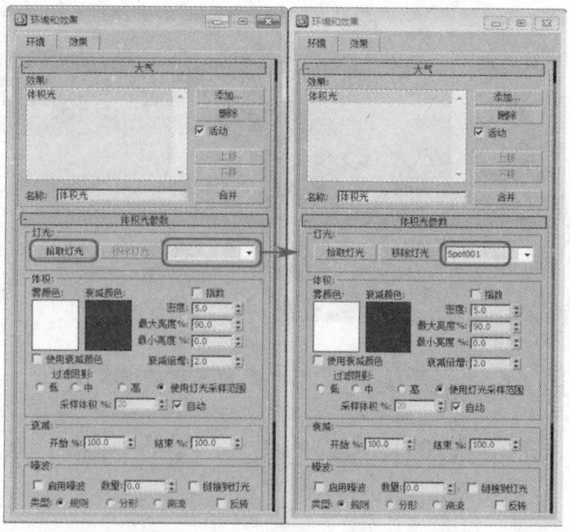

STEP 05 在“体积”选项组中将“密度”的值设置为15，如下图所示。

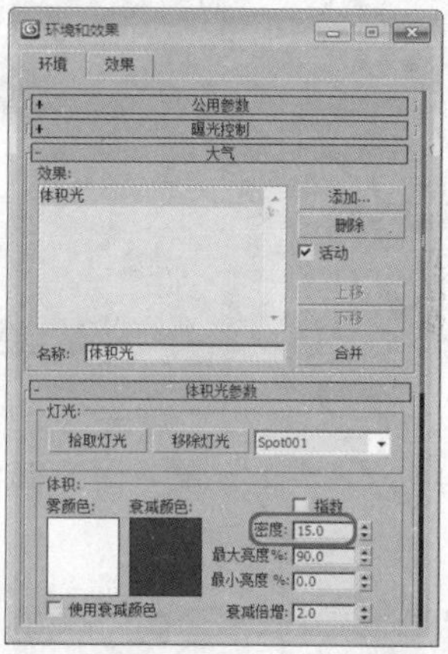

STEP 06 激活“摄影机”视图，按F9键，进行快速渲染，得到的效果如下图所示。

11.3 使用效果面板

在效果面板中共有9种效果：Hair和Fur、镜头效果、模糊、亮度和对比度、色彩平衡、景深、文件输出、胶片颗粒和运动模糊。这里主要介绍其中的四种特效。

实战操作374 使用镜头效果

素材：Scene\Cha11\11-5.max　　场景：场景\Cha11\实战操作374.max

难度：★★★★★　　视频：视频\ Cha11\实战操作374.avi

下面介绍镜头光晕效果的制作方法。

STEP 01 打开光盘中的素材文件11-5.max，如下图所示。

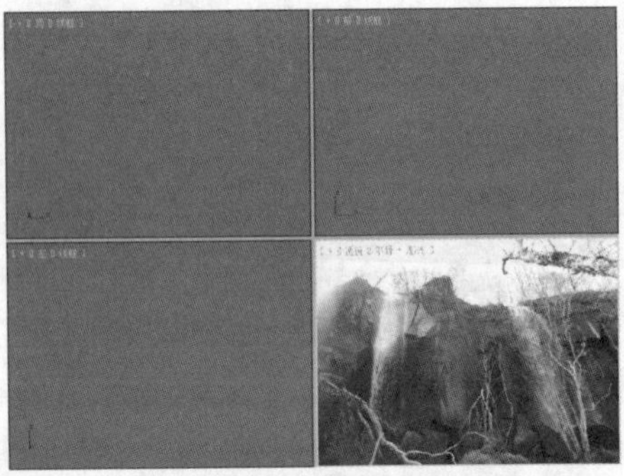

STEP 02 选择“创建”|“灯光”|“标准”|“泛光灯”工具，在“透”视图中创建一盏泛光灯，如下图所示。

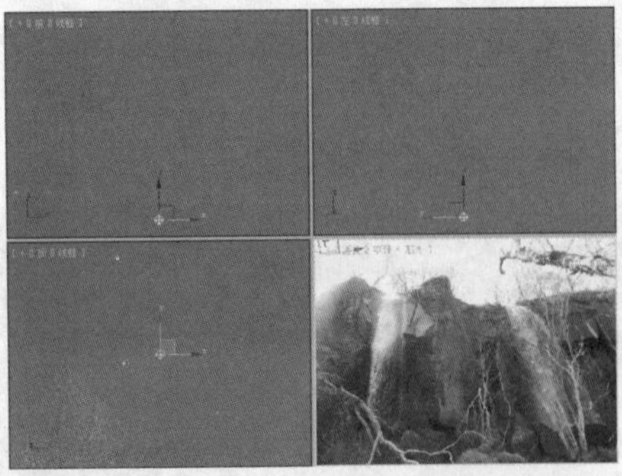

STEP 03 按8键，弹出“环境和效果”对话框，在“效果”选项卡中，单击“效果”卷展栏中的“添加”按钮，在弹出的“添加效果”对话框中选择“镜头效果”选项，单击“确定”按钮，如下图所示。

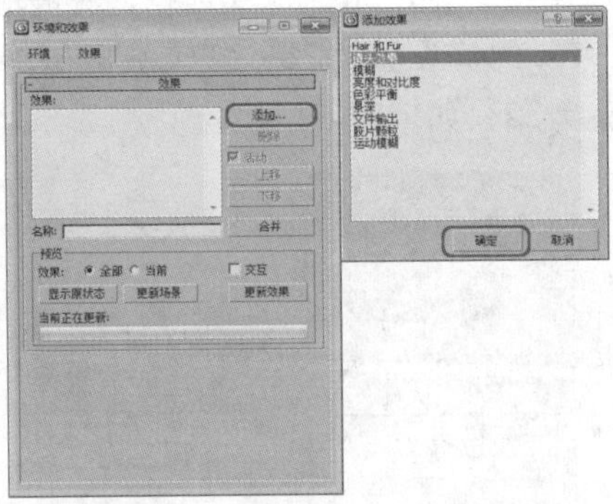

STEP 04 在“镜头效果参数”卷展栏中选择“Glow”，单击 按钮，则Glow特效将显示在右侧列表框中，在“镜头效果全局”卷展栏中单击“拾取灯光”按钮，单击场景创建好的泛光灯，如下图所示。

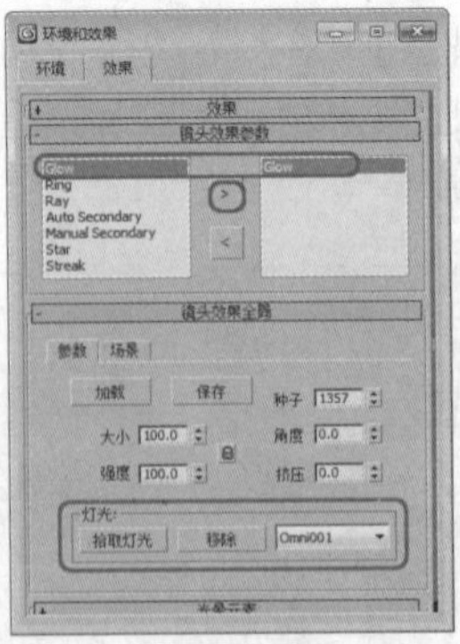

STEP 05 在“光晕元素”卷展栏中，单击“径向颜色”选项组中的 “白色”色块，弹出

“颜色选择器”对话框，将颜色的红、绿、蓝值设置为255、240、205，单击“确定”按钮，如下图所示。

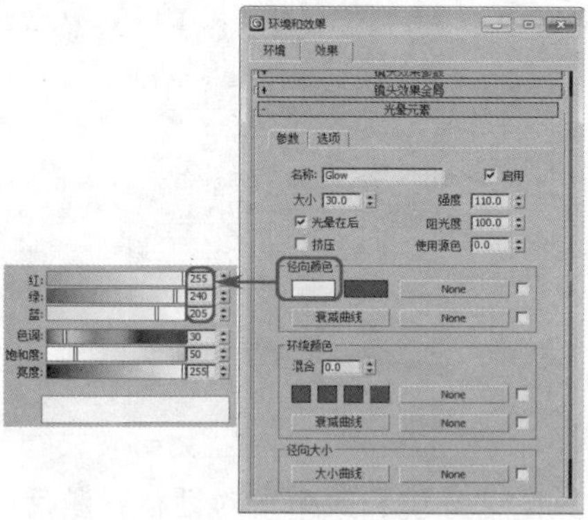

STEP 06 在“镜头效果参数”卷展栏中选择“Ring”选项，单击 > 按钮，则Ring特效将显示在右侧列表框中；在“光环元素”卷展栏中设置“大小”为20，强度为70，厚度为20；单击“径向颜色”选项组中的“白色”色块，在弹出的“颜色选择器”中设置颜色的红、绿、蓝值为225、254、215，单击“确定”按钮，如下图所示。

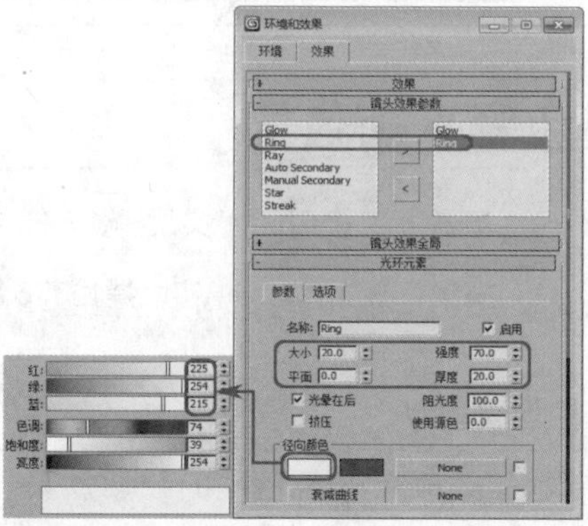

STEP 07 在“镜头效果参数”卷展栏中选择“Auto Secondary”选项，单击 > 按钮，则Auto Secondary特效将显示在右侧列表框中，在“自动二级光斑元素”卷展栏中设置“最小”值为0.1，“最大”值为9，“数量”为8，“强度”为100，如下图所示。

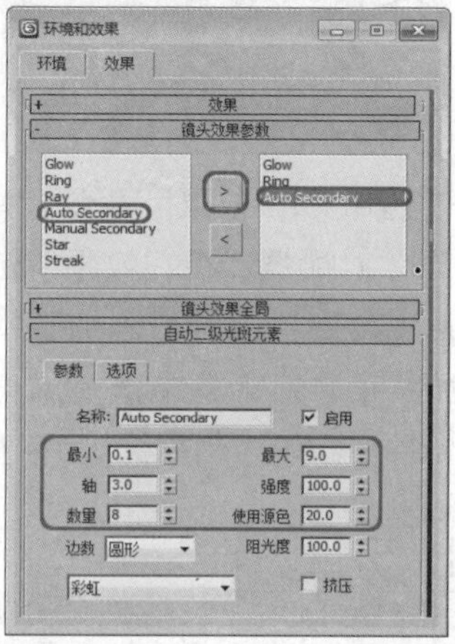

STEP 08 关闭“环境和效果”对话框，激活“透”视图，按8键快速渲染，效果图如下图所示。

实战操作375 使用亮度和对比度效果

素材：Scene\Cha11\11-6.max　　场景：场景\Cha11\实战操作375.max

难度：★★★★★　　视频：视频\ Cha11\实战操作375.avi

在渲染时经常会遇到渲染出来的图像比较暗，效果并不理想，这时可以通过使用“亮度和对比度”效果来调整图像。

STEP 01 打开需要调整亮度和对比度的素材文件11-6.max，并对其进行渲染，效果如下图所示。

STEP 02 执行“渲染”|“效果”命令，弹出“环境和效果”对话框，在“效果”选项卡中，单击“效果”卷展栏中的“添加”按钮，在弹出的“添加效果”对话框中选择“亮度和对比度”选项，单击“确定”按钮，如下图所示。

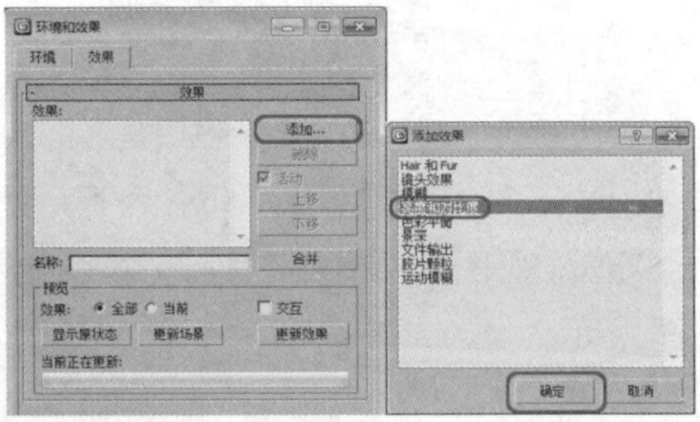

STEP 03 在“亮度和对比度参数”卷展栏中将“亮度”设置为0.8，“对比度”设置为0.6，如下图所示。

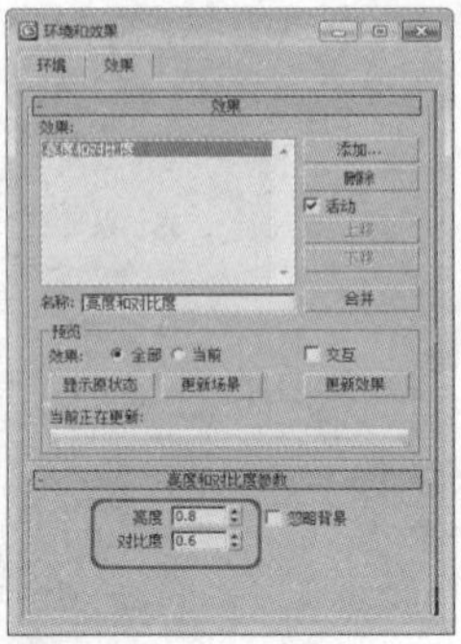

STEP 04 关闭“环境和效果”对话框，激活“透”视图，单击按钮进行快速渲染，效果如下图所示。

实战操作376 使用色彩平衡效果

素材：Scene\Cha11\11-7.max　场景：场景\Cha11\实战操作376.max

难度：★★★★★　视频：视频\ Cha11\实战操作376.avi

使用色彩平衡效果，可以独立控制RGB通道中颜色的相加或相减。

STEP 01 打开需要调整色彩平衡的素材文件11-7.max，并对其进行渲染，效果如下图所示。

STEP 02 执行“渲染”|“效果”命令，弹出“环境和效果”对话框，在“效果”选项卡中，单击“效果”卷展栏中的“添加”按钮，在弹出的“添加效果”对话框中选择“色彩平衡”选项，单击“确定”按钮，如下图所示。

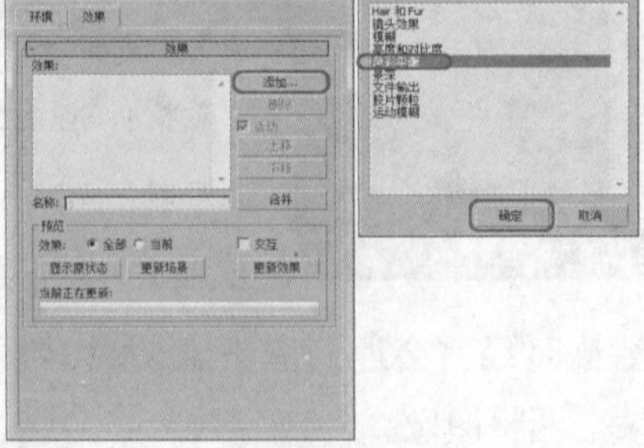

STEP 03 在“色彩平衡参数”卷展栏下，将色彩平衡值依次从上至下设置为：25、3、-16，如右图所示。

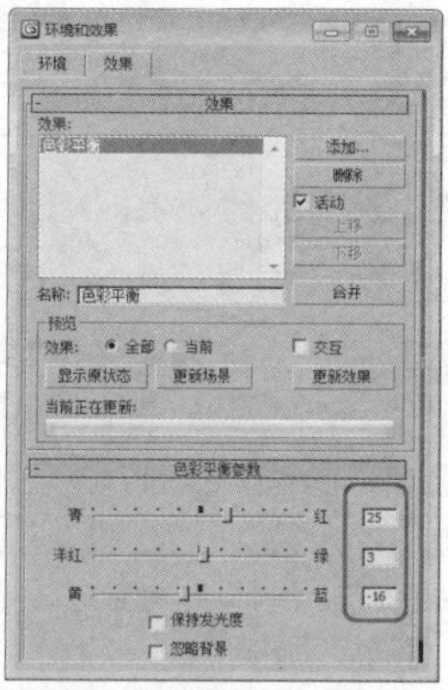

STEP 04 关闭“环境和效果”对话框，激活“透”视图，单击按钮进行快速渲染，效果如下图所示。

实战操作377 使用胶片颗粒效果

素材：Scene\Cha11\11-8.max　　场景：场景\Cha11\实战操作377.max

难度：★★★★★　　视频：视频\ Cha11\实战操作377.avi

下面介绍胶片颗粒的制作方法。

STEP 01 打开需要创建胶片颗粒效果的素材文件11-8.max，并对其进行渲染，效果如下图所示。

STEP 02 按8键，弹出“环境和效果”对话框，在“效果”选项卡中，单击“效果”卷展栏中的“添加”按钮，在弹出的“添加效果”对话框中选择“胶片颗粒”选项，单击“确定”按钮，如下图所示。

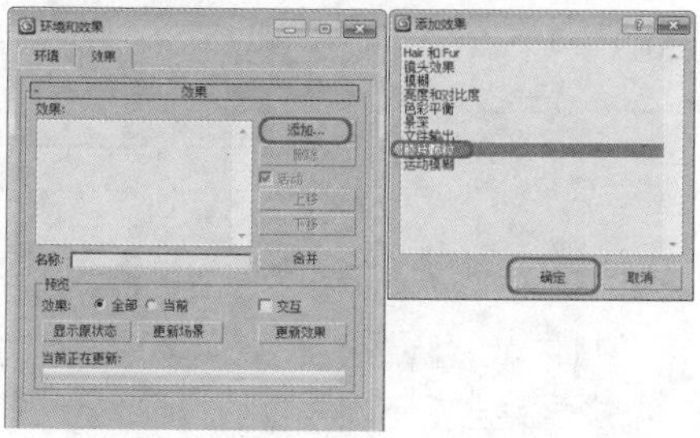

STEP 03 在“胶片颗粒参数”卷展栏中将“颗粒”值设置为1.0，如下图所示。

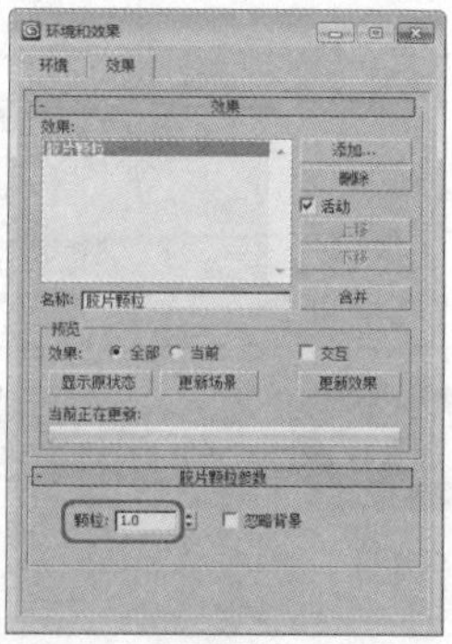

STEP 04 关闭“环境和效果”对话框，激活“透”视图，按F9键进行快速渲染，效果如下图所示。

11.4 使用“视频后期处理”对话框

Video Post视频合成器是3ds Max中独立的一大组成部分，相当于一个视频后期处理软件，包括动态影像的非线性编辑功能以及特殊效果处理功能，类似于After Effects或者Combustion等后期合成软件的性质，但视频后期处理功能很弱，因此建议使用专业的后期合成软件来完成视频后期处理视频合成器中的工作。

实战操作378 打开“视频后期处理”对话框

素材：无	场景：无
难度：★★★★★	视频：视频\ Cha11\实战操作378.avi

从外表上看，视频后期处理界面由4部分组成：顶端为工具栏，完成各种操作；左侧为序列窗口，用于加入和调整合成的项目序列；右侧为编辑窗口，用滑块控制当前项目所处的活动区段；底端用于提示信息的显示和一些显示控制工具。

STEP 01 在菜单栏中执行“渲染”|“视频后期处理”命令，如右图所示。

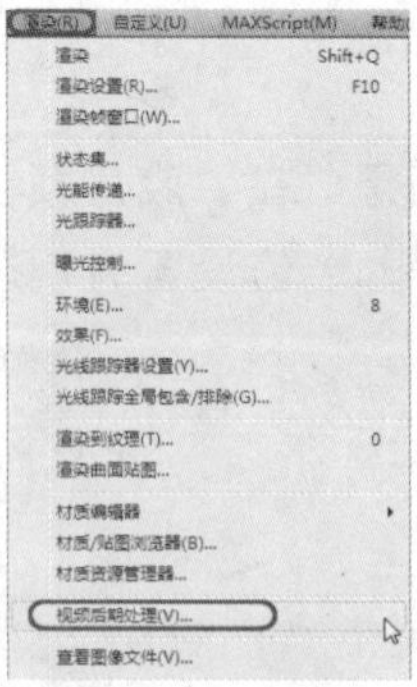

STEP 02 即可打开“视频后期处理”对话框，如下图所示。

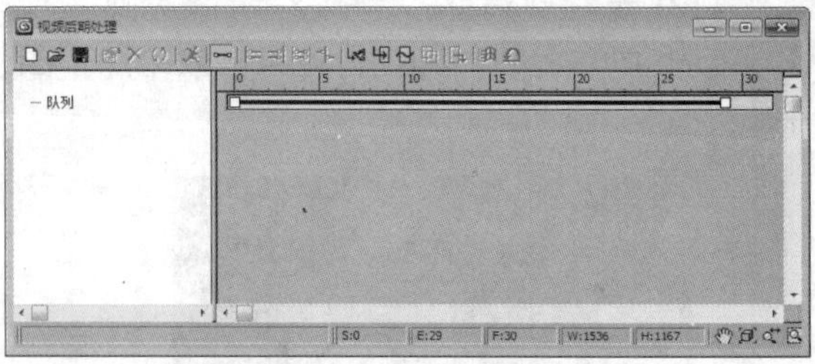

实战操作379 添加场景事件

素材：无	场景：无
难度：★★★★★	视频：视频\ Cha11\实战操作379.avi

在Video Post窗口中添加的新事件，来源于当前场景中的一个视图。

STEP 01 在菜单栏中执行“渲染”|“视频后期处理”命令，如右图所示。

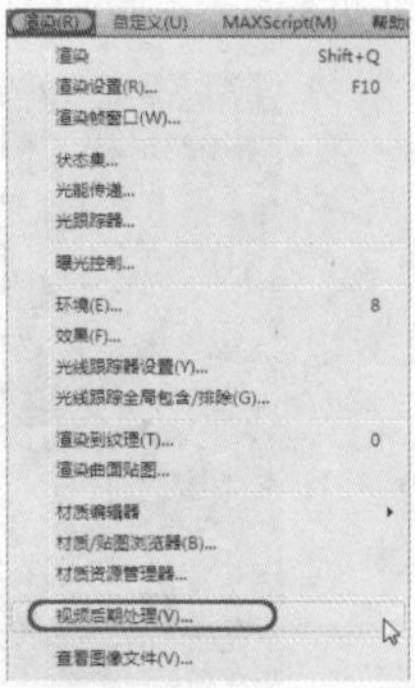

STEP 02 打开“视频后期处理”对话框，单击“添加场景事件”按钮，如下图所示。

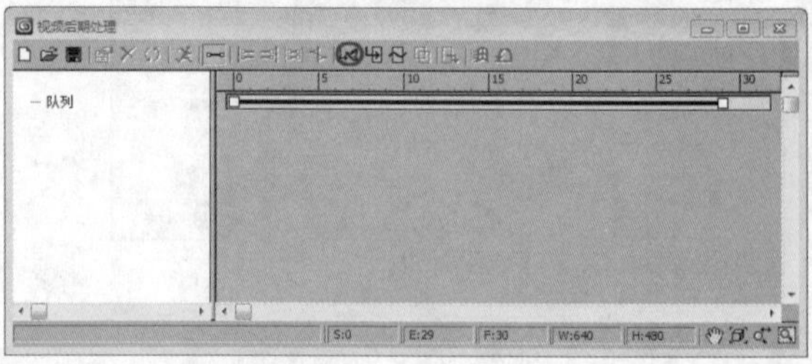

STEP 03 弹出“添加场景事件”对话框，在“视图”选项组中默认为“透视”视图，如右图所示。

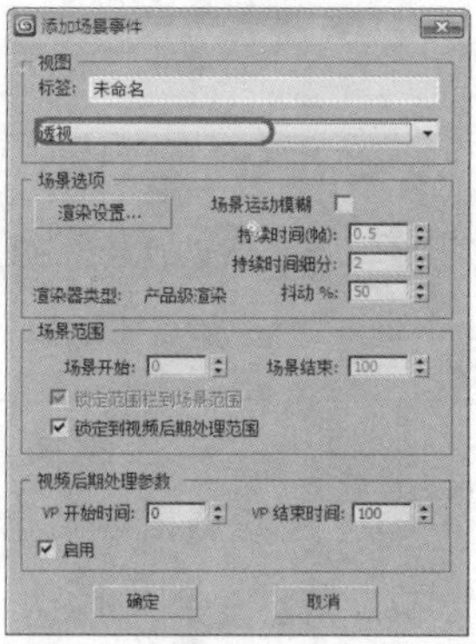

STEP 04 单击“确定”按钮，“透视”视图事件便添加到视频后期处理对话框的序列中，如下图所示。

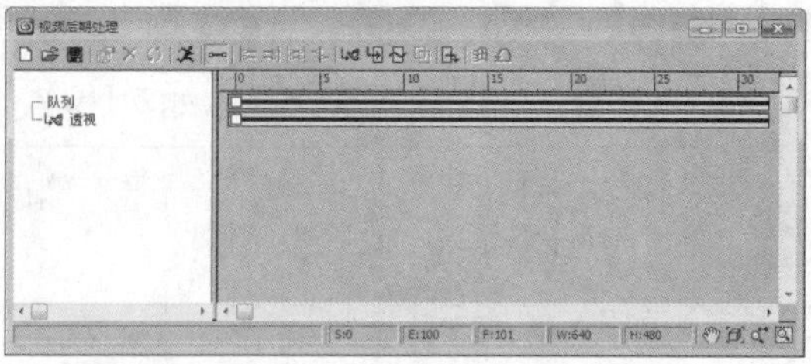

实战操作380 添加图像输入事件

素材：无　　场景：无

难度：★★★★★　　视频：视频\ Cha11\实战操作380.avi

利用添加图像输入事件命令，可将外部各种格式的图像文件作为一个事件添加到视频后期处理对话框中。

STEP 01 执行“渲染”|“视频后期处理”命令，打开“视频后期处理”对话框后，单击“添加图像输入事件”按钮，如下图所示。

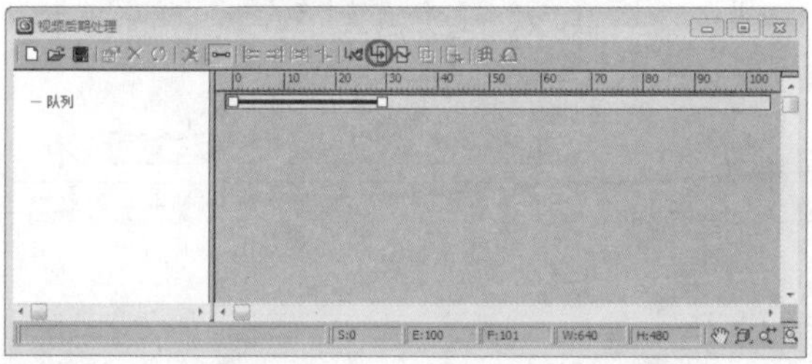

STEP 02 弹出“添加图像输入事件”对话框，单击“图像输入”选项组中的“文件”按钮，如下图所示。

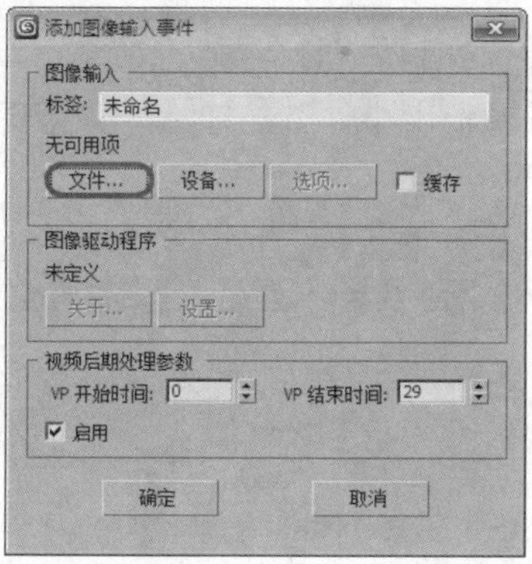

STEP 03 弹出“为视频后期处理输入选择图像文件”对话框，从中选择素材文件，如下图所示。

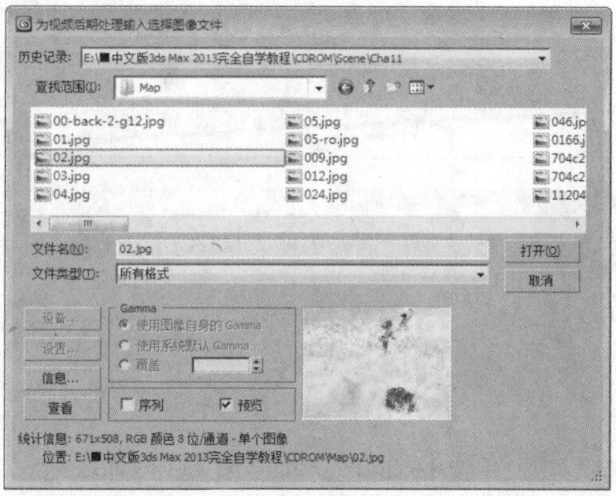

STEP 04 单击“打开”按钮，返回“添加图像输入事件”对话框，单击“确定”按钮，如下图所示，即可添加图像输入事件。

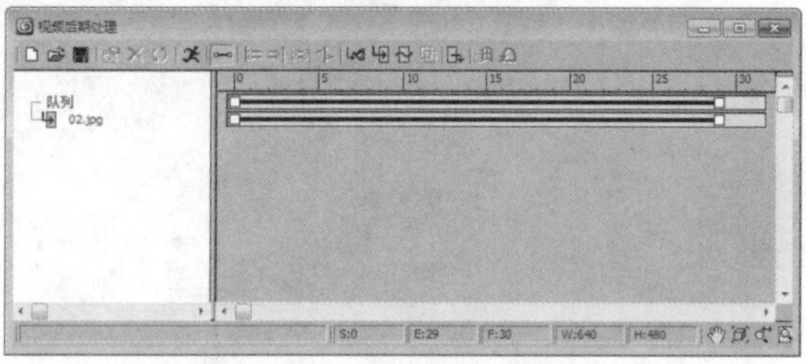

实战操作381 添加图像过滤事件

素材：无　　场景：无

难度：★★★★★　　视频：视频\ Cha11\实战操作381.avi

下面对前面图像进行特殊处理，如对比度、衰减、光晕、星空等。

STEP 01 在菜单栏中执行“渲染”|“视频后期处理”命令，如右图所示。

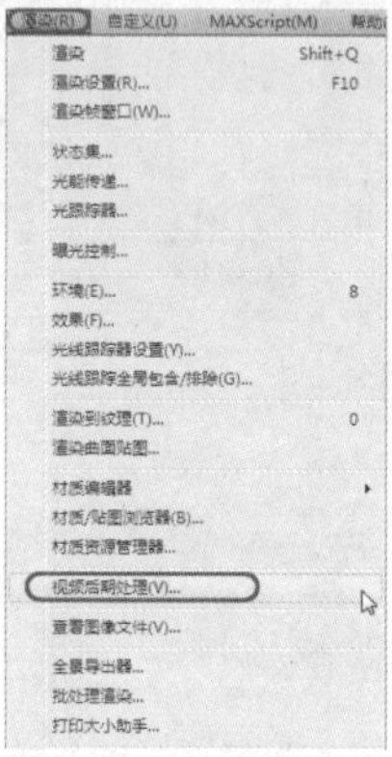

STEP 02 打开“视频后期处理”对话框，单击“添加图像过滤事件”按钮，如下图所示。

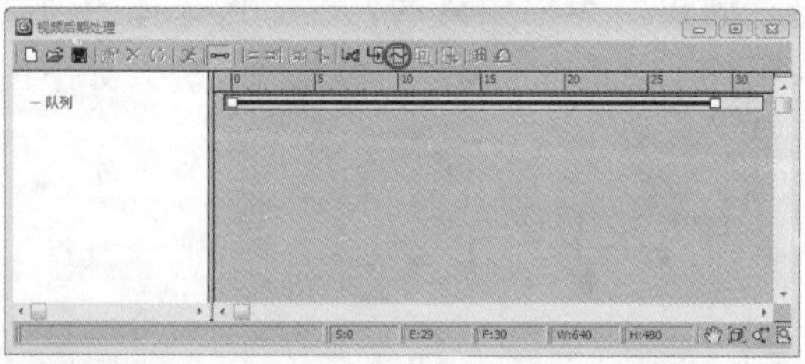

STEP 03 弹出“添加图像过滤事件”对话框，在“过滤器插件”选项组中选择“镜头效果高光”选项，如下图所示。

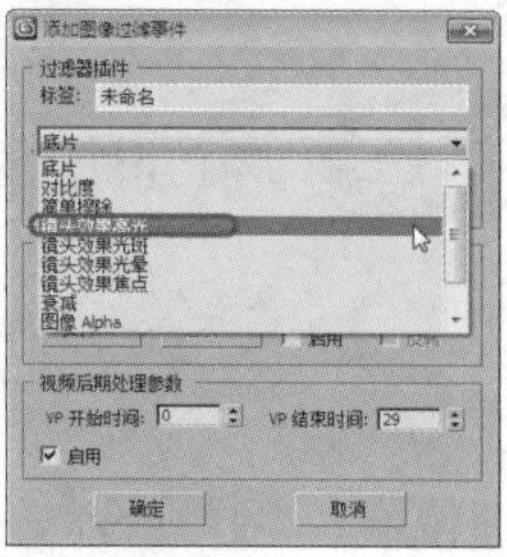

STEP 04 单击“确定”按钮，即可添加图像过滤事件，如下图所示。

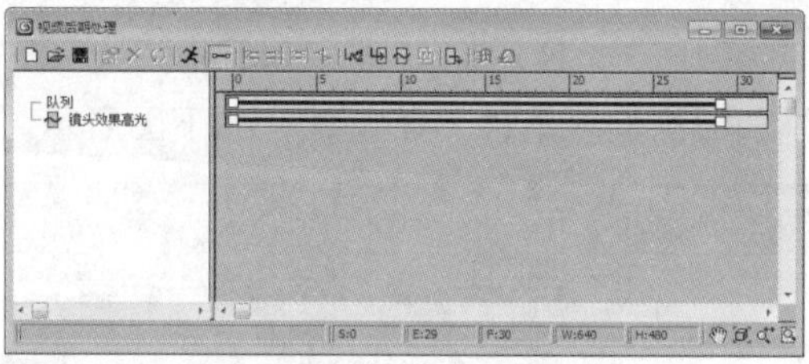

实战操作382 添加图像输出事件

素材：无　　场景：无

难度：★★★★★　　视频：视频\ Cha11\实战操作382.avi

添加图像输出事件，可将最后合成的结果保存为图像文件。

STEP 01 在菜单栏中执行“渲染”|“视频后期处理”命令，如右图所示。

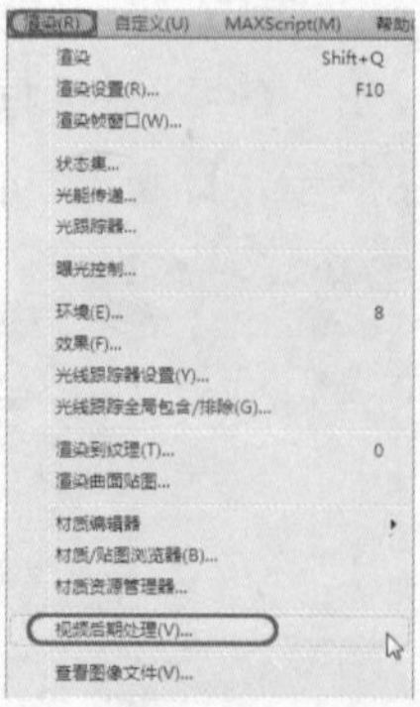

STEP 02 打开“视频后期处理”对话框，单击“添加图像输出事件”按钮，如下图所示。

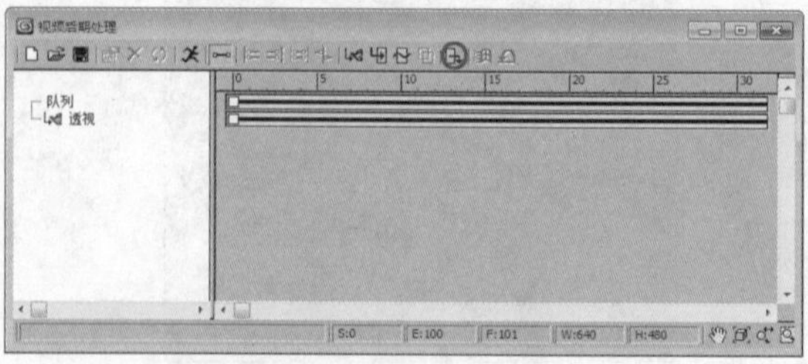

STEP 03 弹出“添加图像输出事件”对话框，单击“图像文件”选项组中的“文件”按钮，如右图所示。

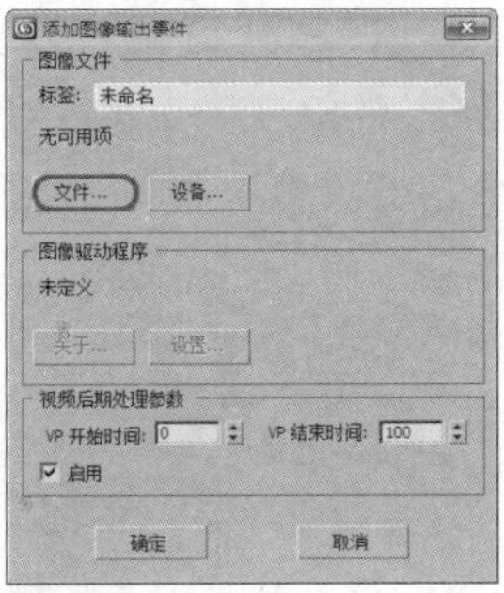

STEP 04 弹出“为视频后期处理输出选择图像文件”对话框，设置“文件名”为001，“保存类型”为AVI文件（*.avi），如下图所示。

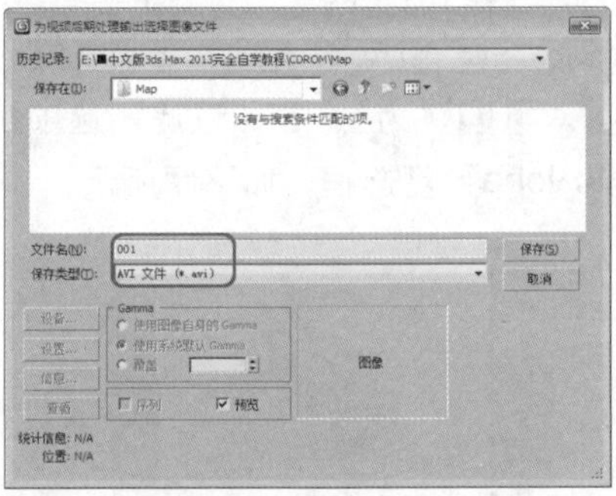

STEP 05 单击“保存”按钮，弹出“AVI文件压缩设置”对话框，如下图所示。

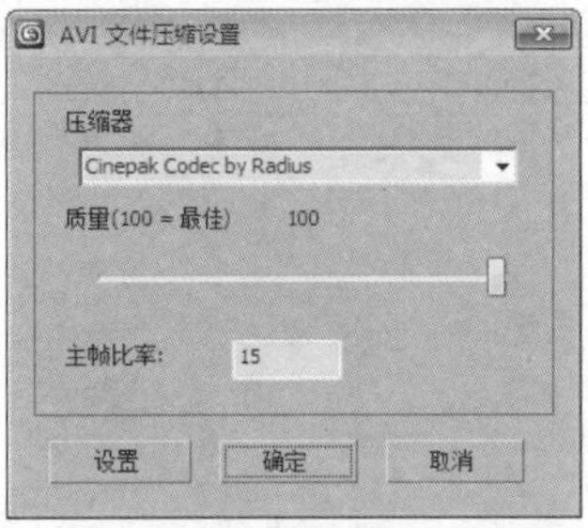

STEP 06 单击两次“确定”按钮，返回“视频后期处理”对话框，如下图所示，即可添加图像输出事件。

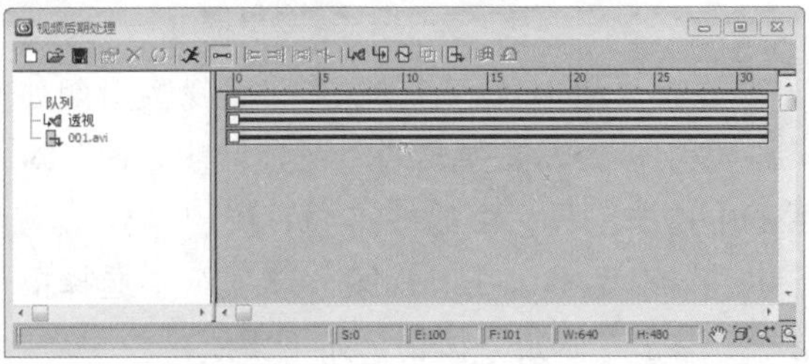

11.5 应用视频后期处理

在视频后期处理中，可以加入多种类型的项目，包括当前场景、图像、动画、过滤器和合成器等，主要目的有两个：一是将场景、图像和动画组合连接在一起，层层覆盖以产生组合的图像效果，分段连接产生剪辑影片；二是对组合和连接加入特殊处理，如对图像进行发光处理，在两个影片衔接时进行淡入淡出处理等。

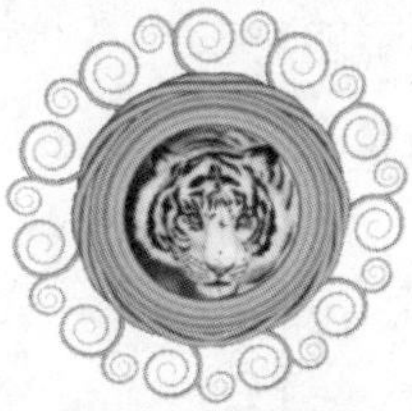

实战操作383 为对象添加镜头效果光晕

素材：Scene\Cha11\11-9.max　　场景：场景\Cha11\实战操作383.max

难度：★★★★★　　视频：视频\ Cha11\实战操作383.avi

镜头效果光晕是最为常见的过滤器，它可对物体表面进行灼烧处理产生一层光晕，从而达到发光的效果。

STEP 01 打开需要添加镜头效果光晕的素材文件11-9.max，在场景中选择“组001”模型，右击鼠标，在弹出的快捷菜单中执行“对象属性”命令，在弹出的“对象属性”对话框中设置“G

缓冲区”选项组中的“对象ID”为1，单击“确定”按钮，如下图所示。

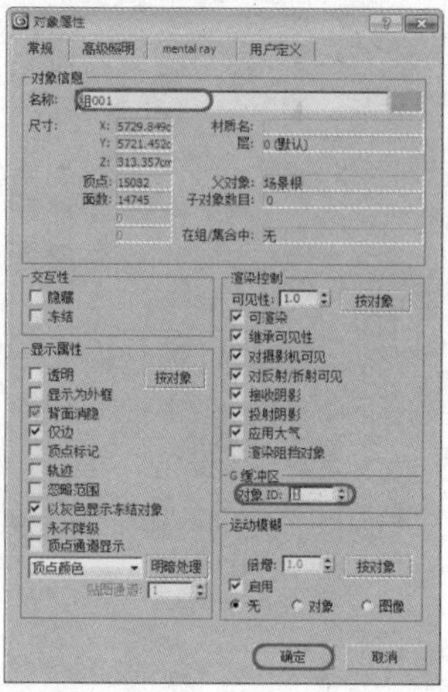

STEP 02 在菜单栏中执行“渲染”|“视频后期处理”命令，在弹出的“视频后期处理”对话框中单击工具栏中的按钮，弹出“添加场景事件”对话框，在“视图”选项组中选择摄影机，单击“确定”按钮，如下图所示。

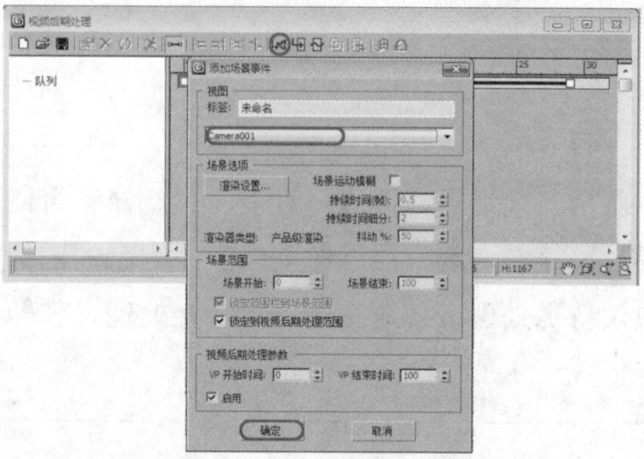

STEP 03 添加场景事件后，单击按钮，弹出“添加图像过滤事件”对话框，在“过滤器插件”选项组中选择“镜头效果光晕”事件，单击“确定”按钮，如下图所示。

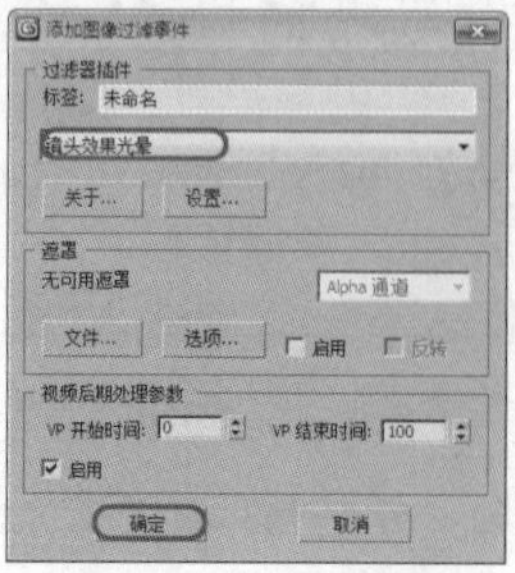

STEP 04 在序列窗格中双击“镜头效果光晕”事件，在弹出的“编辑过滤事件”对话框中单击“设置”按钮，如下图所示。

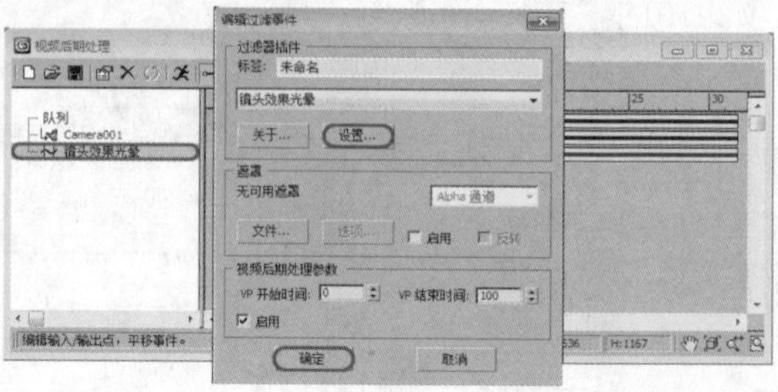

STEP 05 打开“镜头效果光晕”对话框，单击“VP排列”和“预览”按钮，在“属性”选项卡设置“对象ID”为1；在“过滤”选项组中选中“周界Alpha”复选框，如下图所示。

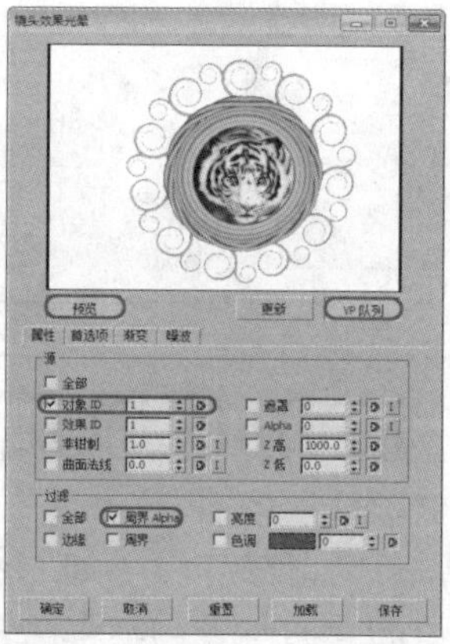

STEP 06 在“首选项”选项卡中的“效果”选项组中设置“大小”为8；在“颜色”选项组中选中“用户”单选按钮，设置颜色的红、绿、蓝值为0、246、255，设置“强度”为50，单击“确定”按钮，如下图所示。

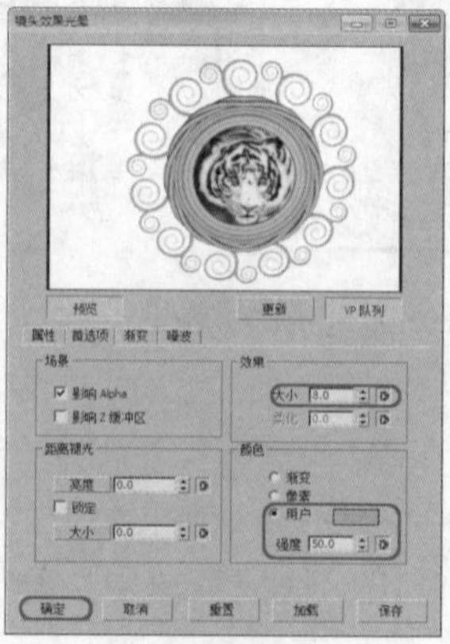

实战操作384 执行镜头效果光晕特效

素材：Scene\Cha11\实战操作383.max　场景：场景\Cha11\实战操作384.max

难度：★★★★★　视频：视频\ Cha11\实战操作384.avi

下面对刚才创建的镜头效果光晕进行输出渲染。

STEP 01 以实战操作383为例，执行“渲染”|“视频后期处理”命令，打开视频后期处理编辑器窗口，单击按钮，弹出的“添加图像输出事件”对话框，单击“图像文件”选项组中的“文件”按钮，如下图所示。

STEP 02 弹出“为视频后期处理输出选择图像文件”对话框，设置“文件名”为“发光相框”，设置“保存类型”为TIF图像文件（*.tif），如下图所示。

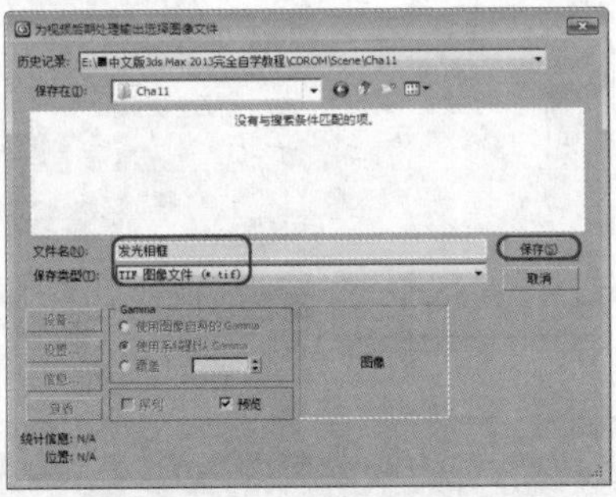

STEP 03 单击“保存”按钮，弹出“TIF图像控制”对话框，如下图所示。

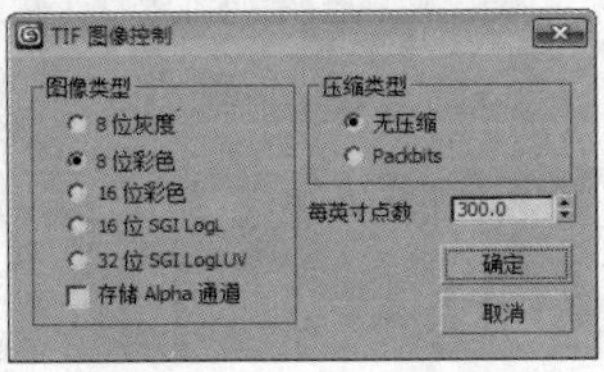

STEP 04 单击两次“确定”按钮，返回到“视频后期处理”对话框，如下图所示，即可添加图像输出效果。

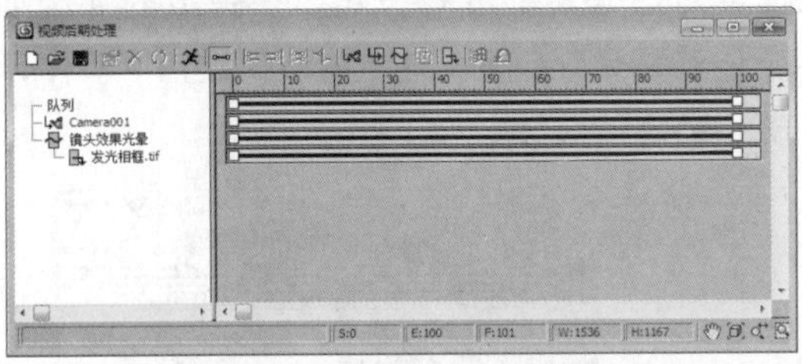

STEP 05 单击“执行序列”按钮，弹出“执行视频后期处理”对话框，在“时间输出”选项组中选中“单个”单选按钮，在“输出大小”选项组中将输出大小设置为1536×1167，如下图所示。

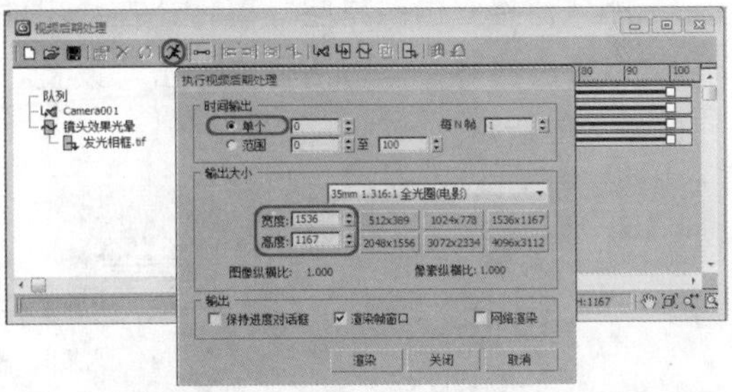

STEP 06 单击“渲染”按钮，对序列进行渲染，得到的效果如下图所示。

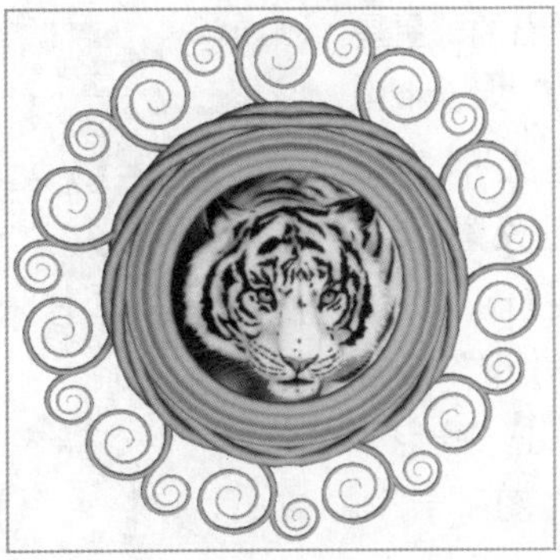

实战操作385 使用星空渲染场景

素材：Scene\Cha11\11-10.max　场景：场景\Cha11\实战操作385.max

难度：★★★★★　视频：视频\ Cha11\实战操作385.avi

使用星空渲染场景产生星空背景，这种星空可以按照地球周围真实的星空数据库计算，必须对“摄影机”视图才能产生作用。

STEP 01 打开素材文件11-10.max，执行“渲染”|“视频后期处理”命令，打开“视频后期处理”对话框，单击按钮，在弹出的“添加图像过滤事件”对话框中选择“星空”事件，单击“确定”按钮，如下图所示。

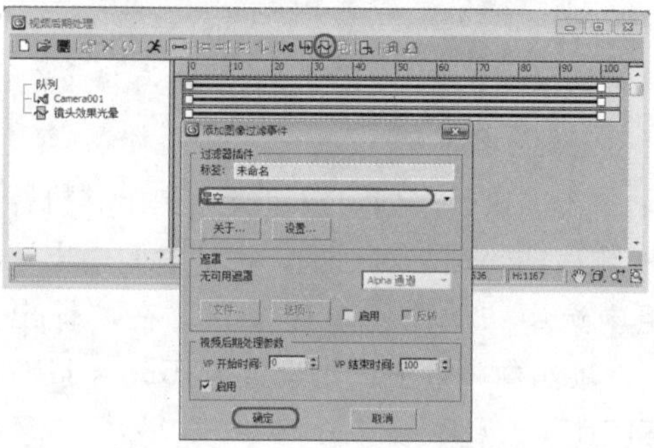

STEP 02 在序列窗格双击“星空”事件，在弹出的“编辑过滤事件”对话框中单击“设置”按钮，如下图所示。

STEP 03 在弹出的“星星控制”对话框中将“星星大小（像素）”的值设置为5，将“运动模糊”选项组中的“数量”设置为100，单击“确定”按钮，如右图所示。

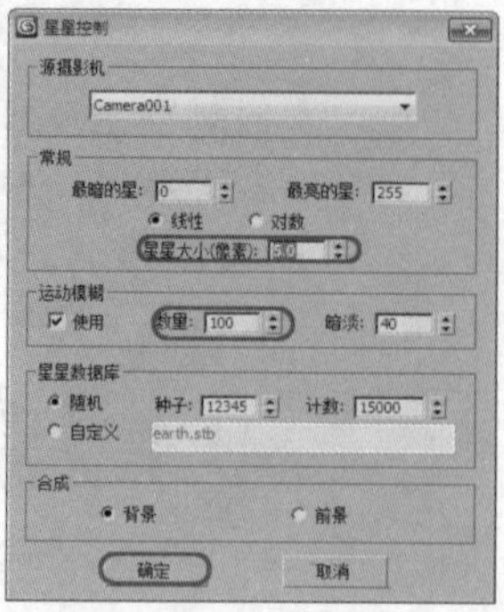

STEP 04 再次单击“确定”按钮，返回到“视频后期处理”对话框，单击按钮，如下图所示。

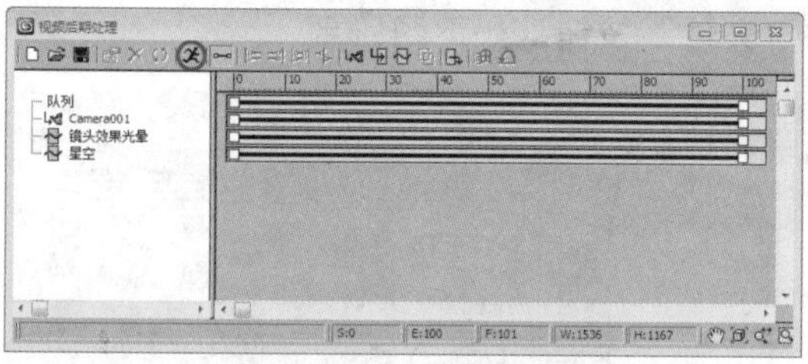

STEP 05 在弹出的“执行视频后期处理”对话框中，在“时间输出”选项组中选中“单个”单选按钮，将“输出大小”的“宽度”设置为1536，“高度”设置为1167，如下图所示。

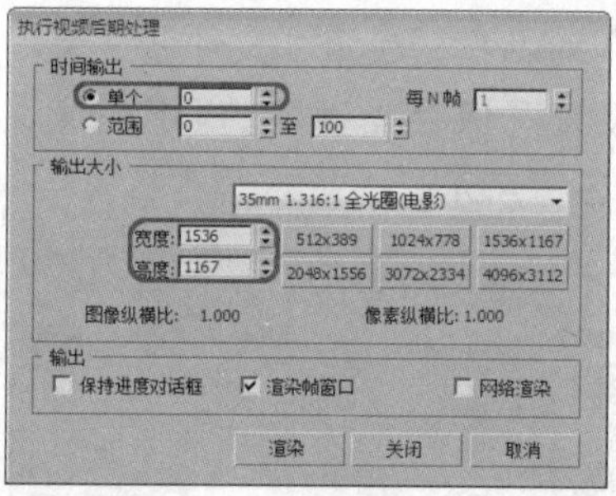

STEP 06 单击“渲染”按钮，得到如下图所示效果。

实战操作386 设置交叉衰减

素材：Scene\Cha11\11-11.max　场景：场景\Cha11\实战操作386.max

难度：★★★★★　视频：视频\ Cha11\实战操作386.avi

交叉衰减即将两个图像在时间上作衰减处理，从背景图像向前景图像过滤，最后完全转化为前景图像。它没有参数设置，直接指定即可，转化的速度取决于时间段的长度。

STEP 01 打开需要设置交叉衰减的素材文件11-11.max，执行“渲染”|“视频后期处理”命令，打开“视频后期处理”对话框，即可显示素材，如下图所示。

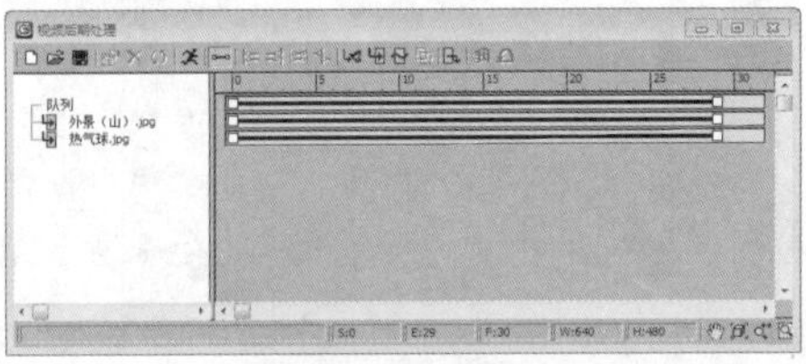

STEP 02 单击“添加图像输出事件”按钮，在弹出的“添加图像输出事件”对话框中单击“文件”按钮，弹出“为视频后期处理输出选择图像文件”对话框，在“保存类型”下拉列表框中选择“AVI文件（*.avi）”选项，并设置文件名为设置交叉衰减，如下图所示。

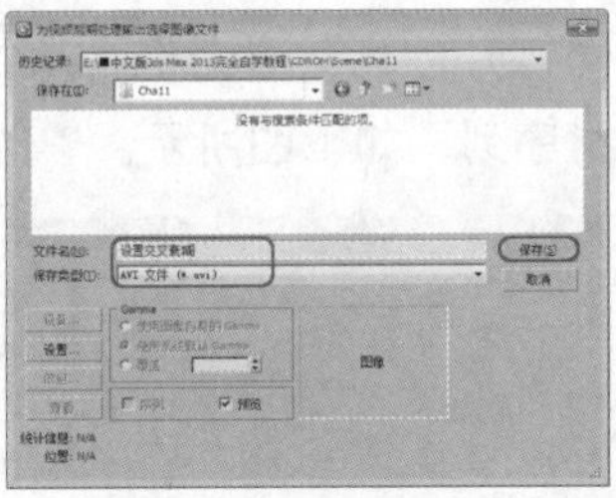

STEP 03 单击“保存”按钮，弹出“AVI文件压缩设置”对话框，使用默认值，单击“确定”即可，如下图所示。

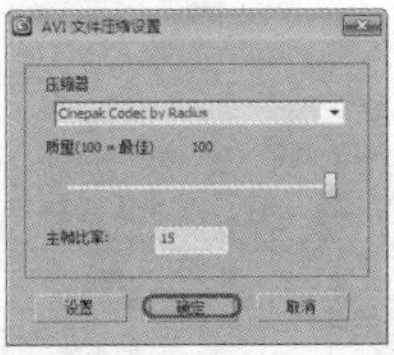

STEP 04 单击“确定”按钮，返回到“视频后期处理”对话框，按住Ctrl键的同时选择两个图像输入事件，单击“添加图像层事件”按钮，如下图所示。

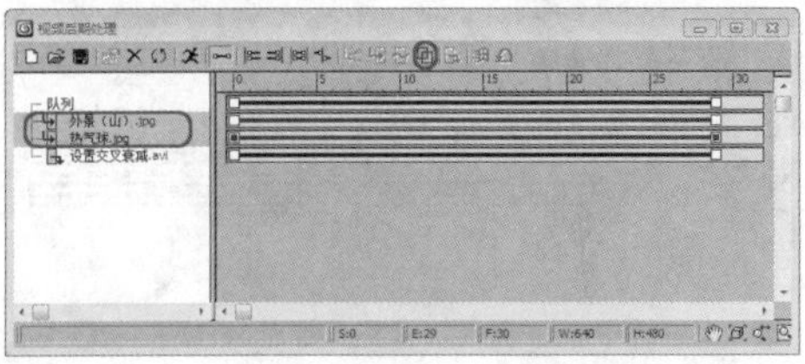

STEP 05 弹出“添加图像层事件”对话框，在“层插件”选项组中的“视频后期处理变换过滤器”列表框中选择“交叉衰减变换”选项，如下图所示。

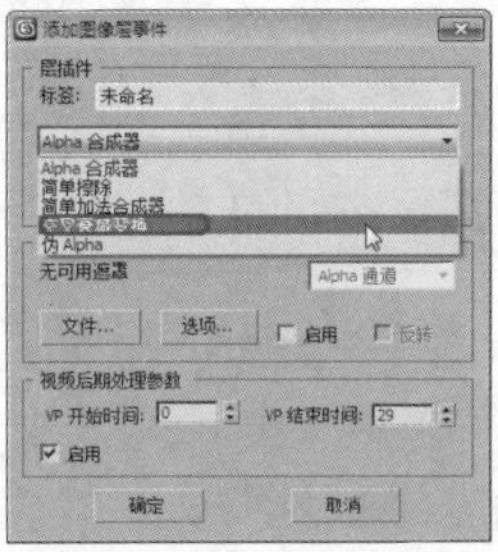

STEP 06 单击“确定”按钮，返回到“视频后期处理”对话框，单击“执行序列”按钮，弹出“执行视频后期处理”对话框，在“时间输出”选项组中选中“范围”单选按钮，在右侧的文本框中输入0、15，然后单击“渲染”按钮，如下图所示。

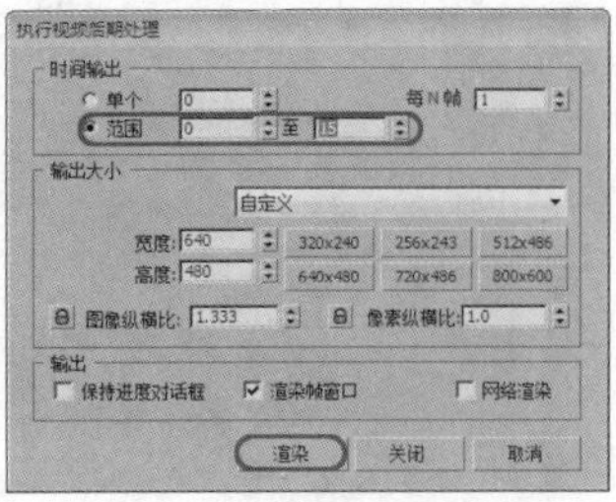

实战操作387 保存序列

素材：Scene\Cha11\实战操作386.max　　场景：无

难度：★★★★★　　视频：视频\ Cha11\实战操作387.avi

下面介绍保存序列的方法。

STEP 01 以“实战操作386”为例，执行“渲染”|“视频后期处理”命令，弹出“视频后期处理”对话框，单击“保存序列”按钮，如下图所示。

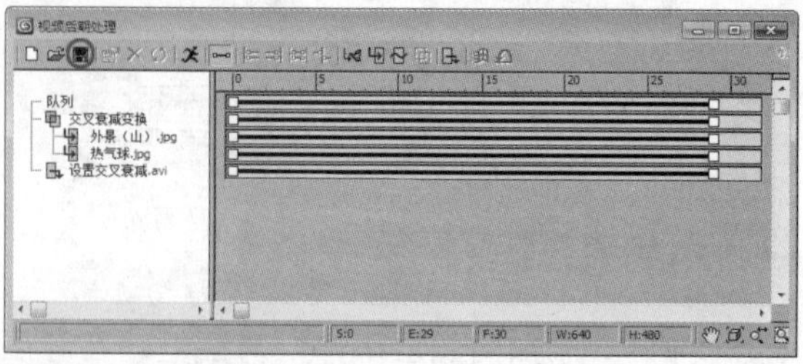

STEP 02 弹出“保存序列”对话框，从中选择相应的文件路径，并设置“文件名”为“001”，单击“保存”按钮，如下图所示，即可保存序列。

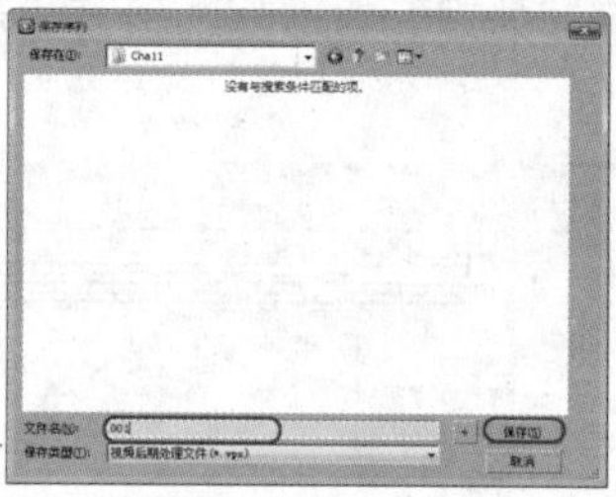

实战操作388 打开序列

素材：无　　场景：无

难度：★★★★★　　视频：视频\ Cha11\实战操作388.avi

下面介绍打开序列的方法。

STEP 01 重置一个3ds Max场景，执行菜单栏中的“渲染”|“视频后期处理”命令，如右图所示。

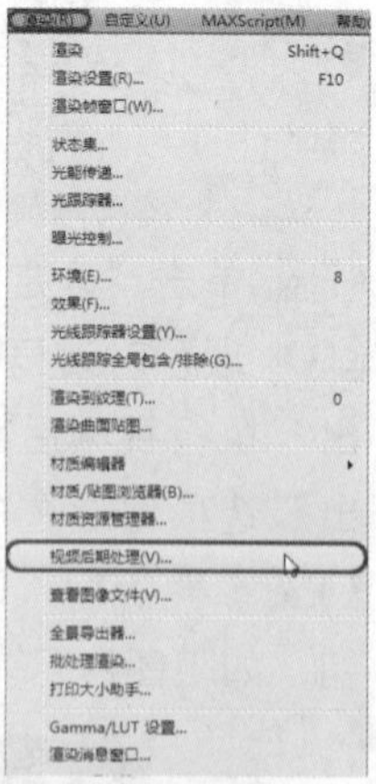

STEP 02 弹出“视频后期处理”对话框，单击“打开序列”按钮，如下图所示。

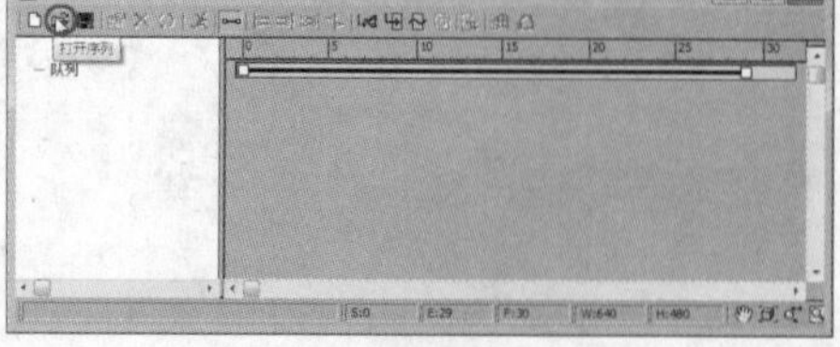

STEP 03 弹出“打开序列”对话框，从中选择相应的素材序列，如下图所示。

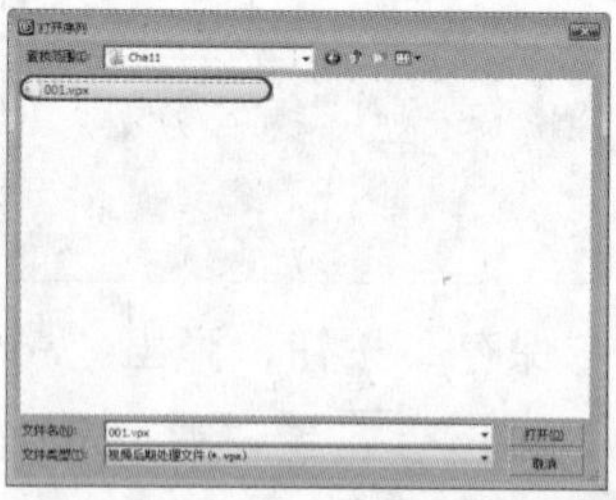

STEP 04 单击“打开”按钮，即可打开序列，如下图所示。

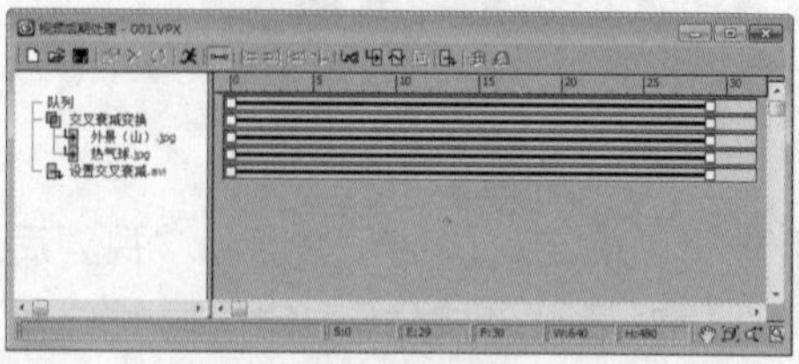

Chapter 12

第12章 基本动画

在3ds Max 2013中可以轻松地制作动画。本章介绍3ds Max 2013中常用的动画工具，如轨迹视图、运动命令面板和动画控制器等。通过本章的学习，可以了解并掌握动画的应用和操作技巧。

3ds Max 2013

12.1 关键帧动画

动画的产生是基于人类视觉暂留的原理。人们在观看一组连续播放的图片时，每一幅图片都会在人眼中产生短暂的停留，只要图片播放的速度快于图片在人眼中停留的时间，就可以感觉到它们好像真的在运动一样。这种组成动画的每张图片都叫做“帧”，它是3ds Max 动画中最基本也是最重要的概念。

实战操作389 开启动画模式

素材：Scene\Cha12\12-1.max	场景：无
难度：★★★★★	视频：视频\Cha12\实战操作389.avi

下面介绍开启动画模式的方法，具体操作步骤如下所述。

STEP 01 单击按钮，在弹出的下拉列表中执行“打开”命令，在打开的对话框中选择素材文件12-1.max，如下图所示。

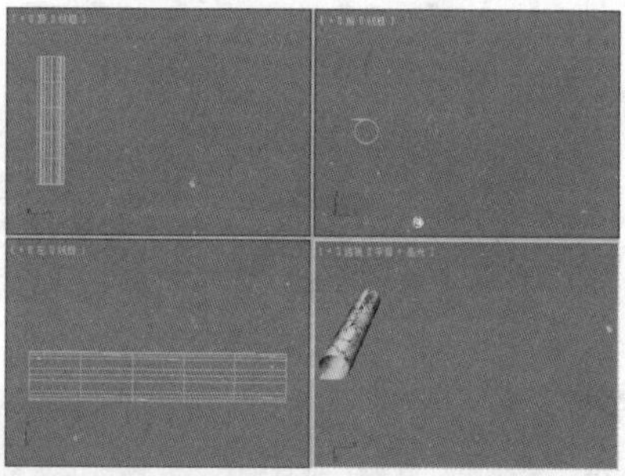

STEP 02 单击动画控制区中的“自动关键点”按钮，即可开启动画模式，当前视图和进度条呈红色状态显示，如下图所示。

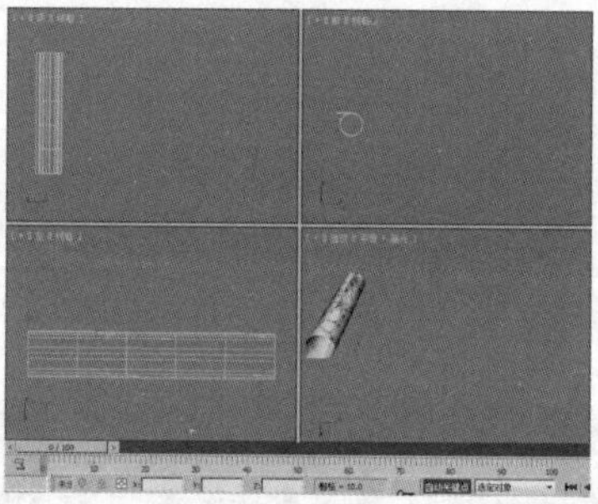

实战操作390 设置帧速率

素材：Scene\Cha12\12-1.max	场景：无
难度：★★★★★	视频：视频\Cha12\实战操作390.avi

通常动画的帧速率以每秒显示的帧数（fps）表示，即每秒钟实时播放时显示的帧数。设置帧速率的操作步骤如下所述。

STEP 01 单击按钮，在弹出的下拉列表中执行“打开”命令，在打开的对话框中选择素材文件12-1.max，如右图所示。

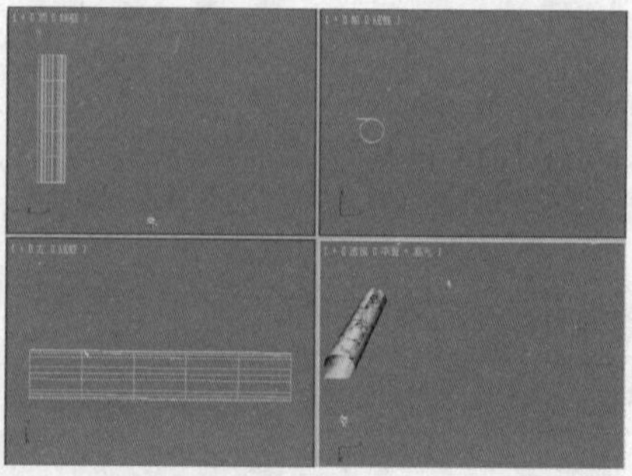

STEP 02 单击动画控制区中的“时间配置”按钮，弹出“时间配置”对话框，在“帧速率”选项组中选中“自定义”单选按钮，将FPS的值设置为24，单击“确定”按钮，即可设置帧速率，如右图所示。

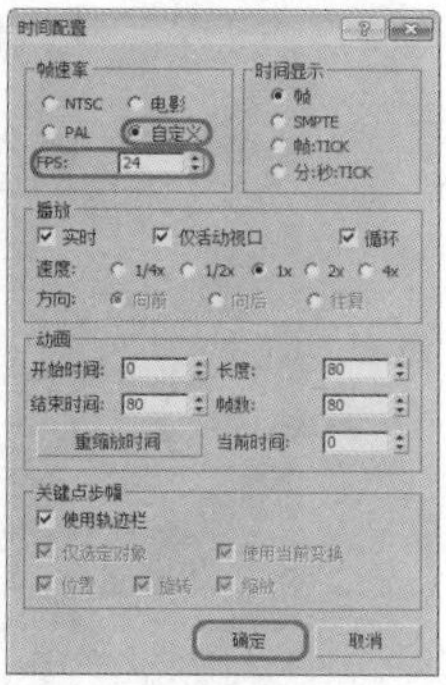

专家提醒

“帧速率”选项组中各选项的含义如下所述。

NTSC：是指美国和日本视频标准，约每秒30帧。

PAL：是指欧洲视频标准，每秒25帧。

电影：是指电影标准，每秒24帧。

自定义：是指FPS参数中设置的帧速率。

实战操作391 设置动画录制时间

素材：Scene\Cha12\12-1.max　　场景：无

难度：★★★★★　　视频：视频\Cha12\实战操作391.avi

可以通过“时间配置”对话框中的“长度”选项来设置动画录制时间，具体操作步骤如下所述。

STEP 01 打开素材文件12-1.max，单击动画控制区中的“时间配置”按钮，弹出“时间配置”对话框，在“动画”选项组中设置“长度”为80，如右图所示。

STEP 02 单击“确定”按钮，即可设置动画录制时间，轨迹栏中的帧数变为80，如下图所示。

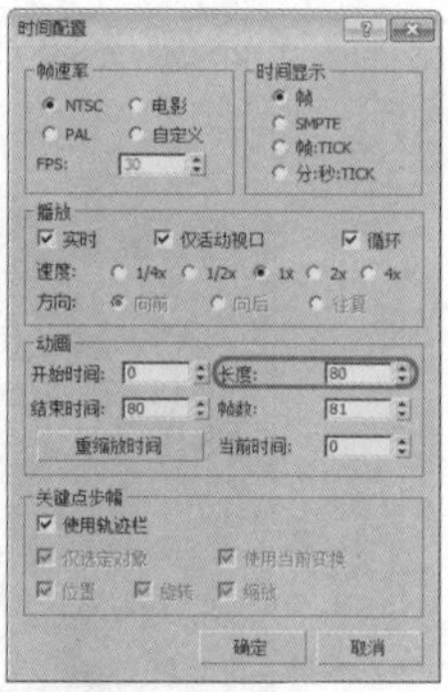

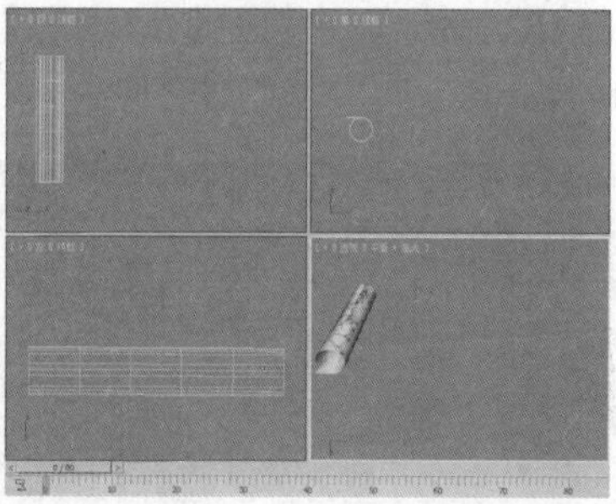

实战操作392 设置关键点

素材：Scene\Cha12\12-1.max　　场景：无

难度：★★★★★　　视频：视频\ Cha12\实战操作392.avi

下面介绍设置关键点的方法，具体操作步骤如下所述。

STEP 01 打开素材文件12-1.max，单击动画控制区中的“自动关键点”按钮，然后将时间滑块拖动至第50帧处，如右图所示。

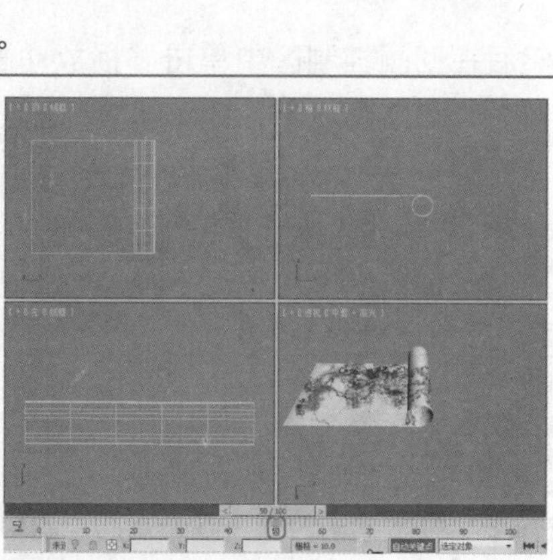

STEP 02 在视图中选择“QuadPatch01”对象，单击动画控制区中的“设置关键点”按钮，即可在第50帧位置处设置关键点，如右图所示。

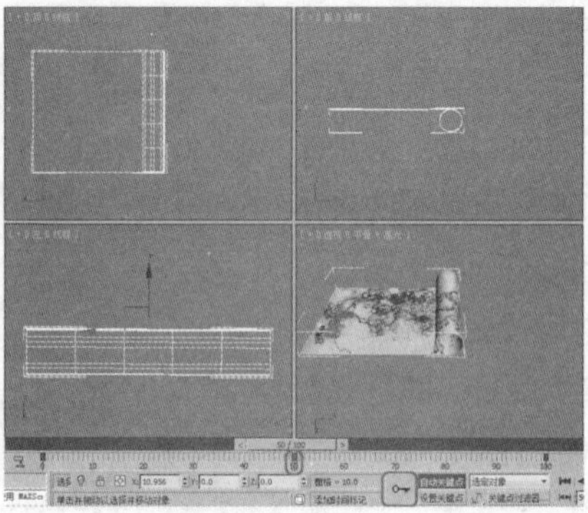

实战操作393 播放动画

素材：Scene\Cha12\12-1.max　　场景：无

难度：★★★★★　　视频：视频\ Cha12\实战操作393.avi

在动画控制区中单击“播放动画”按钮，即可播放动画，具体操作步骤如下所述。

STEP 01 单击按钮，在弹出的下拉列表中执行“打开”命令，在打开的对话框中选择素材文件12-1.max，如下图所示。

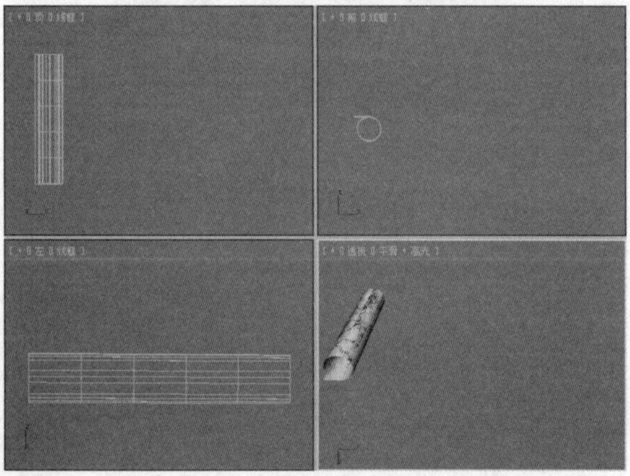

STEP 02 然后在动画控制区中单击“播放动画”按钮，如下图所示，即可播放动画。

STEP 03 当时间滑块滑至第60帧时，效果如下图所示。

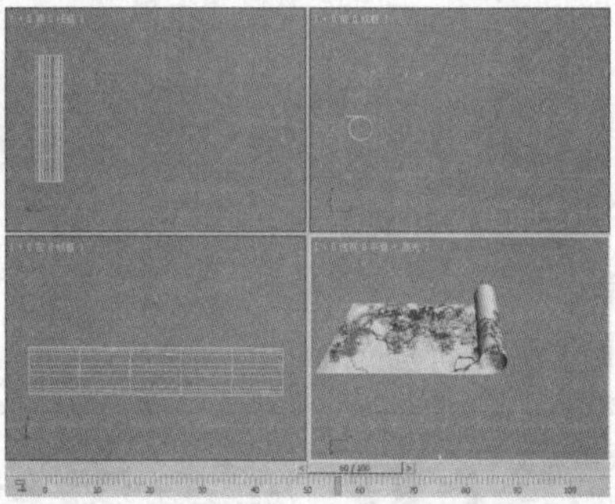

STEP 04 当时间滑块滑至第90帧时，效果如下图所示。

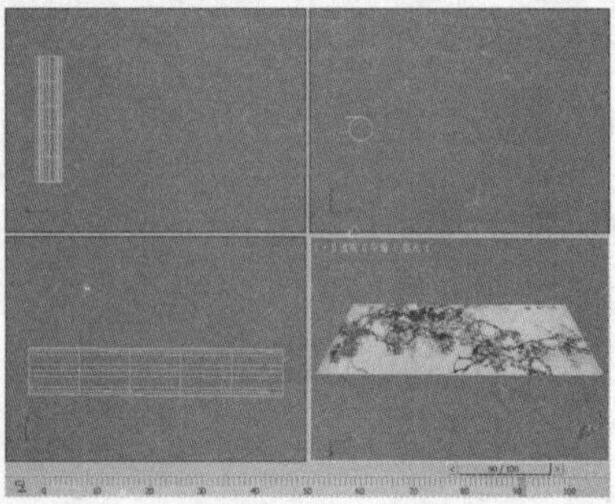

专家提醒

在场景中播放动画时，只在激活的视图中播放。

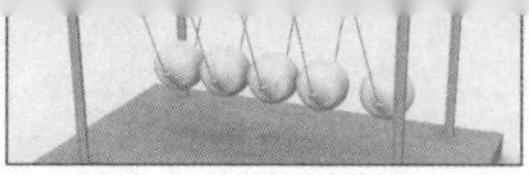

实战操作394 停止播放动画

素材：无	场景：无
难度：★★★★★	视频：视频\ Cha12\实战操作394.avi

在动画控制区中单击“停止动画”按钮，即可停止播放动画，具体操作步骤如下所述。

STEP 01 继续上一实例的操作，在动画控制区中单击“停止动画”按钮，如下图所示。

STEP 02 即可停止播放动画，如下图所示。

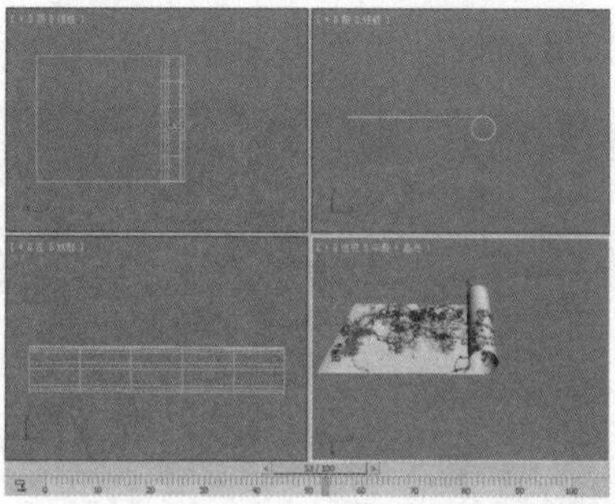

实战操作395 删除关键点

素材：Scene\Cha12\12-1.max	场景：无
难度：★★★★★	视频：视频\Cha12\实战操作395.avi

下面介绍删除关键点的方法，具体操作步骤如下所述。

STEP 01 打开素材文件12-1.max，在场景中选择“QuadPatch01”对象，即可显示出动画关键点，如下图所示。

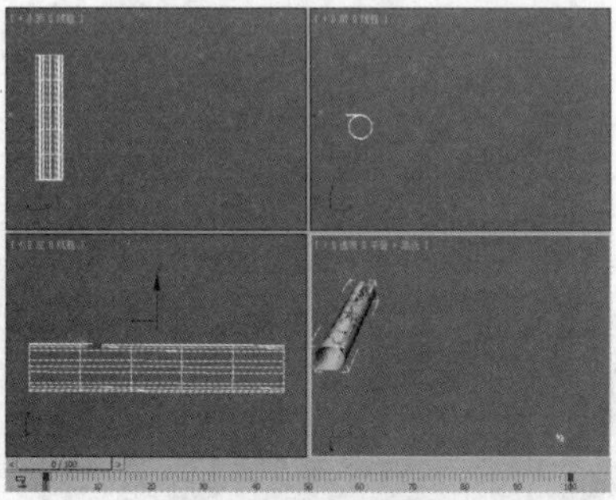

STEP 02 选择第0帧处的关键帧，右击鼠标，在弹出的快捷菜单中执行“删除选定关键点”命令，如右图所示，即可删除关键点。

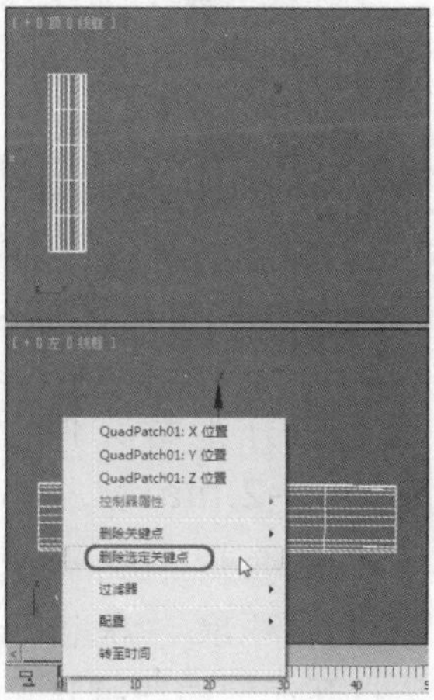

12.2 使用轨迹视图

3ds Max提供了将场景对象的各种动画设置以曲线图表方式显示的功能，这种曲线图只有在轨迹视图对话框中可以看到及修改。

实战操作396 打开“轨迹视图-曲线编辑器”对话框

素材：Scene\Cha12\12-2.max	场景：无
难度：★★★★★	视频：视频\Cha12\实战操作496.avi

下面介绍打开轨迹视图窗口的方法，具体操作步骤如下所述。

STEP 01 单击按钮，在弹出的下拉列表中执行“打开”命令，在打开的对话框中选择素材文件12-2.max，如下图所示。

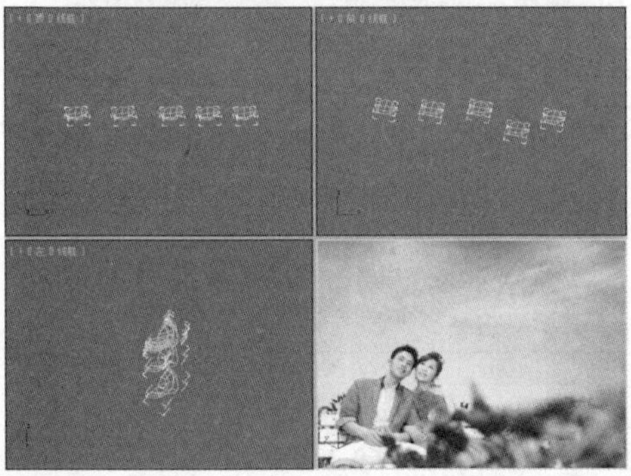

STEP 02 在视图中选择“花瓣001”对象，然后在工具栏中单击“曲线编辑器（打开）”按钮，即可打开“轨迹视图-曲线编辑器”对话框，如下图所示。

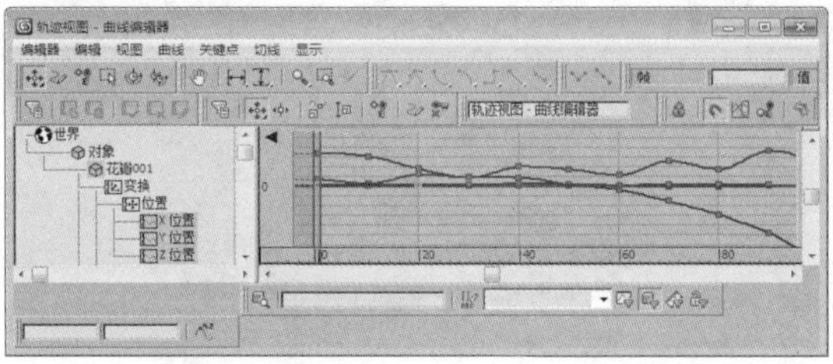

专家提醒

在菜单栏中执行“图形编辑器”|“轨迹视图-曲线编辑器”命令，也可以打开“轨迹视图-曲线编辑器”对话框。

实战操作397 添加循环效果

素材：Scene\Cha12\12-2.max	场景：Scene\Cha12\实战操作397.max
难度：★★★★★	视频：视频\Cha12\实战操作397.avi

下面介绍添加循环效果的方法，具体操作步骤如下所述。

STEP 01 打开素材文件12-2.max，在场景中选择“花瓣001”对象，单击“打开迷你曲线编辑器”按钮，如右图所示。

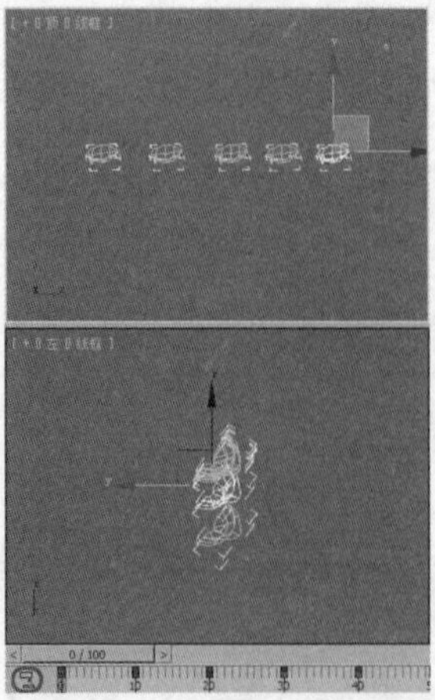

STEP 02 弹出“迷你曲线编辑器”面板，执行“编辑”|“控制器”|“超出范围类型”命令，如下图所示。

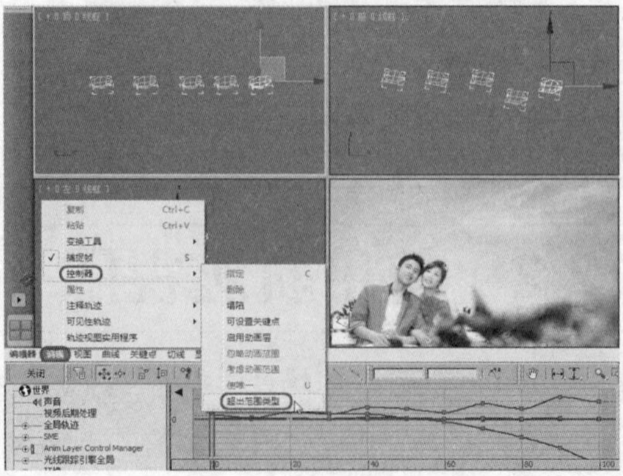

STEP 03 弹出“参数曲线超出范围类型”对话框，单击“循环”下方的[图标]图标，如下图所示。

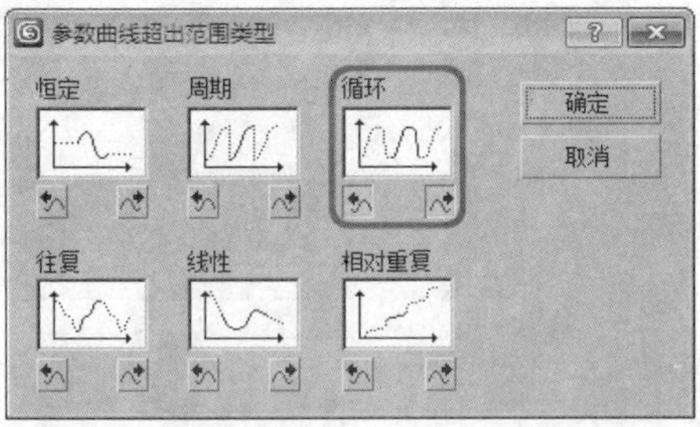

STEP 04 单击“确定”按钮，即可添加循环效果，效果如下图所示。

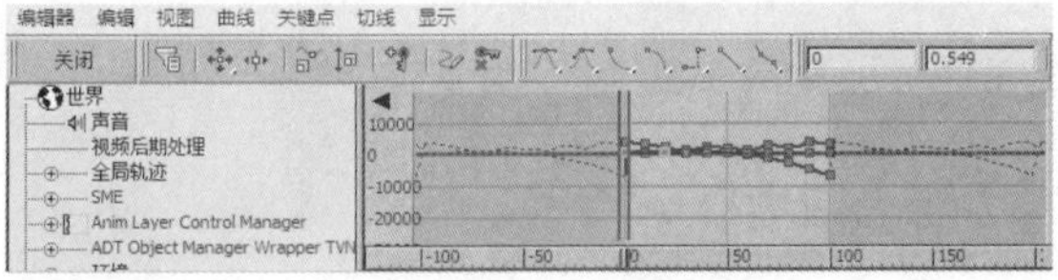

STEP 05 单击“关闭”按钮，关闭“迷你曲线编辑器”面板，单击动画控制区中的“播放动画”按钮[▶]，当时间滑块滑至第20帧处时，效果如下图所示。

STEP 06 当时间滑块滑至第63帧处时，效果如下图所示。

实战操作398 添加可见性轨迹

素材：Scene\Cha12\12-2.max　　场景：无

难度：★★★★★　　视频：视频\ Cha12\实战操作398.avi

下面介绍添加可见性轨迹的方法，具体操作步骤如下所述。

STEP 01 单击[图标]按钮，在弹出的下拉列表中执行“打开”命令，在打开的对话框中选择素材文件12-2.max，如下图所示。

STEP 02 在视图中选择“花瓣001”对象，然后在工具栏中单击“曲线编辑器（打开）”按钮[图标]，打开“轨迹视图-曲线编辑器”对话框，在左侧列表中选择“对象”下的“花瓣001”选项，如下图所示。

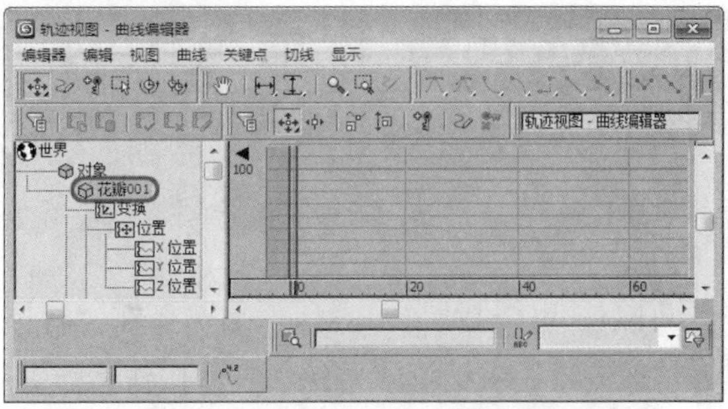

STEP 03 在菜单栏中执行“编辑”|“可见性轨迹”|“添加”命令，如下图所示。

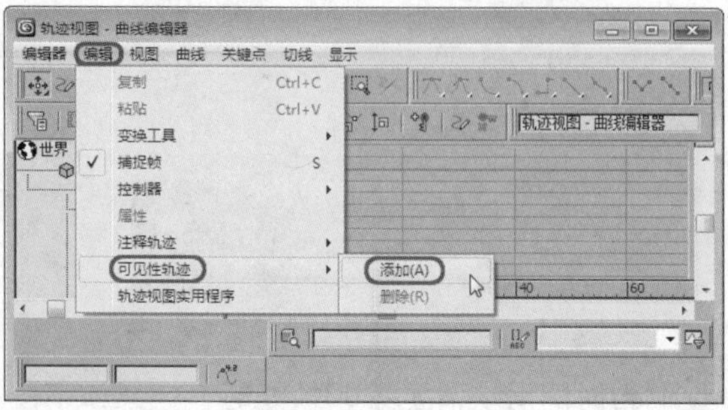

STEP 04 即可添加可见性轨迹，如下图所示。

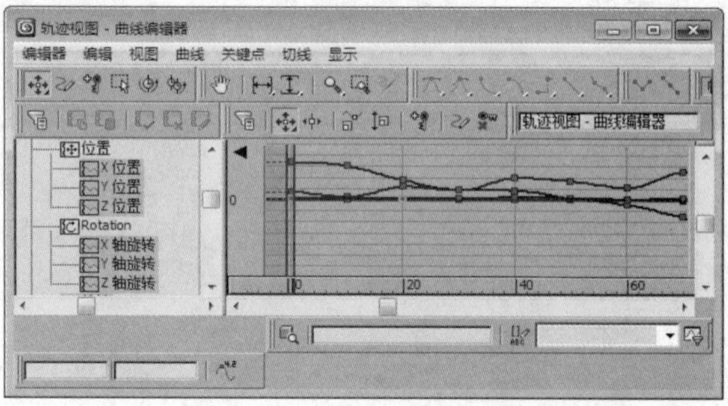

实战操作399 修改轨迹切线

素材：Scene\Cha12\12-2.max	场景：无
难度：★★★★★	视频：视频\Cha12\实战操作399.avi

在“轨迹视图-曲线编辑器”对话框中可以对轨迹切线进行修改，操作步骤如下所述。

STEP 01 打开素材文件12-2.max，选择“花瓣001”对象，在工具栏中单击“曲线编辑器（打开）”按钮，打开“轨迹视图-曲线编辑器”对话框，然后框选所有轨迹上的关键点，如下图所示。

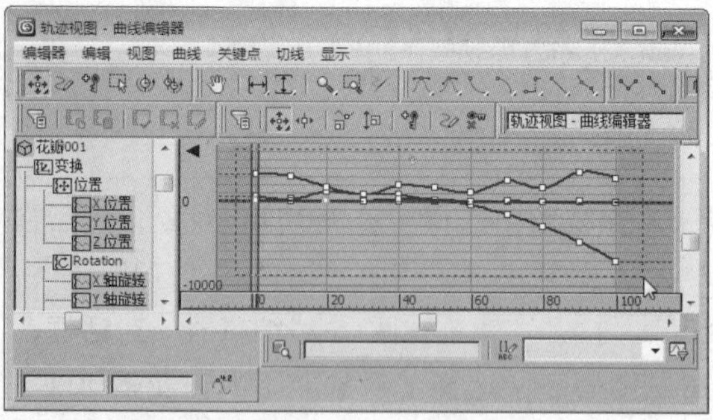

STEP 02 单击“将切线设置为阶梯式”按钮，即可修改轨迹切线，效果如下图所示。

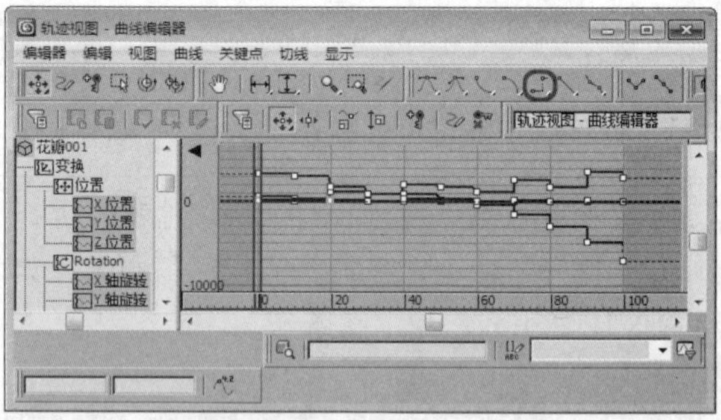

实战操作400 打开“过滤器”对话框

素材：无	场景：无
难度：★★★★★	视频：视频\ Cha12\实战操作400.avi

可以使用“过滤器”对话框来选择在“轨迹视图-曲线编辑器”对话框中显示的对象。下面介绍打开“过滤器”对话框的方法，具体操作步骤如下所述。

STEP 01 继续上一实例的操作，在菜单栏中执行“视图”|“过滤器”命令，如下图所示。

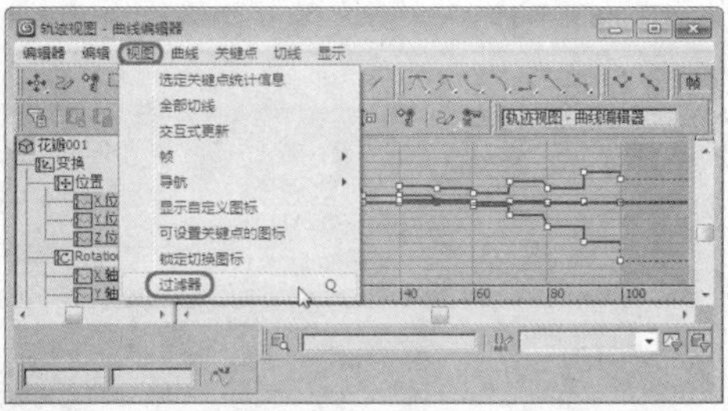

STEP 02 即可打开“过滤器”对话框，如下图所示。

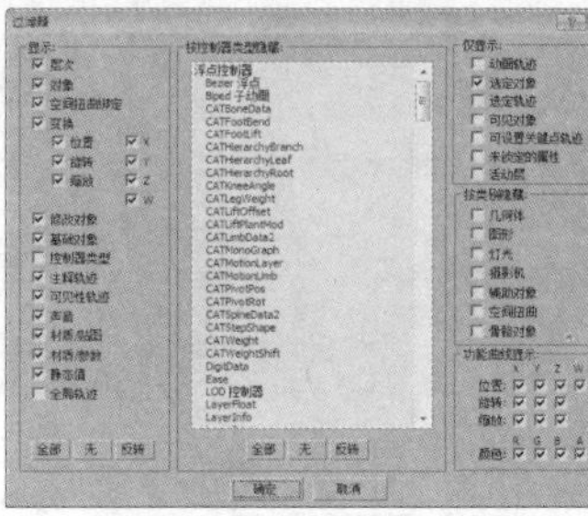

实战操作401 隐藏过滤器选项

素材：无　　场景：无

难度：★★★★★　　视频：视频\ Cha12\实战操作401.avi

下面介绍隐藏过滤器选项的方法，具体操作步骤如下所述。

STEP 01 继续上一实例的操作，在“过滤器”对话框中取消“变换”复选框的选中，如下图所示。

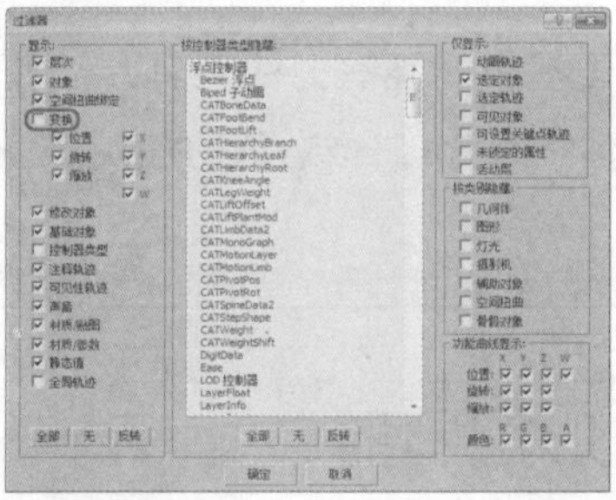

STEP 02 单击“确定”按钮，返回到“轨迹视图-曲线编辑器”对话框中，在左侧的列表中可以看到“变换”过滤器选项被隐藏，如下图所示。

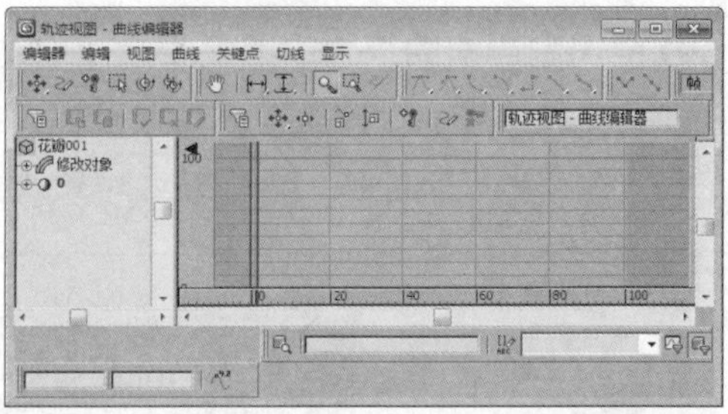

实战操作402 插入关键点

素材：Scene\Cha12\12-2.max　　场景：无

难度：★★★★★　　视频：视频\Cha12\实战操作402.avi

下面介绍在轨迹切线上插入关键点的方法，具体操作步骤如下所述。

STEP 01 单击按钮，在弹出的下拉列表中执行“打开”命令，在打开的对话框中选择素材文件12-2.max，如右图所示。

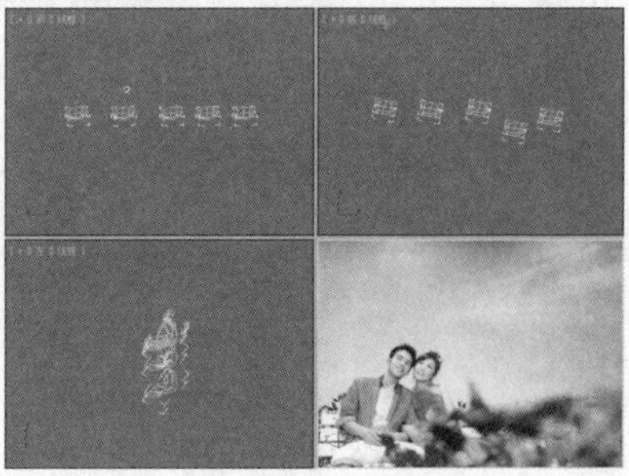

STEP 02 在视图中选择“花瓣001”对象，然后在工具栏中单击“曲线编辑器（打开）”按钮，打开“轨迹视图-曲线编辑器”对话框，在菜单栏中执行“关键点”|“添加关键点工

具”命令，如下图所示。

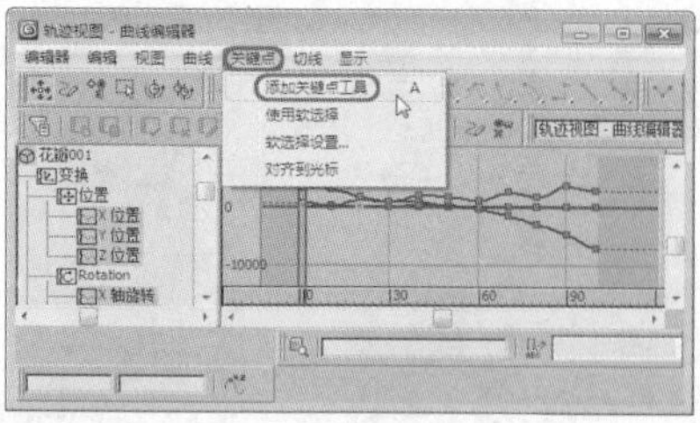

STEP 03 在轨迹切线上单击鼠标左键，即可插入关键点，效果如下图所示。

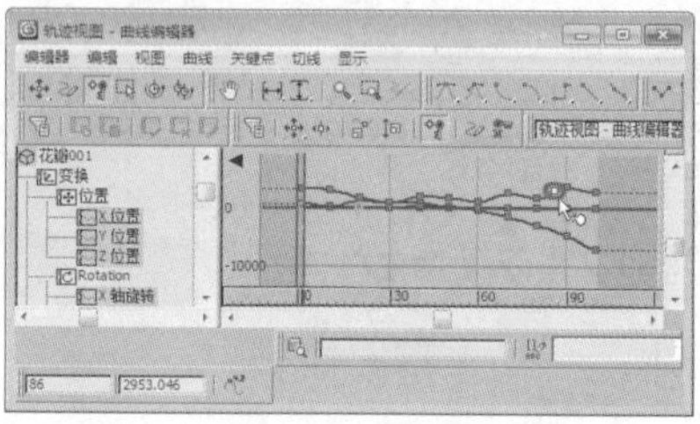

STEP 04 关闭“轨迹视图-曲线编辑器”对话框，可以看到新插入的关键点显示在轨迹栏上，效果如下图所示。

12.3 使用动画控制器和约束

动画控制器和约束为设置场景中所有对象和材质的动画提供了强有力的工具。从技术上而言，控制器和约束间没有区别。简单而言，约束就是一个需要使用第二个对象的控制器。例如，“路径”约束要求路径是一个样条线对象的控制器。

实战操作403 添加波形控制器

素材：Scene\Cha12\12-3.max　场景：Scene \Cha12\实战操作403.max

难度：★★★★★　视频：视频\Cha12\实战操作403.avi

波形控制器是浮动的控制器，提供了规则和周期波形。下面介绍添加波形控制器的方法，具体操作步骤如下所述。

STEP 01 单击按钮，在弹出的下拉列表中执行“打开”命令，在打开的对话框中选择素材文件12-3.max，如右图所示。

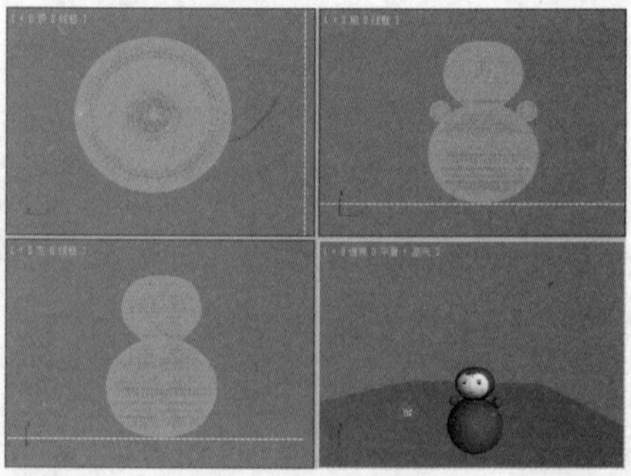

STEP 02 在场景中选择“玩具”对象，单击“运动”按钮◎，切换到“运动”命令面板，在“指定控制器”卷展栏中单击“位置”左侧的+号，在展开的树形列表中选择“Z位置：Bezier浮点”选项，并单击“指定控制器”按钮，如下图所示。

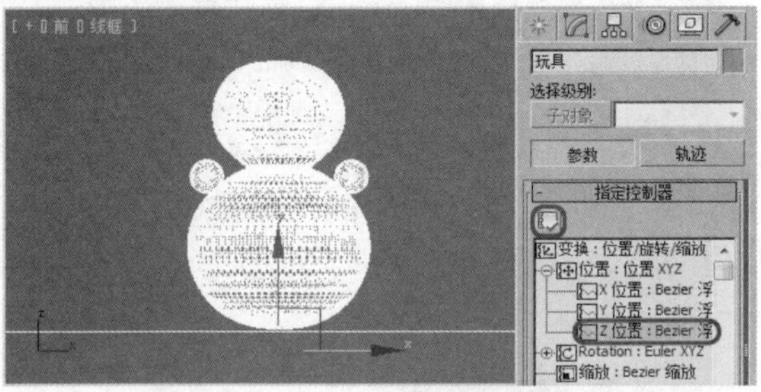

STEP 03 弹出“指定浮点控制器”对话框，在该对话框中选择“波形浮点”选项，并单击“确定”按钮，如右图所示。

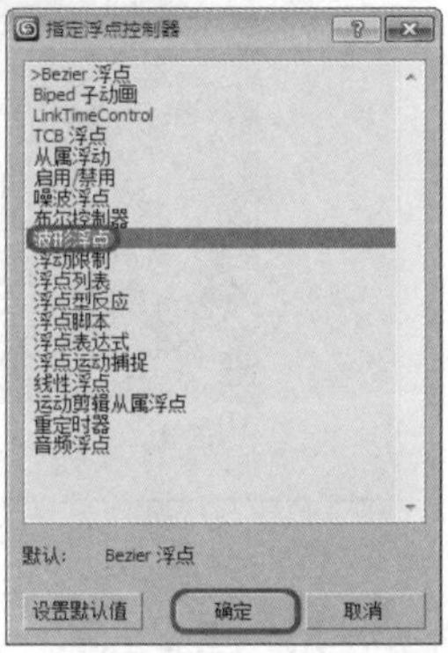

STEP 04 弹出“波形控制器：玩具\Z位置”对话框，在“波形”选项组中设置“周期”为25、“振幅”为200；在“效果”选项组中选中“钳制上方”单选按钮；在“垂直偏移”选项组中选中“自动>0”单选按钮，如下图所示。

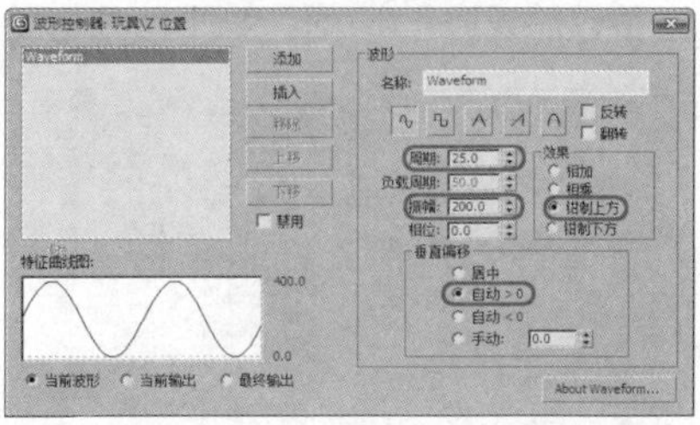

STEP 05 关闭“波形控制器：玩具\Z位置”对话框，返回到“指定控制器”卷展栏中，即可看到添加的波形控制器，如下图所示。

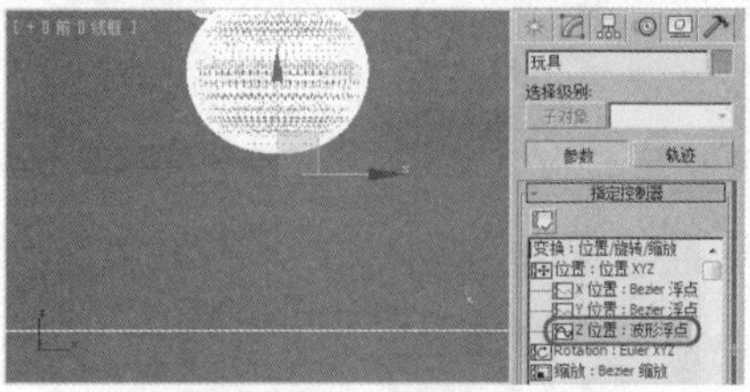

STEP 06 单击动画控制区中的“播放动画”按钮▶，当时间滑块滑至第80帧时，效果如下图所示。

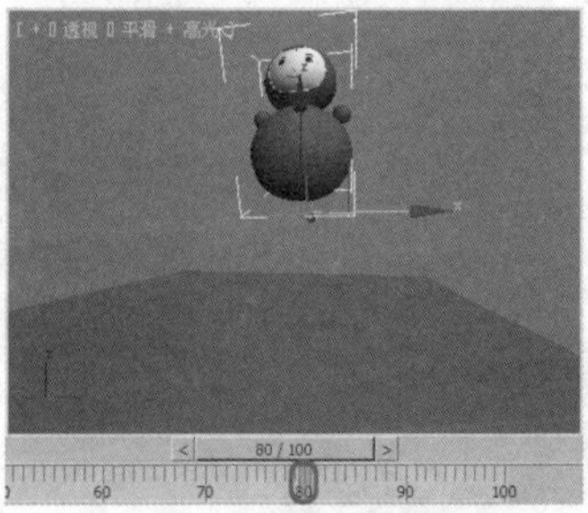

实战操作404 添加噪波控制器

素材：Scene\Cha12\12-3.max　　场景：Scene \Cha12\实战操作404.max

难度：★★★★★　　视频：视频\ Cha12\实战操作404.avi

噪波控制器会在一系列帧上产生随机的、基于分形的动画。下面介绍添加噪波控制器的方法，具体操作步骤如下所述。

STEP 01 打开素材文件12-3.max，选择“玩具”对象，切换到“运动”面板，在“指定控制器”卷展栏中单击“位置”左侧的+号，在展开的树形列表中选择“Z位置：Bezier浮点”选项，并单击“指定控制器”按钮，弹出“指定浮点控制器”对话框，选择“噪波浮点”选项，如下图所示。

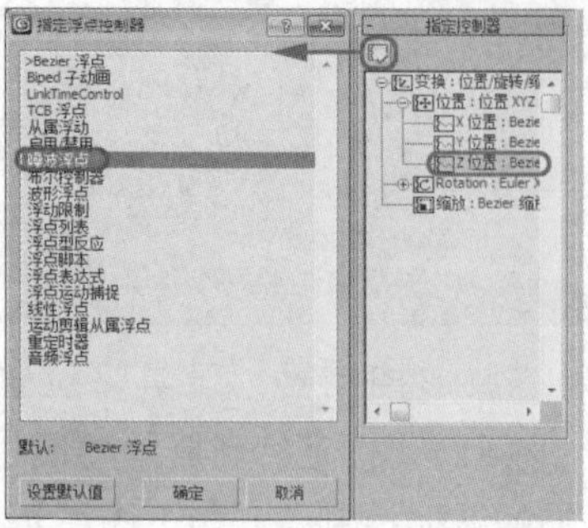

STEP 02 单击“确定”按钮，弹出“噪波控制器：玩具\Z位置”对话框，选中“强度”文本框右侧的复选框，并将“强度”设置为400，“频率”设置为0.3，如下图所示。

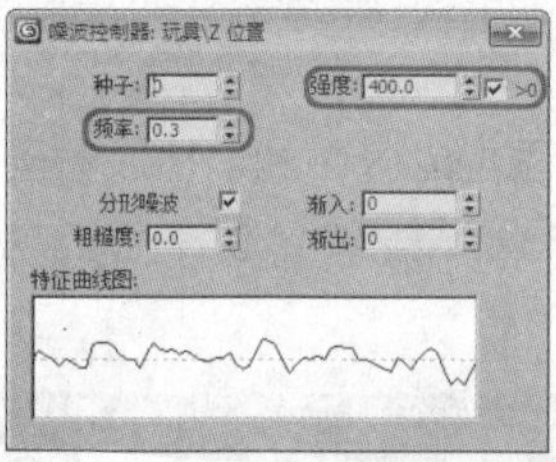

STEP 03 关闭“噪波控制器：玩具\Z位置”对话框，返回到“指定控制器”卷展栏中，即可看到添加的噪波控制器，如下图所示。

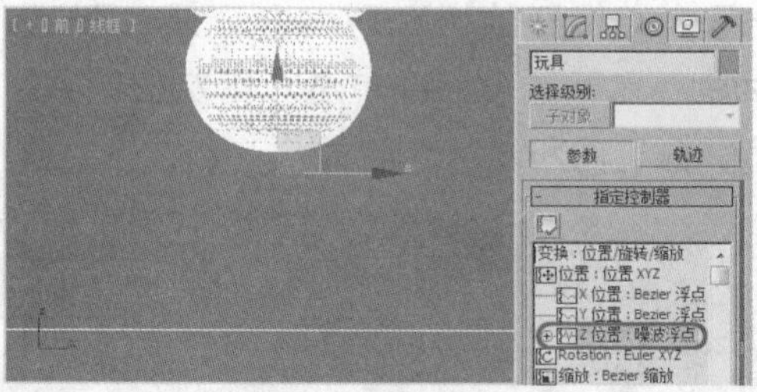

STEP 04 单击动画控制区中的“播放动画”按钮▶，当时间滑块滑至第70帧时，效果如下图所示。

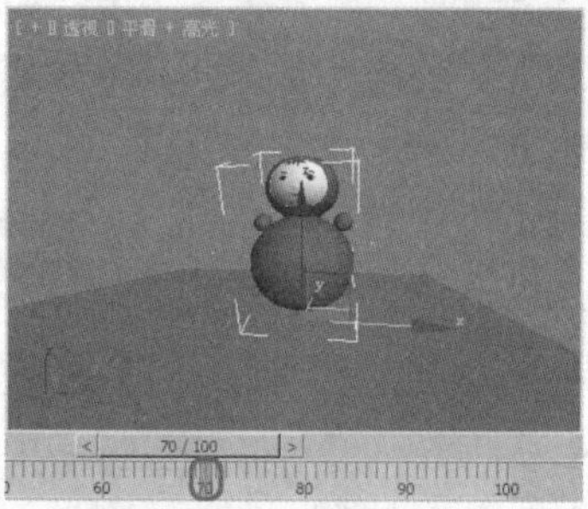

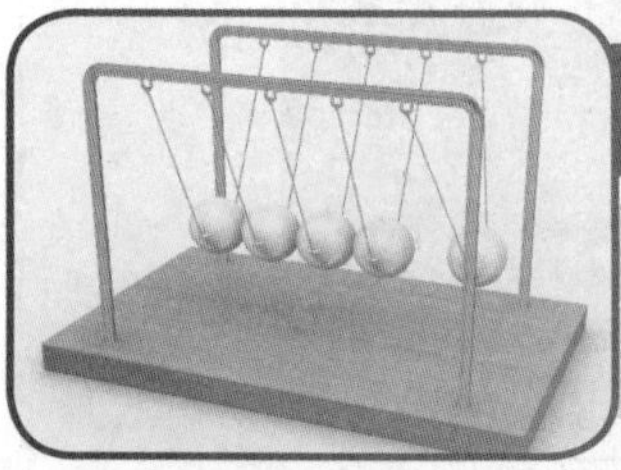

实战操作405 使用附着约束

素材：Scene\Cha12\12-4.max　场景：Scene \Cha12\实战操作405.max

难度：★★★★★　视频：视频\ Cha12\实战操作405.avi

附着约束是一种位置约束，它将一个对象的位置附着到另一个对象的面上。使用附着约束的操作步骤如下所述。

STEP 01 单击按钮，在弹出的下拉列表中执行“打开”命令，在打开的对话框中选择素材文件12-4.max，如下图所示。

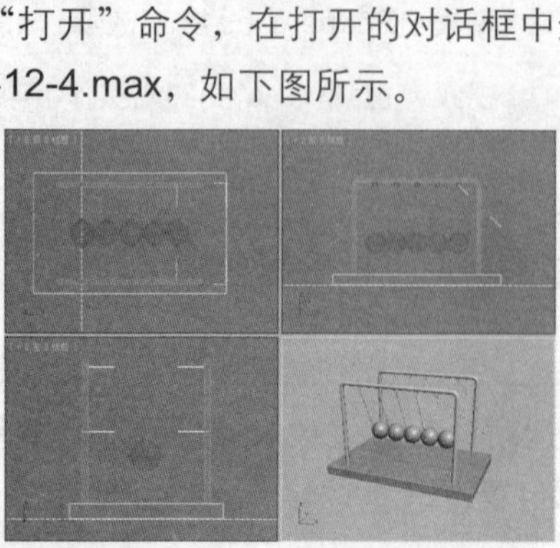

STEP 02 在场景中选择“球005”对象，并在菜单栏中执行“动画”|“约束”|“附着约束”命令，然后拖曳鼠标指针至“对象005”上，如右图所示。

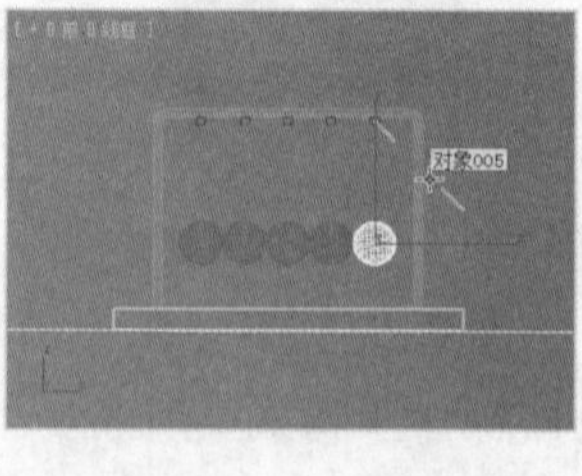

STEP 03 单击鼠标左键，即可将“球005”对象附着约束在“对象005”上，然后切换到“运动”命令面板，打开“附着参数”卷展栏，在

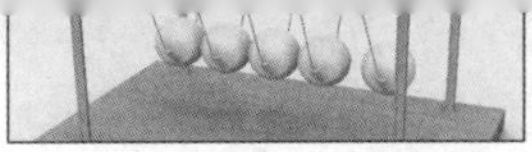

"附加到"选项组中取消选中"对齐到曲面"复选框，在"关键点信息"选项组中单击"设置位置"按钮，并将"面"设置为650，如下图所示。

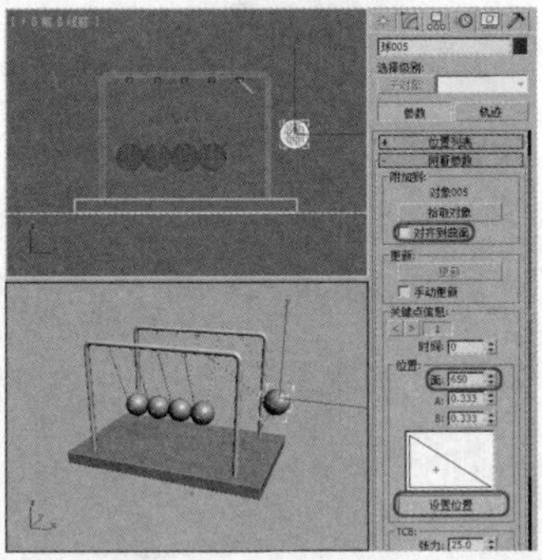

STEP 04 单击动画控制区中的"播放动画"按钮▶，即可播放附着约束效果的动画，如下图所示。

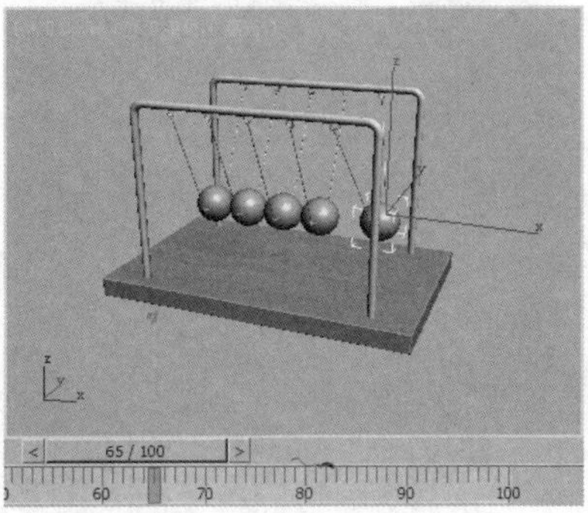

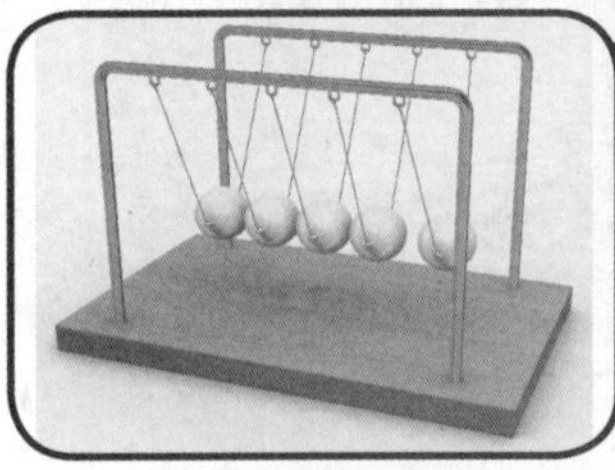

实战操作406 使用链接约束

素材：Scene\Cha12\12-5.max　场景：Scene \Cha12\实战操作406.max

难度：★★★★★　视频：视频\ Cha12\实战操作406.avi

链接约束可以用来创建对象与目标对象之间彼此链接的动画。使用链接约束的操作步骤如下所述。

STEP 01 单击按钮，在弹出的下拉列表中执行"打开"命令，在打开的对话框中选择素材文件12-5.max，如下图所示。

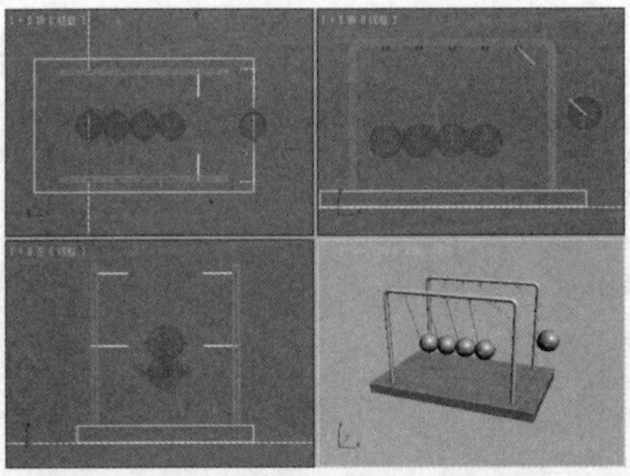

STEP 02 在场景中选择"球005"对象，并在菜单栏中执行"动画"|"约束"|"链接约束"命令，如下图所示。

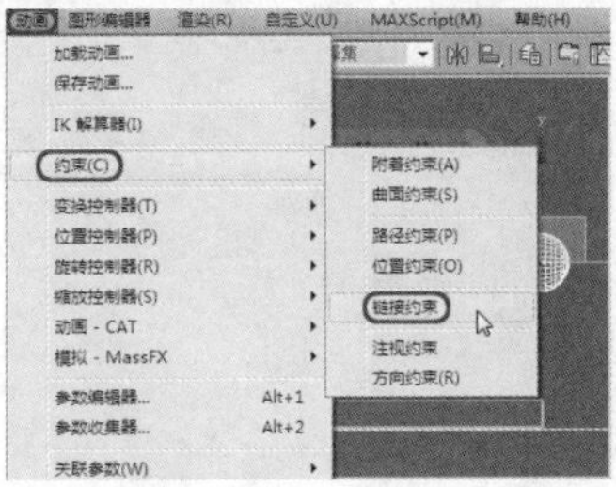

STEP 03 然后拖曳鼠标指针至"对象005"上，并单击鼠标左键，如下图所示。

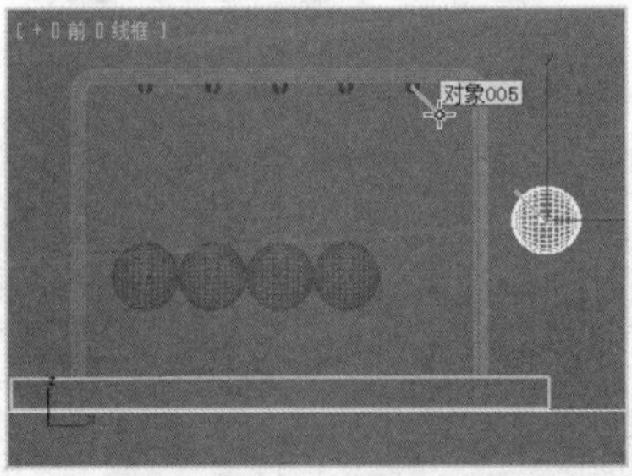

STEP 04 即可将"球005"对象链接约束在"对象005"上，然后单击动画控制区中的"播放动画"按钮▶，播放链接约束效果的动画，如下图所示。

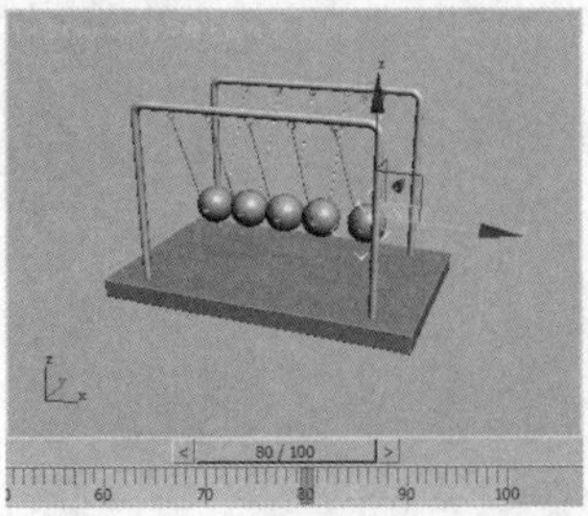

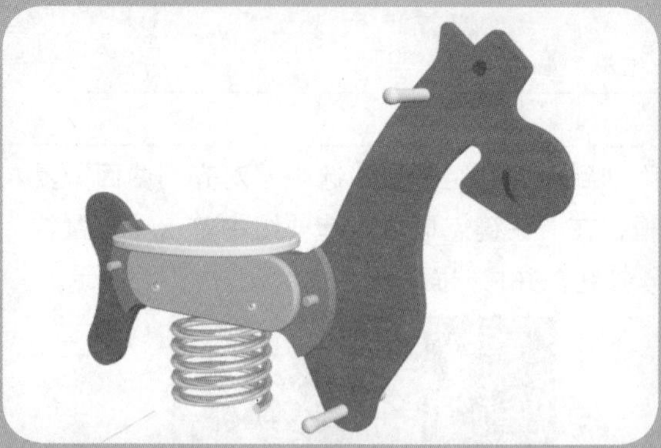

Chapter 13

第13章 粒子系统与空间扭曲

粒子系统和空间扭曲是附加的建模工具。粒子系统能生成粒子子对象，从而达到模拟雪、雨、灰尘等效果的目的，主要用于动画中。空间扭曲是使其他对象变形的“力场”，可以创建出涟漪、波浪和风吹等效果。本章将对粒子系统和空间扭曲进行详细介绍，从而使原场景更加逼真和精彩。

3ds Max 2013

13.1 创建粒子系统

粒子系统是一个相对独立的造型系统，可以用来创建雨、雪、灰尘、泡沫、火花和气流等效果。在3ds Max 2013中，粒子系统集中分布在“创建” | “几何体” | “粒子系统”选项面板下的“对象类型”卷展栏中。

实战操作407 创建喷射

素材：无　　场景：Scene\Cha13\实战操作407.max

难度：★★★★★　　视频：视频\ Cha13\实战操作407.avi

“喷射”粒子系统可以模拟水滴下落的效果，如下雨、喷泉和瀑布等。创建“喷射”粒子系统的操作步骤如下所述。

STEP 01 选择“创建” | “几何体” | “粒子系统” | “喷射”工具，在“顶”视图中创建喷射粒子系统，如下图所示。

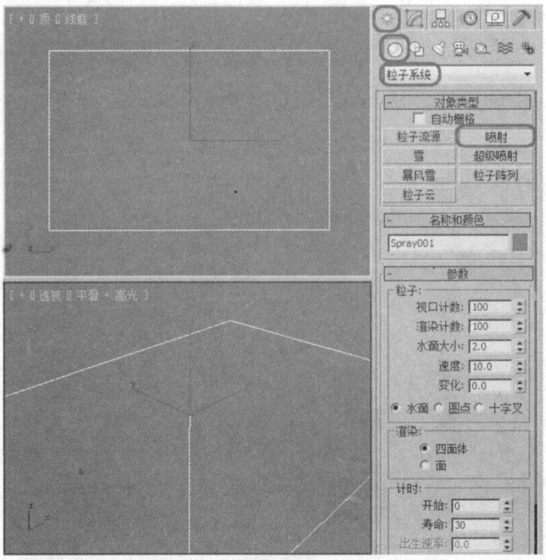

STEP 02 单击“修改”按钮，进入“修改”命令面板，打开“参数”卷展栏，在“粒子”选项组中将“视口计数”和“渲染计数”都设置为50000，将“水滴大小”和“速度”分别设置为1、20；在“计时”选项组中将“开始”和“寿命”分别设置为-50、400；在“发射器”选项组中将“宽度”和“长度”都设置为400，并在视图中调整其位置，效果如下图所示。

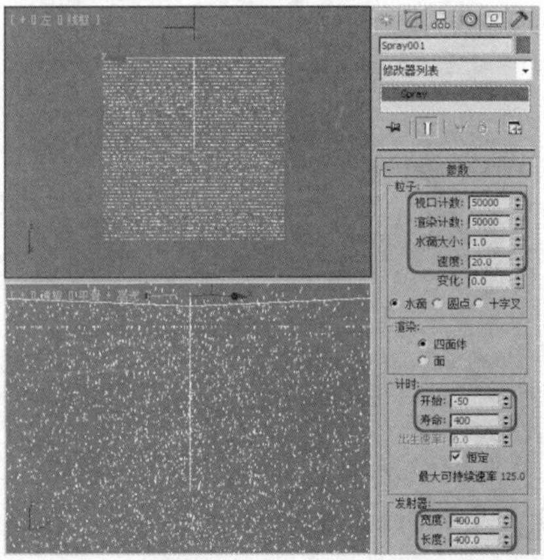

STEP 03 在菜单栏中执行“渲染” | “环境”命令，如右图所示。

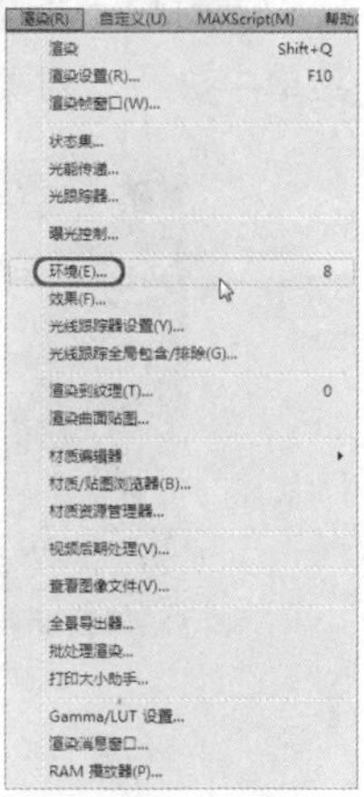

STEP 04 弹出“环境和效果”对话框，在“公用参数”卷展栏中单击“背景”选项组中的“无”按钮，如下图所示。

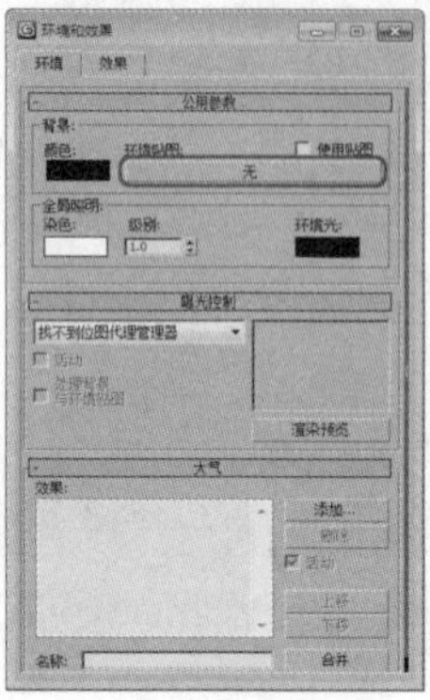

STEP 05 弹出“材质/贴图浏览器”对话框，在该对话框中选择“位图”贴图，单击“确定”按钮，在弹出的“选择位图图像文件”对话框中选择随书附带光盘中的\Map\yv001.jpg，单击“打开”按钮，如下图所示。

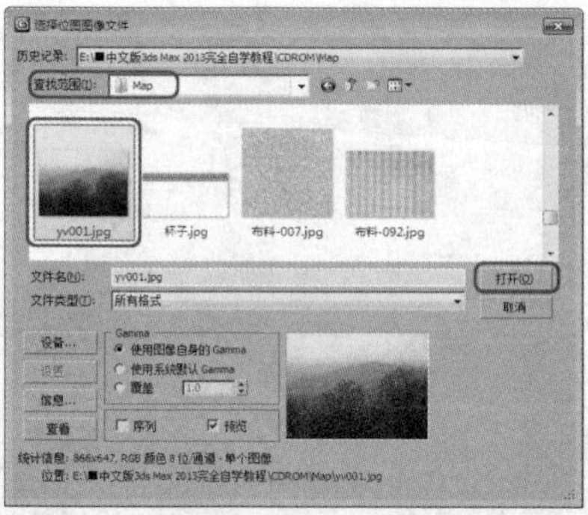

STEP 06 返回到“环境和效果”对话框中，直接将该对话框关闭即可。然后在视图中选择创建的喷射粒子系统，并右击鼠标，在弹出的快捷菜单中执行“对象属性”命令，如下图所示。

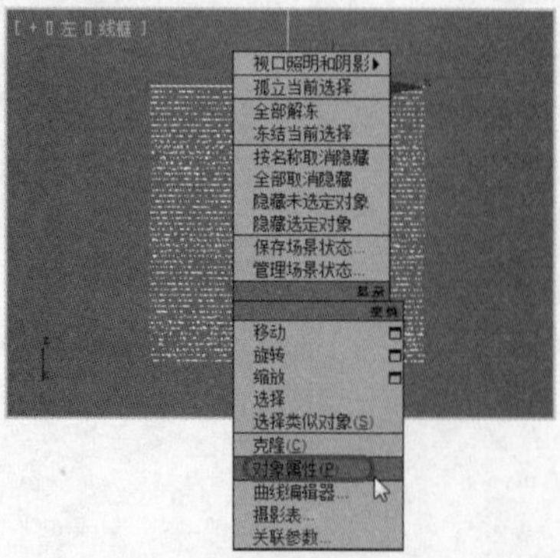

STEP 07 弹出“对象属性”对话框，选择“常规”选项卡，在“运动模糊”选项组中选中“图像”单选按钮，并将“倍增”设置为1.8，单击“确定”按钮，如下图所示。

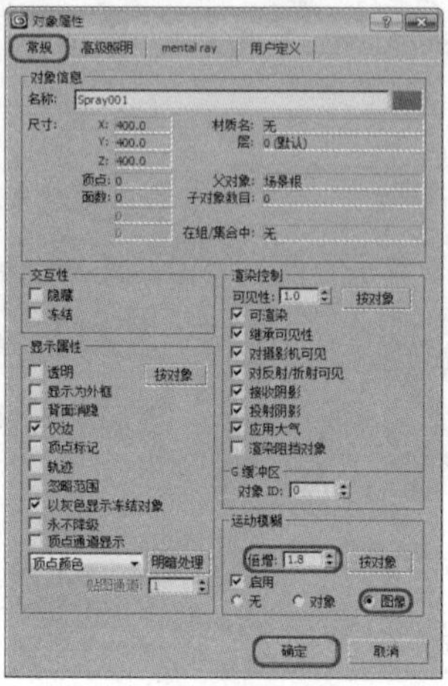

STEP 08 按M键打开“材质编辑器”对话框，选择一个新的材质样本球，在“Blinn基本参数”卷展栏中将“环境光”和“漫反射”的红、绿、蓝值设置为230、230、230；选中“自发光”选项组中的“颜色”复选框，并将其红、绿、蓝值设置为240、240、240；在“反射高光”选项组中将“高光级别”和“光泽度”设置为0，如下图所示。

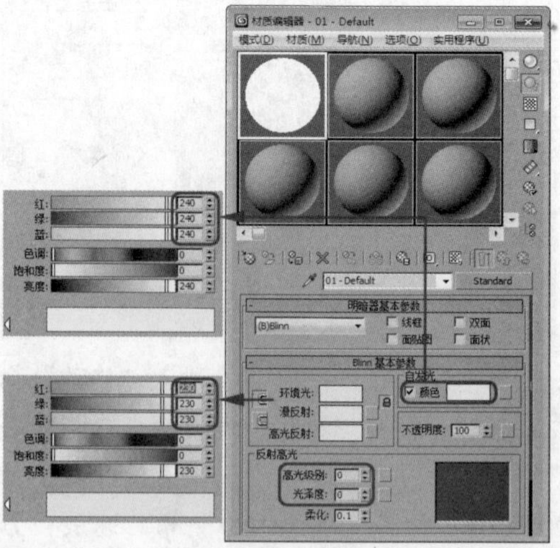

STEP 09 打开“扩展参数”卷展栏，在“衰减”选项组中选中“外”单选按钮，并将数量设置为100，然后单击“将材质指定给选定对

象”按钮，如下图所示。

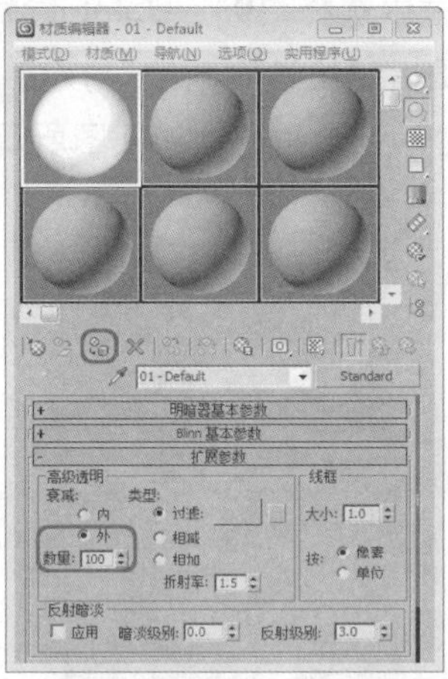

STEP 10 激活“透”视图，按F9键进行渲染，效果如下图所示。

实战操作408 创建雪粒子

素材：Scene\Cha13\13-1.max　场景：Scene\Cha13\实战操作408.max

难度：★★★★★　视频：视频\ Cha13\实战操作408.avi

“雪”粒子系统可以模拟飞舞的雪花或者纸屑等效果，与“喷射”粒子系统不同的是，它还具有一些附加参数，控制雪花的旋转效果，而且渲染参数也不同。创建“雪”粒子系统的操作步骤如下所述。

STEP 01 单击按钮，在弹出的下拉列表中执行“打开”命令，在打开的对话框中选择素材文件13-1.max，如下图所示。

STEP 02 选择“创建”|“几何体”|“粒子系统”|“雪”工具，在“顶”视图中创建“雪”粒子系统，如下图所示。

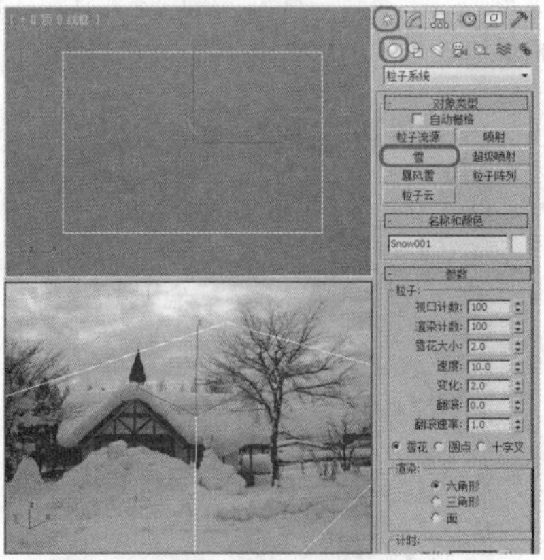

STEP 03 切换到“修改”命令面板，在“参数”卷展栏中，将“粒子”选项组中的“视口计数”、“渲染计数”、“雪花大小”和“速度”分别设置为1000、1000、1.2、8；选中

“渲染”选项组中的“面”单选按钮；将“计时”选项组中的“开始”和“寿命”分别设置为-100、100；将“发射器”选项组中的“宽度”和“长度”均设置为330，并在视图中调整其位置，如下图所示。

STEP 04 按M键打开“材质编辑器”对话框，在该对话框中选择“01 - Default”材质，并单击“将材质指定给选定对象”按钮，将材质指定给“雪”粒子系统，如下图所示。

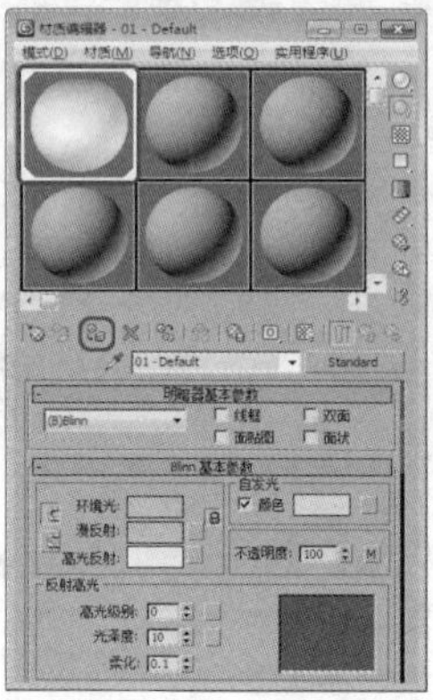

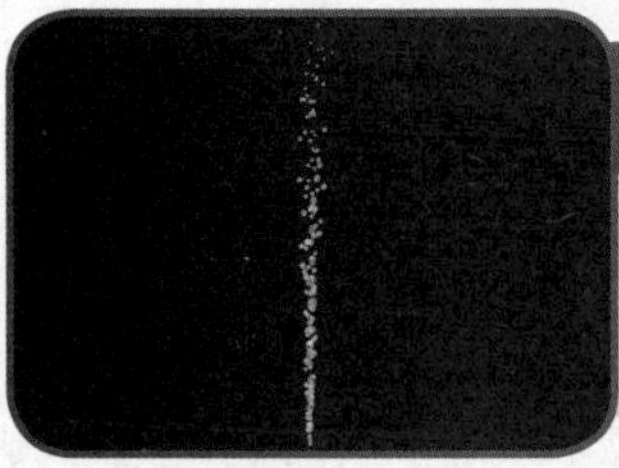

实战操作409 创建超级喷射

素材：无

场景：Scene\Cha13\实战操作409.max

难度：★★★★★

视频：视频\Cha13\实战操作409.avi

“超级喷射”粒子系统可以喷射出可控制的水滴状粒子，它与简单的“喷射”粒子系统相似，但是其功能更为强大。创建“超级喷射”粒子系统的操作步骤如下所述。

STEP 01 选择“创建” | “几何体” | “粒子系统” | “超级喷射”工具，在“顶”视图中创建超级喷射粒子系统，如下图所示。

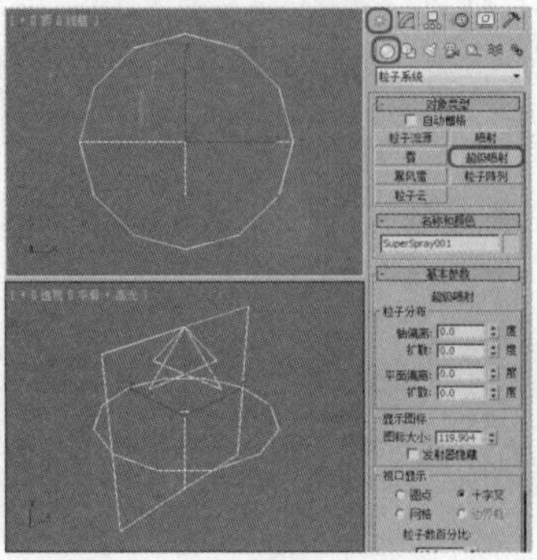

STEP 02 单击“修改”按钮，进入“修改”命令面板，打开“基本参数”卷展栏，在“粒子分布”选项组中将“轴偏离”下的“扩散”设置为2，将“平面偏离”下的“扩散”设置为180；将“显示图标”选项组中的“图标大小”设置为35；在“视口显示”选项组中选中“网格”单选按钮，如下图所示。

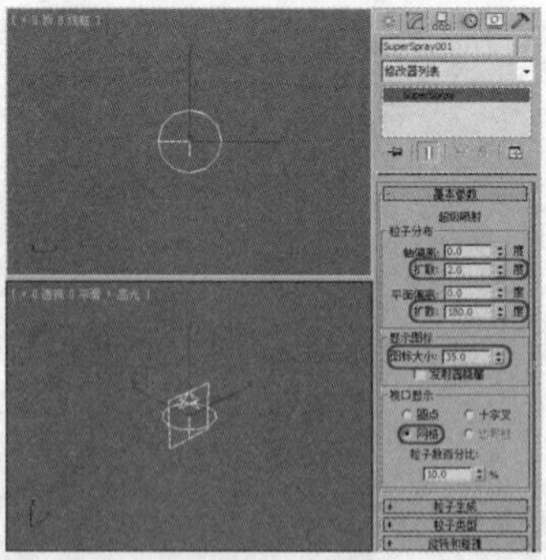

STEP 03 打开“粒子生成”卷展栏，在“粒子数量”选项组中选中“使用总数”单选按钮，并将粒子总数目设置为200；在“粒子运动”选项组中将“速度”设置为4；在“粒子

计时”选项组中将“发射停止”和“寿命”均设置为60；在“粒子大小”选项组中将“大小”、“变化”、“增长耗时”和“衰减耗时”分别设置为4、20、6、30，如下图所示。

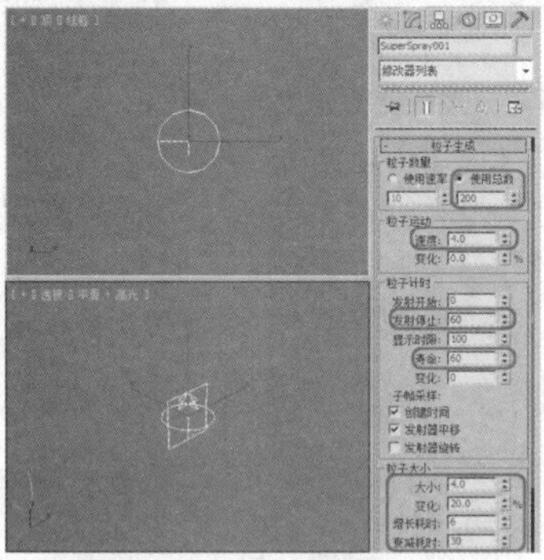

STEP 04 打开“粒子类型”卷展栏，在“粒子类型”选项组中选中“变形球粒子”单选按钮，如下图所示。

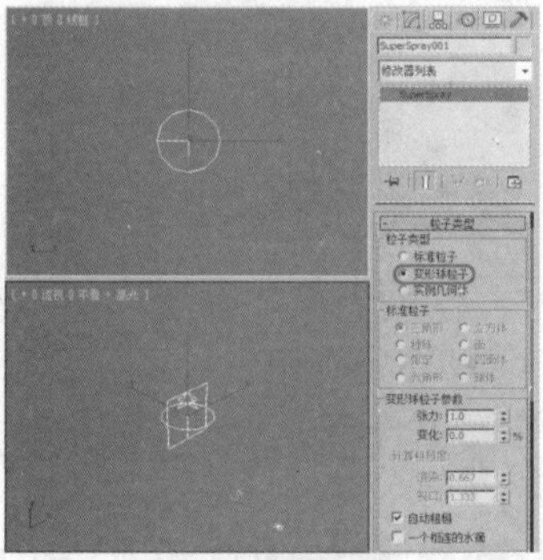

STEP 05 按M键打开“材质编辑器”对话框，选择一个新的材质样本球，在“明暗器基本参数”卷展栏中将明暗器类型设置为“金属”。在“金属基本参数”卷展栏中将“反射高光”选项组中的“高光级别”和“光泽度”分别设置为34和76，如右图所示。

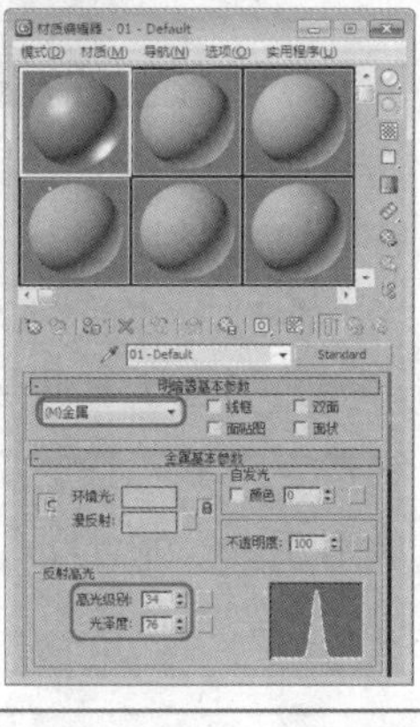

STEP 06 打开“贴图”卷展栏，将“反射”通道后的“数量”设置为60，然后单击右侧的“None”按钮，在弹出的“材质/贴图浏览器”对话框中选择“位图”贴图，单击“确定”按钮，再在弹出的对话框中选择随书附带光盘中的/Map/Chromic.jpg，单击“打开”按钮，进入“反射”通道的位图层，在“坐标”卷展栏中将“模糊偏移”设置为0.01，然后在“位图参数”卷展栏中选中“裁剪/放置”选项组中的“应用”复选框，将U、V、W、H参数分别设置为0.225、0.209、0.427和0.791，如下图所示。

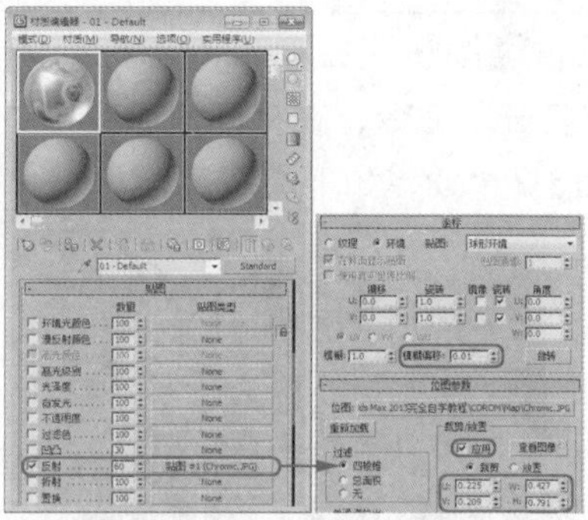

STEP 07 单击“转到父对象”按钮，返回到父级材质面板，然后单击“折射”通道后的“None”按钮，在打开的“材质/贴图浏览器”对话框中选择“光线跟踪”贴图，然后单击“确定”按钮，使用默认设置即可，如下图所示。单击“转到父对象”按钮和“将材质指定给选定对象”按钮。

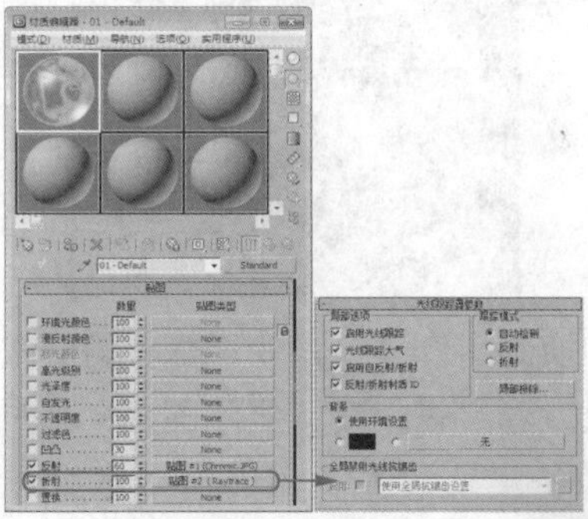

STEP 08 在“透”视图中调整“超级喷射”粒子系统的位置，然后将时间滑块调整到第50帧处，按F9键进行快速渲染，效果如右图所示。

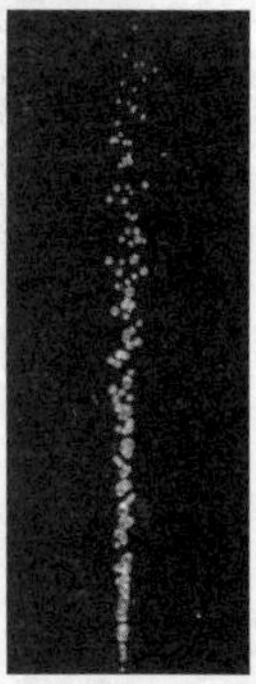

实战操作410 创建粒子云

素材：Scene\Cha13\13-2.max　场景：Scene\Cha13\实战操作410.max

难度：★★★★★　视频：视频\Cha13\实战操作410.avi

“粒子云”粒子系统会限制一个空间，在空间内部产生粒子效果。创建“粒子云”粒子系统的操作步骤如下所述。

STEP 01 单击按钮，在弹出的下拉列表中执行“打开”命令，在打开的对话框中选择素材文件13-2.max，如下图所示。

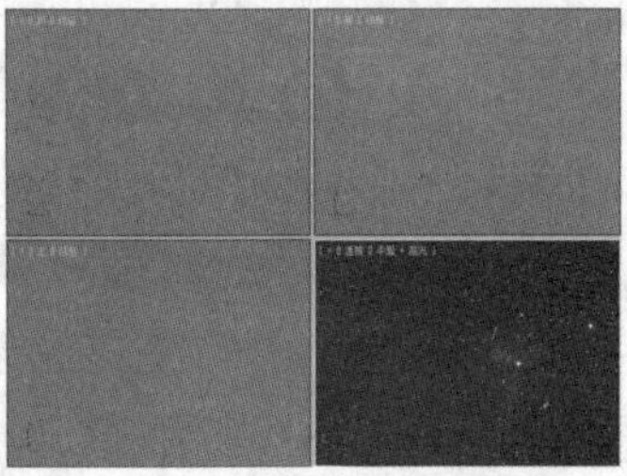

STEP 02 选择“创建” |“几何体” |“粒子系统” |“粒子云”工具，在“顶”视图中创建“粒子云”粒子系统，如下图所示。

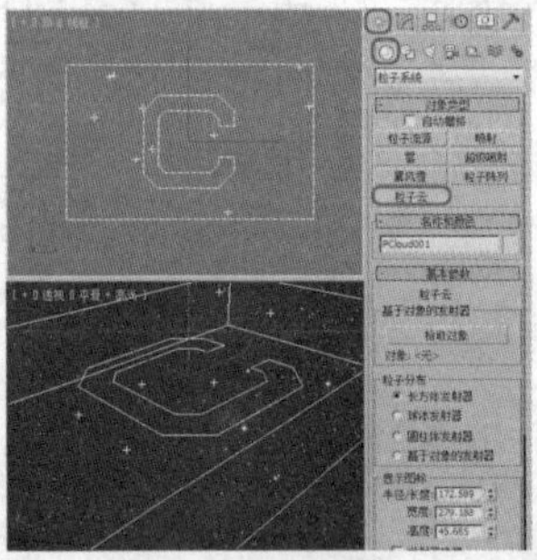

STEP 03 切换到“修改”命令面板，打开“基本参数”卷展栏，在“显示图标”选项组中将“半径/长度”设置为200，“宽度”设置为245，“高度”设置为1，如下图所示。

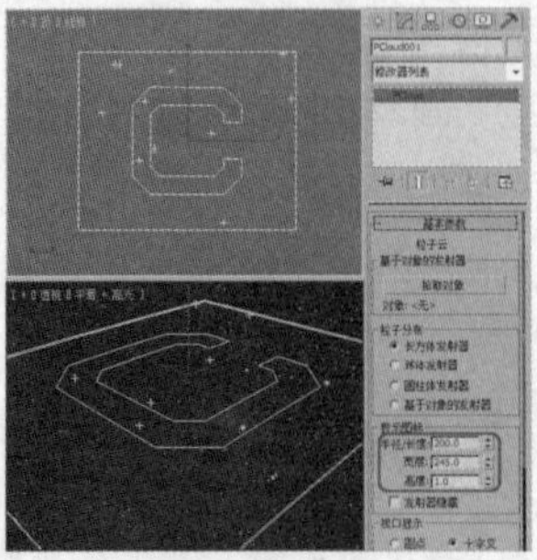

STEP 04 打开“粒子生成”卷展栏，在“粒子计时”选项组中将“发射开始”和“发射停止”分别设置为-20和100；在“粒子大小”选项组中将“大小”设置为1.5，如下图所示。

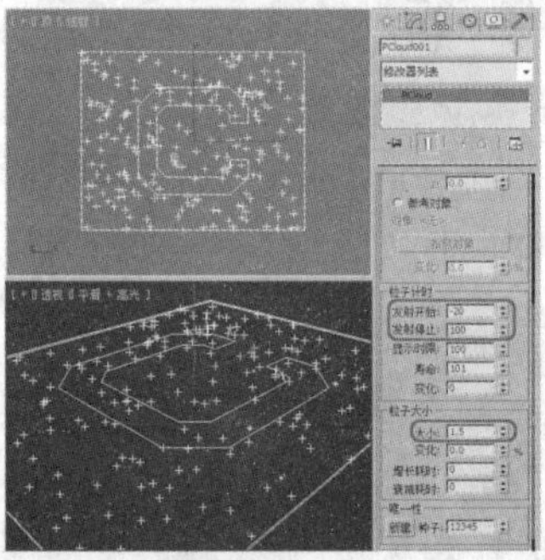

STEP 05 打开“粒子类型”卷展栏，在“标准粒子”选项组中选中“恒定”单选按钮，并在视图中对“粒子云”粒子系统进行调整，如下图所示。

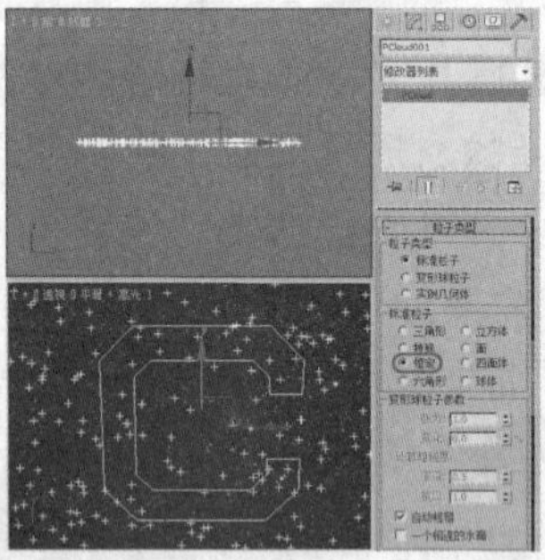

STEP 06 按M键打开“材质编辑器”对话框，在该对话框中选择“01 - Default”材质，并单击“将材质指定给选定对象”按钮，将材质指定给“粒子云”粒子系统，如右图所示。

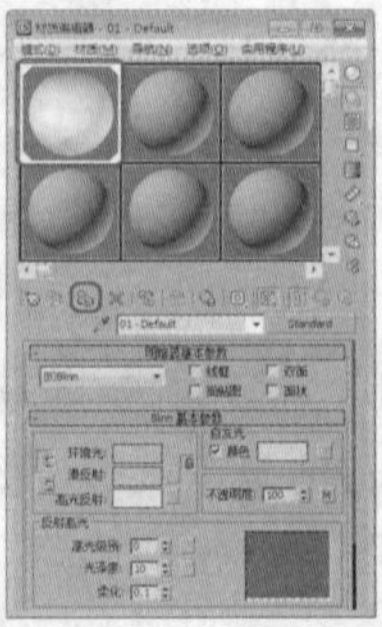

13.2 创建空间扭曲

空间扭曲是一类特殊的力场，施加了这类力场作用后的场景可以用来模拟自然界的各种动力效果，使物体的运动规律与现实更加贴近。创建空间扭曲对象时，视口中会显示一个线框来表示它。可以像对其他 3ds Max 对象那样改变空间扭曲。空间扭曲的位置、旋转和缩放会影响其作用。

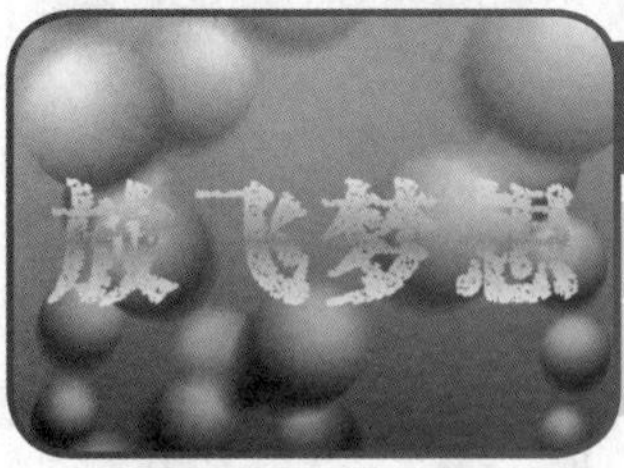

实战操作411 创建漩涡

素材：Scene\Cha13\13-3.max　场景：无

难度：★★★★★　视频：视频\Cha13\实战操作411.avi

“漩涡”空间扭曲将力应用于粒子系统，使它们在急转的漩涡中旋转，然后让它们向下移动成一个长而窄的喷流或者漩涡井。“漩涡”在创建黑洞、涡流、龙卷风和其他漏斗状对象时很有用。创建“漩涡”的操作步骤如下所述。

STEP 01 单击按钮，在弹出的下拉列表中执行“打开”命令，在打开的对话框中选择素材文件13-3.max，如下图所示。

STEP 02 选择“创建” |“空间扭曲” |“力”|“漩涡”工具，在“前”视图中创建漩涡，如下图所示。

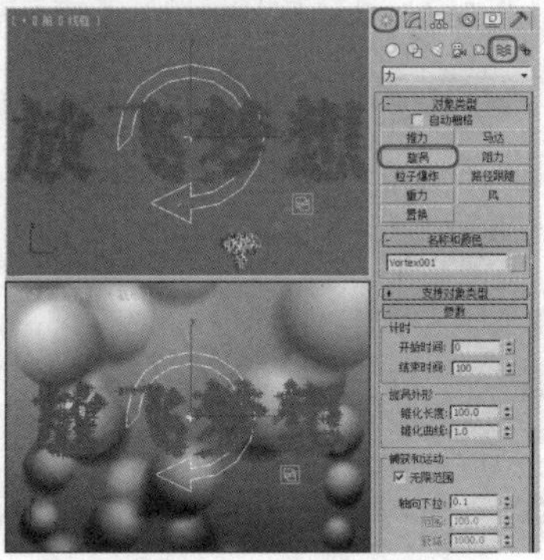

STEP 03 单击“修改”按钮，进入“修改”命令面板，在“参数”卷展栏中将“显示”选项组中的“图标大小”设置为85，如下图所示。

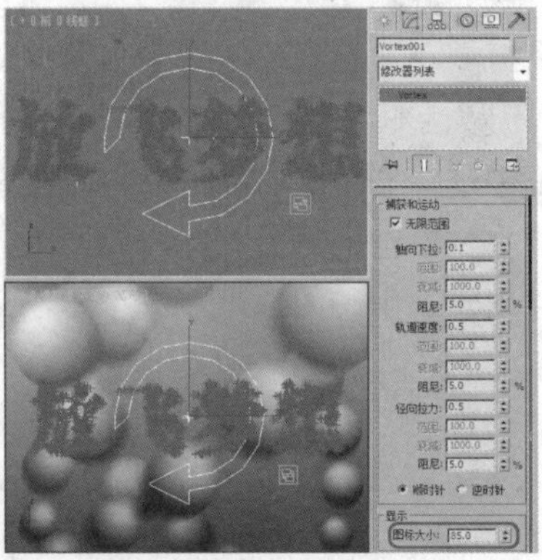

STEP 04 激活“透”视图，按F9键进行渲染，效果如下图所示。

实战操作412 调整漩涡

素材：无　　场景：Scene\Cha13\实战操作412.max

难度：★★★★★　　视频：视频\Cha13\实战操作412.avi

创建完“漩涡”后，再来对创建的“漩涡”进行调整，具体操作步骤如下所述。

STEP 01 继续上一实例的操作。在视图中选择“PF Source 001”对象，然后在“修改”命令面板中的“设置”卷展栏中单击“粒子视图”按钮，如下图所示。

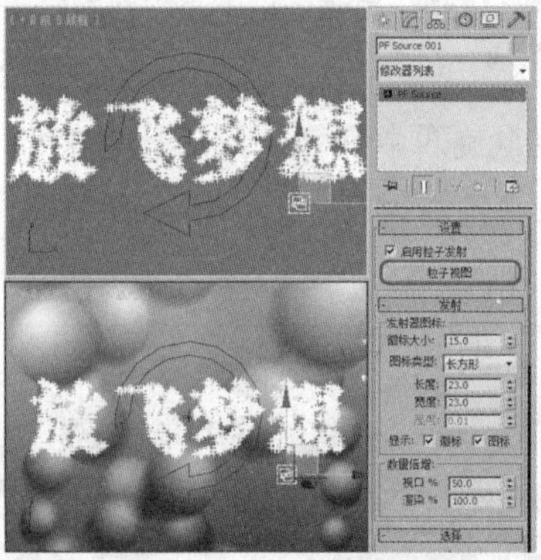

STEP 02 弹出“粒子视图”对话框，在该对话框中选择“力”选项并将其拖曳至上方的“事件显示”中，如右图所示。

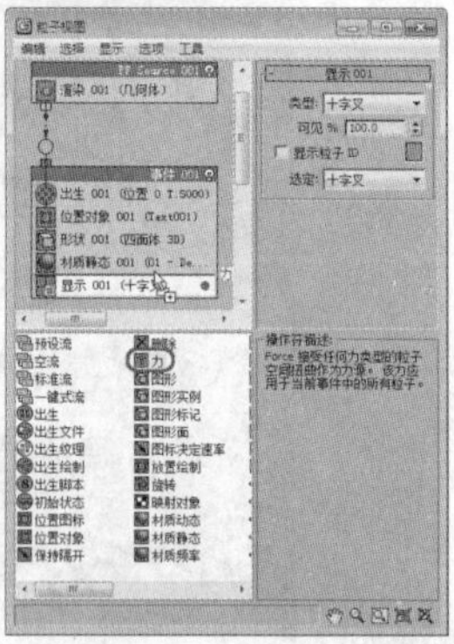

STEP 03 释放鼠标即可添加“力”选项。选择添加的“力”选项，然后在右侧的“力001”卷展栏中单击“添加”按钮，如右图所示。

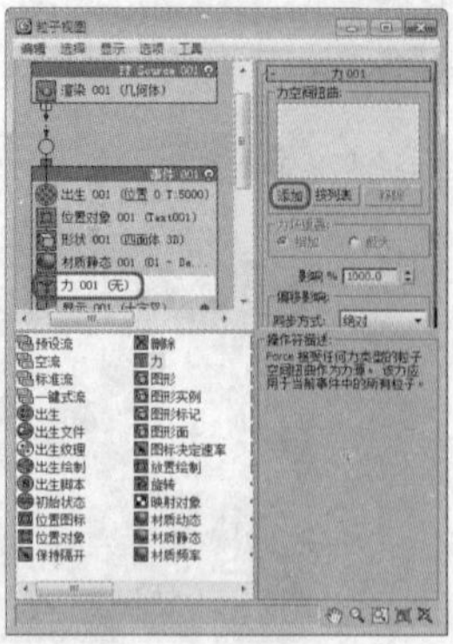

STEP 04 移动鼠标指针至“前”视图中，在该视图中单击选择“Vortex001”对象，如右图所示。

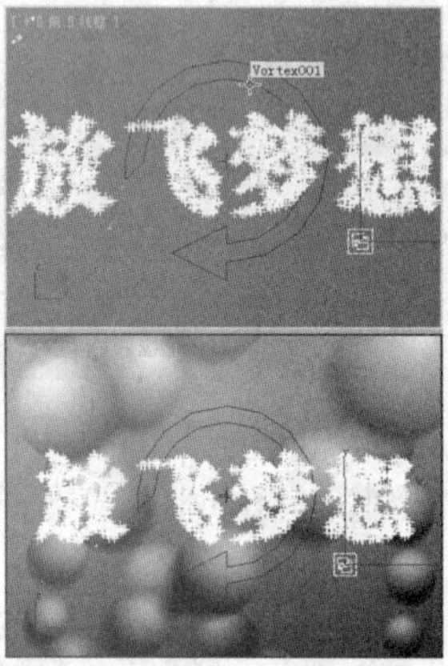

STEP 05 即可在“力001”卷展栏中的“力空间扭曲”选项组中显示出添加的漩涡对象，如右图所示。

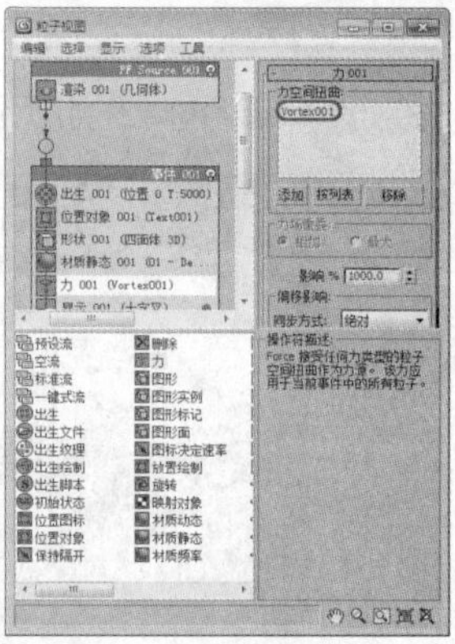

STEP 06 关闭“粒子视图”对话框，并拖动时间滑块至第13帧处，然后激活“透”视图，按F9键进行渲染，效果如下图所示。

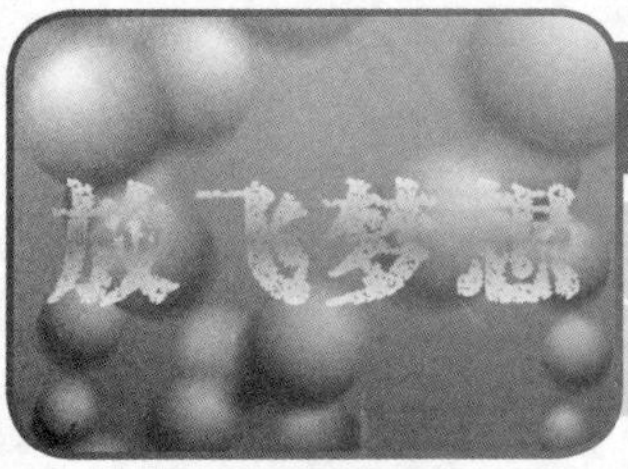

实战操作413 创建风

素材：Scene\Cha13\13-3.max　场景：无

难度：★★★★★　视频：视频\Cha13\实战操作413.avi

"风"空间扭曲可以模拟风吹动粒子系统所产生的粒子的效果。风具有方向性。顺着风力箭头方向运动的粒子呈加速状，逆着箭头方向运动的粒子呈减速状。创建"风"的操作步骤如下所述。

STEP 01 单击按钮，在弹出的下拉列表中执行"打开"命令，在打开的对话框中选择素材文件13-3.max，如下图所示。

STEP 02 选择"创建"|"空间扭曲"|"力"|"风"工具，在"前"视图中创建风，如下图所示。

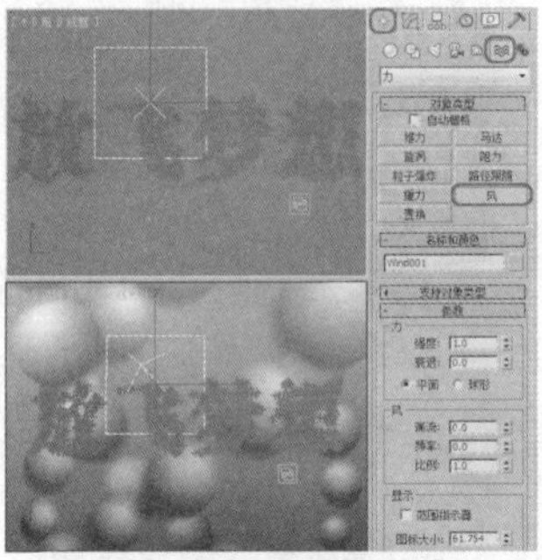

STEP 03 单击"修改"按钮，进入"修改"命令面板，在"参数"卷展栏中将"显示"选项组中的"图标大小"设置为50，如下图所示。

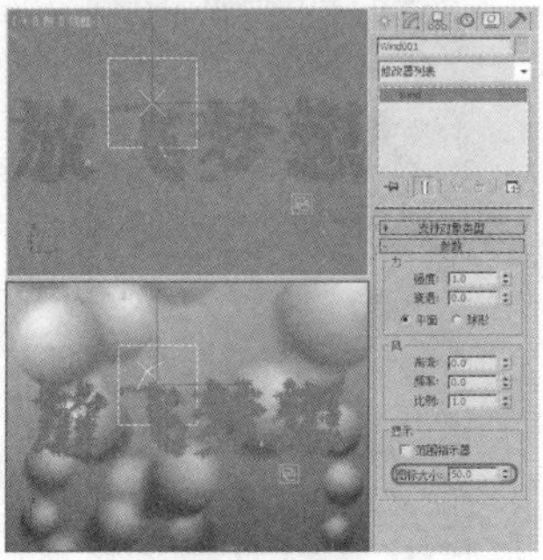

STEP 04 单击工具栏中的"镜像"按钮，弹出"镜像：屏幕 坐标"对话框，在"镜像轴"选项组中选中"Z"单选按钮，并单击"确定"按钮，如右图所示。

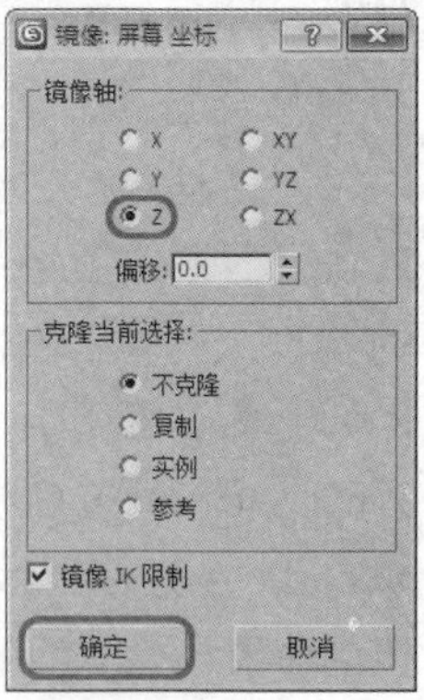

STEP 05 然后在"前"视图中调整风的位置，效果如下图所示。

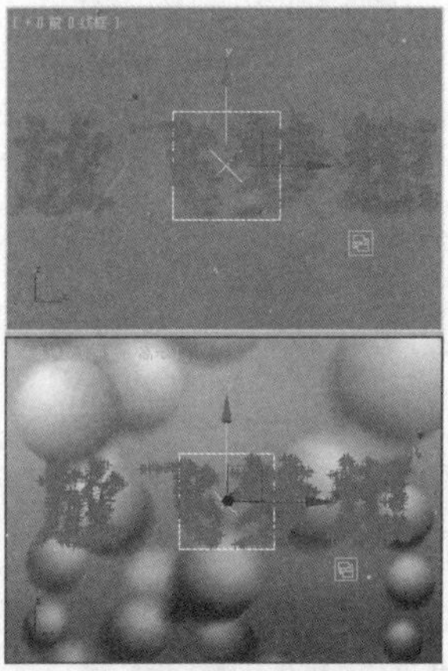

STEP 06 激活"透"视图，按F9键进行渲染，效果如下图所示。

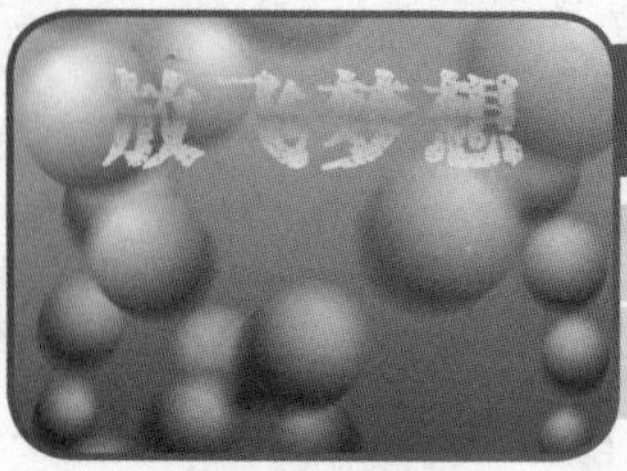

实战操作414 调整风

素材：无　　场景：Scene\Cha13\实战操作414.max

难度：★★★★★　　视频：视频\Cha13\实战操作414.avi

创建完“风”后，再来对创建的“风”进行调整，具体操作步骤如下所述。

STEP 01 继续上一实例的操作。在视图中选择“Wind001”对象，然后在工具栏中右击“选择并旋转”按钮，弹出“旋转变换输入”对话框，在“绝对：世界”选项组中的“X”文本框中输入50，如右图所示。

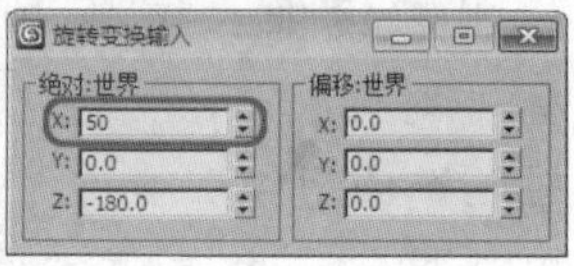

STEP 02 按Enter键确认，即可旋转风的方向，然后关闭该对话框，并在“左”视图中调整风的位置，如下图所示。

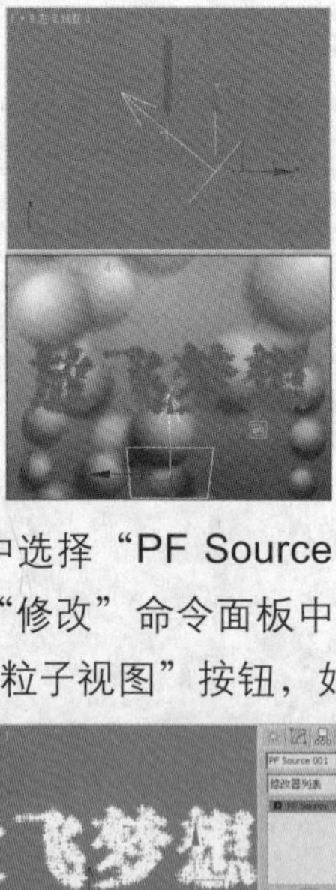

STEP 03 在视图中选择“PF Source 001”对象，然后在“修改”命令面板中的“设置”卷展栏中单击“粒子视图”按钮，如下图所示。

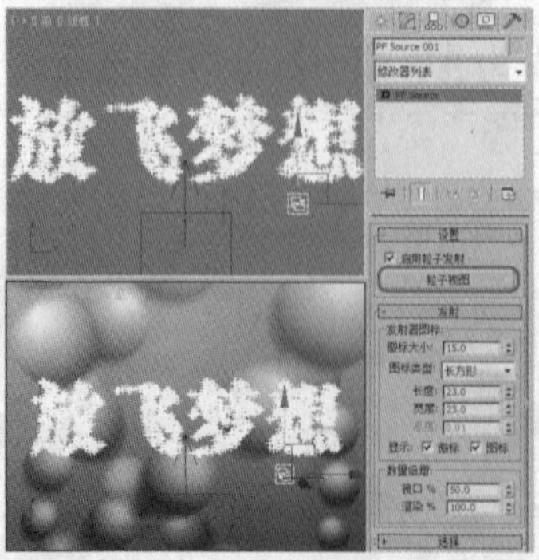

STEP 04 弹出“粒子视图”对话框，在该对话框中选择“力”选项并将其拖曳至上方的“事件显示”中，如下图所示。

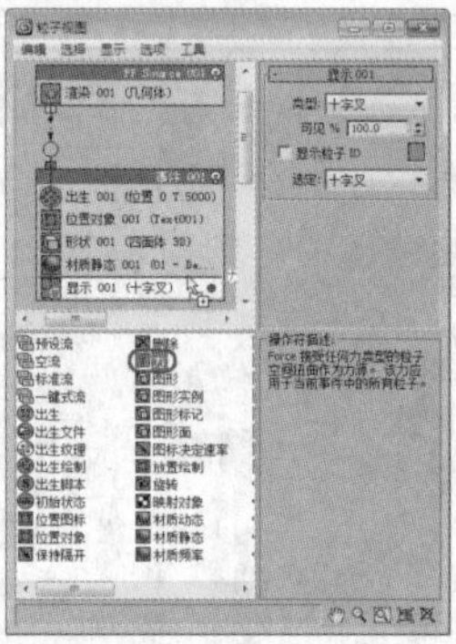

STEP 05 释放鼠标即可添加“力”选项。选择添加的“力”选项，然后在右侧的“力001”卷展栏中单击“添加”按钮，如下图所示。

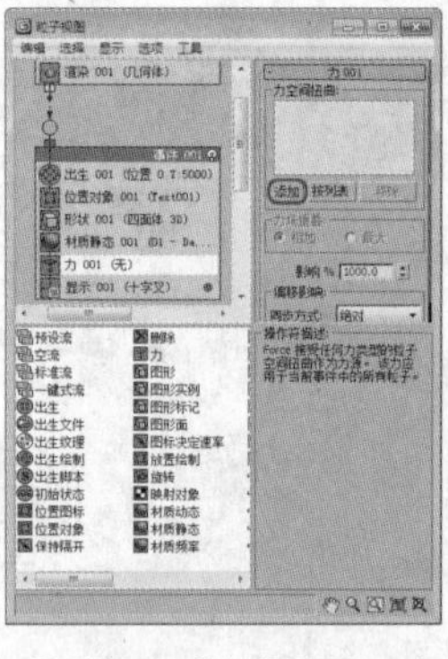

STEP 06 移动鼠标指针至“前”视图中，在该视图中单击选择“Wind001”对象，如下图所示。

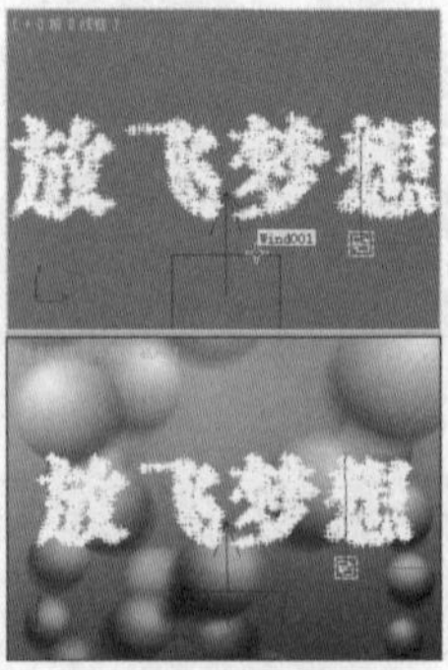

STEP 07 即可在“力001”卷展栏中的“力空间扭曲”选项组中显示出添加的风对象，如右图所示。

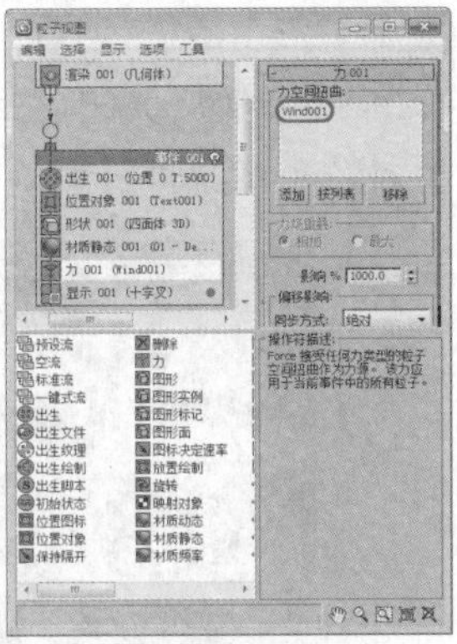

STEP 08 关闭“粒子视图”对话框，并拖动时间滑块至第15帧处，然后激活“透”视图，按F9键进行渲染，效果如下图所示。

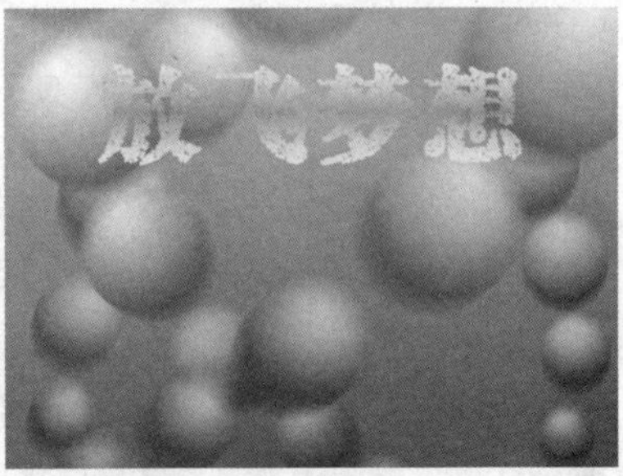

实战操作415 创建重力

素材：Scene\Cha13\实战操作409.max　　场景：无

难度：★★★★★　　视频：视频\Cha13\实战操作415.avi

“重力”空间扭曲可以在粒子系统所产生的粒子上对自然重力的效果进行模拟。重力具有方向性。沿重力箭头方向的粒子加速运动，逆着箭头方向运动的粒子呈减速状。创建“重力”的操作步骤如下所述。

STEP 01 打开实战操作409中制作的场景文件，选择“创建”|“空间扭曲”|“力”|“重力”工具，在“顶”视图中创建重力，如下图所示。

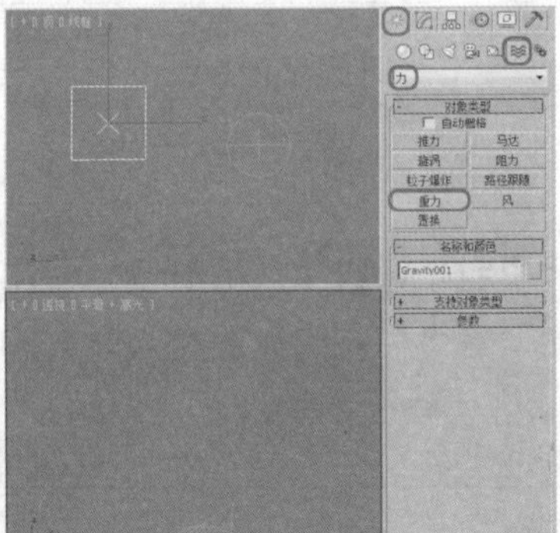

STEP 02 切换到“修改”命令面板，在“参数”卷展栏中，将“力”选项组中的“强度”设置为0.1；将“显示”选项组中的“图标大小”设置为40，如下图所示。

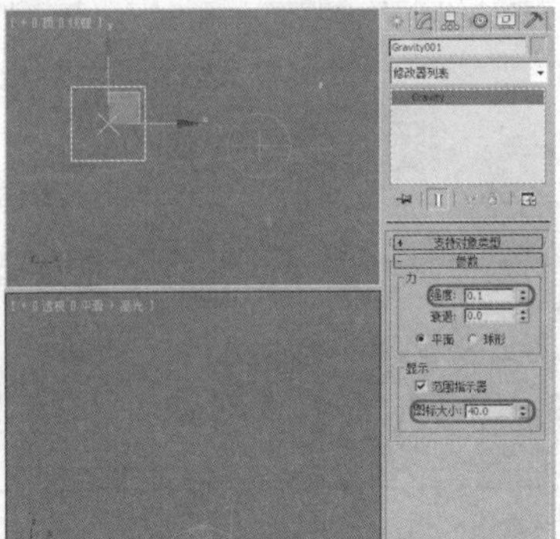

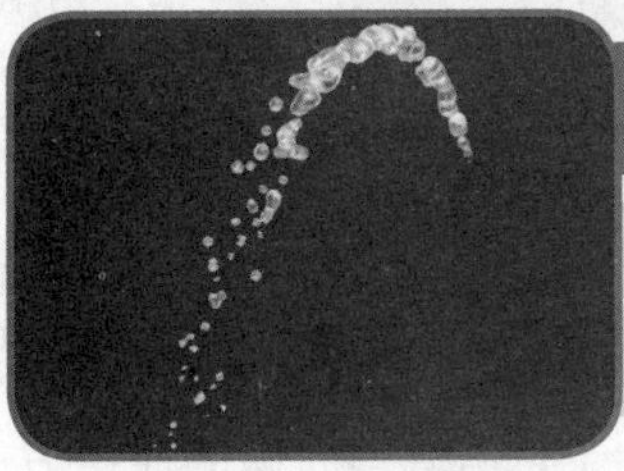

实战操作416 调整重力

素材：无　　场景：Scene\Cha13\实战操作416.max

难度：★★★★★　　视频：视频\Cha13\实战操作416.avi

创建完“重力”后，再来对创建的“重力”进行调整，具体操作步骤如下所述。

STEP 01 继续上一实例的操作。在视图中选择粒子系统，然后在工具栏中单击“绑定到空间扭曲”按钮，在粒子系统上单击鼠标左键并将其拖曳至“重力”图标上，如下图所示。

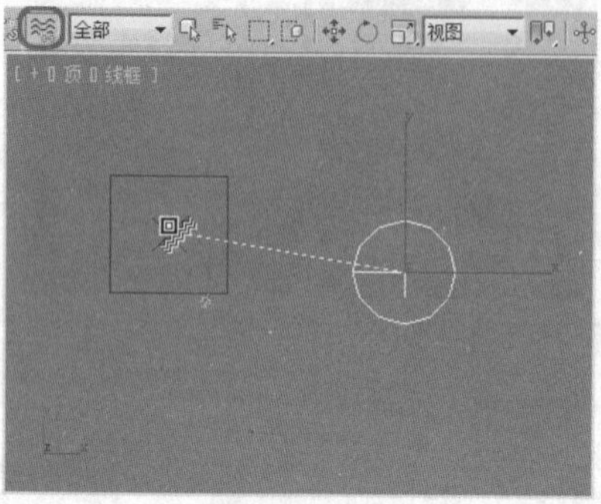

STEP 02 然后释放鼠标即可，在“前”视图中选择粒子系统，在工具栏中右击“选择并旋转”按钮，弹出“旋转变换输入”对话框，在“绝对：世界”选项组中的“Y”文本框中输入-22，如下图所示。

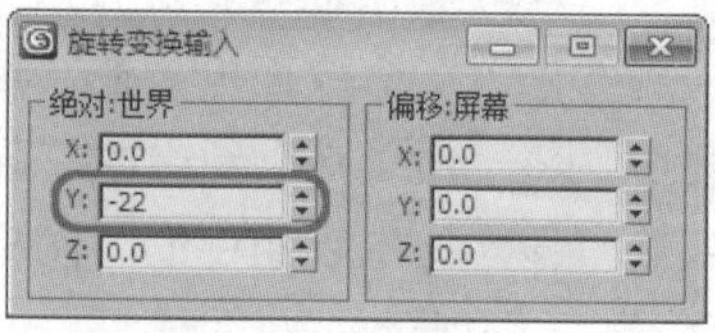

STEP 03 按Enter键确认，即可对粒子系统进行旋转，然后关闭该对话框，并在“透”视图中对粒子系统进行调整，效果如下图所示。

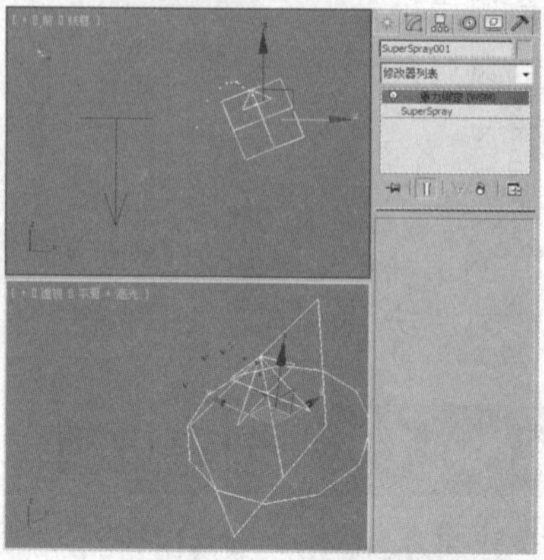

STEP 04 激活“透”视图，然后拖动时间滑块至第50帧处，并按F9键进行渲染，如右图所示。

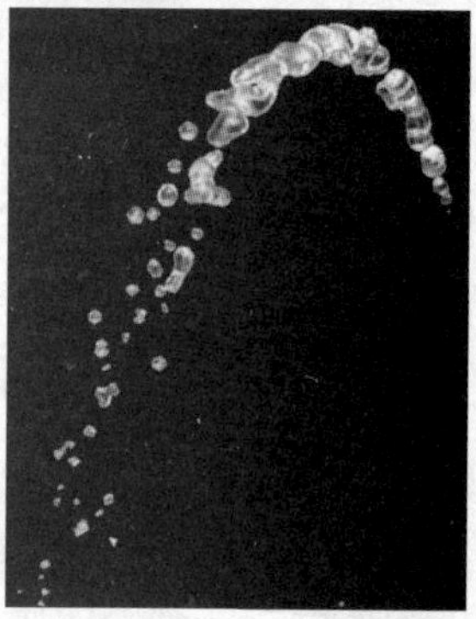

13.3 使用导向器

“导向器”空间扭曲起着平面防护板的作用，它能排斥由粒子系统生成的粒子。使用“导向器”可以模拟被雨水敲击的公路。将“导向器”空间扭曲和“重力”空间扭曲结合在一起可以产生瀑布和喷泉效果。

实战操作417 使用全导向器

素材：Scene\Cha13\13-4.max　场景：Scene\Cha13\实战操作417.max

难度：★★★★★　视频：视频\Cha13\实战操作417.avi

“全导向器”是一种能使用任意对象作为粒子导向器的全导向器。下面介绍全导向球的使用方法，具体操作步骤如下所述。

STEP 01 单击按钮，在弹出的下拉列表中执行“打开”命令，在打开的对话框中选择素材文件13-4.max，如下图所示。

STEP 02 选择“创建”|“空间扭曲”|“导向器”|“全导向器”工具，在“顶”视图中单击鼠标左键并拖动，创建一个“全导向器”，如下图所示。

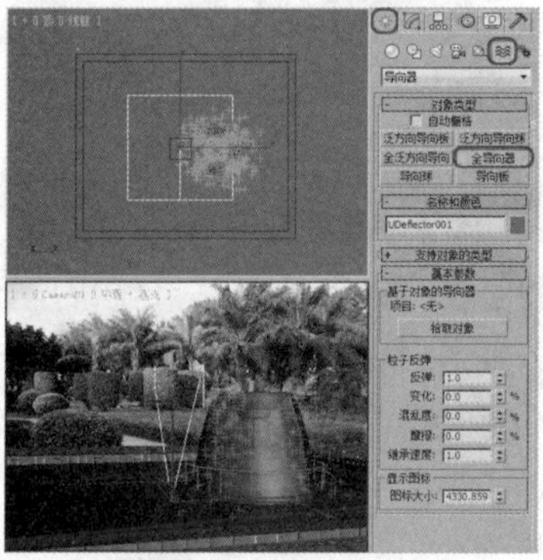

STEP 03 单击“修改”按钮，进入“修改”命令面板，在“基本参数”卷展栏中单击“拾取对象”按钮，在“前”视图中拾取“水池边沿”对象，然后将“显示图标”选项组中的“图标大小”设置为7500，并在视图中调整全导向器的位置，如下图所示。

STEP 04 在场景中选择所有的粒子系统，单击工具栏中的“绑定到空间扭曲”按钮，在“顶”视图中按住鼠标左键并将其拖动至创建的全导向器上，如下图所示。

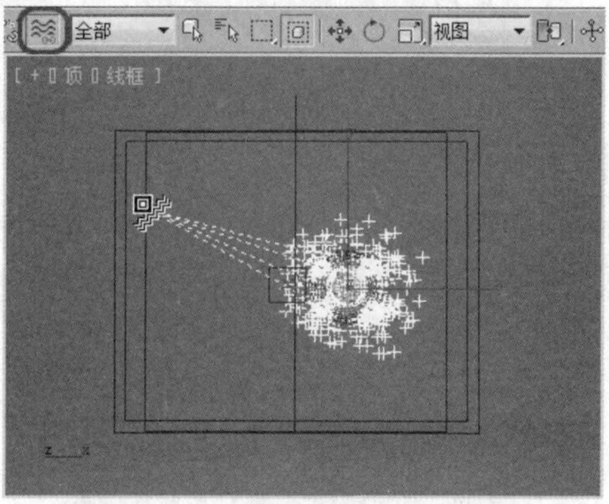

STEP 05 释放鼠标，即可将粒子系统绑定到全导向器上，激活“摄影机”视图，将时间滑块调整到第100帧处，按F9键进行渲染，效果如下图所示。

STEP 06 然后将时间滑块调整到第200帧处，并按F9键进行快速渲染，完成后的效果如下图所示。

实战操作418 使用导向球

素材：Scene\Cha13\13-4.max　场景：Scene\Cha13\实战操作418.max

难度：★★★★★　视频：视频\Cha13\实战操作418.avi

“导向球”空间扭曲起着球形粒子导向器的作用。下面介绍导向球的使用方法，具体操作步骤如下所述。

STEP 01 单击按钮，在弹出的下拉列表中执行“打开”命令，在打开的对话框中选择素材文件13-4.max，如下图所示。

STEP 02 选择“创建” |“空间扭曲” |“导向器” |“导向球”工具，在“顶”视图中按住鼠标左键并拖动，创建一个“导向球”，如下图所示。

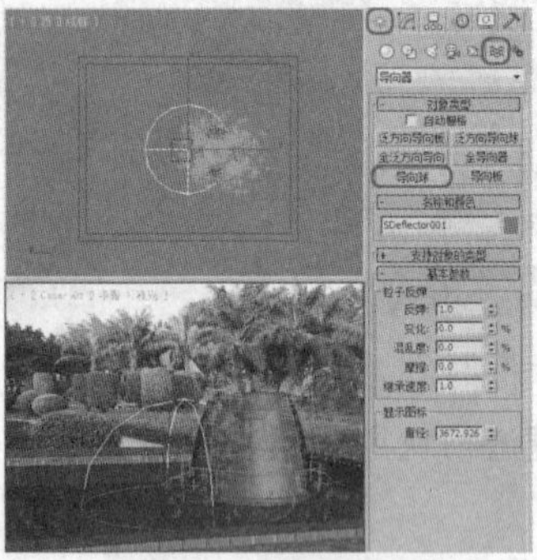

STEP 03 切换到“修改”命令面板，在“基本参数”卷展栏中将“显示图标”选项组中的“直径”设置为4000，并在其他视图中调整其位置，如右图所示。

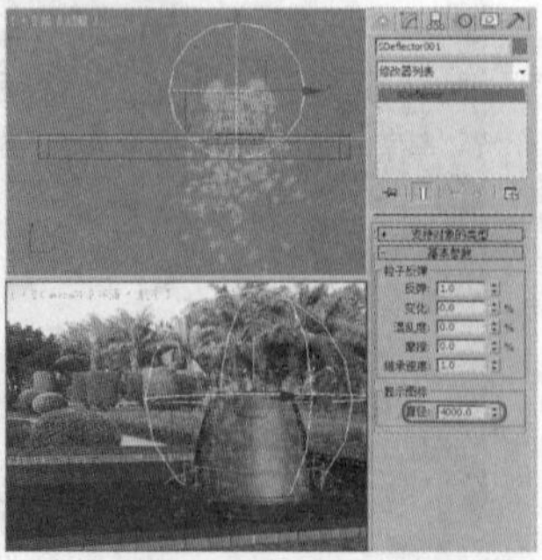

STEP 04 在场景中选择所有粒子系统，单击工具栏中的“绑定到空间扭曲”按钮，在“顶”视图中按住鼠标左键并将其拖动至创建的导向球上，如下图所示。

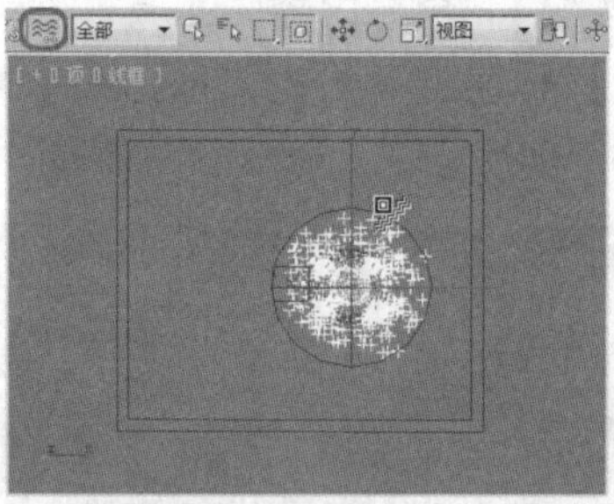

STEP 05 释放鼠标，即可将粒子系统绑定到导向球上，激活“摄影机”视图，将时间滑块调整到第100帧处，按F9键进行渲染，效果如下图所示。

STEP 06 然后将时间滑块调整到第200帧处，并按F9键进行快速渲染，效果如下图所示。

实战操作419 使用导向板

素材：Scene\Cha13\13-4.max　　场景：Scene\Cha13\实战操作419.max

难度：★★★★★　　视频：视频\Cha13\实战操作419.avi

“导向板”空间扭曲起着平面防护板的作用，它能排斥由粒子系统生成的粒子。下面介绍导向板的使用方法，具体操作步骤如下所述。

STEP 01 单击按钮，在弹出的下拉列表中执行“打开”命令，在打开的对话框中选择素材文件13-4.max，如下图所示。

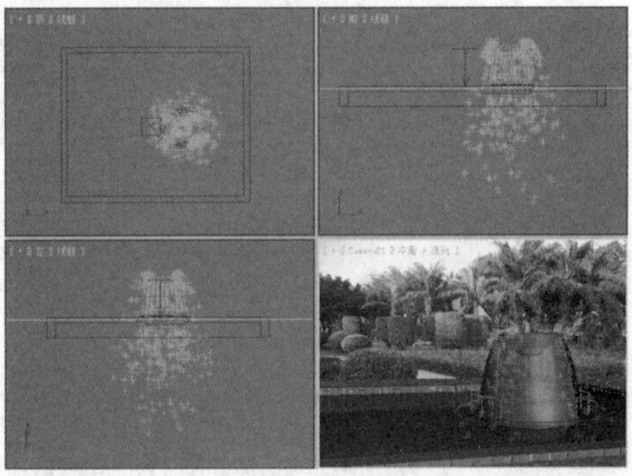

STEP 02 选择“创建”|“空间扭曲”|“导向器”|“导向板”工具，在“顶”视图中按住鼠标左键并拖动，创建一个“导向板”，如下图所示。

STEP 03 切换到“修改”命令面板，在“参数”卷展栏中将“反弹”、“变化”、“混乱”、“摩擦力”、“继承速度”、“宽度”和“长度”分别设置为0.52、10、34、0、1.47、7500和6500，并在其他视图中调整其位置，如下图所示。

STEP 04 在场景中选择所有粒子系统，单击工具栏中的“绑定到空间扭曲”按钮，在“顶”视图中按住鼠标左键并将其拖动至创建的导向板上，如下图所示。

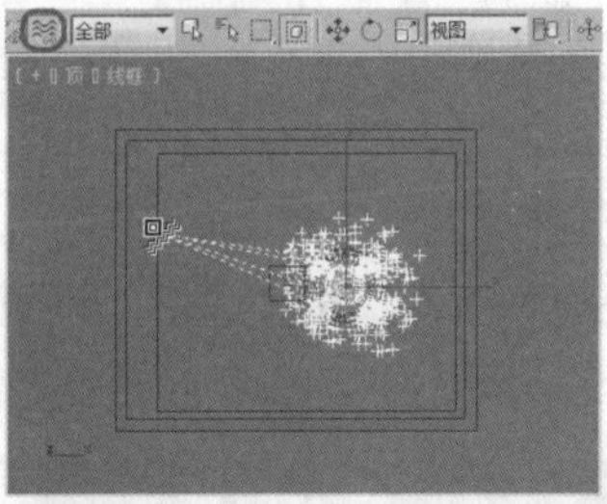

STEP 05 释放鼠标，即可将粒子系统绑定到导向板上，激活“摄影机”视图，将时间滑块调整到第100帧处，按F9键进行渲染，完成后的效果如下图所示。

STEP 06 然后将时间滑块调整到第200帧处，并按F9键进行快速渲染，完成后的效果如右图所示。

13.4 使用几何/可变形

使用“几何/可变形”空间扭曲可以使几何体变形。下面对几种常用的“几何/可变形”空间扭曲进行介绍。

实战操作420 使用波浪

素材：Scene\Cha13\13-5.max　场景：Scene\Cha13\实战操作420.max

难度：★★★★★　视频：视频\Cha13\实战操作420.avi

“波浪”空间扭曲可以在整个世界空间中创建线性波浪。它影响几何体和产生作用的方式与“波浪”修改器相同。下面介绍“波浪”的使用方法，具体操作步骤如下所述。

STEP 01 单击按钮，在弹出的下拉列表中执行“打开”命令，在打开的对话框中选择素材文件13-5.max，如下图所示。

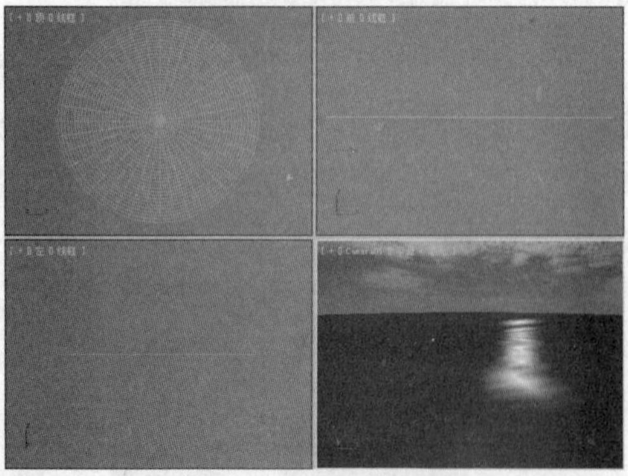

STEP 02 选择“创建”|“空间扭曲”|“几何/可变形”|“波浪”工具，在“顶”视图中单击鼠标左键并拖动，定义波浪的波长，如下图所示。

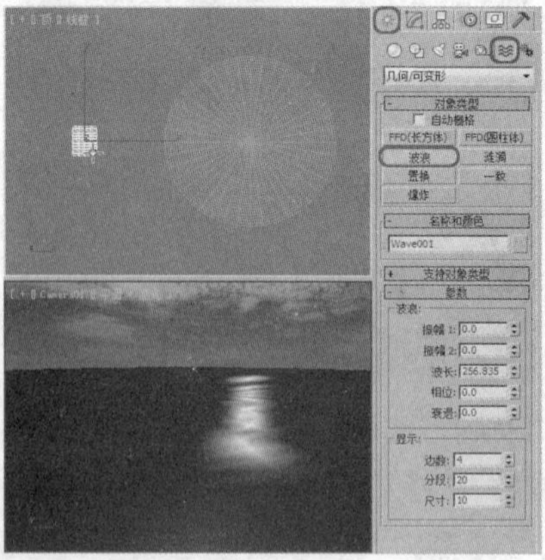

STEP 03 释放并移动鼠标，定义波浪的振幅，再次单击鼠标左键，完成波浪的创建，效果如

下图所示。

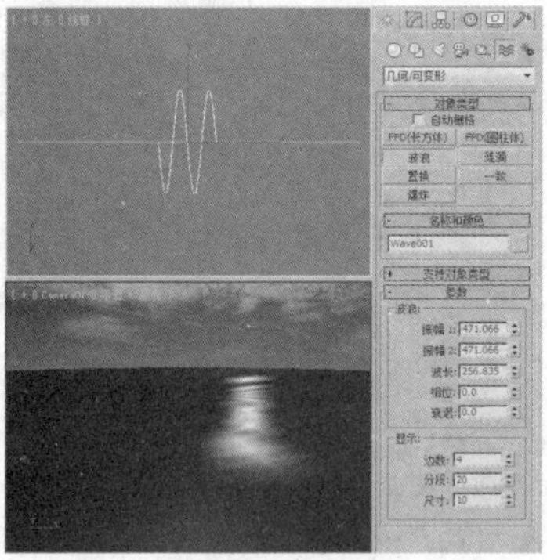

STEP 04 单击“修改”按钮，进入“修改”命令面板，在“参数”卷展栏中将“波浪”选项组中的“振幅1”、“振幅2”和“波长”分别设置为4、4、100，如下图所示。

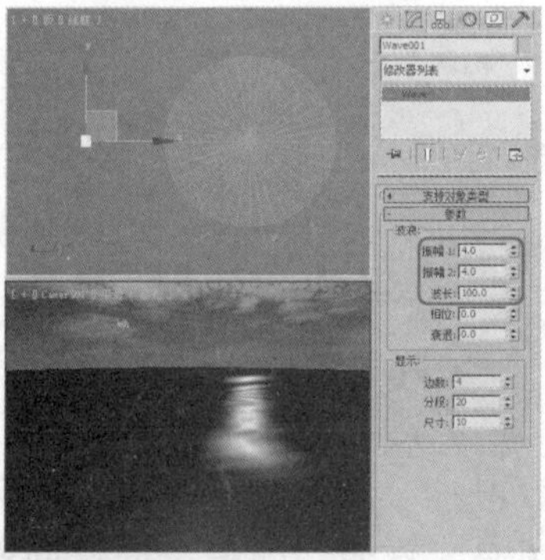

STEP 05 在场景中选择“水面”对象，单击工具栏中的“绑定到空间扭曲”按钮，在“顶”视图中按住鼠标左键并将其拖动至创建的“波浪”空间扭曲上，如下图所示。

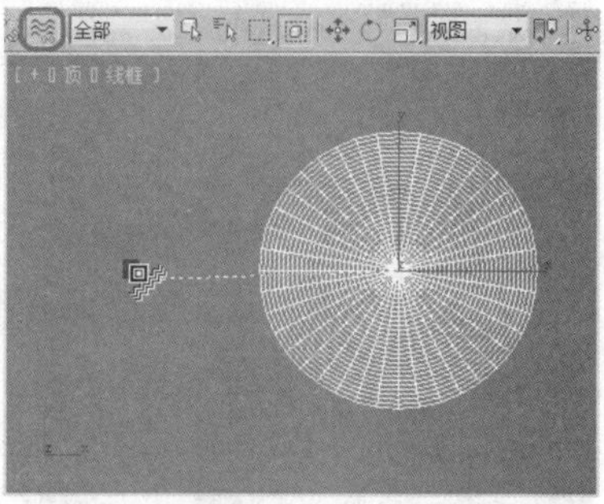

STEP 06 释放鼠标，即可将“水面”对象绑定到“波浪”空间扭曲上，然后激活“摄影机”视图，按F9键进行渲染，渲染完成后的效果如下图所示。

实战操作421 使用涟漪

素材：Scene\Cha13\13-5.max　　场景：Scene\Cha13\实战操作421.max

难度：★★★★★　　视频：视频\Cha13\实战操作421.avi

“涟漪”空间扭曲可以在整个世界空间中创建同心波纹。它影响几何体和产生作用的方式与“涟漪”修改器相同。下面介绍“涟漪”的使用方法，具体操作步骤如下所述。

STEP 01 单击按钮，在弹出的下拉列表中执行“打开”命令，在打开的对话框中选择素材文件13-5.max，如右图所示。

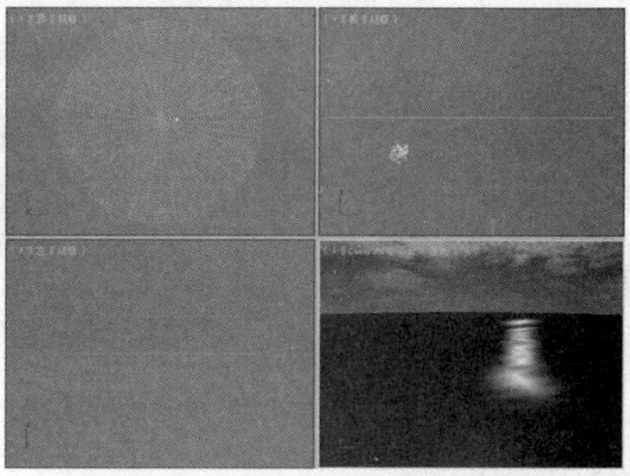

STEP 02 选择“创建” | “空间扭曲” | “几何/可变形” | “涟漪”工具，在“顶”视图中单击鼠标左键并拖动，定义涟漪的波长，如下图所示。

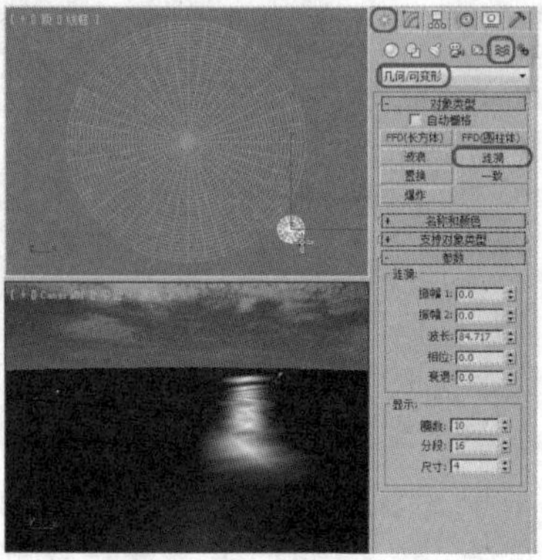

STEP 03 释放并移动鼠标，定义涟漪的振幅，再次单击鼠标左键，完成涟漪的创建，效果如下图所示。

STEP 04 单击“修改”按钮，进入“修改”命令面板，在“参数”卷展栏中将“涟漪”选项组中的“振幅1”、“振幅2”、“波长”和“衰退”分别设置为15、15、125、0.001，将“显示”选项组中的“圈数”、“分段”和“尺寸”分别设置为20、20、15，如下图所示。

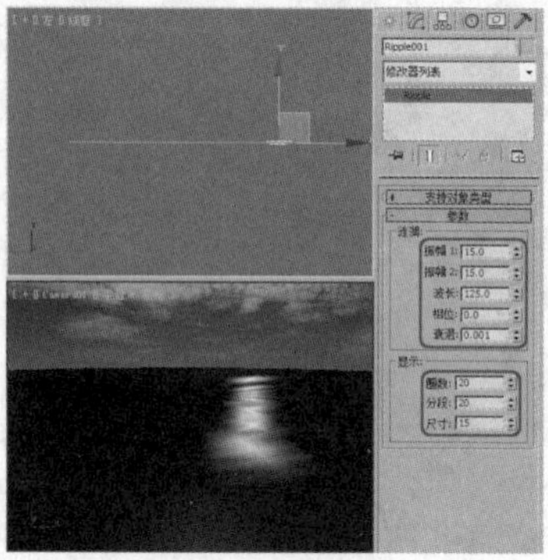

STEP 05 在场景中选择“水面”对象，单击工具栏中的“绑定到空间扭曲”按钮，在“顶”视图中按住鼠标左键并将其拖动至创建的“涟漪”空间扭曲上，如下图所示。

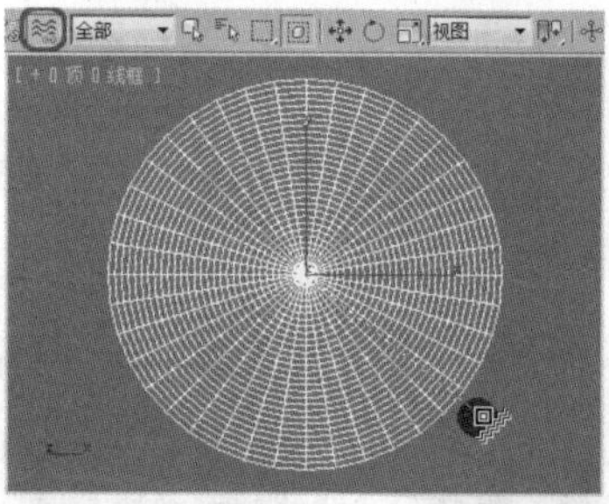

STEP 06 释放鼠标，即可将“水面”对象绑定到“涟漪”空间扭曲上，然后激活“摄影机”视图，按F9键进行渲染，效果如下图所示。

实战操作422 使用爆炸

素材：Scene\Cha13\13-6.max　场景：Scene\Cha13\实战操作422.max

难度：★★★★★　视频：视频\Cha13\实战操作422.avi

“爆炸”空间扭曲能把对象炸成许多单独的面。下面介绍“爆炸”的使用方法，具体操作步骤如下所述。

STEP 01 单击按钮，在弹出的下拉列表中执行“打开”命令，在打开的对话框中选择素材文件13-6.max，如下图所示。

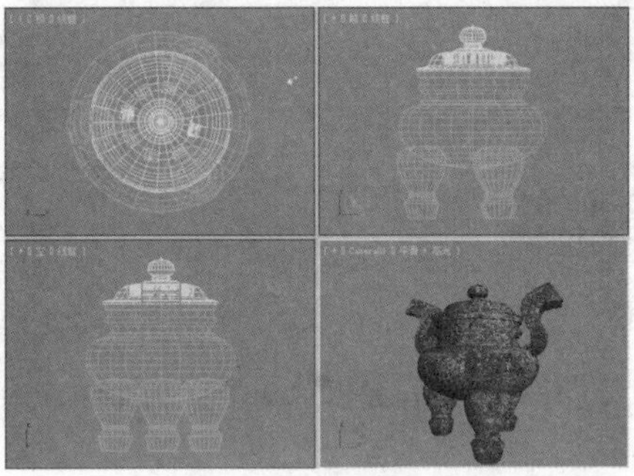

STEP 02 选择“创建”|“空间扭曲”|“几何/可变形”|“爆炸”工具，在“顶”视图中创建一个“爆炸”空间扭曲，如下图所示。

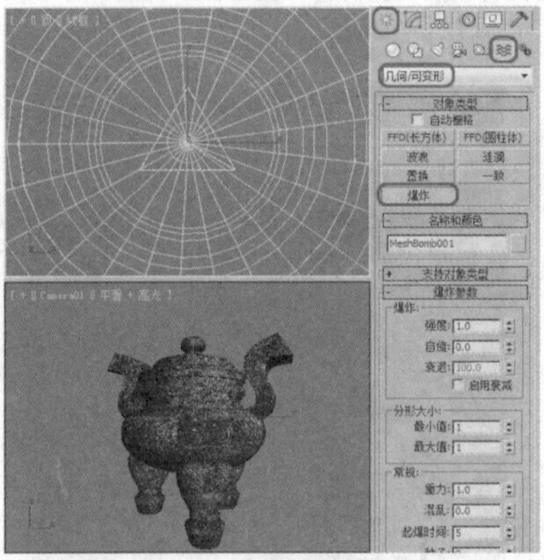

STEP 03 单击“修改”按钮，进入“修改”命令面板，在“爆炸参数”卷展栏中将“爆炸”选项组中的“强度”和“自旋”分别设置为2和0.5，将“常规”选项组中的“混乱”设置为2，如下图所示。

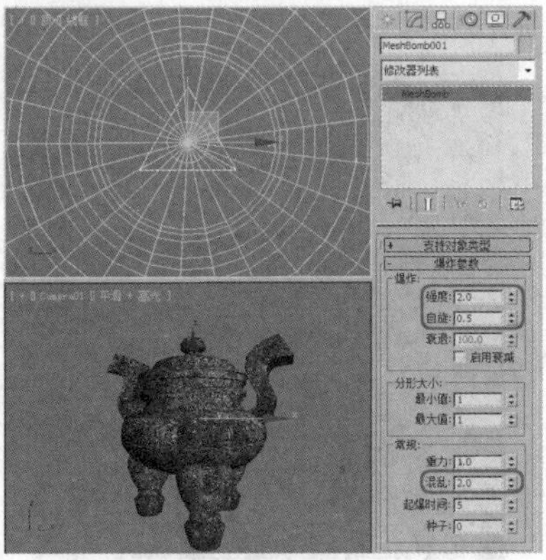

STEP 04 在场景中选择“Tt_ding”对象，单击工具栏中的“绑定到空间扭曲”按钮，在“顶”视图中按住鼠标左键并将其拖动至创建的“爆炸”空间扭曲上，如下图所示。

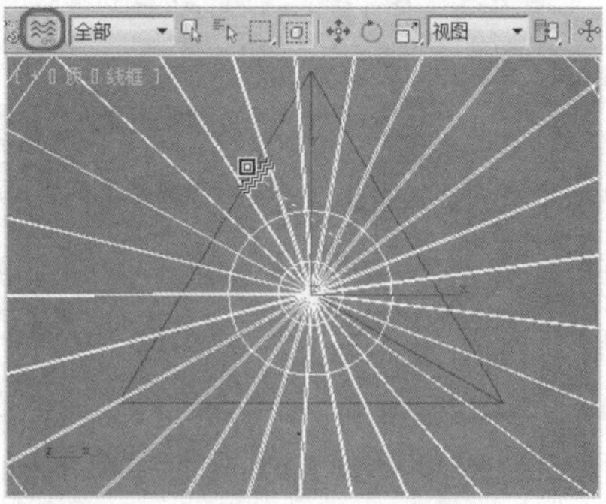

STEP 05 释放鼠标，即可将“Tt_ding”对象绑定到“爆炸”空间扭曲上，激活“摄影机”视图，将时间滑块调整到第10帧处，按F9键进行渲染，完成后的效果如下图所示。

STEP 06 然后将时间滑块调整到第30帧处，并按F9键进行快速渲染，完成后的效果如下图所示。

13.5 创建动力学对象

动力学对象与其他网格对象类似，不同之处在于它们可以对所绑定的对象运动作出反应或当包含在动力学模拟中时提供动力学力量。

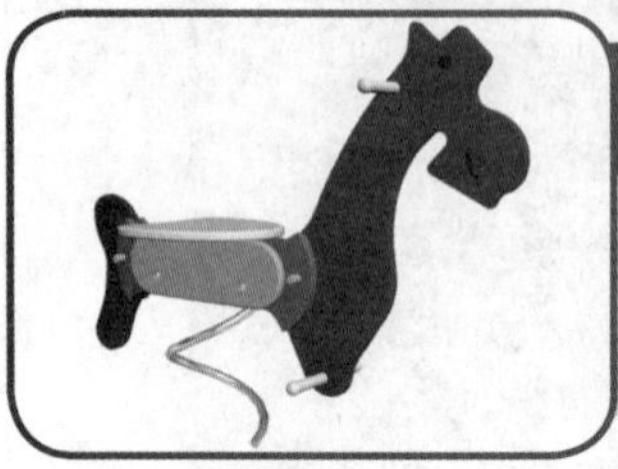

实战操作423 创建弹簧

素材：Scene\Cha13\13-7.max　场景：Scene\Cha13\实战操作423.max

难度：★★★★★　视频：视频\Cha13\实战操作423.avi

“弹簧”对象是形状为弯曲弹簧的动力学对象。使用弯曲弹簧，可以在动力学模拟中模拟富有弹性的弹簧。创建弹簧的操作步骤如下所述。

STEP 01 单击按钮，在弹出的下拉列表中执行“打开”命令，在打开的对话框中选择素材文件13-7.max，如下图所示。

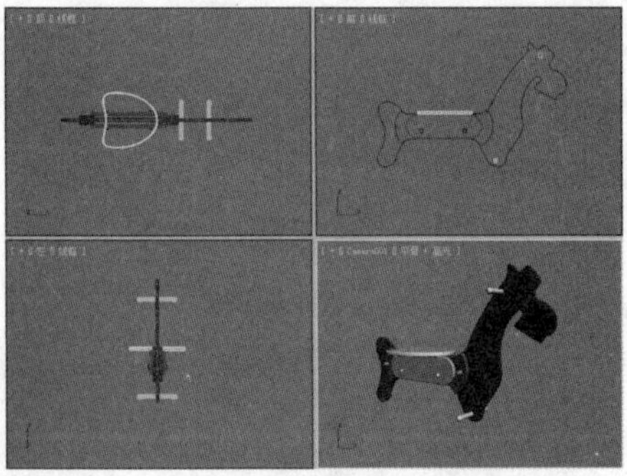

STEP 02 选择“创建” |“几何体” |“动力学对象” |“弹簧”工具，在“顶”视图中单击鼠标左键并拖动，定义弹簧的直径，如下图所示。

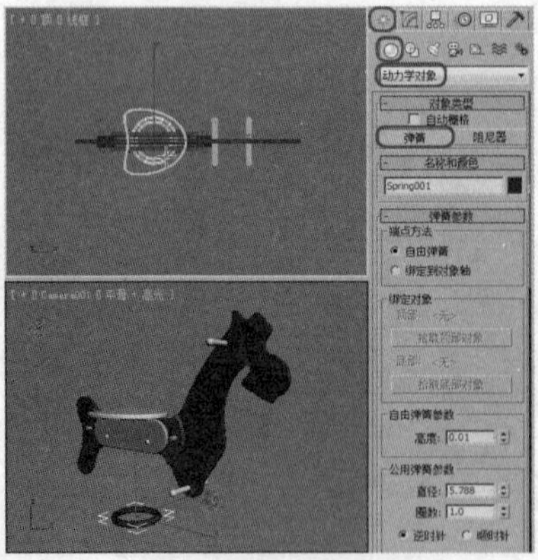

STEP 03 释放并移动鼠标，定义弹簧的高度，效果如下图所示。

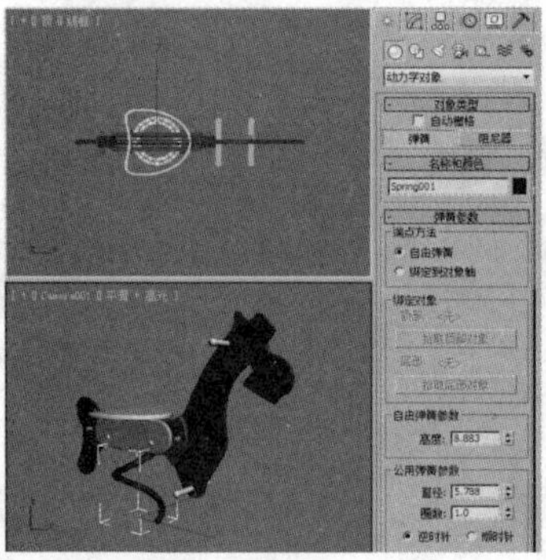

STEP 04 切换到“修改”命令面板，在“弹簧参数”卷展栏中，将“自由弹簧参数”选项组中的“高度”设置为8.883；在“线框形状”选项组中选中“圆形线框”单选按钮，并将其下面的“直径”和“边数”分别设置为0.6和7，如下图所示。

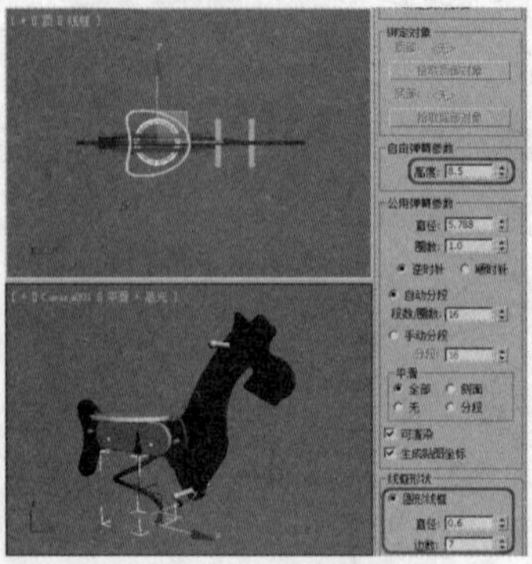

STEP 05 按M键打开“材质编辑器”对话框，在该对话框中选择“09 - Default”材质，并单击“将材质指定给选定对象”按钮，将材质指定给新创建的弹簧对象，如右图所示。

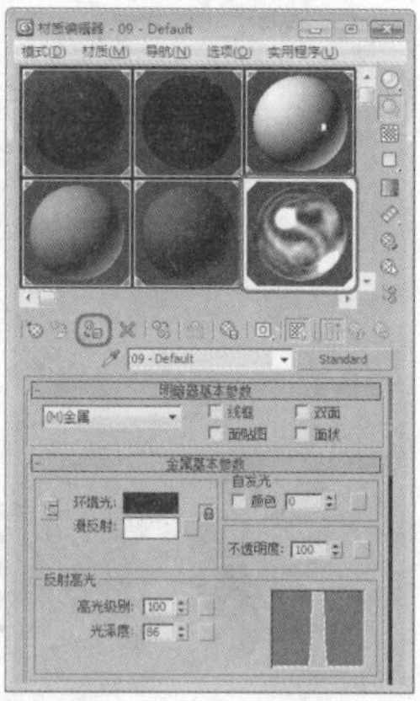

STEP 06 激活“摄影机”视图，按F9键进行渲染，效果如下图所示。

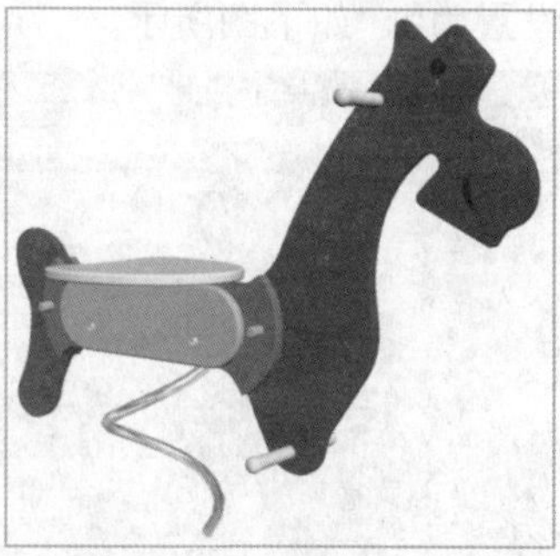

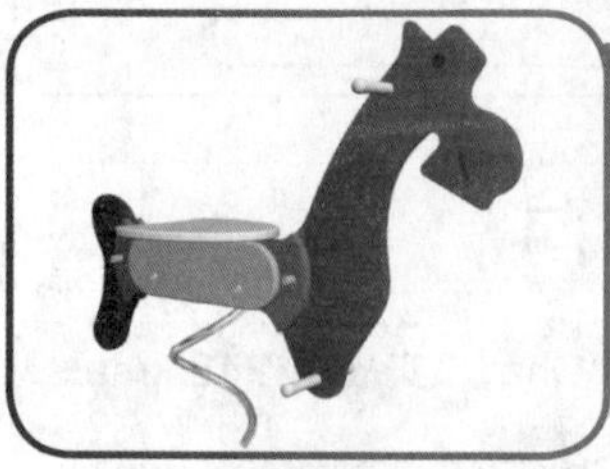

实战操作424 修改弹簧直径

素材：无　　场景：Scene\Cha13\实战操作424.max

难度：★★★★★　　视频：视频\Cha13\实战操作424.avi

在“弹簧参数”卷展栏中，使用“公用弹簧参数”选项组中的“直径”选项可以设置弹簧直径，具体操作步骤如下所述。

STEP 01 继续上一实例的操作，在“弹簧参数”卷展栏中，将“公用弹簧参数”选项组中的“直径”设置为5，如下图所示。

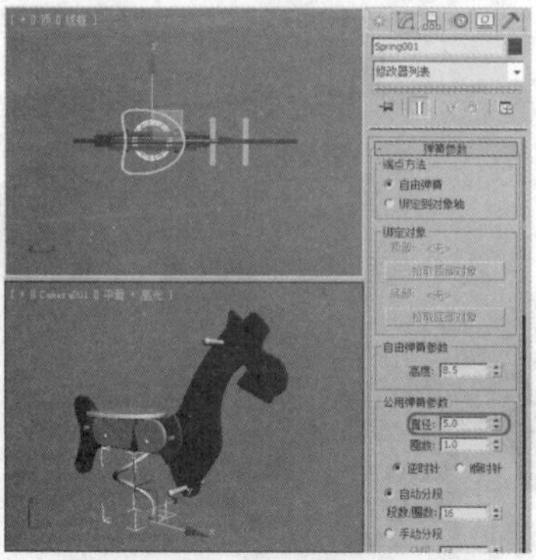

STEP 02 激活“摄影机”视图，按F9键进行渲染，效果如下图所示。

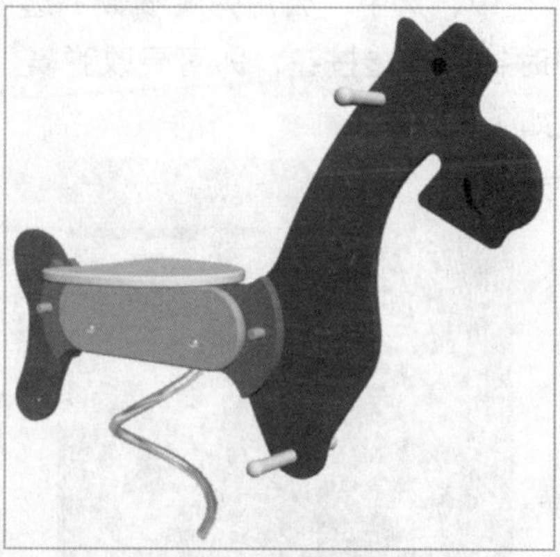

实战操作425 修改弹簧圈数

素材：无　　场景：Scene\Cha13\实战操作425.max

难度：★★★★★　　视频：视频\Cha13\实战操作425.avi

在“弹簧参数”卷展栏中，使用“公用弹簧参数”选项组中的“圈数”选项可以设置弹簧圈数，具体操作步骤如下所述。

STEP 01 继续上一实例的操作，在“弹簧参数”卷展栏中，将“公用弹簧参数”选项组中的“圈数”设置为5，如下图所示。

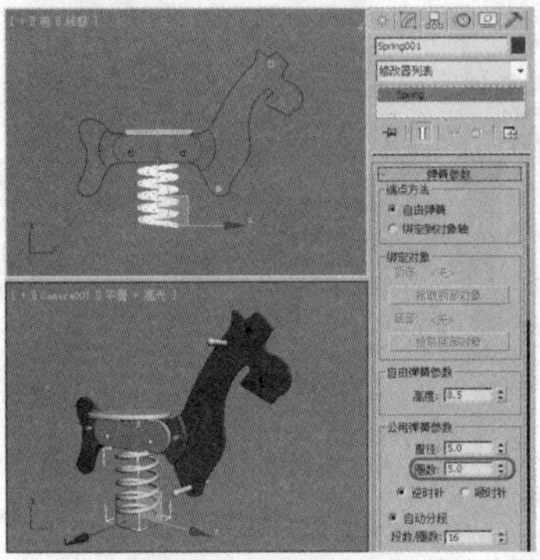

STEP 02 激活“摄影机”视图，按F9键进行渲染，效果如下图所示。

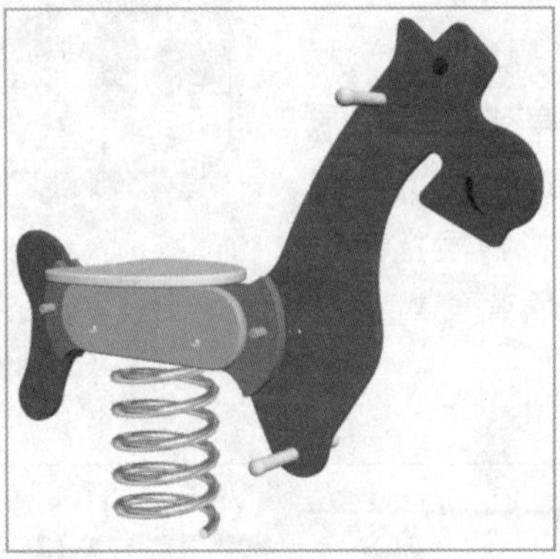

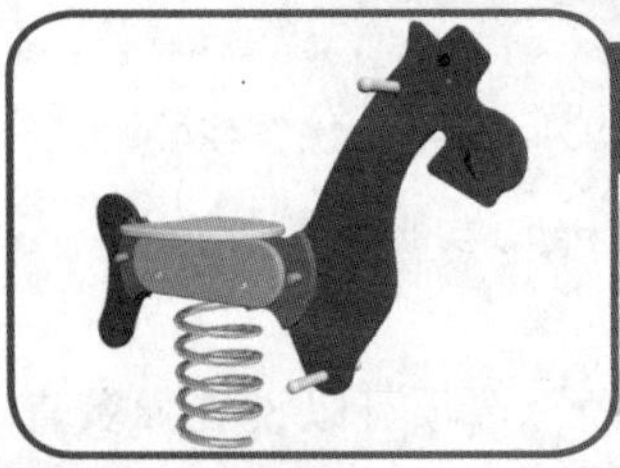

实战操作426 修改弹簧旋转方向

素材：无

场景：Scene\Cha13\实战操作426.max

难度：★★★★★

视频：视频\Cha13\实战操作426.avi

在“弹簧参数”卷展栏中的“公用弹簧参数”选项组中可以设置弹簧的旋转方向，具体操作步骤如下所述。

STEP 01 继续上一实例的操作，在“弹簧参数”卷展栏中，选中“公用弹簧参数”选项组中的“顺时针”单选按钮，即可更改弹簧的旋转方向，如下图所示。

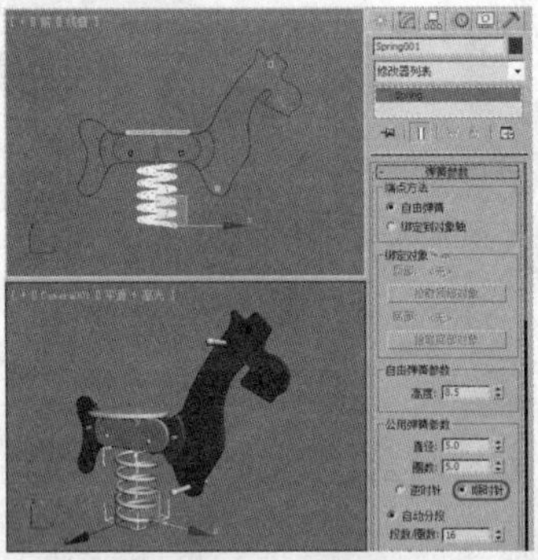

STEP 02 激活“摄影机”视图，按F9键进行渲染，效果如下图所示。

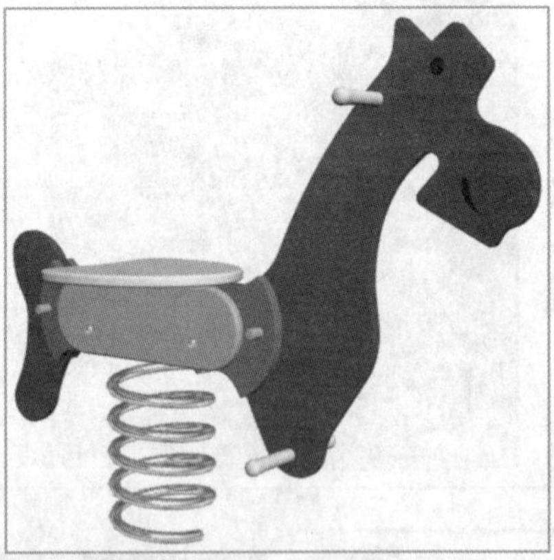

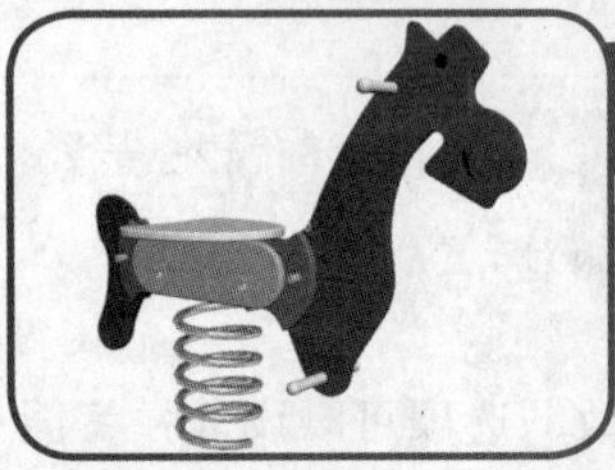

实战操作427 修改弹簧段数

素材：无

场景：Scene\Cha13\实战操作427.max

难度：★★★★★

视频：视频\Cha13\实战操作427.avi

在“弹簧参数”卷展栏中，使用“公用弹簧参数”选项组中的“段数/圈数”选项可以设置弹簧段数，具体操作步骤如下所述。

STEP 01 继续上一实例的操作，在“弹簧参数”卷展栏中，将“公用弹簧参数”选项组中的“段数/圈数”设置为30，如下图所示。

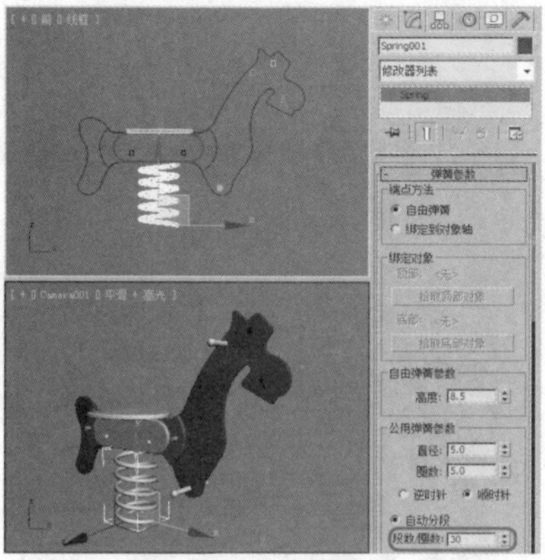

STEP 02 激活摄影机视图，按F9键进行渲染，渲染完成后的效果如下图所示。

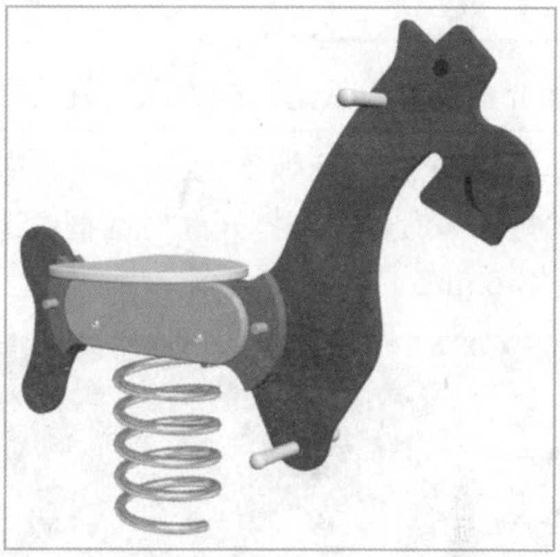

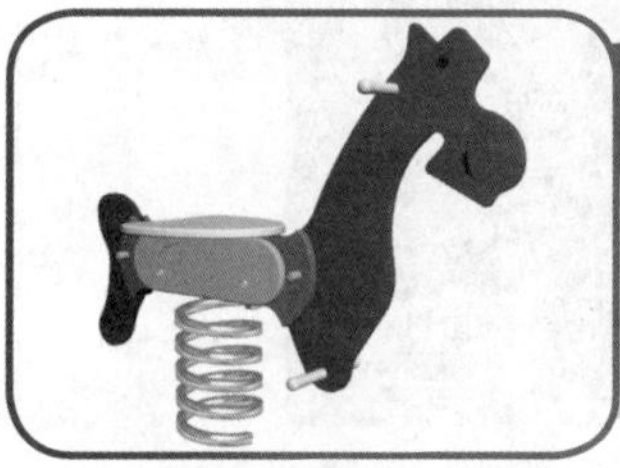

实战操作428 修改形状显示

- 素材：无
- 场景：Scene\Cha13\实战操作428.max
- 难度：★★★★★
- 视频：视频\Cha13\实战操作428.avi

在“弹簧参数”卷展栏中的“线框形状”选项组中可以设置弹簧的形状显示，具体操作步骤如下所述。

STEP 01 继续上一实例的操作，在“弹簧参数”卷展栏中，选中“线框形状”选项组中的“长方形线框”单选按钮，并将其下面的“宽度”和“深度”分别设置为0.5和0.7，如下图所示。

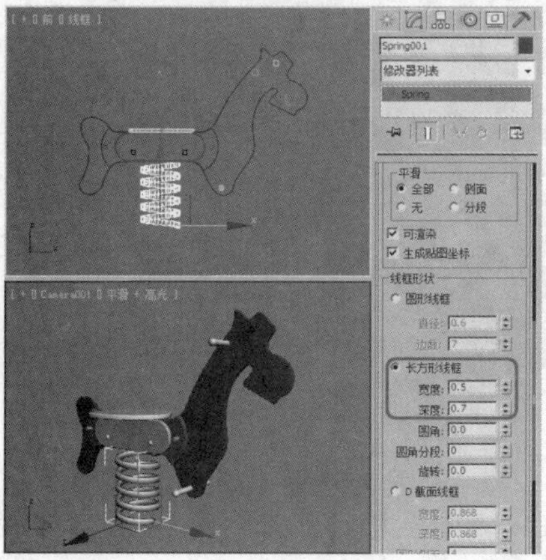

STEP 02 激活“摄影机”视图，按F9键进行渲染，效果如下图所示。

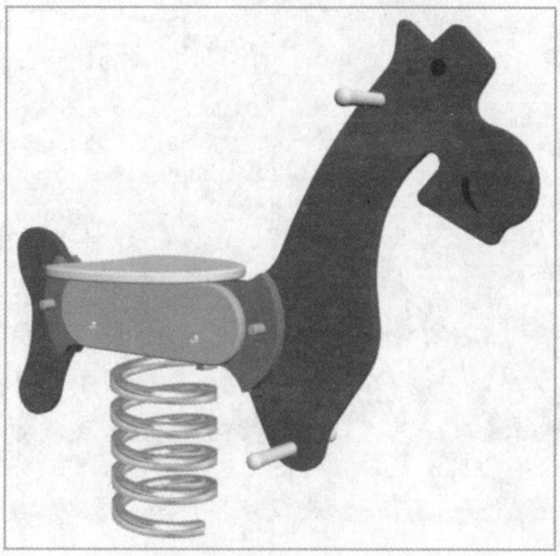

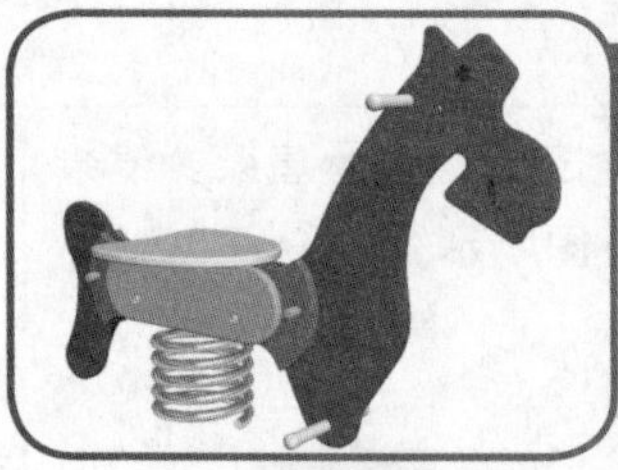

实战操作429 创建弹簧动画

素材：Scene\Cha13\13-8.max　场景：Scene\Cha13\实战操作429.max

难度：★★★★★　视频：视频\Cha13\实战操作429.avi

下面介绍创建弹簧动画的方法，具体操作步骤如下所述。

STEP 01 单击按钮，在弹出的下拉列表中执行“打开”命令，在打开的对话框中选择素材文件13-8.max，如下图所示。

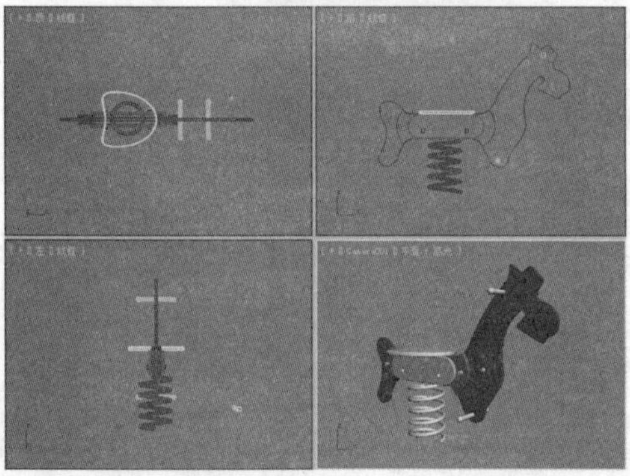

STEP 02 在动画控制区中单击“自动关键点”按钮，激活“前”视图，将时间滑块调整到第50帧处，确认弹簧对象处于选择状态，切换到“修改”命令面板，在“弹簧参数”卷展栏中，将“自由弹簧参数”选项组中的“高度”设置为3.5，如下图所示。

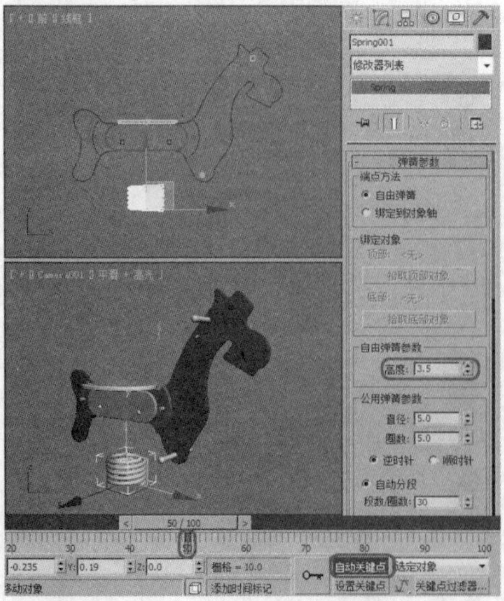

STEP 03 选择“木马”对象，在“前”视图中将其沿Y轴向下移动，如下图所示。

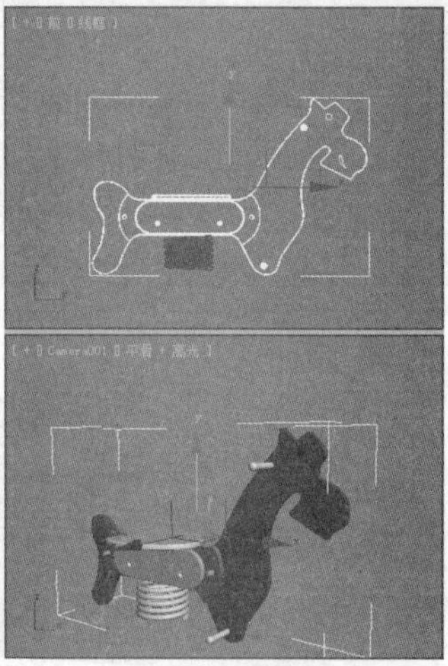

STEP 04 将时间滑块调整到第100帧处，选择弹簧对象，在“弹簧参数”卷展栏中，将“自由弹簧参数”选项组中的“高度”设置为8.5，如下图所示。

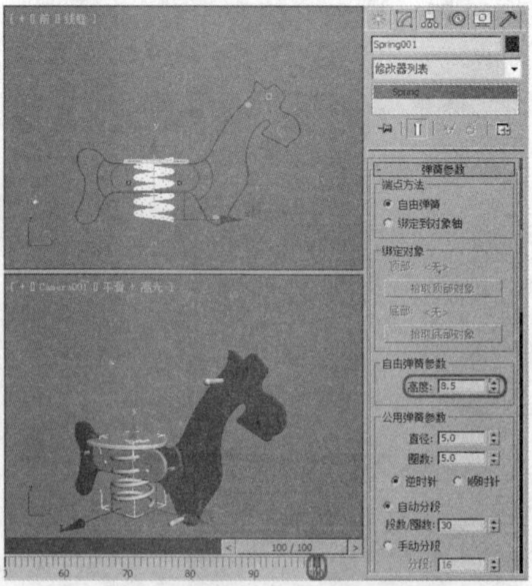

STEP 05 选择“木马”对象，在“前”视图中将其沿Y轴向上移动，如下图所示。然后再次

单击“自动关键点”按钮，将其关闭。

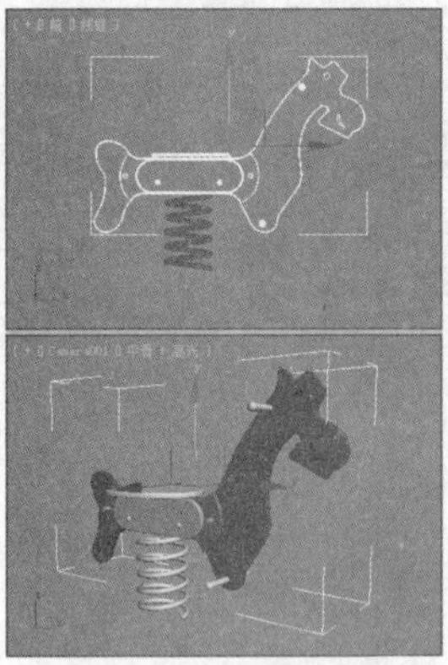

STEP 06 激活“摄影机”视图，单击工具栏中的“渲染设置”按钮，弹出“渲染设置”对话框，在“公用参数”卷展栏中，选中“时间输出”选项组中的“活动时间段”单选按钮，在“输出大小”选项组中将渲染尺寸设置为800×600，如下图所示。

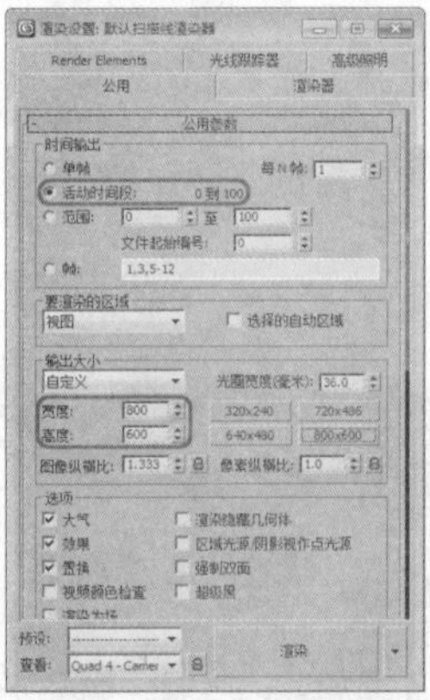

STEP 07 然后在 “渲染输出”选项组中单击“文件”按钮，如下图所示。

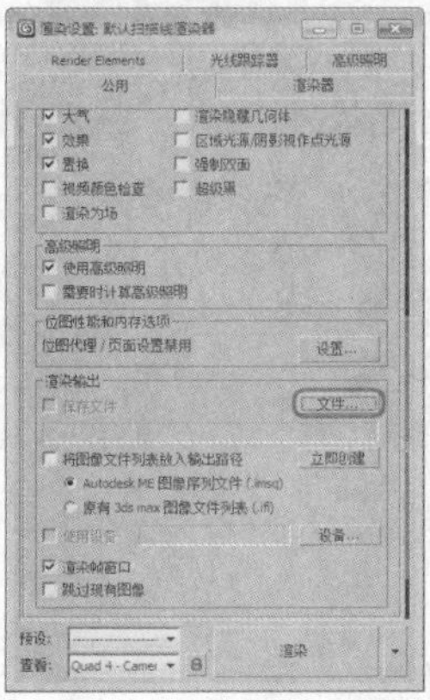

STEP 08 弹出“渲染输出文件”对话框，在该对话框中选择动画的输出路径，并设置“保存类型”为AVI文件（*.avi），设置“文件名”为实战操作429，单击“保存”按钮，如下图所示。

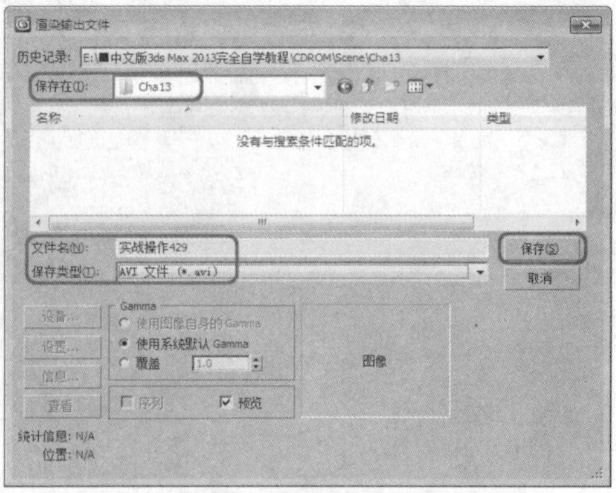

STEP 09 弹出“AVI文件压缩设置”对话框，在该对话框中将“主帧比率”设置为0，如下图所示。

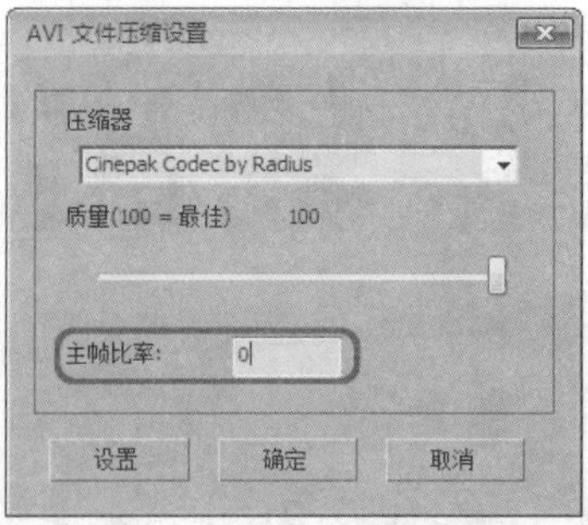

STEP 10 单击“确定”按钮，返回到“渲染设置”对话框中，然后单击“渲染”按钮开始渲染动画，效果如下图所示。

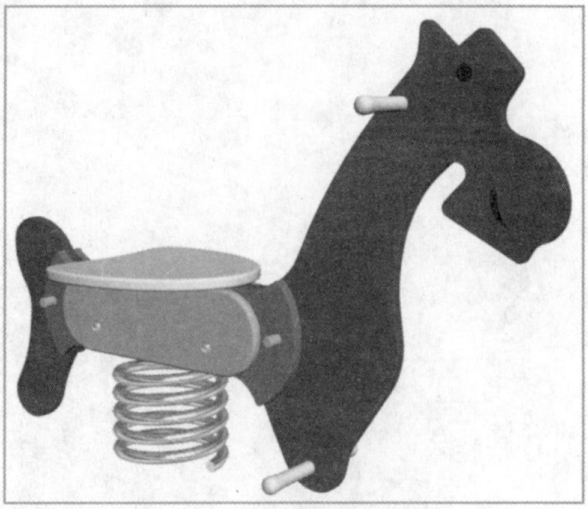

Chapter 14

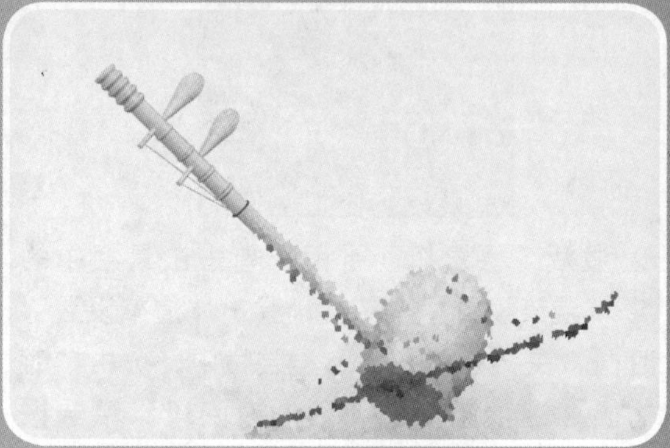

第14章 渲染输出

在3ds Max 2013中，制作好的场景文件都需要进行渲染输出。本章将介绍渲染工具的设置和使用，以及文件的渲染输出类型等，从而渲染出高品质的效果。

3ds Max 2013

14.1 渲染设置

在菜单栏中执行“渲染”|“渲染设置”命令，或者在工具栏中单击“渲染设置”按钮，可以弹出“渲染设置”对话框，在该对话框中可以对渲染的输出路径、渲染范围和渲染尺寸等进行设置。

实战操作430 设置单帧渲染

素材：Scene\Cha14\14-1.max　场景：Scene\Cha14\实战操作430.max

难度：★★★★★　视频：视频\ Cha14\实战操作430.avi

单帧就是对当前帧进行渲染。在制作动画时，可以通过渲染单帧来快速查看动画效果。设置单帧渲染的操作步骤如下所述。

STEP 01 单击按钮，在弹出的下拉列表中执行“打开”命令，在打开的对话框中选择素材文件14-1.max，并将时间滑块拖动至第150帧，如下图所示。

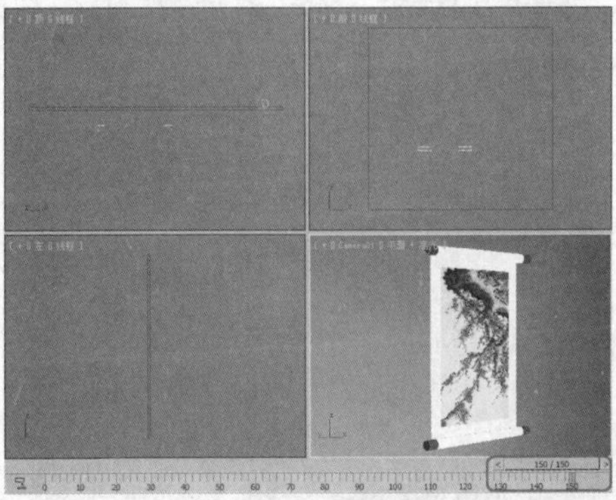

STEP 02 在工具栏中单击“渲染设置”按钮，弹出“渲染设置：默认扫描线渲染器”对话框，选择“公用”选项卡，在“公用参数”卷展栏中选中“时间输出”选项组中的“单帧”单选按钮，如右图所示。

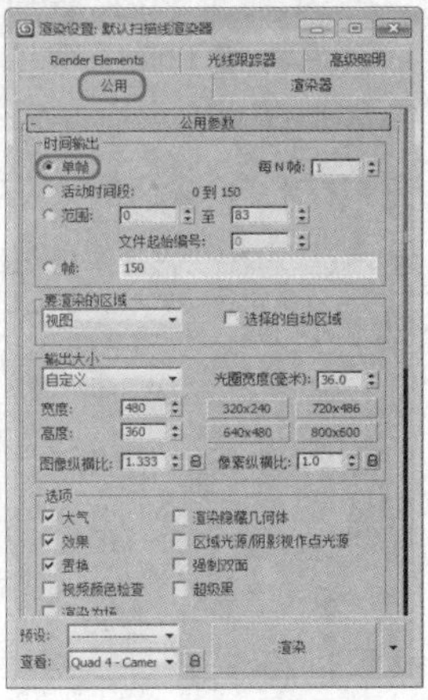

STEP 03 在对话框底部的“查看”下拉列表中选择“Quad4-Camera01”选项，然后单击“渲染”按钮，如下图所示。

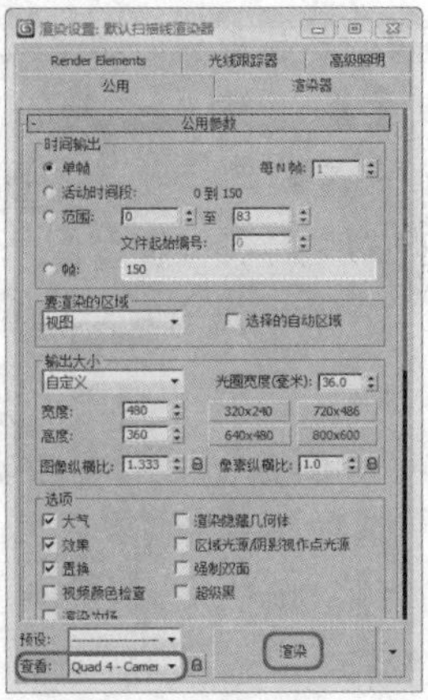

STEP 04 即可对第150帧进行渲染，效果如下图所示。

实战操作431 设置渲染输出路径

素材：Scene\Cha14\14-1.max　　场景：Scene\Cha14\实战操作431.max

难度：★★★★★　　视频：视频\ Cha14\实战操作431.avi

在渲染动画之前，首选需要对动画的输出路径、文件名和类型等进行设置。下面介绍设置动画渲染输出路径的方法，具体操作步骤如下所述。

STEP 01 单击按钮，在弹出的下拉列表中执行“打开”命令，在打开的对话框中选择素材文件14-1.max，如下图所示。

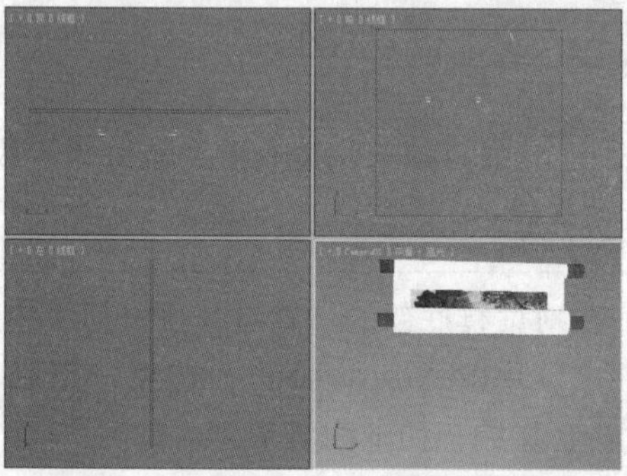

STEP 02 在工具栏中单击“渲染设置”按钮，弹出“渲染设置：默认扫描线渲染器”对话框，选择“公用”选项卡，在“公用参数”卷展栏中选中“时间输出”选项组中的“活动时间段”单选按钮，如右图所示。

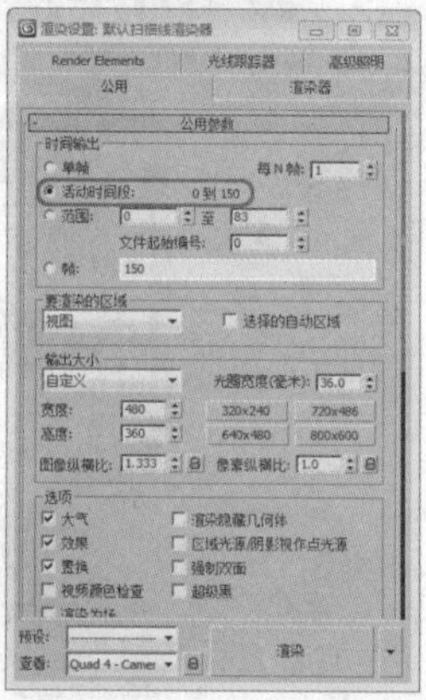

STEP 03 然后在“渲染输出”选项组中单击“文件”按钮，如右图所示。

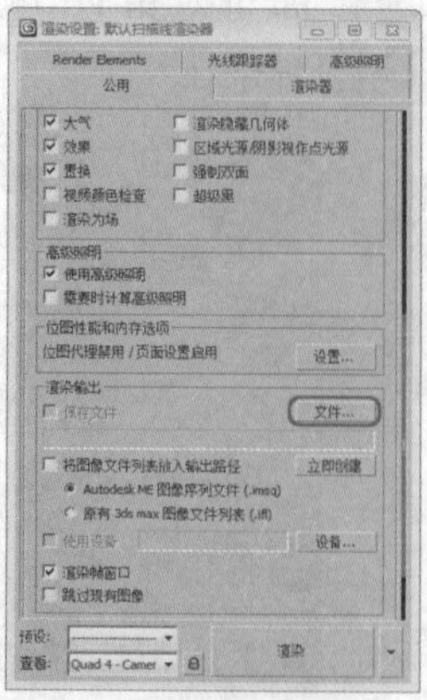

STEP 04 弹出“渲染输出文件”对话框，在该对话框中选择动画的输出路径，并设置“保存类型”为AVI文件（*.avi），“文件名”为实战操作432，如下图所示。

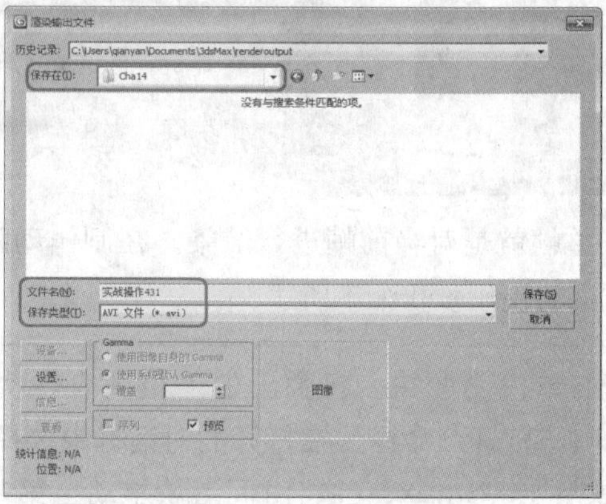

STEP 05 单击“保存”按钮，弹出“AVI文件压缩设置”对话框，在该对话框中将“主帧比率”设置为10，如下图所示。

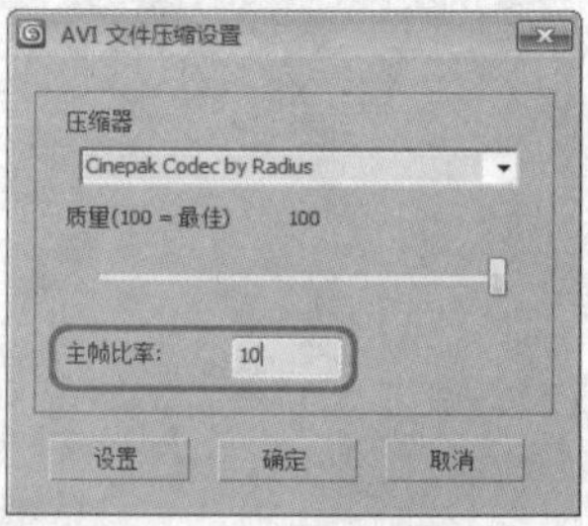

STEP 06 单击“确定”按钮，返回到“渲染设置：默认扫描线渲染器”对话框中，此时会在“文件”按钮的下方显示出输出路径，如右图所示。在“查看”下拉列表中选择“Quad4-Camera01”选项，然后单击“渲染”按钮，即可对当前动画进行渲染。

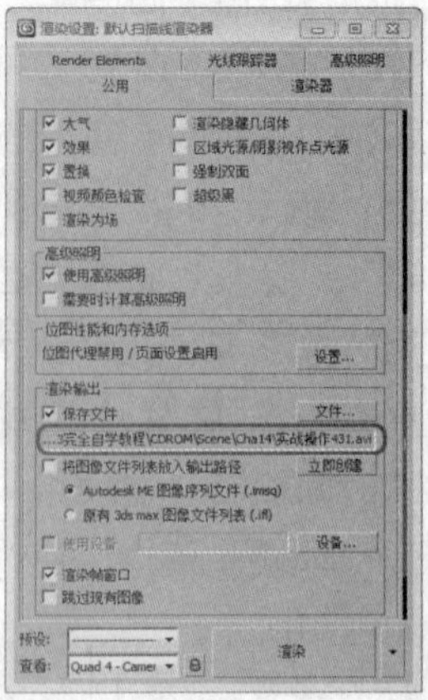

实战操作432 设置渲染范围

素材：Scene\Cha14\14-1.max　　场景：Scene\Cha14\实战操作432.max

难度：★★★★★　　视频：视频\ Cha14\实战操作432.avi

范围就是指两个数字之间（包括这两个数）的所有帧。设置渲染范围的操作步骤如下所述。

STEP 01 单击按钮，在弹出的下拉列表中执行“打开”命令，在打开的对话框中选择素材文件14-1.max，如下图所示。

STEP 02 在工具栏中单击“渲染设置”按钮，弹出“渲染设置：默认扫描线渲染器”对话框，选择“公用”选项卡，在“公用参数”卷展栏中选中“时间输出”选项组中的“范围”单选按钮，并将后面的范围设置为80至150，如右图所示。

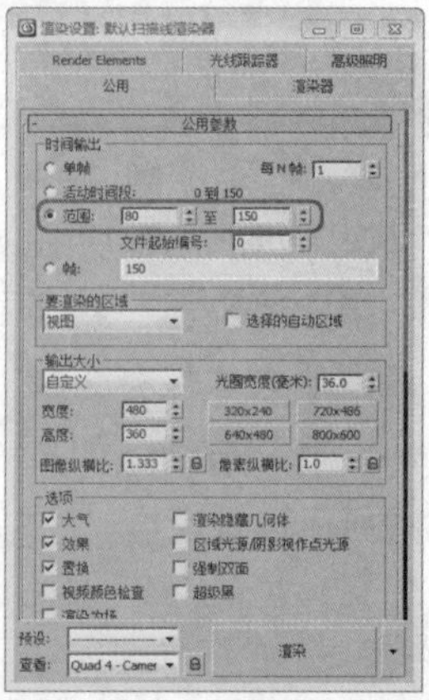

STEP 03 然后使用上一实例中介绍的方法为动画设置输出路径、类型和文件名，设置完成后即可在“渲染输出”选项组中显示出输出路径，如右图所示。

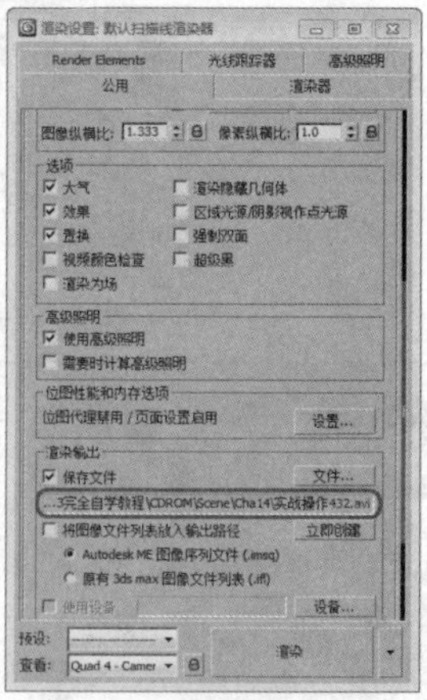

STEP 04 在“查看”下拉列表中选择“Quad4-Camera01”选项，然后单击“渲染”按钮，如右图所示，即可对当前动画进行渲染。

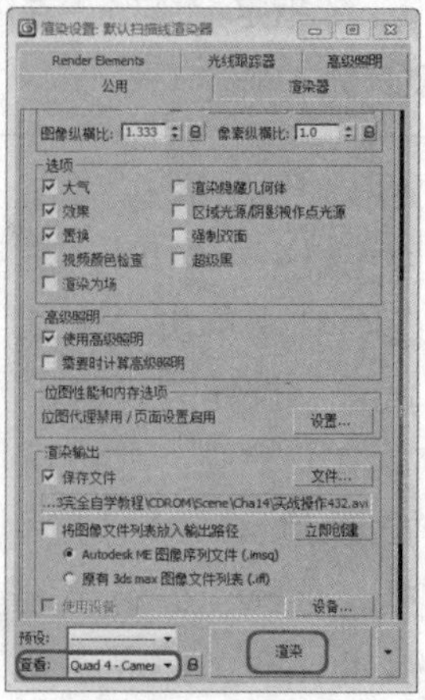

实战操作433 设置渲染尺寸

素材：Scene\Cha14\14-1.max　　场景：Scene\Cha14\实战操作433.max

难度：★★★★★　　视频：视频\ Cha14\实战操作433.avi

在渲染场景文件时，用户可以根据需要对渲染尺寸进行设置。设置渲染尺寸的操作步骤如下所述。

STEP 01 打开素材文件14-1.max，在工具栏中单击“渲染设置”按钮，弹出“渲染设置：默认扫描线渲染器”对话框，选择“公用”选项卡，在“公用参数”卷展栏中的“输出大小”选项组中单击“640×480”按钮，如下图所示。

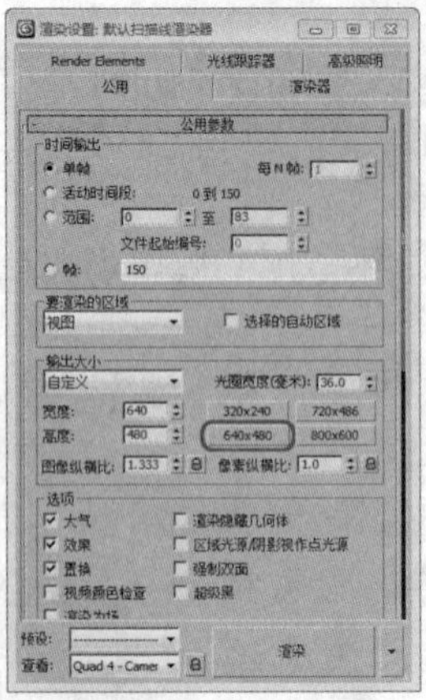

STEP 02 将时间滑块拖动至第150帧处，然后单击对话框右下角的“渲染”按钮，渲染窗口即可以640×480大小显示，如下图所示。

实战操作434 指定渲染器

素材：Scene\Cha14\14-1.max　　场景：无

难度：★★★★★　　视频：视频\ Cha14\实战操作434.avi

“指定渲染器”卷展栏用于设置指定给产品级和 ActiveShade 类别的渲染器。指定渲染器的操作步骤如下所述。

STEP 01 打开素材文件14-1.max，在工具栏中单击“渲染设置”按钮，弹出“渲染设置：默认扫描线渲染器”对话框，选择“公用”选项卡，在“指定渲染器”卷展栏中单击“产品级”右侧的“选择渲染器…”按钮，如右图所示。

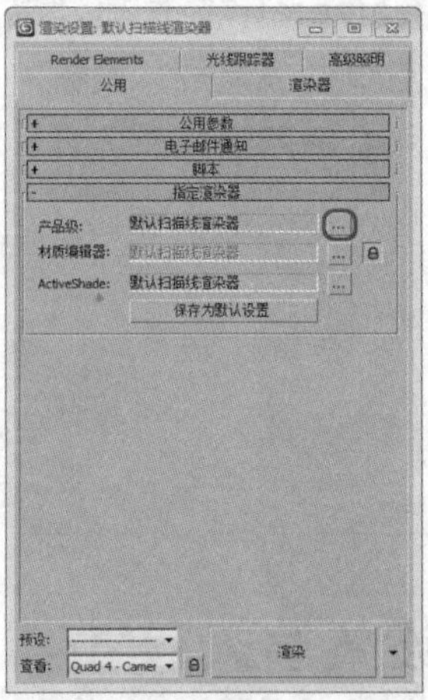

STEP 02 弹出“选择渲染器”对话框，在弹出的对话框中选择“NVIDIA mental ray”渲染器，如右图所示。

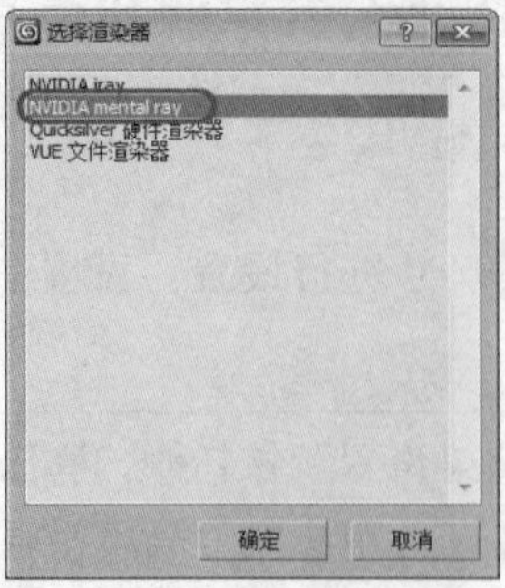

STEP 03 单击“确定”按钮，然后在“指定渲染器”卷展栏中单击“保存为默认设置”按钮，如右图所示。

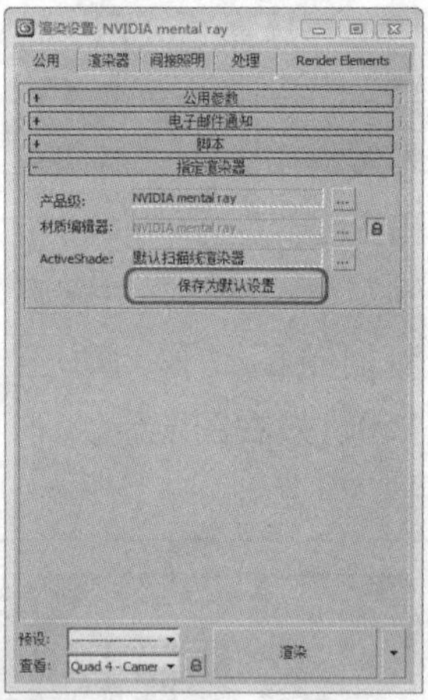

STEP 04 弹出“保存为默认设置”对话框，在该对话框中单击“确定”按钮即可，如右图所示。

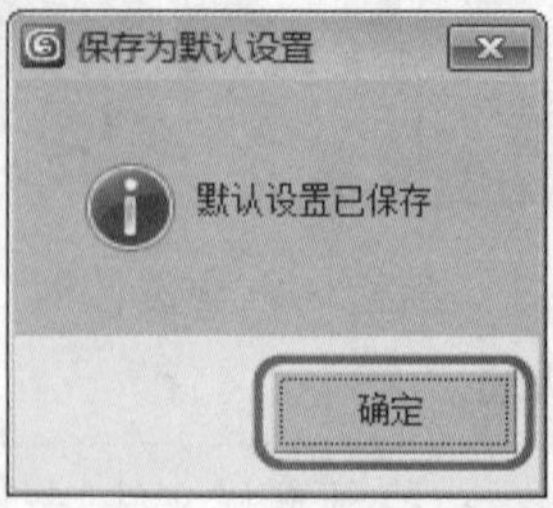

实战操作435 设置渲染帧窗口

素材：Scene\Cha14\14-1.max	场景：无
难度：★★★★★	视频：视频\ Cha14\实战操作435.avi

通过单击渲染帧窗口中的“切换UI”按钮，可以简化窗口界面并且使该窗口占据较小的空间，具体操作步骤如下所述。

STEP 01 打开素材文件14-1.max，激活“摄影机”视图，在工具栏中单击“渲染产品”按钮，弹出渲染帧窗口，然后单击“切换UI”按钮，如下图所示。

STEP 02 即可隐藏窗口顶部的渲染控件，如下图所示。

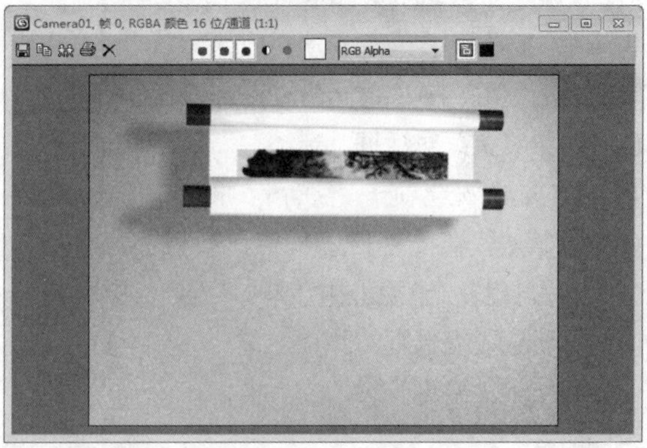

14.2 运用NVIDIA mental ray渲染器

NVIDIA mental ray渲染器是一种通用渲染器，它可以生成灯光效果的物理校正模拟，包括光线跟踪反射和折射、焦散和全局照明。

与默认 3ds Max 扫描线渲染器相比，NVIDIA mental ray 渲染器可以不用“手工”或通过生成光能传递解决方案来模拟复杂的照明效果。它为使用多处理器进行了优化，并为动画的高效渲染而利用增量变化。

实战操作436 设置NVIDIA mental ray折射

素材：Scene\Cha14\14-2.max	场景：Scene\Cha14\实战操作436. max
难度：★★★★★	视频：视频\ Cha14\实战操作436.avi

当启用折射时，NVIDIA mental ray会跟踪深度控制光线被折射的次数。下面介绍设置NVIDIA mental ray折射的方法，具体操作步骤如下所述。

STEP 01 单击按钮，在弹出的下拉列表中执行“打开”命令，在打开的对话框中选择素材文件14-2.max，如下图所示。

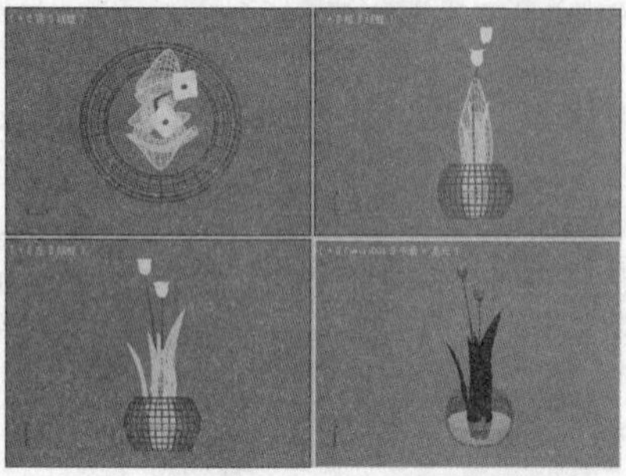

STEP 02 在工具栏中单击“渲染设置”按钮，弹出“渲染设置”对话框，选择“渲染器”选项卡，在“渲染算法”卷展栏中选中“反射/折射”选项组中的“启用折射”复选框，并将“最大折射”设置为10，如右图所示。

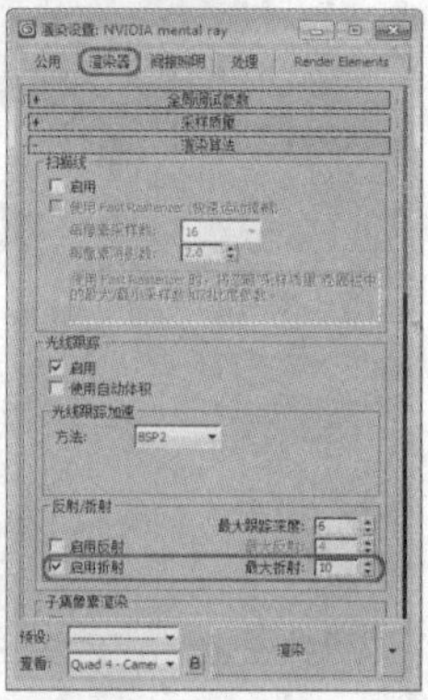

STEP 03 在对话框底部的“查看”下拉列表中选择“Quad4-Camera001”选项，然后单击“渲染”按钮，如右图所示。

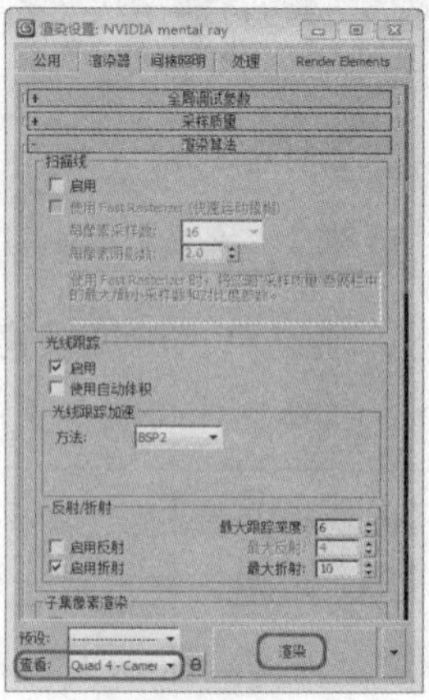

STEP 04 渲染完成后的效果如右图所示。

实战操作437 设置NVIDIA mental ray反射

素材：Scene\Cha14\14-3.max 场景：Scene\Cha14\实战操作437.max

难度：★★★★★ 视频：视频\ Cha14\实战操作437.avi

当启用反射时，NVIDIA mental ray会跟踪深度控制光线被反射的次数。下面介绍设置NVIDIA mental ray反射的方法，具体操作步骤如下所述。

STEP 01 打开素材文件14-3.max，在工具栏中单击“渲染设置”按钮，弹出“渲染设置”对话框，选择“渲染器”选项卡，在“渲染算法”卷展栏中选中“反射/折射”选项组中的“启用反射”复选框，并将“最大反射”设置为6，如右图所示。

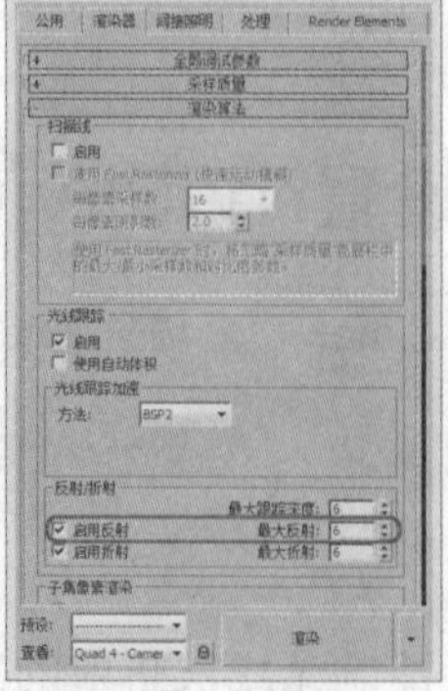

STEP 02 在对话框底部的“查看”下拉列表中选择“Quad4-Camera001”选项，然后单击“渲染”按钮进行渲染，效果如右图所示。

专家提醒

“最大反射”选项用于设置光线可以反射的次数。0 表示不会发生反射；1 表示光线只可以反射一次；2 表示光线可以反射两次，以此类推。默认值为 4。

实战操作438 设置最终焦距

素材：Scene\Cha14\14-4.max 场景：Scene\Cha14\实战操作438. max

难度：★★★★★ 视频：视频\ Cha14\实战操作438.avi

下面介绍设置最终焦距的方法，具体操作步骤如下所述。

STEP 01 打开素材文件14-4.max，在工具栏中单击“渲染设置”按钮，弹出“渲染设置”对话框，选择“间接照明”选项卡，在“最终聚集”卷展栏中将“基本”选项组下的“漫反射反弹次数”设置为10，如右图所示。

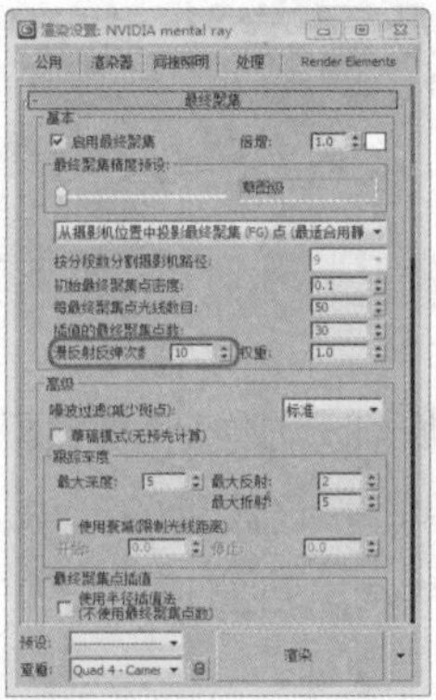

STEP 02 在对话框底部的“查看”下拉列表中选择“Quad4-Camera001”选项，然后单击“渲染”按钮进行渲染，效果如右图所示。

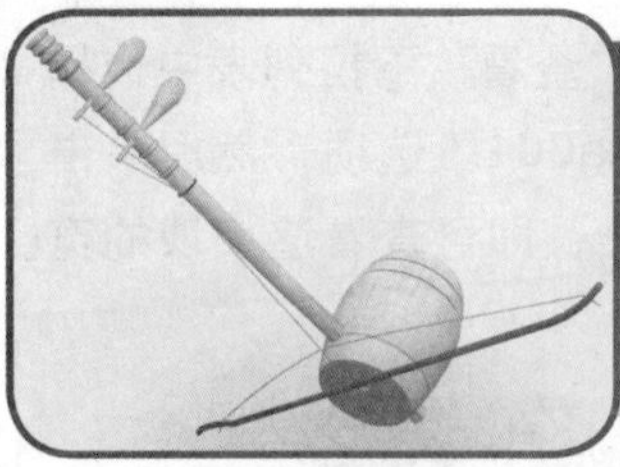

实战操作439 调整采样精度

素材：Scene\Cha14\14-5.max 场景：Scene\Cha14\实战操作439.max

难度：★★★★★ 视频：视频\ Cha14\实战操作439.avi

在渲染场景文件之前，可以在“每像素采样数”选项组中设置用于对渲染输出进行抗锯齿操作的最小和最大采样率，从而调整采样精度，具体操作步骤如下所述。

STEP 01 单击按钮，在弹出的下拉列表中执行“打开”命令，在打开的对话框中选择素材文件14-5.max，如下图所示。

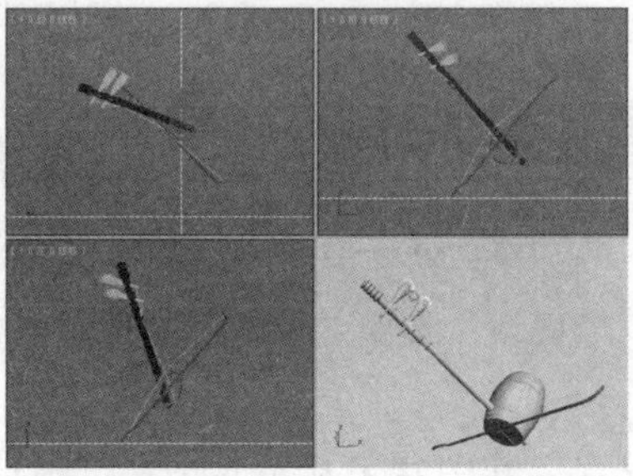

STEP 02 在工具栏中单击“渲染设置”按钮，弹出“渲染设置：NVIDIA mental ray”对话框，选择“渲染器”选项卡，在“采样质量”卷展栏中将“每像素采样数”选项组下的“最小”设置为1，“最大”设置为16，如右图所示。

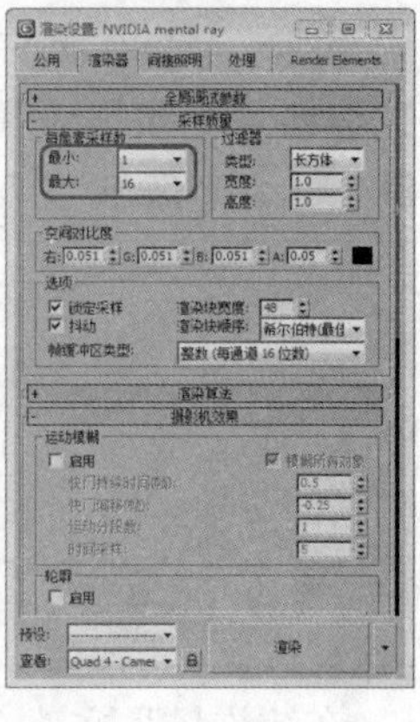

STEP 03 在对话框底部的“查看”下拉列表中选择“Quad4-Camera001”选项，然后单击“渲染”按钮，如右图所示。

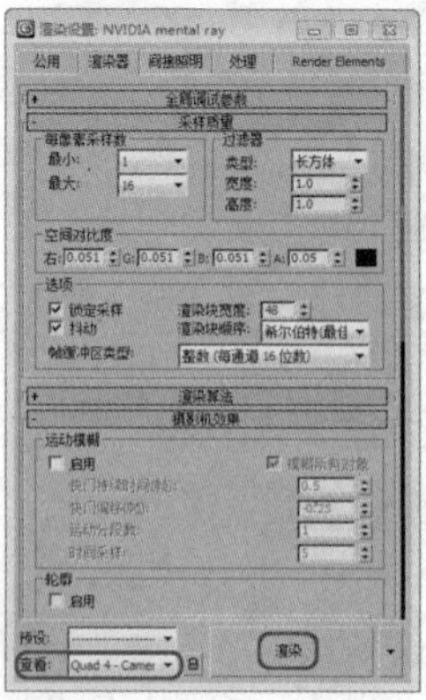

STEP 04 渲染完成后的效果如下图所示。

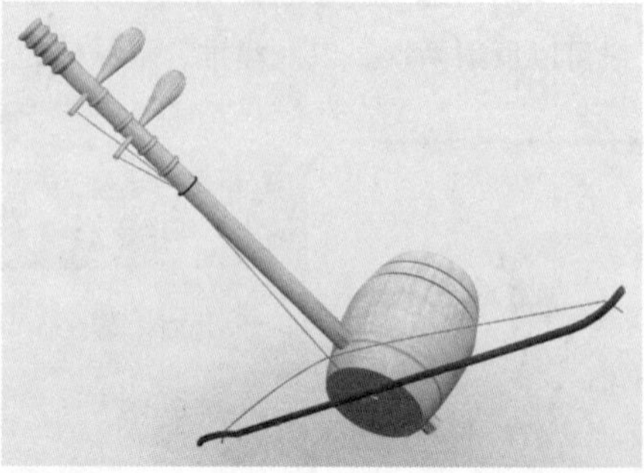

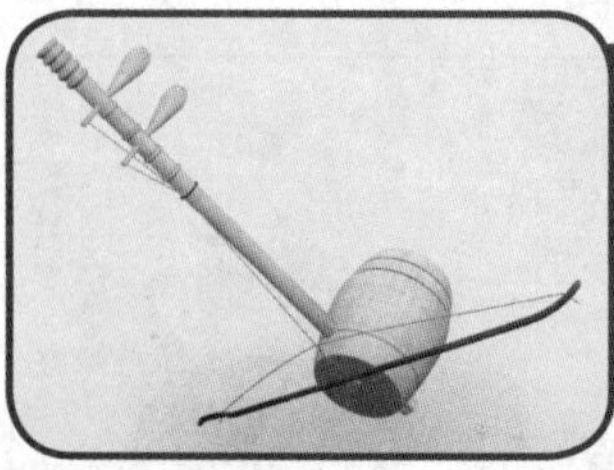

实战操作440 设置渲染块宽度

素材：Scene\Cha14\14-5.max　场景：Scene\Cha14\实战操作440.max

难度：★★★★★　视频：视频\ Cha14\实战操作440.avi

为了渲染场景，NVIDIA mental ray渲染器将图像细分成矩形横截面或“渲染块”。使用较小的渲染块会在渲染时生成更多的更新图像。更新图像消耗一定数量的 CPU 周期。对于一个一般复杂的场景，小的渲染块将增加渲染时间，而大的渲染块节约渲染时间。对于复杂的场景正好相反。设置渲染块宽度的操作步骤如下所述。

STEP 01 打开素材文件14-5.max，在工具栏中单击“渲染设置”按钮，弹出“渲染设置：NVIDIA mental ray”对话框，选择“渲染器”选项卡，在“采样质量”卷展栏中将“选项”选项组中的“渲染块宽度”设置为80，如右图所示。

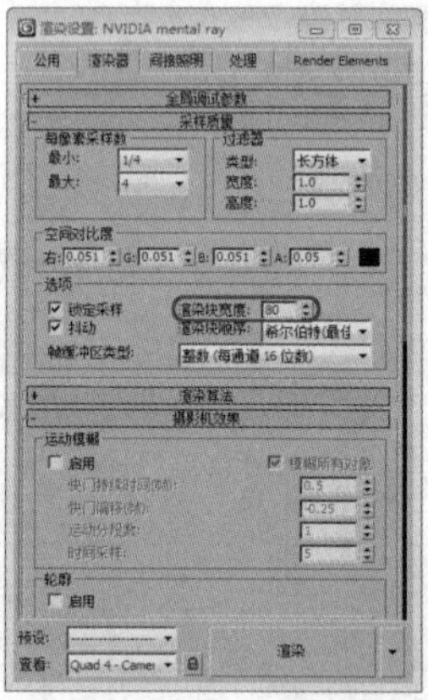

STEP 02 在对话框底部的“查看”下拉列表中选择“Quad4-Camera001”选项，然后单击“渲染”按钮进行渲染，即可查看渲染块的宽度，如下图所示。

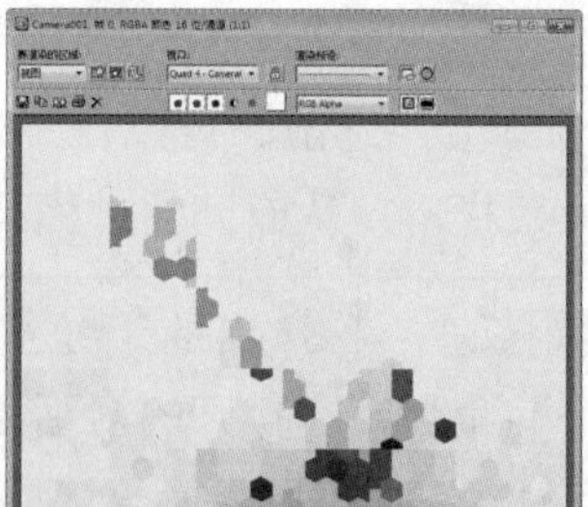

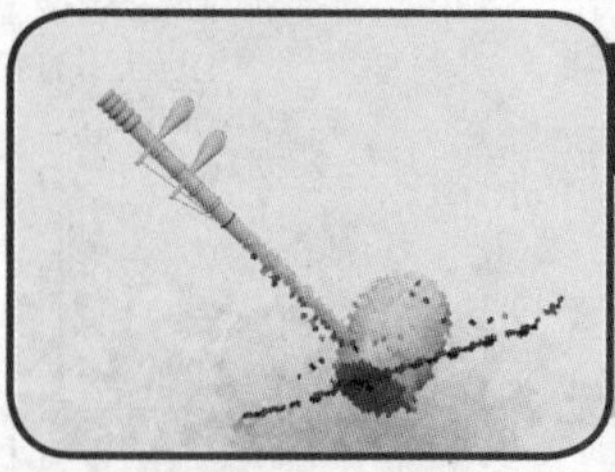

实战操作441 设置渲染块顺序

素材：Scene\Cha14\14-5.max　场景：Scene\Cha14\实战操作441.max

难度：★★★★★　视频：视频\ Cha14\实战操作441.avi

在渲染场景文件之前，可以对渲染块的渲染顺序进行设置，其中共包括希尔伯特（最佳）、螺旋、从左到右、从右到左、从上到下和从下到上6种渲染顺序，设置渲染块渲染顺序的操作步骤如下所述。

STEP 01 打开素材文件14-5.max，在工具栏中单击“渲染设置”按钮，弹出“渲染设置：NVIDIA mental ray”对话框，选择“渲染器”选项卡，在“采样质量”卷展栏中将“选项”选项组下的“渲染块顺序”设置为“从上到下”，如右图所示。

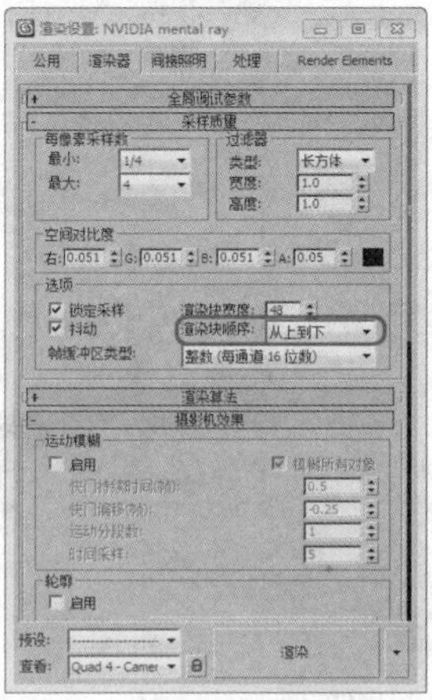

STEP 02 在对话框底部的“查看”下拉列表中选择“Quad4-Camera001”选项，然后单击“渲染”按钮进行渲染，即可看到渲染块是从上到下进行渲染，如下图所示。

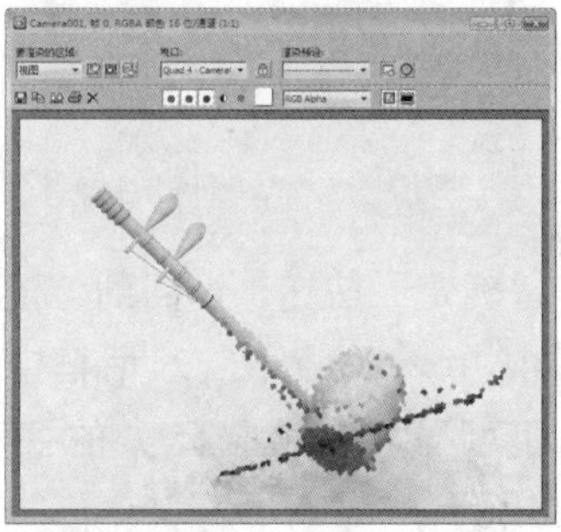

实战操作442 渲染背景元素

素材：Scene\Cha14\14-6.max　场景：Scene\Cha14\实战操作442. max

难度：★★★★★　视频：视频\ Cha14\实战操作442.avi

在“渲染元素”对话框中可以选择需要渲染的元素。下面介绍渲染背景元素的方法，具体操作步骤如下所述。

STEP 01 单击按钮，在弹出的下拉列表中执行“打开”命令，在打开的对话框中选择素材文件14-6.max，如下图所示。

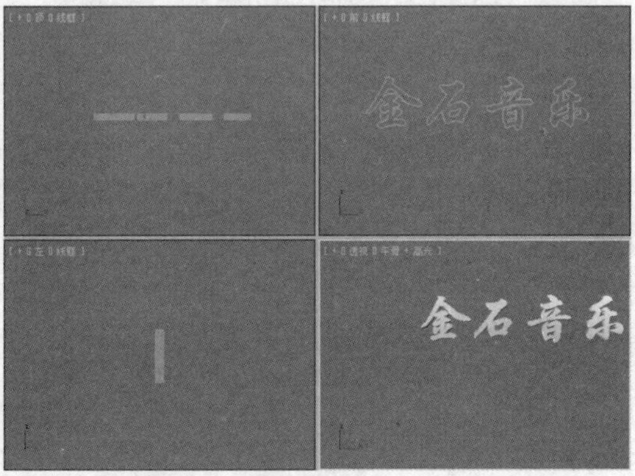

STEP 02 在工具栏中单击“渲染设置”按钮，弹出“渲染设置：NVIDIA mental ray”对话框，选择“Render Elements”选项卡，在“渲染元素”卷展栏中单击“添加”按钮，如下图所示。

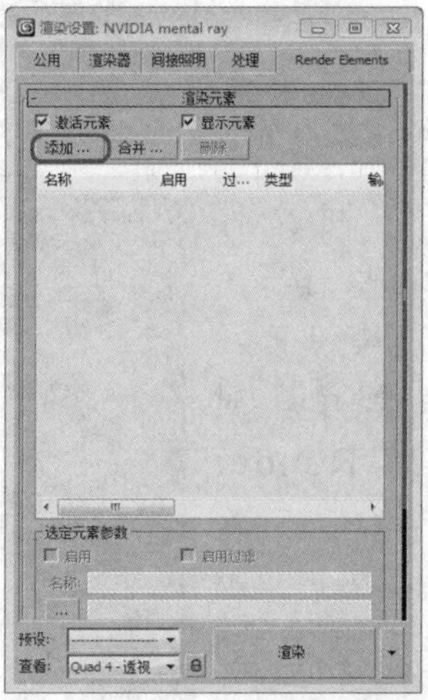

STEP 03 弹出“渲染元素”对话框，在下拉列表框中选择“背景”选项，如下图所示。

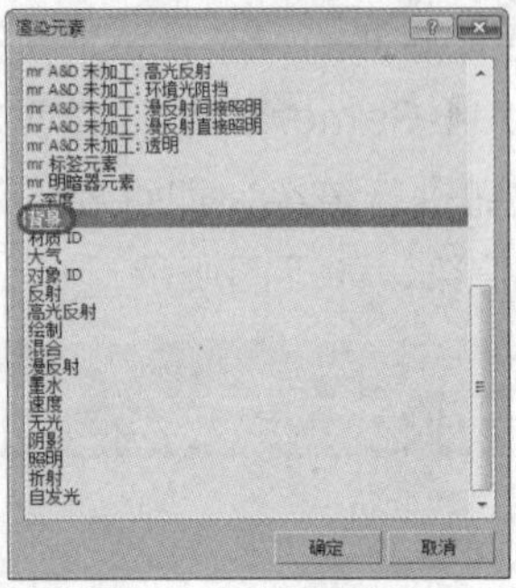

STEP 04 单击“确定”按钮，返回到“渲染设置：NVIDIA mental ray”对话框中，在下拉列表框中即可显示出渲染元素的名称和类型等，如下图所示。

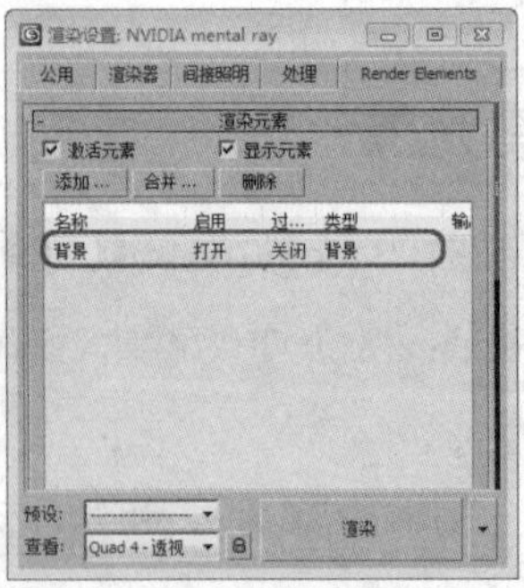

STEP 05 在对话框底部的“查看”下拉列表中选择“Quad4-透视”选项，然后单击“渲染”按钮对场景文件进行渲染，如下图所示。

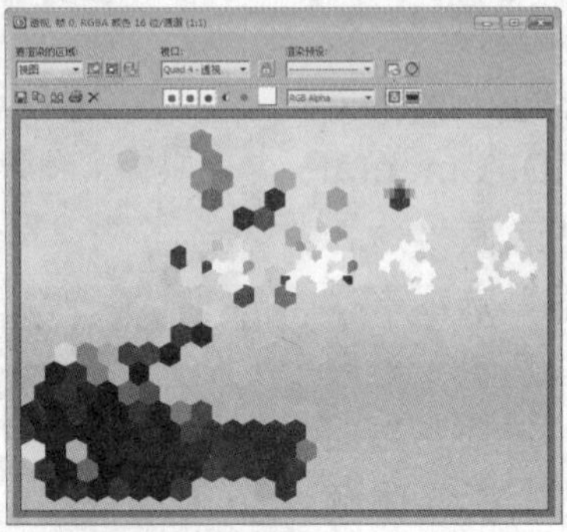

STEP 06 渲染完成后，即可弹出“背景，RGBA 颜色 16位/通道（1:1）”渲染窗口，效果如下图所示。

实战操作443 渲染高光反射元素

素材：Scene\Cha14\14-6.max　场景：Scene\Cha14\实战操作443. max

难度：★★★★★　视频：视频\ Cha14\实战操作443.avi

下面介绍渲染高光反射元素的方法，具体操作步骤如下所述。

STEP 01 打开素材文件14-6.max，按F10键弹出“渲染设置：NVIDIA mental ray”对话框，选择“Render Elements”选项卡，在“渲染元素”卷展栏中单击“添加”按钮，如右图所示。

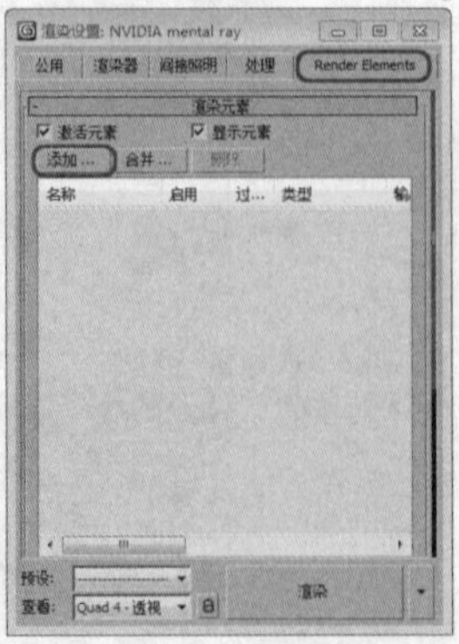

STEP 02 弹出“渲染元素”对话框，在下拉列表框中选择“高光反射”选项，如右图所示。

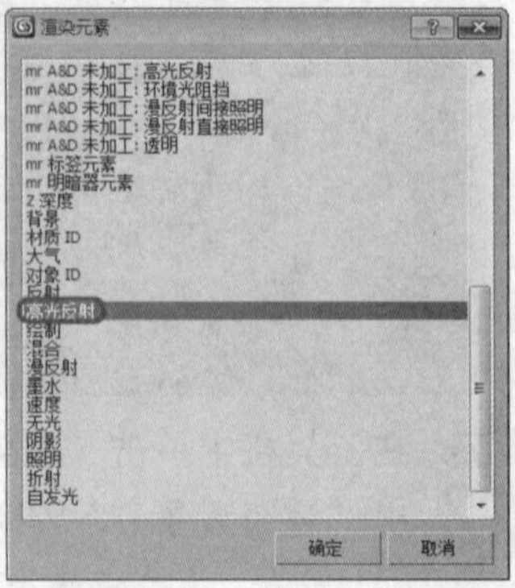

STEP 03 单击“确定”按钮，返回到“渲染设置”对话框中，在对话框底部的“查看”下拉列表中选择“Quad4-透视”选项，然后单击“渲染”按钮对场景文件进行渲染，如下图所示。

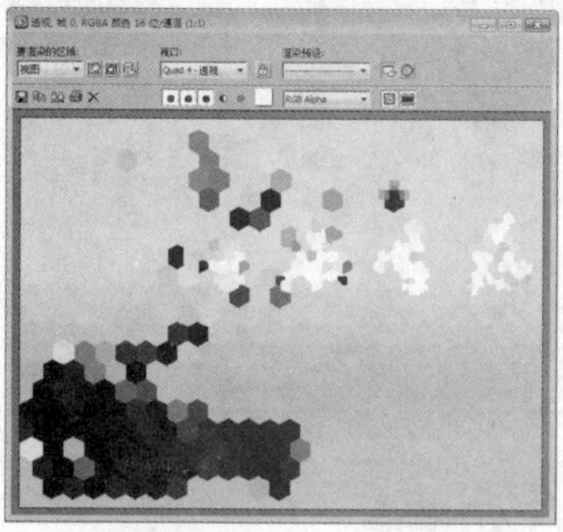

STEP 04 渲染完成后，即可弹出“高光反射，RGBA 颜色 16位/通道（1:1）”渲染窗口，效果如下图所示。

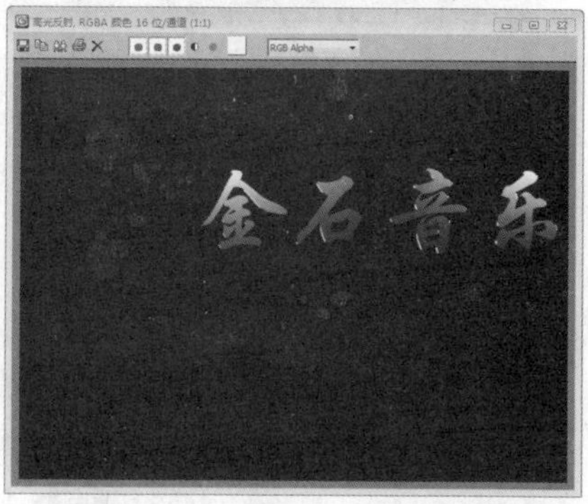

14.3 设置渲染输出

本节介绍设置渲染输出的方法，其中包括切换渲染通道、设置输出类型等。

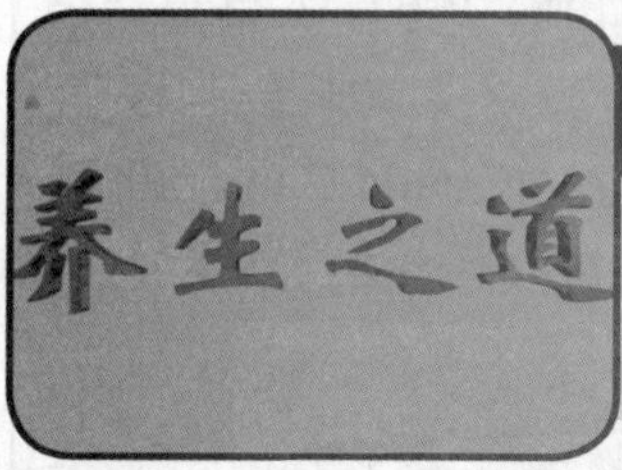

实战操作444 切换渲染通道

素材：Scene\Cha14\14-7.max　场景：Scene\Cha14\实战操作444. max

难度：★★★★★　视频：视频\ Cha14\实战操作444.avi

在渲染帧窗口中可以切换渲染通道，具体操作步骤如下所述。

STEP 01 单击按钮，在弹出的下拉列表中选择“打开”选项，在打开的对话框中打开素材文件14-7.max，如下图所示。

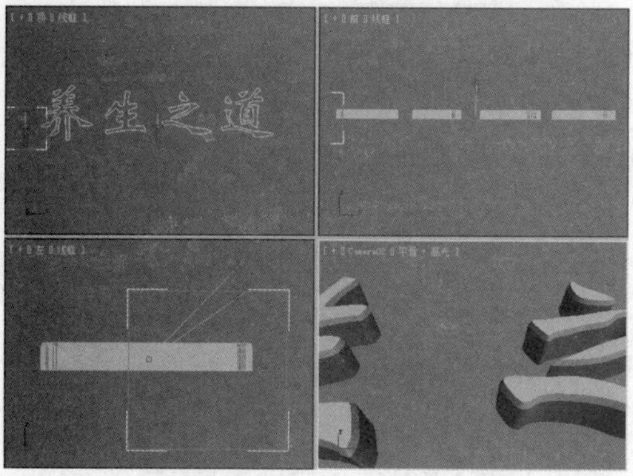

STEP 02 激活“摄影机”视图，并将时间滑块拖动至第200帧处，如下图所示。

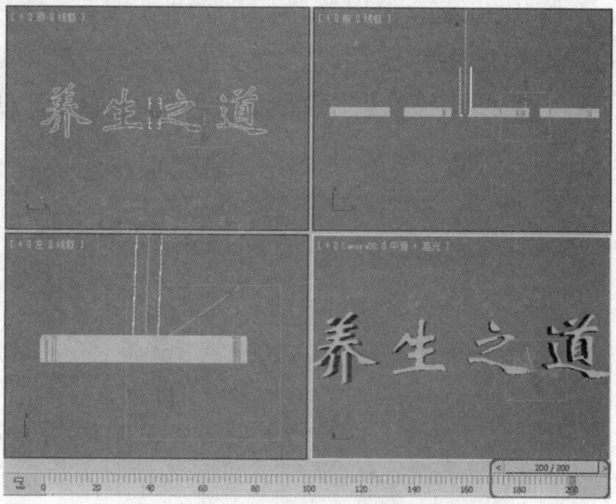

STEP 03 在工具栏中单击“渲染产品”按钮，弹出渲染帧窗口，如下图所示。

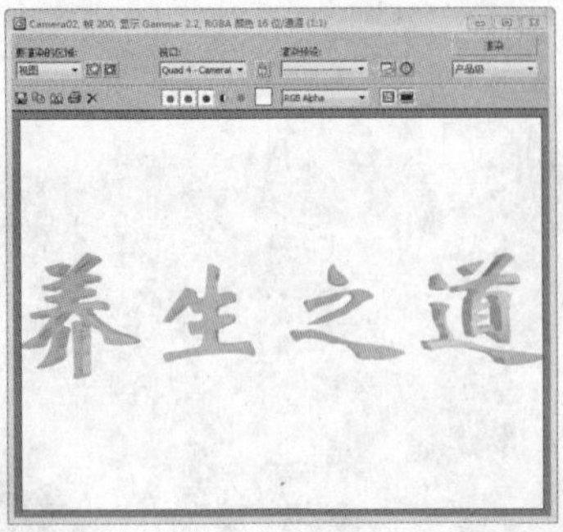

STEP 04 在渲染帧窗口中单击“启用红色通道”按钮，效果如下图所示。

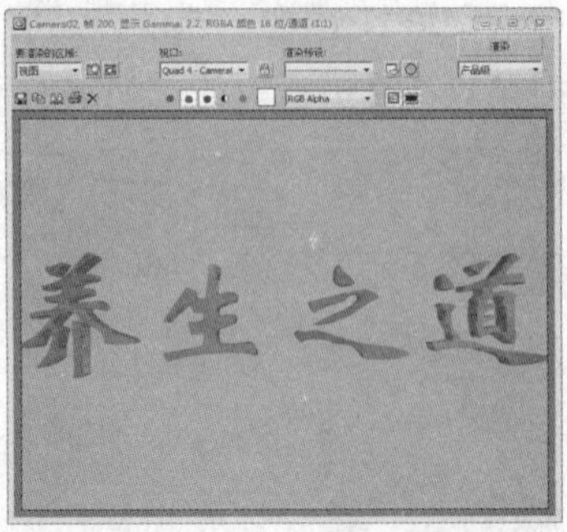

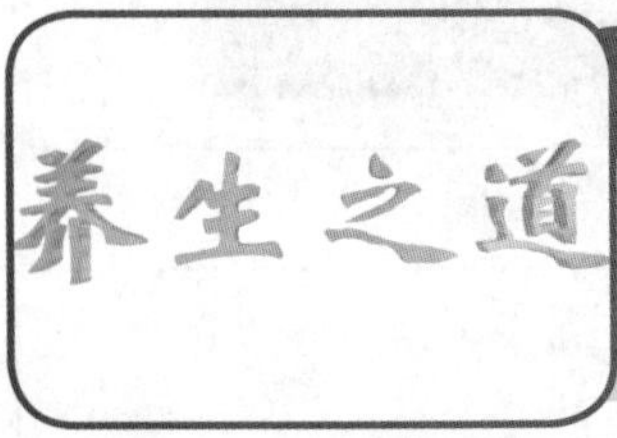

实战操作445 输出AVI动画

素材：Scene\Cha14\14-7.max　场景：Scene\Cha14\实战操作445. max

难度：★★★★★　视频：视频\ Cha14\实战操作445.avi

下面介绍将场景文件输出为AVI动画的方法，具体操作步骤如下所述。

STEP 01 打开素材文件14-7.max，在工具栏中单击“渲染设置”按钮，弹出“渲染设置”对话框，选择“公用”选项卡，在“公用参数”卷展栏中选中“时间输出”选项组中的“范围”单选按钮，并将后面的范围设置为140至200，然后在“渲染输出”选项组中单击“文件”按钮，如右图所示。

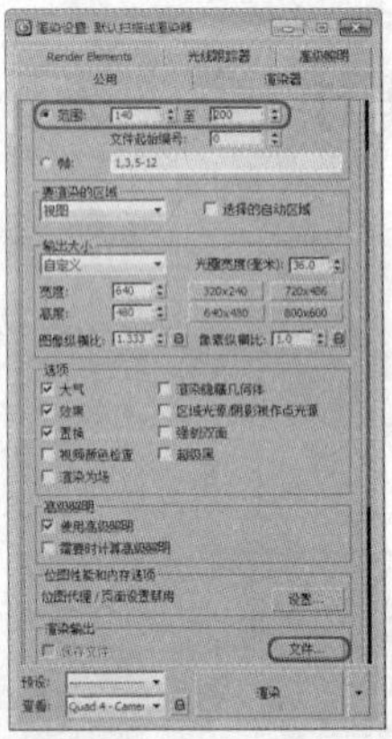

STEP 02 弹出“渲染输出文件”对话框，在该对话框中设置输出路径，将文件名命名为“实战操作445”，设置“保存类型”为AVI文件（*.avi），如下图所示。

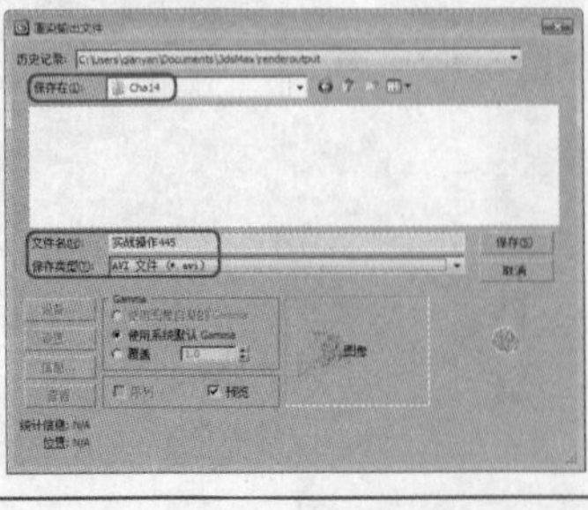

STEP 03 单击“保存”按钮，弹出“AVI文件压缩设置”对话框，使用默认设置，单击“确定”按钮，返回到“渲染设置”对话框中，在“查看”下拉列表中选择“Quad4-Camera02”选项，单击“渲染”按钮，在渲染到第140帧时效果如下图所示。

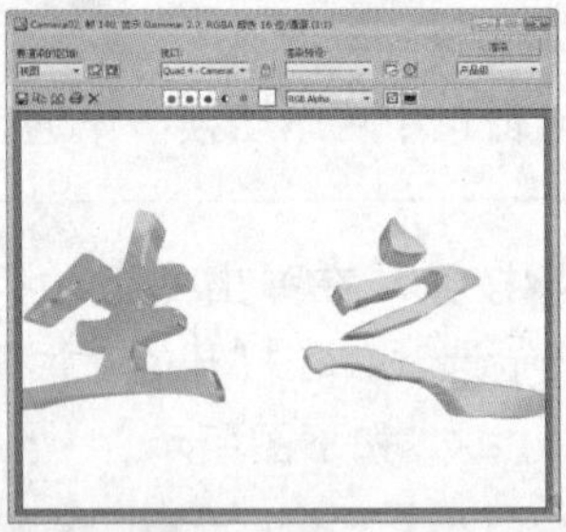

STEP 04 当场景渲染到第200帧时，渲染效果如下图所示。

Chapter 15

第15章 常用三维文字的制作

本章主要介绍常用三维文字的制作方法，通过本章的学习，可以掌握金属质感、浮雕质感、玻璃质感、激光质感的制作、修改、编辑等操作。

3ds Max 2013

15.1 金属文字

通过本例的学习，可以掌握金属质感的制作、修改以及编辑操作，同时掌握反射贴图通道的应用。

实战操作446 创建文字并设置倒角

素材：无　　场景：无

难度：★★★★★　　视频：视频\Cha15\实战操作446.avi

在制作金属文字之前，首先要先创建文字。下面介绍如何创建文字并为其设置倒角，其具体操作步骤如下所述。

STEP 01 选择“创建”|“图形”|“样条线”|“文本”工具，在“参数”卷展栏中的“字体”下拉列表中选择“Verdana Bold Italic”，在文本输入框中输入“LOVE”，在“顶”视图中单击鼠标左键创建文本，如下图所示。

STEP 02 切换至“修改”命令面板，在“修改器列表”下拉列表中选择“倒角”修改器，在“倒角值”卷展栏中将“级别1”下的“高度”设置为20，选中“级别2”复选框，将“高度”设为1，“轮廓”设为-1，如下图所示。

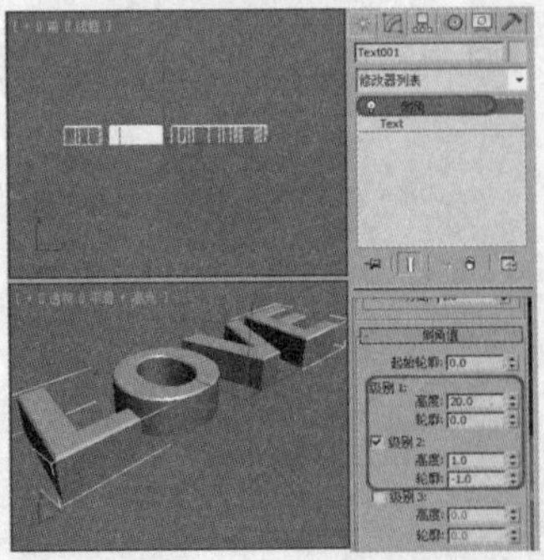

STEP 03 选择“创建”|“图形”|“样条线”|“文本”工具，在“参数”卷展栏中的“字体”下拉列表中选择“Verdana Bold Italic”，将“大小”设置为47，在文本输入框中输入“The Way”，在“顶”视图中单击鼠标左键创建文本，如下图所示。

STEP 04 切换至“修改”命令面板，在“修改器列表”下拉列表中选择“倒角”修改器，在“倒角值”卷展栏中将“级别1”下的“高度”设置为20，选中“级别2”复选框，将“高度”设为1，“轮廓”设为-1，在视图中调整该文字的位置，如下图所示。

实战操作447 设置材质

素材：无　　场景：无

难度：★★★★★　　视频：视频\Cha15\实战操作447.avi

创建完文字后，将要为文字设置材质，具体操作步骤如下所述。

STEP 01 继续上一实例的操作，在视图中选择所有文字，按M键打开“材质编辑器”对话框，在该对话框中选择一个材质样本球，将其命名为“金属”，如右图所示。

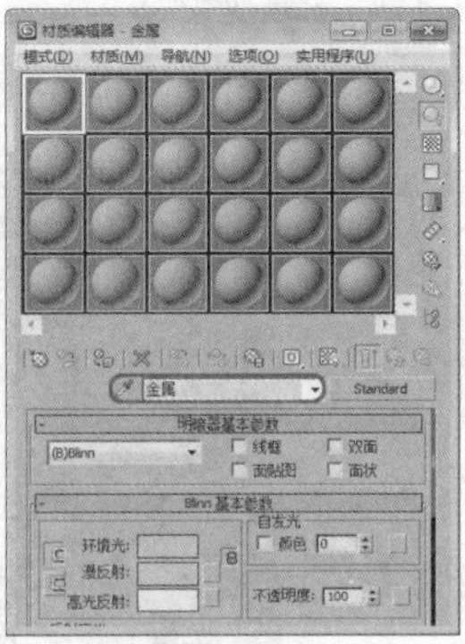

STEP 02 在“明暗器基本参数”卷展栏中将明暗器类型设置为“(M) 金属”，在“金属基本参数”卷展栏中将“环境光”的红、绿、蓝值设置为209、205、187，将“高光级别”和“光泽度”分别设置为102、74，如右图所示。

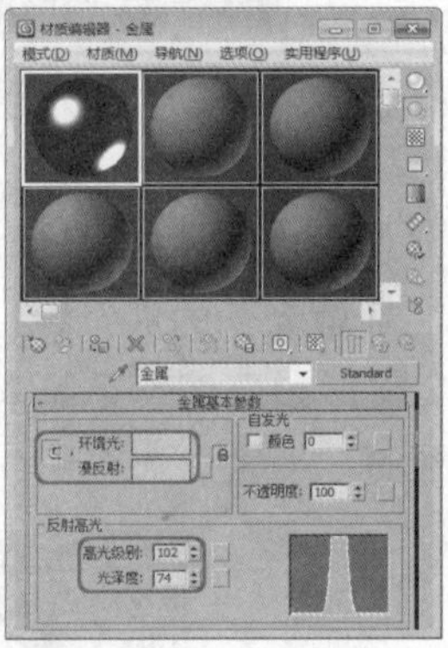

STEP 03 打开“贴图”卷展栏，单击“反射”通道后的“None”贴图按钮，在打开的“材质/贴图浏览器”对话框中选择“光线跟踪”，如下图所示。

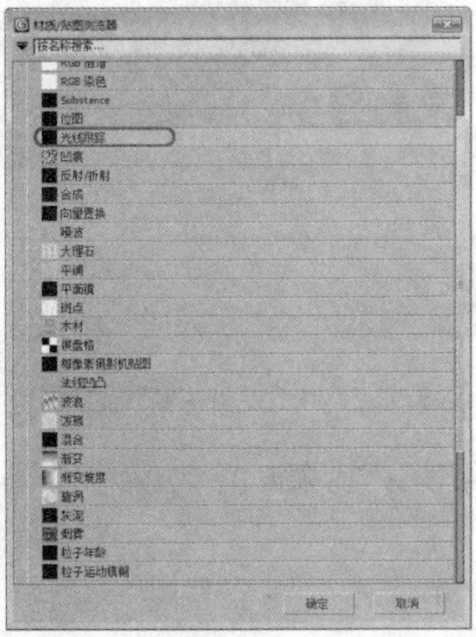

STEP 04 单击“确定”按钮，在弹出的界面中使用默认设置，如右图所示。

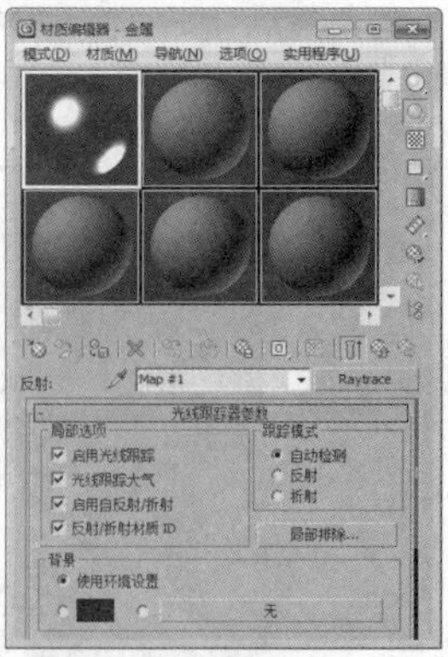

STEP 05 单击“将材质指定给选定对象”按钮和“在视口中显示标准贴图”按钮，如右图所示。

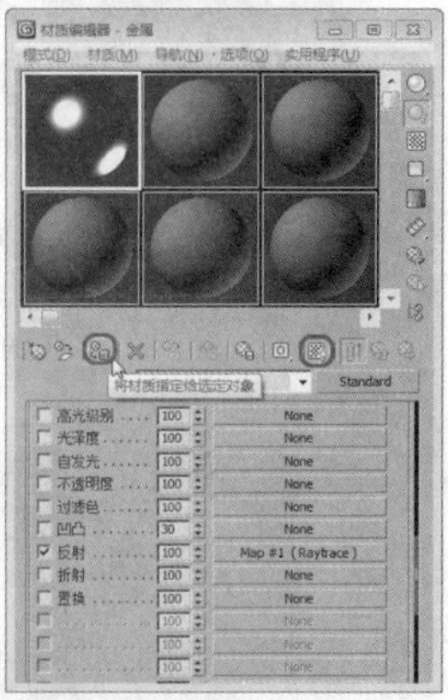

STEP 06 执行该操作后，即可将材质指定给选定对象，效果如下图所示。

实战操作448 创建摄影机

素材：无　　场景：无

难度：★★★★★　　视频：视频\Cha15\实战操作448.avi

为文字设置完材质后，下面就要创建摄影机。创建摄影机的具体操作步骤如下所述。

STEP 01 继续上一实例的操作，选择“创建”|“摄影机”|“标准”|“目标”工具，在“前”视图中创建一个摄影机，如下图所示。

STEP 02 激活“透”视图，按C键将其转换为“摄影机”视图，并使用“选择并移动”工具在其他视图中调整摄影机的位置，调整后的效果如下图所示。

STEP 03 选择“创建”|“几何体”|“标准基本体”|“平面”工具，在“顶”视图中创建一个“长度”、“宽度”分别为219、335的平面，如下图所示。

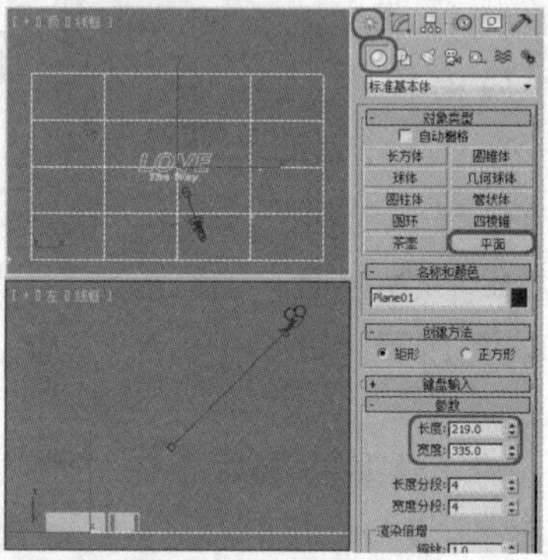

STEP 04 确认该对象处于选中状态，按M键打开“材质编辑器”，在该对话框中选择一个材质样本球，在“Blinn基本参数”卷展栏中将“环境光”的红、绿、蓝值设置为212、212、202，如下图所示，将设置完成后的材质指定给选定对象，如下图所示。

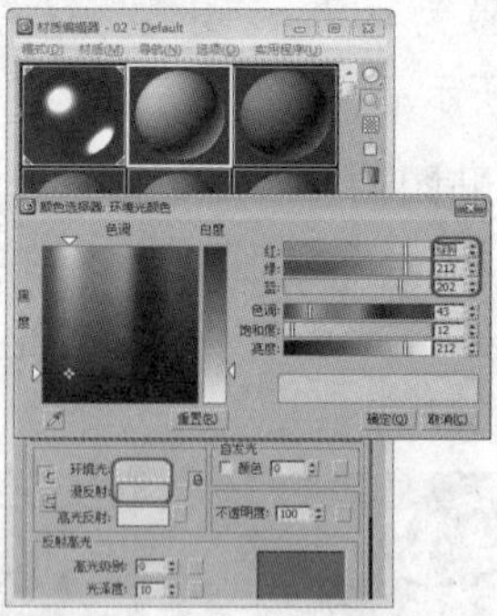

实战操作449 创建灯光

素材：无　　场景：Scene\Cha15\实战操作449.max

难度：★★★★★　　视频：视频\Cha15\实战操作449.avi

下面介绍为文字创建灯光，其具体操作步骤如下所述。

STEP 01 选择“创建”|“灯光”|“标准”|“泛光”工具，在“前”视图中创建一个泛光灯，如下图所示。

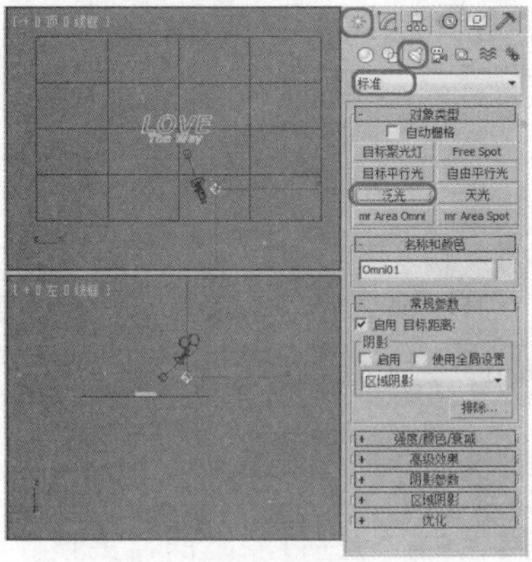

STEP 02 切换至“修改”命令面板，在“阴影参数”卷展栏中将“密度”设置为0.5，按Enter键确认，如下图所示。

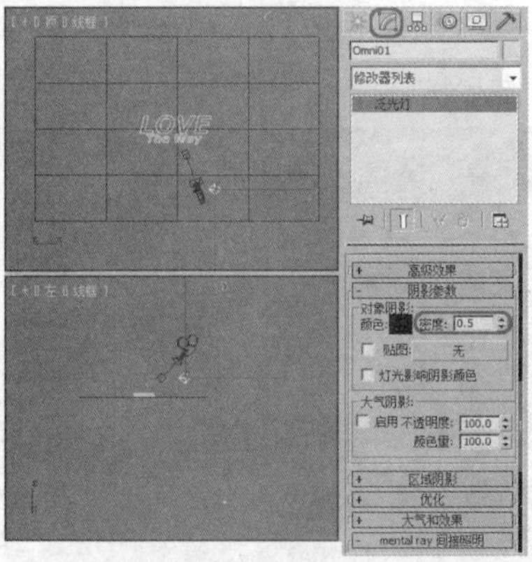

STEP 03 选择“创建”|“灯光”|“标准”|“泛光”工具，在“顶”视图中创建一个泛光灯，如下图所示。

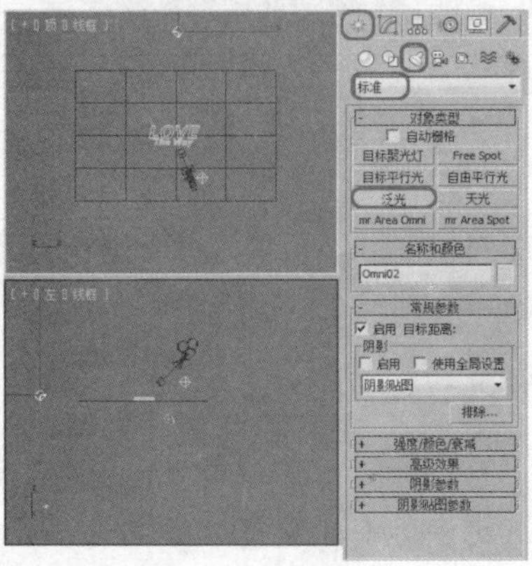

STEP 04 切换至“修改”命令面板，在“常规参数”卷展栏中选中“阴影”选项组中的“启用”复选框；在“强度/颜色/衰减”卷展栏中将“倍增”设置为0.03；在“阴影参数”卷展栏中将“密度”设置为0.5，按Enter键确认，如下图所示。

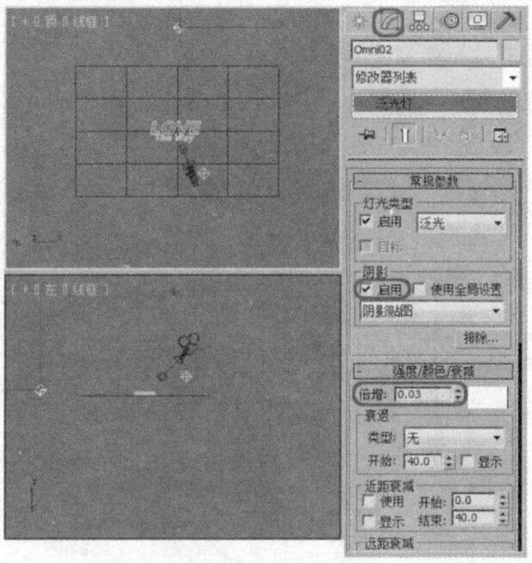

STEP 05 再在“阴影参数”卷展栏中将“密度”设置为2，按Enter键确认，使用同样的方法创建其他灯光，并在视图中调整其位置，调整后的效果如下图所示。

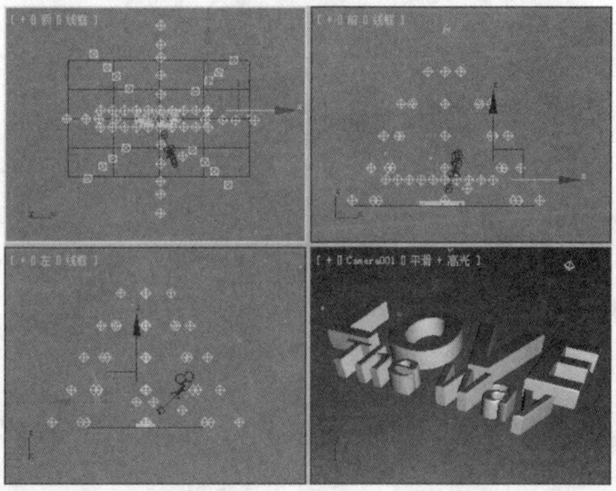

STEP 06 调整完成后，按F9 键对“Camera001”视图进行渲染，渲染后的效果如下图所示。

15.2 玻璃文字

本节介绍玻璃文字的制作方法。玻璃文字主要通过为文字设置材质来表现其透明效果，通过本节的学习可以掌握玻璃材质的调节方法。

实战操作450 创建文字

素材：无　　场景：无

难度：★★★★★　　视频：视频\Cha15\实战操作450.avi

制作玻璃文字最主要的是先创建文字。下面介绍如何创建文字，具体操作步骤如下所述。

STEP 01 选择“创建” | “图形” | “样条线” | “文本”工具按钮，在“参数”卷展栏中单击“字体”右侧的下三角按钮，在弹出的菜单中选择“楷体”，在“文本”文本框中输入“亚泰集团”，在“前”视图中单击鼠标左键即可创建文字，如下图所示。

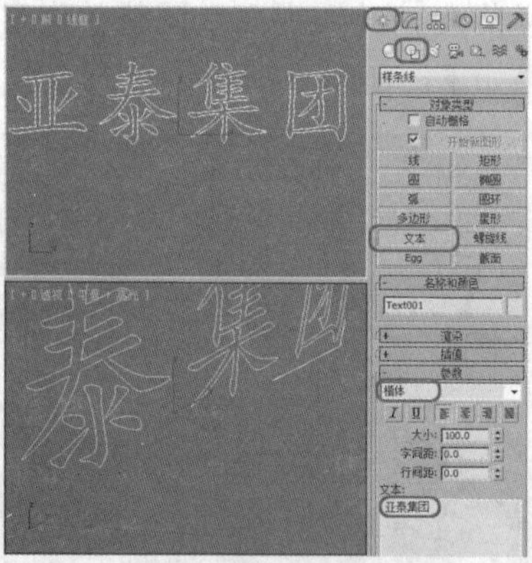

STEP 02 进入“修改”命令面板，在“修改器列表”中选择“倒角”修改器，在“倒角值”卷展栏中“级别1”下的“高度”与“轮廓”文本框中分别输入2、2，选中“级别2”复选框，并在下方的“高度”文本框中输入20，再选中“级别3”复选框，在下方的“高度”与“轮廓”文本框中分别输入2、-2，按Enter键确认即可，如下图所示。

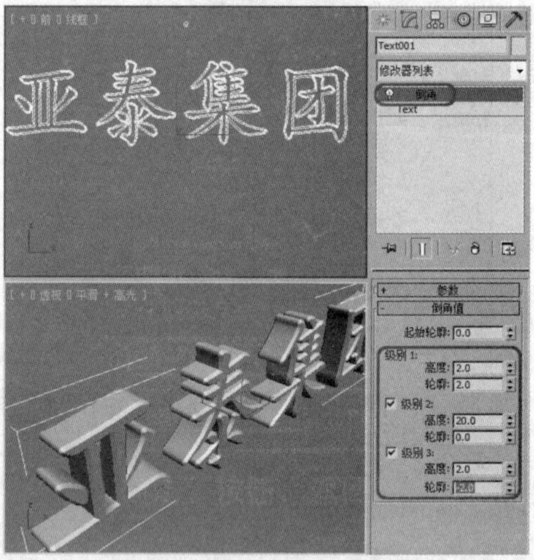

实战操作451 设置材质

素材：无　　场景：无

难度：★★★★★　　视频：视频\Cha15\实战操作451.avi

创建完文字后，下面为创建的文字设置材质，其具体操作步骤如下所述。

STEP 01 继续上一实例的操作，在工具栏中单击“材质编辑器”按钮，在弹出的“材质编辑器”对话框中选择第一个样本材质球，在“明暗器参数”卷展栏中选中“双面”复选框；在“Blinn

基本参数”卷展栏中单击按钮，在弹出的对话框中单击“是”按钮，取消“环境光”和“漫反射”颜色的锁定，如右图所示。

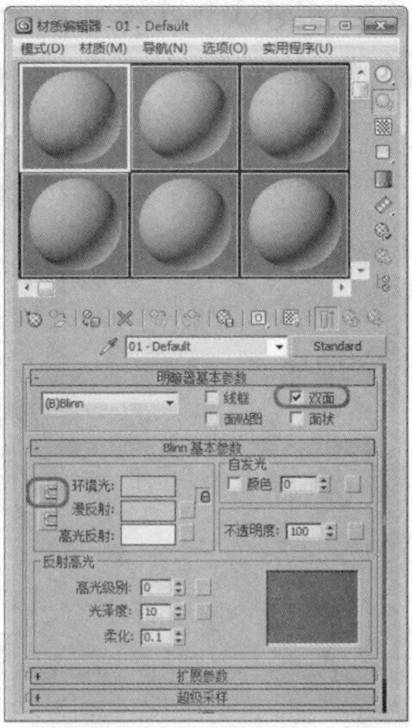

STEP 02 使用同样的方法对“漫反射”与“高光反射”颜色进行锁定，将“环境光”的红、绿、蓝值设置为200、200、200，将“漫反射”的红、绿、蓝值设置为255、255、255，然后设置“不透明度”值为10，按Enter键确认，如右图所示。

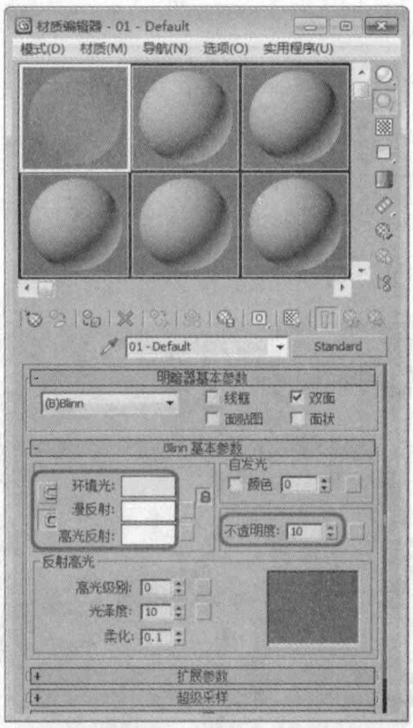

STEP 03 在“反射高光”选项组中的“高光级别”和“光泽度”文本框中分别输入100、86，在“柔化”文本框中输入0.53，并按Enter键确认，如右图所示。

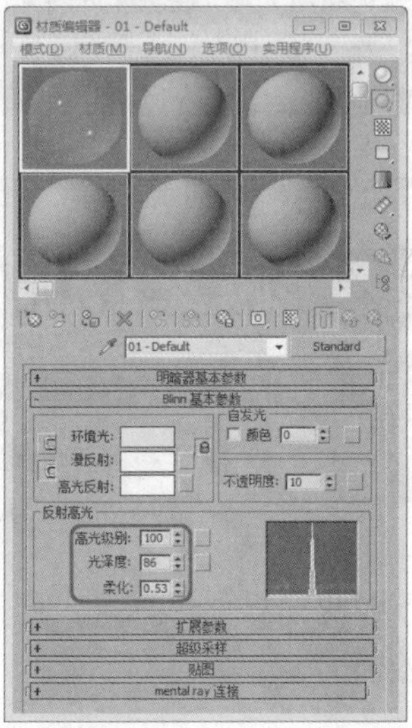

STEP 04 在“扩展参数”卷展栏中将“过滤”的红、绿、蓝值设置为255、255、255，在“数量”文本框中输入100，并按Enter键确认，如右图所示。

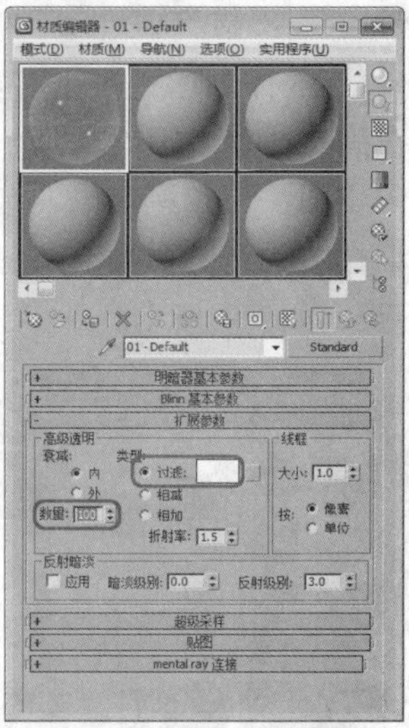

STEP 05 在“贴图”卷展栏中单击“折射”右侧的“None”按钮，在弹出的“材质/贴图浏览器”对话框中双击“光线追踪”选项，在“光线跟踪器参数”卷展栏中取消选中“光线跟踪大气”与“反射/折射材质ID”复选框，如右图所示。

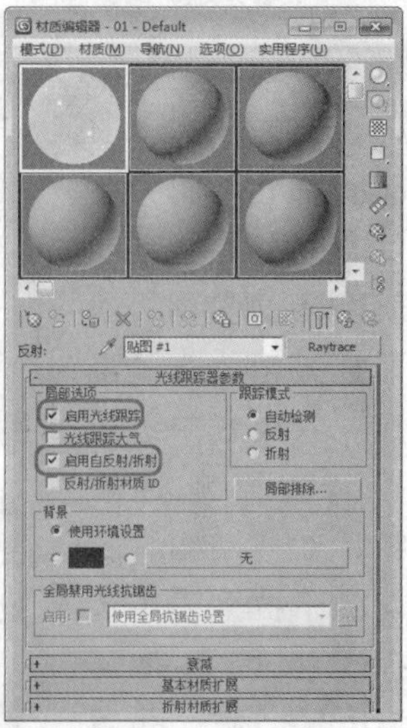

STEP 06 单击“转到父对象”按钮，然后在“贴图”卷展栏中将“折射”的“数量”设置为90，并按Enter键确认，设置完成后，单击“将材质指定给选定对象”按钮即可，如右图所示。

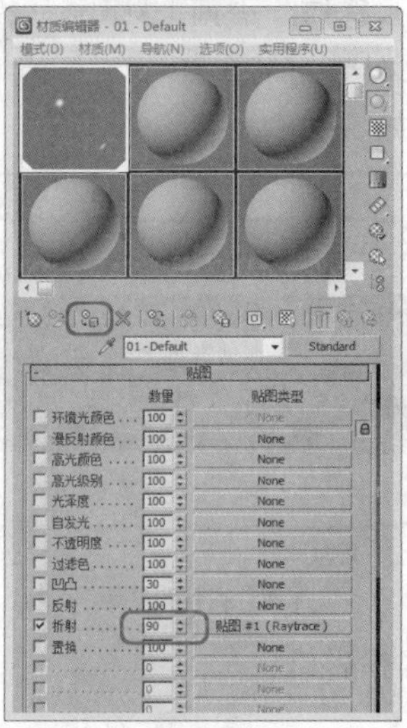

STEP 07 在“材质编辑器”对话框中选择第二个材质样本球，单击“获取材质”按钮。在弹出的“材质/贴图浏览器”对话框中双击“位图”，在弹出的“选择位图图像文件”对话框中找到随书附带光盘中的\Map\Cloud001.TIF，如下图所示。

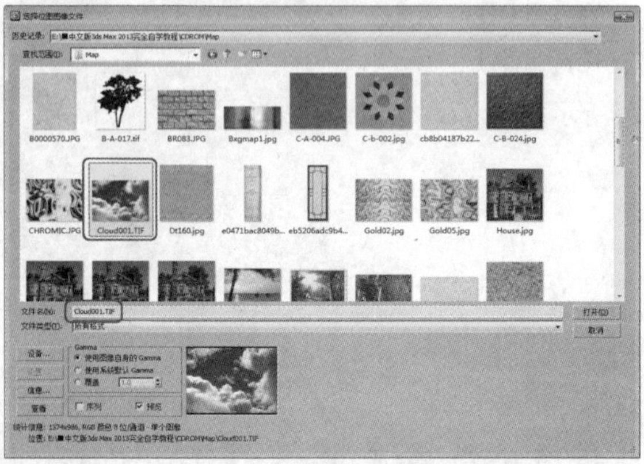

STEP 08 单击“打开”按钮，将“材质/贴图浏览器”对话框关闭，在“坐标”卷展栏中选中“环境”单选按钮，在“贴图”右侧的下拉列表中选择“收缩包裹环境”选项，设置“瓷砖”下面的U值为0.9，V值为0.9，如右图所示。

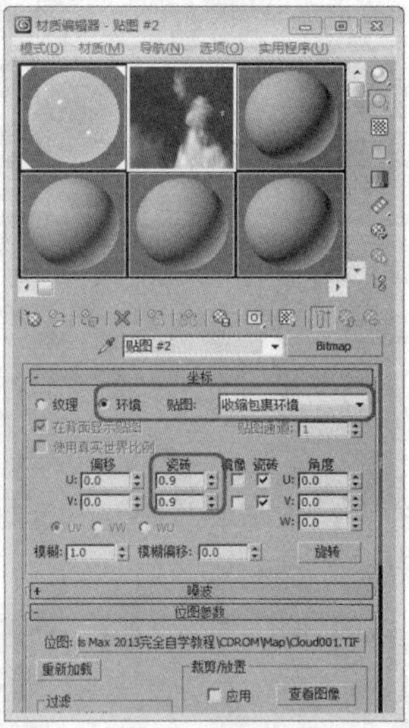

STEP 09 按8键，在弹出的“环境和效果”对话框中选择“环境”选项卡，将第二个材质样本球上的背景材质拖动到“环境和效果”对话框中的环境贴图中，在弹出的“实例（副本）贴图”对话框中选中“实例”单选按钮，如右图所示。

STEP 10 单击“确定”按钮，并将“环境和效果”对话框关闭。再将“材质编辑器”对话框关闭，按F9键进行快速渲染，效果如下图所示。

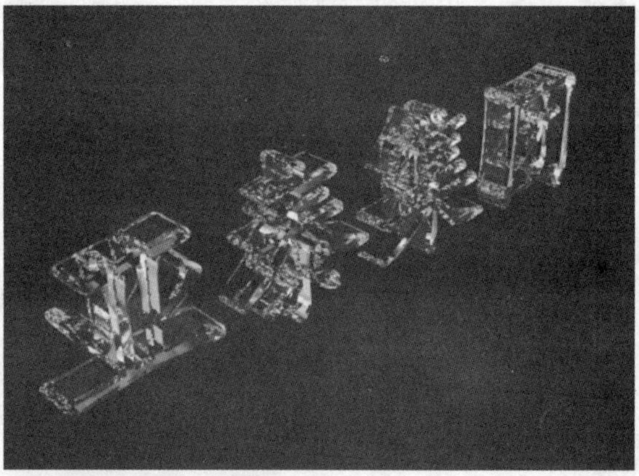

实战操作452 创建摄影机

素材：无　　场景：Scene\Cha15\实战操作452.max

难度：★★★★★　　视频：视频\Cha15\实战操作452.avi

一个好看的玻璃字除了材质最重要外，在渲染时的角度也很重要。下面介绍如何为玻璃文字创建摄影机。

STEP 01 选择“创建” | “摄影机” | “标准”工具，在“对象类型”卷展栏中选择“目标”工具，在“顶”视图中创建一个摄影机对象，如右图所示。

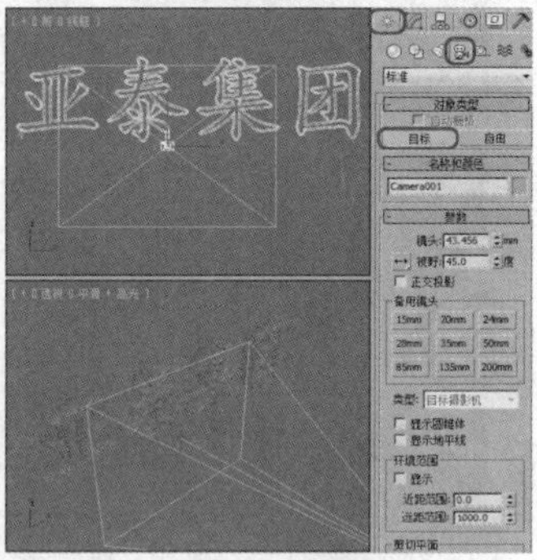

STEP 02 激活“透”视图，然后按C键将当前激活的视图转为“摄影机”视图，并在其他视图中调整摄影机的位置，调整后的效果如下图所示，对完成后的场景进行保存即可。

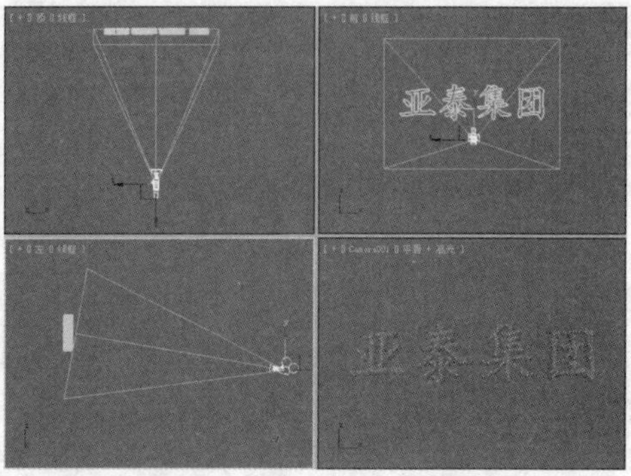

15.3 浮雕文字

本节介绍一种简单实用的浮雕文字的制作方法。浮雕文字主要通过为长方体指定“置换”修改器来创建，通过本节的学习可以使用户更熟悉“置换”修改器的使用方法。

实战操作453 创建文字

素材：无　　场景：无

难度：★★★★★　　视频：视频\Cha15\实战操作453.avi

下面介绍如何为浮雕文字创建文字，具体操作步骤如下所述。

STEP 01 选择“创建” | “几何体” | “标准基本体” | “长方体”工具，在“前视图”中创建一个“长度”、“宽度”、“高度”各为125、380、5，“长度分段”和“宽度分段”各为90、185的长方体，并将其命名为“底板”，如下图所示。

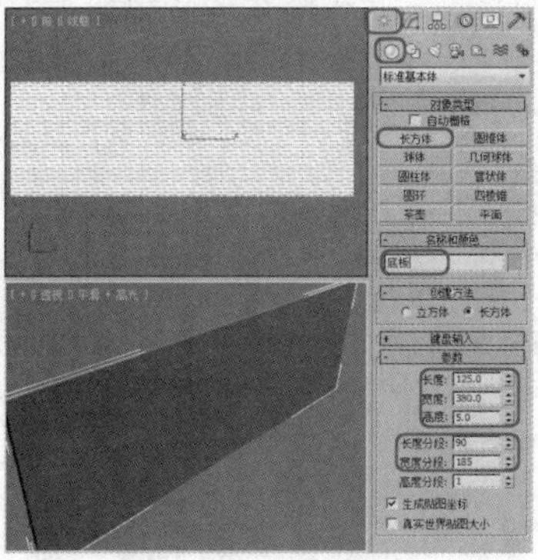

STEP 02 进入“修改”命令面板，在“修改器列表”中选择“置换”修改器，在“参数”卷展栏“置换”选项组中的“强度”文本框输入8，选中“亮度中心”复选框，如下图所示。

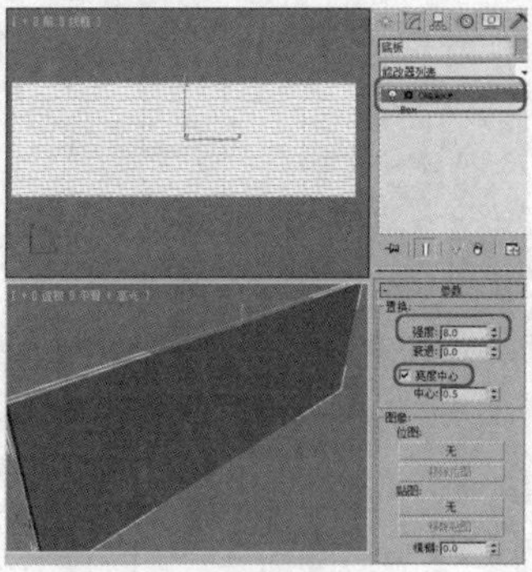

STEP 03 在“图像”选项组中单击“位图”下方的“无”按钮，在弹出的“选择置换图像”

对话框中选择随书附带光盘中的\Map\文字.jpg，如下图所示。

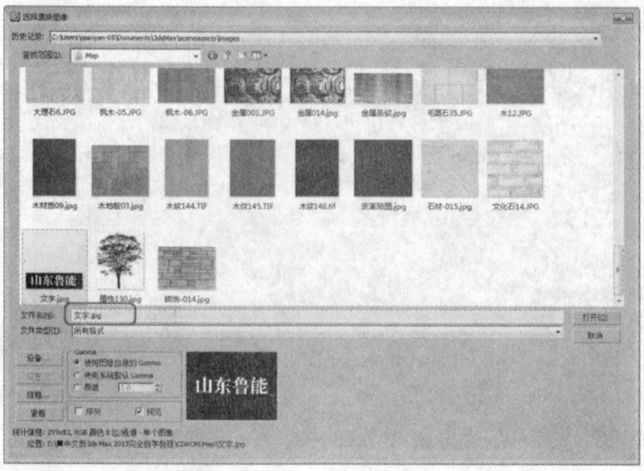

STEP 04 单击“打开”按钮，即可创建文字，效果如下图所示。

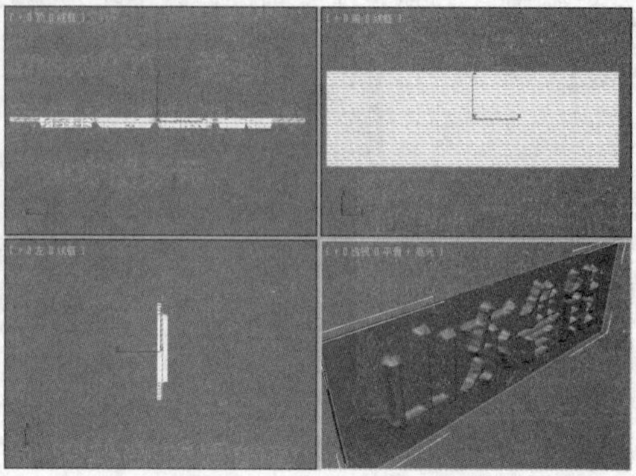

实战操作454 创建边框

素材：无　　场景：无

难度：★★★★★　　视频：视频\Cha15\实战操作454.avi

下面介绍如何为浮雕文字创建边框，具体操作步骤如下所述。

STEP 01 继续上一实例的操作，选择“创建”|“图形”|“样条线”|“矩形”工具，在“前”视图中沿长方体的边缘创建一个“长度”、“宽度”各为127、382的矩形，并将其命名为“边框”，如下图所示。

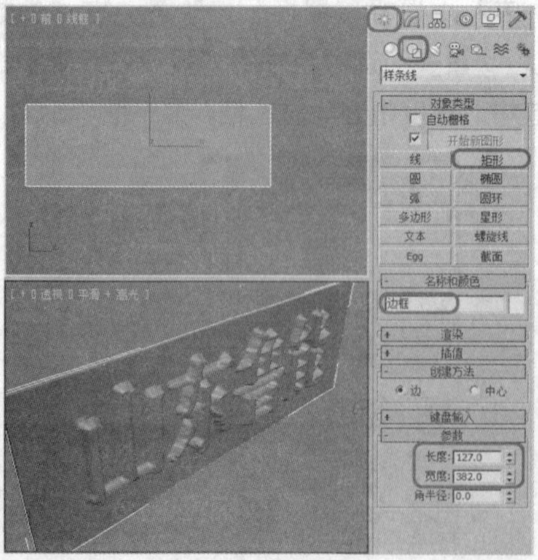

STEP 02 进入“修改”命令面板，在“修改器列表”中选择“编辑样条线”修改器，将当前选择集定义为“样条线”，如下图所示。

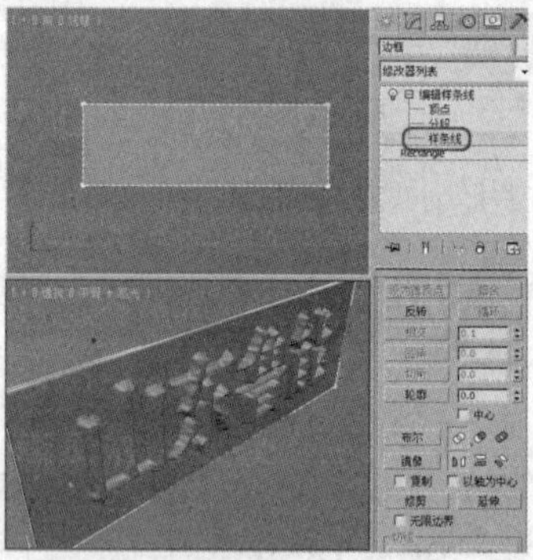

STEP 03 在“几何体”卷展栏的“轮廓”文本框中输入8，按Enter键确认，效果如下图所示。

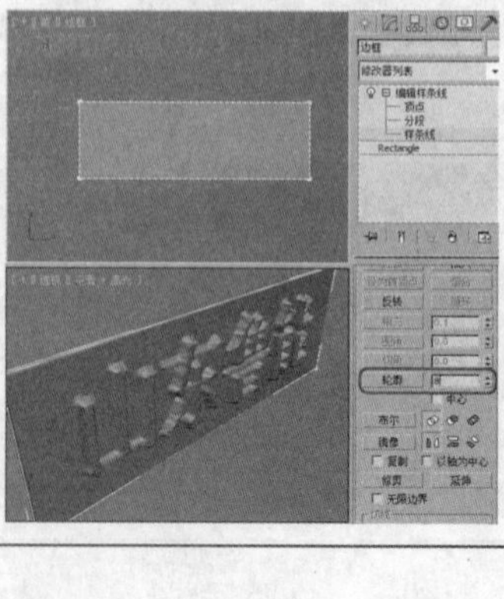

STEP 04 在“修改器列表”中选择“倒角”修改器，在“倒角值”卷展栏中将“级别1”下方的“高度”和“轮廓”分别设置为2、2，选中“级别2”复选框，在“高度”文本框中输入5，选中“级别3”复选框，在“高度”和“轮廓”文本框中分别输入2、-2，按Enter键确认，如右图所示。

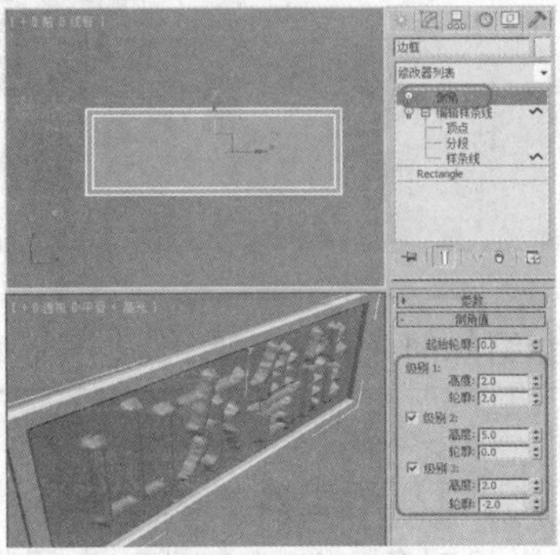

实战操作455 设置材质

素材：无	场景：无
难度：★★★★★	视频：视频\Cha15\实战操作455.avi

下面介绍如何为浮雕文字设置材质，具体操作步骤如下所述。

STEP 01 继续上一实例的操作，在视图中选择所有对象，按M键打开“材质编辑器”对话框，选择第一个材质样本球，在“明暗器基本参数”卷展栏中将明暗器类型定义为“金属”，在“金属基本参数”卷展栏中将“环境光”的红、绿、蓝值设置为255、174、0，在“高光级别”和“光泽度”文本框中分别输入100、80，按Enter键确认，如右图所示。

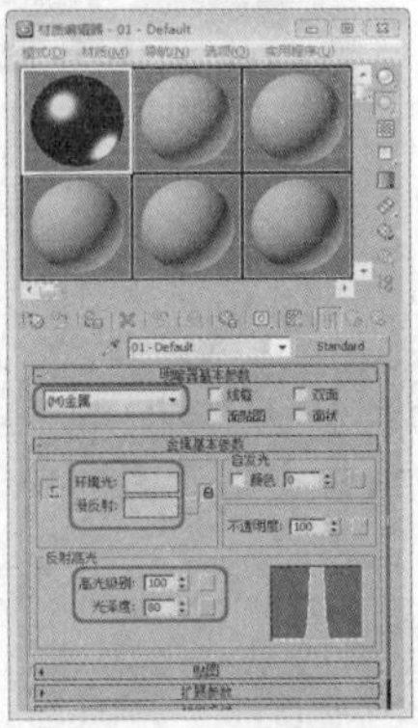

STEP 02 在“贴图”卷展栏中单击“反射”右侧的“None”按钮，在弹出的“材质/贴图浏览器”对话框中双击“位图”，在弹出的“选择位图图像文件”对话框中选择随书附带光盘中的\Map\ Gold07.jpg，如下图所示。

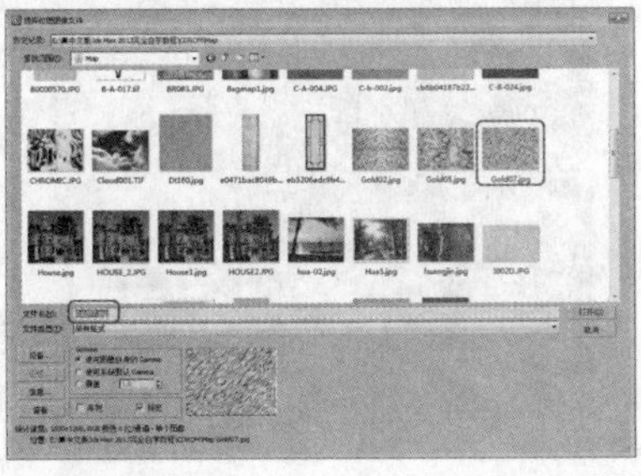

STEP 03 单击“打开”按钮，在“坐标”卷展栏中的“模糊偏移”文本框中输入0.09，按Enter键确认，如右图所示。

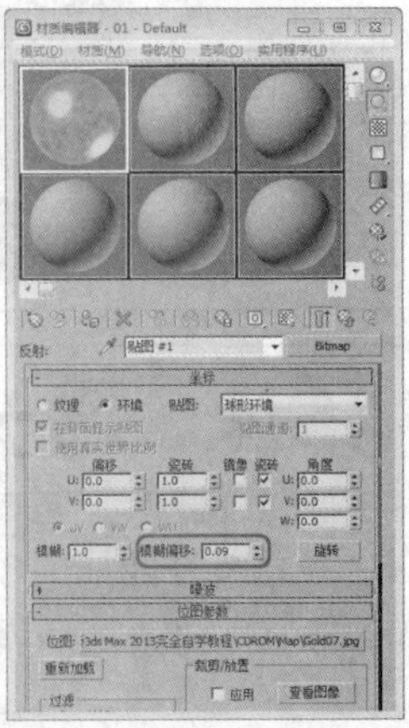

STEP 04 单击“将材质指定给选定对象”按钮，将“材质编辑器”对话框关闭即可，指定材质后的文字如下图所示。

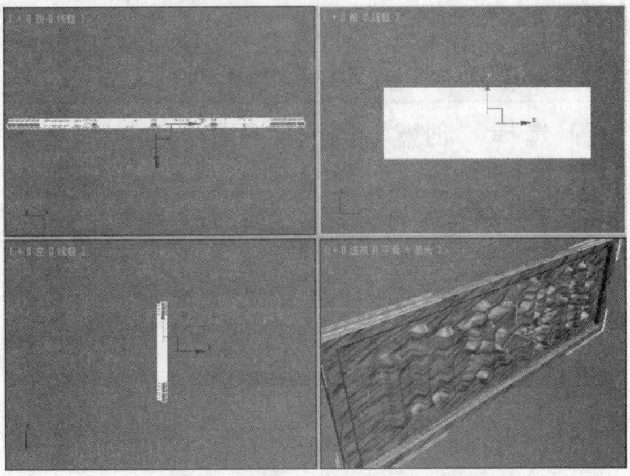

实战操作456 创建摄影机

素材：无　　场景：场景\Cha15\实战操作456.max

难度：★★★★★　　视频：视频\Cha15\实战操作456.avi

下面介绍如何为浮雕文字创建摄影机，并为其调整一个好看的角度，具体操作步骤如下所述。

STEP 01 选择“创建” |“摄影机” |“标准”|“目标”工具，在“顶”视图中创建一个摄影机对象，在“参数”卷展栏中单击“备用镜头”选项组中的“28mm”按钮，激活“透”视图，然后按C键将当前激活的视图转为“摄影机”视图，并在除“摄影机”视图外的其他视图中调整摄影机的位置，调整后的效果如右图所示。

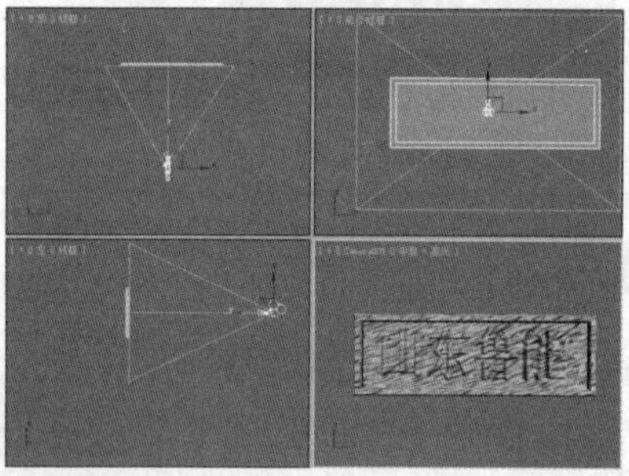

STEP 02 按8键打开“环境和效果”对话框，在“公用参数”卷展栏中设置“颜色”值为255、255、255，如下图所示。设置完成后关闭即可，然后将完成后的场景进行保存。

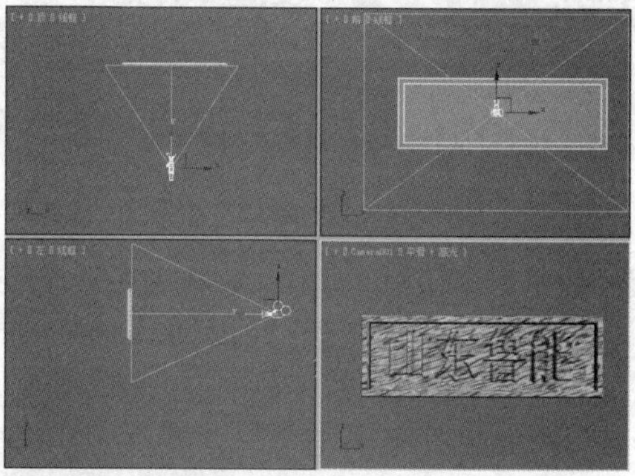

15.4 激光文字

本节介绍如何创建激光文字。激光文字主要通过施加“挤出”修改器和为其设置动画来创建完成，通过本节的学习将会对前面所学的知识进行巩固。

实战操作457 创建文字

素材：无　　场景：无

难度：★★★★★　　视频：视频\Cha15\实战操作457.avi

创建激光文字最关键的就是创建文字，下面介绍如何创建文字，具体操作步骤如下所述。

STEP 01 选择“创建” |“图形” |“样条线”|“文本”工具，在“参数”卷展栏中单击“字体”右侧的下三角按钮，在弹出的菜单中选择“华文行楷”，在“文本”文本框中输入“浪潮集团”，在“前”视图中单击鼠标左键创建文字，如右图所示。

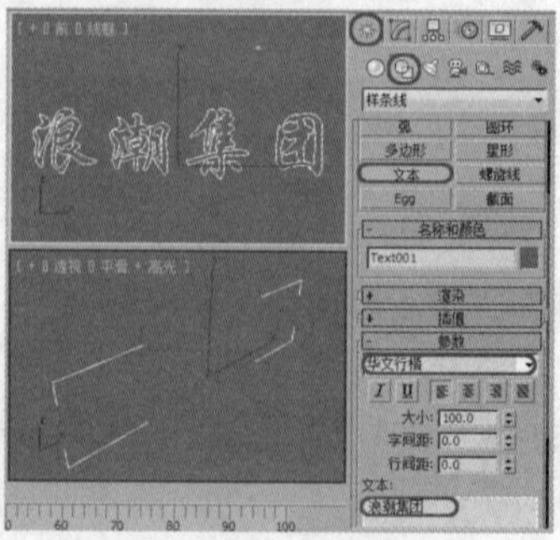

STEP 02 选择“创建” | “图形” | “样条线” | “矩形”工具，在“前”视图中创建一个“长度”和“宽度”分别为450、650的矩形，如下图所示。

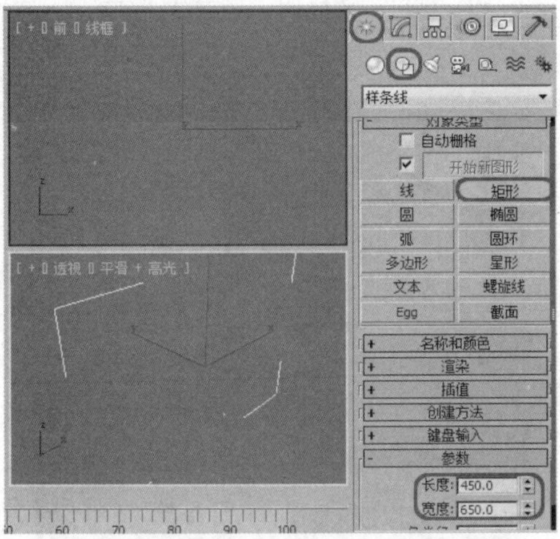

STEP 03 确认所绘制的矩形处于选中的状态，右击鼠标，在弹出的快捷菜单中执行“转换为” | “转换为可编辑样条线”命令，将当期选择集定义为“线段”，在“几何体”卷展栏中单击“附加”按钮，在创建的文本上单击鼠标左键，对其进行附加，效果如下图所示。

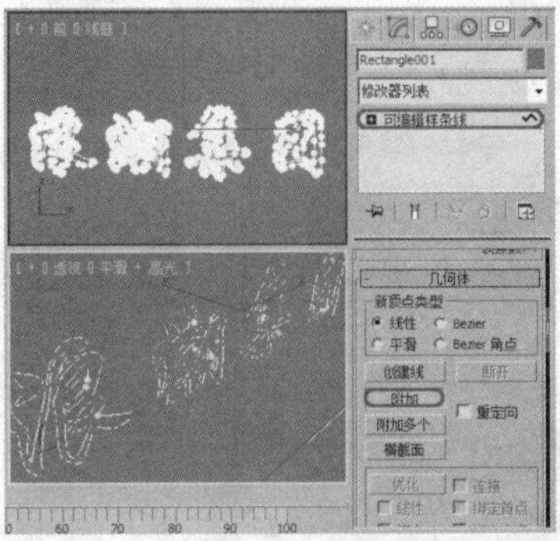

STEP 04 在“修改器列表”中选择“挤出”修改器，在“参数”卷展栏中的“数量”文本框中输入10，按Enter键确认，如下图所示。

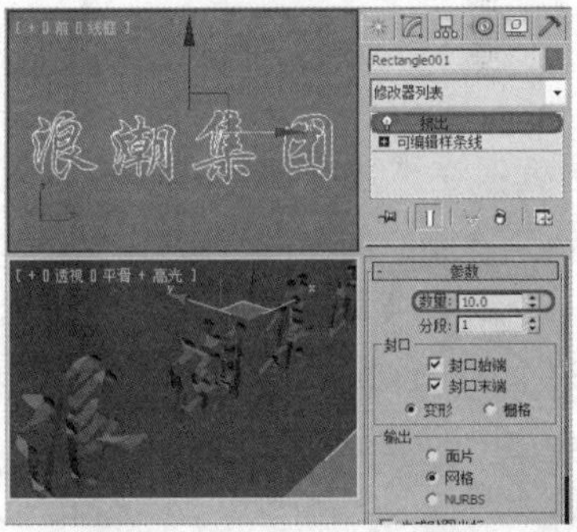

实战操作458 创建摄影机与灯光

素材：无　　场景：无

难度：★★★★★　　视频：视频\Cha15\实战操作458.avi

下面介绍如何创建摄影机和灯光，具体操作步骤如下所述。

STEP 01 继续上一实例的操作，“创建” | “摄影机” | “标准” | “目标”工具，在“前”视图中创建一个摄影机，如下图所示。

STEP 02 激活“透”视图，然后按C键将当前激活的视图转为“摄影机”视图，并在除“摄影机”视图外的其他视图中调整摄影机的位置。进入“修改”命令面板，在“参数”卷展栏中的“镜头”文本框中输入40，按Enter键确认，如右图所示。

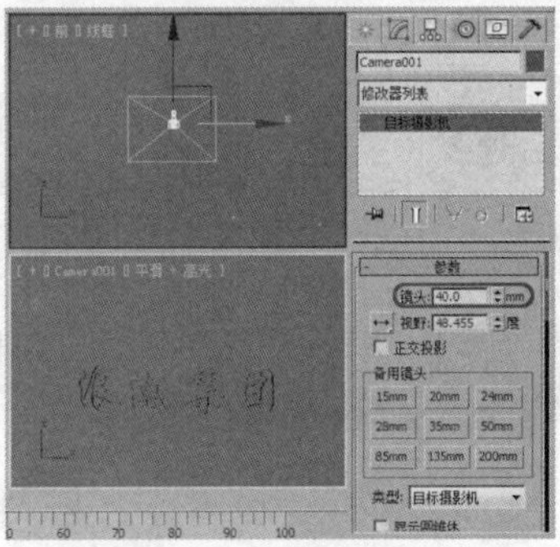

STEP 03 选择“创建” | “灯光” | “标准” | “目标聚光灯”工具，在“前”视图中创建一个目标聚光灯，如下图所示。

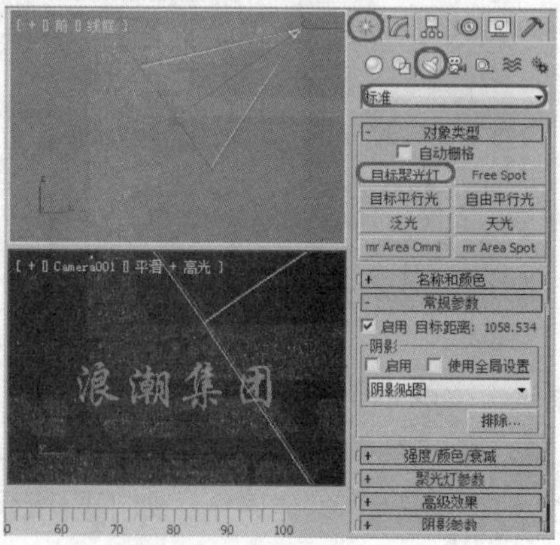

STEP 04 进入“修改”命令面板，在“常规参数”卷展栏中选中“阴影”选项组中的“启用”复选框；在“强度/颜色/衰减”卷展栏中单击“倍增”右侧的颜色框，在弹出的“颜色选择器”对话框中将“红、绿、蓝”分别设置为253、131、0，如下图所示。

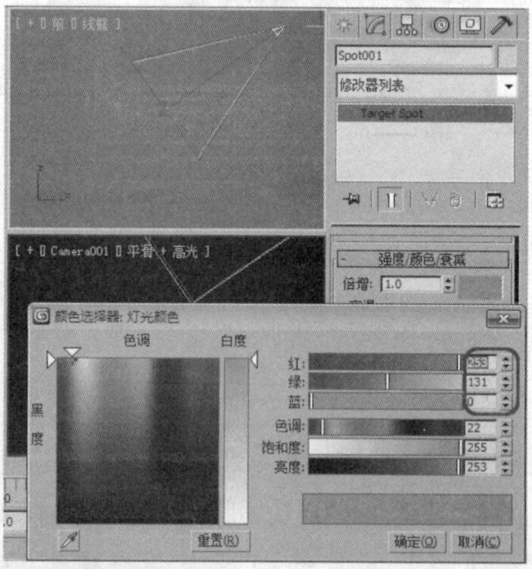

STEP 05 单击“确定”按钮，选中“远距衰减”选项组中的“使用”复选框，在“开始”文本框中输入435，在“结束”文本框中输入645；在“聚光灯参数”卷展栏中的“聚光区/光束”和“衰减区/区域”文本框中分别输入21.4、37，如下图所示。

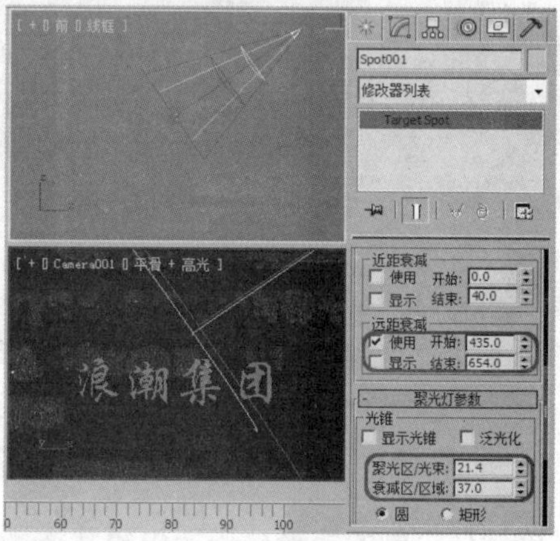

STEP 06 在“大气和效果”卷展栏中单击“添加”按钮，在弹出的“添加大气或效果”对话框中单击“体积光”，再单击“确定”按钮，在视图中调整目标聚光灯的位置，调整后的效果如下图所示。

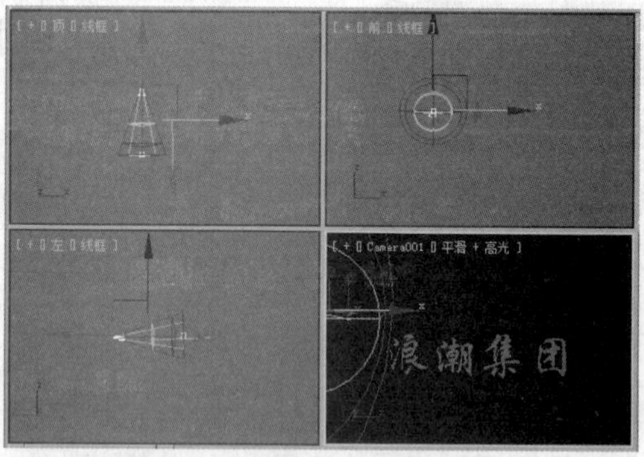

实战操作459 设置动画与渲染输出

素材：无

场景：场景\Cha15\实战操作459.max

难度：★★★★★

视频：视频\Cha15\实战操作459.avi

下面介绍如何为激光文字设置动画与渲染输出，具体操作步骤如下所述。

STEP 01 继续上一实例的操作，单击右下角的“时间配置”按钮，在弹出的对话框中将“动画”选项组中的“开始时间”和“结束时间”分别设置为0、50，如下图所示。

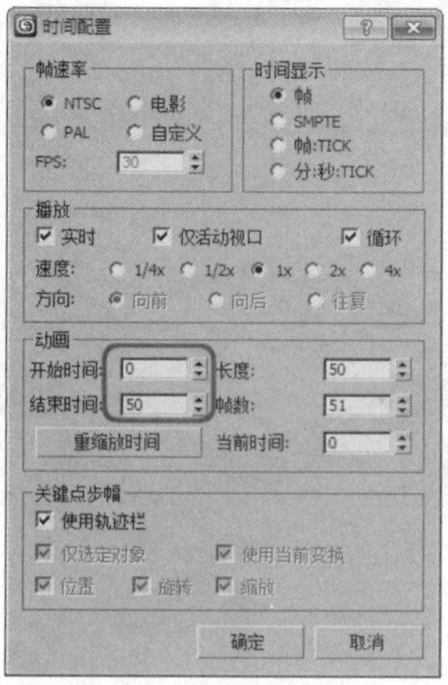

STEP 02 单击“确定”按钮，单击“自动关键点”按钮 自动关键点 ，将滑块从0帧拖动到50帧处，在“前”视图中选择目标聚光灯沿X轴向右移动，如下图所示。

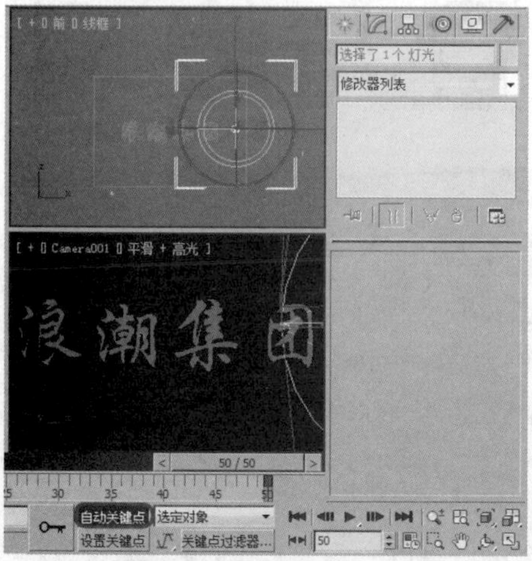

STEP 03 激活“摄影机”视图，按F10键打开“渲染设置“对话框，选择“公用”选项卡，在“公用参数”卷展栏中选中“活动时间段”单选按钮；在“输出大小”选项组中单击“640×480”按钮，如下图所示。

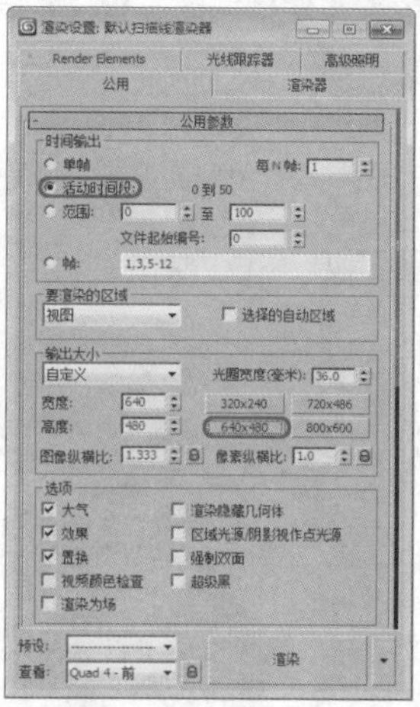

STEP 04 在“渲染输出”选项组中单击“文件”按钮 文件... ，在弹出的“渲染输出文件”对话框中指定渲染输出的路径，将其命名为激光文字，将“保存类型”定义为AVI文件（*.avi），单击“保存”按钮，在弹出的“AVI文件压缩设置”对话框单击“确定”按钮，如下图所示，在“渲染设置”对话框中单击“渲染”按钮进行渲染输出即可。

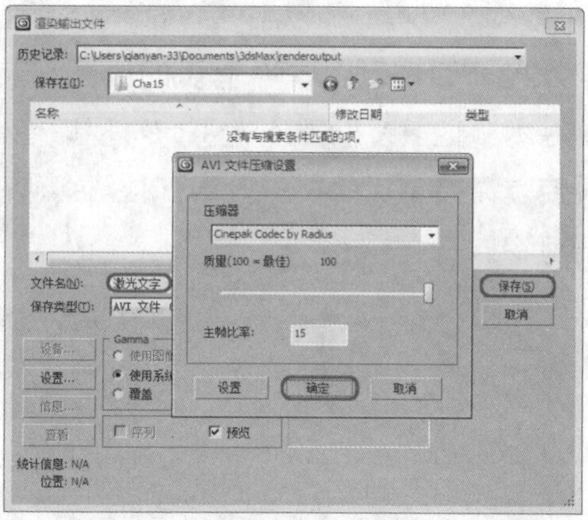

Chapter 16

第16章 常用材质的设置与表现

本章介绍场景中常用材质的设置与表现，通过设置材质的颜色、光泽度等基本参数以及贴图通道中的不同贴图来更加真实地模拟出物体的表面特征，使其具有真实的视觉效果，依靠各种不同的材质可以制作出现实世界中的任何物体。

3ds Max 201

16.1 瓷器材质

瓷器在日常生活中最为常见，例如花瓶、茶杯、餐具等，可以说瓷器质感属于一种非具有代表性的材质类型，是一种十分常见的材料。

实战操作460 瓷器质感的表现

素材：Scene\Cha16\16-1.max　场景：Scene\Cha16\实战操作460.max

难度：★★★★★　视频：视频\Cha16\实战操作460.avi

瓷器质感的调试非常简单，主要通过“高光级别”、“光泽度”和“自发光”颜色来表现，最后为其添加“光线跟踪”。

STEP 01 单击按钮，在弹出的下拉列表中执行“打开”命令，在打开的对话框中选择素材文件16-1.max，如下图所示。

STEP 02 在场景中选择“茶壶”对象，切换至“修改”命令面板，定义当前选择集为“元素”，如下图所示。

STEP 03 在“前”视图中选择如下图所示的元素，在“修改”命令面板中打开“多边形：材质ID”卷展栏，在“设置ID”文本框中输入2，并按Enter键确认，如下图所示。

STEP 04 在“透”视图中使用同样的方法选择“茶杯”图中部分，并设置其的材质ID为2。另外，两个杯子使用同样的方法设置其ID为2，如下图所示。

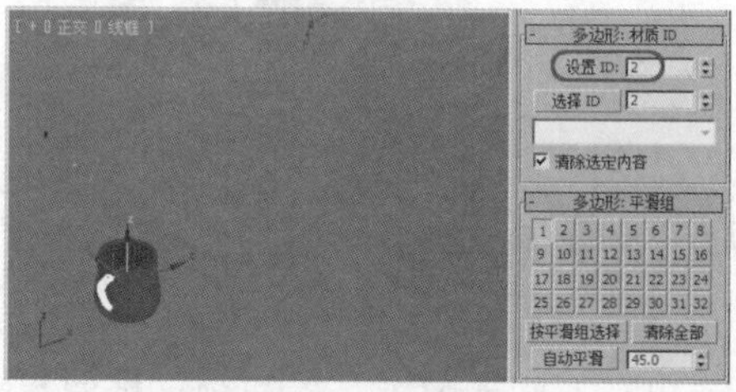

STEP 05 退出当前选择集，按M键，打开“材质编辑器”对话框，选择一个新的材质样本球，并单击“Standard”按钮，在打开的对话框中选择“多维/子对象”，如下图所示。

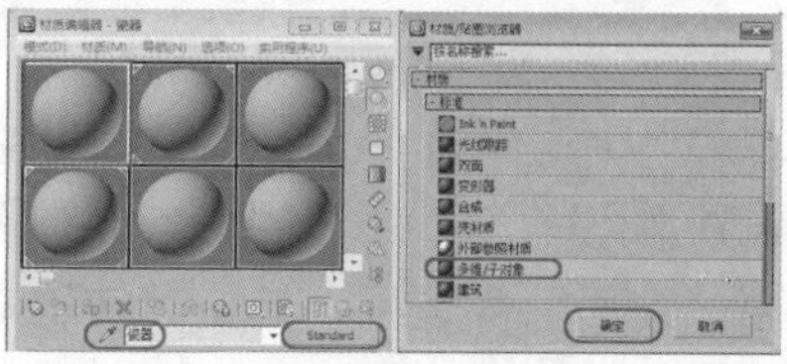

STEP 06 单击“确定”按钮，将会弹出“替换材质”对话框，如下图所示，并单击“确定”按钮，进入“多维/子对象”材质面板。

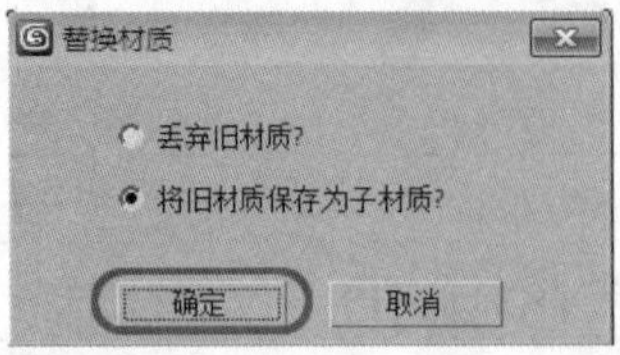

STEP 07 在“多维/子对象基本参数”卷展栏中，单击“设置数量”按钮，在弹出的“设置材质数量”对话框中将“材质数量”设为2，如下图所示，并单击“确定”按钮。

STEP 08 单击ID1后的子材质按钮，进入ID1层级面板，将其命名为“杯把”。在“Blinn基本参数”卷展栏中，将“环境光”和“漫反射”的红、绿、蓝值设为255、255、255，“自发光”设置为30，“高光级别”设置为80，“光泽度”设置为30，如下图所示。

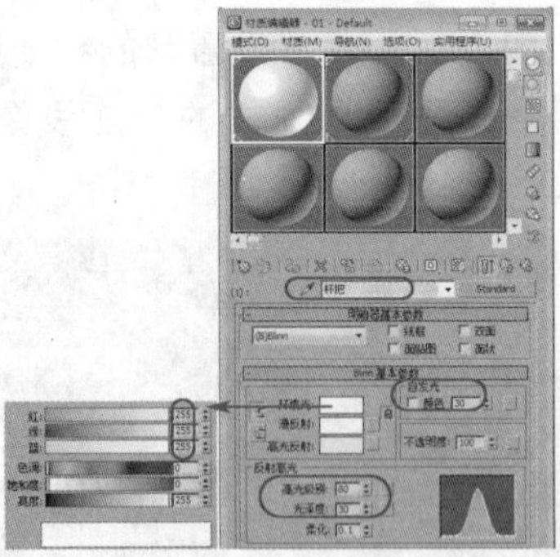

STEP 09 单击“转到父对象”按钮，返回至“多维/子对象”层级面板，单击ID2后的“无”按钮，在打开的对话框中双击“标准”选项，并将其命名为“茶杯”。在“Blinn基本参数”卷展栏中将“环境光”和“漫反射”的红、绿、蓝值设为222、238、255，“自发光”设置为30，“高光级别”设置为80，“光泽度”设置为30。在“明暗器基本参数”卷展栏中选中“双面”复选框，单击“在视口中显示标准贴图”按钮，如下图所示。

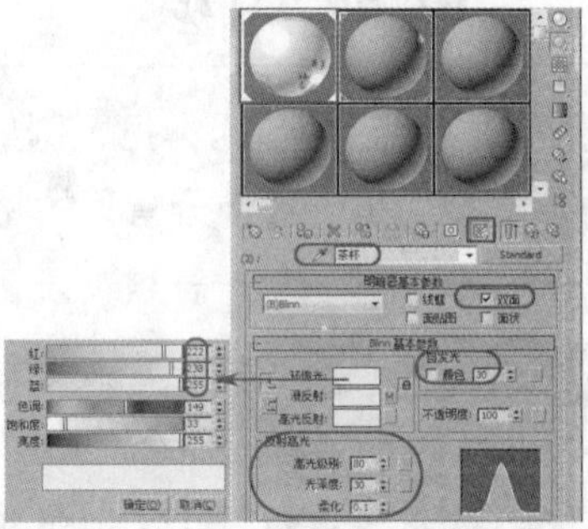

STEP 10 单击“贴图”卷展栏中“漫反射颜色”后的“None”按钮，在打开的对话框中双击“位图”选项，再在打开的对话框中选择随书附带光盘中\Map\杯子01.tif，如下图所示。

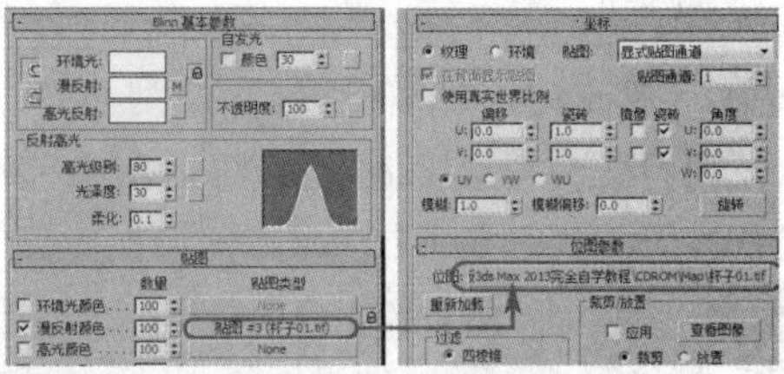

STEP 11 单击“转到父对象”按钮，返回至“茶杯”材质层级面板，单击“贴图”卷展栏中“反射”后的“None”按钮，在打开的对话框中单击“光线跟踪”选项，单击“确定”按钮，如下图所示。

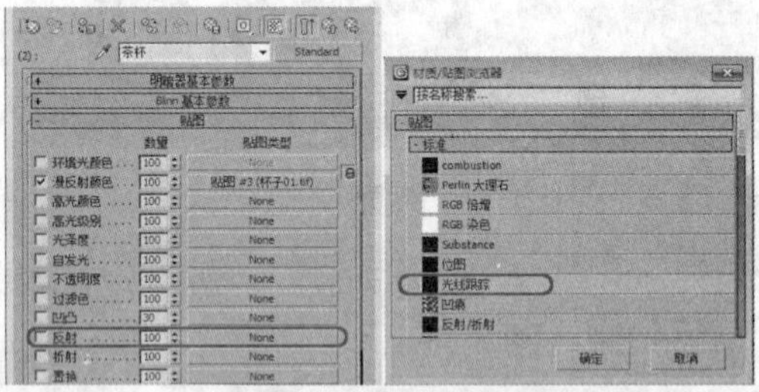

STEP 12 单击“转到父对象”按钮，将“反射”值设置为10，如下图所示。

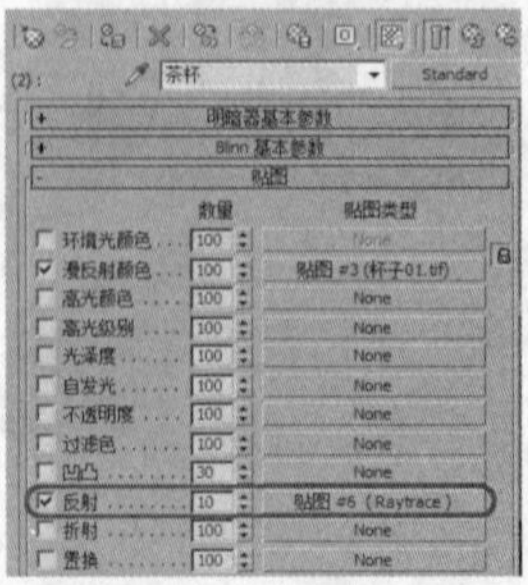

STEP 13 在场景中选择图中的茶壶和所有茶杯，单击“材质编辑器”对话框中的“将材质指定给选定对象”按钮，然后在场景中选择“茶壶”对象，切换至“修改”命令面板，为其添加“UVW贴图”，并选中“参数”卷展栏下“贴图”选项组中的“柱形”单选按钮，将“长度”、“宽度”和“高度”数值分别设置为60、60、40（数值可以根据需求改变），如右图所示。

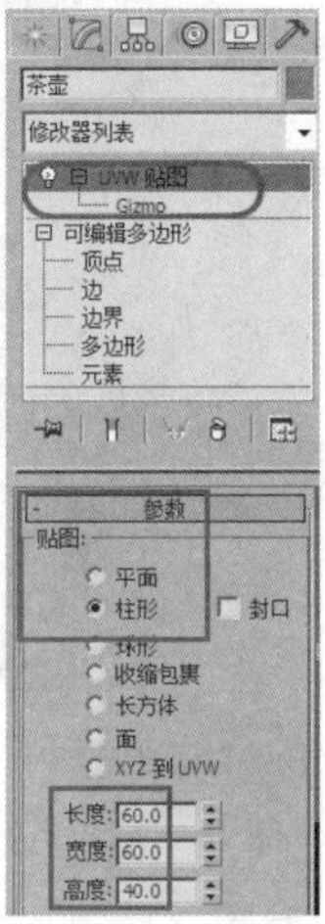

STEP 14 在场景中选择图中的一个茶杯，切换至“修改”命令面板，为其添加“UVW贴图”，并选中“参数”卷展栏下的“贴图”选项组中的“柱形”单选按钮，将“长度”、“宽度”和“高度”数值分别设置为15、20、16，图中茶杯的大小、形状和材质都是一致的，调整完成其中的一个茶杯，另外的茶杯按相同的方式添加“UVW贴图”设置数值即可，激活“摄影机”视图，按F9键进行渲染，如下图所示。

16.2 玻璃材质

玻璃材质在现实生活中随处可见，例如玻璃杯、酒瓶、室内外玻璃等。玻璃的制作虽然相对简单，但效果与真实的玻璃质感会有很大出入，需要在各个细节上进行把握和调节。

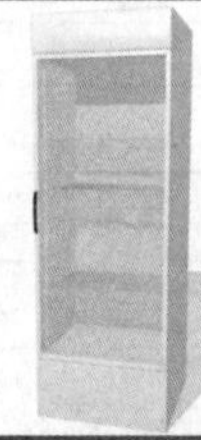

实战操作461 玻璃质感的表现

素材：Scene\Cha16\16-2.max　场景：Scene\Cha16\实战操作461.max

难度：★★★★★　视频：视频\Cha16\实战操作461.avi

玻璃质感的表现有多种方法，下面通过设置玻璃自身颜色、“自发光”、“不透明度”以及“贴图”卷展栏中的“凹凸”来制作玻璃的质感。

STEP 01 单击按钮，在弹出的下拉列表中执行“打开”命令，在打开的对话框中选择素材文件16-2.max，如右图所示。

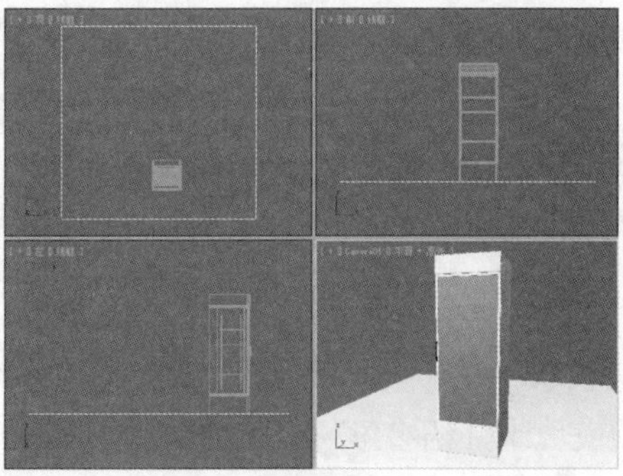

STEP 02 按H键，在打开的“从场景选择”对话框中选择“玻璃”对象，单击“确定”按钮，如下图所示。

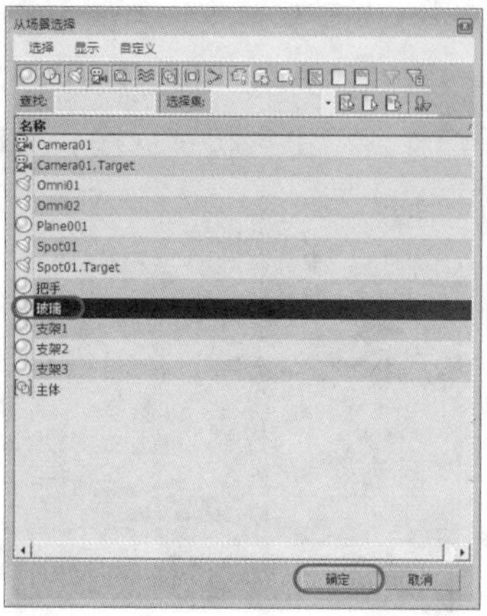

STEP 03 按M键，打开“材质编辑器”对话框，从中选择一个新的材质球，将其命名为“玻璃”。在“明暗器基本参数”卷展栏中，将“环境光”和“漫反射”都设置为163、198、255，“自发光”数值设置为30，“不透明度”数值设置为40，单击“背景”按钮；展开“贴图”卷展栏，单击“凹凸”右侧的“None”按钮，在打开的对话框中双击“噪波”选项，进入“噪波参数”层级面板，在“噪波参数”卷展栏中将“大小”设置为0.1，如下图所示。

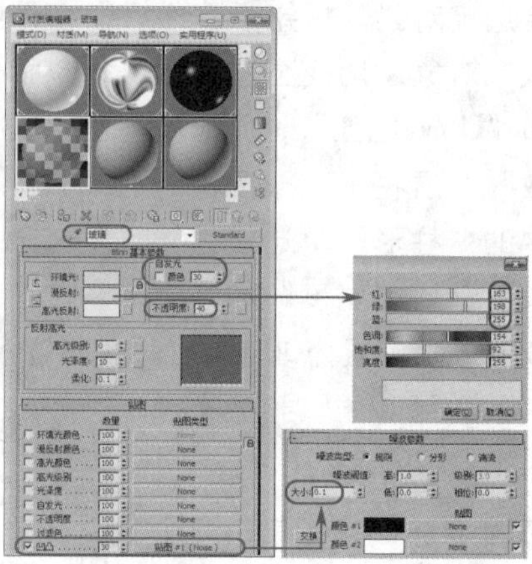

STEP 04 单击“转到父对象”按钮，再单击“将材质指定给选定对象”按钮，将调整好的玻璃材质赋予场景中选择的“玻璃”对象，激活“摄影机”视图，按F9键进行渲染，效果如右图所示。

16.3 多维次物体材质

随着社会的不断发展，人们生活水平的不断提高，商品竞争越来越激烈，商品的包装设计也随之重要起来。本节针对此种情况介绍利用多维次物体材质来表现真实的商品包装盒。

实战操作462 茶叶盒的表现

素材：Scene\Cha16\16-3.max 场景：Scene\Cha16\实战操作462.max

难度：★★★★★ 视频：视频\Cha16\实战操作462.avi

要使用多维/子对象材质，首先要设置物体的ID，再将不同的表面赋予不同的ID上。下面通过茶叶盒的表现来介绍多维/子对象材质。

STEP 01 在3ds Max 2013中，按Ctrl+O组合键打开素材文件16-3.max，在场景中选择“茶叶盒”对象，切换至“修改”命令面板，为其添加“编辑多边形”修改器，并定义当前选择集为“多边形”，如下图所示。

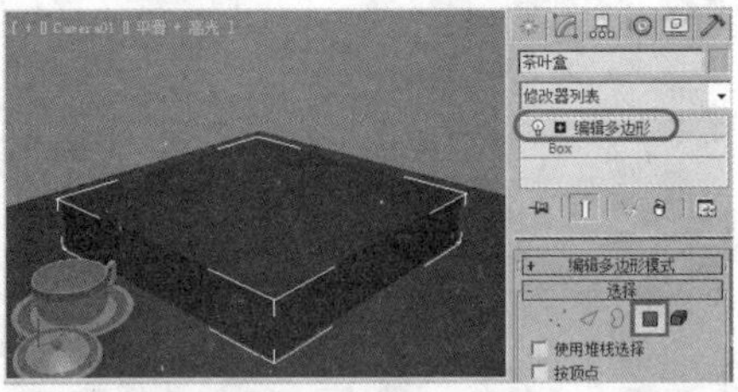

STEP 02 激活“摄影机”视图，按P键将其转化为“透”视图，选择如下图所示的多边形，在“修改”命令面板中的“多边形：材质ID”卷展栏下的“设置ID”文本框中输入1，并按Enter键确认，如下图所示。

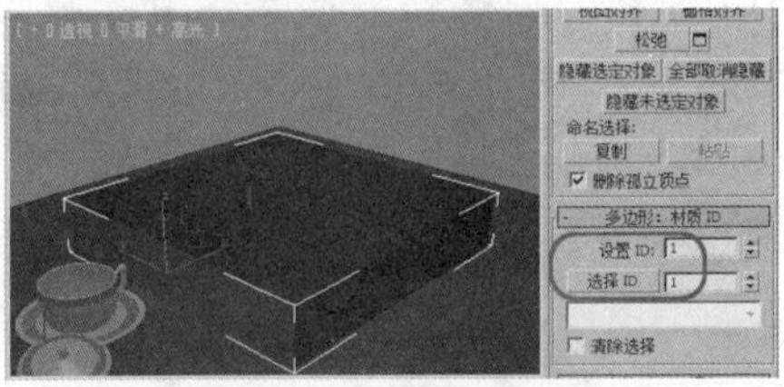

STEP 03 在“透”视图中按住Alt键和鼠标滑轮键旋转视图，选择与上一步所选多边形相对的一面，并将其ID设置为2，如下图所示。

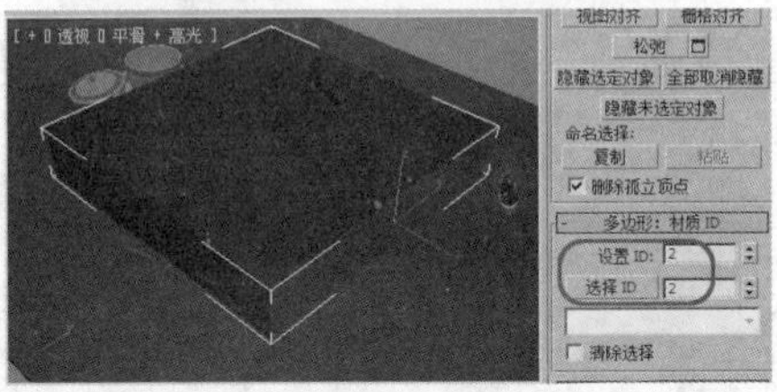

STEP 04 在“透”视图中选择如下图所示的多边形，按住Ctrl键选择与其相对的另一面，并将其ID设置为3，如下图所示。

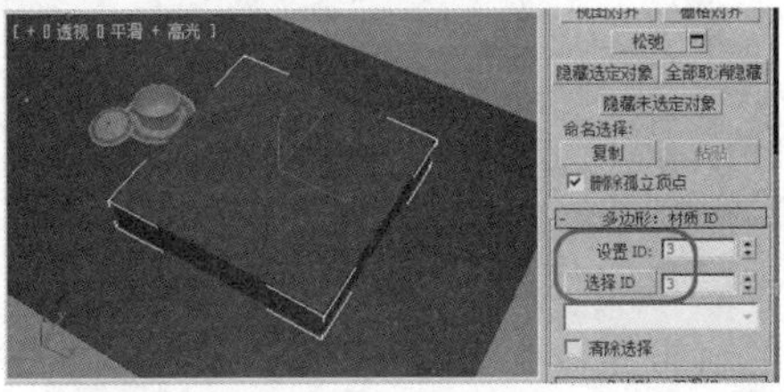

STEP 05 再在“透”视图中选择如下图所示的多边形，按住Ctrl键选择与其相对的另一面，并将其ID设置为4，如下图所示。

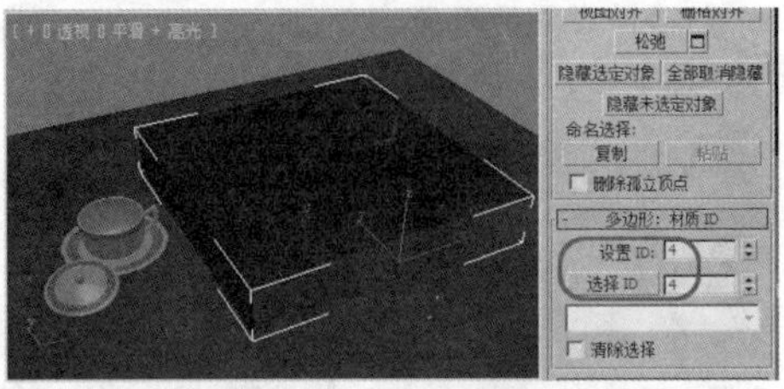

STEP 06 退出当前选择集，按M键打开“材质编辑器”对话框，选择一个新的材质样本球，并单击“Standard”按钮，在打开的对话框中选择“多维/子对象”，如下图所示。

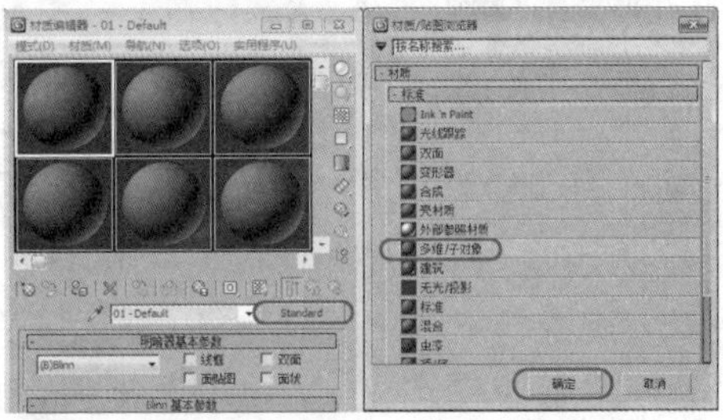

STEP 07 单击“确定”按钮，将会弹出“替换材质”对话框，使用默认设置，如下图所示，并单击“确定”按钮，进入“多维/子对象”材质面板，如下图所示。

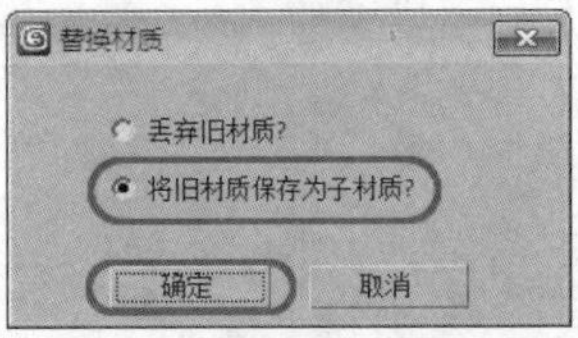

STEP 08 在“多维/子对象基本参数”卷展栏中单击“设置数量”按钮，在弹出的“设置材质数量”对话框中将“材质数量”设为4，并单击“确定”按钮，如下图所示。

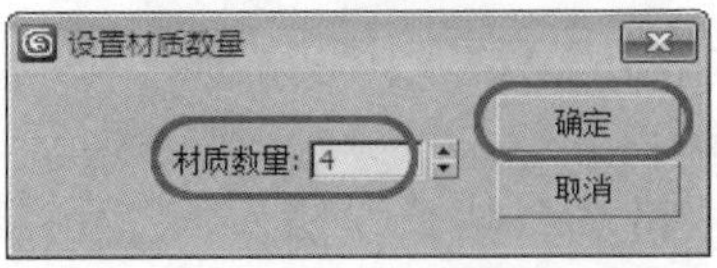

STEP 09 单击ID1后的子材质按钮，进入ID1层级面板，将其命名为“侧面1”。将“自发光”设为100，单击“贴图”卷展栏中“漫反

射颜色”后的“None”按钮，在打开的对话框中双击“位图”选项，再在打开的对话框中选择随书附带光盘中\Map\侧面01.jpg，单击“打开”按钮，如下图所示。

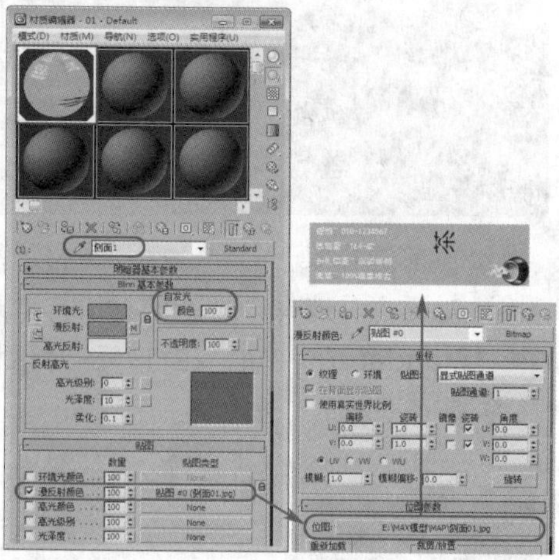

STEP 10 切换到“修改”命令面板，在“修改器列表”中选择“UVW贴图”修改器，在“参数”卷展栏中选中“长方体”单选按钮；“对齐”选项组中选中“X”单选按钮，再单击“适配”按钮，如下图所示。

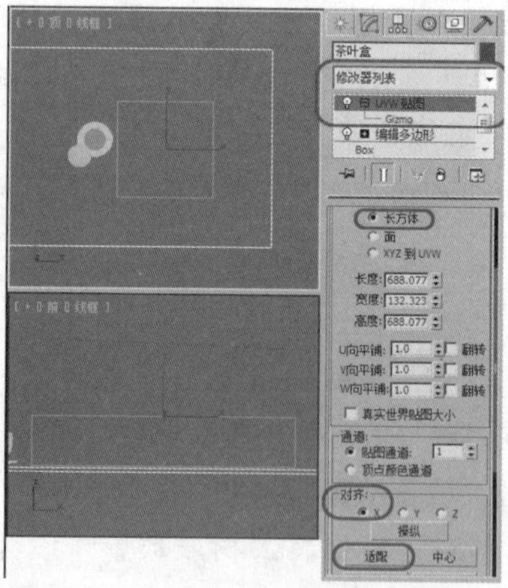

STEP 11 单击“转到父对象”按钮，返回至“多维/子对象”层级面板，单击ID2后的“无”按钮，在打开的对话框中双击“标准”选项，并将其命名为“侧面02”，将“自发光”设为100，单击“贴图”卷展栏中“漫反射颜色”后的“None”按钮，在打开的对话框中双击“位图”选项，再在打开的对话框中选择随书附带光盘中\Map\侧面02.jpg，单击“打开”按钮，如下图所示。

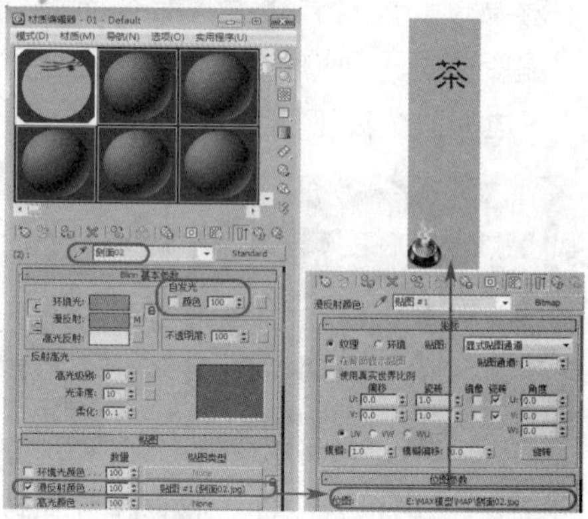

STEP 12 单击“转到父对象”按钮，返回至“多维/子对象”层级面板，单击ID3后的“无”按钮，在打开的对话框中双击“标准”选项，并将其命名为“正面”，将“自发光”设为100，单击“贴图”卷展栏中“漫反射颜色”后的“None”按钮，在打开的对话框中双击“位图”选项，再在打开的对话框中选择随书附带光盘中\Map\正面.jpg，单击“打开”按钮，如下图所示。

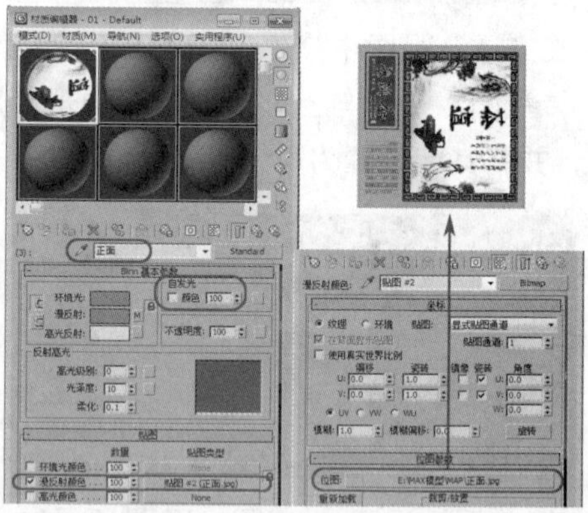

STEP 13 单击“转到父对象”按钮，返回至“多维/子对象”层级面板，单击ID4后的“无”按钮，在打开的对话框中双击“标准”选项，并将其命名为“侧面03”，将“自发光”设为100，单击“贴图”卷展栏中“漫反射颜色”后的“None”按钮，在打开的对话框中双击“位图”选项，再在打开的对话框中选择随书附带光盘中\Map\侧面03.jpg，单击“打

开”按钮，如下图所示。

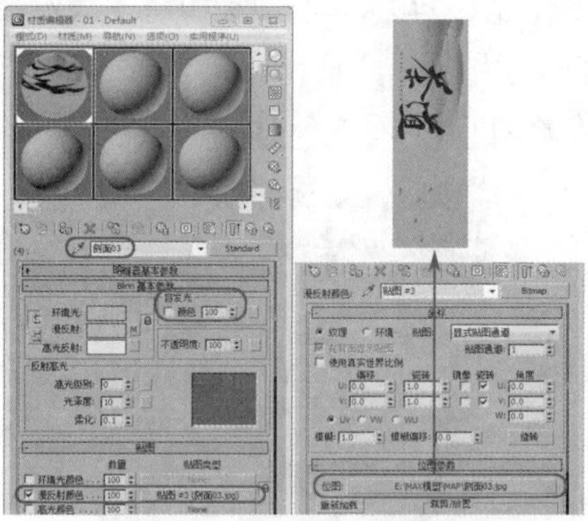

STEP 14 设置完材质后，单击“材质编辑器”对话框中的“将材质指定给选定对象”按钮，激活“摄影机”视图，按F9键进行渲染，效果如下图所示。

16.4 黄金金属材质

金色属于一种非常具有代表性的金属材质，是一种华贵的金属材料，在广告及三维片头中使用非常频繁。金属质感的表现离不开虚拟贴图反射，而虚拟贴图反射是指使用一张图像作为反射贴图。

实战操作463 黄金质感的表现

素材：Scene\Cha16\16-4.max　场景：Scene\Cha16\实战操作463.max

难度：★★★★★　视频：视频\Cha16\实战操作463.avi

黄金金属质感的制作，首先要确定金属的颜色，然后在“贴图”卷展栏中设置“反射”的“数量”值，为其指定金属贴图来表现金属质感，并对贴图进行调整。

STEP 01 单击按钮，在弹出的下拉列表中执行“打开”命令，在打开的对话框中选择素材文件16-4.max，如下图所示。

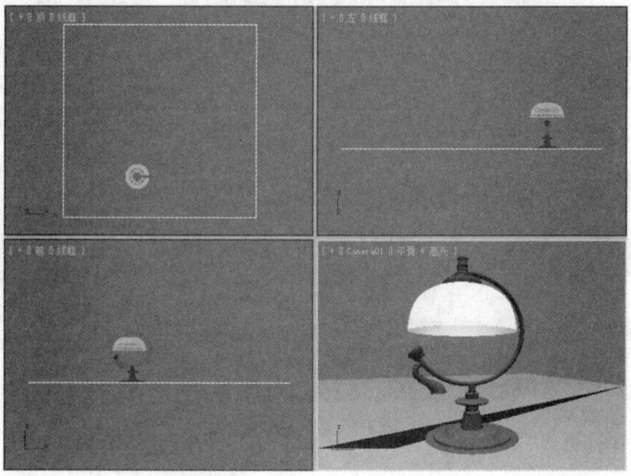

STEP 02 按H键，打开“从场景选择”对话框，从中选择图中所示的对象，如右图所示。

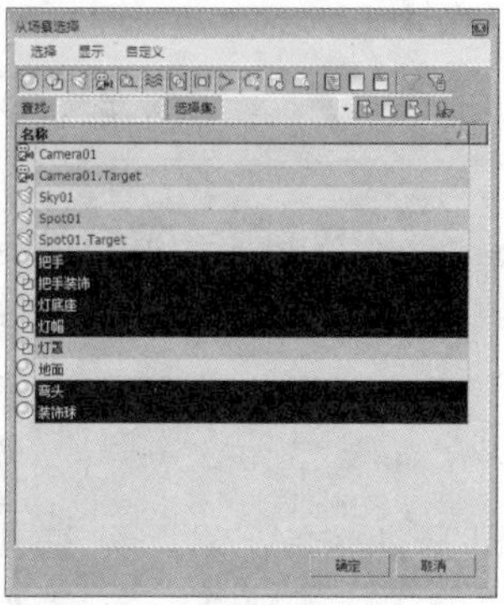

STEP 03 按M键，打开“材质编辑器”，选择一个材质样本球，将其命名为“金属”，在“明暗器基本参数”卷展栏中将阴影模式定义为“金属”；在“金属基本参数”卷展栏中将“环境光”和“漫反射”取消锁定，然后将“环境光”的红、绿、蓝参数

设置为16、40、46，将“漫反射”的红、绿、蓝参数设置为255、253、198；将“反射高光”选项组中的“高光级别”和“光泽度”分别设置为65和59，如下图所示。

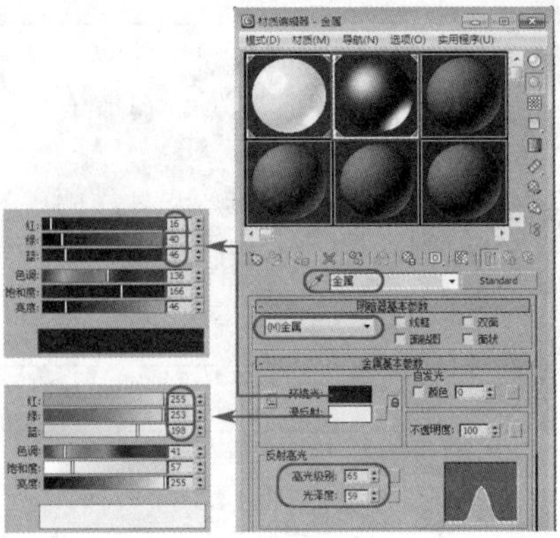

STEP 04 在“贴图”卷展栏中将“反射”后的“数量”设置为60，然后单击该通道后的“None”按钮，在打开的“材质/贴图浏览器”对话框中选择“位图”贴图，单击“确定”按钮，在打开的对话框中双击“位图”选项，再选择随书附带光盘\Map\Gold07.jpg，如右图所示。

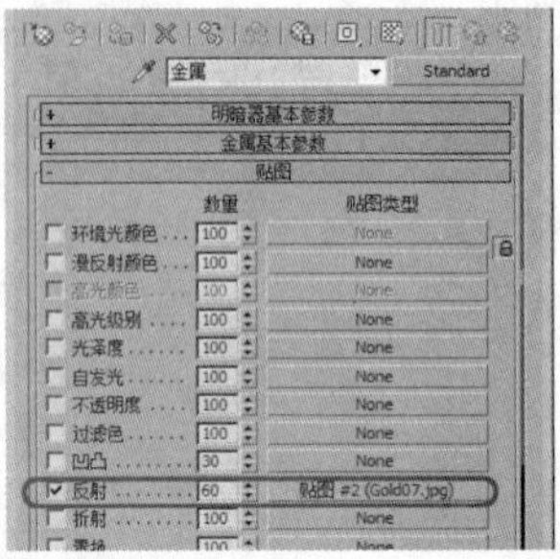

STEP 05 添加贴图后，此时进入“位图”贴图层级，在“坐标”卷展栏中将“模糊偏移”设置为0.05，在“输出”卷展栏中将“输出量”设置为1.2，如下图所示。

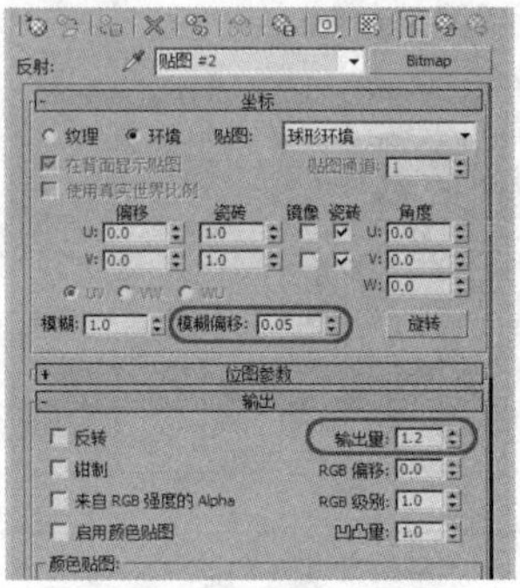

STEP 06 设置完材质后，单击“材质编辑器”对话框中的“将材质指定给选定对象”按钮，激活“摄影机”视图，取消所有对象的隐藏，按F9键进行渲染，效果如下图所示。

16.5 木纹材质

木纹材质在室内效果图中的应用是比较频繁的，如窗框、门、地板以及各种木纹的家具等。因此掌握木纹材质的制作是制作室内效果图的关键之一。

实战操作464 木纹质感的表现

素材：Scene\Cha16\16-5.max 场景：Scene\Cha16\实战操作464.max

难度：★★★★★ 视频：视频\Cha16\实战操作464.avi

木纹材质主要通过贴图来表现其质感，设置贴图的U、V值来表现。

STEP 01 单击按钮，在弹出的下拉列表中执行“打开”命令，在打开的对话框中选择素材文件16-5.max，如下图所示。

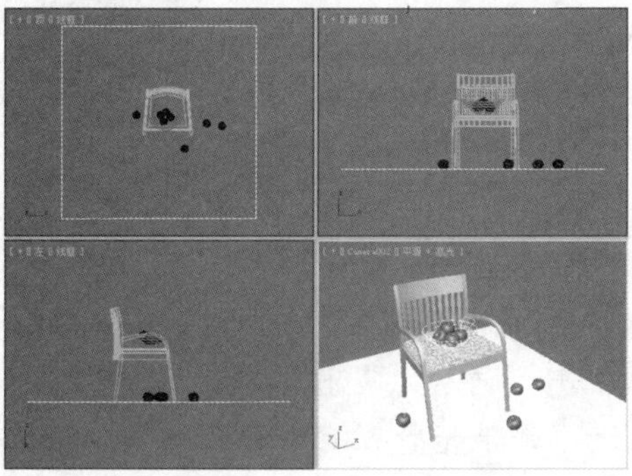

STEP 02 按H键，在打开的“从场景选择”对话框中选择如右图所示的对象并单击“确定”按钮。

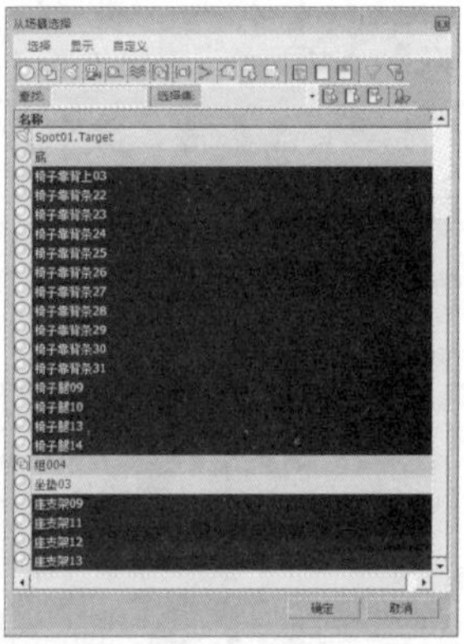

STEP 03 按M键，打开“材质编辑器”对话框，从中选择一个材质样本球，将其命名为“木材质”，展开“贴图”卷展栏，单击“漫反射颜色”右侧的“None”按钮，在打开的对话框中双击“位图”选项，在打开的“选择位图图像文件”对话框中选择随书附带光盘中\Map\107_untile.jpg，如下图所示。

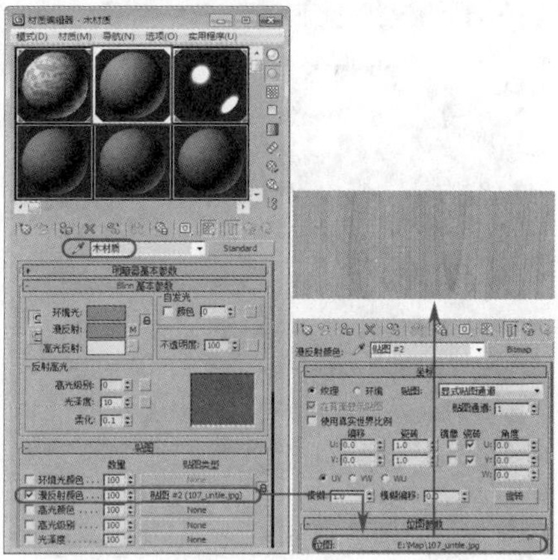

STEP 04 单击“转到父对象”按钮，再单击材质“将材质指定给选定对象”按钮，将材质赋予场景中选择的对象，激活“摄影机”视图，按F9键进行渲染，效果如下图所示。

16.6 不锈钢材质

不锈钢材质是一种极光亮的金属，使用广泛，在广告业的标版动画中以及效果图的制作中会大量使用，并且该材质在生活中也应用广泛，例如不锈钢防盗窗、不锈钢餐具等。

实战操作465 不锈钢质感的表现

素材：Scene\Cha16\16-6.max　场景：Scene\Cha16\实战操作465.max

难度：★★★★★　视频：视频\Cha16\实战操作465.avi

不锈钢质感的表现主要是在“反射”通道中为其指定金属贴图，并设置贴图的模糊偏移值。

STEP 01 单击按钮，在弹出的下拉列表中执行“打开”命令，在打开的对话框中选择素材文件16-6.max，如下图所示。

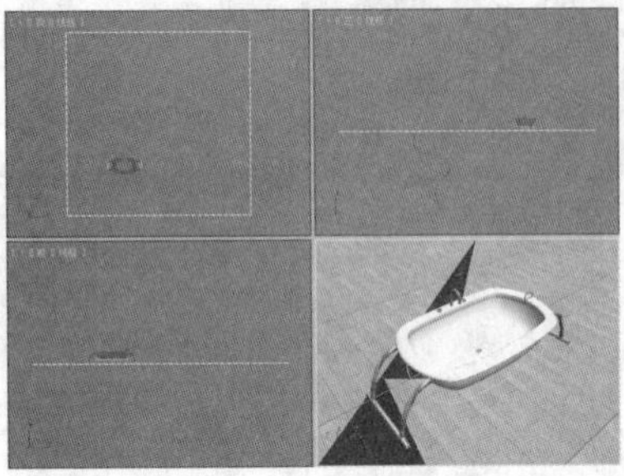

STEP 02 按H键，在打开的“从场景选择”对话框中选择如右图所示的对象并单击“确定”按钮。

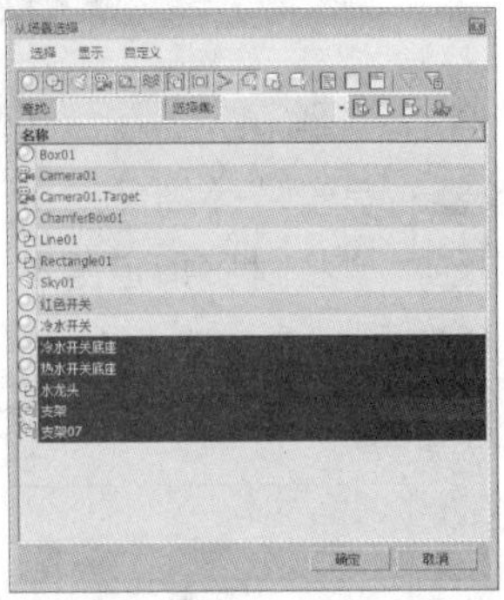

STEP 03 按M键，打开“材质编辑器”对话框，从中选择一个材质样本球，将其命名为“不锈钢”，在“明暗器基本参数”卷展栏中将“阴影”模式定义为“金属”；在“金属基本参数”卷展栏中，将“环境光”的红、绿、蓝参数设置为168、168、168，将“反射高光”选项组中的“高光级别”和“光泽度”均设置为90，如右图所示。

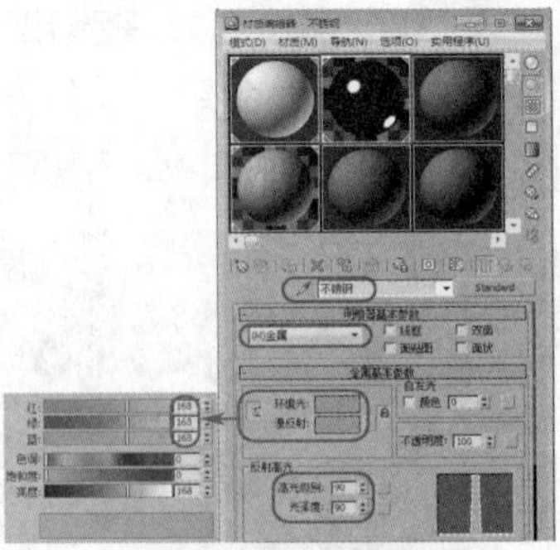

STEP 04 在“贴图”卷展栏中将“反射”的数量设置为70，然后单击“反射”后面的“None”按钮，在弹出的“材质/贴图浏览器”对话框中选择“位图”贴图，单击“确定”按钮，再在弹出的对话框中打开随书附带光盘\Map\Metal01.tif文件，单击“打开”按钮。进入“贴图”面板，在“坐标”卷展栏设置“瓷砖”的U值为0.4，V值为0.1；单击“转到父对象”按钮，再单击“将材质指定给选定对象”按钮，将材质赋予场景中的选择对象，如下图所示。

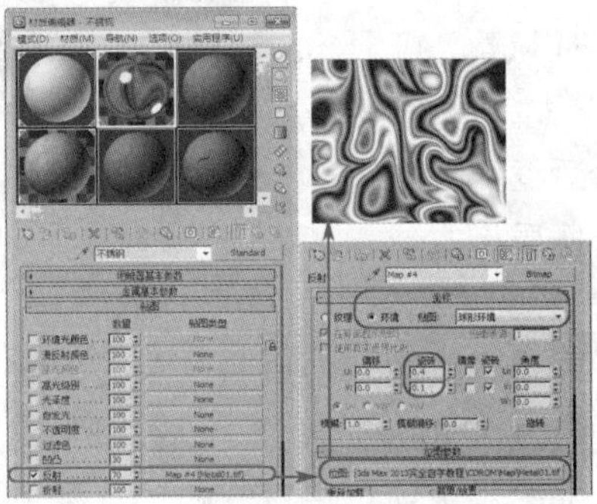

16.7 皮革材质

皮革在室内设计中应用很多，在生活中的应用也非常广泛，主要用于装饰类，例如：沙发、衣服、钱包等。

实战操作466 皮革质感的表现

素材：Scene\Cha16\16-7.max　场景：Scene\Cha16\实战操作466.max

难度：★★★★★　视频：视频\Cha16\实战操作466.avi

皮革材质的制作方法非常简单，主要是通过“漫反射颜色”通道和“凹凸”通道中的贴图来表现皮革的质感。

STEP 01 单击按钮，在弹出的下拉列表中执行“打开”命令，在打开的对话框中选择素材文件16-7.max，如下图所示。

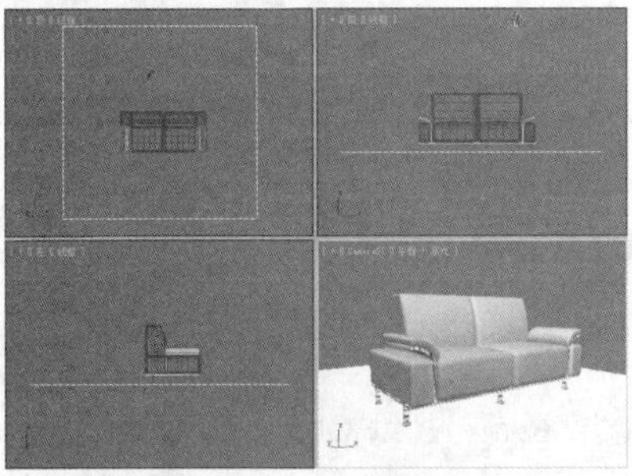

STEP 02 按H键，在打开的“从场景选择”对话框中选择如右图所示的对象并单击“确定”按钮。

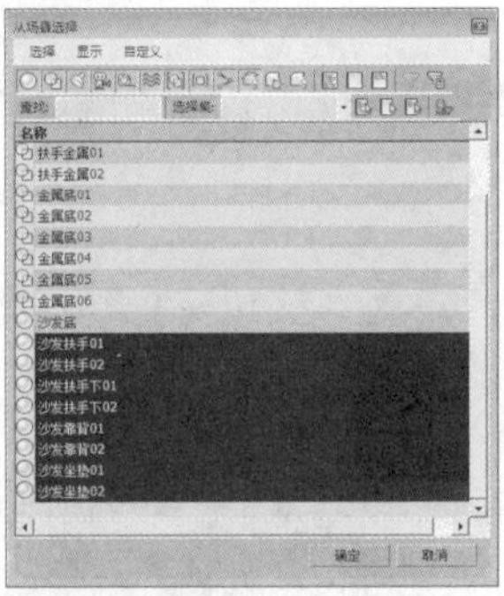

STEP 03 按M键，打开“材质编辑器”，从中选择一个材质样本球，将其命名为“皮革”，在“Blinn基本参数”卷展栏中将“环境光”与“漫反射”取消锁定，将“环境光”的红、绿、蓝参数设置为17、47、15，将“漫反射”的红、绿、蓝参数设置为51、53、51；将“反射高光”选项组中的“高光级别”和“光泽度”参数分别设置为20和41，如下图所示。

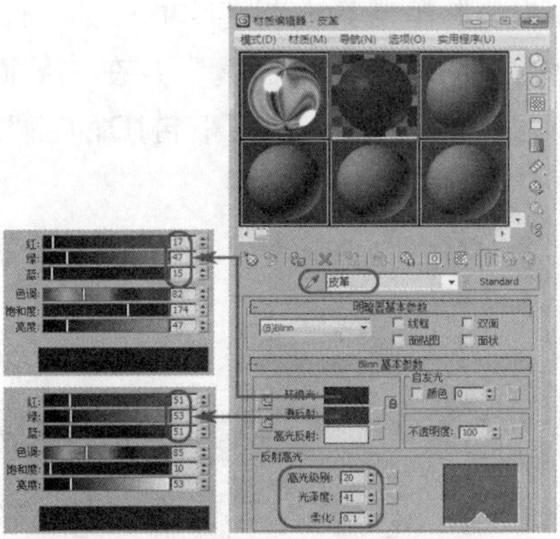

STEP 04 在“贴图”卷展栏中单击“漫反射颜色”通道后的“None”按钮，在弹出的对话框中选择“位图”选项，单击“确定”按钮；在弹出的对话框中选择随书附带光盘\Map\C-A-004.jpg，进入“漫反射贴图”通道，在“坐标”卷展栏中将“瓷砖”下的U和V参数均设置为2，如下图所示。

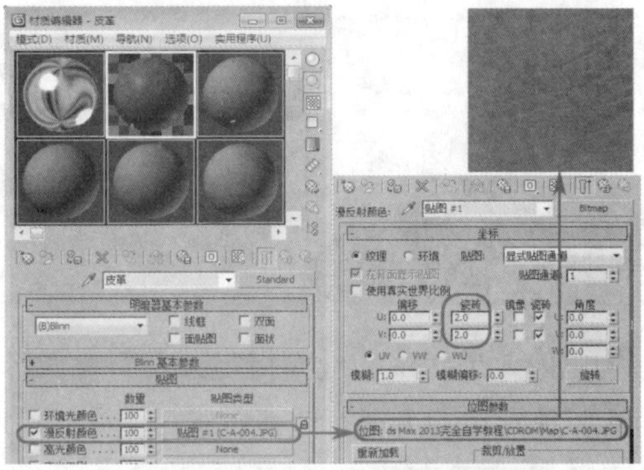

STEP 05 单击“转到父对象”按钮回到父级材质面板，在“贴图”卷展栏下，将鼠标放置在“漫反射颜色”的贴图路径上，并将其拖曳到“凹凸”右侧的“None”按钮上，在弹出的对话框中选中“实例”单选按钮，单击“确定”按钮，如右图所示。

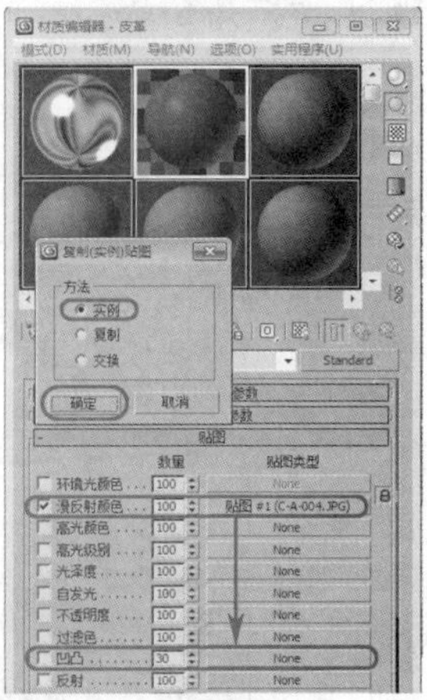

STEP 06 单击“在视口中显示标准贴图”按钮，再单击“将材质指定给选定对象”按钮，将材质赋予给场景中选择的对象，激活“摄影机”视图，按F9进行渲染，效果如下图所示。

16.8 大理石材质

大理石材质无论是在室内还是室外应用都十分广泛，本节以室内效果图中大理石地面的制作为例进行介绍。

实战操作467 大理石质感的表现

素材：Scene\Cha16\16-8.max　　场景：Scene\Cha16\实战操作467.max

难度：★★★★★　　视频：视频\Cha16\实战操作467.avi

为室内效果图中的地面指定大理石材质时，需要设置材质的U、V值，并在“反射”通道中指定贴图来表现真实的大理石地面质感。

STEP 01 单击按钮，在弹出的下拉列表中执行“打开”命令，在打开的对话框中选择素材文件16-8.max，按H键，在打开的“从场景选择”对话框中选择“地板”对象，单击“确定”按钮，如下图所示。

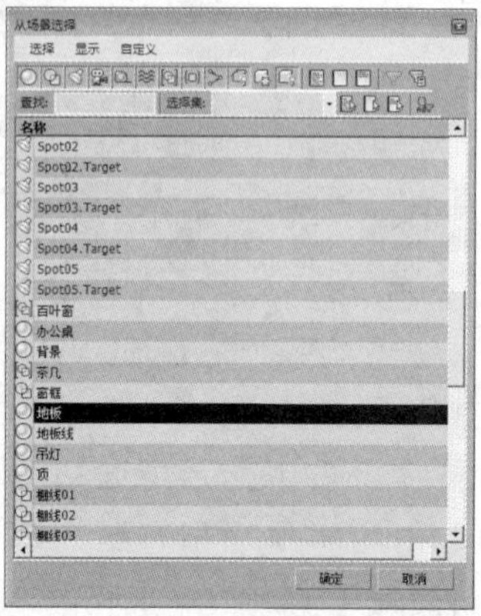

STEP 02 按M键，打开“材质编辑器”对话框，选择一个新的材质样本球，将其命名为“大理石”。将“贴图”卷展栏中“漫反射颜色”值设为80，并单击其右侧的“None”按钮，在打开的对话框中双击“位图”选项，再在打开的对话框中选择随书附带光盘\Map\DALISHI057.jpg，单击“打开”按钮，将“瓷砖”下的U、V均设置为8.0，选中“位图参数”卷展栏下的“应用”复选框，并单击“查看图像”按钮进行裁剪设置，如下图所示。

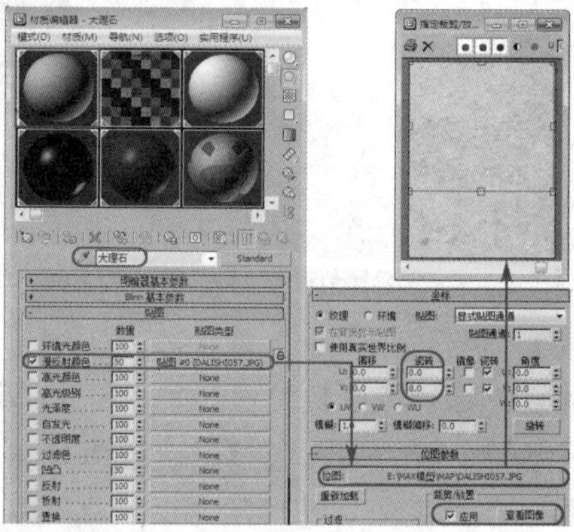

STEP 03 单击“转到父对象”按钮，返回父级材质面板，在“贴图”卷展栏中将“反射”值设为20，并单击其右侧“None”按钮，在打开的对话框中双击“平面镜”，在“平面镜参数”卷展栏中选中“应用于带ID的面”复选框，如下图所示。

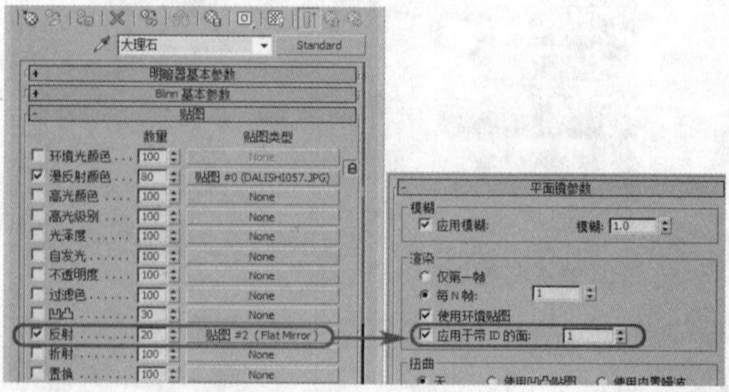

STEP 04 单击“转到父对象”按钮，返回父级材质面板，单击“材质编辑器”对话框中的“将材质指定给选定对象”按钮，将材质指定给“地板”对象。激活“摄影机”视图，如下图所示，按F9键对其进行渲染，效果如右图所示。

16.9 地板反射材质

在室内效果图中，最常用的也是最能体现质感及效果的，即对地面反射的设置。设置合适的反射率可以将室内建筑构件以及场景反应出来，在视觉效果上使空间得以延伸，使视野变得宽阔。

实战操作468 地板反射质感的表现

素材：Scene\Cha16\16-9.max　场景：Scene\Cha16\实战操作468.max

难度：★★★★★　视频：视频\Cha16\实战操作468.avi

制作地面反射材质时，需要设置材质的U、V值，并在“反射”通道中指定贴图来表现真实的大理石地面质感。

STEP 01 单击按钮，在弹出的下拉列表中执行“打开”命令，在打开的对话框中选择素材文件16-9.max，如下图所示。

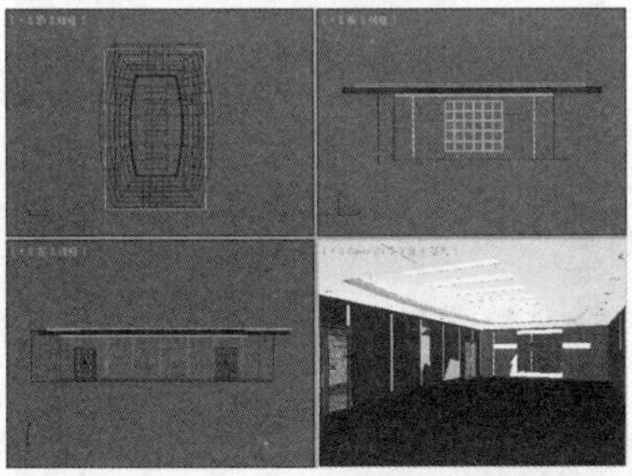

STEP 02 按H键，在打开的“从场景选择”对话框中选择“地板”对象，单击“确定”按钮，如右图所示。

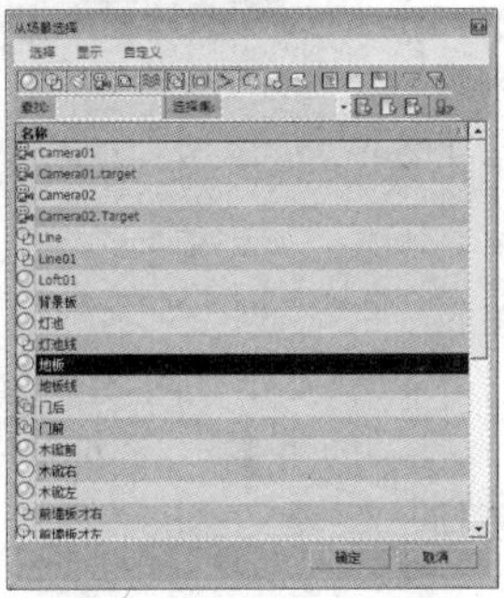

STEP 03 按M键，打开“材质编辑器”对话框，从中选择一个新的材质样本球，将其命名为“地板”。在“明暗器基本参数”下，将环境方式设为“Phong”；在“Phong基本参数”卷展栏下，将“环境光”的红、绿、蓝值设置为255、248、204，“自发光”值设置为30，“高光级别”和“光泽度”分别设置为80、60，如下图所示。

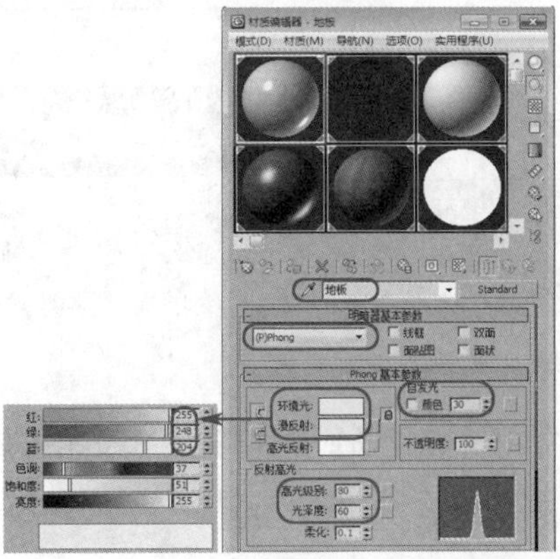

STEP 04 将“贴图”卷展栏中“漫反射颜色”的数量值设为70，并单击其右侧的“None”按钮，在打开的对话框中双击“位图”选项，在打开的对话框中选择随书附带光盘\Map\地板.jpg，单击“打开”按钮，将“瓷砖”下的U、V均设置为20.0，将“模糊”值设置为1.07，如下图所示。

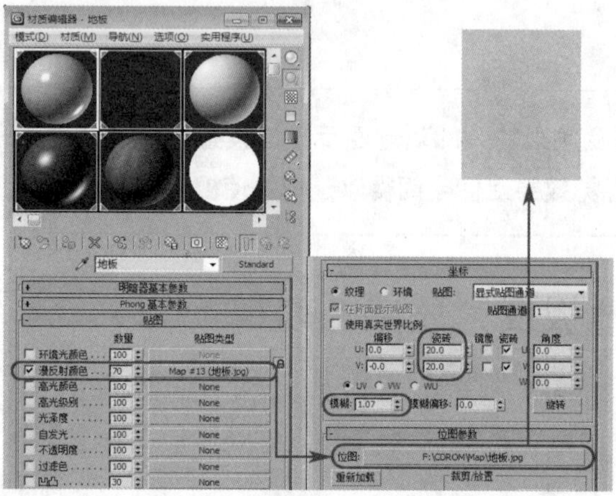

STEP 05 单击“转到父对象”按钮，返回父级材质面板，在“贴图”卷展栏中将“反射”值设为15，并单击其右侧“None”按钮，在打开的对话框中选择“光线跟踪”选项，单击“确定”按钮，如下图所示。

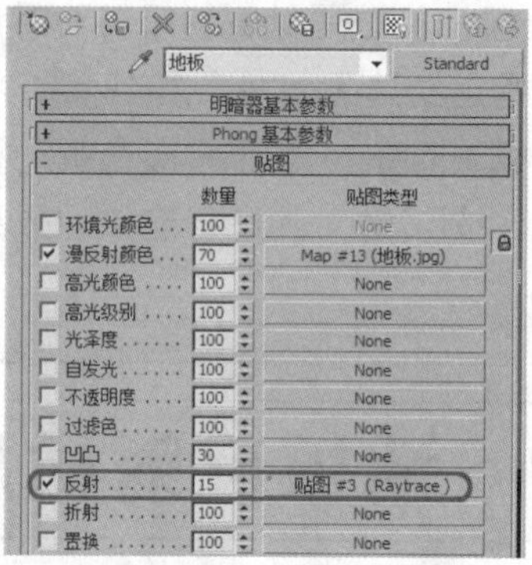

STEP 06 单击“转到父对象”按钮，返回父级材质面板，单击“在视口中显示标准贴图”按钮，再单击“将材质指定给选定对象”按钮，将材质赋予给场景中选择的对象，激活“摄影机”视图，按F9键进行渲染，效果如下图所示。

16.10 墙体材质

建筑的外装饰材料一般通过砖墙贴图的方式进行表现，主要通过“漫反射颜色”通道和“凹凸”通道中的贴图来制作出效果。

实战操作469 砖墙质感的表现

素材：Scene\Cha16\16-10.max　场景：Scene\Cha16\实战操作469.max

难度：★★★★★　视频：视频\Cha16\实战操作469.avi

在制作砖墙材质时，首先收集常用的砖块贴图，同时需要在“材质编辑器”对话框中对砖块贴图的U、V进行设置。制作砖墙材质的操作步骤如下所述。

STEP 01 单击按钮，在弹出的下拉列表中执行“打开”命令，在打开的对话框中选择素材文件16-10.max，如下图所示。

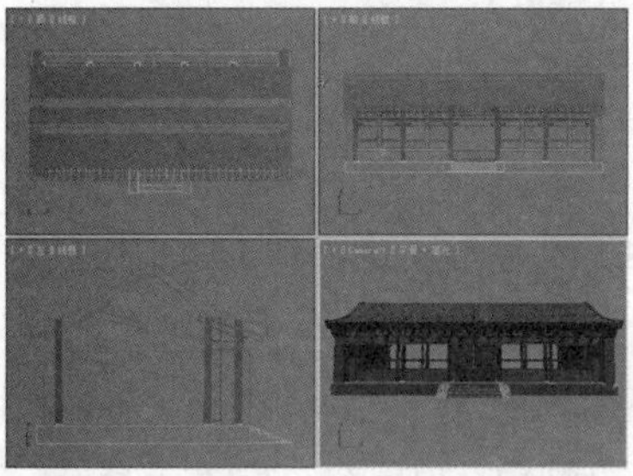

STEP 02 按H键，在打开的“从场景选择”对话框中选择“墙-基墙”、“山墙”、“墙体”、“山墙01”对象，单击“确定”按钮，如下图所示。

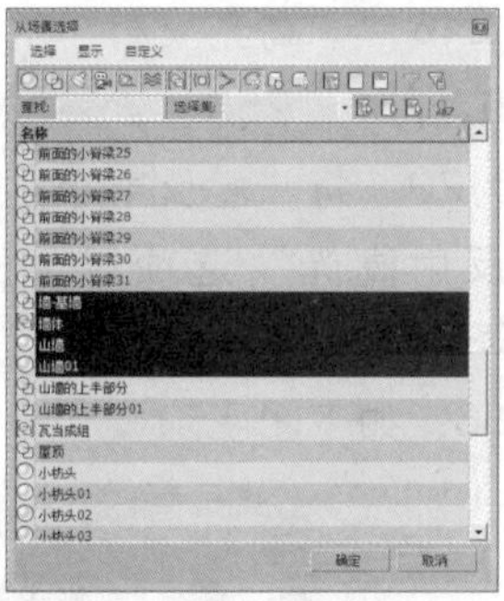

STEP 03 按M键打开“材质编辑器”对话框，选择一个新的材质样本球，将其命名为“墙体”。在“Blinn基本参数”卷展栏中将“反射高光”下的“高光级别”和“光泽度”参数分别设置为7和29，如下图所示。

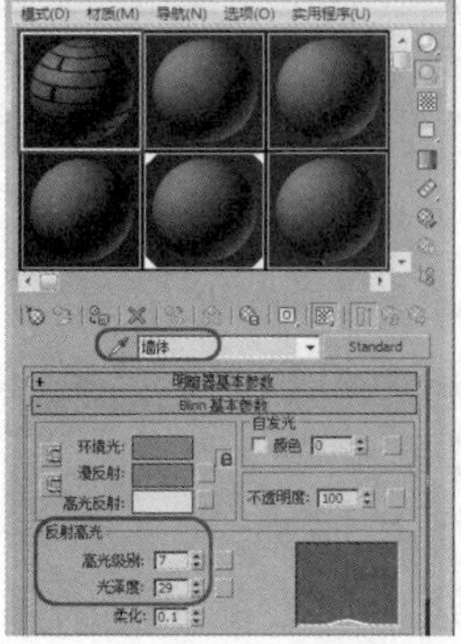

STEP 04 在“贴图”卷展栏中单击“漫反射颜色”后的“None”按钮，在弹出的对话框中双击“位图”贴图，再在弹出的对话框中选择随书附带光盘\Map\砖墙06.jpg文件，单击“打开”按钮，进入“反射”通道设置面板，如下图所示。

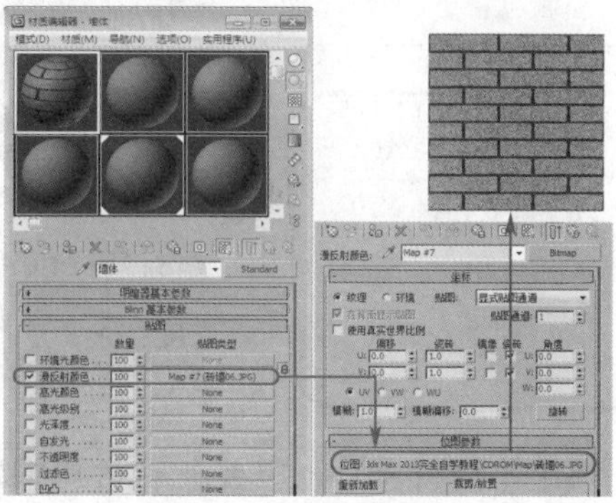

STEP 05 单击“转到父对象”按钮回到父级材质面板，在“贴图”卷展栏下，将鼠标放置在“漫反射颜色”的贴图路径上，并将其拖曳到“凹凸”右侧的“None”按钮上，在弹出的对话框中选中“实例”单选按钮，单击“确定”按钮，再单击“在视口中显示标准贴图”按钮，如下图所示。

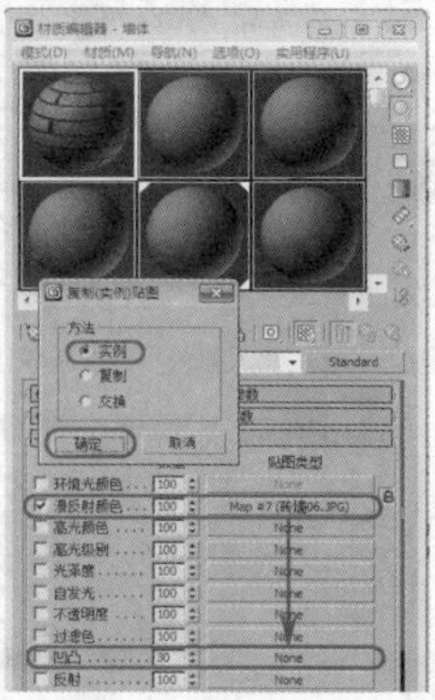

STEP 06 单击“将材质指定给选定对象”按钮，将材质赋予给场景中选择的对象，激活“摄影机”视图，按F9键进行渲染，效果如下图所示。

16.11 塑料材质

塑料产品是每天都离不开的日常生活用品，如电话、传真、饮水机、手机、碗筷，乃至大大小小的瓶罐。

实战操作470 塑料质感的表现

素材：Scene\Cha16\16-11.max　场景：Scene\Cha16\实战操作470.max

难度：★★★★★　视频：视频\Cha16\实战操作470.avi

在制作塑料材质时，需要在“材质编辑器”对话框中对环境光、自发光和反射高光等进行设置。制作塑料材质的操作步骤如下所述。

STEP 01 单击按钮，在弹出的下拉列表中执行“打开”命令，在打开的对话框中选择素材文件16-11.max，如下图所示。

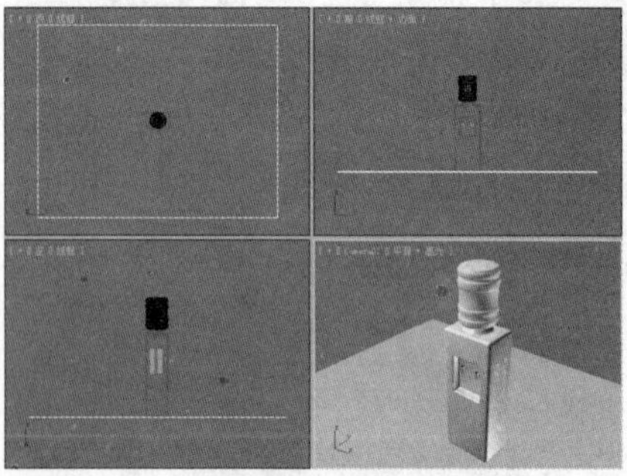

STEP 02 按H键，在打开的“从场景选择”对话框中选择“饮水机-塑料”对象，单击“确定”按钮，如右图所示。

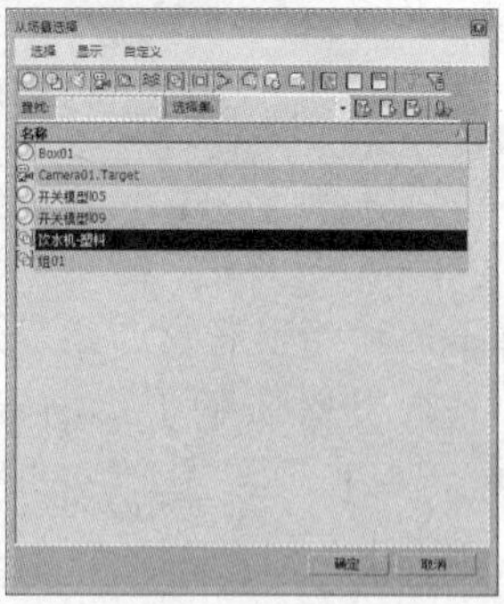

STEP 03 按M键，打开“材质编辑器”对话框，从中选择一个新的材质样本球，将其命名为“饮水机-塑料”；在“明暗器基本参数”卷展栏下将阴影模式设置为“（A）各向异性”模式；在“各向异性基本参数”卷展栏下，将“环境光”的红、绿、蓝值设置为229、240、246，“高光反射”的红、绿、蓝值设置为255、255、255，；将“自发光”的颜色值设置为20；将“漫反射级别”值设置为119；将“反射高光”选项组中的“高光级别”、“光泽度”、“各向异性”值分别设置为96、58、86，如下图所示。

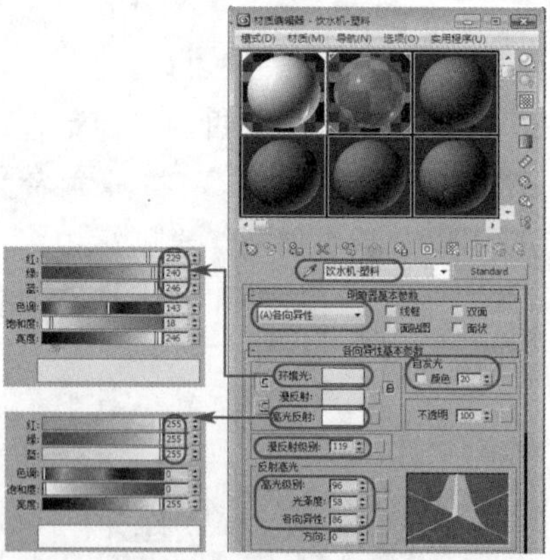

STEP 04 单击“将材质指定给选定对象”按钮，将材质赋予给场景中选择的对象，激活“摄影机”视图，按F9进行渲染，效果如右图所示。

16.12 布料材质

布料在装饰陈列中起到一定的作用，常常是整个销售空间中不可忽视的主要力量。布料广泛应用于生活中，如毛巾、衣服、窗帘等，是生活中必不可少的。

实战操作471 毛巾质感的表现

素材：Scene\Cha16\16-12.max　场景：Scene\Cha16\实战操作471.max

难度：★★★★★　视频：视频\Cha16\实战操作471.avi

在制作毛巾材质时，首先收集常用的毛巾贴图，同时需要在“材质编辑器”对话框中对自发光进行设置。制作毛巾材质的操作步骤如下所述。

STEP 01 单击按钮，在弹出的下拉列表中执行“打开”命令，在打开的对话框中选择素材文件16-12.max，如下图所示。

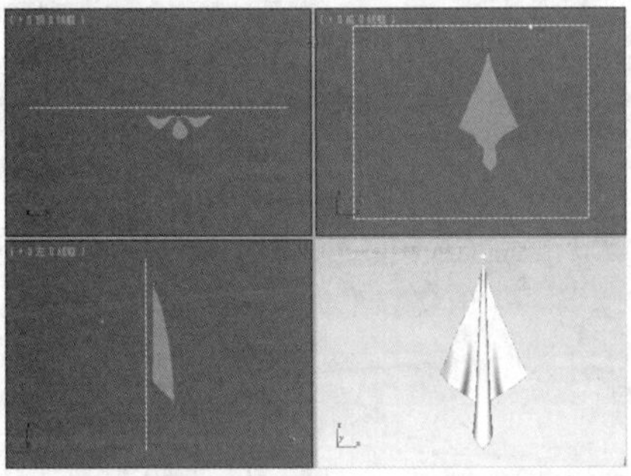

STEP 02 按H键，在打开的“从场景选择”对话框中选择“毛巾”对象，单击“确定”按钮，如右图所示。

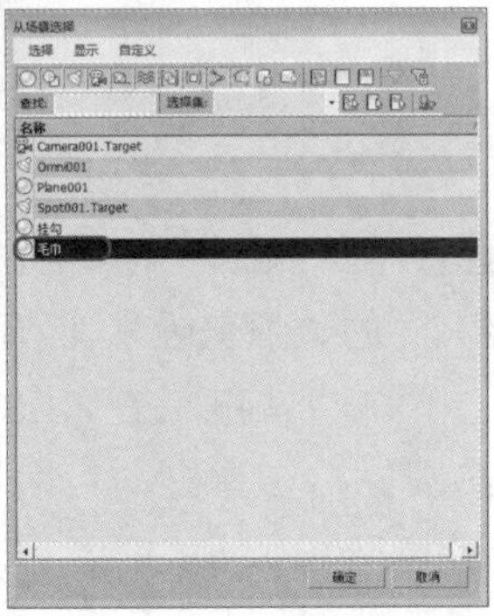

STEP 03 按M键，打开“材质编辑器”对话框，从中选择一个新的材质样本球，将其命名为“毛巾”。在“Blinn基本参数”卷展栏中将“环境光”的红、绿、蓝值设置为255、255、255，将“自发光”下的“颜色”设置为30；单击“贴图”卷展栏下“漫反射颜色”后的“None”按钮，在弹出的对话框中双击“位图”贴图；再在弹出的对话框中选择随书附带光盘\Map\毛巾.jpg文件，如下图所示。

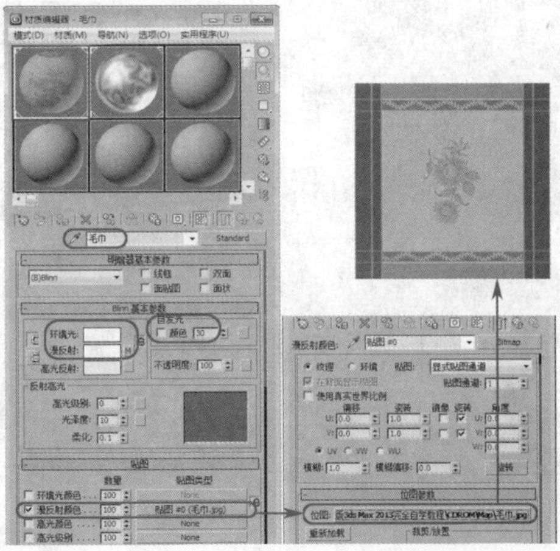

STEP 04 单击“将材质指定给选定对象”按钮，将材质赋予给场景中选择的对象，激活“摄影机”视图，按F9键进行渲染，效果如右图所示。

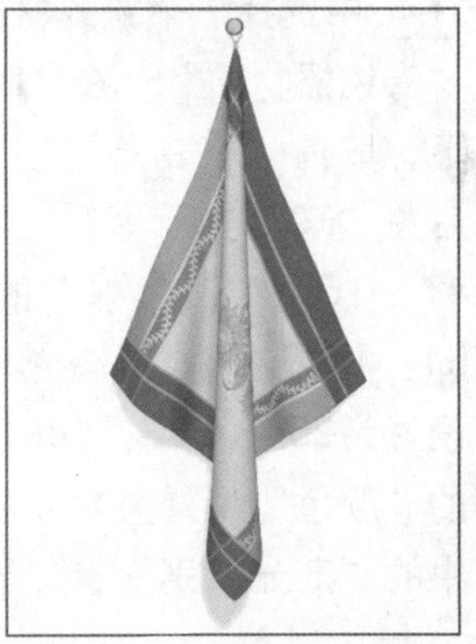

16.13 青铜器材质

青铜器主要指先秦时期用铜锡合金制作的器物，简称“铜器”，包括有炊器、食器、酒器、铜镜等。青铜器的颜色真正做出来的时候是很漂亮的，是黄金般的土黄色，因为埋在土里生锈才一点一点变成绿色。

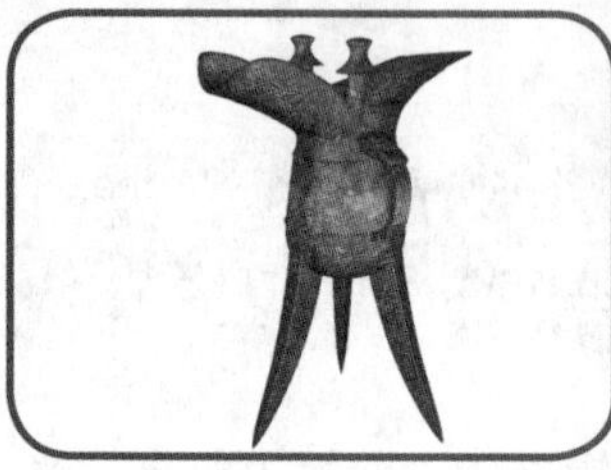

实战操作472 青铜器质感的表现

素材：Scene\Cha16\16-13.max 场景：Scene\Cha16\实战操作472.max

难度：★★★★★ 视频：视频\Cha16\实战操作472.avi

在制作青铜器材质时，需要在“材质编辑器”对话框中对环境光、自发光、高光反射和反射高光等进行设置。制作青铜器材质的操作步骤如下所述。

STEP 01 单击按钮，在弹出的下拉列表中执行“打开”命令，在打开的对话框中选择素材文件16-13.max，如下图所示。

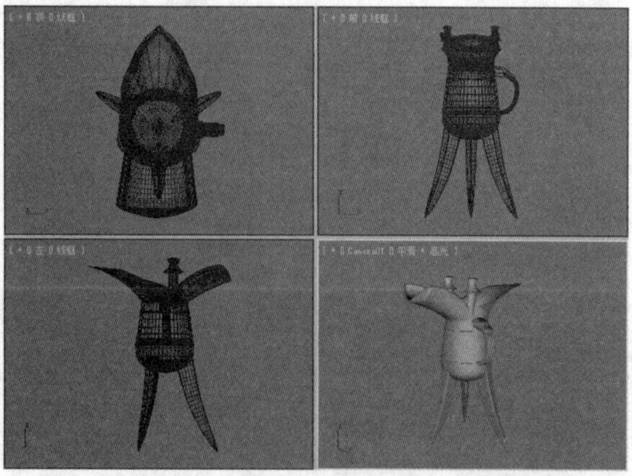

STEP 02 按M键，打开“材质编辑器”对话框，从中选择一个新的材质样本球，将其命名为“青铜器材质”。在“Blinn基本参数”卷展栏下，取消“环境光”与“漫发射”的锁定，然后将“环境光”的红、绿、蓝值设置为166、47、15，“漫反射”的红、绿、蓝值设置为51、141、45，“高光反射”的红、绿、蓝值设置为255、242、188，“自发光”选项组中的“颜色”设置为14；将“反射高光”选项组中的“高光级别”、“光泽度”的值分别设置为65和25，如下图所示。

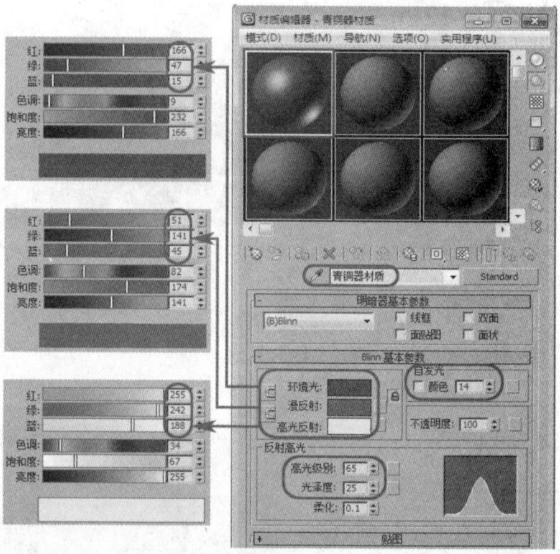

STEP 03 在“贴图”卷展栏下，将“漫反射颜色”的数量值设置为75，然后单击此通道后的“None”按钮，在弹出的对话框中双击“位图”贴图，再在弹出的对话框中选择随书附带光盘\Map\MAP03.jpg文件；单击“转到父对象”按钮回到父级材质面板，在“贴图”卷展栏下，将鼠标放置在“漫反射颜色”的贴图路径上，并将其拖曳到“凹凸”右侧的“None”按钮上，在弹出的对话框中选中“实例”单选按钮，单击“确定”按钮，再单击“在视口中显示标准贴图”按

钮，如下图所示。

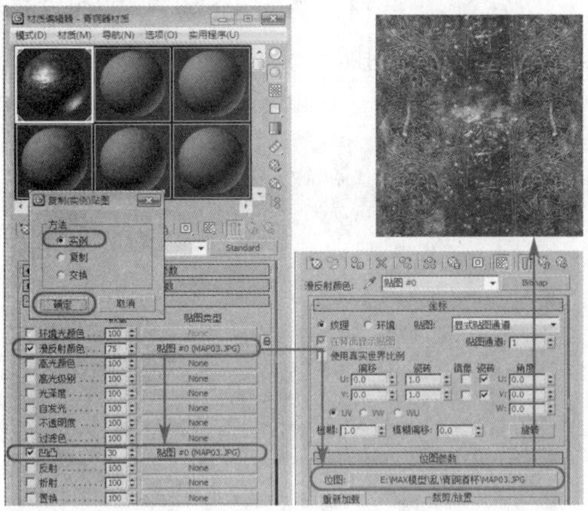

STEP 04 单击“将材质指定给选定对象”按钮，将材质赋予给场景中“青铜酒杯”对象，激活“摄影机”视图，按F9键进行渲染，效果如下图所示。

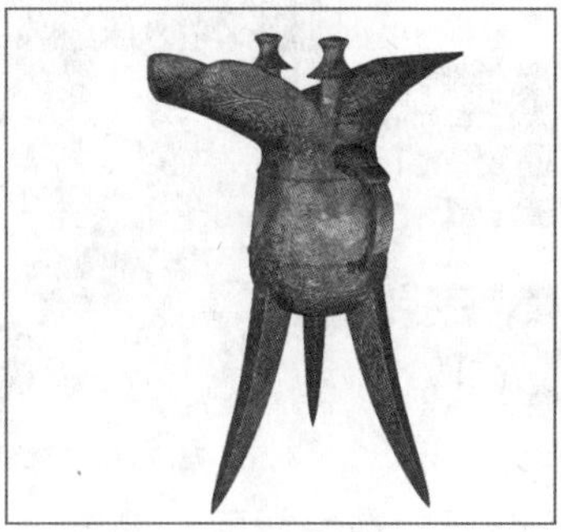

16.14 水果材质

水果指多汁且有甜味的植物果实，它不但含有丰富的营养且能够帮助消化，是人们日常生活中的重要食品。水果的种类很多，本例将介绍苹果材质的制作。

实战操作473 苹果质感的表现

素材：Scene\Cha16\16-14.max　场景：Scene\Cha16\实战操作473.max

难度：★★★★★　视频：视频\Cha16\实战操作473.avi

在制作苹果材质时，需要在“材质编辑器”对话框中对环境光、漫反射、反射高光和漫反射贴图等进行设置。制作苹果材质的操作步骤如下所述。

STEP 01 单击按钮，在弹出的下拉列表中执行“打开”命令，在打开的对话框中选择素材文件16-14.max；按H键，在打开的“从场景选择”对话框中选择“苹果把”对象，单击“确定”按钮，如右图所示。

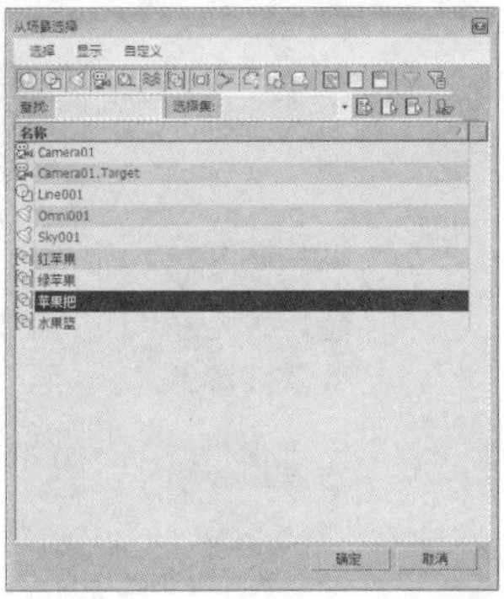

STEP 02 按M键，打开“材质编辑器”对话框，选择一个新的材质样本球，将其命名为“苹果把”；在“Blinn基本参数”卷展栏下，取消“环境光”与“漫发射”的锁定，然后将“环境光”的红、绿、蓝值设置为44、14、2，“漫反射”的红、绿、蓝值设置为100、44、22，“高光反射”的红、绿、蓝值设置为241、222、171，将“自发光”选项组中的“颜色”设置为9；将“反射高光”选项组中的“高光级别”、“光泽度”的值分别设置为

75和15，如下图所示。

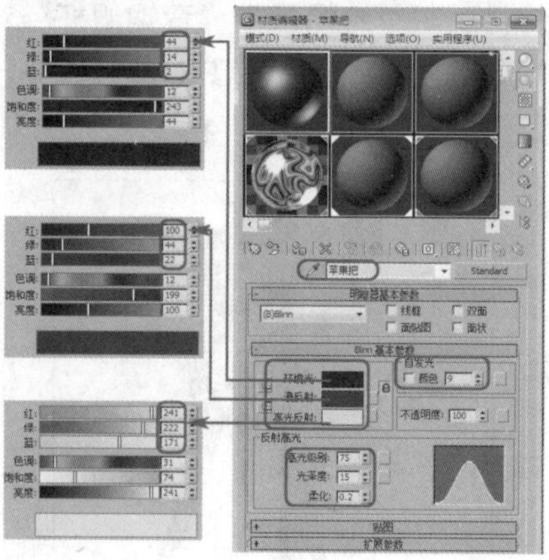

STEP 03 在“贴图”卷展栏下，单击“漫发射颜色”通道后的“None”按钮，在弹出的对话框中双击“位图”贴图，再在弹出的对话框中选择随书附带光盘\Map\Stemcolr.TGA文件进入“漫反射”通道面板；在“位图参数”卷展栏中选中“应用”复选框，然后选择“查看图像”按钮，在弹出的对话框中设置贴图的裁剪，如下图所示。

STEP 04 单击“转到父对象”按钮回到父级材质面板，在“贴图”卷展栏中将“高光级别”后的“数量”值设置为78，并单击该通道后的“None”按钮，在弹出的对话框中选择随书附带光盘\Map\Stembump.TGA文件，单击“打开”按钮，进入高光级别设置面板，使用默认的设置和选项即可；单击“转到父对象”按钮，回到父级材质面板；将“高光级别”后的贴图路径拖曳到“凹凸”通道上，在弹出的对话框中选中“实例”单选按钮，单击“确定”按钮；最后单击“将材质指定给选定对象”按钮，将材质赋予给场景中的“苹果把”对象，如下图所示。

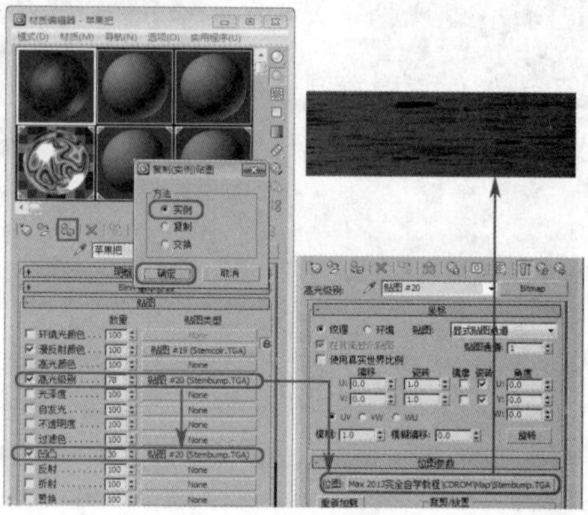

STEP 05 按H键，在打开的“从场景选择”对话框中选择“红苹果”对象，单击“确定”按钮，如右图所示。

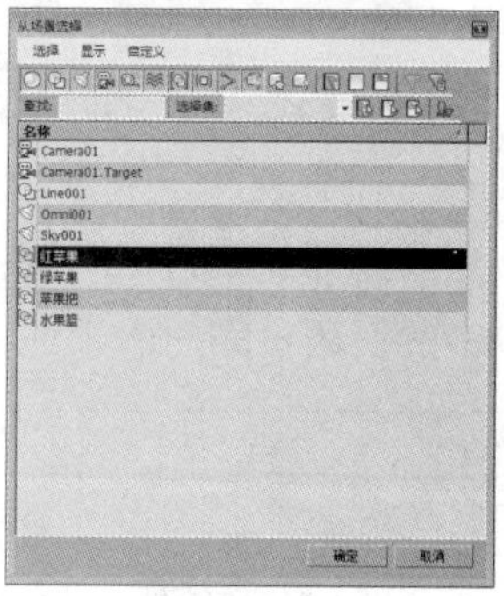

STEP 06 按M键，打开“材质编辑器”对话框，从中选择一个新的材质样本球，将其命名为“红苹果材质”；在“明暗器基本参数”卷展栏中，取消“环境光”与“漫发射”的锁定，然后将“环境光”的红、绿、蓝参数设置为46、17、17，将“漫反射”的红、绿、蓝参数设置为137、50、50；在“反射高光”选项组中将“高光级别”和“光泽度”的参数分别设置为45、25；将“自发光”选项组中的“颜色”设置为15，如下图所示。

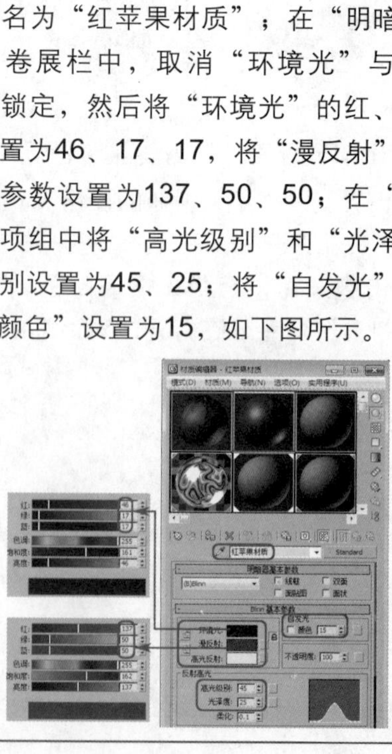

STEP 07 在“贴图”卷展栏中单击“漫反射颜色”通道后的“None”按钮，在弹出的对话框中选择“位图”选项，再在弹出的对话框中选择随书附带光盘\Map\Apple-A.JPG文件，单击“打开”按钮，进入“漫反射”通道设置面板，如下图所示。

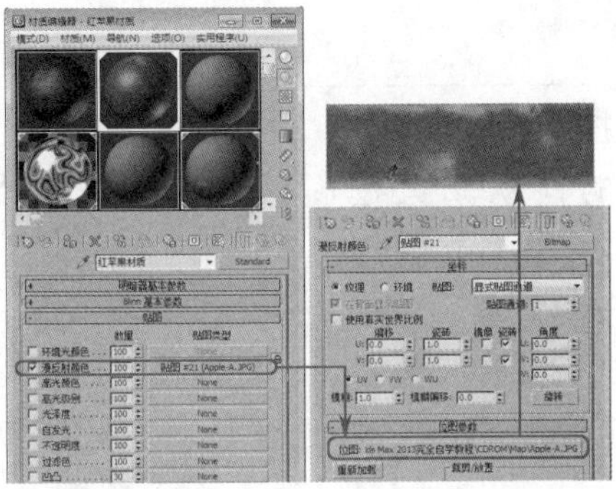

STEP 08 单击“转到父对象”按钮，回到父级材质面板，在“贴图”卷展栏中单击“凹凸”通道后的“None”按钮，在弹出的对话框中选择“位图”选项；在弹出的对话框中选择随书附带光盘\Map\Apple-B.JPG文件，单击“打开”按钮；最后单击“转到父对象”按钮回到父级材质面板，单击“将材质指定给选定对象”按钮，将材质赋予给场景中“红苹果”对象，如下图所示。

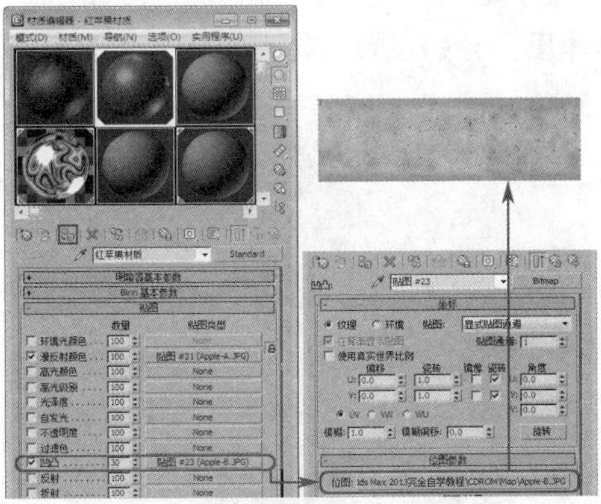

STEP 09 在材质中重新选择一个材质样本球，并将其命名为“绿苹果材质”，制作绿苹果材质的方法同上，需要设置“环境光”的红、绿、蓝值为35、60、0，“漫反射”的红、绿、蓝值为142、190、59；“自发光”选项组中的“颜色”为15，“高光级别”和“光泽度”分别设置为45和25；将“漫反射颜色”的“数量”值设置为100，将该通道后的贴图设置为随书附带光盘\Map\apple-c.tif文件，将“凹凸”通道后的贴图设置为随书附带光盘\Map\apple-d.tif文件，如下图所示。

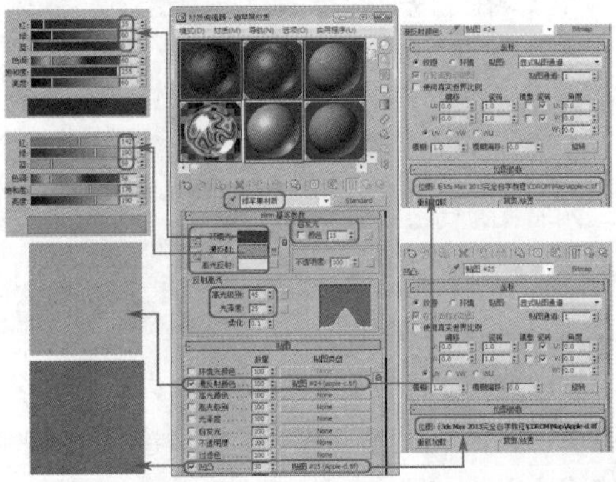

STEP 10 单击“将材质指定给选定对象”按钮，将材质赋予给场景中“绿苹果”对象，激活“摄影机”视图，按F9键进行渲染，效果如下图所示。

16.15 植物材质

植物是景观要素中重要的自然因素，在园林景观设计和城市景观设计中起着重要的作用，同样在室内装饰中也起着重要的作用。

实战操作474 兰花质感的表现

素材：Scene\Cha16\16-15.max 场景：Scene\Cha16\实战操作474.max

难度：★★★★★ 视频：视频\Cha16\实战操作474.avi

在制作兰花材质时，需要在“材质编辑器”对话框中对环境光、漫反射、反射高光和漫反射贴图等进行设置。制作兰花材质的操作步骤如下所述。

STEP 01 单击按钮，在弹出的下拉列表中执行“打开”命令，在打开的对话框中选择素材文件16-15.max；按H键，在打开的“从场景选择”对话框中选择“花茎”对象，单击“确定”按钮，如右图所示。

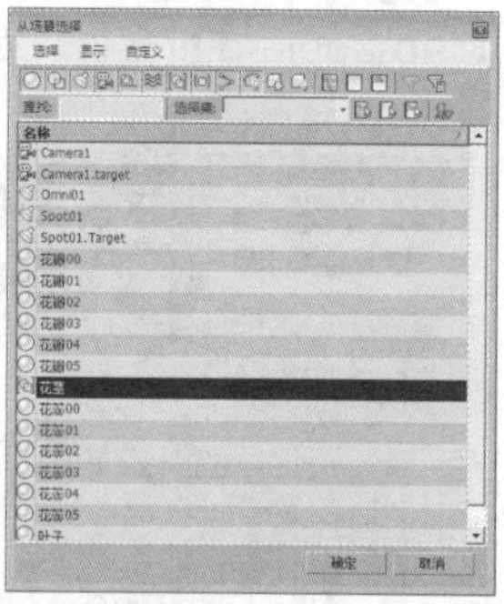

STEP 02 按M键打开“材质编辑器”对话框，从中选择一个新的材质样本球，将其命名为“花茎”。在“明暗器基本参数”卷展栏下将阴影模式定义为“Phong”，并选中“双面”复选框；在“Phong基本参数”卷展栏下，将“环境光”与“漫反射”的红、绿、蓝值均设置为118、132、71，将“高光反射”的红、绿、蓝值设置为223、234、189；在“反射高光”选项组中将“高光级别”和“光泽度”分别设置为45和28；单击“将材质指定给选定对象”按钮，将材质赋予给场景中“花茎”对象，激活“摄影机”视图，按F9进行渲染，如下图所示。

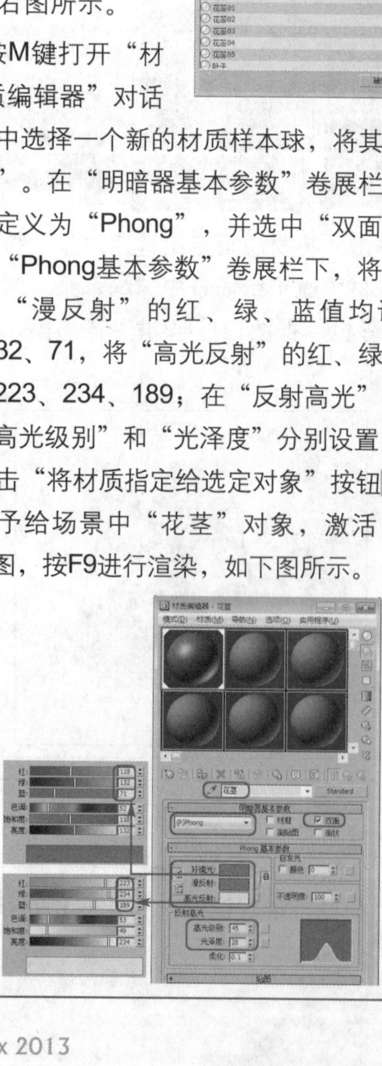

STEP 03 按H键，在打开的“从场景选择”对话框中选择“叶子”对象，单击“确定”按钮，如右图所示。

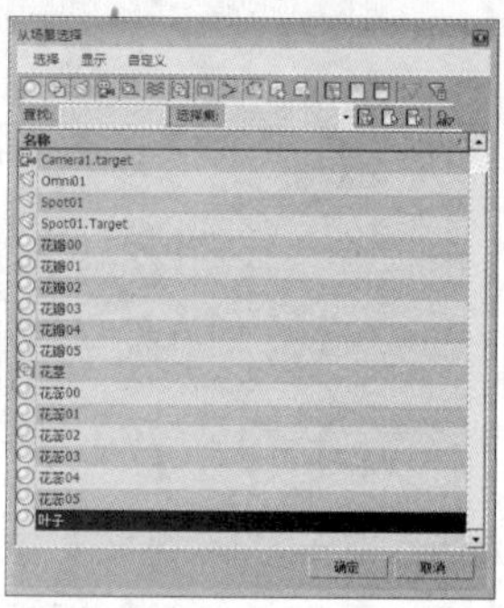

STEP 04 按M键，打开“材质编辑器”对话框，从中选择一个新的材质样本球，将其命名为“叶子”。在“明暗器基本参数”卷展栏下将阴影模式定义为“Phong”，并选中“双面”复选框；在“Phong基本参数”卷展栏下，将“环境光”与“漫反射”的红、绿、蓝值均设置为169、208、86，将“高光反射”的红、绿、蓝值设置为225、251、138；在“反射高光”选项组中将“高光级别”和“光泽度”分别设置为61和40，如下图所示。

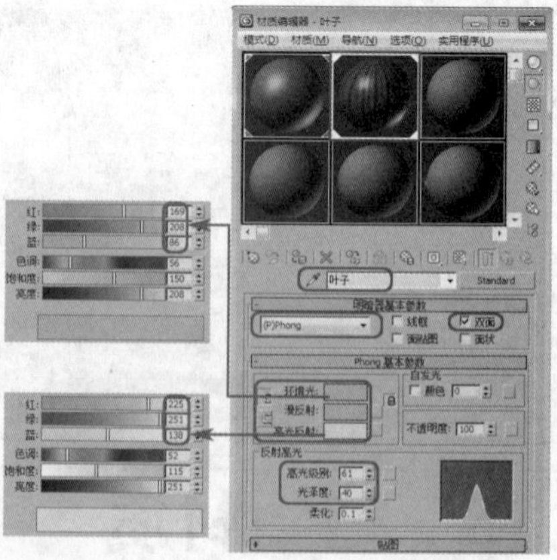

STEP 05 在“贴图”卷展栏下，单击“漫反射颜色”右侧的“None”按钮，在打开的“材质/贴图浏览器”中选择“位图”贴图，再

在打开的对话框中选择随书附带光盘\Map\YE3.jpg文件，单击“打开”按钮，进入“漫反射颜色”面板，在“坐标”卷展栏中将“瓷砖”下的U、V值分别设置为2、0.667，“模糊”值设置为1.07，如下图所示。

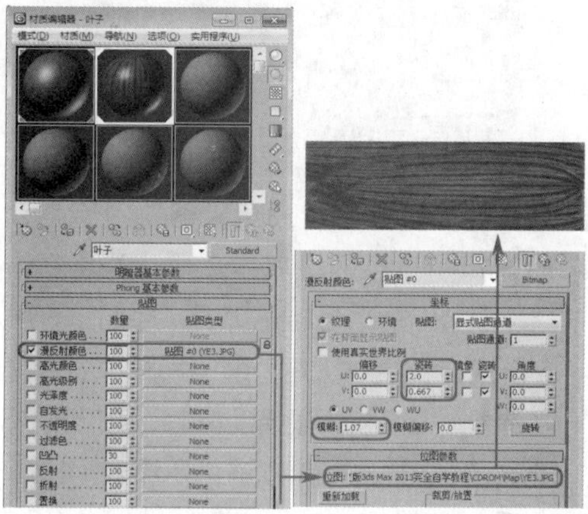

STEP 06 在“贴图”卷展栏中将“凹凸”贴图通道的“数量”值设置为150，单击“凹凸”右侧的“None”按钮，在打开的“材质/贴图浏览器”中选择“遮罩”贴图，单击“确定”按钮，如下图所示。

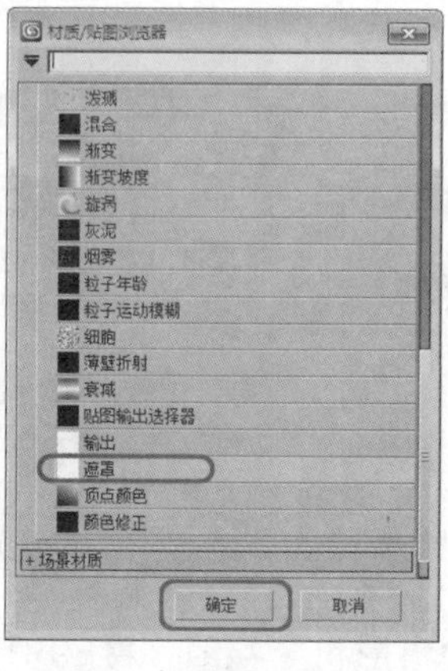

STEP 07 进入“凹凸”层级面板，在“遮罩参数”卷展栏中单击“贴图”右侧的“None”按钮，在打开的“材质/贴图浏览器”中选择“位图”贴图，单击“确定”按钮；在打开的对话框中选择随书附带光盘\Map\GRAYMARB.GIF文件，单击“打开”按钮，进入贴图面板；在“坐标”卷展栏中将“瓷砖”下的U、V值分别设置为0.833、1，“模糊”设置为1.07，如下图所示。

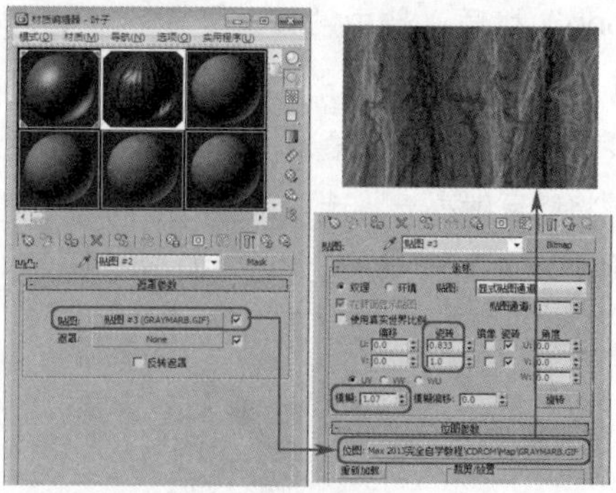

STEP 08 单击“转到父对象”按钮，回到父级材质面板；单击“遮罩”右侧的“None”按钮，在打开的“材质/贴图浏览器”中选择“位图”贴图，单击“确定”按钮；在打开的对话框中选择随书附带光盘\Map\YE3.JPG文件，单击“打开”按钮，进入贴图面板，在“坐标”卷展栏中将“瓷砖”下的U、V值分别设置为2、0.667，“模糊”值设置为1.07；双次单击“转到父对象”按钮，回到“叶子”材质父级材质面板；单击“将材质指定给选定对象”按钮，将材质赋予给场景中“叶子”对象，如下图所示。

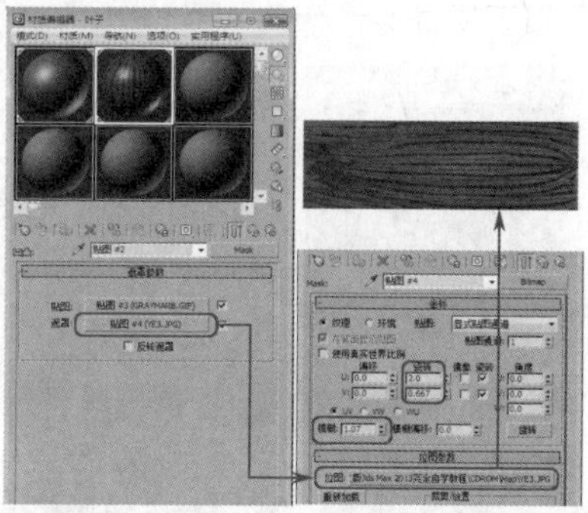

STEP 09 按H键，在打开的“从场景选择”对话框中选择“花瓣”对象，单击“确定”按钮，如右图所示。

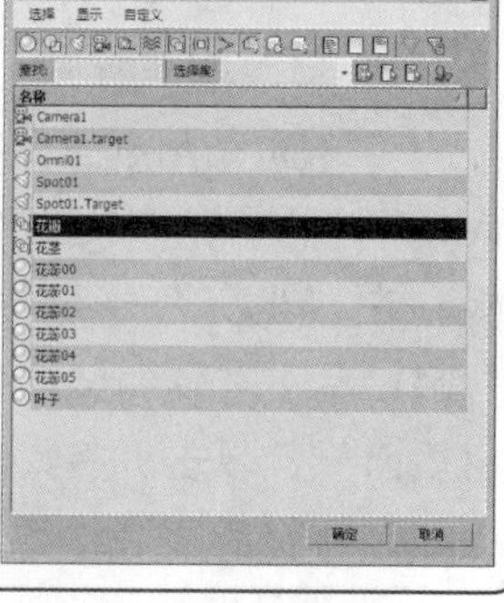

STEP 10 按M键，打开“材质编辑器”对话框，选择一个新的材质样本球，并将其命名为“花瓣”。

在“明暗器基本参数”卷展栏下定义为“Phong”材质，选中“双面”复选框，将“环境光”和“漫反射”的红、绿、蓝值设置为190、236、191，“自发光”选项组中的颜色设置为60；将“反射高光”选项组中的“高光级别”设置为20，“光泽度”设置为10，如下图所示。

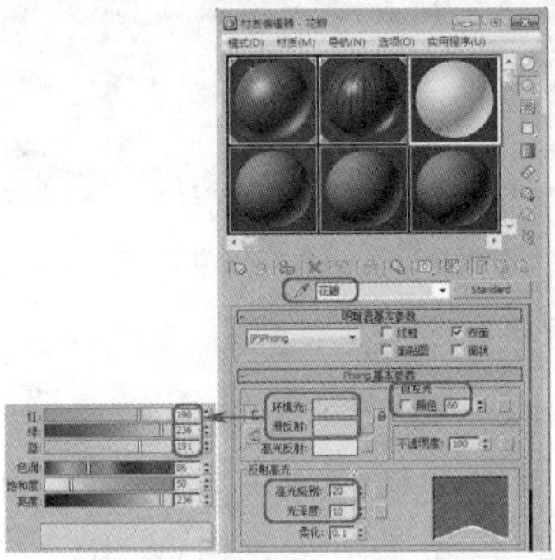

STEP 11 打开“贴图”卷展栏，将“漫反射颜色”数量值设置为98；单击右侧的“None”按钮，在打开的“材质/贴图浏览器”中选择“位图”贴图，单击“确定”按钮，在打开的对话框中选择随书附带光盘\Map\BAN.jpg文件，单击“打开”按钮，进入“漫反射颜色”面板，在“坐标”卷展栏中将“模糊”值设置为1.04，如下图所示。

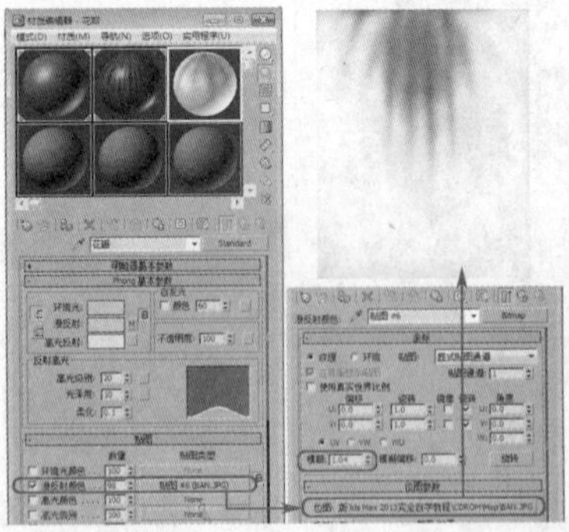

STEP 12 在“贴图”卷展栏中将“凹凸”数量设置为60，单击右侧的“None”按钮，在打开的“材质/贴图浏览器”中选择随书附带光盘\Map\GRAYMARB.GIF文件。进入“凹凸”面板，在“坐标”卷展栏中将“模糊”设置为1.04；单击“转到父对象”按钮，回到父级材质面板；单击“将材质指定给选定对象”按钮，将材质赋予给场景中“花瓣”对象，如下图所示。

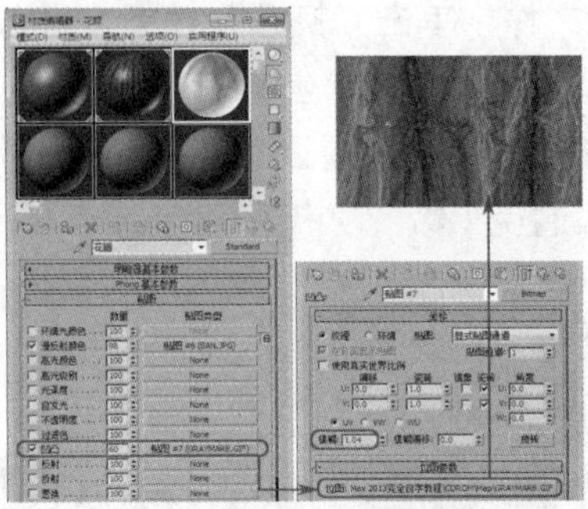

STEP 13 按M键，打开“材质编辑器”对话框，从中选择一个新的材质样本球，并将其命名为“花蕊”。在“明暗器基本参数”卷展栏下，将模式定义为“Phong”材质，选中“双面”复选框；将“环境光”和“漫反射”的红、绿、蓝值均设置为253、255、143，将“高光反射”的红、绿、蓝值设置为254、254、122；“自发光”选项组中的“颜色”设置为60；“反射高光”选项组中的“高光级别”和“光泽度”分别设置为91、44；单击“将材质指定给选定对象”按钮，将材质赋给场景中的“花蕊”对象，如下图所示。

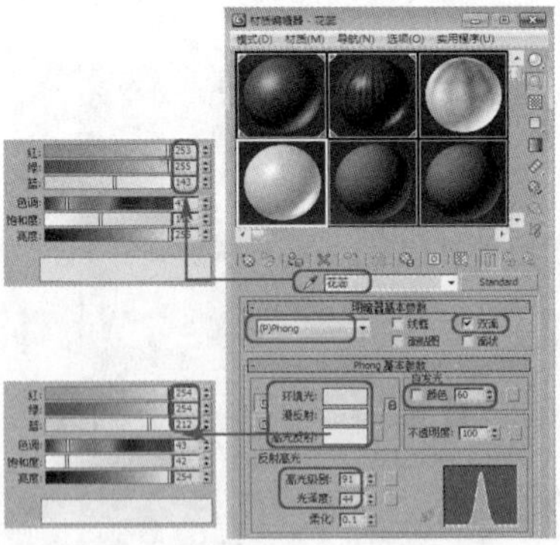

STEP 14 激活“摄影机”视图，按F9键进行渲染，效果如下图所示。

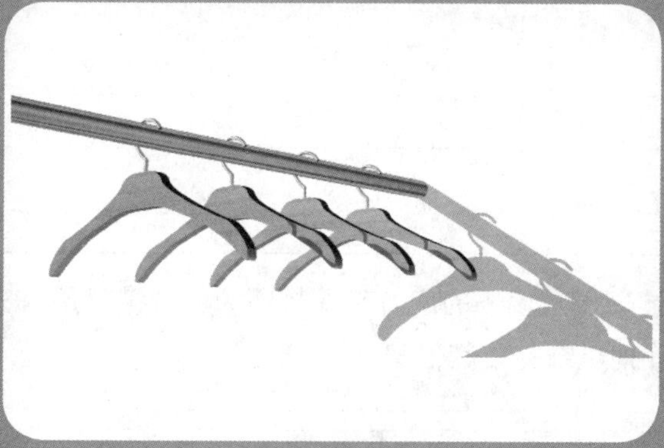

Chapter 17

第17章 三维造型制作入门与练习

本章介绍三维造型的制作，通过对扇子、晾衣架和单人沙发3个案例，来巩固前面学习的内容。

3ds Max 2013

17.1 制作扇子

夏日炎炎时，都渴望一份清凉。下面介绍制作扇子。扇子的扇片都是相同的，关键就是第一个扇片的制作，先制作好第一个扇片，然后通过阵列复制完成其他扇片。

实战操作475 模型的制作

素材：无　　场景：无

难度：★★★★★　　视频：视频\ Cha17\实战操作475.avi

下面介绍制作扇子模型的方法，具体操作步骤如下所述。

STEP 01 选择“创建” | “图形” | “标准基本体” | “矩形”工具，在“顶”视图中创建“长度”为433、“宽度”为34的矩形，如下图所示。

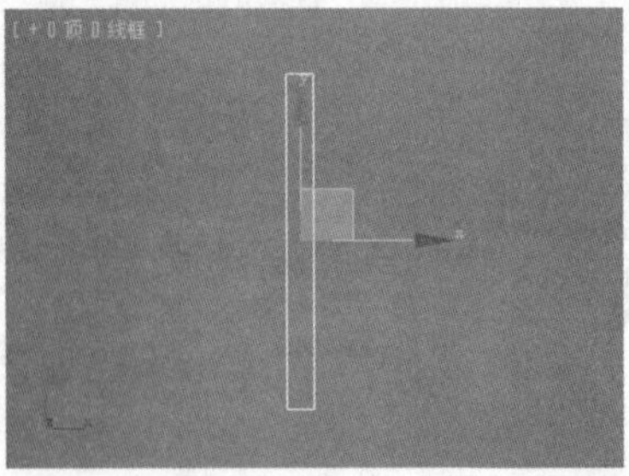

STEP 02 选择“修改”命令面板，在“修改器列表”中选择“编辑样条线”修改器，将当前选择集定义为“顶点”，如右图所示。

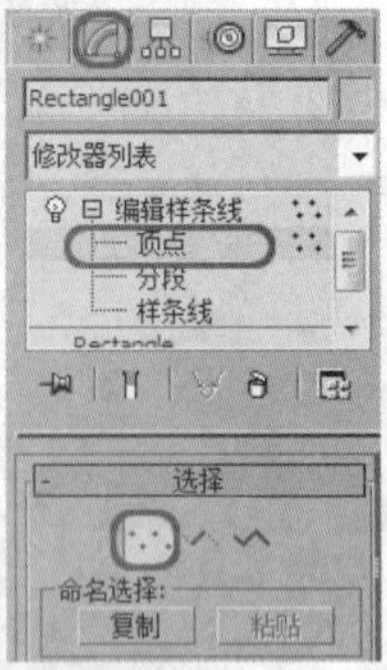

STEP 03 在视图区中选择矩形底端的两个点，分别对其进行调整，如下图所示，并将当前选择集关闭。

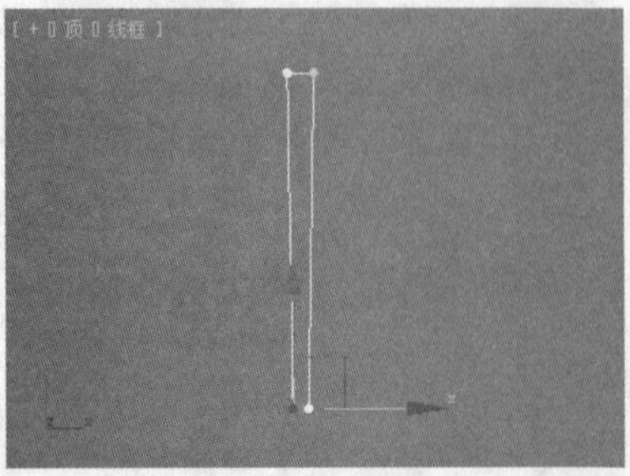

STEP 04 单击按钮，在弹出的下拉菜单中执行“导入” | “导入”命令，如下图所示。

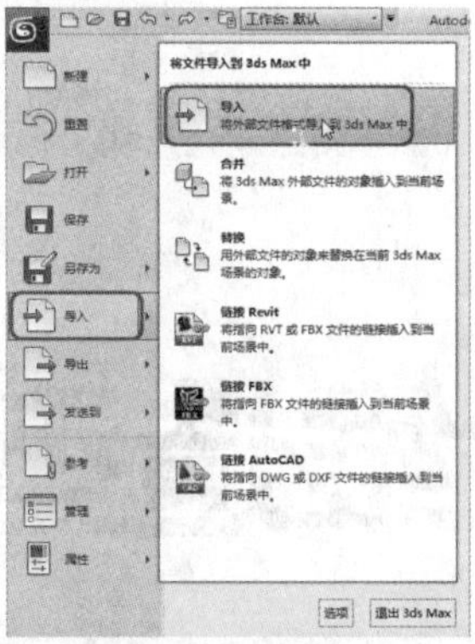

STEP 05 此时弹出“选择要导入的文件”对话框，从中选择要导入的“001.ai”文件，如下图所示。

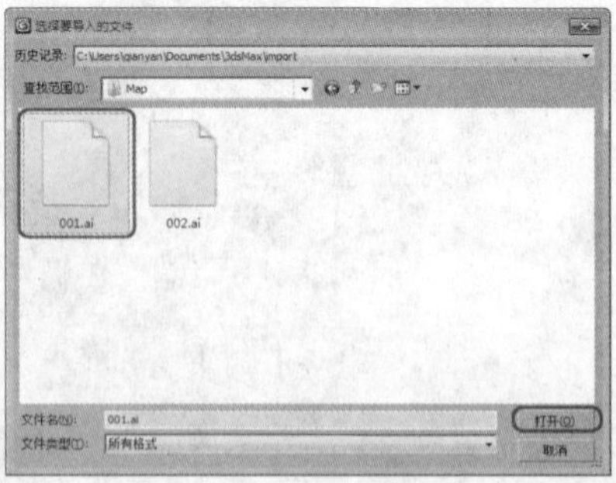

STEP 06 单击“打开”按钮，弹出“AI导入”对话框，选中“合并对象到当前场景（M）”单选按钮，单击“确定”按钮，如右图所示。

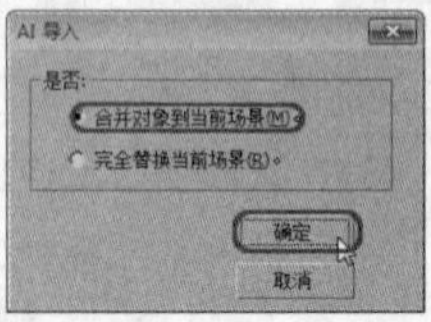

STEP 07 弹出“图形导入”对话框，选中“多个对象”单选按钮，单击“确定”按钮，如右图所示。

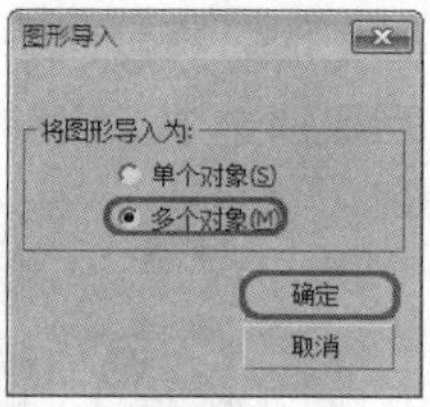

STEP 08 即可将“001.ai”素材文件导入到视图区中，在工具栏中单击“选择并均匀缩放”工具，将图形全部选中，对其进行放大，再在工具栏中单击“选择并移动”工具，将素材文件调整到合适位置，如下图所示。

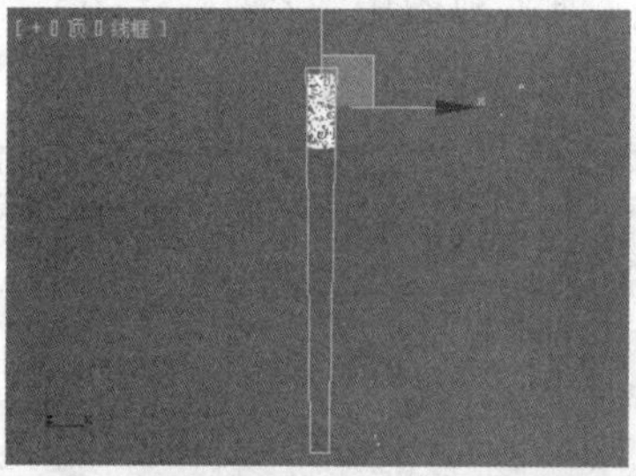

STEP 09 然后在菜单栏中执行“组”|“成组”命令，如右图所示。

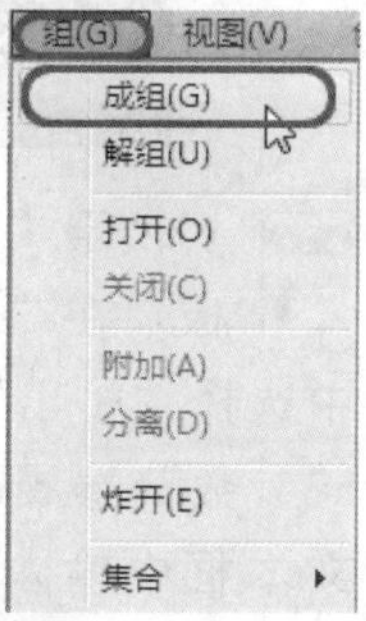

STEP 10 弹出“组”对话框，在对话框中输入组名称，单击“确定”按钮，如下图所示。

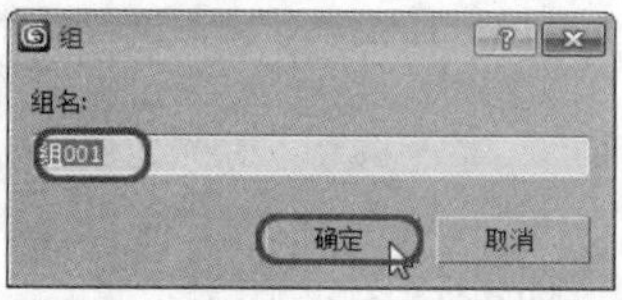

STEP 11 按住Shift键，向下拖动鼠标至适当位置处松开，此时弹出“克隆选项”对话框，在“对象”选项组中选中“复制”单选按钮，其他为默认，单击“确定”按钮，如下图所示。

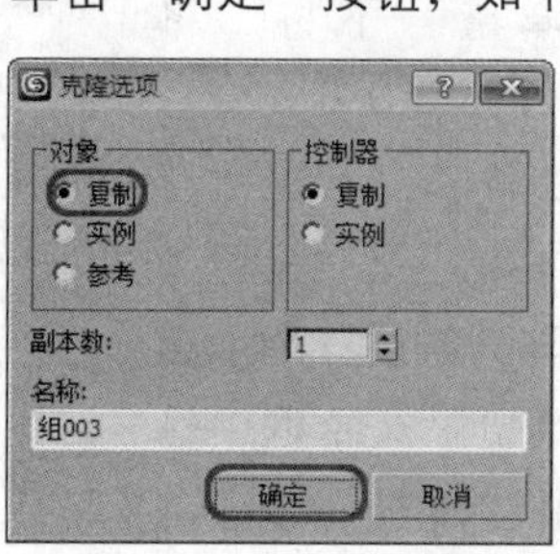

STEP 12 在“顶”视图中将复制的素材文件调整到合适位置，单击“选择并旋转”工具，沿X轴旋转180度，如下图所示。

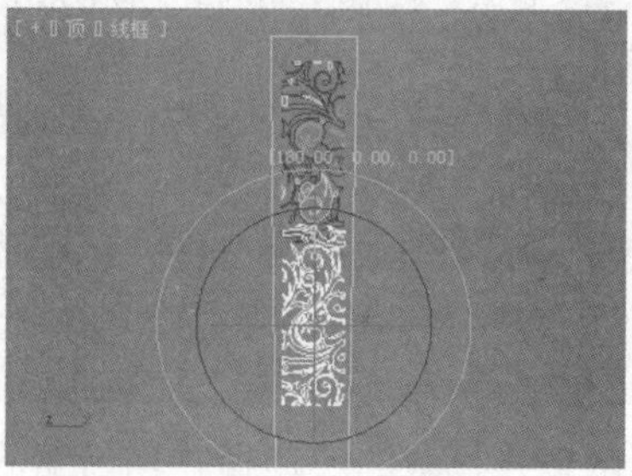

STEP 13 单击按钮，在弹出的下拉菜单中执行“导入”|“导入”命令，弹出“选择要导入的文件”对话框，从中选择要导入的“002.ai”素材文件，如下图所示。

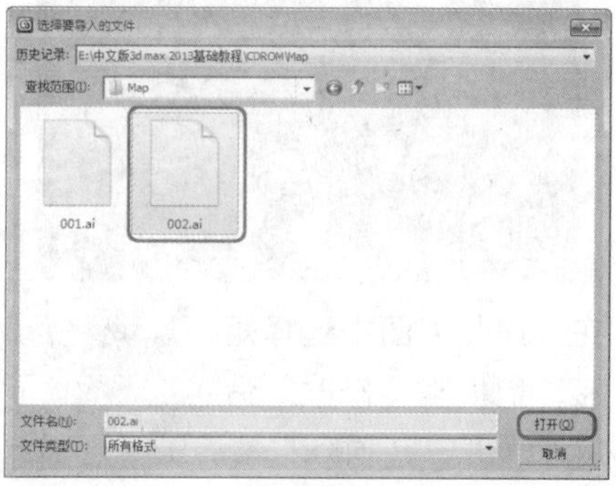

STEP 14 单击“打开”按钮。弹出“AI导入”对话框，选中“合并对象到当前场景（M）”单选按钮，单击“确定”按钮，然后弹出“图形导入”对话框，选中“多个对象”单选按钮，单击“确定”按钮，在弹出的“导入名称冲突”对话框中一直单击“确定”按钮，即可将素材文件导入到视图区中，如下图所示。

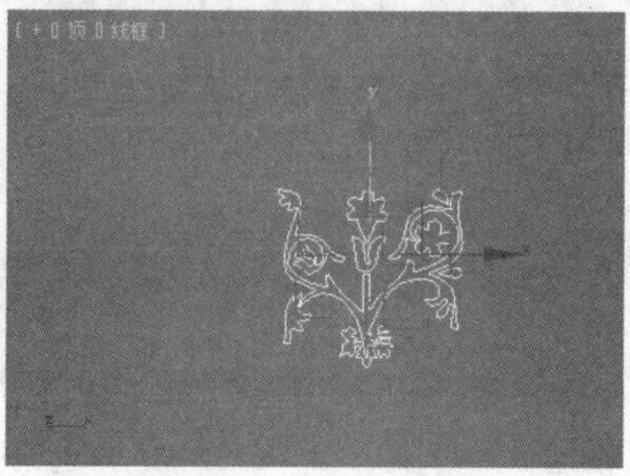

STEP 15 在菜单栏中执行“组”|“成组”命令，弹出“组”对话框，在对话框中输入组名

称，单击“确定”按钮，即可将新导入的素材文件组合起来，效果如下图所示。

STEP 16 单击工具栏中的“选择并均匀缩放”按钮，放大“006.ai”素材文件，将其调整至合适位置，如下图所示。

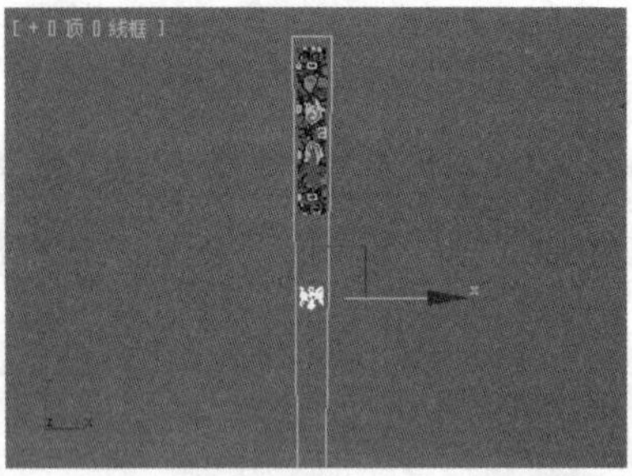

STEP 17 在“顶”视图中选择矩形，切换至“修改”命令面板，单击“几何体”卷展栏中的“附加”按钮，如右图所示。

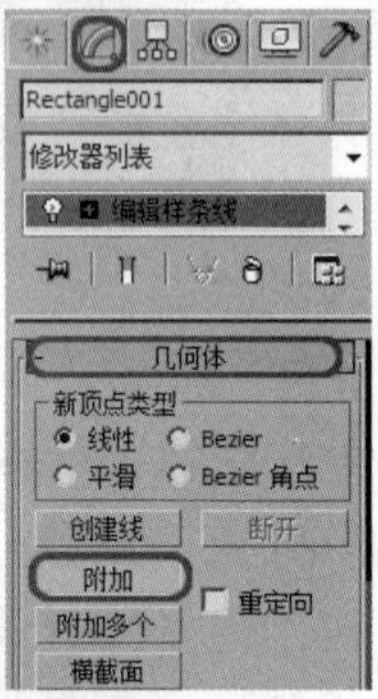

STEP 18 在“顶”视图中将所有素材文件与矩形附加到一起，取消单击“附加”按钮，效果如下图所示。

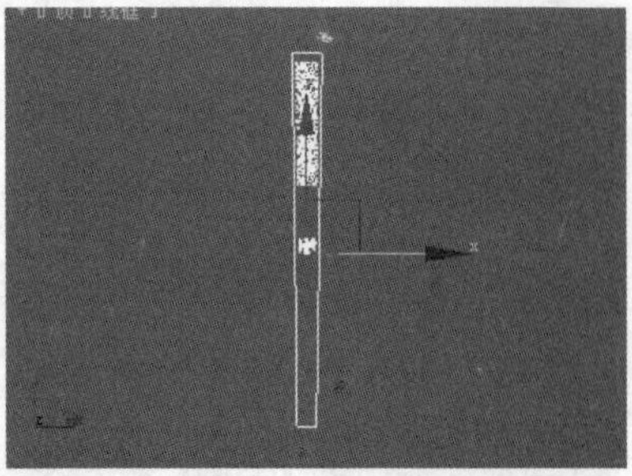

STEP 19 切换至“层次”命令面板，选中“调整轴”卷展栏中的“仅影响轴”按钮，在“顶”视图中将鼠标放置在Y轴上，当Y轴变为黄色时，将其向下拖动到如下图所示的位置，然后取消选中“仅影响轴”按钮，如下图所示。

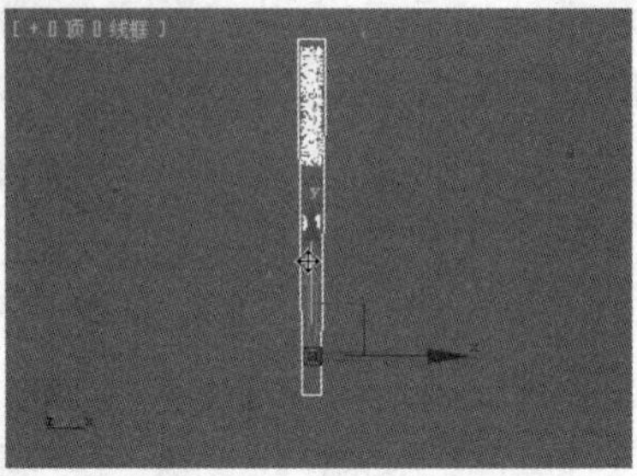

STEP 20 单击工具栏中的“选择并旋转”工具，在“顶”视图中沿Z轴旋转-63.74，如下图所示。

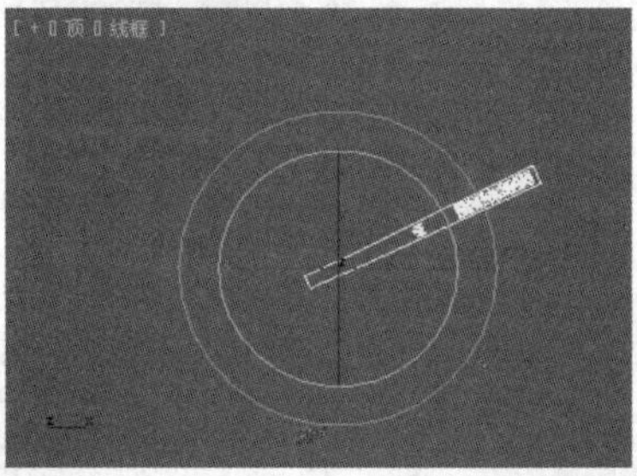

STEP 21 切换至“修改”命令面板，在“修改器列表”中选择“挤出”修改器，在“参数”卷展栏的“数量”文本框中输入0.2，如右图所示。

STEP 22 选择“顶”视图，在菜单栏中执行“工具”|“阵列”命令，如右图所示。

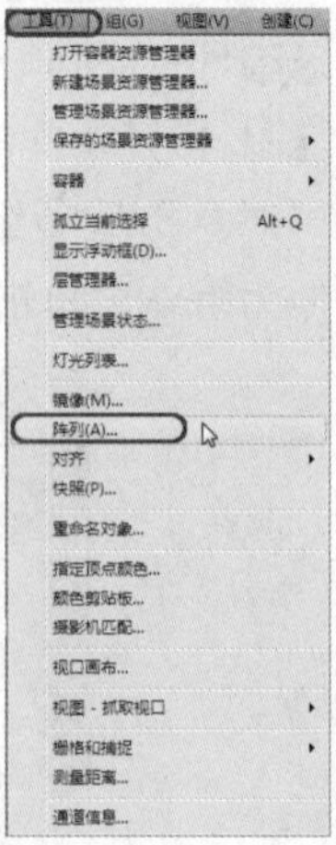

STEP 23 弹出“阵列”对话框，在“增量”下将“移动”的Z轴设置为0.8，单击“旋转”右侧按钮；在“总计”下将“旋转”Z轴设置为140；在“阵列维度”选项组中将1D“数量”文本框中输入29，单击“预览”按钮，

如下图所示。

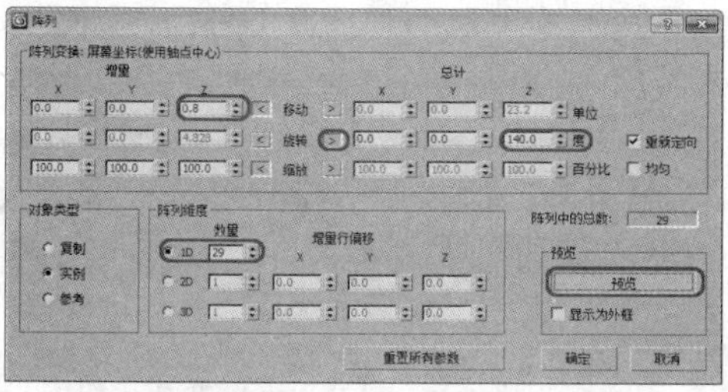

STEP 24 设置完成后，单击“确定”按钮，效果如下图所示。

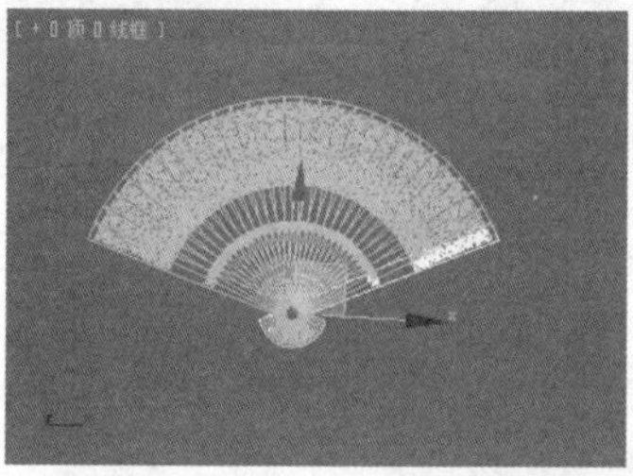

STEP 25 在场景中选择所有对象，然后在工具栏中单击“材质编辑器”按钮，弹出“材质编辑器”对话框，从中选择一个材质样本球，单击“贴图”卷展栏中“漫反射颜色”右侧的“None”按钮，如右图所示。

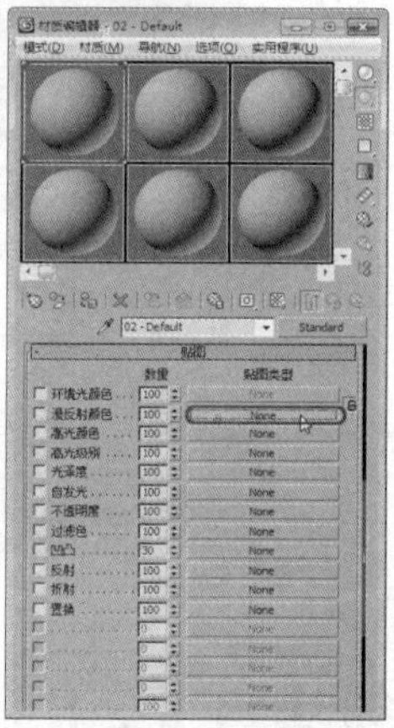

STEP 26 弹出“材质/贴图浏览器”对话框，选择“位图”，单击“确定”按钮，如下图所示。

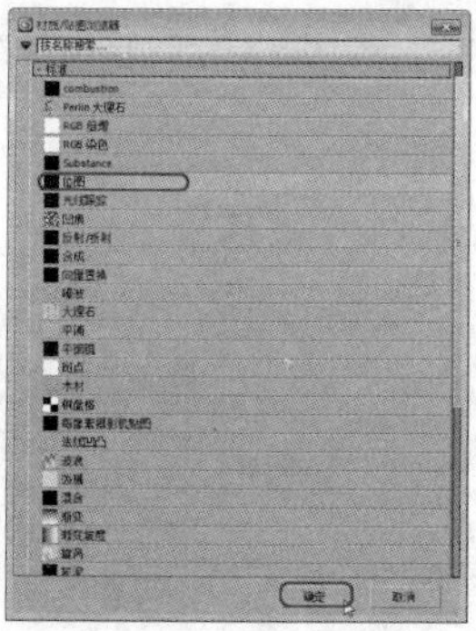

STEP 27 在弹出的“选择位图图像文件”对话框中选择随书附带光盘中的\Map\A-d-016.jpg，单击“打开”按钮，如下图所示。

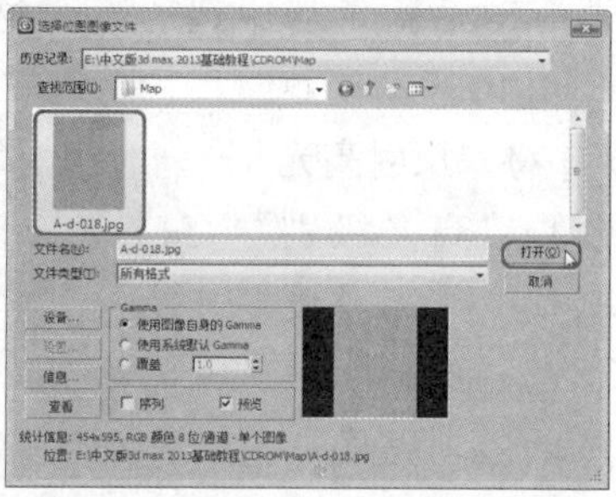

STEP 28 然后单击“转到父对象”按钮和“将材质指定给选定对象”按钮，单击视图控制区中的“环绕子对象”按钮，对“透”视图进行调整，如下图所示。

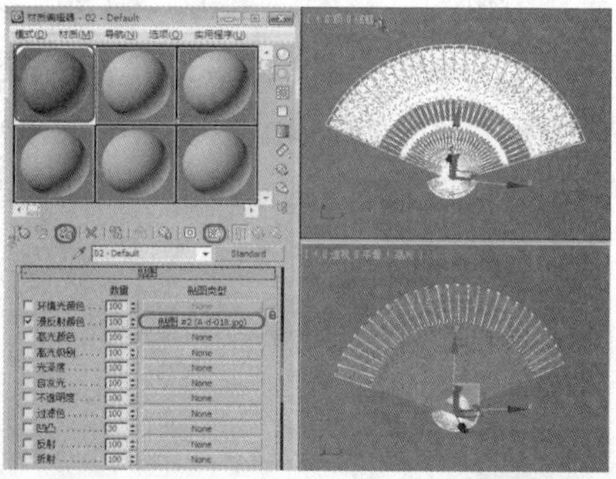

STEP 29 确认所有图形处于选中状态，在工具栏中执行“组”|“成组”命令，弹出“组”对话框，在对话框中输入组名称，单击“确定”按钮。选择“创建”|“几何体”|“标准基本体”|“球体”工具，在“参数”卷展栏中的“半球”文本框中输入0.5，如右图所示。

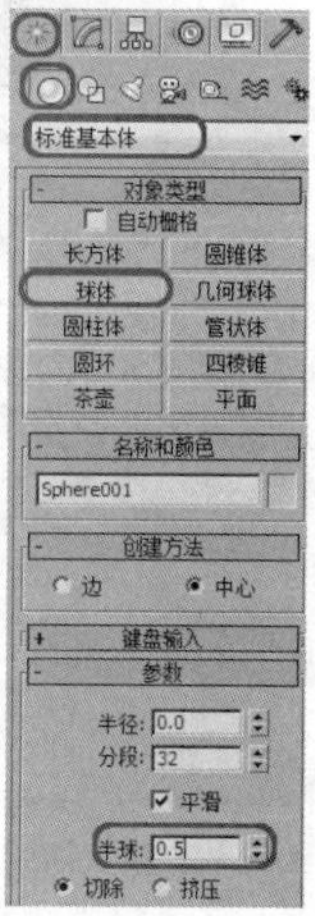

STEP 30 在“顶”视图中绘制半圆，并调整其大小和位置，如下图所示。

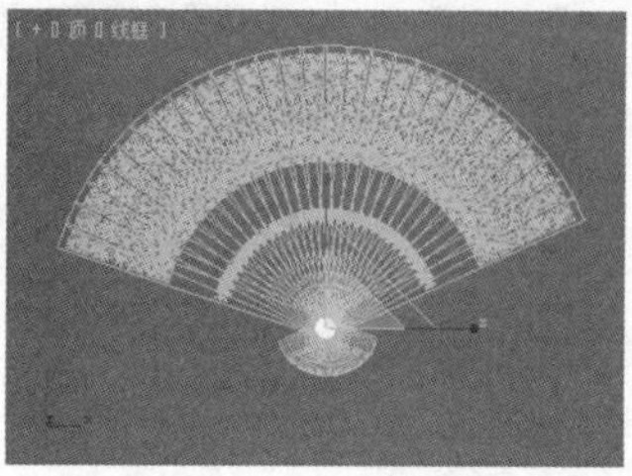

STEP 31 在场景中选择半球，按M键打开“材质编辑器”对话框，从中选择一个材质样本球，在“Blinn基本参数”卷展栏中，将“反射高光”选项组中的“高光级别”设置为200，“光泽度”设置为28，“柔化”设置为0.21，单击“贴图”卷展栏中“高光颜色”右侧的“None”按钮，如右图所示。

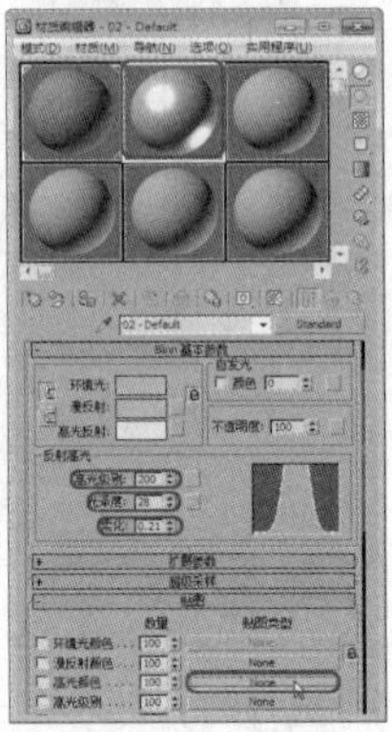

STEP 32 在弹出的“材质/贴图浏览器”对话框中选择“位图”贴图，单击“确定”按钮，再在弹出的“选择位图图像文件”对话框中选择随书附带光盘中的\Map\不锈钢材质.jpg，单击“打开”按钮，如下图所示。

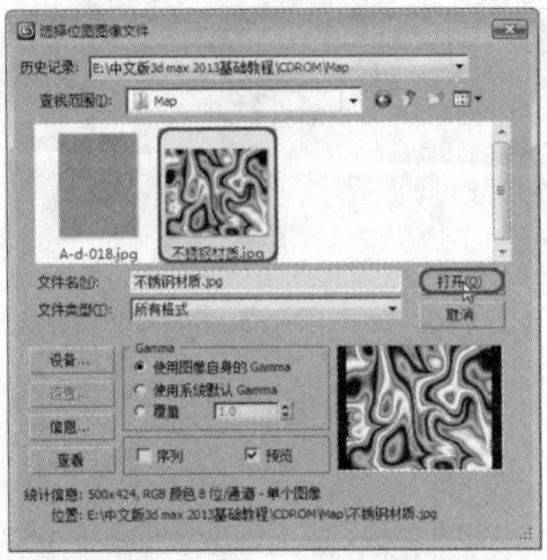

STEP 33 然后单击“转到父对象”按钮和“将材质指定给选定对象”按钮，效果如下图所示。

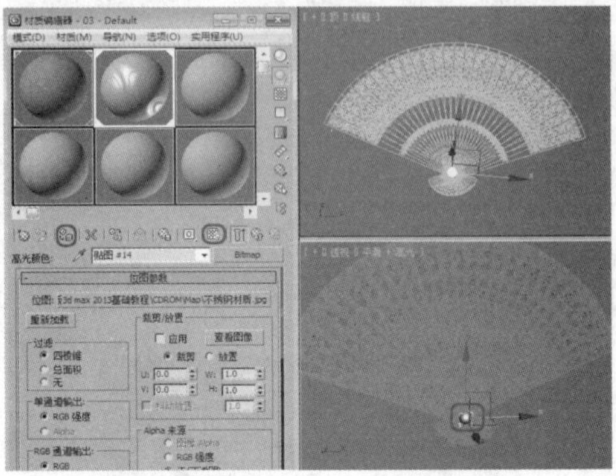

STEP 34 选择“创建”|“几何体”|“标准基本体”|“平面”工具，在“顶”视图中创建平面图形，将其颜色更改为白色，如下图所示。

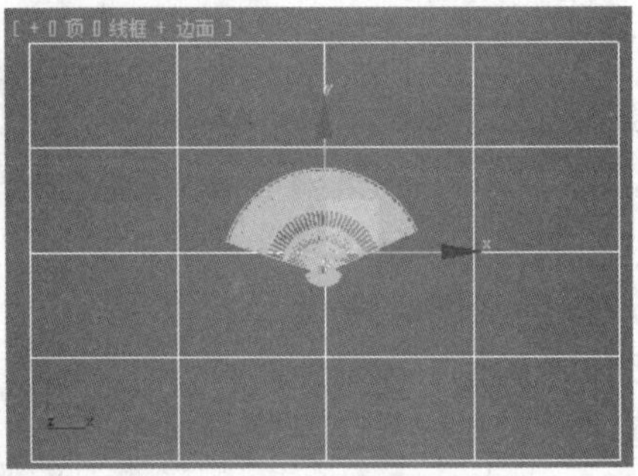

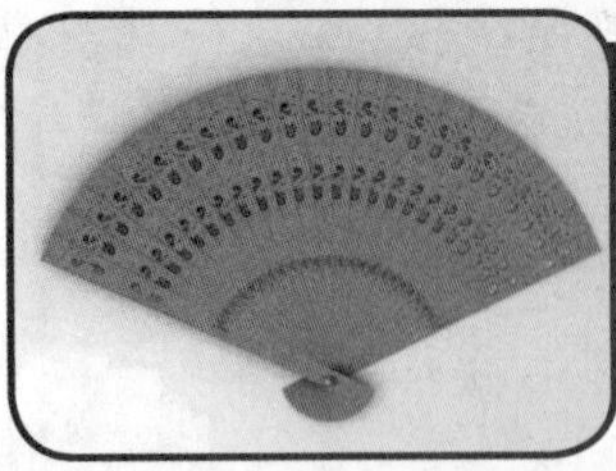

实战操作476 创建灯光和摄影机

素材：无 | 场景：Scene\ Cha17\实战操作476.max

难度：★★★★★ | 视频：视频\ Cha17\实战操作476.avi

下面为制作的场景创建灯光和摄影机，具体操作步骤如下所述。

STEP 01 选择“创建”|“灯光”|“标准”|“天光”工具，在“顶”视图中创建“天光”，如右图所示。

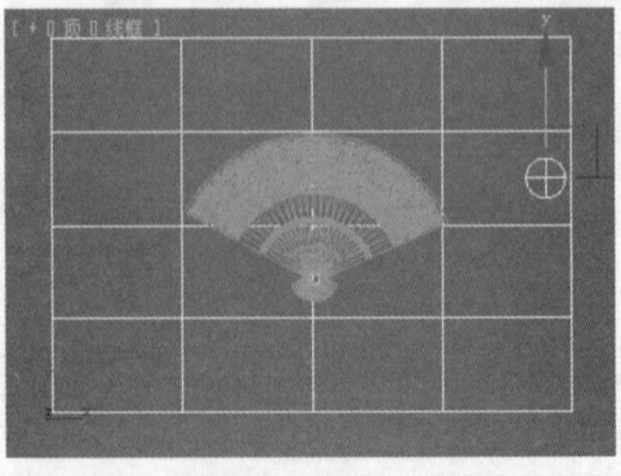

STEP 02 切换至“修改”命令面板，在“天光参数”卷展栏中选中“启用”复选框，在“倍增”文本框中输入0.8，如右图所示。

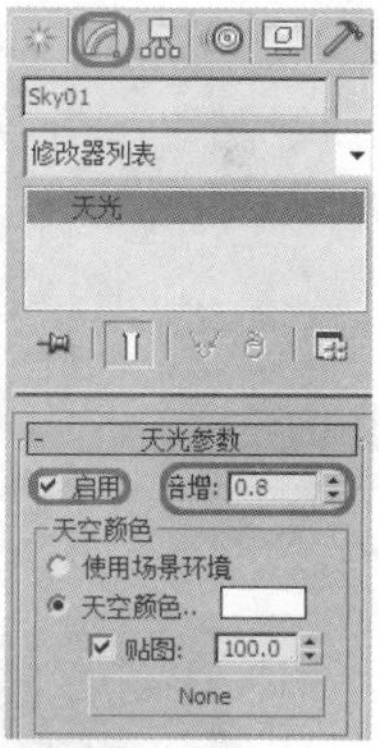

STEP 03 选择“创建”|“灯光”|“标准”|“泛光”工具，在“顶”视图中创建泛光灯，如下图所示。

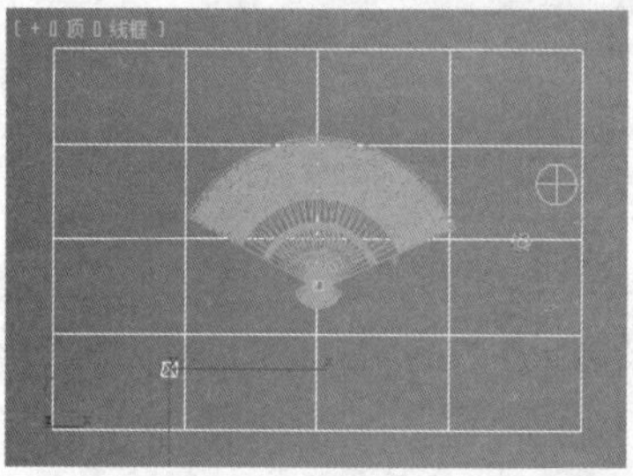

STEP 04 切换至“修改”命令面板，在“强度/颜色/衰减”卷展栏中将“倍增”设置为0.2，如右图所示。

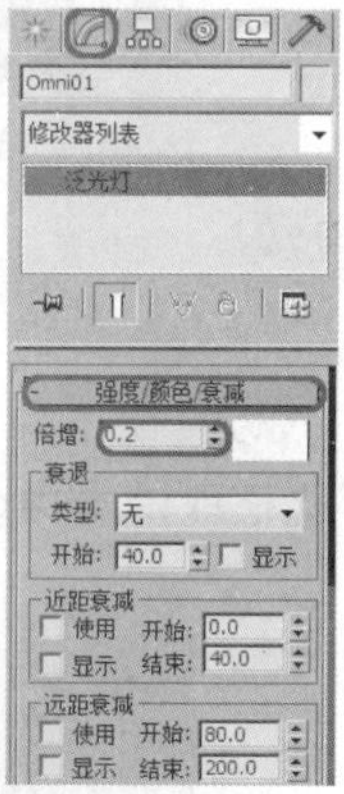

STEP 05 选择“创建”|“摄影机”|“标准”|“目标”工具，在“顶”视图中创建一架摄影机，如下图所示。

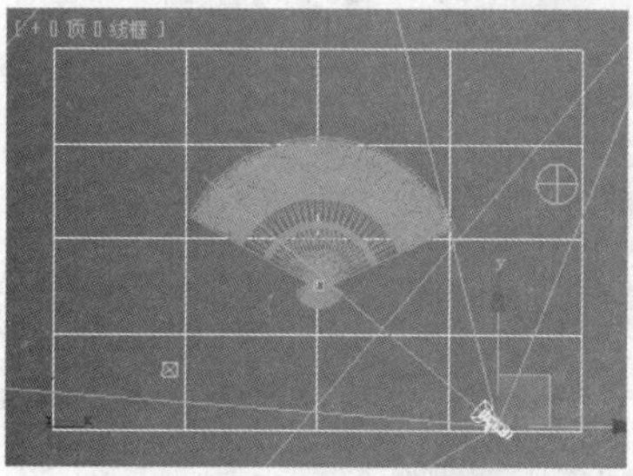

STEP 06 切换至“修改”命令面板，在“参数”卷展栏中的“镜头”文本框中输入21.452，在“视野”文本框中输入80，如右图所示。

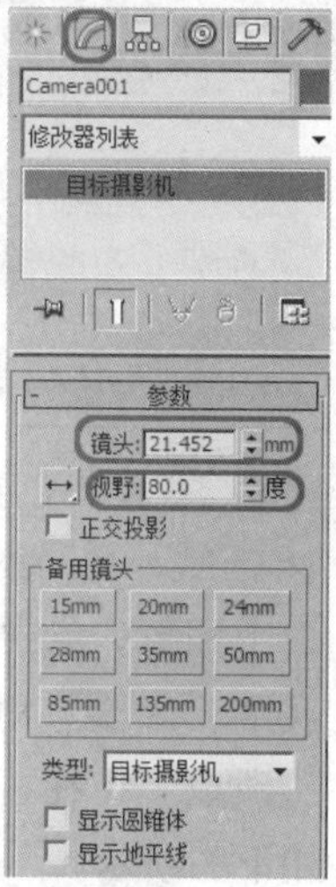

STEP 07 选择“摄影机”视图，单击工具栏中的“渲染产品”按钮，弹出“渲染”对话框，如下图所示。

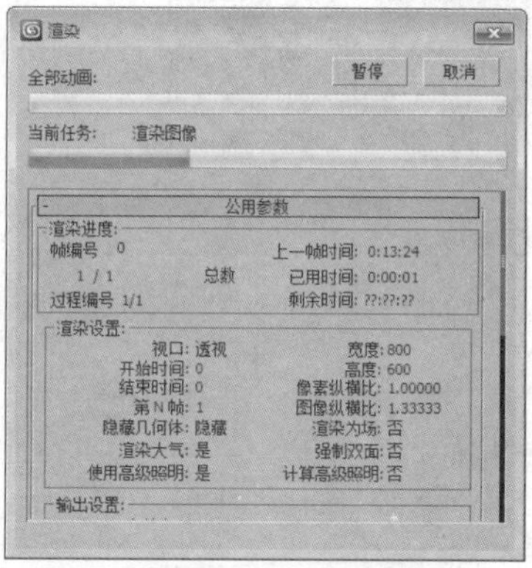

STEP 08 渲染完成后的效果如下图所示。

17.2 制作晾衣架

本例介绍晾衣架的制作，主要通过“线”工具来制作衣架的模型，然后再通过创建其他对象来达到逼真的效果。

实战操作477 模型的制作

素材：无　　场景：无

难度：★★★★★　　视频：视频\ Cha17\实战操作477.avi

下面先介绍晾衣架模型的制作，具体操作步骤如下所述。

STEP 01 选择“创建”|“图形”|“样条线”|“线”工具，在“前”视图中绘制一个图形，绘制完成后，选择绘制的图形，切换至“修改”命令面板，将当前选择集定义为“顶点”，在视图中进行调整，调整后的效果如下图所示。

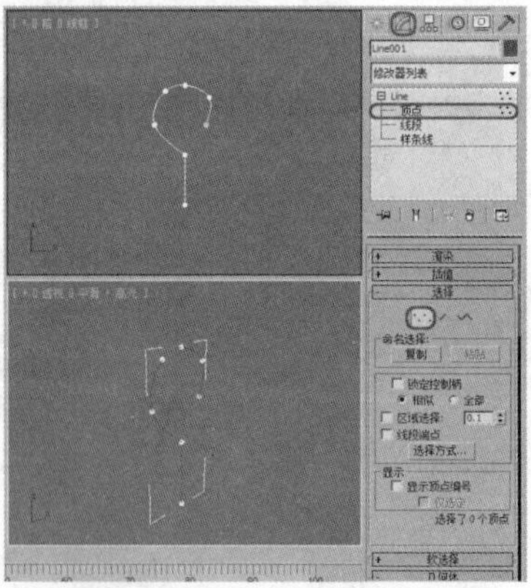

STEP 02 完成调整后，将当前选择集关闭，将其命名为“挂钩”，在“渲染”卷展栏中选中“在渲染中启用”和“在视口中启用”复选框，将“径向”下的“厚度”设置为1，“边”设置为12，如下图所示。

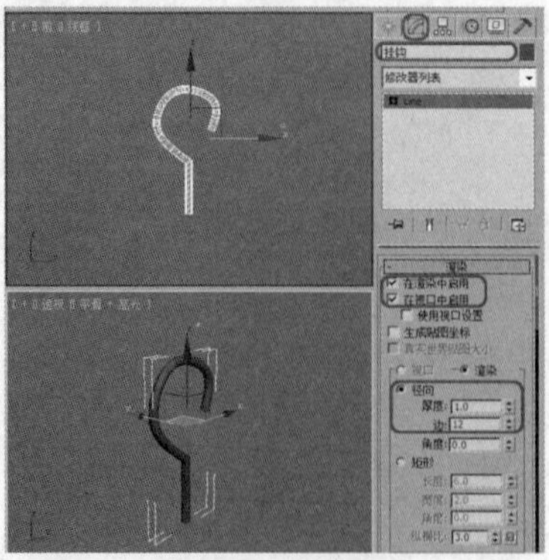

STEP 03 选择“创建”|“图形”|“样条线”|“线”工具，在“前”视图中绘制一个图形，如下图所示。

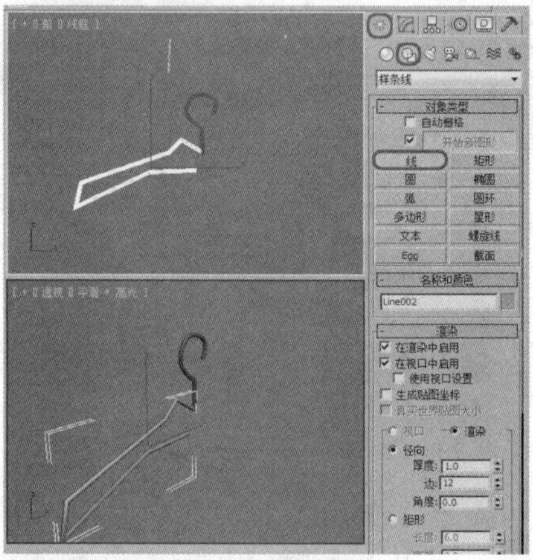

STEP 04 绘制完成后，选择绘制的图形，切换至“修改”命令面板，将当前选择集定义为“顶点”，调整其顶点，并将“渲染”卷展栏中的“在渲染中启用”和“在视口中启用”复选框取消选中，如下图所示。

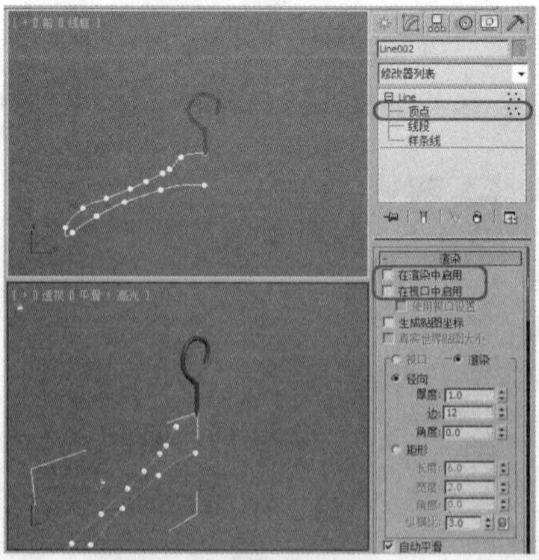

STEP 05 单击工具栏中的“镜像”按钮，弹出“镜像”对话框，在“镜像轴”选项组选中“ZX”单选按钮，在“偏移”文本框中输入“31”；在“克隆当前选择”选项组中选中“复制”单选按钮，设置完成后，单击“确

定”按钮，效果如下图所示。

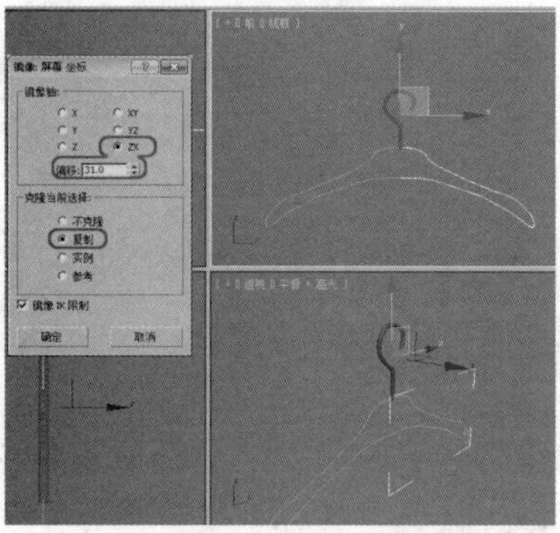

STEP 06 选中镜像后的图形，右击鼠标，在弹出的快捷菜单中执行“附加”命令，将两个图形附加成一个图形，如下图所示。

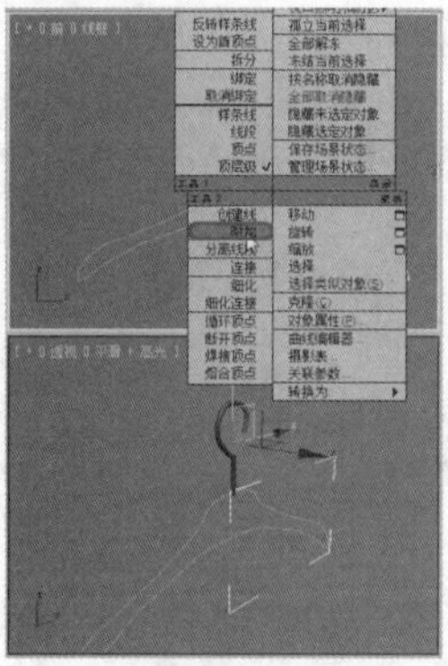

STEP 07 附加完成后，在“修改”命令面板中将当前选择集定义为“顶点”，对顶点进行调整，然后再选中所有顶点，右击鼠标，在弹出的快捷菜单中执行“焊接顶点”工具，将其顶点焊接在一起，如下图所示。

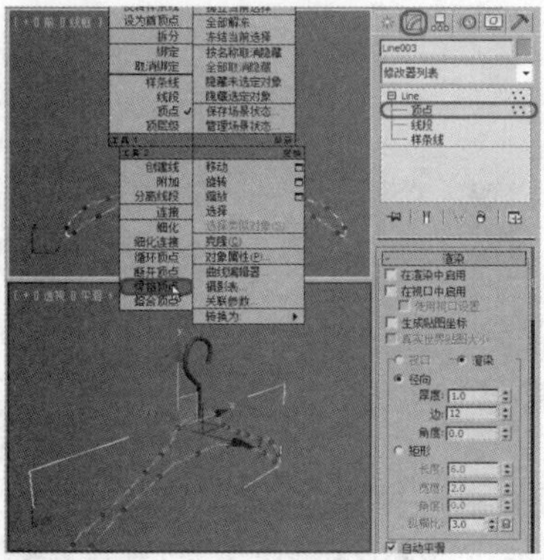

STEP 08 焊接完成后，关闭当前选择集，确认该图形处于选中状态，在“修改器列表”中选择“挤出”修改器，如下图所示。

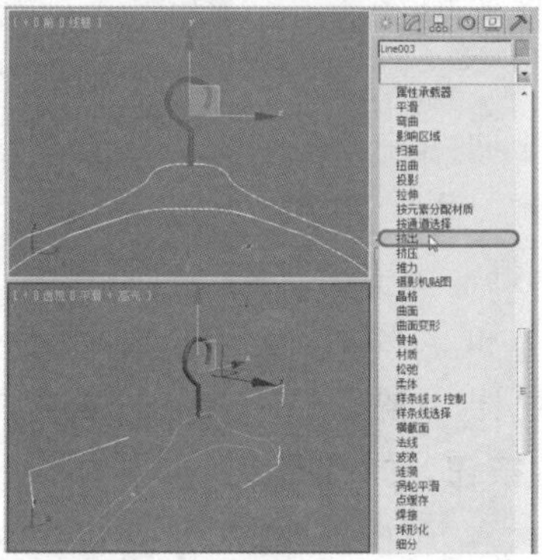

STEP 09 在“参数”卷展栏中，将“数量”设置为63.5，“分段”设置为1；在“封口”选项组中选中“封口始端”和“封口末端”复选框，并选中下面的“生成贴图坐标”复选框，使用“选择并均匀缩放”工具对其进行调整，效果如下图所示。

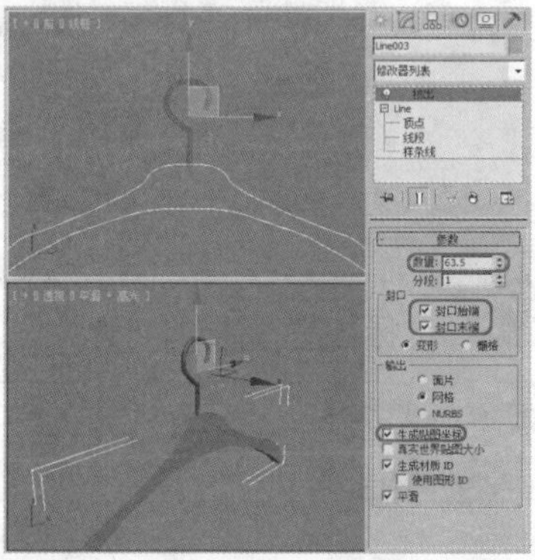

STEP 10 设置完成后，将其位置对齐，在“顶”视图中选择“挂钩”，在工具栏中单击“对齐”按钮，再在“顶”视图中单击如下图所示的对象。

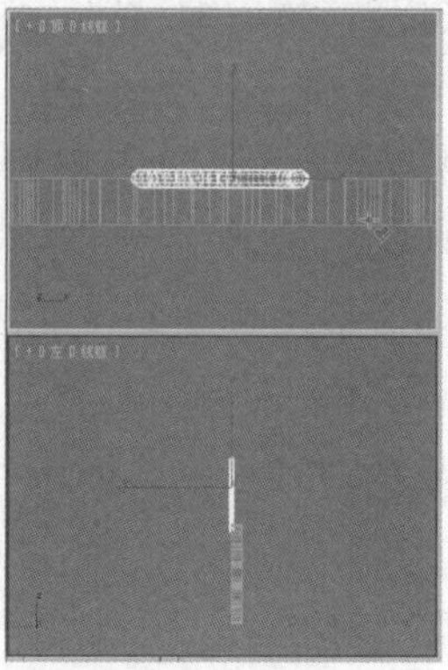

STEP 11 弹出“对齐当前选择”对话框，在“对齐位置（屏幕）”选项组中选中“X位置”和“Y位置”复选框；选中“当前对象”和“目标对象”选项组中的“中心”单选按钮，如右图所示。

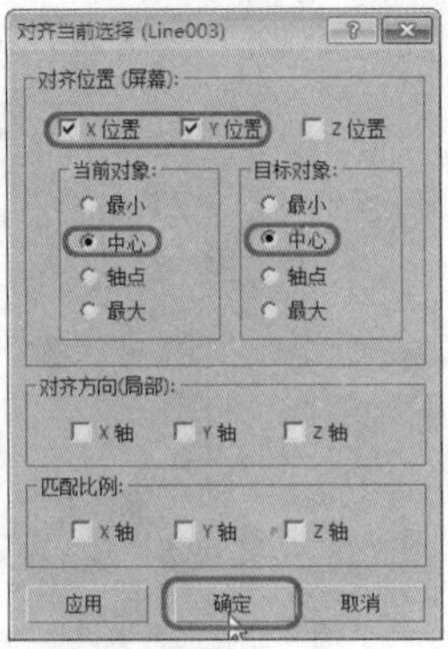

STEP 12 设置完成后，单击“确定”按钮即可，对齐后的效果如下图所示。

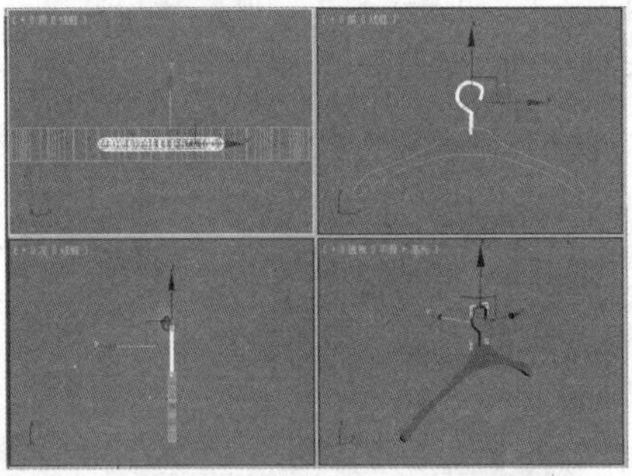

STEP 13 设置完成后，选择“创建”|“几何体”|“标准基本体”|“圆柱体”工具，在“前”视图创建一个圆柱体，如下图所示。

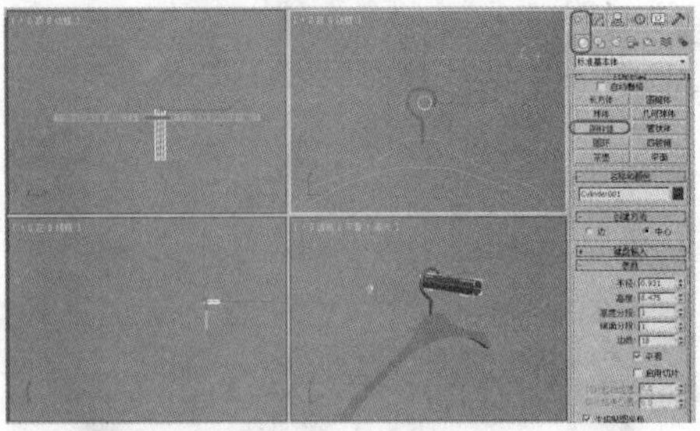

STEP 14 创建完成后，切换至“修改”命令面板，将其命名为“圆柱支架”；在“参数”卷展栏中将“半径”设置为1.5，高度设置为180，“高度分段”设置为1，“端面分段”设置为1，“边数”设置为18。设置完成后在视图中调整其位置，如下图所示。

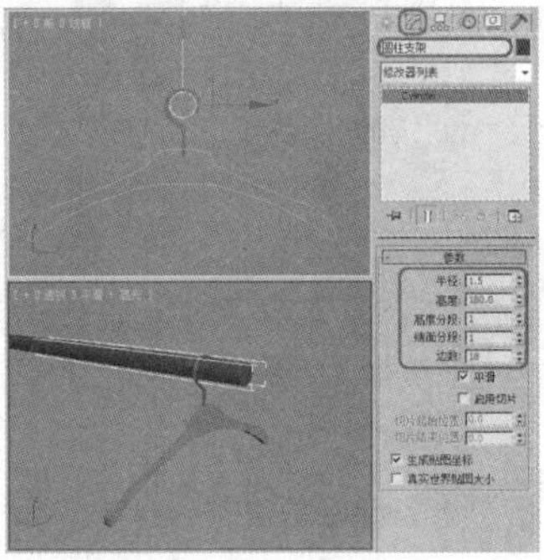

实战操作478 设置材质

素材：无 场景：无

难度：★★★★★ 视频：视频\ Cha17\实战操作478.avi

下面介绍为模型设置材质的方法，具体操作步骤如下所述。

STEP 01 按M键打开“材质编辑器”对话框，从中选择一个材质样本球，将其命名为“木质”，在“贴图”卷展栏中单击“漫反射颜色”通道右侧的“None”按钮，在弹出的“材质/贴图浏览器”对话框中选择“位图”贴图，单击“确定”按钮，如右图所示。

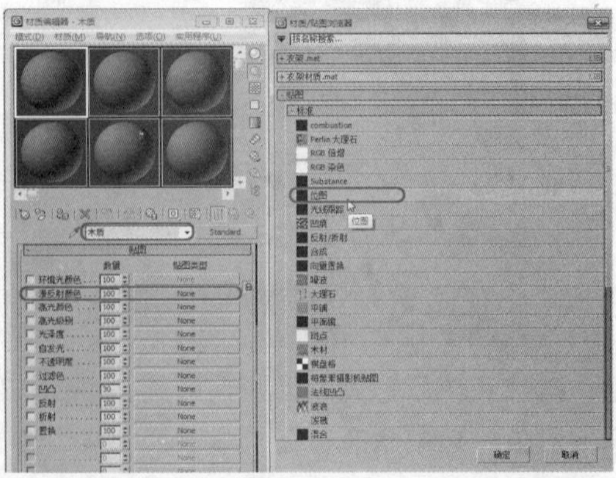

STEP 02 再在弹出的对话框中选择随书附带光盘中的\Map\0012.jpg，单击“打开”按钮，然后单击“转到父对象”按钮，在“Blinn基

本参数”卷展栏中，将“反射高光”选项组中的“高光级别”设置为90，“光泽度”设置为40（如右图所示），然后单击“将材质指定给选定对象”按钮。

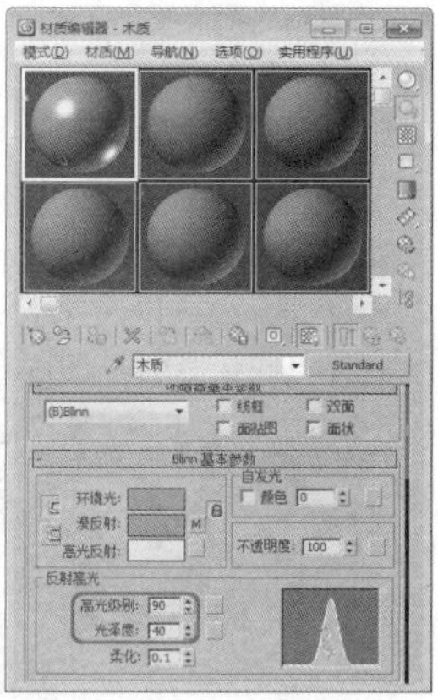

STEP 03 关闭“材质编辑器”对话框，选择衣架，切换到“修改”命令面板，在“修改器列表”中选择“UVW贴图”修改器，如下图所示。

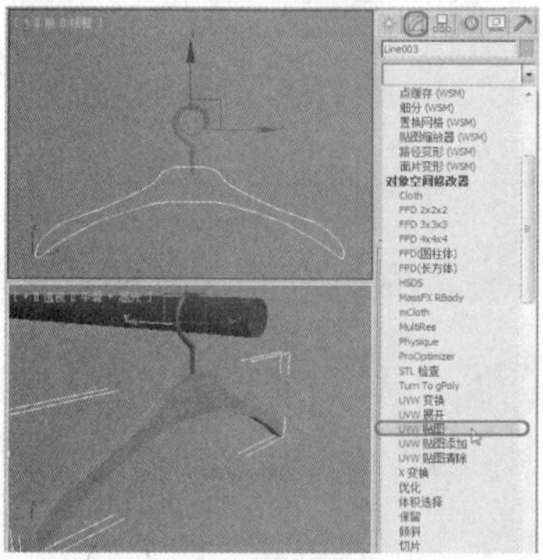

STEP 04 在“参数”卷展栏中，将“贴图”类型设置为“平面”，“长度”设置为127，“宽度”设置为5080，如下图所示。

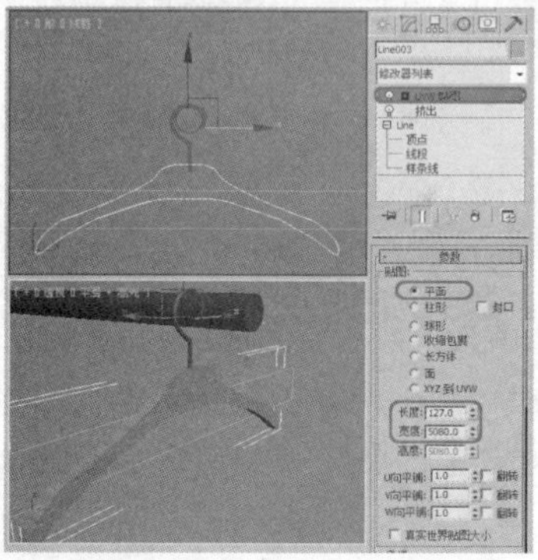

STEP 05 设置完成后，按M键打开“材质编辑器”对话框，在该对话框中选择一个新的材质样本球，将其命名为“不锈钢”，在“明暗器基本参数”卷展栏中将明暗器类型定义为“（M）金属”。在“金属基本参数”卷展栏中单击按钮，取消“环境光”与“漫反射”的锁定，将“环境光”设置为黑色，“漫反射”设置为白色；在“反射高光”选项组中，将“高光级别”设置为100，“光泽度”设置为86，如右图所示。

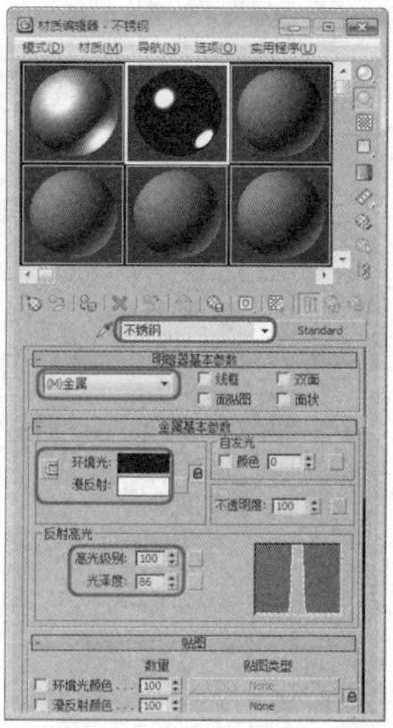

STEP 06 在“贴图”卷展栏中单击“漫反射颜色”通道右侧的“None”按钮，在弹出的“材质/贴图浏览器”对话框中双击“位图”，再选择随书附带光盘中的\Map\013.jpg文件，单击“打开”按钮。在“坐标”卷展栏中将“瓷砖”下的U、V分别设置为0.4、0.1，“模糊偏移”设置为0.03，如右图所示。然后单击“将材质指定给选定对象”按钮，将其指定给挂钩和圆柱支架。

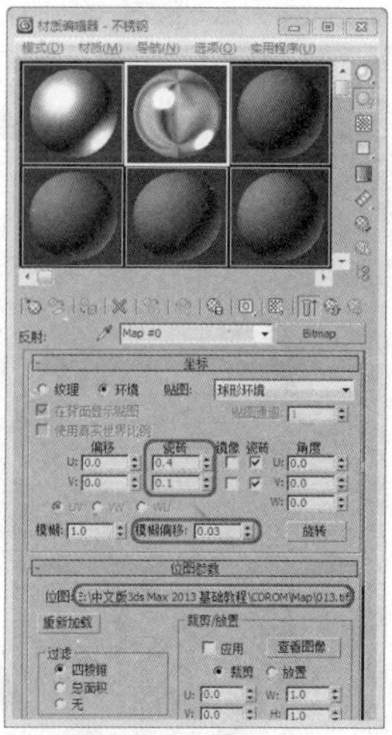

实战操作479 复制模型

素材：无	场景：无
难度：★★★★★	视频：视频\ Cha17\实战操作479.avi

制作完模型及设置材质后，再对制作的模型进行复制，具体操作步骤如下所述。

STEP 01 在视图中选中挂钩和衣架，在菜单栏中执行“组”|“成组”命令，在弹出的“组”对话框中，为其命名为“晾衣架”，如下图所示，单击“确定”按钮即可。

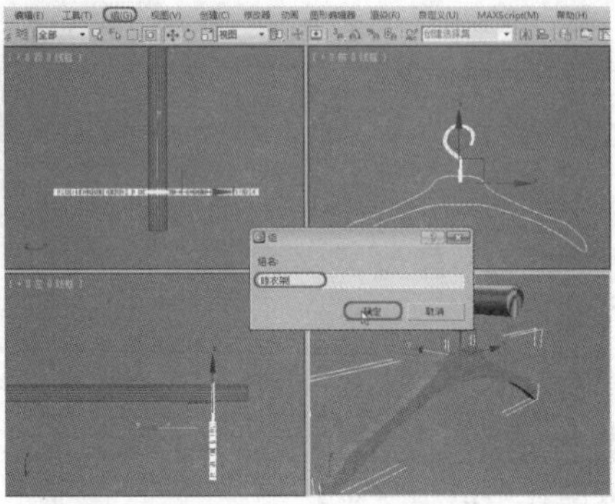

STEP 02 在“顶”视图中按住Shift键沿Y轴进行拖动，在合适的位置释放鼠标，在弹出的对话框中将“副本数”设置为3，如下图所示。

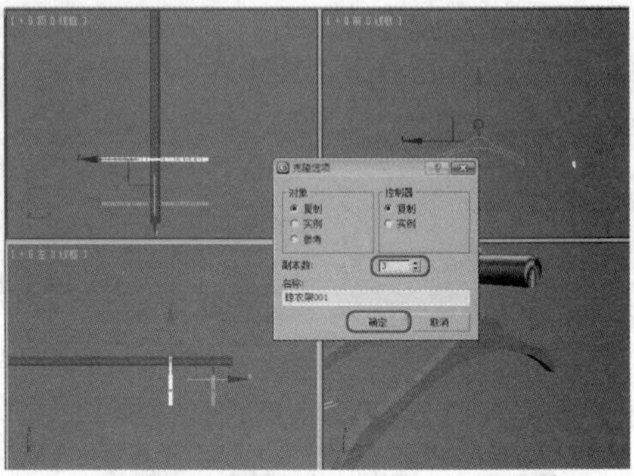

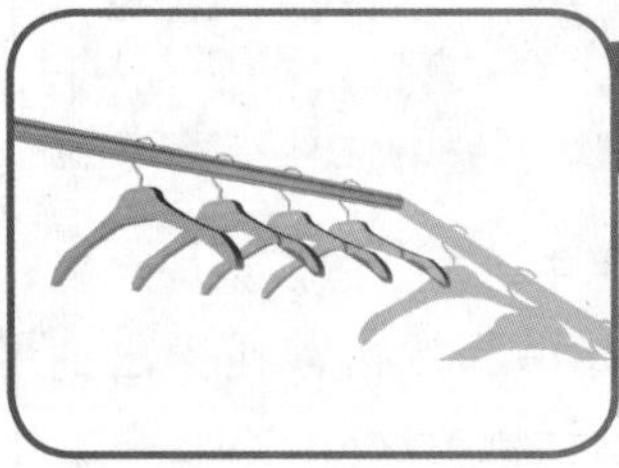

实战操作480 创建摄影机和灯光

素材：无　　场景：Scene\ Cha17\实战操作480.max

难度：★★★★★　　视频：视频\ Cha17\实战操作480.avi

下面介绍创建摄影机和灯光的方法，具体操作步骤如下所述。

STEP 01 选择“创建”|“几何体”|“标准基本体”|“长方体”工具，在“前”视图创建一个长方体，如下图所示。

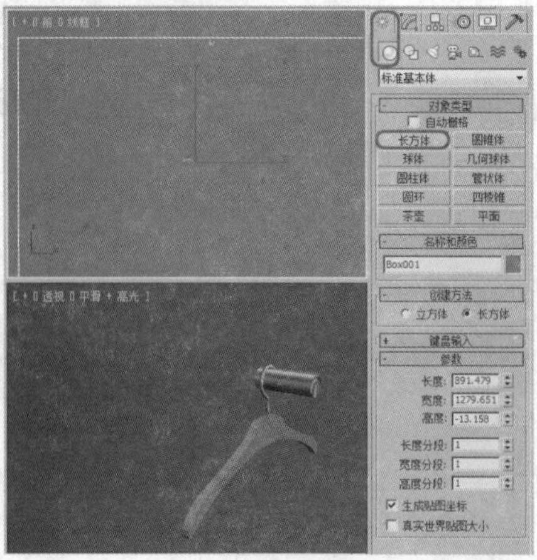

STEP 02 创建完成后，切换至“修改”命令面板，在“参数”卷展栏中将“长度”设置为590，将“宽度”设置690，“高度”设置为0，并调整其位置，如下图所示。

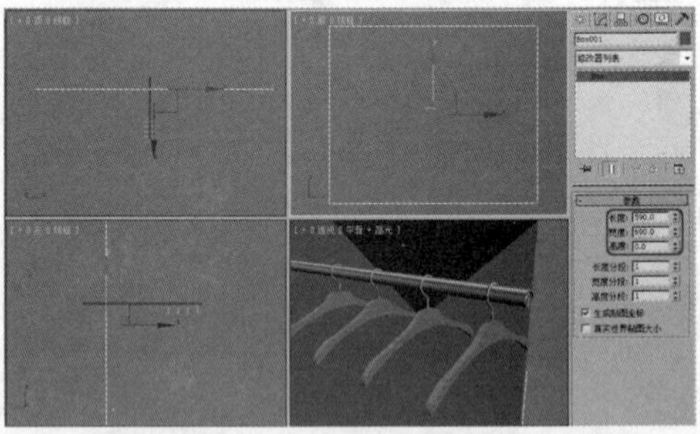

STEP 03 设置完成后，在“修改”命令面板中单击颜色色块，在弹出的对话框中选择白色，如下图所示，单击“确定”按钮。

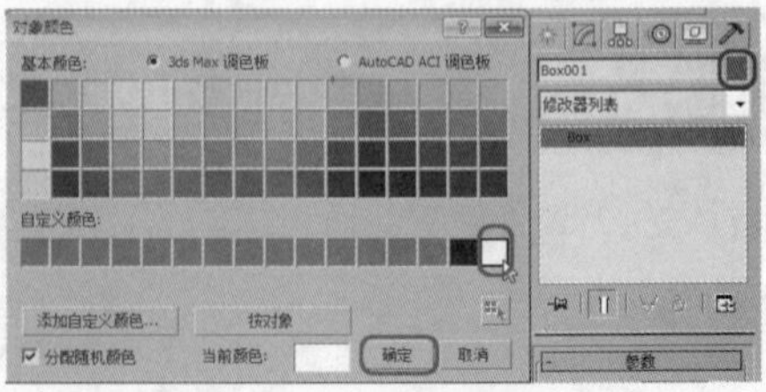

STEP 04 选择“创建” | “摄影机” | “标准” | “目标”工具，在“顶”视图中创建一架摄影机，激活“透”视图，按C键将其转换为“摄影机”视图，并在其他视图中调整其位置，如下图所示。

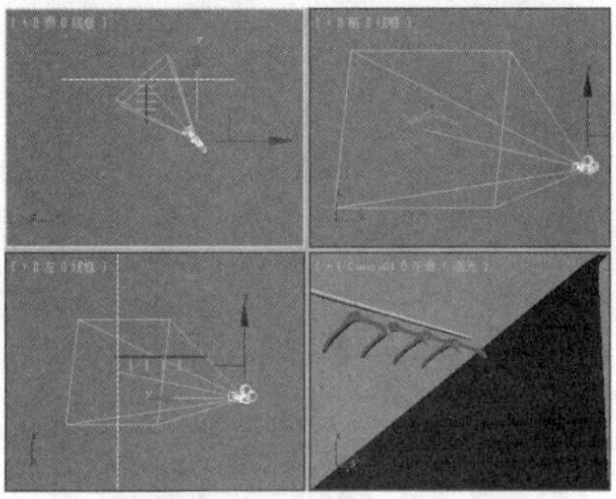

STEP 05 选择“创建” | “灯光” | “标准” | “目标聚光灯”工具，在“前”视图中创建一盏目标聚光灯，如下图所示。

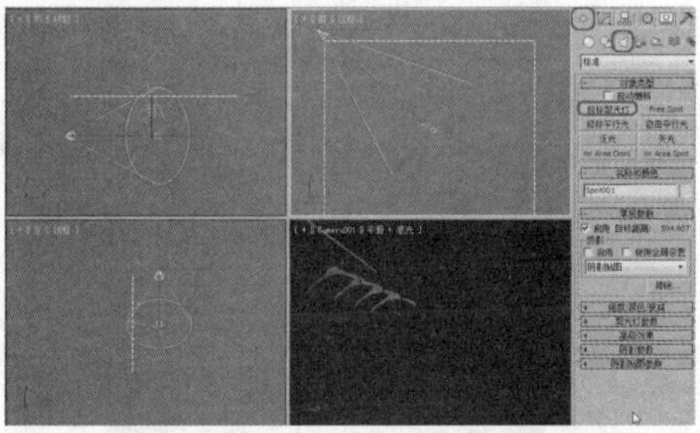

STEP 06 创建完成后，切换至“修改”面板，在“常规参数”卷展栏中，选中“阴影”选项组中的“启用”复选框，将阴影类型设置为“光线跟踪阴影”，在“强度/颜色/衰减”卷展栏中将“倍增”设置为0.8；在“聚光灯参数”卷展栏中，将“光锥”选框中的“聚光区/光束”设置为0.5，将“衰减区/区域”设置为100；在“阴影参数”卷展栏中，将“对象阴影”复选框中的“密度”设置为0.7，如下图所示。

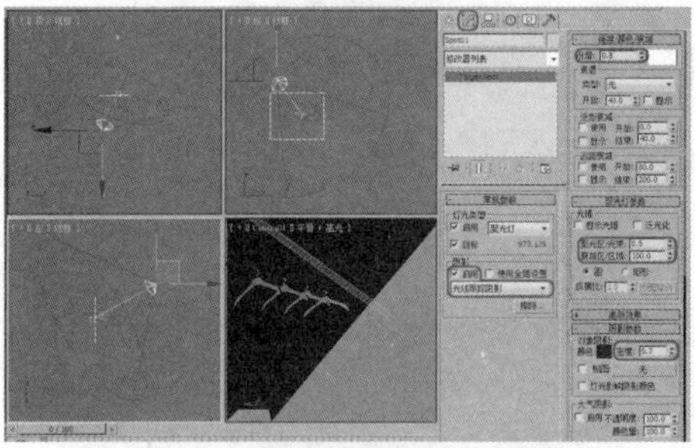

STEP 07 使用同样的方法创建其他灯光，并调整灯光的位置，如下图所示。

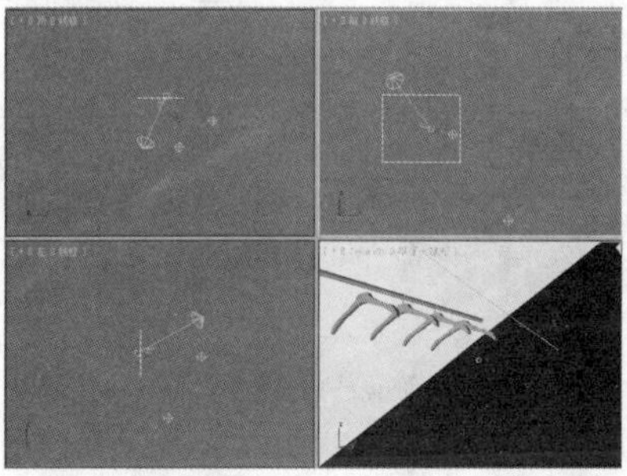

STEP 08 激活“摄影机”视图，按F9键进行渲染，效果如下图所示。

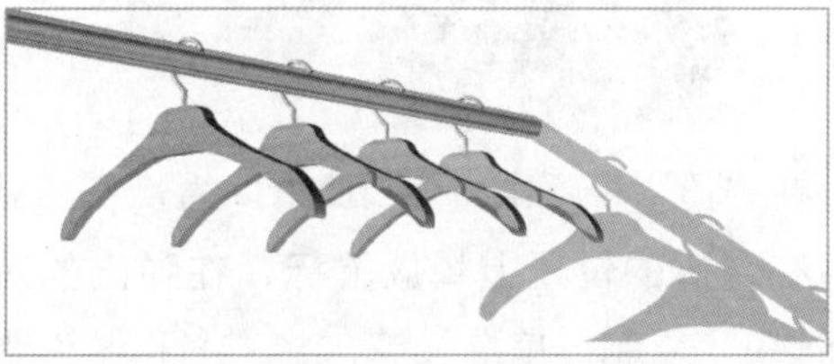

17.3 制作单人沙发

本例介绍如何制作单人沙发，通过本例的学习可以使用户更加熟练地对3ds Max进行操作。

实战操作481 模型的制作

素材：无　　场景：无

难度：★★★★★　　视频：视频\ Cha17\实战操作481.avi

下面介绍模型的制作方法。

STEP 01 启动3ds Max 2013，选择“创建” | “样条线” | “图形” | “线”工具，在“左”视图中绘制一条如下图所示的样条线。

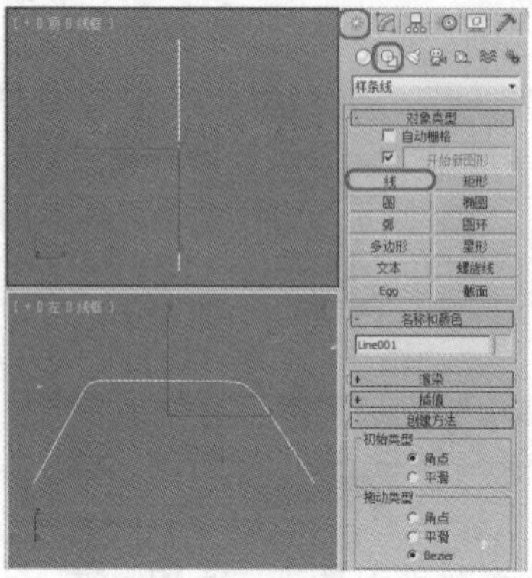

STEP 02 切换至“修改”命令面板，将名称设置为“支架01”。在“渲染”卷展栏中选中“在渲染中启用”和“在视口中启用”复选框，将“厚度”设置为7.087，如下图所示。

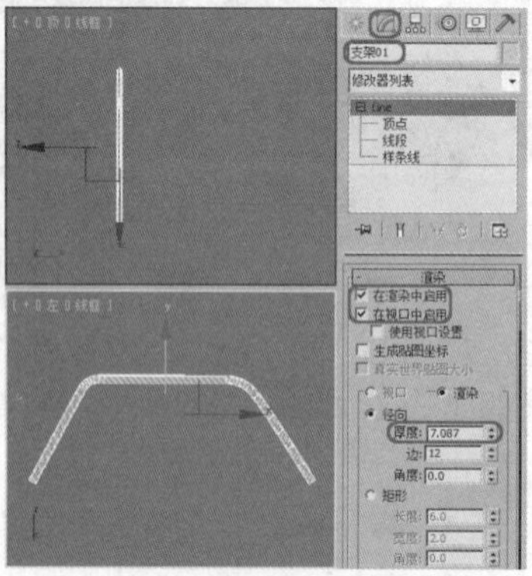

STEP 03 在“顶”视图中按住Shift键向右进行拖动，在合适的位置上释放鼠标，在弹出的对话框中选中“复制”单选按钮，将“名称”设置为“支架02”，如下图所示。

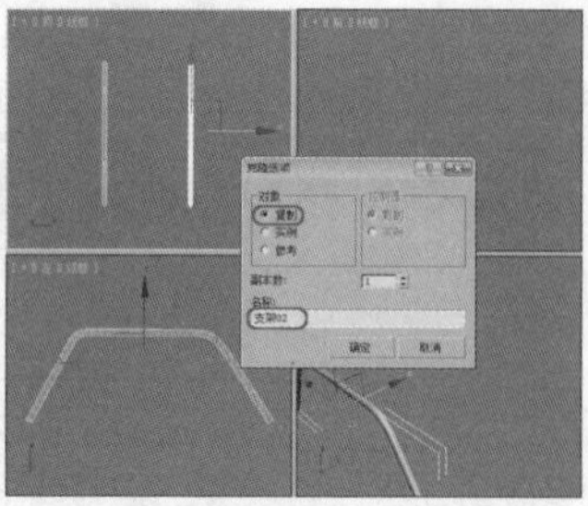

STEP 04 设置完成后，单击“确定”按钮，选择“创建” | “几何体” | “扩展基本体” | “切角圆柱体”工具，在“顶”视图中创建一个切角圆柱体，在“参数”卷展栏中将“半径”、“高度”、“圆角”、“圆角分段”、“边数”分别设置为7、5.7、0.8、6、30，如下图所示。

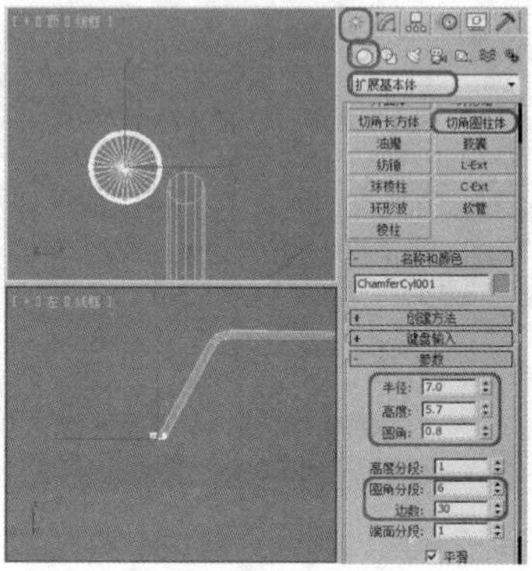

STEP 05 在“顶”视图中按住Shift键向右进行拖动，在合适的位置释放鼠标，在弹出的对话框中选中“复制”单选按钮，将“副本数”设置为3，如下图所示。

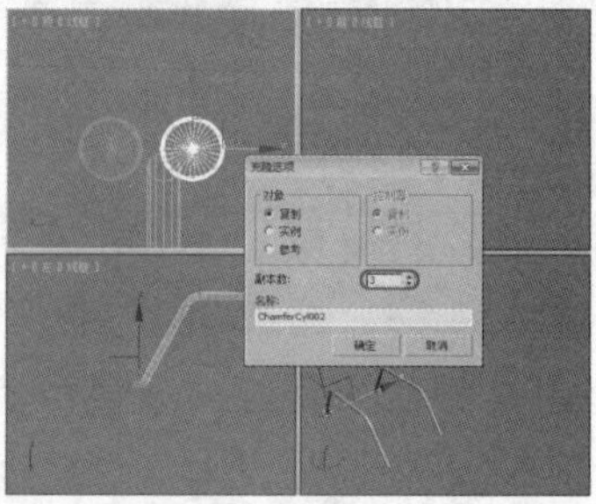

STEP 06 设置完成后，单击“确定”按钮，在视图中调整切角圆柱体的位置，效果如下图所示。

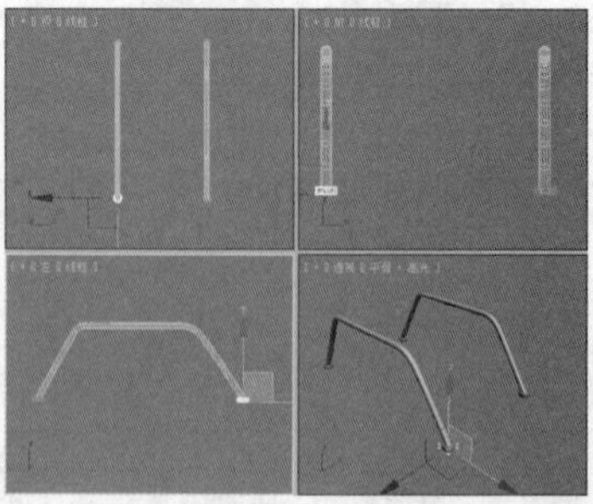

STEP 07 选择“创建” | “图形” | “样条线” | “线”工具，在“左”视图中绘制一条如下图所示的样条线，并在“名称和颜色”卷展栏中将名称设置为“扶手01”，在

“渲染”卷展栏中取消选中“在渲染中启用”和“在视口中启用”复选框，如下图所示。

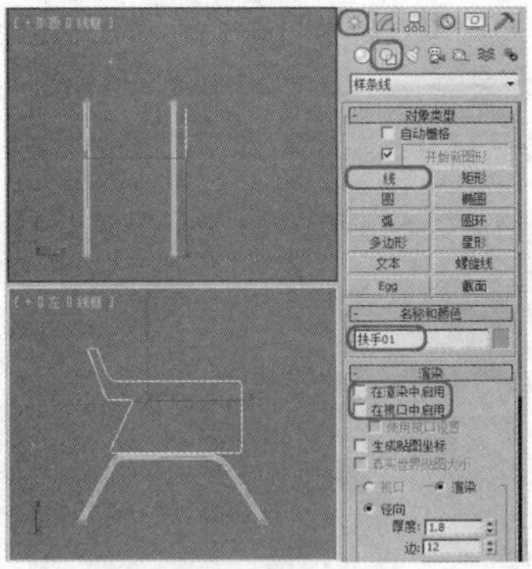

STEP 08 切换至“修改”命令面板，在“修改器列表”中选择“挤出”修改器，在“参数”卷展栏中将“数量”设置为12，如下图所示。

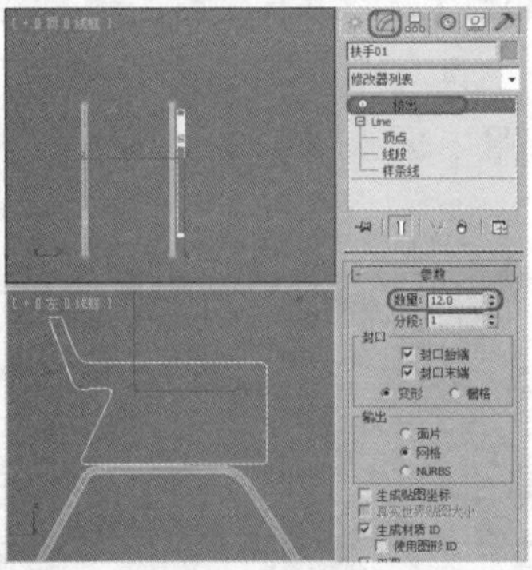

STEP 09 在“修改器列表”中选择“编辑多边形”修改器，将当前选择集定义为“边”，单击“编辑几何体”卷展栏中的“切割”按钮，在视图中对如下图所示的对象进行切割。

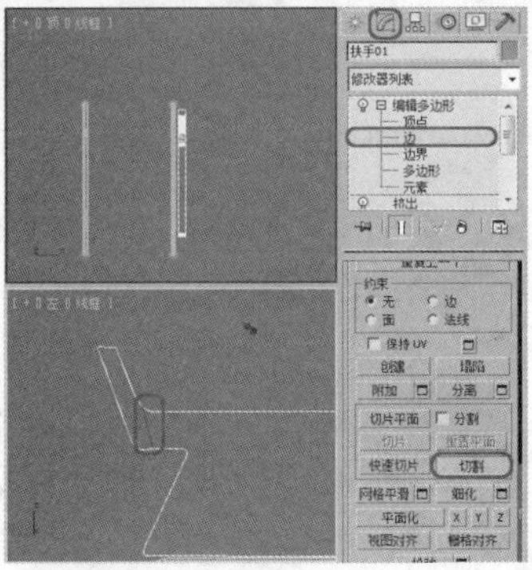

STEP 10 切割完成后，单击“切割”按钮将其关闭，将当前选择集定义为“多边形”，在视图中选择如下图所示的多边形，在“编辑多边形”卷展栏中单击“挤出”按钮，再次单击其右侧的“设置”按钮，将“高度”设置为75，设置完成后单击“确定”按钮，如下图所示。

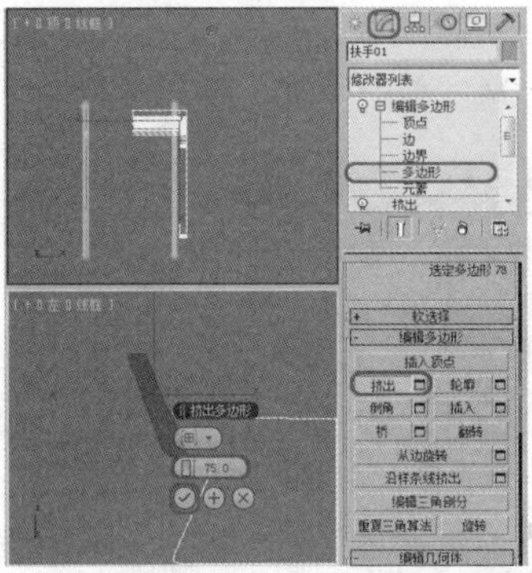

STEP 11 单击“挤出”按钮，将其关闭，然后再关闭当前选择集，在“修改器列表”中选择“UVW贴图”修改器，在“参数”卷展栏中选中“长方体”单选按钮，如下图所示。

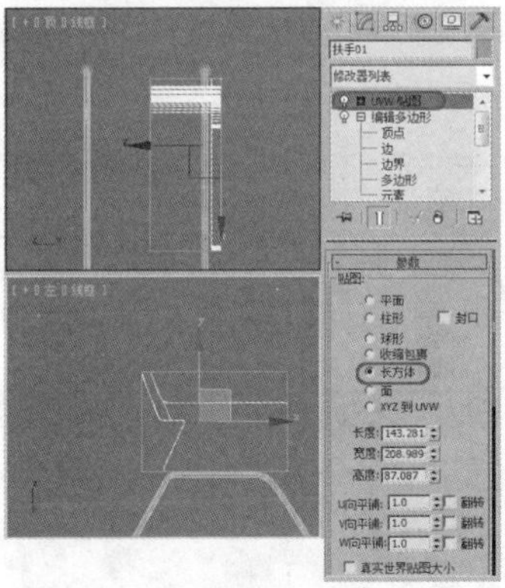

STEP 12 确认该对象处于选中对象，激活“顶”视图，单击“镜像”按钮，在弹出的对话框中选中“X”单选按钮，再选中“复制”单选按钮，将“偏移”设置为-174，如下图所示。

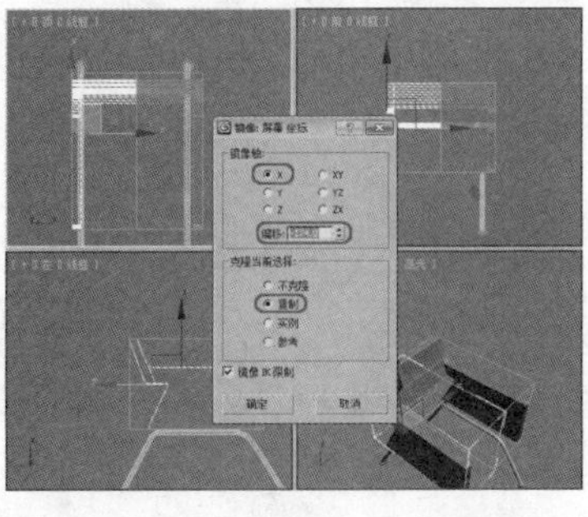

STEP 13 设置完成后，单击“确定”按钮，选择“创建”|“几何体” |“扩展基本体”|

"切角长方体"工具，在"顶"视图中创建一个切角长方体，在"名称和颜色"卷展栏中将名称设置为"坐垫"；在"参数"卷展栏中将"长度"、"宽度"、"高度"、"圆角"分别设置为204、160、30、7，如下图所示。

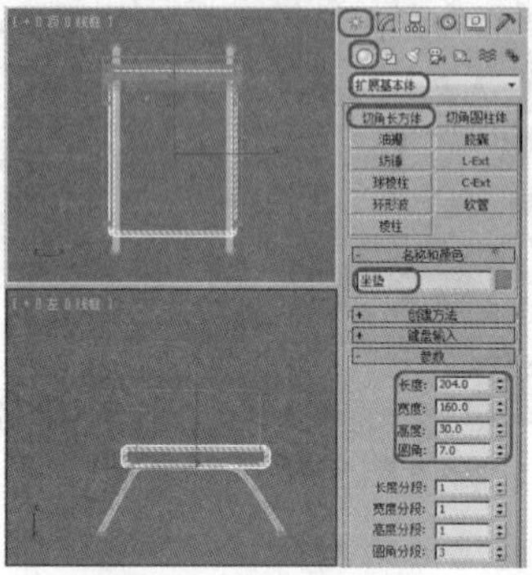

STEP 14 切换至"修改"命令面板，在"修改器列表"中选择"UVW贴图"修改器，在"参数"卷展栏中选中"长方体"单选按钮，如下图所示。

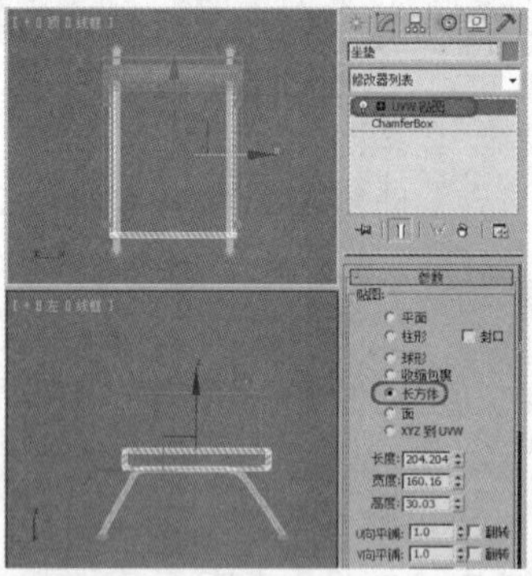

STEP 15 选择"创建"|"几何体"|"标准基本体"|"平面"工具，在"顶"视图中创建一个平面，并将其命名为"地面"，在"参数"卷展栏中将"长度"和"宽度"分别设置为3132、3772，如下图所示。

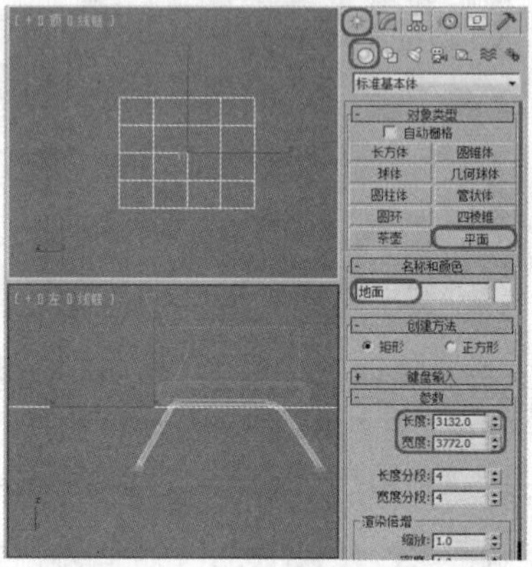

STEP 16 单击工具栏中的"选择并移动"按钮，在视图中调整地面的位置，效果如下图所示。

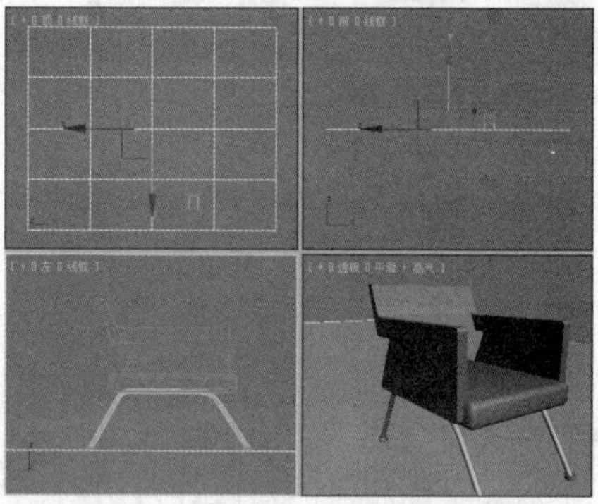

实战操作482 设置材质

素材：无	场景：无
难度：★★★★★	视频：视频\ Cha17\实战操作482.avi

下面介绍如何为制作完成后的模型添加材质，其具体操作步骤如下所述。

STEP 01 继续上一实例的操作，在场景中选择所有支架和切角圆柱体，按M键打开"材质编辑器"对话框，从中选择一个材质样本球，将其命名为"不锈钢"。在"明暗器基本参数"卷展栏中将明暗器类型设置为"（M）金属"，在"金属基本参数"卷展栏中单击"环境光"左侧的C按钮，取消"环境光"与"漫反射"的锁定，将"环境光"的红、绿、蓝值设置为0、0、0，将"漫反射"的红、绿、蓝值设置为255、255、255；在"反射高光"选项组中将"高光级别"和"光泽度”分别设置为100、80，如下图所示。

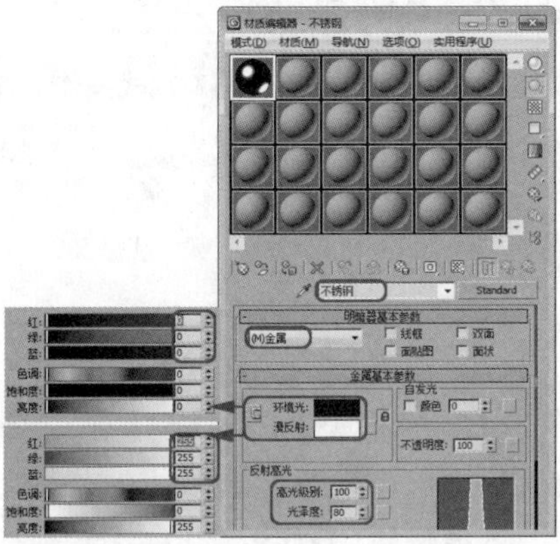

STEP 02 在“贴图”卷展栏中单击“反射”右侧的“None”按钮，在弹出的对话框中双击“位图”，再在弹出的对话框中选择随书附带光盘中的\Map\Bxgmap1.jpg，单击“打开”按钮，在“坐标”卷展栏中选中“环境”单选按钮，将“贴图”类型设置为“收缩包裹环境”，如右图所示。

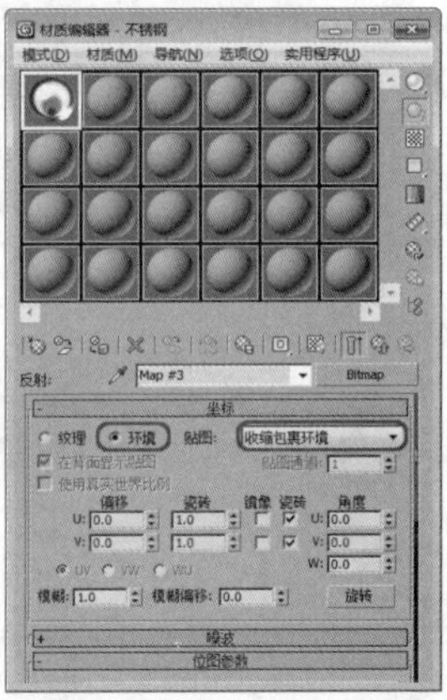

STEP 03 设置完成后，单击“将材质指定给选定对象”按钮，再在场景中选择“坐垫”和所有的“扶手”，在“材质编辑器”对话框中选择一个材质样本球，将其命名为“布料”；在“明暗器基本参数”卷展栏中将明暗器类型设置为“（P）Phong”，在“Phong基本参数”卷展栏中将“自发光”选项组中的“颜色”设置为60；在“反射高光”选项组中将“高光级别”和“光泽度”分别设置为43、40，如右图所示。

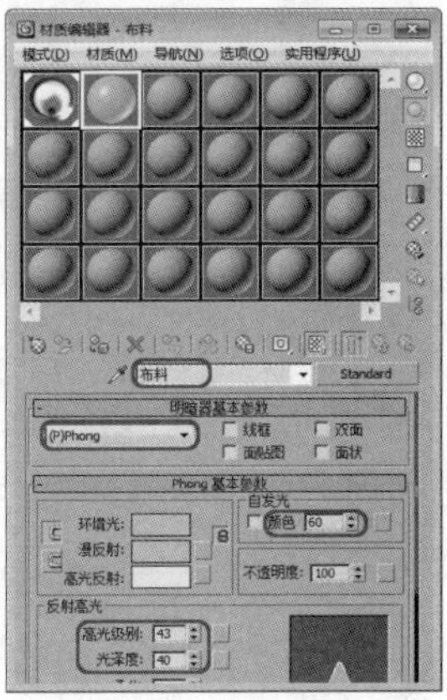

STEP 04 在“贴图”卷展栏中单击“反射”右侧的“None”按钮，在弹出的对话框中双击“位图”，再在弹出的对话框中选择随书附带光盘中的\Map\靠垫.jpg，如下图所示，单击“打开”按钮。

STEP 05 设置完成后，单击“将材质指定给选定对象”按钮，再在场景中选择“地面”，在“材质编辑器”对话框中选择一个材质样本球，将其命名为“地面”，在“Blinn基本参数”卷展栏中将“环境光”的红、绿、蓝值设置为255、255、255；在“自发光”选项组中将“颜色”设置为40，“光泽度”设置为0，如右图所示。

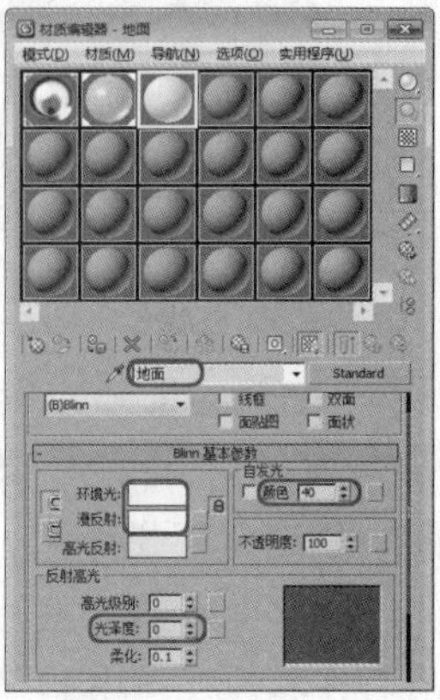

STEP 06 设置完成后，单击“将材质指定给选定对象”按钮，将该对话框关闭，即可在视图中查看指定材质后的效果，如下图所示。

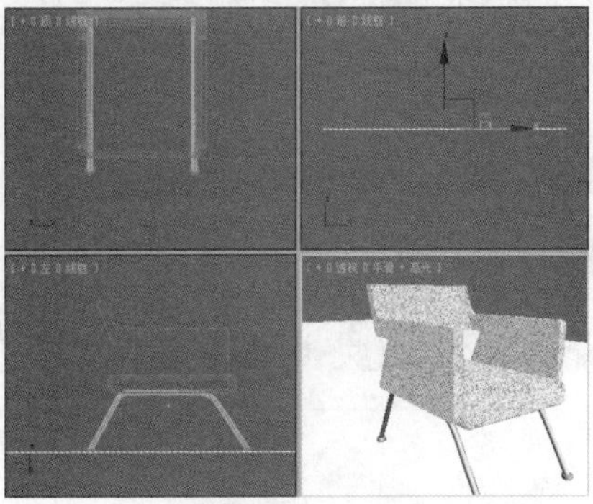

实战操作483 创建灯光和摄影机

素材：无　　场景：Scene\Cha17\实战操作483.max

难度：★★★★★　　视频：视频\Cha17\实战操作483.avi

下面介绍如何创建灯光与摄影机，其具体操作步骤如下所述。

STEP 01 选择“创建” | “灯光” | “标准” “天光”工具，在“顶”视图中创建一盏天光，在“天光参数”卷展栏中选中“投射阴影”复选框，如下图所示。

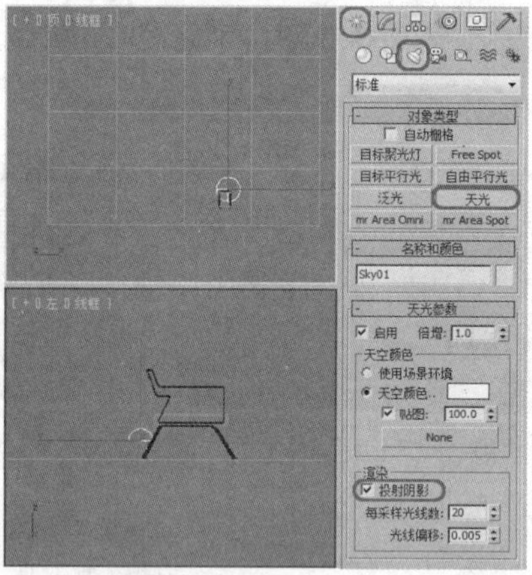

STEP 02 选择“创建” | “摄影机” | “标准” | “目标”摄影机工具，在“顶”视图中创建一架摄影机，激活“透”视图，并按的C键，将当前视图转换为“摄影机”视图，最后在其他视图中调整其位置，如下图所示。

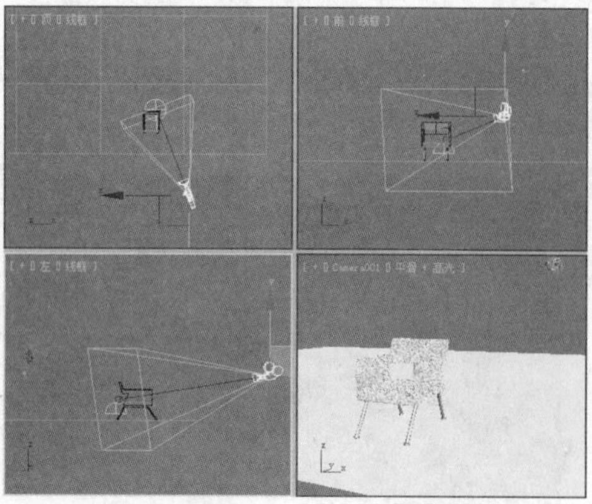

STEP 03 按8键，在弹出的“环境和效果”对话框中选择“环境”选项卡，在“公用参数”卷展栏中将“背景”选项组中“颜色”的红、绿、蓝值设置为255、255、255，如下图所示。

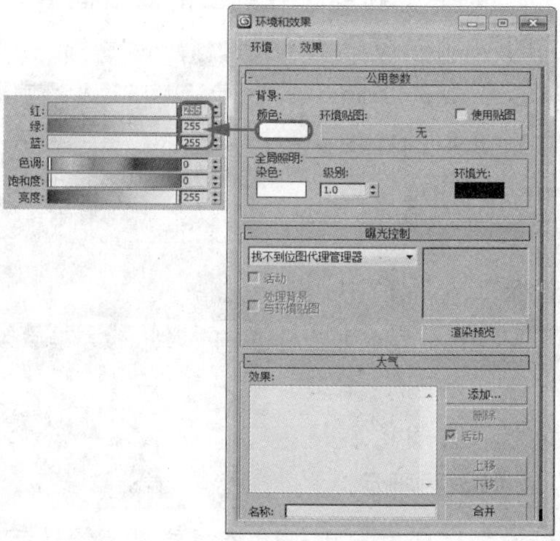

STEP 04 按F9键进行快速渲染，效果如下图所示，对完成后的场景保存即可。

Chapter 18

第18章 动画制作入门练习

使用 3ds Max可以为各种应用创建3D计算机动画，为计算机游戏设置角色或汽车的动画，或为电影或广播设置特殊效果的动画。还可以创建用于严肃场合的动画，如医疗手册或法庭上的辩护陈述。无论设置动画的原因何在，都会发现 3ds Max提供了一个功能强大的环境，可以实现各种目的。

3ds Max 2013

18.1 粒子动画

粒子动画主要是在使用程序方法为大量小型对象设置动画时使用粒子系统，例如创建雪、喷射、超级喷射，这些动画的制作与时间、速度的关系非常紧密。下面主要介绍飘雪、下雨、太阳耀斑、礼花的的制作方法。

实战操作484 粒子系统——飘雪

素材：无　　场景：Scene \Cha18\实战操作484.max

难度：★★★★★　　视频：视频\ Cha18\实战操作484.avi

在3ds Max中，可以根据需要制作飘雪效果，其操作步骤如下所述。

STEP 01 启动3ds Max 2013，选择“创建” | “几何体” | “粒子系统” | “雪”工具，在“顶”视图中创建一个雪粒子系统发射器，如下图所示。

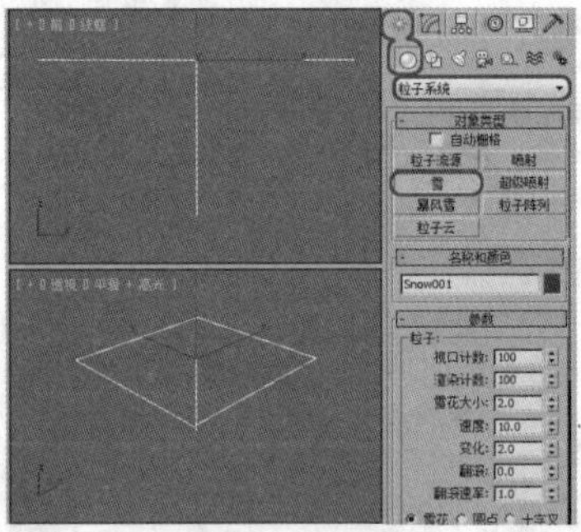

STEP 02 切换至“修改”命令面板，在“参数”卷展栏中将“视口计数”、“渲染计数”、“雪花大小”、“速度”、“变化”分别设置为1500、1500、1.5、8.5、2；在“渲染”选项组中选中“面”单选按钮，如下图所示。

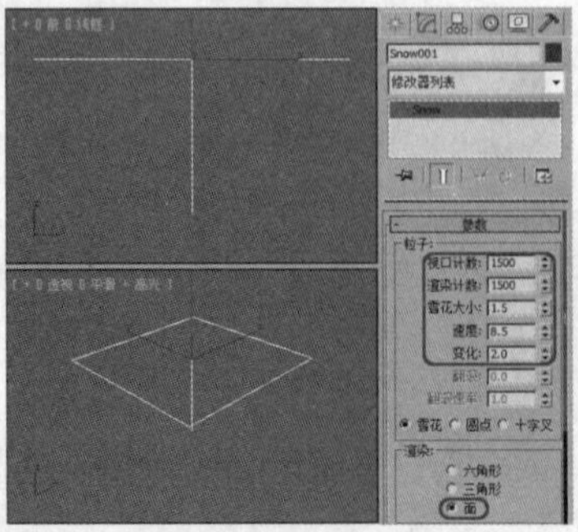

STEP 03 再在“计时”选项组中将“开始”、“寿命”分别设置为-60、100；在“发射器”选项组中将“宽度”、“长度”均设置为400，如下图所示。

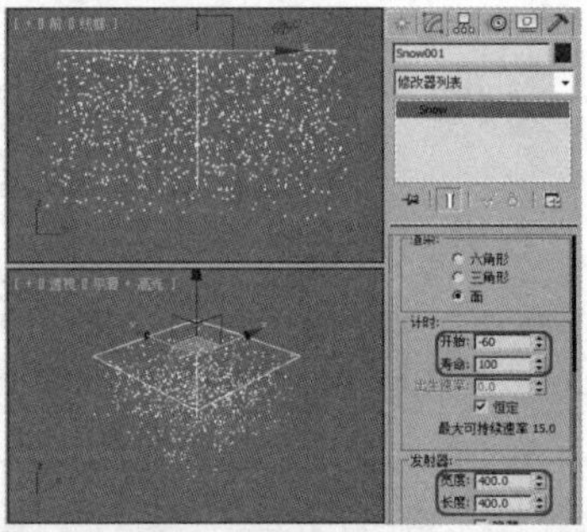

STEP 04 选择创建的粒子系统发射器，按M键打开“材质编辑器”，在该对话框中选择一个材质样本球，将其命名为“雪粒子”。在“Blinn基本参数”卷展栏中将“环境光”的红、绿、蓝值设置为45、45、45；在“自发光”选项组中选中“颜色”复选框，并将其右侧色块的红、绿、蓝值设置为196、196、196，如右图所示。

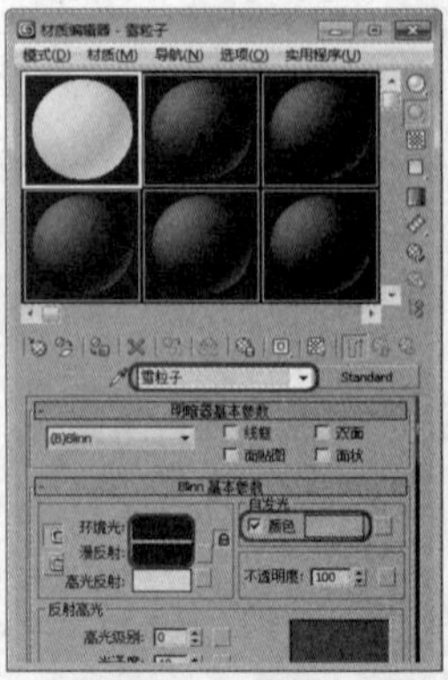

STEP 05 在“贴图”卷展栏中单击“不透明

度”右侧的“None”按钮，在弹出的对话框中选择“渐变坡度”，如下图所示。

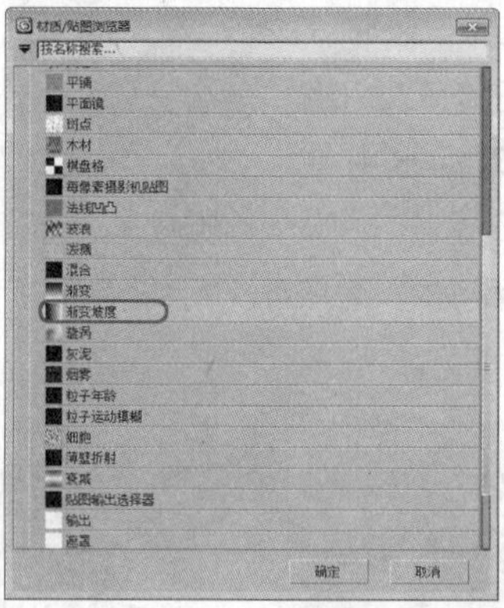

STEP 06 单击“确定”按钮，在“渐变坡度参数”卷展栏中将“渐变类型”设置为“径向”，“插值”设置为“线性”，如右图所示。

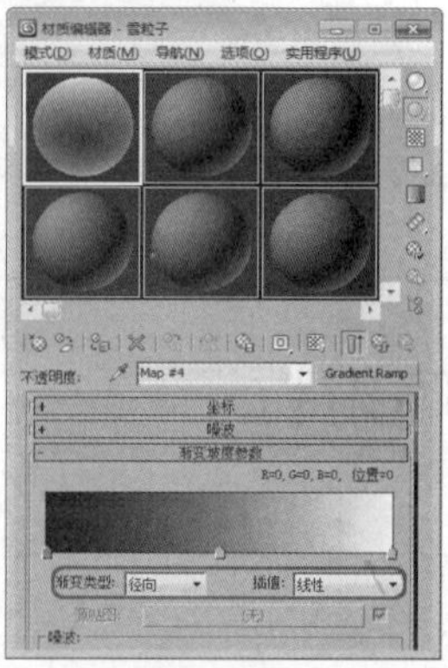

STEP 07 再在“输出”卷展栏中选中“反转”复选框，如右图所示。

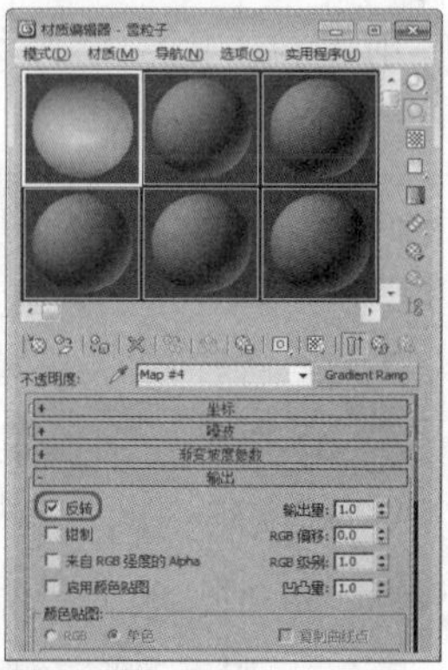

STEP 08 单击“转到父对象”按钮，再单击“将材质指定给选定对象”按钮，将该对话框关闭，在菜单栏中执行“渲染”|“环境”命令，如右图所示。

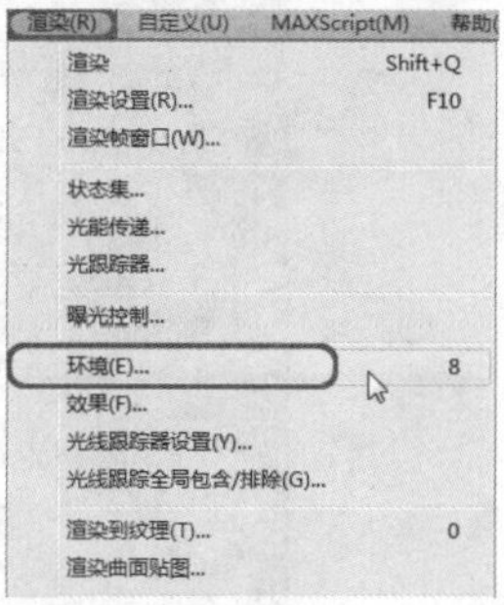

STEP 09 在弹出的对话框中选择“环境”选项卡，在“公用参数”卷展栏中单击“无”按钮，在弹出的对话框中选择“位图”，如下图所示。

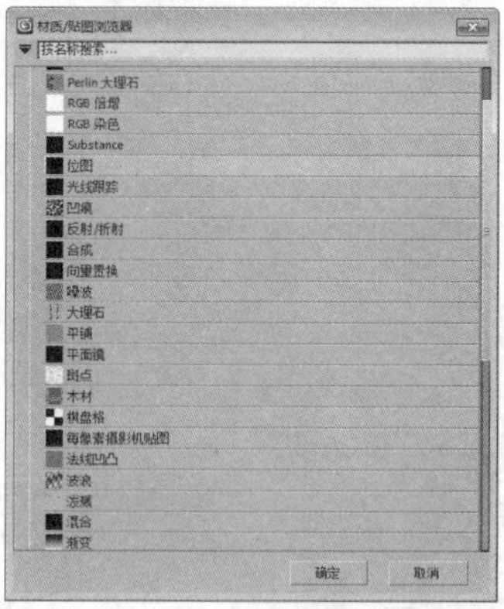

STEP 10 单击“确定”按钮，在弹出的对话框中选择随书附带光盘中的\Map\雪.jpg，单击“打开”按钮，即可将其添加到“环境和效果”对话框中，如右图所示。

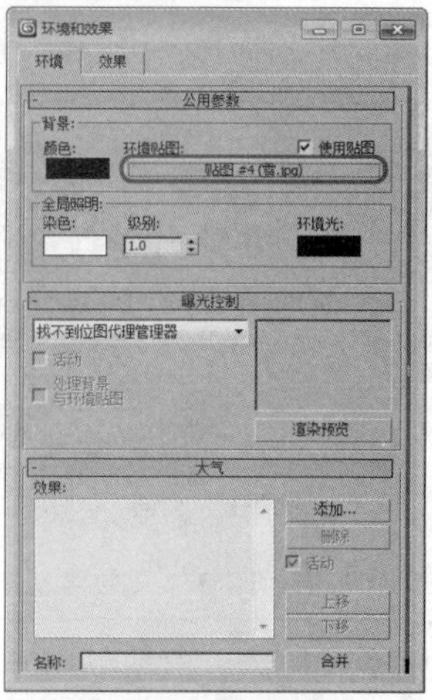

STEP 11 按F10键打开“渲染设置”对话框，在该对话框中选择“公用”选项卡，在“公用参数”卷展栏中选中“活动时间段”单选按钮；在“输出大小”选项组中将“宽度”、“高度”分别设置为640、480，如右图所示。

STEP 12 再在“渲染输出”选项组中单击“文件”按钮，在弹出的对话框中为渲染输出的文

件制定输出路径，输入文件名，将“保存类型”设置为：AVI文件（*.avi），如下图所示。

STEP 13 设置完成后，单击“保存”按钮，即可弹出“AVI文件压缩设置”对话框，在此使用其默认参数，如右图所示。

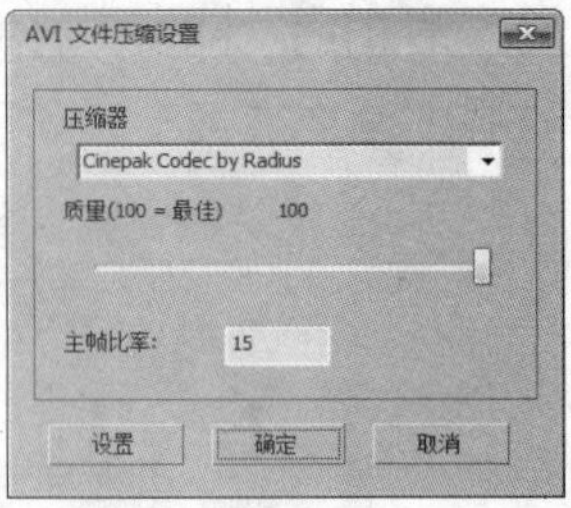

STEP 14 单击“确定”按钮，在“渲染设置”对话框中单击“渲染”按钮进行渲染，效果如下图所示。渲染完成后，将场景进行保存即可。

实战操作485 喷射粒子——下雨

素材：无　　场景：Scene \Cha18\实战操作485.max

难度：★★★★★　　视频：视频\Cha18\实战操作485.avi

本例介绍下雨效果的制作，该例是通过使用“喷射”粒子系统来表现下雨效果的，然后为其设置运动模糊，产生雨雾的效果。

STEP 01 重置一个新的3ds Max场景，选择“创建”　|“几何体”　|“粒子系统”|“喷射”工具，在“顶”视图中创建一个“喷射”粒子系统，如下图所示。

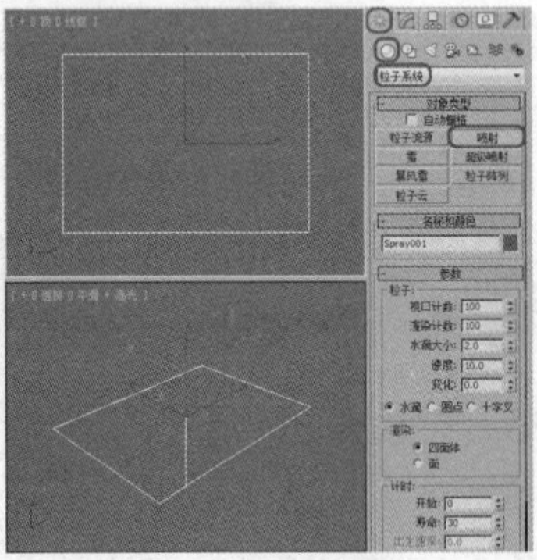

STEP 02 切换到“修改”命令面板，在“参数”卷展栏中，将“粒子”选项组中的“视口计数”、“渲染计数”、“水滴大小”和“速度”的参数分别设置为36000、36000、2、20；将“计时”选项组中的“开始”和“寿命”的参数分别设置为-50、400；将“发射器”选项组中的“宽度”和“长度”的参数均设置为350，如下图所示。

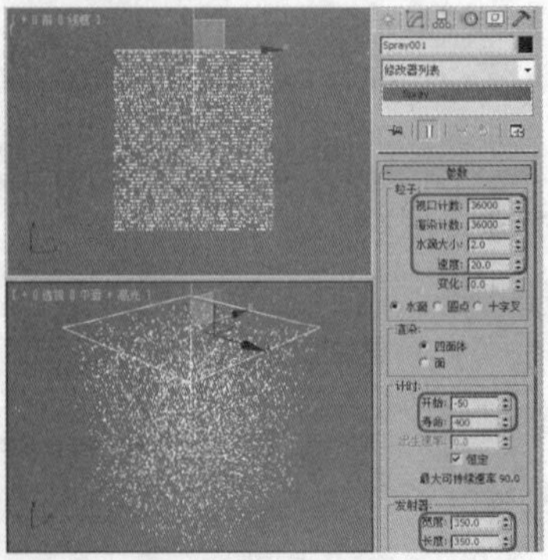

STEP 03 在工具栏中单击“材质编辑器”按钮，打开“材质编辑器”对话框，选择一个新的材质样本球。在“Blinn基本参数”卷展栏中，将“环境光”和“漫反射”的红、绿、蓝值设置为230、230、230；选择“自发光”选项组中的“颜色”复选框，并将其红、绿、蓝值设置为240、240、240；将“反射高光”选项组中的“高光级别”和“光泽度”均设置为0，如下图所示。

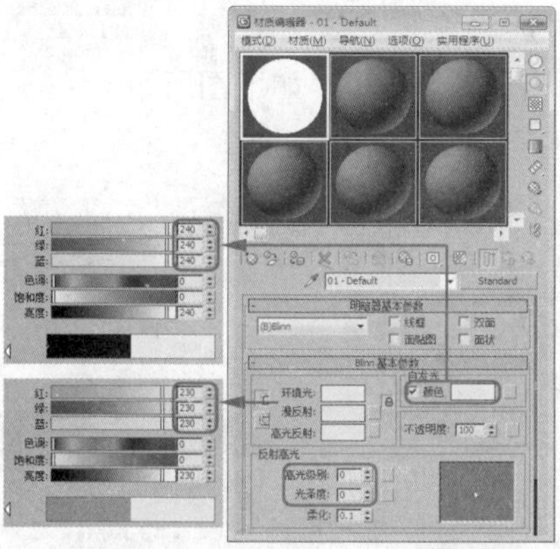

STEP 04 打开“扩展参数”卷展栏，在“衰减”选项中选中“外”单选按钮，将“数量”设置为100，然后单击“将材质指定给选定对象”按钮，将材质指定给创建的粒子系统，如右图所示。

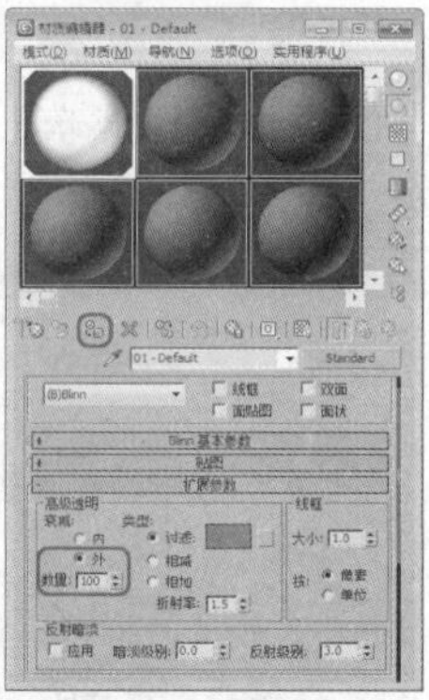

STEP 05 选择创建的粒子系统并右击鼠标，在弹出的快捷菜单中执行“对象属性”命令，如下图所示。

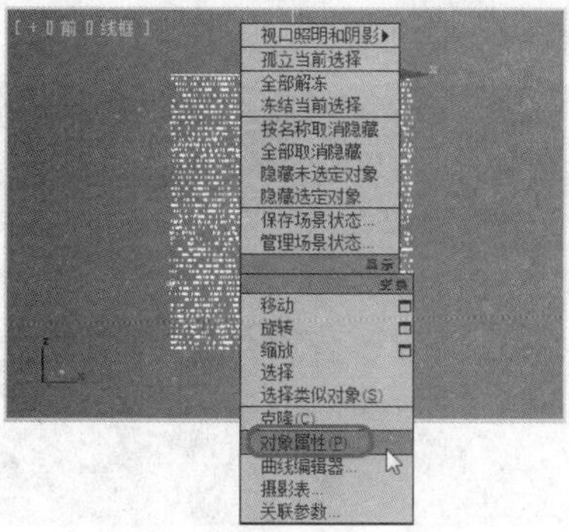

STEP 06 在弹出的“对象属性”对话框中选择“常规”选项卡，在“运动模糊”选项组中选中“图像”单选按钮，并将“倍增”设置为1.8，如下图所示。

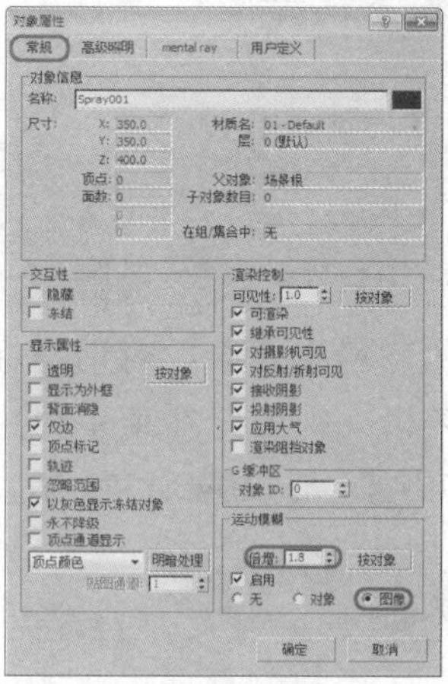

STEP 07 单击“确定”按钮，然后选择“创建”|“摄影机”|“标准”|“目标”工具，在“顶”视图中创建一架摄影机，激活“透”视图，按C键将其转换为“摄影机”视图，并在其他视图中调整摄影机的位置，效果如下图所示。

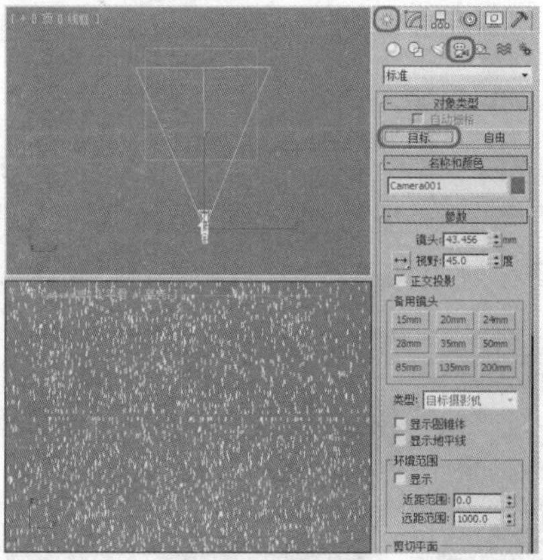

STEP 08 在菜单栏中执行“渲染”|“环境”命令，弹出“环境和效果”对话框，在“公用参数”卷展栏中单击“环境贴图”下的“无”按钮，在打开的“材质/贴图浏览器”对话框中双击“位图”贴图，然后在弹出的“选择位图图像文件”对话框中选择随书附带光盘中的\Map\下雨背景.jpg文件，单击“打开”按

钮，如下图所示。

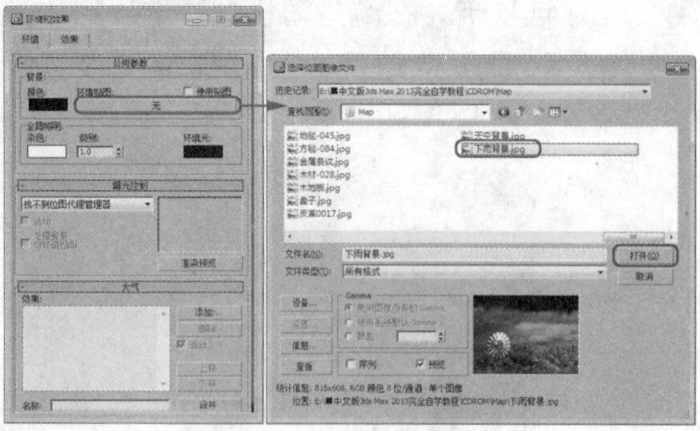

STEP 09 关闭“环境和效果”对话框，然后激活“摄影机”视图，在菜单栏中执行“视图”|“视口背景”|“环境背景”命令，如下图所示。

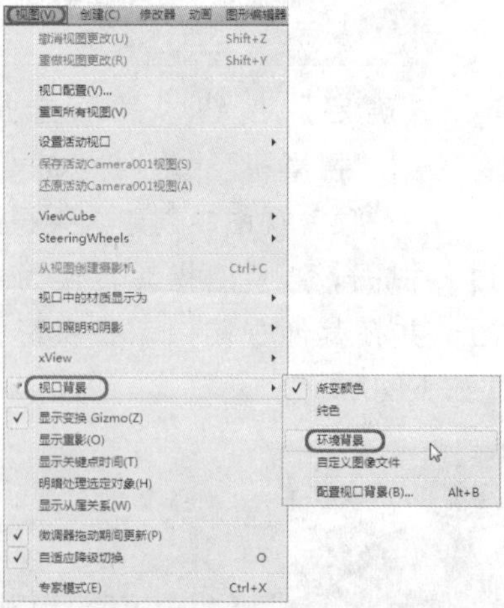

STEP 10 即可在“摄影机”视图中显示出背景贴图，效果如下图所示。

STEP 11 单击工具栏中的“渲染设置”按钮，弹出“渲染设置”对话框，在“公用参数”卷展栏中，选中“时间输出”选项组中的“活动时间段”单选按钮；在“输出大小”选项组中将渲染尺寸设置为640×480，如右图所示。

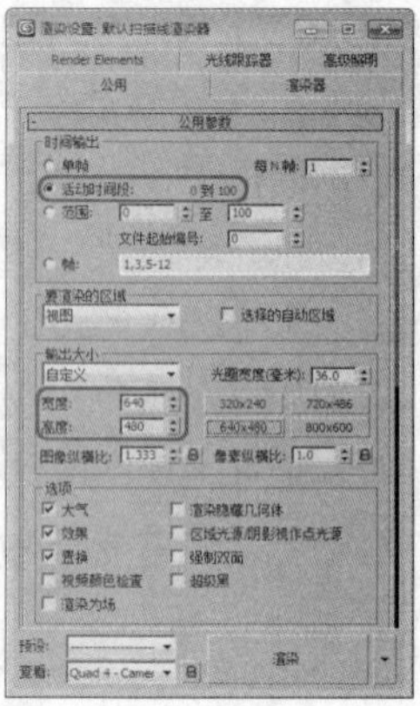

STEP 12 单击“渲染输出”选项组中的“文件”按钮，弹出“渲染输出文件”对话框，在该对话框中选择动画的输出路径，并设置“保存类型”为AVI文件（*.avi），设置“文件名”为实战操作485，如下图所示。

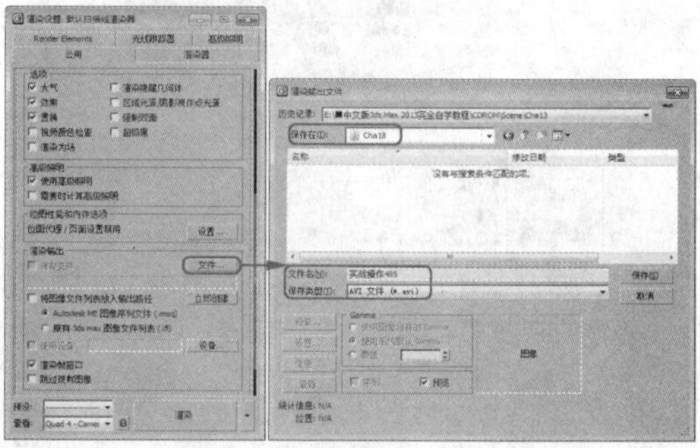

STEP 13 单击“保存”按钮，弹出“AVI文件压缩设置”对话框，在该对话框中使用默认设置，如下图所示。

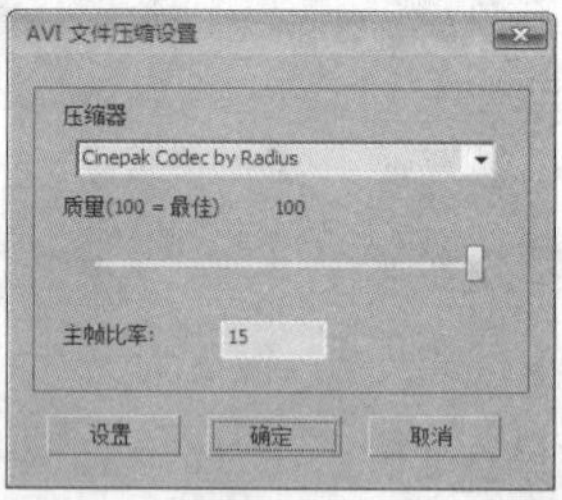

STEP 14 单击“确定”按钮，返回“渲染设置”对话框，然后单击“渲染”按钮开始渲染动画，效果如下图所示。

实战操作486 镜头光斑——太阳耀斑

素材：无　　场景：Scene \Cha18\实战操作486.max

难度：★★★★★　　视频：视频\Cha18\实战操作486.avi

本例介绍太阳耀斑效果的制作，该例使用泛光灯作为产生镜头光斑的光源，并通过使用“视频后期处理”对话框中的“镜头效果光斑特效”过滤器来产生耀斑效果。

STEP 01 重置一个新的3ds Max场景，在菜单栏中执行“渲染”|“环境”命令，弹出“环境和效果”对话框，在“公用参数”卷展栏中单击“环境贴图”下的“无”按钮，如右图所示。

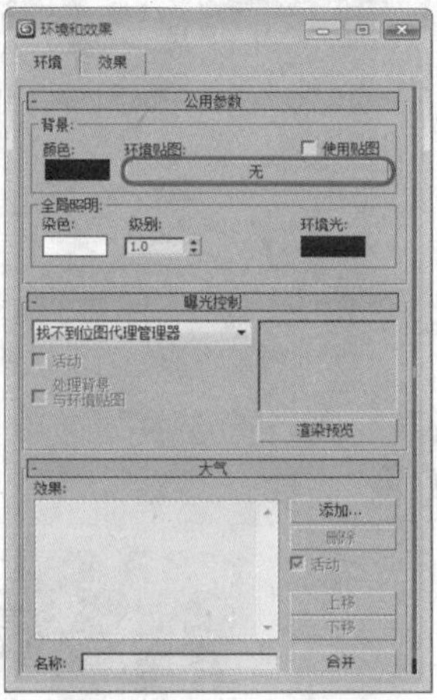

STEP 02 在弹出的“材质/贴图浏览器”对话框中双击“位图”贴图，然后在弹出的“选择位图图像文件”对话框中选择随书附带光盘中的\Map\太阳耀斑背景.jpg文件，单击“打开”按钮，如下图所示。

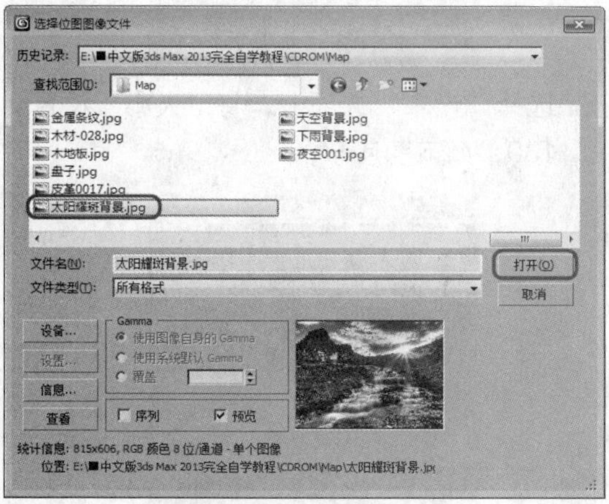

STEP 03 关闭“环境和效果”对话框，然后激活“透”视图，在菜单栏中执行“视图”|“视口背景”|“环境背景”命令，如下图所示，即可在“透”视图中显示出背景贴图。

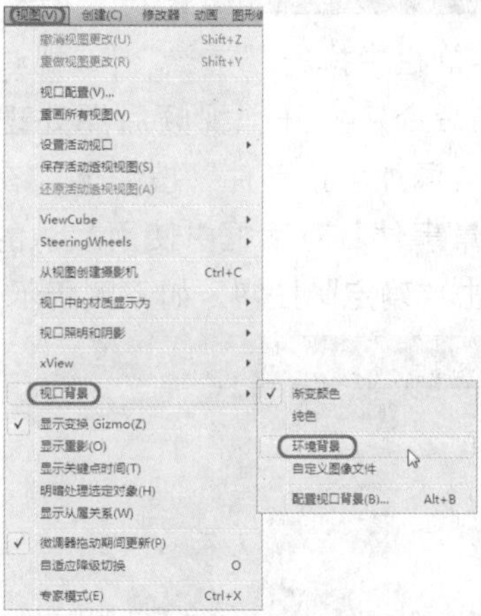

STEP 04 选择“创建”|“摄影机”|“标准”|“目标”工具，在“顶”视图中创建一架摄影机，激活“透”视图，按C键将该视图转换为“摄影机”视图，并在其他视图中调整摄影机的位置，如下图所示。

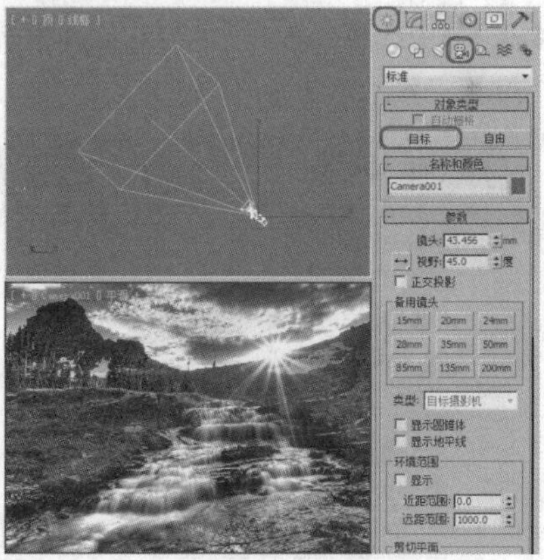

STEP 05 选择“创建”|“灯光”|“标准”|“泛光”工具，在“顶”视图中创建一盏泛光灯，然后在其他视图中调整灯光的位置，

如下图所示。

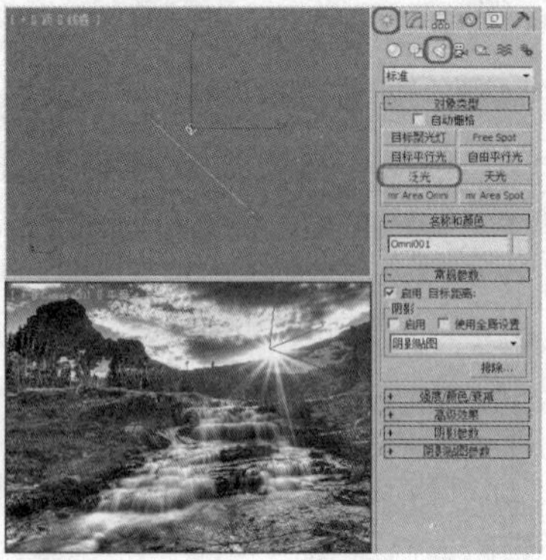

STEP 06 在菜单栏中执行“渲染”|“视频后期处理”命令，打开“视频后期处理”对话框，单击“添加场景事件”按钮，在打开的“添加场景事件”对话框中使用默认的摄影机视图，单击“确定”按钮，如下图所示。

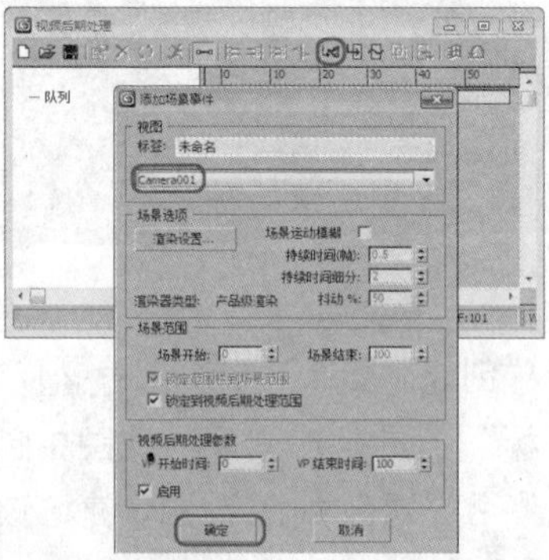

STEP 07 返回到“视频后期处理”对话框中，单击“添加图像过滤事件”按钮，在打开的对话框中选择过滤器列表中的“镜头效果光斑”过滤器，单击“确定”按钮，如下图所示。

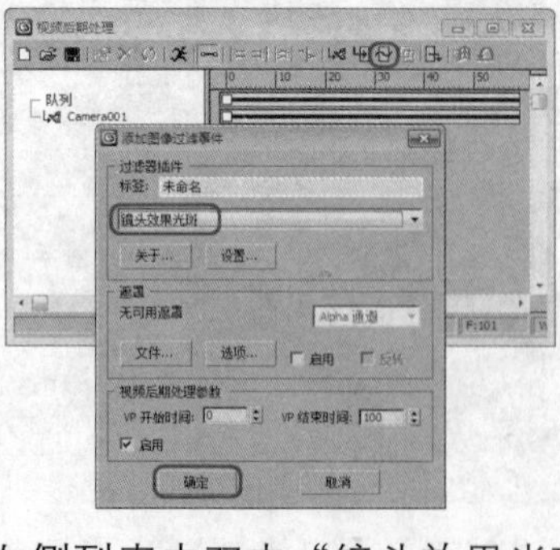

STEP 08 在左侧列表中双击“镜头效果光斑”过滤器，在打开的对话框中单击“设置”按钮，再在打开的“镜头效果光斑”对话框中单击“VP队列”和“预览”按钮，将“镜头光斑属性”选项组中的“大小”、“角度”和“强度”分别设置为20、90和60，单击“节点源”按钮，在打开的对话框中选择“Omni001”，单击“确定”按钮，将泛光灯作为发光源，如下图所示。

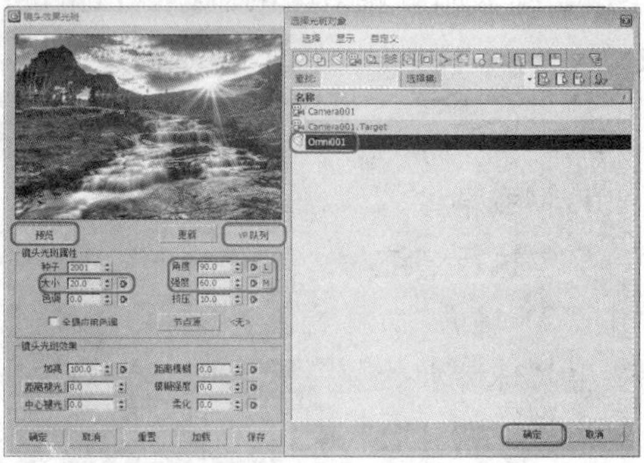

STEP 09 在“首选项”选项卡中选中下图所示的复选框。

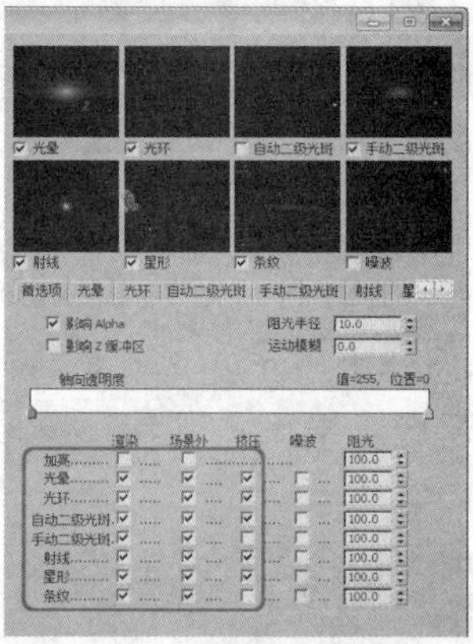

STEP 10 选择“光晕”选项卡，将“大小”设置为130，如下图所示。

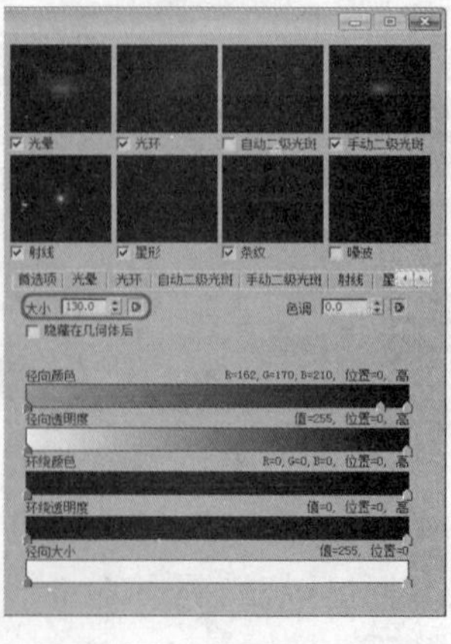

STEP 11 选择“自动二级光斑”选项卡，将“最小”、“最大”和“数量”分别设置为9、50和8，将“径向颜色”右侧的色标的红、绿、蓝值设置为255、85、85，如下图所示。

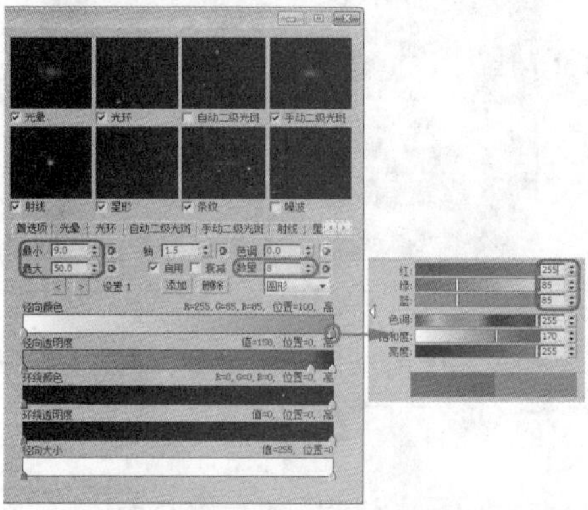

STEP 12 选择“条纹”选项卡，将“大小”、“角度”、“宽度”和“锐化”分别设置为150、180、8和10，如下图所示。

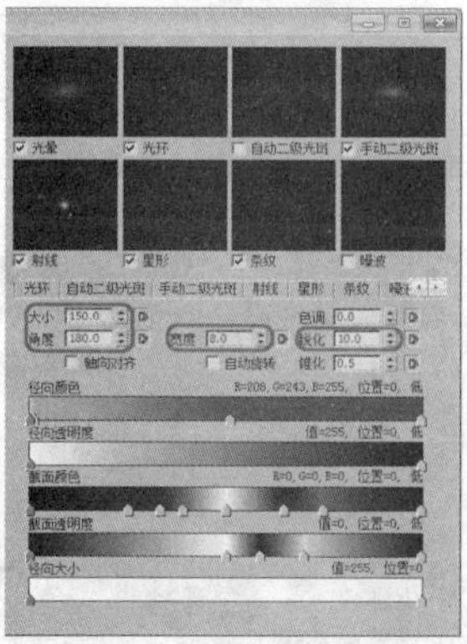

STEP 13 完成镜头光斑参数的设置后，单击“确定”按钮，返回到“视频后期处理”对话框中，单击“添加图像输出事件”按钮，弹出“添加图像输出事件”对话框，如下图所示。

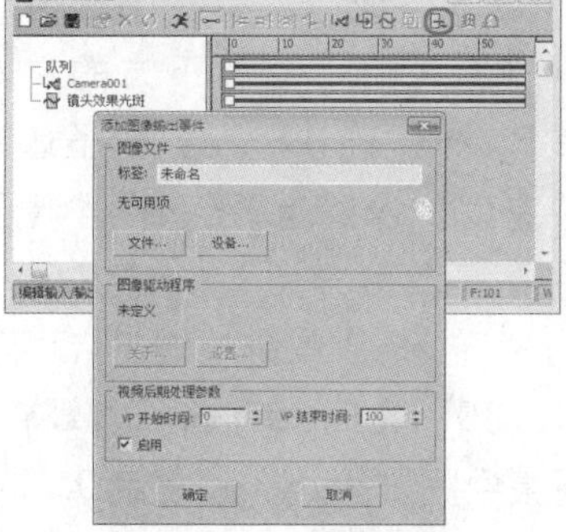

STEP 14 单击“文件”按钮，在弹出的“为视频后期处理输出选择图像文件”对话框中设置输出路径及文件名，并将“保存类型”设置为TIF图像文件，单击“保存”按钮，如下图所示。

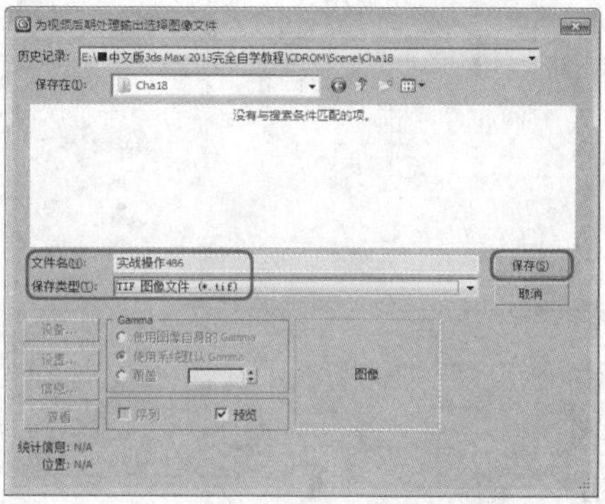

STEP 15 弹出“TIF 图像控制”对话框，在该对话框中使用默认设置，单击“确定”按钮即可，如下图所示。

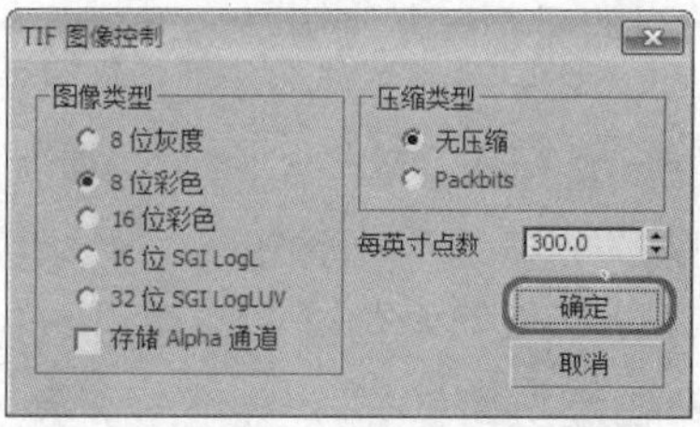

STEP 16 返回到“添加图像输出事件”对话框中，此时会在该对话框中显示出文件的输出路径，然后单击“确定”按钮，如下图所示。

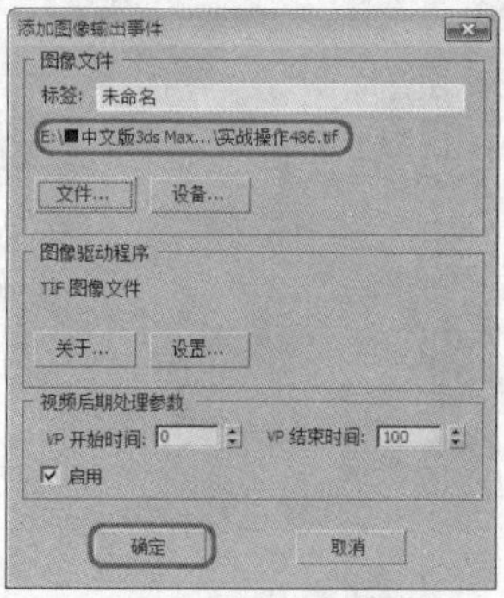

STEP 17 返回到“视频后期处理”对话框，在该对话框中单击“执行序列”按钮，打开“执行视频后期处理”对话框，在“时间输出”选项组中选中“单个”单选按钮；在“输出大小”选项组中将“宽度”和“高度”分别

设置为800和600，如下图所示。

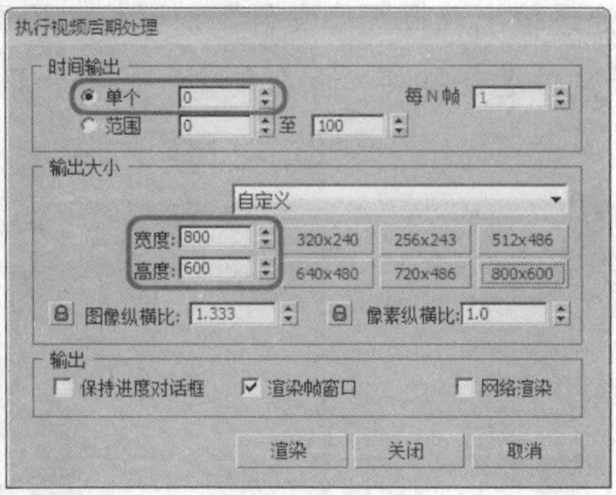

STEP 18 然后单击“渲染”按钮，渲染完成后的效果如下图所示。

实战操作487 粒子系统——烟花

素材：无　　场景：Scene \Cha18\实战操作487.max

难度：★★★★★　　视频：视频\Cha18\实战操作487.avi

本例介绍一个烟花绽放动画的制作，其具体操作步骤如下所述。

STEP 01 启动3ds Max 2013，选择“创建”![] |“几何体”![] |“粒子系统”|“超级喷射”工具，在“顶”视图中创建一个超级喷射粒子系统，并命名为“烟花01”，如下图所示。

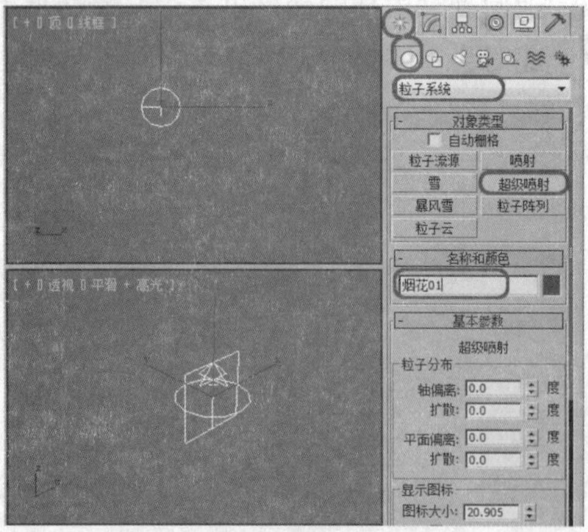

STEP 02 切换至“修改”命令面板，在“基本参数”卷展栏中分别将“轴偏离”和“平面偏离”选项下的“扩散”设置为180和90，按Enter键确认；将“显示图标”选项组中的“图标大小”设置为25，按Enter键确认；在“视口显示”选项组中选中“网格”单选按钮，将“粒子数百分比”设置为100%，按Enter键确认，如下图所示。

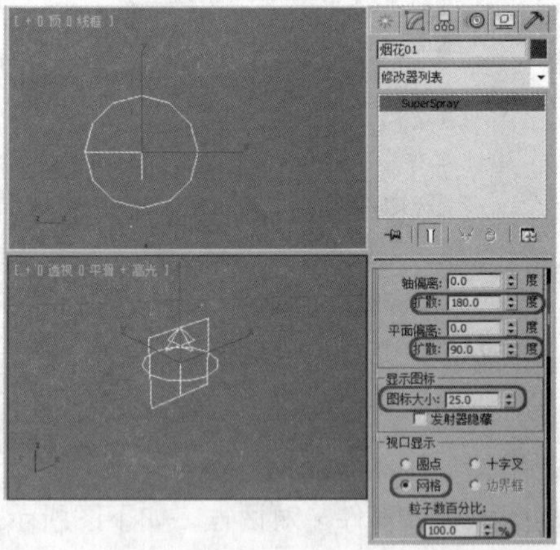

STEP 03 在“粒子生成”卷展栏中选中“使用总数”单选按钮，在其下方的文本框中输入20，按Enter键确认。在“粒子运动”选项组中将“速度”设置为0.7；在“粒子计时”选项组中将“发射开始”、“发射停止”、“显示时限”和“寿命”分别设置为20、20、100、30，按Enter键确认；将“粒子大小”选项组中的“大小”设置为0.7，按Enter

键确认，如下图所示。

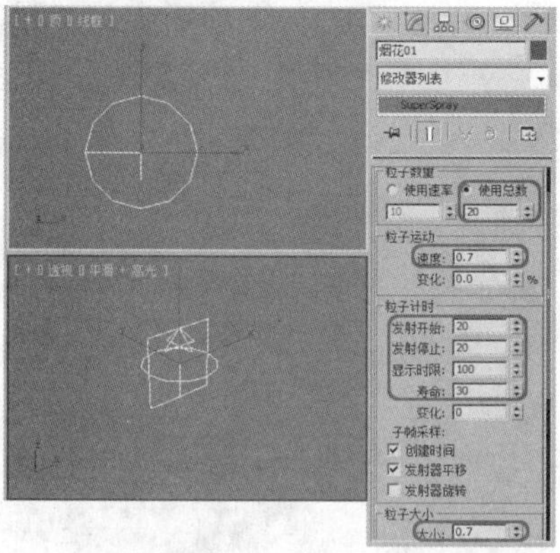

STEP 04 在“粒子类型”卷展栏中选中“标准粒子”选项组中的“立方体”单选按钮，如下图所示。

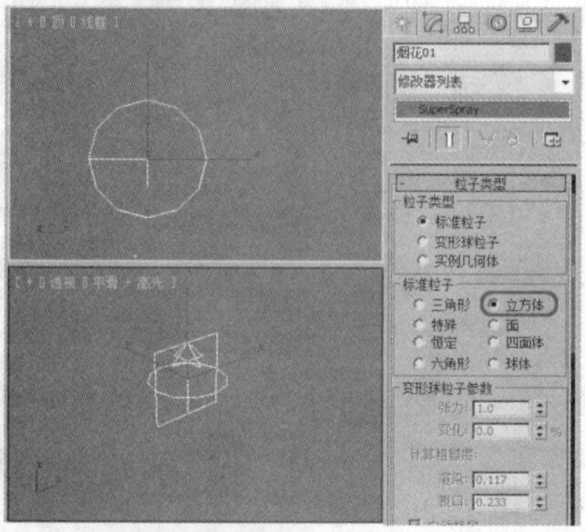

STEP 05 在“粒子繁殖”卷展栏中，选中“繁殖拖尾”单选按钮，将“影响”和“倍增”分别设置为40、3，将“混乱度”设置为3；在“速度混乱”选项组中将“因子”值设置为100%，选中“继承父粒子速度”复选框，如下图所示。

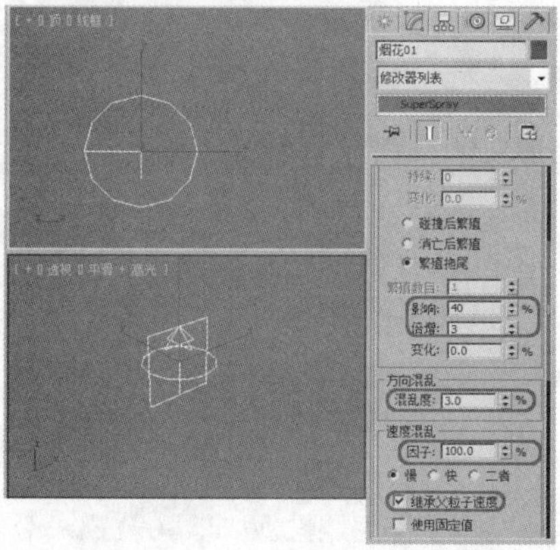

STEP 06 在“烟花01”上右击鼠标，在弹出的快捷菜单中执行“对象属性”命令，如右图所示。

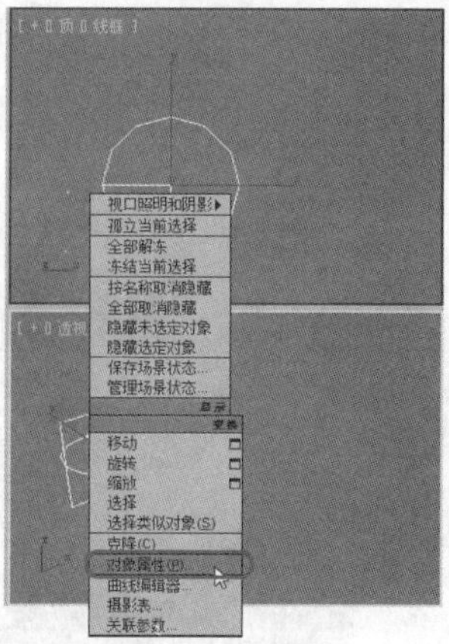

STEP 07 在打开的“对话属性”对话框中将“对象ID”设置为1，在“运动模糊”选项组中选中“图像”单选按钮，将“倍增”设置为0.8，如下图所示。

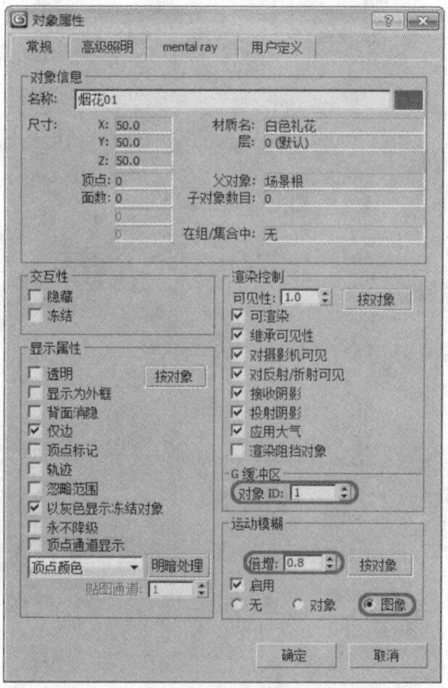

STEP 08 设置完成后，单击“确定”按钮，按M键打开“材质编辑器”对话框，在该对话框中选择一个材质样本球，并为其命名为“白色烟花”。在“Blinn基本参数”卷展栏中将“自发光”选项组中的“颜色”设置为100，如右图所示。

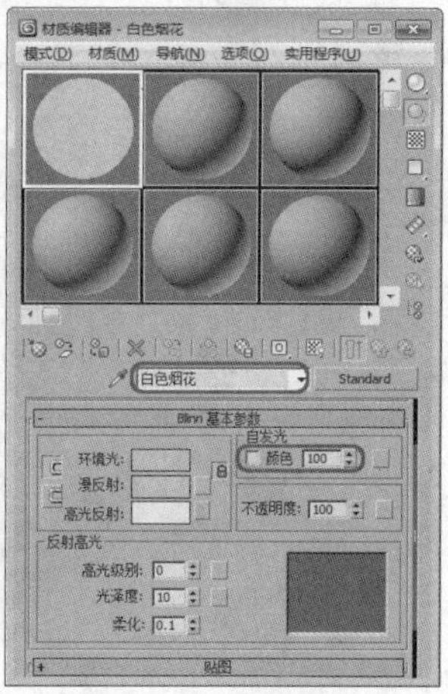

STEP 09 在“贴图”卷展栏中单击“漫反射颜色”通道右侧的“None”按钮，在打开的“材质/贴图浏览器”对话框中选择“粒子年龄”，如下图所示。

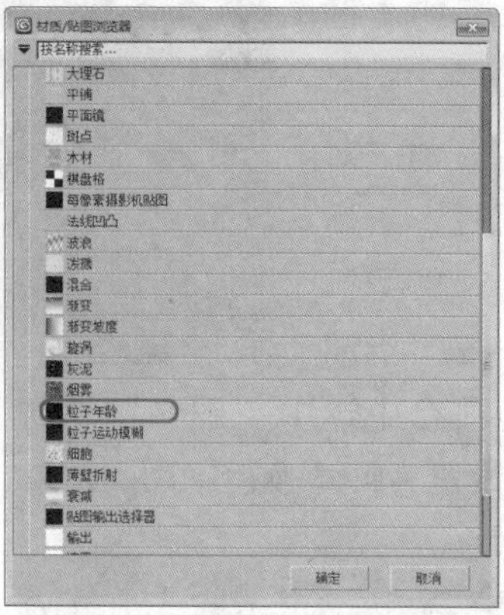

STEP 10 单击“确定”按钮，在“粒子年龄参数”卷展栏中将“颜色#1”的红、绿、蓝值设置为255、255、255；将“颜色#2”的红、绿、蓝值设置为142、0、168；将“颜色#3”的红、绿、蓝值设置为255、106、106，如右图所示。

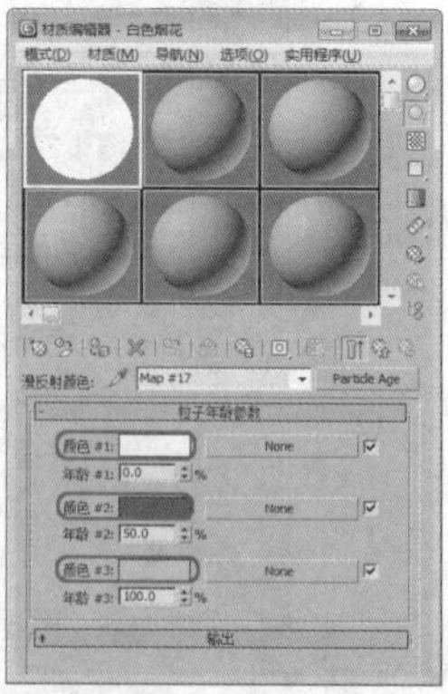

STEP 11 设置完成后，单击“将材质指定给选定对象”按钮，将材质指定给“烟花01”，选择“创建”|“空间扭曲”|“力”|“重力”工具，在“顶”视图中创建一个重力系统，并调整其位置，如下图所示。

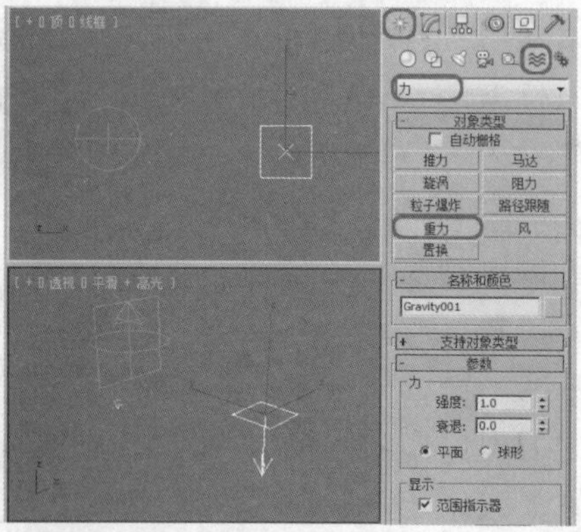

STEP 12 切换至“修改”命令面板，在“参数”卷展栏中，将“力”选项组中的“强度”设置为0.02；将“显示”选项组中的“图标大小”设置为20，按Enter键确认，如下图所示。

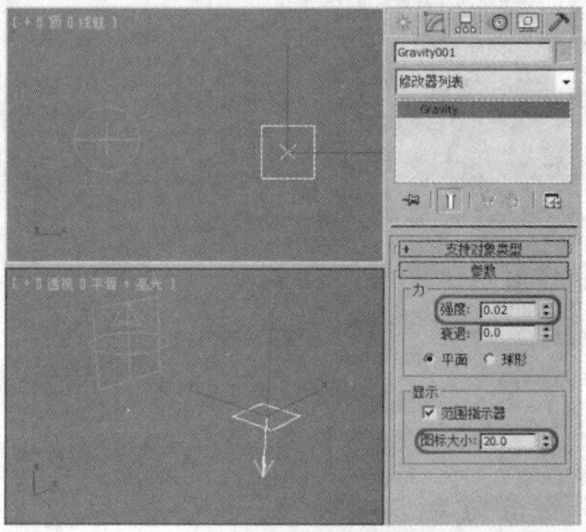

STEP 13 在工具栏中单击“绑定到空间扭曲”按钮，在视图中选择“烟花01”，将它绑定到重力空间扭曲上，如右图所示。

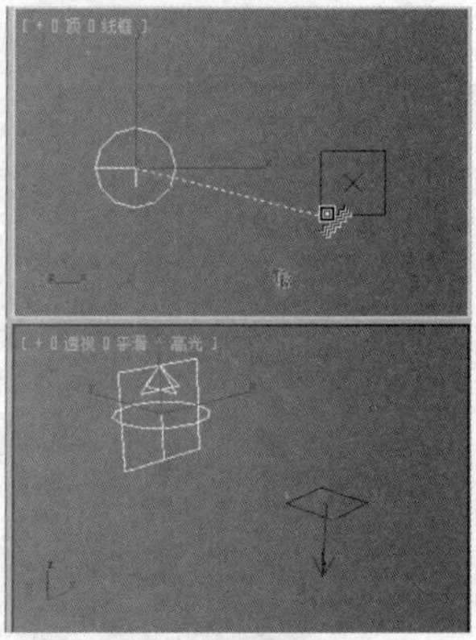

STEP 14 使用“超级喷射”工具继续创建第二个粒子系统，在“基本参数”卷展栏中分别将“轴偏离”和“平面偏离”选项下的“扩散”设置为20和75，按Enter键确认；将“显示图标”选项组中的“图标大小”设置为14，按Enter键确认；在“视口显示”选项组中选中“网格”单选按钮，将“粒子数百分比”设置为100%，按Enter键确认，如下图所示。

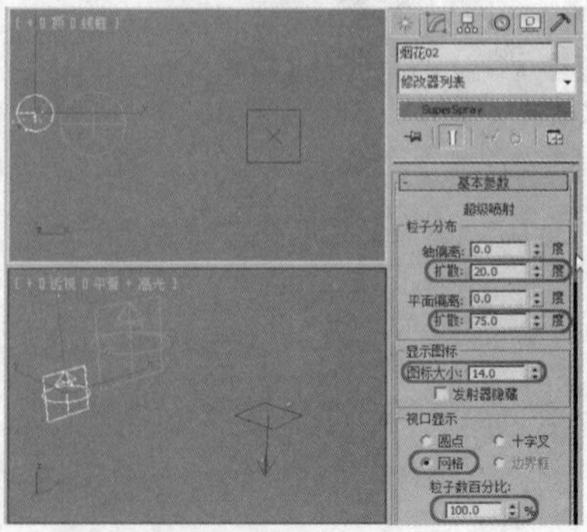

STEP 15 在“粒子生成”卷展栏中选中“使用总数”单选按钮，在它下面文本框中输入20，按Enter键确认；在“粒子运动”选项组中将“速度”和“变化”分别设置为2.5、26；在“粒子计时”选项组中将“发射开始”、“发射停止”、“显示时限”和“寿命”分别设置为-60、40、100、60；将“粒子大小”选项组中的“大小”设置为0.4，按Enter键确认，如下图所示。

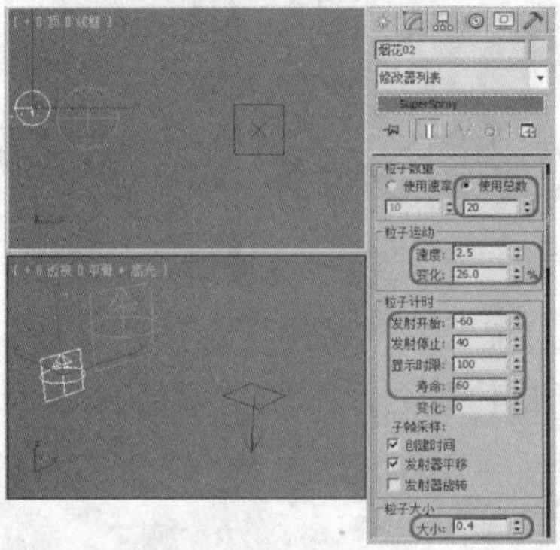

STEP 16 在“粒子类型”卷展栏中选中“标准粒子”选项组中的“立方体”单选按钮。在“粒子繁殖”卷展栏中，选中“消亡后繁殖”单选按钮，将“倍增”设置为100，“混乱度”值设置为100，如下图所示。

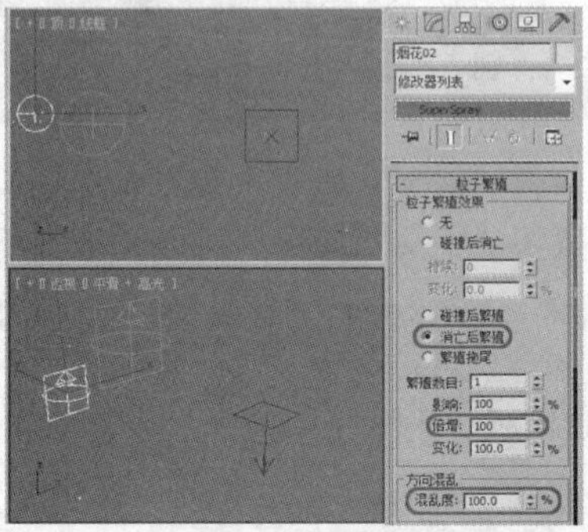

STEP 17 在“烟花02”上右击鼠标，在弹出的快捷菜单中执行“对象属性”命令，如右图所示。

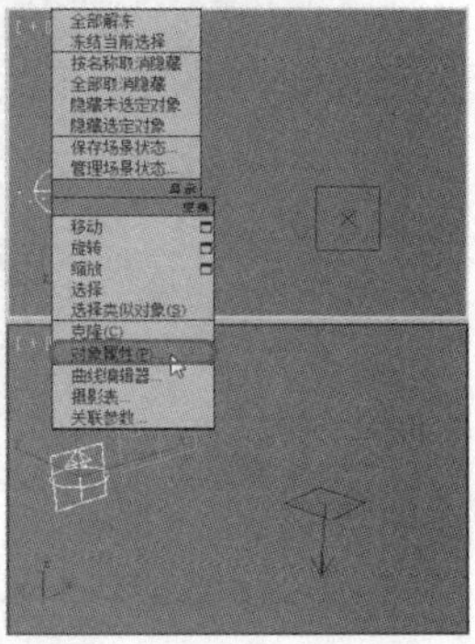

STEP 18 在打开的“对话属性”对话框中将“对象ID”设置为2，在“运动模糊”选项组中选中“图像”单选按钮，将“倍增”值设置为0.8，如下图所示。

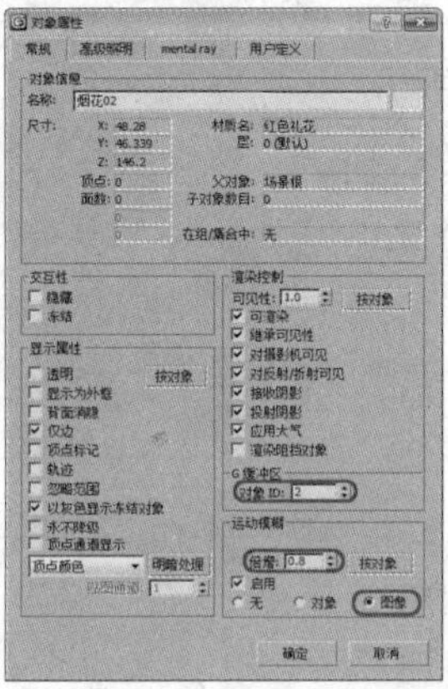

STEP 19 设置完成后，单击“确定”按钮，按M键打开“材质编辑器”对话框，在该对话框中选择一个材质样本球，并为其命名为“粉色烟花”。在“Blinn 基本参数”卷展栏中将“自发光”设置为100，将“高光级别”、“光泽度”分别设置为25、5，如右图所示。

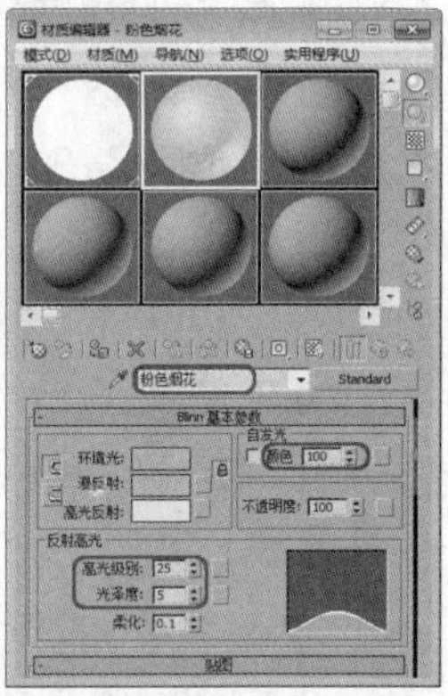

STEP 20 在“贴图”卷展栏中单击“漫反射颜色”通道右侧的“None”按钮，在打开的“材质/贴图浏览器”对话框中选择“粒子年龄”贴图，单击“确定”按钮。在“粒子年龄参数”卷展栏中将“颜色 #1”的红、绿、蓝值设置为255、100、228；将“颜色#2”的红、绿、蓝值设置为255、200、0；将“颜色 #3”的红、绿、蓝值设置为255、0、0，如右图所示。

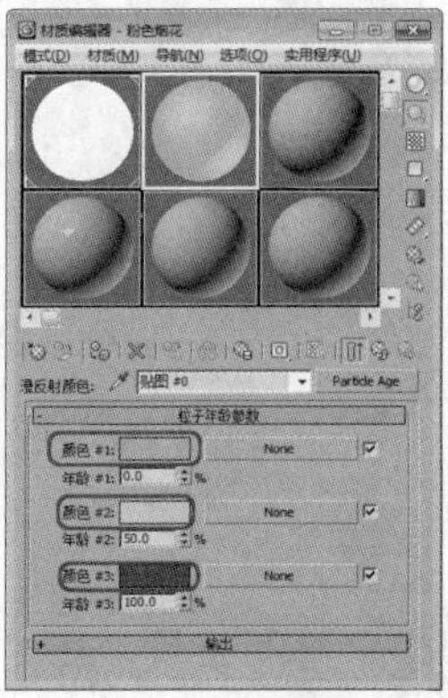

STEP 21 设置完成后，单击“将材质指定给选定对象”按钮，将材质指定给“烟花02”，将烟花02与重力空间扭曲绑定，如右图所示。

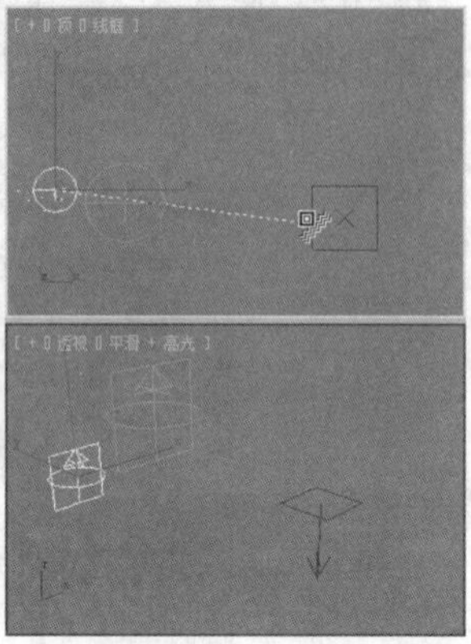

STEP 22 使用相同的方法创建其他烟花，按8键，打开“环境和效果”对话框，选择“环境”选项卡，在“背景”选项组中单击“环境贴图”下的“无”按钮，在打开的“材质/贴图浏览器”对话框中选择“位图”贴图，再在弹出的对话框中选择\Map\夜景.jpg文件，单击“打开”按钮，如右图所示。

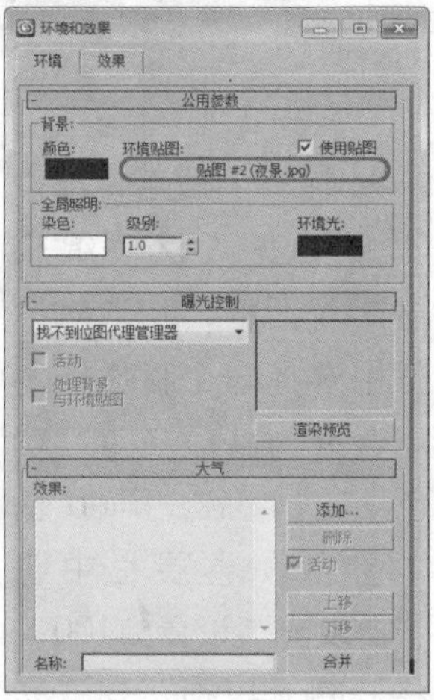

STEP 23 激活“透”视图，选择“视图”|“视口背景”|“环境背景”命令，如下图所示。

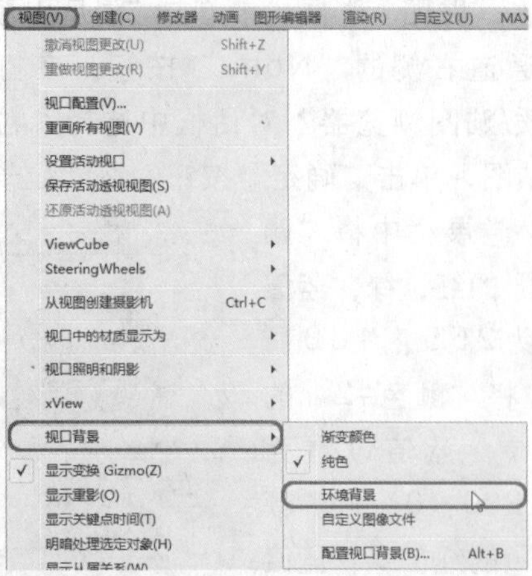

STEP 24 选择“创建”|“摄影机”|“标准”|“目标”工具，在“前”视图中创建一个摄影机，如下图所示。

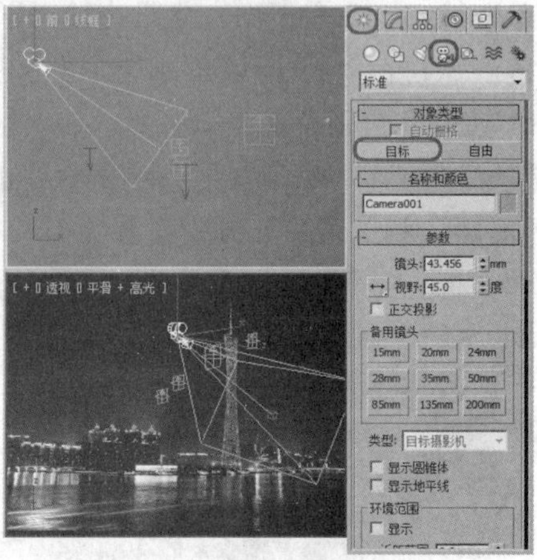

STEP 25 激活“透”视图，按C键将其转换为“摄影机”视图，并使用“选择并移动”工具调整摄影机的位置，调整后的效果如下图所示。

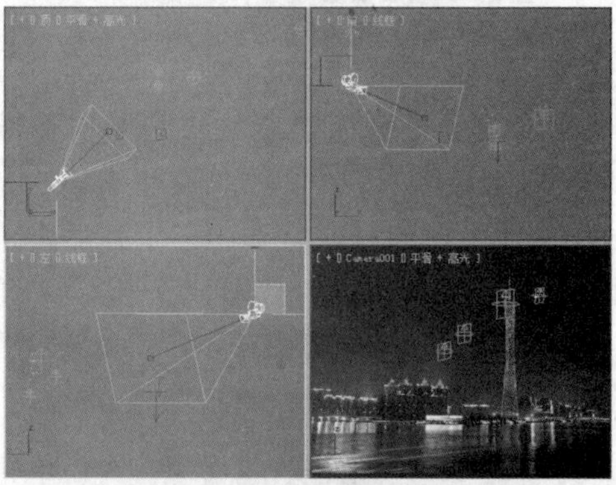

STEP 26 切换至“修改”命令面板，在“参数”卷展栏中将“镜头”设置为50，如下图所示。

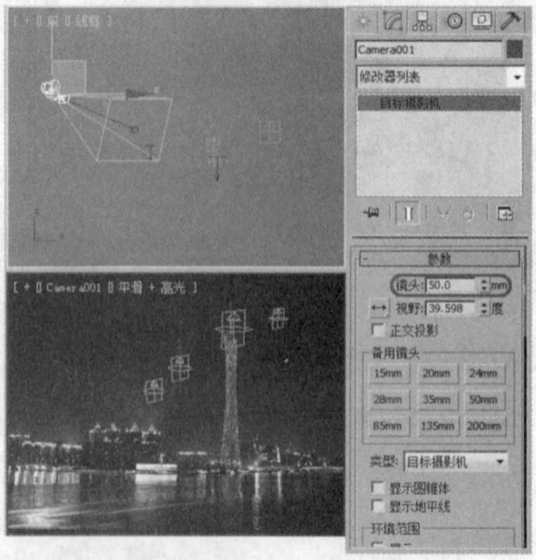

STEP 27 在动画控制区中单击“时间配置”按钮，在弹出的对话框中将“结束时间”设置为

150，如下图所示。

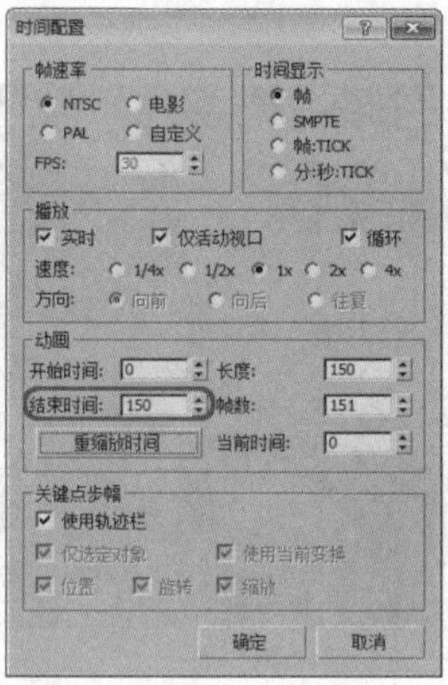

STEP 28 在菜单栏中执行“渲染”|“视频后期处理”命令，打开视频合成器，单击“添加场景事件”按钮增加一个场景事件，在打开的“添加场景事件”对话框中使用其默认设置，如下图所示。

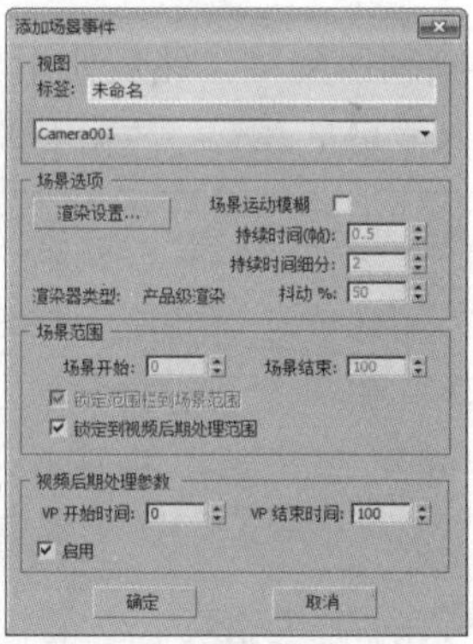

STEP 29 单击“确定”按钮即添加一个场景事件，单击“添加图像过滤事件”按钮，在弹出的对话框中将过滤器类型设置为“镜头效果光晕”，将“VP结束时间”设置为150，如右图所示。

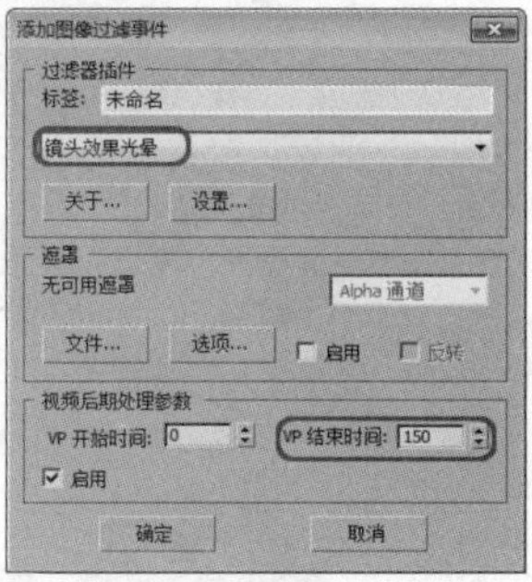

STEP 30 选择完成后，在该对话框中单击“设置”按钮，在弹出的对话框中单击“VP队列”和“预览”按钮，在“首选项”选项卡中将“效果”选项组中的“大小”值设置为7，“强度”值设置为30，如下图所示。

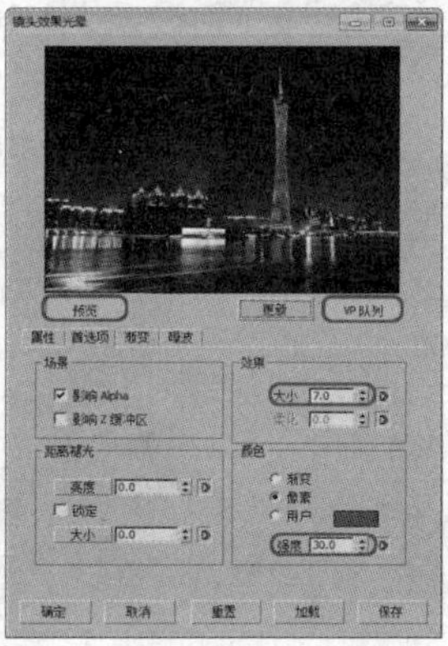

STEP 31 在“噪波”选项卡中将“运动”和“质量”分别设置为2、3，选中“红”、“绿”、“蓝”3个复选框，如下图所示，单击“确定”按钮。

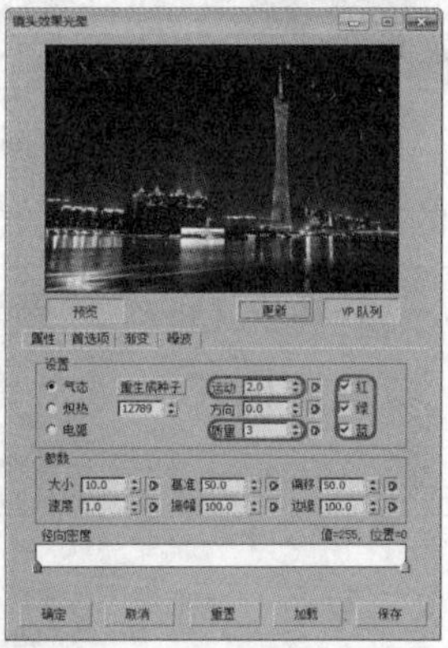

STEP 32 使用同样的方法添加另外两个镜头光晕效果，在“视频后期处理”对话框中单击“添加图像输出事件”按钮，在弹出的对话框中单击“文件”按钮，再在弹出的对话框中指定文件的输出路径，并设置保存类型，指定完成后，单击“保存”按钮，在弹出的对话框中使用其默认设置，如右图所示。

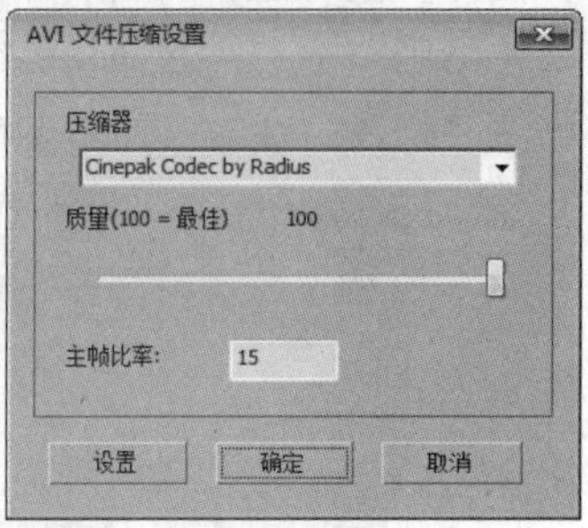

STEP 33 单击“确定”按钮，在“添加图像输出事件”对话框中单击“确定”按钮，再单击

"执行序列"按钮，在弹出的对话框中将"宽度"和"高度"分别设置为640、480，如下图所示。

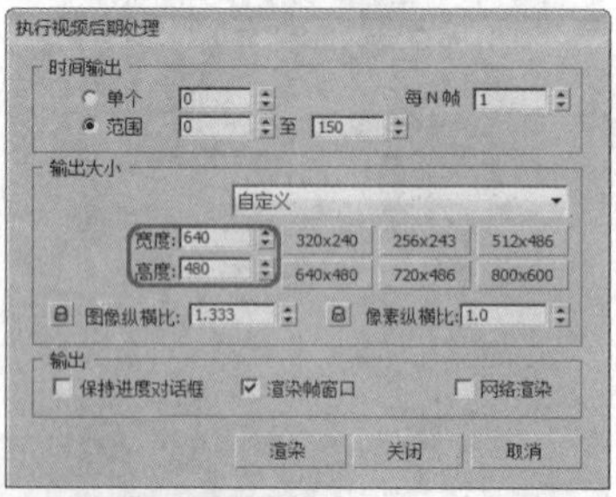

STEP 34 设置完成后，单击"渲染"按钮，效果如下图所示。

实战操作488 亮星特技——星光闪烁

素材：无

场景：Scene \Cha18\实战操作488.max

难度：★★★★★

视频：视频\Cha18\实战操作488.avi

本例介绍星光闪烁效果的制作。该例使用"暴风雪"粒子系统制作星星，然后使用"视频后期处理"对话框中的"镜头效果光晕"过滤器和"镜头效果高光"过滤器使星星产生光芒和十字亮星效果。

STEP 01 重置一个新的3ds Max场景，在菜单栏中执行"渲染"|"环境"命令，弹出"环境和效果"对话框，在"公用参数"卷展栏中单击"环境贴图"下的"无"按钮，如右图所示。

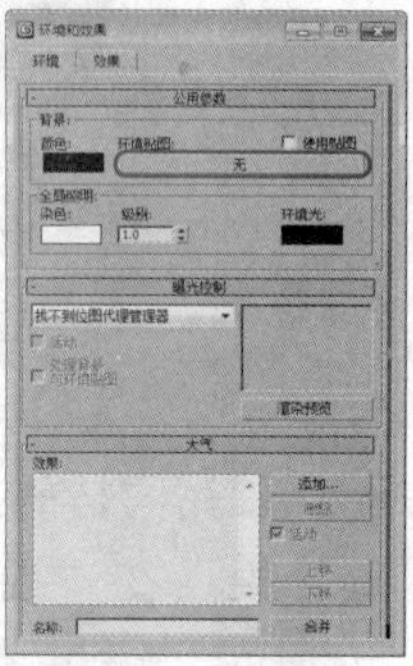

STEP 02 在弹出的"材质/贴图浏览器"对话框中双击"位图"贴图，然后在弹出的"选择位图图像文件"对话框中选择随书附带光盘中的\Map\夜空001.jpg文件，单击"打开"按钮，如下图所示。

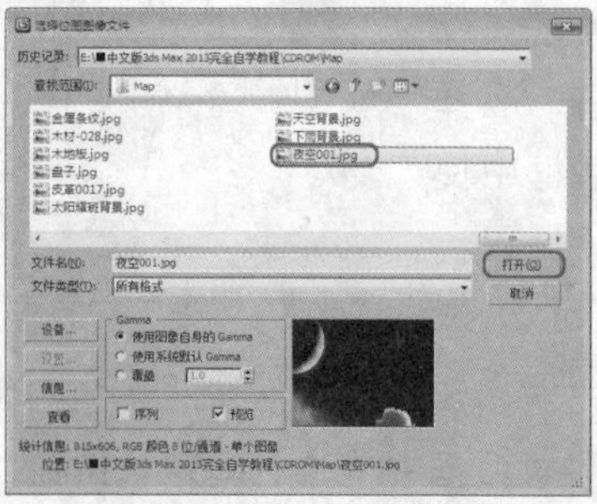

STEP 03 关闭"环境和效果"对话框，然后激活"透"视图，在菜单栏中执行"视图"|"视口背景"|"环境背景"命令，如下图所示，即可在"透"视图中显示出背景贴图。

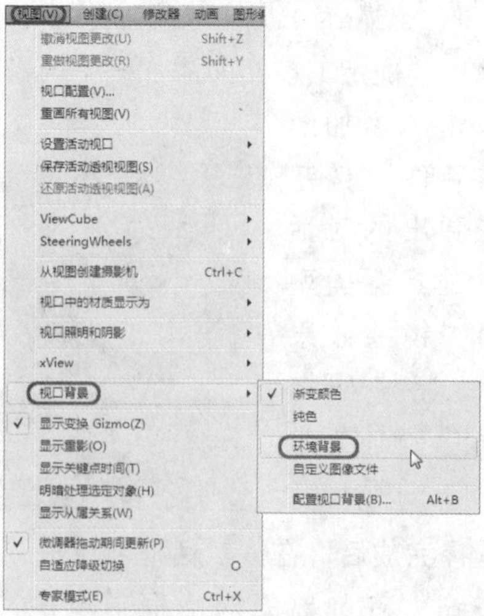

STEP 04 选择"创建"|"几何体"|"粒子系统"|"暴风雪"工具，在"前"视图中创

建一个“暴风雪”粒子系统，如下图所示。

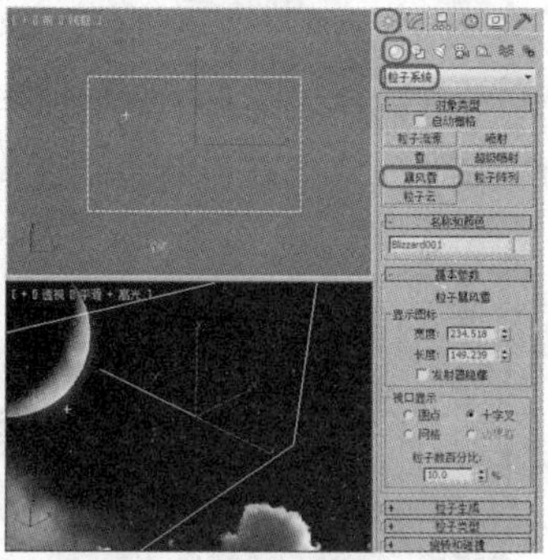

STEP 05 切换到“修改”命令面板，在“基本参数”卷展栏中将“显示图标”选项组中的“宽度”和“长度”值均设置为500；在“视口显示”选项组中选中“十字叉”单选按钮，将“粒子数百分比”设置为50，如下图所示。

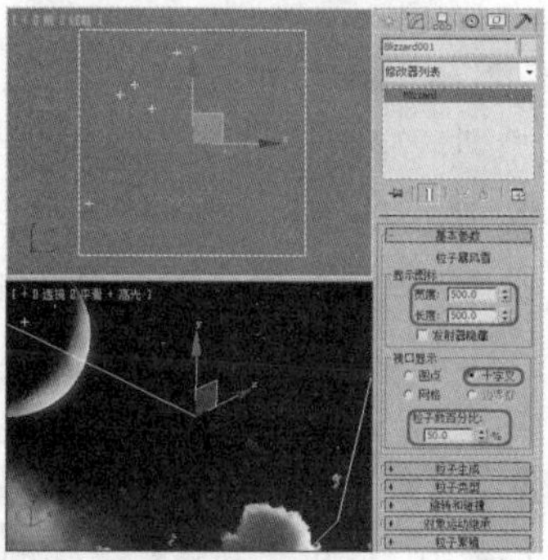

STEP 06 在“粒子生成”卷展栏中将“粒子数量”选项组中的“使用速率”设置为6；将“粒子运动”选项组中的“速度”和“变化”分别设置为50、20；将“粒子计时”选项组中的“发射开始”、“发射停止”、“显示时限”和“寿命”分别设置为-100、100、100、100；将“粒子大小”选项组中的“大小”设置为1.5，如下图所示。

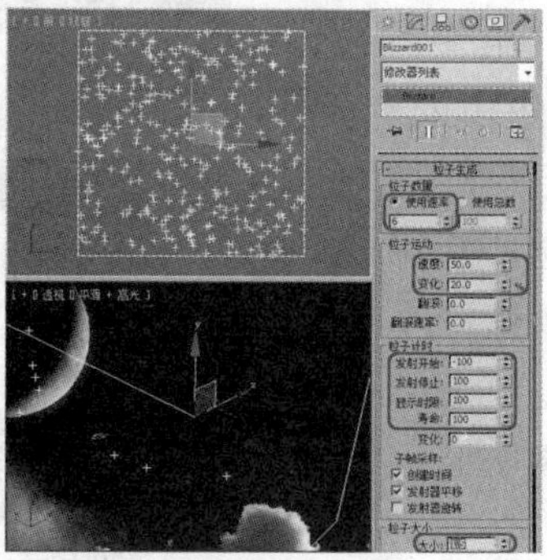

STEP 07 在“粒子类型”卷展栏中选中“标准粒子”选项组中的“球体”单选按钮，如下图所示。

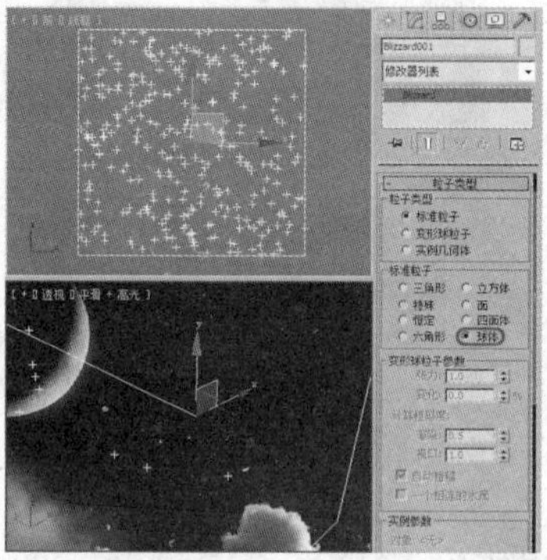

STEP 08 激活“左”视图，在工具栏中单击“镜像”按钮，在弹出的“镜像：屏幕 坐标”对话框中使用默认设置，直接单击“确定”按钮即可，如右图所示。

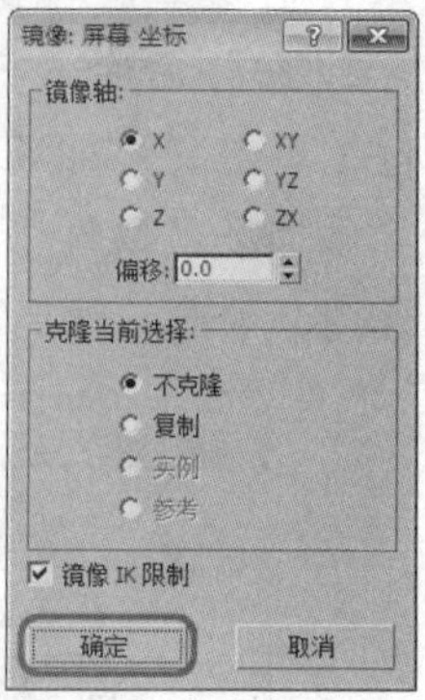

STEP 09 即可镜像创建的粒子系统，然后选择“创建” | “摄影机” | “标准” | “目标”工具，在“顶”视图中创建一架摄影机，激活“透”视图，按C键将该视图转换为“摄影机”视图，并在其他视图中调整其位置，效果如下图所示。

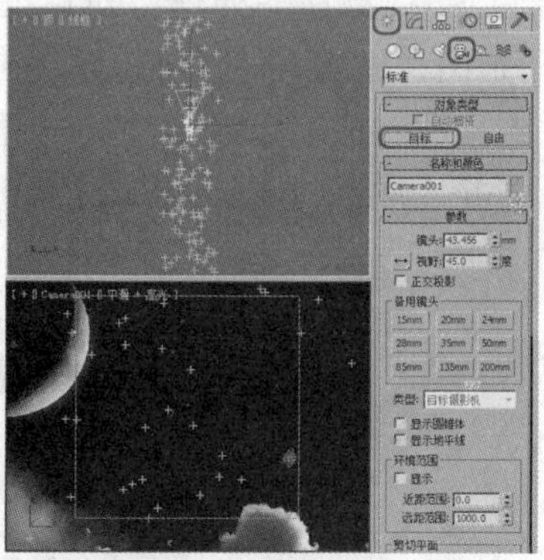

STEP 10 选择创建的粒子系统并右击鼠标，在弹出的快捷菜单中执行“对象属性”命令，在打开的对话框中将粒子系统的“对象ID”设置

为1，然后单击“确定”按钮，如下图所示。

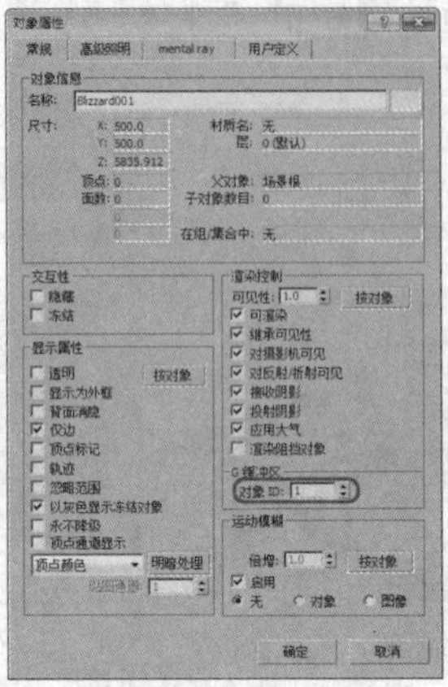

STEP 11 在菜单栏中执行“渲染”|“视频后期处理”命令，打开“视频后期处理”对话框，单击“添加场景事件”按钮，在打开的“添加场景事件”对话框中使用默认的摄影机视图，单击“确定”按钮，如下图所示。

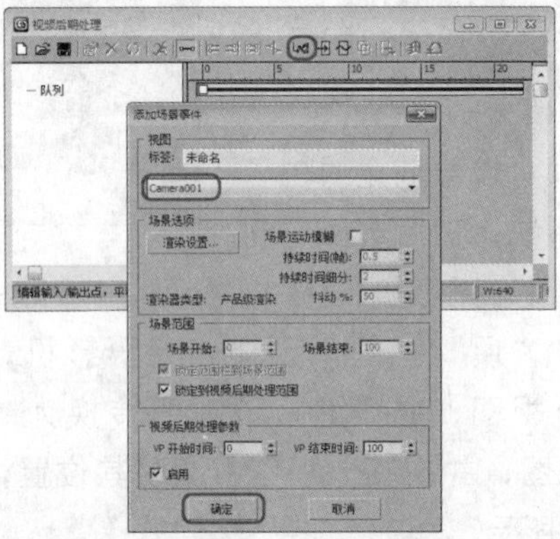

STEP 12 返回到“视频后期处理”对话框，单击“添加图像过滤事件”按钮，在打开的对话框中选择过滤器列表中的“镜头效果光晕”过滤器，单击“确定”按钮，如下图所示。

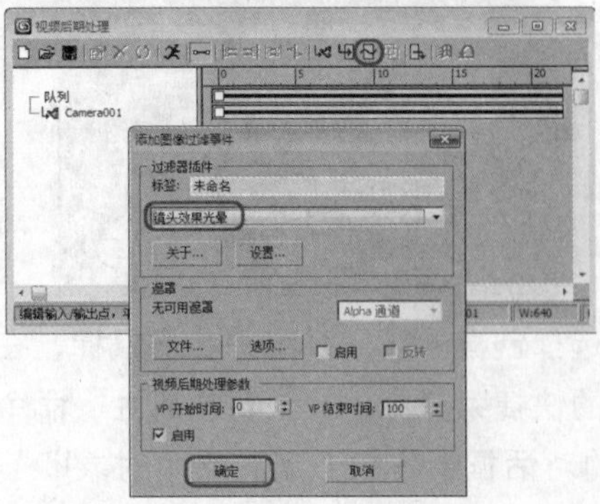

STEP 13 返回到“视频后期处理”对话框，再次单击“添加图像过滤事件”按钮，在打开的对话框中选择过滤器列表中的“镜头效果高光”过滤器，单击“确定”按钮，如下图所示。

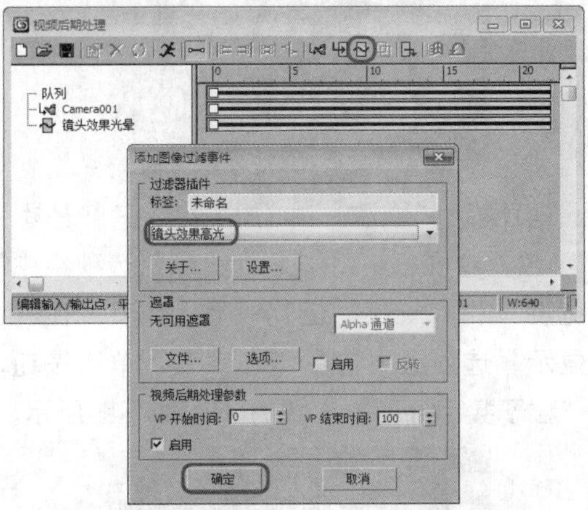

STEP 14 在左侧列表中双击“镜头效果光晕”过滤器，在弹出的对话框中单击“设置”按钮，弹出“镜头效果光晕”对话框，单击“VP队列”和“预览”按钮，在“属性”选项卡中将“对象ID”设置为1，并选中“过滤”选项组中的“周界Alpha”复选框，如右图所示。

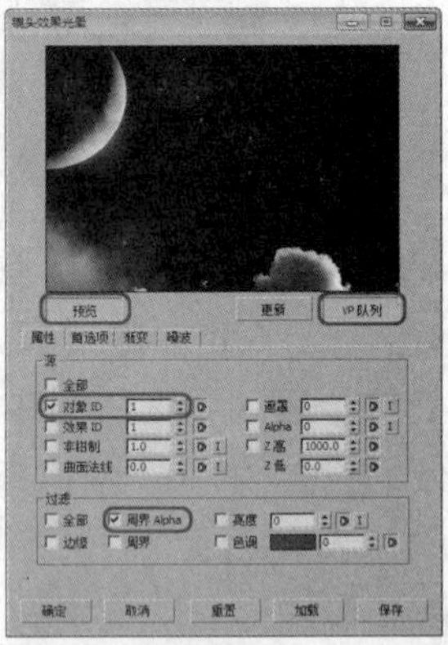

STEP 15 在“首选项”选项卡中将“效果”选项组中的“大小”设置为1.5；在“颜色”选项组中选中“像素”单选按钮，并将“强度”设置为80，如右图所示。

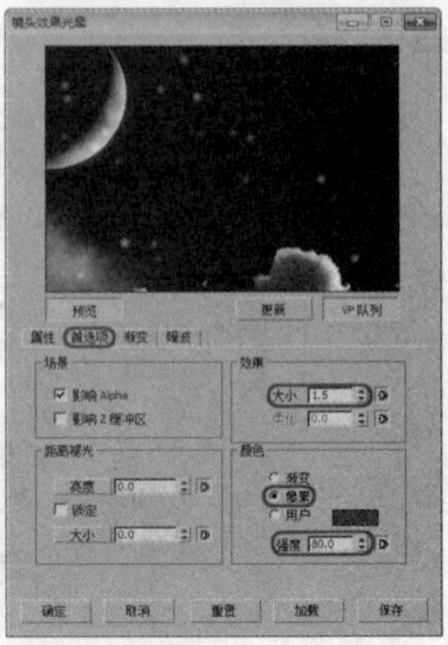

STEP 16 在“澡波”选项卡中选中“红”、“绿”、“蓝”复选框；在“参数”选项组中将“大小”和“速度”分别设置为10、0.2，如右图所示。单击“确定”按钮，返回到“视频后期处理”对话框中。

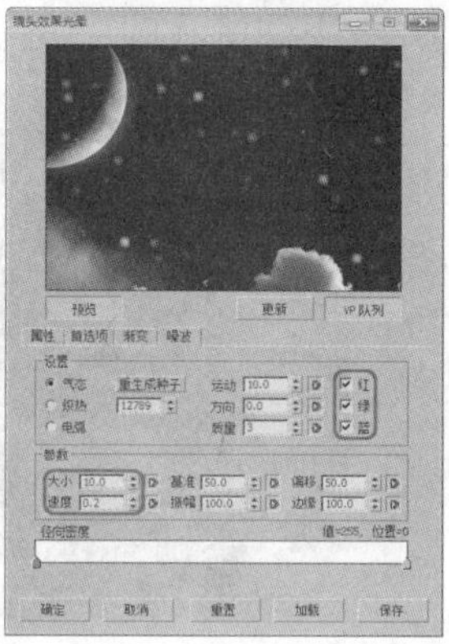

STEP 17 在左侧列表中双击“镜头效果高光”过滤器，在弹出的对话框中单击“设置”按钮，弹出“镜头效果高光”对话框，单击“VP队列”和“预览”按钮，在“属性”选项卡中选中“过滤”选项组中的“边缘”复选框，如右图所示。

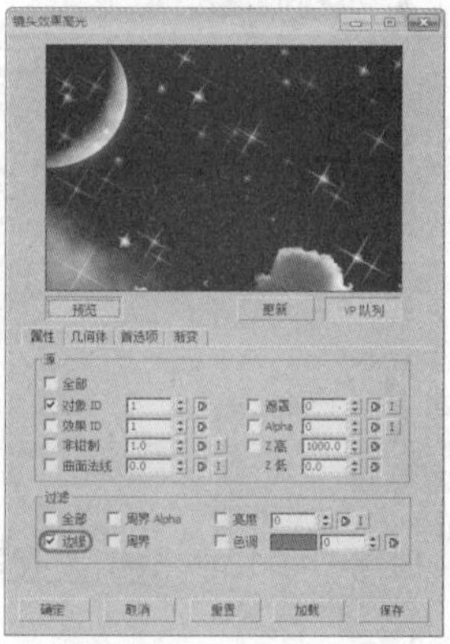

STEP 18 在“几何体”选项卡中将“效果”选项组中的“角度”和“钳位”分别设置为100、20；在“变化”选项组中单击“大小”按钮，如右图所示。

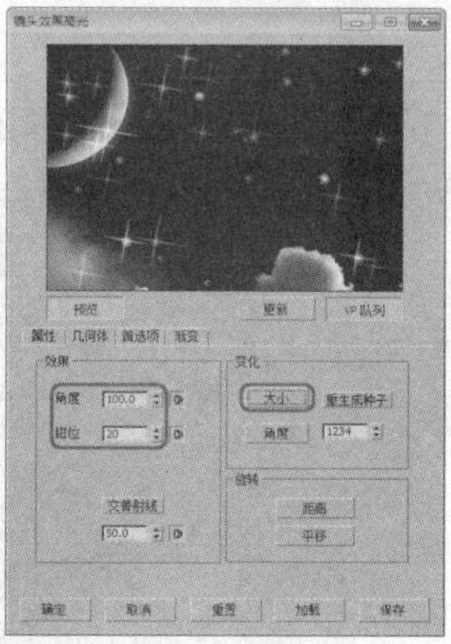

STEP 19 在“首选项”选项卡中将“效果”选项组中的“大小”和“点数”分别设置为13、4；在“距离褪光”选项组中单击“亮度”和“大小”按钮，将它们的值均设置为4000，选中“锁定”复选框；在“颜色”选项组中选中“渐变”单选按钮，如右图所示。单击“确定”按钮，返回到“视频后期处理”对话框中。

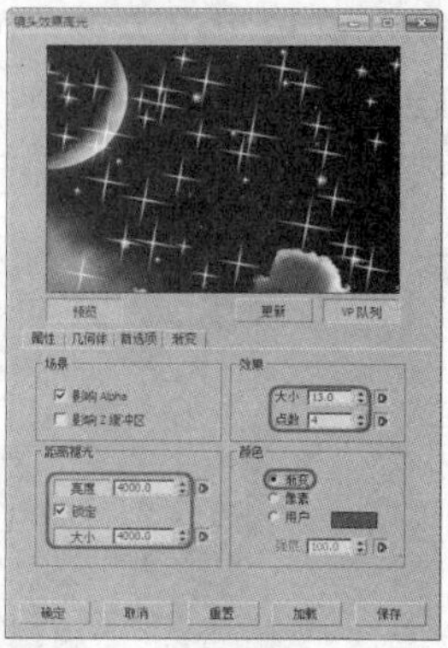

STEP 20 在对话框中单击“添加图像输出事件”按钮，弹出“添加图像输出事件”对话框，单击“文件”按钮，在弹出的“为视频后期处理输出选择图像文件”对话框中设置输出路径及文件名，并将“保存类型”设置为AVI文件，单击“保存”按钮，如下图所示。

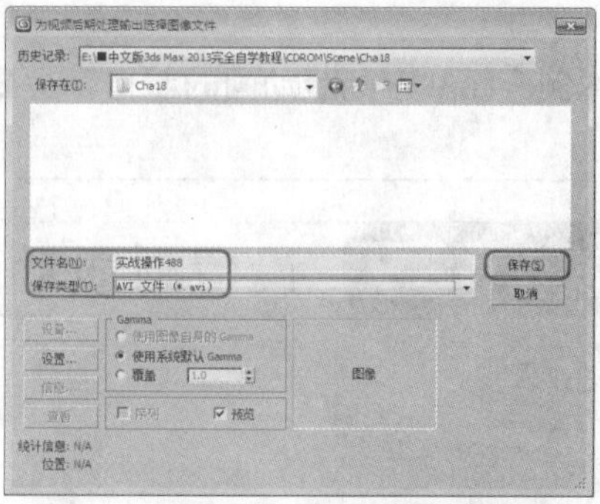

STEP 21 弹出“AVI文件压缩设置”对话框，在该对话框中将“主帧比率”设置为0，然后单击“确定”按钮，如右图所示。

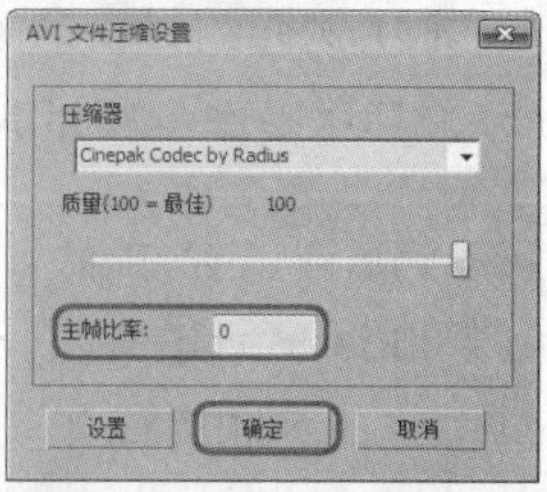

STEP 22 返回到“添加图像输出事件”对话框中，此时会在该对话框中显示出文件的输出路径，然后单击“确定”按钮，如右图所示。

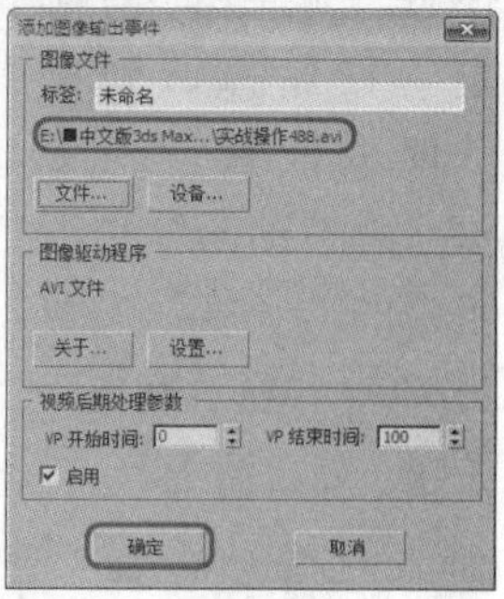

STEP 23 返回到“视频后期处理”对话框，在该对话框中单击“执行序列”按钮，打开“执行视频后期处理”对话框，在“时间输

出”选项组中选中“范围”单选按钮；在“输出大小”选项组中将“宽度”和“高度”分别设置为800和600，如下图所示。

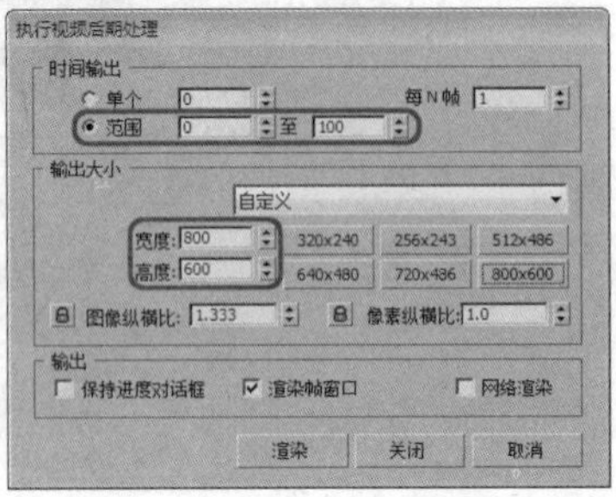

STEP 24 然后单击“渲染”按钮进行渲染，效果如下图所示。

18.2 关键帧动画——文字标版

本例介绍文字标版动画的制作，主要介绍材质动画和摄影机动画的制作。

实战操作489 设置材质动画

素材：无　　场景：无

难度：★★★★★　　视频：视频\Cha18\实战操作489.avi

本实例介绍材质动画的制作，先输入文字并为其设置金属质感材质，然后为金属质感材质设置动画，具体操作步骤如下所述。

STEP 01 重置一个新的3ds Max场景，单击“动画和时间”控件中的“时间配置”按钮，弹出“时间配置”对话框。将“动画”选项组中的“长度”设置为200，单击“确定”按钮，如右图所示。

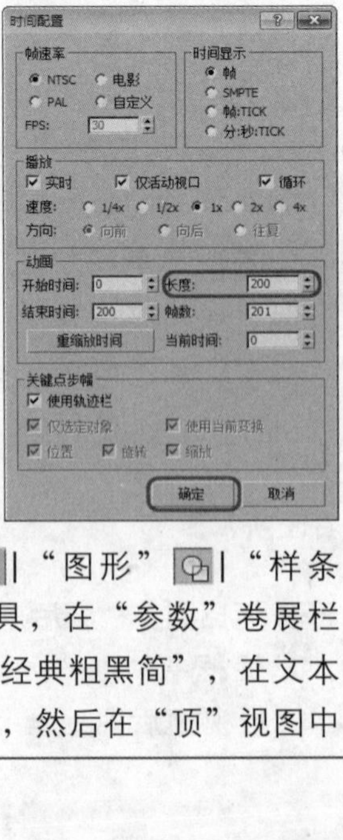

STEP 02 选择“创建”|“图形”|“样条线”|“文本”工具，在“参数”卷展栏中将“字体”设置为“经典粗黑简”，在文本框中输入“乐兴集团”，然后在“顶”视图中单击创建文本，如下图所示。

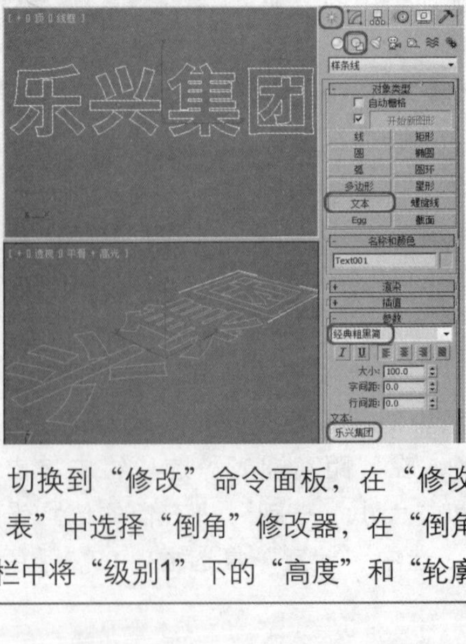

STEP 03 切换到“修改”命令面板，在“修改器列表”中选择“倒角”修改器，在“倒角值”卷展栏中将“级别1”下的“高度”和“轮廓”均

设置为2；选中“级别2”复选框，将“高度”设置为8；选中“级别3”复选框，将“高度”和“轮廓”分别设置为2、-2。并在“参数”卷展栏中选中“避免线相交”复选框，如下图所示。

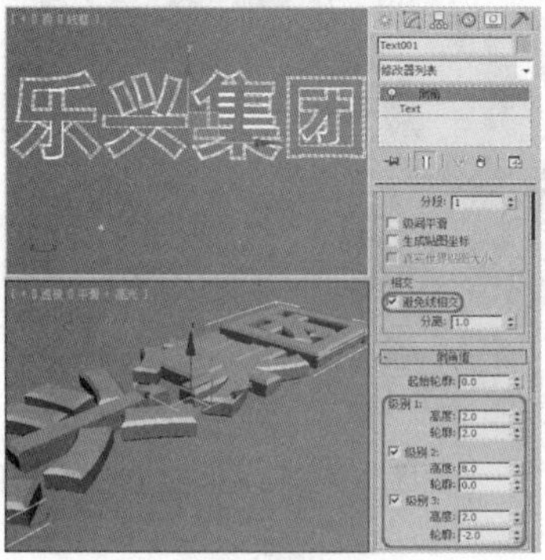

STEP 04 按M键打开“材质编辑器”对话框，选择一个新的材质样本球，在“明暗器基本参数”卷展栏中将明暗器类型定义为“金属”。在“金属基本参数”卷展栏中将“环境光”的红、绿、蓝值均设置为0，将“漫反射”的红、绿、蓝值分别设置为255、162、0；将“反射高光”选项组中的“高光级别”和“光泽度”分别设置为100、68，如下图所示。

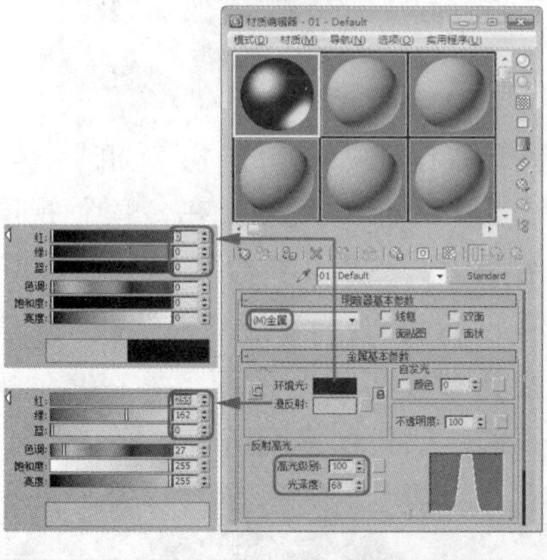

STEP 05 在“贴图”卷展栏中单击“反射”通道后的“None”按钮，在打开的“材质/贴图浏览器”对话框中双击“位图”贴图，在打开的对话框中选择随书附带光盘中的\Map\Gold04.jpg文件，单击“打开”按钮，在“输出”卷展栏中将“输出量”的值设置为1.4，如下图所示。单击“转到父对象”按钮和“将材质指定给选定对象”按钮，将材质指定给文本对象。

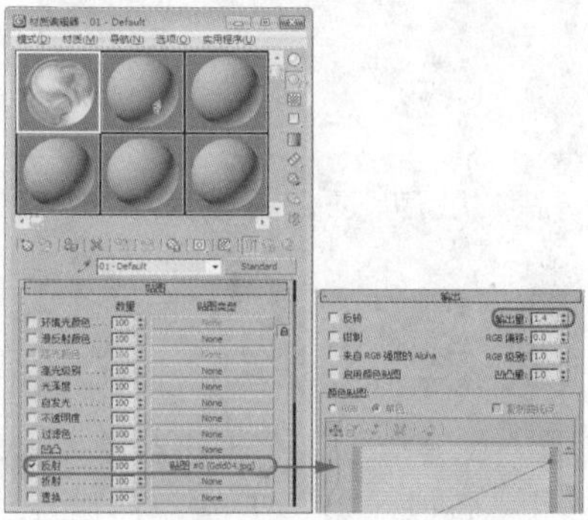

STEP 06 将时间滑块拖拽至第200帧处，单击“自动关键点”按钮，在“材质编辑器”对话框中将“反射高光”选项组中的“高光级别”和“光泽度”分别设置为60、100，如下图所示。再次单击“自动关键点”按钮，将其关闭。

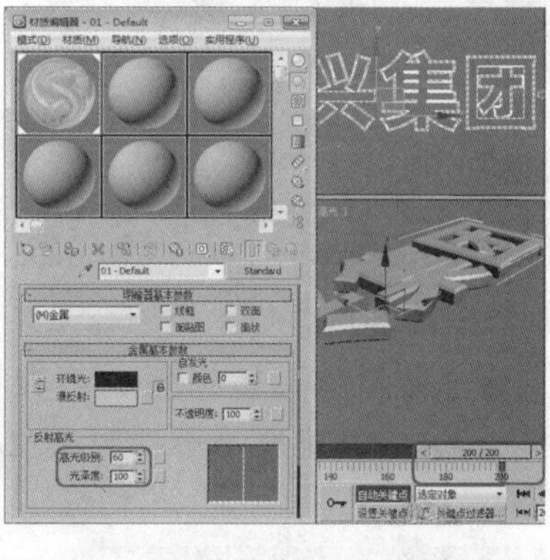

实战操作490 摄影机与摄影机动画的设置

素材：无　　场景：Scene \Cha18\实战操作490.max

难度：★★★★★　　视频：视频\Cha18\实战操作490.avi

合理使用摄影机对整个图像效果或动画影响非常大。本实例介绍摄影机与摄影机动画的设置方法，具体操作步骤如下所述。

STEP 01 选择“创建”|“摄影机”|“标准”|“目标”工具，在“顶”视图中创建一架摄影机，在“参数”卷展栏中将“镜头”参数设置为23，激活“透”视图，按C键将其转换为“摄影机”视图，并在其他视图中调整其位置，效果如下图所示。

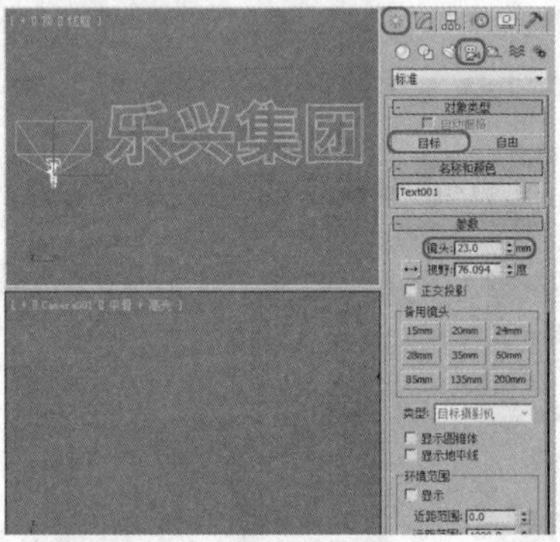

STEP 02 选择“创建”|“辅助对象”|“标准”|“虚拟对象”工具，然后在“顶”视图中创建一个虚拟对象，如下图所示。

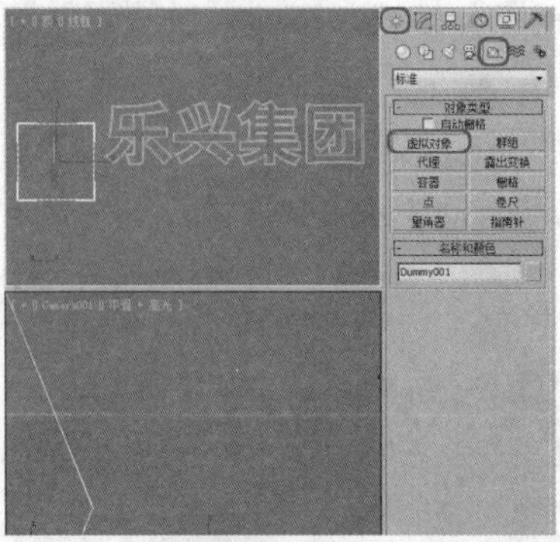

STEP 03 在视图中选择摄影机，然后在工具栏中单击“选择并链接”按钮，在摄影机上按住鼠标左键并将其拖曳至虚拟对象上，效果如下图所示。

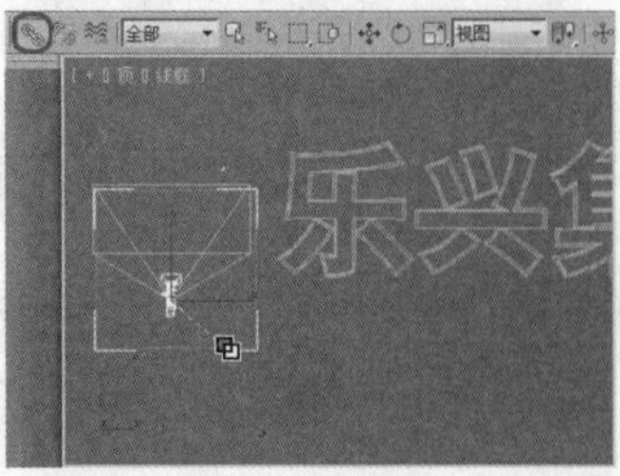

STEP 04 单击“自动关键点”按钮，将时间滑块拖曳至第100帧位置处，选择虚拟对象，将其拖曳至“卫”字的右下方处，并通过“摄影机”视图观察最终的效果，如下图所示。再次单击“自动关键点”按钮，将其关闭。

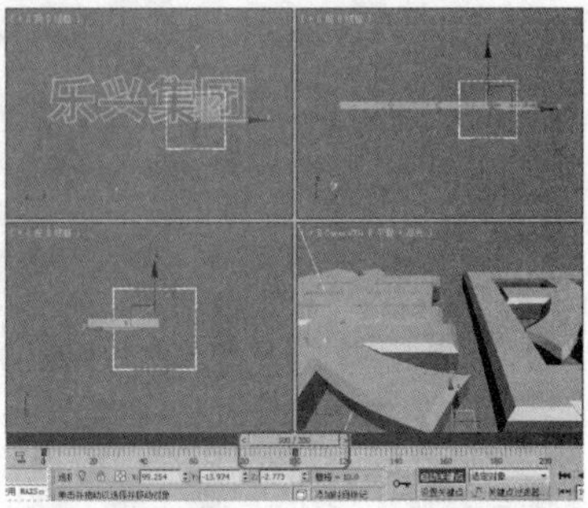

STEP 05 单击“显示”按钮，进入显示命令面板，在“按类别隐藏”卷展栏中选中“辅助对象”复选框，将虚拟对象隐藏，效果如下图所示。

STEP 06 选择“创建”|“摄影机”|“标准”|“目标”工具，在“顶”视图中创建一架摄影机，在“参数”卷展栏中将“镜头”参数设置为23，激活“前”视图，按C键将其转换为“摄影机”视图，并在其他视图中调整其位置，效果如下图所示。

STEP 07 单击“自动关键点”按钮，将时间滑块拖曳至第200帧位置处，然后在视图中调整

"Camera002"摄影机的位置，并观察效果。在轨迹条中选择位于第0帧处的关键帧，将它移动至第100帧位置处，该操作的目的是使Camera002摄影机在第100帧的位置处开始移动，如下图所示。

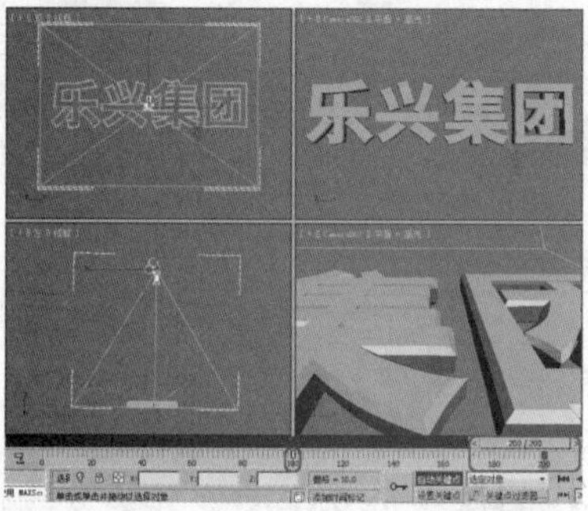

STEP 08 完成设置后再次单击"自动关键点"按钮，将其关闭。激活Camera001视图，然后在菜单栏中执行"渲染"|"视频后期处理"命令，打开"视频后期处理"对话框，单击"添加场景事件"按钮，在打开的"添加场景事件"对话框中使用默认的"摄影机"视图，单击"确定"按钮，如下图所示。

STEP 09 返回到"视频后期处理"对话框中，然后选择Camera001摄影机第200帧处的关键点，并将其拖曳至第100帧位置处，效果如下图所示。

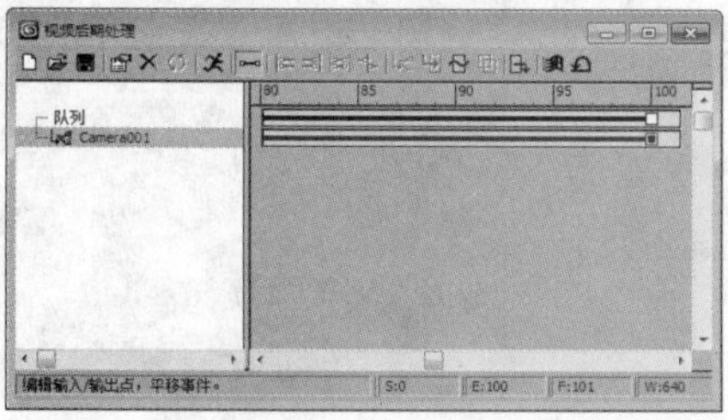

STEP 10 依照上述方法将第2个摄影机对象添加到"视频后期处理"对话框中，完成添加后，将Camera002摄影机第0帧处的关键点移动至第100位置处，效果如下图所示。

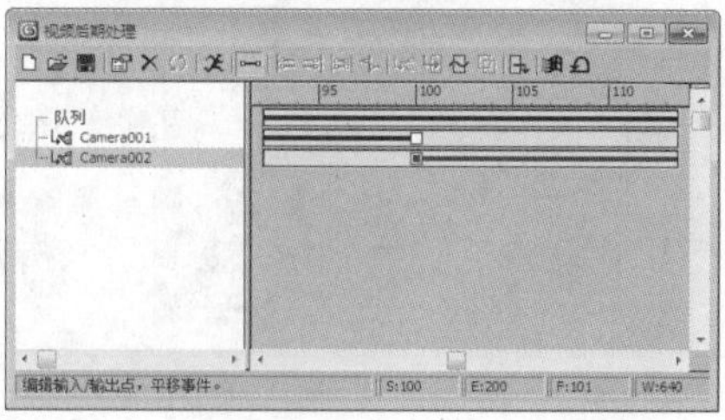

STEP 11 在"视频后期处理"对话框中单击"添加图像输出事件"按钮，弹出"添加图像输出事件"对话框，单击"文件"按钮，在弹出的"为视频后期处理输出选择图像文件"对话框中设置输出路径及文件名，并将"保存类型"设置为avi，单击"保存"按钮，如下图所示。

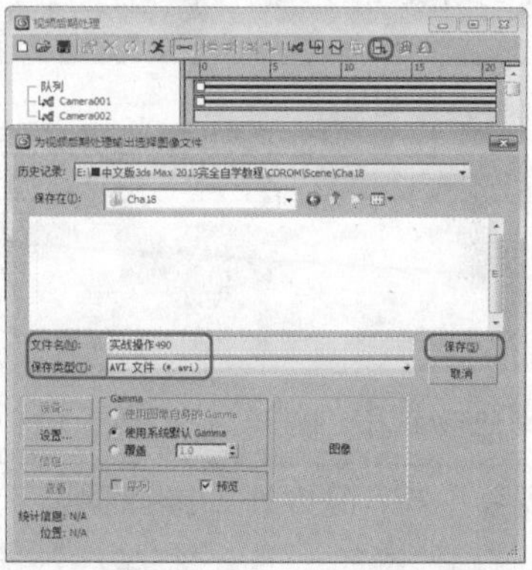

STEP 12 弹出"AVI文件压缩设置"对话框，在该对话框中将"主帧比率"设置为0，然后单击"确定"按钮，如右图所示。

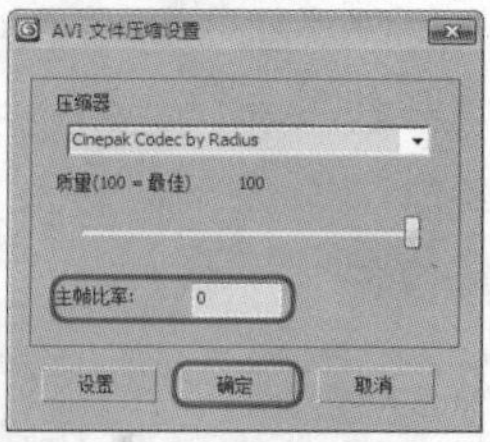

STEP 13 返回到"添加图像输出事件"对话框，在该对话框中单击"确定"按钮，即可返回到"视频后期处理"对话框中，单击"执行序列"按钮，打开"执行视频后期处理"对话框。在"时间输出"选项组中选中"范围"单选按钮；在"输出大小"选项组中将"宽度"和

“高度”分别设置为800、600，如下图所示。

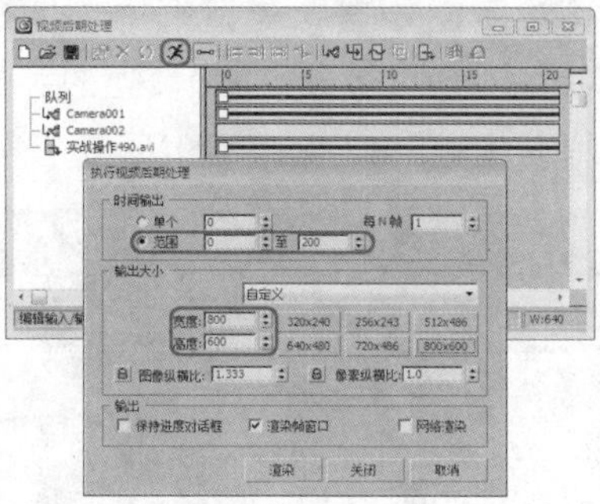

STEP 14 然后单击“渲染”按钮进行渲染，效果如下图所示。

18.3 光影文字

本例介绍一个光影动画的制作方法。通过“文本”工具制作一个文字图形并为文字设置厚度和“倒角”来制作产生光影的文字，再制作一个相同的文字图形，为它指定“挤出”修改器和“锥化”修改器，通过材质来表现光影效果，再通过记录变换动画及修改器参数动画来完成最终的光影动画。通过对本例的学习，可以学会光影动画的制作。同时可以掌握位置动画、缩放动画及修改器参数动画的表现方法。

实战操作491 标版字体的制作

素材：无 场景：无

难度：★★★★★ 视频：视频\ Cha18\实战操作491.avi

首先要在场景中创建一个文本来进行标版字体的制作，其具体操作步骤如下所述。

STEP 01 在场景中按S键打开三维捕捉，选择“创建”|“图形”|“样条线”选项，在“对象类型”卷展栏中选择“文本”工具，在“参数”卷展栏中的字体列表中选择“经典粗黑简”字体，在文本下面的输入框中输入“齐鲁银行”，然后激活“前”视图，在“前”视图中0 坐标处单击创建“齐鲁银行”文字标题，并将其命名为“齐鲁银行”，如右图所示。

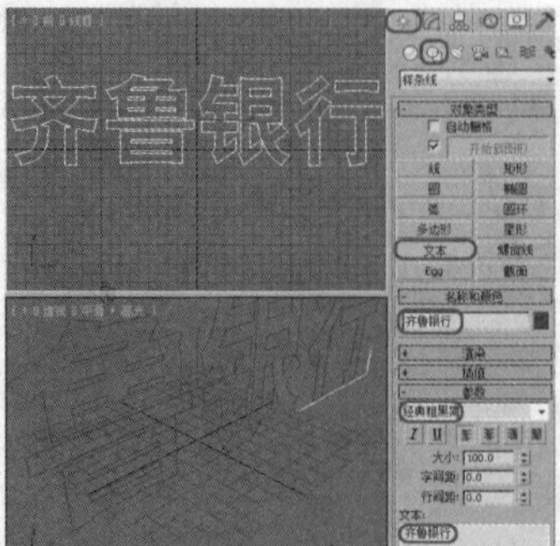

STEP 02 关闭“三维开关”，确定文本处于选择的状态下，进入“修改”命令面板，在“修改器列表”中选择“倒角”修改器，在“倒角值”卷展栏中将“起始轮廓”设置为1，将“级别1”下的“高度”设置为12，选中“级别 2”复选框，将它下面的“高度”和“轮廓”分别设置为1和-1.4，如右图所示。

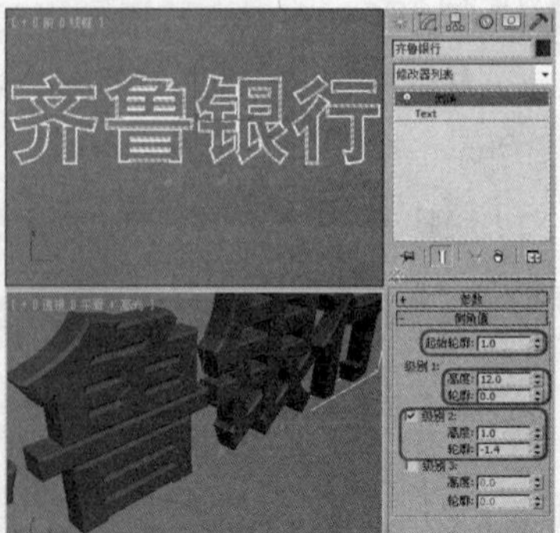

专家提醒

在捕捉类型浮动框中，可以选择所要捕捉的类型，还可以控制捕捉的灵敏度，这一点是比较重要的。如果捕捉到了对象，会以浅蓝色显示(可以修改)一个15个像素的方格以及相应的线。

STEP 03 选择“创建” | “摄影机” | “标准”选项，在“对象类型”卷展栏中选择“目标”工具，在“顶”视图中创建一个摄影机，切换至“修改”命令面板，在“参数”卷展栏中将“镜头”参数设置为35，并在除“透”视图外的其他视图中调整摄影机的位置，激活“透”视图，按C键将当前视图转换成为“摄影机”视图。按Shift+F组合键为“摄影机”视图添加安全框，如下图所示。

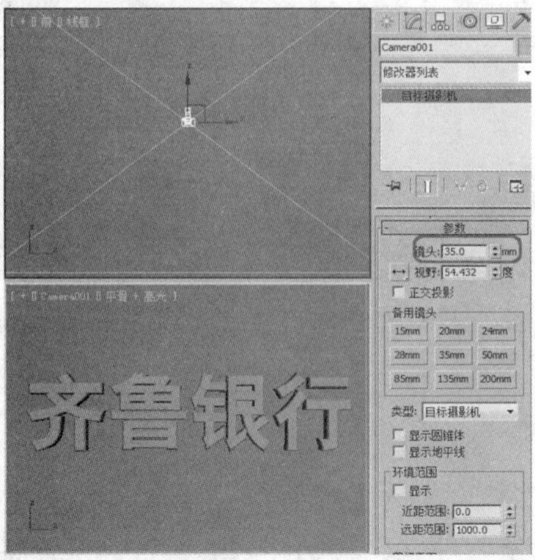

STEP 04 确定“齐鲁银行”对象处于选择状态。在工具栏中单击“材质编辑器”按钮，打开“材质编辑器”对话框。将第1个材质样本球命名为“齐鲁银行”。在“明暗器基本参数”卷展栏中，将明暗器类型定义为“金属”。在“金属基本参数”卷展栏中，单击按钮，解除“环境光”与“漫反射”的颜色锁定，将“环境光”的红、绿、蓝值设置为0、0、0，单击“确定”按钮；将“漫反射”的红、绿、蓝值设置为255、255、255，单击“确定”按钮；将“反射高光”选项组中的“高光级别”、“光泽度”均设置为100，按Enter键确认，如右图所示。

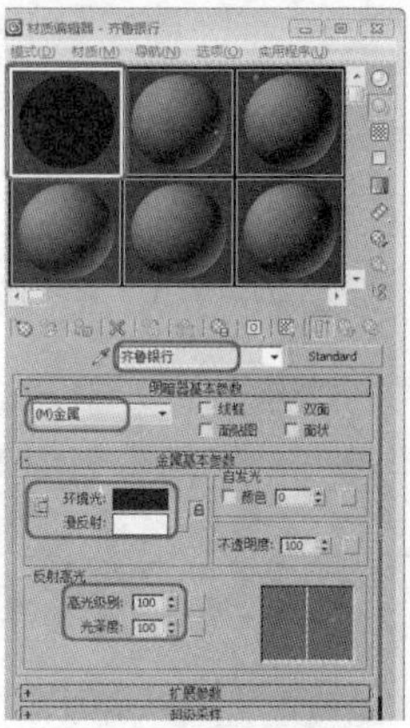

STEP 05 打开“贴图”卷展栏，单击“反射”通道右侧的“None”按钮，在打开的“材质/贴图浏览器”对话框中选择“位图”贴图，单击“确定”按钮，然后在打开的对话框中选择随书附带光盘/Map/Gold04.jpg文件，单击“打开”按钮，打开位图文件，如下图所示。

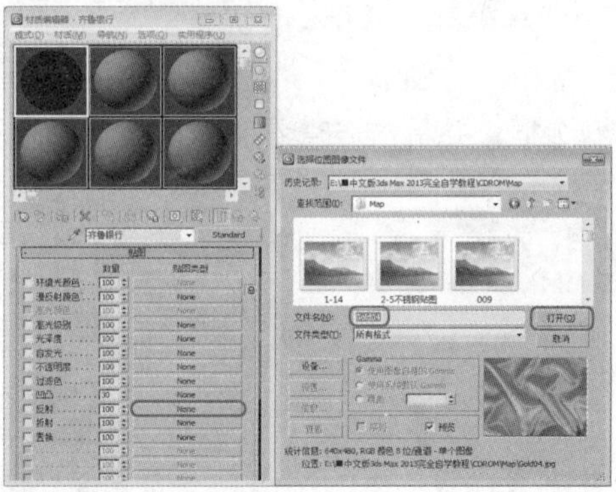

专家提醒

要显示安全框，另一种方法就是在激活视图中的视图名称下右击鼠标，在弹出的快捷菜单中执行“显示安全框”命令，这时在视图的周围出现一个杏黄色的边框，这个边框就是安全框。

STEP 06 在“输出”卷展栏中，将“输出量”设置为1.2，按Enter键确认，然后在场景中选择“齐鲁银行”对象，单击“将材质指定给选定对象”按钮，将材质指定给“齐鲁银行”对象，如右图所示。

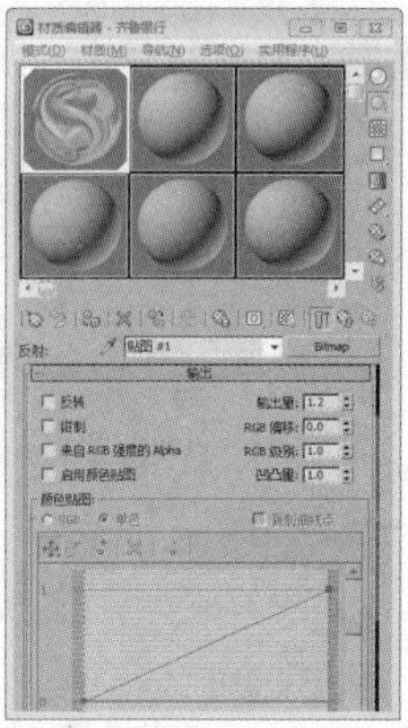

STEP 07 将时间滑块拖动至100帧位置处，然后单击“自动关键点”按钮，开始记录动画。在“坐标”卷展栏中将“偏移”下的U、V值分别设置为0.2、0.1，按Enter键确认，如下图所示。

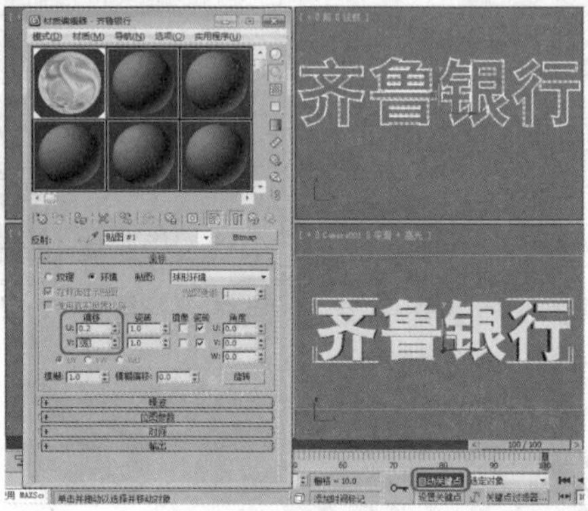

STEP 08 选中“位图参数”卷展栏中的“应用”复选框，并单击“查看图像”按钮，在打开的对话框中将当前贴图的有效区域进行设置，完成后将其对话框关闭即可，并将“裁剪/放置”选项组中的W、H均设置为0.474，如下图所示。设置完成后，单击“自动关键点”按钮。

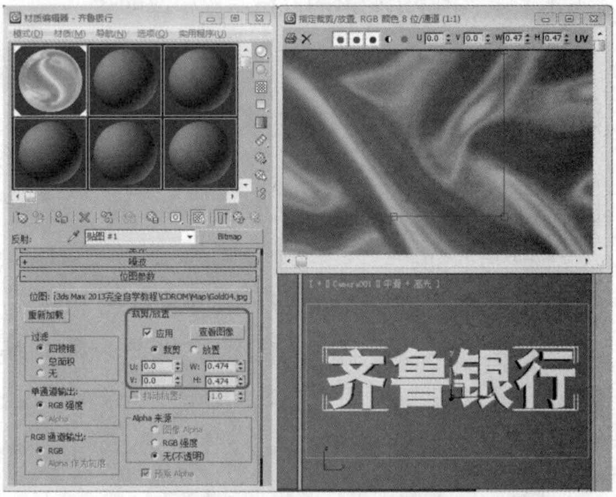

实战操作492 光影的制作

素材：无　　场景：无

难度：★★★★★　　视频：视频\ Cha18\实战操作492.avi

在完成标版字体的制作后，为了更好地表现光影文字，需要为它添加光影。下面介绍光影的制作方法。

STEP 01 在场景中选择“齐鲁银行”对象，按Ctrl+V组合键对它进行复制，在打开的“克隆选项”对话框中，选中“对象”选项组中的“复制”单选按钮，将新复制的对象重新命名为“齐鲁银行光影”，单击“确定”按钮，如下图所示。

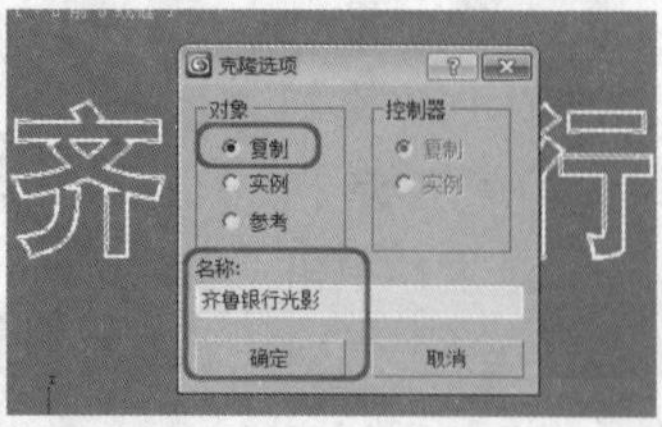

STEP 02 单击“修改”按钮，进入“修改”命令面板，在堆栈中选择“倒角”修改器，然后单击堆栈下的“从堆栈中移除修改器”，将“倒角”删除。然后在“修改器列表”中选择“挤出”修改器，在“参数”卷展栏中将“数量”设置为500，按Enter键确认；将“封口”选项组中的“封口始端”与“封口末端”复选框取消选中，如下图所示。

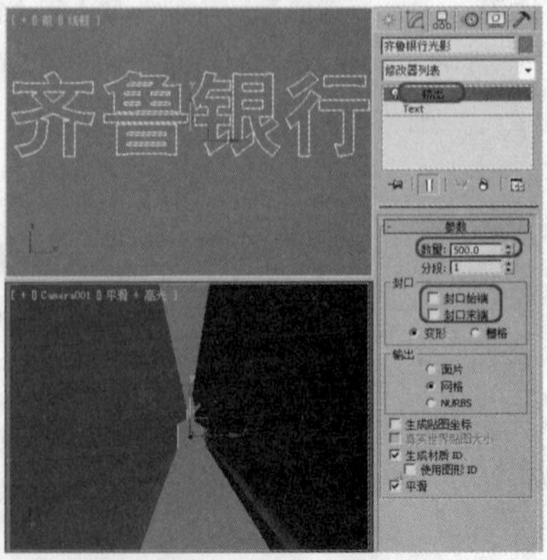

专家提醒

大量的片头文字使用光芒四射的效果来表现，这种效果在3ds Max中可以通过多种方法实现，这个实例介绍通过一种特殊的材质与模型结合完成的光影效果。这种方法制作出的光影效果的优点是渲染速度快，制作简便。

STEP 03 确定“齐鲁银行光影”对象处于选择状态下。激活第二个材质样本球，将当前材质名称重新命名为“光影材质”。在“明暗器基本参数”卷展栏中选中“双面”复选框。在“Blinn 基本参数”卷展栏中，将“环境光”和“漫反射”的红、绿、蓝值均设置为255、255、255，单击“确定”按钮；将“自发光”选项组中的“颜色”值设置为100，按Enter键确认；将“反射高光”选项组中的“光泽度”的参数设置为0，按Enter键确认，如右图所示。

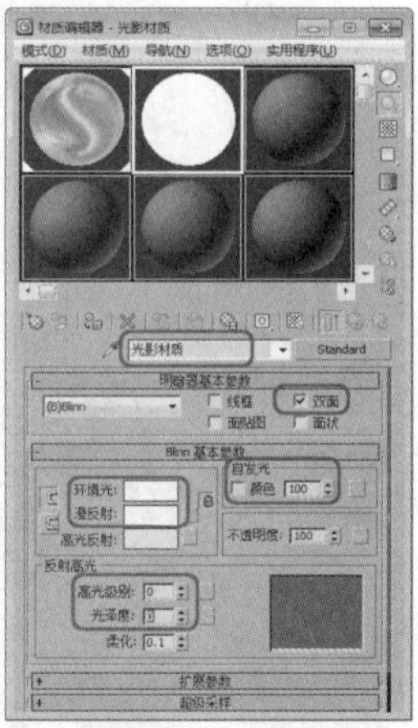

STEP 04 打开“贴图”卷展栏，单击“不透明度”通道右侧的“None”按钮，打开“材质/贴图浏览器”对话框，在该对话框中选择“遮罩”贴图，单击“确定”按钮，如右图所示。

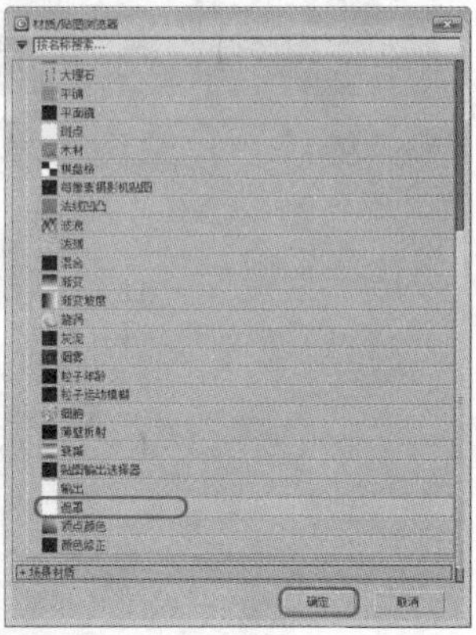

STEP 05 进入到“遮罩”二级材质设置面板中，首先单击贴图右侧的“None”按钮，在打开的“材质/贴图浏览器“对话框中选择“棋盘格”选项，单击“确定”按钮，在打开的“棋盘格”层级材质面板中，将“坐标”卷展栏中“瓷砖”下的U和V分别设置为250和0.001；打开“噪波”参数卷展栏，选中“启用”复选框，将“数量”设置为5，按Enter键确认，如右图所示。

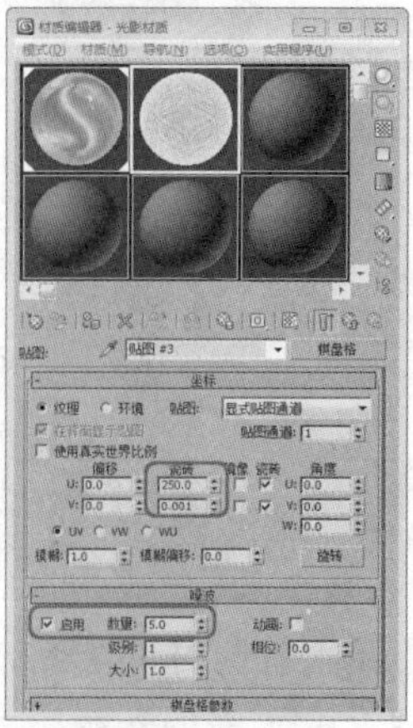

STEP 06 打开“棋盘格参数”卷展栏，将“柔化”值设置为0.01，按Enter键确认，将“颜色#2”的红、绿、蓝值设置为156、156、156，单击“确定”按钮，如右图所示。

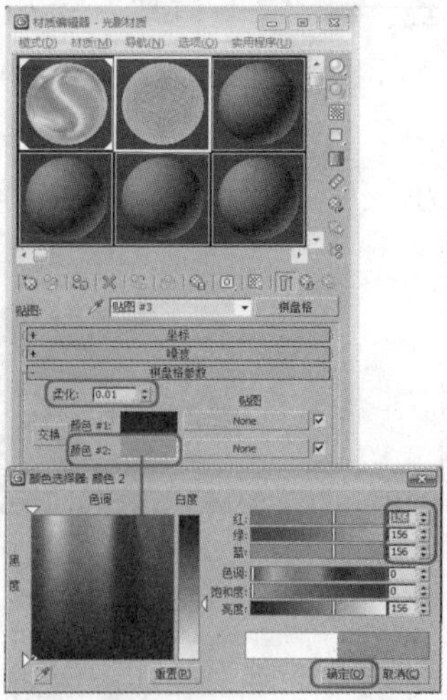

专家提醒

“遮罩”是使用一张贴图作为罩框，通过它来观看上面的材质效果，罩框图本身的明暗强度将决定透明的程度。

“双面”：将物体法线相反的一面也进行渲染，通常计算机为了简化计算，只渲染物体法线为正方向的表面(即可视的外表面)，这对大多数物体都适用，但有些敞开面的物体，其内壁会看不到任何材质效果，这时就必须打开双面设置。

STEP 07 设置完毕后，单击“转到父对象”按钮，返回到遮罩层级。单击“遮罩”右侧的“None”按钮，在打开的“材质/贴图浏览器”对话框中选择“渐变”贴图，单击“确定”按钮，如下图所示。

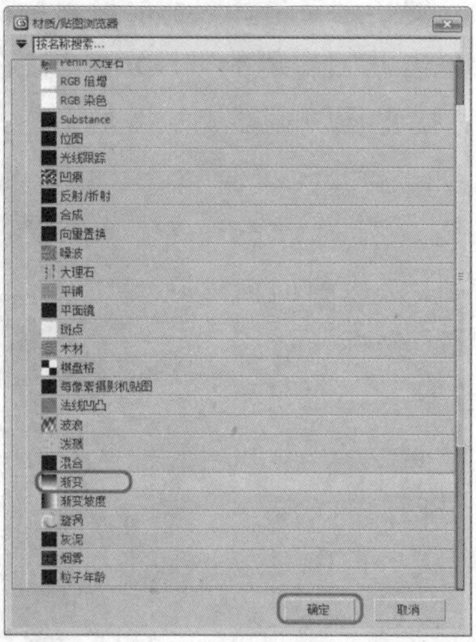

STEP 08 在打开的“渐变”层级材质面板中，打开“渐变参数”卷展栏，将“颜色 #2”的红、绿、蓝数值都设置为0、0、0，按Enter键确认。将“噪波”选项组中的“数量”值设置为0.1，选中“分形”单选按钮，最后将“大小”设置为5，按Enter键确认，如下图所示。

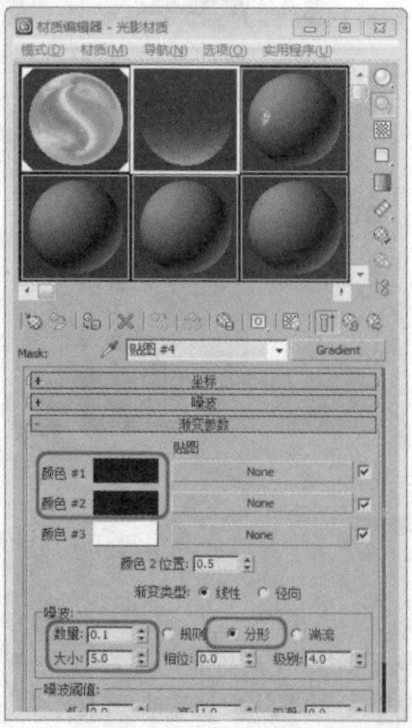

STEP 09 单击两次“转到父对象”按钮，返回父级材质面板。在“材质编辑器”中单击“将材质指定给选定的对象”按钮，将当前材质赋予视图中的“齐鲁银行光影”对象，如下图所示。

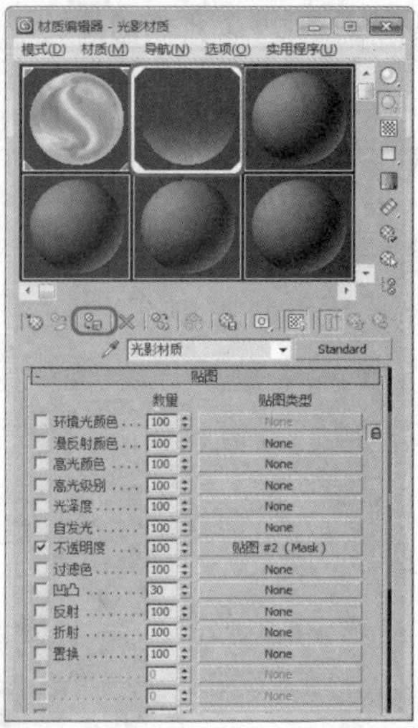

STEP 10 设置完材质后，将时间滑块拖拽至60帧位置处，渲染该帧图像，效果如下图所示。

STEP 11 继续在“贴图”卷展栏中将“反射”的“数量”设置为5，并单击其后面的“None”按钮，在打开的“材质/贴图浏览器”对话框中选择“位图”贴图，如下图所示。

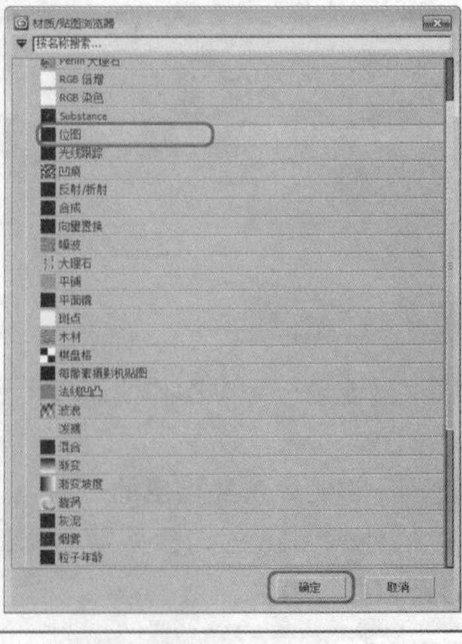

STEP 12 在打开的对话框中选择随书附带光盘中的\Map\Gold04.jpg文件，单击“确定”按钮，进入“位图”层级面板，在“输出”卷展栏中将“输出量”设置为1.35，如下图所示。

专家提醒

“输出量”：控制位图融入一个合成材质中的数量(程度)。

“锥化”编辑修改器可以通过放缩物体的两端而产生锥形的轮廓，同时还可以加入光滑的曲线轮廓，允许控制导边的倾斜度、曲线轮廓的曲度，还可以限制局部导边效果。

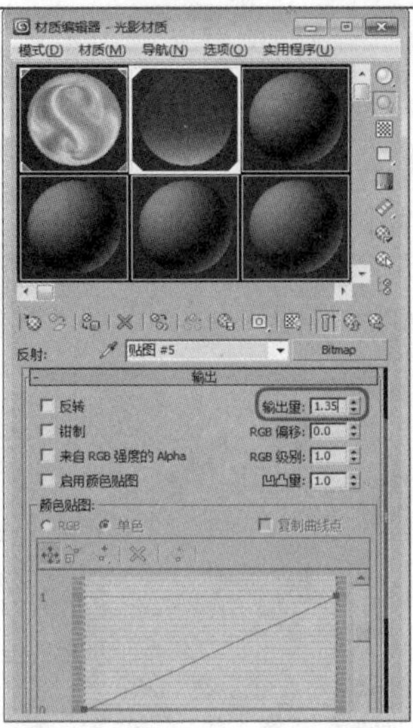

实战操作493 光影动画

素材：无 | 场景：Scene\Cha18\实战操作493.max

难度：★★★★★ | 视频：视频\ Cha18\实战操作493.avi

光影动画的具体操作步骤如下所述。

STEP 01 在场景中选择“齐鲁银行光影”对象，单击“修改”按钮，切换到“修改”命令面板，在“修改器列表”中选择“锥化”修改器，打开“参数”卷展栏，将“数量”设置为1.0，按Enter键确认，如下图所示。

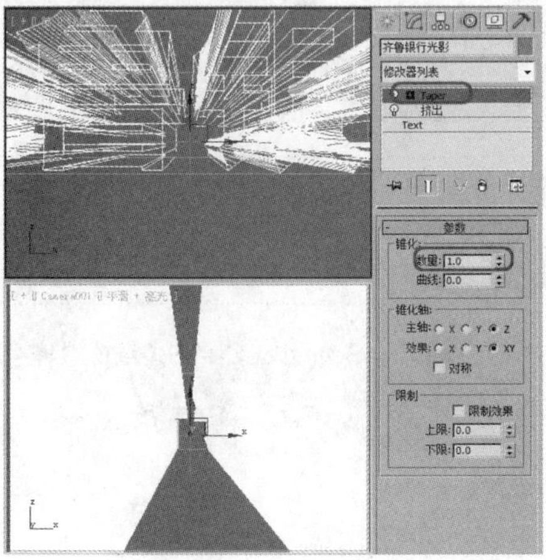

STEP 02 在场景中选择“齐鲁银行”和“齐鲁银行光影”对象，在工具栏中选择“选择并移动”工具，然后在“顶”视图中沿Y轴将选择的对象移动至摄影机下方，如下图所示。

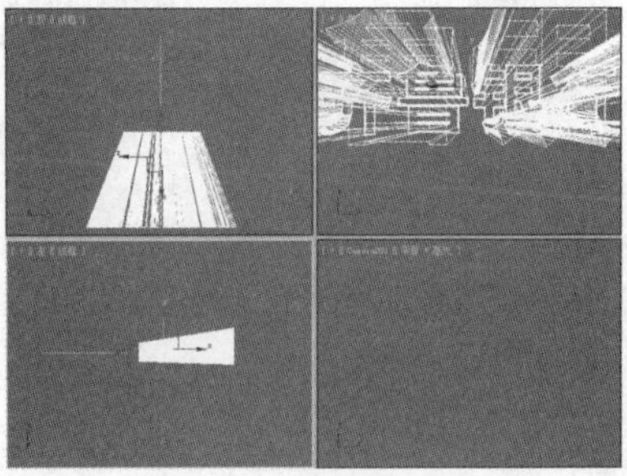

STEP 03 将视口底端的时间滑块拖曳至60帧位置处，单击“自动关键点”按钮，然后将选择的对象重新移动至移动前的位置处，如下图所示。

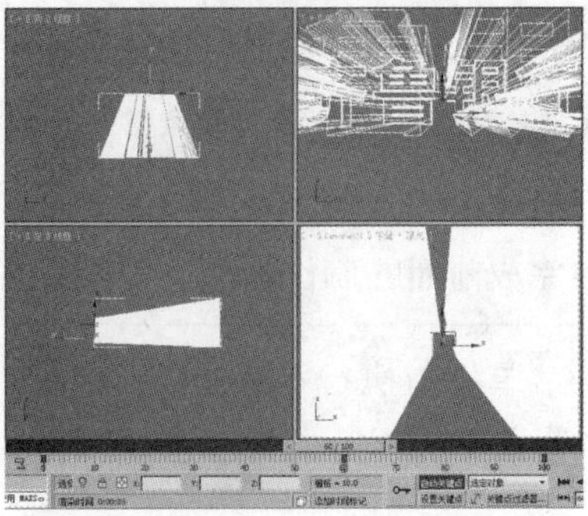

STEP 04 将时间滑块拖曳至80帧位置处，选择“齐鲁银行光影”对象，在“修改”命令面板中将“锥化”修改器的“数量”值设置为0，按Enter键确认，如下图所示。

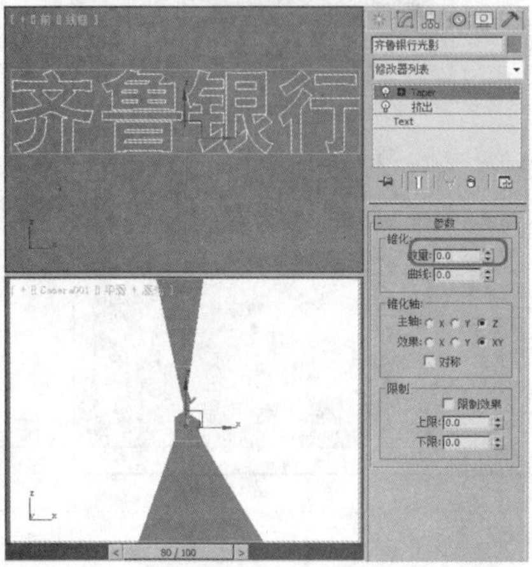

STEP 05 确定当前帧仍然为80帧。激活“顶”视图，在工具栏中选择“选择并非均匀缩放”工具并右击鼠标，在弹出的“缩放变换输入”对话框中设置“偏移：屏幕”选项组中的Y值为1，如下图所示。

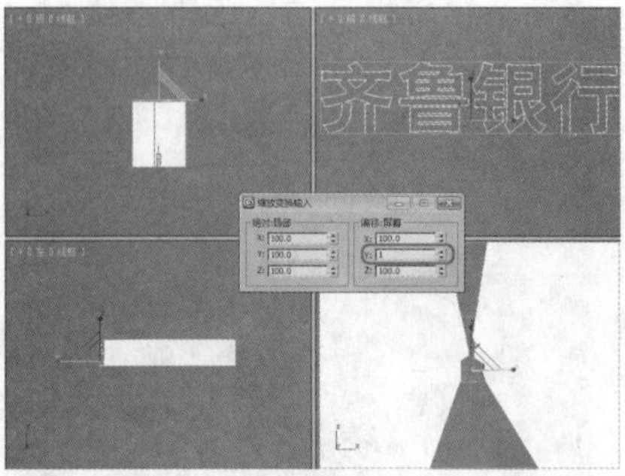

STEP 06 关闭“自动关键点”按钮。确定“齐鲁银行光影”对象仍然处于选择状态。在工具栏中单击“曲线编辑器”按钮，打开“轨迹视图”对话框。执行“编辑器”|“摄影表”菜单命令，如下图所示。

STEP 07 在打开的“齐鲁银行光影”序列下选择“变换”选项，在“变换”选项下选择“缩放”，如下图所示。

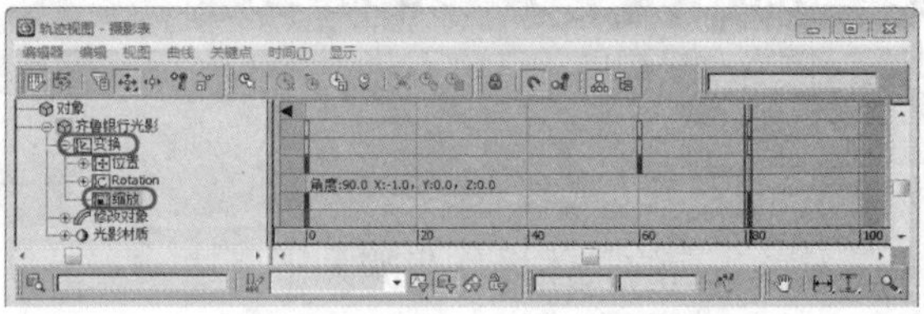

STEP 08 将第0帧处的关键点移动至第60帧位置处，如下图所示。

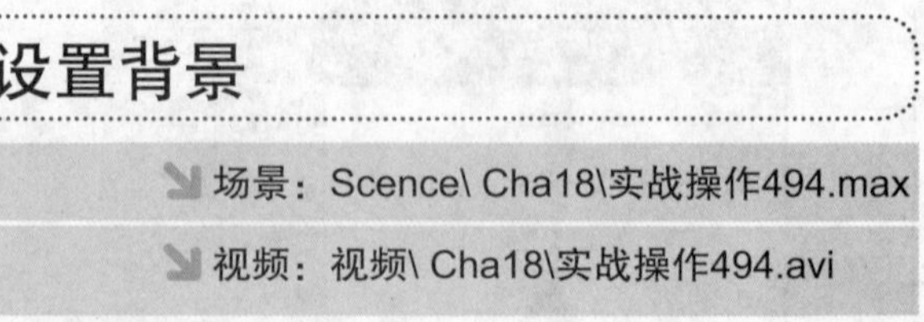

实战操作494 设置背景

素材：无　场景：Scence\ Cha18\实战操作494.max

难度：★★★★★　视频：视频\ Cha18\实战操作494.avi

若要完成前面的制作，需要为其设置背景，具体操作步骤如下所述。

STEP 01 在菜单栏中执行“渲染”|“环境”命令，打开“环境和效果“对话框。在对话框中单击“背景”选项组中的“无”按钮，打开“材质/贴图浏览器”对话框。选择“渐变”贴图，单

击“确定”按钮，如下图所示。

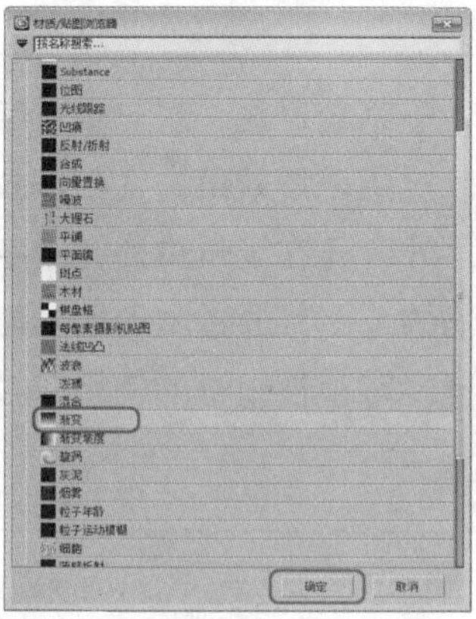

STEP 02 打开“材质编辑器”，在“环境和效果”对话框中拖动环境贴图按钮到“材质编辑器”中的一个新的材质样本球窗口中。在弹出的对话框中选中“实例”单选按钮，单击“确定”按钮。改变“材质编辑器”中的贴图参数，就可以改变环境贴图背景，如右图所示。

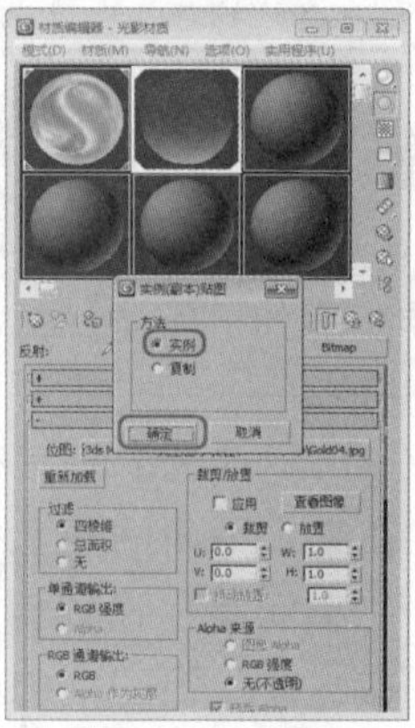

STEP 03 在“材质编辑器”中，将“渐变参数”卷展栏中“颜色1”的红、绿、蓝值分别设置为10、0、144，单击“确定”按钮；将“颜色2”的红、绿、蓝值设置为150、141、252，单击“确定”按钮；将“颜色3”的红、绿、蓝值分别设置为0、0、55，单击“确定”按钮，如下图所示。设置完成后将其对话框关闭即可。

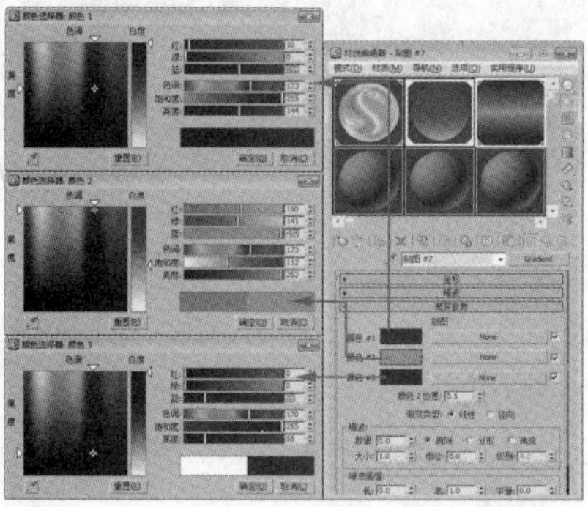

STEP 04 激活“摄影机”视图，在工具栏中单击“渲染设置”按钮，打开“渲染场景”对话框，在“公用参数”卷展栏中选中“活动时间段”单选按钮；在“输出”大小选项组中设置“宽度”和“高度”值分别为555和300，如右图所示。

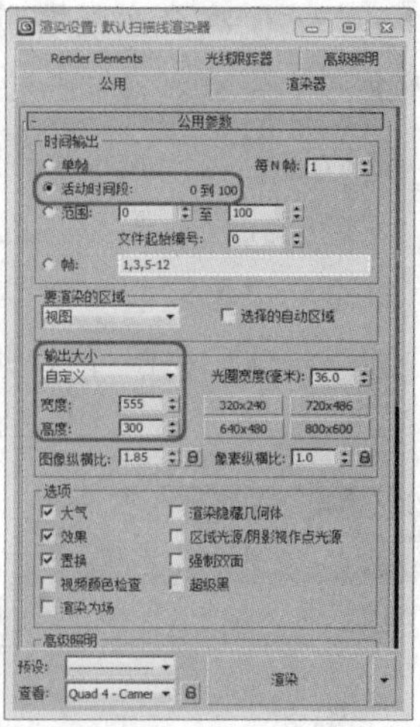

STEP 05 在“渲染输出”选项组中单击“文件”按钮，在弹出的“渲染输出文件”对话框中为将要输出的动画设置一个正确的路径即可，如下图所示。

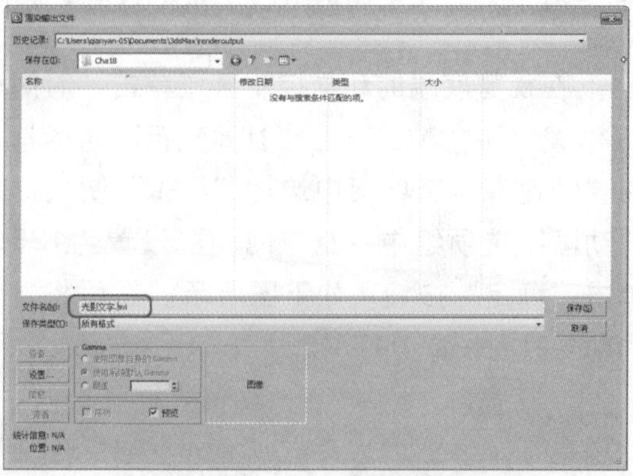

STEP 06 单击“保存”按钮，在弹出的“AVI文件压缩设置”对话框中单击“确定”按钮即可，回到“渲染输出文件”对话框，然后单击“渲染”按钮即可，如右图所示。至此，光影文字效果就制作完成了。

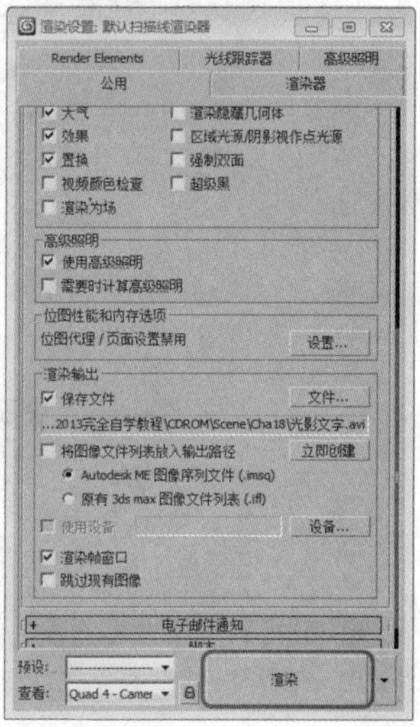

18.4 火焰崩裂字

本例将介绍火焰崩裂字的制作方法。文字爆炸的碎片由粒子系统产生，对一个文字替身物体进行了分裂，裂解的碎块使用发光特效过滤器进行了处理，以产生燃烧效果。文字炸裂瞬间有光芒放射，这是通过指定了一个体积光的聚光灯产生的。除此之外，还在场景中为镂空字体制作了燃烧的火焰背景，并且使用了四个半球Gizmo物体来限制火焰的范围。通过本例的学习，用户可以学会火焰崩裂特效字的制作方法，并能掌握镂空文字的设置、可视性轨迹的使用、粒子阵列的控制、体积光的设置以及发光特效的设置。

实战操作495 创建文字并进行编辑

素材：无	场景：无
难度：★★★★★	视频：视频\ Cha18\实战操作495.avi

制作火焰崩裂字，首先要创建一个镂空的文字，这里的镂空文字是与矩形嵌套在一起的。此外还需要对常见的文字图形进行一定的设置，具体操作步骤如下所述。

STEP 01 在视窗底端的动画控制区域单击“时间配置“按钮，弹出“时间配置”对话框，在“帧速率”选项组中选择“PAL”制式，将“动画”选项组中“结束时间”设置为125，单击“确定”按钮，如下图所示。然后将当前的动画时间设置为125帧。

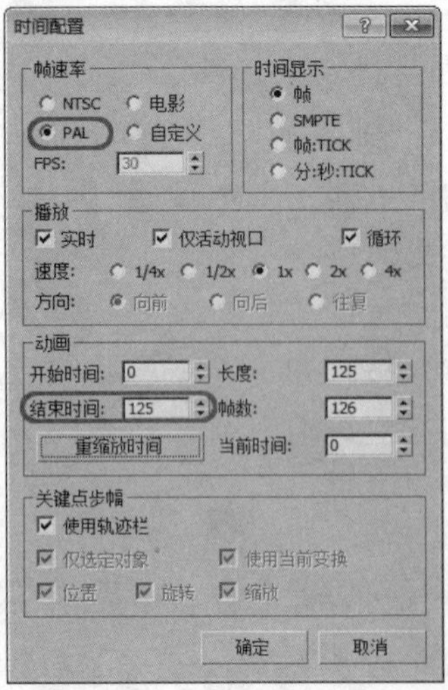

STEP 02 选择“创建”|“图形”|“样条线”|“文本”工具，在“参数”卷展栏中的字体列表中选择“汉仪超粗宋简”字体，在文本下面的输入框中输入“音乐时空”，将“字间距”设置为5，然后激活“前”视图。在“前”视图中创建“音乐时空”文字标题，并将其命名为“镂空”，如下图所示。

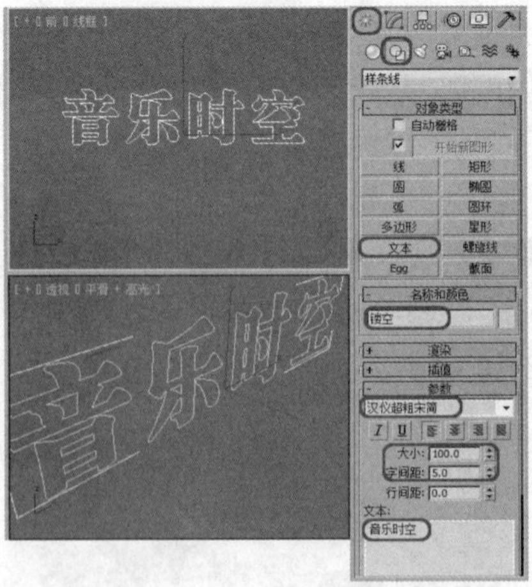

STEP 03 选择“创建”|“图形”|“样条线”|“矩形”工具，在“前”视图中创建一个“长度”、“宽度”和“角半径”分别为179、480、5矩形，并将其命名为“底

板”，调整其位置，如下图所示。

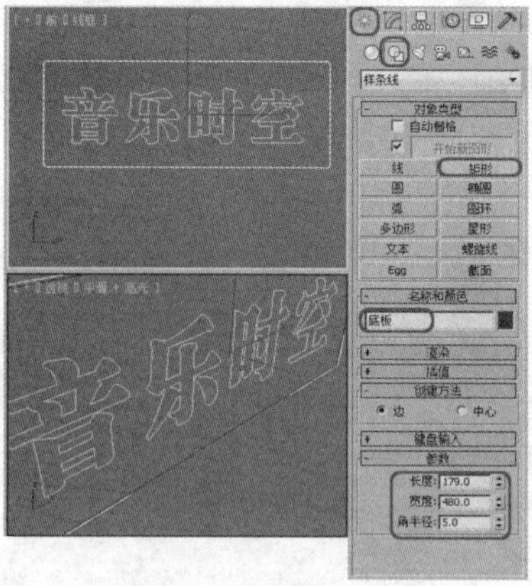

STEP 04 在视图中选择“镂空”对象，单击“修改”按钮，切换到“修改”命令面板，在“修改器列表”中选择“编辑样条线”修改器。然后在“修改”命令面板中打开“几何体”卷展栏，单击“附加”按钮，最后在视图中选择“底板”对象，将其附加在一起，效果如下图所示。

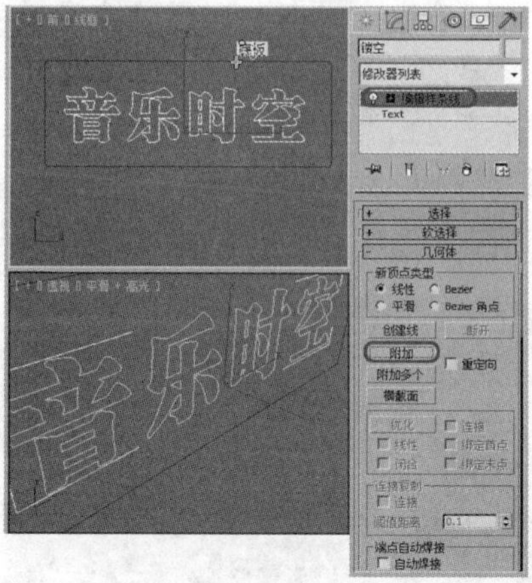

STEP 05 再在“修改器列表”中选择“倒角”修改器。在“参数”卷展栏“相交”选项组中将“避免线相交”的复选框选中，在“倒角值”卷展栏中将“级别1”下的“高度”设置为10，选中“级别2”复选框，将其下方的“高度”和“轮廓”分别设置为1和-0.35，如下图所示。

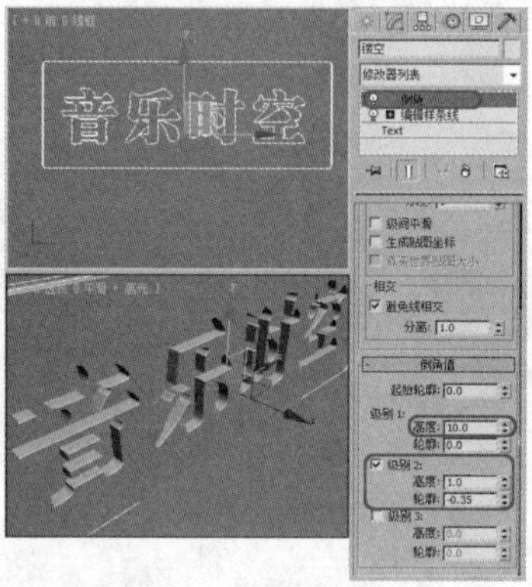

STEP 06 在工具栏中单击“材质编辑器”按钮，打开材质编辑器。将一个材质样本球命名为“镂空”。在“明暗器基本参数”卷展栏中将明暗器基本类型定义为“（M）金属”，在“金属基本参数”卷展栏中单击“环境光”右侧的按钮，取消“环境光”与“漫反射”的锁定。将“环境光”的红、绿、蓝值设置为64、41、0，将“漫反射”的红、绿、蓝值设置为212、117、0；将“反射高光”选项组中的“高光级别”设置为48，“光泽度”设置为74，如下图所示。

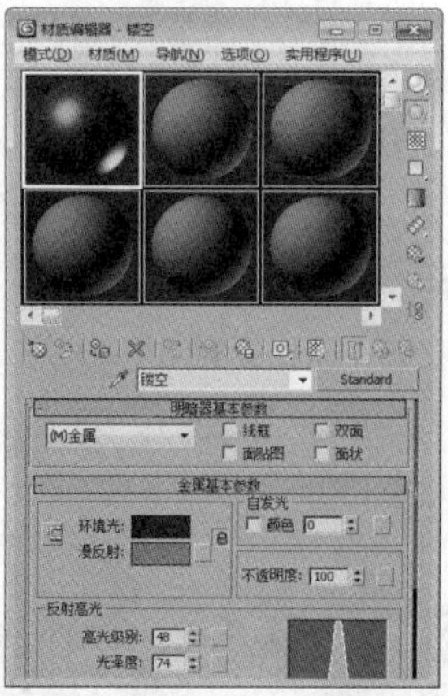

STEP 07 在“贴图”卷展栏中将“凹凸”通道的“数量”值设置为9，然后单击其后面的

专家提醒

在设置倒角时，选中“避免线相交”复选框可以防止尖锐折角产生的突出变形。

"None"按钮，在打开的"材质/贴图浏览器"对话框中选择"噪波"贴图，单击"确定"按钮，如下图所示。

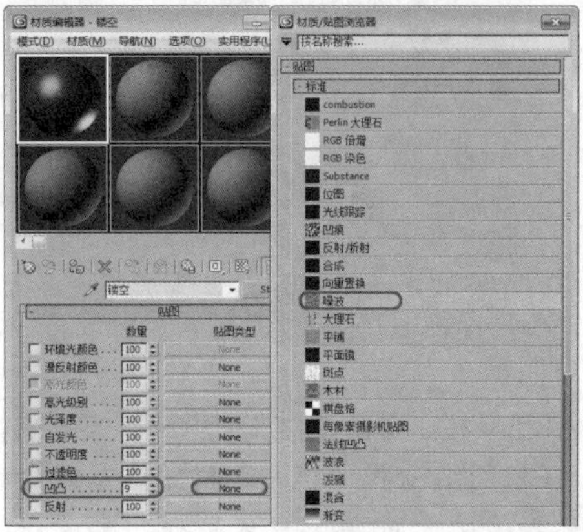

STEP 08 进入"凹凸"通道的贴图层级，在"坐标"卷展栏中将"瓷砖"下的X、Y、Z值均设置为4，按Enter键确认。在"噪波参数"卷展栏中选择噪波类型为"湍流"，如右图所示。然后单击"转到父对象"按钮，返回父材质层。

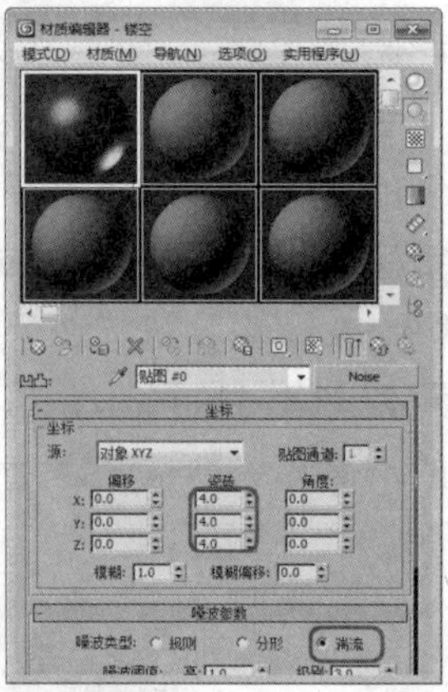

STEP 09 在"贴图"卷展栏中将"反射"通道的数量设置为45，然后单击其后面的"None"按钮，在打开的"材质/贴图浏览器"对话框中选择"位图"贴图，单击"确定"按钮，如下图所示。

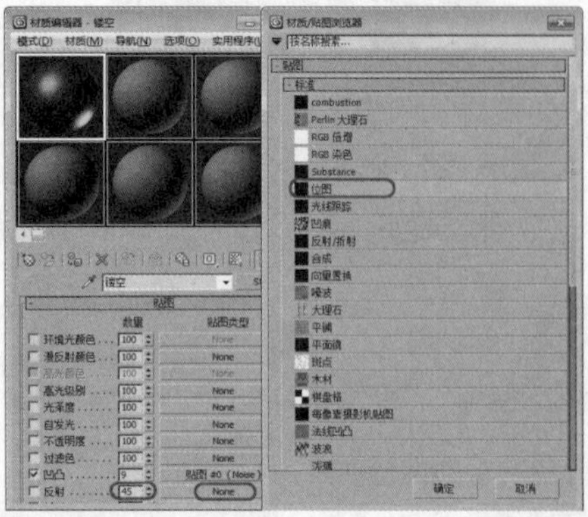

STEP 10 弹出"选择位图图像文件"对话框，在打开的对话框中选择随书附带光盘\Map\Gold04.jpg，单击"打开"按钮，打开位图。完成设置后在视图中选择所有对象，单击"将材质指定给选定对象"按钮，将设置好的材质指定给它们，效果如下图所示,关闭该对话框。

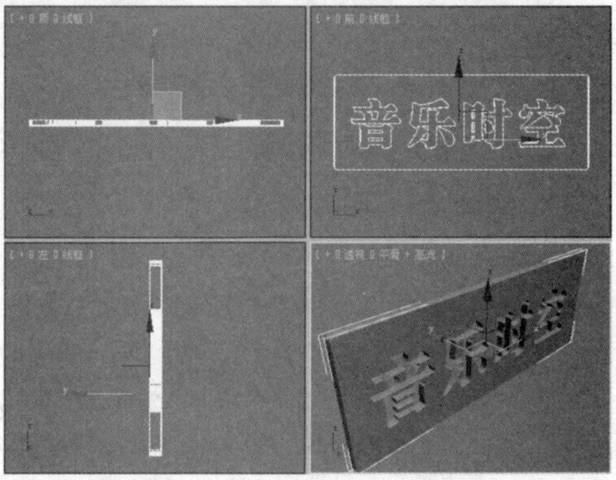

STEP 11 按Ctrl+V组合键对当前选择的"镂空"对象进行复制，在弹出的对话框中选中"复制"单选按钮，将"名称"设置为"遮挡"，最后单击"确定"按钮，返回"编辑样条线"堆栈层，定义当前选择集为"样条线"。在视图中选择"遮挡"外侧的矩形样条曲线，如下图所示，按Delete键将其删除，然后关闭当前选择集，返回"倒角"堆栈层，得到实体文字。

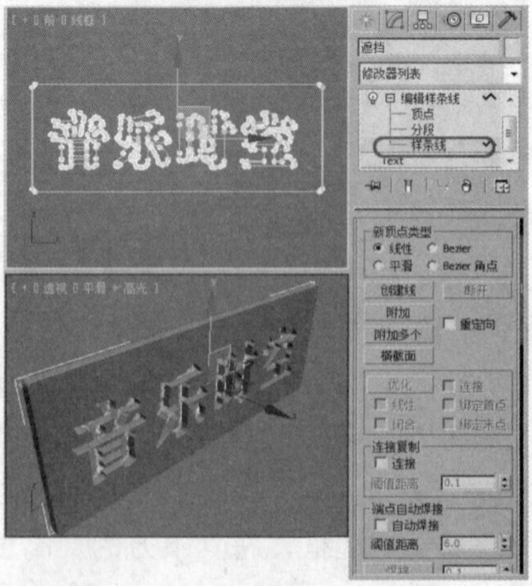

STEP 12 确定"遮挡"对象处于选择状态，选择并进入"倒角"修改器，然后将"倒角值"卷展栏下"级别1"区域中的"高度"设置为0，并将"级别2"的"高度"和"轮廓"设置

为0.1、0，效果如下图所示。

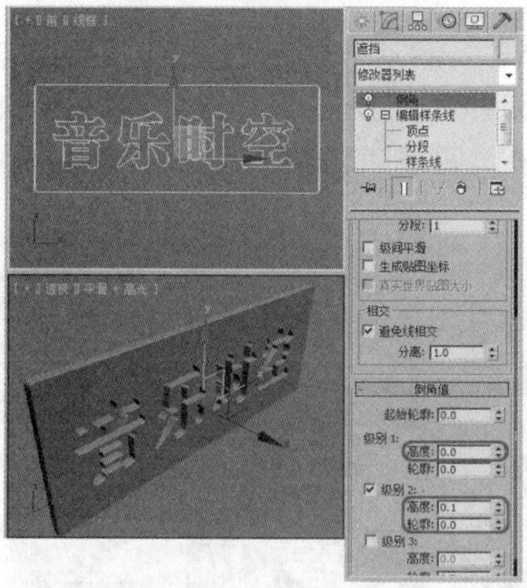

STEP 13 确定“遮挡”对象处于选择状态，再次按Ctrl+V组合键，在打开的“克隆选项”对话框中将复制类型定义为“复制”，将新对象重新命名为“粒子”，如下图所示，最后单击“确定”按钮。

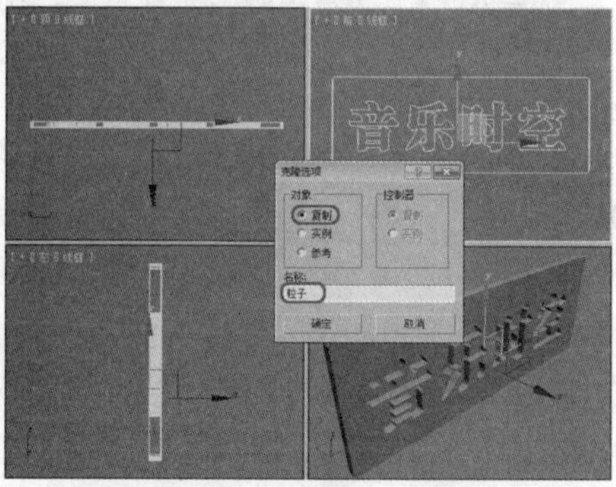

STEP 14 在视图中选择“遮挡”对象，在工具栏中单击“曲线编辑器”按钮，打开“轨迹视图”对话框，选择菜单栏中的“编辑器”|“摄影表”选项，然后在左侧的列表中选择“遮挡”，执行“编辑”|“可见性轨迹”|“添加”菜单命令，如下图所示，为“遮挡”添加一个可视性轨迹控制器。

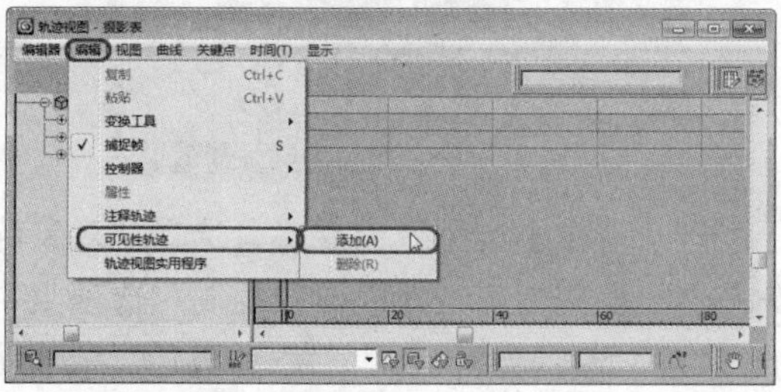

专家提醒

可视性轨迹用于控制物体在何时出现，何时消失。没有指定贴图坐标的物体在渲染可视性动画时，如果完全不可见，渲染会正常进行，但如果可见，会弹出一个警告框，并中断渲染。因此在渲染前，对物体应先进行贴图坐标的指定。

STEP 15 在左侧列表框中选择“可见性”，在轨迹视图工具栏中选择“添加关键点”工具，在第0帧、第10帧和第11帧处各添加一个关键点，其中前两个关键点的值都是1，表示物体可见。在添加完第11帧处的关键帧后，在轨迹视图底部的数值输入框中输入0，按Enter键确认，如下图所示，将该对话框关闭。

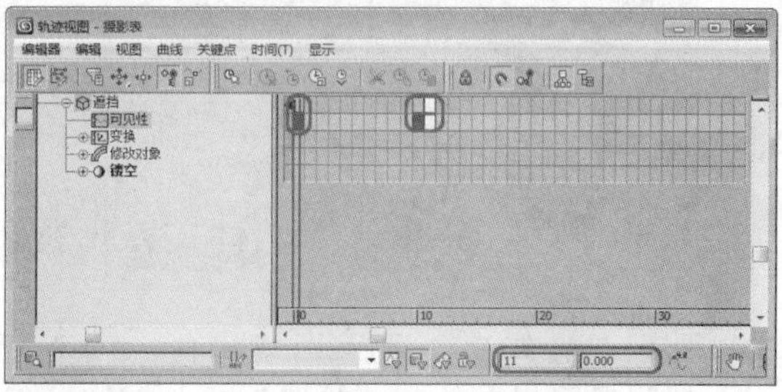

STEP 16 选择“创建”|“摄影机”|“标准”|“目标”，在“顶”视窗中单击鼠标左键创建摄影机，然后拖动至目标所在的位置即可释放鼠标左键，最后将镜头参数设置为35mm。激活“透”视图，按C键将该视图转换为“摄影机”视图，并调整摄影机的位置，调整后的效果如下图所示。

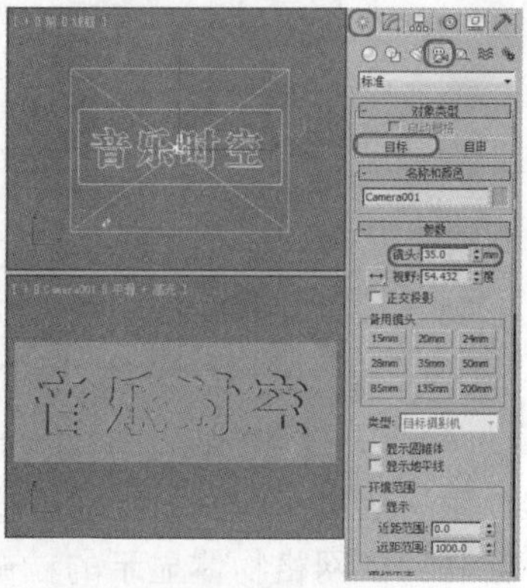

专家提醒

摄影机和它的目标可以分别移动。单击选择摄影机目标将其进行移动，或将摄影机选择后将其目标一起移动。也可以简单地单击摄影机与目标之间的连线或选择摄影机并右击鼠标，从弹出快捷菜单中执行“选择”命令来同时选择摄影机和它的目标。如果需要反复移动摄影机，最好锁定选择集（按空格键），因为目标位置在有许多对象的场景中通常都是固定的。

STEP 17 选择“创建” | “几何体” | “粒子系统” | “粒子阵列”工具，在“顶”视图中创建一个粒子阵列系统，如下图所示。

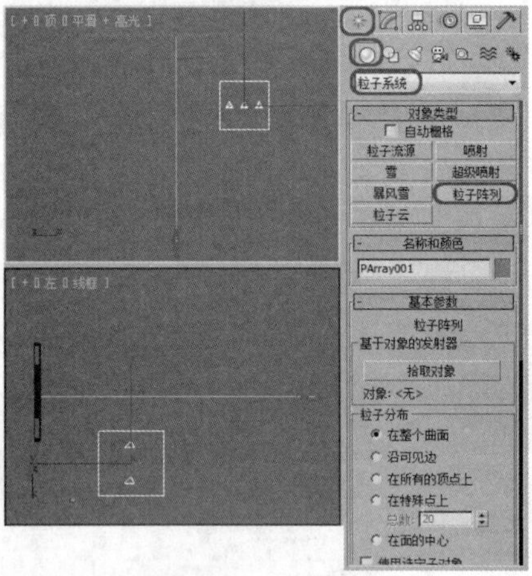

STEP 18 切换至“修改”命令面板，在“基本参数”卷展栏中单击“拾取对象”按钮，然后按H键打开名称选择框，选择“粒子”对象，如下图所示，单击“拾取”按钮，将它作为粒子系统的替身。

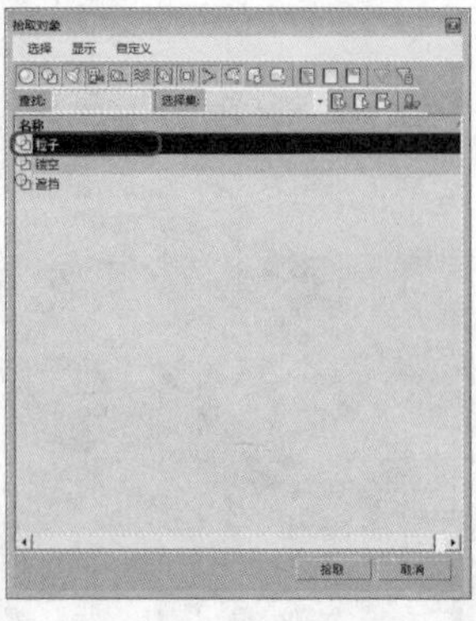

STEP 19 在“显示图标”卷展栏中将“图标大小”设置为73，并按Enter键确认。在“视口显示”选项组中选择“网格”显示方式，这样在视图中会看到以网格物体显示的粒子碎块，如下图所示。

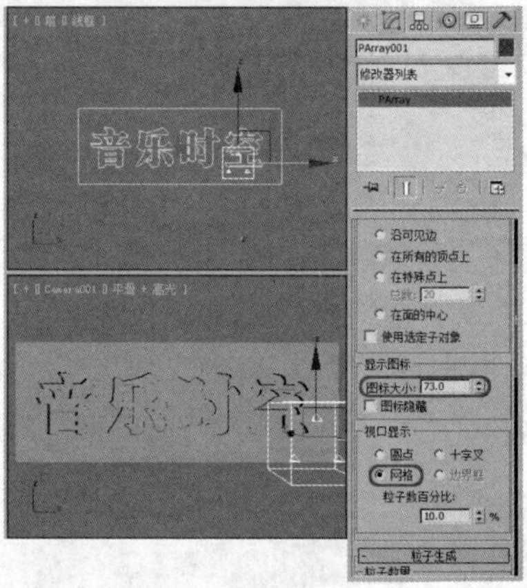

STEP 20 在粒子生成卷展栏中将“速度”、“变化”和“散度”分别设置为8、45、32，按Enter键确认；将“发射开始”、“发射停止”、“显示时限”和“寿命”分别设置为10、45、125、125，按Enter键确认；将“唯一性”选项组中的“种子”值设置为24567，按Enter键确认，如下图所示。

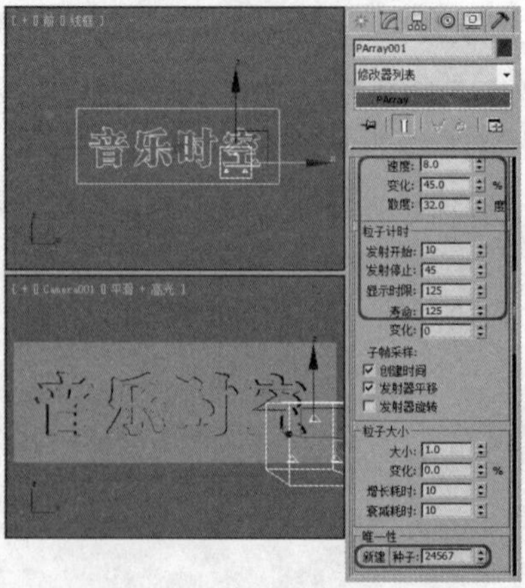

STEP 21 打开“粒子类型”卷展栏，选择“对象碎片”类型。将“对象碎片控制”选项组中的“厚度”设置为8。选中“碎片数目”单选按

钮，并将其最小值设置为100，如下图所示。

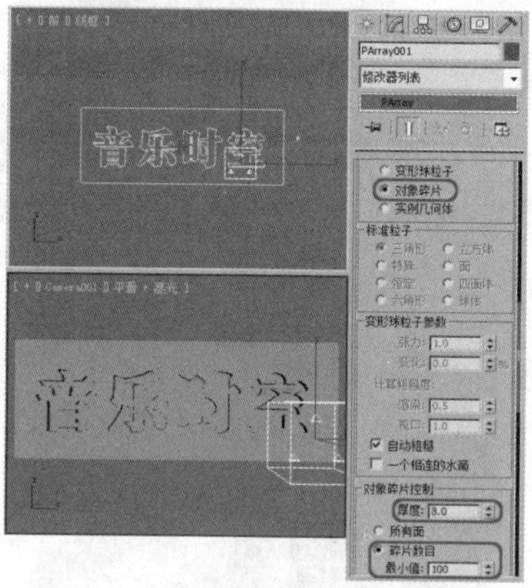

STEP 22 在“旋转和碰撞”卷展栏中将“自旋速度控制”选项组中的“自旋时间”设置为40。将“变化”设置为15%，按Enter键确认，完成后的效果如下图所示。

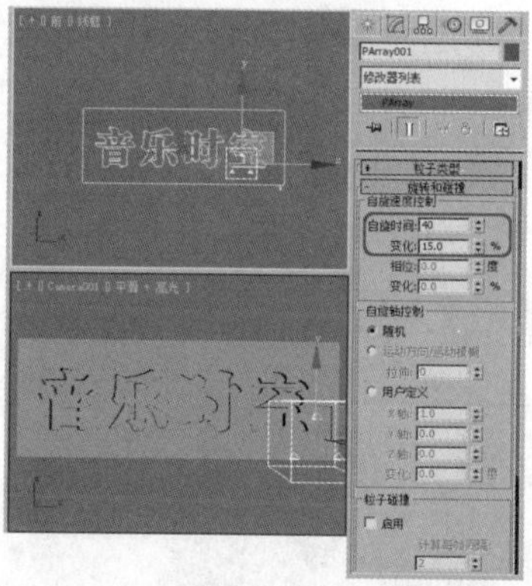

STEP 23 粒子系统设置完成后，在场景中选择“粒子”对象，然后在“修改”面板中单击“从堆栈中移除”按钮，将其“倒角”修改器删除，如右图所示。

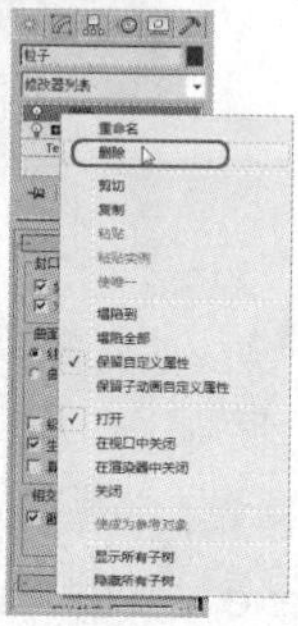

专家提醒

“自旋时间”：控制粒子自身旋转的节拍，即一个粒子进行一次自旋需要的时间，值越高，自旋越慢，当值为0时，不发生自旋。

“变化”：设置三个轴向自旋设定的变化百分比值。

STEP 24 选择粒子系统，将其颜色设置为一种黄色，并右击鼠标，在弹出的快捷菜单中执行“对象属性”命令，在打开的对话框中将“对象ID”设置为1，按Enter键确认。在“运动模糊”选项组中选择“图像”选项，如右图所示，单击“确定”按钮，为粒子系统设置ID号和图像运动模糊。

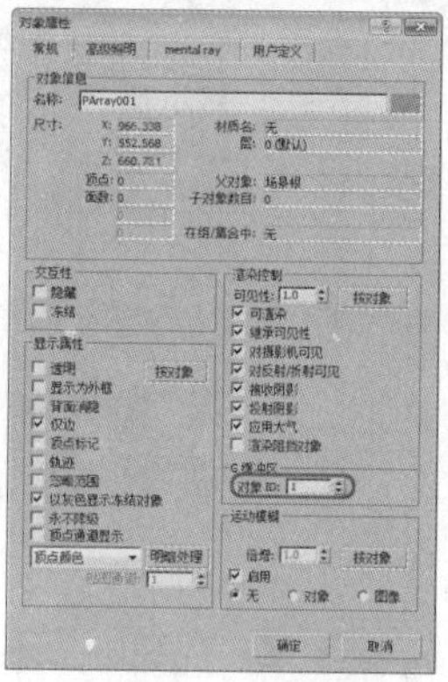

专家提醒

运动模糊的倍增用于调节模糊的程度，这里分为两种计算模式，一种是对象，另一种是图像，后者基于图像处理，速度很快。这里是控制单个物体是否进行运动模糊处理的开关，还有一个场景模糊控制的总开关在渲染设置面板中。

STEP 25 选择“创建”|“灯光”|“标准”|“泛光”工具，在场景中创建一盏泛光灯，然后在“强度/颜色/衰减”卷展栏中将“倍增”的红、绿、蓝值均设置为211，如下图所示。

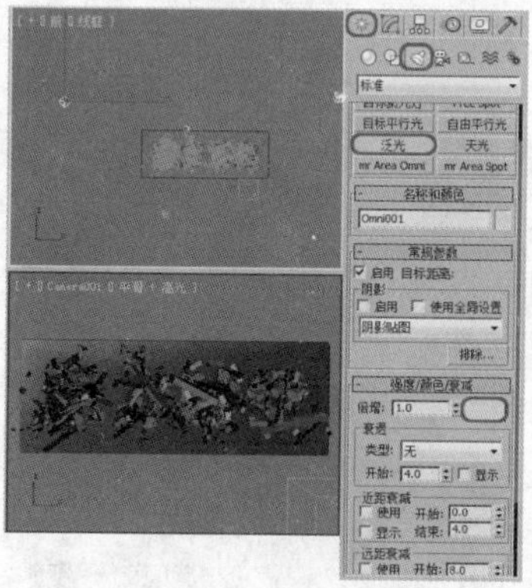

STEP 26 选择“创建”|“灯光”|“标准”|“泛光”工具，在“顶”视图中创建一盏泛光灯，选择“选择并移动”工具并在“左”视图中将泛光灯移动至摄影机对象的下方，然后在“强度/颜色/衰减”卷展栏中将“倍增”的红、绿、蓝值分别设置为237、

237、110，如下图所示。

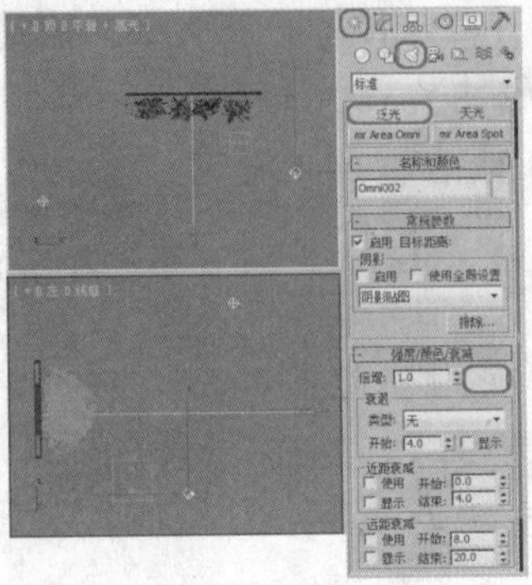

STEP 27 选择“创建”|“灯光”|“标准”|“泛光”工具，在“顶”视图中文字对象的右上侧创建一盏泛光灯，选择“选择并移动”工具并在“左”视图中将泛光灯移动至文字对象的上方，在“强度/颜色/衰减”卷展栏中将“倍增”的红、绿、蓝值均设置为237，如下图所示。

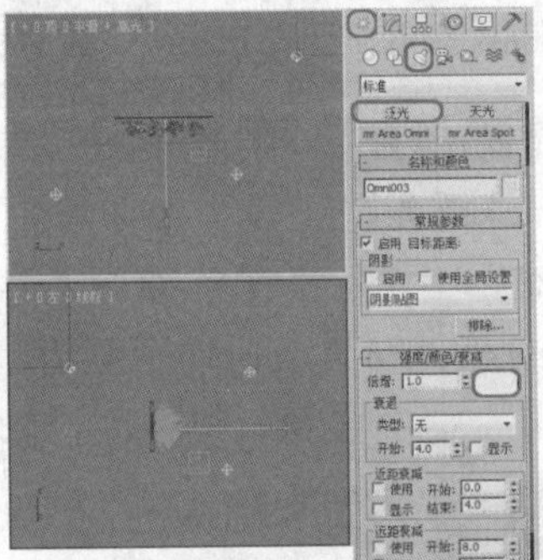

STEP 28 选择“创建”|“灯光”|“标准”|“目标聚光灯”工具，在“顶”视图中创建一盏目标聚光灯，用于设置体积光。在“常规参数”卷展栏中选中“阴影”选项组中的“启用”复选框，如下图所示。

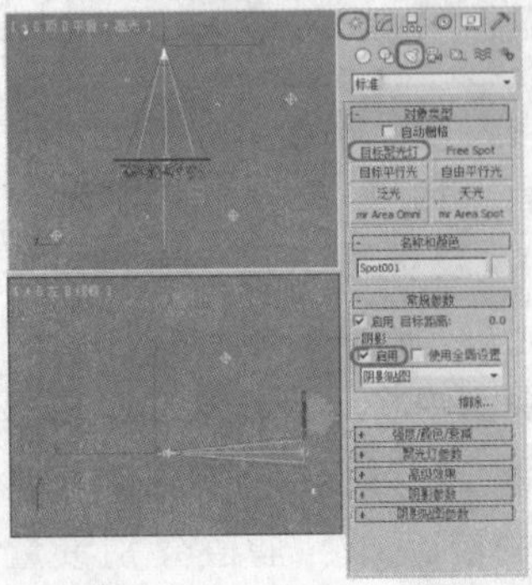

STEP 29 切换至“修改”命令面板，在“强度/颜色/衰减”卷展栏中将“倍增”值设置为2，将灯光颜色的绿、蓝值分别设置为255、240、69。选中“远距衰减”选项组中的“使用”和“显示”复选框，将“开始”和“结束”值分别设置为585.725和944.777，如下图所示。

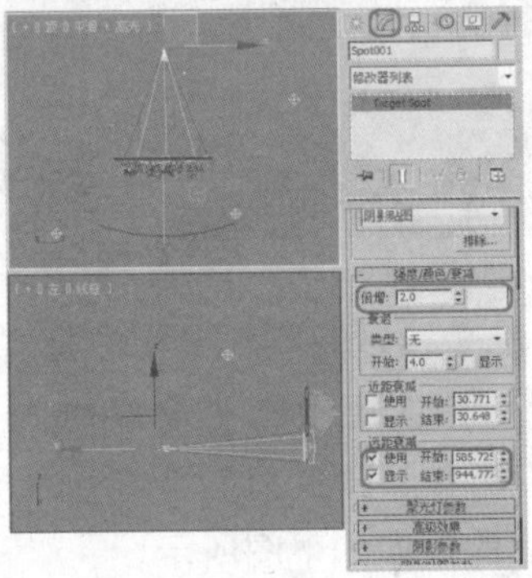

STEP 30 在“聚光灯参数”卷展栏中将“聚光区/光束”和“衰减区/区域”分别设置为15.6和22.1。选择“矩形”光锥类型，将“纵横比”设置为3.52，效果如下图所示。

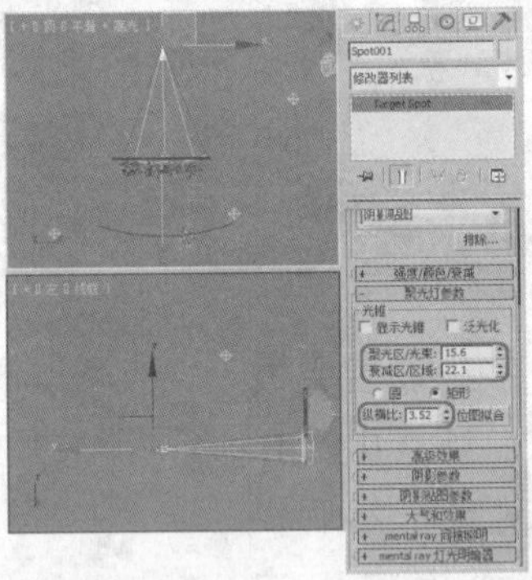

STEP 31 打开“高级效果”卷展栏，在“投影贴图”选项组中选中“贴图”复选框，然后单击后面的“None”按钮，在打开的“材质/贴图浏览器”对话框中选择“噪波”，如右图所示，并单击“确定”按钮。

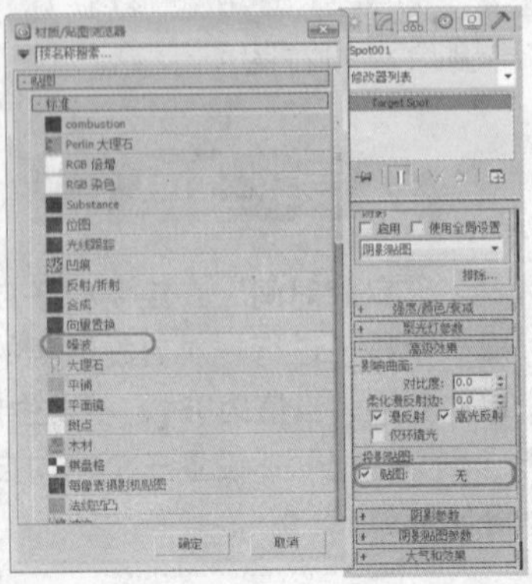

STEP 32 打开材质编辑器，激活第二个材质球。选择灯光控制面板中刚设置的噪波条形按钮并将其拖拽至材质编辑器中第二个材质样本球上，然后在打开的“实例（副本）贴图”对话框中选中“实例”单选按钮，如右图所示，最后单击“确定”按钮。

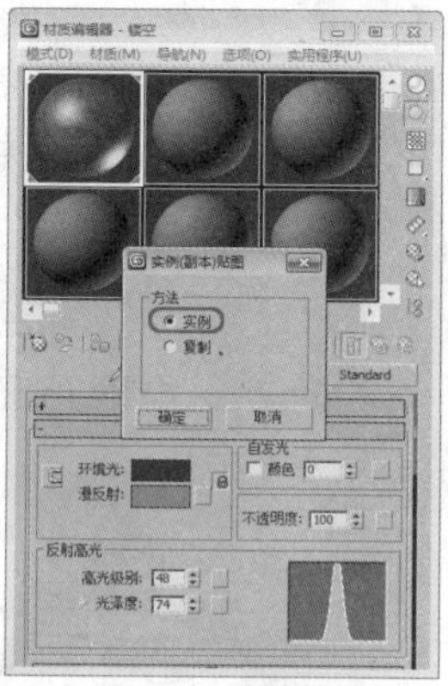

STEP 33 在“噪波参数”卷展栏中将“大小”设置为1200，将“颜色 #1”的红、绿、蓝值分别设置为255、48、0；将“颜色 #2”的红、绿、蓝值分别设置为255、255、90。在“坐标”卷展栏中将“模糊”设置为2.5，按Enter键确认，将“模糊偏移”设置为5.4，按Enter键确认，效果如右图所示。

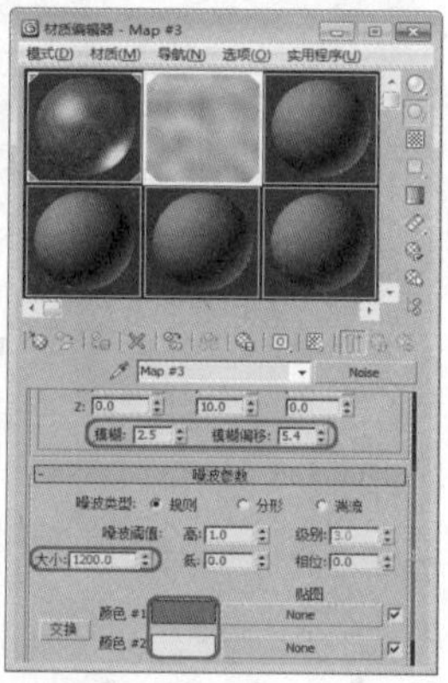

STEP 34 关闭材质编辑器。按8键，打开“环境和效果”对话框，在“环境”选项卡“大气”卷展栏中单击“添加”按钮，在打开的对话框中选择“体积光”，单击“确定”按钮，添加一个体积光。在“体积光参数”卷展栏中单击“拾取灯光”按钮，然后在场景中选择“Spot001”。将“雾颜色”的红、绿、蓝值设置为255、242、135，按Enter键确认。将“衰减倍增”设置为0，如右图所示，关闭对话框。

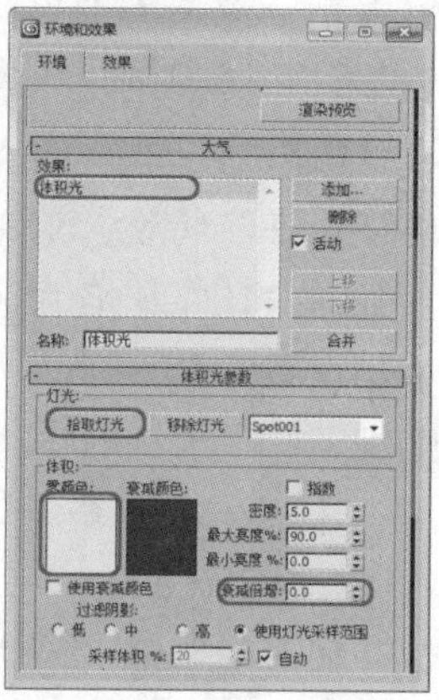

STEP 35 在视图中选择目标聚光灯，在动画控制区单击“自动关键点”按钮，将时间滑块移动到第40帧位置处。在“强度/颜色/衰减”卷展栏中将“远距衰减”选项组中的“开始”和“结束”值分别设置为727.433、1058.321，按Enter键确认，如下图所示。

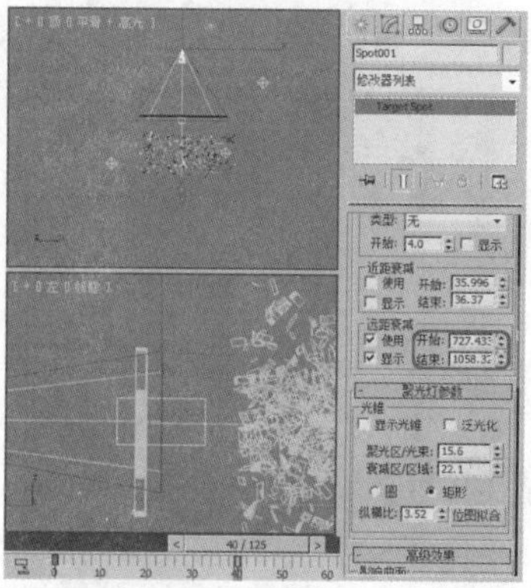

STEP 36 将时间滑块移动至第65帧位置处，将开始和结束值分别设置为483.964、701.386，按Enter键确认，如下图所示。

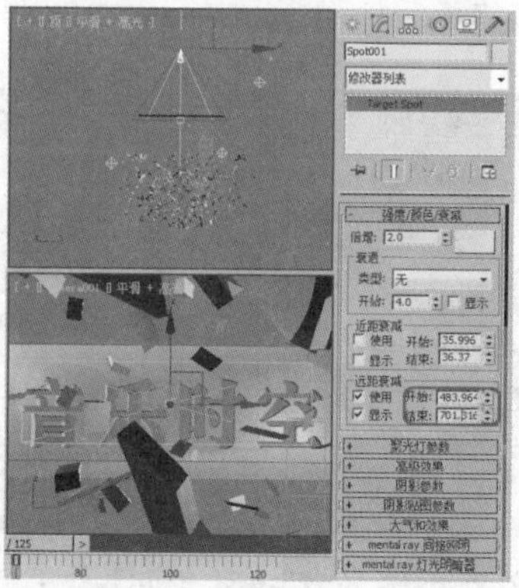

STEP 37 将时间滑块移动至第75帧位置处，将开始和结束值均设置为59.622，按Enter键确认，如下图所示，然后单击“自动关键点”按钮。

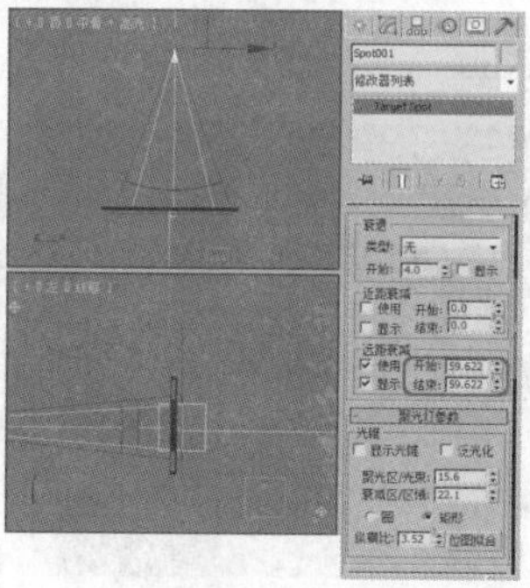

STEP 38 选择“创建”|“辅助对象”|“大气装置”|“球体Gizmo”工具，在“顶”视图中文字对象后方右侧位置处创建创建一个圆球线框，并将“半径”设置为47，选中“半球”复选框，使当前所创建的球体Gizmo形成一个半球，如下图所示。

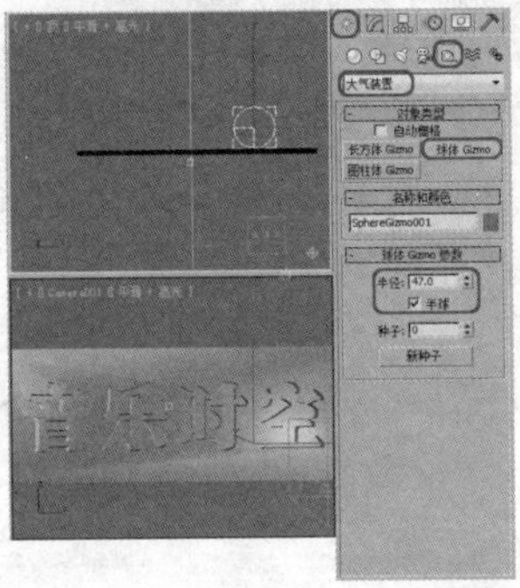

STEP 39 选择“选择并移动”工具，调整线框的位置，再选择“选择并均匀缩放”工具，在视图中对球体Gizmo进行缩放，效果如下图所示。

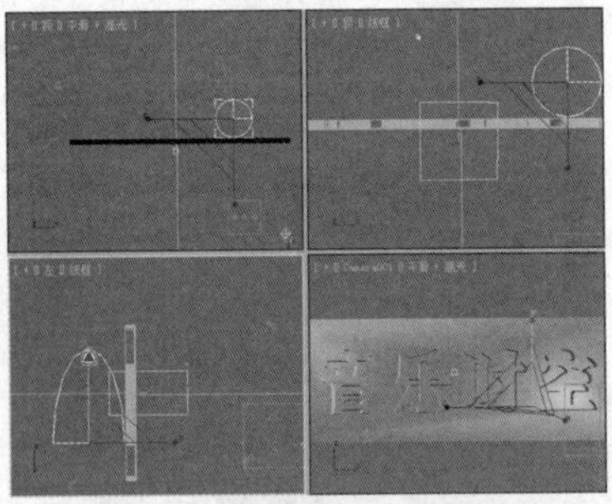

STEP 40 选择“选择并移动”工具，并按Shift键，选择“球体Gizmo”对象并将其向左方移动，并在打开的“克隆选项”对话框中选中“对象”选项组中的“复制”单选按钮，并将“副本数”设置为3，如下图所示，单击“确定”按钮。

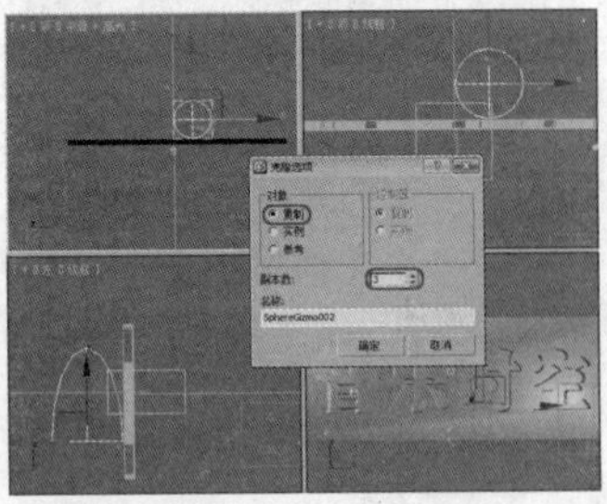

STEP 41 在菜单栏中执行“渲染”|“环境”命令，打开“环境和效果”对话框，在“环境”选项卡“大气”卷展栏中单击“添加”按钮，在打开的对话框中选择“火效果”，如下图所示，单击“确定”按钮。

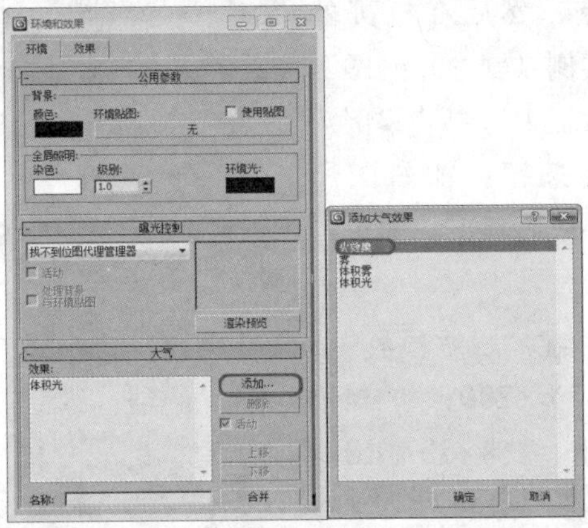

STEP 42 在“火效果参数”卷展栏中单击“拾取Gizmo”按钮，然后在场景中选择4个半球线框。在“颜色”选项组中将“内部颜色”的红、绿、蓝值设置为242、233、0；将“外部颜色”的红、绿、蓝值设置为216、16、0，如右图所示。

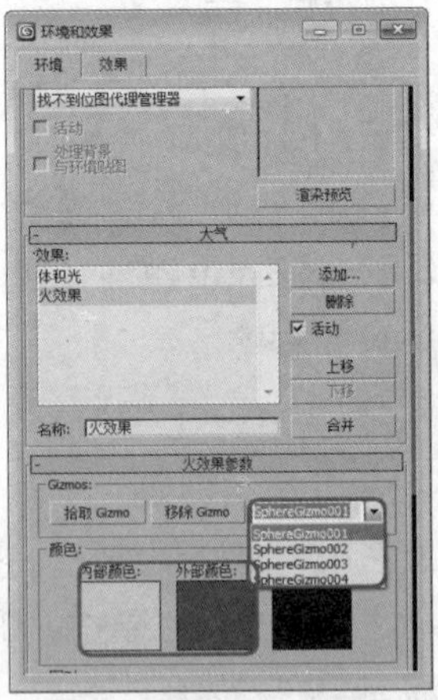

STEP 43 在“图形”选项组中将“火焰类型”设置为“火舌”，将“规则性”设置0.3，按Enter键确认；在“特性”选项组中将“火焰大小”设置为18，“火焰细节”设置为10，“采样数”设置为20，按Enter键确认，如右图所示。

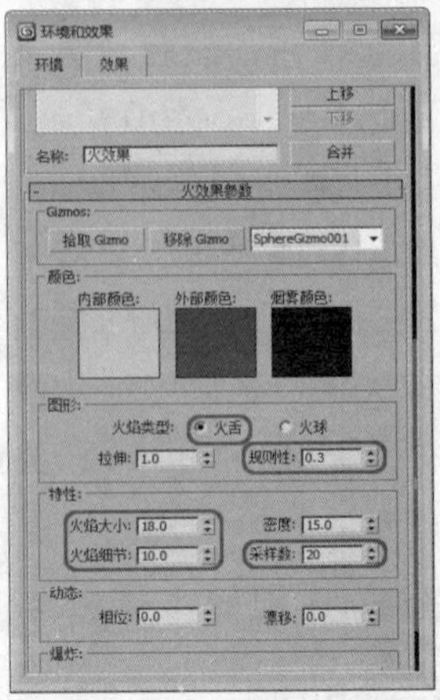

STEP 44 在动画控制区打开“自动关键点”动画记录按钮，将时间滑块移动至第125帧位置处，将“动态”选项组中的“相位”值设置为150，按Enter键确认，如右图所示，单击“自动关键点“按钮。

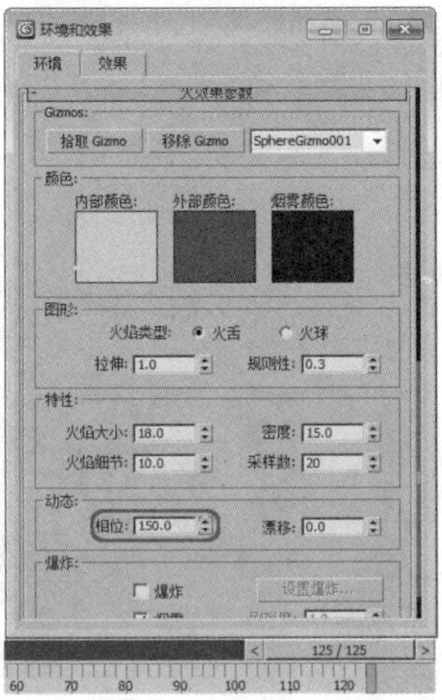

专家提醒

“火舌”是沿中心有定向的燃烧火焰，方向为大气装置Gizmo物体的自身Z轴向，常用于制作篝火、火把等效果。“相位”是指控制火焰变化的速度，通过对它进行动画制作可以产生动态的火焰效果。相位值的含义根据爆炸开关而不同。当爆炸关闭时，相位值控制火焰燃烧的速度，值越大，燃烧越猛烈；当相位变化的函数曲线在轨迹视窗中为直线时，表现为稳定燃烧的火焰效果。当爆炸项目打开时，相位值控制火焰燃烧和爆炸的时间，值在0至300之间时可以表现出一个近似完整的爆炸动画效果。

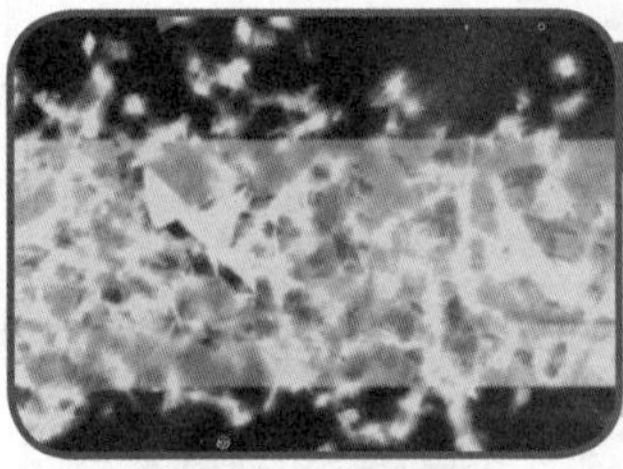

实战操作496 视频后期处理

素材：无　　场景：Scene\ Cha18\实战操作496.max

难度：★★★★★　　视频：视频\ Cha18\实战操作496.avi

发光镜头特效过滤器是使用最多的过滤器，为了使动画的效果更热烈，下面为粒子系统制作一个发光特效。

STEP 01 在菜单栏中执行“渲染”|“视频后期处理”命令，打开“视频后期处理”对话框，如下图所示。

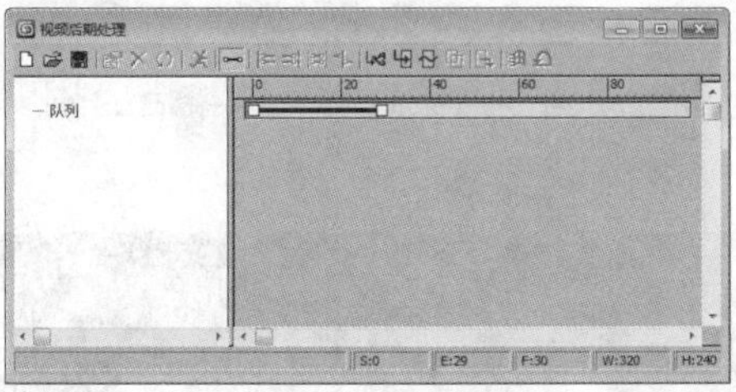

STEP 02 单击“添加场景事件”按钮，添加一个场景序列，弹出“添加场景事件”对话框。在打开的对话框中单击使用默认的Camera001视图，如右图所示，单击“确定”按钮。

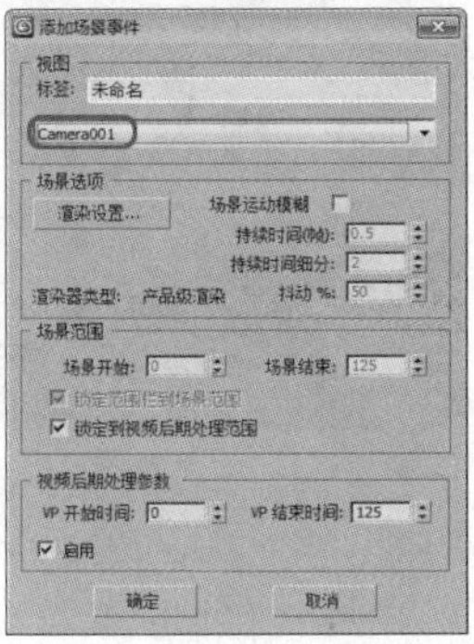

STEP 03 单击“添加图像过滤事件”按钮，为场景添加一个过滤器事件，在打开的“添加图像过滤事件”对话框中选择过滤器事件下拉列表中的“镜头效果光晕”过滤器，如下图所示。

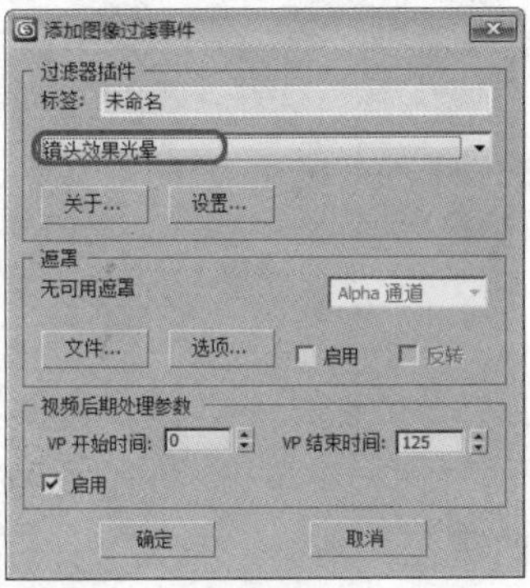

STEP 04 在该对话框中单击“设置”按钮，选择“首选项”选项卡，将“效果”选项组中

的“大小”设置为2，按Enter键确认；在“颜色”选项组中选择“用户”颜色，将颜色的红、绿、蓝值分别设置为255、85、0，将“强度”值设置为40，按Enter键确认，如下图所示。

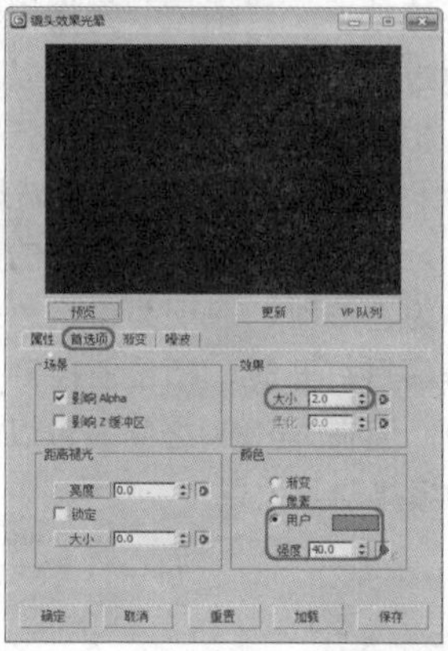

STEP 05 切换至“噪波”选项卡，将“设置”选项组中的噪波方式设置为“电弧”，将“运动”和“质量”分别设置为0、10，按Enter键确认。选中“红”、“绿”和“蓝”三个复选框。在“参数”选项组中将“大小”和“速度”分别设置为20、0.2，“基准”设置为65，按Enter键确认，如下图所示，完成设置后单击“确定”按钮。

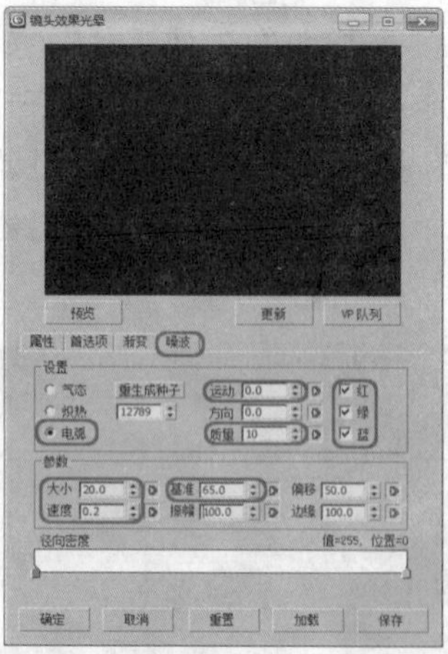

STEP 06 单击“添加图像输出事件”按钮，在打开的对话框中单击“文件”按钮，设置文件输出的路径和名称，单击“保存”按钮。在打开的“文件压缩设置”对话框中使用其默认设置，如下图所示。最后连续单击两次“确定”按钮，如下图所示。

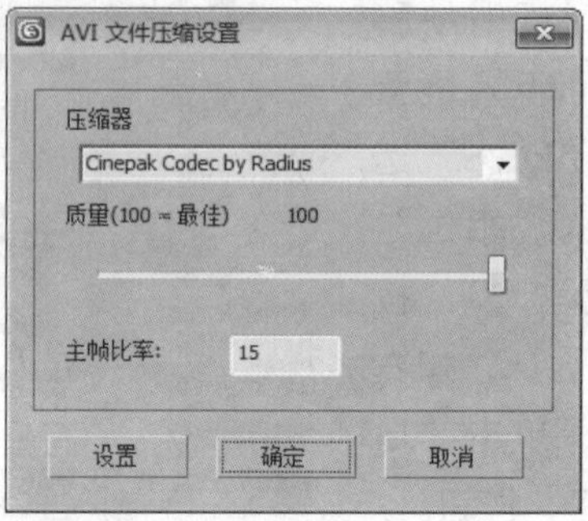

STEP 07 完成设置后单击“确定”按钮，回到“视频合成器”窗口。单击“执行序列”按钮，在打开的对话框中将“输出大小”选项组中的“宽度”和“高度”分别设置为320、240，如下图所示，单击“渲染”按钮。

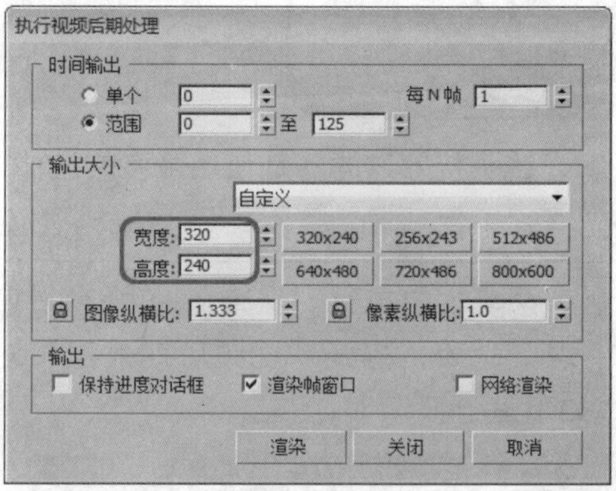

STEP 08 进入动画的渲染过程，渲染后的效果如下图所示。

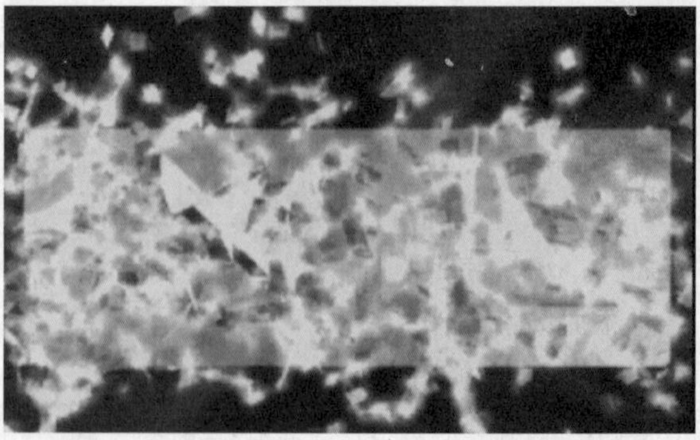

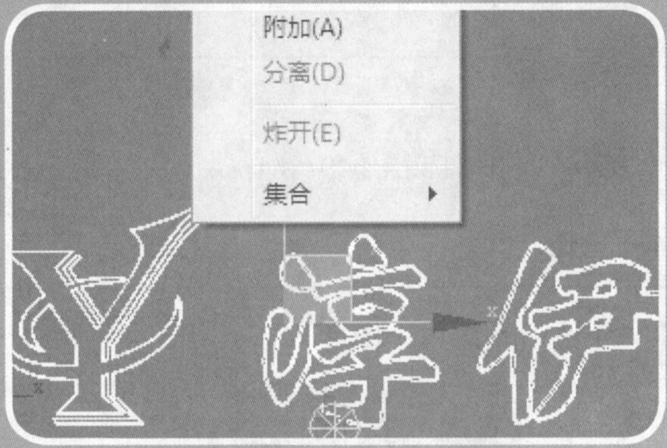

Chapter 19

第19章 广告片头的制作

本章介绍广告片头动画的制作，通过本章的学习可以让读者掌握一些片头动画的制作思路和技巧。

3ds Max 2013

19.1 制作logo及文字

本节先来介绍logo、产品名称和地址的制作方法，以及材质的设置，主要用到“线”工具、“文本”工具、“倒角”修改器和“编辑多边形”修改器等。

实战操作497 制作logo

素材：无　　场景：无

难度：★★★★★　　视频：视频\Cha19\实战操作497.avi

下面先来介绍logo的制作方法，具体操作步骤如下所述。

STEP 01 重置一个新的场景文件，在视图底部的时间控制工具栏中单击“时间配置”按钮，打开“时间配置”对话框，在“动画”选项组中将“结束时间”设置为160帧，单击“确定”按钮，如右图所示。

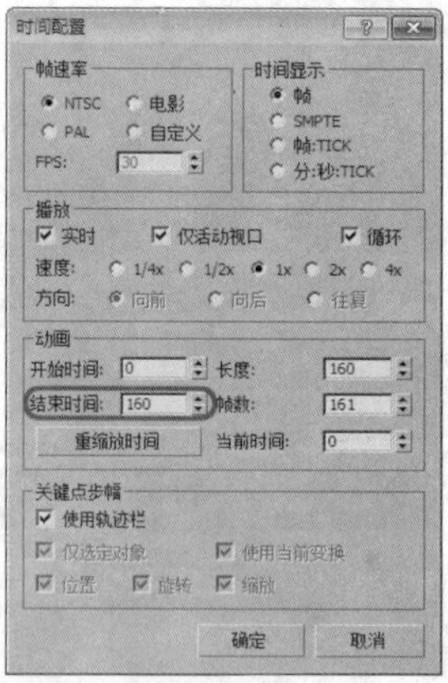

STEP 02 选择“创建”|“图形”|“样条线”|“文本”工具，在“参数”卷展栏的字体列表中选择“Algerian”，在文本输入框中输入Y，然后在“前”视图中单击创建文字，如下图所示。

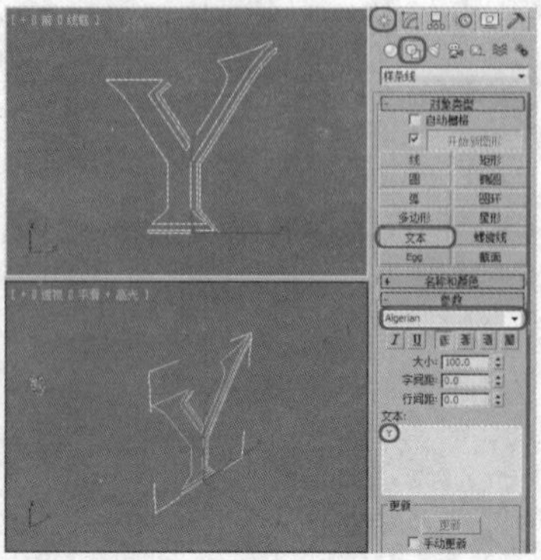

STEP 03 选择“创建”|“图形”|“样条线”|“线”工具，在“前”视图中绘制如下图所示的两个图形。

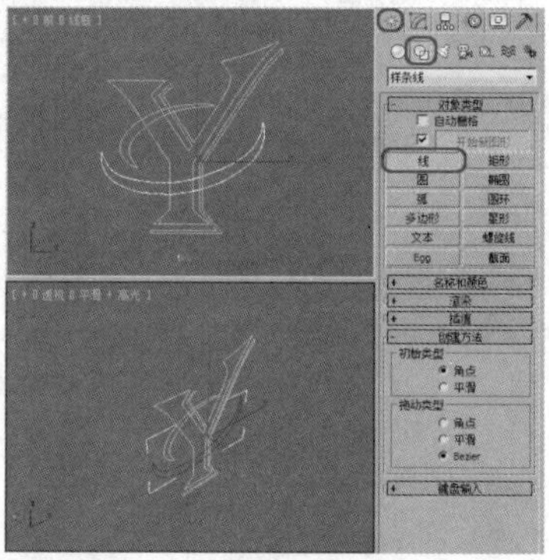

STEP 04 选择新绘制的一个图形，切换到“修改”命令面板，在“几何体”卷展栏中单击“附加”按钮，在“前”视图中单击选择另一个图形和文本对象，将它们附加在一起，效果如下图所示。

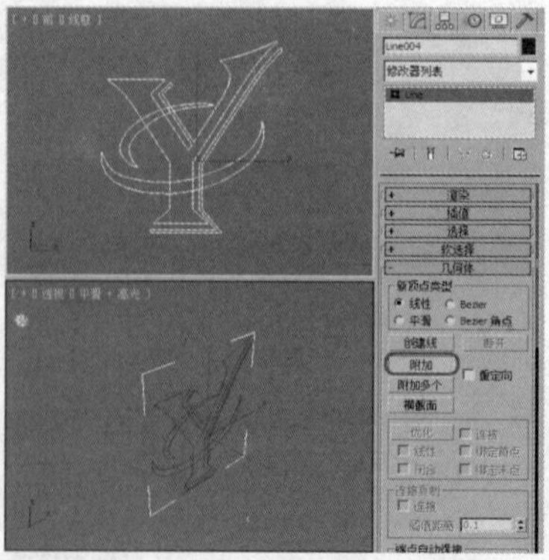

STEP 05 再次单击“附加”按钮，并将附加后的图形命名为“LOGO”。然后将当前选择集

定义为“样条线”，在“几何体”卷展栏中单击“修剪”按钮，在“前”视图中对多余的样条线进行修剪，效果如下图所示。

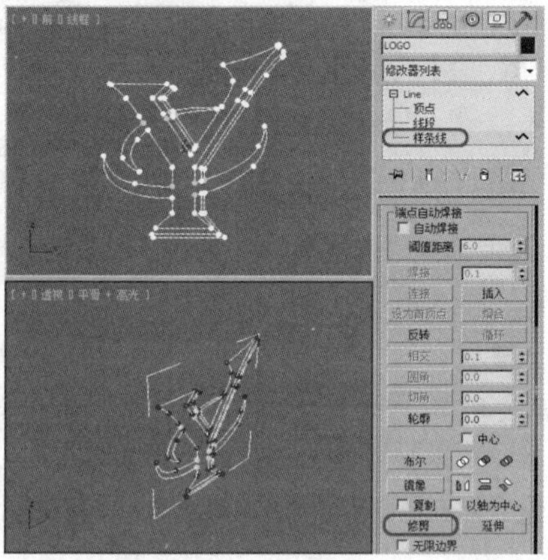

STEP 06 然后将当前选择集定义为“顶点”，在“前”视图中选择如下图所示的两个顶点，并沿X轴向右移动，效果如下图所示。

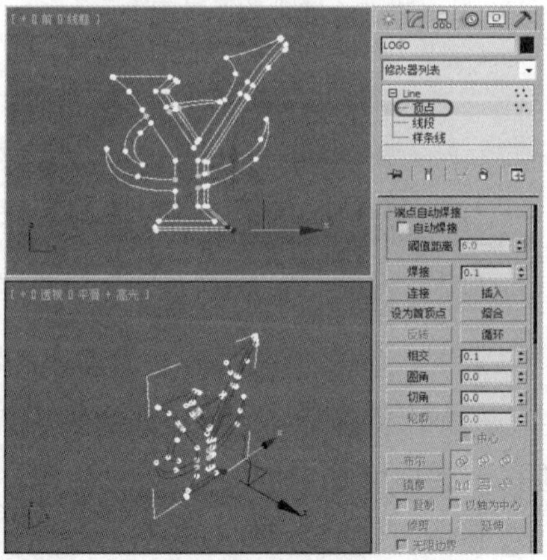

STEP 07 按Ctrl+A组合键选择所有的顶点，然后在“几何体”卷展栏中单击“焊接”按钮，将选择的顶点焊接在一起，效果如下图所示。

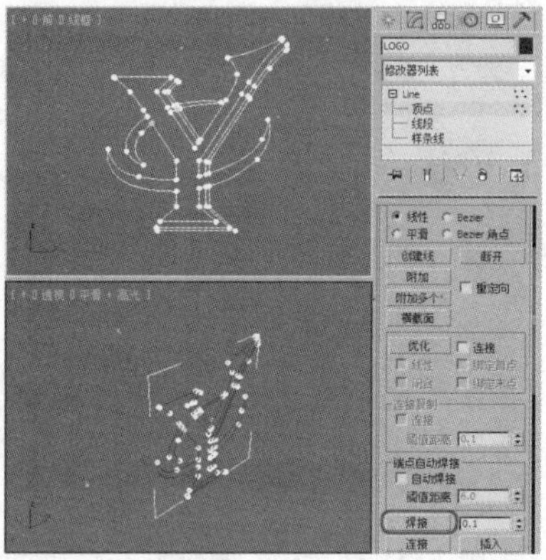

STEP 08 关闭当前选择集，在“修改器列表”中选择“倒角”修改器，在“倒角值”卷展栏中将“级别1”下的“高度”和“轮廓”分别设置为1、0.6；选中“级别2”复选框，将它下面的“高度”值设置为5；选中“级别3”复选框，将它下面的“高度”和“轮廓”值分别设置为1、-0.6，然后在“参数”卷展栏中选中“相交”选项组中的“避免线相交”复选框，如下图所示。

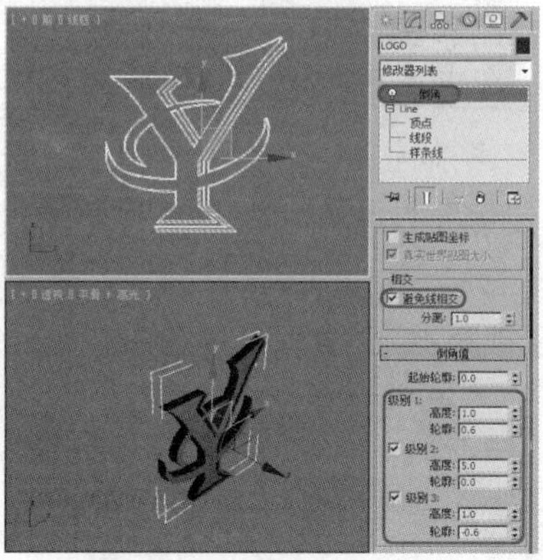

实战操作498 为logo设置材质

素材：无	场景：无
难度：★★★★★	视频：视频\Cha19\实战操作498.avi

制作完logo后，再为其设置材质，具体操作步骤如下所述。

STEP 01 选择制作的logo，在“修改器列表”中选择“编辑多边形”修改器，将当前选择集定义为“多边形”，在视图中选择如下图所示的多边形面，然后将“多边形：材质ID”卷展栏中的

"设置ID"设置为1。

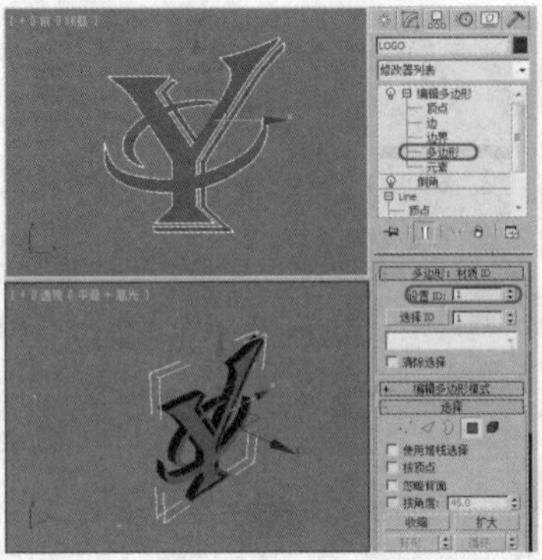

STEP 02 在菜单栏中执行"编辑"|"反选"命令，然后在"多边形：材质ID"卷展栏中将"设置ID"设置为2，如下图所示。

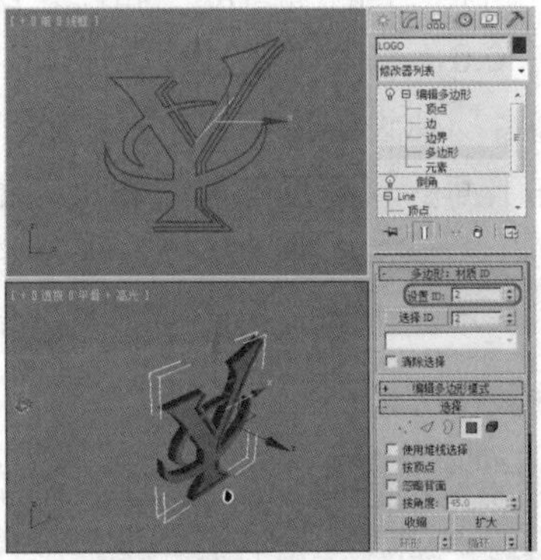

STEP 03 关闭当前选择集，在工具栏中单击"材质编辑器"按钮，打开"材质编辑器"对话框，单击"Standard"按钮，在打开的"材质/贴图浏览器"对话框中选择"多维/子对象"材质，单击"确定"按钮。再在弹出的"替换材质"对话框中使用默认设置，单击"确定"按钮即可，如下图所示。

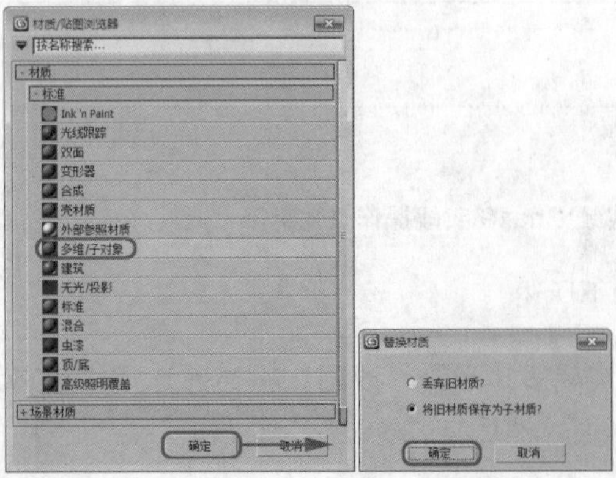

STEP 04 在"多维/子对象基本参数"卷展栏中单击"设置数量"按钮，在打开的"设置材质数量"对话框中将"材质数量"设置为2，单击"确定"按钮，如右图所示。

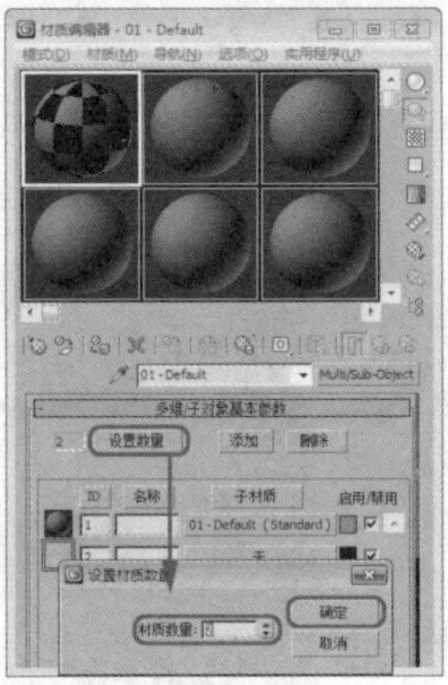

STEP 05 单击ID1后面的材质按钮，进入该子级材质面板中，在"明暗器基本参数"卷展栏中将明暗器类型定义为"金属"。在"金属基本参数"卷展栏中将"环境光"和"漫反射"的红、绿、蓝值设置为0、245、34，将"反射高光"选项组中的"光泽度"设置为81，如下图所示。

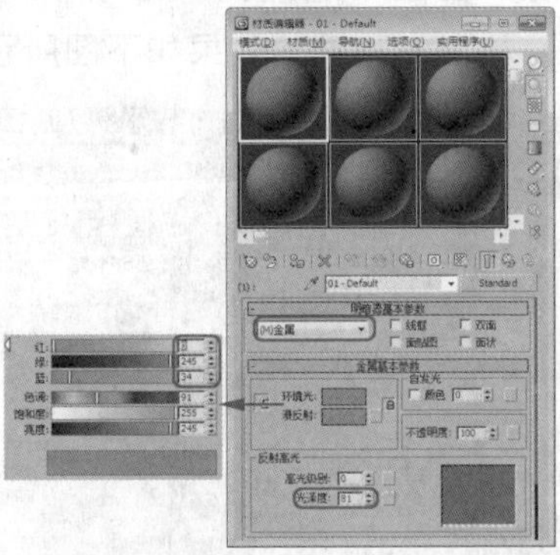

STEP 06 打开"扩展参数"卷展栏，在"高级透明"选项组中将"衰减"类型设置为"外"，将"过滤"色的红、绿、蓝值设置为0、245、34，如下图所示。

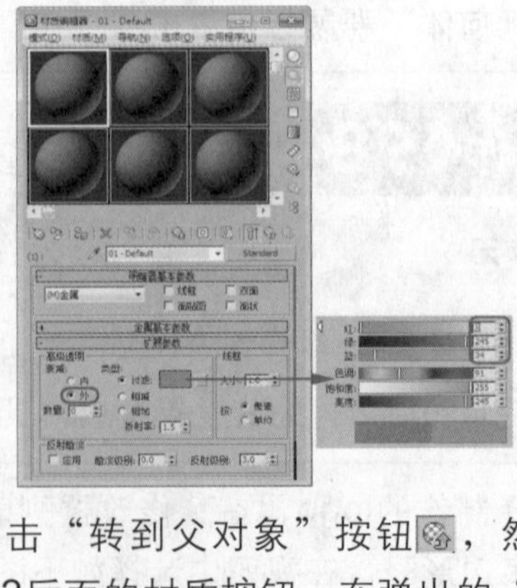

STEP 07 单击"转到父对象"按钮，然后单击ID2后面的材质按钮，在弹出的"材质/贴

图浏览器”对话框中选择“标准”材质，单击“确定”按钮，进入该子级材质面板中，在“明暗器基本参数”卷展栏中将明暗器类型定义为“金属”。在“金属基本参数”卷展栏中将“环境光”和“漫反射”的红、绿、蓝值均设置为0、255、89，将“反射高光”选项组中的“光泽度”设置为81，如下图所示。

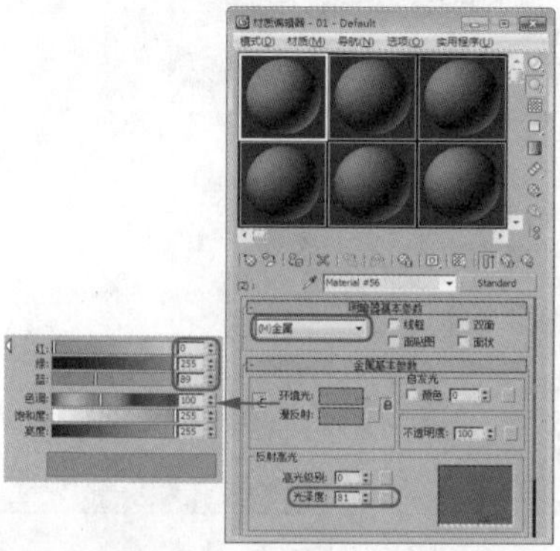

STEP 08 打开“扩展参数”卷展栏，在“高级透明”选项组中将“衰减”类型设置为“外”，将“过滤”色的红、绿、蓝值设置为0、255、89，如下图所示。然后单击“转到父对象”按钮和“将材质指定给选定对象”按钮。

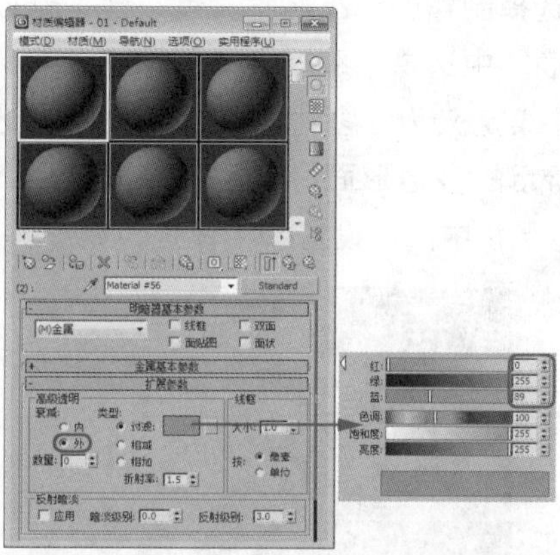

实战操作499 制作产品名称

素材：无　　场景：无

难度：★★★★★　　视频：视频\Cha19\实战操作499.avi

下面介绍制作产品名称的方法，具体操作步骤如下所述。

STEP 01 选择“创建” |“图形” |“样条线” |“文本”工具，在“参数”卷展栏中的字体列表中选择“汉仪魏碑简”，在文本输入框中输入“淳伊”，将“大小”设置为80，然后在“前”视图中单击创建文字，并将其命名为“名称”，如下图所示。

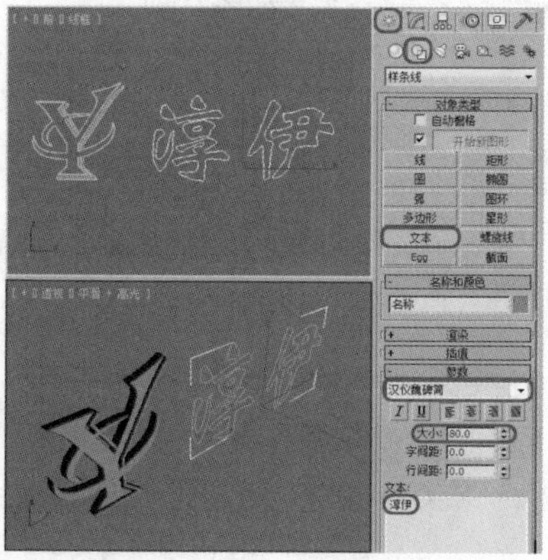

STEP 02 切换到“修改”命令面板，在“修改器列表”中选择“倒角”修改器，在“倒角值”卷展栏中将“级别1”下的“高度”和“轮廓”都设置为1；选中“级别2”复选框，将它下面的“高度”值设置为5；选中“级别3”复选框，将它下面的“高度”和“轮廓”值分别设置为1、-1，如下图所示。

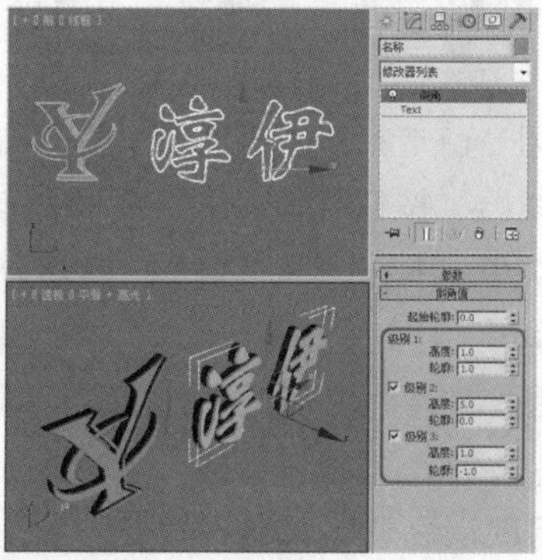

实战操作500 为产品名称设置材质

素材：无	场景：无
难度：★★★★★	视频：视频\Cha19\实战操作500.avi

制作完产品名称文字后，再为其设置材质，具体操作步骤如下所述。

STEP 01 选择制作的产品名称文字，在“修改器列表”中选择“编辑多边形”修改器，将当前选择集定义为“多边形”，在视图中选择如下图所示的多边形面，然后将“多边形：材质ID”卷展栏中的“设置ID”设置为1。

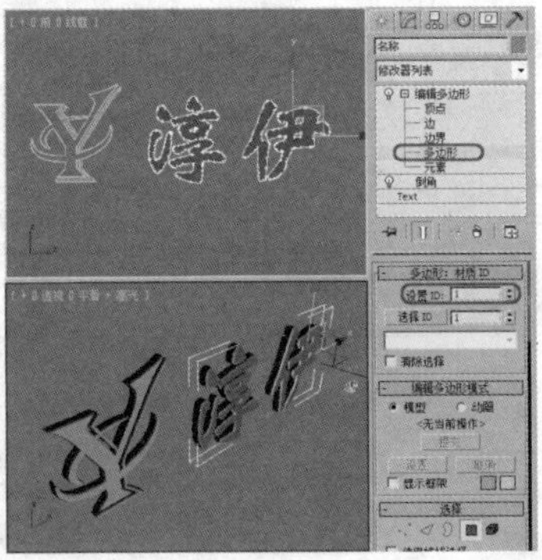

STEP 02 在菜单栏中执行“编辑”|“反选”命令，然后在“多边形：材质ID”卷展栏中将“设置ID”设置为2，如下图所示。

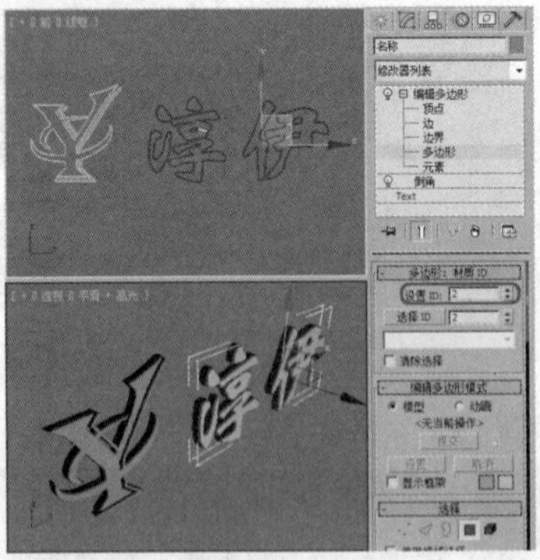

STEP 03 关闭当前选择集，在工具栏中单击“材质编辑器”按钮，打开“材质编辑器”对话框，从中选择一个新的材质样本球，单击“Standard”按钮，在打开的“材质/贴图浏览器”对话框中选择“多维/子对象”材质，单击“确定”按钮。再在弹出的“替换材质”对话框中使用默认设置，单击“确定”按钮即可，如下图所示。

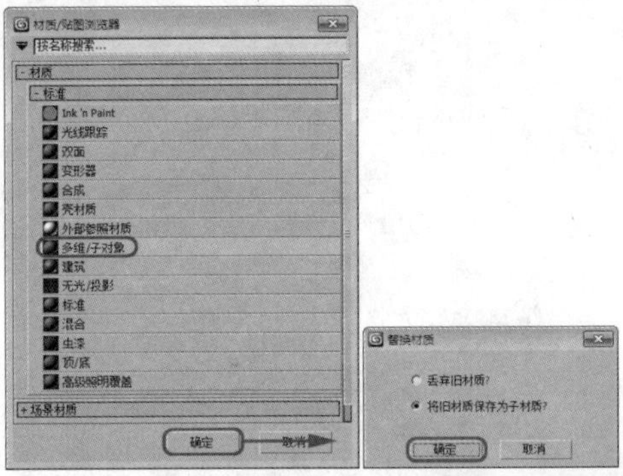

STEP 04 在“多维/子对象基本参数”卷展栏中单击“设置数量”按钮，在打开的“设置材质数量”对话框中将“材质数量”设置为2，单击“确定”按钮，如右图所示。

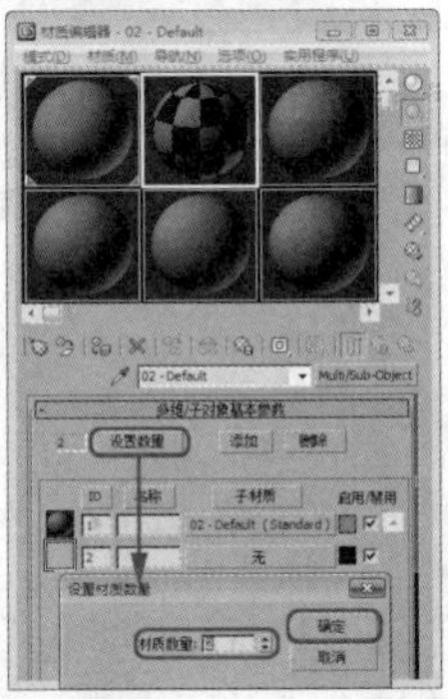

STEP 05 单击ID1后面的材质按钮，进入该子级材质面板中，在“明暗器基本参数”卷展栏中将明暗器类型定义为“金属”。在“金属基本参数”卷展栏中将“环境光”和“漫反射”的红、绿、蓝值设置为0、89、255，将“反射高光”选项组中的“光泽度”设置为81，如下图所示。

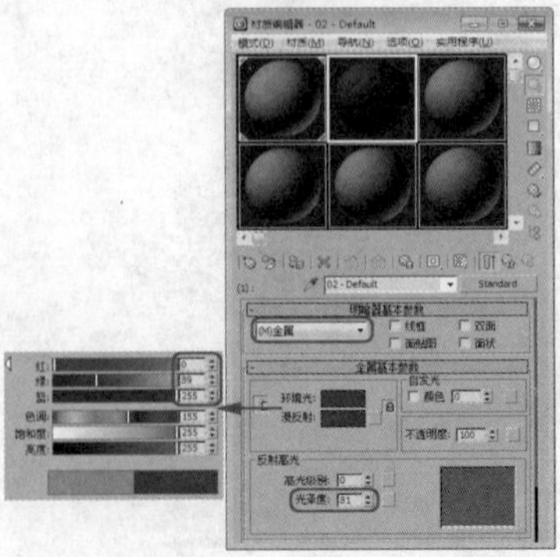

STEP 06 打开“扩展参数”卷展栏，在“高级透明”选项组中将“衰减”类型设置为“外”，将“过滤”色的红、绿、蓝值设置为0、89、255，如下图所示。

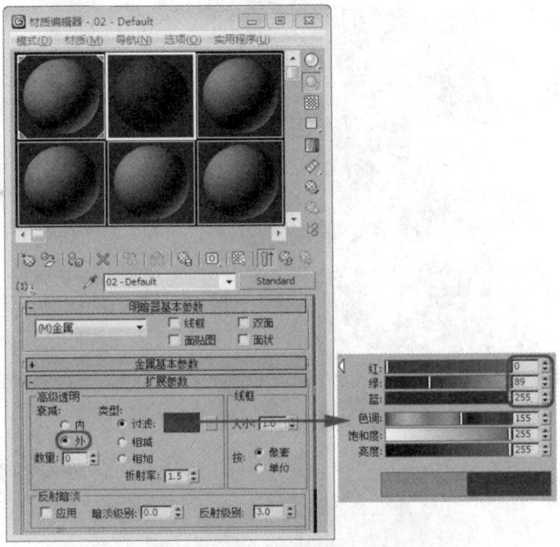

STEP 07 单击“转到父对象”按钮，然后单击ID2后面的材质按钮，在弹出的“材质/贴图浏览器”对话框中选择“标准”材质，单击“确定”按钮，进入该子级材质面板中，在“明暗器基本参数”卷展栏中将明暗器类型定义为“金属”。在“金属基本参数”卷展栏中将“环境光”和“漫反射”的红、绿、蓝值设置为117、205、255，将“反射高光”选项组中的“光泽度”设置为81，如下图所示。

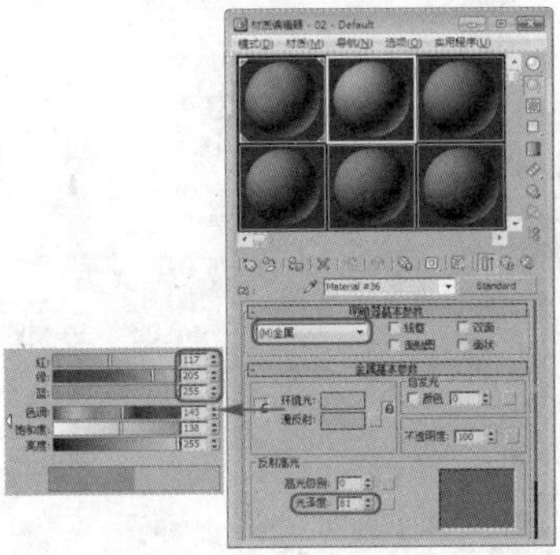

STEP 08 打开“扩展参数”卷展栏，在“高级透明”选项组中将“衰减”类型设置为“外”，将“过滤”色的红、绿、蓝值设置为117、205、255，如下图所示。然后单击“转到父对象”按钮和“将材质指定给选定对象”按钮。

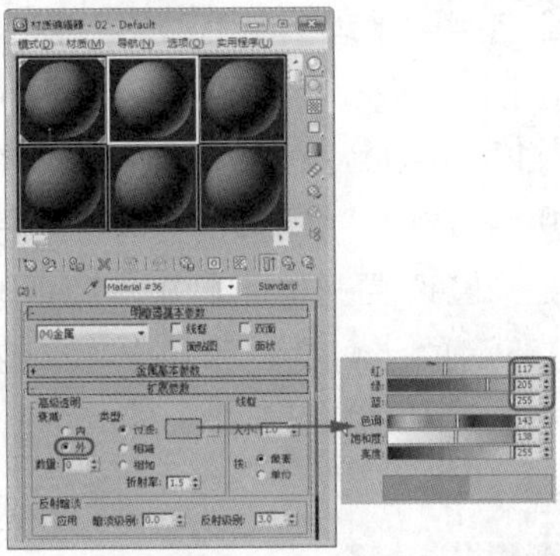

实战操作501 制作地址

素材：无	场景：无
难度：★★★★★	视频：视频\Cha19\实战操作501.avi

下面介绍制作地址的方法，具体操作步骤如下所述。

STEP 01 选择“创建” |“图形” |“样条线” |“文本”工具，在“参数”卷展栏中的字体列表中选择“汉仪魏碑简”，在文本输入框中输入青岛 淳伊，将“大小”设置为45，然后在“前”视图中单击创建文字，如右图所示。

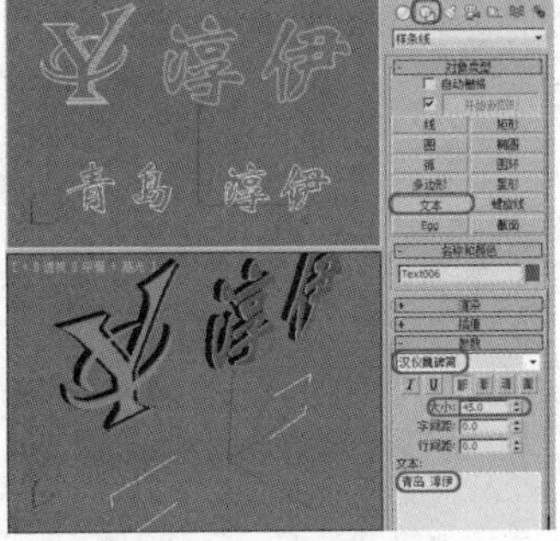

STEP 02 选择“创建” |“图形” |“样条线” |“圆”工具，在“前”视图中绘制

正圆，然后在“参数”卷展栏中将“半径”设置为4.7，如下图所示。

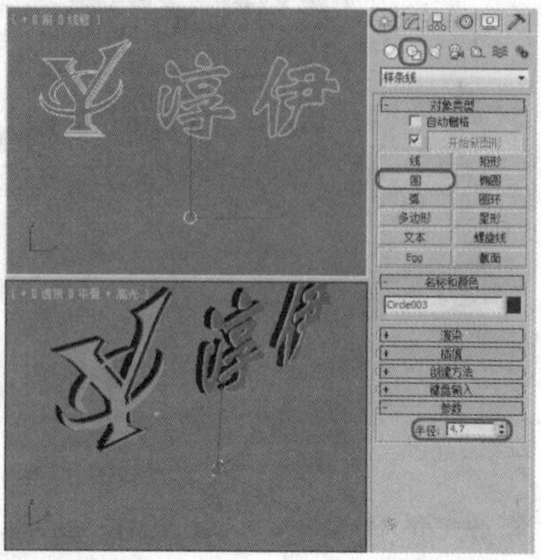

STEP 03 选择绘制的正圆，切换到“修改”命令面板，在“修改器列表”中选择“编辑样条线”修改器，在“几何体”卷展栏中单击“附加”按钮，然后在“前”视图中单击选择文字对象，将文字对象与正圆附加在一起，效果如下图所示。

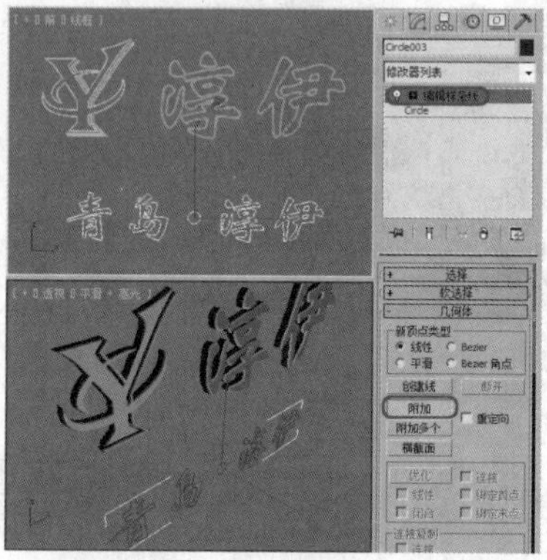

STEP 04 再次单击“附加”按钮，并将附加后的图形命名为“地址”。在“修改器列表”中选择“倒角”修改器，在“倒角值”卷展栏中将“级别1”下的“高度”和“轮廓”分别设置为1、0.8；选中“级别2”复选框，将它下面的“高度”值设置为5；选中“级别3”复选框，将它下面的“高度”和“轮廓”值分别设置为1、-0.8，如右图所示。

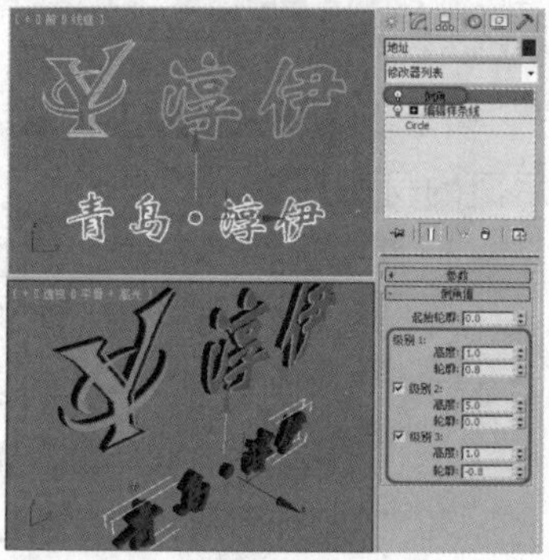

实战操作502 为地址设置材质

素材：无　　场景：无

难度：★★★★★　　视频：视频\Cha19\实战操作502.avi

制作完地址文字后，再为其设置材质，具体操作步骤如下所述。

STEP 01 选择制作的地址文字，在“修改器列表”中选择“编辑多边形”修改器，将当前选择集定义为“多边形”，在视图中选择如右图所示的多边形面，然后将“多边形：材质ID”卷展栏中的“设置ID”设置为1。

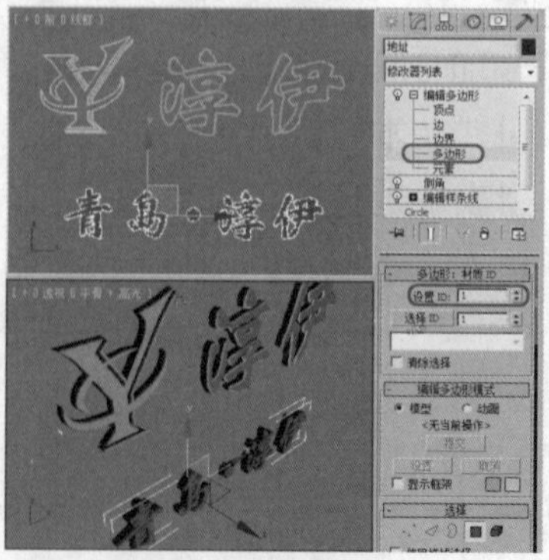

STEP 02 在菜单栏中执行“编辑”|“反选”命令，然后在“多边形：材质ID”卷展栏中将“设置ID”设置为2，如下图所示。

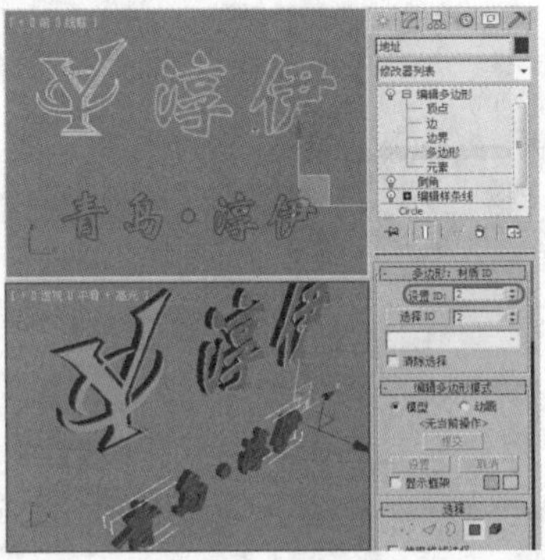

STEP 03 关闭当前选择集，在工具栏中单击“材质编辑器”按钮，打开“材质编辑器”对话框，从中选择一个新的材质样本球，单击“Standard”按钮，在打开的“材质/贴图浏览器”对话框中选择“多维/子对象”材质，单击“确定”按钮。再在弹出的“替换材质”对话框中使用默认设置，单击“确定”按钮即可，如下图所示。

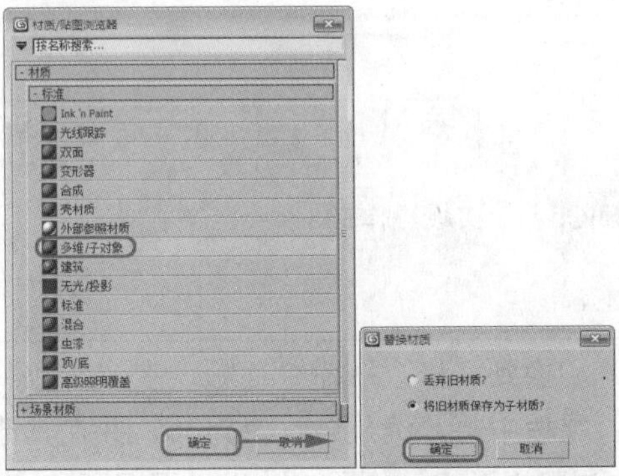

STEP 04 在“多维/子对象基本参数”卷展栏中单击“设置数量”按钮，在打开的“设置材质数量”对话框中将“材质数量”设置为2，单击“确定”按钮，如右图所示。

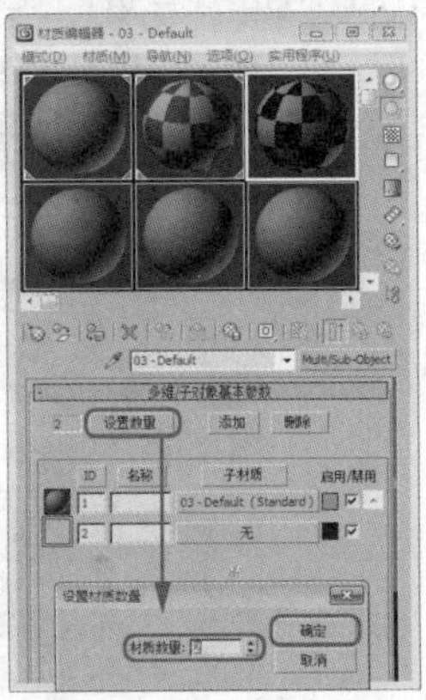

STEP 05 单击ID 1后面的材质按钮，进入该子级材质面板中，在“明暗器基本参数”卷展栏中将明暗器类型定义为“金属”。在“金属基本参数”卷展栏中将“环境光”和“漫反射”的红、绿、蓝值设置为255、132、0，将“反射高光”选项组中的“光泽度”设置为81，如下图所示。

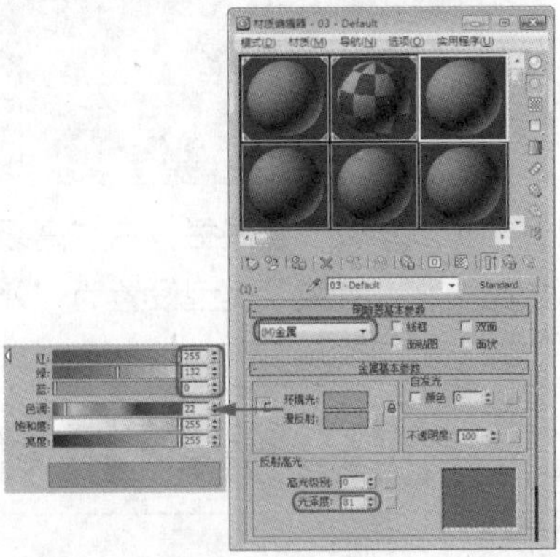

STEP 06 打开“扩展参数”卷展栏，在“高级透明”选项组中将“衰减”类型设置为“外”，将“过滤”色的红、绿、蓝值设置为255、132、0，如下图所示。

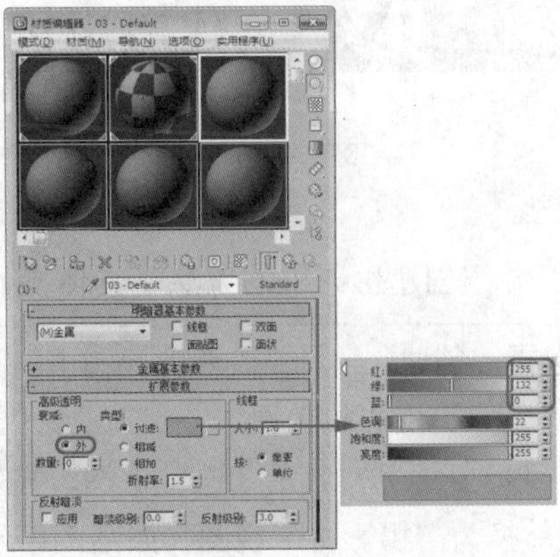

STEP 07 单击“转到父对象”按钮，然后单击ID2后面的材质按钮，在弹出的“材质/贴图浏览器”对话框中选择“标准”材质，单击“确定”按钮，进入该子级材质面板中，在“明暗器基本参数”卷展栏中将明暗器类型定义为“金属”。在“金属基本参数”卷展栏中将“环境光”和“漫反射”的红、绿、蓝值设置为255、172、54，将“反射高光”选项组中

的“光泽度”设置为81，如下图所示。

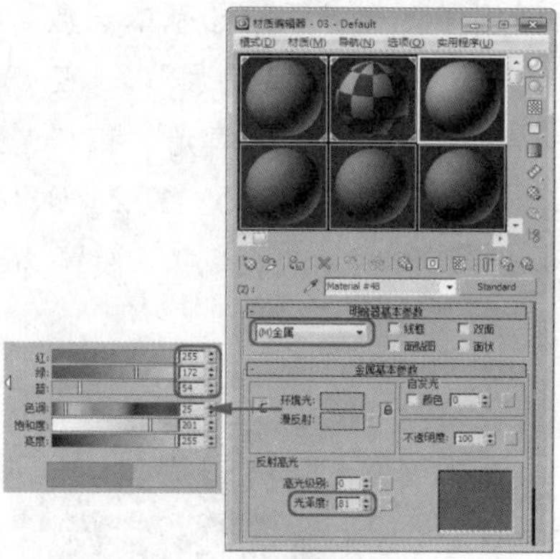

STEP 08 打开“扩展参数”卷展栏，在“高级透明”选项组中将“衰减”类型设置为“外”，将“过滤”色的红、绿、蓝值设置为255、172、54，如下图所示。然后单击“转到父对象”按钮和“将材质指定给选定对象”按钮。

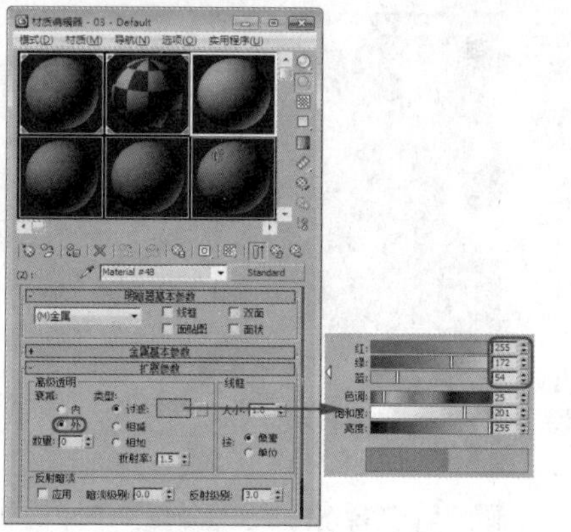

19.2 创建摄影机和灯光

摄影机是从特定的观察点表现场景，摄影机对象用来模拟现实世界中的静止图像、运动图片或视频摄影机。灯光是模拟实际灯光的对象。不同种类的灯光对象用不同的方法投影灯光，模拟真实世界中不同种类的光源。本节介绍创建摄影机和灯光的方法。

实战操作503 创建摄影机

素材：无	场景：无
难度：★★★★★	视频：视频\Cha19\实战操作503.avi

下面介绍创建摄影机的方法，具体操作步骤如下所述。

STEP 01 选择“创建”|“摄影机”|“标准”|“目标”摄影机工具，在“顶”视图中创建一架目标摄影机，激活“透”视图，按C键将该视图转换为“摄影机”视图，如下图所示。

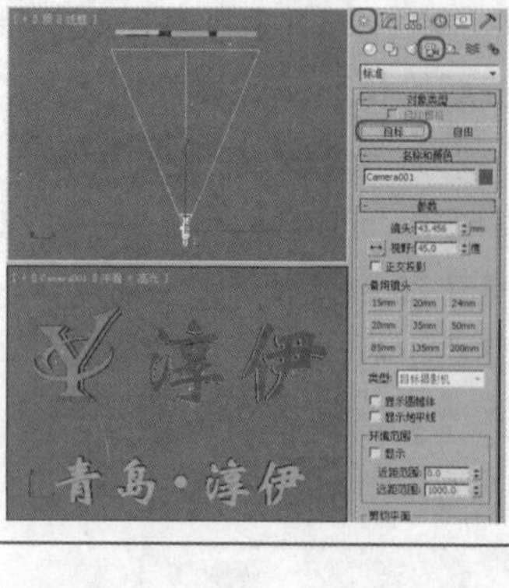

STEP 02 切换到“修改”命令面板，在“参数”卷展栏中将“镜头”设置为35，并在其他视图中调整摄影机的位置，效果如下图所示。

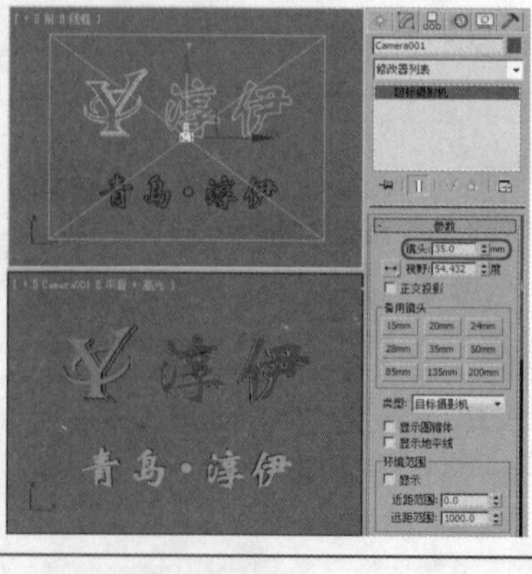

实战操作504 创建灯光

素材：无　　场景：无

难度：★★★★★　　视频：视频\Cha19\实战操作504.avi

下面介绍创建灯光的方法，具体操作步骤如下所述。

STEP 01 选择“创建” | “灯光” | “标准” | “目标聚光灯”工具，在“顶”视图中创建一盏目标聚光灯，如下图所示。

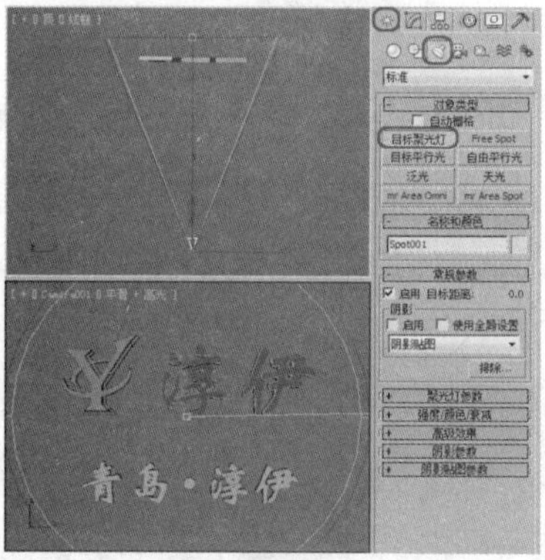

STEP 02 切换到“修改”命令面板，在“聚光灯参数”卷展栏中将“聚光区/光束”和“衰减区/区域”分别设置为0.5和100，如下图所示。

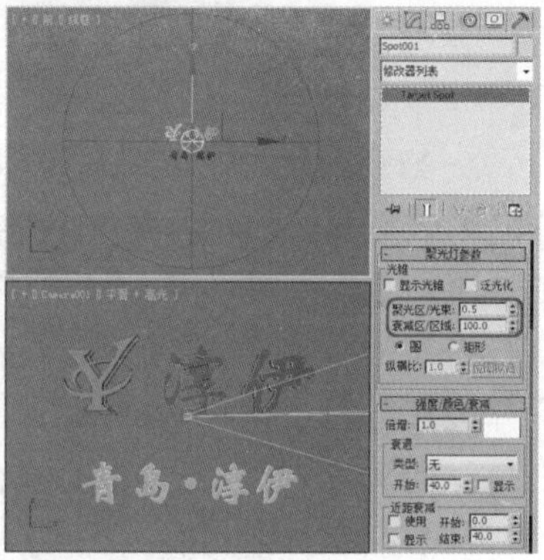

19.3 设置动画

Logo、产品名称和地址制作完成后，再为其设置动画，最后创建一个背景，并为其设置材质动画，使动画效果更加丰富多彩。

实战操作505 设置logo和名称动画

素材：无　　场景：无

难度：★★★★★　　视频：视频\Cha19\实战操作505.avi

因为logo动画与产品名称动画相同，所以将logo对象与产品名称对象成组，然后再为其设置动画，具体操作步骤如下所述。

STEP 01 在场景中选择“LOGO”和“名称”对象，然后在菜单栏中执行“组” | “成组”命令，如右图所示。

STEP 02 弹出“组”对话框，在“组名”文本框中输入LOGO和名称，然后单击“确定”按钮，如右图所示。

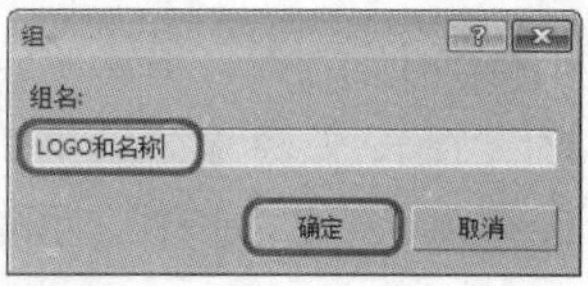

STEP 03 选择成组后的对象，在“顶”视图中将成组对象沿Y轴向下移动，移出摄影机的照

射范围，然后在工具栏中右键单击“选择并旋转”按钮，在打开的“旋转变换输入”对话框中将“偏移：屏幕”选项组中的X、Y轴分别设置为-60和30，如右图所示。

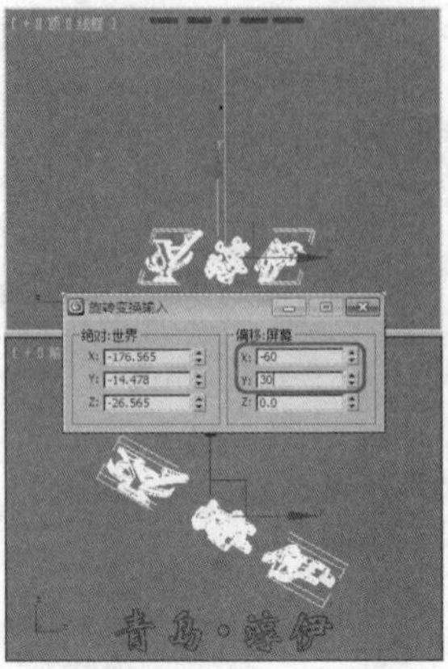

STEP 04 将时间滑块调整至第85帧处，单击“自动关键点”按钮，使用“选择并移动”工具将成组对象重新移回原来的位置上，然后在工具栏中右键单击“选择并旋转”工具，在打开的对话框中将“绝对：世界”选项组中的X、Y、Z轴都设置为0，如右图所示。

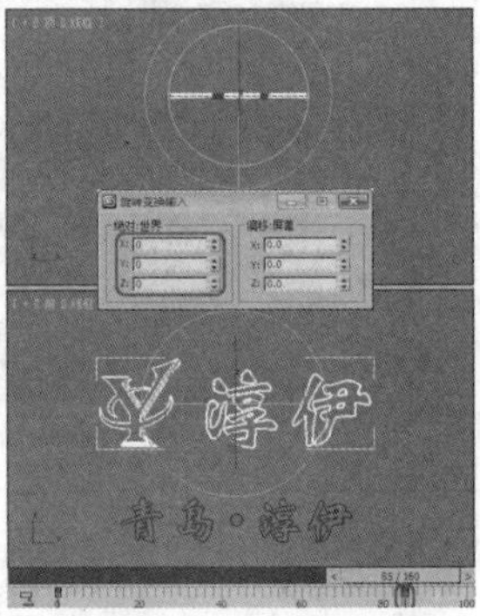

STEP 05 再次单击“自动关键点”按钮，将其关闭，然后在菜单栏中执行“图形编辑器”|“轨迹视图-摄影表”命令，如下图所示。

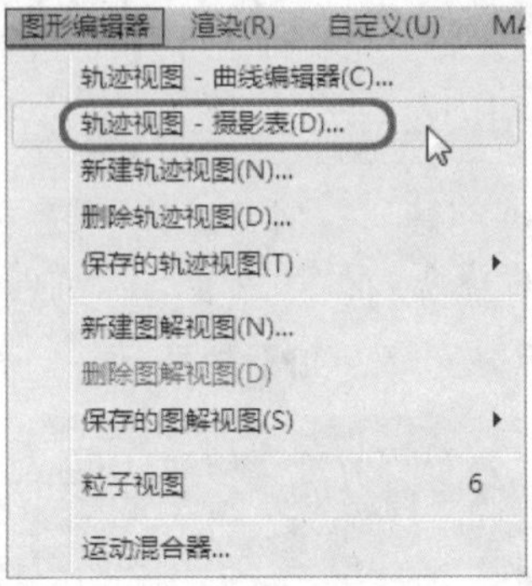

STEP 06 弹出“轨迹视图-摄影表”窗口，选择第0帧处的关键帧，并将其移动至第20帧位置处，如下图所示。

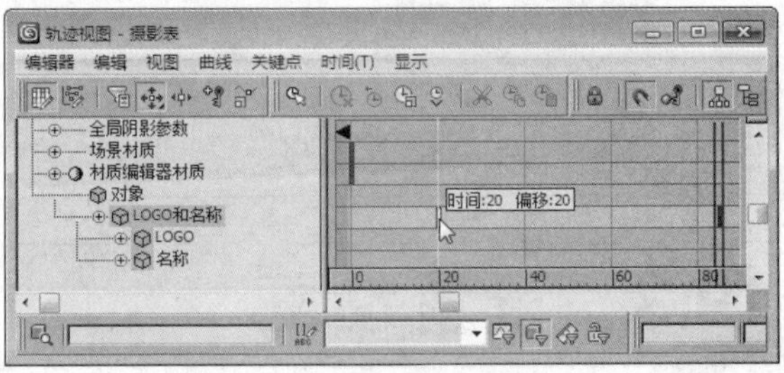

实战操作506 设置地址动画

素材：无	场景：无
难度：★★★★★	视频：视频\Cha19\实战操作506.avi

下面介绍设置地址动画的方法，具体操作步骤如下所述。

STEP 01 使用“选择并移动”工具选择“地址”对象，在“顶”视图中将该对象沿Y轴向下移动，移出摄影机的照射范围，然后在工具栏中右键单击“选择并旋转”按钮，在打开的“旋转变换输入”对话框中将“偏移：屏幕”选项组中的X轴设置为-90，如右图所示。

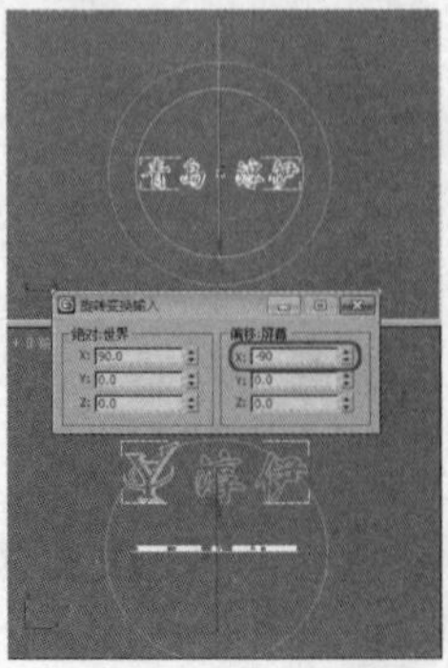

STEP 02 将时间滑块调整至第140帧处，单击“自动关键点”按钮，使用“选择并移动”工具将“地址”对象重新移回原来的位置上，然后在工具栏中右键单击“选择并旋转”工具，在打开的对话框中将“偏移：屏幕”选项组中的X轴设置为90，如右图所示。

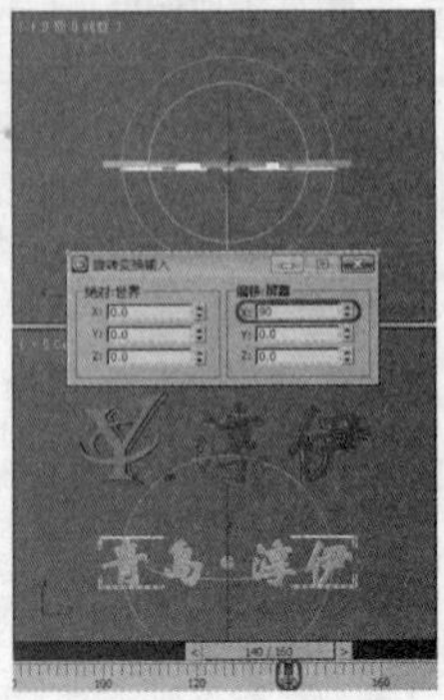

STEP 03 再次单击“自动关键点”按钮，将其关闭，然后在菜单栏中执行“图形编辑器”|“轨迹视图-摄影表”命令，如右图所示。

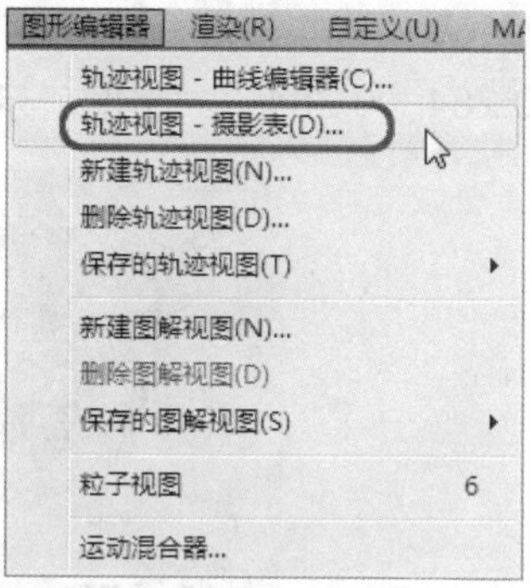

STEP 04 弹出“轨迹视图-摄影表”窗口，选择第0帧处的关键帧，并将其移动至第85帧位置处，如下图所示。

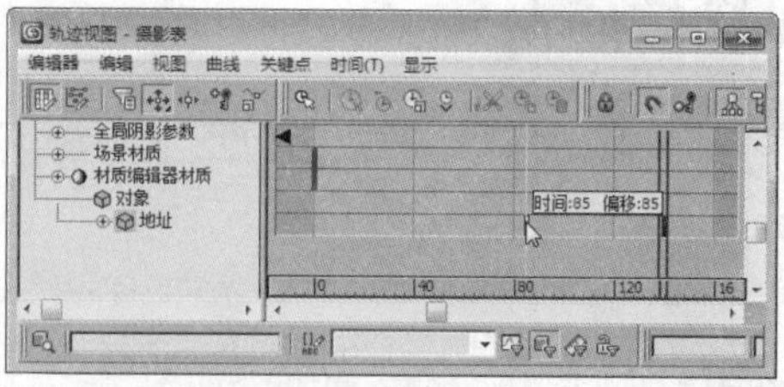

实战操作507 创建背景

素材：无　　场景：无

难度：★★★★★　　视频：视频\Cha19\实战操作507.avi

下面介绍创建背景的方法，具体操作步骤如下所述。

STEP 01 选择“创建”|“几何体”|“标准基本体”|“平面”工具，在“前”视图中创建一个平面，并将其命名为“背景”，如下图所示。

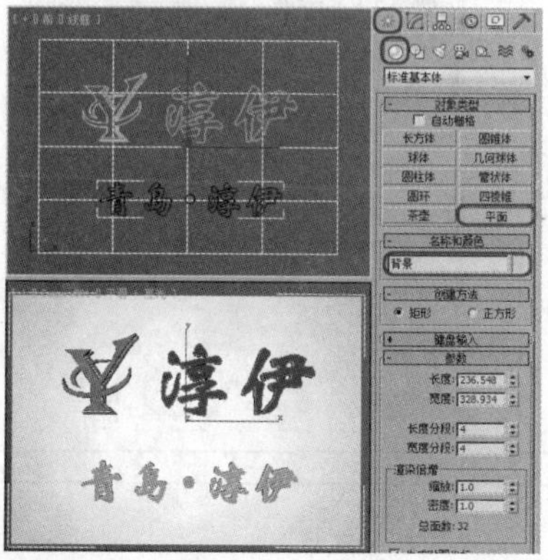

STEP 02 切换到“修改”命令面板，在“参数”卷展栏中将“长度”设置为257，“宽度”设置为343，然后在其他视图中调整平面的位置，效果如下图所示。

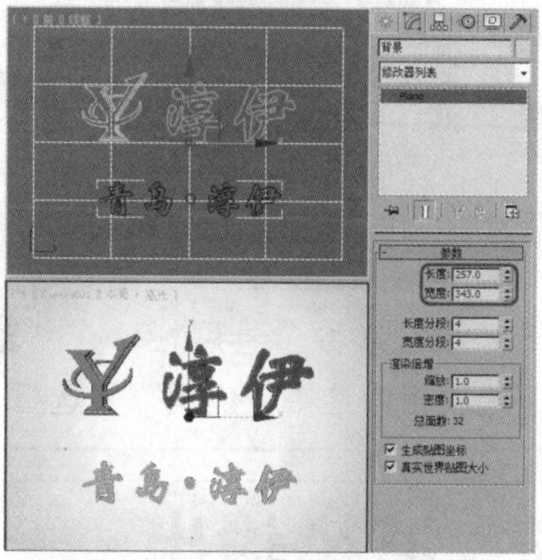

实战操作508 为背景设置材质动画

素材：无　　场景：无

难度：★★★★★　　视频：视频\Cha19\实战操作508.avi

创建完背景后，再为其设置材质动画，具体操作步骤如下所述。

STEP 01 按M键打开“材质编辑器”对话框，从中选择一个新的材质样本球，在“明暗器基本参数”卷展栏中将明暗器类型定义为“Blinn”。在“贴图”卷展栏中单击“漫反射颜色”右侧的“None”按钮，弹出“材质/贴图浏览器”对话框，选择“位图”贴图，单击“确定”按钮，再在弹出的对话框中选择随书附带光盘中的\Map\牛奶背景.jpg，如下图所示。

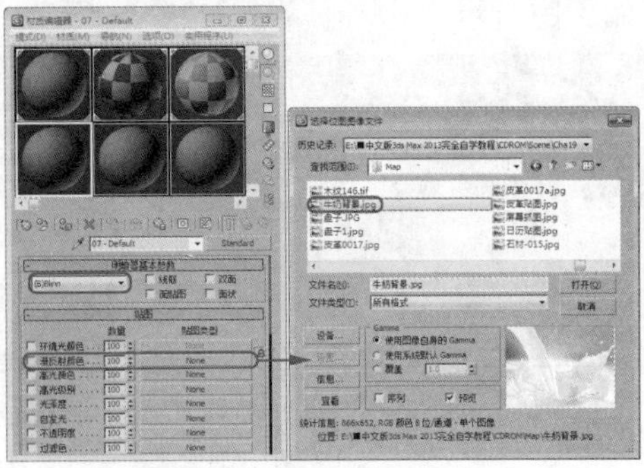

STEP 02 单击“确定”按钮，然后在“坐标”卷展栏中“贴图”右侧的下拉列表中选择“对象XYZ平面”，取消“使用真实世界比例”复选框的选中，并将“瓷砖”下的X、Y都设置为1，如下图所示。

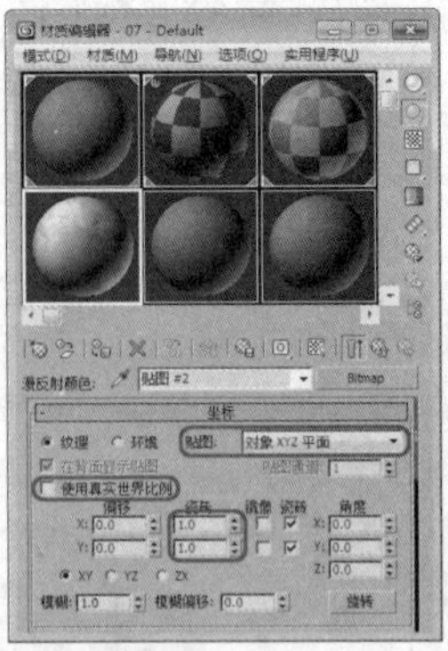

STEP 03 打开“位图参数”卷展栏，在“裁剪/放置”选项组中选中“应用”复选框，并将U、V、W、H值分别设置为0.425、0.635、0.284、0.284，如下图所示。

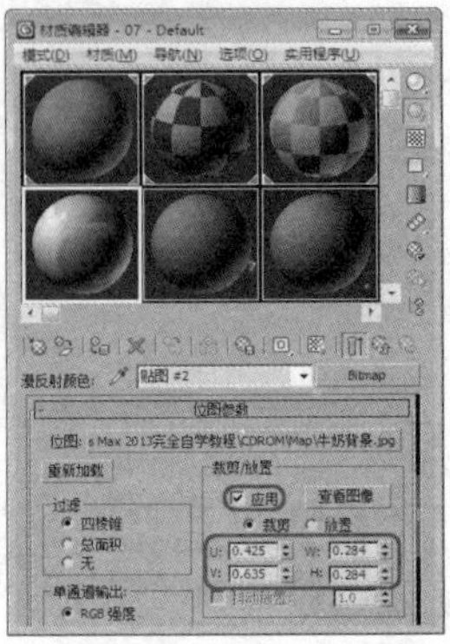

STEP 04 将时间滑块调整至第160帧处，单击“自动关键点”按钮，然后将“裁剪/放置”选项组中的U、V、W、H值分别设置为0、0、1、1，如下图所示。然后单击“转到父对象”按钮和“将材质指定给选定对象”按钮，并再次单击“自动关键点”按钮，将其关闭。

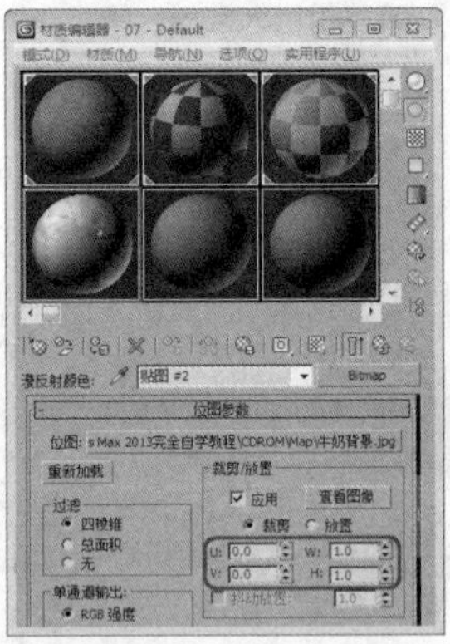

19.4 渲染输出

上面介绍了动画的制作，下面介绍如何将制作的动画渲染输出。

实战操作509 设置输出路径

素材：无

场景：Scene\Cha19\实战操作509.max

难度：★★★★★

视频：视频\Cha19\实战操作509.avi

下面介绍设置输出路径的方法，具体操作步骤如下所述。

STEP 01 在工具栏中单击“渲染设置”按钮，弹出“渲染设置：默认扫描线渲染器”对话框，选择“公用”选项卡，在“公用参数”卷展栏中选中“时间输出”选项组中的“活动时间段”单选按钮；在“输出大小”选项组中的下拉列表中选择“35mm 1.316：1全光圈（电影）”选项，然后单击右侧的“1536×1167”按钮，如右图所示。

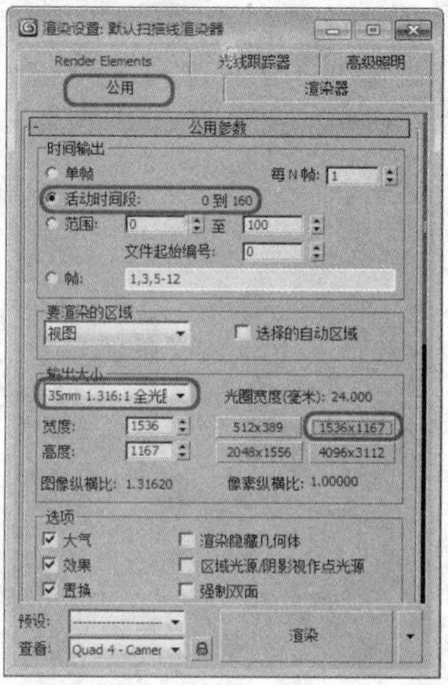

STEP 02 在“渲染输出”选项组中单击“文件”按钮，弹出“渲染输出文件”对话框，在该对话框中选择动画的输出路径，并设置“保存类型”为AVI文件（*.avi），设置“文件名”为实战操作509，如下图所示。

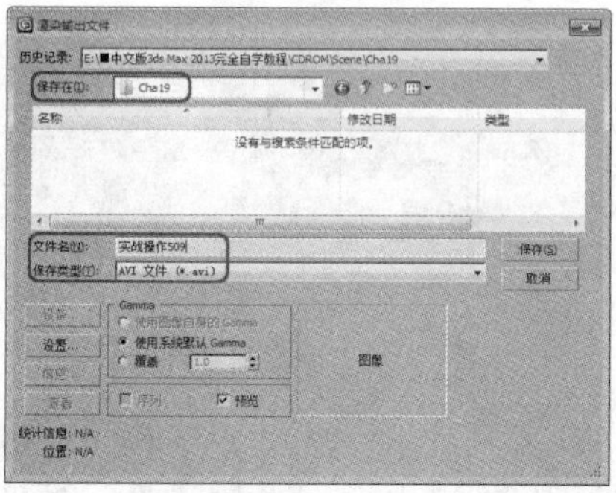

STEP 03 单击“保存”按钮，弹出“AVI文件压缩设置”对话框，在该对话框中将“主帧比率”设置为0，如下图所示。

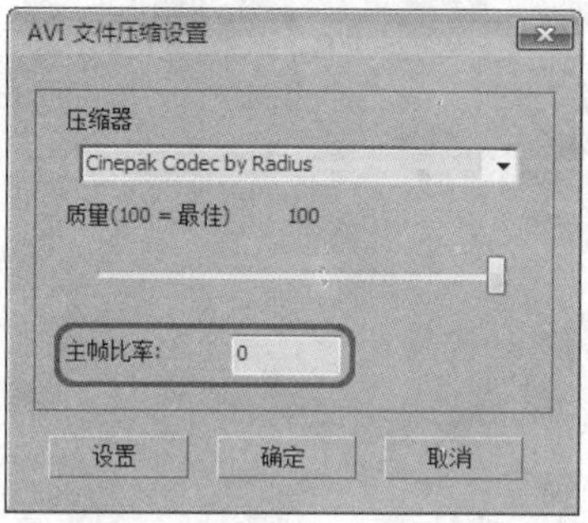

STEP 04 单击“确定”按钮，返回“渲染设置：默认扫描线渲染器”对话框，此时会在“文件”按钮的下方显示输出路径。然后在“查看”下拉列表中选择“Quad4-Camera001”选项，然后单击“渲染”按钮，如下图所示，即可对当前动画进行渲染。

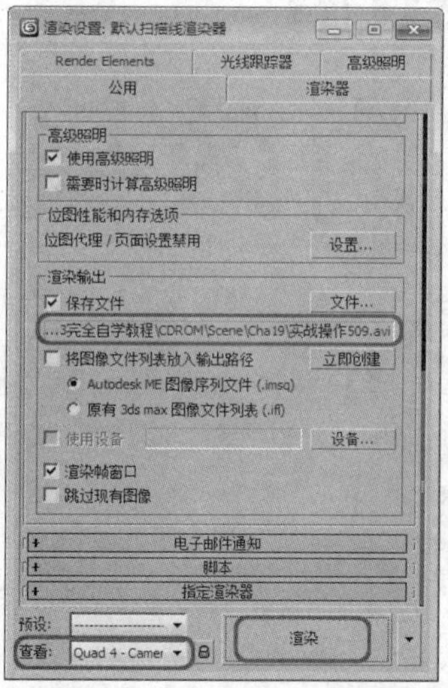

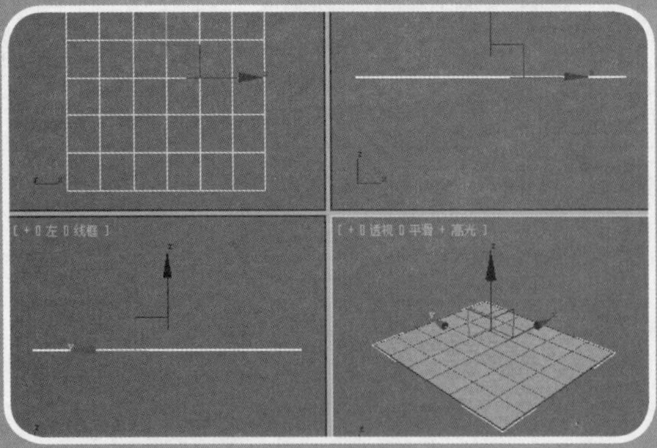

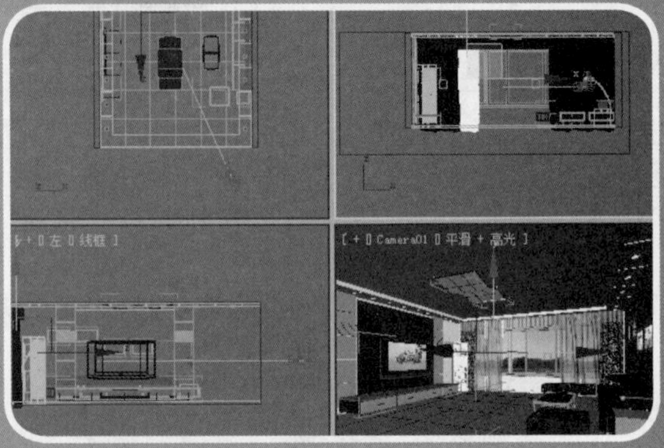

Chapter 20

第20章 室内效果图设计

任何一幅精美的效果图前期都需要在相应的3D软件中完成基本框架的制作与编辑，然后进行渲染输出，最后在平面处理软件中进行图像的后期处理。

3ds Max 2013

20.1 制作模型

下面介绍制作模型的具体操作步骤。

实战操作510 创建地板和地板线

素材：无　　场景：无

难度：★★★★★　　视频：视频\Cha20\实战操作510.avi

在室内模型制作中首先创建地板，作为室内空间大小的参考。

STEP 01 启动3ds Max 2013，选择“创建” | “几何体” | “标准基本体” | “长方体”工具，在“顶”视图中创建长方体并命名为“地板”，在“参数”卷展栏中设置“长度”为8000、“宽度”为7000、“高度”为1，如下图所示。

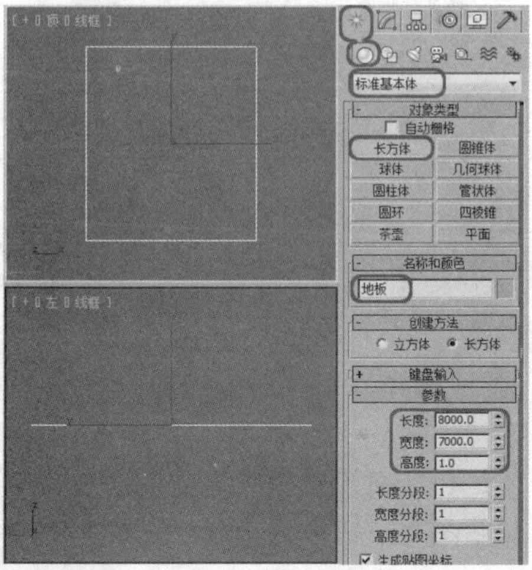

STEP 02 按M键打开“材质编辑器”对话框，在该对话框中选择一个材质样本球，将其命名为“地板”，在“明暗器基本参数”卷展栏中将明暗器类型设置为“（P）Phong”，在“Phong基本参数”卷展栏中单击按钮，取消对“环境光”和“漫反射”的锁定，设置“环境光”的红、绿、蓝参数为0、0、0，“漫反射”的红、绿、蓝参数为255、230、186；在“反射高光”选项组中将“高光级别”和“光泽度”都设置0，如下图所示。

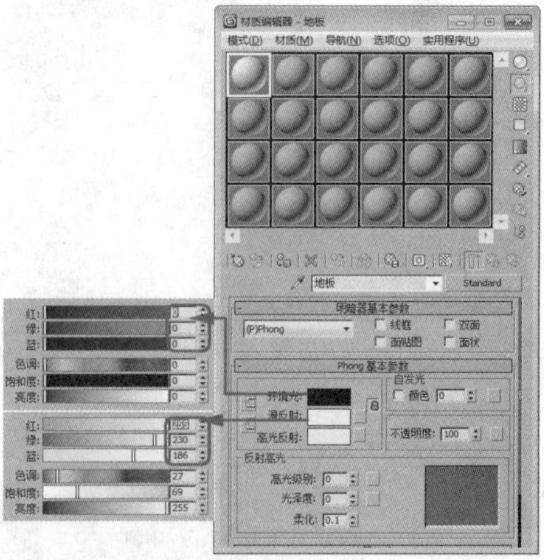

STEP 03 在“贴图”卷展栏中单击“漫反射颜色”后面的“None”按钮，在弹出的“材质/贴图浏览器”对话框中选择“位图”贴图，单击“确定”按钮，再在弹出的对话框中选择随书附带光盘中的\Map\B0000570.JPG文件，如下图所示。

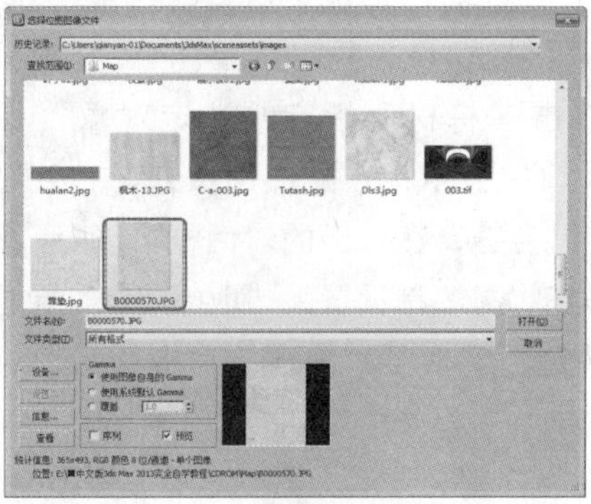

STEP 04 在“坐标”卷展栏中将“瓷砖”下的U、V均设置为6；在“位图参数”卷展栏中选中“裁剪/放置”选项组中的“应用”复选框，将W、H分别设置为1、0.628，按Enter键确认，如右图所示。

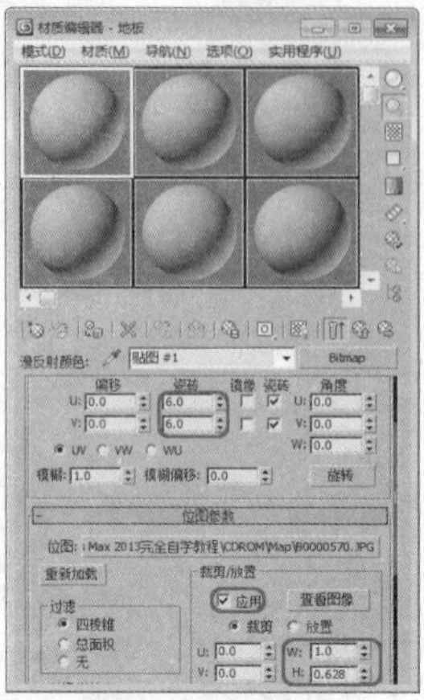

STEP 05 单击“转到父对象”按钮，返回到父级材质层级，在“贴图”卷展栏中将“漫反射颜色”右侧的“数量”设置为30，将“反射”右侧的“数量”设置为15，单击其右侧的“None”按钮，如右图所示。

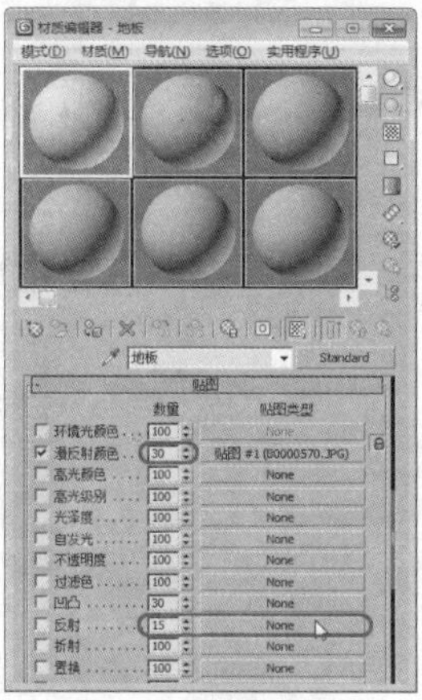

STEP 06 在弹出的“材质/贴图浏览器”对话框中双击“平面镜”，在“平面镜参数”卷展栏中选中“应用于带ID的面”复选框，如右图所示。

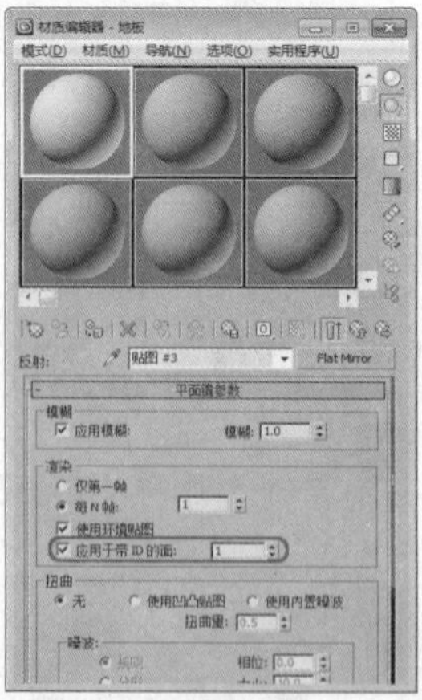

STEP 07 单击“转到父对象”按钮，再分别单击“将材质指定给选定对象”按钮和“在视口中显示标准贴图”按钮，在视图中按Ctrl+V组合键，在弹出的对话框中选中“复制”单选按钮，将名称设置为“地板线”，单击“确定”按钮。切换至“修改”命令面板，在“参数”卷展栏中将“高度”、“长度分段”、“宽度分段”分别设置为1.2、6、6，按Enter键确认，如右图所示。

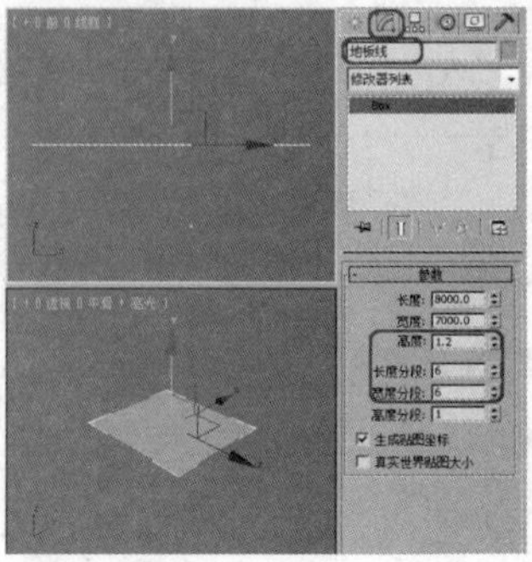

STEP 08 在“材质编辑器”对话框中选择一个材质样本球，将其命名为“地板线”。在“明暗器基本参数”卷展栏中选中“线框”复选框。在“Blinn基本参数”卷展栏中将“环境光”的红、绿、蓝值设置为0、0、0，在“自发光”选项组中的“颜色“文本框中输入100，按Enter键确认，如下图所示。

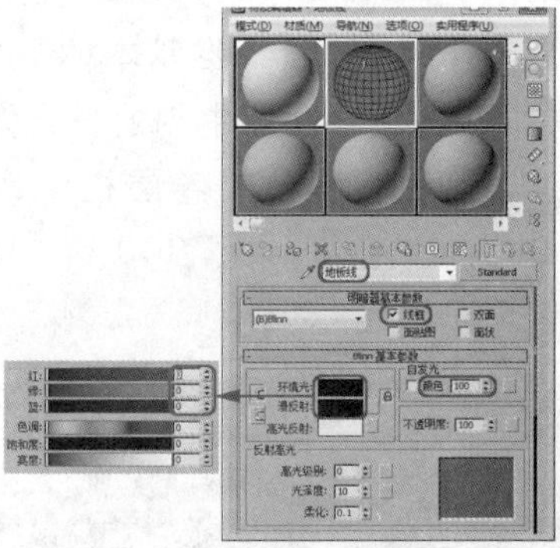

STEP 09 在“扩展参数”卷展栏中将“线框”选项组中的“大小”设置为0.3，按Enter键确认，如右图所示。

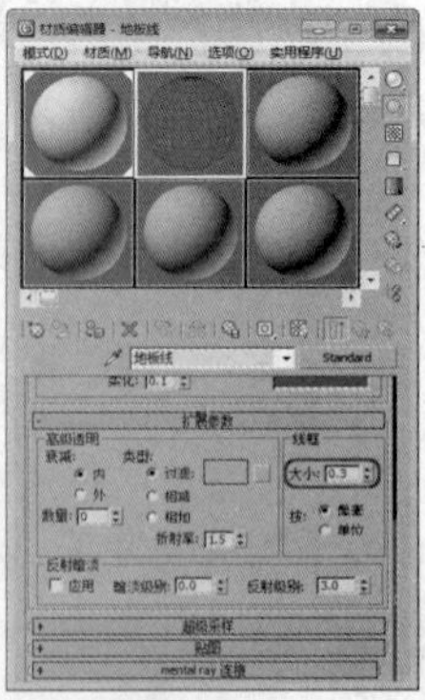

STEP 10 再分别单击“将材质指定给选定对象”按钮和“在视口中显示标准贴图”按钮，将该对话框关闭，指定材质后的效果如下图所示。

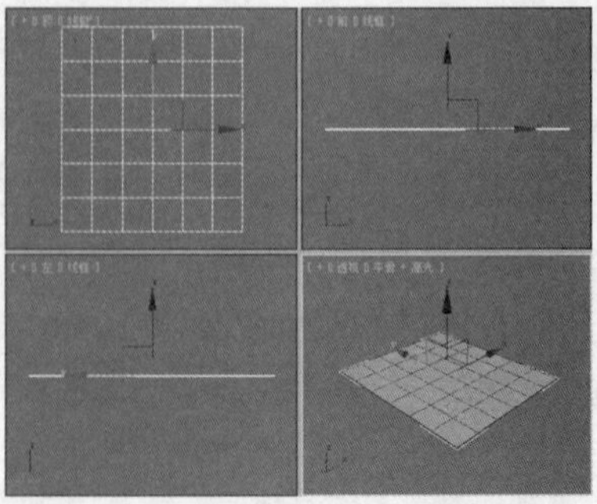

实战操作511 墙体的制作

素材：无　　场景：无

难度：★★★★★　　视频：视频\Cha20\实战操作511.avi

下面在地板的基础上再为室内空间搭建墙体。

STEP 01 选择“创建”｜“图形”｜“样条线”｜“矩形”工具，在“顶”视图中创建线矩形并命名为“墙体”，在“参数”卷展栏中设置“长度”为8000、“宽度”为7000，如下图所示。

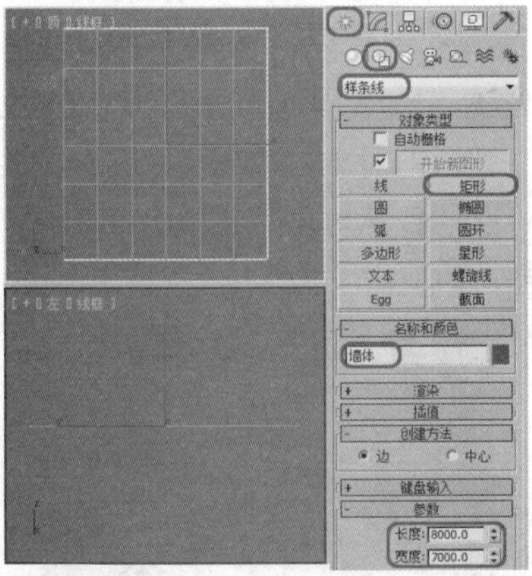

STEP 02 切换到“修改”命令面板，在“修改器列表”中选择“编辑样条线”修改器，将当前选择集定义为“顶点”，在“几何体”卷展栏中单击“优化”按钮，在场景中如下图所示的位置添加控制点，单击“优化”按钮。

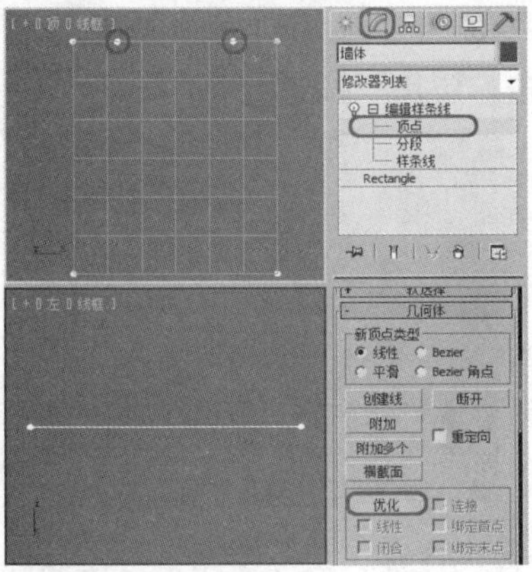

STEP 03 再将当前选择集定义为“分段”，在场景中删选择如下图所示的线段，按Delete键将选中的线段删除。

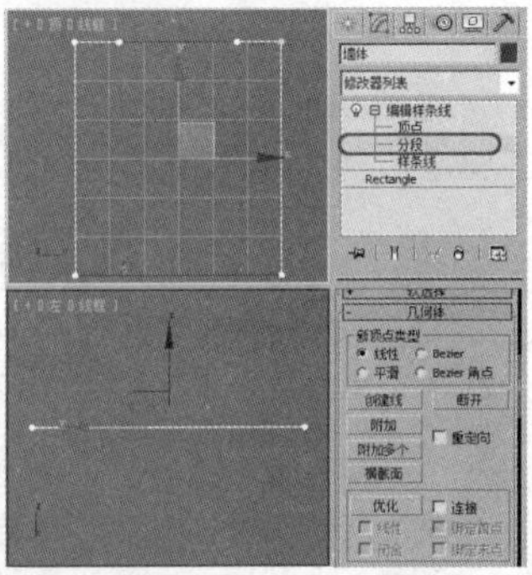

STEP 04 将当前选择集定义为“样条线”，在场景中选择样条线，在“几何体”卷展栏中将“轮廓”设置为－240，按Enter键确认，如下图所示。

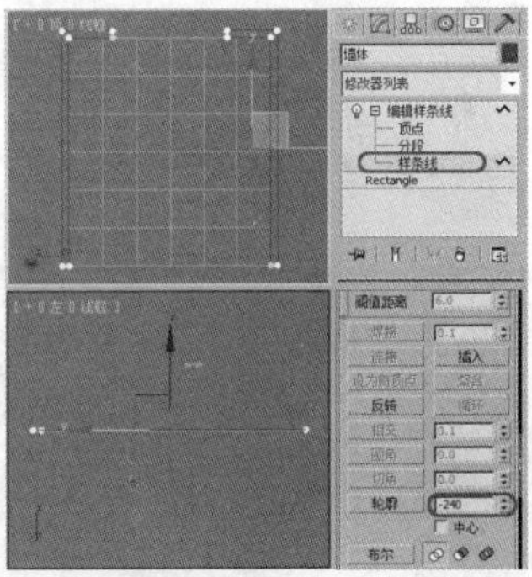

STEP 05 关闭当前选择集，在“修改器列表”中选择“挤出”修改器，在“参数”卷展栏中将“数量”设置为3300，如下图所示。

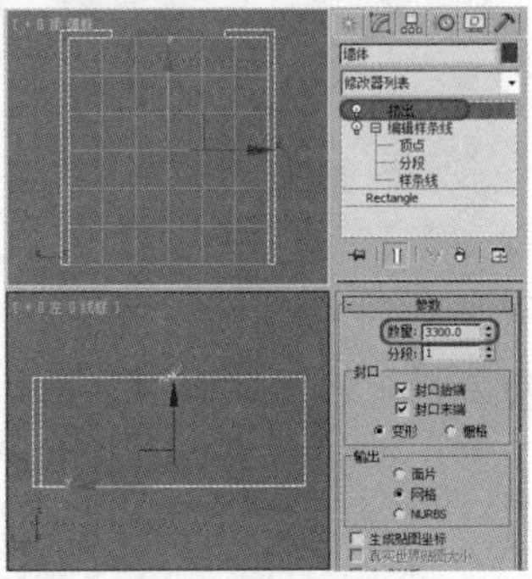

STEP 06 确认“墙体”处于选中状态，在工具栏中单击“对齐”按钮，在“左”视图中选择“地板”，在弹出的对话框中的“对齐位置（屏幕）”选项组中选中“X位置”和“Z位置”复选框；在“当前对象”选项组中选中“轴点”单选按钮；在“目标对象”选项组中选中“轴点”单选按钮，单击“应用”按钮，如下图所示。

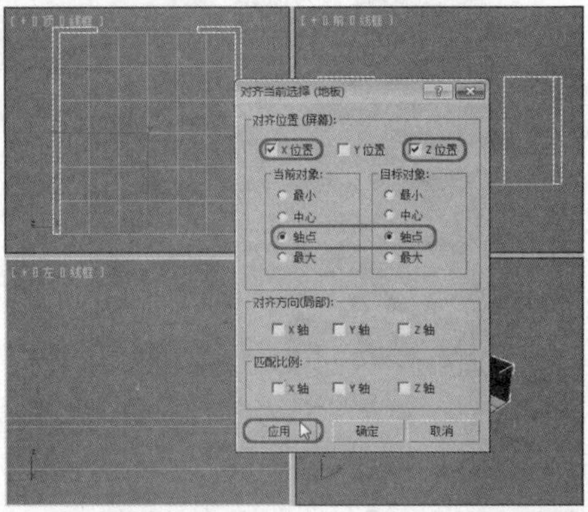

STEP 07 再在“对齐位置（屏幕）”选项组中选中“Y位置”复选框；在“当前对象”选项组中选中“最小”单选按钮；在“目标对象”选项组中选中“最大”单选按钮，如下图所示，单击“确定”按钮。

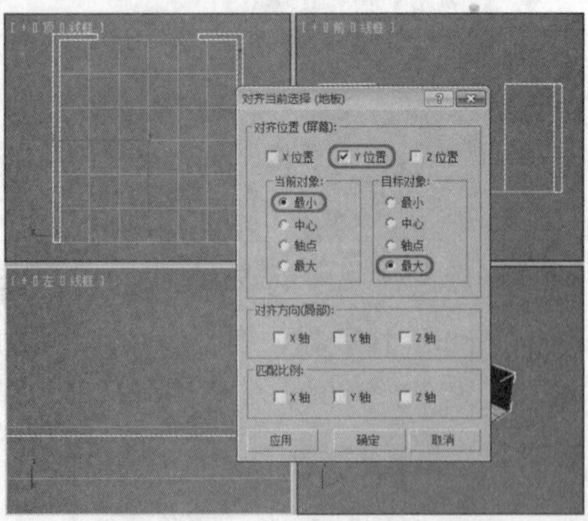

STEP 08 选择“创建” |“几何体” |“标准基本体”|“长方体”工具，在“前”视图中创建长方体并命名为“墙体前梁”，在“参数”卷展栏中设置“长度”为500、“宽度”为6000、“高度”为240，“长度分段”为1、“宽度分段”为1、“高度分段”为1，如下图所示。

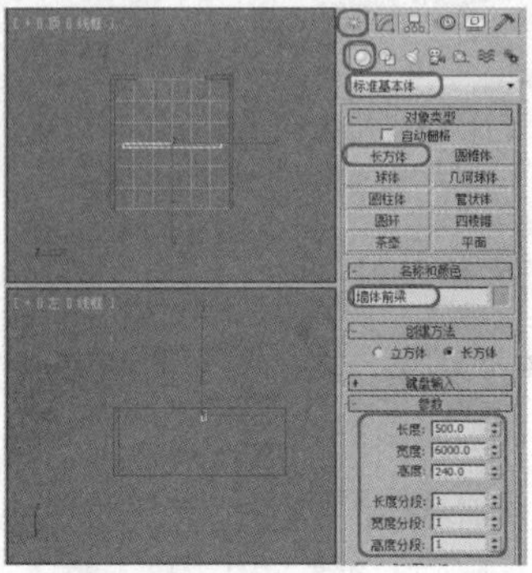

STEP 09 确认“墙体前梁”对象处于选中状态，在工具栏中单击“对齐”按钮，在“前”视图中选择“墙体”，在弹出的对话框中选中“对齐位置（屏幕）”选项组中的“Y位置”复选框；在“当前对象”选项组中选中“最大”单选按钮；在“目标对象”选项组中选中“最大”单选按钮，如下图所示，单击“应用”按钮。

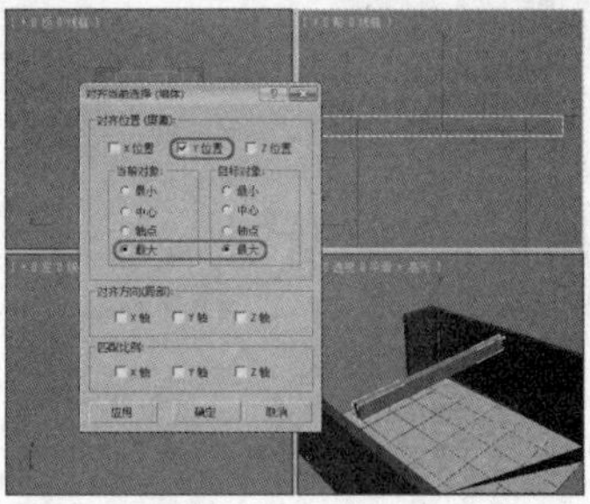

STEP 10 在“对齐位置（屏幕）”选项组中选中“Z位置”复选框；在“当前对象”选项组中选中“最小”单选按钮；在“目标对象”选项组中选中“最小”单选按钮，如下图所示，单击“应用”按钮。

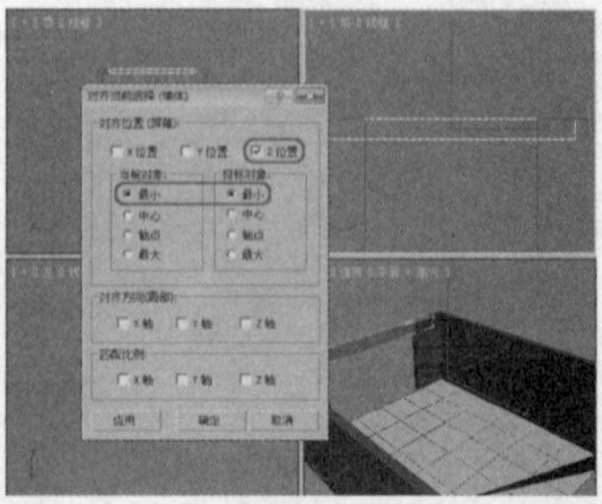

STEP 11 再在“对齐位置（屏幕）”选项组中选中“X位置”复选框；在“当前对象”选项组中选中“中心”单选按钮；在“目标对象”

选项组中选中“中心”单选按钮，如下图所示，单击“确定”按钮。

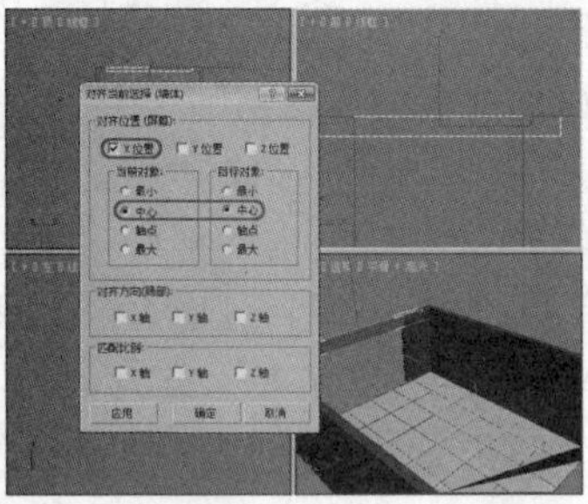

STEP 12 再在场景中选择“墙体”对象，将当前选择集定义为“顶点”，在场景中调整顶点的位置，将当前选择集关闭，调整墙体后的效果如下图所示。

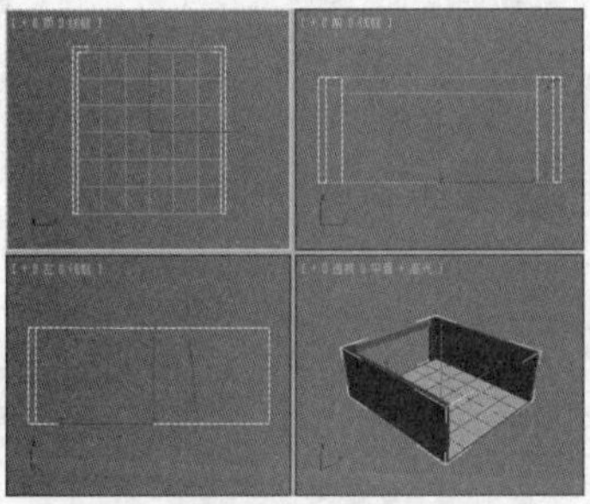

STEP 13 确认“墙体前梁”对象处于选中状态，使用“选择并移动”工具在“前”视图按住Shift键沿Y轴向下移动，在合适的位置上释放鼠标，在弹出的对话框中选中“复制”单选按钮，在“名称”文本框中输入“墙体下墙”，单击“确定”按钮，切换至“修改”命令面板；在“参数”卷展栏中将“长度”设置为700，如下图所示。

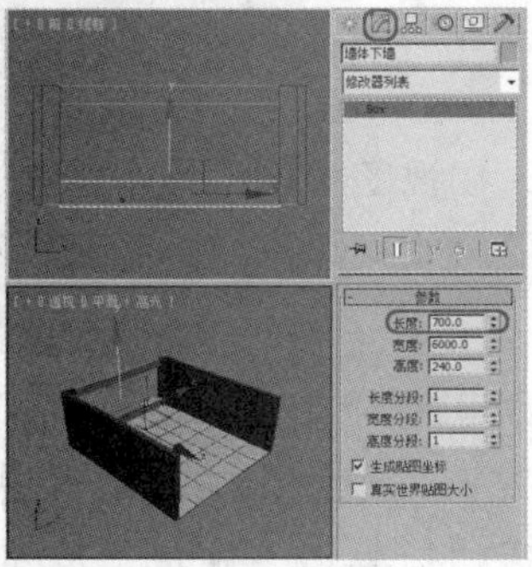

STEP 14 在工具栏中单击“对齐”按钮，在“顶”视图中选择“地板线”，在弹出的对话框中选中“对齐位置（屏幕）”选项组中的“Z位置”复选框；在“当前对象”选项组中选中“最小”单选按钮；在“目标对象”选项组中选中“最大”单选按钮，如下图所示，单击“确定”按钮。再在“修改”命令面板中为其添加一个“UVW贴图”修改器。

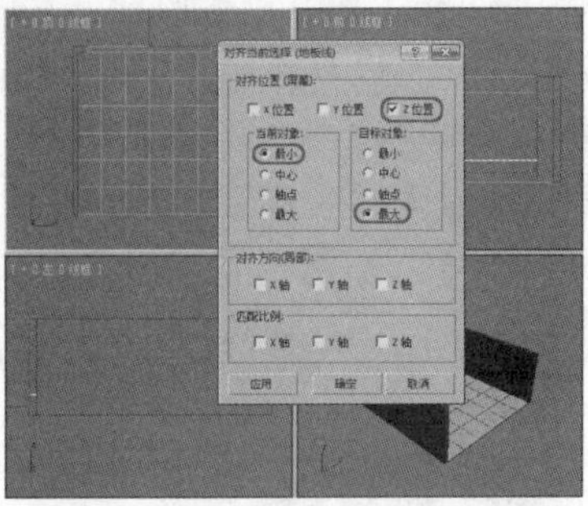

STEP 15 按M键打开“材质编辑器”对话框，在该对话框中选择一个材质样本球，将其命名为“墙体”。在“明暗器基本参数”卷展栏中将明暗器类型设置为“（P）Phong”，在“Phong基本参数”卷展栏中将“环境光”的红、绿、蓝值设置为253、247、237，在“自发光”选项组中的“颜色”文本框中输入30；在“反射高光”选项组中将“高光级别”和“光泽度”都设置为0，如右图所示。

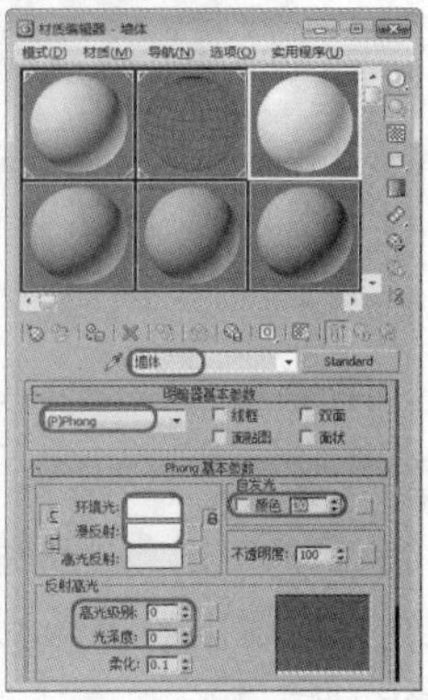

STEP 16 在场景中选择“墙体”、“墙体前梁”和“墙体下墙”，将“墙体”材质指定给选中的对象，将该对话框关闭，指定后的效果如下图所示。

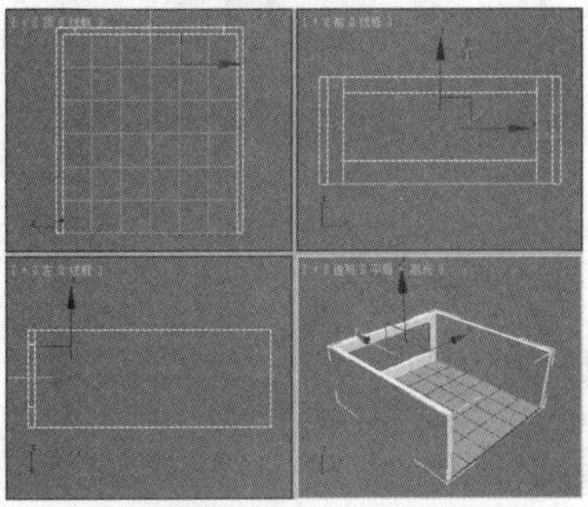

实战操作512 制作电视墙

素材：无	场景：无
难度：★★★★★	视频：视频\Cha20\实战操作512.avi

下面介绍如何制作电视墙，其具体操作步骤如下所述。

STEP 01 选择“创建” | “几何体” | “标准基本体” | “长方体”工具，在“左”视图中创建长方体并命名为“电视墙”，在“参数”卷展栏中设置“长度”为2750、“宽度”为3200、“高度”为2，如下图所示。

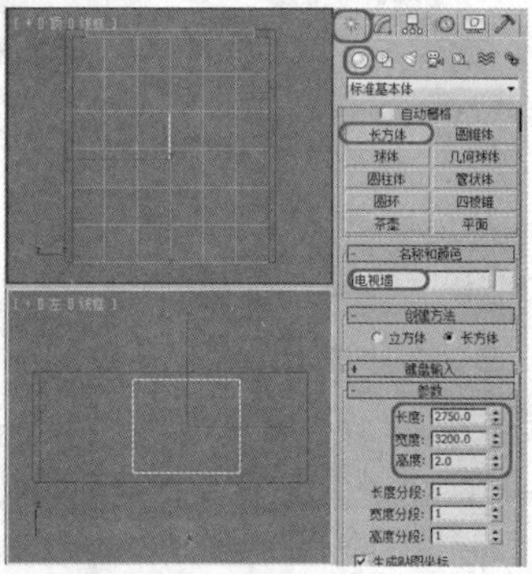

STEP 02 在视图中调整该对象的位置，按M键打开“材质编辑器”对话框，在该对话框中选择一个材质样本球，将其命名为“电视墙”。在“Blinn基本参数”卷展栏中将“环境光”的红、绿、蓝值设置为255、255、255；在“贴图”卷展栏中单击“漫反射颜色”右侧的“None”按钮，在弹出的对话框中双击“位图”，再在弹出的对话框中选择随书附带光盘中的\Map\8081.jpg，单击“打开”按钮，如下图所示。将“电视墙”的材质指定给选中对象。

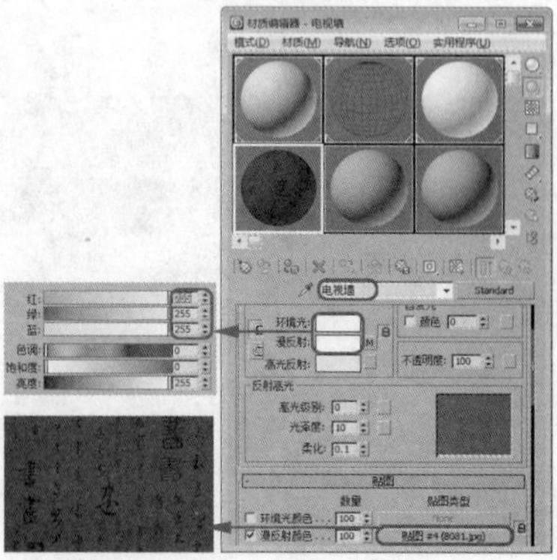

STEP 03 选择“创建” | “几何体” | “标准基本体” | “长方体”工具，在“左”视图中“电视墙”的右侧创建一个长方体，并将其命名为“电视墙装饰板01”。在“参数”卷展栏中设置“长度”为600、“宽度”为600、“高度”为70，如下图所示。

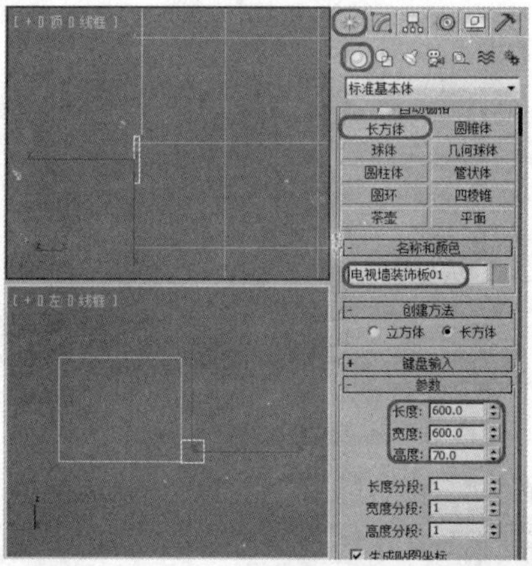

STEP 04 在工具栏中单击“选择并移动”按钮，在“左”视图中沿Y轴移动复制对象，在弹出的对话框中选中“复制”单选按钮，设置“副本数”为4，单击“确定”按钮，在视图中调整其位置，效果如右图所示。

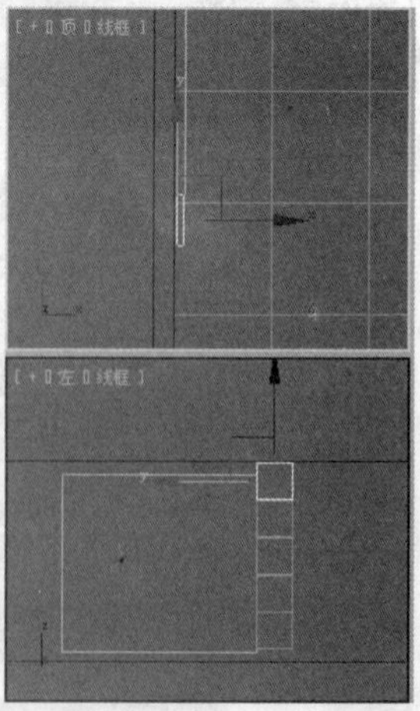

STEP 05 按住Shift键对“电视墙装饰板003”对象进行复制，在弹出的对话框中选中“复制”单选按钮，单击“确定”按钮。切换至“修改”命令面板，在“参数”卷展栏中将“长度”、“宽度”、“高度”分别设置为

20、630、110，如下图所示。

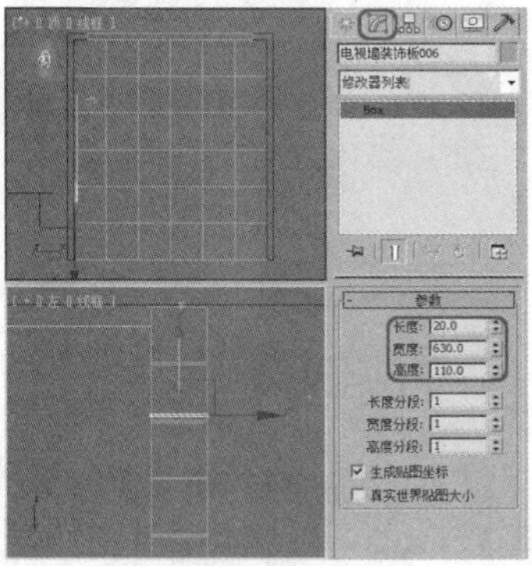

STEP 06 使用同样的方法移动复制小装饰板，并在视图中调整其位置，效果如下图所示。

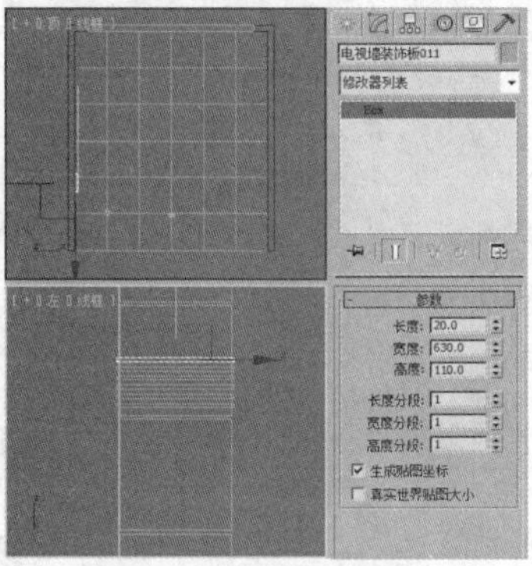

STEP 07 按M键打开“材质编辑器”对话框，在该对话框中选择一个材质样本球，将其命名为“反射白色乳胶”，在“明暗器基本参数”卷展栏中将明暗器类型设置为“（P）Phong”，在“Phong基本参数”卷展栏中将“环境光”和“高光反射”的红、绿、蓝值都设置为255、255、255；在“反射高光”选项组中将“高光级别”和“光泽度”分别设置为25、32，如下图所示。

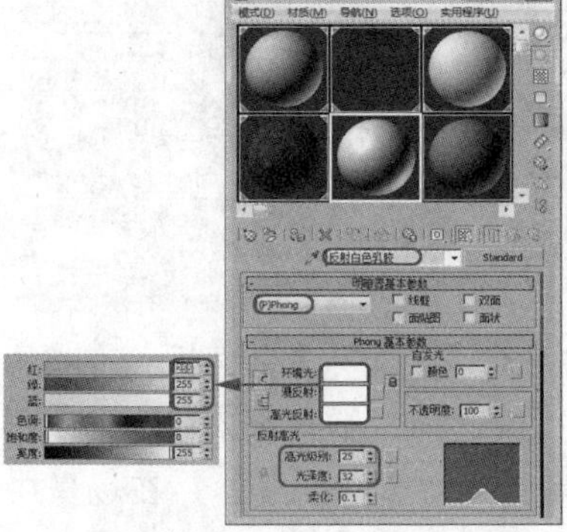

STEP 08 在“贴图”卷展栏中将“反射”右侧的“数量”设置为30，再单击其右侧的“None”按钮，在弹出的对话框中双击“平面镜”，在“平面镜参数”卷展栏中选中“应用于带ID的面”复选框，如右图所示。在场景中选中所有的电视墙装饰板，将设置完成后的材质指定给选定对象。

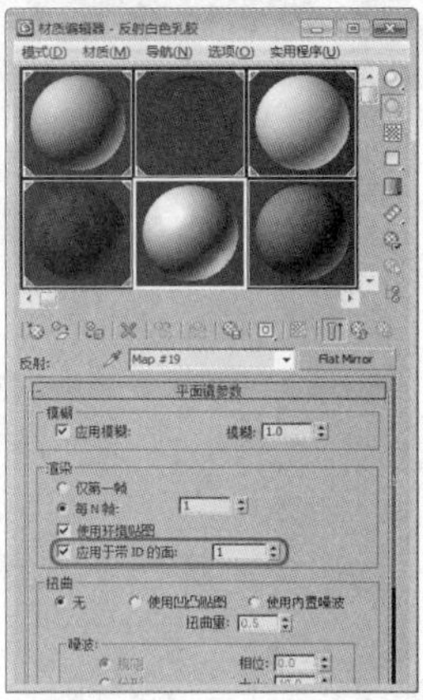

STEP 09 在场景中选中所有的电视墙装饰板，在“左”视图中按住Shift键使用“选择并移动”工具将选中的对象移至电视墙的另一侧，在弹出的对话框中选中“复制”单选按钮，如下图所示，单击“确定”按钮。

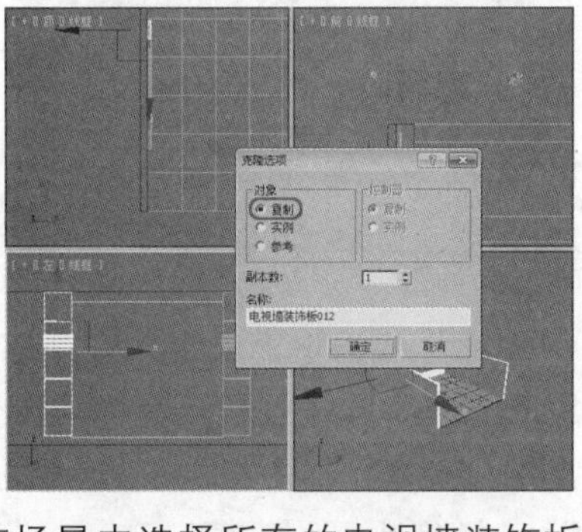

STEP 10 在场景中选择所有的电视墙装饰板，在菜单栏中执行“组”|“成组”命令，在弹出的对话框中将“组名”设置为电视墙装饰板，如下图所示，设置完成后单击“确定”按钮即可。

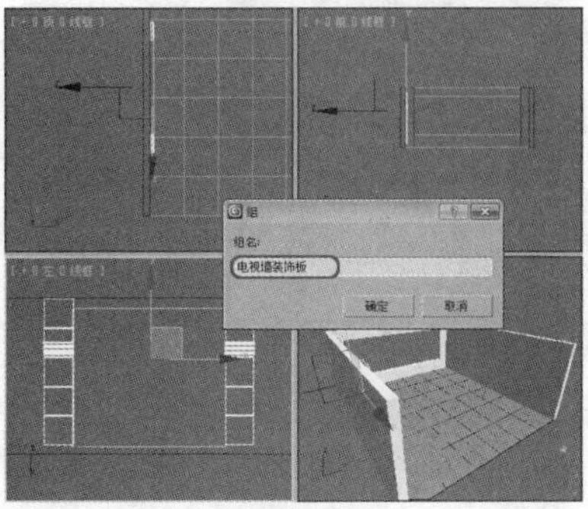

实战操作513 制作窗户

素材：无	场景：无
难度：★★★★★	视频：视频\Cha20\实战操作513.avi

在墙体中窗洞的位置创建窗户。

STEP 01 选择“创建”|“图形”|“样条线”|“矩形”工具，在“前”视图中“墙体前梁”下面创建矩形并命名为“窗框”，在“参数”卷展栏中设置“长度”为2100、“宽度”为6000，如下图所示。

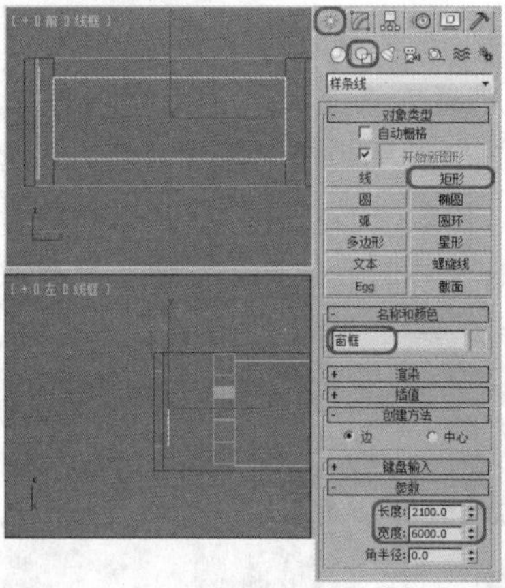

STEP 02 切换至“修改”命令面板，在“修改器列表”中选择“编辑样条线”修改器，将当前选择集定义为“样条线”，在场景中选择样条线，在“几何体”卷展栏中设置“轮廓”为80，按Enter键确认，如下图所示。

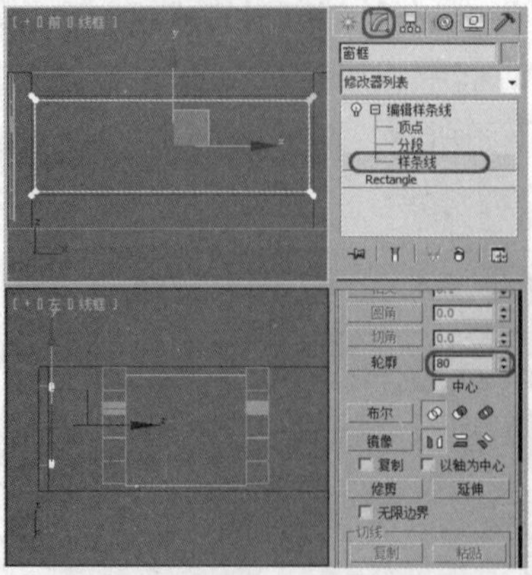

STEP 03 关闭选择集，在“修改器列表”中选择“倒角”修改器，在“倒角值”卷展栏中选中“级别2”复选框，设置“高度”为100；选中“级别3”复选框，设置“高度”为10、“轮廓”为-10，并在场景中调整“窗框”的位置，如下图所示。

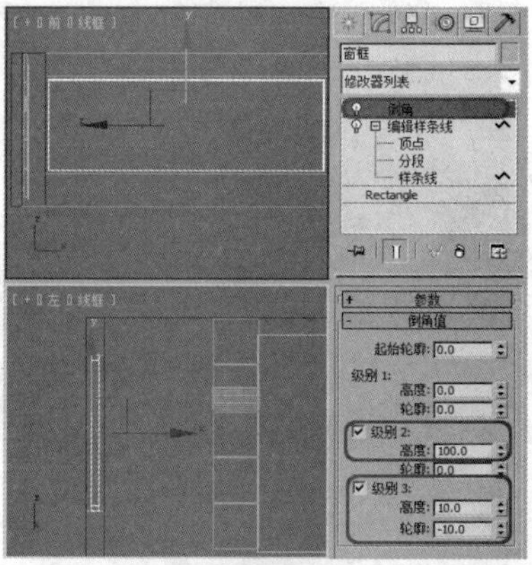

STEP 04 选择“创建”|“图形”|“样条线”|“矩形”工具，在“前”视图中“窗框”对象中创建一个矩形，并命名为“窗框01”。在“参数”卷展栏中设置“长度”为1945、“宽度”为2000，如下图所示。

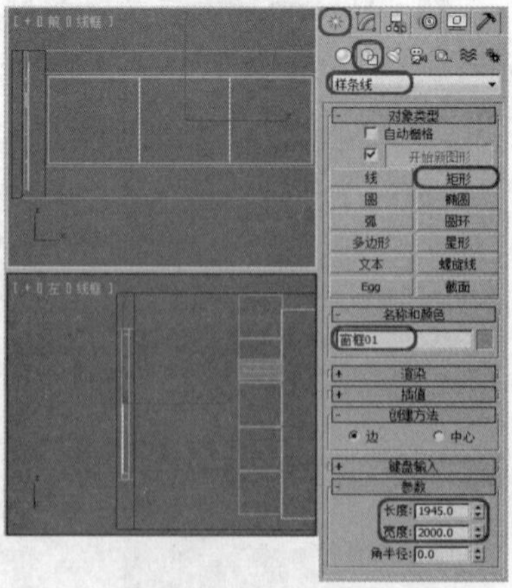

STEP 05 切换至“修改”命令面板，在“修改器列表”中选择“编辑样条线”修改器，将当前选择集定义为“样条线”。在场景中选择样

条线，在“几何体”卷展栏中设置“轮廓”为80，按Enter键确认，如下图所示。

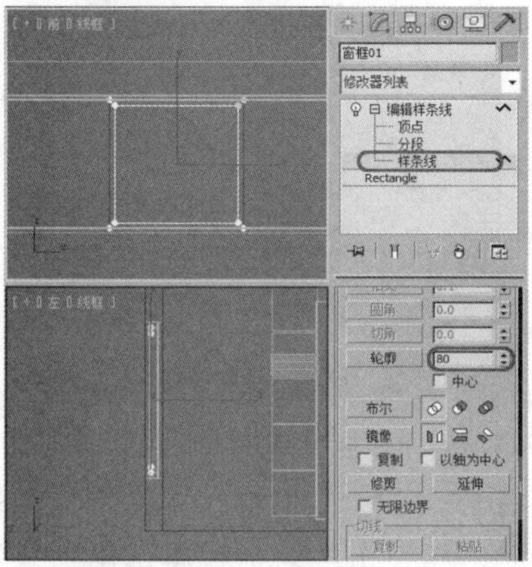

STEP 06 关闭选择集，在“修改器列表”中选择“倒角”修改器，在“倒角值”卷展栏中选中“级别2”复选框，设置“高度”为30；选中“级别3”复选框，设置“高度”为10、“轮廓”为-10，并在场景中调整“窗框01”的位置，如下图所示。

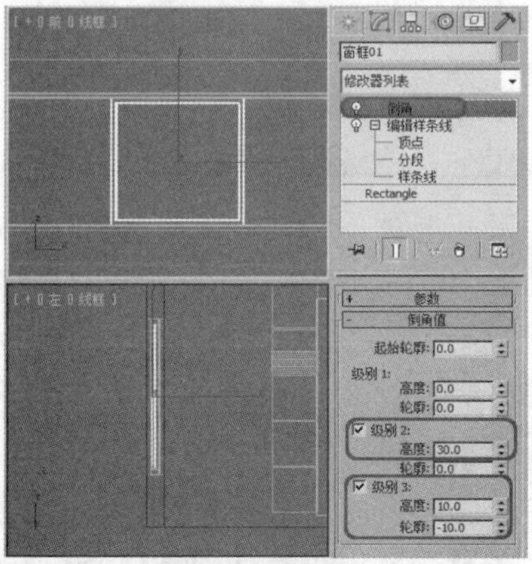

STEP 07 按M键打开“材质编辑器”对话框，在该对话框中选择一个材质样本球，将其命名为“金属”。在“明暗器基本参数”卷展栏中将明暗器类型设置为“（M）金属”，在“金属基本参数”卷展栏中单击“环境光”右侧的按钮，取消“环境光”和“漫反射”的锁定，将“环境光”的红、绿、蓝值设置为0、0、0，“漫反射”的红、绿、蓝值设置为255、255、255；在“反射高光”选项组中将“高光级别”和“光泽度”分别设置为100、86，如右图所示。

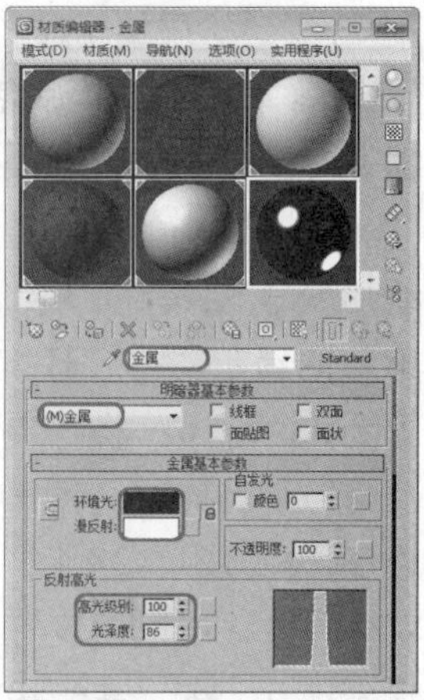

STEP 08 在“贴图”卷展栏中单击“反射”右侧的“None”按钮，在弹出的“材质/贴图浏览器”对话框中双击“位图”，在弹出的对话框中选择随书附带光盘中的\Map\ House.jpg，单击“打开”按钮，在“坐标”卷展栏中设置“模糊偏移”为0.094，如右图所示。

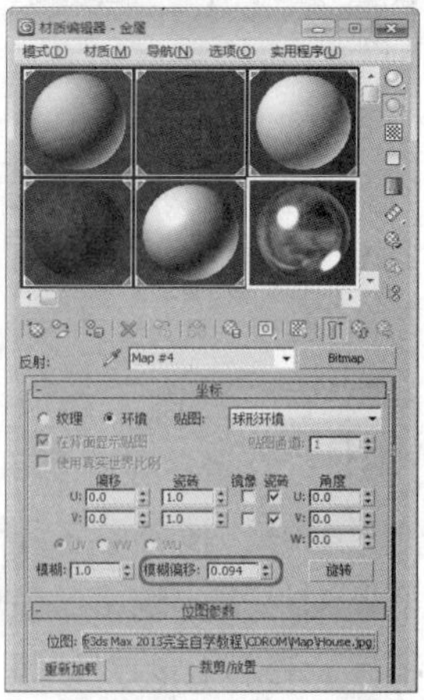

STEP 09 将设置完的材质指定给“窗框”和“窗框01”，选择“创建” |“几何体” |“标准基本体”|“长方体”工具，在“前”视图“窗框01”的位置创建长方体并命名为“玻璃”。在“参数”卷展栏中设置“长度”为1880、“宽度”为1920、“高度”为1，然后再在场景中调整玻璃的位置，如下图所示。

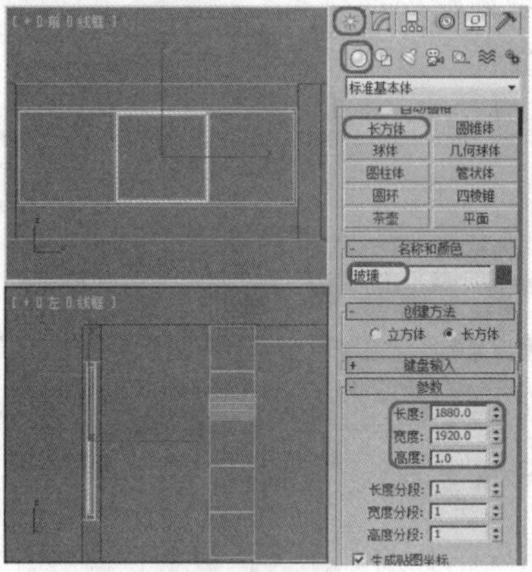

STEP 10 在“材质编辑器”对话框中选择一个材质样本球，将其命名为“玻璃”。在“明暗器基本参数”卷展栏中将明暗器类型设置为“（P）Phong”，在“Phong基本参数”卷展栏中单击按钮，取消“环境光”和“漫反射”的锁定，将“环境光”的红、绿、蓝值设置为0、0、0，将“漫反射”的红、绿、蓝值设置为239、241、255，将“不透明度”设置为5；在“高光级别”选项组中将“高光级别”、“光泽度”、“柔化”分别设置为100、73、0.6，如右图所示。

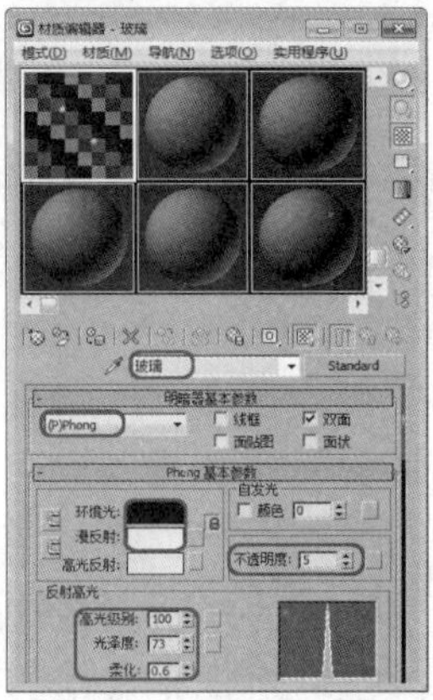

STEP 11 在“贴图”卷展栏中将“反射”右侧的“数量”设置为60，单击“反射”右侧的“None”按钮，在弹出的“材质/贴图浏览器”对话框中双击“位图”，在弹出的对话框中选择随书附带光盘中的\Map\Ref.jpg，单击“打开”按钮，在“坐标”卷展栏中选中“环境”单选按钮，将贴图类型设置为“球形环境”，如右图所示。将设置完成后的材质指定选定对象。

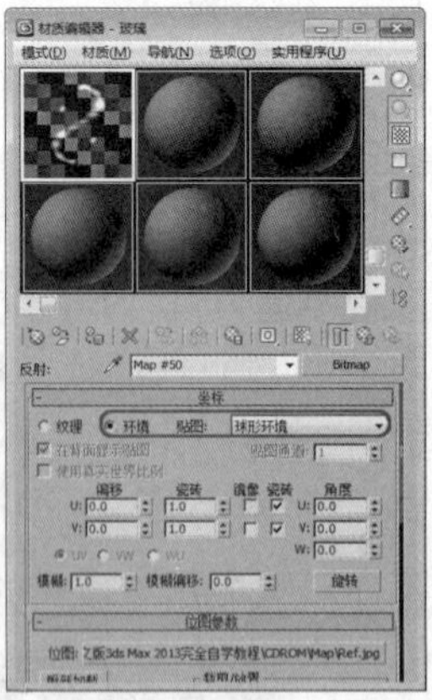

STEP 12 在“前”视图中选择“窗框01”和“玻璃”，在“前”视图中按住Shift键对其进行复制，对复制后的对象进行调整，效果如下图所示。

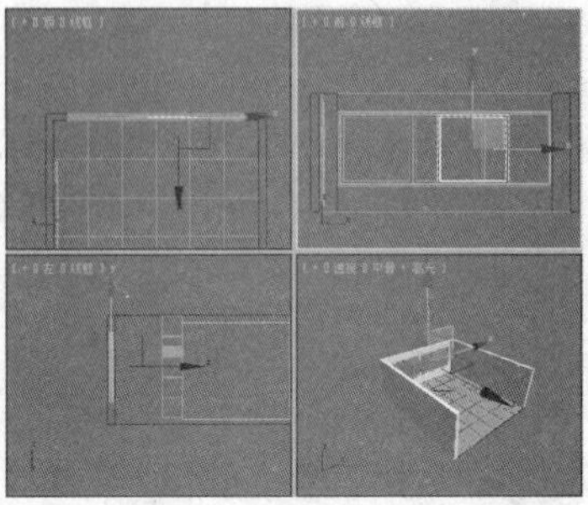

STEP 13 在“前”视图中选择“地板”，在工具栏中单击“选择并移动”按钮，沿Y轴移动复制对象，在弹出的对话框中选中“复制”单选按钮，在“名称”文本框中输入天花板主体，如下图所示。

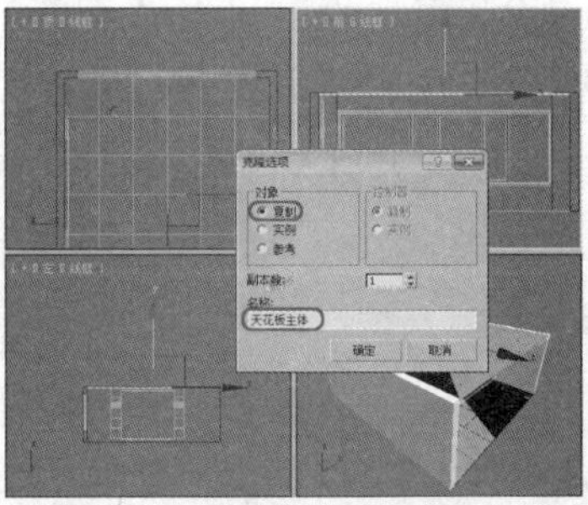

STEP 14 单击“确定”按钮，在“材质编辑器”对话框中将“墙体”材质指定给“天花板主体”，指定后的效果如下图所示，将“材质编辑器”对话框关闭。

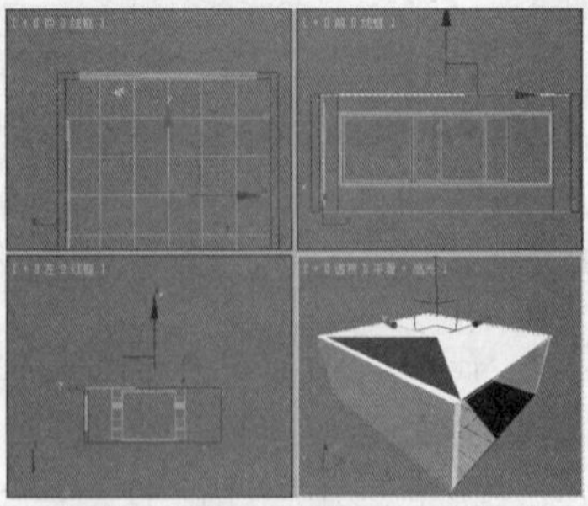

实战操作514 制作天花板和踢脚线

素材：无	场景：无
难度：★★★★★	视频：视频\Cha20\实战操作514.avi

下面介绍如何制作天花板和踢脚线。

STEP 01 选择“创建”☀|“图形”⧉|“样条线”|“矩形”工具，在“顶”视图中创建矩形并命名为“天花板顶饰”。在“参数”卷展栏中设置“长度”为8000、“宽度”为7000，如下图所示。

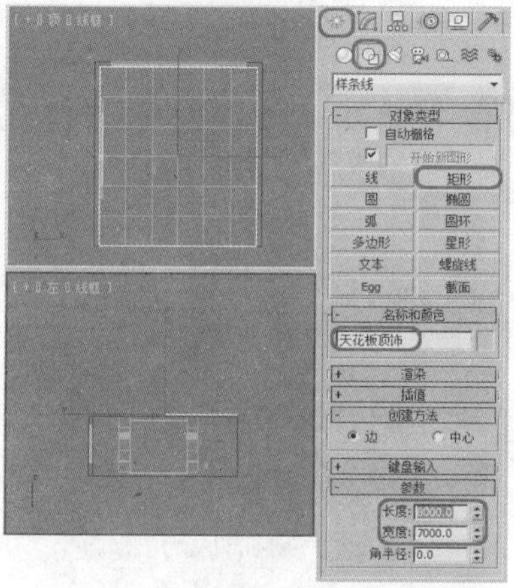

STEP 02 确认该图形处于选中状态，右击鼠标，在弹出的快捷菜单中执行“转换为”|“转换为可编辑样条线”命令，切换至“修改”命令面板，将当前选择集定义为“样条线”。在场景中选择样条线，在“几何体”卷展栏中设置“轮廓”为600，按Enter键确认，如下图所示。

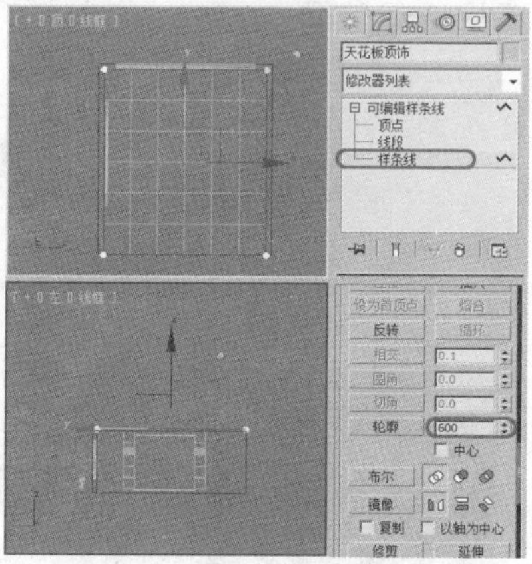

STEP 03 确定“天花板顶饰”处于选择状态，选择“创建”☀|“图形”⧉|“样条线”|“矩形”工具，取消选中“开始新图形”复选框，在“顶”视图中的“天花板顶饰”中创建矩形；在“参数”卷展栏中设置“长度”为500、“宽度”为30的矩形，如下图所示。

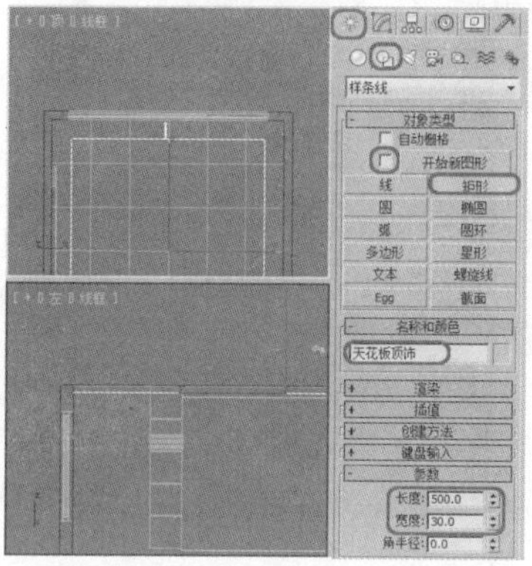

STEP 04 切换至“修改”⌒命令面板，将当前选择集定义为“样条线”，在场景中按住Shift键，移动复制样条线，并对复制后的对象进行调整，效果如下图所示。

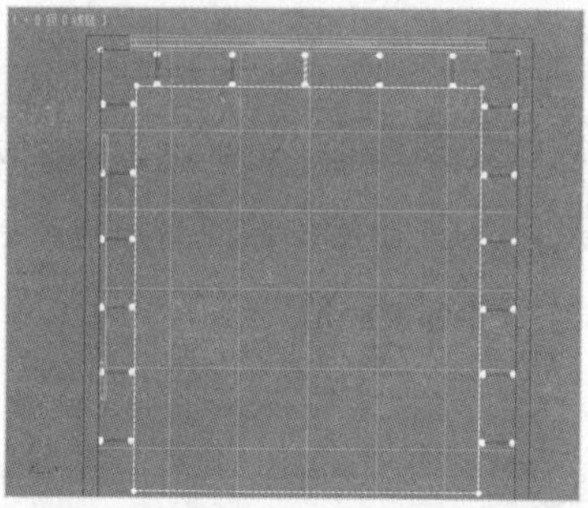

STEP 05 关闭当前选择集，在“修改器列表”中选择“挤出”修改器，在“参数”卷展栏中设置“数量”为100，并调整其位置，如下图所示。

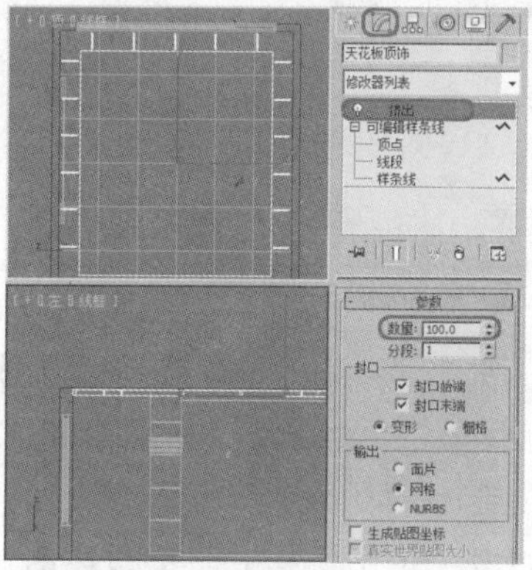

STEP 06 选择“创建”☀|“图形”⧉|“样条线”|“矩形”工具，在“顶”视图中创建矩形并命名为“踢脚线”，在“参数”卷展栏中设置“长度”为8000、“宽度”为7000，

如下图所示。

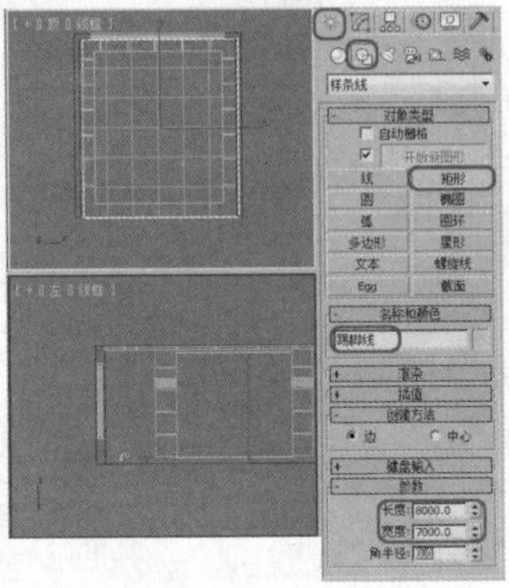

STEP 07 切换至“修改”命令面板，在“修改器列表”中选择“编辑样条线”修改器，将当前选择集定义为“样条线”。在场景中选择样条线，在“几何体”卷展栏中设置“轮廓”为50，按Enter键确认，如下图所示。

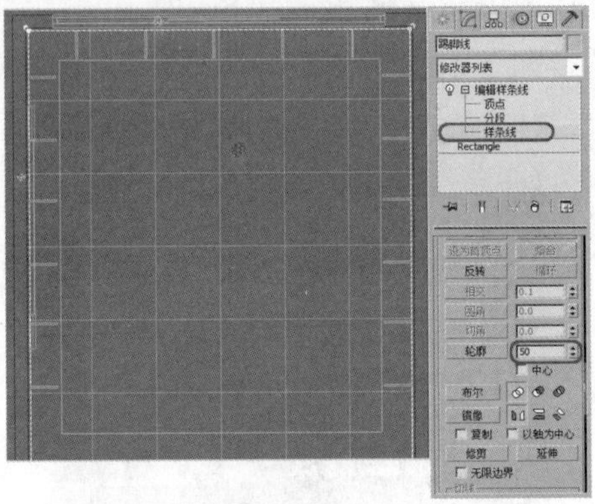

STEP 08 关闭当前选择集，在“修改器列表”中选择“挤出”修改器，在“参数”卷展栏中设置“数量”为100，并在场景中调整踢脚线位于地板的上方，如右图所示。调整完成后，为“天花板顶饰”和“踢脚线”指定“墙体”材质。

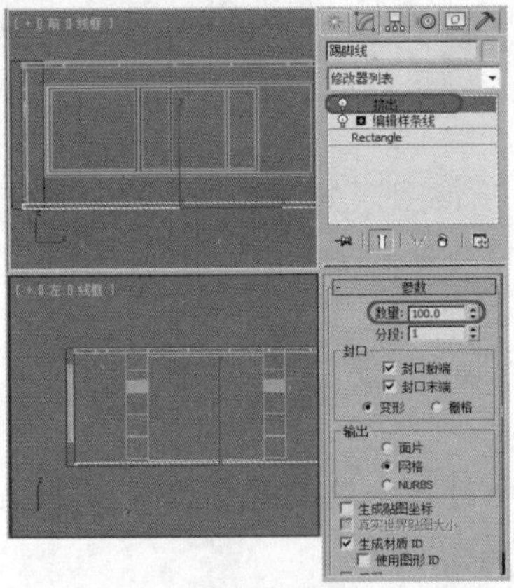

实战操作515 制作筒灯

素材：无	场景：无
难度：★★★★★	视频：视频\Cha20\实战操作515.avi

下面介绍简单的筒灯的制作方法。

STEP 01 选择“创建”|“图形”|“样条线”|“圆环”工具，在“顶”视图中创建一个圆环，并命名为“筒灯灯罩01”，在“参数”卷展栏中设置“半径1”为75、“半径2”为60，并在场景中调整圆环的位置，如右图所示。

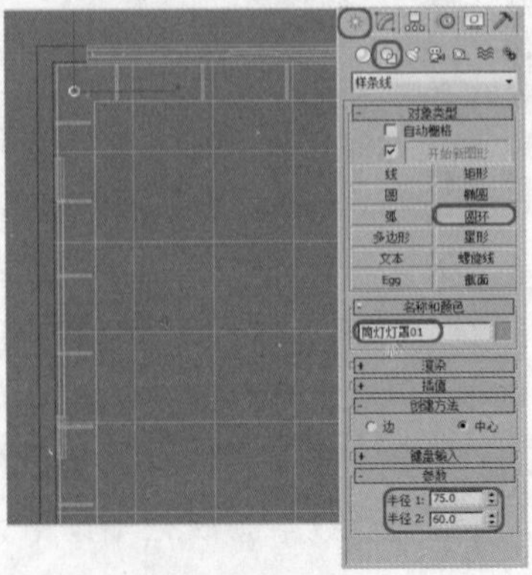

STEP 02 切换至“修改”命令面板，在“修改器列表”中选择“挤出”修改器，在“参数”卷展栏中设置“数量”为58，在视图中调整该

模型的位置，效果如下图所示。

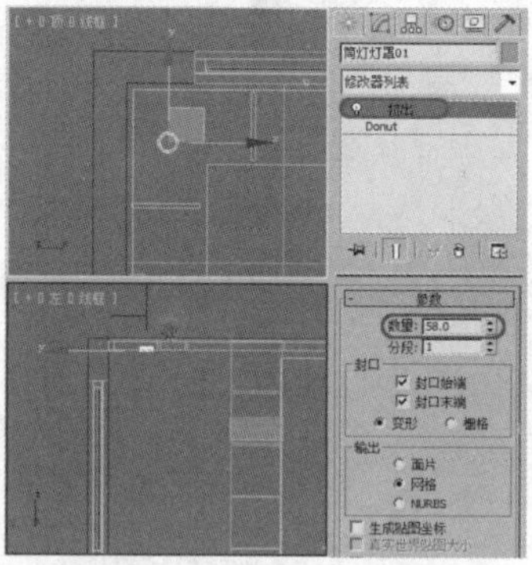

STEP 03 在“材质编辑器”对话框中将“金属”材质指定给该对象，选择“创建” | “几何体” | “扩展基本体” | “切角圆柱体”工具，在“顶”视图中“筒灯灯罩”的位置创建切角圆柱体并命名为“灯01”。在“参数”卷展栏中设置“半径”为60、“高度”为55、“圆角”为5、“圆角分段”为3，如下图所示。

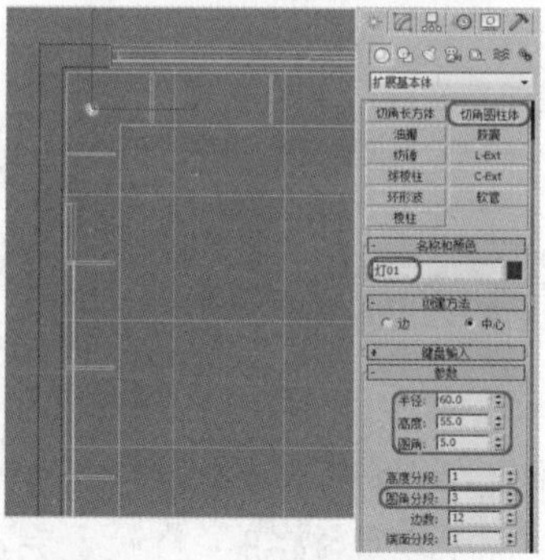

STEP 04 选择“灯01”对象，右击鼠标，在弹出的快捷菜单中执行“转换为” | “转换为可编辑网格”命令，将当前选择集定义为“多边形”，在场景中选择如下图所示的多边形，按Delete键将其删除。

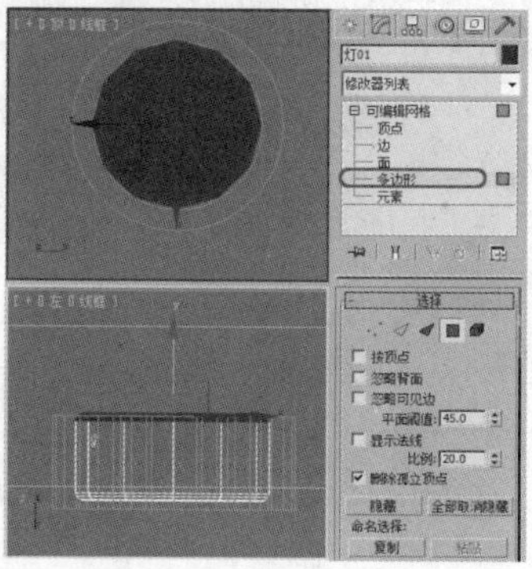

STEP 05 按M键打开“材质编辑器”，在该对话框中选择一个材质样本球，将其命名为“灯01”。在“Blinn基本参数”卷展栏中将“环境光”和“漫反射”的红、绿、蓝值都设置为255、255、255；在“自发光”选项组中的“颜色”文本框中输入100，如下图所示。将材质指定给场景中的“灯01”。

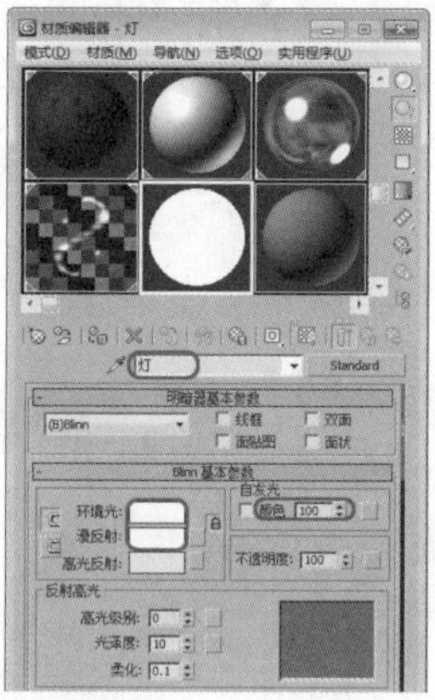

STEP 06 在场景中选择“筒灯灯罩01”和“灯01”，在菜单栏中执行“组” | “成组”命令，在弹出的对话框中的“组名”文本框中输入筒灯01，如下图所示。

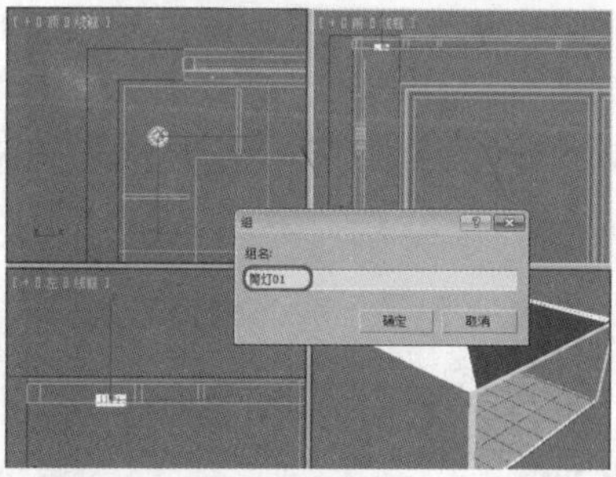

STEP 07 在视图中对其进行复制，并调整其位置，效果如下图所示。

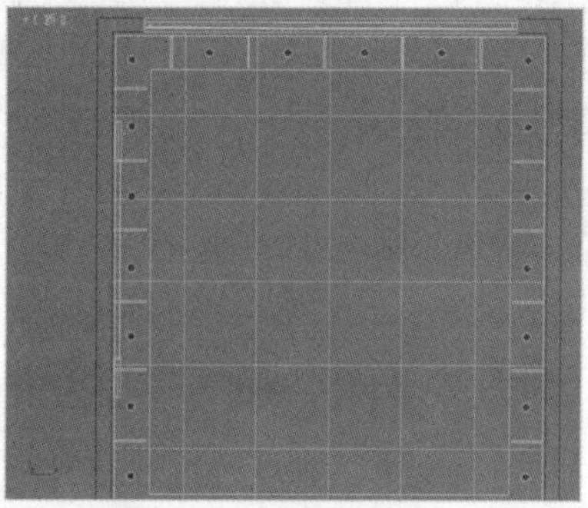

STEP 08 在场景中选择所有的筒灯，在菜单栏中执行“组”|“成组”命令，在弹出的对话框中的“组名”文本框中输入顶-筒灯，单击“确定”按钮，如右图所示。

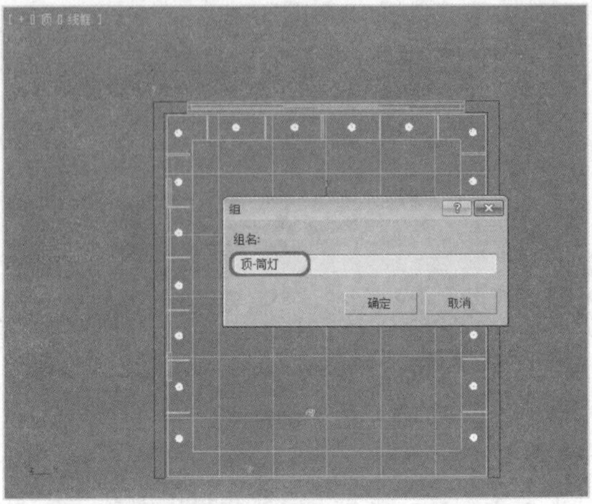

实战操作516 创建背景板

素材：无	场景：无
难度：★★★★★	视频：视频\Cha20\实战操作516.avi

下面创建模拟室外景物的背景板。

STEP 01 选择“创建”|“几何体”|“标准基本体”|“长方体”工具，在“前”视图中创建长方体，并在其他视图中调整模型的位置。切换至“修改”命令面板，在“参数”卷展栏中设置“长度”为4217、“宽度”为10000、“高度”为0，如下图所示。

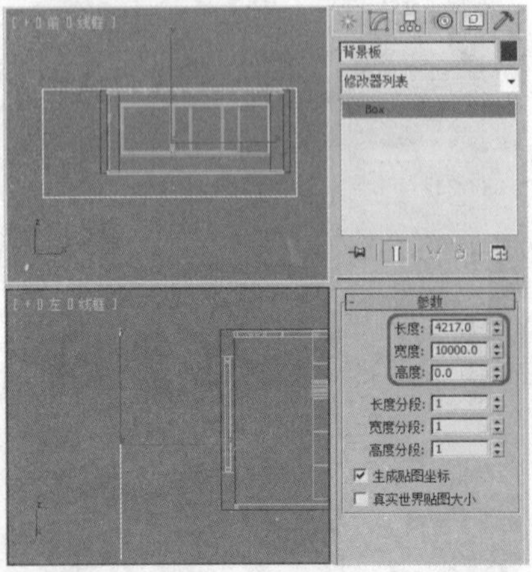

STEP 02 按M键打开“材质编辑器”对话框，在该对话框中选择一个材质样本球，将其命名为“背景”。在“自发光”选项组中的“颜色”文本框中输入70，在“贴图”卷展栏中单击“漫反射”右侧的“None”按钮，在弹出的对话框中双击“位图”，再在弹出的对话框中选择随书附带光盘中的\Map\background_2.JPG，单击“打开”按钮，将设置完成后的材质指定给选定对象，如下图所示。

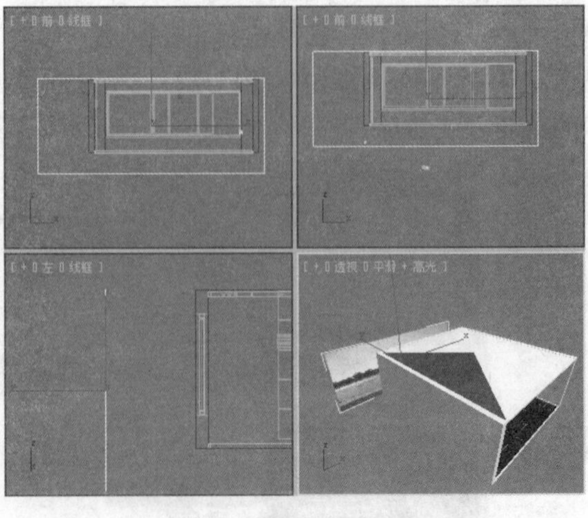

实战操作517 创建摄影机并为场景合并家具

素材：无　　场景：无

难度：★★★★★　　视频：视频\Cha20\实战操作517.avi

下面为场景创建摄影机并合并家具。

STEP 01 为了方便观察场景效果，在场景中创建摄影机，选择“创建”|“摄影机”|“标准”|“目标”工具，在“顶”视图中创建摄影机。在“参数”卷展栏中设置“镜头”为15，激活“透”视图，按C键，将其转换为“摄影机”视图，并在其他视图中调整摄影机的位置，如下图所示。

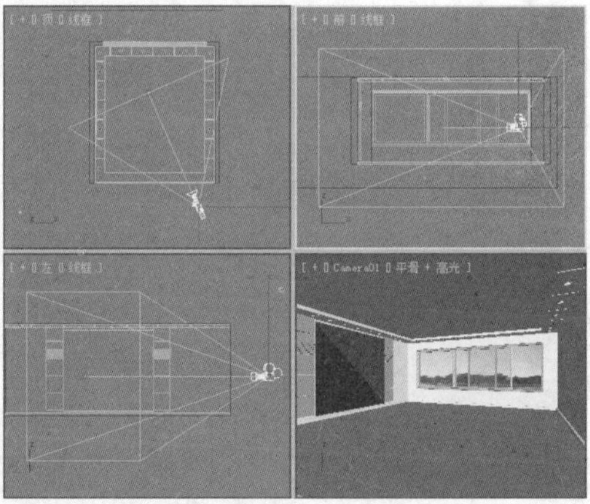

STEP 02 单击按钮，在弹出的对话框中执行“导入”|“合并”命令，在弹出的对话框中选择随书附带光盘中的20-1.max，单击“打开”按钮，在弹出的对话框中选择所有对象，单击“确定”按钮，将其导入到场景中，使用“选择并移动”工具调整其位置，调整后的效果如下图所示。

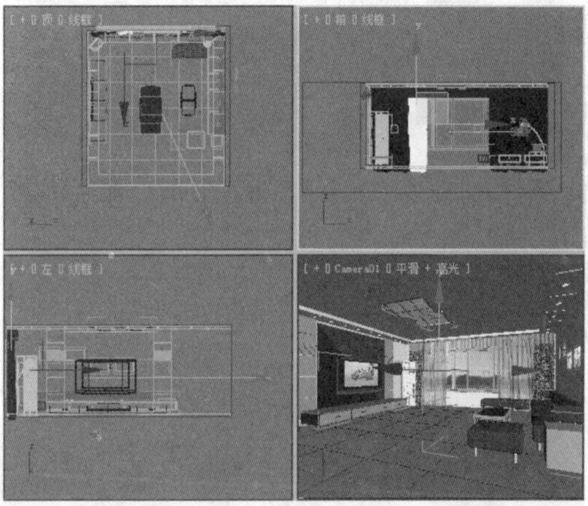

20.2 创建灯光并渲染输出场景

完成模型的创建后，再为场景创建灯光，并对场景进行渲染输出。

实战操作518 创建灯光

素材：无　　场景：无

难度：★★★★★　　视频：视频\Cha20\实战操作518.avi

下面为场景创建灯光。

STEP 01 选择“创建”|“灯光”|“标准”|“目标平行光”工具，在“左”视图中创建目标平行光，并在其他视图中调整灯光的位置和角度。切换到至“修改”命令面板，在“常规参数”卷展栏中选中“启用”复选框，将“阴影”模式定义为“阴影贴图”；在“强度/颜色/衰减”卷展栏中

将“倍增”为1.2，在“平行光参数”卷展栏中设置“聚光区/光束”为0.5、“衰减区/区域”为6000，如下图所示。

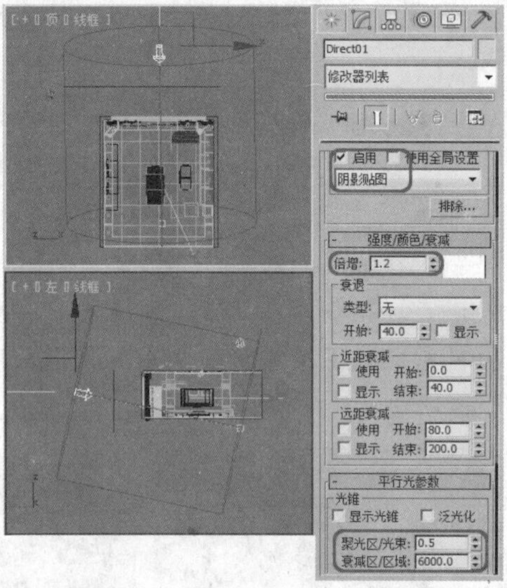

STEP 02 并在“常规参数”卷展栏中单击“排除”按钮，在弹出的对话框中排除如下图所示的对象，单击“确定”按钮。

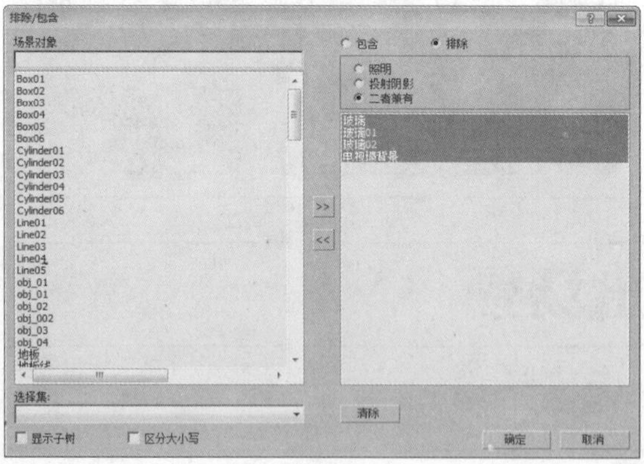

STEP 03 使用同样的方法再创建一个天光，并设置其参数，如下图所示。

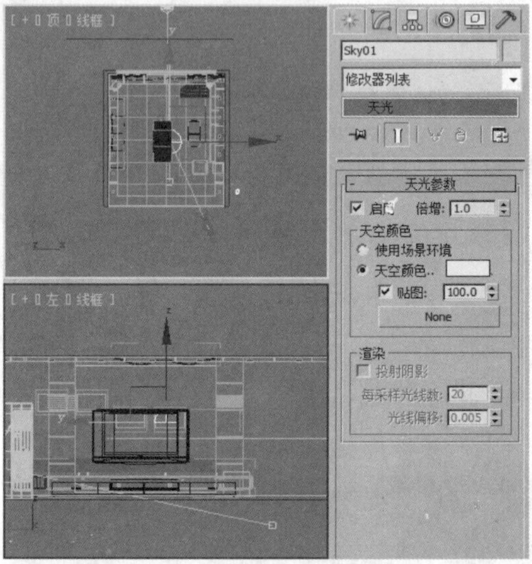

STEP 04 使用同样的方法创建其他灯光，并调整其参数及位置，效果如下图所示。

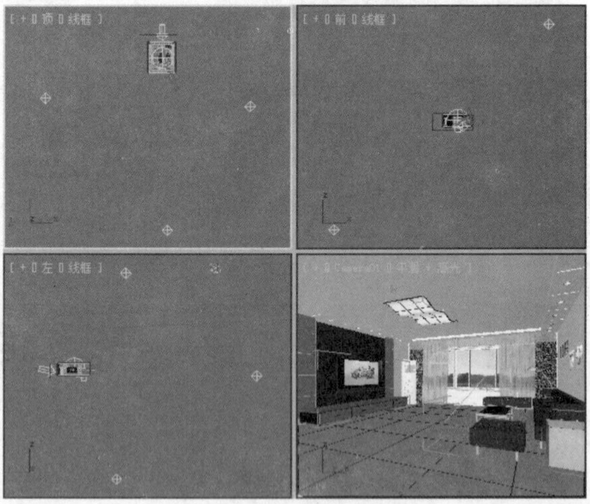

实战操作519 渲染输出

素材：无　　场景：Scene\Cha20\实战操作519.max

难度：★★★★★　　视频：视频\Cha20\实战操作519.avi

下面介绍对场景进行渲染输出。

STEP 01 按F10键打开“渲染设置”对话框，在该对话框中选择“高级照明”选项卡，在“选择高级照明”卷展栏中将高级照明类型设置为“光跟踪器”，在“参数”卷展栏中将“过滤器大小”设置为5，“反弹”设置为1，如下图所示。

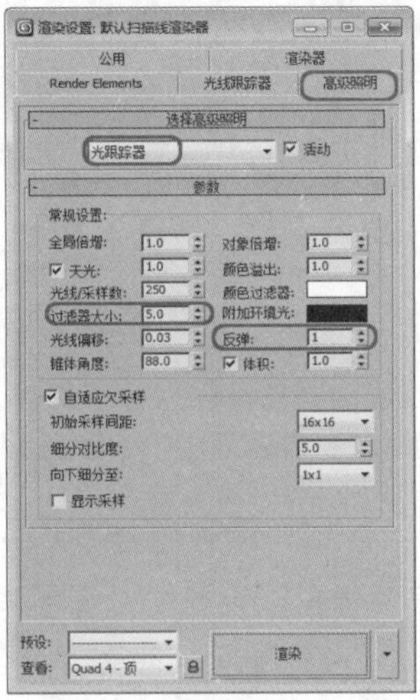

STEP 02 选择“公用”选项卡，在“输出大小”选项组中选择“35mm 1.66：1（电影）”，将“宽度”和“高度”分别设置为1536和921，如下图所示。设置完成后，单击“渲染”按钮即可，对完成后的场景进行保存。

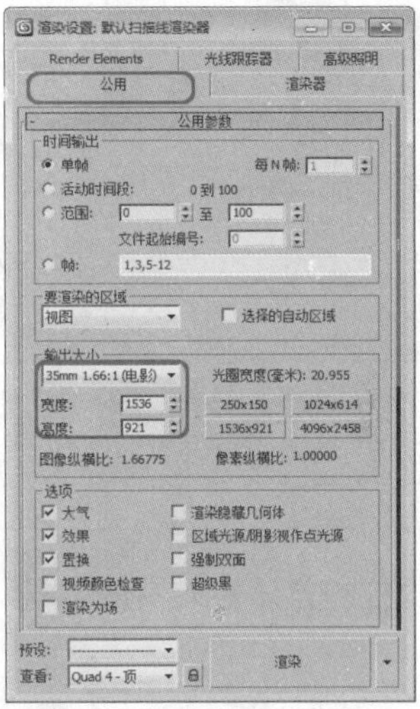

20.3 后期处理

在3ds Max中渲染输出效果图后，下面将在Photoshop中为该室内效果进行简单修饰。

实战操作520 后期处理

- 素材：无
- 场景：Scene\Cha20\实战操作520.psd
- 难度：★★★★★
- 视频：视频\Cha20\实战操作520.avi

下面介绍如何在Photoshop中进行后期处理，其具体操作步骤如下所述。

STEP 01 启动Photoshop，打开渲染输出的室内图片，如右图所示。

STEP 02 打开随书附带光盘中的20-2.psd，如下图所示。

STEP 03 在20-2.psd素材文件中选择“图层2”，将其拖曳至“实战操作519 渲染输出”素材图片中，按Ctrl+T组合键变换选取，在工具属性栏中单击“保持长宽比”按钮，将“W“设置为35，并调整其位置，调整后的效果如下图所示。

STEP 04 使用同样的方法导入其他素材，并调整其位置及大小，效果如下图所示。